식품안전
기사 필기

PREFACE

농업기술의 발달과 함께 단순히 식재료를 생산하는 것을 넘어 이를 가공하고 고부가가치화하는 방향으로 농식품 산업이 발전함에 따라 다양한 가공식품, 가정 간편식, 즉석식품이 높은 성장세를 보이고 있습니다.
또한 바쁜 현대 사회에서 느리고 건강하게 노후를 준비하는 'Well-Aging'과 개인 맞춤 영양 관리에 대한 관심이 증가하면서 기능성 식품에 대한 수요도 커지고 있습니다.
그러나 이러한 소비 증가에 따라 식품첨가물의 남용과 식품의 부적절한 취급으로 인한 식중독 발생이 증가하고 있습니다. 이에 따라 식품 가공 기술과 위생 안전을 고려한 연구 개발, 그리고 식품 위생 관리 기술에 대한 전문 지식을 갖춘 기술 인력의 수요가 증가하고 있습니다.

식품안전기사는 HACCP(위해요소 중점관리기준) 인증 의무 적용 대상 업종이 지속적으로 증가함에 따라 전문지식을 바탕으로 식품산업에서 필수적으로 요구되는 원료의 규격 검증, 원료 선정, 신제품 기획 및 개발, 제품 성분 검사, 안전성 검사, 그리고 품질 관리 및 안전 관리·감독 업무를 담당합니다.
지속적으로 개정되는 법규에 대한 이해를 바탕으로 HACCP의 효율적인 운영 관리를 위한 전문 인력으로서 위생적으로 안전한 식품 공급과 위해 요인의 발생 요건을 사전에 차단하여 선제적인 안전 환경을 조성하고, 안전 관리 시스템을 구축 및 운영하는 업무를 수행하기 위해 식품과 관련된 전반적인 필수 내용을 습득해야 할 것입니다.

본 교재는 식품안전기사 자격증 취득을 위한 필기시험 준비서로, 실시기관인 한국산업인력공단의 출제기준과 2025년부터 개편되는 NCS(국가직무능력표준) 출제기준에 맞추어 가장 필수적인 이론을 정리하였습니다.
식품 제조 공정의 경우 핵심적인 내용을 체계적으로 정리하였으며, 필기시험의 신유형 문제 빈출에 따라 실전 시험에서도 완벽히 대비할 수 있도록 식품의 기준 및 규격, 식품 첨가물, 건강기능식품에 대한 내용을 요약하고 정리하였습니다.
또한 어려울 수 있는 법규 부분도 중요한 내용만을 정제하여 수험자들이 필기시험을 준비하는 데 있어 시간 낭비를 하지 않고 필수 요소만을 습득할 수 있도록 하였습니다.

최근 5회분 기출복원문제를 수록하여 최신 유형의 기출복원문제를 통해 출제 경향을 파악할 수 있도록 하였습니다. 또한 앞으로의 시험에 대비할 수 있도록 출제 가능성이 높은 중요한 문제를 별도로 수록하여, 최상의 수험서로서 수험생의 자격 취득에 도움이 되고자 하였습니다.

저자들은 최선을 다하였으나, 앞으로도 식품안전기사를 공부하는 수험생들에게 최고의 길잡이 수험서가 될 수 있도록 지속적으로 보완해 나가겠습니다.

끝으로 이 책이 순조롭게 완성될 수 있도록 많은 도움을 주신 예문사와 주경야독 임직원 여러분께 깊은 감사를 드립니다.

저자 일동

출제기준

직무분야	식품가공	중직무분야	식품	자격종목	식품안전기사	적용기간	2025.1.1~2027.12.31
○ 직무내용 : 식품의 기획, 연구개발, 시험·검사 등의 업무를 담당하며, 식품의 제조·가공·보존·저장 공정에 대한 품질관리 및 안전관리 업무를 수행하는 직무이다.							
필기검정방법	객관식		문제수	80		시험시간	2시간

필기 과목명	문제수	주요항목	세부항목	세세항목
식품안전	20	1. 식품안전관리인증기준(HACCP)	1. 식품위생행정과 법규	1. 식품위생관리 법령(식품위생법, 축산물위생관리법 등) 2. 식품 및 축산물 안전관리인증기준 3. 식품 등의 기준 및 규격
			2. 선행요건 관리	1. 영업장 관리 2. 위생 관리 3. 제조·가공·조리 시설·설비 관리 4. 냉장·냉동 시설·설비 관리 5. 용수 관리 6. 보관·운송 관리 7. 검사 관리 8. 회수 프로그램 관리
			3. 식품안전관리인증기준(HACCP) 관리	1. HACCP 준비단계(HACCP팀 구성, 제품설명서 작성 및 용도 확인, 공정흐름도 작성 및 현장 확인) 2. 위해요소(생물학적·화학적·물리적) 분석 3. 중요관리점 결정 및 한계기준 설정 4. 모니터링 체계 확립 및 개선조치방법 수립 5. 검증 절차 및 방법 수립 6. 문서화·기록 유지
		2. 제품검사관리	1. 안전성 평가시험	1. 제품검사 및 관능검사 2. 결과보고와 개선조치
			2. 식품위생검사	1. 미생물학적 검사 2. 화학적 검사 3. 물리적 검사
		3. 식품가공연구개발 안전관리	1. 안전사고예방	1. 개인 안전 준수 2. 화재 예방

필기 과목명	문제수	주요항목	세부항목	세세항목
식품화학	20	1. 식품의 일반성분	1. 수분	1. 자유수 및 결합수 2. 수분활성도 3. 등온흡습곡선과 등온탈습곡선 4. 유리전이온도
			2. 탄수화물	1. 탄수화물의 분류와 종류 2. 탄수화물의 특성 3. 탄수화물의 변화
			3. 지질	1. 지질의 분류와 종류 2. 지질의 특성 3. 지질의 산패
			4. 단백질	1. 단백질의 분류 2. 단백질의 특성 3. 단백질의 구조 및 변성
			5. 무기질	1. 주요한 무기질의 종류 및 기능
			6. 비타민	1. 주요한 비타민의 종류 및 기능
		2. 식품의 특수성분	1. 맛성분	1. 맛의 종류와 특징 2. 저장·가공 중 맛성분의 변화
			2. 냄새성분	1. 냄새의 분류와 특징 2. 저장·가공 중 냄새성분의 변화
			3. 색소성분	1. 식물성 색소 2. 동물성 색소 3. 저장·가공 중 색소성분의 변화 4. 식품의 갈변
		3. 식품의 물성	1. 식품의 물성	1. 식품의 교질성 2. 식품의 레올로지 특성
		4. 유해물질	1. 유해물질	1. 식품저장·가공 관련 유해물질 2. 방사능오염 및 내분비계장애물질
		5. 식품성분분석	1. 일반(영양)성분분석	1. 시료준비 및 성분분석
		6. 식품첨가물	1. 식품첨가물개요	1. 식품첨가물의 분류 및 특징 2. 식품첨가물의 사용기준

출제기준

필기 과목명	문제수	주요항목	세부항목	세세항목
식품가공 · 공정공학	20	1. 농산식품가공	1. 곡류 및 서류가공	1. 곡류의 재료 특성 및 가공 · 저장 방법 (도정, 제분, 제면, 제빵 등) 2. 서류의 재료 특성 및 가공 · 저장 방법 (전분 등)
			2. 두류가공	1. 두류의 재료 특성 및 가공 · 저장 방법 (두부류, 장류, 기타 가공품)
			3. 과채류가공	1. 과일의 재료 특성 및 가공 · 저장 방법 (통조림, 병조림, 주스, 젤리, 퓨레, 케찹 등) 2. 채소류의 재료 특성 및 가공 · 저장 방법
		2. 축산식품가공	1. 유가공	1. 우유의 재료 특성 및 가공 · 저장 방법 (시유, 아이스크림, 버터, 발효유, 치즈, 연유, 분유 등)
			2. 식육가공	1. 식육의 성분과 근육조직의 구조 특성 2. 근육의 사후경직과 숙성 3. 식육가공품의 종류 및 가공 · 저장 방법 (햄, 베이컨, 소시지 등)
			3. 알가공	1. 알의 특성 및 가공 · 저장 방법
		3. 수산식품가공	1. 수산물가공	1. 수산물의 특성 및 가공 · 저장 방법
		4. 유지가공	1. 유지가공	1. 유지의 분류 및 재료 특성 2. 유지가공식품의 종류 및 가공 · 저장 방법
		5. 식품공정공학	1. 식품공정공학의 기초	1. 단위조작의 기초(단위와 차원) 2. 물질수지, 에너지수지
			2. 식품공정공학의 응용	1. 반응속도론 2. 유체역학 3. 열전달 4. 식품의 가열 및 살균 5. 냉장 · 냉동 6. 물질이동 7. 증발 및 건조 8. 흡착 및 추출 9. 기계적 분리 및 막분리 10. 분쇄 및 혼합
			3. 식품의 포장	1. 식품의 포장재료 및 방법
		6. 제품개발	1. 관능평가	1. 제품개발을 위한 관능평가

필기 과목명	문제수	주요항목	세부항목	세세항목
식품 미생물 및 생화학	20	1. 식품미생물	1. 식품미생물의 분류, 특징 및 이용	1. 세균 2. 곰팡이 3. 효모 4. 바이러스 5. 기타 미생물(방선균, 버섯, 조류)
		2. 미생물생리	1. 미생물의 증식과 환경인자	1. 미생물의 영양 및 증식 2. 물리적 · 화학적 · 생물학적 환경인자
		3. 미생물의 분리보존 및 균주개량	1. 미생물의 분리보존	1. 유용미생물의 분리와 보존
			2. 미생물의 유전자조작	1. 세포융합 2. 재조합 DNA 3. 돌연변이
		4. 발효공학	1. 발효공학기초	1. 발효방법과 장치 2. 발효생산물의 분리와 정제
			2. 발효식품	1. 주류 2. 장류, 김치류, 젓갈류 3. 기타 발효공학을 이용한 식품
			3. 대사생성물의 생성	1. 유기산발효 2. 알코올발효 3. 기타 대사생성물(아미노산, 핵산, 항생물질, 생리활성물질, 효소)
			4. 균체생산	1. 균체배양 및 분리
		5. 생화학	1. 효소	1. 효소반응 및 인자
			2. 탄수화물	1. 탄수화물대사
			3. 지질	1. 지질분해 및 합성대사
			4. 단백질	1. 단백질대사 및 생합성
			5. 핵산	1. Nucleotide 구조와 분류 2. Purine과 Pyrimidine 대사 3. DNA 구조 및 변성 4. RNA 구조와 종류

이 책의 특징

핵심이론

핵심이론 요약정리와 함께 표, 그림 등 시각자료를 활용하여 이해를 돕도록 하였습니다.

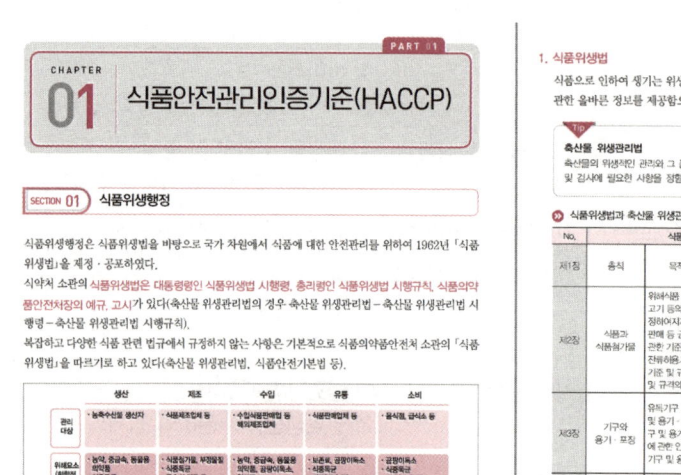

Tip / Reference

이해가 어려운 부분은 추가 설명을 통해 이해를 도와 수험자들이 시험을 준비함에 있어서 효율적으로 중요한 요소만을 습득하도록 하였습니다.

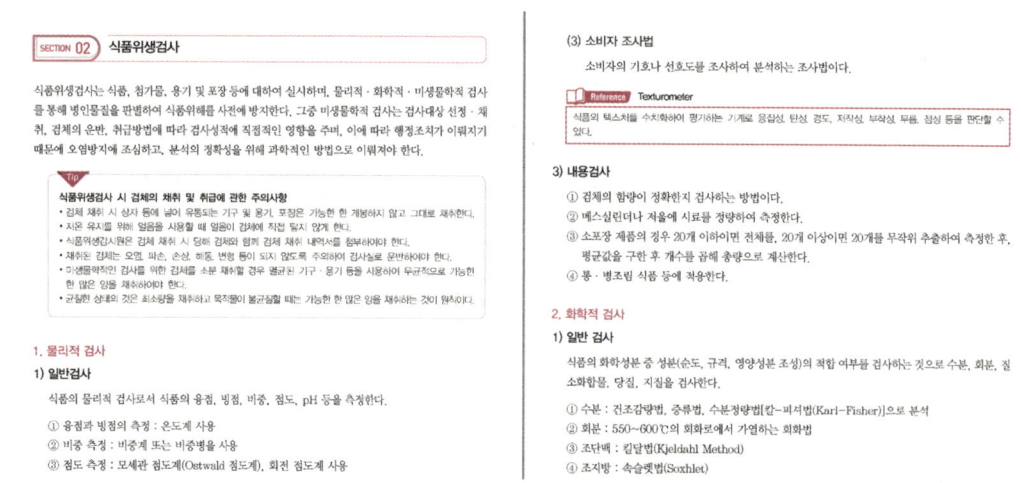

식품안전기사 필기
FEATURE

실전예상문제

실전예상문제를 통해 학습한 내용을 점검하여 효율적인 학습이 되도록 하였습니다.

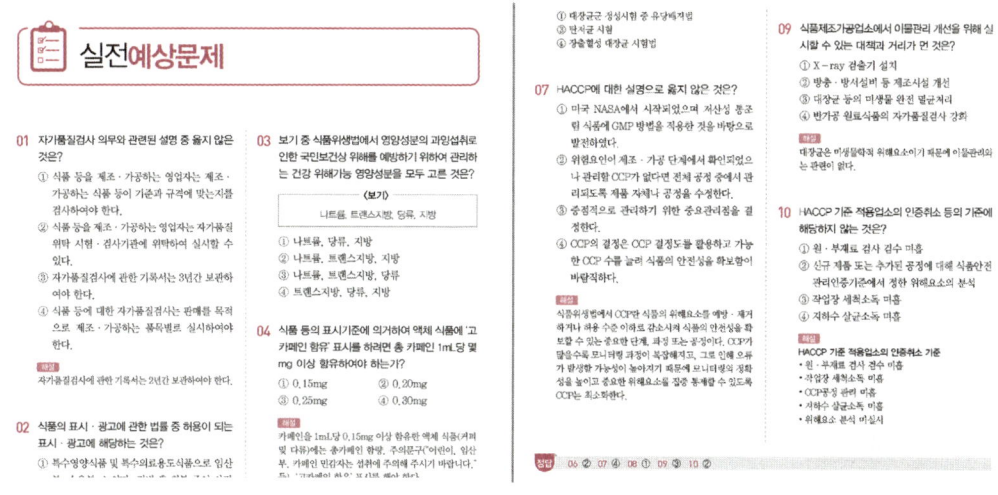

과년도 CBT 기출복원문제

출제경향을 이해하고, 직접 풀어보면서 실력을 다질 수 있도록 최신 기출복원문제와 함께 쉽게 정리한 해설을 수록하였습니다.

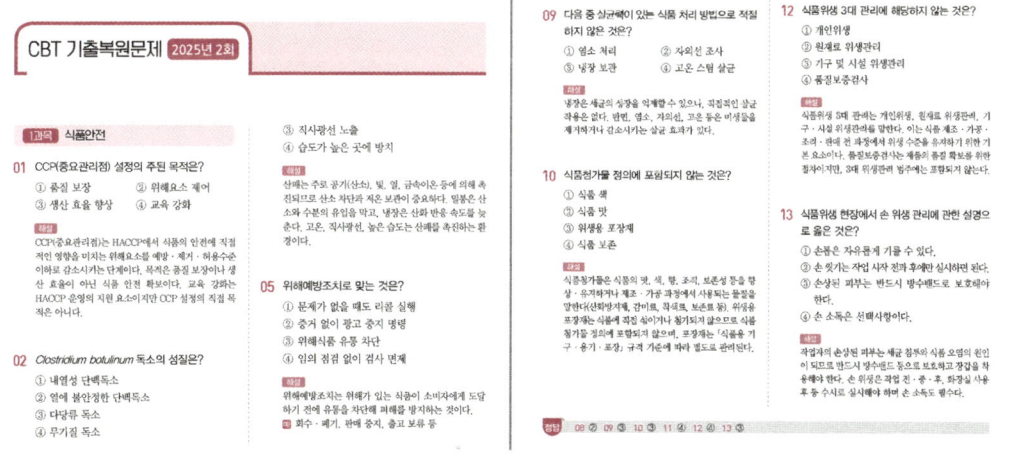

이 책의 차례

PART 01. 식품안전

CHAPTER 01 식품안전관리인증기준(HACCP) ········ 2
- SECTION 01 식품위생행정 ········ 2
- SECTION 02 식품위생법령 ········ 11
- SECTION 03 선행요건 관리 ········ 83
- SECTION 04 식품 및 축산물 안전관리인증기준(HACCP) ········ 89
- SECTION 05 글로벌 식품안전관리 시스템(이하 "글로벌 해썹") ········ 100

CHAPTER 02 제품검사관리 ········ 103
- SECTION 01 안전성 평가 시험 ········ 103
- SECTION 02 식품위생검사 ········ 107

CHAPTER 03 식품가공연구개발 안전관리 ········ 113
- SECTION 01 개인안전준수 ········ 113
- SECTION 02 화재 예방 ········ 120

실전예상문제 ········ 123

PART 02. 식품화학

CHAPTER 01 식품의 일반성분 ········ 128
- SECTION 01 수분 ········ 128
- SECTION 02 탄수화물 ········ 132

SECTION 03 단백질 ·········· 138
SECTION 04 지질 ·········· 146
SECTION 05 무기질 ·········· 154
SECTION 06 비타민 ·········· 155

CHAPTER 02 식품의 특수성분 ·········· 158

SECTION 01 식품의 맛 ·········· 158
SECTION 02 식품의 냄새 ·········· 161
SECTION 03 식품의 색소 ·········· 162
SECTION 04 식품의 갈변 ·········· 167

CHAPTER 03 식품의 물성 ·········· 170

SECTION 01 콜로이드(Colloid : 교질) ·········· 170
SECTION 02 Rheology ·········· 172
SECTION 03 Texture ·········· 174

CHAPTER 04 식품의 유해물질 ·········· 176

SECTION 01 내인성 유해물질 ·········· 176
SECTION 02 외인성 유해물질 ·········· 176
SECTION 03 유기성 유해물질 ·········· 179

CHAPTER 05 식품의 성분 분석 ·········· 181

SECTION 01 수분 ·········· 181
SECTION 02 회분 ·········· 182
SECTION 03 지방 ·········· 183
SECTION 04 단백질 ·········· 184
SECTION 05 탄수화물 ·········· 185

CHAPTER 06 식품첨가물 ·········· 186

SECTION 01 식품위생행정 ·········· 186

실전예상문제 ·········· 196

이 책의 차례

PART 03. 식품가공 · 공정공학

CHAPTER 01 농산식품가공 ········ 202
- SECTION 01 곡류 및 서류 가공 ········ 202
- SECTION 02 두류 가공 및 저장 ········ 222
- SECTION 03 과채류 가공 ········ 230

CHAPTER 02 축산식품가공 ········ 238
- SECTION 01 유가공 ········ 238
- SECTION 02 식육가공 ········ 251
- SECTION 03 알가공 ········ 257

CHAPTER 03 수산식품가공 ········ 260
- SECTION 01 수산물의 특징 ········ 260
- SECTION 02 수산식품의 종류 ········ 261

CHAPTER 04 유지가공 ········ 265
- SECTION 01 식용유지 ········ 265

CHAPTER 05 식품공정공학 ········ 269
- SECTION 01 식품공정공학의 기초 ········ 269
- SECTION 02 식품공정공학의 응용 ········ 273
- SECTION 03 식품의 저장 및 포장 ········ 284

CHAPTER 06 제품개발 ········ 290
- SECTION 01 관능평가 ········ 290

실전예상문제 ········ 296

식품안전기사필기
CONTENTS

PART 04. 식품 미생물 및 생화학

CHAPTER 01 식품 미생물 ········ 302
- SECTION 01 미생물 개론 ········ 302
- SECTION 02 세균(bacteria) ········ 306
- SECTION 03 곰팡이 ········ 315
- SECTION 04 효모(yeast) ········ 322
- SECTION 05 바이러스(virus) ········ 329
- SECTION 06 기타 미생물(방선균, 버섯류, 조류) ········ 333

CHAPTER 02 미생물 생리 ········ 336
- SECTION 01 수분 ········ 336

CHAPTER 03 미생물의 분리보존 및 균주개량 ········ 342
- SECTION 01 미생물의 분리보존 ········ 342
- SECTION 02 미생물의 유전자 조작 ········ 345

CHAPTER 04 발효공학기초 ········ 348
- SECTION 01 발효식품 ········ 348
- SECTION 02 대사생성물의 생성 ········ 360

CHAPTER 05 생화학 ········ 372
- SECTION 01 효소(enzyme) ········ 372
- SECTION 02 탄수화물 ········ 374
- SECTION 03 지질 대사 ········ 385
- SECTION 04 단백질 대사 ········ 389

실전예상문제 ········ 402

이 책의 차례

PART 05. CBT 기출복원문제

2022년 3회 CBT 기출복원문제 …… 408
2023년 1회 CBT 기출복원문제 …… 426
2023년 2회 CBT 기출복원문제 …… 444
2023년 3회 CBT 기출복원문제 …… 463
2024년 1회 CBT 기출복원문제 …… 481
2024년 2회 CBT 기출복원문제 …… 497
2024년 3회 CBT 기출복원문제 …… 516
2025년 1회 CBT 기출복원문제 …… 534
2025년 2회 CBT 기출복원문제 …… 547

PART 06. 부록

행정처분 기준(식품위생법 시행규칙 [별표 23]) …… 562

PART 01 식품안전

ENGINEER FOOD PROCESSING SAFETY

CHAPTER 01 | 식품안전관리인증기준(HACCP)
CHAPTER 02 | 제품검사관리
CHAPTER 03 | 식품가공연구개발 안전관리

CHAPTER 01 식품안전관리인증기준(HACCP)

SECTION 01 식품위생행정

식품위생행정은 식품위생법을 바탕으로 국가 차원에서 식품에 대한 안전관리를 위하여 1962년 「식품위생법」을 제정·공포하였다.

식약처 소관의 **식품위생법은 대통령령인 식품위생법 시행령, 총리령인 식품위생법 시행규칙, 식품의약품안전처장의 예규, 고시**가 있다(축산물 위생관리법의 경우 축산물 위생관리법 – 축산물 위생관리법 시행령 – 축산물 위생관리법 시행규칙).

복잡하고 다양한 식품 관련 법규에서 규정하지 않는 사항은 기본적으로 식품의약품안전처 소관의 「식품위생법」을 따르기로 하고 있다(축산물 위생관리법, 식품안전기본법 등).

	생산	제조	수입	유통	소비
관리 대상	· 농축수산물 생산자	· 식품제조업체 등	· 수입식품판매업 등 해외제조업체	· 식품판매업체 등	· 음식점, 급식소 등
위해요소 (화학적, 생물학적, 물리적)	· 농약, 중금속, 동물용 의약품 · 식중독균 · 이물(돌, 낚시바늘 등)	· 식품첨가물, 부정물질 · 식중독균 · 금속성 이물 등	· 농약, 중금속, 동물용 의약품, 곰팡이독소, 첨가물 · 식중독균 · 이물	· 보존료, 곰팡이독소 · 식중독균 · 이물(벌레 등)	· 곰팡이독소 · 식중독균 · 이물(벌레 등)
관리 수단	· 안전성조사 · GAP(농산물) · HACCP (양식장, 사육장) · 농약, 동물용의약품 사용 등록	· HACCP · GMP(건식) · 지도점검 · 자가품질검사 · 기준규격 설정 · 영업자 위생교육	· 해외제조업소 사전등록 · 해외 현지 실사 · 수입신고보류제 · 검사명령제 · 통관단계 검사 · 해외직구식품 검사	· 수거검사 · 지도점검 · 회수·폐기 · 위해식품판매차단시스템 · 식품이력추적제도 · 인터넷 모니터링 · 보존 및 유통기준 설정	· 음식점 위생등급제 · 어린이급식관리지원센터 · 어린이식품안전보호구역 · 식중독조기경보시스템 · 식품표시제도 · 소비자 교육
관리 주체	· 식약처 총괄 · 농식품부, 해수부 위탁	· 식약처 총괄 · 지자체 집행	· 식약처	· 식약처 총괄 · 지자체 집행	· 식약처 총괄 · 지자체 집행
관리 법령	· 식품안전기본법 · 농수산물 품질관리법 · 축산물 위생관리법	· 식품안전기본법 · 식품위생법 · 축산물 위생관리법 · 건강기능식품법 · 식품표시광고법	· 식품안전기본법 · 식품위생법 · 축산물 위생관리법 · 건강기능식품법 · 수입식품특별법 · 식품표시광고법	· 식품안전기본법 · 식품위생법 · 축산물 위생관리법 · 건강기능식품법 · 수입식품특별법 · 식품표시광고법	· 식품안전기본법 · 식품위생법 · 축산물 위생관리법 · 건강기능식품법 · 수입식품특별법 · 식품표시광고법 · 어린이식생활특별법

국가식품안전관리체계

1. 식품위생법

식품으로 인하여 생기는 위생상의 위해(危害)를 방지하고 식품영양의 질적 향상을 도모하며 식품에 관한 올바른 정보를 제공함으로써 국민 건강의 보호·증진에 이바지함을 목적으로 한다.

> **Tip**
>
> **축산물 위생관리법**
> 축산물의 위생적인 관리와 그 품질의 향상을 도모하기 위하여 가축의 사육·도살·처리와 축산물의 가공·유통 및 검사에 필요한 사항을 정함으로써 축산업의 건전한 발전과 공중위생의 향상에 이바지함을 목적으로 한다.

» 식품위생법과 축산물 위생관리법

No.	식품위생법		축산물 위생관리법	
제1장	총칙	목적, 정의, 식품 등의 취급	총칙	목적, 정의, 다른 법률과의 관계 * 축산물에 관하여 이 법에 규정이 있는 경우를 제외하고는 「식품위생법」에 따른다.
제2장	식품과 식품첨가물	위해식품 등의 판매 등 금지, 병든 동물 고기 등의 판매 등 금지, 기준·규격이 정하여지지 아니한 화학적 합성품 등의 판매 등 금지, 식품 또는 식품첨가물에 관한 기준 및 규격, 권장규격, 농약 등의 잔류허용기준 설정 요청 등, 식품 등의 기준 및 규격 관리계획, 식품 등의 기준 및 규격의 재평가 등	축산물 등의 기준·규격	축산물위생심의위원회의 설치 등, 축산물의 기준 및 규격, 용기 등의 규격 등
제3장	기구와 용기·포장	유독기구 등의 판매·사용 금지, 기구 및 용기·포장에 관한 기준 및 규격, 기구 및 용기·포장에 사용하는 재생원료에 관한 인정, 인정받지 않은 재생원료의 기구 및 용기·포장에의 사용 등 금지	축산물의 위생관리	가축의 도살 등, 위생관리기준, 안전관리인증기준, 인증 유효기간, 안전관리인증기준의 준수 여부 평가 등, 인증의 취소 등, 안전관리인증기준의 교육훈련기관 지정 등, 교육훈련기관의 지정취소 등, 부정행위의 금지, 축산물의 포장
제4장	표시	유전자변형식품 등의 표시	검사	가축의 검사, 축산물의 검사, 가축 등의 출하 전 준수사항, 축산물의 재검사, 검사관과 책임수의사, 검사원, 수입·판매 금지 등, 합격표시, 미검사품의 반출금지, 검사 불합격품의 처리, 출입·검사·수거, 소비자 등의 위생검사 등 요청, 축산물위생감시원, 명예축산물위생감시원
제5장	식품 등의 공전(公典)	식품 등의 공전	영업의 허가 및 신고 등	영업의 종류 및 시설기준, 영업의 허가, 영업의 신고, 품목제조의 보고, 영업의 승계, 허가의 취소, 영업정지 등의 처분을 갈음하여 부과하는 과징금 처분, 위해 축산물 판매 등에 따른 과징금 부과 등, 건강진단, 위생교육, 위생교육에 관한 교육기관의 지정 등, 위생교육기관의 지정취소 등, 영업자 등의 준수사항, 위해 축산물의 회수 및 폐기 등, 축산물가공품이력추적관리의 등록 등, 축산물가공품이력추적관리 정보의 기록 등, 축산물가공품이력추적관리시스템의 운영 등, 축산물의 이물 발견 보고 등, 판매 등의 금지, 위해평가

No.	식품위생법		축산물 위생관리법	
제6장	검사 등	위해평가, 위해평가 결과 등에 관한 공표, 소비자 등의 위생검사 등 요청, 위해식품 등에 대한 긴급대응, 유전자변형식품 등의 안전성 심사 등, 검사명령 등, 특정식품 등의 수입·판매 등 금지, 출입·검사·수거 등, 영업소 등에 대한 비대면 조사, 식품 등의 재검사, 자가품질검사 의무, 자가품질검사 의무의 면제, 자가품질검사의 확인검사, 식품위생감시원, 소비자식품위생감시원, 소비자 위생점검 참여 등	감독 등	생산실적 등의 보고 및 통보, 시설 개선 압류·폐기 또는 회수, 공표, 정보시스템의 구축·운영 폐쇄조치
제7장	영업	시설기준, 영업허가 등, 영업허가 등의 제한, 영업 승계, 건강진단, 식품위생교육, 위생관리책임자, 실적보고, 영업 제한, 영업자 등의 준수사항, 보험가입, 위해식품 등의 회수, 식품 등의 이물 발견 보고 등, 식품 등의 오염사고 보고 등, 모범업소의 지정 등, 식품접객업소의 위생등급 지정 등, 식품안전관리인증기준, 인증유효기간, 식품안전관리인증기준 적용업소에 대한 조사·평가 등, 식품안전관리인증기준의 교육훈련기관 지정 등, 교육훈련기관의 지정취소 등, 식품이력추적관리 등록기준 등, 식품이력추적관리정보의 기록·보관 등, 식품이력추적관리시스템의 구축 등	보칙	포상금, 보조금, 가축 외의 동물 등의 검사, 국제 협력, 수수료, 공중위생상 위해 시의 조치, 청문, 권한의 위임 및 위탁
제8장	조리사 등	조리사, 영양사, 조리사의 면허, 결격사유, 명칭 사용 금지, 교육	벌칙	벌칙, 양벌규정, 과태료
제9장	식품위생심의위원회	식품위생심의위원회 설치, 심의위원회의 조직과 운영		
제10장	식품위생단체 등	동업자조합, 식품산업협회, 식품안전정보원, 건강 위해가능 영양성분 관리		
제11장	시정명령과 허가취소 등 행정 제재	시정명령, 폐기처분, 위해식품 등의 공표, 시설 개수명령, 허가취소, 품목 제조정지, 영업허가 등의 취소 요청, 행정 제재처분 효과의 승계, 폐쇄조치, 면허취소, 청문, 영업정지 등의 처분에 갈음하여 부과하는 과징금 처분, 위해식품 등의 판매 등에 따른 과징금 부과, 위반사실 공표		
제12장	보칙	국고 보조, 식중독에 관한 조사 보고, 식중독대책협의기구 설치, 집단급식소, 식품진흥기금, 포상금 지급, 권한의 위임, 수수료		
제13장	벌칙	벌칙, 양벌규정, 과태료, 과태료에 관한 규정 적용의 특례		

1) 제1장 총칙

▶▶ 용어의 정의

구분	내용
식품	모든 음식물(의약으로 섭취하는 것은 제외한다)
식품첨가물	식품을 제조·가공·조리 또는 보존하는 과정에서 감미(甘味), 착색(着色), 표백(漂白) 또는 산화방지 등을 목적으로 식품에 사용되는 물질을 말한다. 이 경우 기구(器具)·용기·포장을 살균·소독하는 데에 사용되어 간접적으로 식품으로 옮아갈 수 있는 물질을 포함
화학적 합성품	화학적 수단으로 원소(元素) 또는 화합물에 분해 반응 외의 화학 반응을 일으켜서 얻은 물질
기구	식품 또는 식품첨가물에 직접 닿는 기계·기구나 그 밖의 물건(농업과 수산업에서 식품을 채취하는 데에 쓰는 기계·기구나 그 밖의 물건 및 「위생용품 관리법」 제2조 제1호에 따른 위생용품은 제외한다) • 음식을 먹을 때 사용하거나 담는 것 • 식품 또는 식품첨가물을 채취·제조·가공·조리·저장·소분[(小分) : 완제품을 나누어 유통을 목적으로 재포장하는 것을 말한다. 이하 같다]·운반·진열할 때 사용하는 것
용기·포장	식품 또는 식품첨가물을 넣거나 싸는 것으로서 식품 또는 식품첨가물을 주고받을 때 함께 건네는 물품
공유주방	식품의 제조·가공·조리·저장·소분·운반에 필요한 시설 또는 기계·기구 등을 여러 영업자가 함께 사용하거나, 동일한 영업자가 여러 종류의 영업에 사용할 수 있는 시설 또는 기계·기구 등이 갖춰진 장소
위해	식품, 식품첨가물, 기구 또는 용기·포장에 존재하는 위험요소로서 인체의 건강을 해치거나 해칠 우려가 있는 것
영업	식품 또는 식품첨가물을 채취·제조·가공·조리·저장·소분·운반 또는 판매하거나 기구 또는 용기·포장을 제조·운반·판매하는 업(농업과 수산업에 속하는 식품 채취업은 제외한다. 이하 이 호에서 "식품제조업 등"이라 한다)을 말한다. 이 경우 공유주방을 운영하는 업과 공유주방에서 식품제조업 등을 영위하는 업을 포함
영업자	제37조 제1항에 따라 영업허가를 받은 자나 같은 조 제4항에 따라 영업신고를 한 자 또는 같은 조 제5항에 따라 영업등록을 한 자
식품위생	식품, 식품첨가물, 기구 또는 용기·포장을 대상으로 하는 음식에 관한 위생
집단급식소	영리를 목적으로 하지 아니하면서 특정 다수인에게 계속하여 음식물을 공급하는 다음의 어느 하나에 해당하는 곳의 급식시설로서 대통령령으로 정하는 시설 • 기숙사 • 학교, 유치원, 어린이집 • 병원 • 「사회복지사업법」 제2조 제4호의 사회복지시설 • 산업체 • 국가, 지방자치단체 및 「공공기관의 운영에 관한 법률」 제4조 제1항에 따른 공공기관 • 그 밖의 후생기관 등
식품이력추적관리	식품을 제조·가공단계부터 판매단계까지 각 단계별로 정보를 기록·관리하여 그 식품의 안전성 등에 문제가 발생할 경우 그 식품을 추적하여 원인을 규명하고 필요한 조치를 할 수 있도록 관리하는 것
식중독	식품 섭취로 인하여 인체에 유해한 미생물 또는 유독물질에 의하여 발생하였거나 발생한 것으로 판단되는 감염성 질환 또는 독소형 질환
집단급식소에서의 식단	급식대상 집단의 영양섭취기준에 따라 음식명, 식재료, 영양성분, 조리방법, 조리인력 등을 고려하여 작성한 급식계획서

2) 구성

(1) 제2장 식품과 식품첨가물

① 위해식품 등의 판매 등 금지
② 병든 동물 고기 등의 판매 등 금지
③ 기준 · 규격이 정하여지지 아니한 화학적 합성품 등의 판매 등 금지
④ 식품 또는 식품첨가물에 관한 기준 및 규격

(2) 제3장 기구와 용기 · 포장

① 유독기구 등의 판매 · 사용 금지
② 기구 및 용기 · 포장에 관한 기준 및 규격

(3) 제4장 표시

> 제12조의 2(유전자변형식품 등의 표시)
> 생명공학기술을 활용하여 재배 · 육성된 농산물 · 축산물 · 수산물 등을 원재료로 하여 제조 · 가공한 식품 또는 식품첨가물(이하 "유전자변형식품 등"이라 한다)은 유전자변형식품임을 표시하여야 한다. 다만, 제조 · 가공 후에 유전자변형 디엔에이(DNA : Deoxyribo Nucleic Acid) 또는 유전자변형 단백질이 남아 있는 유전자변형식품 등에 한정한다.
> 1. 인위적으로 유전자를 재조합하거나 유전자를 구성하는 핵산을 세포 또는 세포 내 소기관으로 직접 주입하는 기술
> 2. 분류학에 따른 과(科)의 범위를 넘는 세포융합기술

(4) 제5장 식품 등의 공전

식품의약품안전처장은 다음의 기준 등을 실은 공전을 작성 · 보급하여야 한다.

① 식품 또는 식품첨가물의 기준과 규격
② 기구 및 용기 · 포장의 기준과 규격
※ **SECTION 02 '1. 식품공전'**에서 다룸

(5) 제6장 검사 등

① 위해평가

> 제15조(위해평가)
> ① 식품의약품안전처장은 국내외에서 유해물질이 함유된 것으로 알려지는 등 위해의 우려가 제기되는 식품 등이 제4조 또는 제8조에 따른 식품 등에 해당한다고 의심되는 경우에는 그 식품 등의 위해요소를 신속히 평가하여 그것이 위해식품 등인지를 결정하여야 한다.
> ② 식품의약품안전처장은 제1항에 따른 위해평가가 끝나기 전까지 국민건강을 위하여 예방조치가 필요한 식품 등에 대하여는 판매하거나 판매할 목적으로 채취 · 제조 · 수입 · 가공 · 사용 · 조

리·저장·소분·운반 또는 진열하는 것을 일시적으로 금지할 수 있다. 다만, 국민건강에 급박한 위해가 발생하였거나 발생할 우려가 있다고 식품의약품안전처장이 인정하는 경우에는 그 금지조치를 하여야 한다.

③ 식품의약품안전처장은 제2항에 따른 일시적 금지조치를 하려면 미리 심의위원회의 심의·의결을 거쳐야 한다. 다만, 국민건강을 급박하게 위해할 우려가 있어서 신속히 금지조치를 하여야 할 필요가 있는 경우에는 먼저 일시적 금지조치를 한 뒤 지체 없이 심의위원회의 심의·의결을 거칠 수 있다.

④ 심의위원회는 제3항 본문 및 단서에 따라 심의하는 경우 대통령령으로 정하는 이해관계인의 의견을 들어야 한다.

⑤ 식품의약품안전처장은 제1항에 따른 위해평가나 제3항 단서에 따른 사후 심의위원회의 심의·의결에서 위해가 없다고 인정된 식품 등에 대하여는 지체 없이 제2항에 따른 일시적 금지조치를 해제하여야 한다.

⑥ 제1항에 따른 위해평가의 대상, 방법 및 절차, 그 밖에 필요한 사항은 대통령령으로 정한다.

② 소비자 등의 위생검사 등 요청
③ 위해식품 등에 대한 긴급대응
④ 유전자변형식품 등의 안전성 심사 등
⑤ 검사명령 등
⑥ 특정 식품 등의 수입·판매 등 금지
⑦ 출입·검사·수거 등
⑧ 영업소 등에 대한 비대면 조사
⑨ 식품 등의 재검사
⑩ 자가품질검사 의무
⑪ 자가품질검사 의무의 면제
⑫ 자가품질검사의 확인검사

제31조(자가품질검사 의무)
식품 등을 제조·가공하는 영업자는 총리령으로 정하는 바에 따라 제조·가공하는 식품 등이 제7조 또는 제9조에 따른 기준과 규격에 맞는지를 검사하여야 한다.

자가품질검사기준(제31조 제1항 관련) – 식품위생법 시행규칙 [별표 12]

1. 식품 등에 대한 자가품질검사는 판매를 목적으로 제조·가공하는 품목별로 실시하여야 한다. 다만, 식품공전에서 정한 동일한 검사항목을 적용받은 품목을 제조·가공하는 경우에는 식품유형별로 이를 실시할 수 있다.
2. 기구 및 용기·포장의 경우 동일한 재질의 제품으로 크기나 형태가 다를 경우에는 재질별로 자가품질검사를 실시할 수 있다.
3. 자가품질검사주기는 처음으로 제품을 제조한 날을 기준으로 산정한다. 다만, 「수입식품안전관리 특별법」 제18조 제2항에 따른 주문자상표부착식품 등과 식품제조·가공업자가 자신의 제품을 만들기 위하여 수입한 용기·포장은 「관세법」 제248조에 따라 관할 세관장이 신고필증을 발급한 날을 기준으로 산정한다.
4. 자가품질검사는 식품의약품안전처장이 정하여 고시하는 식품유형별 검사항목을 검사한다. 다만, 식품제조·가공과정 중 특정 식품첨가물을 사용하지 아니한 경우에는 그 항목의 검사를 생략할 수 있다.

5. **영업자가 다른 영업자에게 식품 등을 제조하게 하는 경우에는 식품 등을 제조하게 하는 자 또는 직접 그 식품 등을 제조하는 자가 자가품질검사를 실시**하여야 한다.
6. 식품 등의 자가품질검사는 다음의 구분에 따라 실시하여야 한다.

   가. **식품제조 · 가공업**
   1) 과자류, 빵류 또는 떡류(과자, 캔디류, 추잉껌 및 떡류만 해당한다), 코코아가공품류, 초콜릿류, 잼류, 당류, 음료류[다류(茶類) 및 커피류만 해당한다], 절임류 또는 조림류, 수산가공식품류(젓갈류, 건포류, 조미김, 기타 수산물가공품만 해당한다), 두부류 또는 묵류, 면류, 조미식품(고춧가루, 실고추 및 향신료가공품, 식염만 해당한다), 즉석식품류(만두류, 즉석섭취식품, 즉석조리식품만 해당한다), 장류, 농산가공식품류(전분류, 밀가루, 기타 농산가공품류 중 곡류가공품, 두류가공품, 서류가공품, 기타 농산가공품만 해당한다), 식용유지가공품(모조치즈, 식물성 크림, 기타 식용유지가공품만 해당한다), 동물성 가공식품류(추출가공식품만 해당한다), 기타 가공품, 선박에서 통 · 병조림을 제조하는 경우 및 단순가공품(자연산물을 그 원형을 알아볼 수 없도록 분해 · 절단 등의 방법으로 변형시키거나 1차 가공처리한 식품원료를 식품첨가물을 사용하지 아니하고 단순히 서로 혼합만 하여 가공한 제품이거나 이 제품에 식품제조 · 가공업의 허가를 받아 제조 · 포장된 조미식품을 포장된 상태 그대로 첨부한 것을 말한다)만을 가공하는 경우 : **3개월마다 1회 이상** 식품의약품안전처장이 정하여 고시하는 식품유형별 검사항목
   2) 식품제조 · 가공업자가 자신의 제품을 만들기 위하여 수입한 용기 · 포장 : **동일 재질별로 6개월마다 1회 이상** 재질별 성분에 관한 규격
   3) 빵류, 식육함유가공품, 알함유가공품, 동물성 가공식품류(기타 식육 또는 기타 알제품), 음료류(과일 · 채소류음료, 탄산음료류, 두유류, 발효음료류, 인삼 · 홍삼음료, 기타 음료만 해당한다. 비가열음료는 제외한다), 식용유지류(들기름, 추출들깨유만 해당한다) : **2개월마다 1회 이상** 식품의약품안전처장이 정하여 고시하는 식품유형별 검사항목
   4) 1)부터 3)까지의 규정 외의 식품 : 1개월(주류의 경우에는 6개월)마다 1회 이상 식품의약품안전처장이 정하여 고시하는 식품유형별 검사항목
   5) 법 제48조 제8항에 따른 전년도의 조사 · 평가 결과가 만점의 90퍼센트 이상인 식품 : 1) · 3) · 4)에도 불구하고 6개월마다 1회 이상 식품의약품안전처장이 정하여 고시하는 식품유형별 검사항목
   6) 식품의약품안전처장이 식중독 발생위험이 높다고 인정하여 지정 · 고시한 기간에는 1) 및 2)에 해당하는 식품은 1개월마다 1회 이상, 3)에 해당하는 식품은 15일마다 1회 이상, 4)에 해당하는 식품은 1주일마다 1회 이상 실시하여야 한다.
   7) 「주류 면허 등에 관한 법률」 제29조에 따른 검사 결과 적합 판정을 받은 주류는 자가품질검사를 실시하지 않을 수 있다. 이 경우 해당 검사는 제4호에 따른 주류의 자가품질검사 항목에 대한 검사를 포함해야 한다.

   나. **즉석판매제조 · 가공업**
   1) 과자(크림을 위에 바르거나 안에 채워 넣은 후 가열살균하지 않고 그대로 섭취하는 것만 해당한다), 빵류(크림을 위에 바르거나 안에 채워 넣은 후 가열살균하지 않고 그대로 섭취하는 것만 해당한다), 당류(설탕류, 포도당, 과당류, 올리고당류만 해당한다), 식육함유가공품, 어육가공품류(연육, 어묵, 어육소시지 및 기타 어육가공품만 해당한다), 두부류 또는 묵류, 식용유지류(압착식용유만 해당한다), 특수용도식품, 소스, 음료류(커피, 과일 · 채소류음료, 탄산음료류, 두유류, 발효음료류, 인삼 · 홍삼음료, 기타 음료만 해당한다), 동물성 가공식품류(추출가공식품만 해당한다), 빙과류, 즉석섭취식품(도시락, 김밥류, 햄버거류 및 샌드위치류만 해당한다), 즉석조리식품(순대류만 해당한다), 신선편의식품, 간편조리세트, 「축산물위생관리법」 제2조 제2호에 따른 유가공품, 식육가공품 및 알가공품 : **9개월마다 1회 이상** 식품의약품안전처장이 정하여 고시하는 식품 및 축산물가공품 유형별 검사항목
   2) [별표 15] 제2호에 따른 영업을 하는 경우에는 자가품질검사를 실시하지 않을 수 있다.

   다. **식품첨가물**
   1) 기구 등 살균소독제 : **6개월마다 1회 이상 살균소독력**
   2) 1) 외의 식품첨가물 : **6개월마다 1회 이상 식품첨가물별 성분에 관한 규격**

   라. 기구 또는 용기 · 포장 : **동일 재질별로 6개월마다 1회 이상 재질별 성분에 관한 규격**

(6) 제7장 영업

① 시설기준

> **제36조(시설기준)**
> ① 다음의 영업을 하려는 자는 총리령으로 정하는 시설기준에 맞는 시설을 갖추어야 한다.
>   1. 식품 또는 식품첨가물의 제조업, 가공업, 운반업, 판매업 및 보존업
>   2. 기구 또는 용기·포장의 제조업
>   3. 식품접객업
>   4. 공유주방 운영업(제2조 제5호의 2에 따라 여러 영업자가 함께 사용하는 공유주방을 운영하는 경우로 한정한다. 이하 같다)
> ② 제1항에 따른 시설은 영업을 하려는 자별로 구분되어야 한다. 다만, 공유주방을 운영하는 경우에는 그러하지 아니하다.
> ③ 제1항 각 호에 따른 영업의 세부 종류와 그 범위는 대통령령으로 정한다.

② 영업허가 등
③ 영업허가 등의 제한
④ 영업 승계
⑤ 건강진단
⑥ 식품위생교육
⑦ 실적보고
⑧ 영업 제한
⑨ 영업자 등의 준수 사항
⑩ 위해식품 등의 회수
⑪ 식품 등의 이물 발견 보고 등

> **제46조(식품 등의 이물 발견 보고 등)**
> ① 판매의 목적으로 식품 등을 제조·가공·소분·수입 또는 판매하는 영업자는 소비자로부터 판매제품에서 식품의 제조·가공·조리·유통 과정에서 정상적으로 사용된 원료 또는 재료가 아닌 것으로서 섭취할 때 위생상 위해가 발생할 우려가 있거나 섭취하기에 부적합한 물질[이하 "이물(異物)"이라 한다]을 발견한 사실을 신고받은 경우 지체 없이 이를 식품의약품안전처장, 시·도지사 또는 시장·군수·구청장에게 보고하여야 한다.
> ② 「소비자기본법」에 따른 한국소비자원 및 소비자단체와 「전자상거래 등에서의 소비자보호에 관한 법률」에 따른 통신판매중개업자로서 식품접객업소에서 조리한 식품의 통신판매를 전문적으로 알선하는 자는 소비자로부터 이물 발견의 신고를 접수하는 경우 지체 없이 이를 식품의약품안전처장에게 통보하여야 한다.
> ③ 시·도지사 또는 시장·군수·구청장은 소비자로부터 이물 발견의 신고를 접수하는 경우 이를 식품의약품안전처장에게 통보하여야 한다.
> ④ 식품의약품안전처장은 제1항부터 제3항까지의 규정에 따라 이물 발견의 신고를 통보받은 경우 이물혼입 원인 조사를 위하여 필요한 조치를 취하여야 한다.
> ⑤ 제1항에 따른 이물 보고의 기준·대상 및 절차 등에 필요한 사항은 총리령으로 정한다.

> 제46조의 2(식품 등의 오염사고의 보고 등)
> ① 식품 등을 제조ㆍ가공하는 영업자는 식품 등의 제조ㆍ가공 과정에서 산업재해로 인하여 식품 등에 이물이 섞이거나 섞일 우려가 있는 등 대통령령으로 정하는 경우에는 해당 식품 등의 폐기, 시설 개선 또는 세척 등 오염 예방을 위한 필요한 조치(이하 "오염예방조치"라 한다)를 취하고 지체 없이 식품의약품안전처장에게 보고하여야 한다.
> ② 제1항에 따른 보고를 받은 식품의약품안전처장은 현장조사를 실시하여야 한다.
> ③ 제1항에 따른 방법ㆍ절차 및 오염예방조치 등에 필요한 사항은 총리령으로 정한다.

⑫ 모범업소의 지정 등
⑬ 식품접객업소의 위생등급 지정 등
⑭ 식품안전관리인증기준
  ※ SECTION 04에서 다룸
⑮ 식품이력추적관리 등록기준 등

(7) 제8장 조리사 등

(8) 제9장 식품위생심의위원회

(9) 제10장 식품위생단체 등

동업자조합, 식품산업협회, 식품안전정보원, 건강 위해가능 영양성분 관리

> 제70조의 7(건강 위해가능 영양성분 관리)
> ① 국가 및 지방자치단체는 식품의 나트륨, 당류, 트랜스지방 등 영양성분(이하 "건강 위해가능 영양성분"이라 한다)의 과잉섭취로 인하여 국민 건강에 발생할 수 있는 위해를 예방하기 위하여 노력하여야 한다.
> ② 식품의약품안전처장은 관계 중앙행정기관의 장과 협의하여 건강 위해가능 영양성분 관리 기술의 개발ㆍ보급, 적정섭취를 위한 실천방법의 교육ㆍ홍보 등을 실시하여야 한다.
> ③ 건강 위해가능 영양성분의 종류는 대통령령으로 정한다.
>   ※ 건강 위해가능 영양성분의 종류 : 나트륨, 당류, 트랜스지방

(10) 제11장 시정명령과 허가취소 등 행정 제재

① 시정명령

> 제71조(시정명령)
> 식품의약품안전처장, 시ㆍ도지사 또는 시장ㆍ군수ㆍ구청장은 제3조에 따른 식품 등의 위생적 취급에 관한 기준에 맞지 아니하게 영업하는 자와 이 법을 지키지 아니하는 자에게는 필요한 시정을 명하여야 한다.

② 폐기처분 등
③ 위해식품 등의 공표
④ 시설 개수명령 등

⑤ 허가취소 등
⑥ 품목 제조정지 등
⑦ 영업허가 등의 취소 요청
⑧ 행정 제재처분 효과의 승계
⑨ 폐쇄조치 등
⑩ 면허취소 등
⑪ 청문
⑫ 영업정지 등의 처분에 갈음하여 부과하는 과징금 처분
⑬ 위해식품 등의 판매 등에 따른 과징금 부과 등
⑭ 위반사실 공표

(11) 제12장 보칙

(12) 제13장 벌칙

2. 식품위생법 시행령

「식품위생법」에서 위임된 사항과 그 시행에 필요한 사항을 규정함을 목적으로 한다. 국무회의 심의를 거쳐 공포하며 식품위생법을 시행하는 데 필요한 사항을 규정한다.

3. 식품위생법 시행규칙

이 규칙은 「식품위생법」 및 같은 법 시행령에서 위임된 사항과 그 시행에 필요한 사항을 규정함을 목적으로 한다.

※ 이 외에도 식품에 관한 법률(또는 건강기능식품, 농축수산물분야)은 건강기능식품에 관한 법률, 축산물 위생관리법, 식품안전기본법, 어린이식생활안전관리 특별법, 수입식품안전관리 특별법, 농수산물 품질관리법, 식품 등의 표시·광고에 관한 법률, 한국식품안전관리인증원의 설립 및 운영에 관한 법률이 있다.

SECTION 02 식품위생법령

1. 식품공전

식품공전은 식품의약품안전처장의 고시로서, 판매를 목적으로 하거나 영업상 사용하는 식품, 식품첨가물, 기구 및 용기·포장의 제조·가공·사용·조리 및 보존 방법에 관한 기준, 성분에 관한 규격 및 시험법, 유전자변형식품 등의 기준, 축산물 위생관리법 제4조 제2항의 규정에 따른 축산물의

가공·포장·보존 및 유통의 방법에 관한 기준, 축산물의 성분에 관한 규격, 축산물의 위생등급에 관한 기준 등을 수록하고 있다.

> **식품공전에서 분류하는 가공식품 분류체계(24개 식품군)**
> - **식품군(대분류)** : '제5. 식품별 기준 및 규격'에서 대분류하고 있는 음료류, 조미식품 등을 말한다.
> - **식품종(중분류)** : 식품군에서 분류하고 있는 다류, 과일·채소류음료, 식초, 햄류 등을 말한다.
> - **식품유형(소분류)** : 식품종에서 분류하고 있는 농축과·채즙, 과·채주스, 발효식초, 희석초산 등을 말한다.
> - 24개 식품군 : 과자류, 빵류 또는 떡류, 빙과류, 코코아가공품류 또는 초콜릿류, 당류, 잼류, 두부류 또는 묵류, 식용유지류, 면류, 음료류, 특수영양식품, 특수의료용도식품, 장류, 조미식품, 절임류 또는 조림류, 주류, 농산가공식품류, 식육가공품류 및 포장육, 알가공품류, 유가공품류, 수산가공식품류, 동물성 가공식품류, 벌꿀 및 화분가공품류, 즉석식품류, 기타 식품류

▶▶ 식품공전의 주요 내용

No.	구성	내용
제1.	총칙	1. 일반원칙 2. 기준 및 규격의 적용 3. 용어의 풀이 4. 식품원료 분류
제2.	식품일반에 대한 공통기준 및 규격	1. 식품원료 기준(원료 등의 구비요건, 식품원료 판단기준) 2. 제조·가공기준 3. 식품일반의 기준 및 규격 4. 보존 및 유통기준
제3.	영·유아용, 고령자용 또는 대체식품으로 표시하여 판매하는 식품의 기준 및 규격	1. 영·유아용으로 표시하여 판매하는 식품 2. 고령자용으로 표시하여 판매하는 식품 3. 대체식품으로 표시하여 판매하는 식품
제4.	장기보존식품의 기준 및 규격	1. 통·병조림 식품 2. 레토르트 식품 3. 냉동식품
제5.	식품별 기준 및 규격	과자류, 빵류 또는 떡류, 빙과류, 코코아가공품류 또는 초콜릿류, 당류, 잼류, 두부류 또는 묵류, 식용유지류, 면류, 음료류, 특수영양식품, 특수의료용도식품, 장류, 조미식품, 절임류 또는 조림류, 주류, 농산가공식품류, 식육가공품류 및 포장육, 알가공품류, 유가공품류, 수산가공식품류, 동물성가공식품류, 벌꿀 및 화분가공품류, 즉석식품류, 기타 식품류
제6.	식품접객업소(집단급식소 포함)의 조리식품 등에 대한 기준 및 규격	정의, 기준 및 규격의 적용, 원료기준, 조리 및 관리기준, 규격, 시험방법
제7.	검체의 채취 및 취급방법	검체 채취의 의의, 용어의 정의, 검체 채취의 일반원칙, 검체의 채취 및 취급요령, 검체 채취 기구 및 용기, 개별 검체 채취 및 취급방법
제8.	일반시험법	식품일반시험법, 식품성분 시험법, 식품 중 식품첨가물 시험법, 미생물시험법, 원유·식육·식용란의 시험법, 식품별 규격 확인 시험법, 식품 중 잔류농약 시험법, 식품 중 잔류동물용의약품시험법, 식품 중 유해물질 시험법, 식품표시 관련 시험법, 시약·시액·표준용액 및 용량분석용 규정용액, 부표
제9.	재검토기한	-

No.	구성	내용
	[별표]	[별표 1] 식품에 사용할 수 있는 원료의 목록 [별표 2] 식품에 제한적으로 사용할 수 있는 원료의 목록 [별표 3] 한시적 기준규격에서 전환된 원료의 목록 [별표 4] 식품 중 농약 잔류허용기준 [별표 5] 식품 중 동물용의약품의 잔류허용기준 [별표 6] 삭제 [별표 7] 식품 중 농약 및 동물용의약품의 잔류허용기준 면제물질 [별표 8] 식품 중 동물용의약품의 잔류허용기준 면제물질

1) 정의

식품공전은 식품위생법 제7조에 의하여 판매를 목적으로 하는 식품 또는 첨가물의 제조, 가공, 조리 및 보존의 방법에 관한 기준과 그 식품 또는 첨가물의 성분에 관한 규칙을 정하여 고시할 수 있다고 정하고 있다. 이 근거에 의하여 규정된 식품, 첨가물의 기준 및 규격을 수록한 공전으로 식품의약품안전처에서 제·개정 업무를 수행하고 있다.

2) 구성

(1) 총칙

식품공전의 수록범위는 아래와 같으며 하기에 해당하는 제품은 식품공전의 적용을 받는다. 다만, 식품 중 식품첨가물의 사용기준은 「식품첨가물의 기준 및 규격」을 우선 적용한다.

> [일반원칙]
> 이 고시에서 따로 규정한 것 이외에는 아래의 총칙에 따른다.
> 1) 이 고시의 수록범위는 다음 각 호와 같다.
>   ① 식품위생법 제7조 제1항의 규정에 따른 식품의 원료에 관한 기준, 식품의 제조·가공·사용·조리 및 보존방법에 관한 기준, 식품의 성분에 관한 규격과 기준·규격에 대한 시험법
>   ② 「식품 등의 표시·광고에 관한 법률」 제4조 제1항의 규정에 따른 식품·식품첨가물 또는 축산물과 기구 또는 용기·포장 및 「식품위생법」 제12조의 2의 제1항에 따른 유전자변형식품 등의 표시기준
>   ③ 축산물 위생관리법 제4조 제2항의 규정에 따른 축산물의 가공·포장·보존 및 유통의 방법에 관한 기준, 축산물의 성분에 관한 규격, 축산물의 위생등급에 관한 기준
> 2) 이 고시에서는 가공식품에 대하여 다음과 같이 식품군(대분류), 식품종(중분류), 식품유형(소분류)으로 분류한다.
>   ① 식품군 : '제5. 식품별 기준 및 규격'에서 대분류하고 있는 음료류, 조미식품 등을 말한다.
>   ② 식품종 : 식품군에서 분류하고 있는 다류, 과일·채소류음료, 식초, 햄류 등을 말한다.
>   ③ 식품유형 : 식품종에서 분류하고 있는 농축과·채즙, 과·채주스, 발효식초, 희석초산 등을 말한다.
> 3) 이 고시의 개별 식품유형에서 정하고 있는 정의는 해당 식품의 일반적인 특징을 설명한 것으로, 새로운 제조기술의 사용 등으로 제조방법, 사용된 원료 등이 이 고시에서 정하는 식품유형의 정의와 일치하지 않더라도 제조된 식품이 어느 식품유형의 제품과 동일한 경우 해당 식품유형으로 분류할 수 있다.

4) 이 고시에 정하여진 기준 및 규격에 대한 적·부판정은 이 고시에서 규정한 시험방법으로 실시하여 판정하는 것을 원칙으로 한다. 다만, 이 고시에서 규정한 시험방법보다 더 정밀·정확하다고 인정된 방법을 사용할 수 있고 미생물 및 독소 등에 대한 시험에는 상품화된 키트(kit) 또는 장비를 사용할 수 있으나, 그 결과에 대하여 의문이 있다고 인정될 때에는 규정한 방법에 의하여 시험하고 판정하여야 한다.

5) 이 고시에서 기준 및 규격이 정하여지지 아니한 것은 잠정적으로 식품의약품안전처장이 해당 물질에 대한 국제식품규격위원회(CAC : Codex Alimentarius Commission) 규정 또는 주요 외국의 기준·규격과 일일섭취허용량(ADI : Acceptable Daily Intake), 해당 식품의 섭취량 등 해당 물질별 관련 자료를 종합적으로 검토하여 적·부를 판정할 수 있다.

6) 이 고시의 '제5. 식품별 기준 및 규격'에서 따로 정하여진 시험방법이 없는 경우에는 '제8. 일반시험법'의 해당 시험방법에 따르고, 이 고시에서 기준·규격이 정하여지지 아니하였거나 기준·규격이 정하여져 있어도 시험방법이 수재되어 있지 아니한 경우에는 식품의약품안전처장이 인정한 시험방법, 국제식품규격위원회(CAC) 규정, 국제분석화학회(AOAC : Association of Official Analytical Chemists), 국제표준화기구(ISO : International Standard Organization), 농약분석매뉴얼(PAM : Pesticide Analytical Manual) 등의 시험방법에 따라 시험할 수 있다. 만약, 상기 시험방법에도 없는 경우에는 다른 법령에 정해져 있는 시험방법, 국제적으로 통용되는 공인시험방법에 따라 시험할 수 있으며 그 시험방법을 제시하여야 한다.

7) 계량 등의 단위는 국제 단위계를 사용한 아래의 약호를 쓴다.

구분	내용	구분	내용	구분	내용
길이	m, cm, mm, μm, nm	중량	kg, g, mg, μg, ng, pg	열량	kcal, kJ
용량	L, mL, μL	넓이	cm^2	온도	℃
압착강도	N(Newton)				

8) 표준온도는 20℃, 상온은 15~25℃, 실온은 1~35℃, 미온은 30~40℃로 한다.

9) 중량백분율을 표시할 때에는 %의 기호를 쓴다. 다만, 용액 100mL 중의 물질 함량(g)을 표시할 때에는 w/v%로, 용액 100mL 중의 물질 함량(mL)을 표시할 때에는 v/v%의 기호를 쓴다. 중량백만분율을 표시할 때에는 mg/kg의 약호를 사용하고 ppm의 약호를 쓸 수 있으며, mg/L도 사용할 수 있다. 중량 10억분율을 표시할 때에는 μg/kg의 약호를 사용하고 ppb의 약호를 쓸 수 있으며, μg/L도 사용할 수 있다.

10) 방사성물질 누출사고 발생 시 관리해야 할 방사성 핵종(核種)은 다음의 원칙에 따라 선정한다.
   ① 대표적 오염 지표 물질인 방사성 요오드와 세슘에 대하여 우선 선정하고, 방사능 방출사고의 유형에 따라 방출된 핵종을 선정한다.
   ② 방사성 요오드나 세슘이 검출될 경우 플루토늄, 스트론튬 등 그 밖의(이하 '기타'라고 한다) 핵종에 의한 오염 여부를 추가적으로 확인할 수 있으며, 기타 핵종은 환경 등에 방출 여부, 반감기, 인체 유해성 등을 종합 검토하여 전부 또는 일부 핵종을 선별하여 적용할 수 있다.
   ③ 기타 핵종에 대한 기준은 해당 사고로 인한 방사성 물질 누출이 더 이상 되지 않는 사고 종료 시점으로부터 1년이 경과할 때까지를 적용한다.
   ④ 기타 핵종에 대한 정밀검사가 어려운 경우에는 방사성 물질 누출 사고 발생국가의 비오염 증명서로 갈음할 수 있다.

11) 식품 중 농약 또는 동물용의약품의 잔류허용기준을 신설, 변경 또는 면제하려는 자는 「식품 중 농약 및 동물용의약품의 잔류허용기준 설정 지침」에 따라 신청하여야 한다.
12) 유해오염물질의 기준설정은 식품 중 유해오염물질의 오염도와 섭취량에 따른 인체 노출량, 위해수준, 노출 점유율을 고려하여 최소량의 원칙(ALARA : As Low As Reasonably Achievable)에 따라 설정함을 원칙으로 한다.
13) 이 고시에서 정하여진 시험은 별도의 규정이 없는 경우 다음의 원칙을 따른다.
   ① 원자량 및 분자량은 최신 국제원자량표에 따라 계산한다.
   ② 따로 규정이 없는 한 찬물은 15℃ 이하, 온탕 60~70℃, 열탕은 약 100℃의 물을 말한다.
   ③ "물 또는 물속에서 가열한다."라 함은 따로 규정이 없는 한 그 가열온도를 약 100℃로 하되, 물 대신 약 100℃ 증기를 사용할 수 있다.
   ④ 시험에 쓰는 물은 따로 규정이 없는 한 증류수 또는 정제수로 한다.
   ⑤ 용액이라 기재하고 그 용매를 표시하지 아니하는 것은 물에 녹인 것을 말한다.
   ⑥ 감압은 따로 규정이 없는 한 15mmHg 이하로 한다.
   ⑦ pH를 산성, 알칼리성 또는 중성으로 표시한 것은 따로 규정이 없는 한 리트머스지 또는 pH 미터기(유리전극)를 써서 시험한다. 또한, 강산성은 pH 3.0 미만, 약산성은 pH 3.0 이상 5.0 미만, 미산성은 pH 5.0 이상 6.5 미만, 중성은 pH 6.5 이상 7.5 미만, 미알칼리성은 pH 7.5 이상 9.0 미만, 약알칼리성은 pH 9.0 이상 11.0 미만, 강알칼리성은 pH 11.0 이상을 말한다.
   ⑧ 용액의 농도를 (1 → 5), (1 → 10), (1 → 100) 등으로 나타낸 것은 고체시약 1g 또는 액체시약 1mL를 용매에 녹여 전량을 각각 5mL, 10mL, 100mL 등으로 하는 것을 말한다. 또한 (1+1), (1+5) 등으로 기재한 것은 고체시약 1g 또는 액체시약 1mL에 용매 1mL 또는 5mL 혼합하는 비율을 나타낸다. 용매는 따로 표시되어 있지 않으면 물을 써서 희석한다.
   ⑨ 혼합액을 (1 : 1), (4 : 2 : 1) 등으로 나타낸 것은 액체시약의 혼합용량비 또는 고체시약의 혼합중량비를 말한다.
   ⑩ 방울수(滴水)를 측정할 때에는 20℃에서 증류수 20방울을 떨어뜨릴 때 그 무게가 0.90~1.10g이 되는 기구를 쓴다.
   ⑪ 네슬러관은 안지름 20mm, 바깥지름 24mm, 밑에서부터 마개의 밑까지의 길이가 20cm의 무색 유리로 만든 바닥이 평평한 시험관으로서 50mL의 것을 쓴다. 또한 각 관의 눈금의 높이의 차는 2mm 이하로 한다.
   ⑫ 데시케이터의 건조제는 따로 규정이 없는 한 실리카겔(이산화규소)로 한다.
   ⑬ 시험은 따로 규정이 없는 한 상온에서 실시하고 조작 후 30초 이내에 관찰한다. 다만, 온도의 영향이 있는 것에 대하여는 표준온도에서 행한다.
   ⑭ 무게를 "정밀히 단다"라 함은 달아야 할 최소단위를 고려하여 0.1mg, 0.01mg 또는 0.001mg까지 다는 것을 말한다. 또 무게를 "정확히 단다"라 함은 규정된 수치의 무게를 그 자릿수까지 다는 것을 말한다.
   ⑮ 검체를 취하는 양에 "약"이라고 한 것은 따로 규정이 없는 한 기재량의 90~110%의 범위 내에서 취하는 것을 말한다.
   ⑯ 건조 또는 강열할 때 "항량"이라고 기재한 것은 다시 계속하여 1시간 더 건조 혹은 강열할 때에 전후의 칭량차가 이전에 측정한 무게의 0.1% 이하임을 말한다.

[용어의 풀이]

구분	내용
식품유형	제품의 원료, 제조방법, 용도, 섭취형태, 성상 등 제품의 특성을 고려하여 제조 및 보존·유통과정에서 식품의 안전과 품질 확보를 위해 필요한 공통 사항을 정하고 제품에 대한 정보 제공을 용이하게 하기 위하여 유사한 특성의 식품끼리 묶은 것
A, B, C, ⋯ 등	예시 개념으로 일반적으로 많이 사용하는 것을 기재하고 그 외에 관련된 것을 포괄하는 개념
A 또는 B	'A와 B', 'A나 B', 'A 단독' 또는 'B 단독'으로 해석할 수 있으며, 'A, B, C 또는 D' 역시 그러하다.
A 및 B	A와 B를 동시에 만족하여야 한다.
적절한 ○○과정(공정)	식품의 제조·가공에 필요한 과정(공정)을 말하며 식품의 안전성, 건전성을 얻으며 일반적으로 널리 통용되는 방법이나 과학적으로 충분히 입증된 방법
식품 및 식품첨가물은 그 기준 및 규격에 적합하여야 한다.	해당되는 기준 및 규격에 적합하여야 한다.
보관하여야 한다.	원료 및 제품의 특성을 고려하여 그 품질이 최대로 유지될 수 있는 방법으로 보관하여야 한다.
가능한 한, 권장한다. 할 수 있다	위생수준과 품질향상을 유도하기 위하여 설정하는 것으로 권고사항을 뜻한다.
이와 동등 이상의 효력을 가지는 방법	기술된 방법 이외에 일반적으로 널리 통용되는 방법이나 과학적으로 충분히 입증된 것으로 위생학적·영양학적·관능적 품질의 유지가 가능한 방법
○○%, ○○% 이상·이하·미만	정의 또는 식품유형에서 '○○%, ○○% 이상·이하·미만' 등으로 명시되어 있는 것은 원료 또는 성분 배합 시의 기준을 말한다.
특정성분	가공식품에 사용되는 원료로서 제1. 총칙 4. 식품원료 분류 등에 의한 단일식품의 가식부분
건조물(고형물)	원료를 건조하여 남은 고형물로서 별도의 규격이 정하여지지 않은 한, 수분 함량이 15% 이하인 것
고체식품	외형이 일정한 모양과 부피를 가진 식품
액체 또는 액상식품	유동성이 있는 상태의 것 또는 액체상태의 것을 그대로 농축한 것
환(pill)	식품을 작고 둥글게 만든 것
과립(granule)	식품을 잔 알갱이 형태로 만든 것
분말(powder)	입자의 크기가 과립형태보다 작은 것
유탕 또는 유처리	식품의 제조 공정상 식용유지로 튀기거나 제품을 성형한 후 식용 유지를 분사하는 등의 방법으로 제조·가공하는 것
주정처리	살균을 목적으로 식품의 제조공정상 주정을 사용하여 제품을 침지하거나 분사하는 등의 방법
소비기한	식품에 표시된 보관방법을 준수할 경우 섭취하여도 안전에 이상이 없는 기한
최종제품	가공 및 포장이 완료되어 유통 판매가 가능한 제품
규격	최종제품에 대한 규격
검출되어서는 아니 된다.	이 고시에 규정하고 있는 방법으로 시험하여 검출되지 않는 것
원료	식품제조에 투입되는 물질로서 식용이 가능한 동물, 식물 등이나 이를 가공 처리한 것, 「식품첨가물의 기준 및 규격」에 허용된 식품첨가물, 그리고 또 다른 식품의 제조에 사용되는 가공식품 등
주원료	해당 개별식품의 주용도, 제품의 특성 등을 고려하여 다른 식품과 구별, 특정 짓게 하기 위하여 사용되는 원료

구분	내용
단순추출물	원료를 물리적으로 또는 용매(물, 주정, 이산화탄소)를 사용하여 추출한 것으로 특정한 성분이 제거되거나 분리되지 않은 추출물(착즙 포함)
식품에 제한적으로 사용할 수 있는 원료	식품 사용에 조건이 있는 식품의 원료
식품에 사용할 수 없는 원료	식품의 제조·가공·조리에 사용할 수 없는 것으로, 제2. 1. 2)의 (6) 식품에 사용할 수 있는 원료, (7) 식품에 제한적으로 사용할 수 있는 원료, (8) 한시적 기준·규격에서 전환된 원료에서 정한 것 이외의 원료
원료에서 유래되는	해당 기준 및 규격에 적합하거나 품질이 양호한 원료에서 불가피하게 유래된 것을 말하는 것으로, 공인된 자료나 문헌으로 입증할 경우 인정할 수 있다.
원료의 '품질과 선도가 양호'	농·임·축·수산물 및 가공식품의 경우 이 고시에서 규정하고 있는 기준과 규격에 적합한 것을 말한다. 또한, 농·임산물의 경우 고유의 형태와 색택을 가지고 이미·이취가 없어야 하나, 멍들거나 손상된 부위를 제거하여 식용에 적합하도록 한 것을 포함하며, 해조류의 경우 외형상 그 종류를 알아볼 수 있을 정도로 모양과 색깔이 손상되지 않은 것
원료의 '부패·변질'	미생물 등에 의해 단백질, 지방 등이 분해되어 악취와 유해성 물질이 생성되거나, 식품 고유의 냄새, 빛깔, 외관 또는 조직이 변하는 것
비가식부분	통상적으로 식용으로 섭취하지 않는 원료의 특정부위를 말하며, 가식부분 중에 손상되거나 병충해를 입은 부분 등 고유의 품질이 변질되었거나 제조 공정 중 부적절한 가공처리로 손상된 부분을 포함한다.
이물	정상식품의 성분이 아닌 물질을 말하며 동물성으로 절지동물 및 그 알, 유충과 배설물, 설치류 및 곤충의 흔적물, 동물의 털, 배설물, 기생충 및 그 알 등이 있고, 식물성으로 종류가 다른 식물 및 그 종자, 곰팡이, 짚, 겨 등이 있으며, 광물성으로 흙, 모래, 유리, 금속, 도자기파편 등이 있다.
이매패류	두 장의 껍데기를 가진 조개류로 대합, 굴, 진주담치, 가리비, 홍합, 피조개, 키조개, 새조개, 개량조개, 동죽, 맛조개, 재첩류, 바지락, 개조개 등
'냉장' 또는 '냉동'	이 고시에서 따로 정하여진 것을 제외하고는 냉장은 0~10℃, 냉동은 -18℃ 이하를 말한다.
'차고 어두운 곳' 또는 '냉암소'	따로 규정이 없는 한 0~15℃의 빛이 차단된 장소
냉장·냉동 온도측정값	냉장·냉동고 또는 냉장·냉동설비 등의 내부온도를 측정한 값 중 가장 높은 값
살균	따로 규정이 없는 한 세균, 효모, 곰팡이 등 미생물의 영양 세포를 불활성화시켜 감소시키는 것
멸균	따로 규정이 없는 한 미생물의 영양세포 및 포자를 사멸시키는 것
밀봉	용기 또는 포장 내외부의 공기유통을 막는 것
초임계추출	임계온도와 임계압력 이상의 상태에 있는 이산화탄소를 이용하여 식품원료 또는 식품으로부터 식용성분을 추출하는 것
심해	태양광선이 도달하지 않는 수심이 200m 이상 되는 바다
가공식품	식품원료(농·임·축·수산물 등)에 식품 또는 식품첨가물을 가하거나, 그 원형을 알아볼 수 없을 정도로 변형(분쇄, 절단 등)시키거나 이와 같이 변형시킨 것을 서로 혼합 또는 이 혼합물에 식품 또는 식품첨가물을 사용하여 제조·가공·포장한 식품을 말한다. 다만, 식품첨가물이나 다른 원료를 사용하지 아니하고 원형을 알아볼 수 있는 정도로 농·임·축·수산물을 단순히 자르거나 껍질을 벗기거나 소금에 절이거나 숙성하거나 가열(살균의 목적 또는 성분의 현격한 변화를 유발하는 경우를 제외한다) 등의 처리과정 중 위생상 위해 발생의 우려가 없고 식품의 상태를 관능으로 확인할 수 있도록 단순처리한 것은 제외한다.

구분	내용
식품조사 (Food Irradiation)처리	식품 등의 발아 억제, 살균, 살충 또는 숙도조절을 목적으로 감마선 또는 전자선가속기에서 방출되는 에너지를 복사(radiation)의 방식으로 식품에 조사하는 것으로, 선종과 사용목적 또는 처리방식(조사)에 따라 감마선 살균, 전자선 살균, 엑스선 살균, 감마선 살충, 전자선 살충, 엑스선 살충, 감마선 조사, 전자선 조사, 엑스선 조사 등으로 구분하거나, 통칭하여 방사선 살균, 방사선 살충, 방사선 조사 등으로 구분할 수 있다. 다만, 검사를 목적으로 엑스선이 사용되는 경우는 제외한다.
식육	식용을 목적으로 하는 동물성 원료의 지육, 정육, 내장, 그 밖의 부분을 말하며, '지육'은 머리, 꼬리, 발 및 내장 등을 제거한 도체(carcass)를, '정육'은 지육으로부터 뼈를 분리한 고기를, '내장'은 식용을 목적으로 처리한 간, 폐, 심장, 위, 췌장, 비장, 신장, 소장 및 대장 등을, '그 밖의 부분'은 식용을 목적으로 도축된 동물성 원료로부터 채취, 생산된 동물의 머리, 꼬리, 발, 껍질, 혈액 등 식용이 가능한 부위를 말한다.
장기보존식품	장기간 유통 또는 보존이 가능하도록 제조·가공된 통·병조림 식품, 레토르트 식품, 냉동식품
식품용수	식품의 제조, 가공 및 조리 시에 사용하는 물
'인삼', '홍삼' 또는 '흑삼'	「인삼산업법」에, '산양삼'은 「임업 및 산촌진흥 촉진에 관한 법률」에서 정하고 있는 것
한과	주로 곡물류나 과일, 견과류 등에 꿀, 엿, 설탕 등을 입혀 만든 것으로 유과, 약과, 정과 등
슬러쉬	청량음료 등 완전 포장된 음료나, 물, 분말주스 등의 원료를 직접 혼합하여 얼음을 분쇄한 것과 같은 상태로 만들거나 아이스크림을 만드는 기계 등을 이용하여 반얼음상태로 얼려 만든 음료
코코아고형분, 무지방코코아고형분	• 코코아고형분 : 코코아매스, 코코아버터 또는 코코아분말 • 무지방코코아고형분 : 코코아고형분에서 지방을 제외한 분말
유고형분	유지방분과 무지유고형분을 합한 것
유지방	우유로부터 얻은 지방
혈액이 함유된 알	알 내용물에 혈액이 퍼져 있는 알
혈반	난황이 방출될 때 파열된 난소의 작은 혈관에 의해 발생된 혈액 반점
육반	혈반이 특징적인 붉은 색을 잃어버렸거나 산란기관의 작은 체조직 조각
실금란	난각이 깨어지거나 금이 갔지만 난각막은 손상되지 않아 내용물이 누출되지 않은 알
오염란	난각의 손상은 없으나 표면에 분변·혈액·알내용물·깃털 등 이물질이나 현저한 얼룩이 묻어 있는 알
연각란	난각막은 파손되지 않았지만 난각이 얇게 축적되어 형태를 견고하게 유지될 수 없는 알
냉동식육어류머리	대구(*Gadus morhua, Gadus ogac, Gadus macrocephalus*), 은민대구(*Merluccius australis*), 다랑어류 및 이빨고기(*Dissostichus eleginoides, Dissostichus mawsoni*)의 머리를 가슴지느러미와 배지느러미 부위가 붙어 있는 상태로 절단한 것과 식용 가능한 모든 어종(복어류 제외)의 머리 중 가식부를 분리해 낸 것을 중심부 온도가 −18℃ 이하가 되도록 급속 냉동한 것으로서 식용에 적합하게 처리된 것
냉동식용어류내장	식용 가능한 어류의 알(복어알은 제외), 창난, 이리(곤이), 오징어 난포선 등을 분리하여 중심부 온도가 −18℃ 이하가 되도록 급속 냉동한 것으로서 식용에 적합하게 처리된 것
생식용 굴	소비자가 날로 섭취할 수 있는 전각굴, 반각굴, 탈각굴로서 포장한 것(냉동굴 포함)

구분	내용
미생물 규격에서 사용하는 용어 (n, c, m, M)	• n : 검사하기 위한 시료의 수 • c : 최대허용시료수, 허용기준치(m)를 초과하고 최대허용한계치(M) 이하인 시료의 수로서 결과가 m을 초과하고 M 이하인 시료의 수가 c 이하일 경우에는 적합으로 판정 • m : 미생물 허용기준치로서 결과가 모두 m 이하인 경우 적합으로 판정 • M : 미생물 최대허용한계치로서 결과가 하나라도 M을 초과하는 경우는 부적합으로 판정 ※ m, M에 특별한 언급이 없는 한 1g 또는 1mL당의 집락수(CFU : Colony Forming Unit)이다.
영아	생후 12개월 미만인 사람
유아	생후 12개월부터 36개월까지인 사람

(2) 식품일반에 대한 공통기준 및 규격

[식품원료 기준]

① 원료 등의 구비 요건

㉠ 식품의 제조에 사용되는 원료는 식용을 목적으로 채취, 취급, 가공, 제조 또는 관리된 것이어야 한다.

㉡ 원료는 품질과 선도가 양호하고 부패·변질되었거나, 유독 유해물질 등에 오염되지 아니한 것으로 안전성을 가지고 있어야 한다.

㉢ 식품제조·가공영업등록대상이 아닌 천연성 원료를 직접 처리하여 가공식품의 원료로 사용하는 때에는 흙, 모래, 티끌 등과 같은 이물을 충분히 제거하고 필요한 때에는 식품용수로 깨끗이 씻어야 하며 비가식부분은 충분히 제거하여야 한다.

㉣ 허가, 등록 또는 신고 대상인 업체에서 식품원료를 구입 사용할 때에는 제조영업등록을 하였거나 수입신고를 마친 것으로서 해당 식품의 기준 및 규격에 적합한 것이어야 하며 소비기한 경과제품 등 관련 법 위반식품을 원료로 사용하여서는 아니 된다.

㉤ 기준 및 규격이 정하여져 있는 식품, 식품첨가물은 그 기준 및 규격에, 인삼·홍삼·흑삼은 「인삼산업법」에, 산양삼은 「임업 및 산촌 진흥촉진에 관한 법률」에, 축산물은 「축산물위생관리법」에 적합한 것이어야 한다. 다만, 최종제품의 중금속 등 유해오염물질 기준 및 규격이 사용 원료보다 더 엄격하게 정해져 있는 경우, 최종제품의 기준 및 규격에 적합하도록 적절한 원료를 사용하여야 한다.

㉥ 원료로 파쇄분을 사용할 경우에는 선도가 양호하고 부패·변질되었거나 이물 등에 오염되지 아니한 것을 사용하여야 한다.

㉦ 식품용수는 「먹는물관리법」의 먹는물 수질기준에 적합한 것이거나, 「해양심층수의 개발 및 관리에 관한 법률」의 기준·규격에 적합한 원수, 농축수, 미네랄탈염수, 미네랄농축수이어야 한다.

ⓞ 인위적으로 유전자를 재조합하거나 유전자를 구성하는 핵산을 세포 또는 세포 내 소기관으로 직접 주입하는 기술, 분류학에 따른 과(科)의 범위를 넘는 세포융합기술 등 생명공학기술을 활용하여 재배·육성된 농·축·수산물 등을 원료 등으로 사용하고자 할 경우는 「식품위생법」 제18조에 의한 '유전자변형식품 등의 안전성 심사 등에 관한 규정'에 따라 안전성 심사 결과 적합한 것이어야 한다.
ⓩ 식품에 사용되는 유산균 등은 식용가능하고 식품위생상 안전한 것이어야 한다.
ⓒ 옻나무는 옻닭 또는 옻오리 조리에 사용되는 제품의 원료로만 물추출물 또는 물추출물 제조용 티백(tea bag) 형태로 사용할 수 있다. 이때 옻나무를 사용한 제품은 우루시올 성분이 검출되어서는 아니 된다. 또한 아까시재목버섯(장수버섯, *Fomitella fraxinea*)을 이용하여 우루시올 성분을 제거한 옻나무 물 추출물은 장류, 발효식초, 탁주, 약주, 청주, 과실주에 한하여 발효공정 전에만 사용할 수 있으며 이때 사용량은 다음과 같다.
- 장류 및 발효식초 : 추출물 제조에 사용된 옻나무 중량을 기준으로 최종제품 중량의 10.0% 이하
- 탁주, 약주, 청주 및 과실주 : 추출물 제조에 사용된 옻나무 중량을 기준으로 최종제품 중량의 2.0% 이하

ⓚ 인삼 또는 홍삼 함유 제품류
- 인삼을 원료로 사용하는 경우 춘미삼, 묘삼, 삼피, 인삼박은 사용할 수 없으며 병삼인 경우에는 병든 부분을 제거하고 사용할 수 있다.
- 인삼엽은 다른 식물 등 이물이 함유되지 아니한 것으로서 병든 인삼의 잎이나 줄기 또는 꽃이어서는 아니 된다.
- 원형 그대로 넣는 수삼근은 3년근 이상(다만, 인삼산업법의 수경재배인삼은 제외한다)이어야 하며, 병삼이나 파삼은 사용할 수 없다.

ⓣ 식품 제조·가공 등에 사용하는 식용란은 부패된 알, 산패취가 있는 알, 곰팡이가 생긴 알, 이물이 혼입된 알, 혈액이 함유된 알, 내용물이 누출된 알, 난황이 파괴된 알(단, 물리적 원인에 의한 것은 제외한다), 부화를 중지한 알, 부화에 실패한 알 등 식용에 부적합한 알이 아니어야 하며, 알의 잔류허용기준에 적합하여야 한다.
ⓟ 원유에는 중화·살균·균증식 억제 및 보관을 위한 약제가 첨가되어서는 아니 되며, 우유와 양유는 동일 작업시설에서 수유하여서는 아니 되고 혼입하여서도 아니 된다.
ⓗ 냉동식용어류머리의 원료는 세계관세기구(WCO : World Customs Organzation)의 통일상품명 및 부호체계에 관한 국제 협약상 식용(HS 0303호)으로 분류되어 위생적으로 처리된 것이 관련 기관에 의해 확인된 것으로, 원료의 절단 시 내장, 아가미가 제거되고 위생적으로 처리된 것이어야 하며, 식품첨가물 등 다른 물질을 사용하지 않은 것이어야 한다.
㉮ 냉동식용어류내장의 원료는 세계관세기구(WCO)의 통일상품명 및 부호체계에 관한 국제 협약상 식용(HS 0303호, 0306호 또는 0307호)으로 분류되어 위생적으로 처리된 것이 관련 기관에 의해 확인된 것으로, 원료의 분리 시 다른 내장은 제거된 것이어야 하며, 식품첨가물 등 다른 물질을 사용하지 않은 것이어야 한다.

㉯ 생식용 굴은 「패류 생산해역 수질의 위생기준」(해양수산부 고시)에 따라 지정해역 수준의 수질 위생기준에 적합한 해역에서 생산된 것이거나 자연정화 또는 인공정화 작업을 통해 지정해역 수준의 수질 위생기준에 적합하도록 처리된 것이어야 한다.
- 자연정화 : 굴 내에 존재하는 미생물 수치를 줄이기 위해 굴을 수질기준에 적합한 지역으로 옮겨서 자연 정화 능력을 이용하여 처리하는 과정
- 인공정화 : 굴 내부의 병원체를 줄이기 위하여 육상 시설 등의 제한된 수중 환경으로 처리하는 과정

㉰ 수산물 등의 저장 및 보존을 위하여 사용되는 어업용 얼음은 위생적으로 취급되어야 한다.
㉱ 프로폴리스 추출물 함유식품에 사용되는 원료는 꿀벌이 채집한 오염되지 아니한 원료를 사용하여야 한다.
㉲ 클로렐라 함유식품의 클로렐라와 스피룰리나 함유식품의 스피룰리나는 순수배양한 것이어야 한다.
㉳ 키토산 함유식품에 사용되는 원료는 오염되지 않은 키토산 추출이 가능한 갑각류(게, 새우 등) 껍질을 사용하여야 하며, 키토산 사용식품 제조에 사용된 제조용제는 식품에 잔류하지 않아야 한다.
㉴ 식용곤충은 「곤충산업의 육성 및 지원에 관한 법률」의 식용곤충 사육기준에 적합한 것이어야 한다.
㉵ 고추는 병든 것, 곰팡이가 핀 것, 썩은 것, 상한채로 건조되어 희끗희끗하게 얼룩진 것을 사용하여서는 아니 된다.
㉶ 식품의 제조ㆍ가공 중에 발생하는 식용가능한 부산물을 다른 식품의 원료로 이용하고자 할 경우 식품의 취급기준에 맞게 위생적으로 채취ㆍ취급ㆍ관리된 것이어야 한다.
㉷ 식품원료 중 씨앗을 사용할 수 없도록 정하고 있는 열매는 섭취 시 씨앗이 제거되는 경우 씨앗을 포함한 열매를 식품의 제조ㆍ가공에 사용할 수 있다.

② 식품원료 판단기준
㉠ 다음의 어느 하나에 해당하는 것은 식품의 제조ㆍ가공 또는 조리 시 식품원료로 사용하여서는 아니 된다. 다만, 이미 식품의약품안전처장이 인정한 것과 「식품 등의 한시적 기준 및 규격 인정기준」에 따라 인정된 것은 식품의 원료로 사용할 수 있다.
- 식용을 목적으로 채취, 취급, 가공, 제조 또는 관리되지 아니한 것
- 식품원료로서 안전성 및 건전성이 입증되지 아니한 것
- 기타 식품의약품안전처장이 식용으로 부적절하다고 인정한 것

㉡ 위의 ㉠에 해당되지 않는 것은 식품원료로서 사용 가능 여부를 식품의약품안전처장이 판단한다. 다만, 식품의약품안전처장은 식품원료의 안전성과 관련된 새로운 사실이 발견되거나 제시될 경우 식품의 원료로서 사용 가능 여부를 재검토하여 판단할 수 있다.
㉢ 원료에 독성이나 부작용이 없고 식욕억제, 약리효과 등을 목적으로 섭취한 것 외에 국내에서 식용근거가 있는 경우 '식품에 사용할 수 있는 원료' 또는 '식품에 제한적으로 사용할 수 있는

원료'로 사용 가능한 것으로 판단할 수 있다.
ㄹ 다음에 해당하는 것들은 '식품에 제한적으로 사용할 수 있는 원료'로 판단할 수 있으며, 사용 용도를 특정식품에 제한할 수 있다.
- 향신료, 침출차, 주류 등 특정 식품에만 제한적 사용근거가 있는 것
- 독성이나 부작용 원인 물질을 완전 제거하고 사용해야 하는 것
- 독성이나 부작용 원인 물질의 잔류기준이 필요한 것

ㅁ 식품원료 승인을 위한 제출자료 : 승인을 위해 자료를 제출하고자 할 경우에는 다음의 「식품원료 사용을 위한 의사결정도」를 참고할 수 있으며, 제출자료는 다음과 같다.
- 원료의 기본특성자료
  - 원료명 또는 이명
  - 원료의 학명, 사용부위
  - 성분 및 함량, 사진, 자생지 등 원료의 특성을 알 수 있는 자료
  - 식품에 사용하고자 하는 용도
- 식용근거자료 : 국내에서 전래적으로 식품으로 섭취하였음을 입증할 수 있는 자료
- 독성이나 부작용이 있는 경우 제출자료
  - 독성이나 부작용의 원인물질의 명칭, 분자구조, 특성 등에 관한 자료
  - 원인물질의 독성작용이나 부작용에 대한 자료
  - 독성물질의 분석방법 등에 관한 자료
  - 독성이나 부작용의 원인물질이 완전히 제거되는 경우 이를 입증할 수 있는 자료
  - 독성이나 부작용의 원인물질에 대한 잔류기준이 설정되어 있는 경우, 규정 및 설정 사유, 최종제품에 대한 함유량 등에 관한 자료

ㅂ 식품에 사용할 수 있는 원료
- '식품에 사용할 수 있는 원료'의 목록은 [별표 1]과 같다.
- '제1. 총칙 4. 식품원료 분류'에 등재되어 있는 원료

ㅅ 식품에 제한적으로 사용할 수 있는 원료
- '식품에 제한적으로 사용할 수 있는 원료'의 목록은 [별표 2]와 같다.
- '식품에 제한적으로 사용할 수 있는 원료'로 분류된 원료는 명시된 사용 조건을 준수하여야 하며, 별도의 사용 조건이 정하여지지 않은 원료는 다음의 사용기준에 따른다.
  - 식품 제조 시 사용되는 '식품에 제한적으로 사용할 수 있는 원료'는 가공 전 원료의 중량을 기준으로 50% 미만(배합수 제외)을 사용하여야 한다.
  - 식품 제조 시 '식품에 제한적으로 사용할 수 있는 원료'를 2가지 이상 혼합할 경우 혼합되는 총량은 가공 전 원료의 중량을 기준으로 50% 미만(배합수 제외) 사용하여야 한다.
  - 다만, 최종 소비자에게 판매되지 아니하고 제조업소에 공급되는 원료용 제품을 제조하고자 하는 경우에는 위의 두 항을 적용받지 아니할 수 있다.

- 음료류, 주류 및 향신료 제조 시 '식품에 제한적으로 사용할 수 있는 원료'에 속하는 식물성원료가 1가지인 경우에는 원료의 중량을 기준으로 100%까지(배합수 제외) 사용할 수 있다.

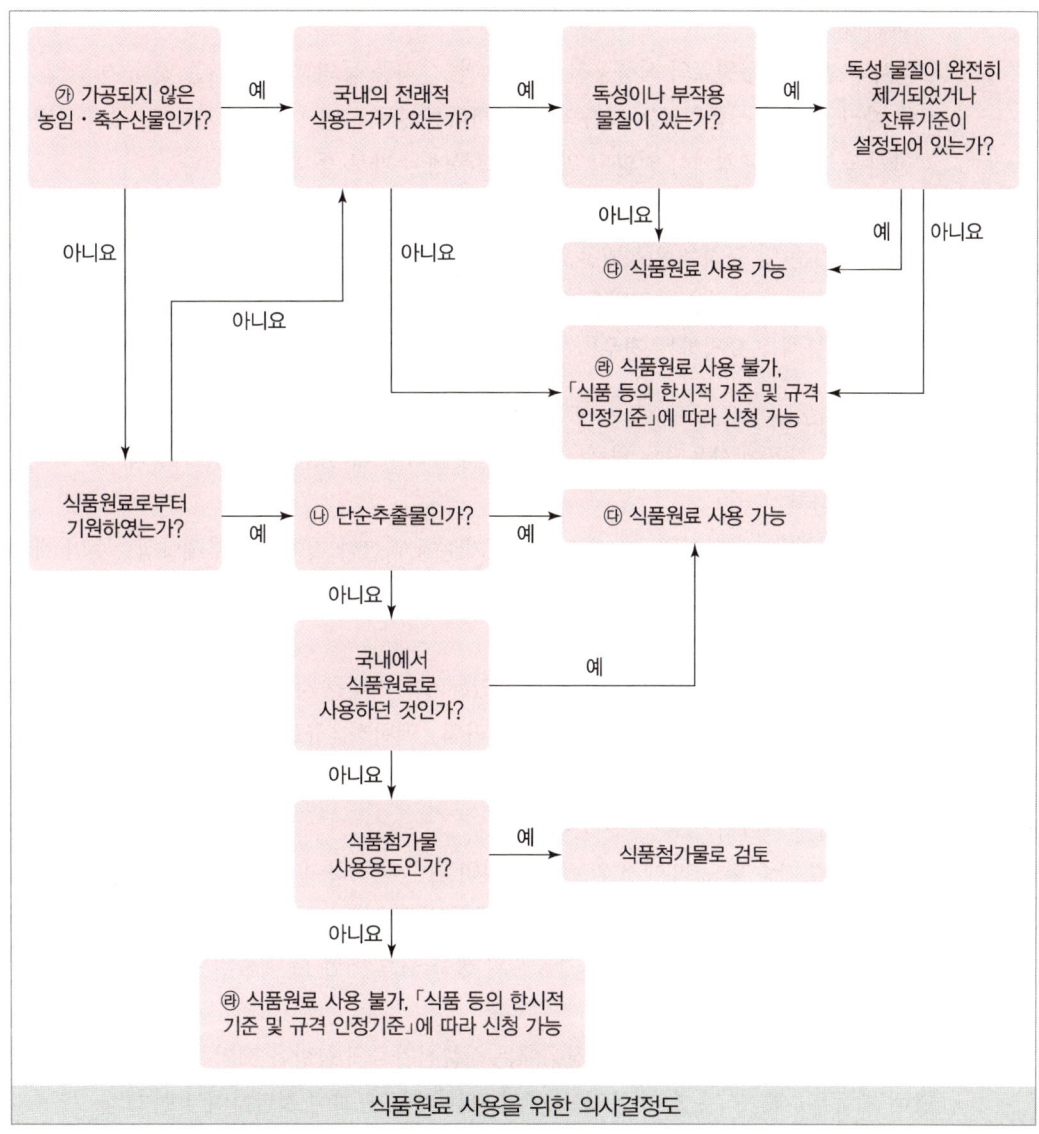

식품원료 사용을 위한 의사결정도

- 식품원료 사용 가능 : '식품에 사용할 수 있는 원료' 또는 '식품에 제한적으로 사용할 수 있는 원료'로 사용 가능함
- 식품원료 사용 불가 : 식품원료로 사용이 불가능하나, 「식품 등의 한시적 기준 및 규격인정기준」(식품위생법 시행규칙 제5조 관련)에 따라 식품원료의 한시적 기준 및 규격으로 신청 가능함

◎ 한시적 기준 · 규격에서 전환된 원료
- 「식품 등의 한시적 기준 및 규격 인정 기준」에 따라 식품원료로 인정된 후 식품공전에 등재되는 '한시적 기준 · 규격에서 전환된 원료'의 목록은 [별표 3]과 같다.
- '한시적 기준 · 규격에서 전환된 원료'로 분류된 원료는 명시된 제조(또는 사용) 조건을 준수하여야 한다.

㉣ 한시적 인정 식품원료의 식품공전 등재 요건 : 「식품 등의 한시적 기준 및 규격 인정 기준」에 따라 인정된 식품원료는 다음의 어느 하나를 충족하면 「식품의 기준 및 규격」[별표 3] '한시적 기준 · 규격에서 전환된 원료'의 목록에 추가로 등재할 수 있다.
- 한시적 기준 및 규격을 인정받은 날로부터 3년이 경과한 경우
- 한시적 기준 및 규격을 인정받은 자가 3인 이상인 경우
- 한시적 기준 및 규격을 인정받은 자가 등재를 요청하는 경우(다만, 인정받은 자가 2명인 경우 모두 등재를 요청하는 경우)

[제조 · 가공기준]
① 식품 제조 · 가공에 사용되는 원료, 기계 · 기구류와 부대시설물은 항상 위생적으로 유지 · 관리하여야 한다.
② 식품용수는 「먹는물관리법」의 먹는물 수질기준에 적합한 것이거나, 「해양심층수의 개발 및 관리에 관한 법률」의 기준 · 규격에 적합한 원수, 농축수, 미네랄탈염수, 미네랄농축수이어야 한다.
③ 식품용수는 「먹는물관리법」에서 규정하고 있는 수처리제를 사용하거나, 각 제품의 용도에 맞게 물을 응집침전, 여과[활성탄, 모래, 세라믹, 맥반석, 규조토, 마이크로필터, 한외여과(Ultra Filter), 역삼투막, 이온교환수지], 오존살균, 자외선살균, 전기분해, 염소소독 등의 방법으로 수처리하여 사용할 수 있다.
④ '제5. 식품별 기준 및 규격'에서 원료 배합 시의 기준이 정하여진 식품은 그 기준에 의하며, 물을 첨가하여 복원되는 건조 또는 농축된 식품의 경우는 복원상태의 성분 및 함량비(%)로 환산 적용한다. 다만, 식육가공품 및 알가공품의 경우 원료 배합 시 제품의 특성에 따라 첨가되는 배합수는 제외할 수 있다.
⑤ 어떤 원료의 배합기준이 100%인 경우에는 식품첨가물의 함량을 제외하되, 첨가물을 함유한 당해 제품은 '제5. 식품별 기준 및 규격'의 당해 제품 규격에 적합하여야 한다.
⑥ 식품 제조 · 가공 및 조리 중에는 이물의 혼입이나 병원성 미생물 등이 오염되지 않도록 하여야 하며, 제조 과정 중 다른 제조 공정에 들어가기 위해 일시적으로 보관되는 경우 위생적으로 취급 및 보관되어야 한다.
⑦ 식품은 물, 주정 또는 물과 주정의 혼합액, 이산화탄소만을 사용하여 추출할 수 있다. 다만, 식품첨가물의 기준 및 규격에서 개별기준이 정해진 경우는 그 사용기준을 따른다.
⑧ 냉동된 원료의 해동은 별도의 청결한 해동공간에서 위생적으로 실시하여야 한다.
⑨ 식품의 제조, 가공, 조리, 보존 및 유통 중에는 동물용 의약품을 사용할 수 없다.

⑩ 가공식품은 미생물 등에 오염되지 않도록 위생적으로 포장하여야 한다.
⑪ 식품은 캡슐 또는 정제 형태로 제조할 수 없다. 다만, 과자, 캔디류, 추잉껌, 초콜릿류, 장류, 조미식품, 당류가공품, 음료류, 과·채 가공품은 정제형태로, 식용유지류는 캡슐형태로 제조할 수 있으나 이 경우 의약품 또는 건강기능식품으로 오인·혼동할 우려가 없도록 제조하여야 한다.
⑫ 식품의 처리·가공 중 건조, 농축, 열처리, 냉각 또는 냉동 등의 공정은 제품의 영양성, 안전성을 고려하여 적절한 방법으로 실시하여야 한다.
⑬ 원유는 이물을 제거하기 위한 청정공정과 필요한 경우 유지방구의 입자를 미세화하기 위한 균질공정을 거쳐야 한다.
⑭ 유가공품의 살균 또는 멸균 공정은 따로 정하여진 경우를 제외하고 저온 장시간 살균법(63~65℃에서 30분간), 고온단시간 살균법(72~75℃에서 15초 내지 20초간), 초고온순간처리법(130~150℃에서 0.5초 내지 5초간) 또는 이와 동등 이상의 효력을 가지는 방법으로 실시하여야 한다. 그리고 살균제품에 있어서는 살균 후 즉시 10℃ 이하로 냉각하여야 하고, 멸균제품은 멸균한 용기 또는 포장에 무균공정으로 충전·포장하여야 한다.
⑮ 식품 중 살균제품은 그 중심부 온도를 63℃ 이상에서 30분간 가열 살균하거나 또는 이와 동등 이상의 효력이 있는 방법으로 가열 살균하여야 하며, 오염되지 않도록 위생적으로 포장 또는 취급하여야 한다. 또한, 식품 중 멸균제품은 기밀성이 있는 용기·포장에 넣은 후 밀봉한 제품의 중심부 온도를 120℃ 이상에서 4분 이상 멸균처리하거나 또는 이와 동등 이상의 멸균 처리를 하여야 한다. 다만, 식품별 기준 및 규격에서 정하여진 것은 그 기준에 따른다.
⑯ 멸균하여야 하는 제품 중 pH 4.6 이하인 산성식품은 살균하여 제조할 수 있다. 이 경우 해당 제품은 멸균제품에 규정된 규격에 적합하여야 한다.
⑰ 식품 중 비살균제품은 다음의 기준에 적합한 방법이나 이와 동등 이상의 효력이 있는 방법으로 관리하여야 한다.
- 원료육으로 사용하는 돼지고기는 도살 후 24시간 이내에 5℃ 이하로 냉각·유지하여야 한다.
- 원료육의 정형이나 냉동 원료육의 해동은 고기의 중심부 온도가 10℃를 넘지 않도록 하여야 한다.

⑱ 식육가공품 또는 포장육 작업장의 실내온도는 15℃ 이하로 유지 관리하여야 한다(다만, 가열처리작업장은 제외).
⑲ 식육가공품 또는 포장육의 공정상 특별한 경우를 제외하고는 가능한 한 신속히 가공하여야 한다.
⑳ 어류의 육질 이외의 부분은 비가식부분을 충분히 제거한 후 중심부 온도를 −18℃ 이하에서 보관하여야 한다.
㉑ 생식용 굴은 채취 후 신속하게 위생적인 물로써 충분히 세척하여야 하며, 식품첨가물(차아염소산나트륨 제외)을 사용하여서는 안 된다.
㉒ 기구 및 용기·포장류는 「식품위생법」 제9조의 규정에 의한 기구 및 용기·포장의 기준 및

규격에 적합한 것이어야 한다.
㉓ 식품포장 내부의 습기, 냄새, 산소 등을 제거하여 제품의 신선도를 유지시킬 목적으로 사용되는 물질은 기구 및 용기·포장의 기준·규격에 적합한 재질로 포장하여야 하고 식품에 이행되지 않도록 포장하여야 한다.
㉔ 식품의 용기·포장은 용기·포장류 제조업 신고를 필한 업소에서 제조한 것이어야 한다. 다만, 그 자신의 제품을 포장하기 위하여 용기·포장류를 직접 제조하는 경우는 제외한다.
㉕ 식품 제조·가공에 원료로 사용하는 톳과 모자반의 경우, 생물은 끓는 물에 충분히 삶고, 건조된 것은 물에 불린 후 충분히 삶는 등 무기비소 저감 공정을 거친 후 사용하여야 한다.
㉖ 도시락 제조에 사용되는 과일류 및 채소류는 충분히 세척한 후 식품첨가물로 허용된 살균제로 살균 후 깨끗한 물로 충분히 세척하여야 한다. 다만, 껍질을 제거하여 섭취하는 과일류, 과채류와 세척 후 가열과정이 있는 과일류 또는 채소류는 제외한다.
㉗ 냉장상태에서 유통되는 도시락의 경우, 도시락 용기에 담는 식품은 조리가 완료된 후 냉장온도(단, 밥은 제외)로 신속히 냉각하여 용기에 담아야 한다. 다만, 반찬의 온도에 영향을 미치지 않도록 별도 포장되는 밥은 그러하지 않을 수 있다.
㉘ 냉동수산물을 물에 담가 해동하는 경우 21℃ 이하에서 위생적으로 해동하여야 한다.
㉙ 분말, 가루, 환제품을 제조하기 위하여 원료를 금속재질의 분쇄기로 분쇄하는 경우에는 분쇄 이후(여러 번의 분쇄를 거치는 경우 최종 분쇄 이후) 충분한 자력을 가진 자석을 이용하여 금속성 이물(쇳가루)을 제거하는 공정을 거쳐야 한다. 이때 제거공정 중 자석에 부착된 분말 등을 주기적으로 제거하여 충분한 자력이 상시 유지될 수 있도록 관리하여야 한다.
㉚ 달걀을 물로 세척하는 경우 다음의 요건을 모두 충족하는 방법으로 세척하여야 한다.
- 30℃ 이상이면서 달걀의 품온보다 5℃ 이상의 물을 사용할 것
- 100~200ppm 차아염소산나트륨을 함유한 물을 사용할 것. 이때 차아염소산나트륨을 사용하지 않는 경우 150ppm 차아염소산나트륨과 동등 이상의 살균효력이 있는 방법을 사용할 수 있다.

(3) 영·유아용, 고령자용 또는 대체식품으로 표시하여 판매하는 식품의 기준 및 규격

① 영·유아용으로 표시하여 판매하는 식품
'제5. 식품별 기준 및 규격'의 1. 과자류, 빵류 또는 떡류~23. 즉석식품류에 해당하는 식품(다만, 특수영양식품, 특수의료용도식품 제외) 중 영아 또는 유아를 섭취대상으로 표시하여 판매하는 식품으로서, 그대로 또는 다른 식품과 혼합하여 바로 섭취하거나 가열 등 간단한 조리과정을 거쳐 섭취하는 식품을 말한다.

[제조·가공기준]
㉠ 미생물로 인한 위해가 발생하지 않도록 살균 또는 멸균공정을 거쳐야 한다.
㉡ 영아용 제품(영·유아 공용제품 포함) 중 액상제품은 멸균제품으로 제조하여야 한다(단, 우유류, 가공유류, 발효유류 제외).

ⓒ 꿀 또는 단풍시럽을 원료로 사용하는 때에는 클로스트리디움 보툴리눔의 포자가 파괴되도록 처리하여야 한다.
ⓔ 코코아는 12개월 이상의 유아용 제품에 사용할 수 있으며 그 사용량은 1.5% 이하이어야 한다(희석하여 섭취하는 제품은 섭취할 때를 기준으로 한다).
ⓜ 타르색소와 사카린나트륨은 사용하여서는 아니 된다.
ⓑ 제품은 제2. 식품일반에 대한 공통기준 및 규격, 3. 식품일반의 기준 및 규격, 5) 오염물질 중 영·유아용 이유식에 대해 규정한 기준에 적합하게 제조하여야 한다.

[규격]
㉠ 위생지표균 및 식중독균

규격 항목		제품 특성	n	c	m	M
세균수	① 멸균제품		5	0	0	-
	② 6개월 미만 영아를 대상으로 하는 분말제품		5	2	1,000	10,000
	위 ①, ② 이외의 식품 (분말제품 또는 유산균첨가제품, 치즈류는 제외)		5	1	10	100
대장균군(멸균제품 제외)			5	0	0	-
바실루스 세레우스(멸균제품 제외)			5	0	100	-
크로노박터(영아용 제품에 한하며, 멸균제품은 제외)			5	0	0/60g	-

㉡ 나트륨(mg/100g) : 200 이하(다만, 치즈류는 300 이하이며, 희석 또는 혼합하여 섭취하는 제품은 제조사가 제시한 섭취방법을 반영하여 기준을 적용)

② 고령자용으로 표시하여 판매하는 식품(고령친화식품)
'제5. 식품별 기준 및 규격'의 1. 과자류, 빵류 또는 떡류~24. 기타 식품류(다만, 기타 가공품은 제외)에 해당하는 식품 중 고령자를 섭취대상으로 표시하여 판매하는 식품으로서, 고령자의 식품 섭취나 소화 등을 돕기 위해 식품의 물성을 조절하거나, 소화에 용이한 성분이나 형태가 되도록 처리하거나, 영양성분을 조정하여 제조·가공한 것을 말한다.

[제조·가공기준]
㉠ 고령자의 섭취, 소화, 흡수, 대사, 배설 등의 능력을 고려하여 제조·가공하여야 한다.
㉡ 미생물로 인한 위해가 발생하지 아니하도록 과일류 및 채소류는 충분히 세척한 후 식품첨가물로 허용된 살균제로 살균 후 깨끗한 물로 충분히 세척하여야 한다(다만, 껍질을 제거하여 섭취하는 과일류, 과채류와 세척 후 가열과정이 있는 과일류 또는 채소류는 제외).
㉢ 육류, 식용란 또는 동물성 수산물을 원료로 사용하는 경우 충분히 익도록 가열하여야 한다(다만, 더 이상의 가열조리 없이 섭취하는 제품에 한함).
㉣ 고령자의 식품 섭취를 돕기 위하여 다음 중 어느 하나에 적합하도록 제조·가공하여야 한다.
• 제품 100g당 단백질, 비타민 A, C, D, 리보플라빈, 나이아신, 칼슘, 칼륨, 식이섬유 중 3개 이상의 영양성분을 '제8. 일반시험법 → 12. 부표 → 12.10 한국인 영양소 섭취기준' 중 성

인남자 65~74세의 권장섭취량 또는 충분섭취량의 10% 이상이 되도록 원료식품을 조합하거나 영양성분을 첨가하여야 한다. 다만, 특정 성별·연령군을 대상으로 하는 제품임을 명시하는 경우 해당 인구군의 영양소 섭취기준을 사용할 수 있으며, 고령자용 영양조제식품은 '제5. 식품별 기준 및 규격 → 10. 특수영양식품 → 10-7 고령자용 영양조제식품 → 3) 제조·가공 기준'에 따라 제조한다.
- 고령자가 섭취하기 용이하도록 경도 500,000N/m² 이하로 제조하여야 한다.

[규격]
㉠ 대장균군 : $n=5$, $c=0$, $m=0$(살균제품에 한함)
㉡ 대장균 : $n=5$, $c=0$, $m=0$(비살균제품에 한함)
㉢ 경도 : 500,000N/m² 이하(경도조절제품에 한함)
㉣ 점도 : 1,500mpa·s 이상(경도 20,000N/m² 이하의 점도조절 액상제품에 한함)

③ 대체식품으로 표시하여 판매하는 식품

동물성 원료 대신 식물성 원료, 미생물, 식용곤충, 세포배양물 등을 주원료로 사용하여 기존 식품과 유사한 형태, 맛, 조직감 등을 가지도록 제조하였다는 것을 표시하여 판매하는 식품을 말한다.

[제조·가공기준]
㉠ 건조 소시지류와 유사한 형태로 제조한 식품은 수분을 35% 이하로, 반건조 소시지류 및 건조저장 육류와 유사한 형태로 제조한 식품은 수분을 55% 이하로 가공하여야 한다.
㉡ 발효유류와 유사한 형태로 제조한 식품은 배합된 원료(유산균, 효모는 제외한다)의 살균 또는 멸균, 냉각공정을 거친 후 원료로 사용한 유산균 또는 효모 이외의 다른 미생물이 오염되지 않도록 하여야 하며, 유산균 또는 효모는 적절한 온도를 유지하여 배양 또는 발효하여야 한다.
㉢ 어육가공품류와 유사한 형태로 제조한 식품의 유탕·유처리 시에 사용하는 유지는 산가 2.5 이하, 과산화물가 50 이하이어야 한다.
㉣ 건포류와 유사한 형태로 제조한 식품은 필요시 살균 또는 멸균처리하여야 하고 제품은 위생적으로 포장하여야 한다.

[규격]
㉠ 산가 : 5.0 이하(유탕·유처리식품에 한함)
㉡ 과산화물가 : 60 이하(유탕·유처리식품에 한함)
㉢ 세균수 : $n=5$, $c=0$, $m=0$(멸균제품에 한함)
㉣ 대장균군 : $n=5$, $c=1$, $m=0$, $M=10$(살균제품에 한함)
㉤ 대장균 : $n=5$, $c=1$, $m=0$, $M=10$(비살균제품 중 더 이상 가공, 가열 조리를 하지 않고 그대로 섭취하는 제품에 한함)

(4) 장기보존식품의 기준 및 규격

① 통·병조림 식품

제조·가공 또는 위생처리된 식품을 12개월을 초과하여 실온에서 보존 및 유통할 목적으로 식품을 통 또는 병에 넣어 탈기와 밀봉 및 살균 또는 멸균한 것을 말한다.

[제조·가공기준]
㉠ 멸균은 제품의 중심온도가 120℃ 이상에서 4분 이상 열처리하거나 또는 이와 동등 이상의 효력이 있는 방법으로 열처리하여야 한다.
㉡ pH 4.6을 초과하는 저산성식품(Low acid food)은 제품의 내용물, 가공장소, 제조일자를 확인할 수 있는 기호를 표시하고 멸균공정 작업에 대한 기록을 보관하여야 한다.
㉢ pH가 4.6 이하인 산성식품은 가열 등의 방법으로 살균처리할 수 있다.
㉣ 제품은 저장성을 가질 수 있도록 그 특성에 따라 적절한 방법으로 살균 또는 멸균 처리하여야 하며 내용물의 변색이 방지되고 호열성 세균의 증식이 억제될 수 있도록 적절한 방법으로 냉각하여야 한다.

[규격]
㉠ 성상 : 관 또는 병뚜껑이 팽창 또는 변형되지 아니하고, 내용물은 고유의 색택을 가지고 이미·이취가 없어야 한다.
㉡ 주석(mg/kg) : 150 이하(알루미늄 캔을 제외한 캔 제품에 한하며, 산성 통조림은 200 이하이어야 함)
㉢ 세균발육 : 음성이어야 한다.

② 레토르트 식품

제조·가공 또는 위생처리된 식품을 12개월을 초과하여 실온에서 보존 및 유통할 목적으로 단층 플라스틱필름이나 금속박 또는 이를 여러 층으로 접착하여, 파우치와 기타 모양으로 성형한 용기에 제조·가공 또는 조리한 식품을 충전하고 밀봉하여 가열살균 또는 멸균한 것을 말한다.

[제조·가공기준]
㉠ 멸균은 제품의 중심온도가 120℃ 이상에서 4분 이상 열처리하거나 또는 이와 동등 이상의 효력이 있는 방법으로 열처리하여야 한다.
㉡ pH 4.6을 초과하는 저산성 식품(Low acid food)은 제품의 내용물, 가공장소, 제조일자를 확인할 수 있는 기호를 표시하고 멸균공정 작업에 대한 기록을 보관하여야 한다.
㉢ pH가 4.6 이하인 산성식품은 가열 등의 방법으로 살균처리할 수 있다.
㉣ 제품은 저장성을 가질 수 있도록 그 특성에 따라 적절한 방법으로 살균 또는 멸균 처리하여야 하며 내용물의 변색이 방지되고 호열성 세균의 증식이 억제될 수 있도록 적절한 방법으로 냉각시켜야 한다.

ⓜ 보존료는 일절 사용하여서는 아니 된다.

[규격]
㉠ 성상 : 외형이 팽창, 변형되지 아니하고, 내용물은 고유의 향미, 색택, 물성을 가지고 이미·이취가 없어야 한다.
㉡ 세균발육 : 음성이어야 한다.
㉢ 타르색소 : 검출되어서는 아니 된다.

③ 냉동식품

제조·가공 또는 조리한 식품을 장기보존할 목적으로 냉동처리, 냉동보관하는 것으로서 용기·포장에 넣은 식품을 말한다.
- 가열하지 않고 섭취하는 냉동식품 : 별도의 가열과정 없이 그대로 섭취할 수 있는 냉동식품을 말한다.
- 가열하여 섭취하는 냉동식품 : 섭취 시 별도의 가열과정을 거쳐야만 하는 냉동식품을 말한다.

[제조·가공기준]
살균제품은 그 중심부의 온도를 63℃ 이상에서 30분 가열하거나 이와 같은 수준 이상의 효력이 있는 방법으로 가열 살균하여야 한다.

[규격]
식육, 포장육, 유가공품, 식육가공품, 알가공품, 식육함유가공품(비살균제품), 어육가공품류(비살균제품), 기타 동물성 가공식품(비살균제품)은 제외
㉠ 가열하지 않고 섭취하는 냉동식품
- 세균수 : $n=5$, $c=2$, $m=100,000$, $M=500,000$(다만, 발효제품, 발효제품 첨가 또는 유산균 첨가제품은 제외한다)
- 대장균군 : $n=5$, $c=2$, $m=10$, $M=100$(살균제품에 해당된다)
- 대장균 : $n=5$, $c=2$, $m=0$, $M=10$(다만, 살균제품은 제외한다)
- 유산균 수 : 표시량 이상(유산균 첨가제품에 해당된다)
㉡ 가열하여 섭취하는 냉동식품
- 세균수 : $n=5$, $c=2$, $m=1,000,000$, $M=5,000,000$(살균제품은 $n=5$, $c=2$, $m=100,000$, $M=500,000$, 다만, 발효제품, 발효제품 첨가 또는 유산균 첨가제품은 제외한다)
- 대장균군 : $n=5$, $c=2$, $m=10$, $M=100$(살균제품에 해당된다)
- 대장균 : $n=5$, $c=2$, $m=0$, $M=10$(다만, 살균제품은 제외한다)
- 유산균 수 : 표시량 이상(유산균 첨가제품에 해당된다)
  ※ 주 : 간편조리세트(특수의료용도식품 중 간편조리세트형 제품 포함)는 가열조리하여 섭취하는 재료 중 다른 재료와 교차오염되지 않도록 구분 포장된 농·축·수산물 재료를 제외하고, 나머지 구성 재료를 모두 혼합하여 규격을 적용

(5) 식품의 기준 및 규격(식품공전상 식품유형별 정의)

① 과자류, 빵류 또는 떡류 : 곡분, 설탕, 달걀, 유제품 등을 주원료로 하여 가공한 과자, 캔디류, 추잉껌, 빵류, 떡류를 말한다.

구분	내용
과자	곡분 등을 주원료로 하여 굽기, 팽화, 유탕 등의 공정을 거친 것이거나 이에 식품 또는 식품첨가물을 가한 것으로 비스킷, 웨이퍼, 쿠키, 크래커, 한과류, 스낵과자 등을 말한다.
캔디류	당류, 당알코올, 앙금, 과즙 등 당분 또는 당분을 다량 함유한 원료를 주원료로 하여 이에 식품 또는 식품첨가물을 가하여 성형 등 가공한 감미의 기호성 식품으로 사탕, 캐러멜, 양갱, 젤리 등을 말한다.
추잉껌	천연 또는 합성수지 등을 주원료로 한 껌 베이스에 다른 식품 또는 식품첨가물을 가하여 가공한 것을 말한다.
빵류	밀가루 또는 기타 곡분, 설탕, 유지, 달걀 등을 주원료로 하여 이를 발효시키거나 발효하지 않고 반죽한 것 또는 크림, 설탕, 달걀 등을 주원료로 하여 반죽하여 냉동한 것과 이를 익힌 것으로서 식빵, 케이크, 카스텔라, 도넛, 피자, 파이, 핫도그, 티라미스, 무스 케이크 등을 말한다.
떡류	쌀가루, 찹쌀가루, 감자가루 또는 전분이나 기타 곡분 등을 주원료로 하여 이에 식염, 당류, 곡류, 두류, 채소류, 과일류 또는 주류 등을 가하여 반죽한 것 또는 익힌 것을 말한다.

② 빙과류 : 원유, 유가공품, 먹는물에 다른 식품 또는 식품첨가물 등을 가한 후 냉동하여 섭취하는 아이스크림류, 빙과, 아이스크림믹스류, 식용얼음을 말한다.

구분	내용
아이스크림류 (*축산물가공품)	원유, 유가공품을 원료로 하여 이에 다른 식품 또는 식품첨가물 등을 가한 후 냉동, 경화한 것을 말하며, 유산균(유산간균, 유산구균, 비피더스균을 포함한다) 함유제품은 유산균 함유제품 또는 발효유를 함유한 제품으로 표시한 아이스크림류를 말한다.
아이스크림믹스류 (*축산물가공품)	원유 및 유가공품 등을 원료로 하여 이에 다른 식품 또는 식품첨가물 등을 가하여 혼합, 살균·멸균한 액상 제품과 이를 건조, 분말화한 제품으로서 그대로 또는 물을 가하여 냉동시키면 아이스크림류가 되는 것을 말한다.
빙과	먹는물에 식품 또는 식품첨가물을 혼합하여 냉동한 것으로 아이스크림류와 아이스크림믹스류에 해당되지 아니하는 것을 말한다.
얼음류	식품의 제조·가공·조리·저장 등에 사용하거나 그대로 먹을 수 있도록 먹는물을 냉동한 것을 말한다.

③ 코코아가공품류 또는 초콜릿류 : 테오브로마 카카오(*Theobroma cacao*)의 씨앗으로부터 얻은 코코아매스, 코코아버터, 코코아분말과 이에 식품 또는 식품첨가물을 가하여 가공한 기타 코코아가공품, 초콜릿, 밀크초콜릿, 화이트초콜릿, 준초콜릿, 초콜릿가공품을 말한다.

구분	내용
코코아가공품류	카카오 씨앗으로부터 얻은 코코아매스, 코코아버터, 코코아분말과 이를 주원료로 하여 가공한 기타 코코아가공품을 말한다.
초콜릿류	코코아가공품류에 식품 또는 식품첨가물을 가하여 가공한 초콜릿, 밀크초콜릿, 화이트초콜릿, 준초콜릿, 초콜릿가공품을 말한다.

④ 당류 : 전분질원료나 당액을 가공하여 얻은 설탕류, 당시럽류, 올리고당류, 포도당, 과당류, 엿류 또는 이를 가공한 당류가공품을 말한다.

구분	내용
설탕류	사탕수수 또는 사탕무 등에서 추출한 당액 또는 원당을 정제한 설탕, 기타 설탕을 말한다.
당시럽류	사탕수수, 단풍나무 등에서 당즙을 채취한 후 정제, 농축 등의 방법으로 가공한 액상의 것을 말한다.
올리고당류	당질원료를 이용하여 10 이하의 당 분자가 직쇄 또는 분지결합하도록 효소를 작용시켜 얻은 당액이나 이를 여과, 정제, 농축한 액상 또는 분말상의 것으로 올리고당과 올리고당가공품을 말한다.
포도당	전분을 주원료로 하여 당화시켜 얻은 것을 여과, 농축, 정제한 것을 말한다.
과당류	전분을 주원료로 하여 당화시켜 얻은 포도당을 이성화한 것이거나, 설탕을 가수분해하여 얻은 당액을 가공한 것을 말한다.
엿류	전분 또는 전분질 원료를 주원료로 하여 효소 또는 산으로 가수분해시킨 후 그 당액을 가공한 물엿, 기타 엿, 덱스트린을 말한다.
당류가공품	설탕류, 포도당, 과당류, 엿류, 당시럽류, 올리고당류, 벌꿀류 등을 주원료로 하여 가공한 것을 말한다. 다만, 따로 기준 및 규격이 정하여져 있는 것은 그 기준 · 규격에 의한다.

⑤ 잼류 : 과일류, 채소류, 유가공품 등을 당류 등과 함께 젤리화 또는 시럽화한 것으로 잼, 기타 잼을 말한다.

⑥ 두부류 또는 묵류 : 두류를 주원료로 하여 얻은 두유액을 응고시켜 제조·가공한 것으로 두부, 유바, 가공두부를 말하며, 묵류라 함은 전분질이나 다당류를 주원료로 하여 제조한 것을 말한다.

⑦ 식용유지류 : 유지를 함유한 원료로부터 얻은 원료 유지를 식용에 적합하도록 제조·가공한 것 또는 이에 식품 또는 식품첨가물을 가한 것으로 식물성 유지류, 동물성 유지류, 식용유지가공품을 말한다.

구분	내용
식물성 유지류	유지를 함유한 식물(파쇄분 포함)로부터 얻은 원료 유지를 식용에 적합하게 처리한 것이거나 이를 원료로 하여 제조·가공한 것으로 콩기름, 옥수수기름, 채종유, 미강유, 참기름, 추출참깨유, 들기름, 추출들깨유, 홍화유, 해바라기유, 목화씨기름, 땅콩기름, 올리브유, 팜유류, 야자유, 고추씨기름 등을 말한다.
동물성 유지류 (*축산물가공품, 다만 어유, 기타 동물성 유지 제외)	유지를 함유한 동물성 원료로부터 얻은 원료유지나 이를 원료로 하여 제조·가공한 것으로 식용우지, 식용돈지 등을 말한다.
식용유지 가공품	식물성 유지 또는 동물성 유지를 주원료로 하여 식품 또는 식품첨가물을 가하여 제조·가공한 것으로 혼합식용유, 향미유, 가공유지, 쇼트닝, 마가린, 식물성크림, 모조치즈 등을 말한다.

⑧ 면류 : 곡분 또는 전분 등을 주원료로 하여 성형, 열처리, 건조 등을 한 것으로 생면, 숙면, 건면, 유탕면을 말한다.

⑨ 음료류 : 다류, 커피, 과일·채소류음료, 탄산음료류, 두유류, 발효음료류, 인삼·홍삼음료 등 음용을 목적으로 하는 것을 말한다.

구분	내용
다류	식물성 원료를 주원료로 하여 제조·가공한 기호성 식품으로서 침출차, 액상차, 고형차를 말한다.
커피	커피원두를 가공한 것이거나 또는 이에 식품 또는 식품첨가물을 가한 것으로서 볶은 커피(커피원두를 볶은 것 또는 이를 분쇄한 것), 인스턴트커피(볶은 커피의 가용성 추출액을 건조한 것), 조제커피, 액상커피(유가공품에 커피를 혼합하여 음용하도록 만든 것으로서 커피고형분이 0.5% 이상인 제품 포함)를 말한다.
과일·채소류음료	과일 또는 채소를 주원료로 하여 가공한 것으로서 직접 또는 희석하여 음용하는 것으로 농축과·채즙, 과·채주스, 과·채음료를 말한다.
탄산음료류	탄산가스를 함유한 탄산음료, 탄산수를 말한다.
두유류	두류 및 두류가공품의 추출물이거나 이에 다른 식품이나 식품첨가물을 가하여 제조·가공한 것으로 원액두유, 가공두유를 말한다.
발효음료류	유가공품 또는 식물성 원료를 유산균, 효모 등 미생물로 발효시켜 가공한 것을 말한다. 다만, 발효유류에 해당되지 않는 것을 말한다.
인삼·홍삼음료	인삼, 홍삼 또는 가용성 인삼·홍삼성분에 식품 또는 식품첨가물 등을 가하여 제조한 것으로서 직접 음용하는 것을 말한다.
기타 음료	먹는물에 식품 또는 식품첨가물을 가하여 제조하거나 또는 동·식물성 원료를 이용하여 음용할 수 있도록 가공한 것으로 다른 식품유형이 정하여지지 아니한 음료를 말한다.

⑩ 특수영양식품 : 영·유아, 비만자 또는 임산·수유부 등 특별한 영양관리가 필요한 특정 대상을 위하여 식품과 영양성분을 배합하는 등의 방법으로 제조·가공한 것으로 조제유류, 영아용 조제식, 성장기용 조제식, 영·유아용 이유식, 체중조절용 조제식품, 임산·수유부용 식품, 고령자용 영양조제식품을 말한다.

구분	내용
조제유류 (*축산물가공품)	원유 또는 유가공품을 주원료로 하고 이에 영·유아의 성장 발육에 필요한 무기질, 비타민 등 영양성분을 첨가하여 모유의 성분과 유사하게 가공한 것을 말한다.
영아용 조제식	분리대두단백 또는 기타의 식품에서 분리한 단백질을 단백원으로 하여 영아의 정상적인 성장·발육에 적합하도록 기타의 식품, 무기질, 비타민 등 영양성분을 첨가하여 모유 또는 조제유의 수유가 어려운 경우 대용의 용도로 분말상 또는 액상으로 제조·가공한 것을 말한다. 다만, 조제유류는 제외한다.
성장기용 조제식	분리대두단백 등 단백질 함유식품을 원료로 생후 6개월부터의 영아, 유아의 정상적인 성장·발육에 필요한 무기질, 비타민 등 영양성분을 첨가하여 이유식의 섭취 시 액상으로 사용할 수 있도록 분말상 또는 액상으로 제조·가공한 것을 말한다. 다만, 조제유류는 제외한다.
영·유아용 이유식	영·유아의 이유기 또는 성장기에 일반식품으로의 적응을 도모할 목적으로 제조·가공한 죽, 미음 또는 퓨레, 페이스트상의 제품(또는 물, 우유등과 혼합하여 이러한 상태가 되는 제품)을 말한다.
체중조절용 조제식품	체중의 감소 또는 증가가 필요한 사람을 위해 식사의 일부 또는 전부를 대신할 수 있도록 필요한 영양성분을 가감하여 조제된 식품을 말한다.

구분	내용
임산·수유부용 식품	임신과 출산, 수유로 인하여 일반인과 다른 영양요구량을 가진 임산부 및 수유부의 식사 일부 또는 전부를 대신할 목적으로 제조·가공한 것을 말한다.
고령자용 영양조제식품	고령자의 영양섭취 부족을 예방 또는 개선하기 위해 65세 이상의 고령자에게 필요한 영양성분을 균형 있게 제공할 수 있도록 영양성분을 조정하고 배합하여 제조·가공한 것으로서, 음용하거나 반유동 형태로 섭취하는 식품(물 등의 액상의 식품을 혼합한 후 음용하거나 반유동 형태로 섭취하는 식품을 포함)을 말한다.

⑪ 특수의료용도식품 : 정상적으로 섭취, 소화, 흡수 또는 대사할 수 있는 능력이 제한되거나 질병, 수술 등의 임상적 상태로 인하여 일반인과 생리적으로 특별히 다른 영양요구량을 가지고 있어 충분한 영양공급이 필요하거나 일부 영양성분의 제한 또는 보충이 필요한 사람에게 식사의 일부 또는 전부를 대신할 목적으로 경구 또는 경관급식을 통하여 공급할 수 있도록 제조·가공된 식품을 말한다.

구분	내용
표준형 영양조제식품	질병, 수술 등의 임상적 상태로 인하여 일반인과 생리적으로 특별히 다른 영양요구량을 가지거나 체력 유지·회복이 필요한 사람에게 식사를 대신하거나 보충하여 영양을 균형 있게 공급할 수 있도록 이 고시에서 정한 표준형 영양조제식품의 성분기준에 따라 제조·가공된 것으로서, 음용하거나 반유동 형태로 섭취하는 식품(물 등 액상의 식품과 혼합한 후 음용하거나 반유동 형태로 섭취하는 식품을 포함)을 말한다.
맞춤형 영양조제식품	선천적·후천적 질병, 수술 등 일시적 또는 만성적 임상상태로 인하여 일반인과 생리적으로 특별히 다른 영양요구량을 가지거나 체력 유지·회복이 필요한 사람을 대상으로 식사를 대신하거나 보충하여 영양을 균형 있게 공급할 수 있도록 제조자가 과학적 입증자료를 토대로 제조·가공한 것으로서, 음용하거나 반유동 형태로 섭취하는 식품(물 등 액상의 식품과 혼합한 후 음용하거나 반유동 형태로 섭취하는 식품을 포함)을 말한다.
식단형 식사관리식품	영양성분 섭취관리가 필요한 만성질환자 등이 편리하게 식사관리를 할 수 있도록 질환별 영양요구에 적합하게 제조된 것으로서, 조리된 식품이거나 조리된 식품을 조합하여 도시락 또는 식단 형태로 구성한 것, 소비자가 직접 조리하여 섭취하도록 손질된 식재료를 조합하여 조리법과 함께 동봉한 것 또는 조리된 식품과 손질된 식재료를 조합하여 제조한 것을 말한다.

⑫ 장류 : 동·식물성 원료에 누룩균 등을 배양하거나 메주 등을 주원료로 하여 식염 등을 섞어 발효·숙성시킨 것을 제조·가공한 것으로 한식메주, 개량메주, 한식간장, 양조간장, 산분해간장, 효소분해간장, 혼합간장, 한식된장, 된장, 고추장, 춘장, 청국장, 혼합장 등을 말한다.

⑬ 조미식품 : 식품을 제조·가공·조리함에 있어 풍미를 돋우기 위한 목적으로 사용되는 것으로 식초, 소스류, 카레, 고춧가루 또는 실고추, 향신료가공품, 식염을 말한다.

구분	내용
식초류	곡류, 과실류, 주류 등을 주원료로 하여 초산발효하거나 이에 곡물당화액, 과실착즙액 등을 혼합하여 숙성하는 등의 공정을 거쳐 제조한 발효식초와 빙초산 또는 초산을 주원료로 하여 먹는물로 희석하는 등의 방법으로 제조한 희석초산을 말한다.
소스류	동·식물성 원료에 향신료, 장류, 당류, 식염, 식초, 식용유지 등을 가하여 가공한 것으로 식품의 조리 전·후에 풍미 증진을 목적으로 사용되는 것을 말한다. 다만, 따로 기준 및 규격이 정하여진 것은 제외한다.

구분	내용
카레(커리)	향신료를 원료로 한 카레(커리)분 또는 이에 식품이나 식품첨가물 등을 가하여 만든 것을 말한다.
고춧가루 또는 실고추	가짓과에 속하는 고추 또는 그 변종의 성숙한 열매를 건조한 후 분쇄한 것이거나 실 모양으로 절단한 것을 말한다.
향신료가공품	향신식물(고추, 마늘, 생강 포함)의 잎, 줄기, 열매, 뿌리 등을 단순가공한 것이거나 이에 식품 또는 식품첨가물을 혼합하여 가공한 것으로 다른 식품의 풍미를 높이기 위하여 사용하는 것을 말한다. 다만, 카레(커리) 및 고춧가루 또는 실고추에 해당하는 것은 제외한다.

⑭ 절임류 또는 조림류 : 동·식물성 원료에 식염, 식초, 당류 또는 장류를 가하여 절이거나 가열한 것으로 김치류, 절임류, 조림류를 말한다.

구분	내용
김치류	배추 등 채소류를 주원료로 하여 절임, 양념혼합공정을 거쳐 그대로 또는 발효시켜 가공한 김치와 김치를 제조하기 위해 사용하는 김칫속을 말한다.
절임류	채소류, 과일류, 향신료, 야생식물류, 수산물 등을 주원료로 하여 식염, 식초, 당류 또는 장류 등에 절인 후 그대로 또는 이에 다른 식품을 가하여 가공한 절임식품 및 당절임을 말한다. 다만, 따로 기준 및 규격이 정하여져 있는 것은 제외한다.
조림류	동·식물성 원료를 주원료로 하여 식염, 장류, 당류 등을 첨가하고 가열하여 조리거나 볶은 것 또는 이를 조미 가공한 것을 말한다.

⑮ 주류 : 곡류 등의 전분질 원료나 과실 등의 당질 원료를 주된 원료로 하여 발효, 증류 등의 방법으로 제조·가공한 발효주류, 증류주류, 기타 주류, 주정 등 주세법에서 규정한 주류를 말한다.

구분	내용
발효주류	곡류 등의 전분질 원료나 과실 등의 당질 원료를 주된 원료로 하여 발효시켜 제조한 탁주, 약주, 청주, 맥주, 과실주를 말한다.
증류주류	곡류 등의 전분질 원료나 과실 등의 당질 원료를 주된 원료로 하여 발효시킨 후 증류하여 그대로 또는 나무통에 저장하여 제조한 것을 말한다.
기타 주류	발효주류, 증류주류 또는 주정에 속하지 않는 주류를 말한다.
주정	전분질 원료 또는 당질 원료를 발효시켜 증류한 것이나 조주정을 증류한 것으로 희석하여 음용할 수 있는 에탄올을 말한다. 단, 불순물이 포함되어 있어서 직접 음용할 수는 없으나 정제하면 음용할 수 있는 조주정(粗酒精)은 제외한다.

⑯ 농산가공식품류 : 농산물을 주원료로 하여 가공한 전분류, 밀가루류, 땅콩 또는 견과류가공품류, 시리얼류, 찐쌀, 효소식품 등을 말한다. 다만, 따로 기준 및 규격이 정하여진 것은 제외한다.

구분	내용
전분류	전분질 원료를 사용하여 마쇄, 사별, 분리 등의 과정을 거쳐 얻은 것이거나 이에 식품 또는 식품첨가물을 가하여 가공한 것을 말한다.
밀가루류	밀을 선별, 가수, 분쇄, 분리 등의 과정을 거쳐 얻은 분말 또는 이에 영양강화의 목적으로 식품 또는 식품첨가물을 가한 것을 말한다.

구분	내용
땅콩 또는 견과류가공품류	땅콩 또는 견과류를 단순가공하거나 이에 식품 또는 식품첨가물을 가하여 가공한 땅콩버터, 땅콩 또는 견과류가공품을 말한다.
시리얼류	옥수수, 밀, 쌀 등의 곡류를 주원료로 하여 비타민류 및 무기질류 등 영양성분을 강화, 가공한 것으로 필요에 따라 채소, 과일, 견과류 등을 넣어 제조·가공한 것을 말한다.
찐쌀	벼를 익힌 후 건조하여 도정한 것이거나, 쌀을 익혀서 건조한 것을 말한다.
효소식품	식물성 원료에 식용미생물을 배양시켜 효소를 다량 함유하게 하거나 식품에서 효소함유 부분을 추출한 것 또는 이를 주원료로 하여 가공한 것을 말한다.
기타 농산가공품류	과일, 채소, 곡류, 두류, 서류, 버섯 등 농산물을 가공한 것을 말한다. 다만, 따로 기준 및 규격이 정하여진 것은 제외한다.

⑰ 식육가공품류 및 포장육 : 「축산물 위생관리법」에 따른 식육 또는 식육가공품을 주원료로 하여 가공한 햄류, 소시지류, 베이컨류, 건조저장육류, 양념육류, 식육추출가공품, 식육간편조리세트, 식육함유가공품, 포장육을 말한다.

구분	내용
햄류 (*축산물가공품)	식육 또는 식육가공품을 부위에 따라 분류하여 정형 염지한 후 숙성, 건조한 것, 훈연, 가열처리한 것이거나 식육의 고깃덩어리에 식품 또는 식품첨가물을 가한 후 숙성, 건조한 것이거나 훈연 또는 가열처리하여 가공한 것을 말한다.
소시지류 (*축산물가공품)	식육이나 식육가공품을 그대로 또는 염지하여 분쇄 세절한 것에 식품 또는 식품첨가물을 가한 후 훈연 또는 가열처리한 것이거나, 저온에서 발효시켜 숙성 또는 건조처리한 것이거나, 또는 케이싱에 충전하여 냉장·냉동한 것을 말한다(육 함량 70% 이상, 전분 10% 이하의 것).
베이컨류 (*축산물가공품)	돼지의 복부육(삼겹살) 또는 특정부위육(등심육, 어깨부위육)을 정형한 것을 염지한 후 그대로 또는 식품 또는 식품첨가물을 가하여 훈연하거나 가열처리한 것을 말한다.
건조저장육류 (*축산물가공품)	식육을 그대로 또는 이에 식품 또는 식품첨가물을 가하여 건조하거나 열처리하여 건조한 것을 말한다(육 함량 85% 이상의 것).
양념육류 (*축산물가공품)	식육 또는 식육가공품에 식품 또는 식품첨가물을 가하여 양념하거나 이를 가열 등 가공한 것을 말한다.
식육추출가공품 (*축산물가공품)	식육을 주원료로 하여 물로 추출한 것이거나 이에 식품 또는 식품첨가물을 가하여 가공한 것을 말한다.
식육간편조리세트 (*축산물가공품)	제조업자 자신이 직접 절단한 식육 또는 직접 제조한 식육가공품을 주재료로 하고, 이에 가공식품이나 조리되지 않은 손질된 농·축·수산물 등 다른 식품을 부재료로 구성하여, 제공되는 조리법에 따라 소비자가 가정에서 간편하게 조리하여 섭취할 수 있도록 제조한 것으로 구성 재료 중 육 함량이 60% 이상(분쇄육인 경우 50% 이상)인 제품을 말한다.
식육함유가공품	식육을 주원료로 하여 제조·가공한 것으로 상기 중분류 식품에 해당하지 않는 것을 말한다.
포장육 (*축산물가공품)	판매를 목적으로 식육을 절단(세절, 분쇄 포함)하여 포장한 상태로 냉장 또는 냉동한 것으로서 화학적 합성품 등 첨가물 또는 다른 식품을 첨가하지 않은 것을 말한다(육 함량 100%).

⑱ 알가공품류 : 「축산물 위생관리법」에 따른 식용란을 주원료로 하여 가공한 알가공품과 알함유가공품을 말한다.

구분	내용
알가공품 (*축산물가공품)	알 또는 알가공품을 원료로 하여 식품 또는 식품첨가물을 가한 것이거나 이를 가공한 전란액, 난황액, 난백액, 전란분, 난황분, 난백분, 알가열제품, 피단을 말한다.
알함유가공품	알을 주원료로 하여 제조·가공한 것으로 알가공품에 해당되지 않는 것을 말한다.

⑲ 유가공품류 : 「축산물 위생관리법」에 따른 원유를 주원료로 하여 가공한 우유류, 가공유류, 산양유, 발효유류, 버터유, 농축유류, 유크림류, 버터류, 치즈류, 분유류, 유청류, 유당, 유단백가수분해식품, 유함유가공품을 말한다. 다만, 커피고형분이 0.5% 이상 함유된 음용을 목적으로 하는 제품은 제외한다.

구분	내용
우유류 (*축산물가공품)	원유를 살균 또는 멸균처리한 것(원유의 유지방분을 부분 제거한 것 포함)이거나 유지방 성분을 조정한 것 또는 유가공품으로 원유성분과 유사하게 환원한 것을 말한다.
가공유류 (*축산물가공품)	원유 또는 유가공품에 식품 또는 식품첨가물을 가한 액상의 것을 말한다. 다만, 커피 고형분이 0.5% 이상인 제품은 제외한다.
산양유 (*축산물가공품)	산양의 원유를 살균 또는 멸균 처리한 것을 말한다(산양의 원유 100%).
발효유류 (*축산물가공품)	원유 또는 유가공품을 유산균 또는 효모로 발효시킨 것이거나, 이에 식품 또는 식품첨가물을 가한 것을 말한다.
버터유 (*축산물가공품)	우유의 크림에서 버터를 제조하고 남은 것을 살균 또는 멸균 처리한 것이거나 이를 분말화한 것을 말한다(원료 버터유 100%).
농축유류 (*축산물가공품)	원유 또는 우유류를 그대로 농축한 것이거나 원유 또는 우유류에 식품 또는 식품첨가물을 가하여 농축한 것을 말한다.
유크림류 (*축산물가공품)	원유 또는 우유류에서 분리한 유지방분이거나 이에 식품 또는 식품첨가물을 가한 것을 말한다.
버터류 (*축산물가공품)	원유, 우유류 등에서 유지방분을 분리한 것이거나 발효시킨 것을 그대로 또는 이에 식품이나 식품첨가물을 가하여 교반, 연압 등 가공한 것을 말한다.
치즈류 (*축산물가공품)	원유 또는 유가공품에 유산균, 응유효소, 유기산 등을 가하여 응고, 가열, 농축 등의 공정을 거쳐 제조·가공한 치즈 및 이를 원료로 가열·유화하여 제조·가공한 가공치즈를 말한다.
분유류 (*축산물가공품)	원유 또는 탈지유를 그대로 또는 이에 식품 또는 식품첨가물을 가하여 가공한 분말상의 것을 말한다.
유청류 (*축산물가공품)	원유, 우유를 유산균으로 발효시키거나 효소 또는 산을 가하여 생산된 생유청을 그대로 또는 탈염·탈지 등의 처리를 한 후 살균·멸균 또는 농축한 것이거나 분말 상태로 한 것을 말한다(생유청 100%).
유당 (*축산물가공품)	탈지유 또는 유청에서 탄수화물 성분을 분리하여 분말화한 것을 말한다(원유 또는 유가공품 100%).
유단백가수분해식품 (*축산물가공품)	유단백을 효소 또는 산으로 가수분해하여 가공한 것 또는 이에 식품 또는 식품첨가물을 가한 것을 말한다.
유함유가공품	원유 또는 유가공품을 주원료로 하여 제조·가공한 것으로 우유류, 가공유류, 산양유에 해당하지 않는 것을 말한다.

⑳ 수산가공식품류 : 수산물을 주원료로 분쇄, 건조 등의 공정을 거치거나 이에 식품 또는 식품첨가물을 가하여 제조·가공한 것으로 어육가공품류, 젓갈류, 건포류, 조미김 등을 말한다.

구분	내용
어육가공품류	어육을 주원료로 하여 식품 또는 식품첨가물을 가하여 제조·가공한 것으로 어육살, 연육, 어육반제품, 어묵, 어육소시지 등을 말한다.
젓갈류	어류, 갑각류, 연체류, 극피류 등에 식염을 가하여 발효 숙성한 것 또는 이를 분리한 여액에 식품 또는 식품첨가물을 가하여 가공한 젓갈, 양념젓갈, 액젓, 조미액젓을 말한다.
건포류	어류, 연체류 등의 수산물을 건조한 것이거나 이를 조미 등으로 가공한 조미건어포, 건어포 등을 말한다.
가공김	가공김(조미김 또는 구운김)이라 함은 마른김(얼구운김 포함)을 굽거나, 식용유지, 조미료, 식염 등으로 가공한 것을 말한다.
한천	우무를 동결 탈수하거나 압착 탈수하여 건조시킨 식품을 말한다.
기타 수산물가공품	수산물을 주원료로 하여 가공한 것을 말한다. 다만, 따로 기준 및 규격이 정하여져 있는 것은 제외한다.

㉑ 동물성 가공식품류 : 「축산물 위생관리법」에서 정하고 있는 가축 이외 동물의 식육, 알 또는 동물성 원료를 주원료로 하여 가공한 기타 식육 또는 기타 알제품, 곤충가공식품, 자라가공식품, 추출가공식품 등을 말한다. 다만, 따로 기준 및 규격이 정하여진 것은 제외한다.

구분	내용
기타 식육 또는 기타 알제품	「축산물 위생관리법」에서 정하는 가축에 해당하지 않는 동물의 식육 또는 알 또는 식용가능 동물의 가식부위를 주원료로 하여 가공한 것을 말한다.
곤충가공식품	식용곤충을 건조, 분말 등으로 가공한 것이거나 이에 식품 또는 식품첨가물을 가하여 가공한 것을 말한다.
자라가공식품	식용으로 양식한 자라를 가공한 것을 말한다.
추출가공식품	식용동물성 소재를 주원료로 하여 물로 추출한 것이거나 이에 식품 또는 식품첨가물을 가하여 가공한 것을 말한다. 다만, 따로 기준 및 규격이 정하여진 것은 제외한다.

㉒ 벌꿀 및 화분가공품류 : 꿀벌들이 채집하여 벌집에 저장한 자연물 또는 이를 가공한 것으로 벌꿀류, 로열젤리류, 화분가공식품을 말한다.

구분	내용
벌꿀류	꿀벌들이 꽃꿀, 수액 등 자연물을 채집하여 벌집에 저장한 것 또는 이를 채밀한 것을 말한다.
로열젤리류	일벌의 인두선에서 분비되는 분비물을 그대로 또는 이를 가공한 것을 말한다.
화분가공식품	화분을 껍질 파쇄, 추출, 농축, 정제 등의 공정을 거친 것이거나 이를 가공한 것을 말한다.

㉓ 즉석식품류 : 바로 섭취하거나 가열 등 간단한 조리과정을 거쳐 섭취하는 것으로 생식류, 만두, 즉석섭취·편의식품류를 말한다. 다만, 따로 기준 및 규격이 정하여져 있는 것은 제외한다.

구분	내용
생식류	동·식물성 원료를 주원료로 하여 건조 등 가공한 것으로 이를 그대로 또는 물 등과 혼합하여 섭취할 수 있도록 한 것을 말한다. 다만, 따로 기준 및 규격이 정하여져 있는 것은 제외한다.
즉석섭취·편의식품류	소비자가 별도의 조리과정 없이 그대로 또는 단순조리과정을 거쳐 섭취할 수 있도록 제조·가공·포장한 즉석섭취식품, 신선편의식품, 즉석조리식품, 간편조리세트를 말한다. 다만, 따로 기준 및 규격이 정하여져 있는 것은 제외한다. • 신선편의식품 : 농·임산물을 세척, 박피, 절단 또는 세절 등의 가공공정을 거치거나 이에 단순히 식품 또는 식품첨가물을 가한 것으로서 그대로 섭취할 수 있는 샐러드, 새싹채소 등의 식품을 말한다. • 즉석섭취식품 : 동·식물성 원료에 식품이나 식품첨가물을 가하여 제조·가공한 것으로서 더 이상의 가열, 조리과정 없이 그대로 섭취할 수 있는 도시락, 김밥, 햄버거, 선식 등의 식품을 말한다. • 즉석조리식품 : 동·식물성 원료에 식품이나 식품첨가물을 가하여 제조·가공한 것으로서 단순가열 등의 가열조리과정을 거치면 섭취할 수 있도록 제조된 국, 탕, 수프, 순대 등의 식품을 말한다. 다만, 간편조리세트에 속하는 것은 제외한다. • 간편조리세트 : 조리되지 않은 손질된 농·축·수산물과 가공식품 등 조리에 필요한 정량의 식재료와 양념 및 조리법으로 구성되어, 제공되는 조리법에 따라 소비자가 가정에서 간편하게 조리하여 섭취할 수 있도록 제조한 제품을 말한다.
만두류	곡분 또는 전분을 주원료로 반죽하여 성형한 만두피에 고기, 야채, 두부, 김치 등 다양한 원료로 제조한 소를 넣고 빚어 만든 것을 말한다.

㉔ 기타 식품류

구분	내용
효모식품	식용효모를 분리, 정제하여 건조하거나 이를 가공한 것 또는 식용 효모균주를 분리, 정제한 후 자가소화, 효소분해, 열수추출 등의 방법에 의해 추출한 식용효모추출물을 주원료로 하여 제조한 것을 말한다.
기타 가공품	'제5. 식품별 기준 및 규격' 중 1. 과자류, 빵류 또는 떡류 내지 23. 즉석식품류에 해당되지 않는 식품으로서, 해당 식품의 정의, 제조·가공기준, 주원료, 성상, 제품명 및 용도 등이 개별 기준 및 규격에 부적합한 제품은 제외한다.

(6) 식품접객업소(집단급식소 포함)의 조리식품 등에 대한 기준 및 규격

'식품접객업소(집단급식소 포함)의 조리식품'이란 유통판매를 목적으로 하지 아니하고 조리 등의 방법으로 손님에게 직접 제공하는 모든 음식물(음료수, 생맥주 등 포함)을 말한다.

① 기준 및 규격의 적용 : 식품첨가물의 사용에 대하여 식품접객업소(집단급식소 포함)에서 조리하여 판매하는 식품이 제5. 식품별 기준 및 규격에 따른 가공식품과 동일하거나 유사한 경우, 해당 가공식품에 적용되는 「식품첨가물의 기준 및 규격」(식품의약품안전처 고시)을 적용할 수 있다.

② 원료 기준
　㉠ 원료의 구비요건
　　• 원료는 선도가 양호한 것으로서 부패·변질되었거나 유독·유해물질 등에 오염되지 아니한 것이어야 한다.
　　• 원료 및 기구 등의 세척, 식품의 조리, 먹는물 등으로 사용되는 물은 「먹는물관리법」의 수질기준에 적합한 것이어야 하며, 노로바이러스가 검출되어서는 아니 된다(수돗물은 제외).
　　• 식품접객업소에서 사용하는 얼음은 세균수가 1mL당 1,000 이하, 대장균 및 살모넬라가 250mL당 음성이어야 하며, 기타 이화학적 규격은 '제5. 식품별 기준 및 규격 → 2. 빙과류 → 2-4. 얼음류의 기준 및 규격'에 적합한 것이어야 한다.
　　• 식용을 목적으로 채취, 취급, 가공, 제조 또는 관리되지 아니한 동·식물성 원료는 식품의 조리용으로 사용하여서는 아니 된다.
　㉡ 원료의 보관 및 저장
　　• 공통
　　　– 모든 식품 등은 위생적으로 취급하여야 하며 쥐, 바퀴벌레 등 위해생물에 의하여 오염되지 않도록 보관하여야 한다.
　　　– 식품 등은 세척제나 인체에 유해한 화학물질, 농약, 독극물 등과 함께 보관하여서는 아니 된다.
　　　– 기준규격이 정해진 식품 등은 정해진 기준에 따라 보관·저장하여야 하며, 농·임·축·수산물 중 선도를 유지해야 하는 원료의 경우에는 냉장 또는 냉동 보관하여야 한다.
　　　– 세척 등 전처리를 거쳐 식품에 바로 사용할 수 있는 식품이나 가공식품은 바닥으로부터 오염되지 않도록 용기 등에 담아서 청결한 장소에 보관하여야 한다.
　　　– 개별표시된 식품 등을 제외하고, 냉장으로 보관하여야 하는 경우에는 10℃ 이하, 냉동으로 보관하여야 하는 경우에는 -18℃ 이하에서 보관하여야 한다.
　　　– 냉동식품의 해동
　　　　냉동식품의 해동은 위생적으로 실시하여야 한다.
　　　　해동된 후에는 조리 시까지 냉장 보관하여야 한다.
　　　　한 번 해동한 식품의 경우 다시 냉동하여서는 아니 된다. 다만, 냉동식품을 분할하는 경우에는 그러하지 아니할 수 있으나 작업 후 즉시 냉동하여야 한다.
　　• 식품별
　　　– 곡류(쌀, 보리, 밀가루 등)
　　　　건조하고 서늘한 곳에 위생적으로 보관하여야 한다.
　　　　곰팡이가 피거나 색깔이 변하지 않도록 보관하여야 한다.
　　　– 유지류(참기름, 들기름, 현미유, 옥수수기름, 콩기름 등) 및 유지함유량이 많은 견과류 등은 직사광선을 받지 아니하는 서늘한 곳에 보관하거나, 냉장 또는 냉동 보관하여야 한다.

- 축·수산물(쇠고기, 돼지고기, 생선 등)은 각각 위생적으로 포장하여 다른 식품과 용기, 포장 등으로 구분하여 냉장 또는 냉동 보관하여야 한다.
- 과일 및 채소류(사과, 배, 복숭아, 포도, 배추, 무, 양파, 오이, 양배추, 시금치 등)는 세척한 과일·채소와 세척하지 않은 과일·채소가 섞이지 않도록 따로 보관하여야 한다.
- 기타 식품
  조미식품은 이물의 혼입이나 오염방지를 위하여 마개나 덮개를 닫아 보관하여야 한다. 두부는 냉장 보관하여야 한다.

ⓒ 규격
- 조리식품 등
  - 성상 : 고유의 색택과 향미를 가지고 이미·이취가 없어야 한다.
  - 이물 : 식품은 원료의 처리과정에서 그 이상 제거되지 아니하는 정도 이상의 이물과 오염된 비위생적인 이물을 함유하여서는 아니 된다. 다만, 다른 식품이나 원료식물의 표피 또는 토사 등과 같이 실제에 있어 정상적인 조리과정 중 완전히 제거되지 아니하고 잔존하는 경우의 이물로서 그 양이 적고 일반적으로 인체의 건강을 해할 우려가 없는 정도는 제외한다.
  - 대장균 : 1g당 10 이하(단순 절단을 포함하여 직접 조리한 식품에 한함)
  - 세균수 : 3,000/g 이하이어야 한다(슬러쉬에 한한다. 다만, 유가공품, 유산균, 발효식품 및 비살균제품이 함유된 경우에는 제외한다).
  - 식중독균 : 식품접객업소(집단급식소 포함)에서 조리된 식품은 살모넬라(*Salmonella* spp.), 황색포도상구균(*Staphylococcus aureus*), 리스테리아 모노사이토제네스(*Listeria monocytogenes*), 장출혈성 대장균(*Enterohemorrhagic Escherichia coli*), 캠필로박터 제주니/콜리(*Camplyobacter jejuni/coli*), 여시니아 엔테로콜리티카(*Yersinia enterocolitica*), 비브리오 패혈증균(*Vibrio vulnificus*), 비브리오 콜레라(*Vibrio cholerae*) 등 식중독균이 음성이어야 하며, 장염비브리오(*Vibrio parahaemolyticus*), 클로스트리디움 퍼프린젠스(*Clostridium perfringens*) g당 100 이하, 바실루스 세레우스(*Bacillus cereus*) g당 10,000 이하이어야 한다. 다만, 조리과정 중 가열처리를 하지 않거나 가열 후 조리한 식품의 경우 황색포도상구균(*Staphylococcus aureus*)은 g당 100 이하이어야 한다.
- 접객용 음용수
  - 대장균 : 음성/250mL
  - 살모넬라 : 음성/250mL
  - 여시니아 엔테로콜리티카 : 음성/250mL
- 조리기구 등
  - 수족관물
    세균수 : 1mL당 100,000 이하
    대장균군 : 1,000 이하/100mL

- 행주(사용 중인 것은 제외한다)

  대장균 : 음성이어야 한다.

- 칼 · 도마 및 숟가락, 젓가락, 식기, 찬기 등 음식을 먹을 때 사용하거나 담는 것(사용 중인 것은 제외한다)

  살모넬라 : 음성이어야 한다.

  대장균 : 음성이어야 한다.

(7) 검체의 채취 및 취급방법

검사대상의 분석 진행을 위해 일부의 검체를 채취할 때의 검체채취의 일반원칙 및 취급요령에 대해서 다룬다. 검체의 채취 시에는 변질이 일어나지 않도록 제품의 원상태를 그대로 유지하여 실험실까지 운반하는 것을 원칙으로 한다. 아래는 식품공전에서 규정하는 검체의 채취 및 취급요령이다.

> **Tip**
>
> **검체의 채취 및 취급요령**
> 검체채취 시에는 검사 목적, 대상 식품의 종류와 물량, 오염 가능성, 균질 여부 등 검체의 물리 · 화학 · 생물학적 상태를 고려하여야 한다.
>
> 1. **검체의 채취 요령**
>   1) 검사대상식품 등이 불균질할 때
>   ① 검체가 불균질할 때에는 일반적으로 다량의 검체가 필요하나 검사의 효율성, 경제성 등으로 부득이 소량의 검체를 채취할 수밖에 없는 경우에는 외관, 보관상태 등을 종합적으로 판단하여 의심스러운 것을 대상으로 검체를 채취할 수 있다.
>   ② 식품 등의 특성상 침전 · 부유 등으로 균질하지 않은 제품(식품첨가물 중 향신료올레오레진류 등)은 전체를 가능한 한 균일하게 처리한 후 대표성이 있도록 채취하여야 한다.
>   2) 검사항목에 따른 균질 여부 판단
>   검체의 균질 여부는 검사항목에 따라 달라질 수 있다. 어떤 검사대상식품의 선도 판정에 있어서는 그 식품이 불균질하더라도 이에 함유된 중금속, 식품첨가물 등의 성분은 균질한 것으로 보아 검체를 채취할 수 있다.
>   3) 포장된 검체의 채취
>   ① 깡통, 병, 상자 등 용기 · 포장에 넣어 유통되는 식품 등은 가능한 한 개봉하지 않고 그대로 채취한다.
>   ② 대형 용기 · 포장에 넣은 식품 등은 검사대상 전체를 대표할 수 있는 일부를 채취할 수 있다.
>   4) 선박의 벌크검체 채취
>   ① 검체채취는 선상에서 하거나 보세장치장의 사일로(silo)에 투입하기 전에 하여야 한다. 다만, 부득이한 사유가 있는 경우에는 그러하지 아니할 수 있다.
>   ② 같은 선박에 선적된 같은 품명의 농 · 임 · 축 · 수산물이 여러 장소에 분산되어 선적된 경우에는 전체를 하나의 검사대상으로 간주하여 난수표를 이용하여 무작위로 장소를 선정하여 검체를 채취한다.
>   5) 냉장 · 냉동 검체의 채취
>   냉장 또는 냉동식품을 검체로 채취하는 경우에는 그 상태를 유지하면서 채취하여야 한다.
>   6) 미생물 검사를 하는 검체의 채취
>   ① 검체를 채취 · 운송 · 보관하는 때에는 채취 당시의 상태를 유지할 수 있도록 밀폐되는 용기 · 포장 등을 사용하여야 한다.
>   ② 미생물학적 검사를 위한 검체는 가능한 미생물에 오염되지 않도록 단위포장상태 그대로 수거하도록 하며, 검체를 소분 채취할 경우에는 멸균된 기구 · 용기 등을 사용하여 무균적으로 행하여야 한다.

③ 검체는 부득이한 경우를 제외하고는 정상적인 방법으로 보관·유통 중에 있는 것을 채취하여야 한다.
④ 검체는 관련 정보 및 특별수거계획에 따른 경우와 식품접객업소의 조리식품 등을 제외하고는 완전 포장된 것에서 채취하여야 한다.

7) 기체를 발생하는 검체의 채취
   ① 검체가 상온에서 쉽게 기체를 발산하여 검사결과에 영향을 미치는 경우는 포장을 개봉하지 않고 하나의 포장을 그대로 검체단위로 채취하여야 한다.
   ② 다만, 소분 채취하여야 하는 경우에는 가능한 한 채취된 검체를 즉시 밀봉·냉각시키는 등 검사 결과에 영향을 미치지 않는 방법으로 채취하여야 한다.

8) 페이스트상 또는 시럽상 식품 등
   ① 검체의 점도가 높아 채취하기 어려운 경우에는 검사결과에 영향을 미치지 않는 범위 내에서 가온 등 적절한 방법으로 점도를 낮추어 채취할 수 있다.
   ② 검체의 점도가 높고 불균질하여 일상적인 방법으로 균질하게 만들 수 없을 경우에는 검사결과에 영향을 주지 아니하는 방법으로 균질하게 처리할 수 있는 기구 등을 이용하여 처리한 후 검체를 채취할 수 있다.

9) 검사 항목에 따른 검체채취 주의점
   ① 수분 : 증발 또는 흡습 등에 의한 수분 함량 변화를 방지하기 위하여 검체를 밀폐 용기에 넣고 가능한 한 온도 변화를 최소화하여야 한다.
   ② 산가 및 과산화물가 : 빛 또는 온도 등에 의한 지방 산화의 촉진을 방지하기 위하여 검체를 빛이 차단되는 밀폐 용기에 넣고 채취 용기 내의 공간 체적과 가능한 한 온도 변화를 최소화하여야 한다.

2. 검체채취내역서의 기재

검체채취자는 검체채취 시 당해 검체와 함께 '제8. 일반시험법 → 12. 부표 → 12.11 검체채취내역서'를 첨부하여야 한다. 다만, 검체채취내역서를 생략하여도 기준·규격검사에 지장이 없다고 인정되는 때에는 그러하지 아니할 수 있다.

3. 식별표의 부착

수입식품검사(유통수거 검사는 제외한다)의 경우 검체채취 후 검체를 수거하였음을 나타내는 '제8. 일반시험법 → 12. 부표 → 12.12 식별표'를 보세창고 등의 해당 식품에 부착한다.

4. 검체의 운반 요령

1) 채취된 검체는 오염, 파손, 손상, 해동, 변형 등이 되지 않도록 주의하여 검사실로 운반하여야 한다.
2) 검체가 장거리로 운송되거나 대중교통으로 운송되는 경우에는 손상되지 않도록 특히 주의하여 포장한다.
3) 냉동 검체의 운반
   ① 냉동 검체는 냉동 상태에서 운반하여야 한다.
   ② 냉동 장비를 이용할 수 없는 경우에는 드라이아이스 등으로 냉동상태를 유지하여 운반할 수 있다.
4) 냉장 검체의 운반
   냉장 검체는 온도를 유지하면서 운반하여야 한다. 얼음 등을 사용하여 냉장온도를 유지하는 때에는 얼음 녹은 물이 검체에 오염되지 않도록 주의하여야 하며 드라이아이스 사용 시 검체가 냉동되지 않도록 주의하여야 한다.
5) 미생물 검사용 검체의 운반
   ① **부패·변질 우려가 있는 검체** : 미생물학적인 검사를 하는 검체는 멸균용기에 무균적으로 채취하여 저온(5℃±3 이하)을 유지시키면서 24시간 이내에 검사기관에 운반하여야 한다. 부득이한 사정으로 이 규정에 따라 검체를 운반하지 못한 경우에는 재수거하거나 채취일시 및 그 상태를 기록하여 식품 등 시험·검사기관 또는 축산물 시험·검사기관에 검사 의뢰한다.
   ② **부패·변질의 우려가 없는 검체** : 미생물 검사용 검체일지라도 운반과정 중 부패·변질 우려가 없는 검체는 반드시 냉장온도에서 운반할 필요는 없으나 오염, 검체 및 포장의 파손 등에 주의하여야 한다.
   ③ 얼음 등을 사용할 때의 주의사항 : 얼음 등을 사용할 때에는 얼음 녹은 물이 검체에 오염되지 않도록 주의하여야 한다.
6) 기체를 발생하는 검체의 운반
   소분 채취한 검체의 경우에는 적절하게 냉장 또는 냉동한 상태로 운반하여야 한다.

이 외 식품 유형에 따른 규격과 각 유형별 제조 및 가공기준은 식품공전을 참고한다.

2. 식품첨가물공전

1) 정의

「식품위생법」 제7조 제1항에 따른 식품첨가물의 제조ㆍ가공ㆍ사용ㆍ보존 방법에 관한 기준과 성분에 관한 규격을 정함으로써 식품첨가물의 안전한 품질을 확보하고, 식품에 안전하게 사용하도록 하여 국민 보건에 이바지함을 목적으로 한다.

2) 구성

(1) 총칙

공전에서 사용되는 용어의 정의 및 중량ㆍ용적 및 온도, 시험에 대한 규정

》 용어의 정의

구분	내용
가공보조제	식품의 제조 과정에서 기술적 목적을 달성하기 위하여 의도적으로 사용되고 최종제품 완성 전 분해, 제거되어 잔류하지 않거나 비의도적으로 미량 잔류할 수 있는 식품첨가물을 말한다. 식품첨가물의 용도 중 '살균제', '여과보조제', '이형제', '제조용제', '청관제', '추출용제', '효소제'가 가공보조제에 해당
용도	식품의 제조ㆍ가공 시 식품에 발휘되는 식품첨가물의 기술적 효과를 말하는 것
감미료	식품에 단맛을 부여하는 식품첨가물
고결방지제	식품의 입자 등이 서로 부착되어 고형화되는 것을 감소시키는 식품첨가물
거품제거제	식품의 거품 생성을 방지하거나 감소시키는 식품첨가물
껌기초제	적당한 점성과 탄력성을 갖는 비영양성의 씹는 물질로서 껌 제조의 기초 원료가 되는 식품첨가물
밀가루 개량제	밀가루나 반죽에 첨가되어 제빵 품질이나 색을 증진시키는 식품첨가물
발색제	식품의 색을 안정화시키거나, 유지 또는 강화시키는 식품첨가물
보존료	미생물에 의한 품질 저하를 방지하여 식품의 보존기간을 연장시키는 식품첨가물
분사제	용기에서 식품을 방출시키는 가스 식품첨가물
산도조절제	식품의 산도 또는 알칼리도를 조절하는 식품첨가물
산화방지제	산화에 의한 식품의 품질 저하를 방지하는 식품첨가물
살균제	식품 표면의 미생물을 단시간 내에 사멸시키는 작용을 하는 식품첨가물
습윤제	식품이 건조되는 것을 방지하는 식품첨가물
안정제	두 가지 또는 그 이상의 성분을 일정한 분산 형태로 유지시키는 식품첨가물
여과보조제	불순물 또는 미세한 입자를 흡착하여 제거하기 위해 사용되는 식품첨가물
영양강화제	식품의 영양학적 품질을 유지하기 위해 제조공정 중 손실된 영양소를 복원하거나, 영양소를 강화시키는 식품첨가물

구분	내용
유화제	물과 기름 등 섞이지 않는 두 가지 또는 그 이상의 상(Phases)을 균질하게 섞어주거나 유지시키는 식품첨가물
이형제	식품의 형태를 유지하기 위해 원료가 용기에 붙는 것을 방지하여 분리하기 쉽도록 하는 식품첨가물
응고제	식품 성분을 결착 또는 응고시키거나, 과일 및 채소류의 조직을 단단하거나 바삭하게 유지시키는 식품첨가물
제조용제	식품의 제조·가공 시 촉매, 침전, 분해, 청징 등의 역할을 하는 보조제 식품첨가물
젤형성제	젤을 형성하여 식품에 물성을 부여하는 식품첨가물
증점제	식품의 점도를 증가시키는 식품첨가물
착색료	식품에 색을 부여하거나 복원시키는 식품첨가물
청관제	식품에 직접 접촉하는 스팀을 생산하는 보일러 내부의 결석, 물때 형성, 부식 등을 방지하기 위하여 투입하는 식품첨가물
추출용제	유용한 성분 등을 추출하거나 용해시키는 식품첨가물
충전제	산화나 부패로부터 식품을 보호하기 위해 식품의 제조 시 포장 용기에 의도적으로 주입시키는 가스 식품첨가물
팽창제	가스를 방출하여 반죽의 부피를 증가시키는 식품첨가물
표백제	식품의 색을 제거하기 위해 사용되는 식품첨가물
표면처리제	식품의 표면을 매끄럽게 하거나 정돈하기 위해 사용되는 식품첨가물
피막제	식품의 표면에 광택을 내거나 보호막을 형성하는 식품첨가물
향미증진제	식품의 맛 또는 향미를 증진시키는 식품첨가물
향료	식품에 특유한 향을 부여하거나 제조공정 중 손실된 식품 본래의 향을 보강시키는 식품첨가물
효소제	특정한 생화학 반응의 촉매 작용을 하는 식품첨가물

(2) 식품첨가물 및 혼합제제류

① 제조기준

㉠ 식품첨가물 일반

- 식품첨가물은 식품원료와 동일한 방법으로 취급되어야 하며, 제조된 식품첨가물은 개별 품목별 성분규격에 적합하여야 한다.
- 식품첨가물을 제조 또는 가공할 때에는, 그 제조 또는 가공에 필요 불가결한 경우 이외에는 산성백토, 백도토, 벤토나이트, 탤크, 모래, 규조토, 탄산마그네슘 또는 이와 유사한 불용성의 광물성 물질을 사용하여서는 아니 된다.
- 식품첨가물의 제조 또는 가공할 때에 사용하는 용수는 「먹는물관리법」에 따른 먹는물 수질기준에 적합한 것이어야 한다.
- 향료는 식품에 사용되기에 적합한 순도로 제조되어야 한다. 다만, 불가피하게 존재하는 불순물이 최종 식품에서 건강상 위해를 나타내는 수준으로 잔류하여서는 아니 된다.

ⓒ 혼합제제류
- 혼합제제류의 제조에 사용하는 식품첨가물은 이 고시에 수재된 품목으로서 품목별 규격에 적합한 것이어야 한다. 다만, 한시적 기준 및 규격을 필한 식품첨가물은 혼합제제류의 성분이 될 수 있다.
- 혼합제제류를 제조할 때는 그 사용 목적이 타당하여야 하며, 원래의 성분에 변화를 주는 제조방법이어서는 아니 된다.
- 혼합제제류에는 별도의 규정이 없는 한 식품첨가물의 취급, 사용을 용이하게 하기 위하여 식품성분인 희석제를 첨가할 수 있다. 이 경우 희석제는 식품첨가물을 용해, 희석, 분산시키는 목적으로 사용하여야 하며 식품첨가물의 기능에 변화를 주어서는 아니 된다.
- 혼합제제를 제조할 때는 품질안정, 형태 형성을 위하여 필요불가결한 경우 산화방지제, 보존료, 유화제, 안정제, 용제 등의 식품첨가물을 사용할 수 있으며, 그 양은 기술적 효과를 달성하는 데 필요한 최소량으로 하여야 한다.

ⓒ 유전자변형식품첨가물 : 유전자변형기술에 의해 얻어진 미생물을 이용하여 제조한 식품첨가물은 「식품위생법」 제18조에 따른 「유전자변형식품 등의 안전성 심사에 관한 규정」(식품의약품안전처 고시)에 따라 승인된 것으로서 품목별 기준 및 규격에 적합한 것이어야 한다.

ⓔ 식품첨가물의 원료 및 추출용매
- 젤라틴의 제조에 사용되는 우내피 등의 원료는 크롬처리 등 경화공정을 거친 것을 사용하여서는 아니 된다.
- 키틴, 키토산, 글루코사민, 카라기난, 알긴산 및 코치닐추출색소(카민 포함) 등의 제조 원료는 수집, 보관·운송 과정에서 위생적으로 취급되어야 한다.
- 동물, 식물, 광물 등을 원료로 하여 제조되는 식품첨가물에 사용되는 추출용매는 물, 주정과 이 고시에 수재된 것으로서 개별규격에 적합한 것이나, 삼염화에틸렌, 염화메틸렌으로서 [별표 3]의 품목별 규격에 적합한 것이어야 한다. 다만, 사용된 용매(물, 주정 제외)는 최종 제품 완성 전에 제거하여야 한다.
- 1-하이드록시에틸리덴-1,1-디포스포닌산은 과산화초산의 제조에 한하여 사용되어야 하고, [별표 3]의 성분규격에 적합한 것이어야 한다.

ⓜ 가스 형태의 식품첨가물 : 아산화질소는 내용량 2.5L 이상의 고압금속제용기에만 충전하여야 한다.

ⓗ 효소제 : 효소를 고정화하기 위해 지지체 등을 사용할 수 있으며 이 경우 지지체 등은 「식품의 기준 및 규격」, 「식품첨가물의 기준 및 규격」 또는 「기구 및 용기·포장의 기준 및 규격」에서 규정하고 있는 것으로서 각 해당 기준 및 규격에 적합한 것이거나 국제식품규격위원회(CAC : Codex Alimentarius Commission)에서 효소 고정화제 및 지지체(Enzyme immobilization agents & supports)로 등재된 것을 사용하여야 하며, 고정화를 위하여 사용된 물질들은 식품으로 이행되면 아니 된다.

② 일반사용기준
- 식품 중에 첨가되는 식품첨가물의 양은 물리적, 영양학적 또는 기타 기술적 효과를 달성하는 데 필요한 최소량으로 사용하여야 한다.
- 식품첨가물은 식품 제조·가공 과정 중 결함 있는 원재료나 비위생적인 제조방법을 은폐하기 위하여 사용되어서는 아니 된다.
- 식품 중에 첨가되는 영양강화제는 식품의 영양학적 품질을 유지하거나 개선시키는 데 사용되어야 하며, 영양소의 과잉 섭취 또는 불균형한 섭취를 유발해서는 아니 된다.
- 식품첨가물은 식품을 제조·가공·조리 또는 보존하는 과정에 사용하여야 하며, 그 자체로 직접 섭취하거나 흡입하는 목적으로 사용하여서는 아니 된다.
- 식용을 목적으로 하는 미생물 등의 배양에 사용하는 식품첨가물은 이 고시에서 정하고 있는 품목 또는 국제식품규격위원회(CAC)에서 미생물 영양원으로 등재된 것으로 최종식품에 잔류하여서는 아니 된다. 다만, 불가피하게 잔류할 경우에는 품목별 사용기준에 적합하여야 한다.
- 각각의 식용색소에서 정한 사용량 범위 내에서 사용하여야 하고 병용한 식용색소의 합계는 아래 표의 식품유형별 사용량 이하이어야 한다.

식품유형	사용량
빙과	0.15g/kg
두류가공품, 서류가공품	0.2g/kg
과자, 츄잉껌, 빵류, 떡류, 아이스크림류, 아이스크림믹스류, 과·채음료(다만, 희석하여 음용하는 제품에 있어서는 희석한 것으로서), 탄산음료(다만, 희석하여 음용하는 제품에 있어서는 희석한 것으로서), 탄산수, 혼합음료(다만, 희석하여 음용하는 제품에 있어서는 희석한 것으로서), 음료베이스(다만, 희석하여 음용하는 제품에 있어서는 희석한 것으로서), 청주(주정을 첨가한 제품에 한함), 맥주, 과실주, 위스키, 브랜디, 일반증류주, 리큐르, 기타 주류, 소시지류, 즉석섭취식품	0.3g/kg
캔디류, 기타 잼	0.4g/kg
기타 코코아가공품	0.45g/kg
기타 설탕, 당시럽류, 기타 엿, 당류가공품, 식물성 크림, 기타 식용유지가공품, 소스, 향신료조제품(고추냉이가공품 및 겨자가공품에 한함), 절임식품(밀봉 및 가열살균 또는 멸균처리한 제품에 한함. 다만, 단무지는 제외), 당절임(밀봉 및 가열살균 또는 멸균처리한 제품에 한함), 전분가공품, 곡류가공품, 유함유가공품, 어육소시지, 젓갈류(명란젓에 한함), 기타 수산물가공품, 만두류, 기타 가공품	0.5g/kg
초콜릿류, 건강기능식품(정제의 제피 또는 캡슐에 한함), 캡슐류	0.6g/kg

③ 보존 및 유통기준
- 식품첨가물은 위생적으로 보관 판매하여야 하며, 그 보관 및 판매장소가 불결한 곳에 위치하여서는 아니 된다. 또한, 방서 및 방충 관리를 철저히 하여야 한다.
- 식품첨가물의 취급 장소는 비, 눈 등으로부터 보호될 수 있어야 하며, 인체에 유해한 화공약품, 농약, 독극물 등과 같은 것을 함께 보관하지 말아야 한다.

- 이물이 혼입되지 않도록 주의하여야 하며, 식품첨가물의 풍미 등 품질에 영향을 줄 수 있는 다른 식품첨가물과는 분리 보관하여야 한다.
- 흡습의 우려가 있는 식품첨가물은 흡습되지 않도록 주의하여야 한다.
- 식품첨가물의 운반 및 포장과정에서 용기·포장이 파손되지 않도록 주의하여야 하며 가능한 한 심한 충격을 주지 않도록 하여야 한다.
- 따로 규정이 없는 한 직사광선을 피한 실온에서 보관·유통하여 식품첨가물을 넣은 용기·포장의 물리적인 변형이나 녹 등이 발생되지 않도록 하여야 한다.
- 효소제는 개별 성분규격에서 별도로 보존기준을 정하고 있더라도, 제조자가 제품의 특성을 고려하여 효소 활성이 저하되지 않는 보존 및 유통 조건을 제품에 표시한 경우, 해당 조건에 따라 보존 및 유통할 수 있다.

④ 품목별 성분규격
- 품목별 성분규격(식품첨가물)
- 품목별 성분규격(혼합제제류)

⑤ 품목별 사용기준
- 품목별 사용기준(식품첨가물)
- 품목별 사용기준(혼합제제류)
- 품목별 사용기준(조제유류 등)

(3) 기구 등의 살균·소독제

① 제조기준

㉠ 제조성분 일반 : 기구 등의 살균·소독제에 사용할 수 있는 성분을 규정하고 있다. 다만, 우리나라에서 허용된 식품첨가물(최종제품 완성 전에 중화 또는 제거하여야 하는 것은 제외)이거나 식품원료로 인정된 경우에는 기구 등의 살균·소독제의 보조성분으로 사용할 수 있다.

㉡ 기구 등의 살균·소독제 일반
- 기구 등의 살균·소독제는 유해 미생물에 대해 살균·소독 작용을 하는 유효성분을 함유하여야 한다.
- 제조된 기구 등의 살균·소독제는 개별 품목별 성분규격에 적합하여야 한다.
- 기구 등의 살균·소독제의 제조에 사용하는 물은 「먹는물관리법」의 먹는물 수질기준에 적합한 것이어야 한다.
- 기구 등의 살균·소독제 품목으로 등재되지 아니한 품목이거나 등재된 품목을 혼합하여 제조하고자 하는 경우에는 「식품 등의 한시적 기준 및 규격 인정 기준」(식약처 고시)에 따라 한시적 기준 및 규격을 인정받아야 한다.

② 일반사용기준
- 기구 등의 살균·소독제는 기구 등의 살균·소독 목적으로 개별품목에서 정해진 사용기준에 적합하게 사용하여야 하고, 사용한 살균·소독제 용액은 식품과 접촉하기 전에 자연건조, 열풍건조 등의 방법으로 제거하여야 한다.
- 기구 등의 살균·소독제는 기구 등의 표면을 침지하거나 표면에 직접 뿌리는 방법으로 사용하여야 하며, 공간 등에 분무하여서는 아니 된다.
- 기구 등의 살균·소독제는 세척제나 다른 살균·소독제 등과 혼합하여 사용하여서는 아니 된다.
- 기구 등의 살균·소독제는 그 자체로 직접 섭취하거나 흡입하는 목적으로 사용하여서는 아니 된다.

③ 보존 및 유통기준
- 제품의 보관 및 판매 장소는 청결하고 통풍이 잘 되는 곳에 위치하여야 한다.
- 제품은 변질되지 않도록 직사광선 및 열을 피한 서늘하고 건조한 곳에서 밀봉하여 보관하여야 한다.
- 제품은 식품, 식품첨가물 등을 오염시키지 않도록 분리 보관하여야 한다.
- 제품은 화공약품, 농약, 독극물 등 다른 제품과 함께 보관하지 말아야 한다.
- 제품의 운반 및 포장과정에서 용기·포장이 파손되지 않도록 하여야 하며, 가능한 한 심한 충격을 주지 않도록 주의하여야 한다.
- 보관과정 중 부주의로 인하여 변질 또는 파손된 제품은 판매하지 말아야 한다.

④ 품목별 성분규격(13항목)
⑤ 품목별 사용기준(13항목)

3. 건강기능식품공전

1) 정의

(1) 목적

① 이 고시는 판매를 목적으로 하는 건강기능식품의 제조·가공, 생산, 수입, 유통 및 보존 등에 관한 기준 및 규격을 정하기 위한 것이다.
② 건강기능식품에 사용되는 원료와 제품의 기준 및 규격을 정함으로써 표준화된 건강기능식품의 유통을 도모하고 소비자 안전을 확보하고자 한다.
③ 또한 관계 공무원에게 건강기능식품의 관리에 관한 지침을 제공하여 국내 건강기능식품 관리를 체계적이고 과학적으로 구축하고자 한다.

(2) 수록 범위

① 「건강기능식품에 관한 법률」 제14조의 규정에 의한 건강기능식품의 제조·가공, 생산, 수입, 유통 및 보존 등에 관한 기준 및 규격

② 「건강기능식품에 관한 법률」 제15조의 규정에 따른 건강기능식품의 원료 또는 성분

❯❯ 용어의 정의

구분		내용
제품의 형태에 관한 정의	정제(tablet)	일정한 형상으로 압축된 것
	캡슐(capsule)	• 캡슐기제에 충전 또는 피포한 것 • 종류 : 경질캡슐, 연질캡슐
	환(pill)	구상(球狀)으로 만든 것
	과립(granule)	입자형태로 만든 것
	액체 또는 액상(liquid)	유동성이 있는 액체상태의 것 또는 액체상태의 것을 그대로 농축한 것
	분말(powder)	입자의 크기가 과립제품보다 작은 것
	편상(flake)	얇고 편편한 조각상태의 것
	페이스트(paste)	고체와 액체의 중간상태로 점성이 강한 유동성의 반 고상의 것
	시럽(syrup)	고체와 액체의 중간상태로 점성이 약한 유동성의 반 액상의 것
	겔(gel)	액상에 펙틴, 젤라틴, 한천 등 겔화제를 첨가하여 만든 유동성이 있는 고체나 반고체 상태의 것
	젤리(jelly)	액상에 펙틴, 젤라틴, 한천 등 겔화제를 첨가하여 만든 유동성이 없는 고체나 반고체 상태의 것
제품의 형태에 관한 정의	바(bar)	막대 형태의 것
	필름(film)	얇은 막 형태로 만든 것
붕해 특성에 따른 제품의 정의	장용성(delayed release) 제품	섭취 시 위(胃)의 산성조건에서 붕해되지 않고 장(腸)에서 붕해되는 특성을 가진 제품
	지속성 제품(long-acting)	일반적인 제품보다 천천히 붕해되는 특성을 가진 제품을 말하며, 수용성 비타민(비타민 B_1, 비타민 B_2, 나이아신, 판토텐산, 비타민 B_6, 엽산, 비타민 B_{12}, 비오틴, 비타민 C)에 한함

2) 구성

(1) 공통 기준 및 규격

① 건강기능식품의 제조에 사용되는 원료의 공통 기준 및 규격
㉠ 기능성 원료
• 건강기능식품의 제조에 사용되는 기능성을 가진 물질로서 다음에 해당되어야 한다.
ⓐ 동물·식물·미생물·물(水) 등 기원의 원재료를 그대로 가공한 것
ⓑ ⓐ의 추출물·정제물
ⓒ ⓑ 정제물의 합성물
ⓓ ⓐ부터 ⓒ까지의 복합물
• 기능성 원료의 범위는 다음과 같다.
– 이 공전의 개별 기준 및 규격에서 정한 것

- 「건강기능식품에 관한 법률」 제15조와 「건강기능식품 기능성 원료 및 기준·규격 인정에 관한 규정」에 따라 인정된 것. 다만, 이 경우는 인정서가 발급된 자에 한하여 사용할 수 있음
ⓒ 영양성분 : 비타민·무기질, 식이섬유, 단백질, 필수 지방산 등을 말한다.
ⓒ 기타 원료
  - 별도의 규격을 설정하지 않고 건강기능식품의 제조에 사용할 수 있는 원료 또는 성분을 말한다.
  - 기타 원료의 범위는 다음과 같다.
    - 「식품의 기준 및 규격」에 적합한 것
    - 「식품첨가물의 기준 및 규격」에 적합한 것
    - 기능성 원료, 영양성분. 다만, 이때에는 섭취 시 주의사항을 반드시 고려하고, 식품의약품안전처장이 정한 일일섭취량 미만으로 사용하여야 한다. 또한 「건강기능식품에 관한 법률」 제15조와 「건강기능식품 기능성 원료 및 기준·규격 인정에 관한 규정」에 따라 인정된 기능성 원료는 인정서가 발급된 자에 한하여 사용할 수 있다.
ⓔ 원재료
  - 원료를 제조하기 위하여 사용되는 기원물질을 말한다.
  - 원재료의 구비요건은 다음과 같아야 한다.
    - 품질과 선도가 양호하고 부패·변질되지 아니하여야 함
    - 중금속, 식중독균, 곰팡이독소, 방사능 등의 유해한 오염물질과 농약, 동물용의약품 등의 잔류물질 및 이물 등은 「식품의 기준 및 규격」 제 2. 식품일반에 대한 공통기준 및 규격, 3. 식품일반의 기준 및 규격에 적합하여야 함
    - 사용되는 원재료는 흙, 모래, 티끌 등과 같은 이물을 충분히 제거하고 먹는물로 깨끗이 씻어야 하며, 비가식 부분을 충분히 제거하여야 함
    - 건강기능식품에 사용하는 주정은 「주세법」에 따른 품질기준에, 원료소금 및 수처리제 등은 「식품의 기준 및 규격」에, 축산물 및 그 가공품은 「축산물 위생관리법」에 적합한 것이어야 함

② 건강기능식품의 기준 및 규격 적용
  ㉠ 기능성 원료 및 이를 사용하여 제조·가공한 제품의 규격은 제2. 공통 기준 및 규격과 제3. 개별 기준 및 규격 또는 「건강기능식품 기능성 원료 및 기준·규격 인정에 관한 규정」에 따라 인정된 기준 및 규격을 함께 적용하는 것을 원칙으로 한다.
  ㉡ 제3. 개별 기준 및 규격과 「건강기능식품 기능성 원료 및 기준·규격 인정에 관한 규정」에 따라 인정된 기능성 원료의 기능성분(또는 지표성분)의 규격은 소비자에게 직접 판매되지 아니하는 원료성 제품과 이를 사용하여 제조·가공한 최종제품으로 구분하여 적용한다. 다만, 기능성 원료에 과당, 전분, 포도당, 유당, 덱스트린 등을 혼합하여 원료성 제품으로 사용하는 경우, 기능성분(또는 지표성분)의 함량은 배합비를 고려하여 환산하였을 때 해당 기

능성 원료의 제조기준에 적합하여야 한다.
ⓒ 두 가지 이상의 기능성 원료를 사용하는 경우에는 해당하는 기능성 원료의 규격을 모두 적용하며, 규격이 중복되는 경우에는 기능성 원료의 배합비를 고려하여 적용한다.
㉣ 제품의 형태에 따른 규격은 다음과 같다.
- 정제제품, 캡슐제품, 환제품, 과립제품, 필름제품에 한하여 붕해시험 규격을 적용하며, 시험법은 이 공전 제4. 2-1 붕해시험법을 따른다. 다만, 다음의 어느 하나에 해당하는 경우에는 예외로 한다.
  - 씹어 먹거나 녹여 먹는 경우
  - 35호(500㎛)체에 잔류하는 것이 5% 이하인 과립제품
  - 지속성 제품[제2. 공통 기준 및 규격 → 4. 기준 및 규격의 적부 판정 → 4) 국제적으로 통용되는 공인 시험방법에 따라 영업자가 제출한 시험방법에 따른다.]
- 액상제품에 한하여 세균수 규격(1mL당 100 이하)을 적용하며, 시험법은「식품의 기준 및 규격」제8. 일반시험법 → 4. 미생물시험법 → 4.5.1 일반 세균수를 따른다. 다만, 다음의 어느 하나에 해당하는 경우에는 예외로 한다.
  - 프로바이오틱스를 기능성 원료로 사용한 제품
  - 유(油)상인 제품
  - 멸균공정을 거친 제품(이 경우 세균수의 기준은 음성으로 한다.)
㉤ 제3. 개별 기준 및 규격에서 정하고 있지 않은 기능성 원료의 중금속 규격은 납은 1.0mg/kg 이하, 카드뮴은 0.3mg/kg 이하로 한다.
㉥ 비타민 및 무기질이 제3. 개별 기준 및 규격에서 정한 최소 함량 기준 이상으로 첨가된 제품은「건강기능식품의 표시기준」에 따라 영양성분의 함량과 영양성분기준치에 대한 비율(%)을 모두 표시하고「건강기능식품의 기준 및 규격」제3. 개별 기준 및 규격에서 정한 비타민 및 무기질의 규격을 적용하여야 한다.
㉦ 수출을 목적으로 하는 건강기능식품의 기준 및 규격은 이 공전의 기준 및 규격에도 불구하고「건강기능식품에 관한 법률」제14조 제4항의 규정에 의해 수입자가 요구하는 기준과 규격에 의할 수 있다.
㉧「건강기능식품의 기준 및 규격」에서 따로 정한 것 이외에는 총칙과 공통기준 및 규격에 의한다.

(2) 개별 기준 및 규격

① **영양성분** : 식품의약품안전처장이 품목별로 제조, 사용 및 보존 등에 대하여 기준, 규격을 고시한 것으로 **총 28가지**가 있다.
㉠ 비타민과 무기질 제품은 일상식사에서 부족될 수 있는 비타민과 무기질을 보충하는 것이 목적이므로 식사를 대용하거나 다른 성분의 섭취가 목적이 되어서는 아니 되며, 정제·캡슐·환·과립·액상·분말 등으로 한 번에 섭취하기 편한 형태로 제조되어야 한다.

ⓛ 각각의 비타민과 무기질 개별 또는 혼합된 형태로 제조·가공할 수 있다.
ⓒ 비타민과 무기질의 최소 함량은 [별표 2] 1일 영양성분기준치의 30% 이상으로 한다. 다만, 섭취 대상을 특별히 정하는 경우에는 [별표 3] 한국인 영양소 섭취기준에서 정한 대상 연령군의 권장섭취량 또는 충분섭취량의 30% 이상이어야 하며, 대상 연령군에 해당하는 권장섭취량 또는 충분섭취량이 2개 이상인 경우 그 중 높은 값을 사용한다.
ⓔ 비타민과 무기질의 과잉섭취로부터 안전성을 확보하기 위해 설정된 최대 함량 기준은 최종 제품의 표시량에 대한 임의기준으로 적용한다.
ⓜ 1일 영양성분기준치의 30% 이상을 함유하고 있는 영양성분의 경우에는 영양정보란에 모두 표시하여야 하나 표시한 영양성분의 기능성 내용을 모두 표시할 필요는 없다.
ⓑ 이 공전은 비타민과 무기질 제품의 제조·가공에 사용할 수 있는 각 원료의 목록을 제시하며, 해당 원료의 기준 및 규격은 식품 또는 식품첨가물의 기준 및 규격을 적용한다.
ⓢ ⓑ의 규정에도 불구하고, 이 공전에서 정하는 원료의 목록에는 제시되어 있으나 식품 또는 식품첨가물의 기준 및 규격에서 기준과 규격이 정하여 지지 않은 원료에 대하여는 식품의약품안전처장은 국제식품규격위원회(CAC) 규정 등 외국의 기준 및 규격을 적용할 수 있다.

② **기능성 원료 : 건강기능식품의 재료에 사용되는 기능성을 가진 물질**로, 이 공전의 개별 기준 및 규격에서 정한 것과 「건강기능식품에 관한 법률」 제15조와 「건강기능식품 기능성 원료 및 기준·규격 인정에 관한 규정」에 따라 인정된 것으로 범위가 한정되어 있다. 식품의약품안전처장이 품목별로 제조, 사용 및 보존 등에 대하여 기준, 규격을 고시한 것으로 **총 68가지**가 있다.

(3) 건강기능식품 시험법

[일반원칙]
1. 시료채취 방법
   1) 시료는 채취된 검체에서 시험에 직접 사용되는 물질을 말한다.
   2) 시료채취는 시험의 대표성을 가질 수 있도록 균질하여 해당 시험항목에서 기재된 필요한 양을 정확히 채취한다.
   3) 시험에 사용된 시료는 규격항목에 따라 채취 방법을 달리한다.
      (1) 미생물, 부정물질, 붕해 및 성상
         캡슐은 외피를 포함하여 시험의 시료로 사용한다.
      (2) (1)항을 제외한 규격항목
         ① 캡슐은 외피를 제거하고 내용량을 취하여 균질화시킨 후 시험의 시료로 사용한다.
         ② 과립, 정제 및 환은 분쇄하여 균질화시킨 후 시험의 시료로 사용한다.
         ③ 분말 및 액상은 균질화시킨 후 시험의 시료로 사용한다.

2. 용어의 정의 및 단위
   1) 이 공전에서 계량의 단위는 다음의 기호를 사용한다.

구분	내용	구분	내용	구분	내용
길이	m, cm, mm, μm, nm	질량	kg, g, mg, μg, ng, pg	열량	kcal, kJ
용량	L, mL, μL	넓이	cm², m², mm²	온도	℃

2) 원자량은 최신 국제원자량표에 의하고, 분자량은 국제원자량표에 의하여 계산한다.
3) 질량백분율을 표시할 때에는 %의 기호를 쓰며, 용액 100mL 중의 물질 함량(g)을 표시할 때에는 w/v%로, 용액 100mL 중의 물질 함량(mL)을 표시할 때에는 v/v%의 기호를 쓴다. 질량백만분율을 표시할 때에는 mg/kg을 사용하며, mg/L도 사용할 수 있다.
4) 표준온도는 20℃, 상온은 15~25℃, 실온은 1~35℃, 미온은 30~40℃로 한다.
5) "찬 곳(냉소)"이라 함은 따로 규정이 없는 한 0~15℃의 장소를 말한다.
6) 시험은 따로 규정이 없는 한 상온에서 실시하고 조작 후 30초 이내에 관찰한다. 다만, 온도의 영향이 있는 것에 대하여는 표준온도에서 행한다.
7) 시험에 쓰는 물은 따로 규정이 없는 한 증류수 또는 정제수로 한다.
8) 액성을 산성, 알카리성 또는 중성으로 표시한 것은 따로 규정이 없는 한 pH 미터기 또는 리트머스지를 써서 시험한다. 액성을 상세히 나타낼 때에는 pH값을 쓴다. 또한, 강산성은 pH 약 3.0 이하, 약산성은 pH 약 3.0~5.0, 미산성은 pH 약 5.0~6.5, 중성은 pH 약 6.5~7.5, 미알카리성은 pH 약 7.5~9.0, 약알카리성은 pH 약 9.0~11.0, 강알카리성은 pH 약 11.0 이상을 말한다.
9) 혼액을 (1 : 1), (4 : 2 : 1) 등으로 나타낸 것은 액체시약의 혼합 용량비 또는 고체시약의 혼합 무게비를 말한다. 또한, 용액의 농도 (1 → 5), (1 → 10), (1 → 100) 등으로 나타낸 것은 고체시약 1g 또는 액체시약 1mL를 용매에 녹여 전량을 각각 5mL, 10mL, 100mL 등으로 하는 것을 뜻한다.
10) 무게를 "정밀히 단다"라 함은 달아야 할 최소단위를 고려하여 0.1mg, 0.01mg 또는 0.001mg까지 다는 것을 말한다. 또 무게를 "정확히 단다"라 함은 규정된 수치의 무게를 그 자릿수까지 다는 것을 말한다.
11) 검체를 취하는 양에 "약"이라고 한 것은 따로 규정이 없는 한 기재량의 90~110%의 범위 내에서 취하는 것을 말한다.
12) 건조 혹은 강열할 때 "항량"이라고 기재한 것은 다시 계속하여 1시간 더 건조 혹은 강열할 때에 전후의 칭량차가 전회 측정한 무게의 0.1% 이하임을 말한다. 다만, 칭량차가 화학천칭을 썼을 때 0.5mg 이하, 마이크로 화학천칭을 썼을 때 0.01mg 이하인 경우에는 항량으로 본다.
13) 데시케이터의 건조제는 따로 규정이 없는 한 실리카겔로 한다.
14) 감압은 따로 규정이 없는 한 15mmHg 이하로 한다.
15) 시약, 시액, 표준용액을 보존하는 유리용기는 용해도 및 알칼리도가 매우 낮고 납 및 비소를 될 수 있는 대로 함유하지 아니하는 것을 사용한다.
16) 용매는 특별한 규격이 없는 한 "HPLC용"을 사용한다.
17) 따로 규정이 없는 한 시약, 표준품은 최순품을 사용한다.
18) 따로 규정이 없는 한 표준용액을 이용하여 검량선을 작성할 경우 3가지 이상의 농도로 검량선을 작성하여야 하고 시험용액 중 분석하고자 하는 농도가 검량선 내에 포함될 수 있도록 표준용액 농도를 조절하여 사용한다.
19) 따로 규정이 없는 한 시험용액 시험 시 반드시 공시험을 함께 한다.
20) 영양정보에 표시된 열량, 탄수화물, 단백질, 지방 및 나트륨의 시험법은 식품공전 제8. 일반시험법에 따른다.
21) 이 공전에 별도로 규정이 없는 시험법에 대해서는 식품공전 시험법을 따른다.

① 일반시험법 : 붕해시험법, 내용량 시험법, 입도시험법, 산도시험법, 유해물질 시험법, 화학적 시험법, 성상시험법, 용출시험법
② 개별성분별 시험법 : 비타민 A, D, E, K, B_1, B_2, 나이아신 등 81가지 시험법이 수록되어 있다.

4. 식품 등의 표시·광고에 관한 법률 중 식품 등의 표시기준(고시 제2025-56호)

1) 총칙

식품표시광고법은 식품 등에 대하여 올바른 표시·광고를 하도록 하여 소비자의 알 권리를 보장하고 건전한 거래질서를 확립함으로써 소비자 보호에 이바지함을 목적으로 한다.
→ 식품 등의 표시기준 : 식품, 축산물, 식품첨가물, 기구 또는 용기·포장의 표시기준에 관한 사항 및 영양성분 표시대상 식품의 영양표시에 관하여 필요한 사항을 규정
이 고시와 관련된 내용으로 「식품의 기준 및 규격」, 「식품첨가물의 기준 및 규격」 및 「기구 및 용기·포장의 기준 및 규격」의 변경이 있는 경우에는 변경된 사항을 우선 적용할 수 있다.

❯❯ 용어의 정의

구분	내용
제품명	개개의 제품을 나타내는 고유의 명칭
식품유형	「식품위생법」 제7조 제1항 및 「축산물 위생관리법」 제4조 제2항에 따른 「식품의 기준 및 규격」의 최소분류단위
제조연월일	포장을 제외한 더 이상의 제조나 가공이 필요하지 아니한 시점(포장 후 멸균 및 살균 등과 같이 별도의 제조공정을 거치는 제품은 최종공정을 마친 시점)을 말한다. 다만, 캡슐제품은 충전·성형완료시점으로, 소분 판매하는 제품은 소분용 원료제품의 제조연월일로, 포장육은 원료포장육의 제조연월일로, 식육즉석판매가공업 영업자가 식육가공품을 다시 나누어 판매하는 경우는 원료제품에 표시된 제조연월일로, 원료제품의 저장성이 변하지 않는 단순 가공처리만을 하는 제품은 원료제품의 포장시점으로 한다(제조연월일의 영문명 및 약자 예시 : Date of Manufacture, Manufacturing Date, MFG, M, PRO(P), PROD, PRD).
소비기한	식품 등에 표시된 보관방법을 준수할 경우 섭취하여도 안전에 이상이 없는 기한(소비기한 영문명 및 약자 예시 : Use by date, Expiration date, EXP, E)
품질유지기한	식품의 특성에 맞는 적절한 보존방법이나 기준에 따라 보관할 경우 해당 식품 고유의 품질이 유지될 수 있는 기한(품질유지기한 영문명 및 약자 예시 : Best before date, Date of Minimum Durability, Best before, BBE, BE)
원재료	식품 또는 식품첨가물의 처리·제조·가공 또는 조리에 사용되는 물질로서 최종제품 내에 들어 있는 것
성분	제품에 따로 첨가한 영양성분 또는 비영양성분이거나 원재료를 구성하는 단일물질로서 최종제품에 함유되어 있는 것
영양성분	식품에 함유된 성분으로서 에너지를 공급하거나 신체의 성장, 발달, 유지에 필요한 것 또는 결핍 시 특별한 생화학적, 생리적 변화가 일어나게 하는 것
당류	「식품 등의 표시·광고에 관한 법률 시행규칙」(이하 "규칙"이라 한다) 제6조 제2항 제4호에 따른 당류로서 당류 함량은 모든 단당류와 이당류의 합
트랜스지방	트랜스구조를 1개 이상 가지고 있는 비공액형의 모든 불포화지방

구분	내용
1회 섭취참고량	만 3세 이상 소비계층이 통상적으로 소비하는 식품별 1회 섭취량과 시장조사 결과 등을 바탕으로 설정한 값
영양성분표시	제품의 일정량에 함유된 영양성분의 함량을 표시하는 것
영양강조표시	제품에 함유된 영양성분의 함유사실 또는 함유정도를 "무", "저", "고", "강화", "첨가", "감소" 등의 특정한 용어를 사용하여 표시하는 것으로서 다음의 것 1) "영양성분 함량강조표시" : 영양성분의 함유사실 또는 함유정도를 "무○○", "저○○", "고○○", "○○함유" 등과 같은 표현으로 그 영양성분의 함량을 강조하여 표시하는 것 2) "영양성분 비교강조표시" : 영양성분의 함유사실 또는 함유정도를 "덜", "더", "강화", "첨가" 등과 같은 표현으로 같은 유형의 제품과 비교하여 표시하는 것
1일 영양성분 기준치	소비자가 하루의 식사 중 해당 식품이 차지하는 영양적 가치를 보다 잘 이해하고, 식품 간의 영양성분을 쉽게 비교할 수 있도록 식품표시에서 사용하는 영양성분의 평균적인 1일 섭취 기준량
주표시면	용기 · 포장의 표시면 중 상표, 로고 등이 인쇄되어 있어 소비자가 식품 또는 식품첨가물을 구매할 때 통상적으로 소비자에게 보여지는 면
정보표시면	용기 · 포장의 표시면 중 소비자가 쉽게 알아볼 수 있도록 표시사항을 모아서 표시하는 면
복합원재료	두 종류 이상의 원재료 또는 성분으로 제조 · 가공하여 다른 식품의 원료로 사용되는 것으로서 행정관청에 품목제조 보고되거나 수입신고된 식품
통 · 병조림 식품	통 또는 병에 넣어 탈기와 밀봉 및 살균 또는 멸균한 것
레토르트(retort) 식품	제조 · 가공 또는 위생처리된 식품을 12개월을 초과하여 실온에서 보존 및 유통할 목적으로 단층 플라스틱필름이나 금속박 또는 이를 여러 층으로 접착하여 파우치와 기타 모양으로 성형한 용기에 제조 · 가공 또는 조리한 식품을 충전하고 밀봉하여 가열살균 또는 멸균한 것
냉동식품	제조 · 가공 또는 조리한 식품을 장기 보존할 목적으로 냉동처리, 냉동보관하는 것으로서 용기 · 포장에 넣은 식품
품목보고번호	「식품위생법」 제37조에 따라 제조 · 가공업 영업자 또는 「축산물 위생관리법」 제25조에 따라 축산물가공업, 식육포장처리업 영업자가 관할기관에 품목제조를 보고할 때 부여되는 번호
표시사항	제품명, 식품유형, 영업소(장)의 명칭(상호) 및 소재지, 제조연월일, 소비기한 또는 품질유지기한, 내용량 및 내용량에 해당하는 열량, 원재료명, 성분명 및 함량, 영양성분 등 Ⅲ. 개별표시사항 및 표시기준에서 식품 등에 표시하도록 규정한 사항
기계발골육	살코기를 발라내고 남은 뼈에 붙은 살코기를 기계를 이용하여 분리한 식육
산란일	닭이 알을 낳은 날
얼음막	수산물을 동결하는 과정에서 수산물의 표면에 얼음으로 막을 씌우는 것
포인트	한국산업표준 KS A 0201(활자의 기준 치수)이 정하는 바에 따라 활자의 크기를 표시하는 단위

2) 구성

> 식품 등의 표시 · 광고에 관한 법률 구성

No.	식품 등의 표시 · 광고에 관한 법률	식품 등의 표시 · 광고에 관한 법률 시행령	식품 등의 표시 · 광고에 관한 법률 시행규칙	식품 등의 표시 · 광고에 관한 법률 시행규칙 구성
제1조	목적	목적	목적	「식품 등의 표시 · 광고에 관한 법률」 및 같은 법 시행령에서 위임된 사항과 그 시행에 필요한 사항을 규정

No.	식품 등의 표시·광고에 관한 법률	식품 등의 표시·광고에 관한 법률 시행령	식품 등의 표시·광고에 관한 법률 시행규칙	식품 등의 표시·광고에 관한 법률 시행규칙 구성
제2조	정의	부당한 표시 또는 광고 행위의 금지 대상	일부 표시사항	
제3조	다른 법률과의 관계	부당한 표시 또는 광고의 내용	표시사항	1. 식품유형, 품목보고번호 2. 성분명 및 함량 3. 용기·포장의 재질 4. 조사처리(照射處理) 표시 5. 보관방법 또는 취급방법 6. 식육(食肉)의 종류, 부위 명칭, 등급 및 도축장명 7. 포장일자, 생산연월일 또는 산란일
제4조	표시의 기준	표시 또는 광고의 심의 기준 등	표시의무자	1. 식품위생법 시행령에 따른 식품제조·가공업, 즉석판매제조·가공업, 식품첨가물제조법, 식품소분업, 식용얼음판매업자, 집단급식소 식품판매업, 용기·포장류제조업 2. 축산물 위생관리법 시행령에 따른 도축업, 축산물가공업, 식용란선별포장업, 식육포장처리업, 식육판매업, 식육부산물전문판매업, 식용란수집판매업, 식육즉석판매가공업 3. 건강기능식품에 관한 법률에 따른 건강기능식품제조업 4. 수입식품안전관리 특별법 시행령에 따른 수입식품 등 수입·판매업 5. 축산법에 따른 식용란을 출하하는 자 6. 농산물·임산물·수산물 또는 축산물을 용기·포장에 넣거나 싸서 출하·판매하는 자 7. 법 제2조 제3호에 따른 기구를 생산, 유통 또는 판매하는 자
제5조	영양표시	자율심의기구의 등록 요건	표시방법 등	
제6조	나트륨 함량 비교 표시	표시 또는 광고 심의 결과에 대한 이의신청	영양표시	1. 열량 2. 나트륨 3. 탄수화물 4. 당류[식품, 축산물, 건강기능식품에 존재하는 모든 단당류(單糖類)와 이당류(二糖類)를 말한다. 다만, 캡슐·정제·환·분말 형태의 건강기능식품은 제외한다] 5. 지방 6. 트랜스지방(trans fat) 7. 포화지방(saturated fat) 8. 콜레스테롤(cholesterol) 9. 단백질 10. 영양표시나 영양강조표시를 하려는 경우 : [별표 5]의 1일 영양성분 기준치에 명시된 영양성분

No.	식품 등의 표시·광고에 관한 법률	식품 등의 표시·광고에 관한 법률 시행령	식품 등의 표시·광고에 관한 법률 시행규칙	식품 등의 표시·광고에 관한 법률 시행규칙 구성
제7조	광고의 기준	교육 및 홍보 위탁	나트륨 함량 비교 표시	1. 조미식품이 포함되어 있는 면류 중 유탕면(기름에 튀긴 면), 국수 또는 냉면 2. 즉석섭취식품(동·식물성 원료에 식품이나 식품첨가물을 가하여 제조·가공한 것으로서 더 이상의 가열 또는 조리과정 없이 그대로 섭취할 수 있는 식품을 말한다) 중 햄버거 및 샌드위치
제8조	부당한 표시 또는 광고행위의 금지	영업정지 등의 처분을 갈음하여 부과하는 과징금의 산정기준	광고의 기준	
제9조	표시 또는 광고 내용의 실증	과징금의 부과 및 납부	실증방법 등	식품 등을 표시 또는 광고한 자가 표시 또는 광고에 실증(實證)하기 위하여 제출해야 하는 자료 1. 시험 또는 조사 결과 2. 전문가 견해 3. 학술문헌 4. 그 밖에 식품의약품안전처장이 실증을 위하여 필요하다고 인정하는 자료
제10조	표시 또는 광고의 자율심의	과징금의 납부기간 연기 및 분할납부	표시 또는 광고 심의 대상 식품 등	식품 등에 관하여 표시 또는 광고하려는 자가 법 제10조 제1항 본문에 따른 자율심의기구에 미리 심의를 받아야 하는 대상 1. 특수영양식품(영아·유아, 비만자 또는 임산부·수유부 등 특별한 영양관리가 필요한 대상을 위하여 식품과 영양성분을 배합하는 등의 방법으로 제조·가공한 식품을 말한다) 2. 특수의료용도식품(정상적으로 섭취, 소화, 흡수 또는 대사할 수 있는 능력이 제한되거나 질병 또는 수술 등의 임상적 상태로 인하여 일반인과 생리적으로 특별히 다른 영양요구량을 가지고 있어, 충분한 영양공급이 필요하거나 일부 영양성분의 제한 또는 보충이 필요한 사람에게 식사의 일부 또는 전부를 대신할 목적으로 직접 또는 튜브를 통해 입으로 공급할 수 있도록 제조·가공한 식품의 말한다) 3. 건강기능식품 4. 기능성 표시식품
제11조	심의위원회의 설치·운영	과징금 미납자에 대한 처분	수수료	
제12조	표시 또는 광고 정책 등에 관한 자문	기금의 귀속비용	자율심의기구의 등록	
제13조	소비자 교육 및 홍보	부당한 표시·광고에 따른 과징금 부과 기준 및 절차	등록사항의 변경	

No.	식품 등의 표시·광고에 관한 법률	식품 등의 표시·광고에 관한 법률 시행령	식품 등의 표시·광고에 관한 법률 시행규칙	식품 등의 표시·광고에 관한 법률 시행규칙 구성
제14조	시정명령	위반사실의 공표	교육 및 홍보의 내용	
제15조	위해 식품 등의 회수 및 폐기처분 등	권한의 위임	회수·폐기처분 등의 기준	회수, 압류·폐기처분 대상 식품 등 1. 표시 대상 알레르기 유발물질을 표시하지 않은 식품 등 2. 제조연월일 또는 소비기한을 사실과 다르게 표시하거나 표시하지 않은 식품 등 3. 그 밖에 안전과 관련된 표시를 위반한 식품 등
제16조	영업정지 등	과태료의 부과기준	행정처분의 기준	
제17조	품목 등의 제조정지	[별표 1] 부당한 표시 또는 광고의 내용(제3호 제1항 관련) [별표 2] 영업정지 등의 처분을 갈음하여 부과하는 과징금의 산정기준(제8조 관련) [별표 3] 과태료의 부과기준(제16조 관련)	과징금 부과 제외 대상	
제18조	행정 제재처분 효과의 승계		규제의 재검토	
제19조	영업정지 등의 처분에 갈음하여 부과하는 과징금 처분		[별표]	[별표 1] 식품 등의 일부 표시사항(제2조 관련) [별표 2] 소비자 안전을 위한 표시사항(제5조 제1항 관련) [별표 3] 식품 등의 표시방법(제5조 제2항, 제6조 제4항 및 제7조 제2항 관련) [별표 4] 영양표시 대상 식품 등(제6조 제1항 관련) [별표 5] 1일 영양성분 기준치(제6조 제2항 및 제3항 관련) [별표 6] 식품 등 광고 시 준수사항(제8조 관련) [별표 7] 행정처분 기준(제16조 관련) [별표 8] 과징금 부과 제외 대상(제17조 관련)
제20조	부당한 표시·광고에 따른 과징금 부과 등			
제21조	위반사실의 공표			
제22조	국고 보조			
제23조	청문			
제24조	권한 등의 위임 및 위탁			
제25조	벌칙 적용에서 공무원 의제			
제26조	벌칙			

No.	식품 등의 표시·광고에 관한 법률	식품 등의 표시·광고에 관한 법률 시행령	식품 등의 표시·광고에 관한 법률 시행규칙	식품 등의 표시·광고에 관한 법률 시행규칙 구성
제27조	벌칙			
제28조	벌칙			
제29조	벌칙			
제30조	양벌규정			
제31조	과태료			

(1) 표시의 기준(식품표시광고법 제4조)

식품 등의 표시 또는 광고에 관하여 다른 법률에 우선하여 이 법을 적용한다.

식품 등에는 다음의 구분에 따른 사항을 표시하여야 한다. 다만, 총리령으로 정하는 경우에는 그 일부만을 표시할 수 있다.

① 식품, 식품첨가물 또는 축산물
- 제품명, 내용량 및 원재료명
- 영업소 명칭 및 소재지
- 소비자 안전을 위한 주의사항
- 제조연월일, 소비기한 또는 품질유지기한
- 그 밖에 소비자에게 해당 식품, 식품첨가물 또는 축산물에 관한 정보를 제공하기 위하여 필요한 사항으로서 총리령으로 정하는 사항

② 기구 또는 용기·포장
- 재질
- 영업소 명칭 및 소재지
- 소비자 안전을 위한 주의사항
- 그 밖에 소비자에게 해당 기구 또는 용기·포장에 관한 정보를 제공하기 위하여 필요한 사항으로서 총리령으로 정하는 사항

③ 건강기능식품
- 제품명, 내용량 및 원료명
- 영업소 명칭 및 소재지
- 소비기한 및 보관방법
- 섭취량, 섭취방법 및 섭취 시 주의사항
- 건강기능식품이라는 문자 또는 건강기능식품임을 나타내는 도안
- 질병의 예방 및 치료를 위한 의약품이 아니라는 내용의 표현
- 「건강기능식품에 관한 법률」 제3조 제2호에 따른 기능성에 관한 정보 및 원료 중에 해당 기능성을 나타내는 성분 등의 함유량

- 그 밖에 소비자에게 해당 건강기능식품에 관한 정보를 제공하기 위하여 필요한 사항으로서 총리령으로 정하는 사항

(2) 부당한 표시 또는 광고행위의 금지(식품표시광고법 제8조)

누구든지 식품 등의 명칭·제조방법·성분 등 대통령령으로 정하는 사항에 관하여 다음의 어느 하나에 해당하는 표시 또는 광고를 하여서는 아니 된다.

① 질병의 예방·치료에 효능이 있는 것으로 인식할 우려가 있는 표시 또는 광고
② 식품 등을 의약품으로 인식할 우려가 있는 표시 또는 광고
③ 건강기능식품이 아닌 것을 건강기능식품으로 인식할 우려가 있는 표시 또는 광고
④ 거짓·과장된 표시 또는 광고
⑤ 소비자를 기만하는 표시 또는 광고
⑥ 다른 업체나 다른 업체의 제품을 비방하는 표시 또는 광고
⑦ 객관적인 근거 없이 자기 또는 자기의 식품 등을 다른 영업자나 다른 영업자의 식품 등과 부당하게 비교하는 표시 또는 광고
⑧ 사행심을 조장하거나 음란한 표현을 사용하여 공중도덕이나 사회윤리를 현저하게 침해하는 표시 또는 광고
⑨ 총리령으로 정하는 식품 등이 아닌 물품의 상호, 상표 또는 용기·포장 등과 동일하거나 유사한 것을 사용하여 해당 물품으로 오인·혼동할 수 있는 표시 또는 광고
⑩ 제10조 제1항에 따라 심의를 받지 아니하거나 같은 조 제4항을 위반하여 심의 결과에 따르지 아니한 표시 또는 광고

(3) 시정명령(식품표시광고법 제14조)

식품의약품안전처장, 시·도지사 또는 시장·군수·구청장은 다음의 어느 하나에 해당하는 자에게 필요한 시정을 명할 수 있다.

① 제4조 제3항, 제5조 제3항 또는 제6조 제3항을 위반하여 식품 등을 판매하거나 판매할 목적으로 제조·가공·소분·수입·포장·보관·진열 또는 운반하거나 영업에 사용한 자
② 제7조를 위반하여 광고의 기준을 준수하지 아니한 자
③ 제8조 제1항을 위반하여 표시 또는 광고를 한 자
④ 제9조 제3항을 위반하여 실증자료를 제출하지 아니한 자

(4) 위해식품 등의 회수 및 폐기처분 등(식품표시광고법 제15조)

① 판매의 목적으로 식품 등을 제조·가공·소분 또는 수입하거나 식품 등을 판매한 영업자는 해당 식품 등이 제4조 제3항 또는 제8조 제1항을 위반한 사실(식품 등의 위해와 관련이 없는 위반사항은 제외한다)을 알게 된 경우에는 지체 없이 유통 중인 해당 식품 등을 회수하거나 회수하는 데에 필요한 조치를 하여야 한다.

② 제1항에 따른 회수 또는 회수하는 데에 필요한 조치를 하려는 영업자는 회수계획을 식품의약품안전처장, 시·도지사 또는 시장·군수·구청장에게 미리 보고하여야 한다. 이 경우 회수 결과를 보고받은 시·도지사 또는 시장·군수·구청장은 이를 지체 없이 식품의약품안전처장에게 보고하여야 한다.

③ 식품의약품안전처장, 시·도지사 또는 시장·군수·구청장은 영업자가 제4조 제3항 또는 제8조 제1항을 위반한 경우에는 관계 공무원에게 그 식품 등을 압류 또는 폐기하게 하거나 용도·처리방법 등을 정하여 영업자에게 위해를 없애는 조치를 할 것을 명하여야 한다.

④ 제1항부터 제3항까지의 규정에 따른 위해 식품 등의 회수, 압류·폐기처분의 기준 및 절차 등에 관하여는 「식품위생법」 제45조 및 제72조를 준용한다.

> **Reference** 공통표시기준(식품의약품안전처 고시 제2025-56호)

1. 표시방법
   ① 규칙 제5조 관련 [별표 3] 제3호 본문에 따른 표시는 도 2 표시사항 표시서식도안을 활용할 수 있다.
   - 주표시면에는 제품명, 내용량 및 내용량에 해당하는 열량(단, 열량은 내용량 뒤에 괄호로 표시하되, 규칙 제6조 관련 [별표 4] 영양표시 대상 식품 등만 해당한다)을 표시하여야 한다. 다만, 주표시면에 제품명과 내용량 및 내용량에 해당하는 열량 이외의 사항을 표시한 경우 정보표시면에는 그 표시사항을 생략할 수 있다.
   - 정보표시면에는 식품유형, 영업소(장)의 명칭(상호) 및 소재지, 소비기한(제조연월일 또는 품질유지기한), 원재료명, 주의사항 등을 표시사항별로 표 또는 단락 등으로 나누어 표시하되, 정보표시면 면적이 100cm^2 미만인 경우에는 표 또는 단락으로 표시하지 아니할 수 있다.
   ② 달걀 껍데기의 표시사항은 6포인트 이상으로 할 수 있다.
   ③ 정보표시면의 면적(도 1에 따른 정보표시면 중 주표시면에 준하는 최소 여백을 제외한 면적)이 부족하여 10포인트 이상의 글씨크기로 표시사항을 표시할 수 없는 경우에는 규칙 제5조 관련 [별표 3] 제5호의 본문 규정을 따르지 않을 수 있다. 이 경우 정보표시면에는 이 고시에서 정한 표시(조리·사용법, 섭취방법, 용도, 주의사항, 바코드, 타법에서 정한 표시사항 포함)사항만을 표시하여야 한다.
   ④ 최소 판매단위 포장 안에 내용물을 2개 이상으로 나누어 개별포장(이하 "내포장"이라 한다)한 제품의 경우에는 소비자에게 올바른 정보를 제공할 수 있도록 내포장별로 제품명, 내용량 및 내용량에 해당하는 열량, 소비기한 또는 품질유지기한, 영양성분을 표시할 수 있다. 다만, 내포장한 제품의 표시사항 및 글씨크기는 규칙 제5조 관련 [별표 3] 제5호의 본문 규정을 따르지 않을 수 있다.
   ⑤ 용기나 포장은 다른 업소의 표시가 있는 것을 사용하여서는 아니 된다. 다만, 식품에 유해한 영향을 미치지 아니하는 용기로서 일반시중에 유통 판매할 목적이 아닌 다른 회사의 제품원재료로 제공할 목적으로 사용하는 경우와 「자원의 절약과 재활용촉진에 관한 법률」에 따라 재사용되는 유리병(같은 식품유형 또는 유사한 품목으로 사용한 것에 한한다)의 경우에는 그러하지 아니할 수 있다.
   ⑥ 시각장애인을 위하여 제품명, 소비기한 등의 표시사항을 알기 쉬운 장소에 점자표시, 바코드 또는 점자·음성변환용 코드로 추가 표시할 수 있다. 이 경우 점자표시 등은 스티커 등을 이용할 수 있다.
   ⑦ 「수입식품안전관리 특별법」 제18조에 따른 주문자상표부착방식위탁생산(OEM : Original Equipment Manufacturing) 식품 등은 14포인트 이상의 글씨로 주표시면에 「대외무역법」에 따른 원산지 표시의 국가명 옆에 괄호로 위탁생산제품임을 표시하여야 한다(다만, 농·임·축·수산물로서 자연상태의 식품, 기구 또는 용기·포장은 제외한다).
   "원산지 : ○○(위탁생산제품)", "○○산(위탁생산제품)", "원산지 : ○○(위탁생산)", "○○산(위탁생산)", "원산지 : ○○(OEM)" 또는 "○○산(OEM)"
   ⑧ 세트포장(각각 품목제조보고 또는 수입신고된 완제품 형태로 두 종류 이상의 제품을 함께 판매할 목적으로 포장한 제품을 말함) 형태로 구성한 경우 세트포장의 외포장지에는 이를 구성하고 있는 각 제품에 대한

표시사항을 각각 표시하여야 한다. 이 경우 소비기한은 구성제품 가운데 가장 짧은 소비기한 또는 그 이내로 표시해야 하며, 세트포장을 구성하는 각 개별 제품에는 표시사항을 표시하지 아니할 수 있다. 다만, 상기 규정에도 불구하고, 세트포장을 구성하는 각 개별 제품에 표시를 한 경우로서, 소비자가 이를 명확히 확인할 수 있거나, 온라인 판매 페이지 등에서 표시사항이 확인되어 구매한 소비자에게 직접 배송되는 세트포장은 외포장지에 표시를 하지 아니할 수 있다.

2. 조리식품의 고카페인 표시(식품표시광고법 시행규칙 제5조의2 관련)

카페인을 1mL당 0.15mg 이상 함유한 액체 식품(커피 및 다류)에 총카페인 함량, 주의문구("어린이, 임산부, 카페인 민감자는 섭취에 주의해 주시기 바랍니다." 등), "고카페인 함유" 표시

※ 표시사항별 세부표시기준 – 식품 등의 표시기준 [별지 1]

1. 식품(수입식품을 포함한다)
1) 제품명
(1) 제품명은 그 제품의 고유명칭으로서 허가관청(수입식품의 경우 신고관청)에 신고 또는 보고하는 명칭으로 표시하여야 한다.

(2) 제품명에 상호·로고 또는 상표 등의 표현을 함께 사용할 수 있다.

(3) 원재료명 또는 성분명을 제품명 또는 제품명의 일부로 사용할 수 있는 경우는 다음과 같다. 이 경우 원재료명은 6)의 (1) ②에 따라 표시하여야 한다.

① 식품의 처리·제조·가공 시에 사용한 원재료명, 성분명 또는 과실·채소·생선·해물·식육 등 여러 원재료를 통칭하는 명칭을 제품명 또는 제품명의 일부로 사용하고자 하는 경우에는 해당 원재료(식품의 원재료가 추출물 또는 농축액인 경우 그 원재료의 함량과 그 원재료에 함유된 고형분의 함량 또는 배합 함량을 백분율로 함께 표시한다) 또는 성분명과 그 함량(백분율, 중량, 용량)을 주표시면에 14포인트 이상의 글씨로 표시하여야 한다. 다만, 제품명의 글씨크기가 22포인트 미만인 경우에는 7포인트 이상의 글씨로 표시할 수 있다.

(예시) 흑마늘○○(흑마늘 ○○%)

(예시) 딸기○○[딸기추출물 ○○%(고형분 함량 ○○%)]

(예시) 과일○○(사과 ○○%, 배 ○○%)

② ①의 규정에도 불구하고, 해당 식품유형명, 즉석섭취·편의식품류명 또는 요리명을 제품명 또는 제품명의 일부로 사용하는 경우는 그 식품유형명, 즉석섭취·편의식품류명 또는 요리명의 함량 표시를 하지 않을 수 있다.

(식품유형명 사용 예시) "○○토마토케첩"(식품유형 : 토마토케첩)

"○○조미김"(식품유형 : 조미김)

(즉석섭취·편의 식품류명 사용 예시) "○○햄버거", "○○김밥", "○○순대"

(요리명 사용 예시) "수정과○○", "식혜○○", "불고기○○", "피자○○", "짬뽕○○",

"바비큐○○", "갈비○○", "통닭○○"

③ "맛" 또는 "향"을 내기 위하여 사용한 원재료로 향료만을 사용하여 제품명 또는 제품명의 일부로 사용하고자 하는 때에는 원재료명 또는 성분명 다음에 "향" 자를 사용하되, 그 글씨크기는 제품명과 같거나 크게 표시하고, 제품명 주위에 "합성○○향 첨가(함유)" 또는 "합성향료 첨가(함유)" 등의 표시를 하여야 한다. 다만, 해당 원재료의 "맛" 또는 "향"을 내기 위해 향료물질로 사용한 것이 합성향료물질로만 구성된 것에 한한다.

(예시) 딸기향캔디(합성딸기향 첨가)

④ 수출국에서 표시한 수입식품의 제품명을 한글로 표시할 때 「외래어표기법」에 따라 표시하거나 번역하여 표시하여야 하며, 한글로 표시한 제품명은 표시기준에 적합하여야 한다.

2) 영업소(장) 등의 명칭(상호) 및 소재지

(1) 업종별 영업소(장)의 명칭(상호) 및 소재지의 표시사항은 다음과 같다.

① 식품 등 제조·가공업 : 영업등록 또는 영업신고 시 등록 또는 신고관청에 제출한 영업소(장)의 명칭(상호) 및 소재지를 표시하되, 업소의 소재지 대신 반품교환업무를 대표하는 소재지를 표시할 수 있다. 다만, 식품 제조·가공업자가 제조·가공시설 등이 부족하여 식품 제조·가공업의 영업신고를 한 자에게 위탁하여 식품을 제조·가공한 경우에는 위탁을 의뢰한 영업소(장)의 명칭(상호) 및 소재지로 표시하여야 한다. 이 경우, 위탁을 의뢰받은 영업소(장)의 명칭(상호) 및 소재지를 제조위탁업소(위탁제조원)으로서 추가 표시할 수 있다.

② 유통전문판매업 : 영업신고 시 신고관청에 제출한 영업소(장)의 명칭(상호) 및 소재지(또는 반품교환업무를 대표하는 소재지)를 표시하고 해당 식품의 제조·가공업의 영업소(장)의 명칭(상호) 및 소재지를 함께 표시하여야 한다.

(예시) 유통전문판매소 : 영업소(장)의 명칭(상호), 소재지
　　　　제조업소 : 영업소(장)의 명칭(상호), 소재지

③ 식품소분업 : 영업신고 시 신고관청에 제출한 영업소(장)의 명칭(상호) 및 소재지(또는 반품교환업무를 대표하는 소재지)를 표시하고 해당 식품의 제조·가공업의 영업소(장)의 명칭(상호) 및 소재지를 함께 표시하여야 한다. 소분하고자 하는 식품이 수입식품인 경우 식품 등의 수입판매업 영업소(장)의 명칭(상호) 및 소재지도 함께 표시하여야 한다.

(예시) 식품소분업소 : 영업소(장)의 명칭(상호), 소재지
　　　　제조업소 : 영업소(장)의 명칭(상호), 소재지

(예시) 식품소분업소 : 영업소(장)의 명칭(상호), 소재지
　　　　수입판매업소 : 영업소(장)의 명칭(상호), 소재지
　　　　제조업소 : 업소명

④ 수입식품 등 수입판매업 : 영업등록 시 등록관청에 제출한 영업소(장)의 명칭(상호) 및 소재지(또는 반품교환업무를 대표하는 소재지, 이 경우 '반품교환업무 소재지'임을 표시하여야 한다)를 표시하되, 해당 수입식품의 제조업소명을 표시하여야 한다. 이 경우 제조업소명이 외국어로 표시되어 있는 경우에는 그 제조업소명을 한글로 따로 표시하지 아니할 수 있다.

(예시) 수입판매업소 : 영업소(장)의 명칭(상호), 소재지(또는 반품교환업무 소재지)
　　　　제조업소 : 업소명

⑤ 식육포장처리업, 축산물가공업 : 영업 허가 시 허가관청에 제출한 영업소(장)의 명칭(상호)과 소재지를 표시하되, 영업장의 소재지 대신 반품교환업무를 대표하는 소재지를 표시할 수 있다.

⑥ 축산물유통전문판매업 : 영업 신고 시 신고관청에 제출한 영업소(장)의 명칭(상호) 및 소재지(또는 반품교환업무를 대표하는 소재지)를 표시하고, 축산물가공업 또는 식육포장처리업(수입축산물의 경우 축산물수입판매업)의 영업소(장)의 명칭(상호)과 소재지를 함께 표시하여야 한다.

⑦ 식용란수집판매업 : 영업 신고 시 신고관청에 제출한 식용란수집판매업의 영업소(장)의 명칭

(상호)과 소재지를 표시하여야 한다.

⑧ 도축업(닭·오리의 식육에 한함) : 영업의 허가 시 허가관청에 제출한 도축장의 명칭과 소재지를 표시하여야 한다.

⑨ 식용란선별포장업 : 영업 신고 시 신고관청에 제출한 식용란선별포장업의 영업소(장)의 명칭(상호)과 소재지를 표시하여야 한다.

(2) 그 밖에 판매업소의 영업소(장)의 명칭(상호) 및 소재지를 표시하고자 하는 경우에는 (1)의 규정에 따라 표시한 영업소(장)의 명칭(상호) 및 소재지의 글씨 크기와 같거나 작게 표시하여야 한다.

(예시) 판매업소 : ○○백화점, 소재지

제조업소 : 영업소(장)의 명칭(상호), 소재지

3) 제조연월일(이하 "제조일"로 표시할 수 있다)

(1) 제조일은 "○○년○○월○○일", "○○.○○.○○", "○○○○년○○월○○일" 또는 "○○○○.○○.○○"의 방법으로 표시하여야 한다. 다만, 축산물의 경우 "○○년○○월○○일", "○○.○○.○○", "○○○○년○○월○○일", "○○○○.○○.○○." 또는 "○○년○○월", "○○.○○.", "○○○○년○○월", "○○○○.○○" 등 방법으로 표시할 수 있다.

(2) 제조일을 주표시면 또는 정보표시면에 표시하기가 곤란한 경우에는 해당 위치에 제조일의 표시 위치를 명시하여야 한다.

(3) 수입되는 식품 등에 표시된 수출국의 제조일의 "연월일"의 표시순서 (1)의 기준과 다를 경우에는 소비자가 알아보기 쉽도록 "연월일"의 표시순서를 예시하여야 한다.

(4) 제조연월일이 서로 다른 각각의 제품을 함께 포장하였을 경우에는 그중 가장 빠른 제조연월일을 표시하여야 한다. 다만, 소비자가 함께 포장한 각 제품의 제조연월일을 명확히 확인할 수 있는 경우는 제외한다.

(5) 제조일자 표시대상이 아닌 식품 등에 제조일자를 표시한 경우에는 (1)부터 (5)까지의 표시방법을 따라 표시하여야 하며, 표시된 제조일자를 지우거나 변경하여서는 아니 된다. 다만, 축산물의 경우 제품의 소비기한이 3개월 이내인 경우에는 제조일자의 "년" 표시를 생략할 수 있다.

4) 소비기한 또는 품질유지기한

(1) 소비기한은 "○○년○○월○○일까지", "○○.○○.○○까지", "○○○○년○○월○○일까지", "○○○○.○○.○○까지" 또는 "소비기한 : ○○○○년○○월○○일"로 표시하여야 한다. 다만, 축산물의 경우 제품의 소비기한이 3월 이내인 경우에는 소비기한의 "년" 표시를 생략할 수 있다.

(2) 제조일을 사용하여 소비기한을 표시하는 경우에는 "제조일로부터 ○○일까지", "제조일로부터 ○○월까지" 또는 "제조일로부터 ○○년까지", "소비기한 : 제조일로부터 ○○일"로 표시할 수 있다.

(3) 제품의 제조·가공과 포장과정이 자동화 설비로 일괄 처리되어 제조시간까지 자동 표시할 수 있는 경우에는 "○○월○○일○○시까지" 또는 "○○.○○.○○ 00:00까지"로 표시할 수 있다.

(4) 품질유지기한은 "○○년○○월○○일", "○○.○○.○○", "○○○○년○○월○○일" 또는

"○○○○.○○.○○"로 표시하여야 한다.
(5) 제조일을 사용하여 품질유지기한을 표시하는 경우에는 "제조일로부터 ○○일", "제조일로부터 ○○월" 또는 "제조일로부터 ○○년"으로 표시할 수 있다.
(6) 소비기한 또는 품질유지기한을 주표시면 또는 정보표시면에 표시하기가 곤란한 경우에는 해당 위치에 소비기한 또는 품질유지기한의 표시위치를 명시하여야 한다.
(7) 수입되는 식품 등에 표시된 수출국의 소비기한 또는 품질유지기한의 "연월일"의 표시순서가 (1) 또는 (4)의 기준과 다를 경우에는 소비자가 알아보기 쉽도록 "연월일"의 표시순서를 예시하여야 하며, "연월"만 표시되었을 경우에는 "연월일" 중 "일"의 표시는 제품의 표시된 해당 "월"의 1일로 표시하여야 한다.
(8) 소비기한 또는 품질유지기한 표시가 의무가 아닌 국가로부터 소비기한 또는 품질유지기한이 표시되지 않은 제품을 수입하는 경우 그 수입자는 제조국, 제조회사로부터 받은 소비기한 또는 품질유지기한에 대한 증명자료를 토대로 하여 한글표시사항에 소비기한 또는 품질유지기한을 표시하여야 한다.
(9) 소비기한 또는 품질유지기한의 표시는 사용 또는 보존에 특별한 조건이 필요한 경우 이를 함께 표시하여야 한다. 이 경우 냉동 또는 냉장보관·유통하여야 하는 제품은 『냉동보관』 및 냉동온도 또는 『냉장보관』 및 냉장온도를 표시하여야 한다(냉동 및 냉장온도는 축산물에 한함).
(10) 소비기한이나 품질유지기한이 서로 다른 각각의 여러 가지 제품을 함께 포장하였을 경우에는 그 중 가장 짧은 소비기한 또는 품질유지기한을 표시하여야 한다. 다만, 소비기한 또는 품질유지기한이 표시된 개별제품을 함께 포장한 경우에는 가장 짧은 소비기한만을 표시할 수 있다.
(11) 자연상태 식품 등 소비기한 표시대상 식품이 아닌 식품에 소비기한을 표시한 경우에는 (1)부터 (10)까지의 표시방법을 따라 표시하여야 한다(자연상태 식품인 경우 (2)와 (5) 중 "제조일"은 "생산연월일 또는 포장일"로 본다). 이 경우, 표시된 소비기한이 경과된 제품을 수입·진열 또는 판매하여서는 아니 되며, 이를 변경하여서도 아니 된다.

5) 내용량

(1) 내용물의 성상에 따라 중량·용량 또는 개수로 표시하되, 개수로 표시할 때에는 중량 또는 용량을 괄호 속에 표시하여야 한다. 이 경우 용기·포장에 표시된 양과 실제량과의 부족량의 허용오차(범위)는 다음과 같다.

적용분류	표시량	허용오차	적용분류	표시량	허용오차
중량	50g 이하	9%	용량	50mL 이하	9%
	50g 초과 100g 이하	4.5g		50mL 초과 100mL 이하	4.5mL
	100g 초과 200g 이하	4.5%		100mL 초과 200mL 이하	4.5%
	200g 초과 300g 이하	9g		200mL 초과 300mL 이하	9mL
	300g 초과 500g 이하	3%		300mL 초과 500mL 이하	3%
	500g 초과 1kg 이하	15g		500mL 초과 1L 이하	15mL
	1kg 초과 10kg 이하	1.5%		1L 초과 10L 이하	1.5%
	10kg 초과 15kg 이하	150g		10L 초과 15L 이하	150mL
	15kg 초과	1%		15L 초과	1%

※ %로 표시된 허용오차는 표시량에 대한 백분율임. 단, 두부류는 500g 미만은 10%, 500g 이상은 5%로 한다.

(2) 먹기 전에 버리게 되는 액체(제품의 특성에 따라 자연적으로 발생하는 액체를 제외한다) 또는 얼음과 함께 포장하거나 얼음막을 처리하는 식품은 액체 또는 얼음(막)을 뺀 식품의 중량을 표시하여야 한다.

(3) 정제형태로 제조된 제품의 경우에는 판매되는 한 용기·포장 내의 정제의 수와 총중량을, 캡슐형태로 제조된 제품의 경우에는 캡슐수와 피포제 중량을 제외한 내용량을 표시하여야 한다. 이 경우 피포제의 중량은 내용물을 포함한 캡슐 전체 중량의 50% 미만이어야 한다.

(4) 영양성분 표시대상식품에 대하여 내용량을 표시하는 경우에는 그 내용량에 괄호로 하여 해당하는 열량을 함께 표시하여야 한다.
(예시) 100g(240kcal)

(5) 포장육 및 수입하는 식육 등 주표시면에 표시하기가 어려운 경우에는 해당 위치에 표시위치를 명시할 수 있다(축산물에 한함).

(6) 식용란은 개수로 표시하고 중량을 괄호 안에 표시하여야 한다.

(7) 닭·오리의 식육은 마리수로 표시하고 중량을 괄호 안에 표시하여야 한다. 다만, 내용량이 1마리인 경우에는 중량만을 표시할 수 있다.

(8) 식품의 내용량을 변경(감소한 경우에 한한다)한 경우, 변경한 날로부터 3개월 이상의 기간 동안 제조·가공·소분하거나 수입하는 제품의 내용량 주위에 변경 사실을 표시하여야 한다. 이 경우 스티커를 사용할 수 있으나 떨어지지 아니하게 부착하여야 하며, 소비자가 변경 전의 내용량을 쉽게 알아볼 수 있도록 표시하여야 한다. 다만, 다음의 경우에는 표시하지 아니할 수 있다.

① 단위가격(출고가격을 기준으로 한다)이 상승하지 않은 경우
② 내용량 변경(감소) 비율이 5% 이하인 경우
③ 「식품위생법 시행령」 제21조 제1호부터 제3호의 식품제조·가공업, 즉석판매제조·가공업 및 식품첨가물제조업, 「축산물 위생관리법 시행령」 제21조 제3호의 축산물가공업 및 제8호에 따른 식육즉석판매가공업에 사용될 목적으로 공급되는 원료용 식품 등의 경우
④ 자연상태의 농·임·축·수산물(단, 「축산물 위생관리법」에서 정한 축산물 중 식육가공품, 유가공품, 알가공품은 제외한다)의 경우
⑤ 「식품위생법 시행령」 제21조 제2호에 따른 즉석판매제조·가공업의 영업자가 「식품위생법 시행규칙」 제37조 관련 [별표 15]에 따른 즉석판매제조·가공 대상식품을 판매하는 경우
⑥ 「축산물 위생관리법 시행령」 제21조 제8호에 따른 식육즉석판매가공업 영업자가 식육가공품을 만들거나 다시 나누어 판매하는 경우
⑦ 소비자에게 직접 판매되지 아니하고, 「식품위생법 시행령」 제21조 제8호의 식품접객업에 조리를 목적으로 공급하는 식품 및 「식품위생법」 제2조 제12호의 집단급식소에 급식용도로 납품되는 식품의 경우
(예시) 내용량 00g(내용량 변경 제품, 00g → 00g 또는 00% 감소), 내용량 00g(이전 내용량 00g) 등

6) 원재료명

(1) 식품에 대한 표시는 다음과 같이 하여야 한다.

① 식품의 처리·제조·가공 시 사용한 모든 원재료명(최종제품에 남지 않는 물은 제외한다. 이하 같다)을 많이 사용한 순서에 따라 표시하여야 한다. 다만, 중량비율로서 2% 미만인 나머지 원재료는 상기 순서 다음에 함량 순서에 따르지 아니하고 표시할 수 있다.

② 원재료명은 「식품위생법」 제7조 및 「축산물 위생관리법」 제4조에 따른 「식품의 기준 및 규격」, 표준국어대사전 등을 기준으로 대표명을 선정한다.

　㉠ 수산물의 경우에는 「식품의 기준 및 규격」에 고시된 명칭(기타 명칭 또는 시장명칭, 외래어의 경우 한글표기법에 따른 외국어 명칭 포함)으로 표시하여야 한다.

　㉡ ㉠에도 불구하고 시장에서 널리 통용되는 형태학적 분류에 따른 명칭으로 표시할 수 있다. 다만, 민어과에 대해서는 ㉠에 따른 명칭으로 표시하여야 한다.

　㉢ ㉠ 또는 ㉡에 따라 표시한 명칭 바로 뒤에 괄호로 생물 분류 중 "ㅇㅇ속" 또는 "ㅇㅇ과"의 명칭을 추가로 표시할 수 있다.

　(예시) 긴가이석태(민어과)

③ 품종명을 원재료명으로 사용할 수 있다.

　(예시) 청사과, ㅇㅇ쇠고기, ㅇㅇ돼지고기

④ 제조·가공 과정을 거쳐 원래 원재료의 성상이 변한 것을 원재료로 사용한 경우에는 그 제조·가공 공정의 명칭 및 성상을 함께 표시하여야 한다.

　(예시) ㅇㅇ농축액, ㅇㅇ추출액, ㅇㅇ발효액, 당화 ㅇㅇ

⑤ 복합원재료를 사용한 경우에는 그 복합원재료를 나타내는 명칭(제품명을 포함한다) 또는 식품의 유형을 표시하고 괄호로 물을 제외하고 많이 사용한 순서에 따라 5가지 이상의 원재료명 또는 성분명을 표시하여야 한다. 다만, 복합원재료가 당해 제품의 원재료에서 차지하는 중량비율이 5% 미만에 해당하는 경우 또는 복합원재료를 구성하고 있는 복합원재료의 경우에는 그 복합원재료를 나타내는 명칭(제품명을 포함한다) 또는 식품의 유형만을 표시할 수 있다.

⑥ 원재료명을 주표시면에 표시하는 경우 해당 원재료명과 그 함량을 주표시면에 12포인트 이상의 글씨로 표시하여야 한다. 다만, [별지 1] 1. 1) (3) ①에 해당하는 경우는 그에 따른다.

⑦ 기계적 회수 식육만을 원재료로 사용할 경우에는 원재료명 다음에 괄호를 하고 '기계발골육' 사용 표시를 하여야 한다. 다만, 원재료가 일반정육과 기계발골육이 혼합되어 있을 경우에는 혼합비율을 표시하여야 한다.

　(예시) 원재료로 기계발골육 100% 사용 시 : 닭고기(기계발골육)

　　　　원재료로 일반정육과 기계발골육이 혼합되어 사용 시 : 닭고기 00%(정육 00%, 기계발골육 00%) 또는 닭고기정육 00%, 닭고기(기계발골육) 00%

⑧ 아마씨(아마씨유 제외)를 원재료로 사용한 때에는 해당 식품에 그 함량(중량)을 주표시면에 표시하여야 한다.

(2) 식품첨가물에 대한 표시는 다음과 같이 하여야 한다.
  ① [표 4]에 해당하는 용도로 식품을 제조·가공 시에 직접 사용·첨가하는 식품첨가물은 그 명칭과 용도를 함께 표시하여야 한다. (예시) 사카린나트륨(감미료) 등
  ② [표 5]에 해당하는 식품첨가물의 경우에는「식품첨가물 기준 및 규격」에서 고시한 명칭이나 같은 표에서 규정한 간략명으로 표시하여야 한다.
  ③ [표 6]에 해당하는 식품첨가물의 경우에는「식품첨가물 기준 및 규격」에서 고시한 명칭이나 같은 표에서 규정한 간략명 또는 주용도(중복된 사용 목적을 가질 경우에는 주요 목적을 주용도로 한다.)로 표시하여야 한다. 다만, [표 6]에서 규정한 주용도가 아닌 다른 용도로 사용한 경우에는 고시한 식품첨가물의 명칭 또는 간략명으로 표시하여야 한다.
  ④ 혼합제제류 식품첨가물은「식품첨가물 기준 및 규격」에서 고시한 혼합제제류의 명칭을 표시하고 괄호로 혼합제제류를 구성하는 식품첨가물 명칭 등을 모두 표시하여야 한다. 이 경우 식품첨가물 명칭은「식품첨가물의 기준 및 규격」에서 고시한 명칭 대신 [표 5] 또는 [표 6]에서 규정한 간략명으로 표시할 수 있다.
  (예시) 면류첨가알칼리제(탄산나트륨, 탄산칼륨)
(3) 다음에 해당하는 경우에는 (1)와 (2)의 규정에 불구하고 다음과 같이 표시할 수 있다.
  ① 복합원재료를 사용하는 경우에는 복합원재료의 식품의 유형 표시를 생략하고 이에 포함된 모든 원재료를 많이 사용한 순서대로 표시할 수 있다. 다만, 중복된 명칭은 한 번만 표시할 수 있다.
  ② 혼합제제류 식품첨가물의 경우에는 고시된 혼합제제류의 명칭 표시를 생략하고 이에 포함된 식품첨가물 또는 원재료를 많이 사용한 순서대로 모두 표시할 수 있다. 다만, 중복된 명칭은 한 번만 표시할 수 있다.
  (예시) 물, 설탕, 식물성 크림(야자수, 설탕, 유화제), 혼합제제(설탕, 안식향산나트륨) → 물, 설탕, 야자수, 유화제, 안식향산나트륨
  ③ 식용유지는 "식용유지명" 또는 "동물성 유지", "식물성 유지(올리브유 제외)"로 표시할 수 있다. 다만, 수소첨가로 경화한 식용유지에 대하여는 경화유 또는 부분경화유임을 표시하여야 한다.
  (예시) 식물성 유지(부분경화유) 또는 대두부분경화유 등
  ④ 전분은 "전분명(○○○전분)" 또는 "전분"으로 표시할 수 있다.
  ⑤ 총 중량비율이 10% 미만인 당절임과일은 "당절임과일"로 표시할 수 있다.
  ⑥「식품의 기준 및 규격」제1. 4. 식품원료 분류 1) 식물성 원료, 2) 동물성 원료에 해당하는 원재료 중 개별 원재료의 중량비율이 2% 미만인 경우에는 분류명칭으로 표시할 수 있다.
  ⑦ 제품에 직접 사용하지 않았으나 식품의 원재료에서 이행(carry-over)된 식품첨가물이 당해 제품에 효과를 발휘할 수 있는 양보다 적게 함유된 경우에는 그 식품첨가물의 명칭을 표시하지 아니할 수 있다.

⑧ 식품의 가공과정 중 첨가되어 최종제품에서 불활성화되는 효소나 제거되는 식품첨가물의 경우에는 그 명칭을 표시하지 아니할 수 있다.

⑨ 주표시면의 면적이 30cm² 이하인 것은 물을 제외하고 많이 사용한 5가지 이상의 원재료명만을 표시할 수 있다.

⑩ 식품첨가물 중 향료를 사용한 경우 "향료"로 표시하여야 한다. 다만, 향료의 명칭을 추가로 표시할 수 있으며, 다음의 특성에 따라 "천연" 또는 "합성"을 추가로 표시할 수 있다.

(예시) 향료, 향료(바닐라향), 천연향료, 천연향료(바닐라추출물), 합성향료, 합성향료(딸기향)

㉠ 향료에 "천연"을 추가로 표시할 수 있는 경우는 합성향료물질을 전혀 사용하지 않고 제조한 향료에 한한다.

㉡ ㉠에 해당하는 경우를 제외한 향료에는 "합성"을 추가로 표시할 수 있다.

(4) 식품의 원재료로서 사용한 추출물(또는 농축액)의 함량을 표시하는 때에는 추출물(또는 농축액)의 함량과 그 추출물(또는 농축액)중에 함유된 고형분 함량(백분율)을 함께 표시하여야 한다. 다만, 고형분 함량의 측정이 어려운 경우 배합 함량으로 표시할 수 있다.

(예시) 딸기 추출물(또는 농축액) 00%(고형분 함량 00% 또는 배합 함량 00%)

(예시) 딸기 바나나 추출물(또는 농축액) 00%(고형분 함량 딸기 00%, 바나나 00% 또는 배합 함량 딸기 00%, 바나나 00%)

7) 성분명 및 함량

제품에 직접 첨가하지 아니한 제품에 사용된 원재료 중에 함유된 성분명을 표시하고자 할 때에는 그 명칭과 실제 그 제품에 함유된 함량을 중량 또는 용량으로 표시하여야 한다. 다만, 이러한 성분명을 영양성분 강조표시에 준하여 표시하고자 하는 때에는 영양성분 강조표시 관련 규정을 준용할 수 있다.

8) 영양성분 등

(1) 영양성분 표시단위 기준

① 영양성분 함량은 총 내용량(1포장)당 함유된 값으로 표시하여야 한다. 다만, 총 내용량이 100g(mL)을 초과하고 1회 섭취참고량의 3배를 초과하는 식품은 총 내용량당 대신 100g(mL)당 함량으로 표시할 수 있다. 영양성분 함량 단위는 규칙 제6조 관련 [별표 5] 1일 영양성분 기준치의 영양성분 단위와 동일하게 표시하여야 하고, 1회 섭취참고량과 총 제공량(1포장)을 함께 표시하는 때에는 그 단위를 동일하게 표시하여야 한다.

② 영양성분 함량은 식품 중 먹을 수 있는 부위를 기준으로 산출한다. 이 경우 먹을 수 있는 부위는 동물의 뼈, 식물의 씨앗 및 제품의 특성상 품질유지를 위하여 첨가되는 액체(섭취 전 버리게 되는 액체) 등 통상적으로 섭취하지 않는 먹을 수 없는 부위는 제외하고 실제 섭취하는 양을 기준으로 한다.

③ ①에도 불구하고 개 또는 조각 등으로 나눌 수 있는 단위(이하 "단위"라 한다) 제품에서 그 단위 내용량이 100g(mL) 이상이거나 1회 섭취참고량 이상인 경우에는 단위 내용량당 영양성분 함량으로 표시하여야 한다(다만, 희석·용해·침출 등을 통해 음용하는 제품의 경우에는

제품의 섭취방법에 따라 소비자가 최종 섭취하는 용량(mL)을 만드는 데 필요한 용량(mL) 또는 중량(g)을 단위 내용량으로 할 수 있다). 이 경우 총 내용량(1포장) 및 단위 제품의 중량(g) 또는 용량(mL)을 표시하고 단위 제품의 개수를 표시하여야 한다.
(예시) 핫도그의 경우, 총 내용량 1,000g(100g×10개)

④ ①부터 ③까지의 규정에도 불구하고 단위 내용량이 100g(mL) 미만이고 1회 섭취참고량 미만인 경우 단위 내용량당 영양성분 함량을 표시할 수 있다. 이 경우에는 총 내용량(1포장)당 영양성분 함량을 병행표기하여야 한다. ①의 규정에 따라 총 내용량이 100g(mL)을 초과하고 1회 섭취참고량의 3배를 초과하는 식품은 100g(mL)당으로 병행표기할 수 있다.

⑤ ①부터 ④까지의 규정에도 불구하고 영양성분 함량을 1회 섭취참고량당 영양성분 함량으로 표시할 수 있다(다만, 희석 · 용해 · 침출 등을 통하여 음용하는 제품의 경우, 식품유형별의 1회 섭취참고량을 만드는 데 필요한 용량(mL) 또는 중량(g)을 1회 섭취참고량으로 할 수 있다). 이 경우에도 총 내용량(1포장)당 영양성분 함량을 병행표기하여야 하며, ①의 규정에 따라 총 내용량이 100g(mL)을 초과하고 1회 섭취참고량의 3배를 초과하는 식품은 100g(mL)당 영양성분 함량 표시와 병행표기할 수 있다.

⑥ 서로 유형 등이 다른 2개 이상의 제품이라도 1개의 제품으로 품목 제조보고한 제품이라면 그 전체의 양으로 표시한다.
(예시) 라면은 면과 스프를 합하여 표시함

(2) 표시방법

① 공통사항

㉠ 영양성분 표시대상 식품은 열량, 나트륨, 탄수화물, 당류, 지방, 트랜스지방, 포화지방, 콜레스테롤 및 단백질에 대하여 그 명칭, 함량 및 규칙 제6조 관련 [별표 5]의 1일 영양성분 기준치에 대한 비율(%)을 표시하여야 한다. 다만, 열량, 트랜스지방에 대하여는 1일 영양성분 기준치에 대한 비율(%) 표시를 제외한다.

㉡ 영양성분 함량이 없는 경우(영양성분별 세부표시방법에 따라 "0"으로 표시하는 경우는 제외한다)에는 그 영양성분의 명칭과 함량을 표시하지 않거나, 영양성분 함량을 "없음" 또는 "-"로 표시하여야 한다.

㉢ 영양성분 함량을 두 가지 이상의 표시단위로 병행 표기하는 경우, 총 내용량당 영양성분 함량이 "0"으로 표시되지 않으면, 다른 표시단위의 영양성분 함량도 "0"으로 표시할 수 없다. 이 경우 실제 함량을 그대로 표시하거나 "00g 미만"으로 표시한다. 다만, "00g 미만"은 영양성분별 세부표시방법에 따라 "0"으로 표시할 수 있는 규정에 한하여 표시할 수 있다.
(예시) 총 내용량당 당류 함량이 "1g"이고 1회 섭취참고량당 함량이 "0.3g"인 경우 1회 섭취참고량당 당류 함량은 "0.3g" 또는 "0.5g 미만"으로 표시

㉣ 규칙 제6조 관련 [별표 5]의 1일 영양성분 기준치에 대한 비율(%)은 각 영양성분의 표시함량을 사용하여 1일 영양성분 기준치에 대한 비율(%)을 산출한 후 이를 반올림하여 정수로 표시하여야 한다. 다만, 함량이 "00g 미만"으로 표시되어 있는 경우에는 그 실제함량을 그

대로 사용하여 1일 영양성분 기준치에 대한 비율(%)을 산출하여야 한다.
ⓜ 영양성분 표시는 소비자가 알아보기 쉽도록 바탕색과 구분되는 색상으로 다음의 기준에 따라 도 3 표시서식도안을 사용하여 표시하여야 한다.
ⓐ 중량(g) 또는 용량(mL)을 표시함에 있어 10g(mL) 미만은 그 값에 가까운 0.1g(mL) 단위로, 10g(mL) 이상은 그 값에 가까운 1g(mL) 단위로 표시하여야 한다.
ⓑ 조리되지 않은 손질된 자연상태 식품과 가공식품이 함께 구성되어 있는 경우에는 도 3의 '사. 조리되지 않은 손질된 자연상태 식품－가공식품 구분형'을 적용하여 영양성분을 표시할 수 있다. 이 경우 자연상태 식품에 대한 영양성분은 식품의약품안전처 식품영양성분 데이터베이스에서 제공하는 값을 활용할 수 있다.

ⓗ 영양성분을 주표시면에 표시하려는 경우에는 다음의 기준에 따라 도 4 표시서식도안을 사용하여 표시하여야 한다.
ⓐ 영양성분 표시는 도 4 표시서식 도안의 형태를 유지하는 범위에서 변형할 수 있다. 이 경우 특정 영양성분을 강조하여서는 아니 된다.
ⓑ 도 4에 따라 표시된 열량이 내용량에 해당하는 열량이 되는 경우에는 내용량에 해당하는 열량의 표시는 생략할 수 있다.
ⓒ 주표시면에 도 4를 표시한 경우에는 정보표시면의 영양성분 표시를 생략할 수 있다.
ⓓ 그 밖에 표시방법은 ㉠부터 ㉤을 준용한다.

② **영양성분별 세부표시방법**(※ 중요)
㉠ **열량**
ⓐ 열량의 단위는 킬로칼로리(kcal)로 표시하되, 그 값을 그대로 표시하거나 그 값에 가장 가까운 5kcal 단위로 표시하여야 한다. 이 경우 5kcal 미만은 "0"으로 표시할 수 있다.
ⓑ 열량의 산출기준은 다음과 같다.
- 영양성분의 표시함량을 사용("00g 미만"으로 표시되어 있는 경우에는 그 실제 값을 그대로 사용한다)하여 열량을 계산함에 있어 탄수화물은 1g당 4kcal를, 단백질은 1g당 4kcal를, 지방은 1g당 9kcal를 각각 곱한 값의 합으로 산출하고, 알코올 및 유기산의 경우에는 알코올은 1g당 7kcal를, 유기산은 1g당 3kcal를 각각 곱한 값의 합으로 한다.
- 탄수화물 중 당알코올 및 식이섬유 등의 함량을 별도로 표시하는 경우의 탄수화물에 대한 열량 산출은 당알코올은 1g당 2.4kcal(에리스리톨은 0kcal), 식이섬유는 1g당 2kcal, 타가토스는 1g당 1.5kcal, 알룰로오스는 1g당 0kcal, 그 밖의 탄수화물은 1g당 4kcal를 각각 곱한 값의 합으로 한다.

㉡ **나트륨**
ⓐ 나트륨의 단위는 밀리그램(mg)으로 표시하되, 그 값을 그대로 표시하거나, 120mg 이하인 경우에는 그 값에 가장 가까운 5mg 단위로, 120mg을 초과하는 경우에는 그 값에 가장 가까운 10mg 단위로 표시하여야 한다. 이 경우 5mg 미만은 "0"으로 표시할 수 있다.

ⓒ 탄수화물 및 당류
    ⓐ 탄수화물에는 당류를 구분하여 표시하여야 한다.
    ⓑ 탄수화물의 단위는 그램(g)으로 표시하되, 그 값을 그대로 표시하거나 그 값에 가장 가까운 1g 단위로 표시하여야 한다. 이 경우 1g 미만은 "1g 미만"으로, 0.5g 미만은 "0"으로 표시할 수 있다.
    ⓒ 탄수화물의 함량은 식품 중량에서 단백질, 지방, 수분 및 회분의 함량을 뺀 값을 말한다.

ⓔ 지방, 트랜스지방, 포화지방
    ⓐ 지방에는 트랜스지방 및 포화지방을 구분하여 표시하여야 한다.
    ⓑ 지방의 단위는 그램(g)으로 표시하되, 그 값을 그대로 표시하거나 5g 이하는 그 값에 가장 가까운 0.1g 단위로, 5g을 초과한 경우에는 그 값에 가장 가까운 1g 단위로 표시하여야 한다. 이 경우(트랜스지방은 제외) 0.5g 미만은 "0"으로 표시할 수 있다.
    ⓒ 트랜스지방은 0.5g 미만은 "0.5g 미만"으로 표시할 수 있으며, 0.2g 미만은 "0"으로 표시할 수 있다. 다만, 식용유지류 제품은 100g당 2g 미만일 경우 "0"으로 표시할 수 있다.

ⓜ 콜레스테롤
    ⓐ 콜레스테롤의 단위는 밀리그램(mg)으로 표시하되, 그 값을 그대로 표시하거나, 그 값에 가장 가까운 5mg 단위로 표시하여야 한다. 이 경우 5mg 미만은 "5mg 미만"으로, 2mg 미만은 "0"으로 표시할 수 있다.

ⓗ 단백질
    ⓐ 단백질의 단위는 그램(g)으로 표시하되, 그 값을 그대로 표시하거나, 그 값에 가장 가까운 1g 단위로 표시하여야 한다. 이 경우 1g 미만은 "1g 미만"으로, 0.5g 미만은 "0"으로 표시할 수 있다.

ⓢ 그 밖에 영양성분에 대한 표시
    ⓐ 규칙 제6조 관련 [별표 5] 1일 영양성분 기준치의 비타민과 무기질(나트륨은 제외한다)을 표시하거나 강조표시 하는 경우에는 해당 영양성분의 명칭, 함량 및 규칙 제6조 관련 [별표 5]의 1일 영양성분 기준치에 대한 비율(%)을 표시하여야 한다.
    ⓑ 비타민과 무기질의 명칭 및 단위는 규칙 제6조 관련 [별표 5]의 1일 영양성분 기준치에 따라 표시하며, 1일 영양성분 기준치의 2% 미만은 "0"으로 표시할 수 있다.
    ⓒ 1일 영양성분 기준치가 설정되지 아니한 지방산류 및 아미노산류 등을 표시하거나 영양강조표시를 하는 때에는 그 영양성분의 명칭 및 함량을 표시하여야 한다.
    ⓓ 영·유아, 임신·수유부, 환자 등 특정집단을 대상으로 하는 특수용도식품에 대하여 ㉠부터 ㉥ 또는 ⓐ부터 ⓒ까지의 규정에 의한 영양성분 표시를 하는 때에는 규칙 제6조 관련 [별표 5]의 1일 영양성분 기준치에 대한 비율(%)로 표시하거나 표 2의 한국인 영양섭취기준 중 해당 집단의 권장섭취량 또는 충분섭취량을 기준치로 하여 기준치에 대한 비율(%)로 표시할 수 있다. 다만, 해당 집단의 권장섭취량 또는 충분섭취량을 기준치로 사용할 경우에는 영양성분표 하단에 [별표]로 "1일 영양성분 기준치에 대한 비율(%)"이 특정 해당

집단의 섭취기준에 대한 비율(%)임을 명시하여야 한다.

(예) 도 3 표시서식도안 가목의 도안일 경우

※ 1일 영양성분 기준치에 대한 비율(%) : 한국인 성인 남자(19~64세) 영양섭취기준에 대한 비율

(3) 영양강조 표시기준

① "저", "무", "고(또는 풍부)" 또는 "함유(또는 급원)" 용어 사용

㉠ 일반기준

ⓐ "무" 또는 "저"의 강조표시는 ㉡의 규정에 따른 영양성분 함량강조표시 세부기준에 적합하게 제조ㆍ가공과정을 통하여 해당 영양성분의 함량을 낮추거나 제거한 경우에만 사용할 수 있다. 다만, 영양성분 함량강조표시 중 "저지방"에 대한 표시조건은 「축산물 위생관리법」 제4조 제2항에 따른 「식품의 기준 및 규격」에서 정한 기준을 적용할 수 있다.

㉡ 영양성분 함량강조표시 세부기준

영양성분	강조표시	표시조건
열량	저	식품 100g당 40kcal 미만 또는 식품 100mL당 20kcal 미만일 때
	무	식품 100mL당 4kcal 미만일 때
나트륨/소금(염)	저	식품 100g당 120mg 미만일 때 *소금(염)은 식품 100g당 305mg 미만일 때
	무	식품 100g당 5mg 미만일 때 *소금(염)은 식품 100g당 13mg 미만일 때
당류	저	식품 100g당 5g 미만 또는 식품 100mL당 2.5g 미만일 때
	무	식품 100g당 또는 식품 100mL당 0.5g 미만일 때
지방	저	식품 100g당 3g 미만 또는 식품 100mL당 1.5g 미만일 때
	무	식품 100g당 또는 식품 100mL당 0.5g 미만일 때
트랜스지방	저	식품 100g당 0.5g 미만일 때
포화지방	저	식품 100g당 1.5g 미만 또는 식품 100mL당 0.75g 미만이고, 열량의 10% 미만일 때
	무	식품 100g당 0.1g 미만 또는 식품 100mL당 0.1g 미만일 때
콜레스테롤	저	식품 100g당 20mg 미만 또는 식품 100mL당 10mg 미만이고, 포화지방이 식품 100g당 1.5g 미만 또는 식품 100mL당 0.75g 미만이며, 포화지방이 열량의 10% 미만일 때
	무	식품 100g당 5mg 미만 또는 식품 100mL당 5mg 미만이고, 포화지방이 식품 100g당 1.5g 미만 또는 식품 100mL당 0.75g 미만이며, 포화지방이 열량의 10% 미만일 때
식이섬유	함유 또는 급원	식품 100g당 3g 이상, 식품 100kcal당 1.5g 이상일 때 또는 1회 섭취참고량당 1일 영양성분기준의 10% 이상일 때
	고 또는 풍부	함유 또는 급원 기준의 2배

영양성분	강조표시	표시조건
단백질	함유 또는 급원	• 식품 100g당 1일 영양성분 기준치의 10% 이상 • 식품 100mL당 1일 영양성분 기준치의 5% 이상 • 식품 100kcal당 1일 영양성분 기준치의 5% 이상일 때 또는 1회 섭취참고량당 1일 영양성분기준치의 10% 이상일 때
	고 또는 풍부	함유 또는 급원 기준의 2배
비타민 또는 무기질	함유 또는 급원	• 식품 100g당 1일 영양성분 기준치의 15% 이상 • 식품 100mL당 1일 영양성분 기준치의 7.5% 이상 • 식품 100kcal당 1일 영양성분 기준치의 5% 이상일 때 또는 1회 섭취참고량당 1일 영양성분기준치의 15% 이상일 때
	고 또는 풍부	함유 또는 급원 기준의 2배

② "덜", "더", "감소 또는 라이트", "낮춘", "줄인", "강화", "첨가" 등과 같은 용어 사용
  ㉠ 영양성분 함량의 차이를 다른 제품의 표준값과 비교하여 백분율 또는 절댓값으로 표시할 수 있다. 이 경우 다른 제품의 표준값은 동일한 식품유형 중 시장점유율이 높은 3개 이상의 유사식품을 대상으로 산출하여야 한다.
  ㉡ 영양성분 함량의 차이가 다른 제품의 표준값과 비교하여 열량, 나트륨, 탄수화물, 당류, 식이섬유, 지방, 트랜스지방, 포화지방, 콜레스테롤, 단백질의 경우는 최소 25% 이상의 차이가 있어야 하고, 나트륨을 제외한 규칙 제6조 관련 [별표 5] 1일 영양성분 기준치에서 정한 비타민 및 무기질의 경우는 1일 영양성분 기준치의 10% 이상의 차이가 있어야 한다.
  ㉢ ㉡에 해당하는 제품 중 "덜, 감소, 라이트, 낮춘, 줄인" 등과 같은 용어를 사용하고자 하는 경우에는 해당 영양성분의 함량 차이의 절댓값이 ①의 규정에 따른 "저"의 기준값보다 커야 하고, "더, 강화, 첨가" 등과 같은 용어를 사용하고자 하는 경우에는 해당 영양성분의 함량 차이의 절댓값이 ①의 규정에 따른 "함유"의 기준값보다 커야 한다.
  ㉣ ㉠~㉢ 규정에도 불구하고 특정 영양성분과 식품유형에 대해서는 영양성분 비교강조표시 기준 등을 별도로 정할 수 있다.
③ 다음의 모두에 해당하는 경우 "설탕 무첨가", "무가당"을 표시할 수 있다.
  ㉠ 당류를 첨가하지 않은 제품
  ㉡ 당류를 기능적으로 대체하는 원재료(꿀, 당시럽, 올리고당, 당류가공품 등. 다만, 당류에 해당하지 않는 식품첨가물은 제외)를 사용하지 않은 제품
  ㉢ 당류가 첨가된 원재료(잼ㆍ젤리ㆍ감미과일 등)를 사용하지 않은 제품
  ㉣ 농축, 건조 등으로 당 함량이 높아진 원재료(말린 과일페이스트, 농축과일주스 등)를 사용하지 않은 제품
  ㉤ 효소분해 등으로 식품의 당 함량이 높아지지 않은 제품
④ 다음의 ㉠부터 ㉢까지 모두에 해당하는 경우 "나트륨 무첨가" 또는 "무가염"을 표시할 수 있다. 다만, 해당 제품이 ①의 ㉠ 및 ㉡에 따른 나트륨/소금(염)의 "무" 강조표시 조건에 적합하지 않은 경우에는 "무염 제품이 아님" 또는 "나트륨 함유 제품임"을 해당 강조표시 근처에 함께 표시하여야 한다.

㉠ 염화나트륨, 삼인산나트륨 등 나트륨염을 첨가하지 않은 제품
　　㉡ 나트륨염을 첨가한 원재료(젓갈류, 소금에 절인 생선 등)를 사용하지 않은 제품
　　㉢ 나트륨염을 기능적으로 대체하기 위하여 사용하는 원재료(건조 해조류, 건조 해산물 등)를 사용하지 않은 제품
　⑤ ① ㉠ 및 ㉡에 따른 '무당', ③에 따른 '무가당' 및 이와 동일한 표현으로 당류에 대해 강조하는 경우에는 다음을 추가로 표시해야 한다.
　　㉠ 감미료(감미료를 원재료로 사용한 식품 포함)를 사용하는 경우에는 '감미료 함유'를 해당 강조표시 주위(강조표시의 인접한 둘레)에 14포인트 이상 활자 크기(강조표시가 14포인트 미만인 경우 해당 강조표시와 동일한 활자 크기)로 표시해야 한다. 다만, 당알코올인 감미료를 사용하는 경우에는 '감미료 함유' 대신 '당알코올 함유'로도 표시할 수 있다.
　　㉡ ① ㉠ 및 ㉡ 중 '저열량' 또는 ② ㉠부터 ㉢에 따른 '열량 감소' 등의 기준에 적합하지 않은 경우에는 '총 내용량에 해당하는 열량을 해당 강조표시 주위(강조표시의 인접한 둘레)에 14포인트 이상 활자 크기(강조표시가 14포인트 미만인 경우 해당 강조표시와 동일한 활자 크기)로 표시해야 하며, 해당 강조표시가 주표시면에 있는 경우 내용량 뒤에 괄호로 표시하는 열량은 생략할 수 있다. 다만, '총 내용량에 해당하는 열량' 표시를 대신하여 '저열량 제품이 아님' 또는 '열량을 낮춘 제품이 아님'을 해당 강조표시 주위(강조표시의 인접한 둘레)에 14포인트 이상 활자 크기(강조표시가 14포인트 미만인 경우 해당 강조표시와 동일한 활자 크기)로 표시할 수 있으며, 이 경우 내용량 뒤에 괄호로 표시하는 열량을 생략해서는 안 된다.
　　㉢ '무당', '무가당' 및 이와 동일한 강조표시가 주표시면에 2회 이상 반복되어 있는 제품은 소비자가 정확하게 알 수 있도록 주표시면에 가장 큰 강조표시 주위(강조표시의 인접한 둘레)에 ㉠, ㉡을 표시해야 하며, 그 외의 강조표시 주위(강조표시의 인접한 둘레)에는 ㉠, ㉡에 따른 표시를 생략할 수 있다.
(4) 영양성분 표시량과 실제 측정값의 허용오차 범위
　① 열량, 나트륨, 당류, 지방, 트랜스지방, 포화지방 및 콜레스테롤의 실제 측정값은 표시량의 120% 미만이어야 한다. 다만, 배추김치의 경우 나트륨의 실제 측정값은 표시량의 130% 미만이어야 한다.
　② ① 본문에도 불구하고 식품 내에 함유량이 다음 구분에 해당하는 영양성분의 경우에는 표시량과 실제 측정값의 허용오차 범위는 다음 구분에 따른 값과 같다.
　　㉠ 100g(mL)당 25mg 미만의 나트륨 : +5mg 미만
　　㉡ 100g(mL)당 2.5g 미만의 당류 : +0.5g 미만
　　㉢ 100g(mL)당 4g 미만의 포화지방 : +0.8g 미만
　　㉣ 100g(mL)당 25mg 미만의 콜레스테롤 : +5mg 미만
　③ 탄수화물, 식이섬유, 단백질, 비타민, 무기질, 필수 지방산(리놀레산, 알파-리놀렌산, EPA와 DHA의 합)의 실제 측정값은 표시량의 80% 이상이어야 한다.

④ ①부터 ③까지 규정에도 불구하고 「식품위생법」 제7조 및 「축산물 위생관리법」 제4조의 규정에 따른 「식품의 기준 및 규격」의 성분규격이 "표시량 이상"으로 되어 있는 경우에는 실제 측정값은 표시량 이상이어야 하고, 성분규격이 "표시량 이하"로 되어 있는 경우에는 표시량 이하이어야 한다.

⑤ 실제 측정값이 ①부터 ④까지 규정하고 있는 범위를 벗어난다 하더라도 다음의 어느 하나에 해당하는 경우에는 허용오차를 벗어난 것으로 보지 아니한다.

㉠ 실제 측정값이 (2) ②의 영양성분별 세부표시방법의 단위 값 처리규정에서 인정하는 범위이내인 경우

㉡ 다음 중 어느 하나에 해당하는 2개 이상의 기관(ⓐ 또는 ⓑ에 해당하는 기관을 1개 이상 포함하여야 한다)에서 1년마다 검사한 평균값과 표시된 값의 차이가 허용오차를 벗어나지 않은 경우(다만, 「식품의 기준 및 규격」에서 성분규격을 "표시량 이상" 또는 "표시량 이하"로 정하고 있는 경우는 해당하지 아니함)

ⓐ 식품과 건강기능식품 : 「식품·의약품 분야 시험·검사 등에 관한 법률」 제6조 제2항 제1호에 따른 식품 등 시험·검사기관

ⓑ 축산물 : 「식품·의약품 분야 시험·검사 등에 관한 법률」 제6조 제2항 제2호에 따른 축산물 시험·검사기관

ⓒ 「국가표준기본법」에서 인정한 시험·검사기관

㉢ 조리되지 않은 손질된 자연상태 식품과 가공식품이 함께 구성되어 있는 제품의 자연상태 식품에 대한 영양성분을 식품의약품안전처 식품영양성분 데이터베이스에서 제공하는 값을 활용한 경우

2. 식품첨가물(수입식품첨가물을 포함한다)

1) 제품명

   식품의 세부표시기준 1)을 준용한다.

2) 영업소(장)의 명칭(상호) 및 소재지

   식품의 세부표시기준 2)를 준용한다.

3) 제조연월일 또는 소비기한

   식품의 세부표시기준 3) 또는 4)를 각각 준용한다.

4) 내용량

   식품의 세부표시기준 5)를 준용한다.

5) 원재료명 및 성분명

   식품의 세부표시기준 6) 및 7)을 준용한다.

3. 기구 등의 살균 · 소독제(수입기구 등의 살균 · 소독제를 포함한다)

   1) 제품명

   식품의 세부표시기준 1)을 준용한다.

   2) 영업소(장)의 명칭(상호) 및 소재지

   식품의 세부표시기준 2)를 준용한다.

   3) 제조연월일 또는 소비기한

   식품의 세부표시기준 3) 또는 4)를 각각 준용한다.

   4) 내용량

   식품의 세부표시기준 5)를 준용한다.

   5) 원재료명 및 성분명

   식품의 세부표시기준 6) 및 7)을 준용한다.

4. 기구 또는 용기 · 포장(수입기구 또는 용기 · 포장을 포함한다)

   1) 옹기류

   영업소(장)의 명칭(상호)[수입옹기류의 경우에는 식품 등 수입판매업 영업소(장)의 명칭(상호)] 및 소재지를 식품의 세부표시기준 2)를 준용하여 표시하여야 한다.

   2) 옹기류 외의 기구 또는 용기 · 포장

   영업소(장)의 명칭(상호) 및 소재지를 식품의 세부표시기준 2)를 준용하여 표시하여야 한다. 다만, 기구의 경우에는 제조업소명 대신 제조위탁업소명을 표시할 수 있으며, 수입기구에 제조위탁업소명을 표시하고자 하는 경우 원산지를 함께 표시하여야 한다.

   (예시) "제조업소명 : ○○" 또는 "제조위탁업소명 : ○○", 수입기구의 경우 "제조업소명 : ○○"
   　　　또는 "제조위탁업소명 : ○○(원산지)"

※ 소비자 안전을 위한 표시사항(제5조 제1항 관련) – 식품 등의 표시·광고에 관한 법률 시행규칙 [별표 2]

식품, 식품첨가물 또는 축산물, 기구 또는 용기·포장의 표시에 필수적으로 들어가야 하는 안전에 관한 주의사항

1. 공통사항

 1) 알레르기 유발물질 표시

  식품 등에 알레르기를 유발할 수 있는 원재료가 포함된 경우 그 원재료명을 표시해야 하며, 알레르기 유발물질, 표시 대상 및 표시방법은 다음과 같다.

  (1) 알레르기 유발물질

   알류(가금류만 해당한다), 우유, 메밀, 땅콩, 대두, 밀, 고등어, 게, 새우, 돼지고기, 복숭아, 토마토, 아황산류(이를 첨가하여 최종제품에 이산화황이 1킬로그램당 10밀리그램 이상 함유된 경우만 해당한다), 호두, 닭고기, 쇠고기, 오징어, 조개류(굴, 전복, 홍합을 포함한다), 잣

  (2) 표시 대상

   ① (1)의 알레르기 유발물질을 원재료로 사용한 식품 등
   ② ①의 식품 등으로부터 추출 등의 방법으로 얻은 성분을 원재료로 사용한 식품 등
   ③ ① 및 ②를 함유한 식품 등을 원재료로 사용한 식품 등

  (3) 표시방법

   원재료명 표시란 근처에 바탕색과 구분되도록 알레르기 표시란을 마련하고, 제품에 함유된 알레르기 유발물질의 양과 관계없이 원재료로 사용된 모든 알레르기 유발물질을 표시해야 한다. 다만, 단일 원재료로 제조·가공한 식품이나 포장육 및 수입 식육의 제품명이 알레르기 표시대상 원재료명과 동일한 경우에는 알레르기 유발물질 표시를 생략할 수 있다.

   (예시) 달걀, 우유, 새우, 이산화황, 조개류(굴) 함유

 2) 혼입(混入)될 우려가 있는 알레르기 유발물질 표시

  알레르기 유발물질을 사용한 제품과 사용하지 않은 제품을 같은 제조 과정(작업자, 기구, 제조라인, 원재료 보관 등 모든 제조과정을 포함한다)을 통해 생산하여 불가피하게 혼입될 우려가 있는 경우 "이 제품은 알레르기 발생 가능성이 있는 메밀을 사용한 제품과 같은 제조 시설에서 제조하고 있습니다.", "메밀 혼입 가능성 있음", "메밀 혼입 가능" 등의 주의사항 문구를 표시해야 한다. 다만, 제품의 원재료가 1) (1)에 따른 알레르기 유발물질인 경우에는 표시하지 않는다.

 3) 무(無) 글루텐의 표시

  다음의 어느 하나에 해당하는 경우 "무 글루텐"의 표시를 할 수 있다.

  (1) 밀, 호밀, 보리, 귀리 또는 이들의 교배종을 원재료로 사용하지 않고 총 글루텐 함량이 1킬로그램당 20밀리그램 이하인 식품 등

  (2) 밀, 호밀, 보리, 귀리 또는 이들의 교배종에서 글루텐을 제거한 원재료를 사용하여 총 글루텐 함량이 1킬로그램당 20밀리그램 이하인 식품 등

4) 고카페인의 함유 표시

(1) 표시대상
  ① 1밀리리터당 0.15밀리그램 이상의 카페인을 함유한 액체 식품 등
  ② 과라나를 원재료로 사용한 1그램당 0.15밀리그램 이상의 카페인을 함유한 고체 식품 등

(2) 표시방법
  ① 주표시면(식품 등의 표시면 중 상표 또는 로고 등이 인쇄되어 있어 소비자가 식품 등을 구매할 때 통상적으로 보이는 면을 말한다. 이하 같다)에 다음의 구분에 따른 문구를 표시할 것
    ㉠ 액체 식품 등 : "고카페인 함유" 및 "총카페인 함량 000밀리그램"
    ㉡ 고체 식품 등 : "고카페인 함유" 및 "총카페인 함량 000밀리그램" 또는 "제품의 1회 섭취량당 카페인 함량 000밀리그램". 이 경우 카페인 함량 분석이 어려운 품목은 사용한 원재료의 카페인 함량을 기준으로 표시할 수 있다.
  ② "어린이, 임산부 및 카페인에 민감한 사람은 섭취에 주의해 주시기 바랍니다." 등의 문구를 표시할 것

(3) 총카페인 함량 및 1회 섭취량당 카페인 함량의 허용오차
  실제 총카페인 함량 및 1회 섭취량당 카페인 함량은 주표시면에 표시된 총카페인 함량 및 1회 섭취량당 카페인 함량의 90% 이상 110% 이하의 범위에 있을 것. 다만, 커피, 다류(茶類) 또는 커피・다류를 원료로 한 액체 식품 등의 경우에는 주표시면에 표시된 총카페인 함량의 120% 미만의 범위에 있어야 한다.

2. 식품 등의 주의사항 표시

1) 식품, 축산물

(1) 냉동제품에는 "이미 냉동되었으니 해동 후 다시 냉동하지 마십시오." 등의 표시를 해야 한다. 다만, 「식품위생법」 제7조 제1항 및 「축산물 위생관리법」 제4조 제2항에 따라 기준 및 규격이 고시된 빙과류 중 빙과, 아이스크림류 또는 얼음류는 제외한다.

(2) 과일・채소류 음료, 우유류 등 개봉 후 부패・변질될 우려가 높은 제품에는 "개봉 후 냉장보관하거나 빨리 드시기 바랍니다." 등의 표시를 해야 한다.

(3) "음주전후, 숙취해소" 등의 표시를 하는 제품에는 "과다한 음주는 건강을 해칩니다." 등의 표시를 해야 한다.

(4) 아스파탐(aspatame, 감미료)을 첨가 사용한 제품에는 "페닐알라닌 함유"라는 내용을 표시해야 한다.

(5) 당알코올류(락티톨, 만니톨, D-말티톨, D-소비톨, 에리스리톨, 이소말트, 자일리톨, 폴리글리시톨액, 말티톨액, D-소비톨액 등을 말한다)를 10% 이상(폴리글리시톨액, 말티톨액, D-소비톨액의 경우에는 말티톨과 소비톨의 실제 함량 기준을 말한다) 함유한 제품에는 "당알코올"을 표시하고, 괄호로 당알코올의 종류 및 함량을 표시하여야 하며, 원재료명 표시란 근처에 바탕색과 구분되도록 "당알코올 함유 제품으로 과량 섭취 시 설사를 일으킬 수 있습니다" 등의 표시를 해야 한다.
  (예시) 당알코올(D-말티톨 10%, D-소비톨 4%), "당알코올 함유 제품으로 과량 섭취 시 설사를 일으킬 수 있습니다."

(6) 별도 포장하여 넣은 신선도 유지제에는 "습기방지제", "습기제거제" 등 소비자가 그 용도를 쉽게 알 수 있게 표시하고, "먹어서는 안 됩니다." 등의 주의문구도 함께 표시해야 한다. 다만, 정보표시면(용기·포장의 표시면 중 소비자가 쉽게 알아볼 수 있게 표시사항을 모아서 표시하는 면을 말한다. 이하 같다) 등에 표시하기 어려운 경우에는 신선도 유지제에 직접 표시할 수 있다.

(7) 식품 및 축산물에 대한 불만이나 소비자의 피해가 있는 경우에는 신속하게 신고할 수 있도록 "부정·불량식품 신고는 국번 없이 1399" 등의 표시를 해야 한다.

(8) 보존성을 증진시키기 위해 용기 또는 포장 등에 질소가스 등을 충전한 경우에는 "질소가스 충전" 등으로 그 사실을 표시해야 한다.

(9) 원터치 캔(한 번 조작으로 열리는 캔) 통조림 제품에는 "캔 절단 부분이 날카로우므로 개봉, 보관 및 폐기 시 주의하십시오." 등의 표시를 해야 한다.

(10) 아마씨(아마씨유는 제외한다)를 원재료로 사용한 제품에는 "아마씨를 섭취할 때에는 일일섭취량이 16g을 초과하지 않아야 하며, 1회 섭취량은 4g을 초과하지 않도록 주의하십시오." 등의 표시를 해야 한다.

2) 식품첨가물

수산화암모늄, 초산, 빙초산, 염산, 황산, 수산화나트륨, 수산화칼륨, 차아염소산나트륨, 차아염소산칼슘, 액체 질소, 액체 이산화탄소, 드라이아이스, 아산화질소, 아질산나트륨에는 "어린이 등의 손에 닿지 않는 곳에 보관하십시오.", "직접 먹거나 마시지 마십시오.", "눈·피부에 닿거나 마실 경우 인체에 치명적인 손상을 입힐 수 있습니다." 등의 취급상 주의문구를 표시해야 한다.

3) 기구 또는 용기·포장

(1) 식품포장용 랩을 사용할 때에는 섭씨 100℃를 초과하지 않은 상태에서만 사용하도록 표시해야 한다.

(2) 식품포장용 랩은 지방성분이 많은 식품 및 주류에는 직접 접촉되지 않게 사용하도록 표시해야 한다.

(3) 유리제 가열조리용 기구에는 "표시된 사용 용도 외에는 사용하지 마십시오." 등을 표시하고, 가열조리용이 아닌 유리제 기구에는 "가열조리용으로 사용하지 마십시오." 등의 표시를 해야 한다.

4) 건강기능식품

(1) "음주전후, 숙취해소" 등의 표시를 하려는 경우에는 "과다한 음주는 건강을 해칩니다." 등의 표시를 해야 한다.

(2) 아스파탐을 첨가 사용한 제품에는 "페닐알라닌 함유"라는 표시를 해야 한다.

(3) 별도 포장하여 넣은 신선도 유지제에는 "습기방지제", "습기제거제" 등 소비자가 그 용도를 쉽게 알 수 있도록 표시하고, "먹어서는 안 됩니다" 등의 주의문구도 함께 표시해야 한다. 다만, 정보표시면 등에 표시하기 어려운 경우에는 신선도 유지제에 직접 표시할 수 있다.

(4) 건강기능식품의 섭취로 인하여 구토, 두드러기, 설사 등의 이상 증상이 의심되는 경우에는 신속하게 신고할 수 있도록 제품의 용기·포장에 "이상 사례 신고는 1577-2488"의 표시를 해야 한다.

SECTION 03 선행요건 관리

[선행요건 프로그램]

HACCP제도를 효율적으로 관리, 운영하기 위해서는 시설, 설비, 기구, 작업방법, 기본적인 환경 및 작업활동을 보장하기 위한 구체적인 선행요건 프로그램(Pre-requisite Program)이 제대로 가동되어야 한다.

선행요건 프로그램이란 식품을 위생적으로 생산할 수 있는 시설, 설비, 즉 우수제조기준(GMP : Good Manufacturing Practice)과 위생관리기준(SSOP : Sanitation Standard Operation Procedure)으로 구성되어 있다. 이들이 선행되지 않고서는 HACCP 시스템이 효과적으로 가동될 수 없으므로 GMP와 SSOP는 HACCP 적용을 위하여 관리기준에 대하여 반드시 준수할 필요가 있다.

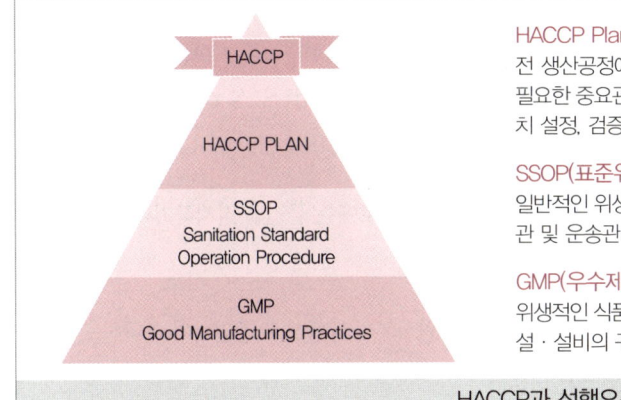

HACCP Plan(HACCP 관리계획)
전 생산공정에 대해 직접적이고 치명적인 위해요소 분석, 집중관리 필요한 중요관리점 결정, 한계기준 설정, 모니터링 방법 설정, 개선조치 설정, 검증방법 설정, 기록유지 및 문서관리 등에 관한 관리 계획

SSOP(표준위생관리기준)
일반적인 위생관리 운영기준, 영업장 관리, 종업원 관리, 용수관리, 보관 및 운송관리, 검사관리, 회수관리 등의 운영절차

GMP(우수제조기준)
위생적인 식품 생산을 위한 시설·설비 요건 및 기준, 건물의 위치, 시설·설비의 구조, 재질요건 등에 관한 기준

HACCP과 선행요건

→ 「식품 및 축산물 안전관리인증기준」 제4조 '적용품목 및 시기' 등에 대하여 해당하는 HACCP 적용업소는 제5조 '선행요건'에 따라 준수하여야 하며, 필요한 관리계획 등을 포함하는 선행요건 관리기준서를 작성하여 비치하여야 한다고 규정하고 있다.

다음은 제5조 선행요건 관련 [별표]의 선행요건 프로그램의 내용을 일부 발췌하였다.

※ 영업장 주변, 작업장 등의 부분은 식품제조 가공업소와 집단급식소의 내용과 일부 차이가 있으나 대다수 항목은 거의 동일하다.

선행요건(제5조 관련) – 「식품 및 축산물 안전관리인증기준」 [별표 1]

식품(식품첨가물 포함)제조·가공업소, 건강기능식품제조업소 및 집단급식소식품판매업소, 축산물작업장·업소

1. 영업장 관리
   1) 작업장
      ① 작업장은 독립된 건물이거나 식품취급 외의 용도로 사용되는 시설과 분리(벽·층 등에 의하여 별도의 방 또는 공간으로 구별되는 경우를 말한다. 이하 같다)되어야 한다.

② 작업장(출입문, 창문, 벽, 천장 등)은 누수, 외부의 오염물질이나 해충·설치류 등의 유입을 차단할 수 있도록 밀폐 가능한 구조이어야 한다.

③ 작업장은 청결구역(식품의 특성에 따라 청결구역은 청결구역과 준청결구역으로 구별할 수 있다)과 일반구역으로 분리하고, 제품의 특성과 공정에 따라 분리, 구획 또는 구분할 수 있다.

2) 건물 바닥, 벽, 천장

원료처리실, 제조·가공실 및 내포장실의 바닥, 벽, 천장, 출입문, 창문 등은 제조·가공하는 식품의 특성에 따라 내수성 또는 내열성 등의 재질을 사용하거나 이러한 처리를 하여야 하고, 바닥은 파여 있거나 갈라진 틈이 없어야 하며, 작업 특성상 필요한 경우를 제외하고는 마른 상태를 유지하여야 한다. 이 경우 바닥, 벽, 천장 등에 타일 등과 같이 홈이 있는 재질을 사용한 때에는 홈에 먼지, 곰팡이, 이물 등이 끼지 아니하도록 청결하게 관리하여야 한다.

3) 배수 및 배관

작업장은 배수가 잘 되어야 하고 배수로에 퇴적물이 쌓이지 아니하여야 하며, 배수구, 배수관 등은 역류가 되지 아니하도록 관리하여야 한다.

4) 출입구

작업장의 출입구에는 구역별 복장 착용 방법을 게시하여야 하고, 개인위생관리를 위한 세척, 건조, 소독 설비 등을 구비하여야 하며, 작업자는 세척 또는 소독 등을 통해 오염가능성 물질 등을 제거한 후 작업에 임하여야 한다.

5) 통로

작업장 내부에는 종업원의 이동경로를 표시하여야 하고 이동경로에는 물건을 적재하거나 다른 용도로 사용하지 아니하여야 한다.

6) 창

창의 유리는 파손 시 유리조각이 작업장 내로 흩어지거나 원·부자재 등으로 혼입되지 아니하도록 하여야 한다.

7) 채광 및 조명

① 작업실 안은 작업이 용이하도록 자연채광 또는 인공조명장치를 이용하여 밝기는 220룩스 이상을 유지하여야 하고, 특히 선별 및 검사구역 작업장 등은 육안확인이 필요한 조도(540룩스 이상)를 유지하여야 한다.

② 채광 및 조명시설은 내부식성 재질을 사용하여야 하며, 식품이 노출되거나 내포장 작업을 하는 작업장에는 파손이나 이물 낙하 등에 의한 오염을 방지하기 위한 보호장치를 하여야 한다.

8) 부대시설(화장실, 탈의실 등)

① 화장실, 탈의실 등은 내부 공기를 외부로 배출할 수 있는 별도의 환기시설을 갖추어야 하며, 화장실 등의 벽과 바닥, 천장, 문은 내수성, 내부식성의 재질을 사용하여야 한다. 또한, 화장실의 출입구에는 세척, 건조, 소독 설비 등을 구비하여야 한다.

② 탈의실은 외출복장(신발 포함)과 위생복장(신발 포함) 간의 교차 오염이 발생하지 아니하도록 분리 또는 구분·보관하여야 한다.

2. 위생관리

1) 작업 환경 관리

(1) 동선 계획 및 공정 간 오염방지

① 원·부자재의 입고에서부터 출고까지 물류 및 종업원의 이동 동선을 설정하고 이를 준수하여야 한다.

② 원료의 입고에서부터 제조·가공, 보관, 운송에 이르기까지 모든 단계에서 혼입될 수 있는 이물에 대한 관리계획을 수립하고 이를 준수하여야 하며, 필요한 경우 이를 관리할 수 있는 시설·장비를 설치하여야 한다.

③ 청결구역과 일반구역별로 각각 출입, 복장, 세척·소독 기준 등을 포함하는 위생 수칙을 설정하여 관리하여야 한다.

(2) 온도·습도 관리

제조·가공·포장·보관 등 공정별로 온도 관리계획을 수립하고 이를 측정할 수 있는 온도계를 설치하여 관리하여야 한다. 필요한 경우 제품의 안전성 및 적합성을 확보하기 위한 습도관리계획을 수립·운영하여야 한다.

(3) 환기시설 관리

작업장 내에서 발생하는 악취나 이취, 유해가스, 매연, 증기 등을 배출할 수 있는 환기시설을 설치하여야 한다.

(4) 방충·방서 관리

① 외부로 개방된 흡·배기구 등에는 여과망이나 방충망 등을 부착하여야 한다.

② 작업장은 방충·방서관리를 위하여 해충이나 설치류 등의 유입이나 번식을 방지할 수 있도록 관리하여야 하고, 유입 여부를 정기적으로 확인하여야 한다.

③ 작업장 내에서 해충이나 설치류 등의 구제를 실시할 경우에는 정해진 위생 수칙에 따라 공정이나 식품의 안전성에 영향을 주지 아니하는 범위 내에서 적절한 보호 조치를 취한 후 실시하며, 작업 종료 후 식품취급시설 또는 식품에 직·간접적으로 접촉한 부분은 세척 등을 통해 오염물질을 제거하여야 한다.

2) 개인위생 관리

작업장 내에서 작업 중인 종업원 등은 위생복·위생모·위생화 등을 항시 착용하여야 하며, 개인용 장신구 등을 착용하여서는 아니 된다.

작업위생관리(집단급식소만 해당)

① 교차오염의 방지
- 칼과 도마 등의 조리 기구나 용기, 앞치마, 고무장갑 등은 원료나 조리과정에서의 교차오염을 방지하기 위하여 식재료 특성 또는 구역별로 구분하여 사용하여야 한다.
- 식품 취급 등의 작업은 바닥으로부터 60cm 이상의 높이에서 실시하여 바닥으로부터의 오염을 방지하여야 한다.

② 전처리
- 해동은 냉장해동(10℃ 이하), 전자레인지 해동, 또는 흐르는 물에서 실시한다.
- 해동된 식품은 즉시 사용하고 즉시 사용하지 못할 경우 조리 시까지 냉장 보관하여야 하며, 사용 후 남은 부분을 재동결하여서는 아니 된다.

구분	관리기준	개선조치
해동 방법 및 시간	• 해동방법은 냉동제품(육류, 어류 등) 해동 사용 시 기록하되 반드시 해동시간을 기록 • 냉장해동 : 10℃ 이하 냉장고에서 100g 기준 12시간 이내, 300g 기준 24시간 이내 해동 • 유수해동 : 21℃ 이하의 흐르는 찬물에서 100g 기준 1시간 이내, 300g 기준 2시간 이내 해동 • 전자레인지 해동 : 자동해동을 이용하며 100g 기준 1분 30초 이내, 300g 기준 8분 30초 이내 해동	• 해동시간 및 온도 초과 시 → 폐기 • 해동식재 재동결 → 금지

③ 조리
- 가열 조리 후 냉각이 필요한 식품은 냉각 중 오염이 일어나지 아니하도록 신속히 냉각하여야 하며, 냉각온도 및 시간기준을 설정·관리하여야 한다.
- 냉장 식품을 절단 소분 등의 처리를 할 때에는 식품의 온도가 가능한 한 15℃를 넘지 아니하도록 한 번에 소량씩 취급하고 처리 후 냉장고에 보관하는 등의 온도 관리를 하여야 한다.

④ 완제품 관리 : 조리된 음식은 배식 전까지의 보관온도 및 조리 후 섭취 완료 시까지의 소요시간 기준을 설정·관리하여야 하며, 유통제품의 경우에는 적정한 소비기한 및 보존 조건을 설정·관리하여야 한다.
- 28℃ 이하의 경우 : 조리 후 2~3시간 이내 섭취 완료
- 보온(60℃ 이상) 유지 시 : 조리 후 5시간 이내 섭취 완료
- 제품의 품온을 5℃ 이하 유지 시 : 조리 후 24시간 이내 섭취 완료

⑤ 배식
- 냉장식품과 온장식품에 대한 배식 온도관리기준을 설정·관리하여야 한다.
  - 냉장보관 : 냉장식품 10℃ 이하(다만, 신선편의식품, 훈제연어는 5℃ 이하 보관 등 보관 온도 기준이 별도로 정해져 있는 식품의 경우에는 그 기준을 따른다.)
  - 온장보관 : 온장식품 60℃ 이상
- 위생장갑 및 청결한 도구(집게, 국자 등)를 사용하여야 하며, 배식 중인 음식과 조리 완료된 음식을 혼합하여 배식하여서는 아니 된다.

⑥ 검식 : 영양사는 조리된 식품에 대하여 배식하기 직전에 음식의 맛, 온도, 이물, 이취, 조리 상태 등을 확인하기 위한 검식을 실시하여야 한다. 다만, 영양사가 없는 경우 조리사가 검식을 대신할 수 있다.

⑦ 보존식 : 조리한 식품은 소독된 보존식 전용용기 또는 멸균 비닐봉지에 매회 1인분 분량을 −18℃ 이하에서 144시간 이상 보관하여야 한다.

3) 폐기물 관리

폐기물·폐수처리시설은 작업장과 격리된 일정장소에 설치·운영하며, 폐기물 등의 처리용기는 밀폐 가능한 구조로 침출수 및 냄새가 누출되지 아니하여야 하고, 관리계획에 따라 폐기물 등을 처리·반출하고, 그 관리기록을 유지하여야 한다.

4) 세척 또는 소독

① 영업장에는 기계·설비, 기구·용기 등을 충분히 세척하거나 소독할 수 있는 시설이나 장비를 갖추어야 한다.

② 세척·소독 시설에는 종업원에게 잘 보이는 곳에 올바른 손 세척 방법 등에 대한 지침이나 기준을 게시하여야 한다.

③ 영업자는 다음의 사항에 대한 세척 또는 소독 기준을 정하여야 한다.
- 종업원
- 위생복, 위생모, 위생화 등
- 작업장 주변
- 작업실별 내부
- 식품제조시설(이송배관 포함)
- 냉장·냉동설비
- 용수저장시설

- 보관·운반시설
- 운송차량, 운반도구 및 용기
- 모니터링 및 검사 장비
- 환기시설(필터, 방충망 등 포함)
- 폐기물 처리용기
- 세척, 소독도구
- 기타 필요사항

④ 세척 또는 소독 기준은 다음의 사항을 포함하여야 한다.
- 세척·소독 대상별 세척·소독 부위
- 세척·소독 방법 및 주기
- 세척·소독 책임자
- 세척·소독 기구의 올바른 사용 방법
- 세제 및 소독제(일반명칭 및 통용명칭)의 구체적인 사용 방법

⑤ 세척 및 소독용 기구나 용기는 정해진 장소에 보관·관리되어야 한다.
⑥ 세척 및 소독의 효과를 확인하고, 정해진 관리계획에 따라 세척 또는 소독을 실시하여야 한다.

3. 제조·가공 시설·설비 관리

1) 제조시설 및 기계·기구류 등 설비관리

① 제조·가공·선별·처리 시설 및 설비 등은 공정 간 또는 취급시설·설비 간 오염이 발생되지 아니하도록 공정의 흐름에 따라 적절히 배치되어야 하며, 이 경우 제조가공에 사용하는 압축공기, 윤활제 등은 제품에 직접 영향을 주거나 영향을 줄 우려가 있는 경우 관리대책을 마련하여 청결하게 관리하여 위해요인에 의한 오염이 발생하지 아니하여야 한다.

② 식품과 접촉하는 취급시설·설비는 인체에 무해한 내수성·내부식성 재질로 열탕·증기·살균제 등으로 소독·살균이 가능하여야 하며, 기구 및 용기류는 용도별로 구분하여 사용·보관하여야 한다.

③ 온도를 높이거나 낮추는 처리시설에는 온도변화를 측정·기록하는 장치를 설치·구비하거나 일정한 주기를 정하여 온도를 측정하고, 그 기록을 유지하여야 하며 관리계획에 따른 온도가 유지되어야 한다.

④ 식품취급시설·설비는 정기적으로 점검·정비를 하여야 하고 그 결과를 보관하여야 한다.

4. 냉장·냉동시설·설비 관리

냉장시설은 내부의 온도를 10℃ 이하(다만, 신선편의식품, 훈제연어, 가금육은 5℃ 이하 보관 등 보관온도 기준이 별도로 정해져 있는 식품의 경우에는 그 기준을 따른다), 냉동시설은 −18℃ 이하로 유지하고, 외부에서 온도변화를 관찰할 수 있어야 하며, 온도 감응 장치의 센서는 온도가 가장 높게 측정되는 곳에 위치하도록 한다.

5. 용수관리

① 식품 제조·가공에 사용되거나, 식품에 접촉할 수 있는 시설·설비, 기구·용기, 종업원 등의 세척에 사용되는 용수는 수돗물이나 「먹는물관리법」 제5조의 규정에 의한 먹는물 수질기준에 적합한 지하수이어야 하며, 지하수를 사용하는 경우, 취수원은 화장실, 폐기물·폐수처리시설, 동물사육장 등 기타 지하수가 오염될 우려가 없도록 관리하여야 하며, 필요한 경우 살균 또는 소독장치를 갖추어야 한다.

② 식품 제조·가공에 사용되거나, 식품에 접촉할 수 있는 시설·설비, 기구·용기, 종업원 등의 세척에 사용되는 용수는 다음에 따른 검사를 실시하여야 한다.

- 지하수를 사용하는 경우에는 먹는물 수질기준 전 항목에 대하여 연 1회 이상(음료류 등 직접 마시는 용도의 경우는 반기 1회 이상) 검사를 실시하여야 한다.
- 먹는물 수질기준에 정해진 미생물학적 항목에 대한 검사를 월 1회 이상(지하수를 사용하거나 상수도의 경우는 비가열식품의 원료 세척수 또는 제품 배합수로 사용하는 경우에 한한다) 실시하여야 하며, 미생물학적 항목에 대한 검사는 간이검사키트를 이용하여 자체적으로 실시할 수 있다.

③ 저수조, 배관 등은 인체에 유해하지 아니한 재질을 사용하여야 하며, 외부로부터의 오염물질 유입을 방지하는 잠금장치를 설치하여야 하고, 누수 및 오염 여부를 정기적으로 점검하여야 한다.
④ 저수조는 반기별 1회 이상 청소와 소독을 자체적으로 실시하거나, 저수조청소업자에게 대행하여 실시하여야 하며 그 결과를 기록·유지하여야 한다.
⑤ 비음용수 배관은 음용수 배관과 구별되도록 표시하고 교차되거나 합류되지 아니하여야 한다.

6. 보관 · 운송관리

 1) 구입 및 입고

  검사성적서로 확인하거나 자체적으로 정한 입고기준 및 규격에 적합한 원·부자재만을 구입하여야 한다.

 2) 협력업소 관리

  영업자는 원·부자재 공급업소 등 협력업소의 위생관리 상태 등을 점검하고 그 결과를 기록하여야 한다. 다만, 공급업소가 「식품위생법」이나 「축산물 위생관리법」에 따른 HACCP 적용업소일 경우에는 이를 생략할 수 있다.

 3) 운송

  ① 운반 중인 식품·축산물은 비식품·축산물 등과 구분하여 교차오염을 방지하여야 하며, 운송차량(지게차 등 포함)으로 인하여 운송제품이 오염되어서는 아니 된다.
  ② 운송차량은 냉장의 경우 10℃ 이하(단, 가금육 −2~5℃ 운반과 같이 별도로 정해진 경우에는 그 기준을 따른다), 냉동의 경우 −18℃ 이하를 유지할 수 있어야 하며, 외부에서 온도변화를 확인할 수 있도록 온도 기록 장치를 부착하여야 한다.

 4) 보관

  ① 원료 및 완제품은 선입선출 원칙에 따라 입고·출고상황을 관리·기록하여야 한다.
  ② 원·부자재, 반제품 및 완제품은 구분 관리하고, 바닥이나 벽에 밀착되지 아니하도록 적재·관리하여야 한다.
  ③ 부적합한 원·부자재, 반제품 및 완제품은 별도의 지정된 장소에 보관하고 명확하게 식별되는 표식을 하여 반송, 폐기 등의 조치를 취한 후 그 결과를 기록·유지하여야 한다.
  ④ 유독성 물질, 인화성 물질 및 비식용 화학물질은 식품취급 구역으로부터 격리되고, 환기가 잘되는 지정 장소에서 구분하여 보관·취급하여야 한다.

7. 검사 관리

 1) 제품검사

  ① 제품검사는 자체 실험실에서 검사계획에 따라 실시하거나 검사기관과의 협약에 의하여 실시하여야 한다.
  ② 검사결과에는 다음 내용이 구체적으로 기록되어야 한다.
   - 검체명
   - 제조 연월일 또는 소비기한(품질유지기한)
   - 검사 연월일

- 검사항목, 검사기준 및 검사결과
- 판정결과 및 판정연월일
- 검사자 및 판정자의 서명날인
- 기타 필요한 사항

2) 시설 설비 기구 등 검사
① 냉장·냉동 및 가열처리 시설 등의 온도측정 장치는 연 1회 이상, 검사용 장비 및 기구는 정기적으로 교정하여야 한다. 이 경우 자체적으로 교정검사를 하는 때에는 그 결과를 기록·유지하여야 하고, 외부 공인 국가교정기관에 의뢰하여 교정하는 경우에는 그 결과를 보관하여야 한다.
② 작업장의 청정도 유지를 위하여 공중낙하세균 등을 관리계획에 따라 측정·관리하여야 한다. 다만, 제조공정의 자동화, 시설·제품의 특수성, 식품이 노출되지 아니하거나, 식품을 포장된 상태로 취급하는 등 작업장의 청정도가 식품에 영향을 줄 가능성이 없는 작업장은 그러하지 아니할 수 있다.

8. 회수 프로그램 관리
① 부적합품이나 반품된 제품의 회수를 위한 구체적인 회수절차나 방법을 기술한 회수프로그램을 수립·운영하여야 한다.
② 부적합품의 원인규명이나 확인을 위한 제품별 생산장소, 일시, 제조라인 등 해당 시설 내의 필요한 정보를 기록·보관하고 제품추적을 위한 코드표시 또는 로트관리 등의 적절한 확인 방법을 강구하여야 한다.

SECTION 04 식품 및 축산물 안전관리인증기준(HACCP)

1. 식품 및 축산물 안전관리인증기준(HACCP)

1) 식품 및 축산물 안전관리인증기준(HACCP) 제도의 정의

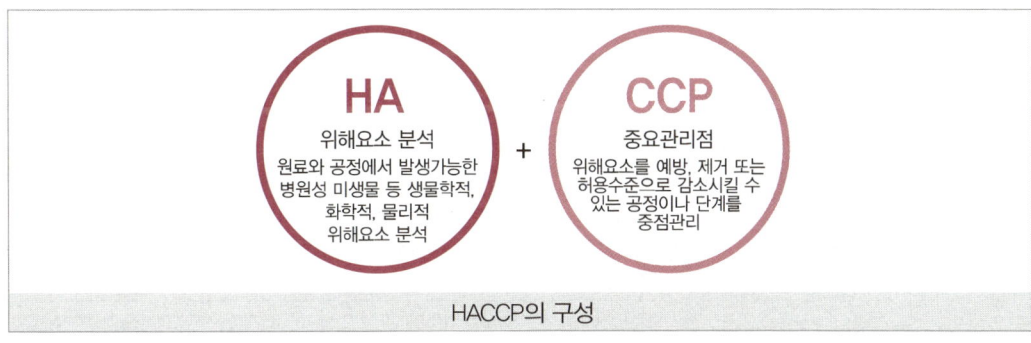

HACCP의 구성

① 식품의 생산부터 소비까지 모든 단계에서 식품의 안전성을 확보하기 위하여 모든 식품공정을 체계적으로 관리하는 제도이다.

② 미국의 NASA(미항공우주국)에서 시작되었으며 1973년 FDA에서 저산성 통조림식품에 GMP(Good Manufacturing Practice, 우수제조기준) 방법을 적용한 것을 바탕으로 발전하였다.
   ※ 우리나라는 1995년 「식품위생법」에 HACCP 규정 신설
③ 위해요소분석을 뜻하는 HA(Hazard Analysis)와 중요관리점을 뜻하는 CCP(Critical Control Point)를 뜻하며 해썹 또는 식품안전관리인증기준이라 한다.
④ 7단계 12절차로 구성되며 12절차는 준비의 5절차, 실행의 7절차로 이루어져 있다.

◈ HACCP 제도의 용어 정의(식품 및 축산물 안전관리인증기준 제2조 정의 관련)

구분	내용
식품 및 축산물 안전관리인증기준 (HACCP : Hazard Analysis and Critical Control Point)	「식품위생법」 및 「건강기능식품에 관한 법률」에 따른 「식품안전관리인증기준」과 「축산물 위생관리법」에 따른 「축산물안전관리인증기준」으로서, 식품(건강기능식품을 포함한다. 이하 같다)·축산물의 원료 관리, 제조·가공·조리·선별·처리·포장·소분·보관·유통·판매의 모든 과정에서 위해한 물질이 식품 또는 축산물에 섞이거나 식품 또는 축산물이 오염되는 것을 방지하기 위하여 각 과정의 위해요소를 확인·평가하여 중점적으로 관리하는 기준
위해요소 (Hazard)	「식품위생법」 제4조(위해식품 등의 판매 등 금지), 「건강기능식품에 관한 법률」 제23조(위해 건강기능식품 등의 판매 등의 금지) 및 「축산물 위생관리법」 제33조(판매 등의 금지)의 규정에서 정하고 있는 인체의 건강을 해할 우려가 있는 생물학적, 화학적 또는 물리적 인자나 조건
위해요소분석 (HA : Hazard Analysis)	식품·축산물 안전에 영향을 줄 수 있는 위해요소와 이를 유발할 수 있는 조건이 존재하는지 여부를 판별하기 위하여 필요한 정보를 수집하고 평가하는 일련의 과정
중요관리점 (CCP : Critical Control Point)	안전관리인증기준(HACCP)을 적용하여 식품·축산물의 위해요소를 예방·제어하거나 허용 수준 이하로 감소시켜 당해 식품·축산물의 안전성을 확보할 수 있는 중요한 단계·과정 또는 공정
한계기준 (Critical Limit)	중요관리점에서의 위해요소 관리가 허용범위 이내로 충분히 이루어지고 있는지 여부를 판단할 수 있는 기준이나 기준치
모니터링 (Monitoring)	중요관리점에 설정된 한계기준을 적절히 관리하고 있는지 여부를 확인하기 위하여 수행하는 일련의 계획된 관찰이나 측정하는 행위 등
개선조치(Corrective Action)	모니터링 결과 중요관리점의 한계기준을 이탈할 경우에 취하는 일련의 조치
선행요건 (Pre-requisite Program)	「식품위생법」, 「건강기능식품에 관한 법률」, 「축산물 위생관리법」에 따라 안전관리인증기준(HACCP)을 적용하기 위한 위생관리프로그램
안전관리인증기준 관리계획 (HACCP Plan)	식품·축산물의 원료 구입에서부터 최종 판매에 이르는 전 과정에서 위해가 발생할 우려가 있는 요소를 사전에 확인하여 허용 수준 이하로 감소시키거나 제어 또는 예방할 목적으로 안전관리인증기준(HACCP)에 따라 작성한 제조·가공·조리·선별·처리·포장·소분·보관·유통·판매 공정 관리문서나 도표 또는 계획
검증 (Verification)	안전관리인증기준(HACCP) 관리계획의 유효성(Validation)과 실행(Implementation) 여부를 정기적으로 평가하는 일련의 활동(적용 방법과 절차, 확인 및 기타 평가 등을 수행하는 행위를 포함한다)
안전관리인증기준(HACCP) 적용업소	「식품위생법」, 「건강기능식품에 관한 법률」에 따라 안전관리인증기준(HACCP)을 적용·준수하여 식품을 제조·가공·조리·소분·유통·판매하는 업소와 「축산물 위생관리법」에 따라 안전관리인증기준(HACCP)을 적용·준수하고 있는 안전관리인증작업장·안전관리인증업소·안전관리인증농장 또는 축산물안전관리통합인증업체 등

구분	내용
관리책임자	「축산물 위생관리법」에 따른 자체 안전관리인증기준 적용 작업장 및 안전관리인증기준(HACCP) 적용 작업장 등의 영업자·농업인이 안전관리인증기준(HACCP) 운영 및 관리를 직접 할 수 없는 경우 해당 안전관리인증기준 운영 및 관리를 총괄적으로 책임지고 운영하도록 지정한 자(영업자·농업인을 포함)
통합관리프로그램	「축산물 위생관리법」 시행규칙 제7조의 3 제4항 제3호에 따라 축산물안전관리통합인증업체에 참여하는 각각의 작업장·업소·농장에 안전관리인증기준(HACCP)을 적용·운용하고 있는 통합적인 위생관리프로그램
중요관리점(CCP) 모니터링 자동 기록관리 시스템	중요관리점(CCP) 모니터링 데이터를 실시간으로 자동 기록·관리 및 확인·저장할 수 있도록 하여 데이터의 위·변조를 방지할 수 있는 시스템(이하 "자동 기록관리 시스템"이라 함) ※ 스마트 해썹 : 위 시스템을 적용한 안전관리인증기준
글로벌 식품안전관리 시스템	안전관리인증기준(HACCP) 적용업소가 원료에서부터 제조·가공·조리·선별·처리·포장·소분·보관·유통·판매에 이르기까지 모든 과정에서 고의적, 의도적인 식품안전사고 발생을 예방하기 위하여 안전관리인증기준 관리계획(HACCP plan)에 식품 방어(Food Defense), 식품사기 예방(Food Fraud Prevention), 제품표시 관리, 알레르기 유발물질 관리, 환경 점검 관리, 품질관리, 비상 대응 관리, 식품안전문화(Food Safety Culture) 및 식품안전경영(Food Safety Management) 등을 포함하여 관리하는 시스템
글로벌 해썹(Global HACCP) 관리 계획	글로벌 해썹(Global HACCP)을 적용하기 위한 관리문서나 도표 또는 계획 등

2) HACCP 근거 법령

① 「식품위생법」 제48조(식품안전관리인증기준) 내지 제48조의 5
② 「식품위생법 시행령」 제33조 및 제34조
③ 「식품위생법 시행규칙」 제62조 내지 제68조의 5
④ 「식품 및 축산물 안전관리인증기준」(식약처 고시)

3) HACCP 인증 적용대상

HACCP 인증 필수 적용대상 외에도 식품 및 즉석판매제조가공업소, 건강기능식품 및 식품첨가물제조가공업소, 식품소분업, 집단급식소 및 기타 식품판매업소, 식품접객업소(위탁급식영업) 등 식품의 제조·가공·유통·외식·급식의 모든 분야에 적용된다.

» 식품안전관리인증의 적용 업종 및 대상 식품

적용 업종	세부 적용 업종 및 대상 식품(식품위생법 시행규칙 제62조 제1항)
식품 제조·가공업소	1. 수산가공식품류의 어육가공품류 중 어묵·어육소시지 2. 기타 수산물가공품 중 냉동 어류·연체류·조미가공품 3. 냉동식품 중 피자류·만두류·면류 4. 과자류, 빵류 또는 떡류 중 과자·캔디류·빵류·떡류 5. 빙과류 중 빙과 6. 음료류[다류(茶類) 및 커피류는 제외한다]

적용 업종	세부 적용 업종 및 대상 식품(식품위생법 시행규칙 제62조 제1항)
식품 제조 · 가공업소	7. 레토르트식품 8. 절임류 또는 조림류의 김치류 중 김치(배추를 주원료로 하여 절임, 양념혼합과정 등을 거쳐 이를 발효시킨 것이거나 발효시키지 아니한 것 또는 이를 가공한 것에 한한다) 9. 코코아가공품 또는 초콜릿류 중 초콜릿류 10. 면류 중 유탕면 또는 곡분, 전분, 전분질원료 등을 주원료로 반죽하여 손이나 기계 따위로 면을 뽑아내거나 자른 국수로서 생면 · 숙면 · 건면 11. 특수용도식품 12. 즉석섭취 · 편의식품류 중 즉석섭취식품 12의 2. 즉석섭취 · 편의식품류의 즉석조리식품 중 순대 13. 식품제조 · 가공업의 영업소 중 전년도 총 매출액이 100억 원 이상인 영업소에서 제조 · 가공하는 식품
건강기능식품제조업소	영양소, 기능성 원료
식품첨가물 제조업소	식품첨가물, 혼합제제류
식품접객업소	위탁급식영업, 일반음식점영업, 휴게음식점영업, 제과점영업

※ 이 외 적용 업종 : 즉석판매제조 · 가공업, 식품소분판매업(식품소분업, 기타 식품판매업), 집단급식소식품판매업소, 집단급식소, 식품제조 · 가공업[주류제조, 운반급식(개별 또는 벌크 포장)], 식품냉동 · 냉장업이 해당

4) HACCP 적용업체 우대조치

① 해썹 적용식품 표시부착 및 적용업체 인증사실에 대한 광고 허용(해썹 적용 품목에 한함)
② 해썹 적용업체 인증기간 내 출입 · 검사 면제 가능
③ 해썹 영업시설 개선을 위한 식품진흥기금의 장기저리융자사업 우선지원
④ 해썹 적용 식품 가산점 부여(해당 기관별 규정에 따름)

다양한 HACCP 마크

출처 : 식품의약품안전처(2024), 식품안전관리지침

5) 스마트 해썹(자동 기록관리 시스템)

스마트 해썹(자동 기록관리 시스템) 적용업소의 경우 그 사실에 대한 표시 · 광고 및 스마트 해썹 심벌 표시 · 광고가 가능[모든 중요관리점(CCP)에 자동 기록관리 시스템을 적용한 업소에 한함]

> **Tip**
>
> **스마트 해썹(자동 기록관리 시스템)**
> 중요관리점(CCP) 모니터링 데이터를 실시간으로 자동 기록·관리 및 확인·저장할 수 있도록 하여 데이터의 위·변조를 방지할 수 있는 시스템 혜택으로, 불시 조사평가 면제, 스마트 해썹 심벌 표시, 인증(연장) 평가 시 가점 부여

2. 식품 및 축산물 안전관리인증기준(HACCP) 7원칙 12절차

HACCP은 1993년 FAO/WHO의 합동 국제식품규격위원회(CODEX)가 제시한 지침에 의거하여 실시되고 있다. CODEX 지침은 다음 표에서 보는 바와 같이 12단계(절차)로 구성되어 있다.

≫ HACCP 7원칙 12절차

구분	적용 순서	HACCP 12절차	HACCP 7원칙
준비단계 (5단계)	HACCP팀 구성	절차 1	
	제품 및 제품의 유통방법 기술	절차 2	
	의도된 제품의 용도 확인	절차 3	
	공정흐름도 작성	절차 4	
	공정흐름도 현장 확인(검증)	절차 5	
적용단계 (7원칙)	위해요소 분석 • 잠재적 위해요소 도출 • 위해요소 발생원인 분석 및 평가 • 예방조치 및 관리방법 수립 • 위해요소분석표 작성	절차 6	원칙 1
	중요관리점(CCP) 결정	절차 7	원칙 2
	한계기준 설정	절차 8	원칙 3
	모니터링 체계 확립	절차 9	원칙 4
	개선조치방법 수립	절차 10	원칙 5
	검증 절차 및 방법 수립	절차 11	원칙 6
	문서화·기록 유지	절차 12	원칙 7

1) HACCP 제도의 준비단계(5절차)

(1) HACCP팀 구성(절차 1)

HACCP을 기획하고 운영할 수 있는 전문가로 구성된 HACCP팀을 구성한다. HACCP은 식품의 안전성을 확보하기 위한 팀 활동이기 때문에 제품생산에 따르는 전 공정에 대한 이해와 전문적인 지식과 기술을 가지고 있는 공정 관리자 및 품질 관리자, 생산 및 위생 담당자, 화학적·미생물적 안전관리자로 구성되어야 한다. 이때, 자체 내에 필요한 전문가가 없을 경우 외부 전문가지원을 받을 수 있다. 팀이 구성되면 회사 내 선임적 위치에 있는 사람을 팀장(공장장 이상)으로 선임하고 HACCP의 범위와 목적을 결정한다. 이렇게 구성된 HACCP팀원은 HACCP 계획의 수립과 발전, SSOP 작성, 시스템 검증, HACCP의 이행에 대한 책임이 수반되며 팀원은 반드시 HACCP 교육 훈련을 받아야 한다.

(2) 제품 및 제품의 유통방법 기술(절차 2)

제품에 대한 이해와 위해요소(HA)를 정확히 파악하기 위한 단계로, 개발하려는 제품의 특성 및 포장·유통방법, 완제품의 특성 등을 자세히 기술한다.
제품설명서에는 다음의 내용을 기술하여야 한다.

① 제품명·제품유형 및 성상
② 품목제조보고 연·월·일(해당 제품에 한한다)
③ 작성자 및 작성 연·월·일
④ 성분(또는 식자재) 배합비율
⑤ 제조(포장)단위(해당 제품에 한한다)
⑥ 완제품 규격
⑦ 보관·유통상(또는 배식상)의 주의사항
⑧ 소비기한(또는 배식시간)
⑨ 포장방법 및 재질(해당 제품에 한한다)
⑩ 기타 필요한 사항

》 제품설명서 작성 예시

1. 제품명	○○주스(실제 제품명을 기재)
2. 제품 유형	과 · 채주스
3. 품목제조보고 연월일	2024. 1. 1.
4. 작성자 및 작성 연월일	홍길동, 2024. 1. 1.
5. 성분배합비율	○○농축과즙 00%, 천연착향료(○○향) 00%, 정제수 00%
6. 제조(포장)단위	00mL
7. 완제품의 규격 (식품공전상 규격)	아래 표 참조
8. 보관 · 유통상 주의사항	• 직사광선을 피하며 건냉한 곳에 보관 • 개봉 후 가급적 빠르게 섭취
9. 포장방법 및 재질	• 포장방법 : 내포장, 외포장(테이프) • 포장재질 : 내포장(병), 외포장(골판지)
10. 표시사항	• 제품명, 식품유형, 포장재질, 품목보고번호, 소비기한, 업소명 및 소재지, 원재료명, 알레르기 유발물질, 보관방법, 포장재질, 반품 및 교환장소, 고객상담팀 전화번호, 환경계도문, 소비자피해 보상규정, 분리배출표시, 바코드 • 외포장지 : 제품명, 수량, 가격, 기타 주의사항 등
11. 제품의 용도	일반인의 간식용(전 소비계층)
12. 섭취방법	그대로 섭취
13. 소비기한	제조일로부터 00일

7. 완제품의 규격 (식품공전상 규격)

구분	법적규격	사내규격
성상	고유의 색택과 향미를 가지고 이미 · 이취가 없어야 한다.	
생물학적 항목	• 세균수 : 1mL당 100 이하(다만, 가열하지 아니한 제품 또는 가열하지 아니한 원료가 함유된 제품은 100,000 이하) • 대장균군 : 음성(다만, 가열하지 아니한 제품 또는 가열하지 아니한 원료가 함유된 제품은 제외) • 장출혈성 대장균 : 음성(가열하지 아니한 제품 또는 가열하지 아니한 원료 함유제품에 한한다)	
	–	*Listeria monocytogenes* : 음성
화학적 항목	• 납(mg/kg) : 0.05 이하 • 카드뮴(mg/kg) : 0.1 이하 • 주석(mg/kg) : 150 이하(알루미늄 캔 이외의 캔 제품에 한한다) • 보존료(g/kg) : 다음에서 정하는 것 이외의 보존료 불검출 안식향산 안식향산나트륨 안식향산칼륨 안식향산칼슘	0.6 이하 (안식향산으로서, 다만, 가열하지 아니한 제품은 검출되어서는 아니 된다.)
물리적 항목	이물 불검출	

(3) 의도된 제품의 용도 확인(절차 3)

개발하려는 제품의 타깃 소비층 및 사용 용도를 확인하는 단계로, 타깃 소비층에 따라 위험률 및 위해요소의 허용한계치가 달라질 수 있다.

① 소비 대상(영유아, 노인, 임산부 및 병약자, 특이체질자 등)을 파악하고 제품의 사용의도 확인
② 소비자에 사용되는 형태 확인 : 즉석 섭취인지, 가열조리 후 섭취할 것인지, 타 식품의 원료로 사용되는지 확인

(4) 공정흐름도 작성(절차 4)

원료의 입고부터 완제품의 보관 및 출고까지의 전 공정을 한눈에 확인할 수 있도록 흐름도를 작성한다. 이때, 제조공정에 필요한 설비배치도 및 작업자 이동경로 등 공정운영 시 필요한 도면을 모두 작성하여 비치한다. 이를 통해 제품의 공정상 교차오염 및 2차 오염 가능성을 판단할 수 있다. 「식품안전관리인증기준」제6조 안전관리인증기준 관리에 따른 공정흐름도 작성에는 다음과 같은 항목이 있으며 작성, 비치하도록 한다.

① 제조 · 가공 · 조리 공정도(공정별 가공방법)
② 작업장 평면도(작업특성별 분리, 시설 · 설비 등의 배치, 제품의 흐름과정, 세척 · 소독조의 위치, 작업자의 이동경로, 출입문 및 창문 등을 표시한 평면도면)
③ 급기 및 배기 등 환기 또는 공조시설 계통도
④ 급수 및 배수처리 계통도

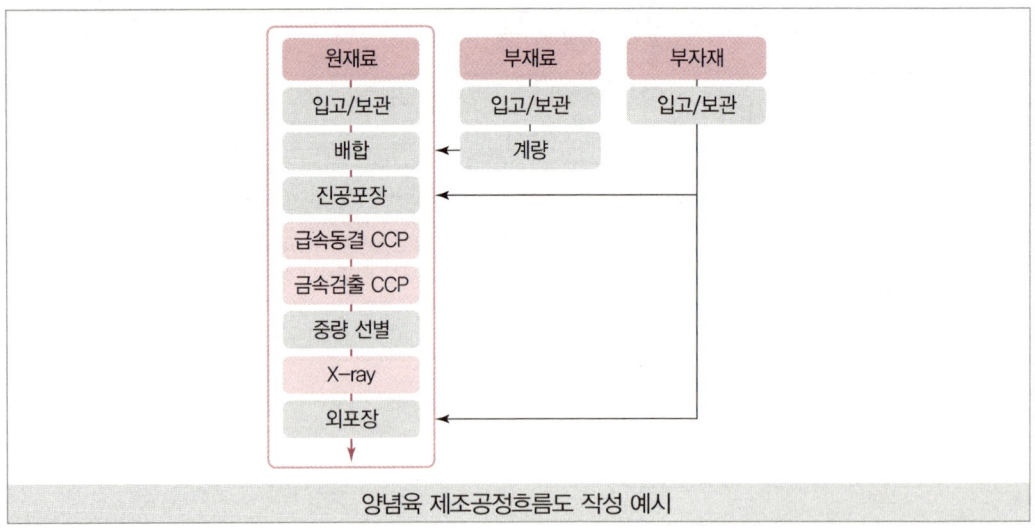

양념육 제조공정흐름도 작성 예시

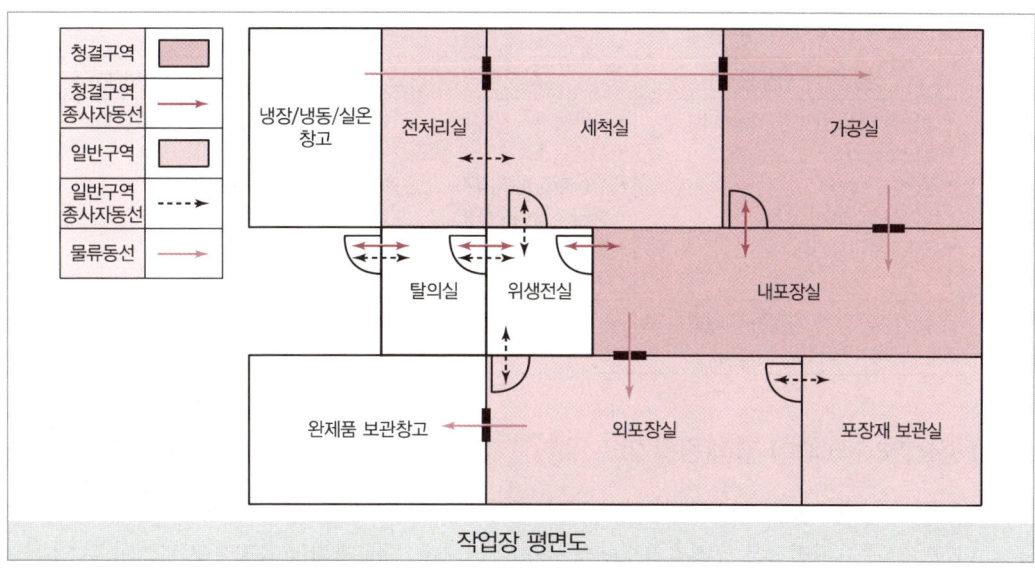

작업장 평면도

(5) 공정흐름도 현장 확인(절차 5)

작성된 공정도가 정확한지 확인하기 위해 현장에서 직접 공정흐름도가 제대로 작성됐는지 검증한다. 이를 통해 위해가 발생할 수 있는 조건과 지점을 판단한다.

2) HACCP 제도의 적용(실행)단계(HACCP 7원칙)

(1) 위해요소 분석(원칙 1)

식품공정의 단계별(생산 및 제조, 가공공정 포함하여 유통, 판매, 소비까지 이르는 모든 단계)로 위해의 발생가능성, 심각성을 고려하여 생물학적·화학적·물리적 위해요소를 분석한다. 이를 판단하여 관리할 수 있는 예방조치를 강구하는 과정이다.

「식품 안전관리인증기준」 제6조 안전관리인증기준 관리에 따른 위해요소 분석에는 다음과 같은 항목이 있다.

① 원·부자재별·공정별 생물학적·화학적·물리적 위해요소 목록 및 발생원인
② 위해평가(원·부자재별, 공정별 각 위해요소에 대한 심각성과 위해발생 가능성 평가)
③ 위해평가 결과 및 예방조치·관리 방법

> 식품위생법 제2조(정의)에서 규정하고 있는 "위해"란 식품, 식품첨가물, 기구 또는 용기·포장에 존재하는 위험요소로서 인체의 건강을 해치거나 해칠 우려가 있는 것을 말한다.

위해 목록은 모든 공정별로 위해 발생 가능성이 있는 원재료, 조리공정, 발생요인, 원인물질을 위주로 작성한다. 그 후 심각성과 발생가능성을 종합적으로 평가하여 HACCP계획에 포함되어야 할 사항을 결정하고 이를 완전히 제거하거나 허용 가능한 수준까지 감소시킬 수 있는 방법을 기재한다.

식품의 잠재적 위해요소

생물학적 위해요소	화학적 위해요소	물리적 위해요소
• 병원성 미생물(세균, Bacteria) • 효모(Yeast) • 곰팡이(Fungi) • 바이러스(Virus) • GMO(유전자변형식품)	• 잔류농약 • 자연독소 • 식품첨가물(착색제, 보존료 등) • 중금속, 잔류농약 • 환경호르몬 • 멜라민, 아크릴아마이드 등	• 뼈, 돌, 유리이물 • 금속물질 • 플라스틱 • 기타
주로 가열공정 중 사멸하나 내열성 포자는 위해가 발생할 수 있다.	–	–

(2) 중요관리점(CCP) 결정(원칙 2)

확인된 위해요소를 예방, 제거하거나 또는 허용수준 이하로 감소시키는 단계, 과정 또는 공정 결정이다. 중요관리점은 공정흐름도에서 규명된 위해 요소에 대해 효율적으로 관리할 수 있는 지점으로 설정하여 결정하도록 하며, 실행이 용이하도록 너무 많은 CCP를 결정하지 않도록 한다.

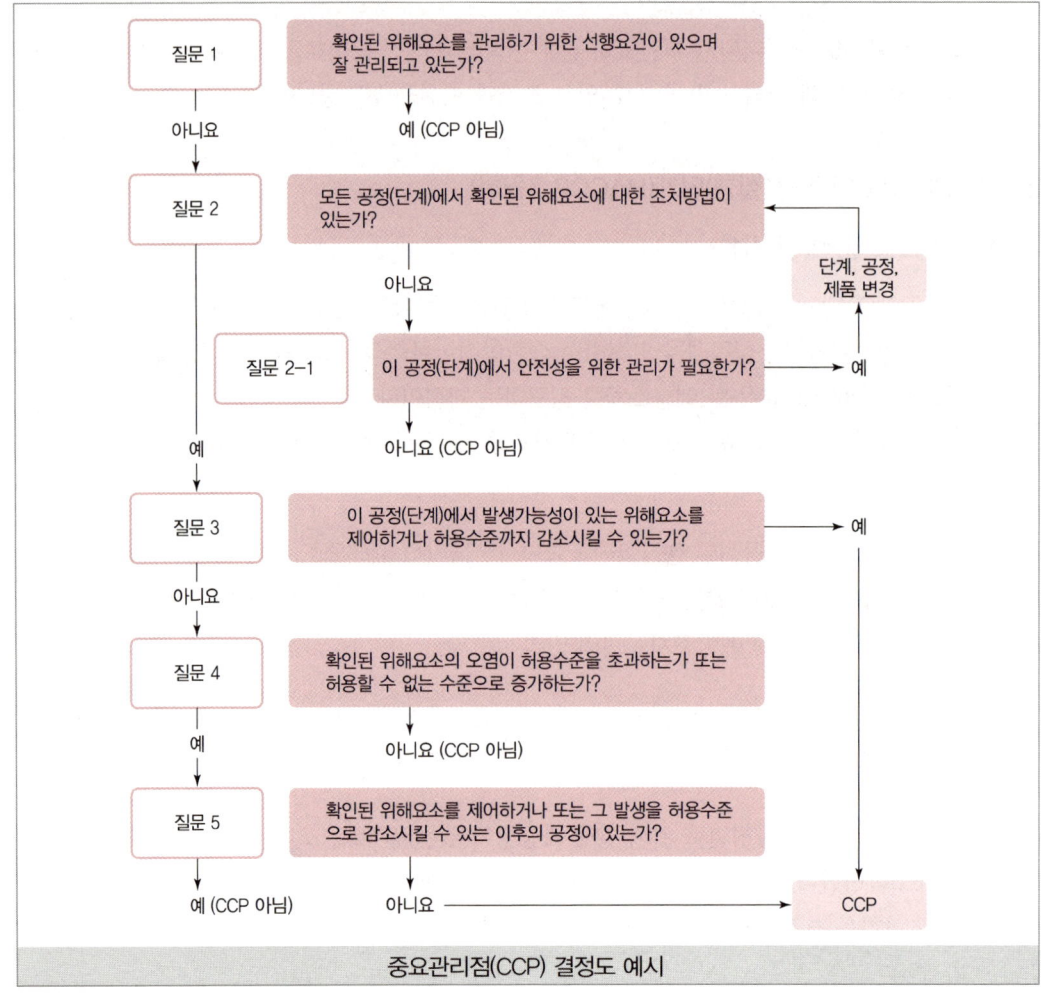

중요관리점(CCP) 결정도 예시

(3) 한계기준 설정(원칙 3)

중요관리점에서의 위해요소 관리가 허용범위 이내로 충분히 이루어지고 있는지 여부를 판단할 수 있는 기준이나 기준치로 온도, 시간, 염도, pH, 색 등 간단히 확인할 수 있는 기준을 설정한다.

> **Reference** HACCP 인증업체 사후관리
>
> 식품안전관리인증기준적용업소의 인증취소 등의 기준(식품위생법 시행규칙 제67조 제2항 관련)
> - 평가결과 60% 미만 또는 주요 안전조항 위반 시 즉시 인증취소
> - 주요 안전조항 : ① 원·부재료 검사 검수 미흡, ② 작업장 세척소독 미흡, ③ CCP 공정 관리 미흡, ④ 지하수 살균소독 미흡, ⑤ 위해요소 분석 미실시
> - 이 외에도 선행요건 관리 분야에서 만점의 60% 미만을 받은 경우, 식품안전관리인증기준 관리 분야에서 만점의 60% 미만을 받은 경우, 영업정지 2개월 이상의 행정처분을 받은 경우 등이 포함된다.

(4) 모니터링 체계 확립(원칙 4)

모니터링의 절차는 한계기준에 이탈되지 않는 수준으로 적절히 관리되고 있는지 주기적으로 측정하고 확인하는 일련의 활동이다. 단체급식소 등에서는 모니터링 하는 자를 조리원 중에서 선정하며, 식품가공업체에서는 실제 작업하는 작업자를 선정하여 기록할 수 있도록 한다.

» 모니터링 방법 설정 예시

생산 공정	위해 번호	위해 종류	모니터링					
			항목	방법	한계기준	주기	담당	기록
가열	CCP-1B	가열 불충분으로 인한 병원성 미생물	온도	온도, 시간 측정	• 가열 온도 : 90℃ 이상 • 가열 시간 : 5분 이상 • 품온 : 85℃ 이상	로트별	홍길동	작업 시작 시

(5) 개선조치방법 수립(원칙 5)

모니터링 결과 한계기준을 벗어났을 때 즉각적으로 대응하는 조치로 한계기준을 벗어난 제품을 식별하고, 분리하는 즉시적 조치와 동일 사고 방지를 위해 정비, 교체, 교육 등을 하는 예방적 조치가 있다. 개선조치는 방법은 폐기, 제조공정 재실행, 반품 등이 있다.

(6) 검증 절차 및 방법 수립(원칙 6)

HACCP계획이 효과적으로 시행되는지를 검증하는 것으로 HACCP계획 검증(validation), 중요관리점 검증(모니터링 및 개선조치가 실제 이행되는지), 제품검사, 감사 등으로 구성된다.

>
>
> **검증내용**
> - 발생 가능한 모든 위해요소를 확인·분석했는지 여부
> - 제품설명서, 공정흐름도의 현장 일치 여부
> - CP, CCP 결정의 적절성 여부
> - 한계기준이 안전성을 확보하는 데 충분한지 여부
> - 모니터링 체계가 올바르게 설정되어 있는지 여부

(7) 문서화·기록 유지(원칙 7)

HACCP 시스템을 문서화하기 위한 효과적인 기록 유지 절차를 정한다.

> **기록관리(식품 및 축산물 안전관리인증기준 제8조)**
> ① 「식품위생법」 및 「건강기능식품에 관한 법률」, 「축산물 위생관리법」에 따른 안전관리인증기준(HACCP) 적용업소는 관계 법령에 특별히 규정된 것을 제외하고는 이 기준에 따라 관리되는 사항에 대한 기록을 2년간 보관하여야 한다.
> ② 제1항에 따른 기록을 할 때에 작성자는 작성일자, 시간 및 이름을 적고 서명하여야 한다.
> ③ 제1항에 따른 기록이 작성일자, 시간, 이름 및 서명 등의 동일함을 보증할 수 있을 때에는 전산으로 유지할 수 있다.
> ④ 안전관리인증기준(HACCP) 적용업소의 출입·검사업무 등을 수행하는 안전관리인증기준(HACCP) 지도관 또는 시·도 검사관, 식품(축산물)위생감시원은 제1항에 따른 기록을 열람할 수 있다.

SECTION 05 | 글로벌 식품안전관리 시스템(이하 "글로벌 해썹")

1. 정의

HACCP 업소의 고의적·의도적인 식품안전사고 발생 예방을 위하여 현재 HACCP 기준에 **식품방어, 식품사기 예방, 식품안전문화 및 식품안전경영**을 포함하여 관리하는 시스템(제품 표시 관리, 알레르기 유발물질 관리, 환경 점검 관리, 품질관리, 비상 대응 관리를 포함)

① 글로벌 해썹을 통해 공정상 위해요소 제어 이외에 국제 수준에 부합하는 잠재적 외부 위협요인까지 관리
② 국제표준규격을 반영하여 국내 기준 상향을 통해 국가 식품안전관리 수준 향상을 위한 제도

관리 요소	식품방어 (Food Defense)	식품사기 예방 (Food Fraud Prevention)	식품안전문화 (Food Safety Culture)	식품안전경영 (Food Safety Management)
내용	의도적인 위해, 테러 등으로 인한 식품 오염 및 위협요소 방지 활동	경제적 이득을 목적으로 의도적인 위조, 가짜 원료 대체 등 취약 요소 방지 활동	종사자 등 조직 전반에 식품안전 관련 사고방식과 행동에 미치는 가치, 신념 및 규범을 공유하고 확산하는 활동	식품 생산부터 소비까지 모든 과정에서 조직의 목표를 달성하기 위한 식품안전관리 활동
대상	생산시설을 보안구역으로 설정·관리(중요 공정 출입 제한 시스템, 방문객 및 차량 출입 통제)	원료 공급업체에 대한 식품 사기 취약성, 위변조가 쉽거나 취약성이 높은 공정(액상, 배합, 균질, 분쇄) 관리	최고경영자의 리더십, 목표관리·방침, 종사자 참여 등을 위한 방침 게시, 캠페인 활동, 클레임 게시 등 의사소통 활동을 통해 식품안전의식 확산	경영방침 수립, 조직현황 분석, 리스크 평가, 중장기 계획과 목표 설정, 모니터링 검증, 개선활동 포함

2. 대상

안전관리인증기준(HACCP) 적용업소[자율 적용(등록)] (식품 및 축산물 안전관리인증기준 제11조의 3 제2항)
글로벌 해썹(Global HACCP) 적용업소로 등록하려는 자는 다음 각 호의 요건을 갖추어야 한다.
1. 선행요건[글로벌 해썹(Global HACCP) 적용하기 위하여 미리 갖추어야 하는 요건을 말한다.]
2. 글로벌 해썹(Global HACCP) 관리 계획을 작성하여 운용할 것

3. 범위

원료에서부터 제조·가공·조리·선별·처리·포장·소분·보관·유통·판매에 이르기까지의 모든 과정

1) 선행 요건

① 식품방어 및 식품사기 요인관리
② 제품 표시 관리 요건
③ 알레르기 유발물질 관리 요건
④ 환경 점검 관리
⑤ 품질관리
⑥ 비상 대응 관리

2) 글로벌 해썹 관리 기준

① 글로벌 해썹(Global HACCP)팀 구성
② 글로벌 해썹(Global HACCP) 관리 전략
    ㉠ 식품방어 전략
    ㉡ 식품사기 완화 전략
    ㉢ 제품 표시 검증
    ㉣ 알레르기 유발물질 관리 전략
③ 식품안전문화
④ 식품안전경영
    ㉠ 조직 상황
    ㉡ 기획
    ㉢ 경영책임
    ㉣ 지원
    ㉤ 성과평가
    ㉥ 개선

4. 등록 기준

현 HACCP(법정 의무)	글로벌 해썹(자율 적용)	비고
총 80개 평가 항목	총 152개 평가항목	
선행요건 (52개) • 영업장 • 위생 • 시설·설비 관리 • 용수 관리 • 보관 운송 • 검사 관리 • 회수프로그램 관리 등	선행요건 (+16개) • 식품방어·사기 요인 관리 • 품질관리 • 제품표시 및 알레르기 유발 물질 관리 • 환경점검 관리 • 비상 대응 관리	국제식품규격위원회(CODEX)의 최신 지침 및 국제식품안전협회 (GFSI 규격 : FSSC22000, BRC GS, SQF, IFS22000) 인증 기준 등을 포함하여 반영
해썹 (28개) • 제품설명서 및 공정흐름도 • 위해요소 분석 • CCP 결정 및 한계기준 • CCP 모니터링 등	해썹 (+56개) • 글로벌 해썹팀 구성·교육 • 글로벌 해썹 관리 전략 • 식품안전경영 • 식품안전문화	

5. 심벌

적용 업소는 HACCP 심벌과 글로벌 HACCP 심벌 병행 사용 가능(3개 도안 중 택1)

6. 등록 절차 및 방법

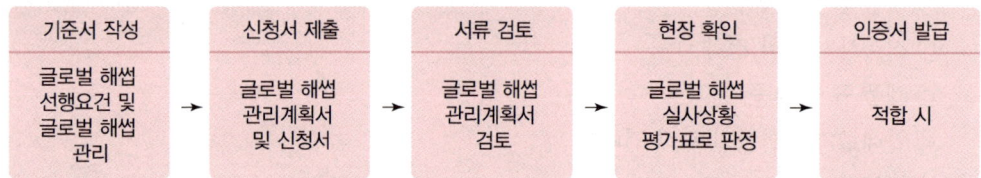

CHAPTER 02 제품검사관리

SECTION 01 안전성 평가 시험

1. 제품검사

안전한 먹거리 관리와 식품 신뢰도 구축을 위해 제조가공식품, 건강기능식품, 농수산식품 등에 대해 단계별(제조·가공, 유통, 소비), 유형별로 식품 및 건강기능식품의 기준 및 규격 등을 검사한다.

» 자가품질검사 항목 예시

구분	중분류	식품유형	검사항목
두부류 또는 묵류	–	두부 유바 가공두부	대장균군(충전, 밀봉한 제품에 한한다), 타르색소 〃 〃

자가품질검사기준(제31조 제1항 관련) – 식품위생법 시행규칙 [별표 12]

1. 식품 등에 대한 자가품질검사는 판매를 목적으로 제조·가공하는 품목별로 실시하여야 한다. 다만, 식품공전에서 정한 동일한 검사항목을 적용받은 품목을 제조·가공하는 경우에는 식품유형별로 이를 실시할 수 있다.
2. 기구 및 용기·포장의 경우 동일한 재질의 제품으로 크기나 형태가 다를 경우에는 재질별로 자가품질검사를 실시할 수 있다.
3. 자가품질검사주기는 처음으로 제품을 제조한 날을 기준으로 산정한다. 다만, 「수입식품안전관리 특별법」 제18조 제2항에 따른 주문자상표부착식품 등과 식품제조·가공업자가 자신의 제품을 만들기 위하여 수입한 용기·포장은 「관세법」 제248조에 따라 관할 세관장이 신고필증을 발급한 날을 기준으로 산정한다.
4. 자가품질검사는 식품의약품안전처장이 정하여 고시하는 식품유형별 검사항목을 검사한다. 다만, 식품제조·가공 과정 중 특정 식품첨가물을 사용하지 아니한 경우에는 그 항목의 검사를 생략할 수 있다.
5. 영업자가 다른 영업자에게 식품 등을 제조하게 하는 경우에는 식품 등을 제조하게 하는 자 또는 직접 그 식품 등을 제조하는 자가 자가품질검사를 실시하여야 한다.
6. 식품 등의 자가품질검사는 다음의 구분에 따라 실시하여야 한다.

가. 식품제조 · 가공업

1) 과자류, 빵류 또는 떡류(과자, 캔디류, 추잉껌 및 떡류만 해당한다), 코코아가공품류, 초콜릿류, 잼류, 당류, 음료류[다류(茶類) 및 커피류만 해당한다], 절임류 또는 조림류, 수산가공식품류(젓갈류, 건포김, 조미김, 기타 수산물가공품만 해당한다), 두부류 또는 묵류, 면류, 조미식품(고춧가루, 실고추 및 향신료가공품, 식염만 해당한다), 즉석식품류(만두류, 즉석섭취식품, 즉석조리식품만 해당한다), 장류, 농산가공식품류(전분류, 밀가루, 기타 농산가공품류 중 곡류가공품, 두류가공품, 서류가공품, 기타 농산가공품만 해당한다), 식용유지가공품(모조치즈, 식물성 크림, 기타 식용유지가공품만 해당한다), 동물성 가공식품류(추출가공식품만 해당한다), 기타 가공품, 선박에서 통 · 병조림을 제조하는 경우 및 단순가공품(자연산물을 그 원형을 알아볼 수 없도록 분해 · 절단 등의 방법으로 변형시키거나 1차 가공처리한 식품원료를 식품첨가물을 사용하지 아니하고 단순히 서로 혼합만 하여 가공한 제품이거나 이 제품에 식품제조 · 가공업의 허가를 받아 제조 · 포장된 조미식품을 포장된 상태 그대로 첨부한 것을 말한다)만을 가공하는 경우 : 3개월마다 1회 이상 식품의약품안전처장이 정하여 고시하는 식품유형별 검사항목

2) 식품제조 · 가공업자가 자신의 제품을 만들기 위하여 수입한 용기 · 포장 : 동일 재질별로 6개월마다 1회 이상 재질별 성분에 관한 규격

3) 빵류, 식육함유가공품, 알함유가공품, 동물성 가공식품류(기타 식육 또는 기타 알제품), 음료류(과일 · 채소류음료, 탄산음료류, 두유류, 발효음료류, 인삼 · 홍삼음료, 기타 음료만 해당한다, 비가열음료는 제외한다), 식용유지류(들기름, 추출들깨유만 해당한다) : 2개월마다 1회 이상 식품의약품안전처장이 정하여 고시하는 식품유형별 검사항목

4) 1)부터 3)까지의 규정 외의 식품 : 1개월(주류의 경우에는 6개월)마다 1회 이상 식품의약품안전처장이 정하여 고시하는 식품유형별 검사항목

5) 법 제48조 제8항에 따른 전년도의 조사 · 평가 결과가 만점의 90퍼센트 이상인 식품 : 1) · 3) · 4)에도 불구하고 6개월마다 1회 이상 식품의약품안전처장이 정하여 고시하는 식품유형별 검사항목

6) 식품의약품안전처장이 식중독 발생위험이 높다고 인정하여 지정 · 고시한 기간에는 1) 및 2)에 해당하는 식품은 1개월마다 1회 이상, 3)에 해당하는 식품은 15일마다 1회 이상, 4)에 해당하는 식품은 1주일마다 1회 이상 실시하여야 한다.

7) 「주류 면허 등에 관한 법률」 제29조에 따른 검사 결과 적합 판정을 받은 주류는 자가품질검사를 실시하지 않을 수 있다. 이 경우 해당 검사는 제4호에 따른 주류의 자가품질검사 항목에 대한 검사를 포함해야 한다.

나. 즉석판매제조 · 가공업

1) 과자(크림을 위에 바르거나 안에 채워 넣은 후 가열살균하지 않고 그대로 섭취하는 것만 해당한다), 빵류(크림을 위에 바르거나 안에 채워 넣은 후 가열살균하지 않고 그대로 섭취하는 것만 해당한다), 당류(설탕류, 포도당, 과당류, 올리고당류만 해당한다), 식육함유가공품, 어육

가공품류(연육, 어묵, 어육소시지 및 기타 어육가공품만 해당한다), 두부류 또는 묵류, 식용유지류(압착식용유만 해당한다), 특수용도식품, 소스, 음료류(커피, 과일·채소류음료, 탄산음료류, 두유류, 발효음료류, 인삼·홍삼음료, 기타 음료만 해당한다), 동물성 가공식품류(추출가공식품만 해당한다), 빙과류, 즉석섭취식품(도시락, 김밥류, 햄버거류 및 샌드위치류만 해당한다), 즉석조리식품(순대류만 해당한다), 신선편의식품, 간편조리세트, 「축산물 위생관리법」제2조 제2호에 따른 유가공품, 식육가공품 및 알가공품 : 9개월마다 1회 이상 식품의약품안전처장이 정하여 고시하는 식품 및 축산물가공품 유형별 검사항목
  2) [별표 15] 제2호에 따른 영업을 하는 경우에는 자가품질검사를 실시하지 않을 수 있다.
 다. 식품첨가물
  1) 기구 등 살균소독제 : 6개월마다 1회 이상 살균소독력
  2) 1) 외의 식품첨가물 : 6개월마다 1회 이상 식품첨가물별 성분에 관한 규격
 라. 기구 또는 용기·포장 : 동일 재질별로 6개월마다 1회 이상 재질별 성분에 관한 규격
 ※ 자가품질 검사항목은 '식품위생법 → 식품위생법 시행규칙 → 행정규칙 → [고시] 식품 등의 자가품질 검사항목 지정 → [별표 1] 식품유형별 검사항목(제3조 제1항 관련)'에서 확인할 수 있다.

2. 결과보고와 개선조치

1) 결과 기록 관리

식품을 제조 가공하는 영업자는 식품의 유형별로 「식품위생법」시행규칙 제31조 자가품질검사에서 규정하는 항목대로 검사하고 그 결과를 기록해 두고 2년간 보관하도록 되어 있다. 제품검사 시험방법도 최근에는 고성능 기기들이 많이 개발되어 신속하고 정확한 분석들이 이루어지고 있다. 그러나 자가품질검사일 경우에는 미리 정해진 검사방법에 의해 실행되어야 하며 그 결과가 기록되어야 한다.

2) 회수

검사 결과지를 활용하여 식품별 규격과 비교하여 적합 여부를 확인한다. 사전 입고검사 없이 긴급 불출된 원·부재료에 대해서는 사후 검사를 실시하고 사후 검사 결과 부적합한 원·부재료인 경우 회수 관리 기준서에 의하여 회수한다. 사후 검사 결과 부적합 원료 및 부재료는 사용을 중단시키고 회수하여 부적합 관리 절차에 따라 처리하도록 한다. 부적합 원료 및 부재료가 이미 생산 공정에 투입된 경우에는 해당 원료를 사용한 제품에 대해 공정 분석을 실시하여 검증될 때까지 제품을 보류시킨다.

> **Reference** 회수의 분류 및 처리 기준
>
> 1. 강제 회수
> ① 대상 : 식품위생상의 위해가 발생하였거나 발생할 우려가 있다고 인정되는 식품 등으로서 행정처분 기준(시행규칙 제58조 관련)에서 당해 제품 폐기에 해당되는 식품 등
> ② 처리 범위 : 문제가 된 당해 제품 전량 또는 특정 로트 제품을 회수하는 것을 원칙으로 한다.

③ 처리 기준 : 전량 회수 후 폐기한다.
④ 처리 기한 : 법적 회수에 대한 사항은 10일 이내 완료한다.

2. 자진 회수
    ① 대상 : 「식품위생법」 제4조 내지 제6조 · 제7조 제4항 · 제8조 또는 제9조 제4항의 규정을 위반한 제품(식품 등의 위해와 관련이 없는 위반사항을 제외한다)
    ② 처리 범위 : 문제가 된 당해 제품 전량 또는 특정 로트 제품을 회수하는 것을 원칙으로 한다.
    ③ 처리 기준 : 전량 회수 후 폐기한다.
    ④ 처리 기한 : 자진 회수에 대한 사항은 20일 이내 완료한다.

회수 업무 처리의 흐름도(예시)

출처 : 식품의약품안전처(2018), 알기 쉬운 HACCP 관리

SECTION 02 식품위생검사

식품위생검사는 식품, 첨가물, 용기 및 포장 등에 대하여 실시하며, 물리적·화학적·미생물학적 검사를 통해 병인물질을 판별하여 식품위해를 사전에 방지한다. 그중 미생물학적 검사는 검사대상 선정·채취, 검체의 운반, 취급방법에 따라 검사성적에 직접적인 영향을 주며, 이에 따라 행정조치가 이뤄지기 때문에 오염방지에 조심하고, 분석의 정확성을 위해 과학적인 방법으로 이뤄져야 한다.

> **Tip**
> **식품위생검사 시 검체의 채취 및 취급에 관한 주의사항**
> - 검체 채취 시 상자 등에 넣어 유통되는 기구 및 용기, 포장은 가능한 한 개봉하지 않고 그대로 채취한다.
> - 저온 유지를 위해 얼음을 사용할 때 얼음이 검체에 직접 닿지 않게 한다.
> - 식품위생감시원은 검체 채취 시 당해 검체와 함께 검체 채취 내역서를 첨부하여야 한다.
> - 채취된 검체는 오염, 파손, 손상, 해동, 변형 등이 되지 않도록 주의하여 검사실로 운반하여야 한다.
> - 미생물학적인 검사를 위한 검체를 소분 채취할 경우 멸균된 기구·용기 등을 사용하여 무균적으로 가능한 한 많은 양을 채취하여야 한다.
> - 균질한 상태의 것은 최소량을 채취하고 목적물이 불균질할 때는 가능한 한 많은 양을 채취하는 것이 원칙이다.

1. 물리적 검사

1) 일반검사

식품의 물리적 검사로서 식품의 융점, 빙점, 비중, 점도, pH 등을 측정한다.

① 융점과 빙점의 측정 : 온도계 사용
② 비중 측정 : 비중계 또는 비중병을 사용
③ 점도 측정 : 모세관 점도계(Ostwald 점도계), 회전 점도계 사용
④ pH 측정 : pH 시험지 또는 pH meter 등을 사용

2) 관능검사

식품의 물리적·화학적 변화를 관능적인 방법으로 평가한다. 식품의 맛, 냄새, 색, 텍스처 등을 여러 가지 방법으로 평가하며, 관능평가방법은 그 종류가 다양하다.

(1) 차이검사법

식품 간의 차이를 평가하는 검사법이다.
예 단순차이, 일-이점 비교법, 삼점 비교법, 순위법, 평점법

(2) 묘사분석법

① 식품의 차이를 적당한 어휘로 묘사한 분석법이다.
② 텍스처 프로필 분석(Texture Profile Analysis), 향미 프로필 분석(Flavor Profile Analysis)

(3) 소비자 조사법

소비자의 기호나 선호도를 조사하여 분석하는 조사법이다.

> **Reference** Texturometer
> 식품의 텍스처를 수치화하여 평가하는 기계로 응집성, 탄성, 경도, 저작성, 부착성, 무름, 점성 등을 판단할 수 있다.

3) 내용검사

① 검체의 함량이 정확한지 검사하는 방법이다.
② 메스실린더나 저울에 시료를 정량하여 측정한다.
③ 소포장 제품의 경우 20개 이하이면 전체를, 20개 이상이면 20개를 무작위 추출하여 측정한 후, 평균값을 구한 후 개수를 곱해 총량으로 계산한다.
④ 통·병조림 식품 등에 적용한다.

2. 화학적 검사

1) 일반 검사

식품의 화학성분 중 성분(순도, 규격, 영양성분 조성)의 적합 여부를 검사하는 것으로 수분, 회분, 질소화합물, 당질, 지질을 검사한다.

① 수분 : 건조감량법, 증류법, 수분정량법[칼피셔법(Karl Fisher)]으로 분석
② 회분 : 550~600℃의 회화로에서 가열하는 회화법
③ 조단백 : 킬달법(Kjeldahl Method)
④ 조지방 : 속슬렛법(Soxhlet)

>
> 자세한 시험방법은 식품의약품안전처 → 식품공전 → 제8. 일반시험법 → 2. 식품성분 시험법을 참고한다.

2) 식품첨가물 시험법

식품첨가물은 식품의 장기보존, 향미와 맛, 색을 향상시키는 목적으로 사용된다.

① 용매추출법(Solvent Extraction)
② 가스크로마토그래피법(GC : Gas Chromatography)
③ 박층크로마토그래피법(TLC : Thin Layer Chromatography)
④ 고분해능액체크로마토그래피법(HPLC : High Pressure Liquid Chromatography)
⑤ 분광광도법(Spectrophotometry)
⑥ 이외 수증기 증류법, 자외선 흡수스펙트럼법이 있다.

> **Tip**
> 자세한 시험방법은 식품의약품안전처 → 식품공전 → 제8. 일반시험법 → 3. 식품 중 식품첨가물 시험법을 참고한다.

3) 잔류농약측정법

① 농산물의 다수확이나 병충해 방제의 목적으로 식품에 다양한 농약(주로 유기염소계, 유기인계, 카바마이트계)을 사용한다.
② 추출, 정제하여 가스크로마토그래피, 박층크로마토그래피(TLC), 액체크로마토그래피(HPLC)를 이용하여 분석한다.

4) 유해금속측정법

① 식품이나 식품을 담는 용기, 포장재, 조리기구 등에 존재하는 유해금속이나 중금속을 측정하며 금속별로 특정 시험방법이 있다.
② 전처리 후 원자흡광광도법, 고주파 유도 플라즈마 발광분광법(Inductively Coupled Plasma)로 분석한다(아연, 카드뮴, 주석, 구리, 비소).

3. 미생물학적 검사

미생물학적 검사는 생균과 사균을 구별하여 검사한다.

1) 총균수 검사

- 생균과 사균을 모두 포함하는 검사로서 검체의 일정량을 일정 면적 내에 골고루 펴서 그 단위 용적 당의 총균수를 산출한다.
- 유제품의 원료인 원유의 오염 상태를 측정하여 오염 및 취급상태를 평가한다.

(1) 세균(Breed법)

주로 생우유의 세균 총균수 측정에 이용하는 방법으로, 일정량의 시료를 $1cm^2$의 구획된 슬라이드 상의 일정면적에 도말하고 건조, 염색, 검경하여 염색된 세균의 수를 측정, 현미경 시야의 면적과의 관계에서 시료 중에 존재하는 세균수를 추정한다.

(2) 효모와 곰팡이(Thoma의 혈구계수기 측정법)

효모의 세포 수나 곰팡이의 포자 수를 측정하는 방법으로, 먼저 혈구계수기의 중심부에 멸균 마이크로피펫을 사용하여 시료의 일정량을 떨어뜨리고 기포가 들어가지 않게 커브글라스를 덮은 다음 300배의 배율로 검경하며, 검경 결과는 곰팡이의 포자 또는 효모의 세포 수를 검체의 mL나 g으로 나타낸다.

(3) 곰팡이의 균사검사(Haward법)

시료를 Haward의 균사계산용 슬라이드 글라스 위에 떨어뜨려 약 90배로 최소한 50회 반복 검경하여 균사의 출현 횟수를 백분율로 나타내는 방법이다.

2) 생균수 검사

생균만을 측정하여 증식하는 미생물을 검사하는 방법으로 세균수를 측정할 때 사용하며, 중온조건에서 표준한천배지(SPC : Standard Plate Count)에 발육하는 균의 총수를 표준평판균수라 한다.

- 현재 시점의 식품의 오염 정도나 부패의 진행도를 추정한다.
- 액체 검체는 잘 섞어 혼합하고 고체 검체는 적당히 전처리하여 균질기(stamcher)를 이용하여 균질한 후 0.1% peptone 용액 또는 인산완충 희석수로 10배 희석하여 사용하며, 중온균은 37℃, 고온균은 50~55℃, 저온균은 18~25℃에서 배양한다.
- 검체와 한천배지를 petri dish에서 혼합 응고시켜 배양 후 발생된 집락 수(colony)를 산출하는 방법(평판계수)으로 평판주입법(Pour Plate)과 평판도말법(Spread Plate)이 있다.

(1) 평판주입법(Pour Plate)

① 검체와 액체 상태의 배지를 잘 섞어 굳힌 후 배양하는 방법이다.
② 45℃ 정도에서 배지가 굳기 전에 plate에 부어 검체와 함께 섞어주기 때문에 저온균이 일부 손상될 수 있다.

(2) 평판도말법(Spread Plate)

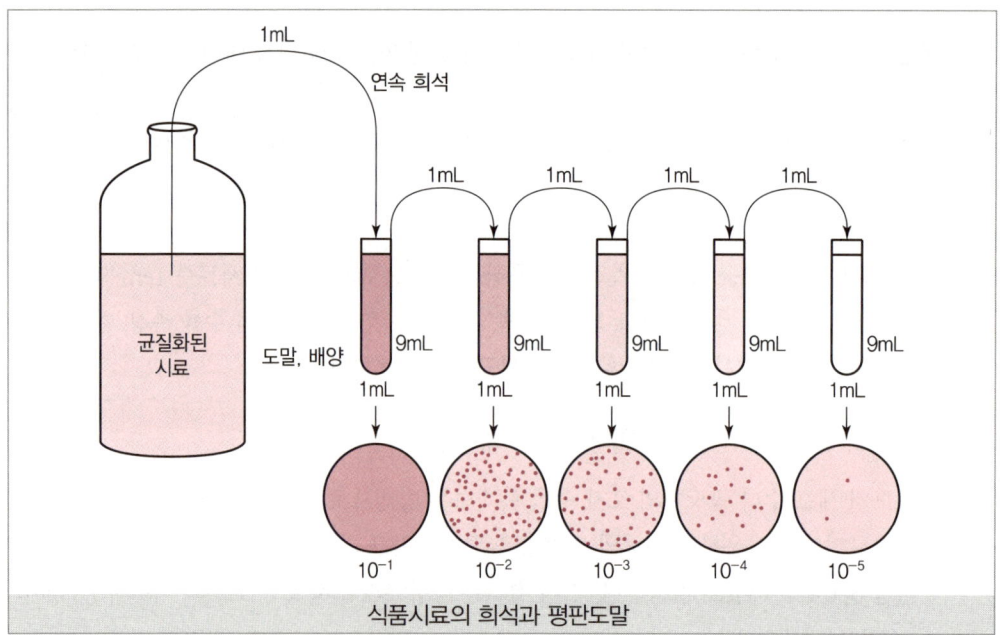

식품시료의 희석과 평판도말

① 고체 배지에 일정 배수로 희석한 미생물을 도말하여 적정온도에서 일정시간 배양하여 형성된 집락 수(colony)를 세어 오염된 미생물의 수를 측정하는 방법이다.
② 검체 도말 시 고체배지 위에 검체를 도말함으로써 표면에 집락이 형성되어 쉽게 집락 수를 셀 수 있다.

3) 막투과법

- 일정량의 액체 검체를 $0.45\mu m$ 지름의 구멍을 가진 다공성 셀룰로오스 아세테이트 막에 투과시켜 미생물을 거른 후 이들 미생물을 액체나 고체 배지 위에서 배양시켜 형성된 군집의 수를 세어 총 미생물 수를 알 수 있는 방법이다.
- 액체의 양은 많으나 미생물 오염도가 낮은 음용수의 대장균을 측정하기에는 농축되는 효과가 있다는 장점이 있지만, 배양 후 미생물군집 계측에 방해를 주기 때문에 검체는 반드시 불투명하지 않은 액체여야 한다.

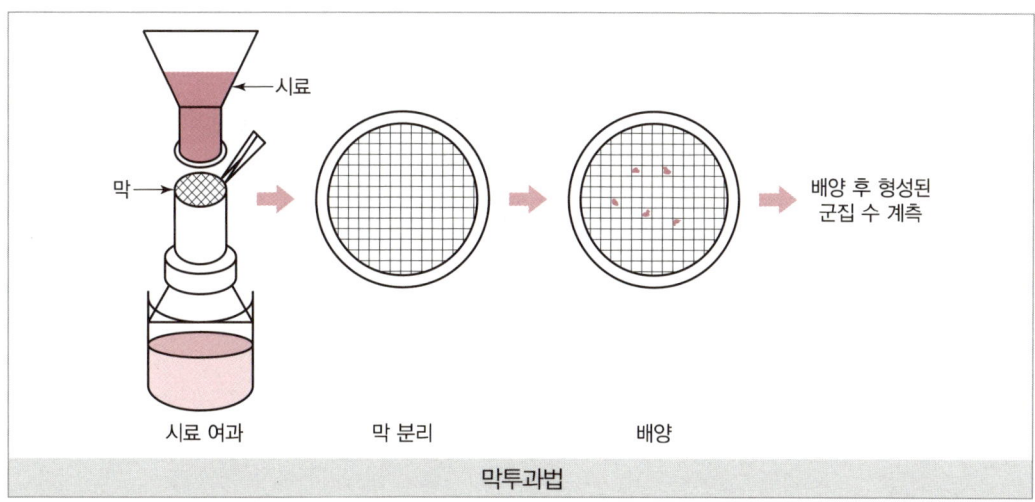

막투과법

4) 최확수법(MPN : Most Probable Number)

수 단계의 연속된 동일 희석도의 검체를 수개씩 LB발효관에 접종하여 대장균군의 존재 여부를 시험하고 그 결과로부터 확률론적인 대장균군의 수치를 산출하여 이를 최확수로 표시하는 방법이다.

> **Reference** 최확수 : 이론상 가장 가능한 수치
>
> 최확수는 연속한 3단계 이상의 희석시료(10, 1, 0.1 또는 1, 0.1, 0.01 또는 0.1, 0.01, 0.001mL)를 각각 5개씩 또는 3개씩 발효관에 가하여 배양 후 얻은 결과에 의하여 검체 1mL 중 또는 1g 중에 존재하는 대장균군의 수를 표시하는 것이다.

5) 미생물의 간이 신속검사법

- 일반적인 미생물 분석법은 시간이 많이 소요(2~7일)되어 결과를 신속하게 알 수 없기에 이런 단점을 보완한 신속한 검출법인 간이 신속검사법으로 제조된 간편배지(Chromogenic Media, 선택배지)를 활용하는 방법이 이용되고 있다.
- 간이 신속검사법은 기초 지식만 있으면 누구나 실시할 수 있지만, 소량의 균을 검출하기에는 어렵고 교차반응 등이 발생하므로 종래의 식품공전에 의한 표준배양법을 병행 실시할 필요가 있다.
- 각 종류의 미생물이 생성하는 효소반응을 색의 변화로 나타내는 배지로 검사기간을 단축시킬 수 있을 뿐 아니라 관련 식중독의 판독이 용이하다.

6) 현미경 관찰법

- 육안으로 확인할 수 없는 미생물 군집을 확인하기 위한 방법이다.
- 이 방법은 매우 빠르지만 생균과 사균의 구별이 불가능하고, 시료 수가 많을 경우 번거로울 수 있다.
- 시험자에 따른 오차가 크며 민감도가 낮고 희석되지 않는 한 10^5/mL가 넘어야 검출이 가능하다.
- 소량 0.01mL의 식품시료를 슬라이드 위에 새겨진 $1cm^2$ 표면에 고르게 편 후 건조 및 염색과정을 거쳐 기름 유화액 렌즈로 관찰하면서 25곳의 다른 면에 존재하는 미생물의 수를 세어 환산함으로써 1mL에 존재하는 미생물의 수를 계산하는 방법이다.

CHAPTER 03 식품가공연구개발 안전관리

연구실에서 연구활동과 관련하여 연구활동종사자가 부상, 질병, 신체장애, 사망 등 생명 및 신체상의 손해를 입거나 연구실의 시설·장비 등이 훼손되는 사고를 연구실사고라 한다.

연구 개발 활동을 할 때 장비를 이용한 실험 시 실험 기구 사용 미숙, 부주의, 예기치 못한 안전사고 등이 많이 발생할 수 있기 때문에 이를 사전에 예방하기 위해 반드시 주의해야 하며, 안전 매뉴얼을 평상시에도 인지하고 있어야 한다.

연구실 사고는 연구실 다음과 같이 6개 분야, 13개의 사고 유형으로 분류한다.

▶ 연구실 사고의 유형

구분	사고 유형	구분	사고 유형
화학	• 화학물질 누출·접촉 • 화학물질 화재·폭발	생물	• 병원성 물질 유출 • 동물 물림, 바늘 등에 의한 부상 • 생물안전작업대(BSC) 내 유출
가스	• 가연성 가스 누출·폭발 • 독성 가스 누출	기계	• 끼임 및 절단
전기	• 감전 • 전기화재	기타	• 화상 • 상처 및 출혈 • 유해광선 접촉

출처 : 과학기술정보통신부, 국가연구안전정보시스템(labs.go.kr)

차별화, 다양화된 시제품을 개발하는 과정에서 발생될 수 있는 위해 요인을 사전에 예방하고 각 사고 유형에 따라 예방 및 대응방법을 숙지하여 응급 처치를 할 수 있는 능력을 항상 갖추어야 한다.

SECTION 01 개인안전준수

1. 재해 발생 종류

① 재해 : 근로자에게 상해를 입힌 기인물로 인해 사람의 생명과 재산 손실을 유발할 수 있는 것
② 추락 : 사람이 중력에 의해 건축물, 구조물, 사다리 등의 높은 장소에서 떨어져 발생하는 경우
③ 전복 : 사람이 경사면 또는 계단에서 구르거나 넘어져서 미끄러지거나 거꾸로 전복된 경우

④ 충돌 : 기인물에 사람과 실험 기계가 접촉 또는 부딪히는 것
⑤ 협착 감김 : 두 물체가 움직여 직선으로 움직이거나 회전부와 고정부 사이에 끼임 현상 발생, 롤러 등 회전체 사이에 감기는 경우
⑥ 폭발 : 용기 내, 건축물 또는 대기 중에서 화학적·물리적 변화가 갑자기 발생하여 열과 폭음 등이 수반되어 발생하는 경우
⑦ 전류 접촉 : 전기 설비의 충전부에 신체의 일부가 직접 접촉되거나 전류가 흐르는 기구 등을 통해 신체에 위해를 줄 수 있는 경우

2. 사고 유형별 사례 및 행동 절차

분류		사고 상황	사고 예방 및 대비	사고의 대응
화학	화학 물질 누출	황산병을 떨어뜨려 황산액이 바닥에 누출	• MSDS/GHS 비치 및 교육 • 화학물질 성상별 분류 보관	• 주변 연구활동종사자들에게 사고 전파 • 안전담당부서(필요시 소방서, 병원)에 약품 누출 발생사고 상황 신고(위치, 약품 종류 및 양, 부상자 유무 등) • 유해물질에 노출된 부상자의 노출된 부위를 깨끗한 물로 20분 이상 씻어줌 • 금수성 물질이나 인 등 물과 반응하는 물질이 묻었을 경우 물로 세척 금지 • 위험성이 높지 않으면 정화 및 폐기작업
	화학 물질 화재·폭발	톨루엔(유기화합물) 용기 내 압력 증가로 톨루엔(유기화합물)이 비산되어 화재 발생	• MSDS/GHS 비치 및 교육 • 화학물질 성상별 분류 보관 • 폭발 대비 대피소 지정	• 주변 연구활동종사자들에게 사고 전파 • 위험성이 높지 않다고 판단되면, 초기진화 실시 • 2차 재해에 대비하여 현장에서 멀리 떨어진 안전한 장소에서 물 분무 • 금수성 물질이 있는 경우 물과의 반응성을 고려하여 화재 진압 실시 • 유해가스 또는 연소생성물의 흡입 방지를 위한 개인보호구 착용 • 유해물질에 노출된 부상자의 노출된 부위를 깨끗한 물로 20분 이상 씻어줌 • 초기진화가 힘든 경우 지정대피소로 신속히 대피

※ MSDS(물질안전보건자료, Material Safety Data Sheets) : 화학물질의 명칭, 유해성·위험성, 물리화학적 특성, 누출 사고 시의 대처방법 등을 설명해주는 자료로서 화학제품의 안전한 사용을 위한 정보 자료

| 가스 | 가연성 가스 누출·폭발 | 실험 중 분석 장비(GC : 가스크로마토그래피)에 연결되어 있는 가스 배관 이음부에서 가연성 가스(수소) 누출 | • 가연성 가스용기는 통풍이 잘 되는 옥외장소에 설치
• 가연성 가스 검지기 설치 및 관리
• 가스용기 고정장치 설치
• 상시 가스누출 검사 실시 | • 가스 누출 사실 전파 및 건물 내에 체류 중인 사람이 대피할 수 있도록 알림
• 안전이 확보되는 범위 내에서 사고확대 방지를 위하여 밸브차단 및 환기 등 적절한 조치 취함
• 누출규모가 커서 대응이 불가능할 경우 즉시 대피 |

분류		사고 상황	사고 예방 및 대비	사고의 대응
전기	전기 화재	누전차단기의 작동 불량인 상태에서 절연 불량의 전기기기(또는 전선피복의 노출부) 접촉으로 감전	• 용량을 초과하는 문어발식 멀티콘센트 사용 금지 • 전기기기의 수리는 전문가에게 의뢰 • 비규격 및 안전인증 미 취득 전기제품 사용 금지 • 전열기 근처에 가연물 방치 금지 • 전기기기 사용 시에는 필히 접지	• 사고발생 전기기기의 전원을 신속히 차단 • 연기에 의한 피해자나 화재에 의한 화상자 발생 시 응급처치 • 화재 발생 시 해당 기기에 물을 뿌리면 감전 위험 있으므로 물 분사 금지 • 소화기는 가능하면 C급 소화기 사용하여 초기 진화 • 필요시 유관기관(소방서, 병원 등)에 신고

※ 분말소화기의 종류 : A급(일반화재), B급(유류화재), C급(전기화재), D급(금속화재), K급(주방화재)

분류		사고 상황	사고 예방 및 대비	사고의 대응
생물	병원성 물질 유출	병원체, 유전자변형생물체 유출로 인한 2차 감염	• 연구실 책임자 및 연구활동종사자 정기안전교육 이수 • 연구실은 승인받은 자만 출입하고 출입문은 항상 닫아 둠 • 연구실별 생물사고 대응 도구(biological spill kit) 구비 • 병원체 특성별 병원 연계체계 구축 • 자체 생물안전위원회에서 위해성 평가를 완료한 생물실험체, 병원체, LMO에 한하여 실험	• 부상자의 오염된 보호구는 즉시 탈의하여 멸균봉투에 넣고 오염부위를 세척한 뒤 소독제 등으로 오염 부위 소독 • 부상자 발생 시 부상 부위 및 2차 감염 가능성 확인 후 기관 내 보건담당자에게 알리고, 필요시 소방서 신고 • 흡수지로 오염부위를 덮은 뒤 그 위에 소독제를 충분히 부어 오염의 확산을 방지한 뒤 퇴실 • 2차 피해 우려 시 접근금지 표시를 하여 2차 유출 확대 방지
	생물안전작업대(BSC) 내 유출	실험 중 생물안전작업대 내에서 병원체 유출		• 생물안전작업대 내 팬을 가동하는 것을 확인하고 문을 밑에까지 내린 뒤 대피 • 생물사고 대응 도구(biological spill kit) 내에서 새 장갑과 1회용 보호구로 착용 후 탈오염 작업 • 적절한 살균 소독제를 생물안전작업대(BSC) 내부 벽면, 작업대 표면, 이용 도구 및 장비에 도포 • 감염성 폐기물 전용 용기 또는 멸균봉투에 생물안전작업대 유출 사고 시 사용한 물질 폐기 • 유출 물질이 생물안전작업대 안에서 흘러나왔을 경우 연구책임자, 생물 안전 관리자에게 통보하고 지시에 따라 사고대응
기계	끼임 및 절단	실험 중 기계에 끼임, 물림, 접촉 등에 의해 신체 절단, 골절, 타박상, 찰과상 등의 사고 발생	• 기계 안전장치 설치(방호덮개, 비상정지 장치 등) • 기계별 방호조치 수립 • 기계 사용 시 적정 개인보호구 착용	• 안전이 확보된 범위 내에서 사고 발견 즉시 사고 기계의 작동 중지(전원 차단) • 사고 상황 파악 및 부상자를 안전이 확보된 장소로 옮기고 적절한 응급조치 시행 • 손가락이나 발가락 등이 잘렸을 때 출혈이 심하므로 상처에 깨끗한 천이나 거즈를 두툼하게 댄 후 단단히 매어서 지혈 조치 • 절단된 손가락이나 발가락은 깨끗이 씻은 후 비닐에 싼 채로 얼음을 채운 비닐봉지에 젖지 않도록 넣어 빨리 접합전문병원에서 수술을 받을 수 있도록 조치

분류		사고 상황	사고 예방 및 대비	사고의 대응
기타	화상	Oil Bath를 이용하여 고온·고압반응 실험을 하던 중 Oil Bath 내부의 반응튜브가 터지면서 고온의 기름(200℃)이 안면부 및 손등에 튀는 화상	• 안전보건표지 부착 및 준수 • 개인보호구 착용 후 실험	• 해당 실험장치 작동 중지 • 사고 상황 파악 및 부상자를 안전이 확보된 장소로 옮기고 적절한 응급조치 시행 • 화학물질이 액체가 아닌 고형물질인 경우 물로 씻기 전에 털어냄 • 가벼운 화상의 경우 화상부위를 찬물에 담그거나 물에 적신 차가운 천을 대어 통증 감소 • 심한 화상인 경우 깨끗한 물에 적신 헝겊으로 상처부위를 덮어 냉각하고 감염 방지 등 응급조치 후 병원 이송 조치 • 화상부위나 물집은 건드리지 말고 2차 감염을 막기 위해 상처부위를 거즈로 덮음
	상처 및 출혈	비이커 깨짐으로 베임, 실험기기 충돌로 인한 출혈, 낙하하는 실험장비에 의해 멍이 듦		• 사고 상황 파악 및 부상자를 안전이 확보된 장소로 옮기고 적절한 응급조치 시행 • 베인 경우 상처 소독보다 지혈에 신경 쓰고 작은 상처는 1회용 밴드로 감아주고 큰 상처의 경우 붕대를 감은 후 상처부위를 심장보다 높은 곳에 위치 • 피부가 까진 경우 소독하기 전에 흐르는 깨끗한 물로 씻고 소독액 사용 • 멍이 든 부위를 얼음주머니나 찬물로 찜질을 하고 시간이 지나 다친 부위를 움직이지 못하면 골절이나 염좌가 의심되므로 병원진료 실시 • 지혈 등 응급조치 시행

> **Reference** 시약 성분의 특징
>
> • 산화 분해 성분 : 기타 화학 성분과 접촉·반응하여 급속히 분해되는 현상이 나타남
> • 소수성 성분 : 물 등의 액체와 접촉 시 단시간에 급격한 반응으로 가연성 기체와 열이 발생되어 화재를 유발
> • 인화성 성분 : 정전기 및 불꽃으로 인해 쉽게 점화되는 현상 발생
> • 폭발 가능 성분 : 산소가 없는 밀폐된 공간에서 가열·마찰·충격 및 다른 화학 물질과의 반응 등으로 인해 폭발 현상 발생
> • 산·알칼리 성분 : 눈, 코 등에 염증, 통증 및 피부 화상 등을 유발
> • 가스 성분 : 가스는 유해 물질이 인체에 흡입될 경우 질식, 마비 등을 유발

3. 유해 화학물질 특성 및 종류

① 폭발성 물질 : 마찰, 가열 등 다른 화학 물질과의 접촉으로 인해 폭발하는 물질(유기과산화물, 질산에스테르류, 니트로 화합물, 아조 화합물)

② 발화성 물질 : 발화가 용이, 가연성 가스를 발생시키는 물질(황화인, 적린, 유황, 알칼리 금속, 인화성 고체 등)

③ 인화성 물질 : 대기압 조건에서 인화점 65℃ 이하인 가연성 액체(n-헥산, 산화프로필렌, 에틸에테르, 아세톤, 에탄올, 메탄올)

④ 산화성 물질 : 산화력이 강하고 다른 화학 물질과 접촉으로 격렬히 분해 및 반응하는 물질(과산화수소, 염소산, 무기 과산화물, 아이오딘산염류, 초산, 중크롬산)
⑤ 부식성 물질 : 금속 등을 빠르게 부식시키거나 인체 접촉 시 심한 상해를 유발(질산, 염산, 황산, 인산, 붕산, 아세트산, 수산화나트륨, 수산화칼륨)

4. 개인 안전 준수

구분	내용
실험실 안전수칙	• 적합한 실험 복장(실험가운, 마스크 등 보호도구 착용, 미끄러운 신발 및 슬리퍼 착용 금지) • 음식물 섭취 금지 • 실험실 내부 정리 및 정돈, 실험용 시약, 반제품, 시제품 등 용도에 맞게 구분 보관 • 실험 종료 후 콘센트를 분리 → 과열에 의한 화재 예방 • 안전 책임자를 지정하여 운영 • 반드시 2인 1조가 되어 실험을 진행 • 적절한 환기 시스템을 갖추어야 함 • 응급조치 요령 숙지 • 시약별 특성을 파악, 실험 중 유해 화학물질의 접촉이 있을 경우를 대비하여 세안 장비 사용법을 숙지하고 응급 세안 장치를 사용하여 즉시 세척 • 유독 성분을 함유하고 있는 폐기물 처리는 수질 및 대기오염을 유발하지 않도록 별도 관리 • 고열이 발생되거나 예상되는 실험 기기는 위험 문구 및 경고문 부착

실험실 안전장치	• 실험실에서 사용되는 개인보호 장비는 실험복, 장갑, 보안경, 방독면, 귀마개, 헬멧, 신발 및 안면보호구 등으로 구분된다.
	• 실험복 및 장갑
	  – 실험실 안에서 착용하는 것을 원칙으로 한다.
	  – 실험실 바깥에서는 실험복에 묻어 있는 화학물 등이 다른 사람에게 옮길 수 있어 절대 착용을 금한다.
	  – 합성섬유는 열과 산 등에 약하므로 면으로 된 것을 사용한다.
	  – 장갑의 오염물질이 다른 곳에 오염되지 않도록 주의한다.
	• 보안경(safety goggle 또는 glasses)
	  – 화학물이나 유리파편 등으로부터 눈을 보호하기 위하여 반드시 착용한다.
	  – 자외선이나 레이저 빛을 차단하기 위해서는 특수 보안경을 사용해야 한다.
	  – 안면 전체의 보호가 필요할 때에는 안면보호구를 착용한다.
	• 방독면
	  – 종이로 된 마스크는 분진 등을 막는 데 한하여 사용한다.
	  – 방독면을 사용할 때 사용하는 물질에 따라 알맞은 카트리지를 사용하여야 한다.
	• 귀마개 및 헬멧 : 85db 이상의 과도한 소음이 발생하는 곳에서는 반드시 보호 장비를 착용한다.
	• 흄후드(fume hood)
	  – 후드를 시약보관 장소로 사용하지 말아야 한다.
	  – 후드 안에서 화학물질을 가지고 작업할 때에는 보호 장비 등을 착용하여야 한다.
	• 생물안전캐비닛(biological safety cabinet)
	  – 미생물을 다루는 연구에서 생기는 미립자나 에어졸로부터 연구자를 보호하기 위하여 사용한다.
	  – 생물안전캐비닛에는 반드시 HEPA 필터를 장착해야 한다.
	  – HEPA 필터는 가스 상태의 화합물은 걸러내지 못하므로 유기물을 가지고 연구하는 것은 삼가야 한다.
	• 자외선 및 레이저 관련 장비
	  – 자외선이 직접적이거나 산란 등에 의해 빠져나가지 않도록 연구 장비를 충분히 막고 연구한다.
	  – 피부가 직접 자외선에 노출되지 않도록 주의한다.
	  – 레이저를 사용하는 연구실에서는 반드시 사용표시를 부착해 두어야 한다.

구분	내용
실험실 바닥	• 실험실 바닥이 매우 미끄럽거나 부식·파손되어 결함이 있는 등 위험할 경우 위험 표지판을 설치하고 해당 구역을 폐쇄함 • 항상 청결을 유지 • 배수가 잘되고 미끄럽지 않은 재질로 구성하여 시공 • 미끄러짐 방지용 안전화 착용 • 배수가 용이하도록 배수로를 설치
실험실 조명	• 실험 공간이 너무 어둡지 않고 눈부시지 않도록 알맞은 밝기를 유지 | 작업내용	조도(lux)	작업내용	조도(lux)
---	---	---	---
초정밀 작업	750 이상	보통작업	150 이상
정밀 작업	300 이상	그 밖의 작업	75 이상	 • 실험 공간에서 실험자의 눈의 피로감이 적도록 조명기기의 빛을 적절하게 분산, 실험실 내 실험 기계의 표면은 빛의 반사율이 낮아야 함 • 실험실 내 자외선 살균 등은 평상시 점등을 하고 있으나 출입 시 소등하고 출입하여 피부 질환 발생에 유의하여야 함

5. 실험실 안전사고 예방 및 비상시 행동요령

1) 안전사고 예방 요령

① 실험용 가운을 입거나 목장갑을 끼고 실험용 기계를 가동하지 않아야 한다.
② 실험 전에는 비상 스위치 가동 여부를 사전에 확인한다.
③ 실험은 항상 2명이 1조가 되어 수행한다.
④ 실험 기계의 고장이 발생한 경우, 일시 정지 후 '고장 수리 중' 등의 표지를 부착하고 즉시 수리를 의뢰한다.
⑤ 실험실 장비 및 부속 도구는 쉽게 찾을 수 있도록 보관·관리되어야 한다.
⑥ 실험자가 실험실 바닥 누전에 의한 안전사고 방지를 위해 바닥면에 물이 고여 있는지 여부를 확인한다.
⑦ 실험실 내에서는 넥타이는 착용하지 않아야 한다.
⑧ 운행 중인 실험 장비에 손가락을 넣어 확인하지 않아야 한다.
⑨ 실험실 안전사고가 발생하면 즉시 내용을 공유하여 유사한 안전사고가 재발되지 않도록 조치한다.
⑩ 회전하는 컨베이어 등에 실험복 소매, 목걸이 등이 말려서 감기지 않도록 주의한다.
⑪ 실험자는 정기적으로 안전에 대한 교육을 이수하여야 한다.
⑫ 실험실에 MSDS(물질 안전 보건 자료)는 상시 비치하여 숙지하고 있어야 한다.
⑬ 몸의 상태가 좋지 않거나 과음 후 실험은 안전사고 예방을 위하여 지양하여야 한다.
⑭ 가열에 의한 농축기 등을 사용할 경우에는 자리를 비우거나 실험 중에 발생하는 실험 기기 가동 상태 이상 유무를 항상 점검한다.

2) 비상시 행동 요령

① 실험 기계에 부착되어 있는 비상 스위치가 있으면 기계를 즉시 정지시킨다.
② 주위에 있는 실험자들에게 큰 소리로 도움을 청하여 응급처치를 한다.
③ 응급처치는 환자의 부상 상태를 더 이상 악화시키지 않게 한다.
④ 주변에 있는 실험자는 보유하고 있는 응급 약품 및 도구를 활용하기 위해 유경험자 또는 교육을 이수한 자가 실시한다.
⑤ 가능한 한 빨리 사고가 확대되지 않도록 재발 방지 조치를 한다.
⑥ 환자의 기도 및 의식 여부를 확인하고 부상 상태를 확인 후 119와 안전 책임자에게 즉시 통보한다.
⑦ 응급 요원에게 사고 장소, 혹시 고립된 사람이 있는지 유무, 위험 물질 등을 알려준다.
⑧ 안전 책임자는 침착하고 신속하게 발생 경위를 파악한다. 재해 발생 구역은 실험자의 출입을 차단하고 발생 당시 현장 사진을 찍어 증거물을 확보한다.
⑨ 화염에 의해 국소 부위에 경미한 화상을 입었을 때 통증과 부풀어 오르는 것을 방지하기 위해 얼음 또는 얼음물에 화상 부위를 접촉시킨다.
⑩ 화상 부위가 중증일 경우 환자를 실온에서 젖은 수건으로 감싸주며, 구조대에 연락하여 즉시 의료진의 치료를 받도록 한다.
⑪ 전기로 인한 화상은 외관을 통해 피해 정도를 알 수 없기 때문에 즉시 의료진의 치료를 받도록 조치한다.
⑫ 화학물질에 의한 화상은 즉시 물로 씻도록 하며, 화학약품에 오염된 의류는 제거하여 피부와 격리시킨다.
⑬ 옷에 불이 붙었을 때에는 바닥에 누워 구르거나 주변에 있는 다른 옷이나 담요로 화염을 덮어 진화시켜야 한다. 이때 소화기는 사람을 향해 사용해서는 안 된다.
⑭ 외부 출혈 시 지혈을 위해 상처 부위에 직접 압박을 가한다. 출혈 부위가 손, 발, 다리일 경우 심장보다 높게 올려 출혈을 줄여야 한다.
⑮ 실험자가 감전된 경우, 마른 나무 등으로 접촉을 차단시키기 위하여 조속히 격리시킨다. 환자가 호흡이 약한 경우, 즉시 인공호흡을 실시하고 응급 구조대에 도움을 요청한다.
⑯ 의료진에게 검진을 받을 때까지 환자 옆에서 심리적인 안정을 취하도록 돕는다.

> **Reference** 「중대재해처벌법」
>
> - "중대재해"란 '중대산업재해'와 '중대시민재해'를 포함한다.
> - "중대산업재해"란 산업안전보건법 제2조 제1호에 따른 산업재해 중 다음의 어느 하나에 해당하는 결과를 야기한 재해를 말한다.
>   - 사망자가 1명 이상 발생
>   - 동일한 사고로 6개월 이상 치료가 필요한 부상자가 2명 이상 발생
>   - 동일한 유해 요인으로 급성 중독 등 대통령령으로 정하는 직업성 질병자가 1년 이내에 3명 이상 발생

- "중대시민재해"란 특정 원료 또는 제조물, 공중이용시설 또는 공중교통수단의 설계, 제조, 설치, 관리상의 결함을 원인으로 하여 발생한 재해로서 다음의 어느 하나에 해당하는 결과를 야기한 재해를 말한다. 다만, 중대산업재해에 해당하는 재해는 제외한다.
  - 사망자가 1명 이상 발생
  - 동일한 사고로 2개월 이상 치료가 필요한 부상자가 10명 이상 발생
  - 동일한 원인으로 3개월 이상 치료가 필요한 질병자가 10명 이상 발생

SECTION 02 화재 예방

1. 실험실 화재

① 자연적 또는 인위적인 원인으로 불이 발생하고 연기가 생성, 이로 인해 인명 피해와 재산상의 손실을 야기하는 경우(시약, 전기, 가스, 불 등을 사용하는 실험자들의 부주의)가 발생할 수 있다.

② 실험실에서 주로 일어나는 화재의 원인은 드라이오븐 화재, 가연물 화재, 전기 합선에 의한 화재, 진공펌프 모터의 가열에 의한 화재, 실험용 폐액 처리 과정에서의 폭발 화재

2. 연기에서 생성되는 연소 생성물질

① 실험실에서 화재로 인한 사망사고는 화염에 의한 사망보다 화재 시 발생되는 연기 및 유해물질에 의한 사망사고가 더욱 문제된다.

② 화재 시 연기에서 생성되는 유해물질 : 일산화탄소, 시안화수소, 카본 블랙 염화수소 등

> **Reference** 가연물 종류별 연소 생성 물질
> - 나무, 나일론 : 알데히드
> - PVC : 염화수소
> - 석유 제품, 비닐류 : 아크롤레인
> - 명주, 우레탄 : 시안화수소
> - 가스, 석유류 : 카본 블랙
> - 스타이로폼 : 벤젠
> - 고무, 목제, LPG : 아황산가스
> - 석탄 · 탄소 관련 가연물 : 일산화탄소

3. 화재 발생 유형별 예방법

구분	내용
전기에 의한 화재	• 실험실 내벽을 내연성 및 단열재의 재료로 사용 • 누전 차단 장치를 설치 • 고온 발열 전열용품의 경우 안전 차단 장치를 갖춘 기기를 사용 • 고전압 발생 시를 대비하여 전류 차단 안전장치를 갖춘 기기를 사용 • 실험실 배선에는 보호 커버를 사용 • 기준, 규격에 적합한 전선과 전열기구를 사용, 항상 노후 또는 파손 유무를 확인 • 실험 기계에 사용하는 전선은 물과 열에 강한 재질을 사용하여야 하며, 장시간 사용하는 백열등이나 고열을 발생하는 전열기구는 고무 재질의 전선을 사용 • 실험 기계 이동 및 신규 설치 시 전기 전문가에게 연락하여 규정에 맞는 시공을 하고, 실험자는 항상 작업 진행 상황을 확인 • 전열기 코드를 뽑을 때에는 전선을 잡고 뽑지 않아야 함 • 실험실의 스프링클러의 가동 상태를 확인하고 수시로 작동 여부를 확인 • 실험 기계와 전열기구 등의 전선이 꼬이거나 전선을 함께 묶어서 동시에 사용하면 고열이 발생하여 화재 발생 가능성이 있으므로 주의해야 함 • 동시 다발적으로 한 개의 콘센트에 많은 전기 코드를 꽂아 전원이 갑자기 차단되거나 과부하가 발생하지 않도록 함 • 실험실 문턱이나 돌출 부위에 전선이 지나가서 파손되지 않도록 유의 • 전기 및 전열 기구는 '전', '검', 또는 'KS' 표시 유무를 확인하고 사용
가스에 의한 화재	• 버너 헤드 청결을 유지, 배관 이음새 부위 가스 누출 여부를 점검 • 발열물 근처에 인화물, 가연물을 보관하지 않음 • 항상 파란 불꽃이 잘 연소되도록 공기 조절 • 실내 가스가 잔류하지 않도록 환기 조치 • 사용을 완료한 가스통은 구멍을 뚫어 폭발하지 않도록 조치 • 가스 누출을 방지하기 위해 사용하지 않을 시 밸브를 모두 잠궈야 함
유류로 인한 화재	• 유류는 인화성 및 휘발성이 강해 겨울철 작은 불씨와 접촉 시 순식간에 불이 붙어 화재가 발생하기에 유류 취급에 주의 • 유탕용 유류 용기 표면에 유종 이름을 명확히 표기하고 유류 보관장소는 통기가 잘 되는 곳으로 배치
불꽃으로 인한 화재	• 용접 작업 시 창문을 열어 환기(전문가 의뢰) • 실험 기계 대부분은 모터가 장기간 사용, 불꽃이 발생하여 모터 주위에 먼지가 인화되지 않도록 항상 청결을 유지
방화로 인한 화재	• 무인 카메라 설치 • 잠금장치 확인 및 외부인 출입을 차단 • 실험용 쓰레기 및 가연성 물질 등을 장기간 방치하지 않고 즉시 폐기 조치

4. 화재 안전 조치

1) 대피요령

① 불을 발견하며 "불이야"하고 큰소리로 외쳐 다른 사람에게 알리고 화재경보 비상벨을 누른다.
② 화재현장 연구활동종사자 중 1인은 화재현장에 출동하여 가장 근처에 비치되어 있는 소화기로 초기진화를 한다.
③ 화재현장의 다른 연구활동종사자는 화재지점 반대편으로 원 내 직원들의 대피를 유도한다.
④ 불길 속을 통과할 때에는 물에 젖은 수건 등으로 몸과 얼굴을 감싼다.

⑤ 부상자 발생 시 큰소리로 부상자가 있음을 알리고 주변인과 함께 대피장소로 후송한다.
⑥ 문을 열기 전 손잡이를 만져 뜨겁지 않으면 문을 열고 밖으로 나간다.
⑦ 대피한 경우에는 바람이 불어오는 쪽에서 구조를 기다린다.
⑧ 밖으로 나온 뒤에는 절대 안으로 들어가지 않는다.
⑨ 옷에 불이 붙었을 때에는 두 손으로 눈과 입을 가리고 바닥에서 뒹굴어 진화한다.

2) 초기소화 요령

① 전기스위치를 차단한다.
② 가스화재의 경우, 밸브를 차단한다. 이때 문을 갑자기 열거나 전기 스위치 등을 조작할 경우 폭발의 위험이 있으니 주의하여야 한다.

3) 소화기 사용요령

① 소화기를 불이 난 곳으로 옮겨 손잡이 부분의 안전핀을 뽑아준다.
② 호스를 불 쪽으로 향하게 한다. 바람이 부는 환경인 경우, 바람을 등지고 실시한다.
③ 손잡이를 힘껏 움켜쥐고 호스를 빗자루 쓸 듯이 뿌린다.

4) 소화전 사용요령

① 소화전함 상부의 기동용 버튼 또는 발신기 버튼을 누른다.
② 한 사람은 소화전함 내 노즐과 호스를 꺼내 불이 난 곳으로 향한다.
③ 다른 사람은 호스의 접힌 부분을 펴주고 노즐을 가지고 간 사람이 물 뿌릴 준비가 되었으면 소화전함 내 개폐밸브를 돌려 개방한다.
④ 노즐을 잡고 불이 타고 있는 곳으로 물을 뿌린다.

5) 119 신고요령

① 119를 누르고 불이 난 내용·위치 등을 간단·명료하게 설명한다.
② 소방서에서 출동하겠다는 말을 듣기 전까지 전화를 끊지 않는다.

실전예상문제

01 자가품질검사 의무와 관련된 설명 중 옳지 않은 것은?

① 식품 등을 제조·가공하는 영업자는 제조·가공하는 식품 등이 기준과 규격에 맞는지를 검사하여야 한다.
② 식품 등을 제조·가공하는 영업자는 자가품질 위탁 시험·검사기관에 위탁하여 실시할 수 있다.
③ 자가품질검사에 관한 기록서는 3년간 보관하여야 한다.
④ 식품 등에 대한 자가품질검사는 판매를 목적으로 제조·가공하는 품목별로 실시하여야 한다.

> 해설
> 자가품질검사에 관한 기록서는 2년간 보관하여야 한다.

02 식품의 표시·광고에 관한 법률 중 허용이 되는 표시·광고에 해당하는 것은?

① 특수영양식품 및 특수의료용도식품으로 임산부, 수유부, 노약자, 질병 후 회복 중인 사람 또는 환자의 영양보급 등에 도움을 준다는 내용의 표시·광고
② 식품위생법에 따라 허가받거나 등록·신고 또는 보고한 사항과 다르게 표현하는 표시·광고
③ 식품 등을 의약품으로 인식할 우려가 있는 표시 또는 광고
④ 질병 또는 질병군(疾病群)의 발생을 예방한다는 내용의 표시·광고

03 보기 중 식품위생법에서 영양성분의 과잉섭취로 인한 국민보건상 위해를 예방하기 위하여 관리하는 건강 위해가능 영양성분을 모두 고른 것은?

> 〈보기〉
> 나트륨, 트랜스지방, 당류, 지방

① 나트륨, 당류, 지방
② 나트륨, 트랜스지방, 지방
③ 나트륨, 트랜스지방, 당류
④ 트랜스지방, 당류, 지방

04 식품 등의 표시기준에 의거하여 액체 식품에 '고카페인 함유' 표시를 하려면 총 카페인 1mL당 몇 mg 이상 함유하여야 하는가?

① 0.15mg ② 0.20mg
③ 0.25mg ④ 0.30mg

> 해설
> 카페인을 1mL당 0.15mg 이상 함유한 액체 식품(커피 및 다류)에는 총카페인 함량, 주의문구("어린이, 임산부, 카페인 민감자는 섭취에 주의해 주시기 바랍니다." 등), '고카페인 함유' 표시를 해야 한다.

05 식품공전상 식단형 식사관리제품에 대해 틀린 것은?

① 특수의료용도식품에 포함된다.
② 영양성분 섭취관리가 필요한 만성질환자 등이 편리하게 식사관리를 할 수 있도록 질환별 영양요구에 적합하게 제조된 것이다.
③ 식품의 유형에 따라 섭취 대상의 섭취, 소화, 흡수, 대사, 배설 등의 능력을 고려하여 제조·가공하여야 한다.
④ 식단형 식사관리식품은 질환별 영양요구에 적합하게 제조하여야 하며, 하루 섭취량을 기준으로 한다.

정답 01 ③ 02 ① 03 ③ 04 ① 05 ④

> **해설**
> 식단형 식사관리식품은 질환별 영양요구에 적합하게 제조하여야 하며 한 끼 섭취량을 기준으로 한다.

06 식품공전 미생물 시험법 중 *Salmonella* spp.의 시험 순서로 옳은 것은?

① 추정시험 – 확정시험 – 완전시험
② 증균 배양 – 분리 배양 – 확인시험(생화학적 확인시험, 응집시험)
③ 배양 및 균분리 – 동물시험 – PCR 반응 – 병원성시험
④ 증균 배양 – 분리 배양 – 확인시험 – 시가독소 유전자 확인시험

> **해설**
> ① 대장균군 정성시험 중 유당배지법
> ③ 탄저균 시험
> ④ 장출혈성 대장균 시험법

07 HACCP에 대한 설명으로 옳지 않은 것은?

① 미국 NASA에서 시작되었으며 저산성 통조림 식품에 GMP 방법을 적용한 것을 바탕으로 발전하였다.
② 위험요인이 제조·가공 단계에서 확인되었으나 관리할 CCP가 없다면 전체 공정 중에서 관리되도록 제품 자체나 공정을 수정한다.
③ 중점적으로 관리하기 위한 중요관리점을 결정한다.
④ CCP의 결정은 CCP 결정도를 활용하고 가능한 CCP 수를 늘려 식품의 안전성을 확보함이 바람직하다.

> **해설**
> 식품위생법에서 CCP란 식품의 위해요소를 예방·제거하거나 허용 수준 이하로 감소시켜 식품의 안전성을 확보할 수 있는 중요한 단계, 과정 또는 공정이다. CCP가 많을수록 모니터링 과정이 복잡해지고, 그로 인해 오류가 발생할 가능성이 높아지기 때문에 모니터링의 정확성을 높이고 중요한 위해요소를 집중 통제할 수 있도록 CCP는 최소화한다.

08 HACCP 제도의 7원칙 중 원칙 4단계에 해당하는 것은?

① 모니터링 체계 확립
② 중요관리점 결정
③ 위해요소 분석
④ 문서화·기록 유지

> **해설**
> **HACCP 제도의 7원칙**
> • 원칙 1 : 위해요소 분석
> • 원칙 2 : 중요관리점 결정
> • 원칙 3 : 한계기준 설정
> • 원칙 4 : 모니터링 체계 확립
> • 원칙 5 : 개선조치방법 수립
> • 원칙 6 : 검증 절차 및 방법 수립
> • 원칙 7 : 문서화·기록 유지

09 식품제조가공업소에서 이물관리 개선을 위해 실시할 수 있는 대책과 거리가 먼 것은?

① X-ray 검출기 설치
② 방충·방서설비 등 제조시설 개선
③ 대장균 등의 미생물 완전 멸균처리
④ 반가공 원료식품의 자가품질검사 강화

> **해설**
> 대장균은 미생물학적 위해요소이기 때문에 이물관리와는 관련이 없다.

10 HACCP 기준 적용업소의 인증취소 등의 기준에 해당하지 않는 것은?

① 원·부재료 검사 검수 미흡
② 신규 제품 또는 추가된 공정에 대해 식품안전관리인증기준에서 정한 위해요소의 분석
③ 작업장 세척소독 미흡
④ 지하수 살균소독 미흡

> **해설**
> **HACCP 기준 적용업소의 인증취소 기준**
> • 원·부재료 검사 검수 미흡
> • 작업장 세척소독 미흡
> • CCP공정 관리 미흡
> • 지하수 살균소독 미흡
> • 위해요소 분석 미실시

정답 06 ② 07 ④ 08 ① 09 ③ 10 ②

11 선행요건 프로그램 중 냉장·냉동 시설·설비 관리 방법으로 옳지 않은 것은?

① 냉장시설은 내부의 온도를 10℃ 이하로 보관한다.
② 신선편의식품, 훈제연어, 가금육의 경우 냉장 온도 10℃ 이하를 반드시 따른다.
③ 냉동시설은 -18℃ 이하로 유지한다.
④ 온도 감응 장치의 센서는 온도가 가장 높게 측정되는 곳에 위치하도록 한다.

> **해설**
> • 냉장시설은 내부의 온도를 10℃ 이하로 보관한다.
> • 신선편의식품, 훈제연어, 가금육 등 5℃ 이하 보관 등 보관온도 기준이 별도로 정해져 있는 식품의 경우에는 그 기준을 따른다.
> ※ 식품공전 제2. 식품일반에 대한 공통기준 및 규격, 4. 보존 및 유통기준 내용 참고

12 식품 및 축산물 안전관리인증기준에 의거하여 식품(식품첨가물 포함)제조·가공업소, 건강기능식품제조업소 및 집단급식소식품판매업소, 축산물작업장·업소의 선행요건 관리 대상이 아닌 것은?

① 보관·운송 관리
② 운반차량 관리
③ 회수프로그램
④ 영업장 관리

> **해설**
> 운반차량 관리는 식품운반업소에 대한 내용이다.

13 식품제조·가공업의 HACCP 적용을 위한 선행요건이 틀린 것은?

① 작업장은 독립된 건물이거나 식품 취급 외의 용도로 사용되는 시설과 분리되어야 한다.
② 채광 및 조명시설은 이물 낙하 등에 의한 오염을 방지하기 위한 보호장치를 하여야 한다.
③ 선별 및 검사구역 작업장의 밝기는 220lux 이상을 유지하여야 한다.
④ 원·부자재의 입고부터 출고까지 물류 및 종업원의 이동 동선을 설정하고 이를 준수하여야 한다.

> **해설**
> **HACCP 인증의 선행요건 세부관리기준(영업장 관리기준)**
> ㉠ 채광 및 조명
> • 작업실 안은 작업이 용이하도록 자연채광 또는 인공조명장치를 이용하여 밝기는 220lux 이상을 유지하여야 하고, 특히 선별 및 검사구역 작업장 등은 육안 확인이 필요한 조도(540lux 이상)를 유지하여야 한다.
> • 채광 및 조명시설은 내부식성 재질을 사용하여야 하며, 식품이 노출되거나 내포장 작업을 하는 작업장에는 파손이나 이물 낙하 등에 의한 오염을 방지하기 위한 보호장치를 하여야 한다.
> ㉡ 작업장
> • 작업장은 독립된 건물이거나 식품 취급 외의 용도로 사용되는 시설과 분리되어야 한다.
> • 작업장은 청결구역과 일반구역으로 분리하고, 제품의 특성과 공정에 따라 분리, 구획 또는 구분할 수 있다.

14 식품안전관리인증기준의 유효기간은 인증받은 날로부터 몇 년인가?

① 1년　　② 2년
③ 3년　　④ 5년

> **해설**
> 식품안전관리인증기준의 유효기간은 인증을 받은 날부터 3년으로 한다.

15 다음 중 화재의 종류가 옳게 연결된 것은?

① A급화재 - 유류화재
② B급화재 - 유류화재
③ C급화재 - 일반화재
④ D급화재 - 일반화재

> **해설**
> **화재의 종류**
> • A급 : 일반화재
> • B급 : 유류화재
> • C급 : 전기화재
> • D급 : 금속화재

정답 11 ② 12 ② 13 ③ 14 ③ 15 ②

16 소화기 사용요령에 대한 것으로 옳지 않은 것은?
① 소화기를 불이 난 곳으로 옮겨 손잡이 부분의 안전핀을 뽑아준다.
② 호스를 불 쪽으로 향하게 한다.
③ 손잡이를 힘껏 움켜쥐고 호스를 빗자루 쓸 듯이 뿌린다.
④ 바람이 부는 환경인 경우, 바람을 마주보고 실시한다.

17 실험실 안전사고 예방에 관한 설명으로 옳지 않은 것은?
① 응급조치 요령은 항상 숙지하여야 한다.
② 실험실에서는 편한 신발(슬리퍼)을 착용한다.
③ 반드시 2인 1조가 되어 실험을 진행한다.
④ 내부 정리 및 정돈, 실험용 시약, 반제품, 시제품 등 용도에 맞게 구분 보관한다.

18 전기에 의한 화재 발생 시 예방대책이 아닌 것은?
① 누전 차단 장치를 설치한다.
② 실험실 배선에는 보호 커버를 사용한다.
③ 기준, 규격에 적합한 전선과 전열기구를 사용, 항상 노후 또는 파손 유무를 확인한다.
④ 물과 열에 강한 재질을 사용하지 않은 전선은 보호커버를 사용한다.

> [해설]
> 실험 기계에 사용하는 전선은 물과 열에 강한 재질을 사용하여야 하며, 장시간 사용하는 백열등이나 고열을 발생하는 전열기구는 고무 재질의 전선을 사용한다.

19 식품위생 분야 종사자의 건강진단 규칙에 의거한 건강진단 항목이 아닌 것은?
① 장티푸스(식품위생 관련 영업 및 집단급식소 종사자만 해당한다.)
② 폐결핵
③ 전염성 피부질환(한센병 등 세균성 피부질환을 말한다.)
④ 파라티푸스

> [해설]
> **식품위생 분야 종사자의 건강진단 규칙에 의거한 건강진단 항목**
> • 장티푸스(식품위생 관련 영업 및 집단급식소 종사자만 해당한다.)
> • 폐결핵
> • 파라티푸스

20 식품 및 축산물 안전관리인증기준의 식품제조 · 가공업 선행요건관리 중 인증평가 및 사후관리 시 종합평가에서 전년도 정기조사 · 평가의 개선조치를 이행하지 않은 경우 해당 항목에 대한 평가 점수 기준은? (단, 필수항목의 미흡은 제외한다.)
① 해당 항목 평가점수 5점 배점 중 2점 부여
② 항목이 1개라도 부적합으로 판정
③ 해당 평가 항목의 0점 부여
④ 해당 항목에 대한 감점 점수의 2배를 감점

> [해설]
> 식품 및 축산물 안전관리인증기준의 식품제조 · 가공업 선행요건관리 중 인증평가 및 사후관리 시 종합평가에서 전년도 정기조사 · 평가의 개선조치를 이행하지 않은 경우 해당 항목에 대한 감점 점수의 2배를 감점한다. 또한, 「식품위생법」에 따른 식품제조 · 가공업 「축산물 위생관리법」에 따른 축산물가공업에 대해 전년도 행정처분 이력이 확인되는 경우 위반내용과 동일한 평가항목에 대해서는 감점한다.

PART 02
식품화학

ENGINEER
FOOD
PROCESSING
SAFETY

CHAPTER 01 | 식품의 일반성분
CHAPTER 02 | 식품의 특수성분
CHAPTER 03 | 식품의 물성
CHAPTER 04 | 식품의 유해물질
CHAPTER 05 | 식품의 성분 분석
CHAPTER 06 | 식품첨가물

PART 02

CHAPTER 01 식품의 일반성분

SECTION 01 수분

1. 물분자의 구조

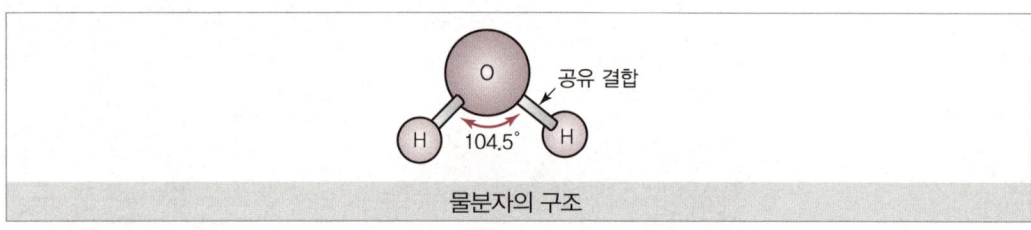

물분자의 구조

① 산소원자를 중심으로 2개의 수소원자가 104.5°의 각도를 이루고 있어 전기음성도가 큰 산소에 의해 분극이 되어 산소는 부분 음전하($\delta-$), 2개의 수소는 부분 양전하($\delta+$)를 띠어 쌍극자(dipole) 구조를 가진다.
② 극성인 물분자는 인접한 물분자와 수소결합에 의해 결합하고 있다.
  → 상온에서 액체로 유지, 100℃의 끓는점, 0℃의 어는점을 갖게 되고 높은 비열로 체온을 유지시키며, 극성으로 최고의 용매가 된다.
③ 물분자는 쌍극자로 이온성 물질, 극성 물질들과 정전기적인 수소결합을 하고 있다.

Tip

식품 성분 사이의 결합

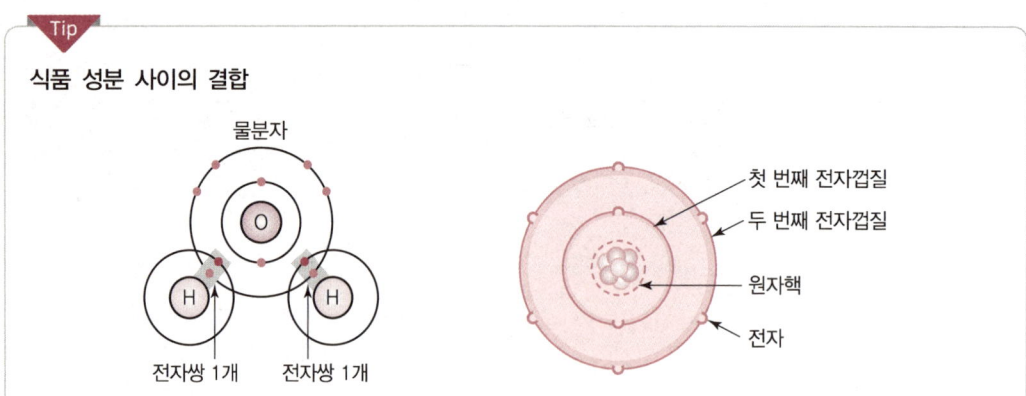

분자를 이루는 각각의 원자는 최외각 전자껍질에 전자가 가득 차 있을 때 안정된 상태라고 판단한다. 이때 수소의 경우에는 전자껍질을 하나만 가지고 있기 때문에 2개의 전자가 있을 때 안정해지며 2개의 전자껍질을 가지고 있는 산소의 경우 8개의 전자가 있어야 안정한 상태에 도달하게 된다.

- 공유결합 : 원자들 사이에 전자를 공유하여 안정화되는 결합
- 수소결합 : 공유결합을 통해 전기음성도가 강해진 수소원자와 다른 전기음성도가 강한 원자가 서로 이웃하게 되면 두 원자 사이에 정전기적 인력에 의해 생기는 결합
- 이온결합 : 양이온과 음이온 사이의 정전기적 인력에 의해 생기는 결합
- ※ 결합강도(bond strength) : 이온결합＞공유결합＞수소결합

2. 수분의 존재상태

식품 중 물은 자유수(유리수)와 결합수로 존재한다.

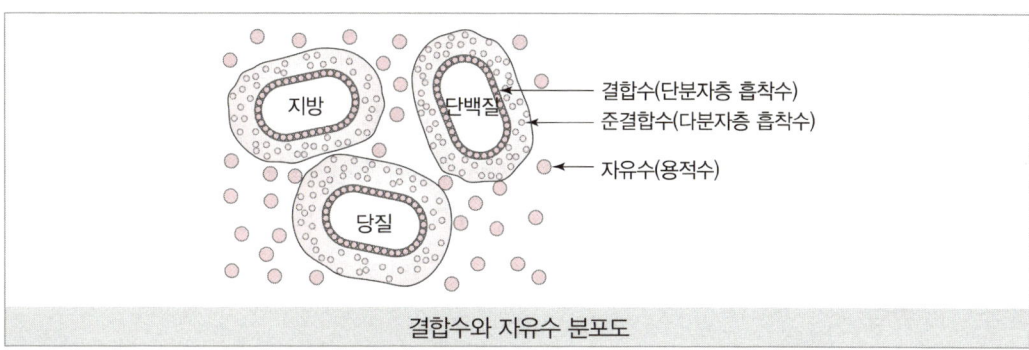

결합수와 자유수 분포도

1) 자유수의 성질

① 화학반응이 일어날 수 있는 용매로 작용한다.
② 끓는점과 녹는점이 높다.
③ 비열이 크다.
④ 밀도는 4℃에서 가장 크다.
⑤ 미생물이 이용할 수 있다.
⑥ 건조로 쉽게 제거되며 0℃ 이하에서 잘 언다.

2) 결합수의 성질

① 용매로 작용하지 않는다.
② 100℃ 이상으로 가열하여도 증발되지 않는다.
③ 0℃ 이하에서 얼지 않는다.
④ 보통의 물보다 밀도가 크다.
⑤ 압력에 의해서도 제거되지 않는다.
⑥ 식품성분에 이온결합 또는 수소결합으로 결합되어 미생물이 이용하지 못한다.

3. 수분활성도

① 식품 중 수분은 주변 환경의 영향을 받으므로 %로 표시하지 않고 상대습도까지 고려한 수분활성도로 표시한다.
② 수분활성도(A_w)는 어떤 온도에서 식품이 나타내는 수증기압에 대한 순수한 물의 수증기압비로 정의된다.

$$A_w = \frac{P}{P_0}$$

단, 식품의 수증기압은 식품 중 녹아 있는 용질의 종류와 양에 의해 영향을 받으므로 물의 몰수를 M_w, 용질의 몰수를 M_s 라고 할 때 $A_w = \frac{M_w}{M_w + M_s}$ 가 된다.

식품의 수분활성도는 항상 1 미만으로 어패류나 수육과 같이 수분이 많은 식품의 A_w는 0.98~0.99, 곡물 등 수분이 적은 건조식품의 A_w는 0.60~0.64 정도이다.

4. 수분의 변화

수분이 많아질수록 화학반응이 빨라지며 효소반응도 활발히 일어난다.

1) 평형상대습도

공기 중 식품은 공기 중 상대습도에 따라 흡습과 탈습이 진행되다가 공기 중의 수증기압이 식품 내 수증기압과 평형에 이르러 중지되는데, 이때의 상대습도를 평형상대습도라 한다.

$$\text{평형상대습도(ERH)} = A_w \times 100$$

2) 평형수분 함량

공기 중 식품은 공기 중 상대습도에 따라 흡습과 탈습이 진행되다가 공기 중 상대습도와 평형에 이르게 되는데, 이때의 수분 함량을 평형수분 함량이라 한다.

3) 등온 흡습 · 탈습 곡선

식품 중 수분은 주변의 온도와 습도에 따라 평형수분 함량을 가지게 되는데, 이때 수분의 흡습과 탈습을 그래프로 나타낸 것이 등온 흡습 · 탈습 곡선이다. 이에 주변의 온도가 높을수록 평형상대습도에 대응하는 수분 함량은 낮아지며 온도가 낮을수록 평형상대습도에 대응하는 수분 함량은 높아진다.

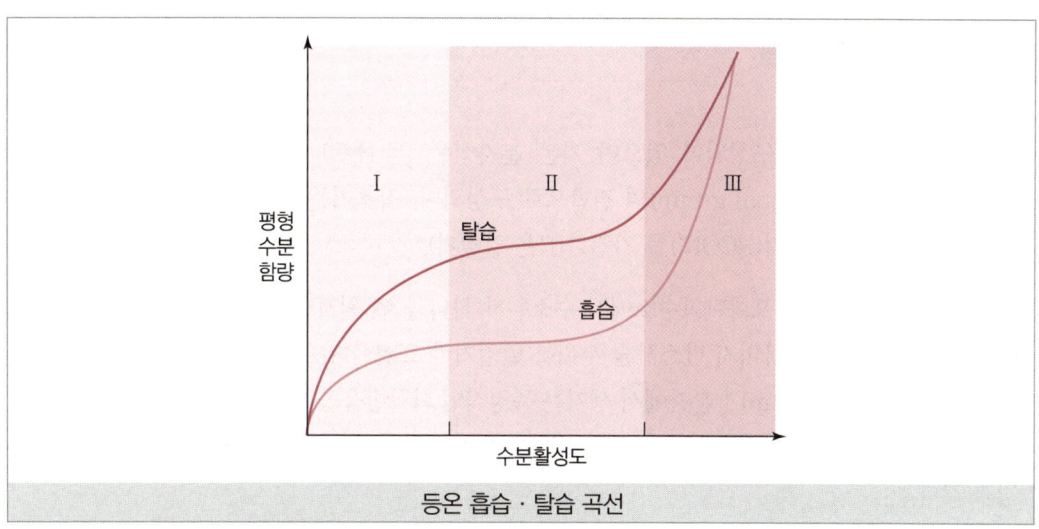

등온 흡습 · 탈습 곡선

(1) 이력현상(hysteresis)

식품에서 수분의 흡습곡선과 탈습곡선이 일치하지 않는 현상이다. 동일한 수분활성도에서는 탈습곡선이 흡습곡선보다 항상 높게 나타나는데, 이는 표면의 모세관이 수축하고 파괴되기 때문이다. 이력현상은 식품의 제조 및 저장 시 품질의 변화를 일으킬 수 있다.

(2) 등온 흡습 · 탈습 곡선

① Ⅰ영역(단분자층 영역)
- 단분자층을 형성하는 결합수로 식품성분과 이온결합한다.
- A_w 0.25 이하에서 공기에 노출된 지방의 자동산화가 촉진된다.

② Ⅱ영역(다분자층 영역)
- 준결합수이며 식품성분과 수소결합한다(A_w 0.25~0.85).
- A_w 0.65~0.85의 식품을 중간수분식품이라 하고 잼, 젤리, 곶감, 건포도 등이 있으며 저장성이 좋고, A_w 0.5~0.7 사이에서 높은 비효소적 갈변반응을 보인다.

③ Ⅲ영역(모세관 응축 영역)
자유수에 해당하며 수분활성도가 높아 미생물 증식, 효소반응, 화학반응이 촉진된다.

❱❱ 미생물 성장 시 최소 수분활성도

구분	세균	효모	곰팡이	내건성 곰팡이	내삼투압성 효모
수분활성도(A_w)	0.91	0.88	0.80	0.65	0.60

| SECTION 02 | 탄수화물 |

탄수화물은 C, H, O로 구성되어 있으며 기본 분자식은 $C_m(H_2O)_n$이다. 탄수화물은 알킬기(alkyl group)와 작용기(functional group)의 결합으로 구성되며, 작용기는 alcohol기(-OH)와 aldehyde기(RCHO) 또는 ketone기(RCOR′)를 가진다(R은 알킬기).

- 알킬기(alkyl group) : 포화탄화수소에서 수소원자 하나를 뺀 원자단으로, 탄수화물의 경우 반응을 나타내는 작용기를 뺀 나머지 탄소사슬 부위를 알킬기라 표현한다.
- 작용기(functional group) : 분자에서 생기는 특징적인 화학반응을 나타내는 원자들의 집단이다. 작용기별로 유사한 반응성을 가지기 때문에, 반응성에 의해 화합물이 분류가 가능하도록 만들어주는 특징과 같다.

1. 탄수화물의 분류

1) 단당류(monosaccharide)

① 알킬기를 구성하는 탄소의 수에 따라서 3탄당(탄소 3개), 4탄당(탄소 4개), 5탄당(탄소 5개), 6탄당(탄소 6개), 7탄당(탄소 7개)으로 구분된다.
② 분자 내 carbonyl기(>C=O)인 aldehyde기(RCHO)나 ketone기(RCOR′)를 갖고 있어 모두 강한 환원당이다.

▶▶ 단당류의 분류

분류	내용
3탄당[$C_3H_6O_3$]	glyceraldehyde(글리세르알데히드), dihydroxyacetone(디하이드록시아세톤)
4탄당[$C_4H_8O_4$]	erythrose(에리트로오스), threose(트레오스), erythrulose(에리트룰로오스)
5탄당[$C_5H_{10}O_5$]	ribose(리보오스), arabinose(아라비노오스), xylose(자일로오스), ribulose(리불로오스) • 사람에게는 영양학적 열량을 제공하지 않으나 초식동물의 주에너지원 • 효모에 의해 발효되지 않음
6탄당[$C_6H_{12}O_6$]	glucose(글루코오스 - 포도당, 다당류의 주 구성당), mannose(만노오스), galactose(갈락토오스), fructose(프럭토오스) • 식품의 주요 구성당
7탄당[$C_7H_{14}O_7$]	mannoheptose(만노헵토오스), sedoheptulose(세도헵툴로오스)

▶▶ 대표적인 단당류의 이용형태

분류	종류	특징
육탄당	glucose(glc)	• 포도당, 혈당의 급원 • starch, cellulose, glycogen의 가수분해 산물
	fructose(fru)	• 과당, 단맛이 가장 강함 • 과일, 채소, 꿀, 고과당 옥수수시럽 등에 함유됨

분류	종류	특징
육탄당	galactose(gal)	• 유즙에 함유되어 있는 유당 성분으로 갈락토오스 자체로는 존재 안 함 • 다당류 형태인 갈락탄은 해조류에 함유 • 단백질이나 지질과 결합하여 뇌조직 구성
	mannose	• 구근류를 구성하는 만난(mannan)의 성분 • 환원되어 만니톨(mannitol)이 됨
오탄당	ribose	인산과 결합한 형태로 핵산(RNA)의 기본 틀을 이룸
	xylose	대부분 다당류 형태로 식물의 줄기, 잎, 과피 등의 세포막을 구성

2) 이당류(disaccharides)

① maltose[($\alpha-$glc$(1\to 4)$glc), 맥아당, 전분 구성당]
② sucrose[($\alpha-$glc$(1\to 2)\beta-$fru, 자당, 설탕, 비환원당으로 당도 기준 100]
③ lactose[($\beta-$gal$(1\to 4)$glc), 젖당 또는 유당]
④ cellobiose[($\beta-$glc$(1\to 4)$glc), 섬유소 구성당]

3) 올리고당류(oligosaccharides)

① 3당류 : raffinose(gal + glc + fru, 비환원당), gentianose(glc + glc + fru)
② 4당류 : stachyose(gal + gal + glc + fru)

4) 다당류(polysaccharides)

- 단순다당류 : starch(전분), cellulose(섬유소), inulin(돼지감자), glycogen(동물성 저장 다당류), chitin(갑각류의 골격)
- 복합다당류 : pectin, hemicellulose, chondroitin sulfate, galactan

(1) 전분

① 곡류나 서류 등의 저장다당류로, 전분이라고도 한다.
② 물보다 무거운 특징을 가지기 때문에 물에 침전시켜 분리할 수 있다.
③ 포도당의 $\alpha-1,4$ 결합으로 이루어진 amylose(20%)와 포도당 $\alpha-1,4$ 결합에 $\alpha-1,6$의 가지가 결합된 나무 형태의 amylopectin(80%)으로 구성되어 있으며, 찹쌀 전분은 amylopectin 만으로 되어 있다.

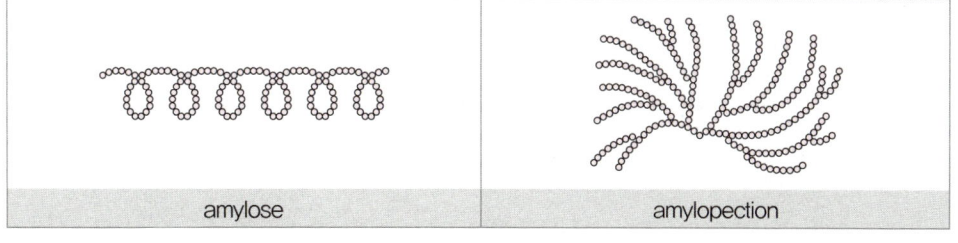

amylose와 amylopectin 비교

구분		amylose	amylopectin
모양		직선형의 분자구조, 6개 포도당이 1회전 하는 나선형	가지가 많은 나무 형태
결합		$\alpha-1,4$ 결합	$\alpha-1,4$ 결합, 분지점 $\alpha-1,6$ 결합
요오드반응		청색	적갈색
내포화합물		형성함	형성하지 않음
분자량		40,000~340,000	4,000,000~6,000,000
호화반응		쉬움	어려움
노화반응		쉬움	어려움
X선 분석		결정형	무정형
구성	쌀	20%	80%
	찹쌀	0%	100%

(2) 호정(dextrin)

전분의 가수분해물을 호정이라고 한다. amylose의 고리구조 사이에 요오드가 결합하여 청색을 나타내기에 요오드 반응으로 dextrin을 확인할 수 있다.

starch(청색) → amylodextrin(청색) → erythrodextrin(적색) → achromodextrin(무색) → maltodextrin(무색) → maltose로 된다.

2. 탄수화물의 특성

① 물에 잘 녹으나 알코올에는 잘 녹지 않는다.
② 단맛을 가지며 결정체를 만든다.
③ 카르보닐탄소를 외부에 갖고 있는 대부분의 단당류나 이당류는 환원성을 가지고 있다(설탕은 카르보닐탄소가 결합에 이용되어 비환원당이다).
④ 6탄당은 발효당(zymohexose)으로 효모에 의해 알코올과 CO_2로 발효된다.
⑤ 부제탄소(asymmetric carbon, 비대칭탄소) : 탄소 4개의 결합손이 모두 다른 원자 혹은 원자단으로 된 탄소로, 키랄탄소(chiral carbon)라고도 한다.
- 포도당의 부제탄소 수 : 4개, 광학적 이성체 수 : $2^4=16$개
- 과당의 부제탄소 수 : 3개, 광학적 이성체 수 : $2^3=8$개

> **Reference** 부제탄소의 개념
>
> 그림과 같이 탄소의 4개의 결합손이 각각 다른 원자단과 결합되어 있는 것을 키랄탄소라고 한다. 이때 단순히 바로 결합되어 있는 원자만을 보는 것이 아니라 전체 원자단을 보고 판단해야 한다.

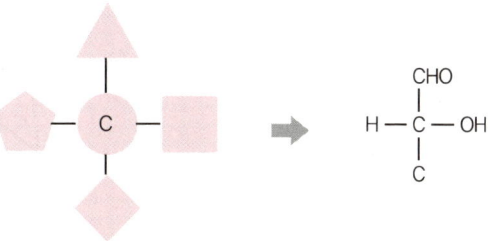

포도당은 탄소가 6개인 육탄당이다. 이때 위에서부터 1번으로 탄소의 번호를 매겨준다면, 1번 탄소의 경우 4개의 결합손 중 2개가 산소와 결합을 하고 있기에 1번 탄소는 부제탄소가 아니다. 6번 탄소의 경우에도 2개의 결합손이 수소와 결합하고 있다. 그렇기에 포도당의 부제탄소는 총 4개로, 이로 인해서 만들어질 수 있는 이성질체는 총 $2^4 = 16$개이다.

⑥ 당은 입체이성질체로 카르보닐탄소에서 가장 멀리 떨어진 부제탄소의 −OH 위치가 우측이면 D형, 좌측이면 L형으로 분류한다. 천연 단당류는 arabinose를 제외하고 D형이다(부제탄소가 n개이면 이성체 수는 2^n이 된다).

⑦ 에피머(epimer) : 한 특정한 부제탄소원자에 결합된 OH기의 배치가 서로 다른 당인 glucose와 mannose, glucose와 galactose는 에피머 관계이다.

대표적인 에피머(epimer)

⑧ 아노머(anomer) : 단당류의 사슬구조가 수용액 상태에서 물과의 관계로 분자 내 축합(hemiacetal 혹은 hemiketal)반응에 의해 고리구조 형성 시 카르보닐탄소에 새롭게 형성된 OH의 위치에 따라 두 종류로 결정된다.
- OH가 가장 멀리 떨어진 부제탄소의 OH와 같은 방향 : α형(아래 방향)
- OH가 가장 멀리 떨어진 부제탄소의 OH와 반대 방향 : β형(위 방향)

Glucose Fischer식	Glucose Haworth 투영식

⑨ 사슬구조의 Fischer식에 대해 고리구조는 Haworth 투영식이라 하며 화학구조명을 따서 육각형을 pyranose(glucose 형태), 오각형을 furanose(fructose 형태)라 한다.

⑩ 고리 형태 당의 카르보닐탄소에서 비롯된 아노머성 −OH가 환원에 작용하므로 환원성 −OH라고 하며, 다른 물질과 글리코시드 결합을 하여 배당체(glycoside)를 형성하므로 글리코시드성 −OH라고도 한다. 이때 생성된 배당체의 비당성분을 aglycone이라 한다.

⑪ 선광도 : 표준 나트륨 광원(D)을 사용하여 20℃에서 편광을 당용액에 통과시키면 편광이 회전하는데 이것을 선광이라 하고, 시계 방향(오른쪽)으로 회전하는 것을 우선당이라 하며 +값으로 표시하고, 반시계 방향(왼쪽)으로 회전하는 것을 좌선당이라 하며 −값으로 표시한다. 선광도의 비교는 비선광도로 측정한다.

$$[\alpha]_D^{20} = \frac{100 \times \alpha}{l \times c}$$

여기서, α : 선광 각도, l : 시료의 길이, c : 시료의 농도

⑫ 변선광(mutarotation) : 용액 중에서 온도와 시간이 경과함에 따라 아노머형이 빠른 내부전환이 일어나며 선광도가 변하는데, 이를 변선광이라 한다.

• 포도당은 물에 녹이면 α형이 더 달지만 시간이 지나면서 β형으로 전환되며 안정되어 당도가 감소한다.

$\alpha-\text{D}-\text{glucose} \Leftrightarrow \langle \text{사슬구조} \rangle \Leftrightarrow \beta-\text{D}-\text{glucose}$로 상호 변환한다.
　　　　37%　　　　　(상온)　　　　　63%

• 과당의 β형은 α형에 비해 3배의 단맛을 가지는데, 0℃에서 α : β가 3 : 7로서 고온에서의 7 : 3에 비해 훨씬 당도가 높게 된다.
• 자당은 아노머성 −OH가 없으므로 당도는 100으로 당도의 기준이 되며, 과당은 130~180, 포도당은 70~80, 맥아당은 40~50 정도이다.

⑬ 전화당(invert sugar) : 자당을 가수분해하거나 invertase 효소처리를 통해 포도당과 과당의 1 : 1 라세미체가 만들어지는데, 이를 전화당이라 한다. 우선성의 자당이 좌선성으로 변하므로 전화당이라 하고 자당(100)보다 당도가 증가하며(130) 환원성을 갖게 된다.

⑭ amino carbonyl 반응(마이야르 반응) : 식품 저장 및 가공 중 당의 carbonyl기와 단백질의 아미노기가 반응하여 melanoidin 같은 갈색 물질을 생성하여 갈변하는 현상이다.
⑮ caramel화 : 당류를 190~200℃로 가열하면 탈수·중합 반응에 의해 갈색 물질을 생성한다.
⑯ 당유도체
- deoxyribose(데옥시당, DNA 구성당, 2번 탄소의 -OH가 -H로 치환)
- glucuronic acid(우론산, 해독작용, 6번 탄소의 산화), galacturonic acid(펙틴 성분)
- sorbitol(당알코올, 감미료, 포도당 또는 과당의 카르보닐탄소의 환원), mannitol(만노오스, 해조류 및 버섯에 존재), ribitol(리보오스, 비타민 B_2의 성분), inositol(고리형, 근육당)
- glucosamine(아미노당, 키틴 구성, 2번 탄소의 -OH가 -NH_2로 치환), galactosamin(연골이나 인대의 콘드로이친황산염 구성)
- gluconic acid(알돈산, 1번 탄소의 산화, gluconolactone은 두부응고제)
- thioglucose(thiosugar, carbonyl기의 O가 S로 치환, 무의 sinigrin 구성당)

3. 탄수화물의 변화

1) 전분의 호화(α화)

생전분에 물을 가해 가열하면 물이 스며드는 가역적 수화를 거쳐 전분입자의 수소결합이 끊어져 micelle 구조가 파괴되는 팽윤상태가 되며, 전분입자가 붕괴되어 비가역적 투명한 교질용액을 형성하며 효소의 작용이 용이하게 되는데, 이것을 호화(α-전분)라 한다. 이 상태가 되면 전분은 점성이 높아지고 X선 회절상은 비결정의 불명료한 V도형을 나타낸다.

(1) 호화에 미치는 영향

① 수분 : 수분의 함량이 많을수록 잘 일어난다.
② starch 종류 : 전분입자가 작은 쌀(68~78℃), 옥수수(62~70℃) 등 곡류 전분은 입자가 큰 감자(53~63℃), 고구마(59~66℃) 등 서류 전분보다 호화온도가 높다.
③ 온도 : 온도가 높을수록 호화시간이 빠르다.
④ pH : 알칼리성에서 팽윤을 촉진하여 호화가 촉진되며 산성에서는 전분입자가 분해되어 점도가 감소한다.
⑤ 염류 : 대부분 염류는 팽윤제로 호화를 촉진시킨다($OH^->S^->Br^->Cl^-$). 그러나 황산염은 호화를 억제한다.
⑥ 당(탄수화물) : 당을 첨가하면 호화온도가 상승하고 호화속도는 감소한다.

(2) X선 회절도

생전분에 X선을 조사하면 뚜렷한 동심원의 회절도를 보이는데 쌀, 밀, 옥수수 같은 곡류 전분을 A형, 감자, 밤, 바나나 등 아밀로오스 함량이 35~40% 이상인 전분을 B형, 고구마, 칡, 녹두, 콩류 등 A형과 B형의 중간 상태 전분을 C형이라 한다. 호화전분은 V형으로 α-전분이다.

2) 전분의 노화

호화전분(α-전분)을 실온에 완만 냉각하면 전분입자가 수소결합을 다시 형성해 생전분과는 다른 결정을 형성하는데, 이 현상을 노화 또는 β화라고 한다. 노화된 전분은 효소의 작용을 받기 힘들게 되어 소화가 잘 되지 않는다.

(1) 노화에 미치는 영향

① 온도 : 노화가 가장 잘 발생되는 온도는 0℃ 정도이며 60℃ 이상 -20℃ 이하에서 노화가 발생되지 않는다(밥의 냉동저장).
② 수분 함량 : 30~60%의 함수량이 노화되기 쉬우며 30% 이하 60% 이상에서는 어렵다(비스킷, 건빵).
③ pH : 알칼리성은 노화를 억제하고 산성은 노화를 촉진한다.
④ 전분 종류 : amylose가 많을수록, 전분입자가 작을수록 노화가 빠르다. 감자, 고구마 등 서류 전분은 노화되기 어려우나 쌀, 옥수수 등 곡류 전분은 노화되기 쉽다.
⑤ 염류 : 대부분 염류는 호화를 촉진하고 노화를 억제한다. 다만, 황산염은 반대로 노화를 촉진한다.
⑥ 기타 : 당은 탈수제로 노화를 억제하며(예 양갱), 유화제도 노화를 억제한다.

(2) X선 회절도

노화된 전분의 X선 회절도는 전분의 종류에 관계없이 항상 B형이 된다.

3) 호정화

전분에 물을 가하지 않고 160℃ 이상으로 가열하면 분해되어 호정(dextrin)으로 변하는 것을 호정화라고 한다. 호화전분보다 물에 잘 녹고 효소작용도 받기 쉬워 소화가 잘 된다.

SECTION 03 단백질

우리 몸을 구성하는 구성성분의 하나인 동시에 우리 몸의 기관들이 기능을 수행하는 데 필요한 여러 물질, 호르몬의 주 구성성분이다. C, H, O, N로 구성되어 있다. 약 16%의 질소를 함유하고 있어 단백질 정량 시 구한 질소값에 6.25(질소계수, $\frac{100}{16}$)를 곱하여 조단백질의 양을 구한다.

1. 아미노산의 분류

아미노산은 약 20여 종이며 L형의 입체구조를 이루고 α탄소에 아미노기($-NH_2$)를 갖는 $\alpha-L-Aa$이다. 생체 내 중성 pH에서 2개의 이온($-NH_3^+$, $-COO^-$)을 갖는 양쪽성 이온(zwitter ion)이다.

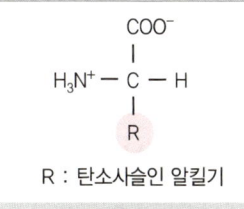

아미노산의 구조

① 중성 아미노산 : Gly, Ala, Val, Leu, Ile, Pro, Asn, Gln
② 산성 아미노산 : Asp, Glu
③ 염기성 아미노산 : Lys, Arg, His
④ 방향족 아미노산 : Trp, Tyr, Phe
⑤ 함 황 아미노산 : Met, Cys
⑥ 함 알코올 아미노산 : Ser, Thr

2. 아미노산의 성질

1) 양성 전해질 및 등전점

아미노산은 양성 전해질(amphoteric)로 알칼리 중에서는 산으로, 산성 중에서는 알칼리로 작용한다. 양전하의 수와 음전하의 수가 같아 전하가 0이 되는 pH를 등전점(isoelectric point, pI)이라고 하며 물에 녹지 않아 침전이 최대가 되며 용해도는 최소가 된다.

2) 용해성

극성 아미노산은 물이나 염류용액에 잘 녹지만 비극성 아미노산은 물에 대한 용해도가 낮아 염첨을 해야만 녹는다.

3) 맛

Glu(글루탐산)이 맛난 맛을 내며 여기에 Na(나트륨)을 첨가하여 강한 맛난 맛을 지닌 MSG(Mono-sodium Glutamate)가 되어 조미료로 이용한다. 기타 Gly(글리신)과 Ala(알라닌)도 단맛이 있다.

4) 광학적 성질

아미노산은 Gly을 제외하고 부제탄소가 있어 광학적 이성체가 존재한다.

5) 흡광도

방향족 아미노산의 경우 280nm의 빛을 흡수하므로 정량에 이용한다. Trp(트립토판)은 가장 흡광도가 커 광분해된다.

6) 아질산반응

아미노산의 α-amino기는 아질산과 반응하여 질소 기체를 발생시키며 Van Slyke법에 의한 아미노산 정량에 이용한다. proline은 아미노기가 고리로 형성된 imino acid로 반응하지 않는다.

7) 탈탄산반응

탈탄산반응으로 카르복실기가 떨어져 생리적 활성물질인 amine이 된다.

① His(히스티딘) → 히스타민(알러지 유발)
② Lys(리신) → cadaverine(부패독)
③ ornithine(오르니틴) → putresine(부패독)
④ Tyr(티로신) → tyramine(생리물질)

8) 펩타이드

펩타이드 결합한 것으로 아미노산 2분자가 결합한 것을 dipeptide, 3분자가 결합한 것을 tripeptide, 10분자 이내가 결합한 것을 oligopeptide[pentapeptide(5분자), octapeptide(10분자)], 많은 분자가 결합한 것을 polypeptide라 한다.

① dipeptide : carnosine(histidine+β-alanine), anserine(β-alanine+N-methyl histidine)
② tripeptide : glutathione(glutamic acid+cysteine+glycine)
③ pentapeptide : gramicidin
④ octapeptide : oxytocin(자궁 수축 호르몬), vasopressin(혈압 상승 물질)

9) 펩타이드 결합

펩타이드 결합

한 아미노산의 -COOH기와 다른 아미노산의 -NH_2기가 탈수 축합하여 peptide 결합한다.

① 인접한 다른 C-N 결합에 비해 짧다(이중결합의 성격).
② 카르보닐기의 탄소와 NH-기의 수소원자는 서로 trans 관계이다.
③ C-N 결합은 회전이 불가능하다.
④ 이 4개의 원자는 서로 한 평면에 놓여 있다.

3. 단백질의 분류

1) 단순단백질

아미노산으로 구성된 단백질이다. albumin, globulin, glutelin, prolamin, albuminoid, histone (핵단백질 구성 Lys, Arg 등 염기성 아미노산이 많음), protamine 등이 있다.

2) 복합단백질

단백질과 단백질 이외의 물질로 구성되며 인단백질, 핵단백질, 당단백질, 색소단백질, 금속단백질 등이 있다.

3) 유도단백질

물리적·화학적 처리로 3차 구조가 변성된 1차 유도단백질과 proteose, peptone, peptide, 아미노산 등 1차 구조인 펩타이드 결합이 분해되어 생성된 2차 유도단백질이 있다.

4) 단백질의 형태

① 섬유상 단백질 : Gly(글리신) – Ala(알라닌) – Pro(프롤린) 등 작은 아미노산으로 구성된 단백질로 체구성에 이용되며, 매우 안정하고 불용성이다.
   예 keratin, collagen, myosin, fibroin 등
② 구상 단백질 : 체내에서 여러 기능적 대사에 관련된 단백질로 효소, 수송단백질, 저장단백질 등에서 볼 수 있는 구상의 단백질이다.
   예 효소, 헤모글로빈, 호르몬, transferrin, histone 등

4. 단백질의 성질

1) 투석(dialysis)

단백질은 고분자 화합물로 분자량이 수만~수백만에 이르므로 투석에 의한 반투막을 통과하지 못한다.

2) 등전점(isoelectric point)

① 양전하 수와 음전하 수가 같아 전하가 0이 되는 pH를 등전점(pI)이라고 하며, 물에 녹지 않아 침전, 흡착력, 기포력이 최대가 되며 용해도, 점도, 삼투압은 최소가 된다.
② 모든 단백질은 자신의 고유한 등전점 pH값을 가진다.
③ 전기영동(electrophoresis)상에서 등전점에 도달한 단백질은 이동하지 않으며 자신의 등전점보다 높은 pH의 용액에 있는 단백질은 －로 하전되어 ＋극으로 이동하고, 자신의 등전점보다 낮은 pH의 용액에 있는 단백질은 ＋로 하전되어 －극으로 이동하게 된다. 우유에 산을 첨가하여 카제

인 단백질의 등전점인 pH 4.6에 도달하면 석출되어 curd를 형성하는데, 이것으로 치즈를 만들게 된다.

3) 용해성

단백질은 물, 묽은 염류, 알코올, 산, 알칼리 등에 대한 용해도가 달라 단백질 분류에 이용된다.

4) 염석

소량의 중성염은 정전기적 인력이 변화해 용해도가 증가되는데 이것을 염용효과(salting in)라 하고, 고농도의 염에서는 물과의 결합력이 약해져 단백질은 용해도 감소로 석출되는데 이를 염석효과(salting out)라 한다. 염석을 이용해 두부 제조에 이용하며 단백질 정제에서 처음에 처리하는 조작으로 주로 황산암모늄염을 이용한다.

5. 단백질의 구조

1) 1차 구조

아미노산이 peptide 결합으로 탈수 축합하여 연결된 아미노산 잔기의 서열(순서가 있는 배열)이며 단백질의 특성을 결정한다. 좌측에 N 말단(아미노기 말단)을 1번으로 하여 우측에 C 말단(카르복실기 말단)까지 순서가 주어진다.

2) 2차 구조

단백질에서 자주 발견되는 구조로서 오른나사 방향의 나선구조를 하고 있는 $\alpha-helix$와 병풍모양의 $\beta-sheet$ 구조가 있다.

① $\alpha-helix$ 구조 : 1회전에 3.6개의 아미노산 잔기로 구성되었으며 축에 대해 알킬기는 수직의 바깥쪽으로 위치하고 사슬 내 잔기들 사이의 수소결합에 의해 나선구조가 안정화되었다.
② $\beta-sheet$ 구조 : 사슬 간 수소결합으로 안정되었으며 사슬 간 방향이 같은 병행식과 반대인 역행식이 있다.

3) 3차 구조

단백질의 3차 구조는 이온결합(정전기적 결합), 수소결합, 소수성결합, 이황화결합(disulfide bond)에 의해 안정화되며 1개의 폴리펩타이드로 구성된다.

4) 4차 구조

3차 구조 단백질 소단위 여러 개가 Van der Waals 힘 등의 분자적 결합에 의해 이루는 구조이며 폴리펩타이드가 여러 개 존재한다.

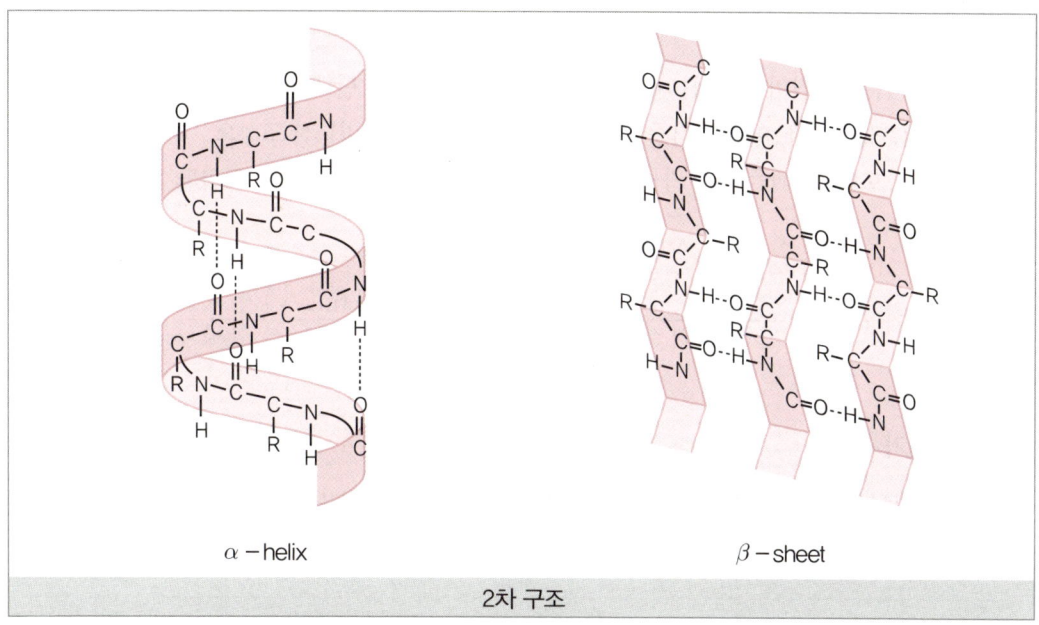

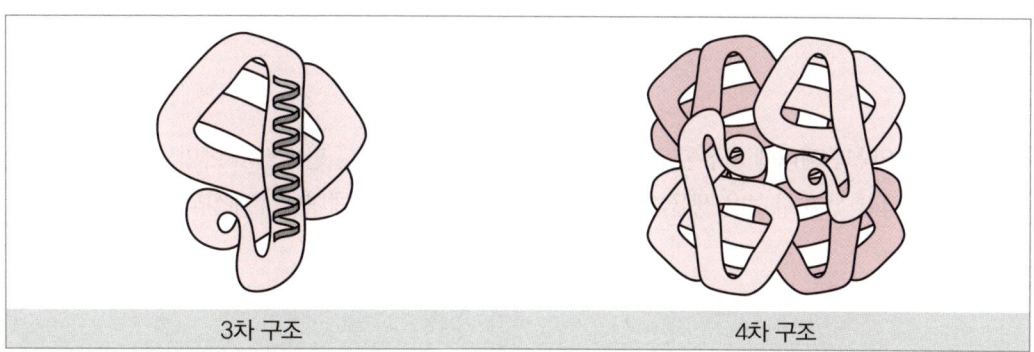

6. 단백질의 평가

식품단백질의 질을 평가하는 방법으로는 화학적 방법인 화학가(CS : Chemical Score)와 아미노산가(AAS : Amino Acid Score), 생물학적 방법인 생물가(BV : Biological Value)와 단백질 실이용율평가법(NPU : Net Protein Utilization) 등이 있다.

1) 제한 아미노산

체내 요구량에 비해 식품 또는 식사 내에 가장 적게 들어있는 아미노산을 제한 아미노산이라 한다. 1개의 아미노산이 필요량보다 적으면 나머지 아미노산이 아무리 많아도 정상 단백질이 만들어지지 않는다.

2) 화학가

화학가는 식품단백질의 g당 제1 제한 아미노산의 함량을 기준 단백질의 같은 아미노산 함량으로 나눈 값의 백분율값이다. 이때의 기준 단백질은 달걀 단백질의 아미노산 조성으로 한다. 화학가의 경우 단백질의 상호보완효과를 예측 가능하다는 장점이 존재하지만, 소화율은 고려되지 않는다는 단점이 존재한다.

$$\text{화학가}(CS) = \frac{\text{제1 제한 아미노산 함량}(mg/g)}{\text{기준 단백질 중의 식품 중 제1 제한 아미노산 함량}(mg/g)} \times 100$$

3) 아미노산가

아미노산가는 인체에 필요한 이상적인 필수아미노산의 표준구성을 나타낸 FAO/WHO 패턴을 이용하여 단백질의 질을 평가하는 방법이다.

$$\text{아미노산가} = \frac{\text{제1 제한 아미노산 함량}(mg/g)}{\text{FAO/WHO 기준 단백질 중의 식품 중 제1 제한 아미노산 함량}(mg/g)} \times 100$$

4) 생물가

흡수된 질소량과 체내에 보유된 질소량의 비율로 구하며 섭취된 단백질의 아미노산 조성이 신체에 필요한 단백질 섭취 시 높은 생물가를 보이며 그러지 않을 경우 체내에서 배설되는 질소가 증가한다.

$$\text{생물가} = \frac{\text{보유 } N \text{ 양}}{\text{흡수 } N \text{ 양}} \times 100$$

5) 단백질 실이용률

단백질의 생체 내 소화흡수율을 반영한 값으로 섭취된 질소량에 대한 체내 보유 질소량의 백분율로 나타낸다.

$$\text{단백질 실이용률} = \frac{\text{보유 질소량}}{\text{섭취 질소량}} \times 100 = \text{생물가} \times \text{소화흡수율}$$

7. 단백질의 변화

단백질은 가열 조리 중의 산 또는 알칼리, 열, 교반 등에 의해 구조가 변화할 수 있는데, 이를 단백질의 변성이라 한다. 단백질이 변성되면 생물학적 활성을 잃어 정상적인 기능 수행능력이 손상되고 특성이 변화될 수 있다.

> **Tip**
>
> **변성단백질의 성질**
> - 용해도가 감소되어 침전력 증가
> - 점도 증가
> - 소화 용이(polypeptide 사슬이 풀어져 반응기가 노출되면서 소화효소작용을 받기 쉬워짐)
> - 부패속도 증가
> - 효소단백질의 활성 손실

1) 물리적 요인에 의한 변성

① 열변성 : 대부분의 단백질은 60~70℃로 가열하면 응고되어 변성이 일어난다. 육류를 가열하면 collagen 단백질이 열변성하여 가용성인 gelatin이 된다.

》 열변성에 영향을 주는 인자

구분	내용
온도	• 단백질은 일반적으로 60~70℃에서 변성이 일어난다. • albumin은 온도가 10℃ 올라가면 변성속도가 20배 빨라진다.
수분	수분이 많으면 낮은 온도에서 변성이 일어나나 수분이 적으면 높은 온도에서 변성한다.
염류	단백질에 염을 넣으면 변성온도는 낮아지고 변성속도는 빨라진다.
pH	단백질은 등전점에서 가장 응고가 잘 된다.
설탕	단백질에 설탕 등 당을 넣어 가열하면 당이 단백질을 용해시켜 응고 온도가 올라간다.

② 동결 : 단백질은 -3℃ 부근에서 변성이 잘 일어난다.
③ 표면장력 : 단백질은 단분자막 상태에서 변성하기 쉽다. 계란의 난백을 휘핑하면 거품 표면이 표면장력에 의해 변성되어 점성을 띠게 된다.

2) 화학적 요인에 의한 변성

① pH에 의한 변성 : 유산균 발효제품은 젖산 발효로 생긴 젖산에 의해 우유 casein이 등전점인 pH 4.6에 이르러 변성된 것이다.
② 염류에 의한 변성 : 단백질에 소량의 중성염을 넣으면 단백질 분자 사이의 인력을 약화시켜 용해가 잘 된다.
③ 효소에 의한 변성 : 우유에 응유효소 rennin을 넣으면 casein이 para casein으로 되어 Ca^{2+}와 결합하며 침전하여 curd를 생성하는데, 이것으로 치즈를 만들게 된다.

SECTION 04 지질

일반적으로 물에 녹지 않고, 유기용매(ether, benzen, chloroform 등)에 녹는 생체물질의 총칭으로 단순지질, 복합지질, 유도지질로 분류한다.

1. 지질의 분류

1) 단순지질

알코올과 지방산의 ester를 말한다.

(1) 중성지방(glyceride, triglyceride, triacylglycerol, neutral fat)

① 자연계에 가장 많은 지질의 형태로, 상온에서 액체의 것을 유(油, oil, 식물성, 대두유, 면실유 등), 고체의 것을 지(脂, lipid, 동물성, 우지, 돈지)라 한다.
② 일반적 지방의 저장 형태로 체지방을 구성한다. 탄소 수가 적은 지방산(저급 지방산)은 액체로 존재하며, 탄소 수가 많은 지방산(고급 지방산)은 고체이나, 이중결합이 있는 불포화지방을 가지는 것은 액체이다.

중성지방의 구조

③ glycerol에 1개의 지방산이 ester 결합한 것을 monoglyceride, 2개가 결합한 것을 diglyceride, 3개가 결합한 것을 triglyceride라고 한다. 이때 지방산이 같을 경우 단순 triglyceride, 다를 경우 혼합 triglyceride라고 한다.

(2) 왁스(wax)

고급 지방족 알코올과 고급 지방산 에스테르를 말하며 동식물의 체표면을 보호하는 작용을 한다.

2) 복합지질

지방산과 글리세롤 이외에 인, 당, 단백질 등을 함유하고 있다.

(1) 인지질(phospholipid)

① 인산을 함유하고 있는 지질로, 생체막의 중요한 구성성분으로 뇌, 신경, 난황, 대두 등에 많이 존재한다.
② phosphatidic acid(glycerol + 2지방산 + 인산)를 기본형태로 한다.
③ 인지질의 종류
  - phosphatidyl choline(레시틴, 유화제)
  - phosphatidyl ethanolamine(cephalin)
  - phosphatidyl serine, phosphatidyl inositol
  - sphingomyelin(sphingosine + 지방산 + 인산 + choline) 등

(2) 당지질(cerebroside)

① 당을 함유하고 있는 지질로 신경, 뇌조직 등에 많다.
② ceramide(sphingosine + fatty acid)를 기본형태로 한다.
③ 당지질의 종류 : glucocerebroside(포도당), galactocerebroside(갈락토오스), ganglioside(올리고당)

3) 유도지질

지질의 분해에 의해 생성된 글리세롤, 지방산과 sterol, terpene 등을 말한다.

(1) sterol

① steroid 핵을 갖는 물질로, sterol은 지방산과 ester를 이루거나 유리 형태로서, 동식물체에 널리 분포한다.
② 동물체에는 콜레스테롤, 담즙산, 7-dehydrocholesterol(비타민 D_3의 전구체), 성호르몬, 비타민 D 등이 있다.
③ 식물체에는 ergosterol이 효모, 버섯 등에 함유되어 있으며 자외선에 의해 비타민 D_2로 전환된다. sitosterol(고등식물유), stigmasterol(대두유) 등이 있다.

(2) terpene

① isoprene 구조를 기본으로 한 탄화수소로 지용성 향기나 색소성분을 이룬다.
② carotenoid, limonen, squalene 등

2. 지방산

- 대부분 짝수의 탄소로 이루어진 탄화수소로 말단에 하나의 카르복실기(-COOH)를 가지며 R-COOH로 표시한다.

- 탄소 수가 적은 지방산(2~10개)을 저급 지방산, 많은 지방산(12개 이상)을 고급 지방산이라 하며, 탄소 수 12개 이상은 물에 불용이다.
- 이중결합(C=C)이 없는 것을 포화지방산, 1개의 것을 모노불포화지방산, 2개 이상의 것을 다가불포화지방산이라 한다.

포화지방산과 불포화지방산

1) 포화지방산

① 알킬기 내에 이중결합이 없는 지방산을 말한다.
② 팔미트산(16 : 0), 스테아르산(18 : 0)
   ※ 종류(탄소 수 : 이중결합 수)

2) 불포화지방산

① 알킬기 내에 이중결합이 있는 지방산을 말한다.
② 올레산(18 : 1), 리놀레산(18 : 2), 리놀렌산(18 : 3), 아라키돈산(20 : 4)
   ※ 종류(탄소 수 : 이중결합 수)

3) 유지의 분류

구분			내용
천연 유지	식물성 유지	식물성유	• 건성유 : 아마인유, 동유, 들기름 • 반건성유 : 참기름, 대두유, 면실유, 미강유 • 불건성유 : 올리브유, 땅콩기름, 피마자유
		식물성지	야자유, 코코아유(저급 포화지방산 구성)

구분			내용
천연 유지	동물성 유지	동물성유	어유, 간유
		동물성지	• 체지방 : 우지, 돈지 • 유지방 : 버터

※ 경화유 : 마가린, 쇼트닝

① 건성유 : 공기 중 건조하여 피막을 만드는 것으로 요오드가 130 이상, linoleic acid, linolenic acid가 많다.
② 반건성유 : 요오드가 100~130, oleic acid, linoleic acid가 많다.
③ 불건성유 : 요오드가 100 이하, oleic acid가 많다.

3. 지방의 물리적 성질

1) 용해성(solubility)

비극성 탄화수소로 이루어져 물에 녹지 않고 유기용매에 녹는다. 탄소 수가 많을수록, 불포화지방산이 적을수록 용해도는 감소한다.

2) 융점(melting point)

탄소 수가 증가할수록 융점이 높고, 이중결합이 많을수록 융점이 낮다. 그러므로 불포화지방산이 적고 포화지방산이 많은 동물성 지방은 상온에서 고체로 존재하며, 식물성 유지는 불포화지방산이 상대적으로 많아 상온에서 액체로 존재한다.

3) 비중(specific gravity)

지방산의 비중은 0.92~0.94이다. 저급 지방산이 많을수록, 불포화도가 높을수록 비중은 증가한다. 그러므로 지방산 산화에 의해 저급 지방산이 생기면 비중은 증가하게 된다.

4) 굴절률(refractive index)

굴절률은 1.45~1.47 정도이며 분자량 및 불포화도의 증가에 따라 증가한다. 산가가 높은 것일수록 굴절률이 낮고 비누화가가 높으며 요오드가가 낮은 것도 굴절률이 낮다. 저급 지방산의 버터는 굴절률이 낮고, 불포화도가 높은 아마인유는 굴절률이 높다.

5) 발연점, 인화점, 연소점

① 발연점 : 유지를 가열할 때 유지 표면에서 엷은 푸른 연기가 발생할 때의 온도로, 푸른 연기는 식품에 좋지 않은 영향을 미치므로 발연점이 높은 유지를 사용하는 것이 바람직하다. 유리지방산의 함량이 많을수록, 노출된 유지의 표면적이 커질수록, 이물질이 많을수록 발연점은 낮아진다.

② 인화점 : 공기와 섞여 발화하는 온도로, 발연점이 높을수록 인화점이 높다.
③ 연소점 : 인화 후 연소를 지속하는 온도로, 발연점이 높을수록 연소점이 높다.

4. 화학적 성질

명칭	목적	정의	비고
산가 (Acid Value)	유지 중 분해된 유리지방산의 양으로 신선도 판정	유지 1g 중 유리지방산을 중화하는 데 소요되는 KOH의 mg 수	• 신선한 유지는 낮고 산패한 것은 높음 • 식용유지 1.0 이하
검화가 (비누화가, SV) (Saponification Value)	유지를 검화(가수분해)하는 데 필요한 KOH의 양으로 유지의 구성 판정	유지 1g을 검화하는 데 필요한 KOH의 mg 수	• 유지의 구성 지방산의 분자량이 크면 검화가는 작아서 반비례함 • 채종유 170, butter 220
에스터가 (Ester Value)	유지 중 Ester 되어 있는 지방산의 양	유지 1g 중 Ester를 검화하는 데 필요한 KOH의 mg 수	• 신선할수록 검화가와 Ester가의 차이가 작음 • Ester가 = 검화가 - 산가
요오드가 (Iodine Value)	이중결합에 첨가되는 요오드의 양으로 불포화도 측정	100g의 유지가 흡수하는 요오드의 g 수	이중결합의 수에 비례하여 증가함. 고체지방 50 이하, 불건성유 100 이하, 건성유 130 이상, 반건성유 100~130 정도
로단가 (Rhodan Value, Thiocyanogen Value)	불포화지방산의 양	유지 100g에 부가하는 로단(SCN)$_2$의 양을 당량 요오드의 g 수로 환산하여 표시	oleic, linoleic, linolenic acid의 함량을 결정하는 데 사용
라이헤이트-마이슬가 (RMV : Reichert-Meissl Value)	수용성 휘발성 지방산(저급 지방산)의 양	지방 5g을 알칼리로 비누화하여 산성에서 증류하여 얻은 휘발성의 수용성 지방산을 중화하는 데 필요한 0.1N KOH의 mL 수	• 버터의 위조 검정에 이용 • 보통 23~24로 다른 식용유지보다 높음
폴란스케가 (Polenske Value)	불용성 휘발성 지방산의 양	지방 5g을 알칼리로 비누화하여 산성에서 증류하여 얻은 휘발성의 불용성 지방산을 중화하는 데 필요한 0.1N KOH의 mL 수	야자유 검정에 이용 • 버터 : 1.5~3.5 • 야자유 : 6.8~18.2
키슈너가 (Kirschner Value)	butyric acid 함량을 표시하는 값	지방 5g을 검화하여 얻은 휘발성의 수용성 지방산 중 butyric acid 양을 중화하는 데 필요한 0.1N Ba(OH)$_2$의 mL 수	• 버터의 순도나 위조 여부, 0.1~0.2 정도가 대부분의 유지임 • 우유 19~26, 코코넛 기름 1.9, 야자유의 경우는 평균 1.0 정도
헤너가 (Hehner Value)	(검화 후 형성되는 비누, 즉 지방산의 알칼리염을 무기산으로 분해할 때) 물에서 분리되는 지방산의 양	어떤 유지 속에 물에 녹지 않는 지방산들의 함량을 전체 유지의 양에 대한 백분율로 표시한 값	• 보통유지 : 95 내외 • 우유 : 87~90 • 코코넛 기름 : 82~90 • 쇠기름 : 96~97 • 돼지기름 : 97 정도
아세틸가 (Acetyl Value)	유리 OH기의 측정	아세틸화한 유지 1g을 가수분해할 때 얻는 초산을 KOH로 중화하고, 중화하는 데 필요한 KOH의 양을 mg 수로 표시	• hydroxy 지방산의 함량을 표시함 • 피마자 기름은 146~150으로 높고 다른 유지는 매우 낮음

5. 유지의 변화

1) 유지의 산패

유지의 변질을 산패라 하며 불쾌한 맛과 냄새가 난다.

(1) 가수분해에 의한 산패

유지가 물, 산, 알칼리, 효소에 의해 지방산과 글리세롤로 분해되면 불쾌한 냄새나 맛을 내는데 대표적으로 butyric acid가 있다.

(2) 산화에 의한 산패

유지 중 불포화지방산이 대기 중 산소에 의해 산화되어 과산화물을 형성하는 것으로, lipoxygenase에 의해 산화가 촉진되는 효소적 산화형 산패와 자연발생적으로 산소와 결합하는 비효소적 산화형 산패가 있는데 이를 자동산화라 한다.

(3) 변향

대두유나 채종유 등 식물성 유지는 산패가 일어나기 전 풋내나 비린내 같은 이취를 발생시키는데, 이것을 변향이라 하며 linolenic acid의 산화에 의해 발생한다.

(4) 유지의 가열산화

고온에서 유지를 장시간 가열하면 가열분해로 생성된 물질들이 중합하여 점도, 비중, 굴절률이 증가하고 발연점이 낮아지게 된다. 또한 산가, 과산화물가, 카르보닐가 등이 증가하고 요오드가는 감소하게 된다.

(5) 유지의 자동산화

유지를 공기 중에 두면 처음 어느 기간 동안은 서서히 산소의 흡수량이 증가하는 유도기(induction period)를 거친 후 산소 흡수량이 급격히 증가하고 aldehyde나 ketone이 생성되어 산패취가 나며, 중합체를 형성하여 점도나 비중이 증가하게 된다. 이러한 산화를 자동산화(autoxidation)라고 하며, 화학반응을 요약하면 다음과 같다.

```
        unsaturated lipids + O₂
   촉매작용 ↓ hydroperoxide 생성반응
            lipidperoxides
    분해 ↓ carbonyl compounds 생성반응
  carbonyl compounds + 악취(aldehydes, ketones)
              유지의 자동산화
```

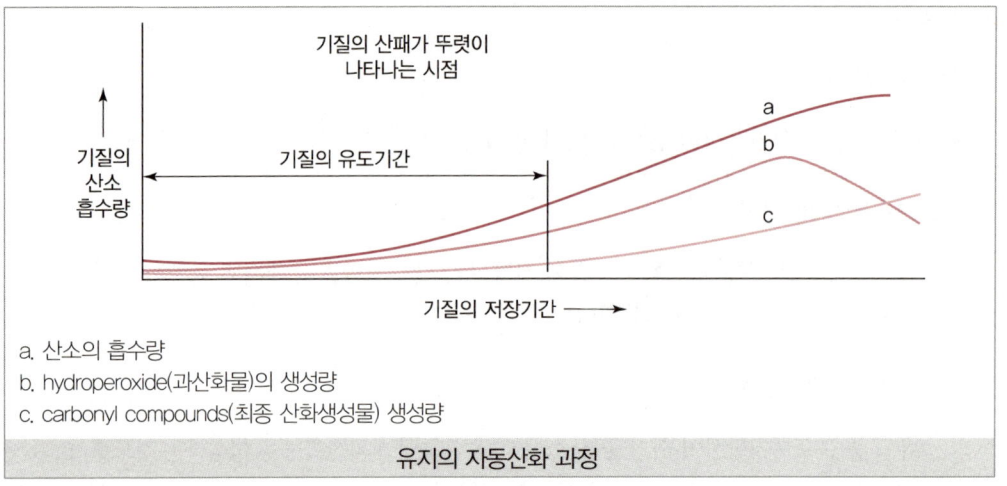

a. 산소의 흡수량
b. hydroperoxide(과산화물)의 생성량
c. carbonyl compounds(최종 산화생성물) 생성량

유지의 자동산화 과정

① 초기반응 : RH → R· + H· (빛, 광선, 금속, 헤마틴 등에 의한 free radical 생성)
② 전파반응(연쇄반응) : 산소와 결합 후 연쇄적으로 다른 유지와 반응하여 과산화물과 또 다른 free radical 생성
③ 중합반응
  • 분해반응 : ROOH → RO· + ·OH(알코올, 알데히드, 케톤류 생성)
  • 중합반응 : 각 free radical이 중합하여 안정한 화합물 생성
    R· + R· → RR
    R· + ROO· → ROOR
    ROO· + ROO· → ROOR + O_2

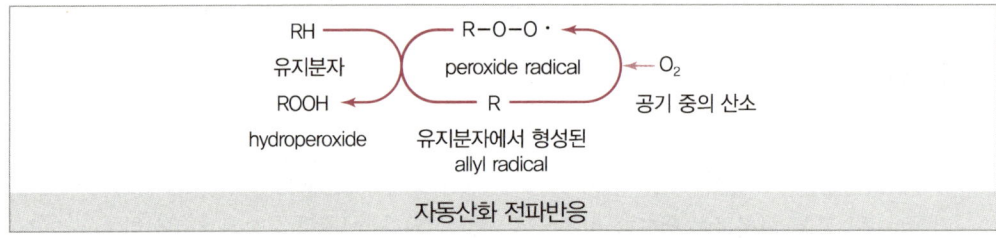

자동산화 전파반응

2) 유지의 산패에 영향을 미치는 인자

(1) 지방산의 불포화도

불포화도가 클수록 반응속도가 커진다.

(2) 온도

① 온도가 높아질수록 반응속도가 커진다.
② 불포화지방산 자동산화의 hydroperoxide 생성은 주로 실온에서 일어난다.
③ 식품을 0℃ 이하에서 저장했을 경우에는 0℃ 이상에서보다 속도가 빠르다.

(3) 금속

① 미량으로도 현저한 촉매작용을 한다.
② 산화촉진 순서 : Cu > Fe > Ni > Sn

(4) 광선

자외선 같은 단파장일수록 촉진된다.

(5) 산소

산소가 많을수록 촉진되나 150mmHg 이상에서는 무관하다.

(6) 수분

수분이 많을수록 촉진된다.

(7) 생화학적 물질

① hemoglobin, cytochrome 등의 hematin류는 산화를 촉진한다.
② lipase, lipoxygenase 등의 효소는 산화를 촉진한다.
③ tocopherol류나 flavonoid 등의 항산화제는 radical과 반응하여 연쇄 반응을 중단한다.

(8) 항산화제

항산화제는 미량으로 유지의 자동산화를 억제하는 물질로, 초기반응에서 생성된 free radical을 환원시켜 연쇄반응을 중단한다.

① 사용조건
- 저농도에서 유효할 것
- 무해할 것
- 식품에 나쁜 영향을 주지 않을 것
- 용해가 잘 될 것
- 가격이 저렴할 것

② 항산화제의 종류

종류	소재	비고
tocopherol	대두유, 식물유	비타민 E(지용성)
ascorbic acid	과실, 채소	비타민 C(수용성)
sesamol	참기름	-
quercetin	양파	flavonoid계 색소
gallic acid	차잎, 감	tannin
lecithin	난황, 대두	인지질

종류	소재	비고
BHA(Butylated Hydroxy Anisol)	합성 항산화제	우지, 돈지, 버터 등
BHT(Butylated Hydroxy Toluene)	합성 항산화제	우지, 돈지, 버터 등
propyl gallate	합성 항산화제	색소에 이용

③ 상승제(synergist, 협력제)

항산화제는 아니지만 함께 사용 시 항산화제의 효과를 증가시키는 물질로 구연산, 주석산, 인산, phytic acid, ascorbic acid 등의 유기산이 있다.

SECTION 05 무기질

1개의 화학원소로 이루어진 금속물질로서 인체 구성 원소 중 유기물을 구성하는 C, H, O, N를 제외한 원소를 총칭한다. 체중의 약 4~5%를 차지하며 에너지를 생성하지는 않으나 체액의 pH, 삼투압 조절, 근육, 신경의 전해질 및 효소의 구성성분이 된다.

- 다량 무기질(하루 필요량 100mg 이상) : Ca, P, Na, Cl, K, Mg, S
- 미량 무기질(하루 필요량 100mg 이하) : Fe, Cu, Mn, Zn, I, Co, F, Se, Mo, Cr

1. 무기질의 종류

종류	성질	결핍증	식품
Ca	• 99%가 뼈, 치아 구성, 신경흥분성 억제, 백혈구의 식균작용, 혈액 응고 • 성인의 체내에 1kg, 인체의 1.5% 차지 • 시금치의 oxalic acid, 곡류의 phytic acid는 Ca의 흡수 방해 • 젖산은 Ca 흡수 촉진	곱추병, 신경과민	멸치, 김, 콩, 양배추, 우유, 계란, 고구마
P	• 90%가 뼈 성분, 인체 무기질 조성 중 1% 차지 • Ca : P의 비는 유아와 수유부 1 : 1, 성인은 1 : 1.5가 좋음	–	멸치, 새우, 쌀겨, 콩
Na	• 세포 외액에 $NaHCO_3$, Na_2PO_4, NaCl로 존재함 • 혈액의 완충작용을 하여 pH를 유지하고, 삼투압 조절 및 심장의 흥분과 근육을 이완시키며, 침·췌액·장액의 pH 유지에 관여함	식욕 감퇴, 현기증, 위산 감소	소금
Cl	NaCl로서 세포 외액의 삼투압 유지, 혈장 속에 많음	–	소금
K	Na와 함께 근육의 수축과 신경의 자극 전달에 관여할 뿐만 아니라 체액의 완충작용과 세포의 삼투압을 조절하는 역할을 함	구토, 설사, 식욕 부진	식물성 식품
Mg	식물의 엽록소로 중요한 구성원소이나 동물에도 중요하며 당질대사에 관여하는 효소의 작용을 촉진시키는 효과가 있음	신경의 흥분, 혈관의 확장	식물성 식품, 육류
S	cystein, cystine, methionine 등 단백질에 존재함	–	파, 마늘, 무

종류	성질	결핍증	식품
Fe	hemoglobin, myoglobin 형성, 임산부나 생리기의 여성에게 결핍되기 쉬움	빈혈, 피로, 유아발육 부진	조개류, 해조류, 난황
Cu	조혈작용을 하며 Fe로부터 hemoglobin이 형성될 때 도움	악성 빈혈	간유, 배아류
Mn	동물 체내에서 효소작용을 활성화하는 역할을 함	뼈 형성 장애	곡류, 두류
Zn	당질대사에 관여하고, insulin의 구성성분임	-	곡류, 두류
I	혈액에서 갑상선 속으로 들어가서 thyroxine 등이 됨	갑상선종, 비만증	간유, 대구, 굴 및 해조류, 당근, 무, 상추
Co	해산식품에 많으므로 산악지대의 주민에게 결핍되기 쉬움	빈혈	간유, 굴

2. 산도 및 알칼리도

1) 정의

식품 100g을 연소하여 얻은 회분을 중화하는 데 필요한 0.1N-NaOH(산도) 또는 0.1N-HCl(알칼리도)의 mL 수로 표시한다.

2) 산성 식품

일반적으로 곡류, 육류, 어육, 난류, 버터, 치즈는 산성 식품이며 이들 식품은 P, S, Cl, I 등 산 생성 원소나 탄소원으로 구성되어 체내에서 산성으로 작용한다. 산성 식품 중에서 육류, 어류, 계란 등이 산도가 크다.

3) 알칼리성 식품

채소, 고구마, 과일, 해초, 대두, 우유 등은 알칼리성 식품으로 Ca, Na, Mg, K 등 알칼리 생성원소가 많다. 알칼리성 식품 중에서는 미역이 알칼리도가 제일 크다.

SECTION 06 비타민

비타민은 체내 생리대사기능을 올바르게 유지하기 위하여 필요한 미량 유기영양소로서 비타민 자체의 용해성에 따라 수용성·지용성 비타민으로 구분된다.

1. 지용성 비타민

① 지질과 같이 흡수, 이동하여 간에 도달하여 대사된다.

② 필요량 이상으로 섭취 시 흡수율이 저하되며 체외 배출이 어렵기 때문에 과잉섭취로 인한 독성이 발생하기 쉽다.

» 지용성 비타민의 종류

종류	성질	결핍증	식품
A (retinol)	• provitamin A(α-carotene, 활성도 : 53, β-carotene : 100, γ-carotene : 27, cryptoxanthin : 57) • 알칼리성에 안정	야맹증, 안구건조증, 성장지연, 피부염, 생식 불능	어류의 간유, 버터, 계란 노른자위, 당근, 시금치, 무
D (calciferol)	• 열 안정, 알칼리성 불안정 • D_2(ergosterol), D_3(7-dihydrocholesterol) • 비타민 D는 Ca와 P의 흡수 촉진	구루병, 골연화증, 골다공증	우유, 버터, 전란, 닭간유, 육류, 정어리, 청어
E (tocopherol)	열에 안정, 지질의 과산화 방지, 세포막, 생체막의 기능 유지, 적혈구의 안정화(용혈방지), 항산화 작용	불임증	밀배아유, 상추, 대두유, 계란, 고구마
K (naphthoquinone)	K_1과 K_2가 자연계 혈액 응고 촉진, 빛에 의해 쉽게 분해, 열에 안정, 강한 산 또는 산화에 불안정	저 prothrombin증, 혈액 응고시간 연장	알팔파, 시금치, 당근 잎, 양배추, 대두, 돼지의 간

2. 수용성 비타민

① 수용성 성분에 녹아 흡수되고 대사되기 때문에 초과량은 소변으로 배출되기 쉽다.
② 체내에 거의 저장되지 않기 때문에 결핍증이 발생하기 쉽다.

» 수용성 비타민의 종류

종류	성질	결핍증	식품
B_1 (thiamine)	• 100℃ 안정, 산성 안정, 알칼리성 분해, 광선에 안정 • 마늘의 allicin과 결합하여 allithiamine 형성 • 천연식품 중에 유리 thiamine, prophosphoric acid ester, apoenzyme과 결합상태로 존재 • 당질대사 시 조효소 TPP로 작용	각기증상, 식욕부진, 부종, 심장비대, 신경염	곡류, 두류, 마늘, 돼지고기, 생선, 붉은 살코기, 효모, 파, 과실, 채소, 버섯
B_2 (riboflavin)	• 열 안정, 알칼리나 광선 불안정 • 비타민 C에 의하여 광분해 억제 효과 • 당질대사 시 조효소 FAD, FMN으로 작용 flavin → 산성·중성 → lumichrome flavin → 알칼리성 → lumiflavin	성장률 저하, 피부 증상, 구각염	간, 효모, 맥주, 우유, 된장, 간장, 쌀겨, 밀배아, 생선, 과일, 버섯
B_6 (pyridoxine)	• adermin이라고도 하며, 알코올에 잘 녹음 • 단백질대사 시 조효소 PLP로 작용	피부증상	곡류의 배아, 간, 효모, 육류, 당밀
B_9 (엽산, folic acid)	• 괴혈병에 소량 투여하면 효과적 • 일종의 provitamin으로 작용	거대적아구성빈혈	소, 돼지간, 대두, 낙화생, 양배추

종류	성질	결핍증	식품
B_{12} (cobalamin)	항악성 빈혈인자, 동물단백인자로서 분자 중에 Co를 함유하고 있어 cobalamin이라고 부름	악성 빈혈	소, 돼지간, 해조
nicotinic acid (niacin)	• 물과 알코올에 용해, 열, 광선, 산, 알칼리, 산화제에 안정 • 트립토판으로부터 생성 • 당질대사 시 조효소 NAD로 작용	pellagra(피부병)	곡류, 종피, 효모, 육류의 간
pantothenic acid	CoA의 성분으로 acetyl CoA와 합성하여 지방산 합성과 탄수화물 대사에 관여	피부증상	소, 돼지간, 난황, 완두
biotin	carboxylase 조효소	피부증상	간장, 효모, 우유, 난황
C (L-ascorbic acid)	• 무색 결정, 물과 알코올 용해, 중성에서 불안정, 열에 비교적 안정하나 수용액은 가열에 의해 분해 촉진, 가열조리 시 50% 정도 파괴 • 호박, 오이, 당근 등의 효소에 의해 10% 파괴 • 콜라겐 합성, 신경전달물질 합성	괴혈병, 상처회복 지연, 피하 출혈, 빈혈, 면역기능 감소	피망, 감자, 무, 레몬
P (citrin)	모세혈관의 침투성을 조절하는 rutin이나 hesperidin은 flavonoid 색소에 속하는 것으로 혈관의 삼투성과 관련이 있으며, 조리와 가공에 의해서 손실이 적으나 저장 중에 변질됨	출혈 경향	메밀, 밀감, 차, 채소
L	L_1(anthranilic acid), L_2(adenyl thiomethyl pentose), 젖의 분비 촉진	유즙 분비 저하(쥐)	간장, 이스트

CHAPTER 02 식품의 특수성분

SECTION 01 식품의 맛

혀에는 4종류의 돌기형 유두가 존재하며 유두에 있는 미뢰에 미각 수용체가 존재한다. 미각 수용체 단백질에 맛의 원인물질이 결합하면 미각 신경으로 전달되어 맛을 인지하게 된다.

1. 단맛

① 단맛은 AH, B 이론에 따르며 A와 B는 전기음성도가 큰 산소, 질소, 염소, 황 등으로 AH는 수소결합을 의미한다. 이때 A와 B의 거리가 0.3nm 정도 되어야 단맛 수용체가 단맛을 감지한다.
② 결국 $-OH$, $-NH_2$ 등의 원자단을 가지는 물질을 감미발현단이라고 하며, 여기에 조미단($-CH_3$, $-C_2H_5$, $-C_3H_7$)이 결합하면 단맛을 나타낸다.
③ 설탕은 아노머성 OH가 없으므로 당도의 변화가 없어 단맛의 기준이 되는데 설탕 10% 용액을 100으로 정한다.

>> 식품의 단맛 성분

종류	감미도	특징
sucrose	100	α-glucose와 β-fructose의 카르보닐기가 결합에 참여하여 맛의 변화가 없다.
fructose	110~150	설탕의 1.03~1.73배, β형이 α형의 3배. 벌꿀에 약 35%, invert sugar의 감미도 120
glucose	70	α형이 β형보다 더 달며, β형의 단맛은 α형의 66% 정도이다.
maltose	50	β형을 물에 타면 α형이 되어 더 달게 된다.
lactose	20	β형이 α형보다 더 달다.
올리고당	30~50	저칼로리 감미료로 건강기능효과가 있다.
당알코올	45~90	xylitol(80~90), glycerol(48), sorbitol(50~60), erythritol(60~70), inositol(45), mannitol(45 : 곶감 표면 흰 가루)
amino acid	60~70	glycine, alanine 등이 단맛이다.
stevioside (스테비오사이드)	설탕의 150~300배	스테비아 잎에서 추출한 천연물질로 열량을 내지 않아 저열량 식품에 이용되고 있다.
aspartame (아스파탐)	설탕의 90~200배	Asp+Phe의 디펩타이드로 당뇨병 환자식에 이용한다.

종류	감미도	특징
acesulfame-K	설탕의 130~200배	단맛을 빨리 느끼나 쓴맛이 있어 수크랄로오스 등과 혼용을 권장한다.
sucralose (수크랄로오스)	설탕의 350~600배	설탕과 가장 가까운 특성을 지녀 많이 이용되며 열이나 산에 안정하다.
saccharin (사카린)	설탕의 200~700배	용액 0.5% 이상이 되면 쓴맛을 내게 되므로 보통 사용할 농도는 0.02~0.03%이다. Na-saccharin의 감미도는 설탕의 500배 정도이나 농도가 높으면 감미도가 저하된다. 아이스크림, 청량음료수·강정·과자 등에 사용하며 설탕 99.5%와 Na-saccharin 0.5%를 섞으면 단맛도 높아지고 맛도 좋아진다(상승효과).

2. 짠맛

순수한 짠맛은 염화나트륨이지만 무기 및 유기의 알칼리염이 짠맛을 낸다. 이때 음이온이 짠맛을 발현하며 양이온이 조절하는 역할을 한다.

① 짠맛 : $NaCl$, KCl, NH_4Cl, $NaBr$, NaI
② 짠맛과 쓴맛 : KBr, NH_4I
③ 쓴맛 : $MgCl_2$, $MgSO_4$, KI
④ 불쾌한 맛 : $CaCl_2$
⑤ 짠맛의 세기 : $SO_4^{2-} > Cl^- > Br^- > I^- > HCO_3^- > NO_3^-$

3. 신맛

신맛은 H^+의 맛으로 높은 산도를 지닌 무기산 및 산성염 등의 특징이 있으나 해리되지 않은 유기산이 신맛에 더 기여한다. 산미는 -OH, -COOH와 $-NH_2$에 따라 맛이 다른데, 보통 -OH가 있으면 기본 산미이나 $-NH_2$가 있으면 쓴맛이 더해진 산미가 된다.

> **신맛의 세기 비교**
> HCl(100) > HNO_3 > H_2SO_4 > HCOOH(85) > citric acid(80) > malic acid(70) > lactic acid(65) > acetic acid(45) > butyric acid(30)

❯❯ 식품의 신맛 성분

종류	주요 식품
carbonic acid(탄산)	맥주, 탄산음료
acetic acid(초산)	식초, 김치류
oxalic acid(수산)	시금치, 우엉 등의 채소 열매·잎·대·뿌리에 존재
lactic acid(젖산)	김치류, 유제품, 젖산 발효 식품
butyric acid(부티르산)	김치류, 산패식품
succinic acid(호박산)	청주, 조개류, 사과, 딸기
malic acid(사과산)	사과, 복숭아, 포도

종류	주요 식품
tartaric acid(주석산)	포도
citric acid(구연산)	밀감류, 살구 등 대부분 과일 및 과일주스
gluconic acid(글루콘산)	양조식품, 곶감
ascorbic acid(아스코르브산)	비타민 C로 대부분 과실류

4. 쓴맛

쓴맛을 가진 물질은 분자 내 1개의 극성 부위와 1개의 비극성 부위가 요구되며, N≡, =N≡N, −SH, −S−S, −S, =CS, −SO_2, −NO_2 등의 원자단이 있다. 무기질은 Ca, Mg, NH_3 등이 쓴맛을 낸다. 쓴맛의 표준은 alkaloid인 quinine이며 페놀화합물, ketone류 및 무기염류 등이 있다.

❯❯ 식품의 쓴맛 성분

종류	특징 및 주요 식품
alkaloid	식물체에 존재하는 질소를 포함한 헤테로고리 화합물의 총칭으로서 인체 내에서 특수한 약리작용을 한다. 차나 커피의 caffeine, 코코아 초콜릿의 theobromine, 니코틴, 아트로핀 등이 있다.
폴리페놀성 배당체	식물계에 널리 분포, 과실, 채소의 쓴맛 성분 • naringin : 감귤류, 자몽 • quercetin : 양파 • cucurbitacin : 오이 • limonene : 감귤류
ketone류	humulon, lupulon : 맥주 원료인 hop에 존재하는 쓴맛 성분
무기염류	$CaCl_2$, $MgCl_2$

5. 감칠맛

감칠맛은 단맛, 신맛, 짠맛, 쓴맛이 어울려 나는 맛이다.

❯❯ 식품의 감칠맛 성분

종류	특징 및 주요 식품
MSG(Monosodium Glutamate)	L-글루탐산에 Na 첨가, 간장, 된장, 조미료 등
theanine	L-글루탐산 유도체, 차의 감칠맛
asparagine, glutamine	채소류, 어육류
sodium succinate	조개
nucleotides(핵산계)	• inosinic acid(IMP, 가쓰오부시), guanylic acid(GMP, 표고버섯) • GMP>IMP>XMP
peptide류	• camosine, anserine : 어육류 • glutathione : 육류
choline	betaine, carnitine
Trimethylamine Oxide(TMAO)	어류의 맛성분으로 부패 시 세균에 의해 환원되어 비린내 성분(TMA)이 된다.
taurine	오징어
arginine, purine	죽순

종류	특징 및 주요 식품
glycine	김
glutathione	가리비, 식품의 전체 풍미를 증진하는 고쿠미 성분

6. 매운맛

매운맛은 황화합물과 산아미드류, 방향족 aldehyde 및 ketone류, amine류 등이 있다.

》 식품의 매운맛 성분

종류	주요 식품
산아미드	• capsaicine : 고추 • chavicine : 후추 • sanshol : 산초
겨자	• allyl isothiocyanate : 고추냉이, 무(sinigrin의 myrosinase 분해산물)
황화 allyl	• allicine : 마늘, 파, 양파, 부추 allin $\xrightarrow{allinase}$ allyl sulfonic acid $\xrightarrow{축합}$ allicine • dimethyl sulfide : 파래, 고사리, 피슬리
방향족 aldehyde 및 ketone	• cinnamic aldehyde : 계피 • zingerone, shogaol, gingerol : 생강 • curcumin : 울금
amine	• histamine : 썩은 생선 • tyramine : 썩은 생선, 변패간장

7. 떫은맛

떫은맛(astringent taste)은 단백질 응고에 따른 수렴성 느낌을 맛으로 간주한 것으로, polyphenol성 물질이 여기에 속하며 대표적으로 tannin류가 있다. tannin이 중합·산화되어 불용성이 되면 떫은맛은 사라진다.

① 차 : catechin
② 밤 : ellagic acid
③ 커피 : chlorogenic acid
④ tannin류 : gallic acid, catechin, shibuol, choline

SECTION 02 식품의 냄새

식품의 냄새와 관계가 있는 것은 저급 지방산의 ester와 방향족 화합물이며, 2중·3중 결합화합물, 저분자알코올, 제3급 알코올, 그 밖에 $-OH$, $-CHO$, ester 결합, $=CO$, $-C_6H_5$, ester류, $-NO_2$, $-NH_2$, $-COOH$, $N=C=S$ 등이다.

1. 식물성 식품의 냄새성분

분류	식품
에스테르류 (ester류)	amyl formate(사과, 복숭아), isoamyl formate(배), ethyl acetate(파인애플), methyl butyrate(사과), isoamyl acetate(배, 사과), isoamyl isovalerate(바나나), methyl cinnamate(송이버섯), sedanolide (샐러리), apiol(파슬리)
알코올류 (alcohol류)	ethyl alcohol(술), pentanol(감자), $\beta-\gamma$-hexenol(채소), 1-octen-3-ol(송이버섯), 2,6-nonadienol (오이), furfuryl alcohol(커피)
정유류 (terpene류)	limonene(오렌지, 레몬), α-pinene(당근), camphene(생강), geraniol(오렌지, 레몬), menthol(박하), citral(오렌지, 레몬), thujone(쑥)
황화합물	methyl mercaptan(무, 파, 마늘), propyl mercaptan(마늘), dimethyl mercaptan(무, 마늘, 양파), S-methyl mercaptopropionate(파인애플), α-methylcaptopropyl alcohol(파, 마늘, 양파), allyl sulfide(고추냉이, 아스파라거스)

2. 동물성 식품의 냄새성분

분류	물질명 및 냄새경향
암모니아 및 amine류	• trimethylamine, piperidine, δ-aminovaleric acid : 어류 비린내 • 황화수소, indole, methyl mercaptan, skatole : 고기 썩은 내 • 조개, 김 : dimethyl sulfide
carbonyl 화합물 및 지방산류	• 생우유 : acetone, acetaldehyde, propionic acid, butyric acid, caproic acid, methyl sulfide • 버터 : diacetyl, propionic acid, butyric acid, caproic acid • 치즈 : ethyl β-methylmercaptopropionate

SECTION 03 식품의 색소

식품에서 색을 내는 성분으로는 자연적으로 식품에 함유되어 있는 자연색소와 착색을 목적으로 첨가되는 인공색소로 구별된다. 자연색소는 식물성 색소와 동물성 색소로 구별된다.

> 식품의 색소 분류

구분	명칭		특성
식물성 색소	클로로필		불용성 (엽록체에 존재)
	카로티노이드	카로틴	
		잔토필	
	플라보노이드	안토잔틴	수용성 (액포에 존재)
		안토시아닌	
		탄닌	

구분	명칭		특성
동물성 색소	헴	헤모글로빈	혈액
		미오글로빈	근육조직
	카로티노이드	루테인	난황
		아스타잔틴	새우, 게

1. Chlorophyll(엽록소)

1) 종류

녹색식물의 잎에 존재하며 Mg을 함유한 4개의 pyrrol로 구성된 porphyrin 구조로 chlorophyll a(청록색)와 b(황록색)가 있으며 3 : 1로 구성되어 있다.

2) 성질

① 산에 의한 변화 : chlorophyll은 산성하에서 porphyrin의 Mg^{2+}이 수소로 치환되어 녹갈색의 pheophytin을 형성한다. 계속된 산 처리 시 phytol기가 분해되어 갈색의 pheophorbide가 생성된다.
② 알칼리에 의한 변화 : chlorophyll은 알칼리성에서 phytol기가 분해되어 녹색의 chlorophyllide가 되며 이어서 methyl기가 분해되면 짙은 녹색의 chlorophylline이 된다.
③ chlorophyllase에 의한 변화 : 효소에 의해 phytol기가 제거되면 녹색의 수용성인 chlorophyllide가 생성된다.
④ 금속과의 반응 : chlorophyll을 Cu^{2+}, Fe^{2+} 등의 금속으로 가열 처리하면 Mg^{2+}이 치환되어 녹색의 chlorophyll염을 생성한다.
⑤ 조리과정 중의 변화 : 채소를 끓이면 chlorophyll은 pheophytin이 되어 갈색이 된다.

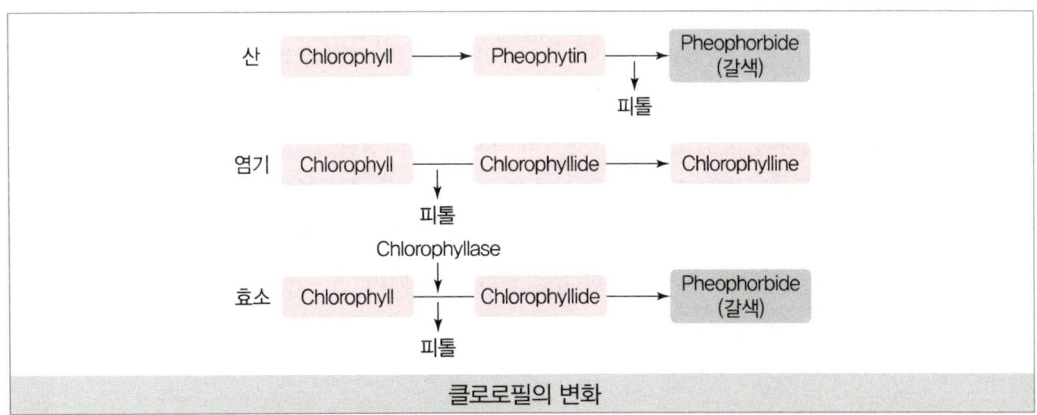

클로로필의 변화

2. carotenoid

carotenoid는 황색, 적황색 색소로 비극성이므로 물에 녹지 않고 유지나 유기용매에 잘 녹는다.

1) 종류

식물계, 동물계에 널리 분포되어 있으며 carotene과 xanthophyll로 나눈다.

① carotene : α-carotene(등황색, 당근, 오렌지), β-carotene(당근, 고구마, 호박, 오렌지), γ-carotene(살구), lycopene(적색, 토마토, 수박)
② xanthophyll : lutein(난황, 옥수수, 호박), cryptoxanthin(감, 귤, 옥수수), capsanthin(적색, 고추), astaxanthin(새우, 게, 연어, 송어)
  - astaxanthin : 새우나 게 등 갑각류에 존재하는 색소로 암녹색을 띠고 있으나 가열하면 astaxanthin이 단백질과 분리되고 산화되어 적색의 astacin으로 변함
  - lutein : 계란 난황의 황색
  - canthaxanthin : 연어, 송어에 주로 존재하는 적황색 색소

2) 구조

① carotene : isoprene 단위의 탄화수소로 비극성이므로 석유, ether에는 잘 녹으나 ethanol에는 잘 녹지 않는다.
② xanthophyll : carotene 분자 중 수소가 OH로 치환된 형태로 극정이 되어 ethanol에는 녹으나 석유, ether에는 녹지 않는다.

3) 성질

① 이중결합 부위에 산화가 이루어진다.

$$\text{carotenoid} \xrightarrow{\text{산화}} \text{epoxide} \xrightarrow{\text{산화}} \text{ionone}$$

② 식품을 가열처리하면 provitamin A로서의 효과가 없어진다.
③ 자연계에 대부분 trans형으로 존재하나 가열, 산, 광선 등에 의해 일부가 cis형으로 이성화된다.
④ 산이나 알칼리에 안정하며, 산소 존재 시 광선에 의해 영향을 받는다.
⑤ β-ionone ring을 갖는 것이 비타민 A로 전환이 잘 되며, α-carotene, β-carotene, γ-carotene, cryptoxanthin 등이 있다.

3. flavonoid계

flavonoid계에는 anthoxanthin, anthocyanin, tannin 등이 있으며 수용성으로 식물세포의 액포 중에 존재한다.

1) anthoxanthin계

(1) 구조

anthoxanthin은 2-phenyl chromone(flavone)의 구조를 가지며 flavones, flavonols, isoflavone 등이 있다.

(2) 성질

① anthoxanthin은 산에 안정하나 알칼리에 불안정하다. hesperidine은 알칼리에서 황색 또는 짙은 갈색의 chalcone이 된다. 알칼리성인 $NaHCO_3$를 넣어 만든 빵이 황색으로 변하는 것, 삶은 감자나 삶은 양파, 양배추 등이 황변하는 것은 이 때문이다.

② 황색의 chalcone을 산성으로 처리하면 원래의 고리구조로 되돌아가 무색이 된다. flavonoid를 가열조리하면 배당체가 가수분해되어 노란색이 사라진다.

③ flavonoid는 금속 복합체를 형성하여 착색되는데 quercetin의 Al염은 황색, Cr염은 적갈색, Fe염은 흑녹색이 된다.

2) anthocyanin계

anthocyanin계 색소는 꽃, 과일, 채소에 존재하는 적색, 자색, 청색의 수용성 색소로 '화청소'라 하며 가공 중 pH에 따라 변화한다.

(1) 구조

① anthocyanin은 배당체로 존재하며 가수분해되면 비당체인 anthocyanidin과 당류로 분리된다.

② anthocyanidin은 phenyl기에 붙어 있는 OH기와 methoxy기의 수에 따라 분류된다.

anthocyanidin 분류

(2) 성질

① anthocyanin은 pH에 따라 적색(산성) → 자색(중성) → 청색(알칼리성)으로 변색되는 불안정한 색소이다. 또한 아황산가스에 의하여 표백되는 것은 pH의 변화와 강한 환원력에 의해서이다.
② anthocyanin은 금속과 복합체를 형성하여 착색되는데 Sn은 회색, Fe나 Al은 청자색을 형성한다.
③ anthocyanin은 ascorbinase를 억제하며 비타민 B_2, 비타민 C와 공존 시 색이 퇴색된다.

3) tannin(탄닌)

탄닌은 식물에 널리 분포하며, 미숙한 과실과 식물 종자에 다량 함유되어 있다. 탄닌 그 자체는 무색이나 산화 시 홍색, 흑색을 나타낸다.

(1) 구조

탄닌은 polyphenol성 화합물로 catechin(차), leucoanthocyanin(사과), chlorogenic acid(커피) 등이 있다.

(2) 성질

① 탄닌은 금속과 반응하여 착색염을 형성하여 회색, 갈색, 흑청색, 청록색 등을 띤다.
  • 차를 경수로 끓이면 2가 양이온에 의해 갈색 침전물이 생긴다.
  • 칼로 자른 감의 표면에 탄닌이 철염을 형성하여 흑변한다.
② 과실이 익으면 탄닌은 불용성이 되어 감소된다.
③ 홍차는 녹차의 카테킨류가 polyphenol oxidase 효소에 의해 산화되어 적색의 theaflavin을 생성하여 붉게 된다.

4. heme계 색소

heme은 porphyrin 구조에 철이온이 중앙의 histidine기와 연결된 구조로 적색을 띠며 혈색소인 hemoglobin과 육색소인 myoglobin을 이루고 있다.

1) myoglobin

① myoglobin은 암적색이나 산소와 결합 시 선홍색의 oxymyoglobin이 되고 공기 중 산소에 의해 철이 산화하면 갈색의 metmyoglobin이 된다.
② 조리 가열 시 globin 부분이 변성, 이탈되면 hematin이 된다.
③ 햄, 베이컨과 같이 발색제인 아질산염을 처리하면 안정한 형태의 nitrosomyoglobin을 형성하여 가열조리 시 선홍색을 유지하는데 이것을 가공육의 색고정화라 한다.

2) hemoglobin

① hemoglobin은 혈액의 붉은 색소로서 4개의 소단위로 구성되었으며 각 소단위는 globin 분자와 heme 1분자로 구성되어 있다. 산소운반 작용을 하며 산소와 결합하여 선홍색의 oxyhemoglobin을 형성하나 산소가 떨어지면 갈색의 methemoglobin으로 된다.
② hemocyanin은 hemoglobin의 철 대신에 구리를 함유하고 녹청색을 띤다.

SECTION 04 식품의 갈변

- 식품이 저장·조리·가공 중에 갈색으로 변하는 현상을 뜻한다.
- 효소적 갈변과 비효소적 갈변으로 구분된다.

1. 효소적 갈변

효소적 갈변은 주로 과·채류의 껍질을 제거하거나 파쇄하여 공기 중에 노출될 때 일어나는 현상이다. 효소적 갈변은 관능 및 품질에 영향을 미치기 때문에 이를 방지하기 위해서는 원인이 되는 효소를 불활성화시켜야 한다.

1) 폴리페놀 옥시다아제(polyphenol oxidase)에 의한 갈변

① 과·채류에 포함된 항산화물질인 폴리페놀(polyphenol)이 폴리페놀분해효소인 폴리페놀옥시다아제에 의해 분해되어 갈색의 멜라닌(melanin)을 생성하는 반응이다.
② 박피나 파쇄에 의해 산소와의 접촉면이 넓어지면 폴리페놀옥시다아제가 활성을 띠며 폴리페놀의 산화반응을 촉진한다.

2) 티로시네이즈(tyrosinase)에 의한 갈변

① 감자나 버섯에 많이 함유되어 있는 백색의 아미노산이 티로신분해효소인 티로시네이즈에 의해 분해되어 갈색의 멜라닌(melanin)을 생성하는 반응이다.
② 박피나 파쇄에 의해 활성화되며, 상처가 난 조직에서도 빠르게 발생한다.

3) 효소적 갈변 억제방법

① 저온 유지 : −10℃ 이하에서는 효소 활성 억제
② pH 조절 : 효소의 최적 pH는 5.6~6.8이므로 산성으로 유지하여 효소의 활성을 억제(pH 3에서 활성 상실)

③ 가열 : 효소는 60℃에서 파괴됨
④ blanching(데치기) : 물에 2/3 정도 잠기게 하고 83℃ 정도로 2~3분 열처리하면 효소가 불활성
⑤ 산소 제거 : 침지, 산소제거제, 진공포장을 통해 산소와의 접촉을 차단
⑥ 식염수 처리 : 염소 이온은 tyrosinase 활성을 억제

2. 비효소적 갈변

1) 캐러멜화 반응(caramelization reaction)

① 당류를 190~200℃로 가열하면 가열에 의한 열분해 및 중합에 의해 황갈색 내지 흑갈색의 캐러멜(caramels) 물질이 생성되는 과정으로 캐러멜 물질 외에도 휘발성 방향족 화합물에 의한 독특한 향을 내는 것이 특징이다.
② glucose의 경우 sucrose, fructose보다 탈수가 어려워 열분해에 의한 탈수·축합과정이 일어나기 힘들기 때문에 캐러멜화가 잘 일어나지 않는다.
③ sucrose는 약 180℃ 이상에서 용융되기 시작하나, 일반적으로 시럽 제조 시에 사용되는 fructose 및 그 외의 당은 115~150℃의 온도범위를 사용한다.

캐러멜화 반응의 기작	• Lobry de bruyn–alberda van eckenstein 전위 : aldose가 ketose로 전위 • 산화생성물 및 HMF 생성 : ketose가 HMF 등 furfural 유도체 생성 • reducton, furan, levulinic acid, lactone 생성 : 산화생성물, furfural 유도체 산화 • 산화생성물 분해 : ketose의 산화생성물, furfural 유도체, reductone이 분해되어 휘발성 화합물을 형성하여 식품의 향미에 영향 • humin 물질 생성 : 중합반응으로 흑갈색의 humin 물질을 형성하여 빵이나 비스킷에 영향

예 설탕을 가열하여 만든 시럽의 색

2) 마이야르 반응(Maillard reaction, amino carbonyl 반응)

식품 저장 및 가공 중 당의 carbonyl기와 단백질의 amin에 반응하여 melanoidin 같은 갈색 물질을 생성하여 갈변하는 현상으로 단백질과 환원당을 함께 가열할 때 발생할 수 있다. 주로 가열을 통해 이루어지지만 장기간 보관 시 자연발생적으로 일어날 수 있다.

» 마이야르 반응 과정

Maillard 반응 기전	
환원당의 carbonyl기와 아미노화합물의 결합에서 amino carbonyl 반응이라고 하며 생성물에 의해 melanoidine 반응이라고도 한다. 초기 단계, 중간 단계, 최종 단계로 나뉜다.	
초기 단계	
① 환원당과 아미노화합물의 축합반응	환원당과 아미노화합물이 축합하여 schiff 염기를 거쳐 질소 배당체인 glycosylamine이 형성된다.
② amadori 전위	글리코실아민은 약산의 촉매에 의해 아마도리 전위가 일어나 케토오스아민이 되며 색깔의 변화는 없다.

중간 단계	
① osones 형성	케토오스아민은 산화, 탈수에 의하여 amino 화합물은 떨어지고 반응성이 활발한 3-deoxyosone을 형성한다.
② 불포화 3,4-dideoxyosone 형성	3-deoxyosone은 더욱 산화하여 반응성이 강한 갈색 중간체인 unsaturated 3,4-dideoxyosone을 형성한다.
③ HMF 및 reductone 생성	unsaturated 3,4-dideoxyosone은 반응성이 커 오각형의 Hydroxymethylfurfural(HMF) 등 각종 고리화합물과 환원성, 반응성이 큰 reductone을 생성한다.
④ 산화생성물 분해	고리구조 화합물과 reductone이 분해하여 분자량이 적고 휘발성이 큰 알데히드류, 아세톤류, 알코올류 등의 분해산물을 형성하여 식품의 풍미에 영향을 미치고 최종 단계 반응에서 갈변에 관여한다.
최종 단계	
① aldol 축합반응	중간 단계에서 형성된 carbonyl 화합물은 알돌 축합이 일어나서 점차 분자량이 큰 불포화 축합생성물을 형성한다.
② strecker 반응	3,4-dideoxyosone과 아미노산이 반응하여 enaminol, CO_2, 알데히드 등이 생성되어 향미에도 영향을 미친다.
③ melanoidine 색소 형성	HMF, reductone류, 알돌 축합 생성물, strecker 반응 생성물과 이들의 아미노화합물은 활성이 큰 물질이므로 상호 반응을 일으켜 질소를 포함하고 불포화도가 큰 형광성을 띤 melanoidine 색소 중합체를 형성한다.

 된장의 갈색화, 커피콩 로스팅 시의 갈색화, 구운 빵의 갈색화

3) 마이야르 반응에 영향을 주는 요인

① 온도 : Q_{10} = 3으로 온도가 10℃ 상승할 때 반응속도가 3배 정도 증가한다. 10℃ 이하에서 갈변은 억제되며 100℃ 이상에서 가열취가 발생한다.
② pH : 알칼리성일수록 속도가 빨라지며 산성일수록 갈변속도는 느려진다.
③ 당의 종류 : 5탄당 > 6탄당 > 이당류 순서이며 6탄당은 과당 > 포도당이다.
④ 아미노산의 종류 : Lys, Arg 같은 염기성 아미노산이 반응이 빠르며 당과 아미노산 비율이 1 : 1일 때 갈변속도가 빠르다.
⑤ 수분활성도 : A_w 0.6~0.8의 중간 수분활성도에서 반응이 빠르다.
⑥ 금속 ion의 영향 : Fe이나 Cu는 reductone의 산화에 촉매제로 작용하여 갈변을 촉진한다.

> **Tip**
>
> **마이야르 반응 억제방법**
> - pH : pH 1~2 < pH 3~5 < pH 6.5~8.5
> - 온도 : 130~150℃에서 최적 반응물을 생성하며 200℃ 이상에서는 발암물질 생성
> - 수분 : A_w 0.6~0.8에서 최적 반응물을 생성하며 0.8 이후에는 감소

CHAPTER 03 식품의 물성

SECTION 01 콜로이드(Colloid : 교질)

1. 진용액
용매에 용질이 분자나 이온상태로 고르게 녹아 투명한 상태로, 용액이라 하며 설탕이나 소금 수용액 등이 속한다.

2. 콜로이드(교질) 용액
① 콜로이드 용액은 지름이 1~100nm 정도인 미립자가 공기나 액체에서 응집되거나 침전되지 않고 균일하게 분산되어 있는 입자들로 진용액보다 상당히 크기 때문에 빛을 산란시키기도 한다.
② 전분이나 분유를 물에 넣어 교반하면 녹지 않고 흐린 상태가 되는데, 이것을 콜로이드 상태라 한다.
③ 콜로이드는 전자현미경으로 볼 수 있으며 반투막은 투과하지 못하지만 여과지는 투과한다.
④ 분산된 물질을 분산질이라 하며, 분산시키는 매개체를 분산매라 한다.

> 분산계

분산매	분산질	분산계	예
기체	액체	액체 에어로졸	안개, 연무, 헤어스프레이
	고체	고체 에어로졸	연기, 미세먼지
액체	기체	거품	맥주 거품, 생크림, 탄산음료
	액체	유화액	우유, 마요네즈, 버터, 마가린
	고체	sol(졸)	된장국, 잉크, 혈액, 스프
고체	기체	고체 거품	빵, 케이크
	액체	gel(겔)	초콜릿, 젤라틴, 젤리, 양갱, 밥, 두부, 치즈
	고체	고체 gel(겔)	유리, 루비

3. 콜로이드의 상태

1) sol

액체 분산매에 액체 또는 고체의 분산질로 된 콜로이드 상태로 전체가 액상을 이룬다(우유, 전분액, 된장국, 한천 및 젤라틴을 물을 넣고 가열한 액상).

① 친수 sol : 분산매와 분산질의 친화력이 커 전해질을 넣어도 콜로이드 상태가 유지된다.
  예 전분, 젤라틴 수용액
② 소수 sol : 분산매와 분산질의 친화력이 적어 전해질을 넣으면 침전이 생긴다.
  예 염화은 sol

2) gel

친수 sol을 가열한 후 냉각시키거나 물을 증발시키면 반고체 상태가 되는데, 이것을 gel(겔)이라 한다.
  예 한천, 젤라틴, 젤리, 잼, 도토리묵, 삶은 계란

① syneresis(이액현상) : 장기간 방치된 gel이 수축하여 분산매가 분리된 상태를 말한다.
② xerogel(건조겔) : gel이 건조된 상태를 말한다.
  예 분말 한천, 판상 젤라틴

4. 콜로이드의 성질

1) 반투성(dialysis)

반투성은 생체막과 같은 막이 이온이나 저분자 물질은 투과시키나 콜로이드 이상 고분자 물질은 통과시키지 않는 성질을 말한다. 생체막이 조리 가공 중 파괴되어 반투성을 잃게 되면 생체 내 콜로이드 물질이 녹아 나온다.

2) 브라운 운동(brownian motion)

sol 상태에서 불규칙적으로 운동하는 분산매에 따라 충돌하는 분산질도 불규칙 운동을 하며 지속적으로 분산하게 되는데, 이것을 브라운 운동이라 한다.

3) 응결(coagulation)

소수성 sol에 전해질을 가해 침전되는 것을 응결이라 하며 친수성 sol은 분산질과 결합이 안정되어 침전되지 않으나 분산질과 물분자의 결합을 떨어뜨릴 정도로 많은 양의 전해질을 첨가하면 침전하게 되며, 이것을 염석(salting out)이라 하고 두부 제조에 이용한다.

4) 흡착(adsorption)

콜로이드 입자는 표면적이 넓어 흡착이 용이하며 조리과정 중 음식재료가 염류를 쉽게 흡착하는 것을 볼 수 있다.

5) 유화(emulsification)

분산질과 분산매가 액체인 콜로이드 상태를 유화액(emulsion)이라 하며, 이러한 작용을 유화라 한다. 물과 기름처럼 섞이지 않는 물질이 유화액을 이루기 위해서는 유화제가 필요한데 양친매성인 유화제는 한 분자 내에 친수성인 $-OH$, $-CHO$, $-COOH$, $-NH_2$ 등의 기능기와 alkyl기(탄화수소) 같은 소수성 기능기를 가지고 있어 물과 기름의 계면장력을 저하시켜 유화액을 안정화시킨다.

(1) 유화액의 형태

① 수중유적형(O/W형) : 우유, 마요네즈, 아이스크림
② 유중수적형(W/O형) : 버터, 마가린

(2) 유화제의 종류

lecithin, monoglyceride, diglyceride, sucrose fatty acid ester 등이 있다.

SECTION 02 Rheology

1. Rheology의 개념

식품의 기호성은 맛, 색, 향기 및 씹을 때 느끼는 질감에 관계되며, 이때 식품의 경도, 탄성, 점성 등 질감에 관련된 식품의 변형과 유동성 등의 물리적 성질을 리올로지라 한다.

2. Rheology의 종류

1) 점성(viscosity) 및 점조성(consistency)

유체의 흐름에 대한 저항성을 나타내며 점성은 균일한 형태와 크기를 가진 단일물질 Newtonian 유체(예 물, 시럽 등)에 적용되며, 점조성은 다른 형태와 크기를 가진 혼합물질인 Non-Newtonian 유체(예 토마토 케첩, 마요네즈 등)에 적용된다.

2) 탄성(elasticity)

외부 힘에 의해 변형된 후 외부 힘을 제거 시 원상태로 되돌아가려는 성질을 말한다.
예 고무줄, 젤리

3) 소성(plasticity)

외부 힘에 의해 변형된 후 외부 힘을 제거해도 원상태로 되돌아가지 않는 성질(버터, 마가린, 생크림)을 말한다. 생크림처럼 작은 힘에는 탄성을 보이다 더 큰 힘을 가하면 소성을 보이는 것을 항복치라 하며, 이러한 소성을 Bingham 소성이라 한다.

4) 점탄성(viscoelasticity)

외부 힘이 작용 시 점성유동과 탄성변형이 동시에 발생하는 성질을 말한다.

 chewing gum, 빵 반죽

> **Tip**
>
> **점탄성체의 성질**
> - 예사성(spinability) : 청국장, 계란 흰자 등에 막대 등을 넣고 당겨 올리면 실처럼 가늘게 따라 올라오는 성질
> - 바이센베르크(Weissenberg) 효과 : 연유에 막대 등을 세워 회전시키면 연유가 막대를 따라 올라오는 성질
> - 경점성(consistency) : 점탄성을 나타내는 식품의 경도(밀가루 반죽 경점성은 farinograph로 측정)
> - 신전성(extensibility) : 반죽이 국수같이 길게 늘어나는 성질(밀가루 반죽 신전성은 extensograph로 측정)

3. 유체 및 반고체 Rheology

1) 뉴턴(Newtonian) 유체

전단응력에 대하여 전단속도가 비례적으로 증감하는 것을 Newtonian 유체라 하며 단일물질, 저분자로 구성된 물, 청량음료, 식용유 등의 묽은 용액이 Newtonian 유체의 성질을 갖는다.

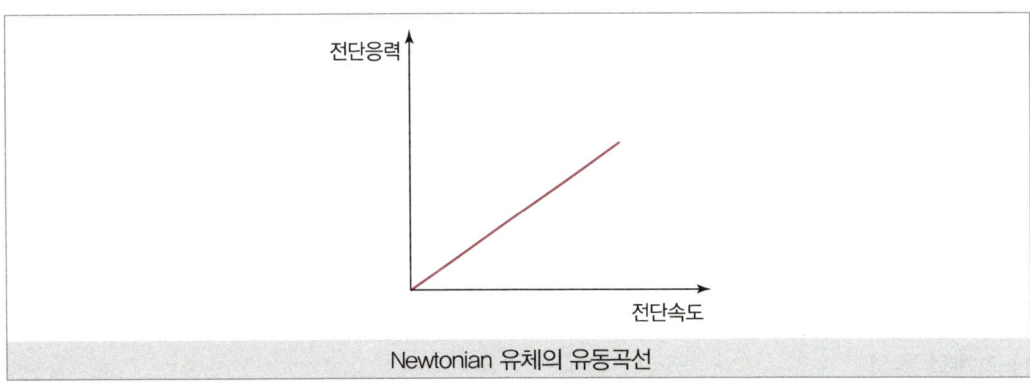

Newtonian 유체의 유동곡선

2) 비뉴턴(Non-Newtonian) 유체

① colloid 용액, 토마토케첩, 버터 등의 혼합물질로 구성된 반고체 식품은 Newtonian 유체 성질이 없어 전단응력과 전단속도 사이의 유동곡선이 직선이 아닌 곡선을 나타내며, 이 유체를 Non-Newtonian 유체라 한다.

② 전단속도 증가에 따라 전단응력의 증가폭이 감소하는 유체를 의사가소성(Pseudoplastic) 유체라 하고 전단속도 증가에 따라 전단응력의 증가폭이 증가하는 유체를 Dilatant 유체라 한다.
③ 생크림과 같이 반고체 식품에서 약한 전단응력에 탄성을 보이다 좀 더 강한 전단응력에 소성을 보일 때 이 힘을 항복치(Yield Value)라 하며, 전단속도 증가에 따라 전단응력의 증가폭이 일정한 유체를 Bingham 소성 유체라 하고 항복치를 가지면서 의사가소성 또는 Dilatant 성질을 나타내는 것을 혼합형 유체라 한다.
④ 시간에 따른 유동특성 변화에 따라 전단응력이 작용할수록 점조도가 감소하는 Thixotropic 유체와 전단응력이 작용할수록 점조도가 증가하는 Rheopectic 유체로 구분된다.

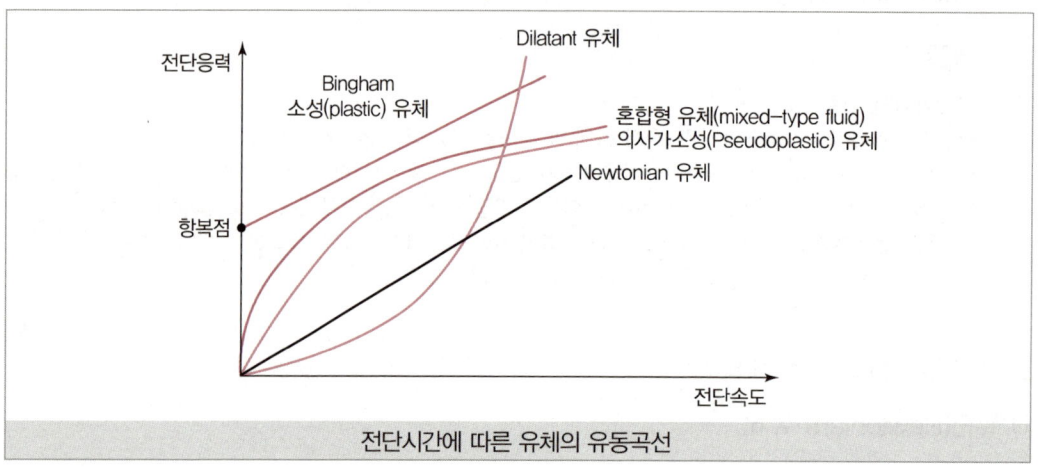

전단시간에 따른 유체의 유동곡선

SECTION 03 Texture

식품을 먹었을 때 물리적 감각으로 씹거나 삼킬 때의 식감, 조직감, 질감에 관계된 성질로 texture의 측정은 관능적인 방법과 기계적인 방법으로 한다.

1. 관능적 측정

1) 기계적 특성

① 경도, 견고성 : 무르다, 굳다 · 견고하다, 단단하다 등
② 응집성
- 파쇄성 : 부스러지다, 깨지다 등
- 저작성, 씹힘성 : 연하다, 쫄깃하다, 질기다 등
- 점착성, 검성 : 바삭하다, 풀 같다, 고무질 같다 등
③ 점성 : 묽다, 진하다, 끈적하다 등

④ 탄성 : 가소성, 점성, 탄력성 등
⑤ 부착성 : 미끈하다, 끈적하다, 달라붙는다 등

2) 기하학적 특성

① 입자의 크기와 형태 : 꺼칠하다, 보드랍다 등
② 입자의 배열과 결합 상태 : 거칠다, 뻣뻣하다 등

3) 기타 특성

① 수분 함량 : 마르다, 촉촉하다, 물기가 있다 등
② 지방 함량 : 기름지다, 미끈미끈하다 등

2. 기계적 측정

치아의 씹는 작용을 기계로 만든 texturometer로 2회 반복의 씹는 동작에서 얻은 시간과 힘의 관계 곡선으로부터 견고성, 응집성, 탄력성 등 각종 물리적 특성을 얻는다.

CHAPTER 04 식품의 유해물질

SECTION 01 내인성 유해물질

1. 식물성 유독성분

종류	소재 식품	종류	소재 식품
solanin	감자	ricin	피마자
retrosine, monocrotaline	밀가루	trypsin inhibitor	콩
lycorin	꽃무릇	phallotoxin	독버섯
tomatidine	토마토	amanitatoxin	독버섯
amygdalin	청매, 복숭아	mimosine	두류
dhurrin	수수	selenoamine	마늘
linamarin, lotaustralin	강낭콩	muscarine, neurine	독버섯
saponin	대두, 팥	gossypol	면실유

2. 동물성 유독성분

종류	소재 식품	종류	소재 식품
venerupin	모시조개, 굴	saxitoxin	홍합, 섭조개, 대합
mytilotoxin	담치	tetrodotoxin	복어

SECTION 02 외인성 유해물질

1. 미생물 생성 유독물질

종류	소재 식품	종류	소재 식품
cadaverine	아미노산 탈탄산 반응에 의해 생성된 부패독 성분	ergotamine	보리, 호밀, 밀
putrescine		ergotoxin	
histamine		citrinin	황변미 : 신장독
tyramine		islanditoxin	황변미 : 간장독
aflatoxin	콩, 땅콩, 옥수수 : 간암 유발, 간장독	luteoskyrin	황변미 : 신경독

2. 방사성 물질

1) 방사선의 종류

방사성 원소가 방출하는 고속도의 입자 또는 방사에너지로서 입자선인 α, β선과 중성자 및 파동선인 γ, X선 등이 있다.

2) 방사선의 생물학적 작용

전리방사선은 세포의 핵에 작용하여 이를 손상시키며, 세포의 손상 정도는 방사선의 투과력, 전리작용, 피폭방법, 피폭선량, 조직의 감수성에 따라 다르다.

① 투과력의 크기는 X선 또는 $\gamma > \beta > \alpha$ 선이고, 전리작용은 X선 또는 $\gamma < \beta < \alpha$ 선이다.
② 방사선에 대한 감수성이 큰 순서는 다음과 같다.
   골수, 림프선 > 성선 > 피부 > 근육세포 > 신경세포 > 연골, 뼈

방사선 조사처리 마크

3) 방사성 물질의 식품오염 경로

식물에서 Sr-90은 뿌리로 흡수, Cs-137은 식물체 표면에 흡수되며 가축의 오염은 사료와 음료수로 I-131이 문제가 되고 있다.

» 방사성 원소의 반감기 및 신체 피해 부위

종류	물리적 반감기	생물학적 반감기	유효 반감기	피해 부위
요오드 131	8.04일	138일	7.6일	갑상선, 임파선
스트론튬 90	28.78년	35년	16년	뼈, 골수
세슘 137	30.07년	109일	108일	전신
플루토늄 239	24,300년	200년	198년	뼈, 골수
코발트 60	5.27년	9.5일	9.5일	전신

※ 물리적 반감기 : 자연 대기, 토양 등 몸 밖에 방사성 물질이 방출되었을 때 방사선량이 절반으로 줄어드는 데 걸리는 시간
※ 생물학적 반감기 : 몸에 들어온 방사성 물질의 양이 절반으로 줄어드는 데 걸리는 시간
※ 유효 반감기 : 몸에 흡수된 방사성 물질이 생물학적 영향을 미치는 기간의 반감기

4) 식품조사에 이용하는 방사선

식품조사에 이용하는 방사선은 Co-60의 γ선이며 해충 및 미생물의 식품조사에 대한 감수성은 다음과 같다.

> 해충 > 대장균군 > 무아포 형성균 > 아포 형성균 > 아포 > 바이러스

5) 방사선 처리목적

(1) 1kGy 이하의 저선량 방사선 조사
① 발아 · 발근 억제(양파, 감자 등)
② 기생충의 사멸(돼지고기 등)
③ 과실류의 숙도 조절(토마토, 망고, 바나나 등)
④ 식품의 저장수명 연장

(2) 1kGy 이상의 고선량 방사선 조사
① 식중독균의 사멸
② 바이러스의 사멸

(3) 10kGy 이하의 방사선 조사
모든 병원균을 완전히 사멸시키지는 못하지만, 식품에서는 10kGy 이하의 에너지를 주로 사용한다.

3. 내분비계 장애물질

1) 내분비계 장애물질의 특성

내분비계 장애물질이란 사람이나 동물의 내분비 호르몬과 비슷하게 작용하는 화학물질로 정상적인 내분비계에 영향을 미쳐 생식능력 장애 등을 일으키는 물질을 말하며, 환경으로 배출된 화학물질이 자연상태에서 파괴되지 않고 먹이사슬을 통해 생물농축되어 환경호르몬이라고도 부른다. 환경호르몬은 낮은 농도에서 독성을 나타내며 대부분 지용성으로 지방조직에 축적된다.

2) 내분비계 장애물질 종류

① 비스페놀 A : 캔음료의 내부 코팅제
② 스티렌 단량체 : 컵라면 용기, 요구르트 용기
③ 프탈레이트(프탈산) : 플라스틱 가소제
④ 다이옥신 : 쓰레기장의 젖은 플라스틱 소각 시 발생, 고엽제
⑤ DDT : 유기염소계 농약

⑥ PCB : 절연체
⑦ 노닐페놀 : 세제, 섬유유연제, 샴푸

3) 내분비계 장애물질 방지대책

① 캔음료는 가열하지 않는다.
② 컵라면과 같은 1회용 용기의 사용을 자제한다.
③ 플라스틱 용기나 랩의 사용을 자제한다.
④ 쓰레기 태우는 곳 근처에 가지 않는다.
⑤ 육류의 지방부위를 되도록 제거하고 먹는다.
⑥ 천연소재 비누나 샴푸를 사용한다.

SECTION 03 유기성 유해물질

식품의 제조·가공·저장·유통 등의 과정 중 물리적·화학적 및 생리적 작용에 의해 생성되는 유해물질이다.

1. 다환 방향족 탄화수소(PAH : Polycyclic Aromatic Hydrocarbons)

① 주로 300℃ 이상의 높은 온도에서 유기물이 불완전 연소될 때 발생한다.
② 식품에서는 주로 훈연제품이나 숯불구이 시 생성되고, 강한 발암성을 나타내며 벤조피렌은 그중 가장 강력한 발암성을 가진다.

벤조피렌(benzoapyrene)의 기준
- 식용유지(식물성 유지류, 어유, 기타 동물성 유지, 혼합식용유, 향미유, 가공유지, 쇼트닝, 마가린) : 2.0μg/kg 이하
- 숙지황 및 건지황 : 5.0μg/kg 이하
- 훈제어육 : 5.0μ/kg 이하(다만, 건조제품은 제외)
- 훈제건조어육 : 10.0μg/kg 이하[생물로 기준 적용(건조로 인하여 수분 함량이 변화된 경우 수분 함량을 고려하여 적용)하며, 물로 추출하여 제조하는 제품의 원료로 사용하는 경우에 한하여 이 기준을 적용하지 아니할 수 있다. 다만, 이 경우 물로 추출한 추출물에서는 벤조피렌이 검출되어서는 아니 된다.]
- 어류 : 2.0μg/kg 이하
- 패류 : 10.0μg/kg 이하
- 연체류(패류는 제외) 및 갑각류 : 5.0μg/kg 이하
- 영아용 조제유, 성장기용 조제유, 영아용 조제식, 성장기용 조제식, 영·유아용 이유식, 영·유아용 특수조제식품 : 1.0μg/kg 이하
- 훈제식육제품 및 그 가공품 : 5.0μg/kg 이하
- 흑삼(분말 포함) : 2.0μg/kg 이하
- 흑삼농축액 : 4.0μg/kg 이하

2. N-나이트로사민(N-nitrosamine)

① 햄이나 소시지 등 가공육 제조 시 발색제로 사용하는 아질산염과 식품성분 중 amine, amide가 반응하여 생성된다.
② 주로 간장 및 식도에 암을 유발하는 발암성 물질이다.

3. 과산화물(hydroperoxide)

불포화지방이 저장이나 가공 중 산소와 결합하여 생성되며 동맥경화, 간장장애, 구토, 설사 등을 일으킨다.

4. 트리할로메탄(THM : Trihalomethane)

수돗물의 소독제로 사용하는 염소와 물속의 유기물이 반응하여 생성되며 발암성 물질로, 수돗물에서는 0.1mg/L 이하로 규제된다.

5. 메틸알코올(methylalcohol)

① 포도주, 사과주 등 과실주 발효 시 펙틴으로부터 생성된다.
② 체외로 배설되는 데 오랜 시간이 요구되고, 두통, 구토, 실명 등의 증상이 나타나며 심하면 사망하게 된다.

6. 3-MCPD(3-Monochloropropane-1,2diol)

① 산분해간장 제조 시 정제가 불충분하여 지방성분이 남아있는 대두를 사용하였을 때 염산과 반응하여 생성되는 유독물질이다.
② 불임 및 발암 가능성이 있는 물질로 알려져 있으며, 산분해간장 및 혼합간장에 대해 0.3mg/kg으로 관리되고 있다.

》 규제기준

대상식품	기준(mg/kg)
산분해간장, 혼합간장(산분해간장 또는 산분해간장 원액을 혼합하여 가공한 것에 한함)	0.02 이하
식물성 단백가수분해물(HVP : Hydrlyzed Vegetable Protein)	1.0 이하(건조물 기준)

※ 식물성 단백가수분해물(HVP) : 콩, 옥수수 또는 밀 등으로부터 얻은 식물성 단백질원을 산가수분해와 같은 화학적 공정(효소분해 제외)을 통해 아미노산 등으로 분해하여 얻어진 것을 말한다.

CHAPTER 05 식품의 성분 분석

SECTION 01 수분

1. 상압가열건조법

1) 원리

검체를 물의 끓는점보다 약간 높은 온도 105℃에서 상압건조시켜 그 감소되는 양을 수분량으로 하는 방법으로서 가열에 불안정한 성분과 휘발성분을 많이 함유한 식품에 있어서는 정확도가 낮은 결점이 있으나 측정원리가 간단하여 여러 가지 식품에 있어서 많이 이용된다.

2) 실험방법

① 미리 가열하여 항량으로 한 칭량접시에 검체 3~5g을 정밀히 단다.
② 뚜껑을 약간 열어 넣고 각 식품마다 규정된 온도의 건조기에 넣어 3~5시간 건조한 후 데시케이터 중에서 약 30분간 식히고 질량을 측정한다.
③ 다시 칭량접시를 1~2시간 건조하여 항량이 될 때까지 같은 조작을 반복한다.

3) 수분 함량의 계산

$$수분(\%) = \frac{b-c}{b-a} \times 100$$

여기서, a : 칭량접시의 질량(g)
b : 칭량접시와 검체의 질량(g)
c : 건조 후 항량이 되었을 때의 질량(g)

2. 감압가열건조법

1) 원리

100℃ 이상의 고온에서 시료를 가열시키지 않고 100℃ 이하에서 시료 중의 수분을 휘발시키기 때문에 비교적 열에 불안정한 식품의 수분을 분석하는 데 사용한다.

2) 실험방법

① 100~110℃로 건조하여 항량으로 한 칭량병에 검체 2~5g을 정밀히 달아 넣고 일정 온도로 조절하여(일반적으로 98~100℃) 감압건조기에 넣어 감압하여 약 5시간 건조한다.
- 국수, 식빵 등 : 미리 건조하여 가루로 한 다음에 실험을 실시
- 연유, 생달걀 등 : 해사와 유리봉을 넣은 칭량병을 미리 건조한 다음에 실험을 실시

② 세기병(황산)을 통하여 습기를 제거한 공기를 건조기 중에 넣어 기내가 상압으로 되었을 때 칭량병을 꺼내어 데시케이터에서 식힌 다음 질량을 측정한다.

③ 다시 칭량병을 감압건조기에 넣고 1시간 건조하여 항량이 될 때까지 같은 조작을 반복한다.

3. 칼피셔(Karl-Fisher)법

1) 원리

피리딘 및 메탄올의 존재하에 물이 요오드 및 아황산가스와 반응하는 것을 이용하여 칼피셔 시액으로 검체의 수분을 정량하는 방법이다.

2) 시험방법

칼피셔용 메탄올 25mL를 건조 적정 플라스크에 취하여 미리 칼피셔 시액으로 종말점까지 적정하여 플라스크 안을 무수상태로 한 다음 수분 10~50mg에 해당하는 검체를 적정플라스크에 옮겨 넣고 흔들어 섞으며 칼피셔 시액으로 종말점까지 적정한다.

SECTION 02 회분

1. 원리

식품을 도가니에 넣고 직접 550~600℃의 온도에서 가열하면 유기물은 완전히 산화·분해되어 많은 가스를 발생하고 타르(tar) 모양으로 되며 점차로 탄화(炭火)한다. 회분(ash)이란 음식물 속에 들어있는 무기물 또는 그것의 전체 분량에 대한 비율을 뜻하는 말로 유기물을 탄화하고 남은 재를 뜻한다.

2. 실험방법

① 도가니의 항량 : 깨끗한 도가니를 전기로 또는 가스버너에서 600℃ 이상으로 여러 시간 강하게 가열한 후 데시케이터에 옮겨 실온으로 식힌 다음 질량을 측정한다.

② 검체의 전처리 : 검체를 도가니에 정밀히 달아 넣고 필요하다면 예비탄화를 진행한다.

③ 회화 : 용기를 그대로 회화로에 옮겨 550~600℃에서 2~3시간 가열하여 백색, 회백색의 회분이 얻어질 때까지 계속한다.
④ 칭량 : 회화가 끝난 후, 가열을 멈추고 그대로 식혀 온도가 약 200℃로 되었을 때 데시케이터에 옮겨 식힌 후 칭량한다.
⑤ 계산 : 회화한 다음 데시케이터에 옮겨 식히고 실온으로 되면 곧 칭량하여 검체의 회분 함량(%)을 산출한다.

3. 회분 함량의 계산

$$\text{회분}(\%) = \frac{W_1 - W_0}{S} \times 100$$

여기서, W_1 : 회화 후의 도가니와 회분의 질량(g)
 W_0 : 항량이 된 도가니의 질량(g)
 S : 검체의 채취량(g)

SECTION 03 지방

1. 원리

일반적으로 물에 녹지 않고 유기용매에 녹는 물질을 지방이라 한다. 조지방 분석은 이 원리를 이용하여 속슬렛추출장치로 에테르를 순환시켜 검체 중의 지방을 추출하여 정량한다. 속슬렛추출법 혹은 에테르 추출법이라 칭한다.

2. 실험방법

① 미세한 분말로 전처리한 검체 2~10g을 용기에 담아 100~105℃의 건조기에서 2~3시간 건조한 후, 데시케이터에서 식히고 속슬렛추출장치의 추출관에 넣는다.
② 추출 플라스크에 무수에테르 약 1/2 용량을 넣어 추출관 및 냉각관을 연결하여 50~60℃의 수욕상에서 8~16시간 추출한다.
③ 추출이 끝난 후, 추출 플라스크 중의 에테르가 전부 추출관에 옮겨지면 추출 플라스크를 떼어 수욕 중에서 에테르를 완전히 증발시킨다.
④ 98~100℃의 건조기에 넣어 약 1시간 항량이 될 때까지 건조한 다음 데시케이터에서 식히고 칭량한다.

3. 조지방 함량의 계산

$$조지방(\%) = \frac{W_1 - W_0}{S} \times 100$$

여기서, W_1 : 조지방을 추출하여 건조시킨 추출 플라스크의 무게(g)
W_0 : 추출 플라스크의 무게(g)
S : 검체의 채취량(g)

SECTION 04 단백질

1. 정량분석법

1) 원리

단백질을 황산으로 분해하여 생성된 유리 NH_3의 양을 정량하고, 질소계수 $6.25(=\frac{100}{16})$를 구하는 정량분석법으로, 세미마이크로 킬달법이라 칭한다.

2) 실험방법

① 분해 : 질소를 함유한 유기물(단백질)은 촉매의 존재하에서 황산으로 가열분해하면, 질소는 황산과 결합하여 황산암모늄을 생성한다.
② 증류 : 이 황산암모늄에 NaOH를 가하여 알카리성으로 하고, 유리된 NH_3를 수증기 증류하여 희황산으로 포집한다.
③ 중화 : 증류된 포집액을 일정량의 붕산용액에 흡수·중화시킨다.
④ 적정 : 이 포집액을 NaOH로 적정하여 질소의 양을 구하고 질소계수를 곱하여 조단백의 양을 산출한다.

2. 정성분석법

1) Ninhydrin 반응

아미노산의 α-아미노기와 닌히드린 시약이 결합하여 청자색의 결정체를 만들어 아미노산, 펩타이드, 단백질의 정성반응에 이용된다. 단, 프롤린은 이미노산으로 노출된 α-아미노기가 없어 황색 결정체를 형성한다.

2) Biuret 반응

peptide 결합을 2개 이상 가진 단백질은 뷰렛시약과 반응하여 청자색을 나타내므로 단백질이나 펩타이드 정성에 이용된다. 아미노산은 반응하지 않는다.

3) 아미노산 분석법

① Millon(밀론 반응) – Tyr(티로신)
② Xanthoprotein – Trp(트립토판), Tyr(티로신), Phe(페닐알라닌)
③ Sakaguchi – Arg(아르기닌)

SECTION 05 탄수화물

▶▶ 탄수화물의 정성분석법

명칭	목적	정의
몰리슈(Molisch) 반응	탄수화물 정성 검출	당 용액에 α-나프톨과 황산을 작용시켜 보라색의 착색물질을 생성하는 반응
펠링(Fehling) 반응	환원당 정성 검출	펠링 용액(주석산, 수산화나트륨 혼합 수용액)에 의하여 환원당이 적색의 침전을 만드는 반응
아이오딘(Iodine) 반응	전분의 정성 검출	전분에 요오드 용액을 가하면 청색으로 변하는 반응

CHAPTER 06 식품첨가물

SECTION 01 식품위생행정

1. 식품첨가물의 정의
① JECFA(FAO/WHO 합동 식품첨가물 전문가위원회) : 식품의 외관, 향미, 조직, 저장성을 향상시키기 위한 목적으로 식품에 미량으로 첨가하는 비영양성 물질이라고 정의하였다.
② 우리나라 식품위생법 제2조 제2호 : "식품첨가물이라 함은 제조·가공·조리 또는 보존하는 과정에서 감미(甘味), 착색(着色), 표백(漂白) 또는 산화방지 등을 목적으로 식품에 사용되는 물질을 말한다. 이 경우 기구(器具)·용기·포장을 살균·소독하는 데에 사용되어 간접적으로 식품으로 옮아갈 수 있는 물질을 포함한다."라고 정의하였다.

2. 식품첨가물의 구비조건
① 인체에 무해하며 체내에 축적되지 않아야 한다.
② 안전성을 입증 또는 확인이 가능해야 한다.
③ 식품의 품질 유지, 안전성 향상 또는 관능적 특성 개선(식품의 특성, 본질 또는 품질을 변화시켜 소비자를 기만한 우려가 있는 경우는 제외)
④ 식품의 영양가 유지시키며 외관 향상
⑤ 이화학적 변화에 안정하며 분석적인 방법으로 확인이 가능해야 한다.
⑥ 저렴하고 미량으로 효과가 있어야 한다.

3. 식품첨가물의 안전성 평가
식품첨가물의 안전성은 일반 독성시험으로 평가한다.

1) 급성 독성시험
① 시험하고자 하는 물질을 동물에 1회 투여하여 치사량을 구하는 시험이다.
② 투여한 실험동물의 반수가 사망하는 양을 LD_{50}(Lethal Dose, 반수치사량)이라 하며 체중 1kg당 mg으로 표시한다. 수치가 작을수록 독성이 크다.

③ 실험동물은 2개 종 이상으로 한다.

2) 아급성 독성시험

① LD_{50}의 양을 1/2, 1/4, 1/8 식으로 1~3개월간 투여하여 관찰한다.
② 만성 독성시험을 위한 예비시험으로 실시한다.

3) 만성 독성시험

① 단기간 투여에는 아무런 장애가 없었으나 소량씩 장기간 투여 시 일어나는 증상을 관찰한다. 보통 투여용량은 최대내량 이하로 설정한다. 최대내량은 대조군과 비교해 10% 이상 체중 감소가 없으며 동물의 수명에 어떠한 영향을 미치지 않는 최대용량을 말한다.
② 최대무작용량을 구하는 것이 목적이다. 최대무작용량은 대상 동물에 일생 동안 지속적으로 투여하여도 어떠한 독성이 나타나지 않는 양을 말한다.

4) 1일 섭취허용량(ADI : Acceptable Daily Intake)

최대무작용량의 1/100을 체중 1kg당 1일 섭취허용량으로 정한다. 1/100은 안전계수로 동물과 사람의 차이 1/10과 사람 간의 차이 1/10을 적용한 값이다.

> 1일 섭취허용량 = 최대무작용량(mg/kg) × 안전계수(1/100)

4. 첨가물의 종류

식품첨가물의 종류

구분	내용
가공보조제	식품의 제조 과정에서 기술적 목적을 달성하기 위하여 의도적으로 사용되고 최종제품 완성 전 분해·제거되어 잔류하지 않거나 비의도적으로 미량 잔류할 수 있는 식품첨가물
감미료	식품에 단맛을 부여하는 식품첨가물
고결방지제	식품의 입자 등이 서로 부착되어 고형화되는 것을 감소시키는 식품첨가물
거품제거제	식품의 거품 생성을 방지하거나 감소시키는 식품첨가물
껌기초제	적당한 점성과 탄력성을 갖는 비영양성의 씹는 물질로서 껌 제조의 기초 원료가 되는 식품첨가물
밀가루 개량제	밀가루나 반죽에 첨가되어 제빵 품질이나 색을 증진시키는 식품첨가물
발색제	식품의 색을 안정화시키거나, 유지 또는 강화시키는 식품첨가물
보존료	미생물에 의한 품질 저하를 방지하여 식품의 보존기간을 연장시키는 식품첨가물
분사제	용기에서 식품을 방출시키는 가스 식품첨가물
산도조절제	식품의 산도 또는 알칼리도를 조절하는 식품첨가물
산화방지제	산화에 의한 식품의 품질 저하를 방지하는 식품첨가물
살균제	식품 표면의 미생물을 단시간 내에 사멸시키는 작용을 하는 식품첨가물

구분	내용
습윤제	식품이 건조되는 것을 방지하는 식품첨가물
안정제	두 가지 또는 그 이상의 성분을 일정한 분산 형태로 유지시키는 식품첨가물
여과보조제	불순물 또는 미세한 입자를 흡착하여 제거하기 위해 사용되는 식품첨가물
영양강화제	식품의 영양학적 품질을 유지하기 위해 제조공정 중 손실된 영양소를 복원하거나, 영양소를 강화시키는 식품첨가물
유화제	물과 기름 등 섞이지 않는 두 가지 또는 그 이상의 상(phases)을 균질하게 섞어주거나 유지시키는 식품첨가물
이형제	식품의 형태를 유지하기 위해 원료가 용기에 붙는 것을 방지하여 분리하기 쉽도록 하는 식품첨가물
응고제	식품 성분을 결착 또는 응고시키거나, 과일 및 채소류의 조직을 단단하거나 바삭하게 유지시키는 식품첨가물
제조용제	식품의 제조·가공 시 촉매, 침전, 분해, 청징 등의 역할을 하는 보조제 식품첨가물
젤형성제	젤을 형성하여 식품에 물성을 부여하는 식품첨가물
증점제	식품의 점도를 증가시키는 식품첨가물
착색료	식품에 색을 부여하거나 복원시키는 식품첨가물
청관제	식품에 직접 접촉하는 스팀을 생산하는 보일러 내부의 결석, 물때 형성, 부식 등을 방지하기 위하여 투입하는 식품첨가물
추출용제	유용한 성분 등을 추출하거나 용해시키는 식품첨가물
충전제	산화나 부패로부터 식품을 보호하기 위해 식품의 제조 시 포장 용기에 의도적으로 주입시키는 가스 식품첨가물
팽창제	가스를 방출하여 반죽의 부피를 증가시키는 식품첨가물
표백제	식품의 색을 제거하기 위해 사용되는 식품첨가물
표면처리제	식품의 표면을 매끄럽게 하거나 정돈하기 위해 사용되는 식품첨가물
피막제	식품의 표면에 광택을 내거나 보호막을 형성하는 식품첨가물
향미증진제	식품의 맛 또는 향미를 증진시키는 식품첨가물
향료	식품에 특유한 향을 부여하거나 제조공정 중 손실된 식품 본래의 향을 보강시키는 식품첨가물
효소제	특정한 생화학 반응의 촉매 작용을 하는 식품첨가물

1) 보존료

미생물에 의한 식품의 부패나 변질을 방지하기 위해 사용하는 물질을 말한다.

(1) 보존료의 조건

① 미생물 생육을 억제해야 한다.
② 식품에 나쁜 영향을 주지 않아야 한다.
③ 사용이 간단하고 값이 싸야 한다.
④ 인체에 무해하고 독성이 없어야 한다.
⑤ 장기적으로 사용해도 해가 없어야 한다.

(2) 산형 보존료

대부분 보존료는 산이나 그 산의 염 형태로 식품의 pH가 낮을수록, 즉 비해리 형태로 존재할수록 보존효과가 크다.

❯❯ 허용 보존료 및 사용기준

보존료	사용기준	
데히드로초산나트륨 (sodium dehydroacetate)	치즈, 버터, 마가린	0.5g/kg 이하
소르빈산 (sorbic acid) 소르빈산칼륨 (potassium sorbate) 소르빈산칼슘 (calcium sorbate)	• 치즈 • 식육가공품, 경육제품, 어육가공품, 성게젓, 땅콩버터, 모조치즈 • 젓갈류(식염 8% 이하), 고추장, 된장, 청국장, 혼합장, 어패 건제품, 팥 등 앙금류, 식용 알로에겔 농축액, 알로에겔 가공식품(식용 알로에겔 포함), 절임류(당절임, 식초절임 제외), 잼류, 플라워 페이스트, 마가린, 당류 가공품 • 건조 과실류, 토마토케첩, 식초절임, 당절임(건조 당절임 제외) • 과실주 • 발효음료류(살균한 것 제외)	3g/kg 이하 2g/kg 이하 1g/kg 이하 0.5g/kg 이하 0.2g/kg 이하 0.05g/kg 이하
안식향산 (benzoic acid) 안식향산나트륨 (sodium benzoate) 안식향산칼륨 (potassium benzoate) 안식향산칼슘 (calcium benzoate)	• 과실 · 채소류 음료, 탄산음료류(탄산수 제외), 기타 음료, 인삼 · 홍삼 음료, 간장 • 식용 알로에겔 농축액 및 알로에겔 가공식품 • 마가린류, 마요네즈, 절임식품, 잼류 • 망고 처트니	0.6g/kg 이하 0.5g/kg 이하 1g/kg 이하 0.25g/kg 이하
파라옥시안식향산에틸 (ethyl p-hydroxybenzoate) 파라옥시안식향산프로필 파라옥시안식향산이소부틸 파라옥시안식향산이소프로필	• 캡슐 • 간장 • 식초 • 과실 · 채소류 음료(비가열제품 제외), 기타 음료, 인삼 · 홍삼음료 • 소스류 • 과실 및 채소의 표피 • 잼류(병용 시의 합계가 1.0g/kg 이하) • 망고 처트니	1.0g/kg 이하 0.25g/L 이하 0.1g/L 이하 0.1g/kg 이하 0.2g/kg 이하 0.012g/kg 이하 1.0g/kg 이하 0.25g/kg 이하
프로피온산 (propionic acid) 프로피온산나트륨 (sodium propionate) 프로피온산칼슘 (calcium propionate)	• 빵 및 케이크류 • 치즈 • 잼류	2.5g/kg 이하 3.0g/kg 이하 1.0g/kg 이하

2) 살균제

식품 중 미생물을 사멸시키기 위해 첨가한다.

≫ 허용 살균제 및 사용기준

살균제	사용기준
차아염소산나트륨(sodium hypochlorite) 차아염소산수(hypochlorous acid water) 차아염소산칼슘(calcium hypochlorite)	과채류, 채소 (다만, 차아염소산나트륨의 경우 참깨에 사용하지 못함)
과산화수소(hydrogen peroxide)	최종제품에 완전히 분해되거나 또는 제거
과산화초산(peroxyacetic acid)	과일, 채소, 식육

3) 산화방지제(항산화제)

① **수용성** 산화방지제 ; 아스코르브산, 에리소르빈산 – **색소**의 항산화
② **지용성** 산화방지제 : BHA, BHT, 몰식자산프로필, 토코페롤 – **유지**의 항산화

유지 산패에 의한 식품의 변질 및 변색 등을 방지하기 위하여 사용하는 첨가물이다. 산화방지제는 단독으로 사용하기도 하고 **효력증강제**와 함께 사용한다. 이러한 효력증강제(synergist)로서는 구연산·사과산 등의 **유기산**류나 폴리인산염 등의 인산염류가 있다.

≫ 허용 산화방지제 및 사용기준

산화방지제	사용기준	
디부틸하이드록시톨루엔 (BHT : diButylated Hydroxy Toluene) 부틸하이드록시아니솔 (BHA : Butylated Hydroxy Anisole)	• **식용유지**, 식용우지, 식용돈지, 어패 건조품, 어패 염장품, 버터류	0.2g/kg 이하
	• 어패 냉동품(생식용 냉동선어패류 및 생식용 굴은 제외) 및 고래 냉동품(생식용은 제외)의 침지액	1g/kg 이하
	• 껌 및 인삼껌	0.75g/kg 이하
	• 식사대용식품[열수를 가하여 먹을 수 있는 즉석 건조식품(곡류가공품) 또는 그대로 섭취가능한 콘플레이크 등의 곡류가공품에 한함(이유식류 제외)]	0.05g/kg 이하
	※ 디부틸하이드록시톨루엔을 부틸하이드록시아니솔 또는 터셔리부틸하이드로 퀴논과 병용 시 그 합계가 각 사용 허용량을 넘어서는 아니 된다.	
	• 마요네즈	0.06g/kg 이하
몰식자산프로필 (propyl gallate) 에리소르빈산나트륨 (sodium erythorbate)	**식용유지**, 식용우지, 식용돈지 및 버터류	
L-아스코르브산(비타민 C) (L-ascorbic acid)	사용기준 없음	
DL-α-토코페롤(비타민 E) (DL-α-tocopherol)	사용기준 없음	

산화방지제	사용기준	
EDTA2나트륨 (disodium ethylenediamine tetraacetate)	드레싱 및 소스류	0.075g/kg(EDTA칼슘2나트륨과 병용할 때는 합계량이 0.075g/kg 이하)
EDTA칼슘2나트륨 (calcium disodium ethylene diamine tetraacetate)	• 통조림 또는 병조림 • 캔 또는 병포장된 음료 • 오이초절임 및 양배추초절임	0.25g/kg 이하 0.035g/kg 이하 0.22g/kg 이하

4) 표백제

식품의 가공이나 제조 시 갈변 등의 퇴색이나 착색을 막기 위해 발색성 물질을 탈색시켜 무색화한다.

> 허용 표백제 및 사용기준

표백제	사용기준(이산화유황으로서 최대 잔존량)	
메타중아황산나트륨 (sodium metabisulfite) 메타중아황산칼륨 (potassium metabisulfite) 무수아황산 (sulfur dioxide) 아황산나트륨 (sodium sulfite) 산성아황산나트륨 (sodium bisulfite) 차아황산나트륨 (sodium hydrosulfite)	• 박고지 • 설탕 • 양조식초 • 당밀, 물엿 • 건조과실류 • 곤약류 • 과실주 • 새우살 • 기타 식품[참깨, 두류, 서류, 과일류, 채소류 및 단순가공품(탈피, 절단 등) 제외] • 농축과실즙 및 과·채 가공품(5배 이상 희석하여 음용하는 것), 과실주스 • 엿	5.0g/kg 이하 0.02g/kg 이하 0.17g/kg 이하 0.3g/kg 이하 2g/kg 이하 0.9g/kg 이하 0.35g/kg 이하 0.1g/kg 이하 0.03g/kg 이하 0.15g/kg 이하 0.4g/kg 이하

5) 밀가루 개량제

밀가루의 표백 및 숙성기간을 단축시키고 제빵 저해물질을 파괴시킨다.

> 허용 밀가루 개량제 및 사용기준

밀가루 개량제	사용기준	
과산화벤조일(희석) (benzoyl peroxide) 과황산암모늄 (ammonium persulfate)	밀가루 이외에 사용금지	0.3g/kg 이하

6) 호료(증점제)

식품의 점착성을 증가시켜 유화성을 좋게 하고 촉감을 증진시킨다.

》 허용 호료 및 사용기준

호료	사용기준	
폴리아크릴산나트륨 (sodium polyacrylate)	일반식품	0.2% 이하
알긴산프로필렌글리콜 (propylene glycol alginate)	일반식품	1% 이하
메틸셀룰로오스 (methyl cellulose) 카르복시메틸셀룰로오스나트륨 카르복시메틸셀룰로오스칼슘 카르복시메틸스타치나트륨	일반식품	2% 이하
알긴산나트륨(sodium alginate) 카제인(casein) 카제인나트륨	사용기준 없음	

7) 발색제

착색제가 아니라 식품 중 발색원과 결합하여 색을 안정화하여 선명하게 발색시킨다. 육류의 육색소인 myoglobin 등에 결합하여 nitromyoglobin이 되어 발색 효과를 갖게 된다.

》 허용 발색제 및 사용기준

발색제	사용기준	
아질산나트륨(sodium nitrite) 질산나트륨(sodium nitrate) 질산칼륨(potassium nitrate)	• 식육가공품(포장육, 식육추출가공품, 식용유지, 식용돈지 제외) 및 경육제품 • 어육소시지류 및 어육햄류, 치즈 • 대구 염장품	0.07g/kg 0.05g/kg 0.2g/kg

8) 착색제

식품에 인공적으로 착색시켜 기호성을 높여 가치를 향상시킨다.

① 타르계 색소 : 석유의 콜타르(coal tar)에서 추출한 것으로 수용성이며 산성인 색소만 허용된다(지용성, 염기성은 독성이 강하므로 사용 금지).

② 타르계 알루미늄레이크 : 타르색소에 알루미늄염을 반응시켜 만든 것으로 내열성, 내광성이 우수하다.

③ 비타르계 색소 및 천연색소 : 동클로로필, 동클로로필린나트륨, 삼이산화철, 수용성 안나토, 철클로로필린나트륨, β-카로틴, 치자적색소, 코치닐추출색소, 토마토색소, 홍국황색소

▶ 허용 착색제 및 사용기준

착색제	사용기준
식용색소 녹색 제3호 식용색소 녹색 제3호 알루미늄레이크 식용색소 적색 제2호 식용색소 적색 제2호 알루미늄레이크 식용색소 적색 제3호 식용색소 청색 제1호 식용색소 청색 제1호 알루미늄레이크 식용색소 청색 제2호 식용색소 청색 제2호 알루미늄레이크 식용색소 황색 제4호 식용색소 황색 제4호 알루미늄레이크 식용색소 황색 제5호 식용색소 황색 제5호 알루미늄레이크 식용색소 적색 제40호 식용색소 적색 제40호 알루미늄레이크 식용색소 적색 제102호	[다음 식품에 사용 불가] 면류, 단무지, 특수영양식품, 건강기능식품, 유가공품(아이스크림 제외), 두유류, 유산균음료, 과실·채소류음료, 인삼제품류(정제의 제피 또는 캡슐, 인삼과자류 제외), 두부류, 묵류, 젓갈류, 김치류, 절임류, 조림류, 천연식품, 벌꿀, 버터류, 마가린류, 다류, 식빵, 마요네즈, 카스텔라, 레토르트식품, 장류, 식초, 소스류, 토마토케첩, 잼류, 고춧가루 및 실고추, 후춧가루, 향신료가공품, 향미유, 카레, 식육가공품, 어육가공품(어육소시지 제외), 식용유지류, 마요네즈, 즉석건조식품, 복합조미식품, 코코아버터, 땅콩 및 견과류가공품, 수프류, 코코아분말, 조미김, 과·채가공품, 추출가공식품, 알가공품
삼이산화철	바나나, 곤약 이외 식품에 사용 불가
수용성 안나토 β-카로틴	[다음 식품에 사용 불가] 천연식품, 다류, 고춧가루 또는 실고추, 김치류, 고추장, 식초
철클로로필린나트륨	사용기준 없음
동클로로필린나트륨	• 채소류 및 과실류의 저장품 0.1g/kg 이하 • 다시마(무수물) 0.15g/kg 이하 • 껌, 인삼껌 및 캔디류 0.05g/kg 이하 • 완두콩 통조림 중의 한천 0.0004g/kg 이하

9) 조미료(향미증진제)

식품의 맛이나 향미를 강화하기 위하여 첨가한다.

① 핵산계 조미료 : IMP(Inosine Mono Phosphate, 가쓰오부시 맛 성분), GMP(Guanosine Mono Phosphate, 표고버섯 맛 성분)
② 아미노산계 조미료 : MSG(Monosodium Glutamate, 글루탐산나트륨)
③ 유기산계 조미료 : 주석산, 구연산, 호박산(조개국물 맛), 사과산 등

10) 산미료

① 식품에 신맛을 부여하거나 pH를 낮추는 목적으로 사용한다. 산은 청량감을 주고 소화를 촉진하며 보전성에도 기여한다.
② 초산 및 빙초산, 구연산이 대표적으로 이용되며 주석산, 젖산, 인산, 글루코노-δ-락톤, 사과산, 이산화탄소가 쓰인다.

11) 감미료

식품에 단맛을 부여한다.

» 허용 감미료 및 사용기준

감미료	사용기준	
사카린나트륨 (물에 잘 녹으며 설탕의 500배)	• 단무지 · 절임식품(김치류 제외) • 김치류 • 음료류(발효음료류 제외) • 어육가공품 • 영양보충용 식품, 환자용 등 식품, 식사대용식품 • 뻥튀기	1.0g/kg 이하 0.2g/kg 이하 0.2g/kg 이하(5배 이상 희석하여 사용하는 것은 1.0g/kg 이하) 1.0g/kg 이하 1.2g/kg 이하 0.5g/kg 이하
글리실리진산나트륨 (감초의 감미성분)	된장 및 간장 이외의 식품에 사용 불가	
D-소르비톨	사용기준 없음	
아스파탐 (Phe + Asn)	• 빵류, 과자류 및 제조용 믹스 • 기타 식품	0.5% 이하 제한 없음
수크랄로오스 (합성감미료, 설탕 600배)	• 과자 • 음료류, 가공유류 및 발효유류	1.8g/kg 이하 0.40g/kg 이하
아세설팜칼륨 (설탕의 200배)	• 과자 • 빙과류, 아이스크림류	2.5g/kg 이하 1.0g/kg 이하
스테비오사이드 (스테비오배당체) (설탕의 300배) 효소처리 스테비아	[다음 식품에 사용 불가] 설탕, 포도당, 물엿, 벌꿀류	

12) 팽창제

① 빵류나 과자 등을 만들 때 암모니아나 이산화탄소 같은 가스를 발생하여 잘 부풀게 한다.
② 명반, 소명반, 암모늄명반, 염화암모늄, DL-주석산수소칼륨, 탄산수소나트륨, 탄산수소암모늄, 탄산암모늄, 제1인산칼륨, 황산알루미늄암모늄(된장에 사용 불가)

13) 유화제(계면활성제)

① 물과 기름처럼 섞이지 않는 액체에 양친매성 물질을 이용하여 혼합시킨다.
② 소르비탄지방산에스테르, 글리세린지방산에스테르, 자당지방산에스테르, 프로필렌지방산에스테르, 레시틴, 폴리소르베이트 20 등

14) 품질개량제

햄이나 소시지 등의 결착력을 높여 식감을 좋게 하는 것으로 인산염이 주로 이용된다.

15) 피막제

① 과실이나 채소의 표면에 피막을 만들어 호흡작용과 증산작용을 억제시켜 보전성을 높인다.
② 유동파라핀, 몰포린 지방산염, 초산비닐수지

16) 껌기초제

① 식품에 점성과 탄력성을 갖게 하는 역할로 쓰인다.
② 에스테르 껌(추잉껌 이외 사용금지), 초산비닐수지, 폴리부텐, 폴리이소부틸렌

17) 착향료

① 식품에 향을 부여하는 것으로 본래의 향을 없애거나 강화시켜 기호성을 높인다. 수용성 향료는 휘산이 잘되므로 유화향료로 향을 유지시킨다.
② 천연향료(식물성, 동물성), 합성향료(석유 화합물), 조합향료(천연향료＋합성향료)

18) 소포제

① 식품 제조 시 발생하는 거품을 제거한다.
② 규소수지

19) 용제

① 여러 영양성분이나 식품첨가물이 식품에 효과적으로 용해되도록 돕는다.
② 글리세린, 프로필렌글리콜

20) 추출제

① 대두유와 같은 식물유 등을 추출하기 위하여 사용한다.
② n－헥산(노르말헥산)

21) 이형제

① 빵을 구울 때 주형틀에서 빵을 쉽게 분리하도록 한다.
② 유동파라핀

22) 강화제

① 식품의 영양강화를 위하여 첨가한다.
② 비타민, 아미노산, 무기질(철염제 및 칼슘제)

실전예상문제

01 갈변반응에 대한 설명 중 틀린 것은?
① 폴리페놀 산화효소는 효소적 갈변화를 유발하는 효소로, catechol oxidase, laccase, monophenol monooxygenase 등이 있다.
② 캐러멜 반응은 당류의 가열에 의해 발생하는 갈변현상으로 아미노화합물이 필요하지 않다.
③ 마이야르 반응은 갈변반응의 일종으로 pH를 낮추면 melanoidin 색소의 형성속도를 줄일 수 있다.
④ 스트레커(strecker) 반응은 마이야르 반응 중 발생하는 현상으로 지질이 고열에 의해 분해되어 새로운 알데히드를 형성하는 반응이다.

해설
strecker 반응에 의해 아미노산이 분해되면서 저급 알데히드와 이산화탄소가 발생한다.

02 식용유지의 자동산화 중 나타나는 변화가 아닌 것은?
① 과산화물가가 증가하다가 감소한다.
② 공액형 이중결합(conjugated double bonds)을 가진 화합물이 증가한다.
③ 요오드가가 증가한다.
④ 산가가 증가한다.

해설
유지의 산화
㉠ 식용유지의 산화 시 점성이 생기며 황갈색, 적갈색으로 변색이 일어난다.
㉡ 이중결합 부위에 산화가 일어나고 요오드가가 감소하며 산가가 증가한다.
• 요오드가 : 이중결합에 첨가되는 요오드의 값으로 유지의 불포화도를 측정
• 산가 : 유지 중 분해된 유리지방산을 중화하는 데 필요한 KOH의 양을 이용해 신선도 측정

03 표고버섯의 주요 향미성분은?
① sinigrin ② lenthionine
③ glucosinolate ④ allocine

해설
향미성분
• 에스테르류 : sedanolide(셀러리), methyl cinnamate(송이버섯), amyl formate(사과, 복숭아), iso-amyl formate(배)
• 알코올류 : 2,6-nonadienal(오이), furfuryl alcohol(커피)
• 테르펜류 : limonene(레몬, 오렌지), camphene(생강), geraniol(오렌지, 레몬), menthol(박하), citral(오렌지, 레몬)
• 황화합물 : methyl mercaptan(무, 파, 마늘), propyl mercaptan(마늘), dimethyl mercaptan(양파, 마늘, 무), lenthionine(표고버섯)
• 알데히드류(aldehyde) 및 유기산 : 식물의 풋내, 유지 식품의 기름진 풍미 및 산패취, 생우유(acetone, acetaldehyde, propionic acid, butyric acid, caproic acid, methyl sulfide), 버터(diacetyl, propionic acid, butyric acid, caproic acid), 치즈(ethyl β-methyl mercaptopropionate)
• 피라진류(pyrazines) : 질소를 함유한 화합물로, 고기향, 땅콩향, 볶음향 등의 특성을 나타내는 성분, trimethylamine, piperidine, δ-aminovaleric acid(어류 비린내)

04 채소류의 특성에 대한 설명으로 틀린 것은?
① 시금치에 많이 함유된 옥살산은 칼슘과 결합하여 불용성 물질을 만들기도 한다.
② 채소류에 많이 함유된 비타민 C는 홍당무에 함유된 ascorbate oxidase에 의해 산화된다.
③ 무에 함유된 diastase는 단백질의 가수분해를 촉진시키므로 고기류와 함께 먹는 것이 바람직하다.
④ 갓에 함유된 매운맛 성분은 sinigrin으로 종자는 겨자분으로 이용되기도 한다.

정답 01 ④ 02 ③ 03 ② 04 ③

> **해설**
> 무에 다량 함유된 소화효소인 diastase는 녹말을 가수분해하여 maltose와 dextrin을 생성하므로 탄수화물의 소화를 돕는다.

05 Amore의 냄새물질의 수용체 모양에 따른 분류가 아닌 것은?

① 꽃향기 ② 에테르 냄새
③ 탄 냄새 ④ 썩은 냄새

> **해설**
> - Amore의 냄새 분류 : 장뇌냄새, 사향, 꽃향기, 박하향기, 에테르 냄새, 매운 냄새, 썩은 냄새
> - Henning의 냄새 분류 : 꽃향기, 과일향기, 매운 냄새, 수지향기, 썩은 냄새, 탄 냄새

06 식품의 갈색화 반응과 관계 깊은 polyphenol oxidase와 tyrosinase가 함유하고 있는 금속원소는?

① Zn ② Fe
③ Cu ④ Ni

> **해설**
> 폴리페놀 옥시다아제나 티로시네이즈는 퀴논과 멜라닌을 생성하여 식품의 갈색화를 일으키는 효소로 구리를 포함하는 효소이고 동식물들의 조직에서 나타난다.

07 단순단백질의 구조와 관계없는 결합은?

① 수소결합 ② 에스터 결합
③ 펩타이드 결합 ④ 소수성 결합

> **해설**
> 에스터 결합은 글리세롤과 지방산이 결합하는 형태로 지질의 대표적인 결합양식이다.
>
> **단순단백질**
> - 1차 구조 : 펩타이드 결합
> - 2차 구조 : 수소결합
> - 3차 구조 : 소수성 결합, 이황화결합, 수소결합

08 딸기, 포도, 가지 등의 붉은색이나 보라색이 가공, 저장 중 불안정하여 쉽게 갈색으로 변하는 색소는?

① 엽록소
② 카로티노이드계
③ 플라보노이드계
④ 안토시아닌계

> **해설**
> 딸기, 포도, 가지의 안토시아닌계 색소는 pH에 민감하여 가공 저장 중 갈색으로 변한다.

09 다음 두 성질을 각각 무엇이라 하는가?

> - A : 잘 만들어진 청국장은 실타래처럼 실을 빼는 것과 같은 성질을 가지고 있다.
> - B : 국수반죽은 긴 끈 모양으로 늘어나는 성질을 가지고 있다.

① A : 예사성, B : 신전성
② A : 신전성, B : 소성
③ A : 예사성, B : 소성
④ A : 신전성, B : 탄성

> **해설**
> **점탄성체의 성질**
> - 바이센베르크(Weissenberg) 효과 : 연유 중에 막대 등을 세워 회전시키면 탄성에 의해 연유가 막대를 따라 올라오는 성질
> - 예사성(spinability) : 청국장, 계란 흰자 등에 막대 등을 넣고 당겨 올리면 실처럼 가늘게 따라 올라오는 성질
> - 경점성(consistency) : 점탄성을 나타내는 식품의 경도(밀가루 반죽의 경점성은 farinograph로 측정)
> - 신전성(extensibility) : 반죽이 국수같이 길게 늘어나는 성질(밀가루 반죽의 신전성은 extensograph로 측정)

10 수용성 비타민으로서 동·식물성 식품에 널리 분포하며 산화·환원 반응에 관여하는 여러 효소의 조효소가 되고 결핍되면 구각염, 피부염 등의 증상을 나타내는 것은?

① 티아민(비타민 B_1)
② 리보플라빈(비타민 B_2)
③ pyridoxine(비타민 B_6)
④ 비오틴(비타민 H)

> **해설**
> **리보플라빈(비타민 B_2)**
> 산화환원 반응에 관여하는 조효소 FAD의 전구체이며 결핍되면 구각염, 피부염 등의 증상을 일으킨다.

정답 05 ③ 06 ③ 07 ② 08 ④ 09 ① 10 ②

11 무기질의 기능이 아닌 것은?

① 근육 수축 및 신경 흥분, 전달에 관여한다.
② 체액의 pH 및 삼투압을 조절한다.
③ 효소, 호르몬 및 항체를 구성한다.
④ 뼈와 치아 등의 조직을 구성한다.

해설
효소, 호르몬 및 항체를 구성하는 것은 단백질이다.

12 실험물질을 사육 동물에 2년 정도 투여하는 독성시험방법은?

① LD_{50}
② 급성 독성시험
③ 아급성 독성시험
④ 만성 독성시험

해설
독성시험방법
- 급성 독성시험 : 시험하고자 하는 물질을 동물에 1회 투여하여 치사량을 구하는 시험
- 아급성 독성시험 : LD_{50}의 양을 희석한 후 1~3개월 간 투여하여 독성을 보는 시험
- 만성 독성시험 : 소량의 검체를 장기간 투여하여 독성을 검사하는 시험
- 최기형성 시험 : 약물로 인해 새끼가 자궁 내 성장하는 동안의 기형발생작용을 확인하는 시험

13 우유가 알칼리성 식품에 속하는 것은 무슨 영양소 때문인가?

① 지방
② 단백질
③ 칼슘
④ 비타민 A

해설
식품의 액성
- 알칼리성 식품은 식품 중 알칼리 금속족에 속하는 원소(Na, K, Ca, Mg 등)가 물과 결합하여 강한 알칼리성($NaOH$, KOH, $Ca(OH)_2$ 등)을 나타낸다.
- S, C, Cl, P 등의 원소는 황산, 인산, 염산을 형성하는 산성 생성원소이다.

14 지용성 비타민의 특성에 대한 설명 중 옳은 것은?

① 프로비타민 A로서 동일 함량 β-카로틴의 비타민 A 활성은 α-카로틴 활성보다 크다.
② 프로비타민 D인 ergosterol은 자외선 조사보다는 가시광선 조사에 의해 비타민 D_2로 더 잘 전환된다.
③ 토코페롤 이성질체의 비타민 E 활성 순서는 $\alpha<\beta<\gamma<\delta$이다.
④ 토코페롤의 일중항산소 소거기능은 $\alpha>\beta>\gamma>\delta$ 순이다.

해설
지용성 비타민
- 물에 녹지 않고 기름과 유기용매에 녹는다.
- 결핍증세가 서서히 나타나며 과다 섭취 시 체내에 축적되어 부작용이 발생한다.
- 프로비타민 A로서 동일 함량 β-카로틴(100)의 비타민 A 활성은 α-카로틴(58) 활성보다 크다.
- 프로비타민 D인 ergosterol은 자외선 조사에 의해 비타민 D_2로 잘 전환된다.
- 토코페롤 이성질체의 비타민 E 활성 순서는 $\alpha>\beta>\gamma>\delta$이다.
- 토코페롤의 일중항산소 소거기능은 $\alpha<\beta<\gamma<\delta$ 순이다.

15 쌀 1g을 취하여 질소를 정량한 결과, 전질소가 1.5%일 때 쌀 중의 조단백질 함량은?(단, 질소계수는 6.25로 가정한다.)

① 약 8.4%
② 약 9.4%
③ 약 10.4%
④ 약 11.4%

해설
조단백질 함량 = 질소 함량 × 질소계수
∴ $1.5\% \times 6.25 = 9.375\% ≒ 9.4\%$

16 식품의 조리 가공 시 맛 성분에 대한 설명 중 틀린 것은?

① 김치의 신맛은 숙성 시 탄수화물이 분해하여 생긴 젖산과 초산 때문이다.
② 간장과 된장의 감칠맛은 탄수화물이나 단백질이 분해하여 생긴 아미노산, 당분, 유기산 등이 혼합된 맛이다.
③ 무, 양파를 삶으면 단맛이 나는 것은 매운맛 성분인 allyl sulfide류가 alkyl mercaptan으로 변화하기 때문이다.
④ 감귤과즙을 저장하거나 가공처리를 하면 쓴맛이 나는 것은 비타민 E 성분 때문이다.

해설

감귤과즙을 저장하거나 가공처리를 하면 쓴맛이 나는 것은 리모닌 때문이다.

17 유지의 산패 정도를 나타내는 값이 아닌 것은?

① TBA값 ② 과산화물가
③ 카르보닐가 ④ polenske

해설

유지의 산패 측정법
㉠ 유지의 산소흡수도, 과산화물 생성량, carbonyl 화합물의 생성량 등 측정
㉡ 과산화물가, oven법, TBA값(Thiobarbituric acid value), 아니시딘가, 카르보닐가, Kreis test, AOM(Active Oxygen Method)법 등
- 과산화물가(peroxide value)와 공액 이중산값(conjugated dienoic acid) : 유지 1차 산화생성물을 측정하는 방법
- 아니시딘가(anisidine value) : 유지 2차 산화생성물인 2-alkenal을 측정하는 방법
- 휘발성분 중 헥산알(hexanal)은 리놀레산(linoleic acid)으로부터, propanal은 리놀렌산(linolenic acid)으로부터 산화 시 발생하는 성분으로 1차 산화 정도를 측정하는 데 활용
- TBA값(Thiobarbituric acid value) : 유지 1차 산화생성물인 말론알데히드(malonaldehyde)를 측정하는 방법

18 당근에서 카로티노이드를 분석하는 방법에 대한 설명으로 틀린 것은?

① 카로티노이드는 빛에 의해 쉽게 분해되므로 암소에서 실험을 진행한다.
② 당근 시료에서 카로티노이드를 분리하기 위해 수용액상에서 끓여 용출시킨다.
③ 카로티노이드는 산소에 의해 쉽게 산화되므로 질소가스를 공급한다.
④ 분리된 카로티노이드는 보통 역상 HPLC 또는 분광광도계를 활용하여 정량한다.

해설

카로티노이드는 지용성 색소로 유기용매로 추출한다.

19 변성 단백질의 성질이 아닌 것은?

① polypeptide 사슬이 열에 의하여 풀어져서 효소작용을 받기가 어려워진다.
② 생물학적 특성을 상실하여 항원과 항체의 결합능력이 상실된다.
③ 구상 단백질이 변성하여 풀린 구조를 취하기 때문에 점도, 확산계수 등이 크게 된다.
④ 많은 단백질의 경우 내부에 있던 소수성 아미노산 잔기들이 표면에 노출될 수 있다.

해설

변성 단백질의 성질
- 용해도가 감소되어 침전력이 커지며 점도는 증가한다.
- polypeptide 사슬이 풀어져 반응기가 노출되면서 소화효소작용을 받기 쉬워 소화가 잘되며 효소작용이 쉬워서 부패도 빠르다.
- 효소 단백질은 활성을 잃게 된다.

20 등온 흡습·탈습 곡선에 대한 설명으로 틀린 것은?

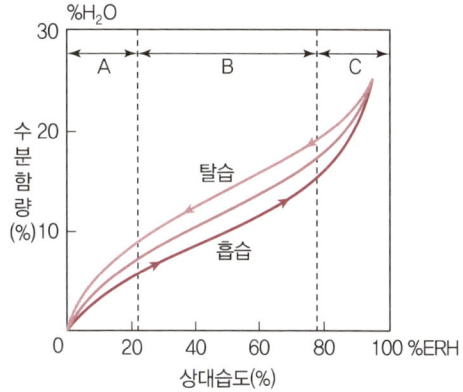

① 수분 함량이 적은 단분자층 영역에서는 미생물의 생육이 불가능하지만, 수분 함량이 높은 다분자층 영역에서는 미생물이 일부 생존 가능하다.
② A영역은 수분 함량이 적어 식품의 산화안정성이 가장 좋다.
③ B영역에서 식품의 안정성과 저장성이 가장 좋으나 마이야르 반응은 촉진된다.
④ C영역에서는 화학반응과 효소반응이 촉진된다.

해설

등온 흡습 · 탈습 곡선
- 식품이 놓여져 있는 환경의 상대 습도가 높아질수록 식품의 수분 함량은 증가한다.
- A영역(단분자층) : 식품성분과 이온결합에 의한 결합수, A_w 0.1 이하는 지방의 자동산화 촉진
- B영역(다분자층) : 수소결합에 의한 준결합수, A_w 0.65~0.85 중간수분식품(잼, 젤리, 곶감, 건포도 등)은 높은 저장성, A_w 0.5~0.7 사이는 높은 비효소적 갈변반응
- C영역(다분자수분층) : 자유수, 수분활성도가 높아 미생물 증식, 효소반응 · 화학반응 촉진

ENGINEER
FOOD
PROCESSING
SAFETY

PART 03

식품가공·공정공학

CHAPTER 01 | 농산식품가공
CHAPTER 02 | 축산식품가공
CHAPTER 03 | 수산식품가공
CHAPTER 04 | 유지가공
CHAPTER 05 | 식품공정공학
CHAPTER 06 | 제품개발

PART 03

CHAPTER 01 농산식품가공

SECTION 01 곡류 및 서류 가공

1. 쌀 가공 및 저장

쌀 형태에 따라 단립종(japonica종), 장립종(indica종)으로 구분되며, 전분의 종류에 따라 메벼(멥쌀 구성, 아밀로오스 8~37%/아밀로펙틴 63~92%)와 찰벼(찹쌀 구성, 아밀로펙틴 100%)로 구분된다.

1) 도정

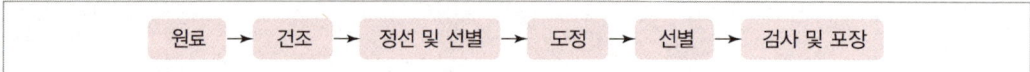

(1) 원료

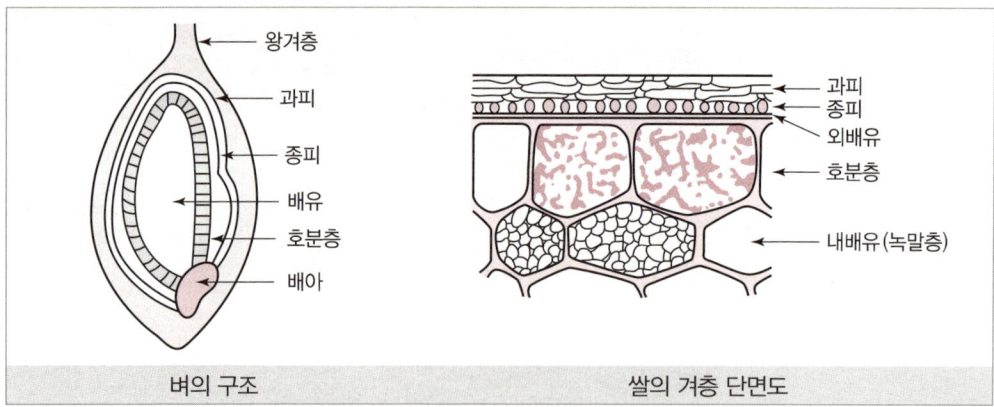

벼의 구조 / 쌀의 겨층 단면도

벼종자는 종피(배아와 배유) 위에 과피가 밀착된 상태, 현미 상태의 종자를 왕겨(외영+내영)가 둘러싼 형태이다.

(2) 건조

① 수확 시 벼의 수분 함량은 약 22~25%로, 수분 함량 15%까지 건조해야 한다.
② 건조 풍속이 강할수록, 건조 온도가 높을수록, 습도가 낮을수록 원곡 벼의 건조 시간이 단축되어 벼의 품질이 저하된다.

③ 건조 온도가 55℃ 이상일 때 동할립이 증가하고, 발아율, 단백질, 전분, 식미는 감소한다.
④ 건조 온도 45℃ 이하에서 발아율은 높고 동할립률은 낮다.

동할미
벼를 급속하게 건조하면 도정한 쌀에서 탯줄에 가까운 현미립의 아래쪽 반이 먼저 건조되므로 위쪽 반과 수분 구배가 커지고 그것이 한계를 넘을 때 금이 생기는 현상

(3) 정선 및 선별
① 정선 : 주원료 이외의 이물질을 제거하는 방법
② 선별 : 주원료를 등급별로 분류하는 작업

(4) 도정

» 벼의 도정에 따른 분류

종류	특성	도정률(%)	도감률(%)	소화율(%)
현미	벼의 왕겨층 제거, 벼중량 80%, 벼용적 1/2	100	0	95.3
5분도미	겨층, 배아의 50% 제거	96	4	97.2
7분도미	겨층, 배아의 70% 제거	94.4	5.6	97.7
8분도미	겨층, 배아의 80% 제거	93.6	6.4	98.0
백미	겨층, 배아 100% 제거	92	8	98.4
배아미	배아가 떨어지지 않도록 도정	-	-	-
주조미	술의 제조에 이용, 순수 배유만 남음	75 이하	-	-

현미의 장단점
① 장점
 • 저장성이 좋고 충해나 미생물의 해가 적음
 • 영양분의 손실이 적고, 백미에 비해 지방, 단백질, 비타민 B_1·B_2가 풍부
 • 가공으로 인한 양의 감소 적음
② 단점
 • 섬유질이 많고 조직이 견고하여 소화가 어려움

① 도정 방법
 • 마찰식 도정 : 쌀과 쌀 사이의 마찰을 이용해 도정, 쌀알 표면이 매끄럽게 처리되며 쌀의 형태가 잘 유지됨, 완전미 비율이 높지만 열 발생으로 인한 품질 저하 가능
 • 통풍식 도정 : 공기의 흐름을 이용해 쌀겨를 분리, 낮은 온도에서 도정이 가능하므로 영양분 손실이 적지만 상대적으로 도정 효율이 낮을 수 있음

- 연삭식 도정 : 연마재를 이용해 쌀겨를 제거, 강한 연마력으로 빠른 도정이 가능하지만 과도한 도정으로 영양분 손실 가능성
- 혼수 도정 : 물을 분사하여 도정하는 방식으로 습식과 건식의 중간 형태, 물을 이용해 열 발생을 줄여 열에 의한 품질 저하를 방지한 방법. 추가 건조과정이 필요하여 시간과 비용 소요

> **Tip**
> **도정 원리**
> - 마찰 : 곡립이 서로 마찰되는 작용으로, 곡립면을 다듬어 알맹이를 고르게 조작
> - 찰리 : 마찰력을 강하게 작용시켜 곡립의 표면을 벗기는 조작
> - 절삭 : 단단한 물체의 모난 부분으로 곡립의 조직을 깎아내는 조작
>   절삭하는 단위가 비교적 작은 경우는 연마, 단위가 큰 경우는 연삭이라 함
> - 충격 : 어떤 물체를 큰 힘으로 곡립면에 부딪히게 하는 조작

② 도정도에 영향을 미치는 인자
- 원료품위 : 수분, 정립율, 동할비율
- 도정시설 : 정선기, 현미기, 분리기, 정미기
- 도정방법 : 원료선별기, 원료유량, 압력, 도정비율, 도정기배열

③ 도정도 감정법 : 도정도를 결정하는 방법은 착색에 의한 방법, 도정 시간에 의한 방법, 도정 횟수에 의한 방법, 전력 소비량에 의한 방법, 쌀겨층의 벗겨진 정도에 의한 방법, MG 염색법, ME 시약법 등이 있다.
- MG 염색법
    - 뉴엠지(New-MG) 시약 처리로 강층의 박리 정도를 표준품과 대비하는 감정 방법이다.
    - 뉴엠지 시약을 처리하면 외피는 녹색, 호분층은 청색, 배유부는 도색(분홍색)으로 염색되므로 청색 또는 녹색 발색 정도로 도정도를 판별한다.

> **Tip**
> **도정 정도에 따른 MG(May-Grünwald) 염색법의 색 변화**
> - 현미 : 청색
> - 7분도미 : 보라색+적색
> - 5분도미 : 초록색
> - 10분도미 : 적색

(5) 선별

① 싸라기 선별 : 체 선별기의 일종인 로터리 시프터를 정미기 후단에 설치하여 백미 중 싸라기를 분리하는 데 사용한다.

② 색채 선별 : 진동 공급 장치에 의하여 일정한 양의 쌀이 경사진 홈 통으로 흘러 선별실로 유입되면, 미리 입력된 색깔과 비교하여 불량품으로 판정된 착색 립은 컴프레서에서 순간적으로 공기를 내뿜어 날림으로써 선별한다.

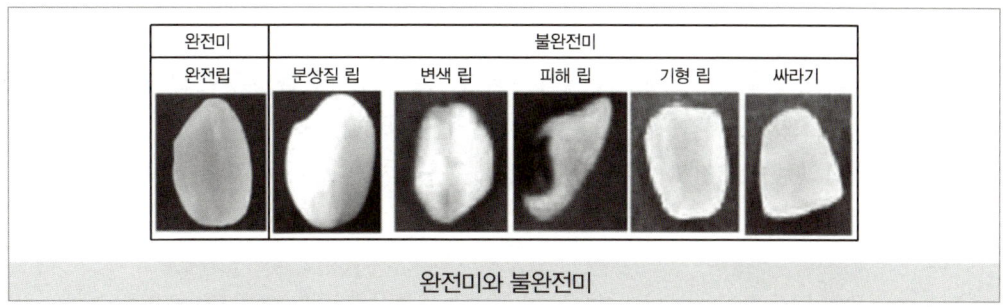

완전미와 불완전미

2) 호화(호화미, 팽윤미 제조)

원료 → 조분쇄 → 가수 → 압출 및 호화 → 분쇄 → 검사 및 포장

(1) 조분쇄

가수·압출·호화 과정에서 효율적으로 진행하기 위한 공정이다.

(2) 가수

쌀의 수분 함량을 20%로 조정하고, 열에 의한 손상을 피하기 위해 50℃ 이상의 물을 피해야 한다.

(3) 압출 및 호화

① 압출에 따른 물리·화학적 변화
- 전분의 수화, 팽윤, 호화, 부정형화 및 분해
- 단백질 변성, 분자 간의 결합 및 조직화
- 효소의 불활성화 및 미생물의 사멸
- 독성 물질 및 영양저해인자 파괴
- 조직 팽창 및 밀도 조절
- 향미 생성 및 갈색화 반응

② 호화미의 종류
- 알파(α)미 : 쌀을 α화시킨 후 수분 8% 이하로 탈수 건조한 것, 즉석미
- 팽화미 : 쌀을 고온·고압 가열 후 급격히 감압하여 쌀알을 다공질로, 전분을 덱스트린으로 팽화시킨 쌀

> **Tip**
>
> **기타 주요 곡물 가공품**
> - 보리가공 : 보리의 소화율, 식미성을 좋게 하기 위해 압맥, 할맥 등으로 가공
> - 강화미 : 비타민, 무기질 등을 백미에 첨가
> - 파보일드 쌀(parboiled rice) : 벼를 물에 하루 동안 침지한 후, 100℃에 30분 쪄서 건조 도정한 것, 배아와 쌀겨의 비타민 B_1 등 영양분이 배유로 이동하여 영양분을 강화한 쌀

(4) 분쇄

① 목적과 용도에 따라 형태를 변형하는 과정으로, 가공식품을 일정한 크기로 만들어 가공 효율을 높이고 가공 시간도 단축하는 것이 주요 목적이다.
② 표면적의 증가로 건조·추출·용해 능력을 향상시키고 혼합능력과 가공 효율을 높이기 위한 공정이다.

3) 쌀가루(제분)

쌀가루는 제분 방법에 따라 특성이 크게 변화할 뿐 아니라 최종제품에도 큰 영향을 미치며, 제과, 제빵, 떡, 한과, 면 등의 원료로 산업체에서 사용된다.

원료 → 정선 → 침지 및 탈수 → 1차 분쇄 → 건조 → 2차 분쇄 → 사별 → 포장(떡용)
　　　　　　　　　　　　　　　　　　　　　　→ 사별 → 혼합 → 포장(제과, 제빵, 제면용)

2. 밀 가공 및 저장

밀을 생육 특성에 따라 겨울 밀(winter wheat)과 봄 밀(spring wheat)로 나눌 수 있으며, 텍스처(texture)에 따라 경질밀(hard wheat)과 연질밀(soft wheat)로 구분된다.

1) 밀가루(제분)

원료 → 정선 → 조질 → 원료 배합 → 조쇄(파쇄) → 순화(체질) → 분쇄 → 사별(체 고르기)
→ 밀가루 → 숙성 → 영양 강화 → 검사 및 포장

(1) 원료

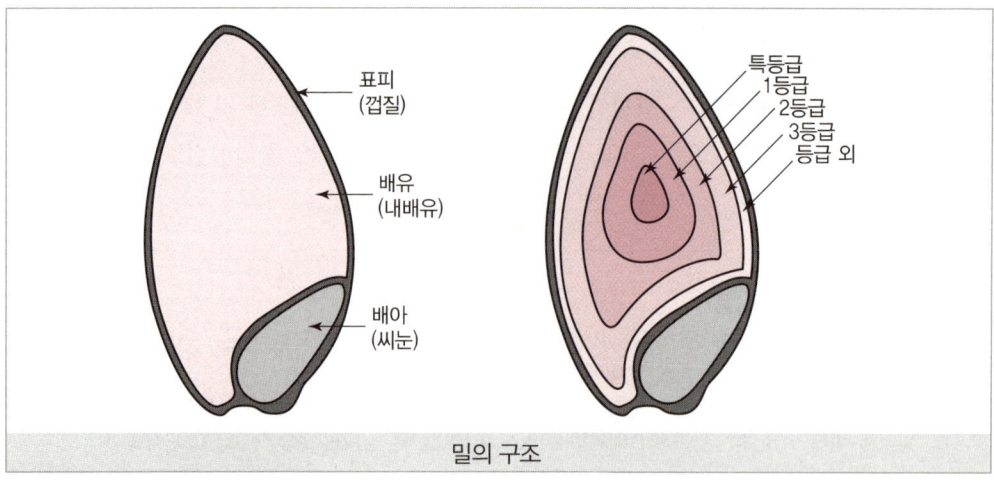

밀의 구조

① 밀의 입자를 구성하는 부분은 표피(껍질), 배유(내배유 또는 배젖, 씨젖), 배아(씨눈)로 크게 구분된다.
② 밀의 주성분은 탄수화물이 가장 많고 다음으로 단백질이 많다. 내배유 바깥층의 호분층은 단백질, 지질, 회분이 많이 함유되어 있으며, 밀가루로 이용되는 내배유의 주성분은 전분, 단백질, 수분이다.
③ 밀에는 다른 곡류에 없는 글루텐(gluten)이 있어 점성(gliadin)과 탄성(glutenin)을 띠게 되어 빵, 면류, 과자 등을 제조하는 데 유용하게 사용한다.
④ 밀알의 껍질은 금속박편처럼 단단하고 내부의 씨젖은 압박을 가하면 가루로 부서지는 성질을 가진다.

(2) 정선

밀 이외의 이물질, 이종 곡립, 먼지 등을 제거하는 공정이다.

(3) 조질

① 밀에 수분을 조절(15~17%)하여(tempering), 45℃ 이하로 가열하는 공정(conditioning)으로 이루어진다.

템퍼링(tempering)과 컨디셔닝(conditioning)
조질은 템퍼링(tempering)과 컨디셔닝(conditioning)을 함께 지칭한다.
일반적인 조질은 제분용 원료가 되는 밀에 실온 상태의 물을 단순 가수 처리하는 템퍼링을 뜻하며, 가수와 함께 가열 처리하는 공정인 컨디셔닝은 넓은 의미의 조질을 뜻한다.
밀의 가수 처리는 1차와 2차에 걸쳐서 목표 수분 함량을 조절한다.
- 템퍼링(tempering) : 밀의 물리적 성질을 좋게 하여 제분성을 향상시키고자 하는 것이 그 주된 목적
- 컨디셔닝(conditioning) : 제분성과 함께 제빵성, 제과성 등의 2차 가공 적성 개량이 목적

② 조질의 목적
- 껍질의 단단함과 탄력성을 높여서 조쇄 공정에서 파쇄된 껍질이 가루 속에 혼입되는 것을 억제
- 씨젖을 부드럽게 하여 조쇄 공정에서 쉽게 부서지게 함으로써 껍질과 분리 용이
- 양질의 미들링(middling) 산출 및 분쇄(reduction) 공정에서 밀가루 추출량 증가
- 밀의 수분을 적정수준으로 유지함으로써 밀가루의 가공적성 향상

(4) 원료 배합

밀가루의 용도에 적합하도록 여러 종류의 밀을 혼합하는 조작이다.

(5) 조쇄(파쇄)

밀을 분쇄하여 밀가루와 겨를 분리하는 공정이다.

(6) 순화(체질)

① 배유 입자를 경사진 고속 진동체인 순화기(purifer)에 통과시켜 밑에서 올려 부는 바람에 의해 밀껍질 조각을 분리시키는 과정이다.
② 순화의 목적
- 씨젖 알맹이에 섞여 있는 껍질조각, 분리된 씨눈 등을 제거하고 순수한 씨젖 알맹이를 가려 모으는 것
- 미들링 롤(middling roll)로 보내질 때 중요한 역할을 하게 되는 씨젖 알맹이의 크기를 간추리는 것
- 간추려진 씨젖 알맹이의 미들링 롤 이송량을 알맞게 조절하는 것

(7) 사별(체 고르기)

좀 더 세밀하게 가루를 만드는 공정으로, 분쇄 공정에서 씨젖은 미세하게 분쇄되나 밀의 껍질은 질기기 때문에 곱게 부서지지 않는 조성상의 다른 성질을 이용하여 체로 쳐서 분리한다.

(8) 밀가루

① 밀가루의 종류
- 전립 밀가루 : 전립분 또는 통밀가루라고 하며 겨와 등외분의 밀가루를 포함(제분율 100%)
- 스트레이트 밀가루 : 체에 걸러진 밀가루를 전부 섞어서 겨나 등외분을 제외하고 배젖 부분이 모두 섞인 밀가루로 밀의 71% 차지(일반적인 밀가루)
- 파텐트 밀가루 : 배젖의 중심에 가장 가까운 부분을 제분한 밀가루
- 팬시파텐트 밀가루 : 배젖의 가장 중심 부분을 제분한 밀가루
- 클리어 밀가루 : 밀알의 바깥 껍질 부분을 제분한 밀가루(색이 어둡고, 단백질 함량이 높음)

② 밀가루의 품질등급 및 용도 : 밀가루의 품질등급은 회분 함량에 의해 결정되며, 용도는 단백질 함량에 따라 결정된다.

밀가루의 품질

등급	회분 함량
1등급	0.6% 이하
2등급	0.9% 이하
3등급	1.6% 이하

밀가루의 용도

종류	건부량	습부량	원료밀	용도
강력분	13% 이상	40% 이상	경질밀(유리질 밀)	식빵
중력분	10~13%	30~40%	경질밀과 연질밀(중간질 밀)	면류
박력분	10% 이하	30% 이하	연질밀(분상질 밀)	과자

③ 밀가루 반죽의 물리성 측정
- farinograph : 점탄성 측정
- extensograph : 신장도와 인장항력 측정
- amylograph : α-amylase 활성 측정, 최고점도와 호화 개시온도 확인
- consistometer : 점도 측정

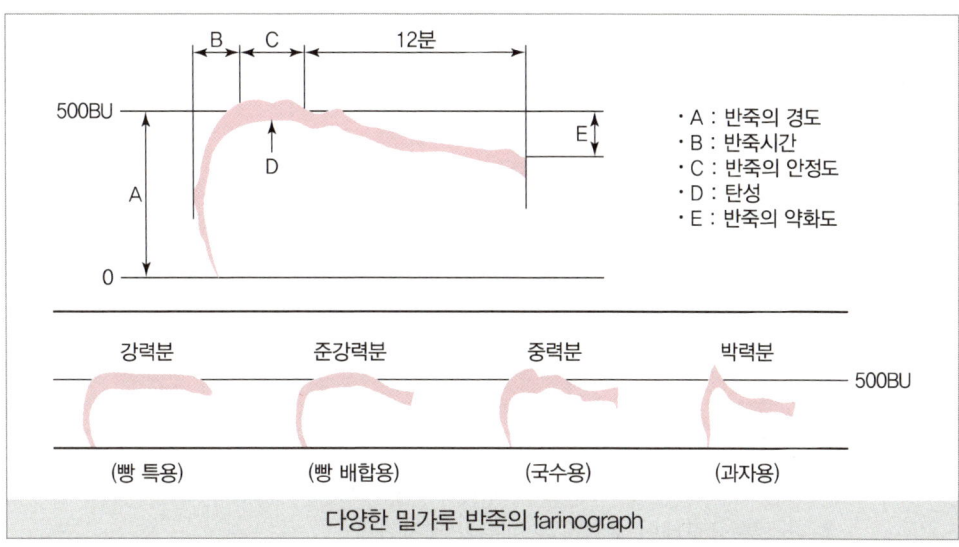

다양한 밀가루 반죽의 farinograph

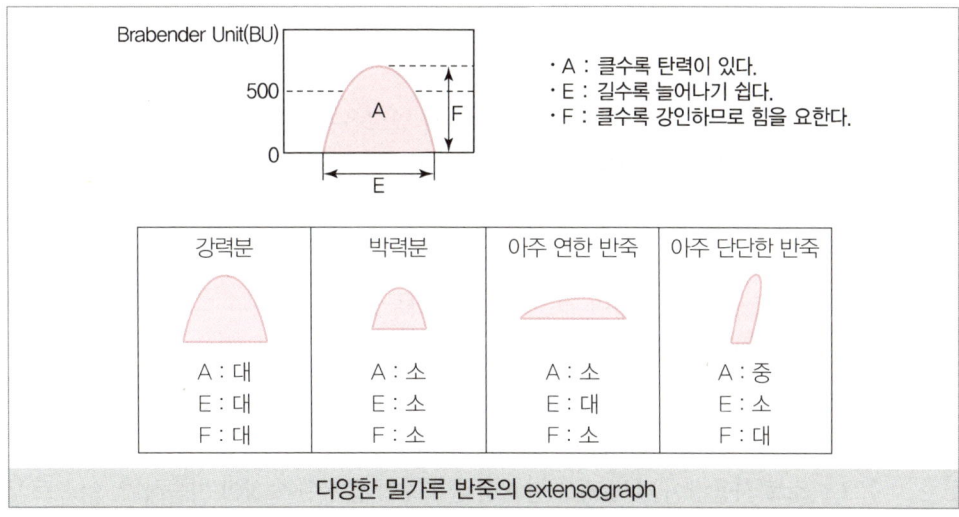

다양한 밀가루 반죽의 extensograph

(9) 숙성

① 표백과 제빵 적성을 위해 밀가루의 카로티노이드 색소 등 환원성 물질을 60~90일(2~3개월) 공기 중에 자동산화시켜 밀가루의 고유의 색으로 숙성시키는 과정이다.

② 시간, 비용 절감 목적으로 과산화벤조일, 이산화염소 등 표백제 사용(밀가루 개량제)

(10) 영양 강화

비타민, 무기질 등 영양소를 첨가한다.

2) 제빵

밀가루와 부재료를 첨가 혼합하고 이를 반죽하여 탄산가스로 팽창시켜 구운 것을 총칭하며 *Saccharomyces cerevisiae* 등 효모(yeast, 이스트)를 이용한 발효빵(식빵 등)과 팽창제를 이용한 무발효빵(비스킷, 카스텔라, 케이크 등)으로 나눌 수 있다.

(1) 반죽의 목적

① 밀가루 등 배합 재료를 고르게 분산시키고 물과 균일하게 혼합한다.
② 밀가루 단백질 중 불용성 물질인 글리아딘과 글루테닌이 물과 결합하여 글루텐을 형성한다.
③ 밀가루 전분의 수화작용

(2) 발효

① 발효의 목적
- 반죽의 팽창 : 이스트가 다당류를 단당류로 분해하여 이산화탄소를 생성하며, 생성된 이산화탄소를 글루텐이 포집하여 반죽이 팽창한다.
- 향기 물질의 생성 : 발효과정에서 생성된 유산균은 당을 분해하여 알코올과 저급 유기산, 알데히드, 에스테르 같은 방향성 물질을 생성하여 빵의 맛과 향을 좋게 하고 노화를 연장시킨다.
- 반죽의 숙성 : 발효 중 생성된 유기산과 알코올은 글루텐을 부드럽게 하고 신전성이 좋은 상태로 변화시키기 때문에 가스 포집력이 향상된다.

② 제빵에 영향을 주는 요인
  ㉠ 밀가루
  - 수분 15% 이하, 회분이 적은 1등급 밀가루
  - 글루텐 함량(건부량)이 13% 이상인 강력분
  ㉡ 이스트(*Saccharomyces cerevisiae*)
  - 이스트 양과 발효 시간은 역의 상관관계
  - 이스트 사용량이 많을 경우 발효시간이 짧아 글루텐 숙성이 미숙하며, 이스트 냄새가 잔존하여 제품 품질이 저하된다.
  ㉢ 발효성 당(설탕)
  - 효모 발효 활성화 및 조절(5% 이하 권장)
  - 열분해에 의한 캐러멜화 반응에 의해 독특한 색 및 향미 부여
  - 삼투압 작용에 의한 노화방지

② 소금
- 풍미 향상
- 글루텐의 탄력성 증가
- 삼투압 작용에 의해 효모 발효 조절(1% 이하 권장), 젖산균·유해균 생육 억제

⑩ 이스트 푸드 : 효모의 영양성분(황산암모늄, 인산수소칼슘), 글루텐 개량제

(3) 굽기

① 물리적 반응
- 오븐 열에 의하여 반죽 표면에 얇은 막을 형성한다.
- 반죽 속 수분에 녹아 있던 이산화탄소가 증발하기 시작한다.
- 휘발성 물질의 증발로 가스가 팽창하고 수분이 증발한다.

② 생화학적 반응
- 반죽 온도가 60℃가 될 때까지는 효소의 작용이 활발해지고 휘발성 물질이 증가하여 프로테아제가 글루텐을 연화시키며, 아밀라아제는 전분을 분해하여 부드러운 반죽을 만들어 반죽의 팽창을 쉽게 한다.
- 이스트의 활동은 55℃에 이르면 저하되기 시작하여 60℃에 사멸하고 전분의 호화가 시작된다.
- 글루텐의 응고는 75℃ 전후로 시작하여 빵의 골격을 이루며, 반죽이 완전히 익을 때까지 지속된다. 이스트가 사멸되기 전까지 반죽 온도가 오름에 따라 발효 속도가 빨라져 반죽이 부푼다. 더욱이 이스트가 사멸된 후에도 80℃까지 탄산가스가 열에 의해 팽창하면서 반죽의 팽창은 지속된다.
- 반죽의 표면은 지속적인 열을 받아 160℃를 넘어서면 당과 아미노산이 마이야르 반응을 일으켜 멜라노이드를 만들고 껍질 부분에 존재하는 당이 캐러멜화되며, 전분이 덱스트린으로 분해되어 향과 껍질 색이 완성된다.

> **Tip**
> **굽기 단계에 따른 반죽의 변화**
> - 1단계 : 부피가 급격히 커지는 단계로, 반죽의 수분에 녹아 있던 탄산가스가 열을 받아 팽창하여 반죽 전체로 퍼져 반죽의 부피가 커진다.
> - 2단계 : 껍질 색이 나기 시작하는 단계로, 수분의 증발과 함께 캐러멜화와 마이야르 반응이 일어난다. 오븐 안의 온도가 일정하지 않으면 철판의 위치를 바꾸어줌으로써 열의 전달을 일정하게 해야 한다.
> - 3단계 : 반죽의 중심까지 열이 전달되어 전분의 호화와 단백질의 응고가 끝나며, 수분이 일부 증발하면서 제품의 옆면이 단단해지고 껍질 색도 진해진다.

(4) 제빵 공정

① 스트레이트법(직접 반죽법)
- 효모, 밀가루 등을 한 번에 배합·반죽·발효하는 1단계 공정

- 반죽이 최적의 탄성을 가질 때까지 반죽, 단기간 발효

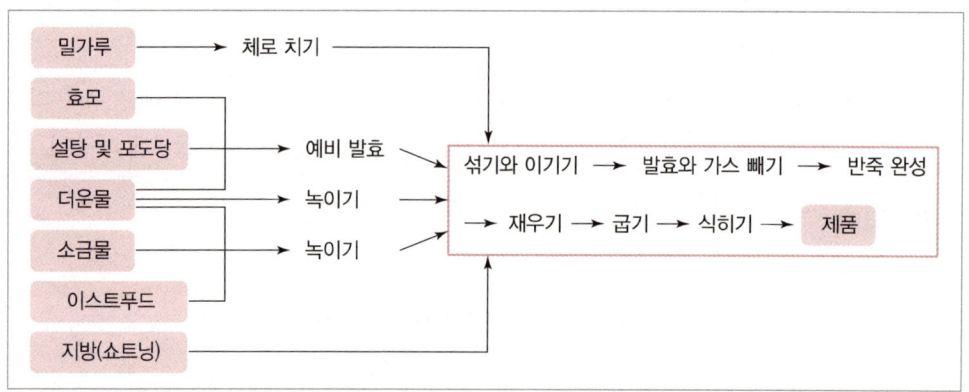

② 비상스트레이트법
- 이스트 사용량을 늘려 발효 시간을 단축시키는 방법이다.
- 계획된 생산량 이외의 제품을 단시간에 생산하고자 할 때 사용하는 방법으로 이스트 냄새가 느껴지거나 노화 속도가 빠르고, 불균일한 기공의 상태 등이 발생할 수 있어 제품 품질의 손실을 최소화하는 데 목표를 두어야 한다.

③ 스펀지법
㉠ 효모와 밀가루를 절반 섞어 스펀지 반죽을 만들어 발효시킨 후 나머지 밀가루를 섞어 본반죽을 만든 후 발효시키는 방법이다.

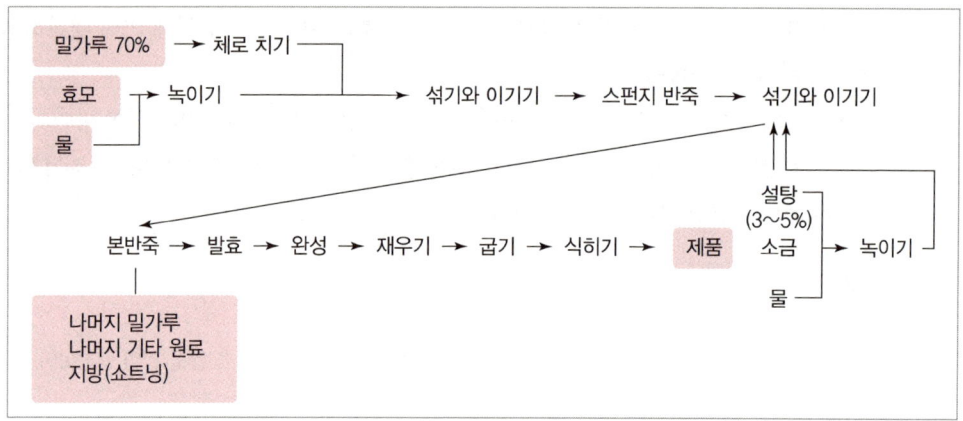

㉡ 스펀지 반죽
- 발효하는 동안 이스트에 의하여 산과 알코올 생산 → 가스 보유력 향상
- 보통 3~5시간 발효, 최대점까지 팽창했다 다시 수축하는 현상

㉢ 본반죽
- 스펀지 반죽과 나머지 재료가 잘 혼합하여 신장성을 높인 본반죽이 형성된다.
- 플로어 타임(floor time)
  - 이스트에 의한 발효 지속, 글루텐을 조절하여 더 안정한 구조 형성, 신장성 향상

- 플로어 타임은 10~30분으로, 30~40분 이상 지나면 반죽은 유연성을 잃고 지나치게 많은 양의 탄산가스 발생으로 제품의 품질이 저하된다.
   ㉣ 장시간 발효, 효모 양 절약, 향기·맛·조직감 좋은 빵 제조
  ④ 액종법 : 발효, 숙성, 팽창을 위한 자가제 발효종의 일종으로 대기 중 또는 곡류, 과일, 채소 등에 분포되어 있는 자연 효모 및 세균을 이용하여 액체 발효종을 만들어 빵을 발효시키는 방법이다.

3) 제면

제면은 밀가루(중력분)에 물과 소금을 넣어 반죽한 다음 국수를 뽑는 과정을 말하며, 30~35%의 수분을 함유한 생면과 이를 건조하여 수분 함량을 14~15%로 낮추어 저장성을 향상시킨 건면, 생면을 삶은 다음 기름에 튀기거나 열풍으로 건조시켜 녹말을 α화한 것을 즉석면으로 분류한다.

> **Tip**
> **제면 시 소금 첨가 목적**
> • 반죽 점탄성 증가
> • 맛과 풍미 향상
> • 소금의 흡습성을 이용하여 건조속도 조절
> • 미생물 번식 및 발효 억제(보존성 향상)

(1) 면류의 분류

① 납면 : 반죽을 길게 늘어뜨려 뽑아내는 국수
   우동, 중화면, 소면, 일본 라면 등
② 절면 : 반죽을 넓게 면대로 만들어 가늘게 절단한 국수
   칼국수, 일본 우동, 소바, 생면, 건면 등
③ 압면 : 반죽을 압출기의 작은 구멍으로 뽑아낸 국수
   당면, 마카로니, 파스타, 냉면 등

(2) 면류의 가공

① 개량숙면(modified cooked noodle) : 밀가루 및 메밀분 등의 곡분류를 주원료로 해서 제면 또는 성형하여 찌거나 삶은 다음, 밀봉 포장 후 가열살균한 것
② 유탕면 : 면발을 익힌 후 유탕처리한 것
③ 냉동면류 : 곡분 또는 전분, 전분질 원료, 변성전분 등을 주원료로 하여 물과 소금을 넣어 반죽을 한 후, 국수가닥으로 만들거나 익힌 것을 냉동한 것

3. 옥수수 가공 및 저장

• 옥수수는 품종에 따라 그 화학적 조성이 다르나 일반적으로 수분이 60% 이상이고 당질이 29%, 단백질이 5%, 지방이 1.2% 정도이다.

- 옥수수 안에 함유된 가장 풍부한 단백질은 제인(zein)이며, 필수아미노산인 라이신과 트립토판 등이 부족한 불완전 단백질이다.
- 예전에는 구황식으로 대부분 이용했으나 최근에는 아침 식사 대용 시리얼 원료로, 혹은 건강식으로 많이 이용하고 있으며, 부산물인 옥수수 수염은 이뇨 작용이 있어 기능성 원료로 활용되어 옥수수 수염차 등에 다양하게 이용하고 있다.

1) 옥수수가루(제분)

원료 → 정선 및 석발 → 수분함량 조절(가수) → 파쇄 및 건조 → 사별 → 분쇄 및 건조 → 선별 및 최종 사별 → 검사 및 포장

(1) 원료

배아는 외부 쪽으로 단백질을 함유하고 단단한 전분질인 왕관전분부로 둘러싸여 있으며, 내부는 단백질이 적은 기저전분부로 이루어진다.

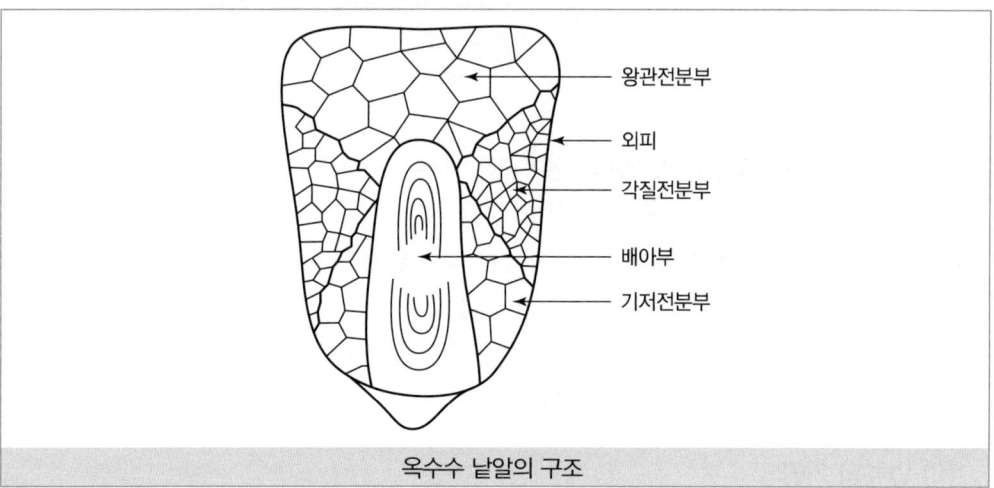

옥수수 낱알의 구조

(2) 정선 및 석발

① 정선 : 수확 과정에서 혼입된 옥수수 대, 돌, 분진 등 혼입된 이물을 제거하는 공정이다.
② 석발 : 원료에 혼입된 돌을 제거하기 위한 공정으로 원료 비중은 0.75, 돌의 비중은 1.2 이상이므로 원료와 이물의 비중 차이를 이용하여 이물을 분리하는 비중 분리형 공정이다.

(3) 수분 함량 조절(가수)

① 배유와 옥피가 붙어 있으면 2차 가공 시 가공 적성이 저하된다.
② 호화(α화) 시 옥피 부분은 호화가 되지 않고 이물감을 나타낸다.
③ 옥피와 배유를 분리하게 되며 가수 공정을 통해 분리가 잘 되도록 한다.

(4) 파쇄 및 건조

① 옥수수의 옥피를 분리하고 배아를 빼내기 위한 공정이다.
② 탈피, 탈배아한 옥수수의 수분 함량을 조절하여 최종제품의 수분이 불량하지 않도록 열교환기를 이용한 열풍 건조를 한다.

(5) 분쇄 및 건조

① 분쇄 : 마찰, 충격, 압축, 전단응력이 작용, 식품을 일정한 입자로 하여 이용가치와 제품의 품질을 향상시키고 원료의 표면적을 증가시켜 화학반응 시 효소의 작용을 받기 쉽게 하여 다음 공정을 원활하게 하는 것을 목적으로 한다.
② 건조 : 품목별 기준·규격에 적합한 수분 함량을 맞추는 공정으로, 보통 13% 이하로 건조시킨다.

2) 옥수수전분

옥수수는 가공 기술에 따라 크게 건식 가공과 습식 가공으로 분류할 수 있으며, 국내에서는 대부분 습식 가공방법에 의해 소비된다.

≫ 옥수수 가공기술의 분류

건식 가공(corn dry milling)	습식 가공(corn wet milling)
• 옥수수를 정선한 후 물을 분사하여 조습(conditioning)을 시키면 옥수수 껍질이 잘 벗겨질 수 있는 상태에서 롤러밀로 조분쇄 후 옥수수 껍질과 배아를 분리 • 입도별 분급 후 스낵용 제과 및 제빵, 이유식, 양조용으로 이용 가능	• 옥수수의 구성성분이 잘 분리될 수 있도록 1,800ppm의 아황산수로 40시간 정도 침지, 1·2차 파쇄, 미분쇄의 공정을 거치면서 배아와 옥피를 분리 • 비중 차를 이용하여 전분, 글루텐, 배아, 옥피 등 성분별로 분리 가능

원료 → 침지 → 파쇄 및 배아 분리 → 미분쇄 및 옥피 분리(DSM 스크린) → 글루텐 분리 → 전분 분리 → 전분 수세 및 농축 → 전분 탈수 및 건조 → 검사 및 포장

(1) 침지(아황산수, H_2SO_3)

옥수수 침지는 전분 제조에서 가장 중요한 공정으로 공정의 생산성을 좌우한다.

① 침지의 목적
- 옥수수를 부드럽게 만드는 연화 작용을 한다.
- 옥수수 중의 가용성 물질을 제거하여 전분과 단백질 및 각 구성 성분의 분리가 양호하도록 한다.
- 잡균의 오염을 방지하여 침지 중 옥수수의 변질을 방지한다.

② 이산화황(SO_2)의 영향
- SO_2로 50℃, 20시간 정도 침지하는 동안 protein metrix는 점점 팽화되며, 구상이 되어 분산된다.
  ※ 단백질 분산 정도는 파쇄 공정 중 전분의 회수율과 관계가 있다.
- SO_2 농도가 0.4%까지 증가함에 따라 단백질 분산은 증가하고 젖산 존재하에서 옥수수를 연화시키는 역할을 한다.
- 침지 중의 SO_2 작용은 gluten matrix를 연화하여 전분과 글루텐의 분리를 용이하게 한다.

③ 침지 조건
- SO_2 농도 : 0.1~0.3%
- 온도 : 48~52℃
- pH 3~4
- 시간 : 40~48시간

침지 아황산수의 농도가 1,600ppm 이하로 낮아 침지 옥수수의 가용 성분이 충분히 제거되지 않을 경우 공정 중에 기포가 심하게 발생하여 분리, 이송 등 공정 작업을 방해한다.

(2) 파쇄

침지가 끝난 후 옥수수의 성분별 분리를 위해 분쇄하는 공정이다.

① 1차 파쇄 : 옥수수 입자가 3~4조각이 되도록 분쇄하여 배아를 분리한다.
② 2차 파쇄 : 옥수수 입자가 7~8조각 되는 정도로 분쇄하여 나머지 배아를 분리한다.
③ 3차 파쇄(미분쇄) : 배아가 완전 제거된 상태로 옥피, 전분, 글루텐을 분리한다.

(3) 탈수 및 건조

① 탈수 : 수세 공정에서 고형물 함량 약 40%(수분 60%)로 농축된 전분 유액은 탈수기에서 수분 32~35%의 케이크 상태로 배출된다.
② 건조 : 옥수수전분의 수분 함량을 13% 이하로 맞추는 공정으로, 저장성 향상, 수송과 취급 편리를 위한 목적으로 수행된다.

4. 보리 가공 및 저장

보리는 식이섬유와 β-글루칸(glucan)이 풍부하여 성인병 예방과 개선에 효과적인 것으로 알려져 있으며, 영양적 우수성과 유용한 기능성이 알려지면서 보리 소비는 최근 증가하는 추세이다.

보리의 분류

구분	내용	구분	내용
파종 시기	• 봄 : 춘맥(spring type) • 가을 : 추맥(autumn type)	배유 전분의 화학 조성	• 메보리(non-waxy barley) • 찰보리(waxy barley)
이삭 형태	• 여섯 줄 보리(6조맥) : 식용 도정 보리 • 두 줄 보리(2조맥) : 맥주 원료 보리	껍질(husk) 유무	• 쌀보리(나맥, naked barley) • 겉보리(피맥, 껍질 보리, 대맥, covered barley)
형태(크기)	• 장립, 단립 • 대립, 소립	사용용도	• 식용(도정 가공용) • 맥아(맥주 제조용)
배유 입질	• 경질맥(초자질 배유, hard endosperm barley) • 연질맥(분상질 배유, soft endosperm barley)		

1) 식용보리 가공

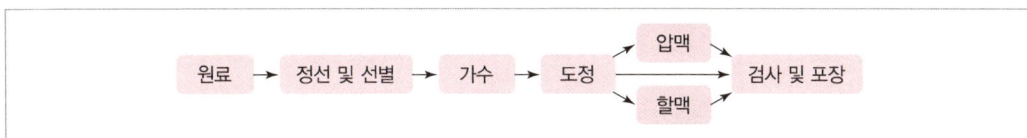

(1) 원료

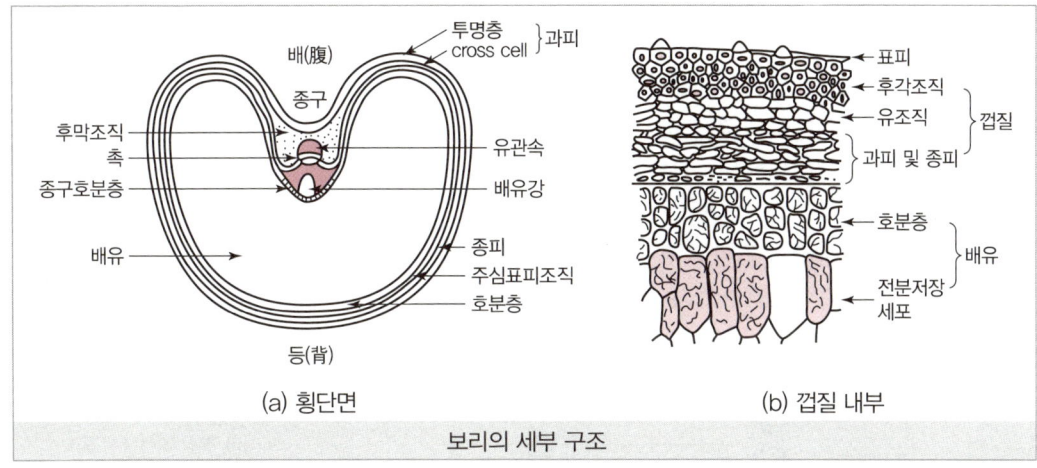

보리의 세부 구조

① 보리는 가장 바깥쪽에 껍질(부피, husk)이 종실(caryopsis, kernel)을 둘러싸고 있으며, 껍질에는 과피(pericarp)와 종피(testa)가 밀착되어 호분층(aleurone layer)에 싸여 있는 배유(endosperm)와 배아(germ)를 보호하는 형태로 구성된다.
② 종구(고랑, crease) : 보리 외형 특성으로 종실의 배쪽 밑에서 위로 세로의 골(소화율 저하, 식미 저해의 요인으로 작용)

(2) 도정

보리 도정은 원맥으로부터 겨층(부피, 과피, 종피), 호분층 또는 배아를 제거하여 전분질 배유(endosperm)가 노출된 정맥(보리쌀)을 제조하는 조작이다.

① 도정의 원리 : 마찰, 찰리, 절삭, 연삭
② 정맥기 : 마찰식 정맥기, 연삭식 정맥기
③ 도정도 감정법 : 관능평가, MG(May-Grünwald) 염색법(Eosin Y와 Methylene Blue의 혼합액)
- MG 염색법 : 과피와 종피는 청색 내지 청록색(blue-green), 배유는 엷은 홍색(pink), 호분층은 엷은 녹색 또는 청색, 배아는 엷은 황록색으로 염색된다.
④ 도정 정맥의 품질
- 정맥의 백도(whiteness), 잔존 종구(crease)의 정도 및 모양에 따라 결정된다.
- 백도는 정맥 품질에 가장 큰 영향을 미치는 요인으로서, 도정과정에서 강층이 충분히 제거되어 배유 부분이 균일하게 노출될수록 백도가 향상되어 우수한 상품성을 가진다.
- 완성된 도정 정맥의 잔존 종구 부위가 적을수록, 정맥의 모양이 둥글고 균일할수록 고품질의 우수한 상품성을 가진다.

(3) 압맥 제조

인위적으로 조직을 부분 파괴하고 수분확산거리(water diffusion distance)를 단축하여 수분 흡수속도를 증대시킨 보리 가공품을 압맥이라고 한다.

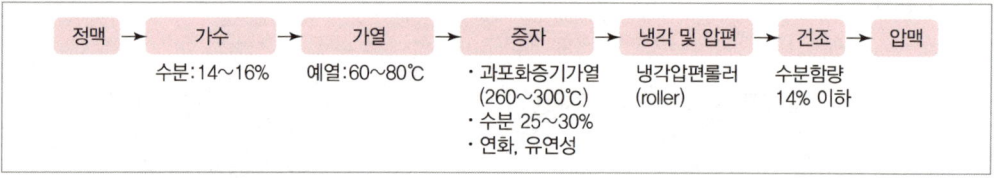

(4) 할맥 제조

도정 후에도 종구 부위의 고랑이 잔존하며 이는 시각적으로 바람직하지 않을 뿐 아니라 식미와 소화율 저하 요인으로도 작용하므로 정맥을 분할하여 고랑에 잔존하는 껍질층을 도정하여 고랑을 완전히 제거한 보리 가공품을 할맥이라고 한다.

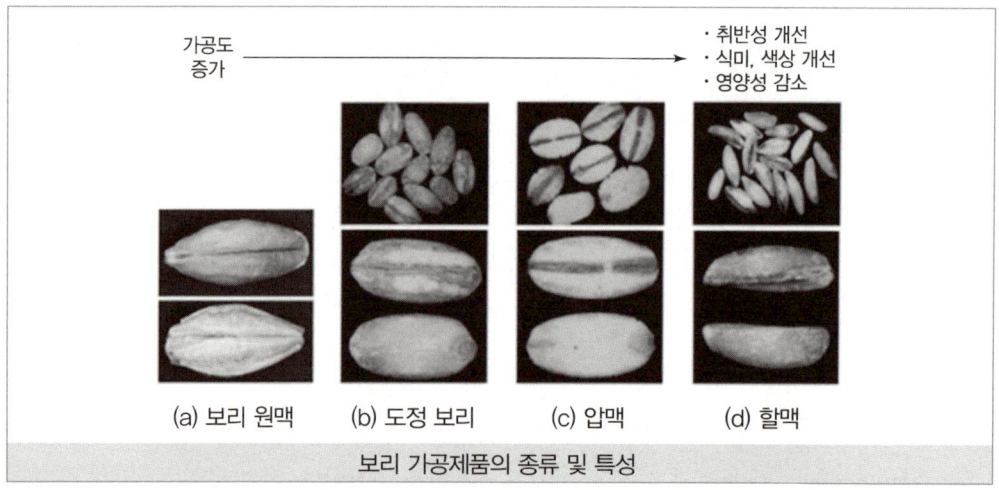

보리 가공제품의 종류 및 특성

2) 맥아 가공

맥아는 발아 시 효소인 amylase의 활성이 강하게 되므로 식혜, 물엿의 제조 및 맥주 양조 등에 이용 가능하며(영양학사전 정의), 맥아의 제조용 보리는 겉보리, 쌀보리, 찰보리, 압맥, 할맥이 있다.

> **Tip**
>
> **보리의 종류**
>
> | 두줄(2조) 보리 | 육줄(6조) 보리 |
> | --- | --- |
> | • 주로 맥주 제조
• 종실의 크기가 6조 보리보다 상대적으로 작음
• 껍질이 얇고 전분층이 많으며 당화력이 약함 | • 식용 또는 엿기름, 보리차, 주정 원료 등 가공용
• 종실의 크기가 상대적으로 큼
• 당화력이 강하여 물엿, 식혜용으로 이용됨
• 싹의 길이가 1.5~2배임 |

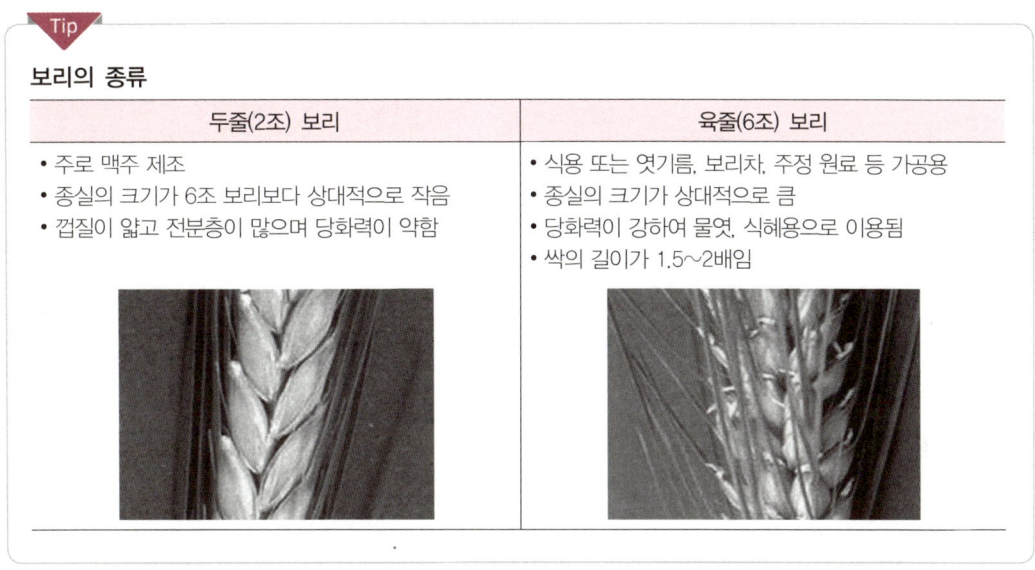

원료 → 정선 및 선별 → 세척 → 침지 → 발아 → 맥아 건조 → 맥아 뿌리 제거 → 검사 및 포장

(1) 보리 발아

① 보리 발아에 영향을 미치는 인자 : 온도(15±3℃), 수분(30~50%), 산소 공급
② 보리 발아과정의 중요성
- 구조 다당류 물질인 β-glucan과 arabinoxylan을 분해시키는 β-glucanase, xylanase와 같은 세포벽 분해 효소의 작용
- 배유 전분질을 분해하는 효소인 α-amylase와 β-amylase의 작용이 계속적으로 진행
- 엿기름의 품질 향상에 매우 중요

(2) 맥아 건조

수분을 제거함으로써 맥아의 저장 안정성을 높이고 발아 시 생화학적 변화를 멈추게 하여 풋내와 맛을 제거하고, 일정한 색과 향을 가지게 한다(건조온도 45±5℃ → 60℃ 이상의 온도에서 효소 활성도 저하).

▶ 맥아 건조 단계

배조(kilning) 단계	건조(drying) 단계	• 수분 함량 약 13% 이하 • 온도 45±5℃ 이하
• 수분 함량 저하 • 발아와 용해가 중지 → 이화학적 변화 • 이미·이취 제거 • 색과 향 성분 생성	배초(curing) 단계	• 수분 함량 약 4% 이하 • 온도 80℃ 이상 • Maillard reaction : 많은 양의 저분자 분해산물은 색깔과 향기 성분을 형성 • 멜라노이딘(melanoidins) : 맥아의 색깔을 형성하고 이에 따라 맥주의 색이 결정됨

5. 서류 전분 가공 및 저장

서류는 식품의 뿌리로 분류상 근채류에 속한다. 땅속줄기나 뿌리의 일부가 비대해져서 괴경, 구경, 구근을 이루고 전분이나 기타 다당류를 저장하는 덩이식물이다. 서류에는 감자, 고구마, 돼지감자, 참마, 토란, 카사바 등이 속한다.

> **Tip**
> **전분**
> ① 정의
> • 전분(녹말, starch)은 물보다 비중이 커서 물에 침전하는 가루라는 뜻에서 유래되었다.
> • 식품에서 열량을 내는 열량소로서 큰 역할을 하는 전분은 주로 고구마, 감자 등의 서류와 옥수수, 밀, 쌀 등의 곡류에 많이 함유되어 있다.
> ② 용도
> • 천연 전분(native starch) : 천연 곡물 및 서류에서 전분을 분리, 가공
> • 개량 전분(modified starch) : 천연 전분을 물리·화학 및 생물학적으로 가공
> • 전분당(starch sugar) : 전분을 가수분해 가공

1) 고구마 전분

원료 → 마쇄 → 사별(체질, sieving) → 전분(전분유) 분리 및 정제(토육 분리) → 탈수 및 건조 → 검사 및 포장

(1) 원료

① 고구마는 품종, 생산지, 수확시기, 재배 조건, 저장 일수 등에 따라 성분도 매우 다르다.
② 전분 제조용 품종으로는 전분이 많이 들어 있고, 전분 입자가 고르고 분리하기 쉬우며, 수확 후 당화가 쉽게 일어나지 않고 당분이 적은 것이 좋다.

(2) 마쇄

① 전분수율에 직접 관계되는 중요한 공정이다.
② 마쇄 능률이 나쁘면 전분박 속으로 나가는 전분의 양이 많아져 전분수율이 나쁘고, 너무 곱게 마쇄하면 원료의 섬유질이 절단되어 제품에 섞이게 되어 분리 저하로 제품의 품질이 저하된다.
③ 마쇄 시 0.5% 석회수를 처리하며 pH 7.5~8.0으로 조절시키면 사별이 촉진되어 10% 전분수율이 증가되고 전분의 착색도 방지되어 전분의 품질을 좋게 하며, 불순물(단백질, 섬유질) 등의 혼입을 방지할 수 있는 이점이 있다.

> **Tip**
>
> **분쇄**
> - 고체 원료 : 연마 분쇄(grinding), 절단 분쇄(cutting)
> - 액체 원료 : 에멀전화(emulsification), 미립자화(atomization)

(3) 전분(전분유) 분리

① 정치법 : 재래식 소규모 분리에 이용, 중력에 의한 자연 침전으로 침전 분리시간이 길고, 외기 온도 및 오염에 취약
② 테이블법 : 연속적으로 폐액 분리 가능, 전분의 착색이 덜 되고 침전 거리가 짧아 단시간에 침전 가능하나 넓은 면적이 필요
③ 원심분리법 : 순간적으로 전분과 폐약을 분리 가능, 전분과 불순물의 접촉시간이 짧아 오염되지 않음, 원심력을 가해 전분 입자 침전을 가속화시켜 분리하는 방법

2) 당화 전분

전분은 과자, 아이스크림 등 식료품 제조 시 이용될 수 있으며, 가수분해하여 물엿 및 포도당의 원료로 이용될 수 있다.

(1) 당화율(DE : Dextrose Equivalent)

전분 가수분해 정도를 표시한다.

$$DE(\%) = \frac{포도당}{고형분} \times 100$$

(2) 전분 분해도 증가 시 특징

① 포도당 증가, 단맛과 결정성 증가
② 덱스트린 평균 분자량 감소, 흡습성 및 점도 감소
③ 빙점이 내려가고 삼투압 및 방부효과 증가

(3) 액화와 당화

전분의 분해는 α-amylase를 이용하여 전분을 DE가 10~15% 정도로 되도록 당화시키는 액화(liquefaction) 과정과 이에 산 또는 효소를 첨가하여 DE가 95% 전후에 도달할 정도로 포도당을 제조하는 당화(saccharification) 과정으로 나눌 수 있다.

≫ 전분의 당화

구분	산 당화법	효소 당화법
당화제	묽은 염산, 묽은 황산	*Rhizopus delemar, Aspergillus niger*
원료전분	완전 정제 필요	정제할 필요 없음
당화전분 농도	약 25%	50%
분해한도	약 90%	97~99%
당화시간	약 60분	48~72시간
당화설비	내산 · 내압 설비 필요	특별한 설비 필요 없음
당화액 상태	쓴맛이 강하며 착색물이 생성됨	쓴맛이 없고 착색물이 생성되지 않음
당화액 정제	활성탄 0.2~0.3% 이온교환수지	산 당화보다 약간 더 필요
관리	중화 필요	보온(55℃) 시 중화 필요 없음
수율	결정포도당으로 약 70%	• 결정포도당으로 80% 이상 • 분말포도당으로 100%

SECTION 02 두류 가공 및 저장

콩은 단백질, 지방질, 탄수화물이 고르게 분포되어 있어 영양학적으로 우수한 식품이나, 원료 내 트립신 저해제, 피트산(phytate), 혈구응집소(hemagglutinin) 등이 존재하여 적절한 가공처리 후 섭취할 필요가 있다. 콩을 침지, 마쇄하여 가용성분으로 두유를 만들고 간수로 단백질을 응고시켜 두부를 제조할 수 있다.

1. 두류 가공

1) 두부 가공

콩 → 수침 → 마쇄 → 두미 → 증자 → 여과 (비지↑) → 두유 → 응고 (응고제↓) → 탈수 → 성형 → 절단 → 두부

(1) 원료

① 대두의 화학적 성분과 물리적 성질은 두부의 수율 및 품질에 많은 영향을 미친다.
② 두부는 콩의 단백질 성분을 응고시켜서 제조하는 제품으로 콩의 수용성 단백질 함량[글리시닌(glycinin), 알부민(albumin)]이 높을수록 두부의 제조 수율이 높아진다.
③ 탄수화물 중 raffinose와 stachyose 등 소당류와 phytate, 트립신 저해제 함량이 낮을수록 두부의 품질은 향상된다.

> **Tip**
>
> **콩의 영양저해인자**
> - 트립신 저해제 : 단백질 분해효소인 트립신의 작용을 억제하여 소화작용 방해, 열에 의해 불활성화
> - phytate : Ca, Mg, P, Fe 등과 복합체 형성 흡수 방해
> - 혈구응집소(hemagglutinin) : 적혈구와 결합하여 응고 작용, 열처리나 위장 내 산에 의해 파괴

(2) 수침

원료콩에 물을 충분히 침지시켜 마쇄를 용이하게 하는 목적으로, 온도가 높을수록 물의 흡수가 빠르고, 낮을수록 흡수가 느려지므로 여름철에는 5~8시간, 겨울철에는 14~18시간이 적당하다.

» 침지 정도가 두부 품질에 미치는 영향

구분	내용	
침지 부족	• 두부 수율 저하 - 마쇄 및 가열 공정에서 단백질 추출 저하 - 비지의 단백질 함량 증가	• 마쇄 과부하 유도 - 마쇄 과부하로 인한 열 발생은 대두 단백질 변성 유도 - 두부 품질 저하
침지 과다	• 두부 수율 저하 - 수용성 단백질의 용출 과다	• 원료콩 변질로 인한 두부 품질 저하 - 두부가 딱딱해지고 변질이 빠름

(3) 마쇄

① 침지 처리된 원료콩을 물과 함께 갈아 두즙을 만드는 공정이다.
② 콩 내부 세포를 파괴하여 단백질을 추출하는 목적으로, 두부의 수율을 결정하는 주요 요인 중 하나이다.
③ 마쇄 시 물 적정 조건 : pH 7~7.5, 온도 5℃ 이하, 경도 30 이하

» 마쇄 정도가 두부 품질에 미치는 영향

구분	내용
마쇄 시 입도가 큰 경우	• 여과 시 비지와 함께 대두 단백질 유실 • 두즙, 두부 수율 저하
마쇄 시 입도가 작은 경우	• 마쇄 시 발생한 열에 의해 단백질 열변성 • 두즙의 응고 불량 → 수율 감소 • 최종제품의 조직이 거칠고 탄력이 저하

(4) 증자

① 두즙을 여과하기 전 가열(100℃, 5분 이내)하는 공정이다.
② 증자의 목적
- 단백질의 열변성을 유도하여 추출 수율을 높이고, 용출량을 증가시킨다.
- 트립신 저해제 등 영양저해인자 불활성화
- lipoxygenase의 불활성화에 의한 불쾌한 냄새 발생 억제

 가열 온도 및 시간이 두부 품질에 미치는 영향

구분	내용
가열 온도가 높거나 가열 시간이 긴 경우	• 단백질 변성에 의해 수율 감소 • 지방 산패에 의해 두부 맛 변질 • 조직이 단단해져 최종제품 품질 저하
가열 온도가 낮거나 가열 시간이 짧은 경우	• 트립신 저해제 등 효소의 불활성화 저하, 영양상 문제 발생 • 대두 풋내

> **Tip**
>
> **소포제**
> ① 대표적인 소포제 성분 : monoglyceride
> ② 소포제 사용 목적 : 대두의 사포닌 성분은 거품을 형성, 이는 생산성과 품질 저하를 일으키는데, 이를 효과적으로 제거하기 위한 목적으로 소포제를 이용
> ③ 소포제의 역할
> - 증자 시 열효율을 높임
> - 단백질 추출 증가, 단시간에 균일한 두즙 형성
> - 응고 시 기포에 의한 외관 품질저하 방지

(5) 응고

가용성 단백질은 응고제에 의해 응고되며, 응고제의 종류에 따라 두부의 특성과 수율이 달라진다.

 응고제의 종류 및 특징

종류	용해도	첨가 온도	특징 장점	특징 단점
염화마그네슘 ($MgCl_2$)*	수용성	60~70℃	• 두부의 보수력이 좋음 • 응고 시간이 빠르고 압착 용이 • 풍미가 좋음	두즙과 반응이 매우 빨라 고도의 사용 기술 필요
황산칼슘 ($CaSO_4$)	난용성	70~80℃	• 반응이 완만하여 사용이 편리 • 수율이 높음 • 두부의 색택이 좋고 조직이 연함	• 물에 녹지 않음 • 풍미가 덜함 • 잔류 황산칼슘 존재 • 두부 표면이 거침
염화칼슘 ($CaCl_2$)	수용성	60~70℃	응고 시간이 빠르고 압착 용이 (주로 튀김용으로 사용)	• 두부가 거칠며 딱딱 • 풍미가 덜함

종류	용해도	첨가 온도	특징	
			장점	단점
GDL**	수용성	85~90℃	• 표면이 매끈하고, 조직이 부드러움(주로 연두부 제조에 사용) • 수율이 높음 • 사용이 편리 • 응고력 우수	산 응고로 인한 두부 풍미 저하 (약간의 신맛)

* 염화마그네슘($MgCl_2$), 황산마그네슘($MgSO_4$)을 주성분으로 하여 간수로 이용
** Glucono-δ-Lactone

2) 장류

장류는 콩을 주원료로 미생물을 이용하여 발효시킨 것으로 조미료로 다양하게 사용된다. 콩과 같은 두류 및 쌀, 보리와 같은 곡류에 소금을 이용하여 분해·발효시킨 조미식품으로 단백질이 풍부하며 감칠맛 성분인 글루타민산이나 무기질이 많아 영양학적으로도 우수한 전통식품이다.

(1) 된장

① 재래식 된장 : 전통적으로 제조된 된장

대두 → 증자 → 파쇄 → 성형 → 발효 —(소금물)→ 담금 → 숙성 → 거르기 ⇒ 간장액 / 된장

- 물에 불려 삶은 콩을 찧어 메주를 성형·건조시킨 뒤 볏짚으로 엮어 통풍이 잘 되는 곳에서 약 2~3개월 자연건조시킨다. 이 과정에서 내부에는 고초균(*Bacillus subtilis*), 표면에는 *Aspergillus* 속 등의 곰팡이가 생육하여 특유의 풍미를 지닌다.
- 메주를 소금물에 담구어 숙성시킨 뒤 메주 덩어리를 건져 소금을 첨가하여 제조한다.

② 개량식 된장 : 재래식 된장을 대량 생산하기 위해 개량된 된장

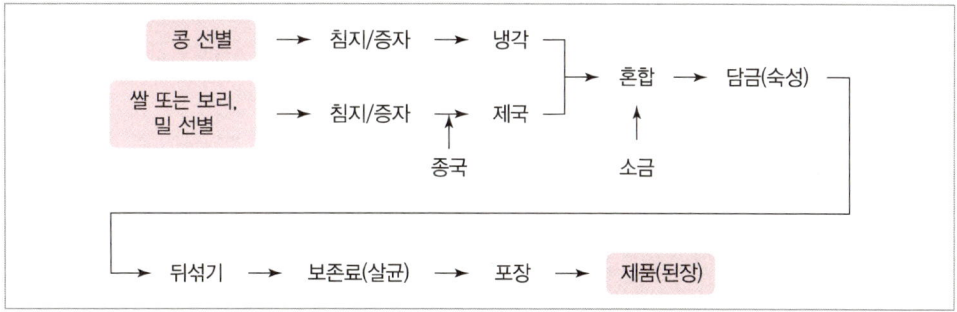

- 쌀 또는 보리 원료가 혼합될 수 있으며, 이러한 전분질 원료에 황국균(*Aspergillus oryzae*)을 섞어 녹말당화효소를 생산하기 위해 제국하여 여기에 삶은 콩과 소금을 넣어 숙성하여 제조한다.
- 전분질 원료의 양이 많을수록 된장의 숙성기간이 짧고, 단맛이 강하고, 옅은 색의 된장이 된다.

- 콩의 사용량이 많을수록 단백질 분해산물이 생성되어 구수한 맛이 강해지나 숙성기간은 길어지고 색이 진해지며 소금의 첨가량이 많을수록 숙성이 늦어진다.

> **Tip**
>
> **된장의 숙성**
> ① 된장 숙성 중의 변화
>   - 전분이 황국균에 의해 당화작용이 일어나 분해되며, 생성된 당은 알코올 발효작용에 의해 알코올 생성. 당의 일부는 유기산 발효작용으로 유기산을 형성하고 단백질은 단백질 분해효소에 의해 아미노산을 생성하며 구수한 맛을 낸다.
>   - 숙성 중 생성된 분해화합물은 화학적 반응으로 에스테르 등을 형성하여 된장의 독특한 향미를 만든다.
> ② 코지(Koji, 麴) 및 종국(鍾麴)
>   - 원료인 곡류 및 두류에 코지균(Aspergillus 속 등)을 번식시킨 것으로 코지균을 쌀 또는 보리 등의 배지에 접종시켜 코지균의 발아 및 발육을 조작하여 제조한다.
>   - 만들어진 코지균을 곡류 및 두류에 접종하여 번식시키는 과정을 종국이라 하며, 코지균의 종류에 따라 장류의 특성은 달라진다.

코지균의 종류

종류	적용 식품	종류	적용 식품
Aspergillus oryzae	청주, 간장, 된장 제조	Aspergillus luchuensis, Aspergillus usamii	일본 소주 제조
Aspergillus sojae	간장, 개량식 메주, 발효사료 제조		
Aspergillus niger	구연산, 글루콘산, 소주 제조	Aspergillus kawachii	약주, 탁주 제조

(2) 간장

간장은 재래식 메주, 개량식 메주나 코지(Koji, 麴)를 소금물에 담그어 숙성시키면서 함유되어 있는 성분을 우려낸 후 여액을 가공한 것이다.

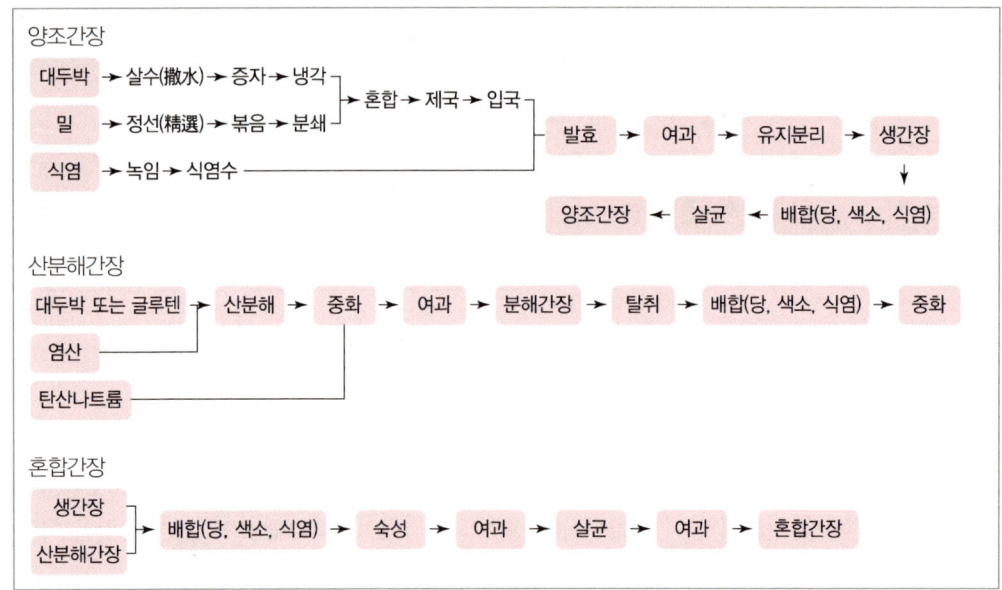

① 재래식 간장(메주간장, 조선간장, 국간장)
- 콩으로 만든 재래식 메주를 주원료로 소금물을 섞어 발효·숙성시킨 후 여액을 가공한 것이다.
- 메주를 소금물에 담구어 숙성시킨 뒤 메주 덩어리를 건져 낸 뒤 남은 즙액을 분리하여 가열한 간장이다.
- 개량식 간장에 비해 염도가 높고 색깔이 연하다.

② 개량식 간장(양조간장)
- 대두, 탈지대두, 맥류 또는 쌀 등을 제국하여 소금물 등을 섞어 발효·숙성시킨 후 여액을 가공한 것이다.
- 삶은 콩과 볶은 밀을 발효시킨 것으로 짧은 시간 안에 제조가 가능하며 원료 이용률이 높다.
- 많이 쓰이는 균주는 전분당화력과 단백질 분해력이 강한 *Aspergillus oryzae*, *Aspergillus sojae* 등이 있다.
- 이들 국균은 효소작용으로 단백질이 분해되어 구수한 맛을 부여하고, 녹말이 분해되어 단맛을 낸다.

③ 산분해간장(아미노산간장, 화학간장)
- 산분해간장은 단백질 원료를 산으로 가수분해한 후 알칼리로 중화시켜 맛과 색을 조정한 것이다.
- 재래식 간장이나 개량식 간장에 비하여 산을 이용해 단백질을 분해하므로 제조기간이 짧고, 비용 투입이 낮아 가격이 저렴하지만, 양조간장에 비해 풍미는 떨어진다.
- 산분해간장은 탈지대두나 밀 글루텐에 염산을 가하여 아미노산으로 분해한 후 탄산나트륨으로 중화하여 여과과정을 거쳐 박과 액을 분리해 제조한다.
- 산분해간장 특유의 맛과 향이 있어 탈색, 탈취 등의 정제처리를 한다. 정제는 활성탄으로 처리하여 색과 냄새를 제거한 후 제품의 맛, 향, 색을 조절하기 위해 소금, 조미료, 향미물질, 캐러멜 등을 첨가한다.

> **산분해간장의 중화반응**
> - $HCl + NaOH \rightarrow NaCl + H_2O$
> - $2HCl + Na_2CO_3 \rightarrow 2NaCl + H_2O + CO_2$

④ 혼합간장
- 산분해간장과 양조간장을 혼합한 뒤 숙성시켜 제조한 두 간장의 장단점을 보완한 간장으로, 보통 5 : 5 또는 6 : 4로 혼합하며 혼합된 간장을 숙성시킨 뒤 여과·살균하여 제품화한다.
- 짧은 시간에 제조가 가능하며, 가격이 저렴한 것이 장점이나 양조간장에 비해 맛과 향이 떨어진다.

간장의 숙성

① 간장 숙성 중의 변화 : 콩에 함유된 영양성분의 분해로 아미노산, 유기산이 생성되어 감칠맛과 향을 내며, 이러한 유기산으로 인해 pH가 낮아진다. 간장의 pH는 4.3~5.0이고, 1~2%의 알코올 농도는 풍미를 더해준다. 간장의 감칠맛은 글루탐산, 아스파르트산, 트레오닌 등 10여 종의 아미노산에 의한 것으로 이들 아미노산의 양에 의해 품질이 좌우된다. 글루탐산은 숙성기간이 8~9개월째에 최고도를 나타낸다.

② 간장 피막현상 : 여름철에 간장을 오랫동안 저장하면 발생되는데, 간장 표면에 백색 피막이 생겨 불쾌한 냄새와 맛이 발생한다.
- 원인 : 산막효모가 원인으로, 호기성 미생물로 간장 농도가 낮을 경우, 소금 함량이 적을 경우, 장달임 온도가 낮을 경우, 숙성이 부족한 것을 압착 여과했을 경우, 당이 많이 들어 있을 경우, 사용 기구 및 용기 등이 비위생적일 경우 발생하기 쉽다.
- 예방법 : 기구 및 용기를 위생적으로 세척·살균해서 사용한다.

양조간장과 산분해간장의 비교

구분 \ 시료	양조간장	산분해간장	혼합간장
원료	탈지대두, 밀, 식염	식물성 단백질(탈지대두, 밀 글루텐), 식염, 기타	양조간장과 산분해간장을 일정한 비율로 혼합하여 양조간장과 산분해간장의 장점과 단점을 보완하여 제조한 것
제조방법	원료 중의 단백질원과 탄수화물원을 코지의 효소에 의해 아미노산과 당으로 분해하는 방법	원료 중의 단백질원을 산에 의해 아미노산으로 분해하는 방법	
장점	향기와 풍미가 우수	원료의 이용률이 높아 구수한 맛이 강함	
단점	• 원료의 이용률이 낮음 • 시설비가 많이 듦	식물성 단백질 분해 중 향기가 부드럽지 못함	
제조기간	6개월	70~80시간	

간장덧 교반 목적
- 숙성을 균일하게 발생시킴
- 코지 중 효소 용출을 촉진
- 이산화탄소를 제거하여 효모 및 세균의 발효를 도움

간장 달임의 목적
- 잡균의 살균
- 분해되지 않는 단백질을 응고, 제품의 청징 및 농축
- 향과 색 부여

(3) 청국장

증자한 대두를 주원료로 하여 *Bacillus natto*균으로 발효시켜 제조한 것 또는 이에 여러 가지 조미료(고춧가루, 마늘)를 조미하여 만든 것이다. 제조기간이 가장 짧은 것이 특징이며 특유의 풍미가 있다.

```
대두 → 수세 및 수침 → 증자(3~4시간) → 방랭 → 균 접종[볏짚 첨가 또는 배양한 납두균(고초균) 접종]
→ 발효(40℃, 3~4일) → 조미(식염, 조미료 등 첨가) → 마쇄 → 청국장
```

(4) 고추장

고추장은 두류 또는 곡류를 주원료로 하여 누룩균을 배양한 후 고춧가루, 소금 등을 가해 발효·숙성한 것이다. 고추장의 종류로는 메주를 사용한 재래식 고추장과 코지를 사용해 제조한 개량식 고추장이 있다. 전분질 원료에 따라 멥쌀고추장, 찹쌀고추장, 보리고추장 등이 있다.

① 재래식 고추장
- 찹쌀가루를 약 20% 혼합한 고추장을 메주로 만들어 띄우고, 엿기름 가루를 물에 담가 당화효소액을 추출한 뒤 이를 녹말과 반죽하여 따뜻한 곳에 두어 당화시킨 뒤 메줏가루, 고춧가루, 소금 등을 넣어 숙성시켜 제조한다.
- 숙성에 관여한 미생물로는 *Mucor* 속, *Rhizopus* 속, *Aspergillus* 속 등의 곰팡이와 *Bacillus subtilis* 등의 세균이 있다.

② 개량식 고추장

```
쌀가루 → 호화(α-화) → 냉각 → 당화 → 담기 → 숙성 → 개량식 고추장
        (+물)         (+코지)        (+고춧가루, 소금)
```

- 개량식 고추장은 공장 대량 제조 시 주료 사용하는 방법으로 *Aspergillus oryzae*(황국균)의 순수배양을 이용하는 점이 재래식 고추장과의 차이점이다.
- 개량식 고추장은 오랜 발효 숙성과정을 거치는 숙성식 고추장과 약 10시간 내에 완성하는 당화식 고추장으로 나눈다.
  - 숙성식 고추장 : 메주의 미생물이 생산하는 효소를 이용하는 것
  - 당화식 고추장 : 엿기름(맥아)의 효소를 이용하여 당화시켜 만든 것
- 당화 온도가 60℃ 이하로 낮아지면 고온의 젖산균이 번식하여 신맛의 고추장이 되므로 온도관리에 주의가 필요하다.
- 제조방법은 소맥분 혹은 쌀을 연속 증자한 다음 곰팡이를 접종하여 제국한 것에 찐 밀쌀, 혹은 쌀, 찹쌀 등을 혼합하여 소금물을 가한 뒤 수분을 조절하여(약 50% 정도) 이를 마쇄 후 발효시킨 다음 살균솥에 물엿, 고춧가루 등을 넣고 60~70℃에서 살균시킨다.

2. 기타 두류 가공품

1) 콩나물

① 계절에 관계없이 생산·재배법이 간단하고 비타민류가 많아 겨울철 영양상 좋은 식품이다.

② 발아 시 비타민 C를 다량 생성한다.
③ 성장하면서 가용성 질소화합물과 지방 함량이 감소한다.
④ aspartic acid가 다량 함유되어 있어 숙취해소에 효과적이다.

2) 두유

① 콩 중의 수용성분 추출, 콩 단백질을 물에 분산시켜 우유와 외관상 비슷하게 만든 것이다.
② 콩 비린내 원인인 lipoxygenase는 가열로 불활성화된다.

3) 기타 두류단백 – 대두조직단백(TSP, Textured Soy Protein)

① 콩가루, 농축콩단백, 분리콩단백 등 조리하여 먹기 어려운 대두단백제품을 육류와 비슷하게 조직화시켜 만든 것이다.
② 양질의 단백질을 함유하고 있고 지방과 Na 함량이 적어 영양가가 우수하다.

4) 콩기름

① 콩의 20% 기름에는 올레산, 리놀레산, 리놀렌산 등 불포화지방산이 많아 식용유로 이용된다.
② 마가린 등의 경화유·유화용 물감 제조에 이용된다.

SECTION 03 과채류 가공

1. 과채류의 특성

1) 과채류의 특성

① 과일은 보통 외피, 과육, 종자로 구성되어 있으며 다량의 식이섬유와 생리활성물질이 풍부하고 비타민과 무기질의 공급원으로서 영양학적으로 우수한 식품이다.
② 과일은 후숙과정을 거치며 anthocyanin, carotenoid, flavonoid 계열 색소로 인해 고유의 색을 가진다.
③ 채소류는 과일과 비슷하지만 당, 유기산, 방향성분(에스테르, ester)이 적고 가공 시에 다량의 엽록소가 색에 관여한다.
④ 과채류는 수확 후에도 호흡·증산·생산 작용을 통해 조직과 구성성분의 변화를 일으켜 품질저하가 쉽게 나타나기에 적절한 취급, 관리가 필요하다.

2) 과채류의 생리 작용

(1) 호흡작용(respiration)

① 호흡량은 온도에 민감하게 반응 : 온도 10℃ 증가 → 호흡량 약 2.5배 상승
② 호흡률 급상승(CR : Climacteric Rise) : 과일 > 채소
③ CA(Controlled Atmosphere) 저장 : 저장고의 공기 조성을 변화(산소 농도 감소, 이산화탄소 농도 증가)시킴으로써 과채류의 호흡량을 감소시키는 방법

(2) 증산작용(evaporation)

① 저장 시 기공 증산을 통해 수분 손실이 일어나며 과채류의 5% 중량이 감소
② 온도, 습도, 풍향 등 환경요인에 영향
③ 온도에 의한 증산은 과일의 왜소화, 향미 손실을 유발 → 낮은 온도에서 증산작용 감소

(3) 후숙작용(after-ripening)

① 조직의 연화, 향기성분 발생, 색의 변화 등 여러 생리적 현상을 총칭
② 에틸렌(ethylene)이나 식물 호르몬 등의 작용으로 과일과 채소에 존재하는 효소의 활성이 높아지거나 호흡작용이 상승
③ 가공 중 기체 조절을 통해 에틸렌 발생 조절 가능

> **Tip**
>
> | 호흡급등형(climacteric type) 과실 | 비급등형(non-climacteric type) 과실 |
> | --- | --- |
> | • 성숙과 숙성 과정에서 호흡이 급격하게 증가
• 배, 사과, 복숭아, 바나나, 살구, 멜론, 키위, 토마토, 망고, 파파야, 아보카도 | • 성숙과 숙성 과정에 호흡 변화 없음
• 가지, 앵두, 오렌지, 파인애플, 레몬, 올리브, 밀감, 딸기, 오이 |
>
> **CA(Controlled Atmosphere) 저장**
> 호흡은 농산물 내 저장 양분이 소모되면서 이산화탄소와 열을 발산하는 대사작용으로 산소가 필수적으로 필요하다. 높은 농도의 이산화탄소와 낮은 농도의 산소 조건에서 생리대사율을 저하시킴으로서 품질유지 저하를 지연시킨다.
> ※ CA 저장에 적합한 청과물은 climacteric type이 적합하다.

2. 과채류 가공

1) 과채류 주스 가공

원료 → 전처리 → 착즙 → 청징 → 도정 → 원·부재료 배합 → 살균 및 냉각 → 충전 및 밀봉 → 검사 및 포장

(1) 원료

제품의 숙성을 고려하여 완숙 이전 과실을 이용한다.

(2) 전처리

① 세척
- 건식세정법 : 체질, 사별, 흡인, 연마 등
- 습식세정법 : 침지, 분무, 초음파 등
- 이외 탈피(peeling), 껍질 제거(skinning), 데치기(blanching) : 80~90℃에서 2~3분

> **Tip**
> 데치기의 목적
> - 식품 내의 산화효소 불활성화 및 미생물 살균효과로 장기보존에 용이
> - 이미 · 이취의 제거로 제품 품질을 향상
> - 제품 표면의 왁스 제거 및 원료 박피에 용이성 부여
> - 변색 및 변패를 방지
> - 불순물로 인한 혼탁 방지 및 제품 연화를 통한 충전 용이성 부여

② 박피 : 칼, 열탕법, 증기법, 알칼리법, 산처리법, 기계법

 산 · 알칼리 박피방법

구분	방법
산 박피법	• 1~3% HCl • 20℃에서 30~60분 산 처리 → 세척
알칼리 박피법	• 1~3% NaOH • 30℃에서 10분 혹은 100℃ 이상 15~30초 알칼리 처리 → 세척

(3) 청징

과일즙에 포함된 펙틴이나 점성물질 및 부유물을 제거하여 투명성을 제공하기 위한 공정

① 난백을 사용하는 방법
② 카제인을 사용하는 방법
③ 젤라틴, 탄닌을 사용하는 방법
④ 규조토를 사용하는 방법
⑤ 효소(pectinase, polygalacturonase 등)를 사용하는 방법

2) 과채류 통조림

(1) 통조림 제조

원료 → 조리 → 담기 → 주입액 넣기 → 탈기 → 밀봉 → 살균 → 냉각 → 제품

① 담기(충진)
- 식품과 주입액(과실 : 20~50% 당액, 채소 : 15~20% 소금물)을 용기에 넣는 것
- 맛과 방향을 주며 내용물 형상 유지 및 손상 방지
- 멸균으로 인한 부피 팽창 시의 파손을 방지하기 위해 내부에 0.2~0.4cm의 공극(head space)

② 당액 조제

$$w_1 x + w_2 y = w_3 z, \quad y = \frac{w_3 z - w_1 x}{w_2}, \quad w_3 - w_1 = w_2$$

여기서, w_1 : 담는 과실의 무게(g)
w_2 : 주입 당액의 무게(g)
w_3 : 통 속의 당액 및 과실의 전체 무게(g)
x : 과육의 당도(%)
y : 주입액의 농도(%)
z : 제품 규격 당도(%)

③ 탈기(exhausting)
- 병이나 파우치 내의 공기를 제거하는 조작
- 호기성 세균 및 곰팡이의 생육을 억제 및 산화 방지
- 맛・향・색소의 변화와 영양소의 파괴를 방지
- 내용물이 부풀어 오르거나 팽창하는 것을 방지

>> 탈기방법

구분	방법	구분	방법
가열탈기법	가밀봉한 채 가열 탈기 후 밀봉	진공탈기법	진공하에서 밀봉
열간충진법	뜨거운 식품을 담고 즉시 밀봉	치환탈기법	질소 등 불활성 가스로 공기 치환

④ 살균(sterilization)
- 식품의 살균 시에는 맛, 향, 색 등을 고려하여 미생물 사멸의 유효성이 존재하는 최저 조건을 설정하여 상품가치 손실을 최소화
- 통・병조림의 경우 호기성 미생물의 성장이 억제되기 때문에 혐기조건에서 성장하는 병원성 미생물인 *Clostridium botulinum*을 살균지표로 설정, *Clostridium botulinum*의 최저 생육 pH는 4.6이므로 이를 고려하여 열처리조건을 설정
- 레토르트 멸균 : 제품의 중심온도 120℃로 4분간 또는 이와 같은 수준으로 열처리

⑤ 냉각
- 가능한 급속 냉각하여 내용물 과열에 의한 연화 방지 및 관내면 부식 방지
- 호열성 세균의 발육 억제
- 단백질로부터 황화수소 발생을 적게 하여 변색(흑변) 방지

(2) 통조림 변패

① 평면산패(flat sour)
- 가스 비형성 세균의 산 생성으로 발생
- 주로 *Bacillus* 속 호열성 세균의 살균 부족으로 발생
- 통조림 외관은 이상 없으나 산에 의해 신맛 생성

② 황화수소 흑변 : 육류 가열로 발생된 −SH기가 환원되어 H_2S 생성, 통조림 금속재질과 결합하여 흑변

③ 주석의 용출
- 산이나 산소 존재 시 주석 용출
- 통조림 개봉 시 산소에 의해 다량 용출되므로 먹고 남은 것은 다른 용기에 보관

④ 통조림 외관상 변패
- flipper : 한쪽 면이 부풀어 누르면 소리를 내고 원상태로 복귀(충진 과다, 탈기 부족 발생)
- springer : 한쪽 면이 심하게 부풀어 누르면 반대편이 튀어나옴(가스 형성 세균, 충진 과다 등)
- soft swell : 관의 상하면이 부풀어 있는 것(살균 부족, 밀봉 불량에 의한 세균 오염)
- buckled can : 관 내압이 외압보다 커 일부 접합 부분이 돌출한 변형관(가열 살균 후 급격한 감압 시)
- panelled can : 관 내압이 외압보다 낮아 찌그러진 위축변형관(가압 냉각 시)
- pin hole : 관에 작은 구멍이 생겨 내용물이 유출된 것

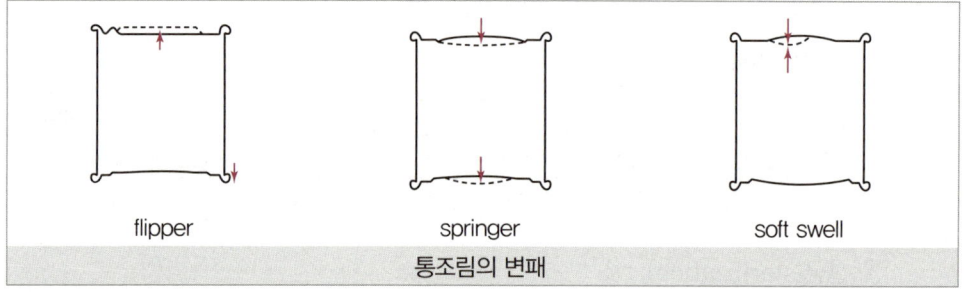

통조림의 변패

⑤ 산성통조림 홍변(cyanidin)
- 과일과 채소에는 성장 촉진 역할을 하는 무색의 류코안토시아닌(leucoanthocyanin)이 다량 함유
- 통조림을 가열 후 냉각이 적절히 이루어지지 않고 35~45℃에서 장시간 머무를 때 류코안토시아닌이 시아닌(cyanin)으로 변하며 제품의 홍변을 일으킨다.

> **Tip**
>
> **감귤 통조림의 백탁 현상**
> ① 원인 : 감귤의 배당체인 헤스페리딘의 용출과 펙틴의 석출이 원인
> ② 방지법
>   - 헤스페리딘 함량이 적은 품종 선택(완숙된 원료 사용)

- 과피 제거 후 세척
- 농도가 높은 당액 사용
- 장시간 가열(영양성분 파괴 고려)
- 충분한 청징
- 헤스페리딘 가수분해효소 이용

3) 과일 잼

과일 및 채소에 함유되어 있는 펙틴과 산의 성질을 이용하여 삼투압 공정으로 만드는 과채가공품이다.

(1) 젤리화

과실 중 펙틴(1~1.5%), 유기산(0.3%, pH 2.8~3.3), 당(60~65%)이 gel을 형성하는 것

① 펙틴(1~1.5%)
- 과실 중 펙틴질의 형태는 성숙도에 따라 프로토펙틴, 펙틴, 펙틴산, 펙트산으로 분류한다.
- 미숙과는 불용성의 프로토펙틴, 완숙과는 가용성의 펙틴 · 펙틴산, 과숙과는 수용성의 펙트산 형태로 존재한다.
- 프로토펙틴과 펙트산은 젤리화가 되기 어렵기 때문에 완숙과를 준비한다.
- 메톡실기(methoxyl) 함량에 따라 메톡실기 함량이 7% 이상인 경우 고메톡실펙틴으로, 7% 이하인 경우 저메톡실펙틴으로 분류한다.

》 펙틴 함량에 따른 젤리화 영향

펙틴 함량	젤리화 영향
0.75% 이하	• 가당량을 높여도 젤리화 불량 • 젤 강도를 높이기 위해 Ca^{2+}, Mg^{2+}를 첨가(다가 이온이 산기와 결합해 망상구조 형성)
1.50% 이상	산 농도가 낮고 가당량이 30%인 경우에도 젤리화가 일어나지만, 산 농도가 0.35% 이하일 경우에는 젤리화가 이루어지지 않음

② 유기산(0.3%, pH 2.8~3.3)
- 최적 pH는 3.0~3.5이며, pH가 이보다 낮을 시 젤리화력이 저하된다.
- 대부분의 딸기, 자몽, 사과의 경우 자체 함유된 유기산으로 인해 pH가 4.0 이하로 나타나므로 추가적으로 유기산을 첨가해주지 않으나, 일부 유기산 함량이 낮은 과일류의 경우 젖산(lactic acid)을 첨가해준다.

③ 당분(60~65%)
- 젤리화에 60~65% 당 농도가 필요하다.
- 당분의 농도가 높으면 제품 중 설탕이 석출되고, 당분의 농도가 낮으면 젤리의 품질이 떨어지며 저장성이 낮아진다.
- 고메톡실펙틴의 경우 설탕의 첨가에 의해 젤리의 강도를 높여준다.

(2) 잼류 제조

원료 → 조제 → 가열 → 착즙 → 청징 → 산조정 → 가당 → 농축 → 담기 → 살균 → 제품

① 알코올 테스트(alcohol test)에 의한 가당량 결정

시험관에 과즙을 소량 넣고 동량의 96% 알코올을 첨가하여 응고 펙틴으로 정량

》 펙틴 함량 검정 및 가당량

alcohol test 결과	pectin 함량	가당량
전체가 jelly 모양으로 응고하거나 큰 덩어리 형성	많음	과즙의 1/3~1/2
여러 개의 jelly 모양 덩어리 형성	적당함	과즙과 같은 양
작은 덩어리가 생기거나 전혀 생기지 않음	적음	농축하거나 pectin이 많은 과즙 사용

② 잼류 완성점(jelly point) 결정법
- 스푼 시험 : 나무 주걱으로 잼을 떠서 기울여 액이 시럽 상태가 되어 떨어지면 불충분한 것, 주걱에 일부 붙어 떨어지면 적당
- 컵 시험 : 물컵에 소량 떨어뜨려 바닥까지 굳은 채로 떨어지면 적당, 도중에 풀어지면 불충분
- 온도법 : 잼에 온도계를 넣어 104~106℃가 되면 적당
- 당도계법 : 굴절당도계 이용, 잼 당도 65% 정도가 적당

3. 기타 과채류 가공품 및 제조공정

1) 기타 과채류 가공품

(1) 토마토 솔리드 팩(tomato solid pack)
① 토마토의 껍질과 꼭지를 제거하고 소량의 토마토 퓌레와 함께 통조림으로 만든 것
② 칼슘염을 첨가함으로써 칼슘염의 흡습성과 조해성으로 인해 과실의 과육 붕괴가 방지된다.

(2) 토마토 주스(tomato juice)
토마토의 씨앗과 과피 제거 후 갈아서 소금으로 조미한 과즙

(3) 토마토 퓌레(tomato purée, tomato sauce)
① 토마토를 파쇄하고 체로 거른 펄프를 조미하지 않고 농축한 것
② 고형물의 양에 따라 light(6.3%), medium(8.37%), heavy(12.0%)로 분류한다.

(4) 토마토 페이스트(tomato paste)
① tomato purée를 농축하여 전체 고형물 25% 이상으로 한 것
② 고형물의 양에 따라 light(29%), heavy(33%)로 분류한다.

(5) 토마토 케첩(tomato ketchup)

토마토를 갈아 거른 즙에 설탕, 소금, 향신료, 식초 등으로 조미한 것

2) 기타 과채류 제조공정

(1) 건조법

① 동결건조 : 원료를 저온으로 급속 동결한 후 감압을 통해 얼음을 승화시켜 건조하는 방법
- 식품성분의 변화가 적으며 맛과 향 유지
- 제품의 외형 유지에도 좋아 고품질의 제품 생산
- 설비비용이 비싸며 건조시간이 열풍건조에 비하여 긴 편

② 열풍건조 : 제품을 열풍에 노출시켜 건조하는 방법
- 설비비용이 저렴하고 건조시간이 짧아 대량생산에 적합
- 고온의 열풍을 불어주기 때문에 제품의 영양소 손실이 비교적 큰 편
- 분무건조 : 열풍건조법 중의 하나로 액체 식품을 분무하여 표면이 극대화된 식품입자가 열풍에 노출되어 신속하게 건조됨, 주로 과일주스의 건조에 사용

③ 유황훈증 : 유황을 태워 연기로 건조하는 방법
- 산화효소(oxidase)가 많이 함유된 과채류의 경우 건조 시 효소에 의한 갈변 발생
- 효소의 불활성을 통한 갈변 방지 및 고유의 색 부여 : 곶감
- 미생물의 생육이 억제되어 저장성 증대

(2) 탈삽법

감의 떫은맛을 제거하는 방법으로 가용성 탄닌이 불용성 탄닌으로 변화하는 공정

① 열탕법 : 감을 35~40℃의 물속에 12~24시간 유지
② 알코올법 : 감을 알코올과 함께 밀폐용기에 넣어서 탈삽
③ 탄산법 : 밀폐된 용기의 공기를 CO_2로 치환시켜 탈삽

CHAPTER 02 축산식품가공

SECTION 01 유가공

1. 우유 제조 및 가공

원유를 살균 또는 멸균 처리한 것(원유 100%)

원유 → 원유 검사 → 청징 및 표준화 → 원료 혼합 → 균질 → 살균 및 냉각 → 충전 및 포장

1) 원유 검사

(1) 관능검사

원유의 색상, 외관, 이미·이취, 풍미를 시각, 후각, 미각 등을 이용하여 검사하는 검사법

(2) 이화학 검사

① 알코올검사 : 알코올의 탈수반응에 의해서 카제인이 응고되어 침전물이 형성되는 반응을 검사하는 검사법
② 비중검사 : 신선한 원유의 비중은 1.028~1.034(평균 1.032)로 원유에 물이 첨가되어 있을수록 비중이 감소하는데, 이때 원유에 물이 첨가되어 있는지를 측정하기 위한 검사법
③ 적정산도검사 : 변질유일수록 lactic acid가 증가하는데, 우유에 들어있는 유산(젖산, lactic acid)의 함량을 수산화나트륨(NaOH) 용액으로 적정하여 신선도를 판단하는 검사법
④ 포스파타아제 시험 : 우유에 포함된 효소인 포스파타아제(phosphatase)는 62.8℃에서 30분 또는 71~75℃에서 15~30초 가열 시 파괴되므로 우유의 저온살균 및 생유 혼입 여부를 확인하기 위한 시험법

(3) 미생물 검사

① 일반세균수 : 표준평판법, 건조필름법
② 대장균군 : 평판배양법, 건조필름법, 자동화된 최확수법(Automated MPN)

(4) 체세포수 검사

상피 세포(epithelial cell), 중성구(neutrophils), 림프구(lymphocytes), 단핵구(monocytes), 유선의 염증 상태를 파악

❯❯ 원유의 체세포수와 세균수에 따른 등급

등급기준 세균수(1mL당)		등급기준 체세포수(1mL당)	
1등급	3만 초과 10만 미만	1급	25만 미만
2등급	25만 미만	2급	50만 미만
3등급	50만 미만	3급	75만 미만
4등급	100만 미만	등외	75만 초과
등외	100만 초과		

2) 청징 및 표준화

① 청징화 : 우유에 포함된 이물을 제거하기 위해 여과 혹은 원심분리기를 이용
② 표준화
  ㉠ 목표하는 규격에 맞춰 유지방, 무지고형분, 비타민 등의 함량을 일정하게 조절
  ㉡ 표준화 계산 및 확인 방법

- 원유 지방률 > 목표 지방률 : 탈지유 첨가

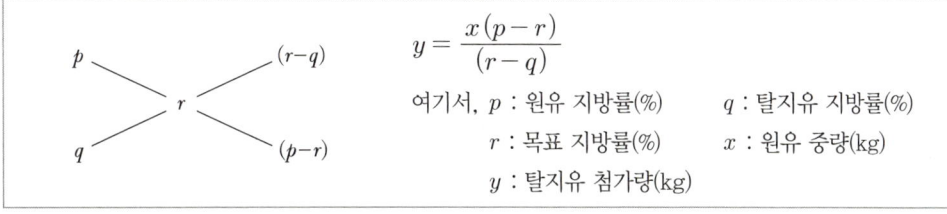

$$y = \frac{x(p-r)}{(r-q)}$$

여기서, p : 원유 지방률(%) q : 탈지유 지방률(%)
       r : 목표 지방률(%) x : 원유 중량(kg)
       y : 탈지유 첨가량(kg)

- 원유 지방률 < 목표 지방률 : 크림 첨가

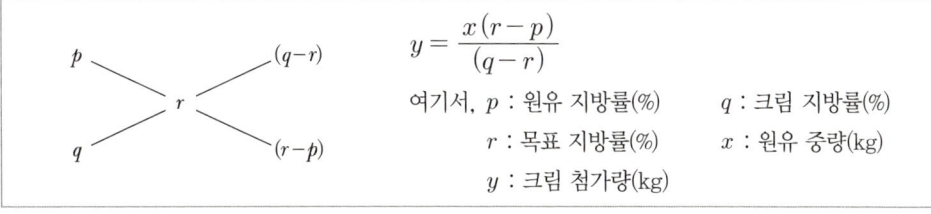

$$y = \frac{x(r-p)}{(q-r)}$$

여기서, p : 원유 지방률(%) q : 크림 지방률(%)
       r : 목표 지방률(%) x : 원유 중량(kg)
       y : 크림 첨가량(kg)

Gerber법
- 표준화한 원유의 지방함량 측정법
- 원유 내에 지방구를 보호하고 있는 지방구 막을 황산으로 분리, 유리지방을 원심분리하여 측정관 속에 모아 지방층의 눈금을 읽어 측정
- 진한 황산은 지방 이외의 우유 내의 성분을 융해하고 그때 발생하는 고열로 지방을 액상화하여 다른 액체와의 비중 차이를 이용하여 지방함량 측정

3) 균질화

(1) 균질화의 원리

① 우유의 지방구들이 서로 입자화되는 것을 방지하여 크림층 생성(분리)을 방지하기 위하여 지방입자 크기를 깨트려 조직연화성 및 소화흡수를 증대

② 균질기(homogenizer)의 미세한 구멍(1/100mm)을 2,000psi 압력으로 통과시킬 때 받는 전단응력에 의해 우유 지방구를 0.1~2m로 형성

> **Tip**
> **균질의 장점**
> • 지방구의 미세화로 크림 라인 형성 방지
> • 우유의 색 품질 향상
> • 지방산화 민감성 감소
> • 소화 흡수 용이

(2) 균질도 검사

① 크림 비율 측정 : 정치법
② 지방구 크기 분포 분석 : 레이저 분산

4) 살균법

우결핵균(*Mycobacterium bovis*), 브루셀라균(*Brucella abortus*), Q열(*Coxiella burnetii*) 대상, 61℃, 30분간 상업적 살균(영양분 파괴 최소)

(1) 저온 장시간 살균법(LTLT : Low Temperature Long Time pasteurization)

63~65℃, 30분, 우유, 크림, 주스

(2) 고온 단시간 살균법(HTST : High Temperature Short Time pasteurization)

72~75℃, 15~20초

(3) 초고온 순간 처리법(UHT : Ultra High Temperature sterilization)

130~150℃, 0.5~5초, UHT 멸균우유(standardization)

※ 수유검사항목 : 관능검사, 알코올검사, 적정산도검사, 비중검사, 지방검사, 세균검사, 항생물질 검사, 유방염유검사, 포스파타아제(phosphatase) 시험 등

2. 농축 · 분유류 제조 및 가공

- 농축류 : 우유를 그대로 농축하거나 설탕을 가하여 농축한 것
- 분유류 : 원유 또는 탈지유를 그대로 분말로 제조하거나 이에 첨가물을 넣어 분말로 제조한 것

분유 종류
- 전지분유 : 원유를 분말화
- 탈지분유 : 원유의 유지방을 제거하여 분말화
- 가당분유 : 원유에 설탕을 첨가하여 분말화
- 혼합분유 : 원유에 식품이나 첨가물 등을 첨가하여 분말화(조제분유, 영양 강화 분유 등)
- 조제분유 : 원유를 모유 성분과 유사하게 제조, 수분 50% 이하, 유성분 60% 이상, 유지방분 23% 이상, 세균수 4만 이하(g당), 대장균 음성

1) 농축 · 분유류 제조 및 가공

원유 → 표준화 → 예비가열 → 농축 → 균질
(평판 열교환기)

- 냉각 → 충전 → 멸균 → 무당연유 (비중 1.07, 유고형분 22% 이상)
- 가당 → 살균 → 충전 → 가당연유 (비중 1.30, 유고형분 29% 이상)
- 분무건조 (TS:45~55%) → 분유 (전지/탈지 분유 : 수분 5% 이하, 유고형분 95% 이상)

(1) 원료유 검사

신선도검사(관능검사, 알코올검사, 산도, Methylene Blue), 지방검사, 세균검사 등

(2) 표준화

① 탈지유 첨가량

$$S = \frac{F - R_1 \times SNF}{R_1 \times SNF_1 - F_1} \times M$$

여기서, S : 첨가하는 탈지유량(kg) M : 원료유량(kg)
F : 원료유의 지방률(%) F_1 : 탈지유의 지방률(%)
SNF : 원료유의 무지고형분(%) SNF_1 : 탈지유의 무지고형분(%)
R_1 : 지방계수(지방과 무지고형분의 소요비율)

② 크림 첨가량

$$C = \frac{R_2 \times SNF - F}{F_2 - R_2 \times SNF_2} \times M$$

여기서, C : 첨가하는 크림 양(kg) M : 원료유량(kg)
F : 원료유의 지방률(%) F_2 : 크림의 지방률(%)
SNF : 원료유의 무지고형분(%) SNF_2 : 크림의 무지고형분(%)
R_2 : 지방계수(지방분과 무지고형분의 소요비율)

(3) 예비가열

① 원료유를 살균하여 위생상 안전
② 세균과 효소를 파괴, 품질 및 보존성 향상
③ 설탕이 첨가될 경우 용해를 용이하게 하며 진공관 내에서 눌러붙는 것을 방지
④ 증발을 빠르게 하며 농후화를 방지
⑤ 고온 멸균 전 원료유의 안정화

(4) 농축

① 저장 또는 수송 등 경비 절감
② 상대적으로 가용성 성분의 농도를 높여 미생물의 생육 억제 → 저장성 향상
③ 기능성 성분을 분리하기 위한 전처리 공정

(5) 균질

① 고압으로 미세한 노즐 구멍에 밀어 넣을 때 우유가 받는 물리적 힘에 의하여 작은 지방구 입자 형성
② 유화제 첨가 : 단백질, 스테롤 및 레시틴 등의 인지질(주로 난황 이용)

> **Tip**
>
> **O/W형과 W/O형**
> - O/W형 : 물속에 기름이 분산된 수중유적형(우유, 아이스크림 등)
> - W/O형 : 기름에 물이 분산된 유중수적형(버터 등)

(6) 가당

① 16~17% 설탕 첨가, 단맛 부여, 세균 번식 억제, 제품의 보존성 부여
② 농축도 1/3~1/2.5, 제품당 함량 50~60%
③ 설탕 농축도(sugar water concentration)는 연유 중 수분($100 - TS$)에 대한 설탕% 표시

- 설탕 농축도 $= \dfrac{설탕\%}{100 - TS} \times 100$
- 설탕 첨가량(%) $= \dfrac{제품\ 중\ 설탕\%}{농축비}$
- 농축비 $= \dfrac{제품\ 중의\ SNF}{원유\ 중의\ SNF}$
- 탈지유 $SNF = \dfrac{원유\ SNF\%}{100 - 유지방\%} \times 100$
- 설탕 함량(%) $= \dfrac{(100 - TS) \times 설탕농축도}{100}$

여기서, TS : 고형분
SNF : 무지고형분

2) 성분규격

》 농축유류 성분규격

구분	농축우유 탈지농축우유	가당연유	가당탈지연유	가공연유
수분(%)	–	27.0 이하	29.0 이하	–
유고형분(%)	22.0 이상	95.0 이상	25.0 이상	22.0 이상
유지방분(%)	6.0 이상 (농축우유에 한함)	8.0 이상	–	
산도(%)	0.4 이하 (젖산 기준) (농축우유에 한함)	–		
당분(유당 포함 %)		58.0 이하		

》 분유류 성분규격

구분	전지분유	탈지분유	가당분유	혼합분유
수분(%)	5.0 이하			
유고형분(%)	95.0 이상	95.0 이상	70.0 이상	50.0 이상
유지방분(%)	25.0 이상	1.3 이하	18.0 이상	12.5 이상
당분(유당 제외 %)	–	–	25.0 이하(유당 제외)	–

3. 유크림류 제조 및 가공

1) 유크림

유크림류라 함은 원유 또는 우유류에서 분리한 유지방분이거나 이에 식품 또는 식품첨가물을 가한 것을 말한다.

- 유크림 : 유지방분 30% 이상
- 가공유크림 : 유지방분 18% 이상(분말 제품의 경우 50% 이상)

> **Tip**
>
> **유지방률 측정 방법**
> - 바브콕(Babcock)법
> - 거버(Gerber)법
> - 뢰제ㆍ고트리브(Roese-Gottlieb)법 : 지방질 함량이 많은 액체 식품
> - 자동 성분 분석기(MilkoScan) 이용

2) 버터

버터류라 함은 원유, 우유류 등에서 유지방분을 분리, 그것을 발효시킨 것을 그대로 또는 이에 식품이나 식품첨가물을 가하여 교반, 연압 등 가공한 것을 말한다.

- 버터 : 유지방분 80% 이상과 물 18% 이하

원료 → 크림 분리 → 살균 → 냉각 → 숙성 → 교동 → 버터밀크 배출 → 가염 및 연압 → 포장 → 저장

(1) 원료

우유에서 원심분리 등을 통해 분리한 크림 등을 원료로 사용한다.

(2) 숙성(aging)

교동이 잘 일어나게 하기 위해 원료크림을 저온(2~8℃)에서 숙성시켜주는 과정이다.

① 크림을 저온에서 보관 시에는 유지방이 결정화되는데, 이를 통해 교동 효율을 높여준다
② 숙성을 위해서는 20℃ 전후로 유지되는 원료크림을 급격히 냉각시켜주는데, 이 과정에서 냉각속도가 느리면 크기가 크고 수가 적은 결정이 만들어지며, 냉각속도가 빠르면 크기가 작은 많은 결정이 만들어진다.

(3) 교동(churning)

숙성된 크림을 일정한 속도로 교반하면서 지방구에 기계적 충격을 준다. 이 과정에서 고체 상태의 버터와 액체 상태의 버터밀크로 분리되며 이후 버터밀크를 배출해준다.

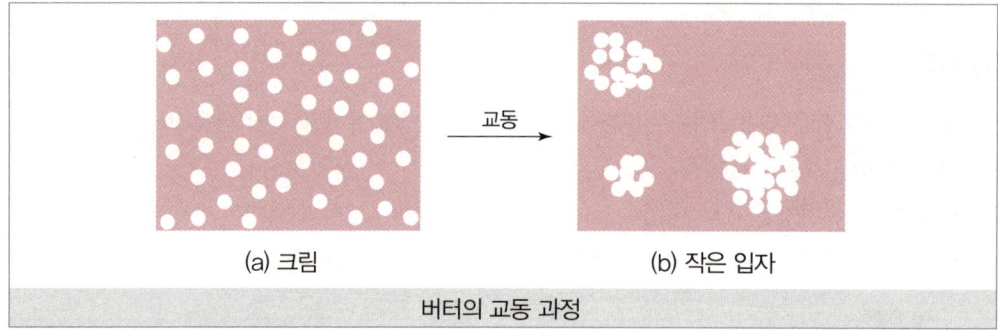

(a) 크림   (b) 작은 입자

버터의 교동 과정

(4) 가염

제품의 맛을 향상시키고 저장성을 향상시키기 위해 1.0~2.5%의 소금을 첨가하는 공정이다. 표면에 소금을 뿌리거나 소금물에 담가두는 방법을 사용한다.

(5) 연압(working)

버터는 유지방과 수분이 완전히 유화되어 있는 유화상 유가공품이므로, 유화가 잘되게 하기 위하여 교동이 끝난 버터를 으깨주는 공정이다. 이 공정을 통해 버터 입자와 물, 소금이 균질한 분포를 이루게 되어 제품의 질감이 좋아진다.

① 버터의 수분 함량을 조절하고 물이 골고루 유화되도록 분산시키며 물방울을 제거한다.
② 첨가한 소금을 완전히 녹이고 분산시킨다.
③ 버터의 조직감을 부드럽고 치밀하게 한다.

- over run : 버터 생산량과 버터 중에 함유된 순지방량과의 차이의 백분율(%), 버터 중 지방 이외의 성분량을 의미

$$\text{over run}(\%) = \frac{\text{버터 중량} - (\text{크림 중량} \times \text{크림의 지방률})}{\text{크림 중량} \times \text{크림의 지방률}} \times 100$$

Tip
버터 조직의 결함
- 물방울(leaky) : 낮은 온도 숙성, 세척수의 고온, 연압 부족, churning 과도
- 부스러짐(crumbly) : 연압 부족
- 끈적거림(sticky) : 연압 과다
- 연약(soft) : 냉각 불충분, 고온에서의 churning
- 기름반점(greasy) : 세척수 고온, 연약한 버터의 연압 과다
- 사상(sandy) : 식염 입자 잔존
- 백색 침전물(mealy) : 버터 중 단백질 응고물 존재

4. 아이스크림 제조 및 가공

우유, 설탕, 향료, 유화제, 안정제(젤라틴, 알긴산나트륨) 등을 혼합하여 냉동 경화시킨 유제품

원료 → 배합·혼합 → 여과 → 균질 → 살균 → 냉각 → 숙성 → 1차 냉각(soft ice cream) → 담기·포장 → 동결(-15℃ 이하, hard ice cream)

1) 배합·혼합

원료 지방, 무지고형분, 전고형분 등 표시된 조성표 배합량을 계산하여 유지방분 6% 이상, 유고형분 16% 이상, 안정제, 유화제, 설탕, 향료, 색소 등을 혼합하는 과정이다.

(1) 유제품

① 지방 함유 원료 : 유크림, 버터
② 무지유고형분 함유 원료 : 탈지분유, 탈지농축유, 유청 분말, 카제인나트륨 등
③ 지방과 무지유고형분 함유 원료 : 우유, 가당연유, 전지분유

(2) 감미료

설탕, 포도당, 물엿, 아스파르탐, 이성화당, 올리고당 등

(3) 안정제

젤라틴, 구아검, 카라기난 등

(4) 유화제

글리세린 에스테르(glycerin esters), 소르비톨 에스테르(sorbitol esters), 슈거 에스테르(sugar esters) 등

(5) 기타

색소, 향료, 각종 과일, 식이섬유, 유산균 함유 제품, 당알코올 등의 기능성 원료

아이스크림 제조 시 혼합 순서
낮은 점도 액체 원료(우유, 물 등) → 높은 점도 액체 원료(연유, 크림, 액당) → 쉽게 용해되는 고체 원료(설탕) → 분산성이 있는 고체 원료(전지분유, 탈지분유)

2) 균질

① 숙성 시 지방 분리 방지
② 숙성시간 단축
③ 안정제 사용량 절감
④ 증량률(over run) 향상
⑤ 아이스크림 조직감 향상
⑥ 동결 중 지방 응집 방지

3) 살균

① 유해균 사멸 및 보존성 증가
② 원료 물질의 용해 및 배합 증진으로 아이스크림 조직의 연화
③ 지방분해효소 불활성화에 의한 산패취 억제

4) 숙성과 향료 첨가

① 안정제의 겔(gel)화, 지방의 고체화, 혼합액 점성 증가 등에 의해 혼합액을 안정시키고, 조직을 부드럽게 하는 과정이다.
② 보형성과 거품성을 가지게 하는 효과로 혼합액의 단백질의 수화를 증가시켜 부피와 조직을 향상시킨다.
- 거품은 식품에 물성을 부여하고 식품의 조직감을 조절하며, 식품의 형태를 결정하는 데 중요한 역할을 한다.
- 아이스크림은 거품을 이용한 대표적인 식품이다.

5) 동결 및 증용

① 공기 균일 혼입, 동결(−3~−7℃, soft ice cream)
② 증량률(over run, %) : 동결기 내 교반에 의한 기포 형성으로 용적이 증가하는 것(80~100% 증량률이 최적)

$$\text{over run}(\%) = \frac{\text{아이스크림의 용적} - \text{mix의 용적}}{\text{mix의 용적}} \times 100$$

③ 공기 혼입의 특징
- 얼음 결정 크기에 영향을 주어 아이스크림 질감 결정에 매우 중요
- 얼음 결정을 작게 하기 위해서는 급속 냉동이 바람직
- 아이스크림 부피 증가에 의한 증량률(over run) 증가

5. 치즈 제조 및 가공

1) 자연치즈

원유 → 유산균 스타터 접종 → 응유효소 첨가 및 응고 → 커드 절단 → 가온 및 교반 → 유청 배출 → 성형 및 가압 → 가염 및 건조 → 숙성

(1) 유산균 스타터 접종

① 일정한 시간 내 치즈 제조에 필요한 충분한 젖산을 생산할 수 있어야 하며, 발효 공정에서 이용되는 온도 범위에서 생존 가능하고 젖산 생성 능력이 있어야 한다.
② 최종 생산품의 균일한 향미·색을 가질 수 있어야 한다.

» 치즈 제조에 사용되는 유산균 종류

치즈 종류	치즈명	특징	유산균 스타터
신선 치즈	모짜렐라, 스트링	비숙성, 수분 함량 40% 이상	고온성/*Streptococcus thermophilus, Lactobacillus delbrueckii* ssp. *bulgaricus, Lactococcus lactis* ssp. *cremoris*
	카테지, 크림		중온성/*Lactococcus lactis* ssp. *lactis, Lactococcus lactis* ssp. *cremoris*
연질 치즈	카망베르, 브리	숙성, 수분 함량 40% 이상	중온성/*Lactococcus lactis* ssp. *lactis, Lactococcus lactis* ssp. *cremoris, Lactococcus lactis* ssp. *diacetylactis*
	크박		중온성/*Lactococcus lactis* ssp. *cremoris, Lactococcus lactis* ssp. *diacetylactis, Lactococcus lactis* ssp. *lactis, Leuconostoc mesenteroides* ssp. *cremoris*
반경질 치즈	하우다	수분 함량 36~40%	중온성/*Lactococcus lactis* ssp. *lactis, Lactococcus lactis* ssp. *cremoris, Lactococcus lactis* ssp. *diacetylactis*
	스틸턴		중온성/*Lactococcus lactis* ssp. *lactis, Lactococcus lactis* ssp. *cremoris, Leuconostoc mesenteroides* ssp. *cremoris*

치즈 종류	치즈명	특징	유산균 스타터
경질 치즈	체더	수분 함량 25~36%	중온성/*Lactococcus lactis* ssp. *lactis*, *Lactococcus lactis* ssp. *cremoris*
	에멘탈		고온성/*Streptococcus thermophilus*, *Lactobacillus delbrueckii* ssp. *bulgaricus*, *Lactobacillus helveticus*, *Propionibacterium freudenreichii* ssp. *shermanii*(치즈아이)
초경질 치즈	파머잔	수분 함량 25% 이하	고온성, 중온성/*Lactococcus lactis* ssp. *lactis*, *Lactococcus lactis* ssp. *cremoris*, *Streptococcus thermophilus*, *Lactobacillus delbrueckii* ssp. *bulgaricus*
	베르크		고온성/*Streptococcus thermophilus*, *Lactobacillus delbrueckii* ssp. *lactis*, *Lactobacillus helveticus*

> **Tip**
>
> **곰팡이 스타터**
> - *Penicillium roqueforti* : 푸른곰팡이 치즈[로크포르(roquefort), 고르곤졸라, 블루(blue)치즈, 스틸턴(stilton)치즈 등] 제조
> - *Penicillium camemberti* : 흰곰팡이 치즈(카망베르, 브리 등) 제조

(2) 응유효소(렌넷, 레닛)

① 송아지 제4 위에서 추출한 단백질 분해효소 중 하나이다.

② 우유 단백질 분해 카파-카제인의 105, 106번째 아미노산인 페닐알라닌(phenylalanine)과 메티오닌(methionine)의 결합을 분해하는 기능을 가진다.

③ 카파-카제인의 마이셀이 불안정화되어 칼슘과 인을 통한 카제인 상호 간 결합이 이루어지며 응고·침전한다.

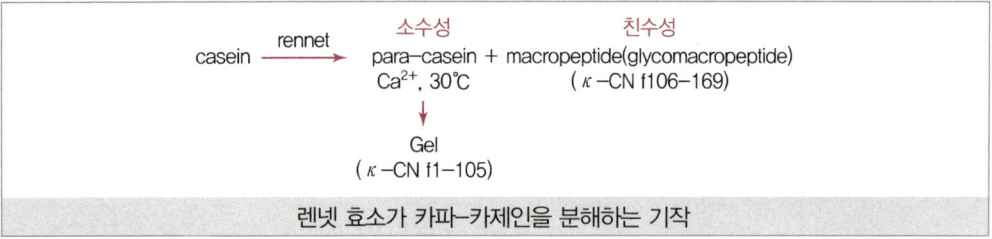

렌넷 효소가 카파-카제인을 분해하는 기작

(3) 커드 절단

① 커드의 표면적을 넓혀줌으로써 응고된 커드의 수분 제거가 용이하다.

② 절단된 커드는 피막을 형성한 후 유청을 배출하면서 수축한다.

(4) 가온

커드로부터 많은 양의 유청을 제거하기 위한 공정이다.

(5) 가염

① 목적
- 병원성 미생물의 활성을 지연, 억제
- 효소 활성 억제
- 유청 배출 촉진
- 치즈 단백질 변성 → 치즈 조직, 단백질 구조, 단백질 용해도에 영향
- 치즈 풍미 향상

② 방법
- 건염법 : 커드층 직접 살포 예 cheddar, blue, camembert
- 습염법 : 치즈를 소금 용액에 넣는 방법 예 camembert, brie, limburger

(6) 숙성

① 해당작용으로 유산균 스타터에 의해 유당이 분해될 숙성 1개월 이내 유당은 거의 고갈되어 유산으로 변화한다.
② 지방분해효소에 의해 유리지방산으로 분해된 후 아세톤과 여러 메틸케톤으로 분해되어 치즈의 풍미를 형성한다.
③ 카제인 단백질의 미세한 그물망이 절단되어 펩타이드, 유리아미노산, 아민류 등 수용성 물질이 생성되며 치즈 고유의 풍미, 조직, 형태를 부여한다.
- camembert(12~13℃, 14개월), limburger(15~20℃, 2개월), gouda(13~15℃, 4~5개월), cheddar(13~15℃, 6개월)

> **Tip**
> **RI(Ripening Index)값**
> - 치즈 숙성도 신속 검사 방법
> - 자연치즈 및 가공치즈 공장에서 필요로 하는 숙성도를 신속하게 검사하는 방법
> - 치즈의 숙성도를 비교하는 데 편리하고 간편
> - 미숙성(0.3 이하), 숙성(0.3~0.6), 장기 숙성(0.6 이상)

2) 가공치즈

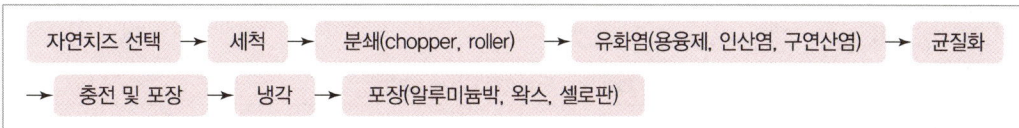

① 자연치즈에 유화염을 첨가하여 나트륨을 생성한다(Ca-paracaseinate → Na-paracaseinate).
② 기포성, 저장성, 경제성, 소화성이 좋다.

6. 발효유 제조 및 가공

발효유는 일반적으로 우유, 산양유, 마유 등과 같은 포유동물류의 젖을 원료로 하여 유산균이나 효모 또는 이 두 가지 미생물을 스타터로 하여 발효시킨 것을 말한다. 발효되는 미생물에 따라 유산발효유와 유산-알코올 발효유로 나뉜다.

원료 → 혼합 → 균질화 → 살균 → 냉각 → 스타터 첨가 → 배양 → 냉각 → 제품

1) 액상발효유(유산발효유) 제조 및 가공

- 유산균에 의해서만 순수하게 발효된 발효유를 유산발효유라 한다.
- 주로 *Lacticaseibacillus casei*, *Lactobacillus delbrueckii* ssp. *bulgaricus*, *Lactobacillus acidophilus*, *Streptococcus thermophilus*, *Bifidobacterium animalis* ssp. *lactis* 등의 젖산균이 혼합되어 발효된다.
- 종류 : yogurt, acidophilus milk, cultured butter milk

2) 호상발효유 및 드링크 발효유(유산-알코올 발효유) 제조 및 가공

- 유산발효유에 사용되는 유산균과 *Saccharomyces cerevisiae* 등의 효모가 혼합 발효되는 것이 특징이다.
- 유산균으로 인한 lactic acid의 생성뿐만 아니라, 효모 작용으로 소량의 알코올과 탄산가스가 생성되는 것이 특징으로 독특한 맛과 향을 가진다.
- 종류 : kefir, kumiss

» 식약처 인정 프로바이오틱스의 종류

구분	종류
Lactobacillus	Lactobacillus acidophilus, Lactobacillus gasseri, Lactobacillus delbrueckii ssp. bulgaricus, Lactobacillus helveticus
Lacticaseibacillus	Lacticaseibacillus casei, Lacticaseibacillus paracasei, Lacticaseibacillus rhamnosus
Limosilactobacillus	Limosilactobacillus fermentum, Limosilactobacillus reuteri
Lactiplantibacillus	Lactiplantibacillus plantarum
Ligilactobacillus	Ligilactobacillus salivarius
Lactococcus	Lactococcus lactis
Enterococcus	Enterococcus faecium, Enterococcus faecalis
Streptococcus	Streptococcus thermophilus
Bifidobacterium	Bifidobacterium bifidum, Bifidobacterium breve, Bifidobacterium longum, Bifidobacterium animalis ssp. lactis

(1) 후산 발효

정상적인 발효가 완료된 후 진행, 최종제품의 관능적 품질에 직접적인 영향

① 1단계 : 냉각과정 중 충분한 냉각 상태에 이르기까지 산을 생성(세균 증식, 효소 활성)
② 2단계 : 10℃ 내외의 온도까지 냉각하는 단계, 주로 lactate dehydrogenase에 의한 효소 활성
③ 3단계 : 냉장 저장(0~7℃) 중에도 산이 생성하는 최종 발효액의 pH에 따라 상이

(2) 발효유의 기능

① lactose가 유산균에 의해 glucose와 galactose로 분해되어 유당불내증에 효능을 가지며 소화흡수에 용이
② 발효대사산물로 생성되는 항균물질의 생성 및 lactic acid에 의한 장내 pH 저하로 장내 유해균 증식 억제 및 정상 세균총 유지의 기능
③ 설사와 변비의 개선 및 혈중 콜레스테롤 저하효과
④ 면역기능의 강화 및 항암효과 등

SECTION 02 식육가공

단백질과 지방의 좋은 급원이나 산패나 부패가 일어나기 좋은 식품 원료이기에 장기 보존을 위한 다양한 가공식품이 개발되고 있다.

1. 식육의 구성 및 특징

1) 식육(meat)

식육 생산을 목적으로 사육된 동물의 가식부(지육, 정육, 내장 및 기타 부분)

① 지육 : 머리, 꼬리, 다리 및 내장을 제거한 도체(carcass)

$$도체율(\%) = \frac{도체\ 무게(지육\ 중량)}{생체\ 무게} \times 100$$

② 정육 : 지육으로부터 뼈를 분리한 고기

$$정육률(\%) = \frac{도체\ 무게(지육\ 중량)}{도체\ 무게(생체\ 무게)} \times 100$$

③ 내장 : 식용 목적의 간, 폐, 심장, 위장, 췌장, 비장, 콩팥, 창자 등

④ 기타 : 식용 목적의 머리, 꼬리, 다리, 뼈, 껍질, 혈액 등

2) 식육의 형태

① 골격근이 도체의 30~40%를 함유하고 있으며, 이는 굵은 섬유인 미오신(myosin)과 가는 섬유인 액틴(actin)으로 구성된다.
② 복강, 피하 주위로 지방조직의 비율이 높은데, 식육에서의 지방조직은 육질 향상에 도움을 준다.
③ 식육의 색은 주로 근육 육색소인 미오글로빈(myoglobin)과 혈액 육색소인 헤모글로빈(hemoglobin)에 의해서 조절된다. 육색소는 도축 후 산소의 공급이 줄어들면 메트미오글로빈(metmyoglobin)으로 변하여 적갈색을 띠어 식육의 선도를 구별하는 역할을 한다.
④ 콜라겐의 함량이 높다.

3) 식육 부위별 명칭

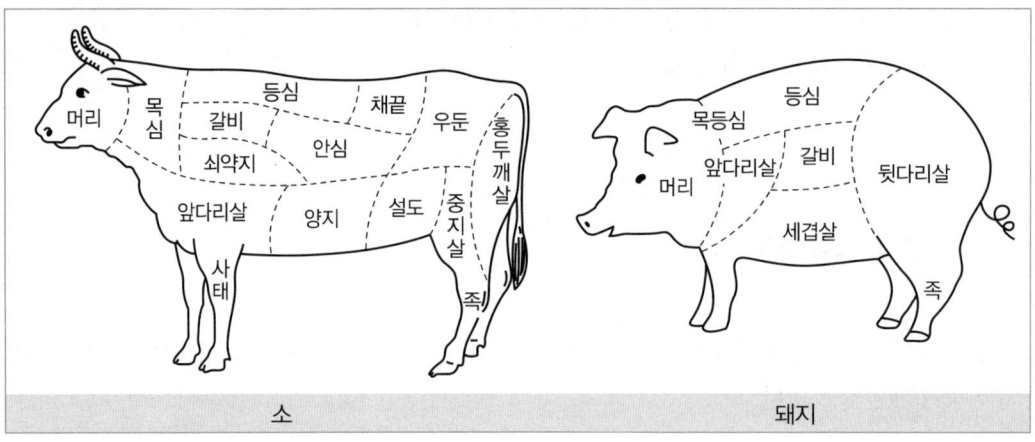

4) 사후경직

도살 후 일정 시간이 지나서 고기가 단단해지는 현상으로 도살 직후의 고기는 높은 보수성을 가지나, 혈액순환 및 산소 공급이 중단되며 사후경직이 시작된다.

(1) 사후경직의 영향

① 체내 식균작용의 정지로 인한 미생물 성장의 증대
② 지방의 산화로 인한 산패취 발생
③ 산소 공급의 중단으로 호기성 대사가 중단되며 ATP 감소
④ 혐기성 대사가 개시되며 해당작용으로 인한 lactic acid가 생성되고 이로 인한 pH의 저하
⑤ 최종 pH 4.5~5.5에 도달 시 액틴과 미오신이 액토미오신(actomyosin)으로 결합하며 근육은 최대 사후경직 상태에 도달

(2) 식육별 최대 사후경직

① 생선 : 1~4시간
② 닭 : 6~12시간
③ 쇠고기 : 24~48시간
④ 돼지 : 70시간

>
> **해동경직**
> - 사후경직이 최대에 이르기 전 동결 시 해동 후 남아있는 글리코겐에 의한 ATP 생성으로 발생한다.
> - 골격으로부터 분리되어 자유수축이 가능한 근육은 60~80%까지 수축된다.
> - 해동경직을 방지하기 위해서는 사후경직이 완료된 후 냉동시키면 된다.
> - 해동경직된 고기는 가죽처럼 질기고 드립 발생량이 커서 저품질의 고기가 된다.

5) 숙성

사후경직이 끝난 후 근육 내의 효소에 의해 단백질이 분해되면서 조직이 연해지는 현상

① 효소작용에 의한 자기소화로 단백질을 분해시키며 보수력이 상승하고 액토미오신이 분해되어 조직이 연해진다.
② ATP가 정미성 물질로 분해되며 지방과 단백질도 분해되어 풍미에 좋은 영향을 미치나 과도할 경우 품질이 저하된다.
③ 도체의 종류에 따라 사후경직과 숙성에 걸리는 시간에 차이가 있다.
- **쇠고기** : 0℃에서 10일간, 8~10℃에서 4일간
- **돼지고기** : 0℃에서 3~5일간

>
> **식육 연화제(단백질 분해효소)**
> - 파파인(papain) : 파파야
> - 브로멜린(bromelin) : 파인애플
> - 프로테아제(protease) : 배
> - 피신(ficin) : 무화과
> - 액티니딘(actinidin) : 키위

2. 식육가공품

1) 햄류

원·부재료 배합 → 염지 → 텀블링 → 충전 → 열처리 → 냉각 → 발효 및 숙성 → 검사 및 포장

- **햄** : 식육을 부위에 따라 분류하여 정형 및 염지한 후 숙성·건조하거나 훈연 또는 가열 처리하여 가공한 것(뼈나 껍질이 있는 것도 포함)

- 생햄 : 식육의 부위를 염지한 것이나 이에 식품첨가물 등을 첨가하여 저온에서 훈연 또는 숙성·건조한 것(뼈나 껍질이 있는 것도 포함)
- 프레스 햄 : 원료 고기를 염지한 것이나 이에 다른 식품 또는 식품첨가물을 첨가한 후 숙성·건조하거나 훈연 또는 가열 처리한 것(육 함량 85% 이상, 전분 5% 이하의 것)
- 혼합 프레스 햄 : 식육의 부위 또는 어육의 부위(어육은 전체 육 함량의 10% 미만이어야 함)를 혼합하여 염지한 것이나, 이에 다른 식품 또는 식품첨가물을 첨가한 후 숙성·건조하거나 훈연 또는 가열 처리한 것(육 함량 75% 이상, 전분 8% 이하의 것)

(1) 원재료 및 부재료

① 원재료 : 도축 후 숙성을 완료한 신선육을 사용하며, 원료육의 중심 온도가 4℃ 이하여야 한다.
② 부원료
  ㉠ 식염 : 염지 시 저장 효과, 삼투압 작용, 풍미 부여, 아질산염과 발색의 보조 역할
  ㉡ 발색제 : 아질산나트륨, 질산나트륨, 질산칼륨 – 고기의 붉은 육색을 유지, 육색소인 미오글로빈과 결합하여 안정된 색을 유지(색소 고정제), 오염미생물 성장 억제, 산패의 지연, 풍미 부여
  ㉢ 산화방지제 : 아스코르브산, 에리소르빈산 – 변색 방지

> 발색제로 사용되는 아질산나트륨과 산화방지제(아스코르브산, 에리소르빈산 나트륨)이 만나면 즉시 결합하여 기화됨으로써 발색 효과가 소실된다.

(2) 염지

① 육색 고정, 조직감 개선, 저장성 및 풍미 증진에 목적이 있다.
② 액염법과 건염법으로 나눌 수 있으며, 염수액의 온도는 5℃ 이하가 되도록 하여 미생물 성장과 지방의 화학적 변화를 방지한다.

≫ 염지방법별 특징

구분	장점	단점
건염법	• 고가 제품 생산 가능 • 수분 함량 저하로 저장성 증가	염지 기간이 길어 제품의 재고량이 많아지고 최종제품의 풍미가 거침
액염법	염지 속도가 빠르고 가열 후 제품의 수율 향상	

염지액 주사법
- 염지액이 담긴 주사기를 이용하여 고기에 염지액을 직접 조사
- 짧은 시간 안에 염지액을 침투시키는 방법

(3) 텀블링

① 염지액 주입 후 텀블러나 마사지기를 이용하여 염용성 단백질의 추출을 촉진한다.
② 햄의 결착성 증대, 염지 기간 단축, 제품의 수율 향상, 염지 효과 촉진

(4) 열처리

① 훈연(smoking)
- 방부성이 강한 연기 성분으로 저장성 향상
- 향미 부여
- 고유의 빛깔 부여
- 냉훈법(10~30℃), 온훈법(30~50℃), 열훈법(50~80℃), 액훈법(훈연액을 직접 첨가)
- 항산화 효과로 산패취 발생 억제

▶ 훈연방법에 따른 특징

훈연방법	특징	훈연방법	특징
냉훈법	• 훈연 시간이 길어 중량 감소 • 건조 및 숙성이 함께 일어나 보존성과 풍미 향상 • 생햄 제조에 이용	열훈법	탄력성이 좋은 제품
온훈법	• 미생물 번식이 쉬워 저장성이 떨어짐 • 고기가 연하고 풍미가 좋음 • 본레스 햄, 로인 햄 등 가열 처리 제품에 이용	액훈법	• 가열 처리를 하지 않아 발암물질 제거 • 간편, 신속한 작업이 가능

② 쿠킹(steam cooking : 찜)
- 80~90℃에서 중심 온도가 72℃가 되도록 열처리
- 고품질의 육제품 생성, 육색이 균일

③ 보일링(boiling : 삶기)
80~90℃로 끓인 물에서 중심 온도가 72~75℃

(5) 냉각

박테리아 증식이 왕성한 25~35℃ 부근은 빠르게 통과, 이미·이취 발생 억제

(6) 숙성

온도 10~15℃, 습도 70~75% 범위에서 방치시킴으로써 고기의 질을 향상

① 장기간 보존 가능
② 단단하면서도 부드럽고, 쫄깃한 식감 부여
③ 천천히 발색되어 강렬하고 지속적인 육색 부여
④ 단백질 분해효소 자가 소화 증진 및 미생물 변화로 완숙한 풍미 형성

2) 소시지류

식육가공품을 그대로 또는 염지하여 분쇄·세절한 것에 식품 또는 식품첨가물을 가한 후 훈연 또는 가열 처리한 것이거나, 저온에서 발효시켜 숙성 또는 건조 처리한 것 또는 케이싱에 충전하여 냉장·냉동한 것을 말한다(육 함량 70% 이상, 전분 10% 이하의 것).

원·부재료 배합 → 분쇄 → 세절 및 유화 → 충전 → 열처리 → 냉각 → 발효 및 숙성 → 검사 및 포장

(1) 더메스틱 소시지(domestic sausage)

① 신선소시지
- 고기를 갈아 향신료, 조미료를 섞고 천연 케이싱에 충전한 것
- 아질산염 등 염지제를 처리하지 않으며, 훈연이나 가열처리도 하지 않은 것

② 훈연소시지 : 훈연 공정 과정을 거친 가장 전통적인 소시지

③ 가열소시지 : 고기 이외의 혈액, 간 등 부산물을 이용, 부패 방지를 위해 미리 가열하여 사용

(2) 발효 소시지

혼합된 원료육과 향신료에 스타터 미생물을 넣고 발효·건조·숙성시킨 소시지

3) 건조저장육류

식육을 그대로 또는 이에 식품 또는 식품첨가물을 가하여 건조하거나 열처리하여 건조한 것을 말한다(육 함량 85% 이상의 것).

4) 양념육류

(1) 양념육

식육이나 식육가공품에 식품 또는 식품첨가물을 가하여 양념한 것이거나 식육을 그대로 또는 양념하여 가열 처리한 것으로 편육, 수육 등을 포함한다(육 함량 60% 이상).

(2) 분쇄가공육제품

식육(내장은 제외)을 세절 또는 분쇄하여 이에 식품 또는 식품첨가물을 가한 후 냉장·냉동한 것이거나 이를 훈연 또는 열처리한 것으로서 햄버거 패티, 미트볼, 돈가스 등을 말한다(육 함량 50% 이상의 것).

(3) 갈비가공품

식육의 갈비 부위를 정형하여 식품 또는 식품첨가물을 가하거나 가열 등의 가공 처리를 한 것을 말한다.

5) 식육추출가공품

식육을 주원료로 하여 물로 추출한 것이거나 이에 식품 또는 식품첨가물을 가하여 가공한 것을 말한다.

SECTION 03 알가공

1. 계란의 구조 및 성질

1) 계란의 성질

① 난각, 난각막, 난백, 난황으로 구성
② 난백은 기포성이 커서 제과, 제빵 기포제와 아이스크림 안정제로 이용
③ 기능적 특성 : 응고성, 기포성, 유화력
④ 저장 중 수분 증발로 기실이 커져 비중 감소
⑤ 수분 65.6%, 조단백질 12.1%, 지방 10.5%, 탄수화물 0.9%, 회분 0.9%로 구성
⑥ 전란 74.2℃, 난백 63℃, 난황 69℃에서 열 응고
⑦ 소화율의 경우 생란은 단백질과 지방이 각 96.9%, 95.9% 소화되며, 삶은 계란의 경우 각 96.2%, 93.7%의 소화율을 보인다(생란<삶은 계란).
⑧ 난백은 Ca 부족, 비타민 C 결핍, 난백 장애(avidin : biotin의 흡수를 방해하는 작용)

» 계란의 구성

구분	비율(%)	수분(%)	고형분(%)
난각	12		
난백	56	54	13
난황	32	49	51

Tip

계란의 중량 규격

구분	중량(g)	구분	중량(g)
왕란	68 이상	중란	44 이상~52 미만
특란	60 이상~68 미만	소란	44 미만
대란	52 이상~60 미만		

2) 계란의 선도검사

(1) 외부적인 검사

① 비중법 : 신선란은 1.0784~1.0914, 11% 식염수에서 가라앉고, 부패란은 뜬다.
② 진음법 : 신선란은 소리가 나지 않고, 묵은 알은 소리가 난다.
③ 설감법 : 신선란은 따뜻한 느낌이고, 묵은 알은 차가운 느낌이다.

(2) 내부적인 검사

① 투시검사 : 검란기를 사용하며 오래될수록 기실이 크다.
② 할란검사

- 난백계수(albumin index) = $\dfrac{\text{농후난백의 높이}(h)}{\text{농후난백의 직경}(d)}$ (신선란 난백계수 : 0.06 정도)

- 난황계수 = $\dfrac{\text{난황의 높이}}{\text{난황의 직경}}$ (신선란의 난황계수 : 0.3~0.4)

2. 계란 가공품

1) 액란 및 난분

(1) 액란

① 전란액 : 알의 전 내용물이거나 이에 식염 및 당류 등을 가한 것 또는 이를 냉동한 것(알 내용물의 80% 이상)
② 난황액 : 알의 노른자이거나 이에 식염 및 당류 등을 가한 것 또는 이를 냉동한 것(알 내용물의 80% 이상)
③ 난백액 : 알의 흰자이거나 이에 식염 및 당류 등을 가한 것 또는 이를 냉동한 것(알 내용물의 80% 이상)

(2) 난분

① 전란분 : 알의 전 내용물을 분말로 한 것(알 내용물의 90% 이상)
② 난황분 : 알의 노른자를 분말로 한 것(알 내용물의 90% 이상)
③ 난백분 : 알의 흰자를 분말로 한 것(알 내용물의 90% 이상)

2) 기타 계란 가공품

(1) 알가열성형제품

알을 원료로 하여 그대로 또는 식품이나 식품첨가물을 첨가하여 응고 온도 이상으로 가열, 살균 등의 열처리 공정을 거치거나 이를 성형시킨 것

(2) 피단

알 껍질 외부로부터 조미·향신료 등을 알 내용물에 침투시켜 특유의 맛과 단단한 조직을 갖도록 숙성한 것[알칼리성 염류 첨가로 난백과 난황을 겔화(gelation), 난백은 흑갈색, 난황은 녹황색으로 변색]

(3) 기타

염지란, 구운란, 훈제란, 반숙란

CHAPTER 03 수산식품가공

SECTION 01 수산물의 특징

수산물의 경우 우수한 단백질 공급원이나 원물 단백질의 변성 및 수분의 함량이 높아 세균 증식이 쉬우므로 위생적인 가공 및 제조가 중요한 식품군이다.

- 수분 함량이 높으며 원물 자체의 세균수가 높아 변패에 취약하다.
- 단백질 분해효소의 분비가 많아 자가분해가 쉽게 일어난다.
- 오메가-3 등의 다가 불포화지방산의 함량이 높아 지방산화에 취약하다.
- 결체조직이 적고 섬유조직이 단순하여 효소나 미생물에 의해 분해되기 쉽다.

≫ 수산물과 수산가공품의 종류

수산식품	종류
수산물	• 어류 : 담수어, 해수어 • 갑각류 : 게, 새우 • 연체동물 : 오징어, 소라, 굴 • 해조류 : 홍조류(김, 우뭇가사리), 갈조류(미역, 다시마, 대황, 감태), 녹조류(청각, 파래류, 해캄) • 기타 : 해삼, 고래 등
수산가공품	• 건제품(동건품, 소건품, 염건품, 자건품, 훈건품)　　• 염장품 • 연제품　　　　　　　　　　　　　　　　　　　　• 해조류 가공품

1. 저온 저장 원리

① 생물학적 요인 : 수산물은 수확 후 호흡작용이 없는 비생체식품으로서, 저온 저장 시 생물학적 요인에 의한 영향을 거의 받지 않는다.

② 물리학적 요인 : 수분활성은 어는점 이하에서 감소한다.

③ 화학적 요인 : 수산물의 지질산화, 선도 저하, 변색 등 화학적·생화학적 반응속도는 온도가 10℃ 감소할수록 1/3~1/2이 느려진다(Q_{10}).

④ 미생물학적 요인 : 식중독균 및 부패 원인균은 보통 중온성 균으로 5℃ 이하에서 증식이 정지된다.

2. 수산물의 선도 판정

1) 관능적 판정법

① 탄력이 있으며 광택과 특유의 색이 뚜렷한 수산물
② 안구가 뚜렷하고 혼탁하지 않은 수산물
③ 아가미가 붉은빛을 띠는 수산물
④ 몸체가 탄탄하고 탄력 있는 수산물
⑤ 트리메틸아민(TMA)으로 인한 비린내가 적은 수산물

2) 세균학적 판정법

일반세균수 : 신선 10^5CFU/g 이하, 초기 부패 10^5~10^6CFU/g, 부패 10^6CFU/g 이상

3) 화학적 판정법

① 휘발성 염기질소(VBN : Volatile Basic Nitrogen) : 신선한 어육 5~10mg/100g, 보통 선도 15~25mg/100g, 초기 부패 30~40mg/100g, 부패 어육 50mg/100g
② 트리메틸아민(TMA : Trimethylamine) : 3~4mg/100g을 초과하면 초기 부패
③ 휘발성 환원물질(VRS : Volatile Reducing Substances) : 어육의 수증기 증류액의 과망간산칼륨($KMnO_4$) 소비량으로부터 정량하는데, 20mg 당량을 초과하면 초기 부패
④ K값(선도 지표) : K값의 범위는 7~44%인데, 즉살어(해동 초기)는 10% 이하, 신선어(횟감)는 20% 전후, 선어(소매점)는 35% 내외
⑤ 수용성 단백질의 승홍 침전 반응 : 승홍($HgCl_2$, 염화제2수은)을 첨가 시 혼탁 정도로 선도를 판정

SECTION 02 수산식품의 종류

1. 수산건제품

수산물의 수분을 감소시켜 미생물 및 효소 작용 지연, 저장성 향상, 수송과 보관이 용이

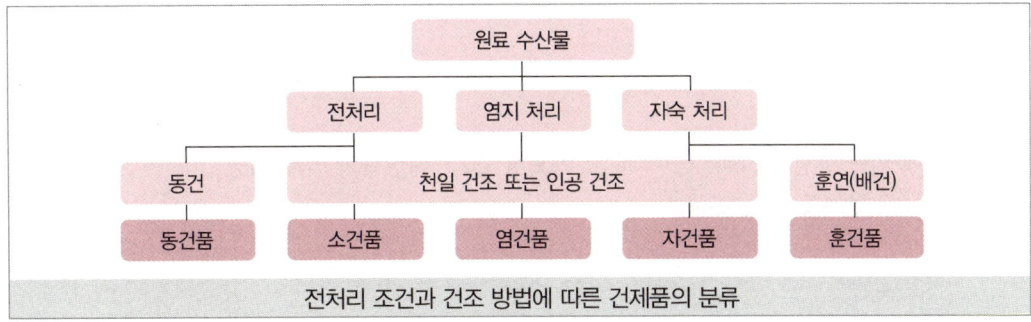

전처리 조건과 건조 방법에 따른 건제품의 분류

1) 자건품(증건품)

① 증기로 찌거나 끓는 공정수에 삶은 다음 건조하는 방법
② 자숙처리로 원료 중 자가소화효소 작용 불활성화
③ 미생물 사멸로 건조 중 부패 변이나 품질 저하 방지
④ 원료 단백질의 열변성에 의한 건조 용이
⑤ 체지방이나 지용성 성분이 부분적으로 용출되어 지질 산패 억제 및 풍미 안정화 등 효과
　예 멸치, 새우, 굴, 해삼, 전복, 해조류 톳 등

2) 소건품

원료를 단순 수세 혹은 비늘, 내장 등 비가식 부위를 제거한 후 수세하고 건조하여 저장성을 향상시킨 방법　예 명태(노가리), 오징어, 한치, 건조 미역, 건조 다시마, 김 등

3) 동건품

① 동절기 야간 기온이 낮고 주간 기온이 높은 일교차를 이용하여 밤에는 동결시키고 낮에는 자연 해동 및 수분 증발에 의해 건조한 제품
② 장기간 원료 수분의 동결 및 해동 건조가 반복적으로 이루어지며 독특한 풍미를 형성
③ 산패에 취약한 불포화지방산이나 저분자 질소화합물 등 유기성분의 산화 및 변질 가능성이 있음
　예 동건명태, 과메기

4) 염건품

① 어육을 식염에 절여 건조한 제품
② 기호성 및 저장 안정성 증가
③ 식염의 삼투압 작용으로 원료육의 수분이 삼출되어 수분활성 저하
④ 부패세균의 발육 억제 및 단백질 분해효소의 작용 억제로 보존성 향상
　예 조기, 도미, 대구, 서대, 가자미 등 저지방 고단백 백색육 어류 및 고등어, 전갱이, 꽁치 등 적색육 다지방 어류

5) 훈건품

① 훈연제를 불완전 연소시켜 발생하는 연기를 어육에 쐬고 열건조함으로써 독특한 풍미와 보존성을 갖게 한 제품
② 훈건에 의한 항산화 효과, 풍미 개선, 기호성 증가, 지방산화 억제 기능
　예 가쓰오부시(katsuobushi)

2. 수산염장품

① 수산물에 식염을 절여 단백질이 분해되지 않도록 만든 제품으로, 염장으로 인해 미생물을 억제하여 저장성 증진 및 맛과 풍미를 향상시킨다.
② 숙성 중에는 미생물에 의한 부패를 방지하기 위해 저온 저장을 원칙으로 한다.

>> 염장의 종류

건염장법	습염장법
• 수산물에 직접 소금을 뿌려 저장하는 방법 • 원물에 소금이 직접 작용하므로 소금 사용량이 절약됨(원료의 10~15%) • 소금에 직접 접촉하는 부분은 강한 탈수가 올 수 있으며 품질이 고르지 못할 가능성이 높음 • 염장 중 지방산화의 가능성이 높음	• 식염을 물에 녹여 수산물을 담궈 저장하는 저장법 • 식염의 침투가 균일하여 품질이 좋음 • 저장 중 원료에서 배출되는 소금에 의해 농도가 묽어지기 때문에 지속적으로 소금을 공급해야 함(20~25%)

3. 젓갈류 식품

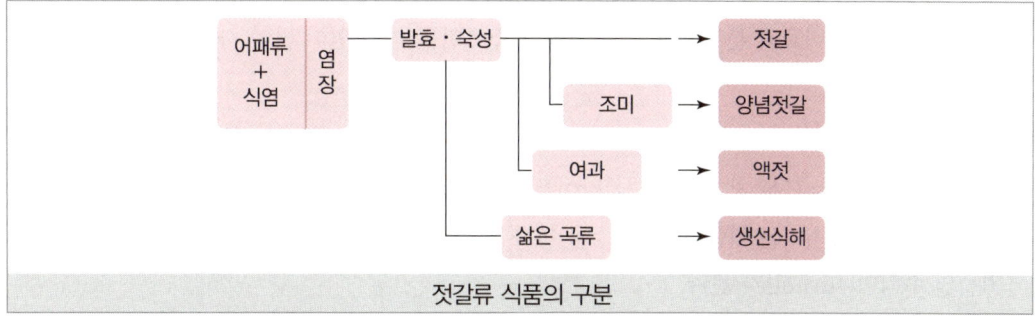

젓갈류 식품의 구분

① 젓갈류에는 소금만으로 발효·숙성시킨 젓갈, 젓갈의 액즙을 여과한 액젓, 향신료로 조미가공한 양념젓갈, 소금은 조금 넣고 삶은 곡류와 고춧가루를 넣어 발효·숙성시킨 생선식해(食醢) 등으로 구분되며, 자가소화를 완만하게 진행시킴과 동시에 발효가 일어나는 식품을 말한다.
② 수산원물의 단백질이 분해되며 아미노산이 생성되어 감칠맛이 증가된다.
③ 젓갈 발효 주요 미생물 : 마이크로코커스(*Micrococcus*), 젖산균(lactic acid bacteria), 브레비박테리움(*Brevibacterium*), 류코노스톡(*Leuconostoc*), 바실러스(*Bacillus*), 슈도모나스(*Pseudomonas*), 플라보박테리움(*Flavobacterium*), 각종 효모(yeast)

4. 어육 연제품

어육을 식염과 함께 고기풀(surimi)을 만든 후 가열하여 어육 중의 단백질을 응고시켜 만드는 수산가공법이다.

```
어육 → 수세 → 비가식 부위 제거 → 변성방지제 첨가 및 혼합 → 냉동
                                                              ↓
         냉동 고기풀/어육 + 가염 및 마쇄 → 고기풀 → 성형 → 가열 → 냉각 → 제품
```

1) 냉동 고기풀(surimi)의 제조

(1) 수세
3~5배의 저온수 세척을 통해 지방, 혈액, 수용성 단백질 및 오염물질을 제거한다.

(2) 변성방지제 첨가
① 제조된 고기풀의 냉동 시 변성을 방지하기 위해 첨가하는 첨가물로 주로 당류나 유기인산 등을 첨가한다.
② 변성방지제의 첨가는 냉동 시 변성되는 요인을 제거하는 냉동변성방지 기작과 변성되는 힘에 대응하여 안정성을 주는 냉동변성안정 기작을 한다.
③ 당류로는 비교적 분자량이 적은 설탕과 소르비톨, 인산염이 많이 사용된다.

2) 가염 및 마쇄 공정
원료의 2~3%의 소금을 첨가하여 고기갈이를 하는 공정으로 가염공정 중 소금은 염용성 단백질(액토미오신)을 용출시키는 역할을 하며, 소금 첨가 후 마쇄하면 액토미오신이 용해되어 점성이 높은 고기풀인 수리미(surimi)가 된다.

3) 가열공정
용출된 액토미오신 분자가 엉기고 단백질 분자들과 망상 결합을 형성하여 탄력 있는 gel을 형성하는 과정으로, 중심온도가 75℃ 이상이 되도록 가열한다.

> **Tip**
> **어육 연제품의 탄력에 영향을 미치는 요인**
> • 식염 : 2.5~3% 식염의 첨가
> • pH : 마쇄공정 시 pH를 6.5~7.0으로 조절하여 단백질의 용해를 증가시키면 탄력 향상에 도움이 됨
> • 온도 : 마쇄 시 −10℃ 이하(저온에서 단백질 변성 최소화), 가열 시 −80℃ 이상(온도가 높고, 속도가 빠를수록 탄력성이 높은 gel 형성)
> • 첨가물 : 달걀 흰자(gel 형성능이 높아지며 광택이 좋아짐), 지방(맛의 개선 혹은 증량)

CHAPTER 04 유지가공

SECTION 01 식용유지

식용유지는 소, 돼지, 어류 등에서 추출한 동물성 유지와 쌀겨, 유채, 참깨, 콩 등에서 추출한 식물성 유지로 분류할 수 있다. 제품의 사용목적에 따라 적절한 추출 및 정제공정을 거쳐야 한다.

1. 식용유지의 제조 및 가공

1) 식용유지의 제조 및 가공

원료 → 전처리 → 추출 → 정제 → (경화) → 혼합 → 탈취 → 저장 → 포장

(1) 추출

① 기계적 추출(압착 추출) : 원료에 기계적인 압력을 가해서 유지를 추출하는 방법으로, 주로 유지 함량이 높은 식물성 유지 원료 채유에 사용하는 방법이다.
- 온압법 : 유지 원료에 열을 가한 후 압착하는 방법
- 냉압법 : 가열하지 않고 압착하여 채유하는 방법

② 용매추출법 : 벤젠, 펜탄, 헥산과 같은 용매에 원료 유지를 녹여서 추출하는 방법이다.
- 유지를 용매에 녹인 후 증류장치를 이용하여 다시 유지를 분리하여 추출하므로 유지를 분리해야 하기 때문에 끓는점 이상으로 제품을 가열해야 한다.
- 유지 추출물에 가장 널리 사용되는 용매는 n-헥산으로 비등점이 69℃로 낮아 쉽게 증발하며 불쾌한 맛이나 냄새가 남지 않는다.

> **Tip**
>
> **용매추출법에 사용 가능한 용매의 조건**
> - 이미, 이취, 독성이 남지 않아야 함
> - 추출 장치의 부식이 없어야 함
> - 유지만을 추출할 수 있어야 함
> - 인화 폭발성 위험이 적어야 함
> - 기화열과 비열이 커서 회수하기 쉬워야 함
> - 경제적이어야 함

③ 초임계 추출 : 기체에 임계압력 이상으로 압력을 가하게 되면 임계점 부근에서 기체가 용매력을 보이게 되는데, 이러한 기체를 초임계 기체라 한다. 이러한 초임계 기체를 용매로 사용하여 유지를 추출하는 방식으로 주로 에탄, 프로판, 이산화탄소 등이 사용된다.
- 초임계 추출을 이용할 경우 화학적으로 안정하며, 유기용매 추출법과 다르게 저온에서 작업이 가능하고 무독성이므로 유지 추출뿐만 아니라 원두에서 카페인을 추출하여 디카페인 음료를 제조하는 공정에서도 많이 사용된다.

» 초임계 추출의 장단점

장점	단점
• 온도에 민감한 천연물 추출에 용이 • 유기용매 잔류에 대한 위험이 적음 • 원료 본래의 향을 유지 • 선택적인 추출 가능(분획, 분리 등 선택성이 뛰어나 고순도의 제품을 얻을 수 있음) • 용매 회수가 용이 • 회수 에너지가 낮음	• 초임계 추출 조건 설정이 어려움 • 반복작업이 필요 • 고가의 장비가 필요

(2) 정제

유지 추출액은 원료에 포함된 유리지방산, 단백질, 색소 등 불순물을 함유하고 있기에 유지의 순도를 높이기 위해 물리·화학적 정제공정을 거쳐야 한다.

① 물리적 방법 : 침전 및 여과법은 탱크 내에서 장시간 방치시켜 불순물을 침전시킨 후 흡착제(활성탄, 산성 백토) 등을 첨가해 탈색, 탈취 후 여과 과정을 거친다.

② 화학적 방법
- 탈검공정(degumming process) : 추출공정을 통해 제조한 유지에는 인지질, 단백질 등과 같은 검(gum)물질이 존재하는데, 이를 제거하는 공정이다. 인지질 등과 같은 검물질은 수분과 만나며 팽윤되고 밀도가 높아지면서 침전되기 때문에 여과한 원유를 물에 수화시킨 후 탈검분리기를 이용해 검물질을 침전시킨다. 분리된 검물질에서 레시틴을 분리하여 유화제와 같은 식품원료로 사용한다.
- 탈산공정(refining process) : 유지는 대부분 지방산으로 이루어져 있지만 원료물질의 압착 및 추출 과정에서 세포조직이 파괴되며 발생한 lipase에 의해 유리지방산으로 분해될 수 있다. 생성된 유리지방산은 끓는점과 발연점이 낮아 제품의 품질에 영향을 줄 수 있기 때문에 알칼리를 이용하여 유리지방산을 제거하는 방법을 탈산공정이라 한다. 탈산공정은 수화된 NaOH를 이용해 유리지방산을 중화하여 침지시켜 제거하는 방법을 사용한다.
- 탈색공정(decoloring process) : 식물성 유지는 추출 후 특유의 녹색을 나타내는 경우가 많기 때문에 탈색공정을 통해 색소를 제거하고 식용유지 특유의 연한색으로 만들어주는 공정이다. 탈색공정은 주로 활성탄, 이산화규소 등의 흡착제를 이용하여 제거하며, 이 공정을 통해서 색소뿐만 아니라 탈검공정에서 완전히 제거되지 않은 인지질과 산화생성물 등이 제거된다.

- 탈취공정(deodorizing process) : 유지에 함유된 유리지방산, 알데히드, 탄화수소, 케톤 등과 같은 휘발성 물질을 제거하는 것을 목적으로 한다. 주로 유지를 200℃ 이상의 고온으로 가열하여 진공 상태에서 수증기를 불어넣는 감압탈취를 진행한다. 이 과정을 통해 장기간 보존 시에 산패취를 감소시킬 수 있지만 유지 특유의 향이 사라지는 단점이 존재한다.
- 탈납공정(winterization) : 유지는 낮은 온도에서는 굳어져서 결정을 형성하게 되는데, 탈납공정은 인위적으로 유지의 온도를 낮춰 발생하는 결정을 미리 제거하는 공정이다. 유지의 온도를 서서히 낮추면서 결정화를 진행한 후 생성된 결정은 압착을 통해서 제거한다. 저온에서 유통되는 샐러드유의 제조에 필수적으로 진행되는 공정이다.

2) 경화 – 수소 첨가(hydrogenation)

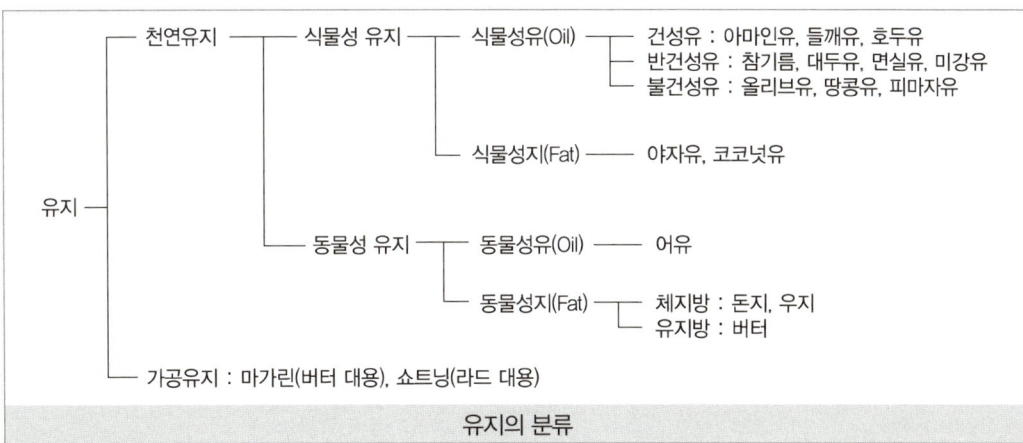

유지 중의 불포화지방의 경우 산화가 일어나기 쉬워 제품을 장기 보존 시 어려움이 존재한다. 유지의 경화는 촉매 니켈(Ni) 조건하에서 수소를 첨가하여 불포화지방을 포화지방으로 변경해주는 공정으로, 이를 통해서 유지의 산화안전성을 증가시킬 수 있으며 액체유를 고체유로 경화시켜 장기 보존 및 제품의 형태 변화를 쉽게 만들어 줄 수 있다.

2. 유지의 종류

```
          ┌ 천연유지 ┬ 식물성 유지 ┬ 식물성유(Oil) ┬ 건성유 : 아마인유, 들깨유, 호두유
          │         │             │              ├ 반건성유 : 참기름, 대두유, 면실유, 미강유
          │         │             │              └ 불건성유 : 올리브유, 땅콩유, 피마자유
          │         │             └ 식물성지(Fat) ─ 야자유, 코코넛유
유지 ─────┤         │
          │         └ 동물성 유지 ┬ 동물성유(Oil) ─ 어유
          │                       └ 동물성지(Fat) ┬ 체지방 : 돈지, 우지
          │                                       └ 유지방 : 버터
          └ 가공유지 : 마가린(버터 대용), 쇼트닝(라드 대용)
```

유지의 분류

1) 마가린(margarin)

기름(식물성 기름, 동물성 기름, 경화유 등) 80%, 소금 3~5%, 수분 15%, 비타민, 착색제, 착향료, 유화제로 유중수적형(W/O)으로 유화시킨 가공품이다.

2) 쇼트닝(shortening)

① 경화유에 동·식물성 유지를 배합하여 질소가스 10~20%로 처리한 가공품으로, 유화성 등 가공성을 부여한 반고체 상태 유지제품이다.
② 라드(lard) 대용품으로 제과, 제빵에 주로 이용되며, 유화작용이 없고 부원료의 혼합이 없는 것이 마가린과의 차이점이다.

3) 마요네즈(mayonnaise)

식용유, 식초, 난황, 조미료, 향신료 등을 혼합하여 수중유적형(O/W)으로 유화한 제품이다.

CHAPTER 05 식품공정공학

SECTION 01 식품공정공학의 기초

1. 단위조작과 차원

1) 단위조작

원료부터 최종제품이 생성될 때까지의 전체의 각 제조공정에서 식품가공공정의 기계적 또는 물리적 원리가 동일한 일련의 단계를 조작, 즉 유체의 흐름, 열전달, 건조, 살균, 증발, 증류, 추출, 결정화, 기계적 분리(여과, 원심분리, 침강, 체질), 분쇄, 혼합, 막분리, 압출가공 등을 의미한다.

> **Tip**
> **단위조작과 단위공정**
> - 단위조작(unit operation) : 액체의 수송, 저장, 혼합, 가열, 살균, 냉각, 건조에서 이용되는 기본 공정으로 열전달, 유체의 흐름, 물질 이동 등의 물리적 현상을 주목적으로 하는 조작
> - 단위공정(unit process) : 전분의 당화나 단백질의 분해 등의 화학적 변화를 주로 다루는 조작

2) 단위와 차원

(1) 차원(dimensions)

① 질량, 길이, 시간, 온도가 기본 차원
② 길이$[L]$, 질량$[M]$, 시간$[t]$이 기본량
③ 면적$=[L]^2$, 체적$=[L]^3$, 속도$=[L]/[t]$, 가속도$=[L]/[t]^2$, 밀도$=[M]/[L]^3$이 유도량

(2) 단위계(unit systems)

① 기본 단위
  ㉠ 단위계는 SI 단위, cgs 단위 및 fps 단위
  ㉡ 단위계는 길이$[L]$, 질량$[M]$, 시간$[t]$의 기본 차원으로 구성

주요 단위계의 기본단위

dimension	SI unit	cgs unit	fps unit
mass	kilogram(kg)	gram(g)	pound(lb)
length	meter(m)	centimeter(cm)	foot(ft)
time	second(s)	second(s)	second(s)
temperature	Kelvin(K) 또는 ℃	Kelvin(K) 또는 ℃	Rankine(R) 또는 ℉

ⓒ 온도(temperature)
- SI 단위의 표준온도 Kelvin은 물의 삼중점(triple point)인 273K

> **Tip**
>
> **물의 삼중점**
> 물이 고체, 액체, 기체 3가지 상으로 공존할 수 있는 온도와 압력
>
>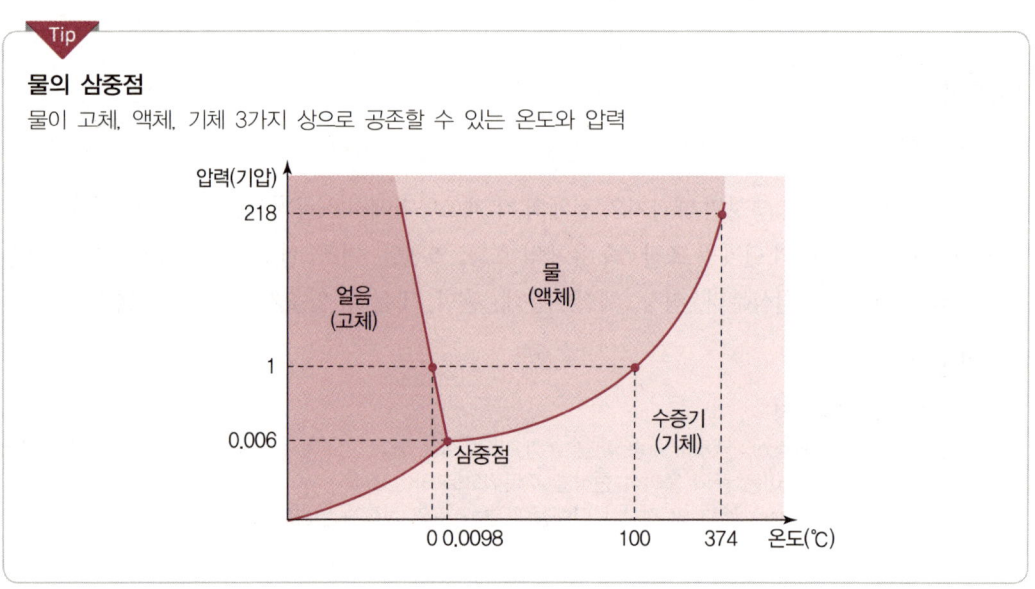

- 물의 어는점 : 273K(0℃)
- ℃=(℉−32)/1.8, ℉=1.8℃+32, K=℃+273

단위에 따른 물의 절대온도 · 빙점 · 비점

구분	절대온도(0K)	빙점	비점
Celsius(℃)	−273℃	0℃	100℃
Fahrenheit(℉)	−459.7℉	32℉	212℉
Kelvin(K)	0K	273K	373K

② 유도 단위
ⓐ 힘(force) : 표준단위는 Newton(N), 1N은 1kg의 질량에 $1m/s^2$의 가속도를 주는 힘
ⓑ 압력 단위(pressure units)
- 단위면적에 수직으로 작용하는 힘
- 압력은 Pa(Pascal), 1bar=$1×10^5$Pa, 1bar=1atm(기압)

ⓒ 일(work)
- 힘이 작용하는 방향으로 움직인 거리의 곱
- 일은 Joule(J) = 힘(N) × 힘의 방향으로 이동한 거리
- 일 = 에너지 변화량 = 작용 후 에너지량 − 작용 전 에너지량

ⓔ 에너지(energy)
- 일을 할 수 있는 능력, 일과 같은 단위 Joule(J) = 힘 × 거리
- 열(heat)은 에너지의 한 형태, 열과 일은 상호 변환된다.
- SI 단위의 일, 에너지, 열 표준단위는 J
- cgs 열 단위는 cal(calorie), 1cal는 물 1g을 1℃ 올리는 데 필요한 열량(1cal = 4.18J)

ⓜ 동력(power) : 시간당 수행되는 일의 양, W(J/s)

ⓗ 밀도(density)
- SI 단위의 밀도는 kg/m^3, 단위 체적당 질량을 의미한다.
- 4℃ 물의 밀도($1g/cm^3$)는 $1,000kg/m^3$로 가장 크다.

③ 농도 단위(concentration units)

㉠ mole(mol) : 1mole은 그 물질 분자량과 같은 질량

$$몰수 = \frac{질량(함량)}{분자량}$$

㉡ 몰분율(mole fraction) : 어떤 성분의 몰수와 전체 성분의 총 몰수와의 비

$$몰분율 = \frac{어떤\ 성분의\ 몰수}{전체\ 성분의\ 총\ 몰수}$$

㉢ 몰농도(molarity) : 용액 중 용질의 몰수(mol/m^3 또는 mol/L)

$$몰농도(mol/L) = \frac{용질의\ 몰수(mol)}{용액의\ 부피(L)}$$

㉣ Brix : 당농도, 설탕 용액 100kg 중 설탕의 kg

$$\frac{용질}{용매 + 용질} \times 100$$

2. 물질수지와 에너지수지

1) 물질수지

단위 공정 시 들어가는 물질과 나오는 물질의 양적 관계로, 장치의 설계, 조건의 결정. 가공 후 제품의 조성, 수율의 평가 등에 이용된다.

(1) 질량 보존의 법칙(law of conservation of mass)

어떤 공정에 들어간 물질의 질량은 공정 중 축적된 질량과 배출된 질량의 합과 같다.

> 공정에 들어가는 질량 = 공정에서 나오는 질량 + 공정에 축적되는 질량

(2) 정상 상태(steady state)

연속공정에서 공정 중 물질이 축적되지 않고 들어가는 양과 나오는 양이 같은 상태를 말한다(들어가고 나오는 물질의 모든 질량유속이 일정).

2) 에너지수지

살균, 증발, 냉동, 건조 등 공정에서 출입하는 에너지 관계로, 공정장치의 설계 및 에너지 효율의 결정 등에 이용된다.

(1) 에너지와 열(energy and heat)

① 엔탈피(H, enthalpy, J/kg)
  - 물질이 변화할 때 방출 또는 흡열하는 에너지의 양
  - 내부 에너지(internal energy)에 압력과 부피의 곱을 더한 것

$$H = U + PV$$

여기서, U : 내부 에너지(J/kg)
  P : 압력(Pa)
  V : 부피(m^3)

  - 가열과 냉각 시 엔탈피 변화는 중요하다(일정한 압력 상태에서 가한 열량은 물체의 내부 에너지 증가와 부피 팽창에 의한 일로 소모).

② 열용량(C, J/℃)
  - 단위질량의 물체를 단위온도만큼 올리는 데 필요한 열
  - 물질의 전체 질량이 1℃ 변화할 때 필요한 총량

$$C = mc$$

여기서, m : 질량(kg)
  c : 비열[J/(kg·℃)]

③ 열량(Q, J 또는 cal)
  - 물질의 온도를 변화시키거나 상태 변화를 일으키는 데 사용한다.
  - 1cal = 4.184J

$$Q = cm\Delta T$$

여기서, c : 비열[J/(kg·℃)] m : 질량(kg) ΔT : 온도차(℃)

④ 비열[c, J/(kg·℃)]
- 물질 1kg을 1℃ 올리는 데 필요한 열량
- 물질의 고유한 물리적 성질

$$c = Q/m\Delta T$$

여기서, Q : 열량(J) m : 질량(kg) ΔT : 온도차(℃)

⑤ 현열과 잠열
  ㉠ 현열 : 물체의 상은 변하지 않고 온도만 변화하는 데 사용되는 열량
  ㉡ 잠열 : 온도는 변하지 않고 물체의 상이 변화하는 데 사용되는 열량
  - 융해열 : 물질이 고체 상태에서 액체 상태로 변화하는 데 필요한 잠열
  - 응고열(결정화열) : 물질이 액체 상태에서 고체 상태로 변화하는 데 필요한 잠열
  - 기화열 : 물질이 액체 상태에서 기체 상태로 변화하는 데 필요한 잠열
  - 응축열 : 물질이 기체 상태에서 액체 상태로 변화하는 데 필요한 잠열

(2) 에너지 보존의 법칙(law of conservation of energy)

어떤 공정에 들어간 물질의 에너지는 공정 중 축적된 에너지와 배출된 에너지의 합과 같다.

공정에 들어가는 에너지 = 공정에서 나오는 에너지 + 공정에 축적되는 에너지

에너지는 열, 일, 내부 에너지, 운동 에너지, 위치 에너지, 전기 에너지가 있으며, 식품가공공정에서는 열수지(heat balance), 엔탈피수지(enthalpy balance)만 고려한다.

SECTION 02 식품공정공학의 응용

1. 식품의 반응속도론

식품원료는 여러 공정을 거쳐 최종제품으로 생산되므로 공정 제어가 필수적이며, 공정과정 중 화학적·물리적·생물학적 변화가 초래되므로 변화의 시작과 속도 등을 조절해야 한다. 반응속도는 식품 원료의 농도, 온도 등에 의해 결정된다.

2. 유체(fluid)역학

유체는 압력을 가해도 분해되지 않고 흐르는 물질을 말하며, 유체의 성질을 이해하여 식품원료의 혼합, 가열 등 가공공정 및 수송 등 운반에 적절히 적용하는 것이 바람직하다.

- 겉보기 점도 : 비뉴턴 유체에서 전단응력과 전단속도의 비(전단응력/전단속도, 전단속도가 증가하면 겉보기 점도 감소)
- 항복응력 : 물체에 전달된 응력이 일정 크기 이상이 되어 원래로 돌아가지 않고 변형된 것

1) 유체의 종류

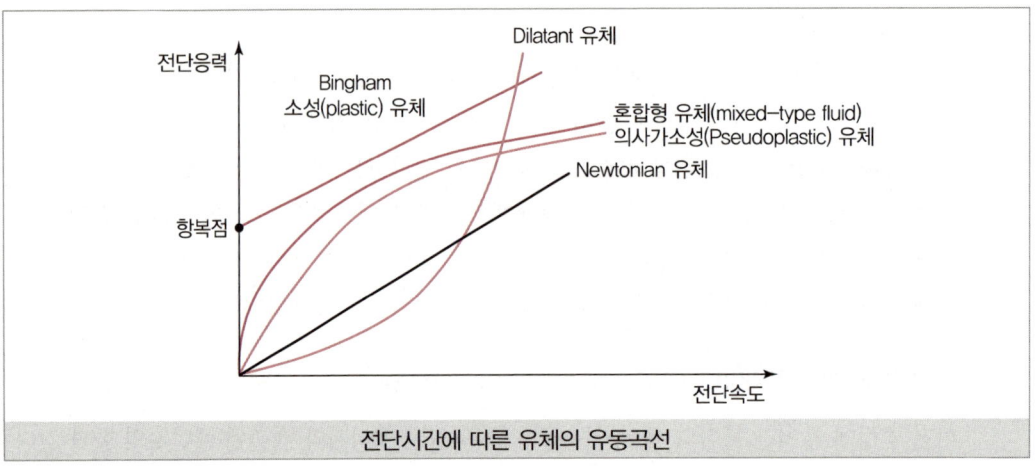

전단시간에 따른 유체의 유동곡선

① 뉴턴 유체(Newtonian fluid) : 전단속도에 상관없이 일정한 점성을 보이는 유체로, 전단속도와 전단응력은 비례적으로 직선 그래프로 표시한다.
② 비뉴턴 유체(Non-Newtonian fluid) : 전단속도에 따라 점성이 변하는 유체로, 전단속도와 전단응력은 비례하지 않는다.

≫ 뉴턴 유체와 비뉴턴 유체의 비교

뉴턴 유체		• 전단속도의 크기에 관계없이 일정한 점도를 나타내는 유체 • 전단응력과 전단속도의 관계는 원점을 지나는 직선	물, 알코올, 커피, 청량음료, 식용유 등
비뉴턴 유체		전단응력과 전단속도의 관계가 원점을 지나는 직선이 아닌 모든 유체	
	딜레이턴트 유체 (Dilatant fluid)	전단속도가 증가함에 따라 점성이 증가하는 shear thinning 유체	고농도 전분 현탁액
	의사가소성 유체 (Pseudoplastic fluid)	전단속도가 증가함에 따라 점성이 감소하는 shear thinning 유체	케첩, 초콜릿
	빙햄 소성 유체 (Bingham plastic fluid)	일정 항복치 이상의 전단응력에서 뉴턴 유체처럼 흐르는 유체	케첩, 마요네즈

2) 유체 역학의 종류

① 유체 정역학 : 정지된 상태의 운동량 전달에 관한 역학

② 유체 동역학 : 유체 식품의 흐름에 대한 저항과 유체 장치의 응용을 다루는 분야

> **Tip**
>
> **레이놀즈 수(Reynolds number, Re)**
> 관성에 의한 힘과 점성에 의한 힘의 비, 층류와 난류를 구분하는 척도
>
> $$Re = \frac{\text{관의 지름(m)} \times \text{유체밀도(kg/m}^3) \times \text{유속(m/s)}}{\text{점도(Pa·S)}}$$
>
> - 층류(laminar flow) : 유체가 평행한 층을 이루며 규칙적으로 일정하게 흐르는 것. 레이놀즈 수가 2,100 이하
> - 난류(turbulent flow) : 유체가 불규칙 운동을 하며 비정상성을 나타냄. 레이놀즈 수 4,000 이상

③ 유체 변형학(rheology) : 외부 힘에 대한 물질의 변형과 흐름에 대한 정량적 표현

3. 열전달 및 물질 이동

물질의 이동은 농도 기울기가 있는 유체 시스템에서 확산, 한외여과, 역삼투 등의 현상을 말한다. 열은 한 물체에서 다른 물체로 온도가 이동하는 에너지의 형태이며, 열의 전달은 가공식품의 물리적·화학적 변화나 저장성 향상에 이용된다.

- 잠열 : 물체가 증발, 융해, 응축 등 상태가 변할 때 온도가 변하지 않을 것, 이때 상태 전환에 흡수되거나 방출되는 열
- 냉동부하 : 냉동 시 냉동온도까지 내리는 데 필요한 제거 열량(잠열, 작업자. 전등열 등)

[열전달 기작]

① 전도 : 고체의 열전달 형태, 높은 온도 구역에서 낮은 온도 구역으로 고체 및 액체 매질에 따라 열에너지가 흐르는 현상(냉점은 식품의 중앙)

② 대류 : 액체와 기체의 열전달 형태, 밀도차에 의하여 유체가 이동하며 열이 전달되는 현상(냉점은 용기의 중앙선 하단)

③ 복사 : 열전달 매체를 필요로 하지 않으며, 적외선과 같이 파장이 물체에 닿아 열로 전환되어 전달되는 형태(난로, 태양 등)

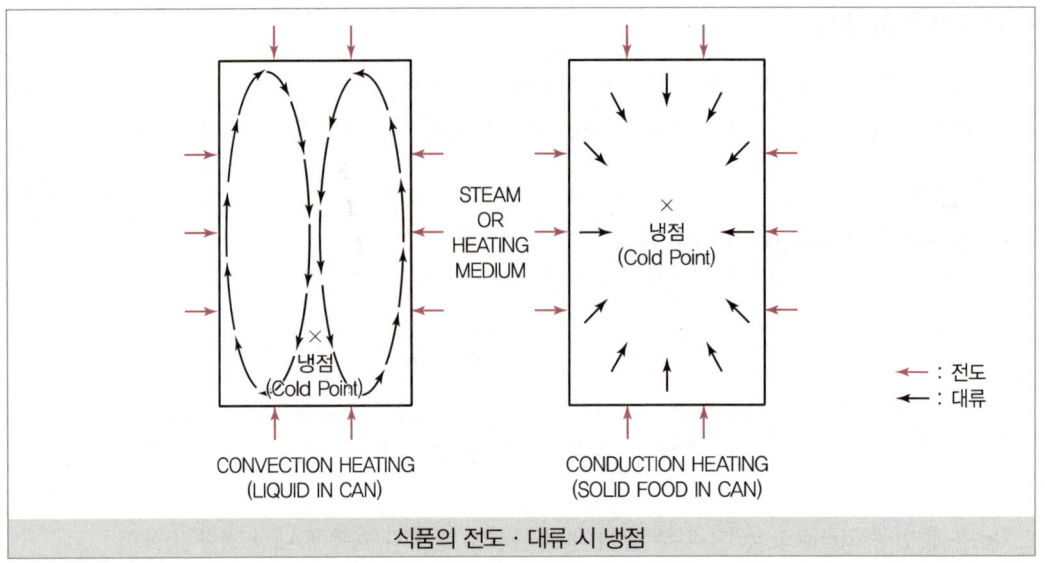

식품의 전도·대류 시 냉점

> **Tip**
> - 정상 상태 열전달 기작 : 열축적이 없어 열전달 속도가 시간에 따라 일정하게 유지되는 상태
> - 비정상 상태 열전달 기작 : 열전달 속도가 시간에 따라 변화할 경우, 대부분 식품공정(건조, 증발, 농축, 살균, 냉동 등)의 가열과 냉각 시 열전달과 물질전달에 적용

4. 식품의 가열 및 살균

상업적 살균은 완전멸균에 따른 식품 영양가 파손을 방지하고자 필요한 미생물만 사멸시키는 멸균으로, 주로 *Clostridium botulinum*의 포자수를 $\frac{1}{10^{12}}$ 이하로 감소시키는 것을 의미한다. 따라서 가열살균 시 온도와 시간이 가장 중요하므로 이를 최적화하여 품질 저하를 최소화해야 한다.

- 병조림, 통조림, 레토르트 식품 멸균 : 중심온도 120℃, 4분 처리
- 내열성 : 세균포자 > 곰팡이·효모포자 > 영양세포
- 산성일수록 내열성이 작아져 pH 3.6 이하에서는 100℃ 이하에서 멸균

[미생물 살균]

(1) D값(Decimal reduction time)

① 사멸곡선에서 가열 전 미생물 수의 10%로 감소시키는 데 필요한 시간, 온도 지정이 없으면 121℃, 온도 증가 시 D값 감소
  ※ $D_{121} = 10$: 10분만에 90% 미생물 사멸
② D값이 높을수록 내열성이 강한 미생물을 의미

$$D = \frac{t}{(\log N_1 - \log N_2)} = \frac{t}{\log\left(\frac{N_1}{N_2}\right)}$$

여기서, t : 가열시간
N_1 : 초기 균수
N_2 : t시간 후 균수

(2) Z값(열저항상수, Thermo Resistance Constance)

① 가열치사시간(TDT)곡선에서 D값이 10배로 증가하는 데 필요한 온도 차이, 10배의 살균 속도를 위한 온도 상승폭

　예 Z=5 : 가열온도 5℃ 상승으로 균수가 1/10로 감소

② Z값이 높을수록 내열성 미생물을 의미

$$Z = \frac{(T_2 - T_1)}{(\log D_1 - \log D_2)} = \frac{10}{\log(Q_{10})} \quad (단, \ T_1 > T_2)$$

여기서, T : 살균온도

(3) F값[가열치사시간, TDT(Thermal Death Time)]

① 가열치사시간 : 일정 온도에서 일정 농도 미생물을 완전 사멸하는 데 필요한 시간

　예 $F_{160}=15$: 160℃, 15분으로 미생물 전체 사멸

② F_0값은 121.1℃에서 미생물을 전부 사멸시키는 데 필요한 시간($F_0 = F_{121}$)

(4) L값(치사율, Lethality factor)

임의의 온도 T에서 1분간 가열했을 때와 동일한 살균 효과를 가지는 121℃에서의 살균 시간

$$L = 10^{\frac{T-121}{Z}} \quad (단, \ T > 121)$$
$$L = 10^{\frac{121-T'}{Z}} \quad (단, \ T' < 121)$$

여기서, T : 살균온도

5. 냉동

1) 냉동의 원리 및 냉동곡선

(1) 냉동의 원리

암모니아, 프레온 등 냉매제를 증발시켜 기화잠열에 의해 열을 빼앗아 냉동에 이용한다.

① 빙결점(freezing point) : 식품이 얼기 시작하는 온도, 라울의 법칙에 따라 용질이 많을수록 빙결점은 낮아짐(일반식품 빙결점 : −1~−2℃)
② 공정점(공융점, eutectic point) : 식품의 자유수가 모두 어는점, −50~−60℃
③ 과냉각(super cooling) : 빙결점에 도달하여도 농도가 높아져 빙결하지 않는 현상
④ 냉동화상(프리저번, freezer burn) : 냉동저장 중 얼음이 승화하여 노출된 지방성분이 공기 중 산소에 의해 변질·변색되어 색이 갈변된 현상(산화방지제나 밀착 포장 필요)
⑤ 온점(thermal point) : 냉동 시 가장 늦게 냉각되는 지점

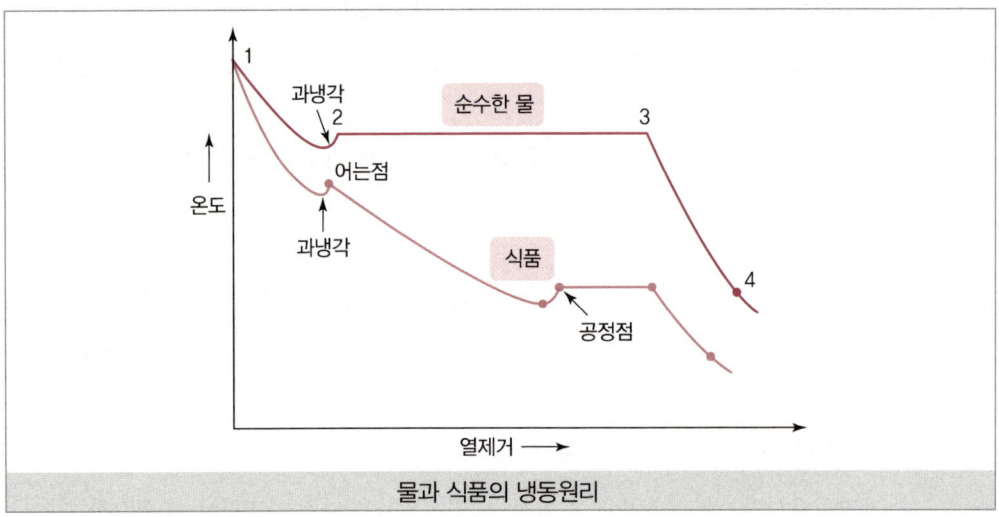

물과 식품의 냉동원리

⑥ 빙결률(동결률) : 식품의 함유 수분에 대한 석출된 빙결 수분의 비율, 식품 품온이 낮을수록 빙결률이 커진다.

$$빙결률(동결률, \%) = \left(1 - \frac{T_f}{T}\right) \times 100$$

여기서, T_f : 식품의 빙결점
T : 현재 품온(℃)

(2) 냉동곡선

① 냉동곡선 : 식품 동결 시 시간 경과에 따른 식품 내부 온도 변화를 나타낸 것
② 최대 빙결정 생성대 : 대부분 식품에서 빙결점인 −1℃에서 −5℃ 사이에 약 85%의 얼음 결정이 생성되는 구간

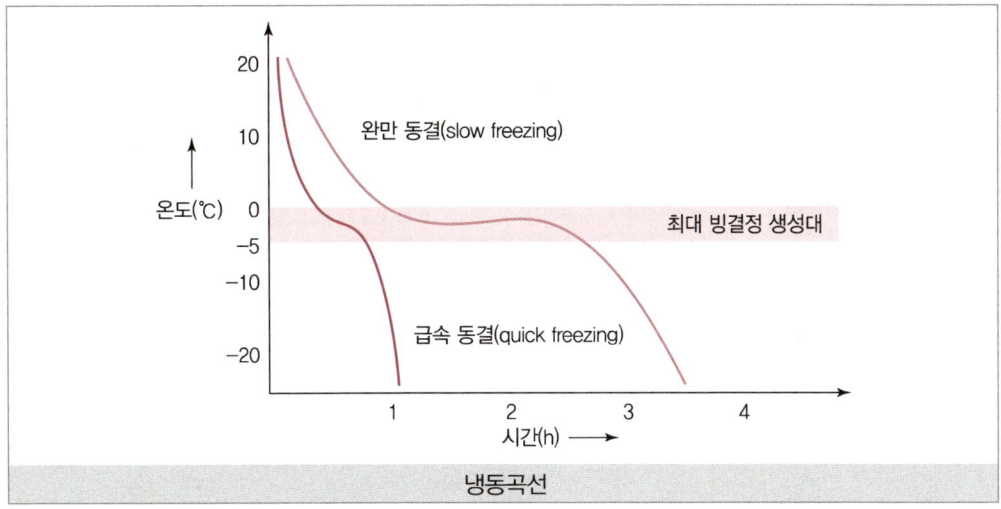

냉동곡선

㉠ 완만 동결(slow freezing)
- 최대 빙결정 생성대 통과시간이 35분 이상(60~90분)으로 비교적 느림
- 빙결정의 크기 70μm 이상, 큰 얼음결정 소수
- 수분 이동으로 빙결정이 성장하여 세포 파괴

㉡ 급속 동결(quick freezing)
- 최대 빙결정 생성대 통과시간이 35분 이내(25~35분)로 빠름
- 빙결정 크기 70μm 이하, 작은 얼음결정 다수
- 수분이동으로 빙결정이 성장하지 않아 세포 원형 유지

2) 냉동방법

(1) 공기동결법

① 정지식 공기동결법(sharp freezing) : −20~−30℃ 공기 냉각, 간단하지만 건조가 심하다(완만 동결).

② 송풍동결법(air blast freezing) : −20~−40℃ 송풍으로 급속 동결, 동시에 여러 종류 제품을 동결할 수 있다(컨베이어식, 터널식).

(2) 침지동결법(immersion freezing)

−15~−95℃ 부동액이나 brine(염수, 염화나트륨)에 포장된 식품 침지로 급속 동결하는 방법으로, 오염 우려가 있어 내수성 포장이 필요하다.

(3) 심온동결법(cryogenic freezing)

액체질소나 드라이아이스로 분무하거나 침지로 순간 급속 동결하는 방법으로, 외형 유지, 영양 및 수분 손실을 최소화할 수 있을 뿐 아니라 시설이 비교적 간단하고 연속작업이 가능하다는 장점이 있다.

(4) 접촉동결법(contact plate freezing)

-25~-40℃ 냉각된 금속판 사이에 제품을 접촉시켜 급속 동결하는 방법이다.

3) 냉동식품의 해동

(1) 해동

해동 시 수분 유출(drip)은 빙결정이 큰 완만 동결 제품에 많으며, 드립에는 단백질, 비타민 등 수용성 성분이 포함되어 있을 뿐 아니라 보수력 저하 등 관능적인 측면에서도 기호성이 저하되어 최소화하여야 한다. 물이 얼음보다 전도율이 높기에 동결에 필요한 시간보다 해동에 필요한 시간이 더 길다.

(2) 해동방법

① 송풍해동 : 20℃ 공기로 해동, 간편하고 경제적이나 변색, 표면 건조, 미생물 번식의 우려가 있으므로 냉장고에서 냉장해동(5℃)하는 것이 좋다.
② 접촉해동 : 25℃ 금속판 사이에 동결식품을 넣어 해동, 포장이 균일할 것
③ 전기해동 : 전자오븐 이용, 가열과 급속 해동 동시 가능
④ 유수해동 : 10~15℃의 흐르는 물에 담가 해동, 포장 필요

6. 증발 및 건조

1) 식품의 건조곡선

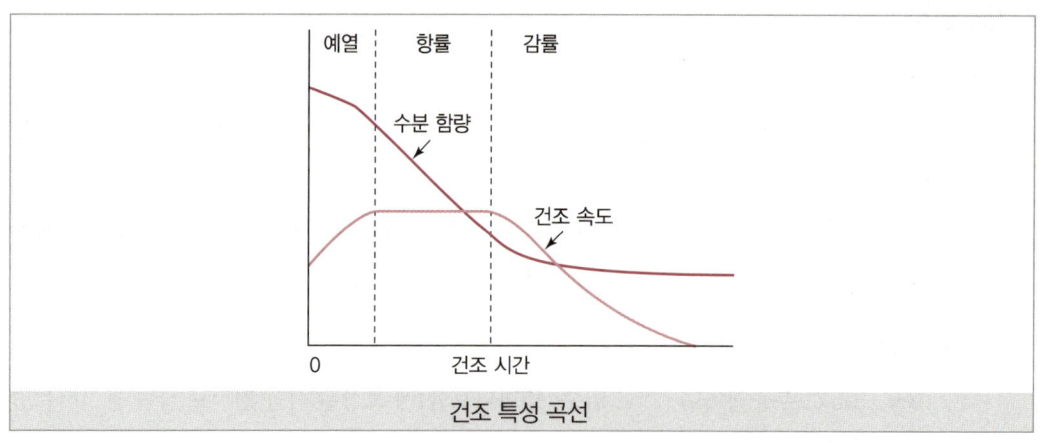

건조 특성 곡선

① 조절기간(예비건조기간) : 건조 시작 시 온도 상승 등 수분 증발에 적합한 상태로 조절
② 항률건조기간 : 건조속도가 일정한 건조기간, 수분이 많은 식품에서 표면 수분 증발속도보다 내부에서 표면으로 수분이 확산되는 속도가 빠르거나 같을 때(표면 증발≤내부 확산)
③ 감률건조기간 : 내부에서 표면으로의 확산속도보다 표면 수분 증발속도가 빨라 건조속도가 감소하는 기간(표면 증발＞내부 확산)

2) 증발 건조 장치

(1) 열풍건조기

가열된 공기의 대류나 강제 순환으로 식품을 건조시킨다.

① 회분식 : 빈 건조기, 캐비닛 건조기 등
② 연속식 : 터널 건조기, 컨베이어 건조기, 유동층 건조기, 분무건조기 등
③ 병행식 : 공기 흐름과 식품 이동이 같은 방향, 초기 건조가 좋으나 최종 건조가 좋지 않아 내부 건조가 잘 되지 않거나 미생물이 번식할 수 있다.
④ 향류식 : 공기 흐름과 식품 이동이 반대 방향, 초기 건조는 좋지 않으나 최종 건조가 높아 과열 우려가 있다.

(2) 분무건조기

① 비교적 열에 안정하여 열에 약한 제품에 이용한다.
② 분유, 주스 분말, 커피, 차 등 액상 식품을 분무장치로 분무하여 건조하며, 대부분의 건조가 항률건조로 이루어진다.

(3) 드럼 건조기

가열된 회전 원통 표면에 건조할 제품을 묻혀 전도에 의해 건조시킨다.

(4) 동결 건조기

① 수분을 얼려 승화시켜 건조하는 것으로, 고비용 제품에 이용하며, 냉각기 온도 $-40℃$, 압력 $0.098mmHg$의 진공 조건하에서 건조하는 방법이다.
② 형태가 유지되고 다공성이므로 복원력이 좋고, 향미 보존 및 식품 성분 변화가 가장 적다.

7. 흡착 및 추출

1) 흡착

흡착은 기체나 액체 성분을 다공성이나 친화성을 가진 물질로 접합시켜 분리하는 공정으로, 활성탄, 산성백토, 실리카겔 등을 이용한다.

① 활성탄 : 다공성 물질로 색, 냄새와 맛 성분 등 제거에 이용
② 산성백토 : 염화알루미늄으로 유지의 탈색, 탈취에 이용
③ 실리카겔 : 다공성으로 수분 제거에 이용

2) 추출

특정 용매로 용해도 차이에 의해 용해된 물질을 분리하는 방법으로, 일반적으로 농도차가 클수록, 온도가 높을수록, 표면적이 클수록 추출이 용이하다.

8. 기계적 분리 및 막분리

1) 침강분리 및 원심분리

① 침강분리 : 중력에 의해 자연 침강으로 분리(전분, 과즙, 양조)
② 원심분리 : 밀도차에 의해 원심력을 이용하여 분리(우유 크림층, 주스)

2) 여과

액체 중 고형물을 여과지를 이용하여 분리하는 방법으로 중력여과기, 감압여과기, 가압여과기(필터프레스) 등을 이용한다.

3) 막여과

① 정밀여과 : 세균이나 색소 제거에 이용, 바이러스나 단백질 통과
② 한외여과 : 바이러스나 단백질 같은 고분자 물질 제거, 당과 같은 저분자 물질 통과
③ 역삼투 : 반투막을 이용하여 물 같은 용매에서 당이나 염 같은 용질 분리

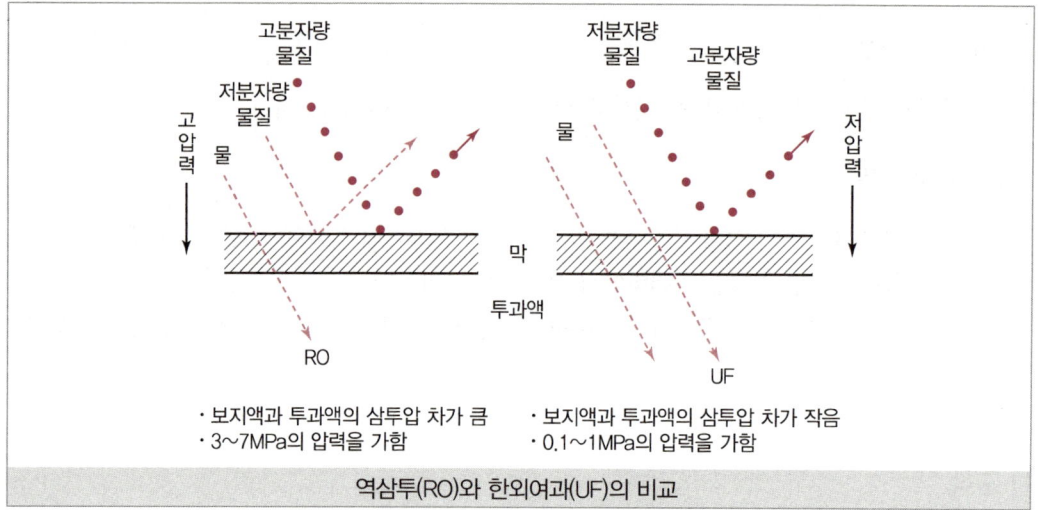

역삼투(RO)와 한외여과(UF)의 비교

4) 압착

고체에 압력을 가해 고체 중 액체를 분리하는 방법으로 식물성 유지 분리, 치즈 제조, 주스 착즙에 이용된다. 압착에 사용되는 기계는 스크루식 압착기, 롤러 압착기, 엑스펠러, 케이지프레스 등이 있다.

9. 분쇄 및 혼합

1) 분쇄

(1) 고체 식품을 기계적으로 작게 만드는 공정으로 분쇄비율(원료 입자/분쇄 입자)이 클수록 분쇄능력이 크다.

① 절단 : 과채류, 육류 등을 일정 크기로 자르는 것(절단기)
② 파쇄 : 충격에 의해 작은 크기로 부수는 조작(파쇄기)
③ 마쇄 : 전단응력에 의해 파쇄보다 더 작은 상태로 만드는 것(미트 초퍼, 마쇄기)

(2) 분쇄기 종류

① 해머밀(hammer mill) : 회전축에 해머가 장착되어 분쇄, 막대, 칼날, T자형 해머 등(임팩트밀, 다목적밀, 설탕, 식염, 곡류, 마른 채소, 옥수수 전분 등에 사용)
② 볼밀(ball mill) : 회전 원통 속에 금속, 돌 등과 원료를 함께 넣어 회전하여 분쇄(곡류, 향신료 등 수분 3~4% 이하 재료에 적당)
  ㉠ 핀밀(pin mill) : 고정판과 회전 원판 사이에 막대 모양 핀이 있어 고속 회전으로 분쇄(설탕, 전분, 곡류 등 건식과 콩, 감자, 고구마의 습식이 있음)
  ㉡ 롤밀(roll mill) : 2개의 회전 금속롤 사이에 원료를 넣어 분쇄(밀가루 제분, 옥수수, 쌀가루 제분에 이용)
③ 디스크밀(disc mill) : 홈이 파인 2개의 원판 사이에 원료를 넣어 분쇄(옥수수, 쌀의 분쇄에 이용)
  ※ 습식분쇄 : 고구마·감자의 녹말 제조, 과일·채소의 분쇄, 생선이나 육류 가공 시 이용(맷돌, 절구나 고기를 가는 chopper 등)

2) 혼합

(1) 두 가지 이상의 다른 원료를 섞어 균일한 물질을 얻는 것

» 고체 혼합과 액체 혼합의 비교

구분	내용
고체 혼합	유사한 크기, 밀도, 모양을 가진 것이 잘 혼합되며, 크기 차이가 $75\mu m$ 이상이면 혼합이 안 되고 쉽게 분리, $10\mu m$ 이하이면 혼합이 용이
액체 혼합	• 액체 간, 액체와 고체 간, 액체와 기체 간 혼합, 유화는 섞이지 않는 두 액체의 혼합은 교반이라 하며, 점도가 큰 액체의 혼합에는 큰 동력이 필요 • 층류 혼합 : 점성이 $10kg/m \cdot s$ 이상인 고점성 액체, anchor형, helical ribbon형, helical screw형 임펠러 사용 • 난류 혼합 : 점성이 $10kg/m \cdot s$ 이하인 고점성 액체, 흐름저항이 층류 혼합보다 낮음, propellars, tubines, single paddles 임펠러 사용

(2) 혼합기의 종류

① 고체 – 고체 혼합기
  • 고체 간 혼합에는 회전이나 뒤집기 이용
  • 텀블러(곡류), 리본 혼합기(라면수프), 스크루 혼합기 등

② 고체 – 액체 혼합기(반죽 교반기)
- S자형 반죽기, 제과·제빵용 밀가루 반죽에 이용
- 페달형 팬혼합기 : 달걀, 크림, 쇼트닝 등 과자 원료 혼합에 이용

③ 액체 – 액체 혼합기
- 용기 속 임펠러로 액체 혼합(패들 교반기, 터빈 교반기, 프로펠러 교반기 등)
- 혼합 효과를 높이기 위해 방해판 설치, 경사 등 이용

④ 유화기
- 교반형 유화기(균질기) : 액체에 강한 전단응력을 작용하여 혼합 균질화
- 가압형 유화기 : 좁은 구멍을 높은 압력으로 통과 시 분쇄 혼합

SECTION 03 식품의 저장 및 포장

1. 식품의 저장

식품의 열화 요인을 억제함으로써 식품 생산에서 소비까지의 식품 수명 연장

1) 식품 저장 중 열화 요인

(1) 수분 함량 및 수분활성도(A_w)

$$A_w = \frac{식품의\ 수증기압(P)}{순수한\ 물의\ 수증기압(P_0)}$$

$$= \frac{용매의\ 몰수(M_w)}{용매의\ 몰수(M_w) + 용질의\ 몰수(M_s)}$$

① 저장에 관련된 자유수는 화학반응과 미생물이 이용하므로 제한 필요
② A_w 0.65~0.8 사이의 중간 수분 식품(잼, 곶감, 건포도 등)은 우수한 저장 안정성
③ 곡물 저장 시 수분 함량 15%(A_w 0.70) 이하 유지

(2) 미생물

① 수분활성도와 미생물 : 건조법(열풍, 감압, 동결)

>> 미생물 생장에 필요한 최저 수분활성도

구분	세균	효모	곰팡이	내건성 곰팡이	내삼투압성 효모
수분활성도(A_w)	0.91	0.88	0.80	0.65	0.60

② 온도와 미생물 : 냉장법, 냉동법, 훈연법, 가열살균
대부분 중온균

>> 미생물 생육온도

저온균			중온균			고온균		
최저 온도	최적 온도	최고 온도	최저 온도	최적 온도	최고 온도	최저 온도	최적 온도	최고 온도
−10~0℃	10~20℃	20~30℃	5~15℃	25~40℃	40~55℃	25~45℃	50~60℃	75~85℃

③ pH와 미생물 : 산장법
일반적으로 효모의 최적 pH는 미산성, 세균의 경우 중성에서 알칼리성

>> 미생물 생장과 최적 pH

미생물	pH
일반 효모 및 곰팡이	4~6
일반 세균	6~9
내산성 세균	~3.5

④ 산소와 미생물 : 통조림, CA(Controlled Atmosphere) 저장
절대호기성균, 절대혐기성균, 편성혐기성균으로 나눌 수 있으며, 대부분 효모, 세균, 곰팡이는 호기성
⑤ 삼투압과 미생물 : 당장법, 염장법(마른간법, 물간법, 개량물간법, 개량마른간법, 변압염장법, 염수주사법, 압착염장법)
대부분의 미생물은 저삼투압 상태에서 증식

(3) 효소

① 온도와 효소 활성 : 냉장법, 냉동법, 가열
대부분의 효소는 30~40℃에서 최대 활성을 보이며, 온도가 증가 또는 감소하면 효소 활성 저하
② pH와 효소 활성 : 산장법
대부분의 효소의 최적 활성 pH는 4.5~8.0이며, 최적 활성 pH에서 벗어나면 효소의 물리적·화학적 성질이 변화하여 활성이 감소

>> 최적 효소 활성 pH

효소	pH
트립신	7~10
아밀라아제	5~8
아스코르브산 산화효소	3~5

③ 수분활성도와 효소 활성 : 건조법(열풍, 감압, 동결)

대부분의 효소는 A_w 0.6~0.8 활성이 최대, 0.8 이상에서는 활성 감소

> **Tip**
>
> Q_{10}[온도 계수(temperature quotient)]
>
> 예 Q_{10} = 2~3
>
> 온도가 10℃ 상승하면 화학반응속도가 2~3배 증가하고, 10℃ 낮아지면 화학반응속도가 1/3~1/2로 감소한다.

> **Tip**
>
> 저온저장과 관련된 용어 정의
> - 저온장애(cold injury) : 열대 과채류는 냉장에서 대사장애 발생(바나나 흑갈색 변색, 레몬 갈변 등)
> - 예냉(precooling) : 생산 직후 단시간 내 냉장온도까지 급격히 냉각하는 것, 기존 냉장 식품 피해 감소, 설비적·경제적 유리(냉풍냉각, 진공냉각 등)
> - 품온 완화(tempering) : 냉장 식품을 꺼낼 때 표면의 물방울 생성 방지를 위해 외부 온도 가까이 온도를 서서히 올리는 것(미생물 증식 억제)

2) 통조림 저장

(1) 통조림 특징

① 탈기 : 통 안의 산소 제거로 산화 부식 방지, 열처리 시 파손 방지, 호기성균 억제(가열탈기법, 열간충진법, 진공밀봉법, 가스치환법 등)

② 밀봉 : 밀봉은 밀봉기의 척, 롤, 리프터의 작용으로 2중 밀봉

③ 살균 : 비산성 통조림의 살균 목표는 *Clostridium botulinum*, 가압멸균기(retort)에서 금속제 통조림은 수증기, 병조림이나 레토르트 파우치는 압력에 약하므로 뜨거운 물로 가열(thermocouple : 살균온도 및 살균시간 측정)

④ 냉각 : 호열성균 발아 억제, 변색 방지, struvite 방지(냉각수법, 가압냉각법, 압축공기법)

⑤ struvite : 게, 새우 등 제품에 유리형 결정이 생기는 현상, $Mg(NH_4)PO_4 \cdot 6H_2O$가 원인, 냉각 시 30~50℃ 사이에서 형성, 급랭 필요

(2) 통조림 검사

① 외관검사 : 밀봉 상태, 용접 상태, 녹슬거나 찌그러짐, 부푼 상태, 뚜껑 및 바닥 결함 등

② 타검검사 : 타검으로 두들겨 맑은 소리가 나면 정상, 둔탁한 소리는 탈기 불충분, 충진 과다 등

③ 개관검사 : 진공도 검사 후 개봉, 헤드스페이스 높이, 내용량 등 확인, 관능검사 실시

④ 세균검사(가온보존검사) : 산성 통조림 25~30℃에서 2~3주, 비산성 통조림 36℃에서 2주 보존 후 상온 1주일 추가 방치 후 관찰

> **Tip**
>
> **통조림 가공 시 레토르트(retort)**
> - 고압증기 멸균방식으로 습열에 의한 열 침투력이 건열보다 큰 원리를 이용한 것으로, autoclave의 큰 버전
> - 121℃, 15~20분, 15lb의 기본조건에 통조림 내용물의 pH, 충진 정도, 용기의 열전달계수 등이 살균에 영향을 미침
> - 공기를 최대한 제거하고 수증기만으로 레토르트 내부를 채워야 살균 성능이 극대화

(3) 통조림 변패

① 평면산패(flat sour) : 겉모양은 정상이나 가스 비형성 산성 세균이 원인(살균 부족)
② flipper : 한쪽이 팽창한 상태, 누르면 소리가 나며 들어감(탈기 부족)
③ springer : 한쪽이 팽창한 상태, 한쪽을 누르면 반대쪽으로 튀어나옴(수소 생성)
④ swell : 양쪽이 불룩한 상태(살균 부족, 수소 생성, 과다 충진)
⑤ panelled can : 위축변형관, 레토르트 내 압력 > 캔 압력(살균 시 압력 과다)
⑥ buckled can : 돌출변형관, 레토르트 내 압력 < 캔 압력(살균 시 급냉각)
⑦ curd : 수용성 단백질 미오신(myosin), 미오겐(myogen) 등이 두부 같이 응고
⑧ adhesion : 단백질 일부가 통 내부에 부착됨

3) 삼투압을 이용한 저장

(1) 염장

10% 이상 소금 농도에서 미생물 생육 억제하는 방법

① 산소분압 저하, 자유수 감소, A_w 저하, 소금 자체의 살균력, 효소의 불활성화
② 마른간법, 물간법, 개량물간법, 개량마른간법, 염수주사법, 압착염장법

(2) 당장

50% 이상 당 농도에서 미생물 생육 억제

4) pH를 이용한 저장(산장)

① 초산, 젖산, 구연산 이용으로 pH를 낮추어 미생물 생육을 억제하는 방법으로, pH가 낮을수록 가열에 의한 미생물 사멸 효과가 크다.
② 살균력 : 초산 > 구연산 > 젖산

5) 훈증법을 이용한 저장

(1) 목재를 불완전 연소시킨 연기로 식품에 접촉시켜 저장성을 부여하는 방법으로, 연기 성분 중 포름알데히드, 아세트알데히드, 폴리페놀류, 알코올, 포름산 등이 미생물 번식 억제와 독특한 풍미를 생성한다.

(2) 훈증법의 종류

① 온훈법 : 30~50℃에서 5~10시간
② 냉훈법 : 20~30℃에서 2~3주간
③ 열훈법 : 50~80℃에서 몇 시간
④ 액훈법 : 목초액 사용
⑤ 전훈법 : 전기를 가해 연기 성분 흡착

6) 방사선을 이용한 저장

① 방사선으로 식품의 발아를 억제(감자, 양파)하거나 살균하여 저장에 이용한다.
② 식품조사선 : γ선(^{60}Co)

7) 가스 조절 저장(CA 저장)

수확 후 농산물은 지속적 호흡작용으로 호흡열이 발생하여 품온이 상승하면 대사가 촉진되어 빠르게 숙성된다. 이러한 현상은 추숙작용(追熟, climacteric rise)에 의한 것으로 추숙작용이란 일부 과채류가 수확 후 어느 일정 기간에 호흡량이 증가하여 과숙되어지는 현상을 말한다. 따라서 농산물의 호흡을 조정하여 숙도를 조절하므로 저장성을 향상시킬 수 있다.

① 밀폐된 공간, 산소 농도 4~5%, 이산화탄소 농도 4~5% 유지, 냉장 설비로 조정
② 산소는 넣어주고 이산화탄소는 scurubber로 제거

2. 식품의 포장

식품의 포장이란 취급, 유통, 운송, 저장 중 품질 저하에 영향을 줄 수 있는 위해요소(미생물, 수분, 공기 등)로부터 제품을 보호하는 것을 말하며, 식품의 포장재로는 종이류, 플라스틱류, 유리, 금속 등을 이용한다.

1) 식품 포장의 특성

(1) 식품 포장 재료의 구비조건

① 위생성 : 무해, 무독, 물리적 강도
② 보호성 : 방습, 방수성, 산소차단성, 단열성, 내유성, 내산성
③ 편리성 : 취급 용이, 휴대 편리, 개봉 용이
④ 경제성 : 가격 저렴, 생산성, 수송 및 보관 용이
⑤ 환경성 : 재사용 및 재활용, 분해 용이

(2) 식품 포장 재료의 특성

① 광선, 기체(산소, 이산화탄소, 질소, 에틸렌 등) 및 휘발성 성분, 수분 등의 투과성, 물리적 강도, 내유성, 온도, 곤충에 대한 보호성 고려
② 종이류의 착색료 및 형광 표백제가 식품에 이행되지 않을 것
③ 플라스틱 및 유연포장 필름 등의 가소제, 안정제, 유연제, 단량체, 색소 등 합성품의 유해성이 식품에 영향을 미치지 않을 것
④ 플라스틱은 투과성이 우수하지만 유지산화, 영양성분 및 색소 파괴 영향
⑤ 과실, 채소 및 육류의 포장에는 수분 투과도가 낮고 산소의 투과도가 높은 재료 사용
⑥ 건조식품 포장에는 수분과 산소의 투과도가 낮은 재료 사용
⑦ 동결식품 포장에는 저온에서 유연성을 유지하고 열수축이 일어나며, 수분과 산소의 투과도가 낮은 플라스틱 재료 사용

2) 포장 재료 및 방법

(1) 식품 포장 재료

식품 포장 재료로는 종이(크라프트지, 황산지, 내유지, 코팅지 등) 및 판지(골판지), 유리, 금속(통, 포일), 금속코팅필름(라미네이트), 셀로판(셀룰로오스), 플라스틱 제품(폴리에틸렌, 염화비닐리덴, 폴리에스테르, 폴리프로필렌, 염화비닐, 폴리스틸렌, 폴리카보네이트) 등 사용

(2) 포장방법

① 종이, 판지, 나무 용기 : 광선 차단, 완충작용, 기계적 강도, 외포장 이용
② 필름을 이용한 포장 : 유연성을 지닌 필름류는 라미네이트나 코팅 처리되어 전기가열접착기, 고주파순간접착기, 밴드접착기 이용[파우치 형성(form) → 내용물 충진(fill) → 접착(seal) 절단 포장방식, 필로우 포장(pillow pack), 봉지(sachet) 방식]
③ 금속재 용기 : 알루미늄, 양철판, 크롬코팅철판으로 대부분 무색무취 재질이지만 산, 염분에 부식되므로 에나멜 코팅을 하며 용접이나 폴리아마이드 접착제로 측면을 밀봉하고 뚜껑 등은 이중밀봉기로 밀봉한다.
④ 공기성분 조절(MAP : Modified Atmosphere Packaging) 포장 : 포장 내 공기 조성을 일정 기준 성분으로 조절하여 밀봉한 것(5~50% 이산화탄소로 세균 억제 효과, 질소는 MAP 포장 시 수축 방지, 산소는 적색육의 색소 유지에 사용, 이산화황은 곰팡이 증식 억제 사용)
⑤ 무균 포장 : 금속용기, 유리용기 및 플라스틱 용기는 260℃ 과열 증기 무균작업, 테트라팩 종이용기는 35% 과산화수소를 90℃ 처리, 기타 자외선, 방사선 이용)
⑥ active 포장 : 포장 내 특정 첨가제를 첨가하여 산소, 이산화탄소, 수분, 에틸렌, 냄새흡착제, 방부제 방출기능 등 수행(산소흡착제, 에틸렌 흡착제, 에탄올 방출제, 보존제 방출, 수분흡착제, 방향성분 흡착제)

CHAPTER 06 제품개발

PART 03

SECTION 01 관능평가

식품과 물질의 품질 특성이 시각, 후각, 미각, 청각, 촉각으로 감지되는 반응을 측정·분석·해석하는 과학의 한 분야이다.

1. 관능적 특성

1) 물리적 요인

① 모양(appearance) : 시각적 요소인 모양, 크기, 형태, 색, 윤기, 식품의 부패 정도를 판단 가능
② 텍스처(texture) : 식품의 경도와 관련된 특성, 바삭함(crunchiness), 촉촉함(moistness), 끈끈함(sticky), 미끌거림(slickness) 등
③ 온도(temperature) : 음식의 온도, 미각은 10~40℃에서 잘 느낌
　※ 온도↑ : 단맛↑, 쓴맛과 짠맛↓ (신맛은 변화 없음)

2) 화학적 요인

(1) 맛

품질 평가의 주요 판단기준, 혀의 미뢰를 통해 맛을 감지(오원미 : 단맛, 짠맛, 신맛, 쓴맛, 감칠맛)
※ 역가(threshold value) : 맛을 지각할 수 있는 최소 농도

(2) 냄새

신경을 통해 뇌에 전달되어 냄새를 느낌, 온도에 영향을 받음

(3) 향미

안에서 냄새와 맛의 종합적인 평가

(4) 맛의 상호작용

① 맛의 상승
　• 같은 종류의 맛을 가진 성분들이 혼합되면 각각 본래 맛보다 강해지는 현상

- 설탕에 사카린을 첨가하면 단맛이 상승
② 맛의 소실
- 두 가지 다른 맛 성분이 혼합되면 본래의 맛이 약하게 느껴지는 현상
- 쓴 커피에 설탕을 넣으면 쓴맛이 감소
③ 맛의 대비
- 서로 다른 맛 성분이 혼합되면 주된 성분의 맛이 강해지는 현상
- 단팥죽에 소금을 첨가하면 단맛이 강하게 느껴짐
④ 맛의 변조
- 한 가지 맛 성분을 먹은 후 다른 맛 성분을 먹으면 정상적으로 맛을 느낄 수 없는 현상
- 한약을 먹고 물을 먹으면 물이 달게 느껴지는 현상
⑤ 맛의 상쇄
- 다른 맛 성분이 혼합될 때 각 고유의 맛이 약해지거나 없어지는 현상
- 김치에는 소금의 짠맛과 유산균에 의한 신맛이 혼합되며 조화로운 맛
⑥ 맛의 상실
- 김네마 실베스터 식물의 잎을 씹은 후 일정 시간 동안 단맛과 쓴맛을 느끼지 못하는 현상
- 오렌지 주스를 먹으면 단맛은 전혀 느끼지 못하고 신맛만 느낌
⑦ 맛의 순응 : 특정 맛성분을 장기간 맛볼 때 미각의 역치가 상승하고 감수성이 약해진 현상

2. 관능검사 방법

식품의 외형적 특성은 시각적, 냄새 특성은 후각적, 맛 특성은 미각적, 소리는 청각적, 조직감은 촉각적으로 인식된다. 식품의 관능평가는 이와 같은 5가지 감각을 이용하여 식품의 관능적 품질특성을 과학적으로 평가하는 것을 말한다.

1) 관능평가의 영향요인

① 순응, 강화, 억제, 상승 등의 생리적인 요인과 기대오차, 관습오차, 논리오차, 중심경향오차, 자극오차, 시료 제시순서에 따른 오차 등의 생리적 효과, 대조효과, 그룹효과, 후광효과 등에 영향을 받을 수 있다.
② 관능평가를 제시할 때에는 난수표를 이용한 3자리 숫자나 기호로 선택하며 랜덤으로 제시순서를 배치하여 번호나 순서에 의한 오차를 줄여야 한다.
 ※ 난수표 : 0~9까지의 숫자를 무질서하게 배열한 표
③ 관능 시 시료의 조건 : 크기, 모양, 색이 일정하게 제시, 시료의 크기와 양은 한 입 크기로 먹기 좋게 제시

2) 관능평가의 종류

(1) 차이식별검사

차이식별검사(discriminative test)는 검사물 간의 차이를 분석적으로 검사하는 방법이다. 시료 간의 관능적 차이가 존재하는지를 조사하는 종합적 차이검사와 특정한 관능적 특성에 대해 시료 간 차이를 비교하는 특성차이검사로 나눈다.

① 종합적 차이검사 : 제품의 원재료나 공정, 포장 변경에 따라 두 시료 간의 관능적 특성 차이의 여부를 판단하는 시험법이다.

㉠ 삼점 검사
- 관능평가 요원에게 3개의 시료를 제시하고 2개의 시료는 같고 하나는 다르다고 알려준 후 다른 하나의 시료를 고르게 한다(2개의 시료 간 관능 차이 여부를 조사하는 방법).

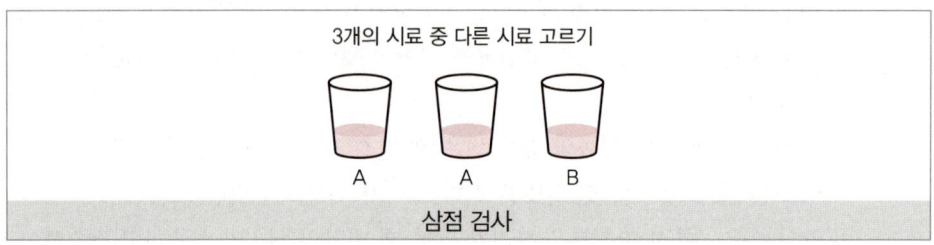

- 단순차이검사나 일-이점 검사보다 통계적으로 효율적이다.

㉡ 일-이점 검사
- 기준시료 하나와 2개의 시료를 제시하여 두 시료 가운데 기준시료와 동일한 시료를 고르게 한다.
- 삼점 검사보다 비효율적이지만 간단하고 이해하기 쉽다.

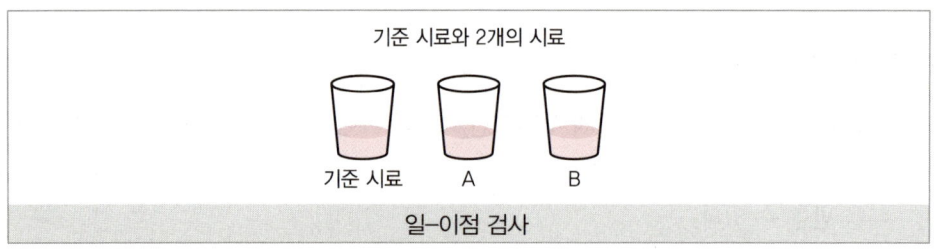

㉢ 단순차이검사
- 강한 향을 가지는 식품이나 향이 오래 남을 때, 또는 자극의 종류가 복잡하여 관능요원을 혼동시킬 때 사용하는 방법이다.
- 2개의 시료를 동시에 제시하는데, 제시되는 시료 중 절반은 대조(A/B) 시료이며, 다른 절반은 표준 시료(A/A)로 제공한다(동일 짝과 다른 짝 구별).

> 단순차이검사 결과표 예시

답	동일 짝(A/A)	다른 짝(A/B)	합계
같다	10	6	16
다르다	5	9	14
합계	15	15	30

② 특성차이검사 : 2개의 시료 혹은 2개 이상의 시료에서 특정한 관능적 특성의 차이 여부를 판별하는 시험법이다.
  ㉠ 이점 비교검사 : 관능 요원에게 2개의 시료(A, B)를 동시에 제시하여 두 시료 중의 차이를 조사하기 위해 사용되는 방법이다.
  ㉡ 순위법 : 2개보다 많은 시료(3~6가지)를 제시하여 특성이 강한 것부터 순위를 정하게 하는 검사법이다(강도 비교분석).
    예 맛, 경도, 색, 기호도 등
  ㉢ 평점법 : 주어진 시료들의 특성 강도의 차이가 어떻게 다른지를 정해진 척도에 따라 평가하는 방법이다(0~9점 척도). 예를 들어 짠맛에 대해 5점 척도를 나타낼 때 '1점 : 매우 싱겁다', '2점 : 약간 싱겁다', '3점 : 짜지도 싱겁지도 않다', '4점 : 약간 짜다', '5점 : 매우 짜다'로 평가할 수 있다.
  ㉣ 3자택일 검사 : 3개의 시료를 제시하고 가장 강한 관능특성의 시료를 선택하는 검사이다.

(2) 묘사분석

소수의 고도로 훈련된 패널이 관능적 특성이 느껴지는 순서에 따라 평가한다. 관능적 특성을 질적ㆍ양적 묘사하여 시료별 차이, 특성의 강도를 결정하는 것이다. 묘사분석의 종류로는 향미 프로필, 텍스처 프로필, 정량적 묘사, 스펙트럼 묘사분석(색), 시간-강도 묘사분석법 등이 있다.

① 향미 프로필 : 향미와 맛에 기초를 두고 식품의 후미, 향미의 강도를 포함한 관능검사에서 나타나는 순서와 강도에 따라 분석하는 것이다.
  • 향미 특성 : 쓴맛, 단맛, 신맛, 짠맛, 감칠맛, 떫은맛 등
② 텍스처 프로필 : 여러 가지 물리적 특성 경도, 응집성, 탄력성, 부착성 등의 기계적 특성과 입자, 배열 등의 기하학적 특성, 수분 함량 등 강도를 평가하여 텍스처의 특성을 규정하는 방법이다.
  • 구강 텍스처 특성 : 점도, 부서짐, 떫음, 건조함, 기름짐, 촉촉함 등
③ 정량적 묘사 : 향미, 텍스처, 색 등 전반적인 관능특성을 한 눈에 볼 수 있는 방법이다. 360° 방사형 직선을 사용하여 일정한 간격을 두어 각 강도를 중심점으로부터 단계적으로 표시하여 제품 품질을 쉽게 비교하는 방법이다.
  • 외관적 특성 : 색, 윤기, 부피, 끈적거림, 거침, 덩어리짐 등
  • 냄새 특성 : 사과 향, 탄 냄새, 비린내, 꽃냄새, 시원함(비강적 감각) 등

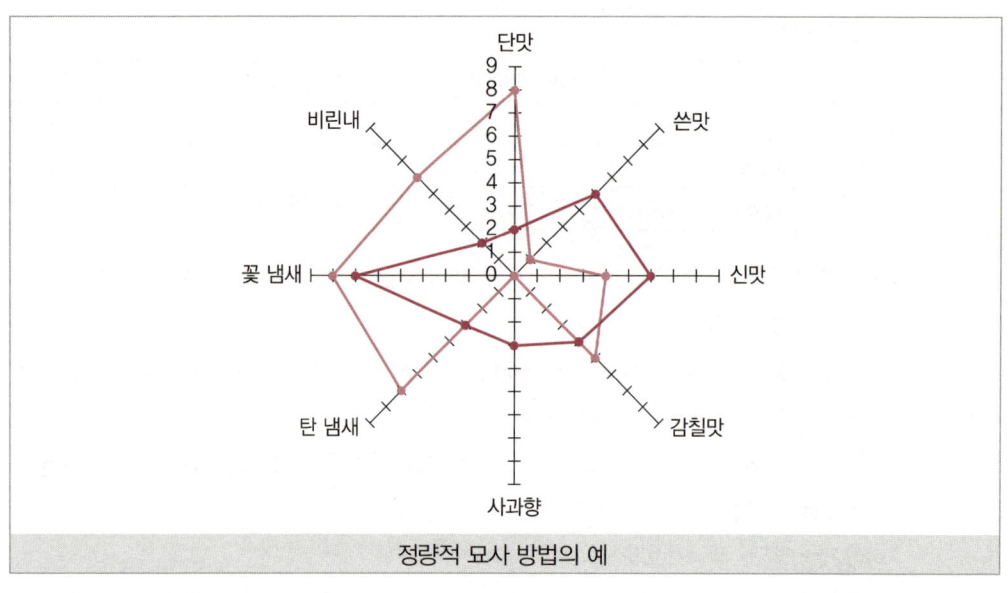

정량적 묘사 방법의 예

(3) 소비자 기호도 검사

① 목적 : 소비자 기호도 검사는 제품의 품질 유지, 품질 향상 및 최적화, 신제품 개발, 시장에서의 가능성 평가를 위해서 궁극적으로 제품에 대한 소비자들의 기호도, 선호도를 알아보려고 실시한다. 제품 생산의 마지막 단계에서 수행되며 9점 척도의 평점법을 사용하여 측정한다.

② 대상 : 소비자 기호도 검사 시에는 차이식별검사와 다르게 관능평가 훈련을 받아 본 경험이 없는 사람, 제품의 연구 개발이나 판매에 관련되지 않은 사람을 대상으로 한다. 이때 소비 대상에 따른 목표집단을 선정해야 제품에 대한 유용한 정보를 제공받을 수 있다. 주로 제품 회사의 직원이나 일반인을 대상으로 하며 선호도 검사와 기호도 검사 등을 수행한다.

3) 관능검사와 식품의 품질

(1) 사람의 감각기관(시각, 청각, 후각, 미각, 촉각)을 통해 품질 요소를 측정

① 시각 : 색, 형태, 크기, 광택, 입자
② 청각 : 조직감(바삭한)
③ 후각 : 향, 맛(단맛, 짠맛, 신맛, 쓴맛)
④ 미각 : 조직감, 통감, 촉감, 온도
⑤ 촉감 : 고형, 반고형, 액상, 거품

(2) 기호 차이, 식별, 표현법, 편견, 기분에 따라 다르기 때문에 정확한 검사 결과는 얻기 어렵다.

3. texture

음식물을 입안에서 씹을 때 작용하는 힘과 조직 간의 상호관계에서 느껴지는 복합적·기계적 감각, 음식을 먹을 때 입안에서 느껴지는 감촉

》 식품의 물리적 특성 분류

구분	1차적 특성	2차적 특성	일반적인 표현
기계적 특성	• 경도, 견고성(hardness) • 응집성(cohesiveness) • 점성(viscosity) • 탄성(elasticity) • 부착성(adhesiveness)	• 파쇄성(brittleness) • 저작성, 씹힘성(chewiness) • 점착성, 검성(gumminess)	• 경도 : 무르다(soft) → 굳다, 견고하다(firm) → 단단하다(hard) • 파쇄성 : 부스러지다(crumbly) → 깨지다(brittle) • 저작성 : 연하다(tender) → 쫄깃하다(chewy) → 질기다(tough) • 점착성 : 바삭하다(short) → 풀 같다(pasty) → 고무질 같다(gummy) • 점성 : 묽다(thin) → 진하다(thick) → 끈적하다(viscous) • 탄성 : 가소성(plastic) → 점성(viscostic) → 탄력성(elastic) • 부착성 : 미끈하다(sticky) → 끈적하다(tacky) → 달라붙는다(gooey)
기하학적 특성	• 입자의 크기와 형태 • 입자의 배열과 결합 상태		• 꺼칠하다, 보드랍다 • 거칠다, 뻣뻣하다
기타 특성	• 수분 함량 • 지방 함량	• 기름기가 있는(oilness) • 미끈미끈한(greasiness)	• 마르다 → 촉촉하다 → 물기가 있다 • 기름지다 • 미끈미끈하다

실전예상문제

01 현미 3kg을 도정하여 정미 2.88kg을 얻었을 경우 도정률(정백률)과 도정도는?

① 94.4%, 7분도미
② 94.4%, 5분도미
③ 96.0%, 5분도미
④ 96.0%, 7분도미

해설

도정률 = $\dfrac{정미량}{현미량} \times 100$

= $\dfrac{2.88}{3} \times 100 = 96\%$

도정률 96%는 5분도미에 해당한다.

02 MG(May-Grünwald) 염색법을 이용하여 현미의 도정도를 판정하였을 때 나타나는 색의 변화는?

① 청색
② 초록색
③ 색 변화 없음
④ 갈색

해설

MG(May-Grünwald) 염색법
㉠ 쌀알의 조직이 색소에 의하여 다르게 염색되어 전체적으로 나타나는 색으로써 도정도를 판정하는 방법으로 비교적 정확하다.
㉡ Eosin Methylene Blue 시약의 염색 차이에 의해 결정, 에오신은 전분을 염색하여 적색을 나타내며, 메틸렌 블루는 셀룰로오스와 반응해 청색을 보인다.
  • 현미(1분도미) : 청색   • 5분도미 : 초록색
  • 7분도미 : 보라+적색   • 10분도미 : 적색

03 통조림의 변패에 관한 내용 중 겉모양은 정상이나 가스 비형성 산성 세균에 의해 문제가 되는 현상은?

① flipper
② flat sour
③ springer
④ swell

해설

① flipper : 한쪽이 팽창한 상태, 누르면 소리가 나며 들어감(탈기 부족)
② flat sour : 겉모양은 정상이나 가스 비형성 산성 세균이 원인(살균 부족)
③ springer : 한쪽이 팽창한 상태, 한쪽을 누르면 반대쪽으로 튀어나옴(수소 생성)
④ swell : 양쪽이 불룩한 상태(살균 부족, 수소 생성, 과다 충진)

04 33%의 전분유 250mL를 산분해시켜 DE값이 110이 되는 물엿을 만들었을 때 생성된 환원당의 양은?

① 16.0g
② 7.0g
③ 9.1g
④ 12.6g

해설

당화율(DE : Dextrose Equivalent)
전분 가수분해 정도 표시

• DE = $\dfrac{포도당(환원당)}{고형분} \times 100$

• 250mL 고형분 = $\dfrac{33}{100} \times 250 = 82.5$

• 11 = $\dfrac{환원당}{82.5} \times 100$

∴ 환원당 = 9.075g ≒ 9.1g

05 보리의 도정 방식에 해당하지 않는 것은?

① 혼수도정
② 건식도정
③ 무수도정
④ 할맥도정

해설

보리의 도정법
혼수도정, 무수도정, 할맥도정

정답 01 ③ 02 ① 03 ② 04 ③ 05 ②

06 다음 관능검사 중 가장 주관적인 검사는?

① 차이검사 ② 묘사검사
③ 기호도 검사 ④ 삼점 검사

해설
관능검사 중 가장 주관적 검사는 소비자 기호도 검사이다.

07 지방함량 25%인 쇠고기 25kg과 지방함량 40%인 돼지고기를 혼합하여 지방함량 30%의 혼합육을 만들고자 할 때 필요한 돼지고기의 양은?

① 5.0kg ② 12.5kg
③ 7.5kg ④ 10.0kg

해설

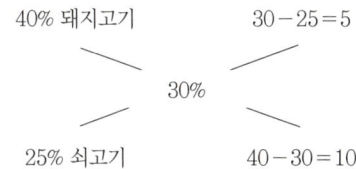

10(쇠고기) : 5(돼지고기) = 25 : x
∴ x = 12.5kg

08 수산물의 선도 판정 기준에 대한 설명 중 옳지 않은 것은?

① 화학적 판정법 중 하나인 휘발성 염기질소 함량은 부패될수록 높아지며, 0.3~0.4mg/g일 때 초기 부패로 취급된다.
② 수산물 부패 시 TMA가 산화되어 TMAO가 된다.
③ 일반세균수가 10^6 CFU/g 이상이면 부패된 수산물로 판정된다.
④ 수산물의 관능학적 선도 판정 시에 아가미의 색 변화도 판정기준에 속한다.

해설
어패류의 부패 시에는 트리메틸아민옥사이드(TMAO)가 환원되어 트리메틸아민(TMA)이 된다.

09 포장재의 구비조건을 모두 고른 것은?

| ㉠ 보호성 | ㉡ 환경성 |
| ㉢ 투명성 | ㉣ 경제성 |

① ㉠, ㉡ ② ㉠, ㉣
③ ㉢, ㉣ ④ ㉠, ㉡, ㉣

해설
포장재의 구비조건
위생성, 보호성, 편리성, 경제성, 환경성

10 원료크림의 지방량이 80kg이고 생산된 버터의 양이 100kg이라면, 버터의 증량률(over run)은?

① 5% ② 15%
③ 25% ④ 80%

해설
$\dfrac{100-80}{80} \times 100 = 25\%$

11 치즈 제조 시 원료유 1,000kg에 대한 레닛(rennet) 분말의 첨가량은 몇 kg인가?

① 0.02~0.04kg
② 0.2~0.4kg
③ 2~4kg
④ 20~40kg

해설
우유 응고를 위해 원유 1,000kg당 레닛 20~40g을 첨가 한다.

12 효소 당화법에 비하여 산 당화법이 갖는 특징으로 옳은 것을 모두 고른 것은?

| ㉠ 원료 녹말을 정제할 필요가 없다. |
| ㉡ 당화액은 쓴맛이 강하다. |
| ㉢ 착색물이 생성되지 않는다. |
| ㉣ 중화가 필요하다. |

① ㉠, ㉡ ② ㉠, ㉣
③ ㉡, ㉣ ④ ㉢, ㉣

해설
식품가공 시 전분의 당화에는 주로 효소나 산 당화법을 이용한다.

구분	산 당화법	효소 당화법
원료전분	완전 정제 필요	정제할 필요 없음
당화전분 농도	약 25%	50%
분해한도	약 90%	97~99%
당화시간	약 60분	48~72시간
당화설비	내산·내압설비 필요	특별한 설비 필요 없음
당화액 상태	쓴맛이 강하며 착색물이 생성됨	쓴맛이 없고 착색물이 생성되지 않음
당화액 정제	활성탄 0.2~0.3% 이온교환수지	산 당화보다 약간 더 필요
관리	중화가 필요	보온(55℃) 시 중화 필요 없음
수율	결정포도당으로서 약 70%	• 결정포도당으로 80% 이상 • 분말포도당으로 100%

13 수산 건조식품 중 소건품에 대한 설명으로 옳은 것은?

① 얼려서 건조한 것
② 소금에 절여서 건조한 것
③ 찌거나 삶아서 건조한 것
④ 조미하지 않고 원료를 그대로 건조한 것

해설
수산 건조식품
• 동건품 : 수산물을 저온동결한 후 융해하며 건조한 것
• 염건품 : 수산물을 소금에 절여 건조한 것
• 자건품 : 수산물을 자숙한 후 건조한 것
• 소건품 : 수산물을 조미하지 않고 그대로 건조한 것

14 두부의 침지시간과 관련하여 침지가 과다할 경우 생기는 현상이 아닌 것은?

① 두부의 수율이 저하된다.
② 미생물 번식의 위험이 있다.
③ 과다한 마쇄를 유발하여 대두 단백질 변성이 유도된다.
④ 콩의 변질이 일어나 두부가 딱딱해져 품질이 저하된다.

해설
과다한 마쇄의 유발은 콩의 침지가 부족할 때 나타나는 영향이다.

15 불순물을 제거하여 식용에 적합한 제품을 제조하기 위한 유지정제 과정의 순서가 옳은 것은?

> ㉠ 휘발성 물질 제거(deodorization)
> ㉡ 유리지방산의 제거(deacidification)
> ㉢ 가용성 물질의 제거(degumming)
> ㉣ 불용성 물질의 제거(desludge)
> ㉤ 색소류의 제거(decolorization)

① ㉤ → ㉣ → ㉠ → ㉢ → ㉡
② ㉡ → ㉢ → ㉤ → ㉠ → ㉣
③ ㉢ → ㉣ → ㉠ → ㉤ → ㉡
④ ㉣ → ㉢ → ㉡ → ㉤ → ㉠

해설
유지의 정제 과정
불용성 물질 제거(desludge) → 탈검공정(degumming process) → 탈산공정(deaciding process) → 탈색공정(decoloring process) → 탈취공정(deodorizing process) → 탈납공정(winterization)

16 다음 중 산성 통조림 홍변에 원인이 되는 물질은?

① betalain   ② lycopene
③ cyanin   ④ astaxantin

해설
과일과 채소에는 무색의 류코안토시아닌(leucoanthocyanin)이 다량 함유되어 있다. 통조림을 가열 후 냉각이 적절히 이루어지지 않고 35~45℃에서 장기간 머무를 때 류코안토시아닌이 시아닌(cyanin)으로 변하여 제품에 홍변을 일으킨다.

17 두부 제조 시 소포제의 역할과 거리가 먼 것은?

① 증자 시 열효율을 높임
② 외관 품질저하 방지
③ 거품 제거
④ 이취 제거

> **해설**
> **소포제**
> ㉠ 사용목적 : 거품 제거
> ㉡ 역할
>   • 증자 시 열효율을 높임
>   • 단백질 추출 증가, 단시간에 균일한 두즙 형성
>   • 응고 시 기포에 의한 외관 품질저하 방지

18 5℃에서 저장 중인 양배추 5,000kg의 호흡열 방출에 의한 냉동부하는?(단, 5℃에서 양배추의 저장 시 열 방출량은 63W/ton이다.)

① 315kJ/h ② 454kJ/h
③ 778kJ/h ④ 1,134kJ/h

> **해설**
> • 5℃에서 양배추의 저장 시 열 방출량 : 63W/ton
> • 5,000kg 열 방출량 : 315W/ton
> • W는 J/s이므로 시간당으로 환산하면 1h=3,600s
> ∴ 315W/ton=1,134kJ/h

19 농축장치를 사용하여 오렌지 주스를 농축하고자 한다. 원료인 오렌지 주스는 7.08%의 고형분을 함유하고 있으며, 농축이 끝난 제품은 58%의 고형분을 함유하도록 한다. 원료 주스를 100kg/h의 속도로 투입할 때 증발 제거되는 수분의 양(w)과 농축주스의 양(c)은 얼마인가?

① $w=75.0$kg/h, $c=25.0$kg/h
② $w=25.0$kg/h, $c=75.0$kg/h
③ $w=87.8$kg/h, $c=12.2$kg/h
④ $w=12.2$kg/h, $c=87.8$kg/h

> **해설**
> • 제거되는 수분량(w)
> $\frac{7.08}{100} \times 100$kg/h $= \frac{58}{100} \times (100-w)$kg/h
> $w \fallingdotseq 87.8$kg/h
> • 농축된 주스량(c)
> $100-87.8=12.2$kg/h

20 다음 중 예냉(precooling)에 대한 설명으로 옳은 것은?

① 주로 열대과일에서 나타나는 현상으로 저온에서 대사장애가 나타나는 현상을 의미
② 생산 직후 단시간 내 냉장온도까지 급격히 냉각시키는 것을 의미
③ 냉장식품을 꺼낼 때 표면의 물방울 생성 방지를 위해 외부 온도 가까이 온도를 서서히 올리는 것을 의미
④ 과일이 저장기간 중 양분이 소모되며 이산화탄소와 열을 발산하는 것을 의미

> **해설**
> ① 저온장애(cold injury)
> ③ 품온 완화(tempering)
> ④ 과실의 호흡작용

21 관능검사 방법 중 종합적 차이검사에 해당하지 않는 것은?

① 일-이점 검사 ② 이점 비교 검사
③ 삼점 검사   ④ 단순차이검사

> **해설**
> **차이식별검사**
> • 종합적 차이검사 : 삼점 검사, 일-이점 검사, 단순차이검사 등
> • 특성차이검사 : 이점 비교 검사, 순위법, 평점법 등

22 조직감(texture)의 특성에 대한 설명으로 틀린 것은?

① 견고성(경도)은 일정 변형을 일으키는 데 필요한 힘의 크기이다.
② 응집성은 물질이 부서지는 데 드는 힘이다.
③ 점성은 흐름에 대한 저항의 크기이다.
④ 접착성은 식품의 표면과 다른 물체의 표면이 부착되어 있는 것을 떼어내는 데 필요한 힘이다.

> **해설**
> **식품의 조직감**
> • 견고성(경도) : 일정 변형을 일으키는 데 필요한 힘의 크기
> • 응집성 : 식품의 형태를 구성하는 내부적 결합에 필요한 힘

- 저작성 : 반고체식품을 삼킬 수 있는 정도까지 씹는 데 필요한 힘
- 점성 : 흐름에 대한 저항의 크기
- 접착성 : 식품 표면이 다른 물질의 표면에 부착되어 있는 것을 떼어내는 데 필요한 힘

23 관능검사 중 묘사분석법의 종류가 아닌 것은?

① 텍스처 프로필
② 향미 프로필
③ 정량적 묘사분석
④ 단순차이검사

해설
묘사분석법
향미 프로필, 텍스처 프로필, 정량적 묘사

24 식품의 텍스처 특성과 일반적인 표현의 연결이 옳은 것은?

① 저작성(chewiness) – 무르다, 단단하다
② 부착성(adhesiveness) – 미끈하다, 끈적하다
③ 응집성(cohesiveness) – 기름지다, 탄력이 없다
④ 견고성(hardness) – 부스러지다, 깨지다

해설
기계적 특성
㉠ 견고성 : 무르다, 굳다 · 견고하다, 단단하다 등
㉡ 응집성
  - 파쇄성 : 부스러지다, 깨지다 등
  - 저작성 : 연하다, 쫄깃하다, 질기다 등
  - 점착성 : 바삭하다, 풀 같다, 고무질 같다 등
㉢ 점성 : 묽다, 진하다, 끈적하다 등
㉣ 탄성 : 가소성, 점성, 탄력성 등
㉤ 부착성 : 미끈하다, 끈적하다, 달라붙는다 등

정답 23 ④ 24 ②

PART 04

ENGINEER
FOOD
PROCESSING
SAFETY

식품 미생물 및 생화학

CHAPTER 01 | 식품 미생물
CHAPTER 02 | 미생물 생리
CHAPTER 03 | 미생물의 분리보존 및 균주개량
CHAPTER 04 | 발효공학기초
CHAPTER 05 | 생화학

CHAPTER 01 식품 미생물

SECTION 01 미생물 개론

1. 미생물의 분류

초기 생물의 분류는 형태적 유사성에 의한 것이었으나 DNA 염기서열 등 유전학적 유사성이 추가되면서 현재에는 진화상 유연관계에 의해 3역 6계로 분류하고 있다.

미생물은 육안으로 식별할 수 없는 생물로 세균, 균계의 곰팡이, 원생생물, 바이러스 등이 있으며, 현미경 관찰 시 크기는 nm~μm 단위이다.

1) 분류학상 위치

>> 미생물의 분류학상 위치

영역(domain)	계(kingdom)		종류
진정세균역	진정세균계		세균, 방선균
고세균역	고세균계		고세균
진핵생물역	원생생물계		유글레나, 아메바
	균계	조상균류(접합균류, 난균류)	*Mucor, Rhizopus, Absidia*
		자낭균류	*Aspergillus, Penicillium*, 효모, *Monascus, Neurospora*
		담자균류	버섯, 곰팡이
		불완전균류	효모(*Candida, Rhodotorula*)
	식물계		식물
	동물계		동물

2) 명명법(nomenclature)

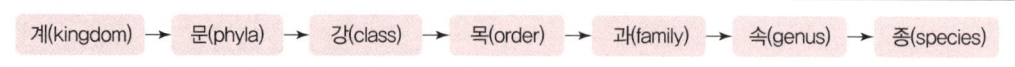
계(kingdom) → 문(phyla) → 강(class) → 목(order) → 과(family) → 속(genus) → 종(species)

① 모든 학명은 이명법(속명+종명)을 사용한다.
② 속명의 첫 알파벳은 대문자로 시작하며 나머지는 모두 소문자로 한다.
③ 라틴어를 사용하고 이탤릭체로 쓴다.

```
속명    +  종명     + 변종     + 발견자
Genus  + species + variety + Founder
         └──────── 대문자 ────────┘
```

각종 미생물의 크기

미생물명	직경(μm)	길이(μm)
원생동물	20	500
곰팡이	3~10	–
효모	6	8
세균	0.5	1~5
리케차(rickettsia)	0.3	0.8
바이러스(virus)	0.017	0.4

2. 세포의 구조

모든 생명체는 세포로 구성되어 있는데, 하나의 세포로 이루어진 것도 있고 다수의 분화된 세포로 이루어진 것도 있다. 세포는 기본적으로 DNA가 핵막에 싸여 있는 진핵세포와 원형질에 핵양체 형태로 모여 있는 원핵세포로 나뉜다.

원핵세포와 진핵세포

구분	원핵세포	진핵세포
크기	1~10μm	10~100μm
핵	핵양체	핵막으로 싸여 있는 핵이 존재
유사분열	없음	있음
감수분열	없음	있음
조직	단세포	단세포 및 다세포
호흡계	mesosome	mitochondria
소기관	리보솜	리보솜, 골지체, 소포체 등 다수
세포벽	peptidoglycan 구성	식물 cellulose 구성
리보솜	30S(소단위체)+50S(대단위체) ※ S : 원심분리 침강계수	40S(소단위체)+60S(대단위체) ※ S : 원심분리 침강계수
종류	세균, 고세균, 방선균, 남조류	고등 동식물, 원생동물, 조류(남조류 제외), 균류(곰팡이, 효모, 버섯)

1) 원핵세포(procaryotic cell)

(1) 구성 및 형태

① 인지질 이중층으로 된 세포막(cell membrane), 단백질을 합성하는 ribosome, 유전정보를 갖고 있는 핵양체(DNA), 세포벽(cell wall), 호흡에 관여하는 mesosome, 운동기관인 편모(flagellum,

9+2 구조), 세균 간 물질 이동에 관여하는 선모(pilus), 다당류로 이루어진 협막(capsule), 점질층(slime layer), 내성이 강한 내생포자(endospore) 등으로 이루어져 있다.
② 세균은 원형의 알균과 막대기 모양의 간균이 있다.
- 알균 : 쌍구균(diplococci), 4연구균(tetracocci), 연쇄알균(streptococci), 포도알균(staphylococci)
- 간균 : 단간균, 장간균, 콤마형, 나선형

(2) 세포벽

① 세균류의 독특한 구조로 peptidoglycan으로 구성되었으며 그람 염색의 차이에 의해 그람 양성균과 그람 음성균으로 나뉜다.
② 그람 양성균(G+)은 20여 개 층의 peptidoglycan과 teichoic acid로 구성된 세포벽이 그람 염색 시 crystal violet에 의해 보라색으로 염색된다.
③ 그람 음성균(G-)은 2~3개 층의 peptidoglycan과 lipopolysaccharide로 구성된 세포벽이 그람 염색 시 알코올 탈색 후 safraninO에 의해 붉은색으로 염색된다.

(3) 핵양체

① 세균의 DNA는 핵막이 없이 세포질에 뭉쳐 모여 있는 형태로 존재하는데, 이를 핵양체라 한다.
② DNA는 1개의 고리 형태이다.
③ 일부 세균은 작은 원형의 보조 DNA를 가지는데, 이를 plasmid라고 하고 유전자 재조합에 이용하고 있다.

(4) 리보솜(ribosome)

단백질 합성장소인 리보솜은 rRNA와 결합된 핵단백질로 30S(소단위체)+50S(대단위체)로 구성되어 있다.

(5) 내생포자

① *Bacillus* 속, *Clostridium* 속에서 볼 수 있는 포자는 세균의 일부 속에서 나타나는 독특한 형태의 휴면 상태로 환경이 좋아지면 발아한다.
② 환경이 열악해지면 세포를 양분하여 외피를 형성하고 디피콜린산과 칼슘이 결합하여 저항력이 매우 큰 상태가 된다.
③ 내생포자는 100℃ 가열, 산, 알칼리, 건조, 방사선 등에 매우 강한 내성을 보인다.
④ 형태 변화가 없는 *Bacillus*, 가운데가 부푼 방추형의 *Clostridium*, 한쪽 부분이 부푼 *Plectridium*이 있다.

(6) 편모(flagellum)

세균의 편모는 운동기관이다. 한쪽으로 1개의 편모를 가지는 단극모, 양쪽으로 하나씩의 편모를 가지는 양극모, 한쪽에 많은 편모를 가지는 속극모, 양쪽으로 많은 수의 편모를 가지는 양속극모, 표면 전체에 편모가 존재하는 주모가 있다.

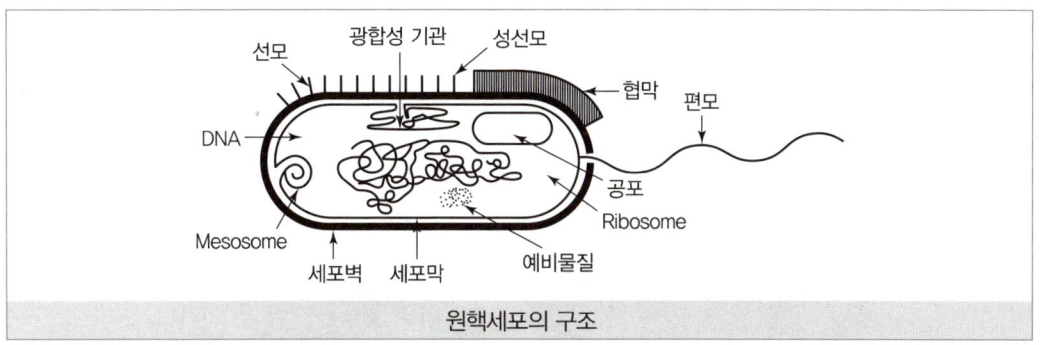

원핵세포의 구조

2) 진핵세포(eucaryotic cell)

(1) 구성

진핵세포는 구조가 복잡하다. 인지질 이중층으로 된 세포막(cell membrane), 단백질을 합성하는 ribosome, DNA가 핵막으로 둘러싸인 핵, 에너지를 생산하는 mitochondria, 광합성을 하는 엽록체, 단백질과 지방 합성에 관계된 소포체, 물질의 가수분해효소가 있는 lysosome, 생성된 단백질의 변형과 운송에 관련된 골지체, 그 밖에 색소체와 액포 등으로 구성되어 있으며 세포분열과 유성생식도 원핵세포에 비하여 복잡하다.

(2) 핵

진핵세포의 핵은 핵막으로 싸여 있으며 안쪽에는 다수의 DNA가 히스톤 핵단백질에 결합하여 존재하며 핵공을 통해서 RNA나 물질이 이동한다.

(3) 미토콘드리아

에너지를 생산하는 기관으로 엽록체와 마찬가지로 2중막으로 구성되어 있다. 내막은 크리스타로 굴곡이 심하여 넓은 표면적을 가지고 있으며 내부는 매트릭스라 한다. 엽록체와 마찬가지로 자체 DNA를 가지고 있으며 매트릭스의 TCA 회로와 내막의 전자전달계를 통해 에너지를 생산한다.

(4) 엽록체

식물이 가지고 있는 광합성 기관으로 미토콘드리아와 더불어 자체 DNA와 2중막으로 구성되어 있다.

(5) 리보솜

진핵세포의 리보솜은 40S(소단위체)+60S(대단위체)로 구성되어 있다.

(6) 소포체

조면소포체는 핵 주변에 존재하며 리보솜이 달라붙어 있어 핵에서 전사된 mRNA를 번역하고 생성된 단백질을 골지체로 이동시키는 데 도움을 준다. 핵으로부터 다소 떨어져 있는 활면소포체는 지방의 합성에 관여한다.

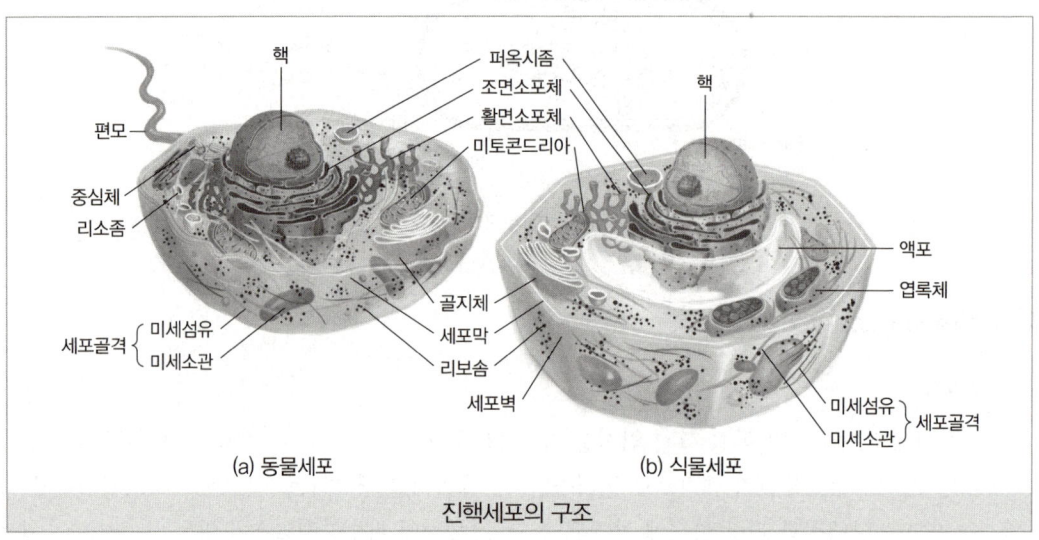

진핵세포의 구조

SECTION 02 세균(bacteria)

1. 세균의 형태

보통 수 μm~수십 μm의 크기, 형태는 구균(coccus), 간균(bacillus), 나선균(spirillum)

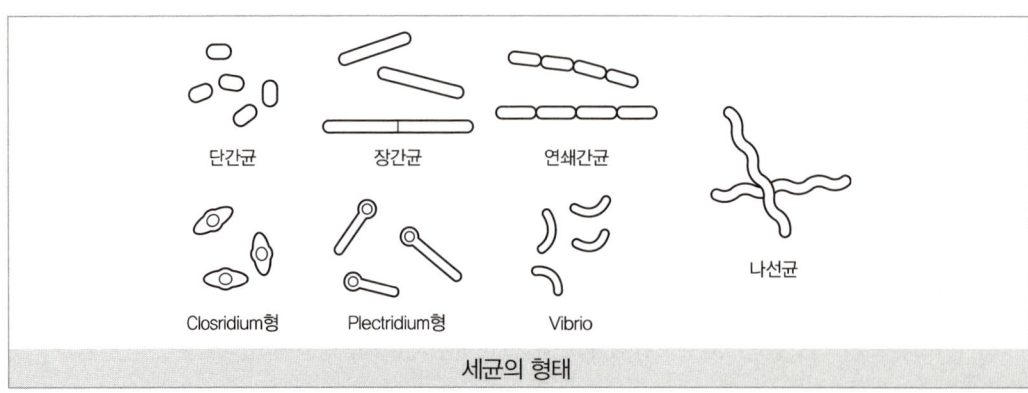

세균의 형태

2. 세균의 구조

》 세균 세포 구조의 특징

구성	기능	구성
편모	운동	단백질(flagellin), 미세소관 9+2 구조
선모	DNA 등의 물질 이동과 부착	단백질(pilin)
협막(또는 점질층)	건조 등 유해 인자로부터 세포 보호	다당류나 폴리펩타이드
세포벽	세포의 기계적 보호	peptidoglycan, teichoic acid, lipopolysaccharide 등
세포막	투과 및 수송능	인지질 이중층
메소솜(mesosome)	호흡기관	단백질과 지질
리보솜(ribosome)	단백질 합성	RNA와 단백질
핵양체	유전물질	대부분 DNA

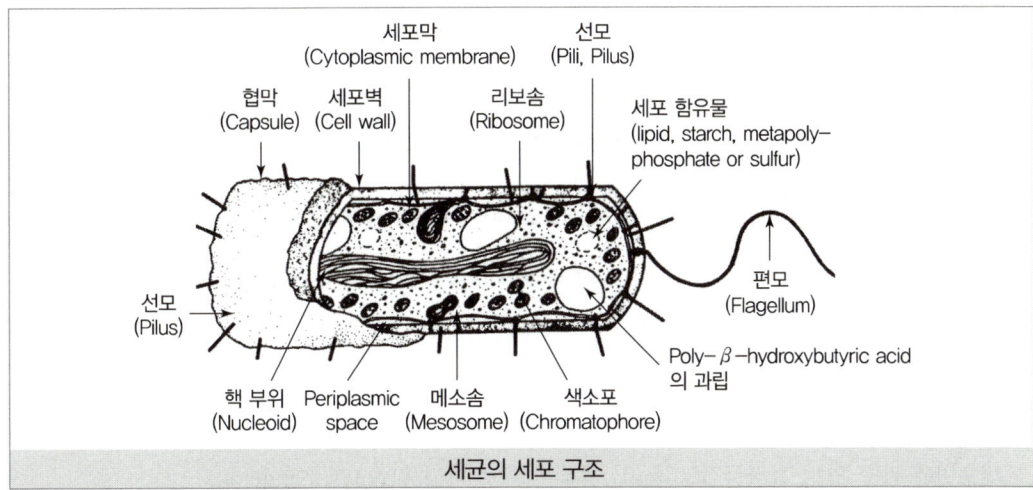

세균의 세포 구조

1) 편모(flagellum, flagella)

세균의 운동기관, 중앙에 2개 바깥쪽에 9개의 단백질 구조

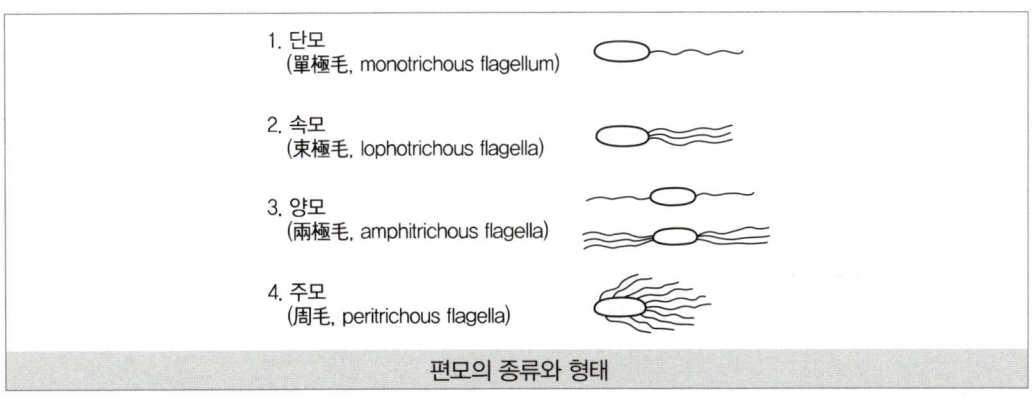

편모의 종류와 형태

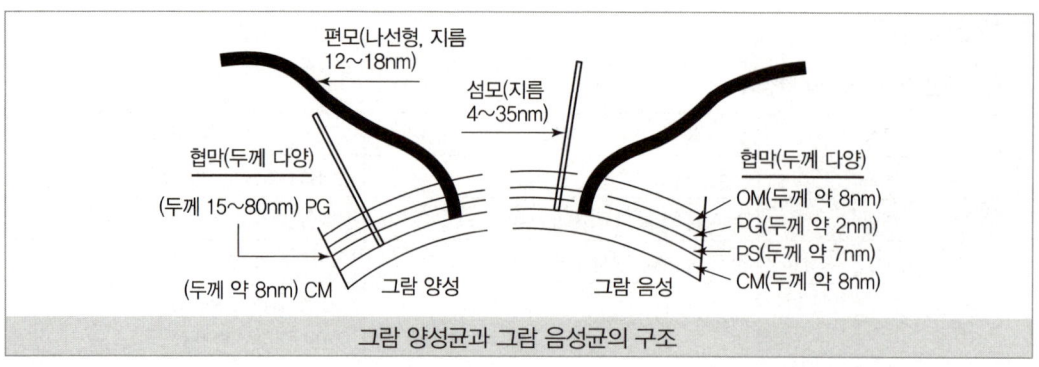

그림 양성균과 그림 음성균의 구조

2) 선모(pilus, pili)

DNA 등 물질 이동 역할과 부착기능

3) 세포벽(cell wall)

① 세균의 특징적 구조로 외부의 강도를 부여한다.
② 주성분인 peptidoglycan, teichoic acid, lipopolysaccharide 등으로 구성된다.
③ 그람 양성균(G+)은 20여 개 층의 peptidoglycan과 teichoic acid로 구성된 세포벽이 그람 염색 시 crystal violet에 의해 보라색으로 염색된다.
④ 그람 음성균(G-)은 2~3개 층의 peptidoglycan과 lipopolysaccharide로 구성된 세포벽이 그람 염색 시 95% 알코올에 탈색되어 대비 염색인 safraninO에 의해 붉은색으로 염색된다.

4) 협막(capsule)

세포벽을 싸고 있는 점질물질(slime), 성분은 주로 다당류(polysaccharide)

5) 세포막(cell membrane)

① 인지질 이중층으로 구성된다.
② 반투과성 막으로 삼투압에 영향을 미친다.
③ 물질 이동에 관여한다.

6) 리보솜(ribosome)

① 단백질 합성기관
② rRNA와 단백질로 구성
③ 30S(소단위체)+50S(대단위체)로 구성(S는 원심분리 침강계수)

7) 핵양체
① 원형으로 되어 있는 하나의 DNA로 유전정보를 가진다.
② 핵이 없어 덩어리 형태로 모여 있다.

3. 세균의 포자
① 3가지 형태가 있다.
- *Bacillus* : 간균의 형태 변화가 없는 것
- *Clostridium* : 방추형으로 중간이 부푼 형태
- *Plectridium* : 주걱형으로 한쪽이 부푼 형태

② 내생포자로 DPA(Dipicolinic acid)와 Ca^{2+}에 의해 내열성을 가진다.
③ 세균 포자는 진균류 포자(곰팡이, 효모)보다 저항성이 크다.

4. 그람 염색(Gram stain)
① crystal violet(1분) → Lugol 용액 매염 → 95% 알코올 탈색(30초) → safraninO(1분) 대비 염색
② 보라색으로 염색된 세균 : 그람 양성, 붉은색으로 염색된 세균 : 그람 음성

5. 세균의 분류기준
① 그람 염색
② 편모의 유무와 종류
③ 포자 형성 유무
④ 산소 요구성
⑤ 형태(모양, 크기, 색깔)

》 그람 양성균과 그람 음성균의 종류

그람 염색	형태	산소 요구성	특성	종류
그람 양성균 G(+)	구균	미호기성	젖산균	*Streptococcus*
				Leuconostoc
		호기성	당 분해능 약함	*Micrococcus*
			–	*Staphylococcus*
				Planococcus
			포자 형성	*Sporosarcina*
	간균	미호기성	젖산균	*Lactobacillus*
			propionic acid 발효	*Propionibacterium*
		호기성	–	*Corynebacterium*
				Arthrobacter
			포자 형성	*Bacillus*
		혐기성	포자 형성	*Clostridium*

그람 염색	형태	산소 요구성	특성	종류
그람 음성균 G(−)	구균	호기성	−	*Neisseria*
		혐기성	−	*Veillonella*
	간균	통성혐기성	당을 분해하여 산과 가스 생성	*Escherichia*
				Erwinia
			−	*Enterobacter*
			−	*Serratia*
		호기성	질소 고정	*Azotobacter*
				Rhizobium
			−	*Agrobacterium*
			−	*Achromobacter*
			−	*Alcaligenes*
			−	*Flavobacterium*
			알코올 산화 산 생성	*Acetobacter*
	나선균	호기성	콤마형, 내염성	*Vibrio*
		혐기성	나선형	*Spirillum*

▶ 그람 양성균과 그람 음성균의 세균

세균					
	G(+)	구균	편모 없음		포도상 구균, 연쇄상 구균
					폐렴 구균(협막)
		간균	편모 없음		디프테리아균, 젖산균, 결핵균, 나균
			포자 형성균	편모 있음	호기성 : 고초균
					혐기성 : 파상풍균, *Botulinus* 균
				편모 없음	호기성 : 탄저균
					혐기성 : *Welchii* 균
	G(−)	구균	편모 없음		임균, 골수염균
		간균	편모 있음		주모 : 대장균, *Salmonella* 균
					단모 : 녹농균
			편모 없음		이질균, 백일해균, 페스트균, 연성하감균
		나선균	콜레라, 장염비브리오		
		스피로헤타	매독, 트레포네마		

▶ 주요 식품세균의 분류

포자 형성균	간균	호기성		*Bacillus* 속
		혐기성	그람 양성	*Clostridium* 속
			그람 음성	*Desulfotomaculum* 속
	구균	*Sporosarcina* 속		

포자 비형성균	그람 양성	간균 운동성	Catalase 양성		*Arthrobacter* 속, *Corynebacterium* 속
			Catalase 음성		*Lactobacillus* 속(당 발효)
		구균 비운동성	Catalase 음성 당 발효	가스 형성균	*Leuconostoc* 속
				가스 비형성균	*Streptococcus* 속, *Pediococcus* 속
			Catalase 양성	당 발효	*Staphylococcus* 속
				당 비발효	*Micrococcus* 속
	그람 음성	색소 생성	당 비발효		*Flavobacterium* 속, 황색·갈색·적색 색소
			당 발효		*Serratia* 속, oxidase 음성, 적색 색소
					Chromobacterium 속, 자색 색소
		색소 비생성	비운동성	당 비발효	*Moraxella* 속, oxidase 양성
					Acinetobacter 속, oxidase 음성
			운동성	당 발효	*Vibrionaceae* 속, 단모, oxidase 양성, 호염성
					Enterobacteriaceae 속, 주모, oxidase 양성
				당 비발효 oxidase 양성	*Pseudomonas* 속, 단모
					Alcaligenes 속, 주모

6. 주요 세균

1) 젖산균(lactic acid bacteria)

당을 발효하여 젖산을 생성하는 세균, G(+), 간균 또는 구균, 통성혐기성 또는 미호기성

(1) Homo형

① 당을 발효하여 젖산만 생성

② 주요 균 : *Streptococcus* 속(*Streptococcus thermophilus*), *Pediococcus* 속, *Lactobacillus* 속(*Lactobacillus acidophilus*, *Lactobacillus delbruekii* ssp. *bulgaricus*, *Lactobacillus delbruekii*), *Lacticaseibacillus casei*

젖산 : $CH_3CHOHCOOH$, $C_3H_6O_3$ 분자량 $\Rightarrow 12 \times 3 + 6 + 16 \times 3 = 90$

$$\begin{array}{c} \text{H} \quad \text{H} \\ | \quad\quad | \\ \text{H}-\text{C}-\text{C}-\text{COOH} \\ | \quad\quad | \\ \text{H} \quad \text{OH} \end{array}$$

Homo형 $C_6H_{12}O_6 \rightarrow 2CH_3 \cdot CHOH \cdot COOH$
         Glucose   Lactic acid

(2) Hetero형

① 당을 발효하여 젖산 이외에 초산, 에탄올, CO_2 등 생산
② 주요 균 : *Leuconostoc mesenteroides*, *Levilactobacillus brevis*

$$\text{Hetero형 } C_6H_{12}O_6 \rightarrow 2CH_3 \cdot CHOH \cdot COOH + C_2H_5OH + CO_2$$
$$\text{Glucose} \qquad \text{Lactic acid} \qquad \text{Ethanol}$$
$$2C_6H_{12}O_6 \rightarrow 2CH_3 \cdot CHOH \cdot COOH + C_2H_5OH + CH_3COOH + 2CO_2 + 2H_2$$
$$\text{Lactic acid} \qquad \text{Ethanol} \quad \text{Acetic acid}$$

2) 초산균(acetic acid bacteria)

① 알코올을 산화하여 초산 생성, G(−), 호기성, 간균, 운동성 있는 것 또는 없는 것
② 주요 균 : *Acetobacter aceti*(식초 제조), *Gluconobacter roseus*(글루콘산, 피막 형성)

$$C_2H_5OH + \frac{1}{2}O_2 \rightarrow CH_3COOH$$
$$C_2H_5OH + O_2 \rightarrow CH_3COOH + H_2O$$

③ 초산(acetic acid)

$$\begin{array}{c} H \\ | \\ H - C - COOH \text{(분자량=60)} \\ | \\ H \end{array}$$

④ 초산의 생성

$$\text{Alcohol} \underset{\text{환원}}{\overset{\text{산화}}{\rightleftharpoons}} \text{Aldehyde} \underset{\text{환원}}{\overset{\text{산화}}{\rightleftharpoons}} \text{Acid}$$

$$\begin{array}{c} H \\ | \\ H - C - OH \\ | \\ H \end{array} \qquad R-OH \qquad R-CHO \qquad R-COOH$$

$$CH_3OH \longrightarrow H-CHO(\text{기체}) \qquad H-COOH$$
methyl alcohol   formic aldehyde   formic acid
methanol   알코올에 녹인 것
                     formalin

$$\begin{array}{cc} H & H \\ | & | \\ H - C - C - OH \\ | & | \\ H & H \end{array} : \quad C_2H_5OH \rightarrow CH_3-CHO \rightarrow CH_3-COOH$$
ethly alcohol   acetaldehyde   acetic acid
ethanol

3) 프로피온산균(propionic acid bacteria)

① 당류를 젖산 발효하여 프로피온산 생성, G(+), 혐기성, 무편모, 단간균 또는 구균
② 주요 균 : *Propionibacterium shermanii*(건성 치즈), *Propionibacterium freudenreichii* (비타민 B$_{12}$)

$$\begin{array}{c} \text{H} \quad \text{H} \\ | \quad\quad | \\ \text{H}-\text{C}-\text{C}-\text{C}-\text{O}-\text{H} \\ | \quad\quad | \quad\quad \| \\ \text{H} \quad \text{H} \quad \text{O} \end{array}$$
propionic acid

4) 포자형성균

- 내생포자를 형성, 내구성이 강하여 고압증기 멸균 등으로 사멸
- *Bacillus* 속, *Clostridium* 속, *Desulfotomaculum* 속, *Sporolactobacillus* 속, *Sporosarcina* 속

(1) *Bacillus* 속

호기성 간균, 내생포자 형성, G(+), 탄수화물 분해능이 크다. 식품 오염의 주요 종

① *Bacillus subtilis*(고초균) : amylase와 protease 생산, 항생물질 subtilin 생산
② *Bacillus natto*(납두균) : 청국장 제조
③ *Bacillus coagulans* : 어육·소시지 부패균, 통조림 평면산패(flat sour) 원인균
④ *Bacillus mesentericus* : 감자, 고구마 부패균
⑤ *Bacillus stearothermophilus* : 고온균으로 병조림, 햄 부패균
⑥ *Bacillus anthracis* : 탄저병의 원인균
⑦ *Bacillus cereus* : 설사성 또는 구토성 식중독균

(2) *Clostridium* 속

G(+), 편성혐기성, 무편모, 간균, 방추형 내생포자 형성

① *Clostridium botulinum* : 신경 독소를 만드는 독소형 식중독균
② *Clostridium perfringens* : 웰치균으로 알려진 감염독소형 식중독균

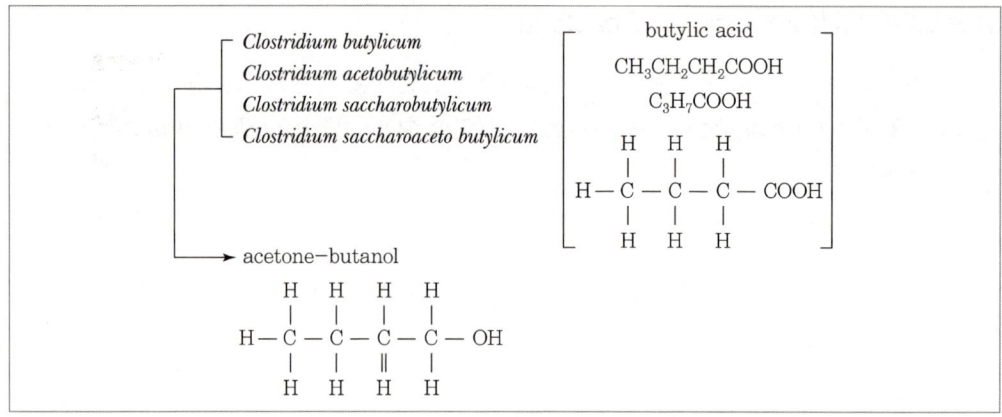

5) 부패세균

단백질 부패세균

(1) 대장균군(coli form bacteria)

① 온혈동물 장내에 상재하는 세균
② 대표적인 대장균 *Escherichia coli*
③ G(−), 통성혐기성, 주모성 편모, 무포자 간균
④ lactose를 분해하여 산과 가스를 생성
⑤ 자체로 비병원성이나 검출이 용이하고 자연에서 오래 생존하므로 분변오염지표균임
⑥ 대장균 검출로 병원성 미생물의 감염을 의심함

(2) *Pseudomonas* 속

① G(−), 간균, 수생세균의 우점종, 저온균
② *Pseudomonas fluorescens* : 녹색 형광색소 생산, 고미(쓴맛)유 원인
③ *Pseudomonas aeruginosa* : 녹농균, 우유 청변의 원인

(3) *Morganella* 속

① G(−), 간균, urease 생산, 저산소 환경에서 생장
② *Morganella morganii* : histamine 생성, 알레르기 유발, 인간 및 동물의 소화기계, 요로, 상처 부위에서 발견

(4) *Micrococcus* 속

① G(+), 구균, 호기성, 카로티노이드 색소 생성
② *Micrococcus halophiles* : 호염성 균

SECTION 03 곰팡이

1. 곰팡이의 구조

1) 균사(hyphae)

곰팡이에서 보이는 실 모양의 영양체

① 영양 섭취와 발육을 담당한다.
② 균사의 격막(격벽, septa) 여부가 분류에 이용된다.
- 격막 없음 : 조상균류 – 접합균류, 난균류
- 격막 있음 : 순정균류 – 자낭균류, 담자균류, 불완전균류

③ 균사 분류
- 기중균사(submerged hyphae) : 기질 내부로 자라는 균사
- 영양균사(vegetative hyphae) : 기질 표면 위에 자라는 균사
- 기균사(aerial hyphae) : 기질 위의 공기 중으로 자라는 균사

④ 균사체(mycelium) : 균사의 집단

2) 자실체(fruiting body)

포자를 형성하는 기관

① 균사체와 자실체를 합쳐 집락(colony)이라 한다.
② 곰팡이의 색은 자실체 색에 의해 결정된다.

3) 포자(spore)

① 곰팡이의 번식과 생식을 담당한다.
② 고등식물의 씨앗에 해당한다.
③ 곰팡이의 종류가 다르면 포자의 종류도 다르다.

2. 곰팡이의 포자

곰팡이는 포자로 번식하며 무성생식과 유성생식을 한다.
- 무성포자 : 내생포자, 외생포자, 후막포자, 분열자
- 유성포자 : 접합포자, 난포자, 자낭포자, 담자포자

1) 무성포자(asexual spore)

무성포자 시기를 불완전시대라 하고, 유성생식인 완전시대 없이 무성포자만으로 이루어진 균류를 불완전균류라 한다.

(1) 내생포자(endospore)

① 포자낭 안에 포자를 형성하여 포자낭 포자라 한다.
② 털곰팡이 등의 무성생식 형태이다.
③ 내생포자의 생활사

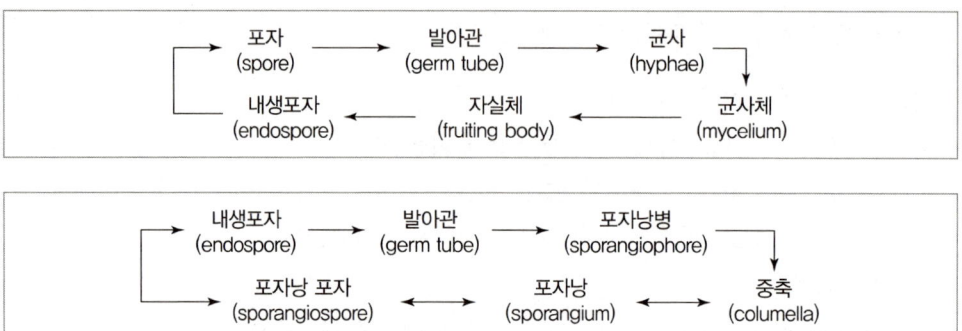

④ 내생포자를 형성하는 곰팡이는 격막이 없는 조상균류(Phycomycetes)이다.
⑤ 조상균류 : *Mucor*(털곰팡이), *Rhizopus*(거미줄곰팡이), *Absidia*(활털곰팡이)

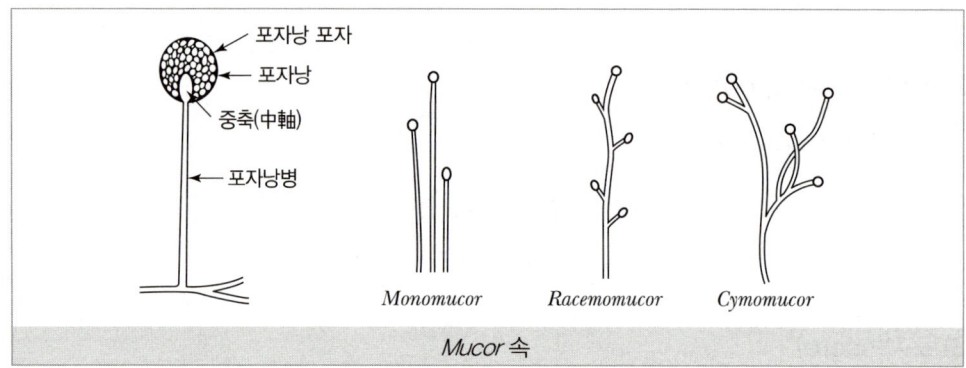

(2) 외생포자(exospore)

① 정낭이나 경자 바깥에 분생포자를 형성한다.
② 누룩곰팡이 등의 무성생식 시기이다.
③ 외생포자의 생활사

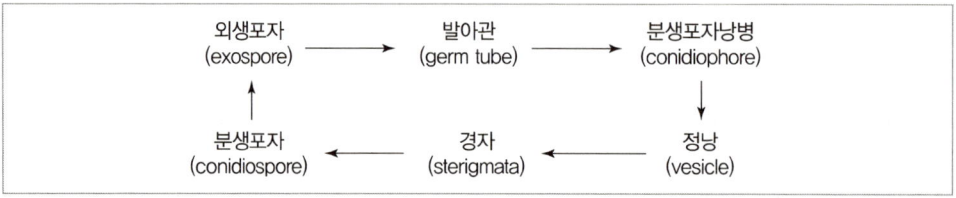

④ 격막을 가지는 순정균류 중 자낭균류(Ascomycetes)의 무성생식에 속한다.

⑤ 자낭균류 : *Aspergillus*(누룩곰팡이), *Penicillium*(푸른곰팡이), *Monascus*(홍국곰팡이), *Neurospora*(붉은곰팡이)

> 조상균류와 자낭균류 비교

구분	조상균류(Phycomycetes)	자낭균류(Ascomycetes)
격막	없음	있음
균사 자루	포자낭병(sporangiophore)	분생포자낭병(conidiophore)
균사 선단	중축(columella)	정낭(vesicle), 경자(sterigmata)
포자	포자낭 포자(sporangiospore)	분생포자(conidiospore)
종류	*Mucor, Rhizopus, Absidia*	*Aspergillus, Penicillium, Monascus, Neurospora*

(3) 후막포자(chlamydospore)

균사나 분생자 끝이나 중간에 물질이 축적하여 형태가 크고 세포벽이 보통 2겹으로 두터워져 내구성이 있는 무성포자이다.

(4) 분열포자(oidiospore)

분열자(oidium)라고도 하며 균사가 짧은 조각으로 분열하여 증식한다.

2) 유성포자(sexualspore)

유성포자 시기를 완전시대라 하고, 균류의 계통분류상 생활사를 완성하는 시기이다.

(1) 접합포자(zygospore, 접합균류)

① 포자낭 포자를 갖는 시기는 불완전시대이고, 조상균류가 균사에 접합자(zygote)를 형성하여 $2n$의 복수 핵을 갖는 접합포자를 형성하는 시기가 완전시대이다.
② 접합포자의 생활사

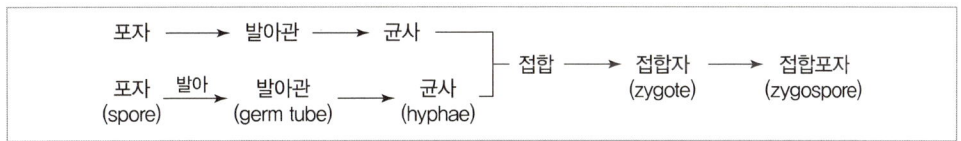

(2) 자낭포자(ascospore, 자낭균류)

① 분생포자 2개에서 발아한 균사 2개가 열악한 환경에서 접합하여 $2n$의 균사를 만든다.
② 원기둥 모양의 자낭(ascus) 속에 감수분열, 체세포분열을 하여 8개의 자낭포자를 내생시킨다.
③ 자낭균의 자실체를 자낭과(ascocarp)라 한다. 자낭이 구형 안에 덮여있는 폐자기(cleistothecium), 플라스크형에 들어가 있는 피자기(perithecium), 바깥으로 드러나 있는 나자기(apothecium)가 있다.

(3) 담자포자(basidiospore, 담자균류)

① 담자기(basidium)를 형성하고 그 끝에 4개의 담자포자를 형성한다.
② 담자균류는 거의 유성생식만 하며 환경이 좋을 때 버섯으로 빠르게 자라 포자를 퍼트린다.

(4) 난포자(oospore, 난균류)

두 균사가 접합하여 조란기, 조정기를 만들고 이 둘이 융합하여 형성된 접합포자이다.

3. 균류

1) 조상균류

(1) 조상균류의 특징

① 균사에 격막이 없다.
② 무성생식 – 포자낭 포자, 유성생식 – 접합포자
③ 포자낭병 끝의 중축에 포자낭을 형성하여 포자낭 포자 내생
④ *Mucor*, *Rhizopus*, *Absidia* 등

(2) 조상균류의 분류

① *Mucor*는 가근과 포복지가 없다.
② *Rhizopus*와 *Absidia*는 가근과 포복지가 있다.
③ *Rhizopus*는 가근에서, *Absidia*는 포복지 중간에서 포자낭병이 나온다.
④ 포자 형태가 다르다.

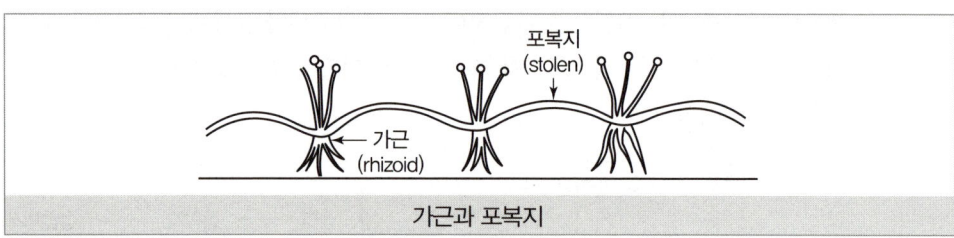

가근과 포복지

(3) 주요 조상균

① *Mucor* 속(털곰팡이)

솜털 모양의 집락, 가근과 포복지가 없으며 포자낭병에 따라 분류한다.

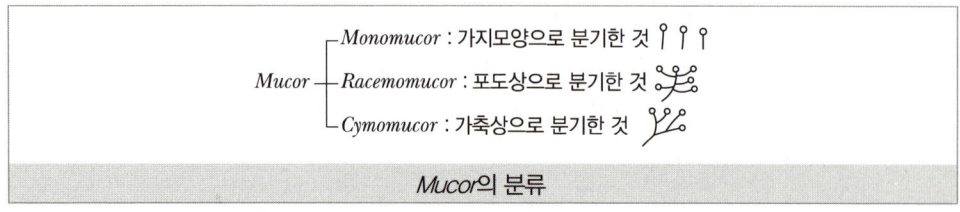

*Mucor*의 분류

- *Monomucor* : *Mucor mucedo*(과일, 채소, 마분곰팡이), *Mucor hiemalis*
- *Racemomucor* : *Mucor racemosus*, *Mucor pusillus*(응유효소인 rennet 생산)
- *Cymomucor* : *Mucor rouxii*

② *Rhizopus* 속(거미줄곰팡이)

가근과 포복지가 있으며 포자낭병이 가근에서 나온다.
- *Rhizopus nigricans*(빵곰팡이) : 집락은 회흑색, 접합포자 형성, 고구마 연부병
- *Rhizopus japonicus* : Amylo균, 전분당화력 강함
- *Rhizopus delemar* : 당화효소(glucoamylase) 생산

③ *Absidia* 속(활털곰팡이)
- *Rhizopus*와 유사하지만 포복지 중간에서 포자낭병이 나온다.
- *Absidia corymbifera* : 누룩, 고량주 곡자에서 분리, 전분 분해력 강함

④ *Thamnidium* 속(가지곰팡이)

2) 자낭균류

(1) 자낭균류의 특징

① 균사에 격막이 있는 순정균류이다.
② 무성생식 – 분생포자, 유성생식 – 자낭포자
③ 무성생식 시 분생포자병 끝에 정낭 또는 경자를 형성하여 분생포자를 외생한다.
④ 유성생식 시 자낭 속에 보통 8개의 자낭포자를 내생한다.
⑤ 무성세대와 유성세대
- 무성세대(불완전균류) : *Aspergillus*, *Penicillium*, *Monascus*, *Neurospora*
- 유성세대 : *Saccharomyces*, *Schizosaccharomyces*와 같은 효모는 4개의 자낭포자 형성

(2) 자낭균류의 분류

① 집락 색깔 : *Aspergillus*－황록색, *Penicillium*－청록색, *Monascus*－적홍색, *Neurospora* －오렌지색
② 포자 형태가 다르다.

(3) 주요 자낭균

① *Aspergillus* 속(누룩곰팡이) : 병족세포(foot cell) 위로 분생자병이 자라며 끝에 있는 정낭에서 분생포자가 외생하며, amylase, protease 생산 능력이 강해 탁주, 간장, 된장 발효에 이용한다.
- *Aspergillus oryzae*(황국균) : 전분당화력과 단백질 분해력이 강해 청주, 된장, 간장 제조에 이용

- *Aspergillus niger*(흑국균) : 집락은 흑색, 전분당화력(β-amylase)이 강하고 당액을 발효하여 구연산 등 유기산 발효공업에 이용
- *Aspergillus sojae* : 집락은 녹색 또는 황갈색, 단백질 분해력 강하여 간장 양조에 이용
- *Aspergillus tamarii* : 일본식 된장 제조, kojic acid 생성
- *Aspergillus kawachii*(백국균) : 집락은 백색 또는 담황색, 탁주 제조에 이용
- *Aspergillus flavus* : 곡물, 땅콩 등에 번식하여 aflatoxin이라는 발암물질 생성

② *Penicillium* 속(푸른곰팡이) : 집락은 청록색, 분생자병 끝에 정낭이 없이 기저경자에 분생포자가 외생하며, penicillin, 치즈 제조 등에 유용한 곰팡이와 황변미 곰팡이 등 유해한 것이 있다. 경자의 추상체(penicillus)에 따라 분류한다.

penicillus	symmetrica	monoverticillata(단윤생)
		biverticillata(쌍윤생)
	asymmetrica	polyverticillata(다윤생)

- *Penicillium chrysogenum* : 항생제 penicillin 생산(포자 : 타원형)
- *Penicillium notatum* : 항생제 penicillin 생산(포자 : 구형)
- *Penicillium roqueforti* : roqueforti 치즈 숙성과 향미에 관여
- *Penicillium camemberti* : 까망베르 치즈의 숙성에 관여
- *Penicillium citrinum* : 황변미 원인균, 신장독소 citrinin 생성
- *Penicillium expansum* : 사과 부패균
- *Penicillium italicum*, *Penicillium digitatum* : 감귤류 부패균
- *Penicillium glaucum* : 사과산, 주석산, 구연산 등 유기산 생산

③ *Monascus* 속(홍국곰팡이)
- *Monascus purpureus* : 쌀로 홍국을 만들어 홍주 제조
- *Monascus anka* : 홍국·홍유부 제조, 과즙 청징제 제조

④ *Neurospora* 속(붉은곰팡이)
- *Neurospora sitophila* : 무성포자, 비타민 A 원료로 이용
- *Neurospora crassa* : 미생물 유전학 연구재료

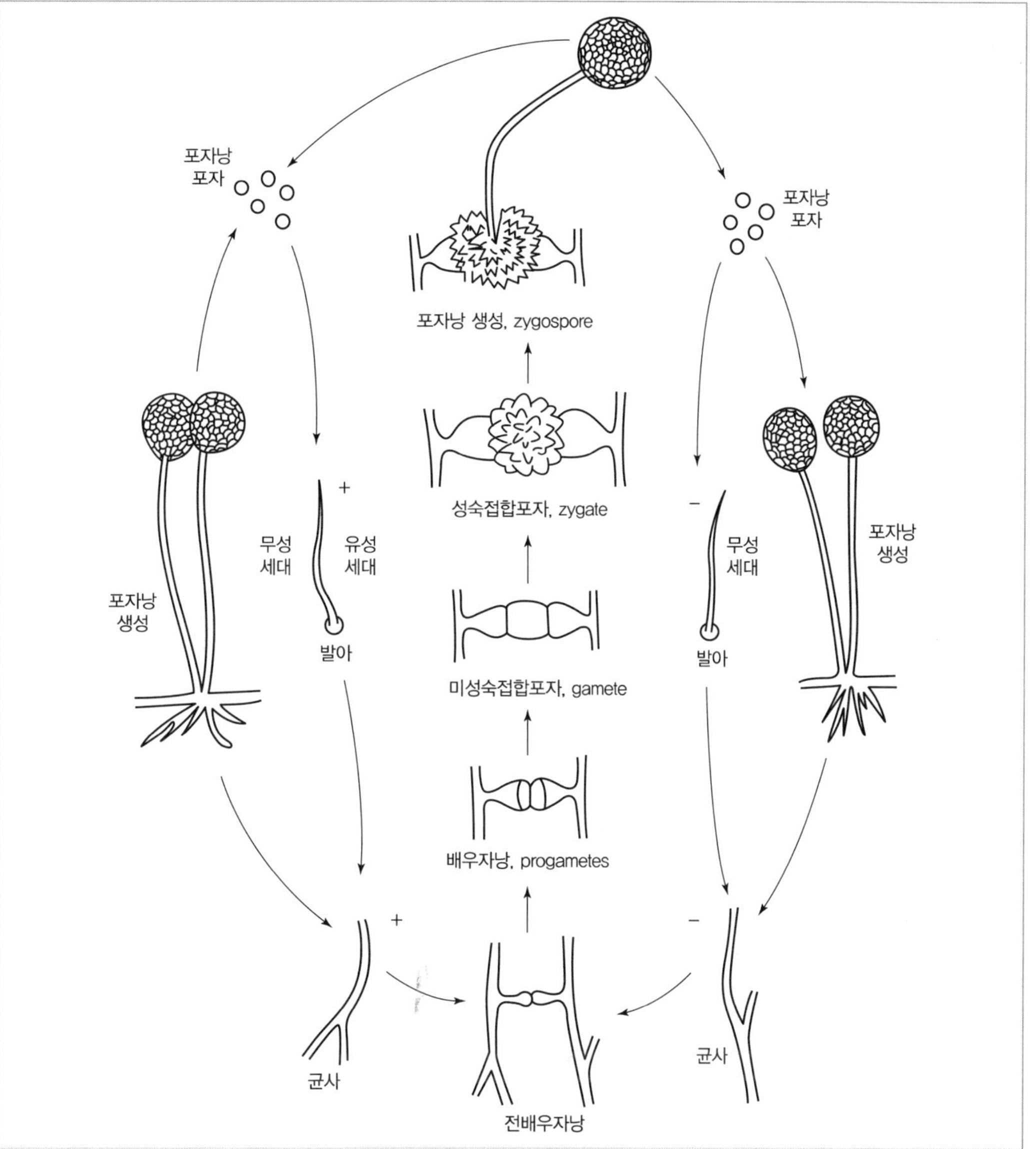

Rhizopus 속 생활환

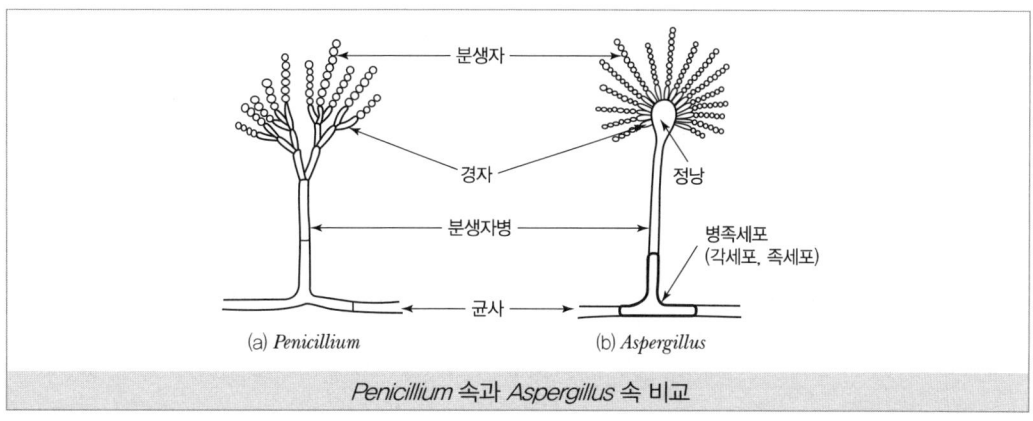

Penicillium 속과 *Aspergillus* 속 비교

SECTION 04 효모(yeast)

1. 효모의 분류

효모	유포자 효모	자낭포자효모(ascosporogenous yeast)
		담자포자효모(basidiosporogenous yeast)
		사출포자효모(ballistosporogenous yeast)
	무포자 효모	

① 효모의 무성생식 : 출아법, 분열법, 무성포자(단위생식, 위접합, 사출포자, 분절포자, 후막포자)
② 효모의 유성생식 : 동태접합, 이태접합

2. 효모의 형태

① 난형(cerevisiae type) : *Saccharomyces cerevisiae* (맥주효모)
② 타원형(ellipsoideus type) : *Saccharomyces ellipsoideus* (포도주효모)
③ 구형(torula type) : *Torulopsis colliculosa*
④ 레몬형(apiculatus type)　　　　⑤ 소시지형(pastorianus type)
⑥ 삼각형(trigonopsis type)　　　　⑦ 위균사형 : *Pseudomycelium*

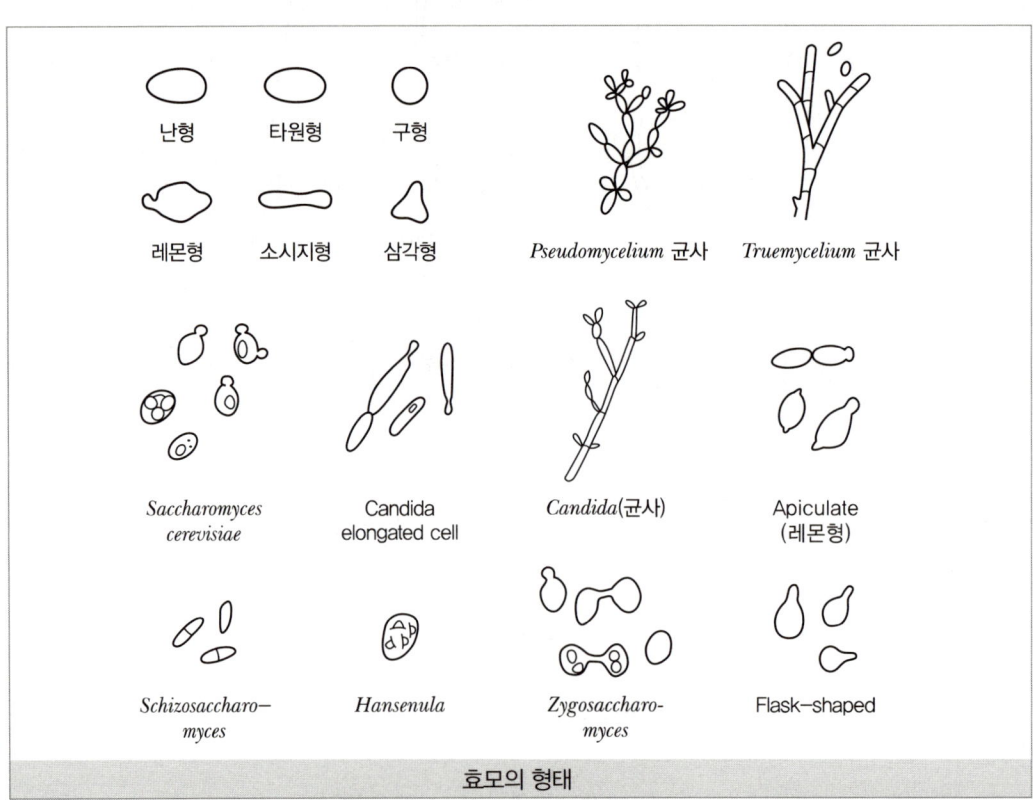

효모의 형태

3. 효모의 세포 구조와 기능

① 세포벽 : 두께 0.1~0.4μm
② 세포막 : 반투막으로 되어 있으며 물질의 이동에 관여
③ 세포질 : 단백질을 함유
④ 세포핵 : 핵산(nucleic acid)
⑤ 미토콘드리아 : 에너지 생산
⑥ 저장립 : 영양분 저장기관
⑦ 액포 : 노폐물 저장

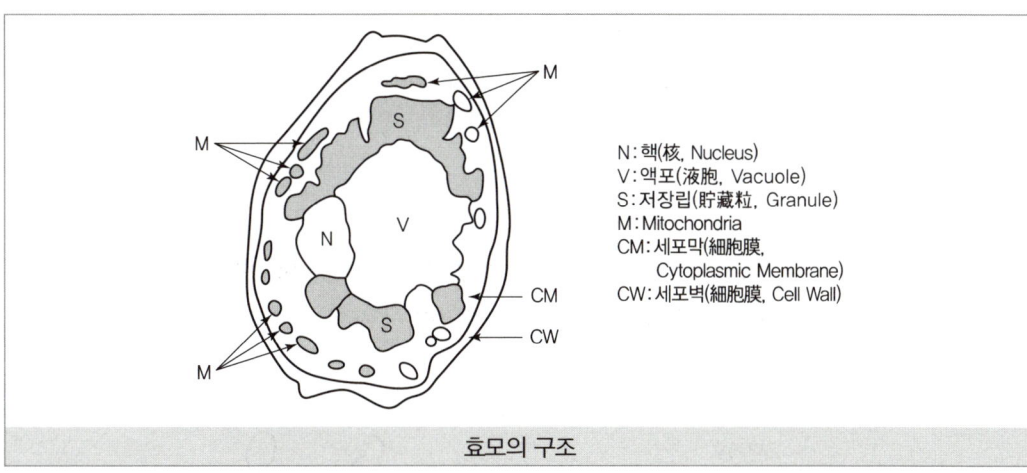

효모의 구조

4. 효모의 증식

대부분의 효모는 출아법(budding)에 의하여 증식한다.

효모 증식	출아법(budding)	양극출아 – *Nadsonia* 속, *Kloeckera* 속, *Hanseniaspora* 속
		다극출아 – *Saccharomyces* 속
	분열(fission) – *Schizosaccharomyces* 속	
	출아분열(budding – fission) – *Saccharomycodes* 속	

1) 출아법(budding)

효모가 성숙되면 싹(bud)이 발생하여 1개의 효모세포가 되어 떨어진다. 출아의 위치에 따라 두 가지로 나뉜다.

① 양극출아(bipolar budding) : 양쪽 끝에서 출아

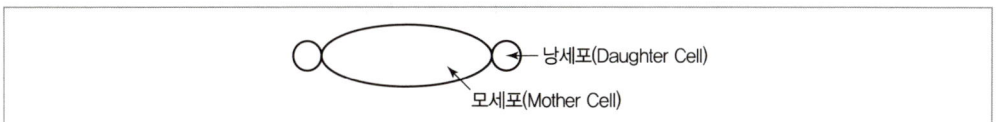

② 다극출아(multilateral budding) : 효모세포의 여러 곳에서 출아

2) 분열법(fission)

① 세포 중앙에 격막이 생겨 2개의 세포로 분열하는 방법이다.
② 분열효모(fission yeast)라 한다.
③ *Schizosaccharomyces*

3) 출아분열법(budding – fission)

① 출아와 분열을 동시에 하는 효모이다.
② 출아 후 모세포와 딸세포 사이에 격막이 생겨서 분열되는 효모이다.
③ 분열법이나 출아분열법 모두 출아법에 해당된다.

4) 균사가 있는 경우

① 위균사(*Pseudomycelium*) : 출아된 세포가 길게 자라 균사 모양이 된다.
② 진균사(*Truemycelium*) : 가늘고 긴 효모세포에 격막이 생겨 진균사로 구별된다.
③ 효모 균사는 곰팡이 균사와 다르다.

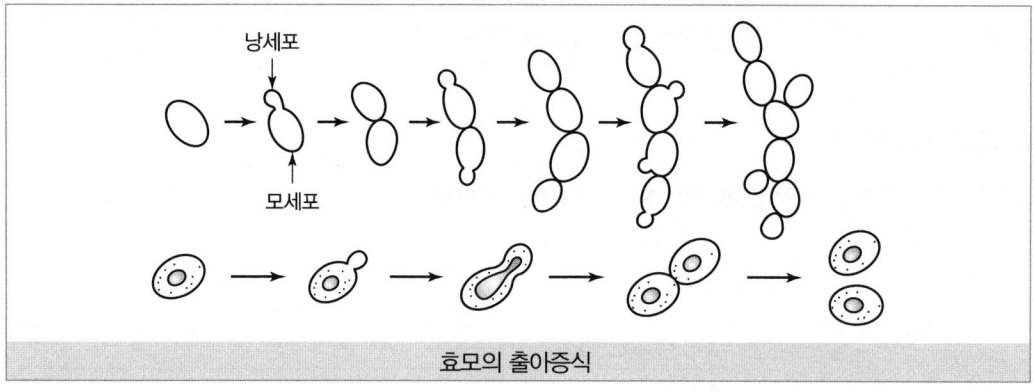

효모의 출아증식

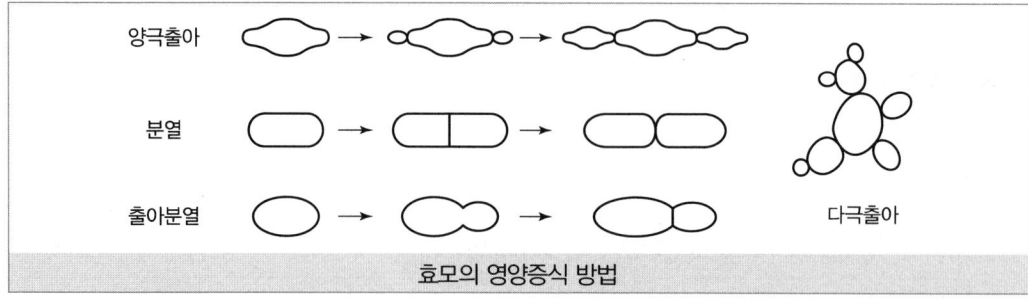

효모의 영양증식 방법

5. 효모의 포자

효모는 포자를 형성하는 유포자 효모와 효모를 형성하지 않는 무포자 효모로 크게 나뉜다.

1) 1배체 효모(haploid yeast)

① 모세포와 딸세포가 접합하여 포자 형성
② *Schizosaccharomyces*, *Debaryomyces*, *Nadsonia*

2) 2배체 효모(diploid yeast)

① 접합하여 포자를 형성하고 감수분열로 2배체 포자를 형성
② 세포 속 접합(*Saccharomycodes*), 세포 밖 접합(*Saccharomyces*)

6. 효모의 발효형식(Neuberg의 발효형식)

효모는 같은 효모라도 산소의 유무에 따라 발효형식이 달라지는데, 이를 Neuberg의 발효형식이라고 하며, 다음 세 가지 형식이 있다.

1) 혐기적 발효(alcohol 발효)

① 주류 생산에 이용
② 1포도당이 2ethyl alcohol, $2CO_2$, 58cal, 2ATP 생성

$$C_6H_{12}O_6 \xrightarrow[\text{혐기적}]{\text{효모}} 2C_2H_5OH + 2CO_2 + 58cal + 2ATP$$

2) 호기적 발효(호흡작용, 산화작용)

① 1포도당이 $6H_2O$, $6CO_2$, 686cal, 38ATP 생성

$$C_6H_{12}O_6 + 6O_2 \xrightarrow[\text{호기적}]{\text{효모}} 6H_2O + 6CO_2 + 686cal + 38ATP$$

② 혐기적 발효, 호기적 발효를 Neuberg의 제1발효형식이라고 한다.

3) Neuberg의 제2발효형식 및 제3발효형식

① 혐기적 발효 시 알칼리를 첨가하면 알코올 생성이 줄고 glycerol이 생성된다.
② 첨가 알칼리 종류에 따라 glycerol 이외의 생성 물질이 달라진다.
③ 일반적으로 효모에 의한 혐기적 알코올 발효 시 약간의 glycerol이 부생(副生)된다.
④ glycerol을 대량 생산하기 위해서는 알칼리를 첨가하여 배지의 액성을 알칼리성으로 만들어야 한다.

⑤ 제2발효형식 : 중탄산나트륨, 제2인산나트륨 첨가

$$2C_6H_{12}O_6 \xrightarrow[\substack{NaHCO_3 \\ Na_2HPO_4}]{효모} 2C_3H_5(OH)_3 + CH_3COOH + C_2H_5OH + 2CO_2$$
$$\text{(glycerol)} \quad \text{(acetic acid)}$$

⑥ 제3발효형식 : 아황산나트륨 첨가

$$C_6H_{12}O_6 \xrightarrow[H_2O, Na_2SO_3]{효모} C_3H_5(OH)_3 + CH_3CHO + CO_2$$
$$\text{(acetaldehyde)}$$

7. 효모의 분류

1) 용도에 따른 분류

① 맥주효모(brewer's yeast)
- 상면발효효모(top yeast) : 독일, 영국
- 하면발효효모(bottom yeast) : 독일, 일본, 한국

② 청주효모(sake yeast) : 청주

③ 포도주효모(wine yeast)
- 백포도주(white wine) : 껍질을 제거한 상태로 발효
- 적포도주(red wine, sweet wine) : 껍질이 있는 상태로 발효

④ 알코올효모(alcohol yeast)

⑤ 빵효모(baker's yeast)

⑥ 간장효모(soysauce yeast)

⑦ 사료효모(fodder yeast)

⑧ 석유효모(petroleum yeast)

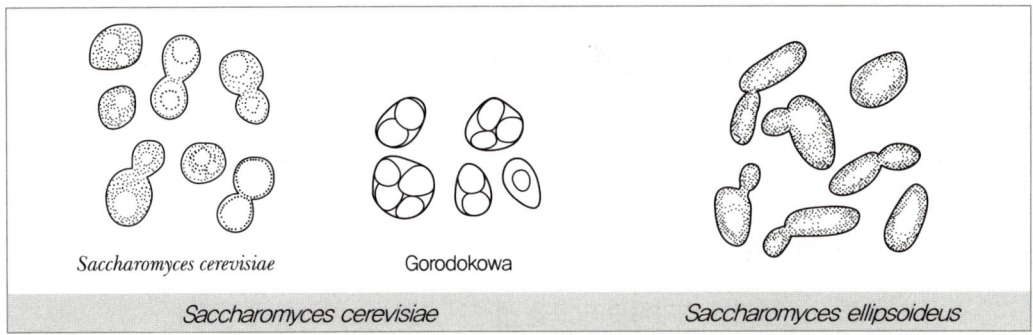

2) 특징에 따른 분류

① 적색효모(red yeast) : *Rhodotorula*, *Sporobolomyces*

② 산막효모(film yeast) : *Candida*, *Hansenula*, *Debaryomyces*, *Pichia*
③ 유지효모(liquid yeast) : *Lipomyces*, *Rhodotorula*(60% 유지분)
④ 석유효모(petroleum yeast) : *Candida*
⑤ 병원성 효모(pathogenic yeast) : *Cryptococcus*-중추신경, *Candida*-피부병

8. 효모의 종류

1) 유포자 효모(ascosporogenous yeasts)

(1) *Schizosaccharomyces* 속

① 분열증식
② *Schizosaccharomyces pombe*
- 아프리카 pombe 술, 알코올 발효능이 큼
- glucose · sucrose · maltose 발효, mannose는 발효하지 못 함
- gelatin을 용해. 상면효모

(2) *Saccharomycodes* 속

① *Saccharomycodes ludwigii*
- 떡갈나무 수액에서 분리, glucose · sucrose 발효, maltose는 발효하지 못 함
- 질산염을 동화하지 않음

(3) *Saccharomyces* 속

① 발효공업에 이용하는 효모의 대부분, 세포는 구형·난형·타원형, 다극출아
② *Saccharomyces cerevisiae* : 영국 맥주 상면효모, thiamine 합성 약용효모
- 맥주효모(상면발효효모)
- 포도주효모(*Saccharomyces ellipsoideus*)
- 청주효모(*Saccharomyces sake*)
- 주정효모(당밀의 주정발효, *Saccharomyces formosensis*)
- 빵효모
③ *Saccharomyces carlsbergensis* : 맥주 하면발효, *Saccharomyces uvarum*에 통합
④ *Saccharomyces pastorianus* : 난형 또는 소지형, 혼탁 유해효모
⑤ *Saccharomyces diastaticus* : 녹말을 분해하는 효모, 맛을 싱겁게 하는 유해효모
⑥ *Saccharomyces coreanus* : 우리나라 약주에서 분리된 효모, gelatin을 용해하지 않음
⑦ *Saccharomyces maliduclaux* : 사과주에서 분리한 상면효모
⑧ *Saccharomyces fragilis*와 *Saccharomyces lactis* : lactose 발효, kefir · 마유주에서 분리
⑨ *Saccharomyces rouxii*와 *Saccharomyces mellis* : 내삼투압성 효모, 간장의 주 발효효모

(4) *Zygosaccharomyces* 속

① 내염성, 내당성이 큼
② *Zygosaccharomyces major, Zygosaccharomyces soyae* : 간장 제조 하면효모, 내염성
③ *Zygosaccharomyces salsus, Zygosaccharomyces japonicus* : 간장곰팡이, 유해효모

(5) *Kluyveromyces* 속

젖당발효효모

(6) *Pichia* 속

① 산막효모, 유해균, 구형, 모자형, 방추형
② *Pichia membranaefaciens* : 맥주, 포도주 유해균, 알코올 분해

(7) *Hansenula* 속

① 알코올에서 에스테르 생성
② *Hansenula anomala* : 모자형 포자, 일본 청주의 방향성에 관여하는 청주 후숙 효모

(8) *Debaryomyces* 속

① 표면 돌기 포자, 내염성 산막효모, 내당성
② *Debaryomyces hansenii* : 치즈, 소시지 등에서 분리

(9) *Lipomyces* 속

Lipomyces starkeyi : 유지 생성균

2) 무포자 효모(asporogenous yeasts)

(1) *Cryptococcus* 속

① 구형, 난형, 출아 증식
② *Cryptococcus neoformans* : 병원성 효모
③ *Cryptococcus laurentii* : carotenoid 색소 생성
④ *Cryptococcus albidus* : pectinase 생성

(2) *Candida* 속

① 구형, 난형, 원통형, 산막효모
② *Candida utils* : 사료효모, inosinic acid의 원료
③ *Candida tropicalis* : 사료효모, 단백질 제조용 석유효모
④ *Candida lipolytica* : 강한 탄화수소 자화성, 석유효모

(3) *Rhodotorula* 속

① carotenoid 색소 생성, 적색 효모, 발효능 없음
② *Rhodotorula glutinis* : 50% 지방 축적, *Lipomyces* 속과 함께 유지 생산균

(4) *Torulopsis* 속

① 난형, 구형, 식품 변패 원인
② *Torulopsis versatilis*, *Torulopsis etchellsii* : 호염성, 간장 방향성 관련 후숙효모

3) 담자균류 효모

Rhodsporium, *Leucosporium*

SECTION 05 바이러스(virus)

1. 병원성 바이러스

① 사람이나 동물을 감염시켜 질병을 유발하는 바이러스이다.
② 바이러스는 핵산(DNA 또는 RNA)과 단백질 외피로 구성된다.
③ 20~250nm 크기로 세균 여과막을 통과한다.
④ 섭취, 에너지 생산, 발육, 배설 등 생물적 특징이 없으며, 숙주 생체에서 오로지 증식만 하여 생물과 무생물의 중간으로 평가된다.

2. 핵산에 따른 분류

① DNA 바이러스 : 아데노바이러스, 폴리오바이러스, 헤르페스바이러스
② RNA 바이러스 : 로타바이러스, C형 간염바이러스, 황열바이러스, 풍진바이러스, 에볼라바이러스, 사스바이러스
③ RNA−RT 바이러스 : 레트로바이러스
   역전사 효소를 이용해 RNA에서 DNA를 만들어 증식

3. 형태별 분류

① 나선형 바이러스 : 광견병 바이러스, 홍역바이러스, 담배모자이크병 바이러스
② 정이십면체형 바이러스 : 소아마비 바이러스(폴리오바이러스), 헤르페스바이러스
③ 복합 바이러스 : 박테리오파지, 천연두 바이러스, 인플루엔자 바이러스

4. 감염경로별 분류

① 소화기계 : 노로바이러스(겨울철 식중독, 생굴), 로타바이러스, 아데노바이러스, 폴리오바이러스
② 호흡기계 : 풍진바이러스, 이하선염 바이러스, 홍역바이러스, 사스바이러스, 천연두 바이러스, 인플루엔자 바이러스
③ 접촉성 : 에볼라바이러스, 황열바이러스, 헤르페스바이러스, 광견병 바이러스

5. bacteriophage(phage)

1) phage의 특징

① 세균에 특이적으로 기생하는 virus
② 생물과 무생물 중간(번식만 가능)
③ 숙주 특이성 있음
④ 생체에 기생하며 식품에는 증식 못 함

2) phage의 구조

① 단백질 외피와 그 안의 핵산으로 구성(DNA 또는 RNA)
② 꼬리의 spike로 세균의 세포벽에 결합하여 DNA를 주입
③ 주입된 DNA는 상황에 따라 숙주 DNA와 함께 동화(용원화)
④ 증식 복제되어 세균을 용해시키고 탈출(용균화)

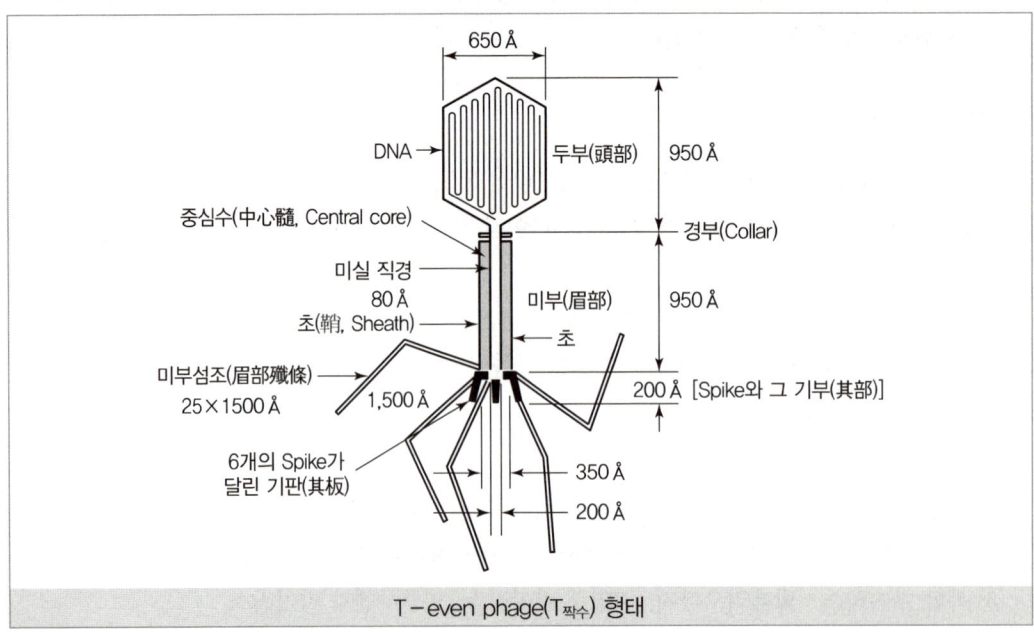

T-even phage(T짝수) 형태

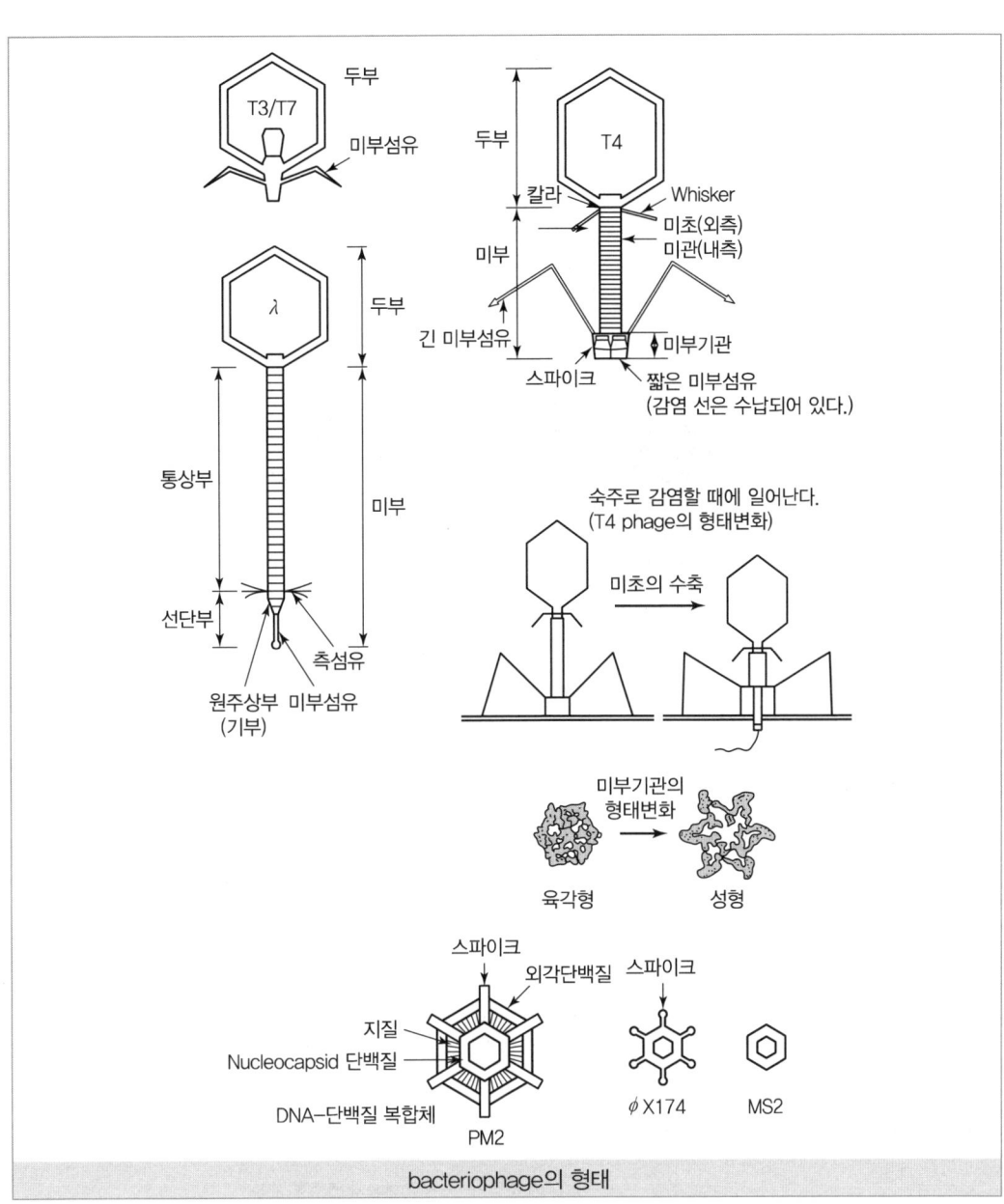

bacteriophage의 형태

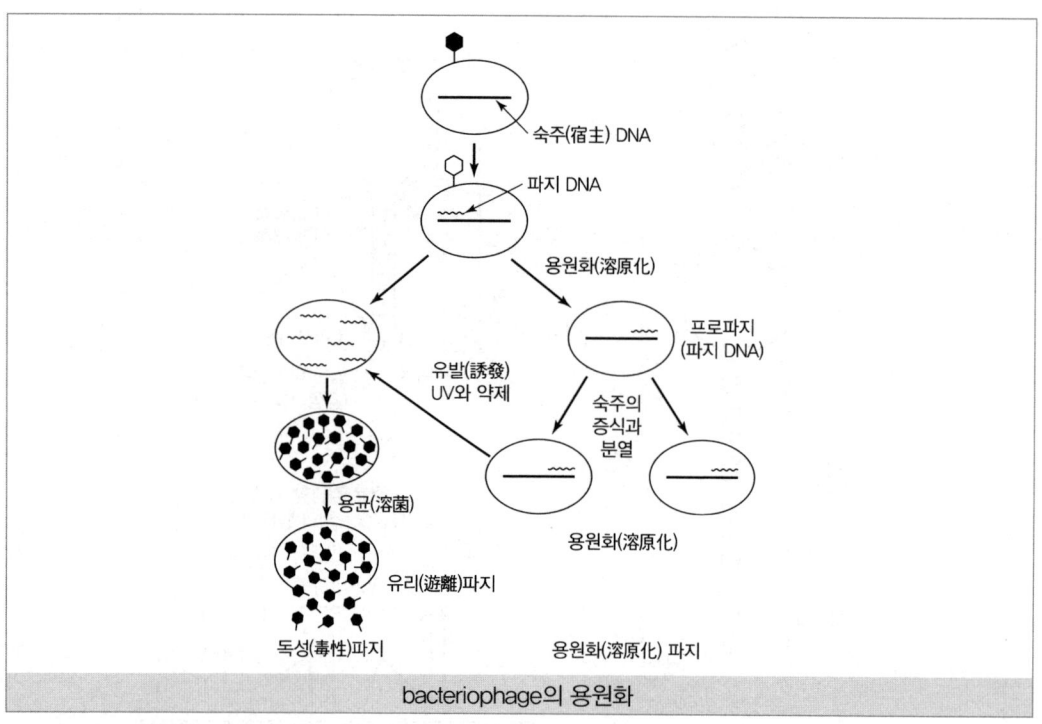

3) phage의 생활사

(1) 용균화(virulent phage)

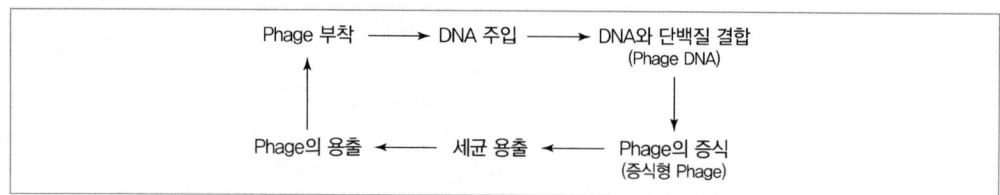

(2) 용원화(temperate phage)

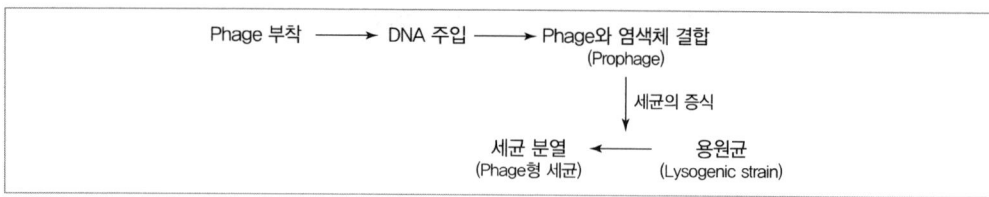

4) phage의 피해 및 대책

(1) phage의 피해

세균을 이용하는 발효공업(초산발효, acetone-butanol 발효, inocinic acid 발효 등)에서 오염 시 생산력 저하

(2) phage의 대책

① 살균 철저
② 내성균 이용
③ rotation system 이용

SECTION 06 기타 미생물(방선균, 버섯류, 조류)

1. 방선균(actinomycetes)

1) 방선균의 성질

① 흙냄새의 원인, 토양 1g당 $10^4 \sim 10^6$개체 존재
② 항생물질 생산

2) 방선균의 형태

① 균사를 이용해 분생포자(conidiospore) 형성
② 종류에 따라 갈색, 분홍색, 청색, 회색 등의 집락 형성

3) 항생물질

방선균이 대사 중 2차 생산물로 생성, 세균의 세포벽을 용해하여 사멸

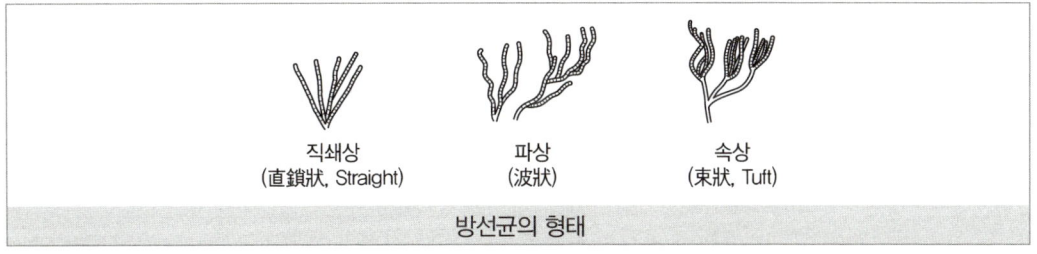

방선균의 형태

» 항생물질

균주	항생물질	균주	항생물질
Streptomyces antibioticus	actinomycin	*Streptomyces nodosus*	amphotericin B
Streptomyces aureofaciens	chlorotetracycline, tetracycline	*Streptomyces noursei*	nystatin
Streptomyces erythreus	erythromycin	*Streptomyces rimosus*	oxytetracycline
Streptomyces fradiae	neomycin	*Streptomyces venezuelae*	chloramphenicol
Streptomyces griseus	streptomycin, cycloheximide, candicidin	*Micromonospora echinospora*	gentamicin
Streptomyces kanamyceticus	kanamycin	*Micromonospora purpurea*	

2. 버섯류

1) 버섯의 분류와 형태

(1) 버섯의 분류

① 자낭균류 버섯(사발버섯, 안장버섯)과 담자균류 버섯으로 분류하는데, 대부분 담자균류이다.
② 식용버섯, 약용버섯, 독버섯으로 분류한다.

(2) 버섯의 형태

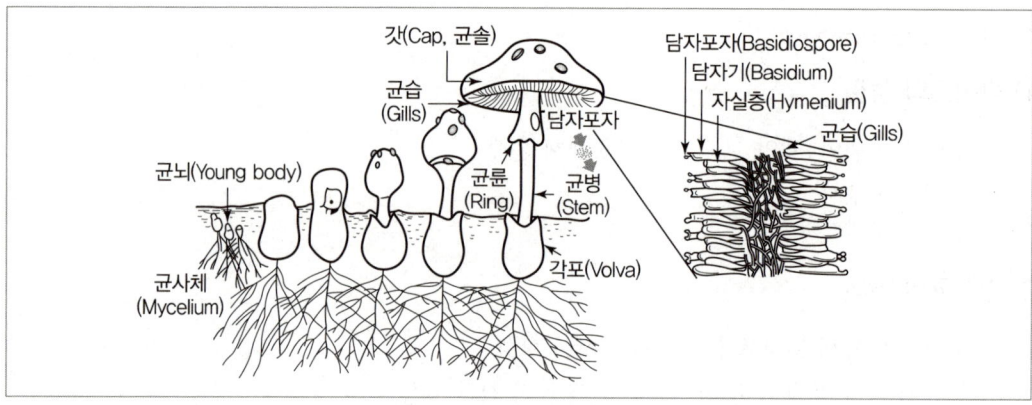

2) 버섯의 생활사

버섯은 2개의 다른 균사가 유성생식으로 결합하여 생성

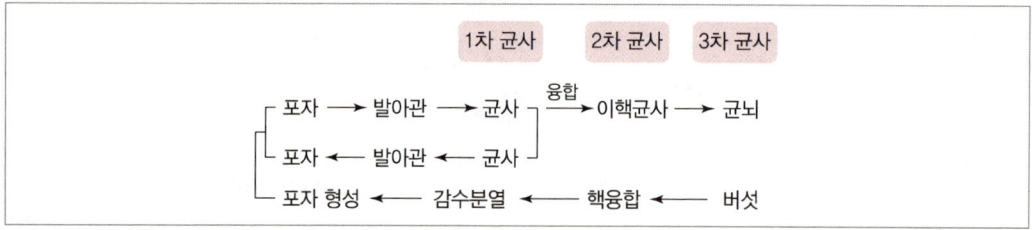

3) 버섯의 균사세대

(1) 1차 균사(haploid mycelium 또는 primary mycelium)

1핵균사(무성세대) : 하나의 균사 속에 1개의 핵

(2) 2차 균사(diploid mycelium 또는 secondary mycelium)

2핵균사 : 2개의 균사가 결합, 하나의 균사 속에 융합하지 않은 2개의 핵

(3) 3차 균사(triploid mycelium)

버섯 : 2차 균사가 버섯으로 발육, 식용버섯 채취 시기는 핵융합 전(핵융합 후 목질화)

3. 조류(algae)

1) 조류의 특징

① 대부분 담수나 해수에서 생육하며 광합성으로 독립 영양 생활을 하는 하등식물의 총칭이다.
② 잎, 줄기, 뿌리, 관상체가 없으며 유성생식, 무성생식을 한다.
③ 화석연료의 대체 연료로 이용한다.

2) 조류의 분류

① 남조류는 원핵세포에 속한다.
② 해조류에 속하는 갈조류, 홍조류, 녹조류 등은 진핵세포인 원생생물이다.

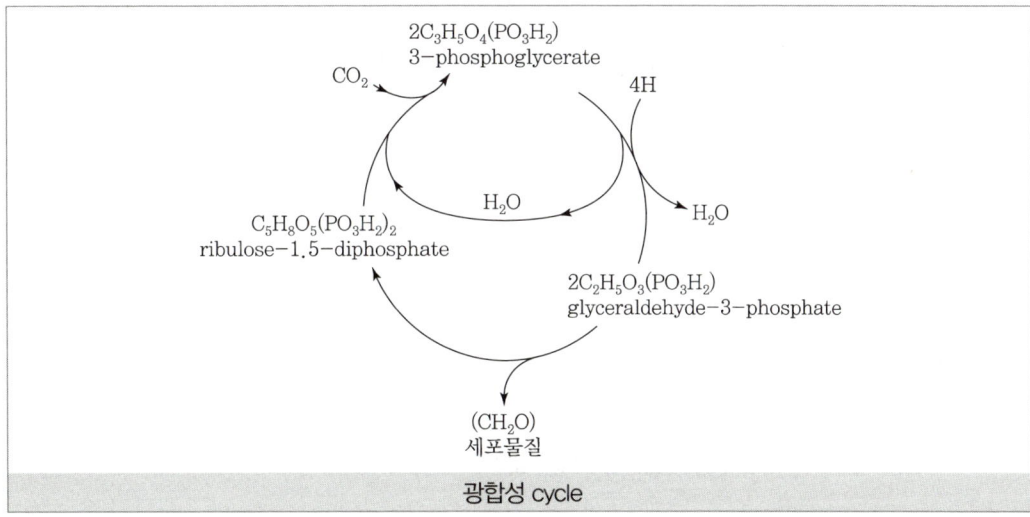

광합성 cycle

> 주요 조류

분류	특징	종류
남조류(bule green algae)	고세균 같은 단세포형, 무성생식, 담수, 토양, 맛과 냄새 유발	nostoc, anabaena
규조류(diatom)	단세포형, 규조토 생산, 무성생식, 유성생식, 담수, 염수, 토양	규조
녹조류(green algae)	무성생식, 유성생식, 담수, 토양	클로렐라, ellipsoidea, chlamydomonas
갈조류(brown algae)	단세포형, 무성생식, 유성생식, 염수	다시마, 미역, 톳
홍조류(red algae)	다세포형, 한천 생산, 무성생식, 유성생식, 염수	김, 우뭇가사리

CHAPTER 02 미생물 생리

SECTION 01 수분

1. 영양요구성에 의한 미생물 분류

생명 유지에 필요한 영양성분은 탄소원, 질소원, 무기염류 및 생육인자 등이다.

① **종속 영양균** : 외부에서 유기물을 섭취, 분해하여 발생하는 에너지를 이용
② **독립 영양균** : 광합성 등을 통해 스스로 유기물을 합성하여 에너지로 이용
③ 기생 영양균 : 바이러스와 같이 숙주의 대사계를 이용하여 번식에 이용

2. 미생물의 균체 성분

미생물의 균체 성분은 미생물의 종류, 배양조건(시간, 영양, 온도, pH) 등에 따라 다르다.

1) 수분

① 생체 중 70~85%의 구성
② **영양세포**는 주로 **자유수**로 구성
③ **포자**는 **결합수**로 구성되어 가열, 건조에 **내성**이 크다.

2) 유기성분(organic matter)

단백질, 탄수화물, 지질, 핵산 등으로 구성

» 미생물의 균체 성분   (건조물 %함량)

미생물명	단백질	탄수화물	지질	핵산	회분
세균	40~80	15~30	5~40	1.5~25	5~15
효모	35~70	25~40	2~60	5~10	3~9
곰팡이	15~45	30~60	1~50	1~3	3~7
버섯	43.5	44.7	2.5	–	9.4
클로렐라	40~50	10~25	10~30	1~5	6~7

3) 무기성분(minerals)

회분에 해당하며 약 30여 종의 무기질로 구성

3. 미생물의 증식곡선(growth curve)

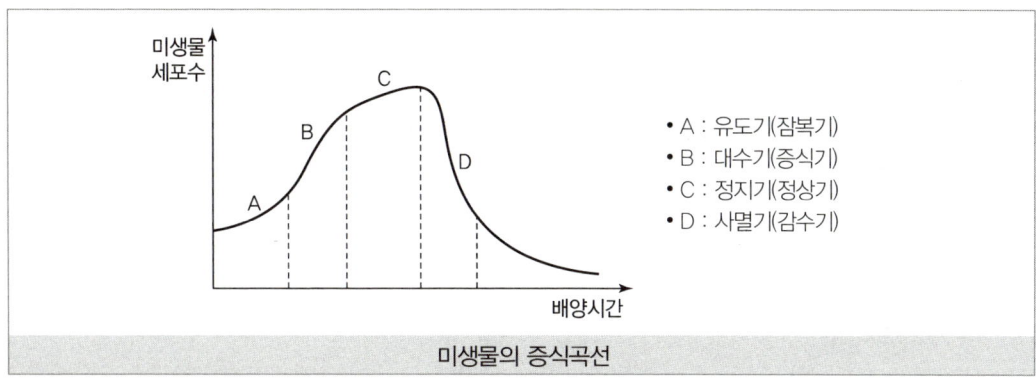

미생물의 증식곡선

1) 유도기(lag phase, induction period)

① 미생물이 증식을 준비하는 시기
② 효소, RNA는 증가, DNA는 일정
③ 초기 접종균수를 증가하거나 대수 증식기 균을 접종하면 기간이 단축된다.

2) 대수기(logarithmic phase)

① 대수적으로 증식하는 시기
② RNA 일정, DNA 증가
③ 세포질 합성속도와 세포수 증가 속도가 비례
④ 세대시간, 세포의 크기 일정
⑤ 생리적 활성이 크고 예민
⑥ 증식속도는 영양, 온도, pH, 산소 등에 따라 변화

> **Reference**
>
> • 수학적 증가 : 1, 2, 3, 4, …   • 기하학적 증가 : 1, 2, 4, 8, 16, …
> • 대수적 증가 : 1, 2, 4, 16, 162, …

3) 정지기(stationary phase)

① 영양물질의 고갈로 증식수와 사멸수가 같다.
② 세포수 최대
③ 포자 형성 시기

4) 사멸기(death phase)
① 생균수보다 사멸균수가 많아진다.
② 자기소화(autolysis)로 균체를 분해한다.

4. 세대시간(generation time)

1) 특징
하나의 세포가 분열하여 2개의 세포로 증식하는 시간(세균은 분열법으로 번식)으로, 일반적으로 15~30분이다.

2) 계산
① 총균수 = 초기균수 × 2^n, n = 세대수
② n세대까지 소요시간을 t라 하면, 세대시간 $g = \dfrac{t}{n}$

> - 세대시간이 20분인 미생물 100마리를 2시간 동안 배양한 후의 총균수는?
>   세대수(n) = 2시간(t)/20분(g) = 6, 총균수 = 100(초기균수) × 2^6 = 6,400
> - 어떤 세균이 5시간 동안 20회 분열했다면 세대시간은?
>   세대시간(g) = 300분/20회 = 15분
> - 세대시간 30분인 세균을 2시간 30분 동안 배양했더니 6만 4천 마리가 되었다면 처음 균수는?
>   n = 150분/30분 = 5, 64,000 = 초기균수 × 2^5, 초기균수 = 64,000/32 = 2,000

5. 증식도 측정

1) 균체 질소량
① 생체 성분 중 단백질량을 킬달(kjeldahl) 분석으로 측정하며 얻어진 질소량에 질소계수 6.25를 곱해 구한다.
② 세균, 곰팡이, 효모 등 균 종에 따라, 배양조건에 따라 다르므로 동일 배양조건에서 배양한 동일 균 종의 증식도 비교 시 이용한다.

2) 건조균체량(dry weight)
① 일정량의 균배양액을 여과하거나 3,000rpm으로 원심분리한다.
② 분리된 균체를 물로 세척하여 2~3회 반복하여 균체 외의 성분을 제거한다.
③ 건조기(dry oven)에서 105℃로 항량, 건조하여 정량한다.
   ※ 항량 : 건조 또는 강열할 때 전후 칭량차가 전회 측정한 무게의 0.1% 이하임을 말한다. 다만, 칭량차가 화학천칭을 썼을 때 0.5mg 이하, 마이크로 화학천칭을 썼을 때 0.01mg 이하인 경우 항량으로 본다.

3) 원심침전법(packed volume)

① 균배양액을 모세 원심분리기에 넣고서 3,000rpm으로 10~15분간 원심분리한다.
② 분리된 균체를 물로 세척하여 2~3회 반복 원심분리하여 눈금을 읽는다.
③ 간편하고 빠르나 정확한 측정을 위해 비탁법과 병행한다.

4) 비탁법(turbidimetry)

① 균체 현탁액을 광전비색계(spectrophotometer)를 이용하여 탁도를 측정한다.
② 600nm의 가시광선에 흡수된 균체량을 광학적 밀도(OD : Optical Density)로 측정하며 Abs로 표시한다. Abs(Absorbance)는 1보다 작게 나타나며 1.0Abs는 8×10^8 CFU/mL를 의미한다.

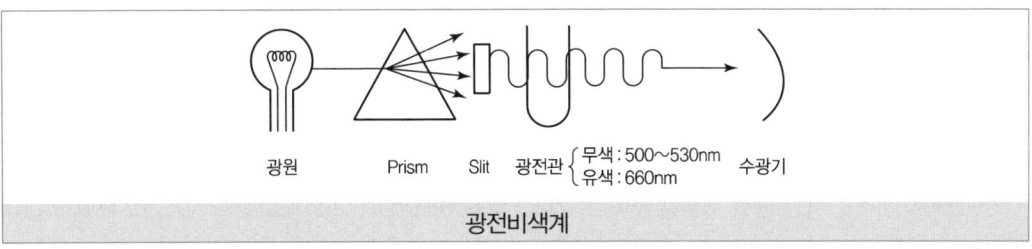

광전비색계

5) 총균계수법

염기성 염색시약으로 단일 염색하고 혈구계수기(hemocytometer)로 직접 계수하여 희석배수와 눈금 칸을 곱해 구한다.

6) 생균계수법

① 평판도말법 : 균배양액을 희석하여 고체 평판배지에 균락 15~300개 정도로 유의성 있도록 배양하여 집락계수기(colony counter)로 직접 계수하여 희석배수를 곱해 균량을 측정한다.
② 최확수법(MPN : Most Probable Number) : 대장균 정량에 쓰이며 세 종류의 희석 시료 각 5개씩을 듀람발효관이 있는 LB배지에서 배양하여 생성되는 가스 유무로 양성 판정을 한다. 양성 개수로 최확수 표에서 시료 100mL에 있을 수 있는 대장균 수를 구한다.

6. 미생물의 생육에 영향을 미치는 인자

1) 온도

» 미생물의 생육 온도

분류	최저(℃)	최적(℃)	최고(℃)	종류
저온균	0~5	10~20	25~30	*Pseudomonas, Achromobacter, Flavobacterium, Vibrio* 등 수생세균
중온균	15~20	30~40	40~45	대부분 병원성 세균, 곰팡이, 효모
고온균	40~45	50~60	70~80	*Bacillus coagulans*, 퇴비균, 메탄균

① 미생물은 생육 **최적** 온도에서 가장 활발하게 생육한다.
② 건열보다 **습열**에서 살균효과가 크다(고압증기멸균 > 건열멸균).
③ 보통 영양세포는 **60℃, 30분**으로 살균된다(저온살균).

2) pH

산성에서 살균 효과가 크다.

3) 광선

260nm 자외선(DNA 흡수파장) 파장에서 살균력이 가장 크다.

4) 삼투압

① 단당류가 삼투압 효과가 크다.
② 당보다 염이 삼투압 효과가 크다.
③ 2% 식염에 견디는 균을 내염성균이라 한다(*Pseudomonas*, *Achromobacter*, *Flavobacterium*, *Vibrio* 등).

5) 수분

일반적으로 수분 13% 이하에서는 미생물이 생육할 수 없다.

> 미생물 증식의 최저 수분활성도(A_w)

분류	최저 A_w	분류	최저 A_w
세균	0.91	호염세균	0.75
효모	0.88	내건성 곰팡이	0.65
곰팡이	0.80	내삼투압성 효모	0.60

6) 산소

(1) 편성호기성균

① 반드시 산소가 있어야만 생육하는 균
② *Bacillus*, *Pseudomonas* 등, 곰팡이, 산막효모

(2) 미호기성균

① 생육에 적은 양의 산소(5% 내외)만을 필요로 하는 균
② 대부분 **젖산균**, *Campylobacter*

(3) 통성혐기성균

① 대장균(*E. coli*)처럼 산소가 있든, 없든 상관없이 잘 자라는 균으로 산소가 있으면 더 잘 자란다.
② 대장균군, 효모

(4) 편성혐기성균

① 산소가 없어야만 생육할 수 있는 균
② 보툴리눔균, 파상풍균 등, *Clostridium*

:::{.part-banner}
PART 04

CHAPTER 03 | 미생물의 분리보존 및 균주개량
:::

> **SECTION 01** 미생물의 분리보존

식품 속의 유용한 미생물의 경우 분리와 보존과정을 통해 생물자원으로 보존하며 이용할 수 있다. 이러한 미생물의 분리보존을 위해서는 미생물 분리에 적합한 배지의 선정과 보관방법이 필요하다.

1. 배지(culture media)
- 미생물 성장에 필요한 탄소원, 질소원, 무기질 영양소에 삼투압과 pH를 조절한 배양액
- 121℃, 20분, 15lb 고압증기로 멸균(autoclave)하여 사용

1) 물리적 성상에 따른 분류

(1) 액체배지(liquid media)

부용(broth, buillon)이라 하며 미생물의 증식, 생리 관찰 등에 이용

(2) 고체배지(solid media)

액체배지에 한천(agar) 1.2~1.5%를 첨가하여 제조

① 평판배지(plate media) : petri dish에 배지를 4mm 두께 정도로 넣어 굳힌 것, 분리배양, 집락 관찰, 용혈능 및 항생제 감수성 시험 등에 사용
② 고층배지(butt media) : 시험관에 배지를 세운 상태로 굳힌 것, 혐기성균 배양에 사용
③ 사면배지(slant media) : 시험관에 배지를 약 45° 경사로 굳힌 것, 호기성 미생물의 증식 및 보존 등에 사용

2) 배지 성분에 따른 분류

(1) 천연배지(natural media)

배지의 영양분을 육즙(meat extract), 효모추출액(yeast extract), 감자, 우유, 펩톤 등 천연물로 만든 배지(성분 불확실)

(2) 합성배지(synthetic media)

배지의 영양분을 화학적 성분이 분명한 시약으로 만든 배지(최소 영양배지)

3) 사용 목적에 따른 분류

(1) 선택배지(selective media)

여러 균 중 원하는 균만 선택적으로 분리하고자 사용하는 배지(다른 균 억제 성분, 지시약 포함)

① 장내세균 선택배지 : MacConkey Agar(적색), EMB Agar(금속광택 녹색), Endo Agar(핑크), SS Agar

② 황색포도상구균 선택배지 : Potassium Tellurite Blood Agar, Mannitol Salt Agar

(2) 증식배지(growth media)

여러 미생물 모두 증식시키기 위한 보통 증식배지와 한 종류 미생물만 증식시키는 특수 증식배지가 있다.

① 세균 : Nutrient Agar, Peptone Agar

② 곰팡이 및 효모 : Malt Extract Agar(효모), Potato Dextrose Agar, Czapek-Dox 배지(곰팡이)

(3) 감별배지(differential media)

① 순수 배양된 균의 특정 효소반응을 확인하여 균의 감별과 동정에 이용

② Mannitol Salt Agar(*Staphylococcus aureus*), Bismuth Sulfite Agar(대장균군), Triple Sugar Iron Agar(TSIA, 대장균군), Urea Agar(대장균군), Selenite Broth(*Salmonella*)

(4) 강화배지(enrichment media)

① 특정 균종만 다른 균보다 빨리 증식시켜 분리 배양하는 배지

② Dubos Broth, Bordet-Gengou Agar, Gram-Negative Broth

(5) 수송배지(transport media) 또는 보존배지(preservative media)

① 분리 배양 전 실험 재료를 그대로 보존하여 수송 시 사용하는 배지

② Buffered glycerol saline, Amies transport media, Stuart's transport media

2. 미생물 배양

1) 고체 배양법

순수 배양, 생리·보존·집락 등 관찰

(1) 사면배양법(slant culture)

① 사면배지의 호기성 세균, 곰팡이, 효모 등의 보존, 관찰
② 세균, 효모 – 백금이, 곰팡이 – 백금구
③ 균 보존 시 6개월마다 계대배양

(2) 천자배양법(stab culture)

① 고층배지의 혐기성균, 젖산균, 대장균 등의 배양 관찰
② 백금선으로 배지 중앙을 찌르며 접종

2) 액체 배양법

균의 증식, 생리, 생태 관찰에 이용

(1) 진탕배양법(shaking culture)

① 호기성균을 균일하게 배양
② 회전 진탕배양기(rotary shaker)를 이용

(2) 정치배양법(stationary culture)

호기성 효모의 생태 관찰

3. 미생물의 순수분리

1) 평판배양법(plate culture)

- petri dish에 균 농도를 단계적으로 희석, 배양, 분리
- 획선평판배양, 주입평판배양, 희석평판배양, 도말평판배양 등이 있다.
- 고체 한천배지 사용, [35±1]℃, 48h, 도치(뒤집어) 배양

① 획선평판배양 : 백금이로 획선을 이용해 단계적으로 희석하며 접종
② 주입평판배양 : 시료 1mL를 petri dish에 넣고 50℃ 이하로 식은 멸균 배지 15mL를 넣어 섞고 굳힌 후 확산집락을 방지하기 위해 굳은 배지 위에 멸균 배지 5mL를 중층한다.
③ 희석평판배양 : 검체를 1/10씩 희석하여 1개의 petri dish당 15~300개 집락이 되도록 배양
④ 도말평판배양 : 시료 1mL를 넣고 spreader(도말봉)나 bead를 이용해 넓게 도말 배양

2) Lindner의 소적배양법(drop culture)

① 맥주효모 등의 순수분리에 이용
② 맥아즙과 효모 혼탁액 → hollow slide glass에 효모 희석액 점적 → cover glass → 25~30℃, 48h 배양 → 검경

3) Burri관 순수분리법

① 혐기성균 순수분리에 이용
② Bouillon Agar, Glucose Bouillon Agar 사용

4. 균주의 보존

1) 계대배양

① 사면배양하여 냉장 보관
② 균의 변이 방지를 위해 6개월마다 새로운 사면배지에 이식해 배양

2) 동결보존법

① 효모, 곰팡이, 세균 등 장기 보존
② −90℃ 급속냉동 보관 또는 진공동결 보관

3) 기름 속에 보존

곰팡이를 mineral oil에 넣어 보존

4) 당액 속에 보존

효모를 10% 설탕액에 넣어 냉암소 보존

SECTION 02 미생물의 유전자 조작

1. 세포융합

세포융합(cell fusion)이란 2개의 서로 다른 형질을 가진 세포를 인공적으로 융합하여 새로운 형질을 가지는 우량 형질의 잡종세포를 만드는 기술을 뜻한다.

2. 재조합 DNA

재조합 DNA란 염색체상의 서로 다른 genome으로부터 취한 유전요소를 인위적으로 삽입하여 하나의 단위로 합침으로써 새로운 유전형을 만드는 과정이다. 목표하는 특정한 유전형질을 갖는 유전자를 삽입함으로써 기존의 형질과는 다른 특성을 가진 새로운 형질을 얻을 수 있다.

① 형질변환(transformation) : 외부로부터 주어진 DNA를 받아들여 생물체의 유전적인 성질이 변하는 것

② **형질도입** : bacteriophage에 의해 DNA가 전달되는 공정
③ **접합** : 서로 직접 접촉하는 원상 그대로의 세포 간의 유전자 전달공정

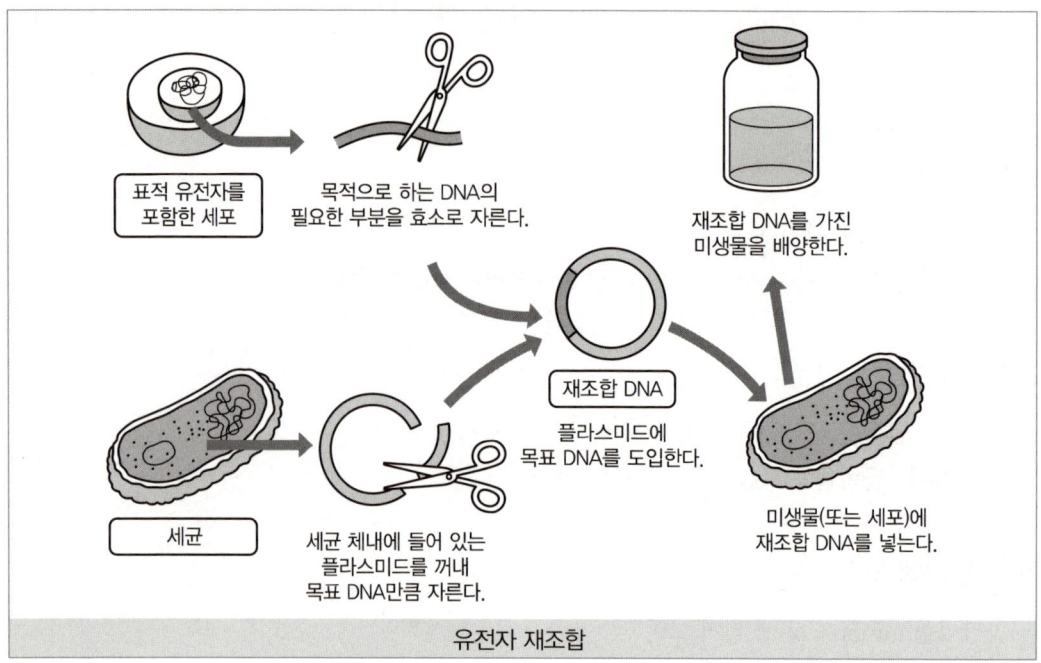

유전자 재조합

3. 돌연변이

돌연변이란 유전자가 유전적 변화를 일으켜 자손에게 전달되는 현상으로 자연발생 돌연변이와 인공 돌연변이가 있다.

1) 자연발생 돌연변이

유전물질이 복제되고 합성되는 과정에서 우연히 발생되는 돌연변이로, 한 개의 염기가 치환, 삭제, 첨가되어 발생한다. 발생한 돌연변이는 다음 세대로 전달된다.

2) 인공 돌연변이

염색체 또는 유전체가 방사선, 고온, 화학물질 등의 변이원에 물리적·화학적으로 노출되거나 처리되었을 때 발생할 수 있다.

4. 유전자 변형 생물체(LMO : Living Modified Organism)

기술을 이용해서 만든 유전자 변형 생물체를 말하며 GMO 농산물, GMO 동물, GMO 미생물로 구분된다. 이 중 GMO 농산물을 이용하여 만든 식품을 유전자 변형 식품이라 부른다. 이러한 유전자 변형 농산물은 새로운 유전자가 삽입되어 주로 제초제, 병·해충에 내성을 가지며 주로 감자, 옥수수, 대

두 등에서 많이 이용된다. 유전자 변형 식품은 정부의 안전성 평가를 거쳐야만 식품으로 사용될 수 있다. 미생물을 이용하여 생산한 효소 및 다양한 발효산물은 최근 식품산업에서 중요성이 더욱 높아지고 있어 최근에는 LMO에 대한 연구개발이 더욱 다양해지고 있다.

2014년 식품의약품안전처는 유전자 변형 식품 등의 표시기준 개정을 통하여, 유전자 재조합 식품, 유전자 조작식품 등 통일되지 않은 용어를 유전자 변형 식품으로 정의하였다.

※ GMO(Genetically Modified Organism) : 유전자 변형 농산물

1) 제조방법

① 아그로박테리움법(Agrobacterium method) : 토양세균인 아그로박테리움이 가지고 있는 플라스미드를 이용한 방법으로, 플라스미드를 구성하고 있는 유전자 중 불필요한 부분을 제거하고 목적하는 유용유전자를 선발하여 재조합 유전자를 만들고 이를 식물의 세포에 넣어 형질전환체를 만드는 형질전환기법이다.

② 원형질세포법(Protoplast) : 효소나 알칼리를 이용해 세포벽을 파괴시킨 후 세포벽이 제거된 상태의 세포인 원형질을 만든 후 목적하는 유용유전자를 세포 내에 주입하는 방법

③ 입자총법(Particle gun) : 금속미립자에 유용한 외래유전자를 결합시킨 후 고압가스를 이용해 농작물 세포에 주입하는 방법

2) 사용 목적

① 생산량 및 효율의 증대
② 장기보존의 장점
③ 보관 · 유통의 편의성

3) 안전성 평가

GMO 개발과정에서 이용되는 기술과 소재, 생성물들을 검토하여 유전자 변형 전 · 후의 독성, 알레르기성 등을 종합적으로 판단한다.

① 신규성 : 유전자 변형 식물체 혹은 식품이 기존의 것과 성분 종류와 함량이 오차범위 내에 있을 때는 동일한 것으로 판단하며, 이를 기준으로 신규성이 있는가를 검토한다.
② Allergy성 : 사람이 섭취하였을 때 비정상적인 면역반응을 일으키지 않는지를 판단
③ 항생제 내성 : 항생물질에 내성을 가지지 않는가를 평가한다(기존의 것과 비교하였을 때).
④ 독성실험 : 만성독성 혹은 유전독성 등

CHAPTER 04 발효공학기초

SECTION 01 발효식품

[발효의 분류]
- 동형발효 : 한 가지 대사산물 형성
- 이형발효 : 두 가지 이상 최종대사산물 형성

1. 발효주

▷▷ 발효주(효모 이용 알코올 발효)

단발효주	당질에서 발효(포도주, 과실주)
복발효주	전분을 효소 당화시킨 후 알코올 발효 • 단행 복발효주 : 당화공정과 발효공정을 분리 진행(맥주) • 병행 복발효주 : 당화와 동시에 발효 진행(청주, 탁주)

1) 포도주

포도과즙을 효모로 알코올 발효

(1) 포도주 종류

① 적포도주 : 포도 과즙, 과피를 함께 발효, 과피 중 안토시아닌 색소 용출
② 백포도주 : 포도 과피를 제거하거나 청포도 원료로 발효
③ 생포도주 : 잔여 당분을 1% 이하로 발효
④ 감미 포도주 : 감미도를 높게 한 포도주
⑤ 발포성 포도주 : 포도주에 CO_2 용해, 거품 발생
⑥ 식탁용 포도주 : 14% 이하 알코올 함유, 생포도주로 식사 중 음용
⑦ 식후 포도주 : 14~20% 알코올 함유, 높은 감미도, 식후 음용

(2) 원료

① 품종
- 유럽계 : Cabernet Sauvignon, Merlot, Semillon, Gamay, Pinot Noir, Riesling
- 미국계 : Adirondack, Concord, Campbell Early, Niagam, Delaware

② 성분 : 동량의 포도당과 과당 함유, pH 3, 주석산, 비타민, 과피 중 안토시아닌 등

③ 효모 : *Saccharomyces ellipsoideus*

(3) 제조공정

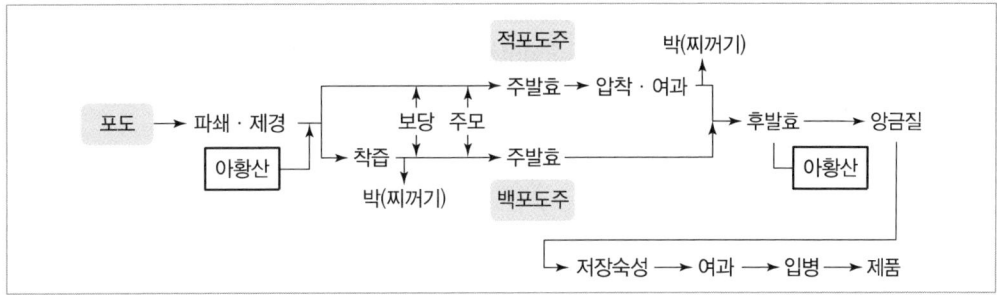

[적포도주 제조공정]

① 파쇄 · 제경

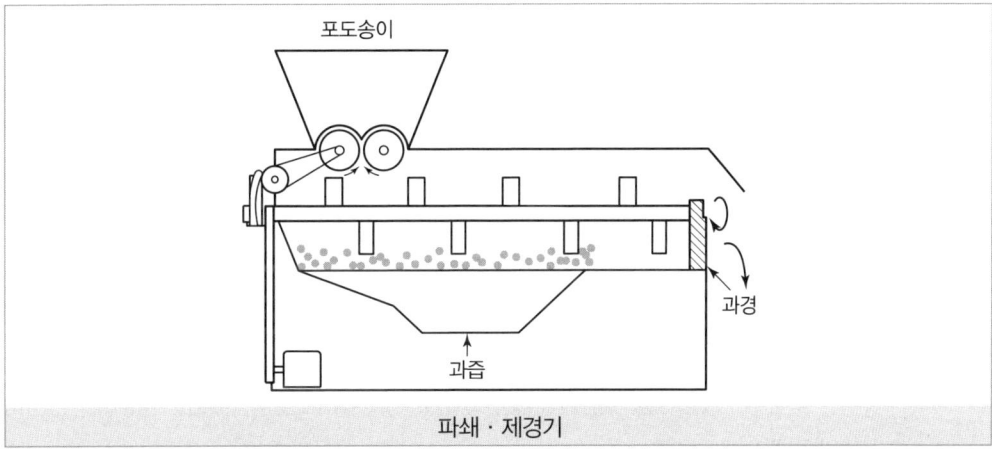

② 아황산 첨가 : 메타중아황산칼륨($K_2S_2O_5$) 200~300ppm 첨가, 유해균 억제, 산화효소 억제

③ 설탕 첨가 : 24~25%

④ 효모 첨가 : 1시간 활성화시켜 첨가, 1~3%

⑤ 발효(주발효) : 20~25℃에서 7~10일, 15℃에서 3~4주

⑥ 박의 분리 · 후발효 : 박 분리, 10℃에서 잔당이 0.2% 이하로 될 때까지 후발효

⑦ 앙금질 · 숙성 : 침전된 앙금질 제거, 적온(13~15℃)에서 1~5년 숙성 · 저장

[백포도주 제조공정]
① 과피 제거 포도과즙만 이용
② 적포도주보다 2% 추가 가당
③ 15~20℃에서 10일 발효
④ 10~13℃, 1~2년 숙성 저장

2) 사과주

(1) 원료

① 품종 : 홍옥, 국광, Delicious, Jonathan, Newton, Stayman Winesap, Rome Beauty
② 성분 : 과당, pH 3, 사과산, 비타민 등
③ 효모 : *Saccharomyces ellipsoideus*, *Kloeckera apiculata* 등

(2) 제조공정

① 과즙 조제 : 과즙파쇄 조제 후 당농도 24~25%로 보당
② 발효 : 실온 10~14일, 주발효, 알코올 함량 2.0~2.5%
③ 앙금질 · 후발효 : 앙금 제거, 실온 8~10℃, 2~3개월, 후발효
④ 저장 : 8℃ 이하, 2~3개월

3) 맥주(단행 복발효주)

맥아로 전분을 당화시킨 당액 발효

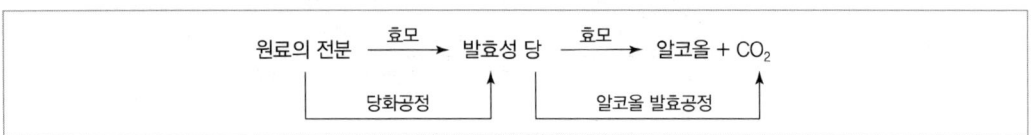

원료의 전분 →(효모)→ 발효성 당 →(효모)→ 알코올 + CO_2
당화공정 ↑   알코올 발효공정 ↑

(1) 맥주 종류

① 상면발효맥주 : *Saccharomyces cerevisiae*, 상온발효(Ale, Stout, Porter, Lambic)
② 하면발효맥주 : *Saccharomyces carlsbergensis*, 저온발효(Lager, Munchener, Pilsener, Wien)
③ 흑맥주 : Munchener, Porter, Stout
④ 담색맥주 : Pilsener, Dortmund, Ale

(2) 원료

① 보리의 종류
- 두 줄 보리 : golden melon이 입자가 크고, 전분량이 많고, 단백질이 적어 양조에 적합
- 여섯 줄 보리 : 미국에서 주로 사용

② 호프(hop) : humulon이 고미 부여, 정유가 향미 부여, 탄닌이 청징효과, 거품 지속성, 항균성 등

(3) 맥주 제조공정

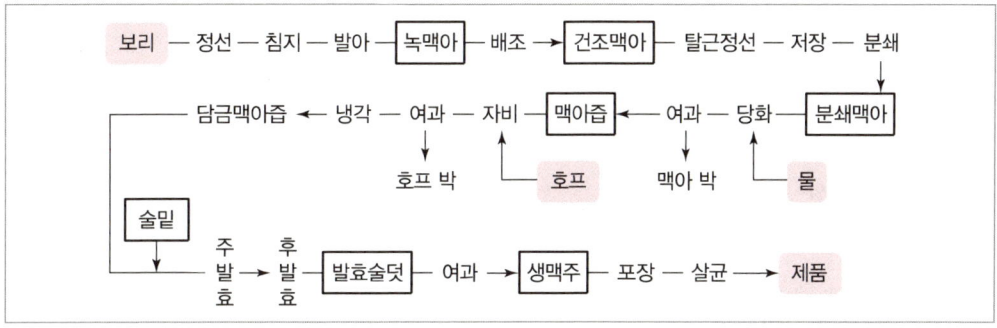

(4) 맥아 제조공정(malting)

당화효소, 단백질 분해효소 등 활성화, 특유 향미와 색소 생성, 저장성 부여

① 보리의 정선 및 선별
② 침맥(steeping) : 침맥흡수량 42~44%, 12~14℃, 40~50시간 물에 침지
③ 발아(germination, sprouting) : 발아상에 10~15cm의 두께로 12~17℃ 통기하며 7~8일 발아(녹맥아, green malt 분상 상태)
④ 배조(kilning) : 수분 8~10% 건조 후 1.5~3.5% 배초(curing) 병행

(5) 담금공정

① 맥아 분쇄
② 담금(mashing) : 분쇄한 맥아를 가온하여 필요 성분 추출
③ 담금액 여과 : 여과기로 박과 맥아즙(wort) 분리
④ 맥아즙 가열 및 호프 첨가
⑤ 맥아즙 5℃ 냉각

(6) 발효공정

① 맥주효모 : 상면효모(*Saccharomyces cerevisiae*), 하면효모(*Saccharomyces carlsbergensis*)
② 주발효 : 냉각한 맥아즙에 효모(200 : 1 비율)를 첨가하여 18~20시간 정치 후 발효조에 옮겨 10~20일 발효
③ 후발효 : -1~0℃에서 60~90일, 탄산 용해 및 방출, 석출물 침강

④ 여과 및 살균 : 60℃, 20분

(7) 맥주 성분

탄수화물 2~8%, 단백질 0.1~0.7%, 알코올 2~5%, 탄산가스 0.3~0.5%, pH 4.2~4.7

4) 청주(병행 복발효주)

쌀을 주원료로 국균, 젖산균, 효모 등을 이용하여 당화·발효하여 만든 일본 대표술

(1) 청주 제조

① 원료 : 쌀은 연질미, 70~75% 도정미
② 제국 : 전분에 Koji균(*Aspergillus oryzae*, *Rhizopus* 속, *Absidia* 속)을 배양하여 당화효소 생산
③ 술밑 : 술덧 발효 위한 효모(*Saccharomyces cerevisiae*, *Saccharomyces sake*) 배양액
④ 술덧 : 술밑에 증자한 쌀, Koji, 물 혼합물을 4일간 나누어 담금(대량 첨가 시 산도와 알코올 농도가 급격히 저하되어 유해균 증식)
⑤ 조합 : 일정한 주질을 위해 조미성 알코올 첨가
⑥ 압착 : 알코올 첨가 2~5일 후 청주, 박 분리
⑦ 살균 : 50~60℃, 20분

(2) 청주 변패

① 청주의 저장·출하 후 화락균 번식
② 백탁, 산미 증가, 화락향 발생
③ 살균 부족

(3) 청주 성분

알코올 15~16%, 단백질 1~2%, 당 2~5%, pH 4.0~4.4

5) 탁주(병행 복발효주)

쌀, 밀가루를 원료로 누룩과 밑술로 당화·발효한 것, 탁주를 거른 것이 약주

(1) 원료

물, 쌀, 밀가루(박력분), 옥수수 전분 등

(2) 발효제

① 국(Koji) : 전분질에 곰팡이류(*Aspergillus kawachii*, *Aspergillus shirousamii*)를 증식시킨 것

- 누룩(곡자) : 분쇄한 원료에 물을 뿌리고 곡자실에서 보온하고 배양한 것
- 입국 : 원료 증자 후 종국을 넣어 제국
- 분국 : 밀기울에 밀가루와 수분을 조절하여 배양한 것

② 밑술(주모) : 배양효모(*Saccharomyces coreanus*)와 산 함유
- 수국밑술 : 물과 입국 혼합하여 효모 배양, 주로 사용
- 곡자밑술 : 곡자, 덧밥, 젖산 사용 제조

(3) 술덧

물에 입국, 누룩, 기타 발효제 및 덧밥과 주모를 첨가하여 제조한 전체 원료

(4) 제성

숙성 전 주박 분리, 여과

① 탁주 : 알코올 도수 6~8%, 각종 아미노산, 유기산, 비타민 함유, 특유 향미
② 약주 : 알코올 도수 10~13%, 감미와 산미가 강함

2. 증류주

발효주를 증류하여 알코올 농도를 높인 것

- 단발효주 원료 : 브랜디, 럼
- 단행 복발효주 원료 : 위스키, 진, 보드카
- 병행 복발효주 원료 : 소주, 고량주

1) 소주

전분 등 당질을 발효시켜 증류하여 만든 무색투명한 술, 20~35% 알코올 함유

(1) 재래식 소주

① 흑국균(*Aspergillus luchuensis*, *Aspergillus usamii*) 사용
② 원료 : 쌀, 고구마, 보리 등 곡류와 설탕 사용
③ 담금 : 밑술(*Saccharomyces cerevisiae*)에 술덧(원료, 국균) 담금 30℃ 발효
④ 저장 : 박에서 거른 소주는 2~6개월 저장
⑤ 증류 : 단식 증류기로 증류하여 알코올 이외 포함

(2) 희석식 소주

① 원료 : 곡류, 감자류, 당밀
② 증류 : 연속식 증류기, fusel oil, ester 등 불순물 제거, 물로 규정 농도로 희석

2) 위스키(whisky)

(1) 위스키 종류

① 영국(Scotch whisky, Irish whisky), 캐나다, 미국을 중심으로 발달한 증류주
② 원료에 의한 분류
- malt whisky : 맥아만으로 제조
- grain whisky : 보리, 호밀, 밀, 옥수수 등 곡류에 맥아 첨가 제조

(2) 위스키 제조공정

① 제맥 : 맥아 제조
② 담금공정 : 맥아 이용 당화
③ 발효공정 : *Saccharomyces cerevisiae* 이용 발효
④ 증류공정 : 발효 술덧을 단식 증류기로 2회 증류
⑤ 저장 및 숙성 : 위스키 원액 알코올 농도 60% 조절, 떡갈나무 통에 넣어 저장 숙성, 저장 중 fusel oil, aldehyde 등 산화되고 특유의 풍미 생성
⑥ 조합(blending) : 균일한 품질 위한 조작

(3) 위스키 성분

알코올 40~50%, 산류, 알데히드, 에스테르, 피롤류, 페놀류 등

3) 브랜디(brandy)

① 과실주를 증류한 술의 총칭
② 알코올 농도 40~50%
③ 일반적 브랜디는 포도브랜디, 프랑스(코냑)

4) 럼(rum)

① 고구마, 당밀을 발효시켜 나무의 잎, 껍질로 향을 내며 증류, 참나무 통에 숙성
② heavy rum(향미 농후, *Schizosaccharomyces*), light rum(*Saccharomyces*)

5) 진(gin)

① grain whisky에 노간주나무 열매(juniper berry) 등의 정유성분(α-piene)을 첨가하여 증류한 술
② 알코올 농도 38~50%
③ 영국(dry gin), 네덜란드(Dutch형, 향미 농후) 제조

6) 보드카(vodka)

① grain whisky를 백화탄으로 여과시켜 특유한 향미를 가진 술
② 알코올 농도 40~60%
③ 러시아, 폴란드 제조

7) 고량주

① 수수를 주원료로 만든 증류주
② 누룩(*Aspergillus*, *Rhizopus*, *Mucor*) 혼합 후 땅속에 묻어 밀봉하고 당화 발효 (*Saccharomyces mandschuricus*)
③ 중국 제조

8) 기타 주

① 홍주 : *Monascus purpureus*(monascorbin – 적색 색소 생산), *Monascus anka*
② pulque : 멕시코, *Zymomonas mobilis*
③ pombe : 아프리카, *Schizosaccharomyces pombe*

3. 장류

- 간장, 고추장, 된장, 청국장 등 콩 발효식품
- 세균, 효모의 발효 숙성을 거쳐 만든 조미식품
- 아미노산 급원으로 독특한 풍미와 K, Ca, Na, Fe 등 염류 함유

1) 간장

- 콩, 곡류에 식염을 첨가 발효하거나 산분해, 효소분해한 여액을 가공한 것
- 개량식 간장, 재래식 간장(한식 간장), 산(효소)분해간장
- 재래식 간장은 콩(메주)만 이용해 간장과 된장 제조
- 개량식 간장은 콩과 밀로 간장만 제조
- 개량식·재래식 간장은 양조간장, 산(효소)분해간장은 화학간장, 혼합간장은 양조간장과 화학간장 혼합

(1) 재래식 양조간장

① 대두, 소금, 물을 주원료로 제조한 전통방식 간장, 색이 연하고 짠맛 강함
② 삶은 콩을 찧어 덩어리 성형 후 따뜻한 방에 띄워 메주 제조
③ *Bacillus subtilis* 생육, protease·amylase 생성
④ 염수에 1~2개월 숙성 후 걸러낸 여액 가열 살균, 청징

⑤ 햇간장(청장, 담근 지 1년 이내), 중간장(2~4년), 진간장(5년 이상)

(2) 개량식 양조간장

① 탈지대두 : 탈지대두를 이용하면 원료비 절감, 원료 이용률 향상, 간장덧 숙성기간 단축
② 밀 : 팽창이 잘 되는 연질 밀 이용, 향과 색을 좋게 하는 오탄당이 많은 밀기울은 Koji의 효소력 증가에도 필요
③ 소금 : 착색에 좋지 않은 Fe, Cu 등을 적게 함유한 정제염 사용

(3) 균주

① 곰팡이 : *Aspergillus oryzae*, *Aspergillus sojae*(protease, amylase 생성)
② 세균 : *Pediococcus halophilus*(내염성균, 젖산균, 유기산, 알코올, 에스테르 생성)
③ 효모 : *Saccharomyces rouxii*(내염성 효모, 알코올 생성)

(4) 제조공정

① 탈지대두에 12~13% 물을 가해 1~2시간 증자 후 식힘
② 밀 볶아서 분쇄
③ 탈지대두와 밀을 혼합하고 종균(종국) 접종하여 제국실에서 코지 제조
④ 발효조에 23% 식염수로 혼합 후 1년 숙성
⑤ 압착 여과한 생간장을 80℃ 가열 살균 후 제품화

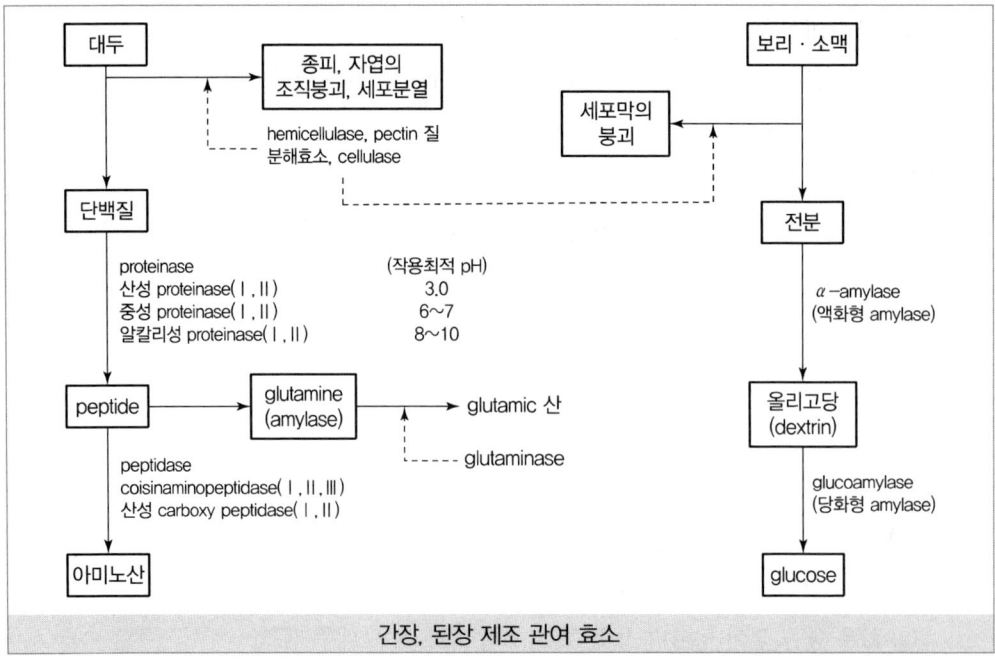

간장, 된장 제조 관여 효소

(5) 간장 숙성 관여 미생물

① Koji : *Aspergillus oryzae*, *Aspergillus sojae*, *Bacillus*, *Lactobacillus*, *Streptococcus*
② 간장덧
- pH 5.5 : *Pediococcus sojae*(간장 향미 관여), *Candida famata*, *Candida polymorpha* 등
- pH 5 : *Saccharomyces rouxii*(간장 향미 관여)

③ 후숙 : *Torulopsis versatilis*(간장 향기 관여)

2) 된장

- 콩, 곡류에 식염, 종국 첨가해 발효 가공한 것
- 재래식 된장(한식 된장), 개량식 된장
- 재래식 된장은 콩으로 메주를 만들고 발효하여 간장을 분리하여 제조

(1) 원료

① 쌀된장, 보리된장 : 쌀, 보리를 증자해 국을 제조하고 증자한 대두 및 염수를 섞어 발효 숙성
② 콩된장 : 원료인 대두를 전부 증자해 국을 제조하고 염수를 섞어 발효 숙성

(2) 균주

① 곰팡이 : *Aspergillus oryzae*
② 세균 : *Bacillus subtilis*(단백질 분해), *Pediococcus halophilus*, *Streptococcus faecalis* (젖산 생성)
③ 효모 : 숙성 중 알코올 생성, *Saccharomyces*, *Zygosaccharomyces*, *Pichia*, *Hansenula*, *Debaryomyces*, *Torulopsis*

(3) 제조공정

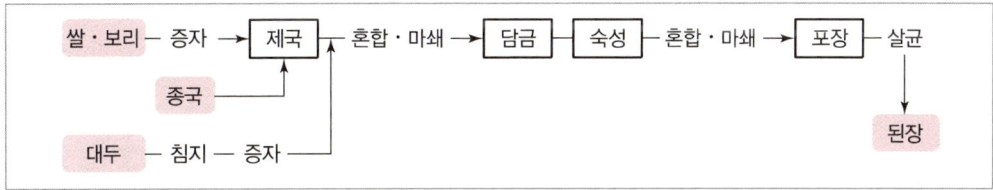

① 제국 : 쌀이나 보리 증자, 0.1% *Aspergillus oryzae* 접종, 38℃, 3일 배양
② 담금 : 소금물을 혼합하여 담금, 된장 수분 50%, *Candida*, *Zygosaccharomyces rouxii* 등의 효모나 *Pediococcus halophilus*, *Streptococcus faecalis* 등 내염성 젖산균 첨가
③ 숙성 : 효소 분해된 당(감미), 글루탐산(감칠맛), 발효에 의한 알코올, 유기산, 에스테르(향기)

3) 청국장

① 콩을 증자해 *Bacillus natto*로 40~50℃, 18~20시간 배양
② 당단백질로 끈적끈적한 점질물 형성, 독특한 풍미 형성

4) 고추장

- 된장에 고춧가루를 혼합 발효한 우리나라 고유 조미식품
- 전분 분해된 단맛, 메주콩 단백질 분해된 구수한 맛, 소금의 짠맛, 고춧가루의 매운맛이 잘 어울려 특유의 맛을 낸다.

(1) 고추장 제조

① 찹쌀을 분쇄 증자하고 엿기름을 첨가 후 방랭
② 고추장용 메주는 멥쌀과 대두를 1 : 1.5로 각각 증자·혼합·제국하여 사용
③ 메줏가루, 고춧가루, 소금을 담근 후 발효 숙성

(2) 고추장 제조 관여 미생물

① 곰팡이 : *Aspergillus oryzae*
② 숙성 중 효모 : *Saccharomyces*, *Debaryomyces*, *Hansenula*, *Torulopsis*, *Candida*
③ 숙성 관여 세균 : *Bacillus subtilis*

4. 침채류

- 채소에 식염을 첨가하고 양념한 저장형 절임식품
- 염분 공급원, 증식 젖산균 정장작용, 소화 촉진

1) 김치

한국의 전통 침채류, 절인 배추에 무·고추·마늘·생강·젓갈을 첨가하여 저온 젖산 숙성한 발효식품

(1) 발효 초기

Leuconostoc mesenteroides, 젖산·탄산가스(CO_2)에 의해 산성화하여 호기성 세균 억제

(2) 발효 후기

① *Lactiplantibacillus plantarum*, *Levilactobacillus brevis*, 내산성
② 발효온도가 낮을수록, 식염농도가 높을수록 *Lactiplantibacillus* 속, *Levilactobacillus* 속, *Pediococcus* 속 증식 유리

2) 피클

① 유럽, 미주 지역의 채소발효식품
② 채소나 과일에 소금, 식초, 향신료를 첨가한 절임식품
③ 담금 초기 : *Pseudomonas, Flavobacterium, Alcaligenes, Bacillus*
④ 담금 중기 : *Leuconostoc mesenteroides, Enterococcus faecalis*, pH 3
⑤ 담금 후기 : *Hansenula, Pichia, Candida* 등 효모 증식 피막 형성

3) 사우어크라우트(sauerkraut)

① '신맛 나는 양배추'란 뜻으로 양배추를 잘게 썰어 2~3% 소금을 뿌린 발효식품
② *Leuconostoc mesenteroides, Lactiplantibacillus plantarum* 관여

5. 발효유(fermented milk)

- 우유, 산양유 등 포유류 젖이나 가공품 원료로 유산균, 효모를 이용 발효
- 발효유에 당이나 향을 첨가한 호상 또는 액상 제품

1) 발효유 종류

- 물리적 성상에 따라 호상 요구르트, 액상 요구르트로 구분
- 최종 발효산물에 따라 유산균 발효유, 유산균 알코올 발효유로 구분

(1) 호상 요구르트

Streptococcus thermophilus, Lactococcus thermophilus, Bifidobacterium animalis ssp. *lactis* 혼합 이용

원료 → mix 배합 → 균질화 → 살균 → 냉각 → 스타터 첨가(향료 첨가) → 소형용기 충전 → 배양 → 냉각 → 제품

(2) 액상 요구르트

Lacticaseibacillus casei, Lactobacillus delbrueckii ssp. *bulgaricus, Lactobacillus acidophilus* 등 간균 이용

원료 → mix 배합 → 균질화 → 살균 → 냉각 → 스타터 첨가 → 탱크 배양 → 커드 분쇄 → 냉각 → 과즙, 향료 첨가 → 살균(순간) → 소형용기 충전 → 액상 제품

2) 발효유 제조

① 원료유 : 신선도 검사에 합격한 원료 사용, 항생물질 검사 실시
② mix의 배합 : 탈지분유, 설탕, 안정제를 일정량씩 평량하여 혼합, 용해
③ 균질화 : mix 온도 55~80℃, 균질압력 80~250kg/cm^2
④ 살균 : 95℃, 15분
⑤ 냉각 및 스타터 첨가 : 40~45℃ 냉각 후 중간 배양체를 mix 용량의 2~3% 첨가·혼합, 호상의 경우 향료 혼합
⑥ 충전 : 용기에 넣고 37~45℃에서 목표산도까지 발효, 액상 요구르트의 경우 커드 균질화, 냉각 후 향료나 과즙 등을 넣고 80℃, 5분 살균 후 냉각 포장

3) 젖산균 스타터 제조

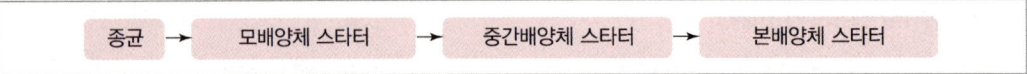

종균 → 모배양체 스타터 → 중간배양체 스타터 → 본배양체 스타터

SECTION 02 대사생성물의 생성

1. 유기산 발효

1) 산화적 유기산 발효

(1) 초산 발효

① 초산균 : *Acetobacter aceti, Acetobacter acetosum, Acetobacter oxydans, Acetobacter rancens, Acetobacter schutzenbachii*
② 초산 생성
- 알코올 → acetaldehyde → 초산
- 산소 공급 중단 시 아세트알데히드 축적
- 직접 산화 발효

③ 초산발효 조건
- 전배양(종초) : 우량균주 배양(산 생성 빠르며, 산 생성량 많고, 산 내성 크며, 향미 좋고, 생성 초산을 재분해하지 않는 것)
- 충분한 산소 공급
- 발효온도 : 27~30℃

④ 생산방법
- 정치법(orleans process) : 발효통(대패밥, 코르크 등 사용, 낮은 수율, 장기간)
- 속양법(generator process) : 발효탑(Frings 속초법, 대패밥 탱크 최상부까지 채움)
- 심부배양법(submerged aeration process) : Frings의 acetator(공기 송입 교반)

(2) gluconic acid 발효(생산균)

① *Acetobacter gluconicum* : 15% glucose, 48~66시간, 90% 수율
② *Pseudomonas fluorescens* : 15% glucose, 32시간, 94~95% 수율

(3) 5-keto-gluconic acid 발효(생산균)

Acetobacter suboxydans, Acetobacter gluconicum

(4) tartaric acid 발효

① 생산균 : *Gluconobacter suboxydans*
② 10% 포도당, 30% 수율

2) 해당(EMP) 경로 및 구연산회로(TCA) 유기산 발효

(1) 젖산 발효

① 젖산균 : *Rhizopus oryzae, Lactobacillus delbrueckii*(포도당), *Lactobacillus delbrueckii* ssp. *bulgaricus, Lacticaseibacillus casei*(우유)
② L-형 인체 이용
③ 10% 당, pH 5.5~6.0, 45~50℃, 80~90% 수율
④ 동형 젖산 발효
- 이론상으로는 분자량이 동일하므로 100% 수율
$$C_6H_{12}O_6 \rightarrow 2CH_3 \cdot CHOH \cdot COOH$$
  Glucose Lactic acid
- 젖산균 : *Lactobacillus acidophilus, Lactobacillus delbrueckii*(포도당), *Lactobacillus delbrueckii* ssp. *bulgaricus, Lacticaseibacillus casei*(우유)

⑤ 이형 젖산 발효
- 당을 발효하여 젖산 이외에 초산, 에탄올, CO_2 등 생성
$$C_6H_{12}O_6 \rightarrow CH_3 \cdot CHOH \cdot COOH + C_2H_5OH + CO_2$$
- 젖산균 : *Leuconostoc mesenteroides, Levilactobacillus brevis*

(2) 구연산 발효

① 생산균 : *Aspergillus niger, Aspergillus luchuensis, Candida lipolytica*

② 생산기작

$$C_6H_{12}O_6 \text{(glucose)} \longrightarrow CH_3COCOOH \text{(pyruvic acid)} \xrightarrow[+CO_2]{-CO_2} \begin{array}{c} CH_3CO-CoA \text{ (acetyl CoA)} \\ CO-COOH \\ | \\ CH_2-COOH \\ \text{oxaloacetic acid} \end{array} \longrightarrow \begin{array}{c} CH_2-COOH \\ | \\ HO-C-COOH \\ | \\ CH_2-COOH \\ \text{citric acid} \end{array}$$

③ 수율 : 포도당 원료 110%, 탄화수소 원료 230%

④ 당농도 10~20%, 26~35℃, pH 3.5

(3) succinic acid 발효

① 생산균 : *Saccharomyces sake*(주정발효), *Brevibacterium divaricatum*(포도당), *Candida brumptii*(n-paraffin)

② 수율 : 포도당 원료 30%, n-paraffin 원료 65%

(4) fumaric acid 발효

① 생산균 : *Rhizopus nigricans*

② 30℃, 3일, 60% 수율

(5) malic acid 발효

① 생산균 : *Aspergillus flavus*(당), *Levilactobacillus brevis*(fumaric acid), *Candida membranifaciens*, *Candida utilis*(n-paraffin)

② 생산 : fumaric acid 100%, 탄화수소 70%

(6) propionic acid 발효

① 생산균 : *Propionibacterium technicum*

② 전분질, pH 7.0, 30℃, 7~10일

2. 주정 발효

1) 당밀 주정 제조

당밀 → 희석 →(발효조성제)→ 살균 → 발효 →(술밑, 효모)→ 증류 → 제품

- 단발효주를 증류한 것
- Brix 20°(녹말질 당으로 10~20%) 희석
- 100℃, 30분 살균

- 살균 시 발효조성제(황산암모늄 1% 또는 쌀겨 3%) 첨가
- 폐액환원(slopping back) : 증류 폐액 20% 첨가로 폐액 재활용
- 밀폐식 발효가 개방식 발효보다 수율이 좋음
- 효모 : *Saccharomyces formosensis*, *Saccharomyces robustus*

[특수 발효법]

(1) Reuse법(Urises de Melle법)

① 효모균 재사용으로 당 절약 효과(증식에 따른 소모 감소)
② 고농도 담금 가능
③ 발효시간 단축, 원심분리 시 잡균 제거
④ 폐액 60%로 당밀 희석 재이용

(2) Two Stage(Hildebrandt Erb법)

① 증류폐액 중의 비발효성 물질을 이용하여 효모 증식
② 효모 증식에 필요한 당 절약
③ 폐액 BOD 저하

(3) 고농도 술덧발효법

알코올 농도가 높은 술덧으로 효율적·경제적 증류

(4) 연속발효법

술덧의 담금, 살균 생략으로 발효과정 단축, 발효 균일 진행, 장치 기계적 제어 용이

2) 녹말질 주정 제조

(1) 국법

① 병행 복발효주를 증류한 것
② 옥수수, 고구마 등 이용
③ 분쇄 : roll mill(곡류), impact grinder(곡류), hammer형(섬유질 원료)
④ 증자
- 고구마 : pH 4.8~5.4, 점도 감소로 증자 용이(증자조건 : 2.0~2.5kg/cm^2·30~40분)
- 옥수수(곡류) : 산(염산, 황산) 첨가, pH 4.6 조절(증자조건 : 3.0kg/cm^2·40~60분)

⑤ 당화 균주 : *Aspergillus oryzae*, *Aspergillus usamii*, *Aspergillus luchuensis*
⑥ 술밑 젖산균 : *Lactobacillus delbrueckii*
⑦ 발효 : 30~36℃, 20~30시간

(2) 아밀로(amylo)법

① 아밀로균(*Mucor rouxii*, *Rhizopus delemar*, *Rhizopus Javanicus*, *Rhizopus Japonicus*, *Rhizopus tonkinensis*) 사용
② Koji를 사용하지 않고 아밀로균 담금처리, 효모는 *Saccharomyces anamensis*, *Saccharomyces peka*
③ 밀폐 발효로 발효율 높음
④ 소량 종균으로 공업화
⑤ 잡균 오염 방지

(3) 절충법

대규모 생산에 적합, 술밑(amylo법)과 당화(국법) 절충

3) 증류

(1) 증류이론

① 10% 알코올액 가열 시 증기의 알코올 농도 : 51%
② 증발계수

$$k_a = \frac{a}{A}$$

여기서, k_a : 증발계수
A : 원액 중 알코올(%)
a : 증기 중 알코올(%)

③ 공비점(K점)
- 더 이상 증류해도 알코올 농도가 높아지지 않는 상태
- K점 알코올 농도 97.2%(v/v), 비점 78.15℃
- K점 혼합액, 공비혼합물(azeotropic mixture)

④ 정류계수
- k_n : 알데히드, 에스테르, 고급 알코올 등 증발계수(불순물 증발계수)
- 정류계수 : 불순물 증발계수 k_n과 주정 증발계수 k_a의 비, 즉 $\frac{k_n}{k_a}$

($\frac{k_n}{k_a} = 1$: 품질 불변, $\frac{k_n}{k_a} < 1$: 불순물 많음, $\frac{k_n}{k_a} > 1$: 증류액이 원액보다 불순물 적음)

(2) 증류기 종류

① 단식 증류기(pot still) : 알데히드, 에스테르, 퓨젤유, 휘발산 등 제거 불가(품질과 맛 결정, 고량주, 소주(증류식), 위스키, 브랜디 등 특유 향미 결정)
② 연속식 증류기(patent still) : 단식 증류기의 결점 보완, 주정·알데히드·퓨젤유 분리 등

(3) 퓨젤유(fusel oil)

① 퓨젤유 조성 : 아밀 알코올(50% 이상 isoamyl alcohol), 부틸 알코올 등
② 제품주정 0.3%, 유상 황갈색
③ 술덧의 단백질 분해물 유래 프로필 알코올, 부틸 알코올, 아밀 알코올 등

3. 아미노산 발효

- 콩 등 단백질 원료 가수분해
- 화학적 합성
- 미생물 발효

1) glutamic acid 발효

① 생산균 : *Corynebacterium glutamicum*, *Brevibacterium flavum*, *Brevibacterium lacto-fermentum*, *Brevibacterium thiogentalis*, *Microacterium ammoniaphilum*
② 비오틴 필요(2~5γ/L)
③ 포도당, pH 7.0~8.0, 통기 교반, 30~35℃
④ 비오틴 과잉 시 penicillin을 첨가하면 발효 정상 회복

2) lysin 발효

① 생산균 : *Corynebacterium glutamicum*, *Brevibacterium flavum*
② 야생균주, 생합성 전구물질, 변이주 이용

3) aspartic acid 발효

① 생산균 : *Corynebacterium* 속
  - 전구체 첨가(푸마르산)
  - 합성효소 : aspartase(*E. coli* 효소)
② 생합성 전구물질, 대장균의 효소 이용

4. 핵산 발효

1) 핵산 정미성 조건

① mononucleotide, purine계(염기의 6′-OH), ribose의 5′ 위치에 인산기
② 5′-inosinic acid(5′-IMP, 가쓰오부시), 5′-guanilic acid(5′-GMP, 표고버섯), 5′-xanthylic acid(5′-XMP)
③ GMP > IMP > XMP

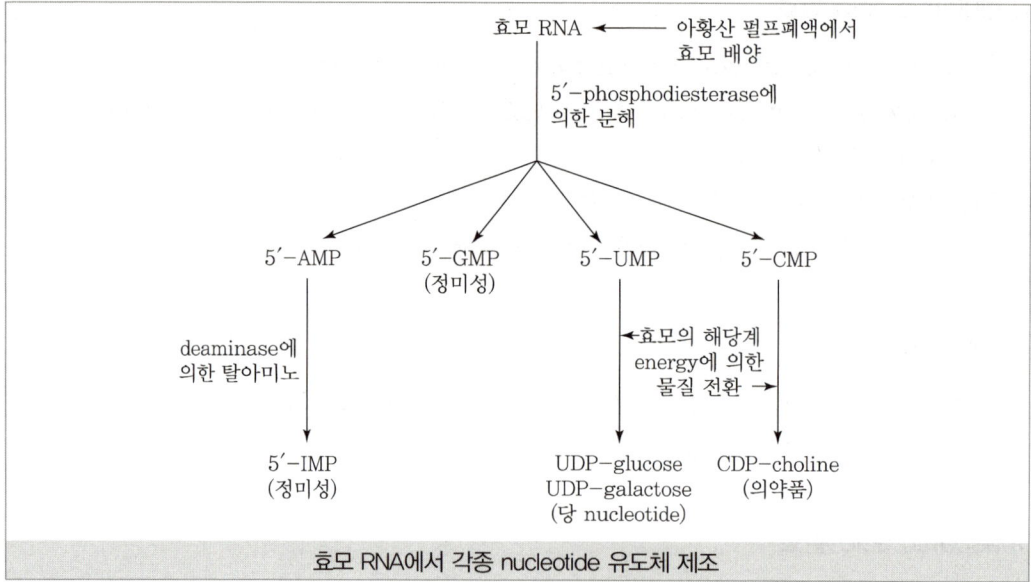

정미성 nucleotide의 구조

효모 RNA에서 각종 nucleotide 유도체 제조

2) 정미성 핵산 제조

- RNA 분해
- 발효와 합성의 결합
- de novo 합성

[RNA 분해법]

① 효모에서 미생물 효소로 RNA 분해
② 효모의 대수증식기 선택(RNA>DNA)
③ RNA 0.5~10%, *Penicillium citrinum*(pH 5, 65℃), *Streptomyces aureus*(pH 8, 42℃)
④ 수시간 분해 후 AMP는 탈아미효소(deaminase)로 IMP 전환
⑤ 분해액에서 5′-nucleotide 분리 및 정제

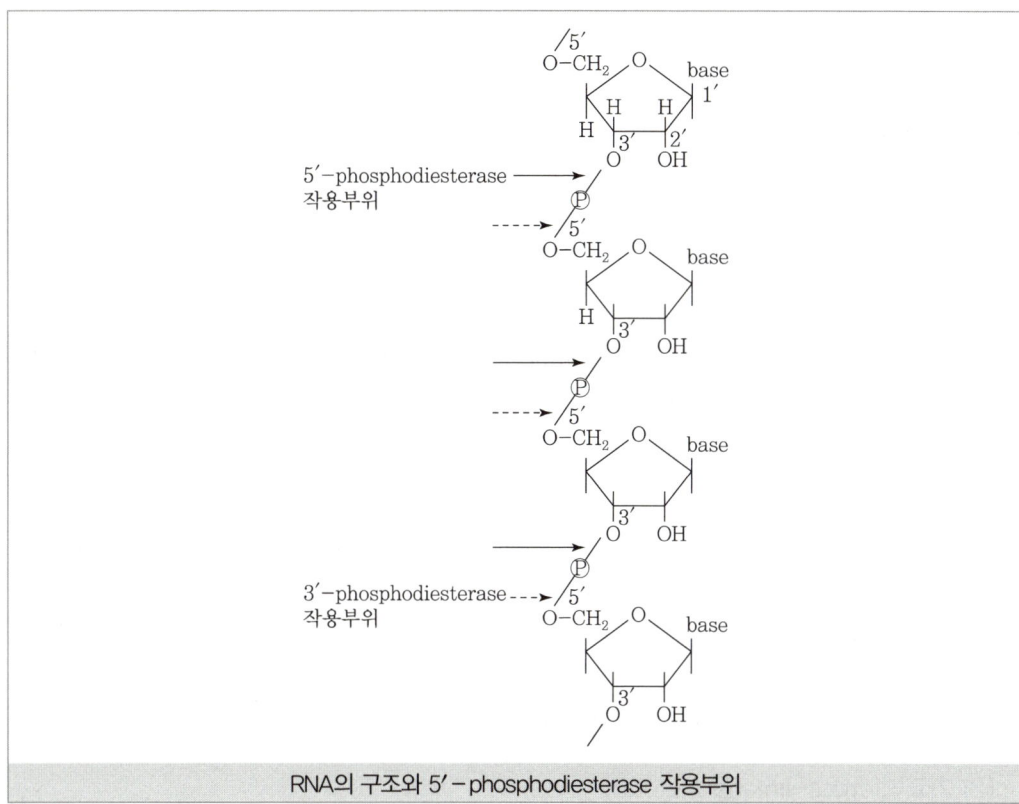

RNA의 구조와 5′-phosphodiesterase 작용부위

5. 효소 생성

액체 배양이나 고체 배양으로 균체 증식

1) 효소의 추출

① 기계적 마쇄법 : mortar, ball mill 등
② 초음파 파쇄법 : 10~60kHz 초음파 이용
③ 자기 소화법 : ethyl acetate 등 첨가, 20~30℃ 자가 소화
④ lysozyme 처리법 : 세포벽 용해
⑤ 동결 융해법 : dry ice 동결 융해 후 원심분리

2) 효소의 정제

단백질 정제법에 따른다.

(1) 염석(salting out)과 투석(dialysis)

① 염석 : 고농도 염으로 효소단백질 석출
② 투석 : 반투막을 이용하여 저분자 물질과 염 제거, 고분자인 단백질만 정제

(2) 친화성 크로마토그래피(affinity chromatography)

기질을 이용한 효소 분리

3) 고정화 효소

효소를 담체(carrier)에 부착시켜 지속적으로 촉매 활성을 하도록 만든 것

(1) 담체결합법

① 공유결합법 : 불용성 담체와 효소를 공유 결합한다.
- Diazo법 : p-aminobenzyl cellulose, polyamino, polystyrene 등 아미노기를 가지는 담체와 효소를 diazo 결합시킨다.
- Peptide법 : CM-cellulose azide, carboxy chloride 수지, isocyanate 유도체 등과 효소를 peptide 결합시킨다.
- Alkyl화법 : cyanuric cellulose, bromoacetyl cellulose 등의 할로겐화 알킬기를 활성화시키면 효소의 작용기와 반응해 공유결합이 형성된다.

② 이온결합법 : DEAD-cellulose, CM-cellulose, sephadex 등의 이온교환 수지에 효소를 결합시킨다.
③ 물리적 흡착법 : 활성탄, 산성백토, kaolinite 등에 효소를 흡착시킨다.

(2) 가교법(cross-linking method)

효소를 담체에 부착할 수 있는 기능기를 가진 가교로 연결하는 방법이다.

(3) 포괄법(entrapping method)

효소를 담체겔 속에 고정시키거나 반투과성 피막으로 감싸도록 하는 방법이다.

6. 생리활성물질

1) 비타민

(1) 비타민 B_2(riboflavin)

① 생산균 : *Ashbya gossypii*(7g/L), *Eremothecium ashbyii*(3g/L), *Candida flareri*, *Mycocandida riboflavina*

② 포도당, 설탕, 맥아당, 28℃, 7일
③ pH 4.5 조절, 121℃, 1시간, 추출 후 원심분리 정제

(2) 비타민 B_{12}

① 생산균 : *Pseudomonas denitrificans*(60mg/L), *Propionibacterium shermanii*(40mg/L), *Propionibacterium freudenreichi*, *Nocardia rugosa*
② 사탕무 당밀, 포도당, 30℃, 7일, pH 7
③ 80~120℃, pH 6.5~8.5, 30분 가열
④ 질산나트륨 존재하 KCN 처리

(3) β-carotene

① 생산균 : *Blakeslea trispora*(3g/L), *Streptomyces chrestomyceticus*(0.5g/L)
② 옥수수 전분, (+), (-) 주의 혼합 배양, 통기 교반, 26℃, 48시간

(4) 비타민 C

① 생산균 : *Acetobacter suboxydans*, *Gluconobacter roseus*(sorbose 발효), *Pen. notatum*, *Pseudomonas fluorescens*, *Serratia marcescens*
② D-sorbitol, 30℃, 통기 교반, 30시간, 95% 수율

2) 스테로이드계 – 코르티손(cortisone)

① 생산균 : *Rhizopus nigricans*
② progesterone의 수산화반응(hydroxylation)

7. 균체 생산

1) 미생물 균체 성분

미생물 세포의 조성 (건조물 %함량)

미생물의 종류	탄수화물	단백질	핵산	지질	회분
효모	25~40	35~60	5~10	2~50	3~9
곰팡이	30~60	15~50	1~3	2~50	3~7
세균	15~30	40~80	15~25	5~30	5~10
단세포 조류	10~25	40~60	1~5	10~30	–

2) 효모 단백질 생산

(1) 아황산펄프폐액 원료

① 생산균 : *Candida utilis*, *Candida major*, *Candida tropicalis*
② 질소원은 암모니아, 요소 이용, Waldhof형 발효조 배양
③ 분리 : 원심분리기 분리 후 회전건조기, 분무건조기 건조

(2) 석유계 탄화수소 원료

① 생산균 : *Candida tropicalis*, *Candida lipolytica*, *Candida intermedia*, *Nocardia*, *Pseudomonas*, *Corynebacterium*
② 등유나 경유 이용

3) 녹조류 단백질 생산

① 생산균 : *Chlorella pyrenoidosa*, *Chlorella vulgaris*
② 독립영양균, 광합성 위한 CO_2, 태양광선 이용
③ 클로렐라 성분 : 단백질 40~50%, 지질 및 탄수화물 10~30%, 비타민 A, B_1, B_2, C 등

4) 빵효모 생산

① 생산균 : *Saccharomyces cerevisiae*
② 사탕수수 당밀, 황산암모늄, 암모니아수, 요소 첨가
③ 충분한 산소 공급, 지수적 증식
④ 배양액 효모농도 10%, 원심분리 농축
⑤ 5℃ 냉각, filter press 압착, 압착효모 수분 65~70%

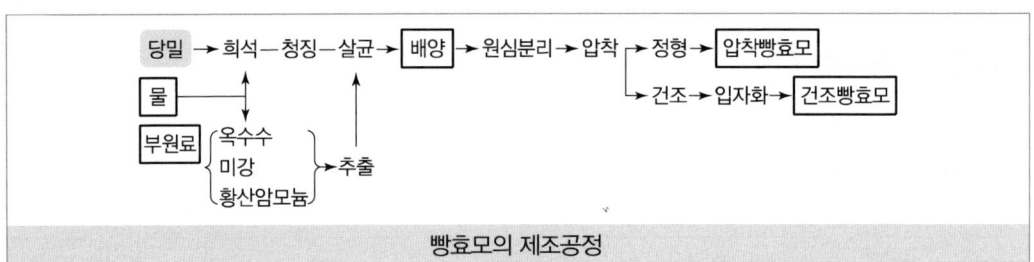

빵효모의 제조공정

5) 지질 분해 미생물(유지 미생물)

① 생산균 : *Nocardia*, *Pseudomonas aeruginosa*, *Penicillium spinulosum*, *Aspergillus nidulans*, *Geotricum candidum*
② 대사 활성 실험을 위해 배지에 보통 2~3% 유지 함유
③ 온도 25℃, pH는 *Norcardia* 속 중성, 효모 3.4~6.0, 곰팡이 중성

미생물 생산 효소

효소	균주	용도
amylase	*Aspergillus oryzae, Bacillus subtilis, Bacillus stearothermophilus* 등	glucose 제조, 식품가공, 소화제
glucoamylase	*Rhizopus delemar*	glucose 제조
glucose isomerase	*Streptomyces albus*	과당시럽 제조

CHAPTER 05 생화학

SECTION 01 효소(enzyme)

- 활성화에너지를 낮추어 반응속도를 증가시키는 생체촉매
- holoenzyme(전효소) = apoenzyme(아포효소) + 보조인자(cofactor)
- 보효소는 비단백질 성분이며 비가역적인 보결분자단, 가역적인 조효소(coenzyme)와 금속이온으로 구성
- 단백질만으로 구성된 효소도 있으며 조효소는 대부분 비타민
- 기질 특이성이 있으며 기질과 유도적합(induced fit)에 의해 반응
- 효소는 재활용이 가능하며 거의 일정 수준 유지, 기질에 따라 반응속도 변화

1. 효소의 분류

계통명(국제 생화학 연합 효소위원회, E.C)

① 1군 - 산화환원 효소(oxidoreductase) : dehydrogenase, oxidase, reductase 등
② 2군 - 전이효소(transferase) : AST(GOT), ALT(GPT), kinase 등
③ 3군 - 가수분해효소(hydrolase) : peptidase, glycosidase, amylase, esterase 등
④ 4군 - 탈이효소(lyase) : synthase, decarboxylase 등
⑤ 5군 - 이성화효소(isomerase) : isomerase, mutase 등
⑥ 6군 - 연결효소(ligase) : DNA ligase 등

2. 효소의 반응에 미치는 인자

온도, pH, 기질농도, 효소농도, 활성제, 저해제 등

3. 효소반응속도

① Michaelis-Menten식에서 최대반응속도 $V_{\max}$의 1/2의 반응속도를 나타내는 기질농도를 K_m(Michaelis 상수)라 함(효소 농도는 일정, 기질 농도는 증가)
② 효소-기질 친화성이 클수록 K_m 값은 작아짐

③ Michaelis-Menten식 : $V_o = V_{\max}[S]/K_m + [S]$
④ Michaelis-Menten식의 역수를 취한 Lineweaver Burk식($V_{\max}$를 구할 수 있음)
$1/V_o = K_m/V_{\max}[S] + 1/V_{\max}$, 기울기 = $K_m/V_{\max}$

4. 효소 활성 촉진물질과 저해물질

- 촉진제(activator) : 효소활성을 촉진하는 물질
- 저해제(inhibitor) : 효소활성을 저해하는 물질

1) 경쟁적 저해제(competitive inhibitor)
① 구조가 기질과 유사한 물질로 효소 활성부위에 기질과 경쟁적으로 결합하여 저해
② succinate dehydrogenase의 malonate가 해당
③ K_m 값 = 증가, $V_{\max}$ = 불변

2) 비경쟁적 저해제(uncompetitive inhibitor)
① 효소 조절부위에 저해제가 결합하여 저해
② K_m 값 = 불변, $V_{\max}$ = 감소

3) 무경쟁적 저해제(noncompetitive inhibitor)
① 효소-기질 복합체에 저해제가 결합하여 저해
② K_m 값, $V_{\max}$ = 모두 감소

4) 다른 자리 입체성 조절효소(allosteric enzyme)
① Michaelis-Menten식을 따르지 않으며 활성부위와 조절부위를 갖고 있음
② 조절물질에는 촉진물질(+)과 저해물질(-)이 있음
③ S(sigmoid)자형 곡선으로 촉진제(+)가 있으면 좌측으로, 저해제(-)가 있으면 우측으로 이동
④ 되먹임 저해(feedback inhibition) : 일련의 연속된 반응에서 최종생성물이 초기 반응의 조절효소에 결합하여 저해

5. 효소의 활성 조절
① 조절효소에 의한 조절(allosteric enzyme) : 촉진제, 저해제
② 공유결합형 변형 조절효소에 의한 조절(covalently regulated enzyme) : 효소의 인산화에 의한 공유결합형 변형에 의해 활성과 비활성 조절(protein kinase, phosphorylase kinase 등)

③ 지모겐(zymogen)에 의한 조절 : 폴리펩타이드 일부 절단에 의한 활성화 조절(펩시노겐, 트립시노겐, 프로카르복시라제 등 단백질분해효소)
④ DNA에 의한 효소 합성 조절

6. 동위효소(isoenzyme)

효소의 구조는 다르나 같은 반응을 촉매하는 효소[hexokinase, glucokinase, lactate dehydrogenase (LDH) 5종 등]

SECTION 02 탄수화물

1. 탄수화물의 대사

다당류 : 단당류(소장) → 세포질(포도당 → 피루브산 → Acetyl-CoA → TCA → 전자 전달)

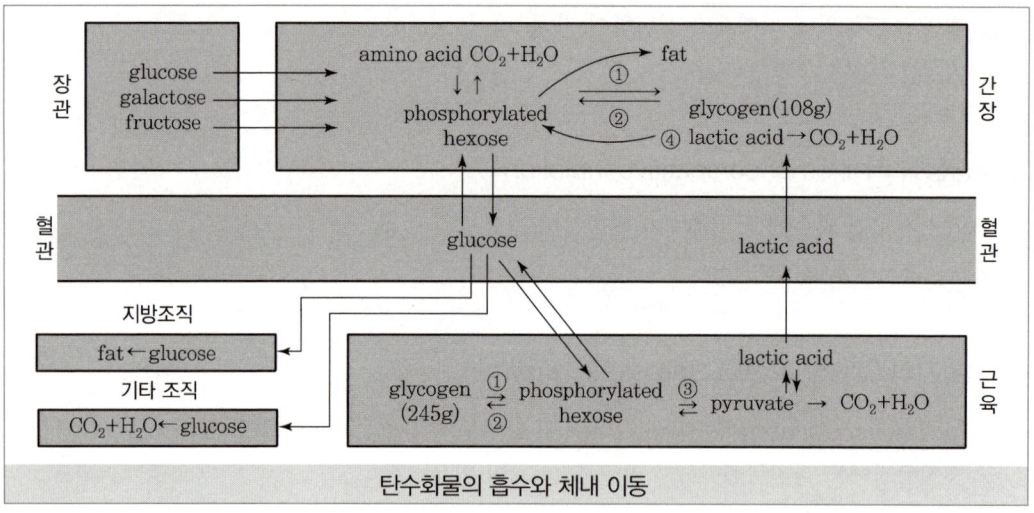

탄수화물의 흡수와 체내 이동

2. 해당(EMP, glycolysis)

- 생물 전체 존재, 적혈구 ATP 생성은 해당에 의존
- 포유류는 특히 근육에서 활발히 진행(혐기적 해당 시 젖산은 근육 통증 원인)
- 탄소 6개의 포도당이 탄소 3개의 피루브산(pyruvate) 2분자로 분해
- 혐기적 해당(anaerobic glycolysis) : 포도당 → 2피루브산 → 2젖산(2분자의 ATP 생성)
- 호기적 해당(aerobic glycolysis) : 포도당 → 2피루브산, 5분자(근육, 뇌 등) 또는 7분자(간, 신장, 심장 등) ATP 생성

- **알코올 발효** : 포도당 → 2피루브산 → 2아세트알데히드 → 2에탄올(2ATP 분자 생성)
  Pyruvate decarboxylase(효모), alcohol dehydrogenase

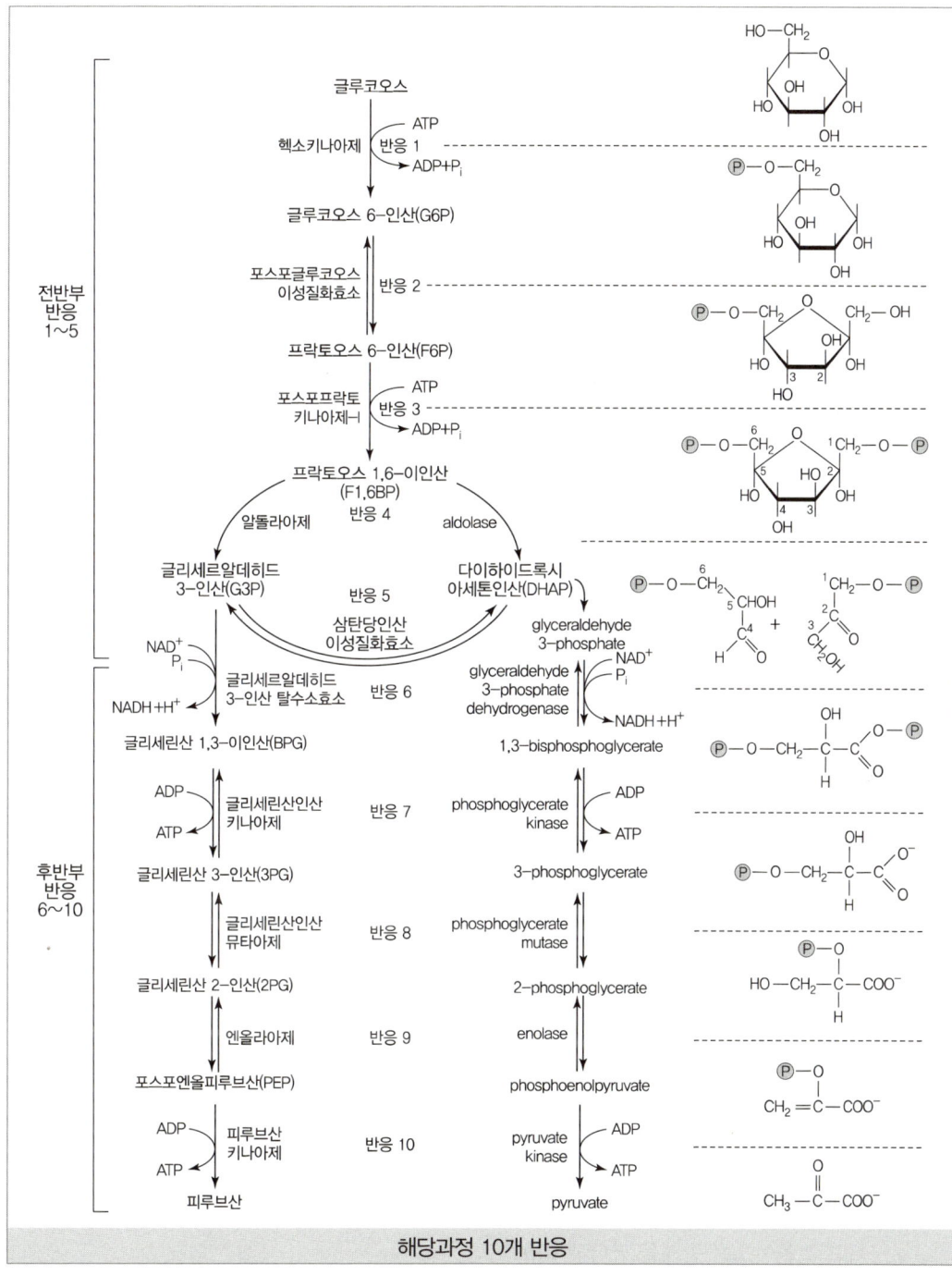

해당과정 10개 반응

1) 해당과정의 특징

① 비가역반응 : (1), (3), (10)번 반응, 다른 자리 입체성 조절효소(allosteric enzyme)
② ATP 소모 단계 : (1), (3)번 반응
③ 기질수준 인산화 단계 : (7), (10)번 반응
④ 생체 내 고에너지 화합물 : PEP(해당 10번 반응 기질), DPG(해당 7번 반응 기질), succinyl-CoA(TCA 5번 반응 기질, 기질수준 인산화), creatine phosphate(근육형), ATP 등
⑤ 생체 내 인산화반응 : 산화적 인산화(전자전달계), 기질수준 인산화
⑥ 포도당 이외 단당류(과당, 갈락토오스)는 간에서 포도당으로 전환

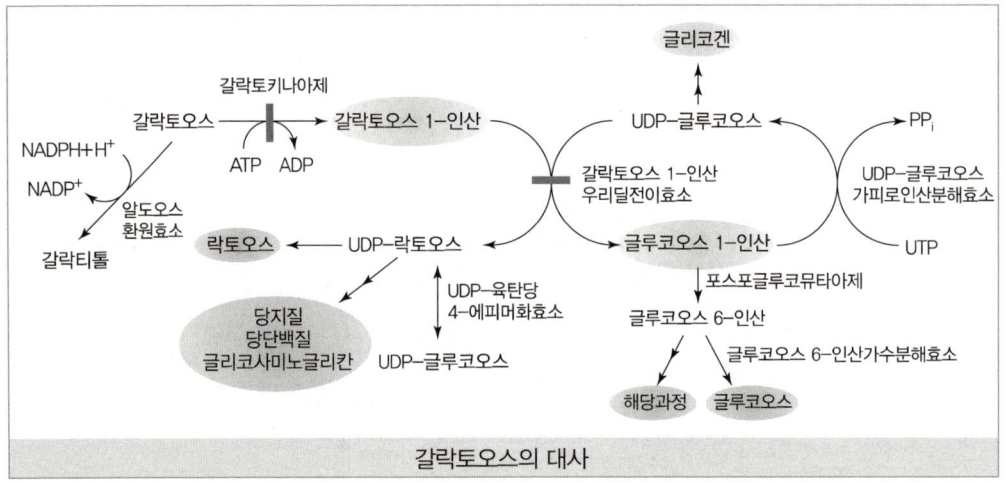

갈락토오스의 대사

⑦ 갈락토오스 혈증(galactosemia) : galactose 1-phosphate uridyltransferase의 유전적 결함으로 갈락토오스가 축적되는 질병
⑧ 당뇨병(인슐린 결핍), 유당불내증(lactase 결핍), 글리코겐 축적증(Von Gierke병, glucose-6 phosphatase 결핍), 과당불내증(fru-1,6 diphosphatase 결핍), 저혈당증(insulin 과다증) 등
⑨ Lactate dehydrogenase : 혐기적 해당 시 피루브산에서 젖산 생성
  - Tryptophan → Niacin → NAD(조효소), NADH(조효소, 6번 반응 생성) 필요
  - 동위효소(isoenzyme)로 5종(M_4, M_3H_1, M_2H_2, M_1H_3, H_4)(M : 근육형, H : 심장형)

2) 당신생반응

(1) Cori 회로

근육에서 혐기적 해당 결과 생성된 젖산이 혈류를 통해 간으로 이동하여 다시 당신생반응을 거쳐 근육으로 돌아오는 관계를 나타낸 회로

(2) 당신생반응(gluconeogenesis)

① 간에서 발생, 해당 역반응으로 해당 비가역반응(1, 3, 10번 반응)만 다름

② 2분자 피루브산으로부터 1분자 포도당 생성 시 6분자 고에너지 인산화합물(4ATP+2GTP) 필요
③ 당신생 기질 : 젖산(lactic acid), 피루브산(pyruvate), alanine 같은 당원성 아미노산, 글리세롤, 해당 및 TCA 회로 중간 산물, 프로피온산
④ Acetyl-CoA, leucine, lysine(케톤원성 아미노산)은 당신생 기질이 될 수 없음

(3) 당신생반응 과정

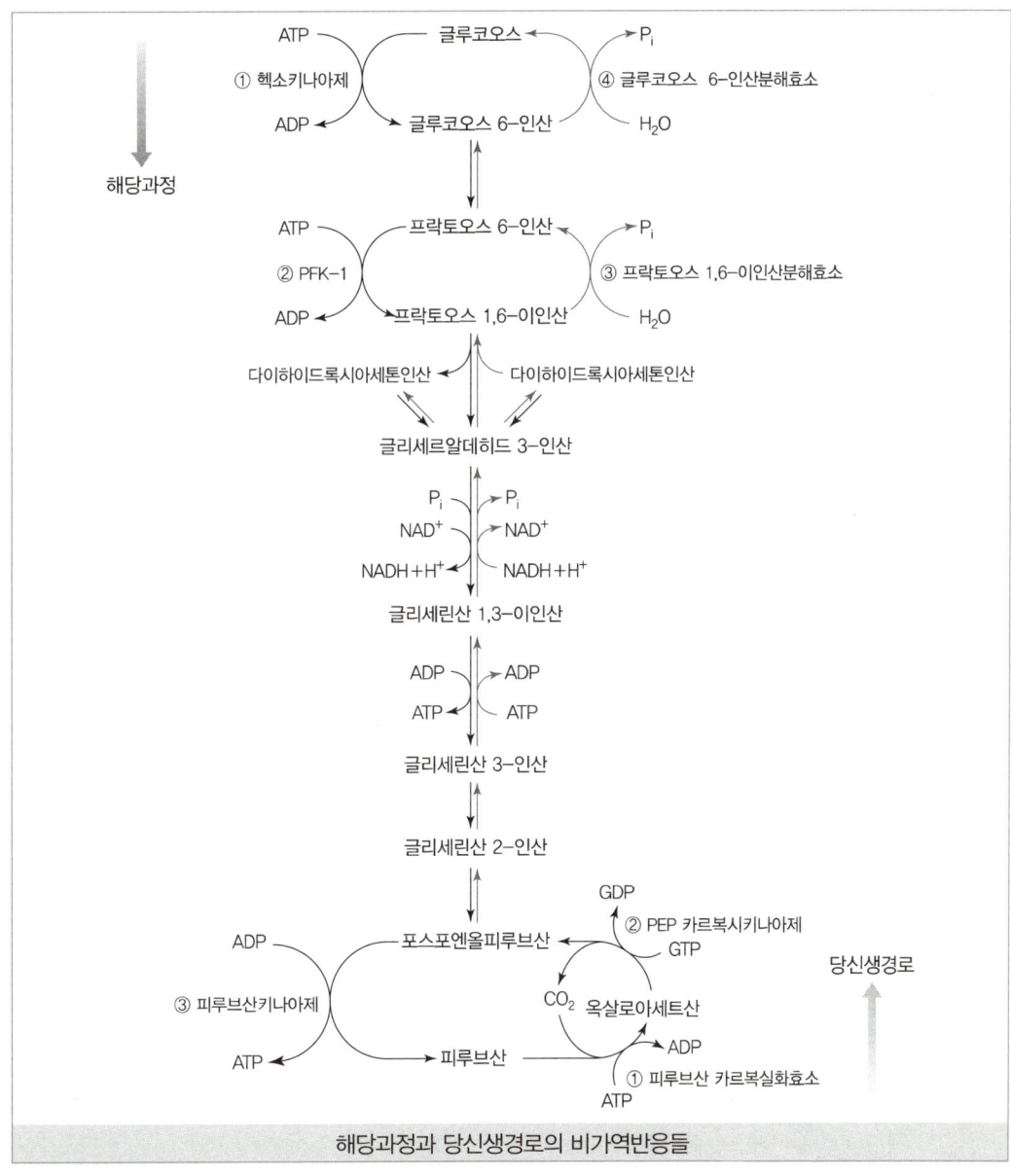

해당과정과 당신생경로의 비가역반응들

3) 오탄당 인산경로(HMP)

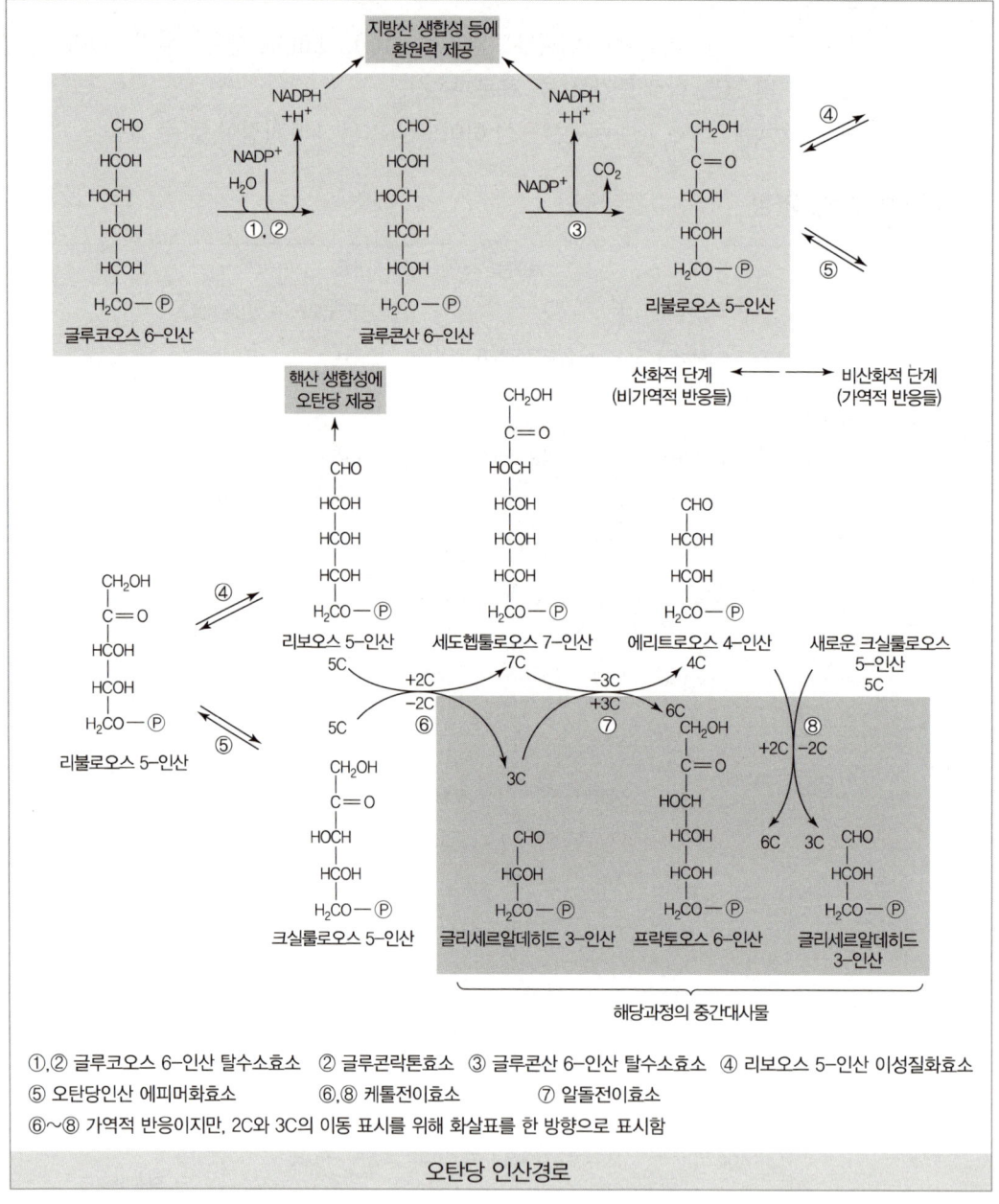

오탄당 인산경로

(1) 오탄당 인산경로 과정(산화적 · 비산화적 단계로 분류)

① 산화적 단계 : Glucose $-6-$ⓟ $\rightarrow$ 6$-$phosphogluconate $\rightarrow$ ribulose$-5-$ⓟ ⇨ NADPH 생성(지방산 생합성에 이용)

② 비산화적 단계 : ribulose$-5-$ⓟ $\rightarrow$ xylulose$-5-$ⓟ $\rightarrow$ ribose$-5-$ⓟ ⇨ 핵산 합성에 이용

③ 상호변환 : glyceraldehyde-3-ⓟ, sedoheptulose-7-ⓟ, erythrose-4-ⓟ, fructose-6-ⓟ ⇨ transaldolase(TA), transketolase(TK) 관여

(2) 특징

① 간, 뇌, 유선, 지방조직, 성선, 부신피질, 적혈구 등에서 왕성하게 일어나며 근육에서는 거의 일어나지 않음
② NADPH를 생성하여 지방산 합성, 스테로이드 합성, 산화형 glutathion 환원
③ 3탄당, 4탄당, 5탄당, 6탄당, 7탄당 등 상호변환 작용
④ 핵산 합성에 필요한 ribose-5-phosphate 생성
⑤ 글루코오스 6-인산 탈수소효소, 글루콘산 6-인산 탈수소효소

4) 글리코겐의 합성과 분해

간에 100g, 근육에 200~300g 저장

(1) 글리코겐 합성(glycogenesis)

glucose → (hexokinase) → glucose-6-phosphate → (phosphoglucomutase) → glucose-1-phosphate + UTP → (UTP-glucose-1-phosphate uridyltransferase) → UDP-glucose(포도당의 활성형) → (glycogen synthase) → glycogen

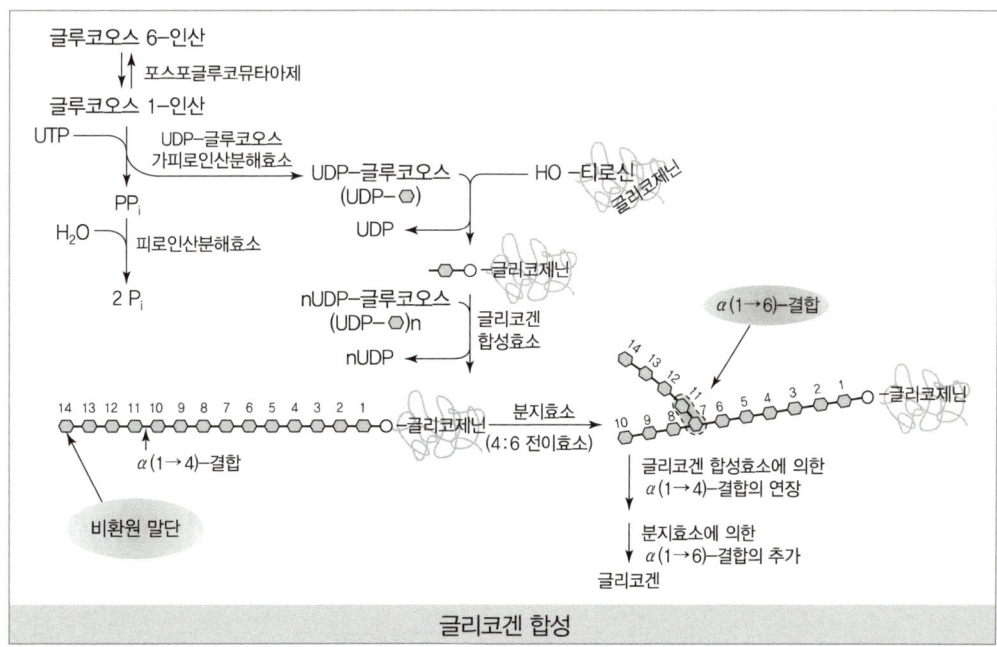

글리코겐 합성

(2) 글리코겐 분해(glycogenolysis)

① Glycogen(n) → (glycogen phosphorylase) → glycogen(n−1) + G−1−P(glucose−1−phosphate)

② cascade 증폭반응 : 1개의 신호에 1억가량의 효소가 활성화
- epinephrine(adrenaline), norepinephrine(noradrenaline), glucagon, thyroxine 등 호르몬(1차 메신저)이 세포(β−receptor)에 부착
- β−receptor 세포 안쪽의 Adenylate cyclase 활성화 → ATP로부터 cAMP(2차 메신저) 생성
- cAMP에 의해 protein kinase 활성화
- protein kinase에 의해 phosphorylase kinase 활성화
- phosphorylase kinase에 의해 phosphorylase 활성화
- phosphorylase에 의해 glycogen(n) → glycogen(n−1) + glucose−1−phosphate
- glucose−1−phosphate는 phosphoglucomutase에 의해 glucose−6−phosphate 전환
- G−6−P는 간에서는 glucose−6−phosphatase에 의해 glucose가 되어 혈당 공급
- G−6−P는 근육에서는 해당과정 진행(glucose−6−phosphatase가 없으므로 근육 글리코겐은 혈당 공급원이 될 수 없음)

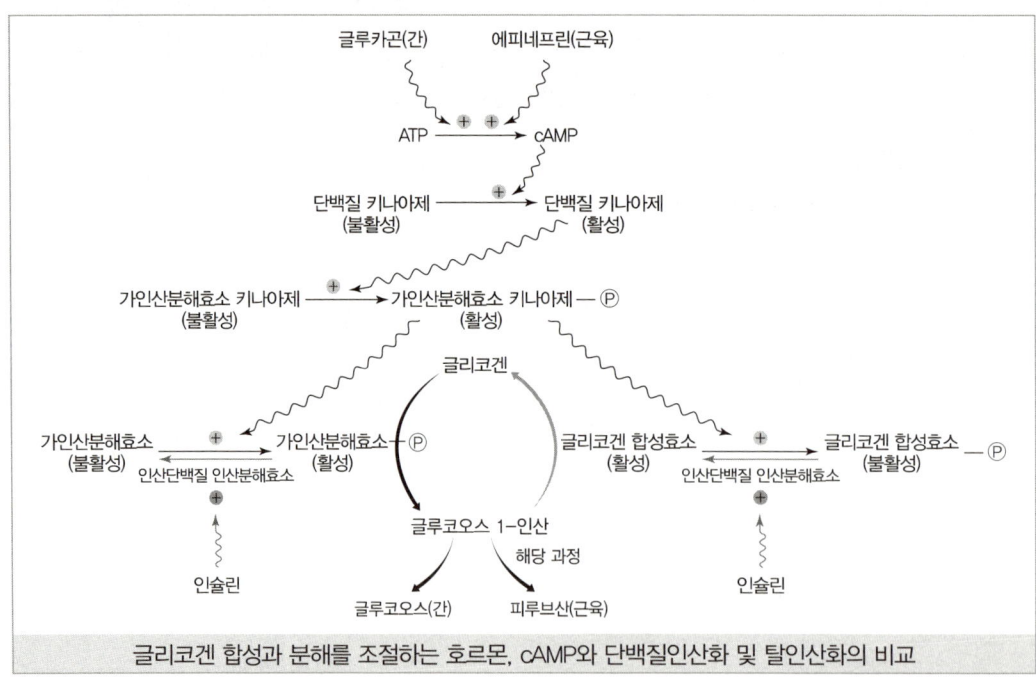

글리코겐 합성과 분해를 조절하는 호르몬, cAMP와 단백질인산화 및 탈인산화의 비교

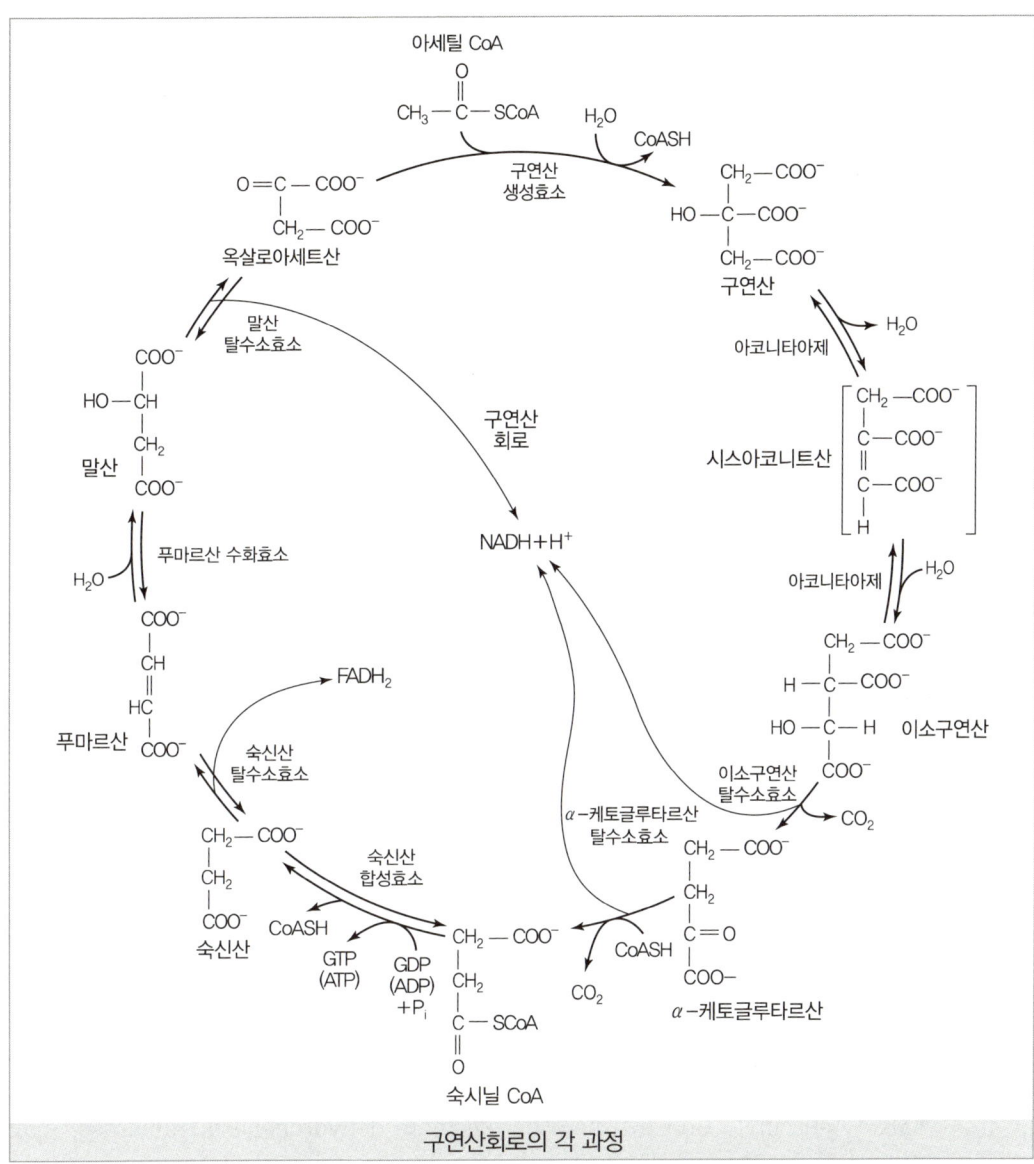

구연산회로의 각 과정

5) TCA(구연산, Kreb's 회로)

탄수화물, 지방, 단백질 대사의 공통 반응

(1) 아세틸-CoA 생성

① 호기적 조건에서 해당계 생성 피루브산이 미토콘드리아(진핵세포)로 이동
② 피루브산은 탈탄산(CO_2 제거)되고 CoA와 결합하여 아세틸-CoA로 TCA 회로 진입

(2) pyruvate → Acetyl-CoA

산화적 탈탄산반응 : oxidative decarboxylation

① 효소 : pyruvate dehydrogenase complex(3개 효소 복합체 : pyruvate dehydrogenase, dihydrolipoyl transacetylase, dihydrolipoyl dehydrogenase)

② 6개 조효소
- TPP(전구체 : thiamin, 비타민 B_1)
- lipoic acid
- CoA(pantothenic acid)
- FAD(riboflavin, 비타민 B_2)
- NAD(niacin)
- Mg^{2+}

(3) TCA 회로 과정

Acetyl-CoA+oxaloacetate → citric acid → cis-aconitate → isocitrate → oxalo succinate → α-ketoglutarate → succinyl-CoA → succinate → fumarate → malate → oxaloacetate

(4) TCA 관여 효소

① 효소 : citrate synthase, aconitase, isocitrate dehydrogenase, α-ketoglutarate dehydrogenase complex

② 6개 조효소
- TPP
- lipoic acid
- CoA
- FAD
- NAD
- Mg^{2+}, succinyl-CoA synthetase, succinate dehydrogenase, fumarase, malate dehydrogenase

(5) 조절효소(allosteric enzyme)

① citrate synthase(TCA 속도조절효소)

② isocitrate dehydrogenase

③ α-ketoglutarate dehydrogenase complex(ATP · NADH → 저해, ADP · AMP → 촉진)

(6) CO_2가 생성되는 반응

① pyruvate → Acetyl-CoA

② isocitrate → [oxalosuccinate] → α-ketoglutarate

③ α-ketoglutarate → succinyl-CoA

(7) 탈수소반응(NADH 생성)

① pyruvate → Acetyl-CoA

② isocitrate → [oxalosuccinate] → α-ketoglutarate

③ α-ketoglutarate → succinyl-CoA

④ malate → oxaloacetate

(8) 탈수소반응($FADH_2$ 생성)

① succinate → fumarate

② succinate dehydrogenase의 경쟁적 저해제 : malonate

(9) 기질수준 인산화반응

succinyl-CoA → succinate(1GTP 생성)

(10) 포도당 1분자가 완전 산화 시 ATP 생성

해당의 6번 반응인 glyceraldehyde-3-phosphate → 1,3-diphosphoglycerate에서 생성된 2분자의 NADH가 미토콘드리아의 내막에서 일어나는 전자전달계에서 산화되어 ATP 생성

① 간장, 심장, 신장 등의 조직 : Malate-aspatate shuttle ⇨ 2NADH(세포질) → 2NADH(미토콘드리아)

∴ 호기적 해당 시 ATP 생성 수=32ATP(∵ NADH=ATP 2.5몰 생성)

② 근육, 뇌 등의 조직 : Glycerol-phosphate shuttle ⇨ 2NADH(세포질) → 2FADH(미토콘드리아)

∴ 호기적 해당 시 ATP 생성 수=30ATP(∵ FADH=ATP 1.5몰 생성)

③ 당, 지방산, 아미노산 등 생체로부터 생성된 아세틸-CoA는 oxaloacetate와 축합되어 구연산이 생성되는데, 여기서부터 TCA 회로가 시작된다.

6) 전자전달계[호흡사슬, Electron Transport(ET)]

- 미토콘드리아 내막(inner membrane)에 존재
- 해당계와 TCA 회로 등에서 생성된 NADH와 $FADH_2$가 전자전달계로 들어가 수소이온을 기질에서 막간 공간으로 이동시키고 산소(최종 전자수용체)를 환원하여 물 생성
- 막간 공간으로 이동된 수소이온은 화학적 농도 구배와 전하적 차이로 발생한 동력을 이용해(화학삼투설) 주변의 ATP 합성효소를 통해 매트릭스로 되돌아오며 ATP 생성(산화적 인산화, oxidative phosphorylation)
- NADH → 2.5ATP, $FADH_2$ → 1.5ATP 생성

(1) 전자 전달 과정(NADH와 FADH$_2$를 통한 H$_2$O 생성 과정)

　① NADH

　　NAD → FMN → FeS(1복합체) → CoQ(조효소, Ubiquinone) → Cyt b → FeS → Cyt c1(3복합체) → Cyt c → Cyt aa$_3$(4복합체, cytochrome oxydase, 금속이온 Fe와 Cu 구성) → O$_2$(최종 전자수용체) → H$_2$O

　② FADH$_2$

　　FAD → FeS(2복합체) → CoQ(조효소, Ubiquinone) → Cyt b → FeS → Cyt c1(3복합체) → Cyt c → Cyt aa$_3$(4복합체, cytochrome oxydase) → O$_2$(최종전자수용체) → H$_2$O

(2) 산소의 불완전한 환원

　CoQ에서 전자 수송 불완전

　① 전자를 1개 받을 시 : 2O$_2^-$(superoxide radical) + 2H$^+$ → H$_2$O$_2$ + O$_2$(superoxide dismutase)
　② 전자를 2개 받을 시 : 2H$_2$O$_2$(과산화수소) → 2H$_2$O + O$_2$(catalase)
　③ Heme 단백질 : Hb(헤모글로빈), Mb(미오글로빈), catalase, cytochrome, peroxydase

(3) 전자전달계의 저해제

　1복합체 − Rotenone, 3복합체 − Antimycin A, 4복합체 − CN, CO

(4) 짝풀림약제(uncoupling agents)

　2,4−dinitrophenol, 내막에 통로를 형성해 막간 공간의 수소이온이 ATP 합성 없이 매트릭스로 이동

(5) 짝풀림단백질(uncoupling protein, thermogenin)

　갈색지방조직(brown fat)은 짝풀림단백질을 갖고 있어 전자전달계의 산화적 인산화 단계에서 ATP를 생성하지 않고 짝풀림단백질을 통과하면서 열(heat) 에너지만 생성한다. 이 갈색지방은 주로 포유동물 중 겨울나기 동물이나 사람의 경우 신생아 때 많으나 자라면서 점점 줄어든다.

7) 대사 위치

① 미토콘드리아 대사 : TCA 회로, 전자전달계, 산화적 인산화, 지방 베타산화 등
② 세포질 대사 : 해당과정, 지방산 생합성, 핵산 합성 등
③ 미토콘드리아, 세포질 대사 : 당신생반응, 요소회로

SECTION 03 지질 대사

지방산은 −COOH기 방향에서 탄소 2개씩 아세틸−CoA로 TCA 회로에 진입한다.

1. 지질의 흡수와 운반

① 유미관 → 임파관 → 흉관 → 쇄골하정맥 → 혈액순환계 → 킬로마이크론(Chylomicron, 식이성 지질의 운반체) → 에너지가 필요한 말초조직이나 지단백질의 합성을 위하여 간으로 운반
② 식이 중의 중성지방(TG)은 췌장 lipase, 혈중 지단백질은 lipoprotein lipase(LPL), 지방조직 중 중성지방(TG)은 호르몬 감수성 lipase(HSL)의 작용으로 유리지방산과 글리세롤로 가수분해된다. 이 lipase는 모두 esterase이다.

2. 혈장 지단백질의 분류 및 기능

지단백질은 체내에서 지질을 운반하는 역할을 한다.

분류	밀도	직경(nm)	단백질	TG	인지질	CE	기능
킬로마이크론	<0.95	80~500	2	85	9	5	식이성 지질의 수송(공복 시 없음)
초저밀도(VLDL)	0.95~1.006	30~80	10	56	18	15	간에서 합성된 TG를 지방조직, 말초조직으로 수송
중밀도(IDL)	1.006~1.019	25~35					대사되어 LDL로 전환
저밀도(LDL)	1.019~1.063	18~28	25	10	20	60	혈액에서 생성된 CE를 조직으로 운반, VLDL의 최종 분해 산물
고밀도(HDL)	1.063~1.210	5~20	50	1~5	24	20	간에서 생성, 아포 B가 없으며 혈관 내층으로부터 CE 제거

3. β−산화

- 지방조직의 중성지방이 HSL(Hormone Sensitive Lipase, 호르몬 민감성 리파아제)에 의해 분해되어 알부민 도움으로 세포로 이동
- 지방산은 미토콘드리아 기질에서 β−산화 과정으로 산화

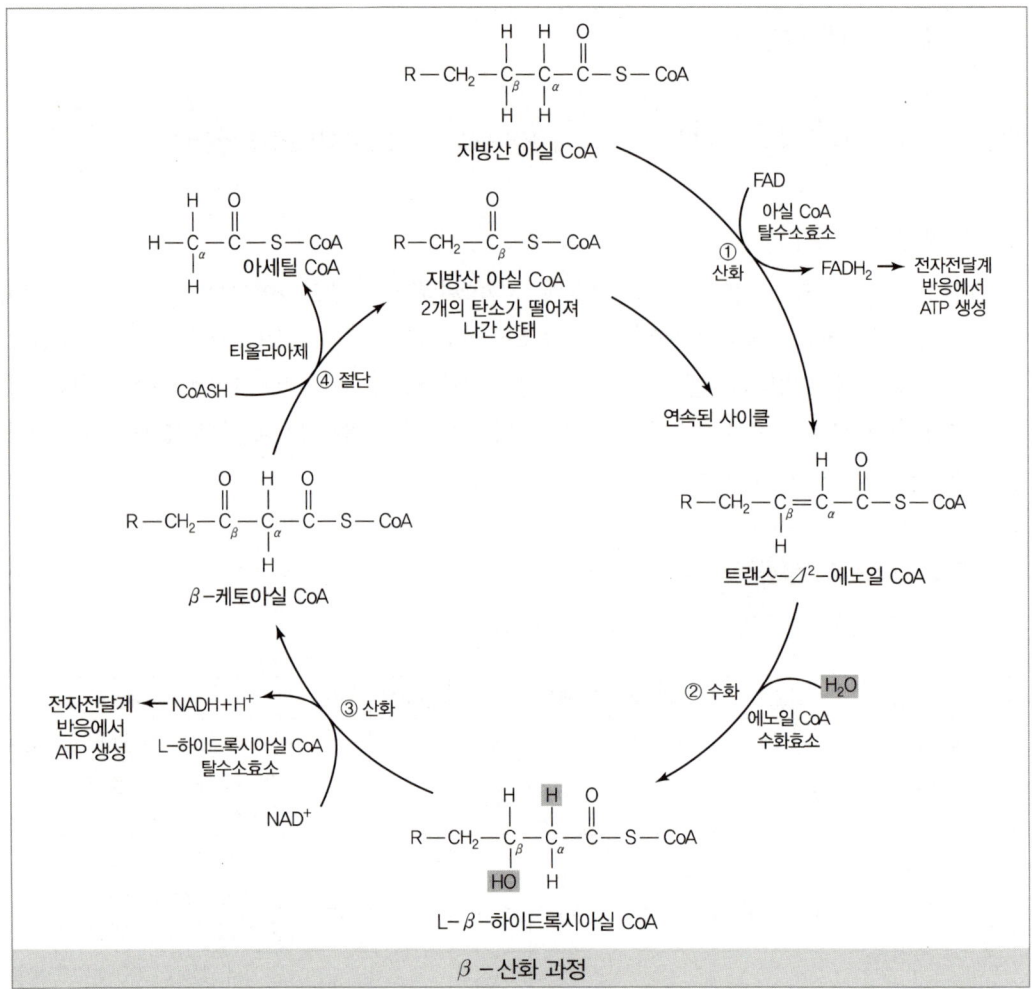

β-산화 과정

1) 활성화 단계

R-COO-(지방산)+ATP+CoA → (fatty acyl-CoA synthetase) → 지방 아실-CoA(fatty acyl-CoA)+AMP+PPi(2ATP 소모)

2) 운반 단계

세포질(fatty acyl-CoA) → (carnithine 이용) → 미토콘드리아 matrix로 운반

3) β-산화 과정

① 산화 : fatty acyl-CoA dehydrogenase - 보조효소 FAD, 1FADH$_2$ 생성
② 수화 : enoyl-CoA hydratase
③ 산화 : hydroxyacyl-CoA dehydrogenase - 보조효소 NAD, 1NADH 생성

④ 분해 : thiolase, acyl-CoA 한 분자 생성
⑤ 지방산 β-산화 1회 시 생성물 : fatty acyl-CoA(탄소 수가 2개 줄어듦)+acetyl-CoA(TCA, 10ATP)+1FADH$_2$(전자전달계 1.5ATP)+1NADH(전자전달계 2.5ATP)

4) Palmitic acid($C_{16:0}$) 산화 시(16/2=8)

① β-산화 회전 수=7회전으로 4×7=28ATP
② 8acyl-CoA×10=80ATP
③ 최초 활성 시 2ATP 소모
∴ 순 ATP 생성 수는 106몰이 된다.

4. 지방산의 생합성

1) 지방산 합성 준비 단계

① 미토콘드리아 내 acetyl-CoA가 citrate synthase에 의해 citrate로 되어 세포질 이동, citrate lyase(구연산 분해효소)에 의해 acetyl-CoA로 분해되어 지방산 합성에 이용
② acetyl-CoA가 acetyl-CoA carboxylase(조효소, biotin)에 의해 malonyl-CoA(지방 합성 시 2탄소 공급 형태) 생성(1ATP 소모)

$$CH_3CO-S-CoA+ATP+CO_2(HCO_3-) \rightarrow HOOC-CH_2-CO-S-CoA$$

2) 지방산 생합성 과정

① acetyl-CoA가 acyl trans acylase에 의해 지방산 합성효소계 복합체의 acyl carrier protein (ACP)과 결합 acetyl-S-ACP 생성
② malonyl-CoA는 malonyl trans acylase에 의해 malonyl-S-ACP 생성
③ 축합 : acetyl-S-ACP+malonyl-S-ACP → acetoacetyl-S-ACP+CO$_2$(β-ketoacyl-ACP synthetase
④ 환원 : acetoacetyl-S-ACP → β-hydroxy butyryl-S-ACP(β-ketoacyl-ACP reductase), 1NADPH 소모
⑤ 탈수 : β-hydroxy butyryl-S-ACP → crotonyl-S-ACP+H$_2$O(β-hydroxy butyryl-S-ACP hydratase)
⑥ 환원 : crotonyl-S-ACP → butyryl-S-ACP(β-enoyl-ACP reductase), 1NADPH 소모
⑦ 환원 단계 조효소 NADPH는 오탄당 인산경로에서 생성

3) palmitic acid 생합성

acetyl-CoA+7malonyl-CoA+14NADPH → palmitic acid+7CO$_2$+6H$_2$O+8CoA+14NADP

4) 동물 체내에서 지방산이 합성될 때 이중결합의 생성이 불가능한 곳

이미 존재하는 이중결합과 맨 끝의 메틸기(CH_3-) 탄소 사이

5. 케톤체의 생성

- 지속적인 당질의 섭취 부족 상태(기아, 당뇨병, 단식, 다이어트 등)
- 케톤체 : acetoacetate, acetone, β-hydroxybutyric acid
- 간에서 합성, 뇌·신장·심근 및 골격근 등에서 분해하여 에너지 생성, 뇌조직은 포도당 부족 시 케톤체를 에너지로 이용
- acetone 호기로 배출, acetoacetate, β-hydroxybutyric acid 등 혈액 내 pH를 낮춰 산독증(acidosis) 유발

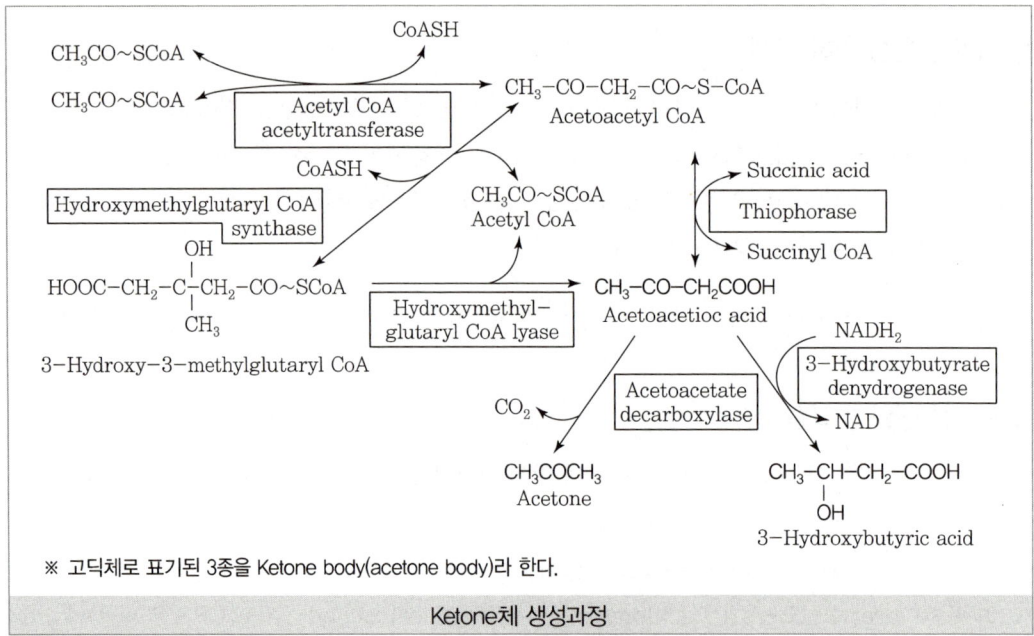

Ketone체 생성과정

① β-hydroxybutyric acid + NAD ↔ acetoacetate + NADH
② acetoacetate + succinyl-CoA ↔ succinate + acetoacetyl-CoA
③ acetoacetyl-CoA + CoA ↔ 2acetyl-CoA → TCA 회로로 진입, 에너지 생성

SECTION 04 단백질 대사

1. 아미노산 풀(amino acid pool)

식이 섭취와 단백질 분해 등으로 세포 내 유입·유출되는 아미노산의 양

① 단백질 합성 대사(아미노산 풀의 크기가 지나치게 클 경우) : 과잉 아미노산들이 에너지, 포도당, 지방 생성에 사용된다.

② 단백질 분해 대사(단백질 섭취 부족으로 아미노산 풀이 감소할 경우) : 부족한 아미노산은 세포 내 단백질을 분해하여 사용한다. 성인은 단백질의 합성과 분해가 지속적으로 일어나서 동적인 평형 상태에 있으므로 하루에 섭취하는 단백질의 양과 체외로 배설되는 양이 같다.

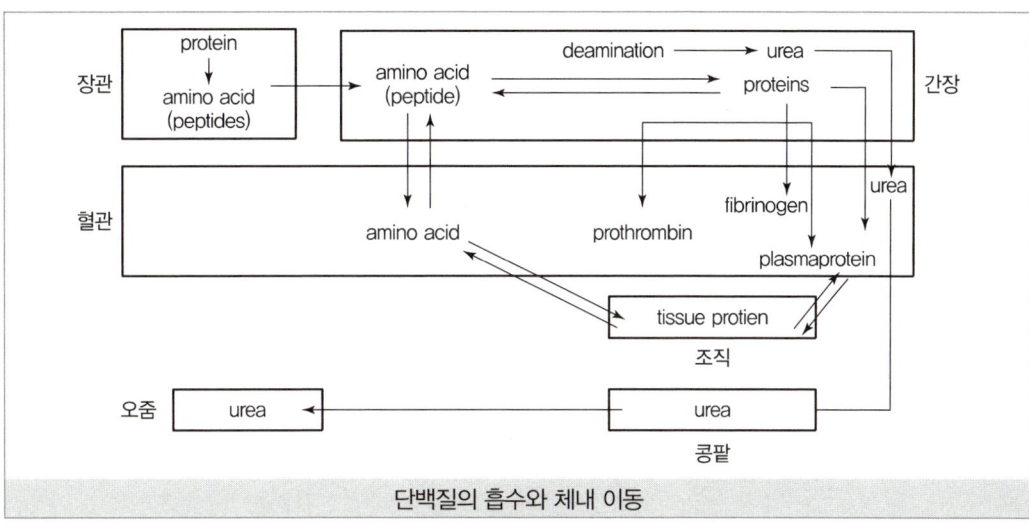

단백질의 흡수와 체내 이동

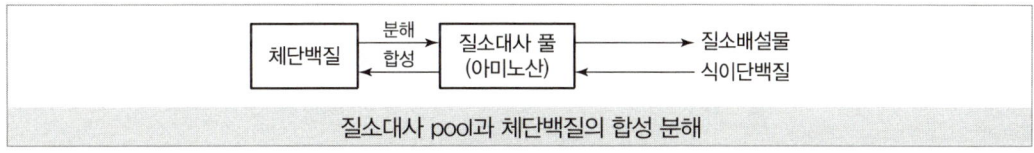

질소대사 pool과 체단백질의 합성 분해

2. 아미노산 대사(탈아미노반응, 아미노기 전이반응, 탈탄산반응)

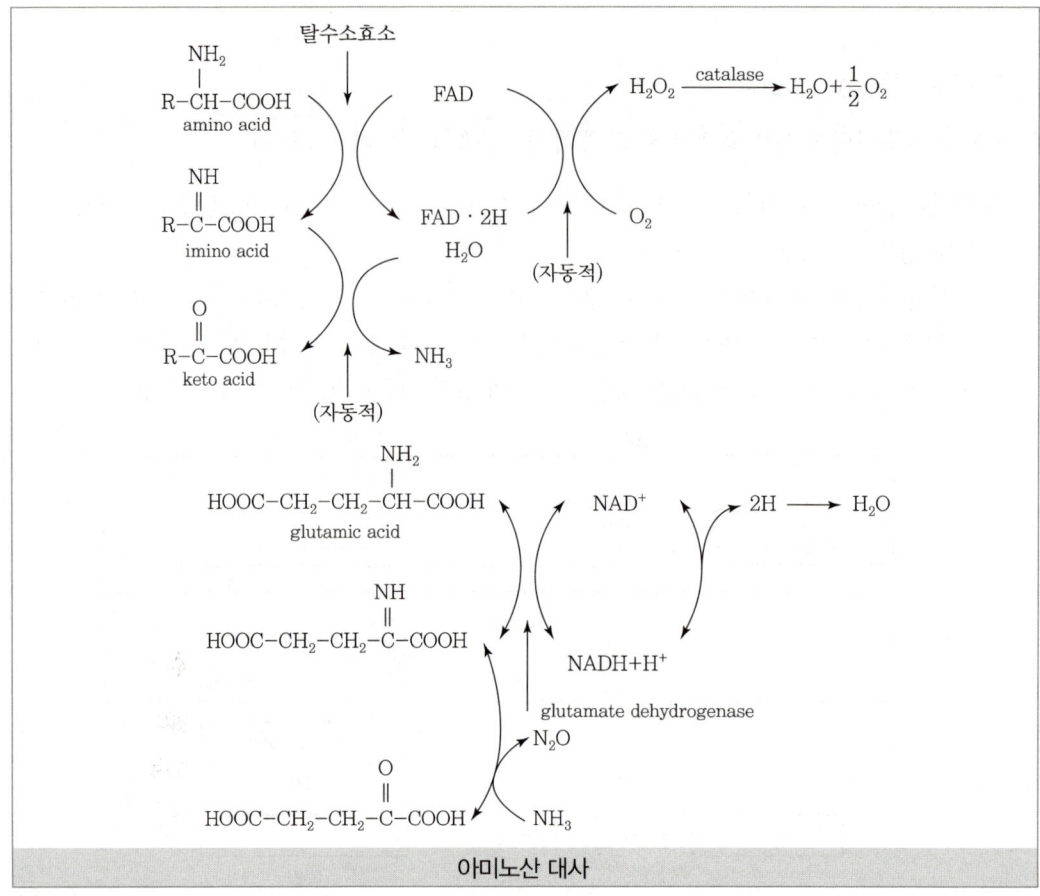

아미노산 대사

1) 탈아미노반응

① 아미노산에서 아미노기가 떨어져 나가 α-keto acid와 암모니아 생성

② amino acid oxidase, glutamate dehydrogenase 등에 의한 산화적 탈아미노화

2) α-keto acid의 이용

① 아미노산의 합성(재생)

② 저급 화합물로 분해(TCA 회로로 진입)

③ 당신생 합성에 이용

④ 지질 합성에 이용

3) 암모니아(NH₃)의 이용

① 산아미드 생성(Glu + NH₃ → Gln)

② 요소 생성(간에서)
③ α-keto acid와 반응하여 아미노산 생성(pyruvate → alanine, 필수아미노산 합성 불가능)
④ creatine 생성
⑤ 신장 등에서 직접 배설

4) 아미노기 전이반응

① 한 아미노산으로부터 탄소골격에 아미노기를 전달하여 새로운 아미노산을 형성하는 과정, PLP (pyridoxal phosphate, 전구체-비타민 B_6) 조효소
② Asp+α-ketoglutarate ↔ oxaloacetate+Glu(AST, GOT)
③ Ala+α-ketoglutarate ↔ pyruvate+Glu(ALT, GPT)
④ AST-Asp transaminase, GOT-glutamate oxaloacetate transaminase, ALT-Ala transaminase, GPT-glutamate pyruvate transaminase
⑤ PLP를 조효소로 하는 효소 : transaminase, decarboxylase, transsulfurase, deaminase, racemase, thiokinase, dehyrase 등

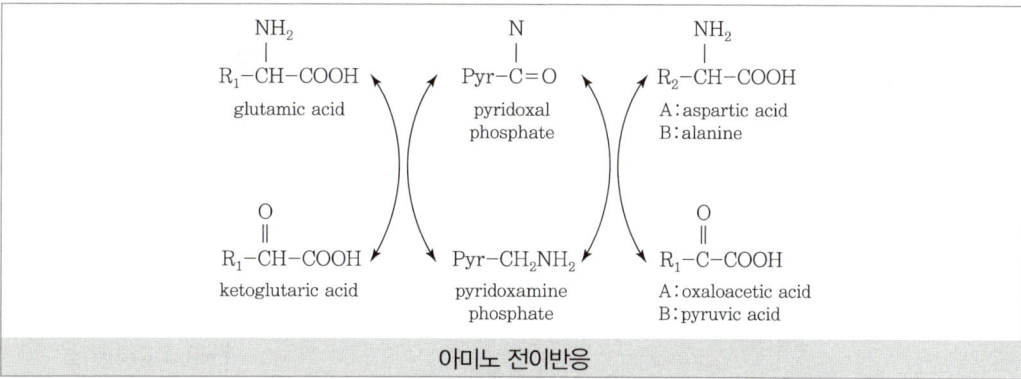

아미노 전이반응

5) 탈탄산반응

아미노산에서 CO_2를 방출시켜 아민 생성, decarboxylase 관여

아미노산	탈탄산 생성물(아민)	아미노산	탈탄산 생성물(아민)
histidine	histamine	tyrosine	tyramine
glutamic acid	γ-aminobutyric acid	aspartic acid	β-alanine
tryptophan	tryptamine	serine	ethanolamine
lysine	cadaverine	ornithine	putrescine
DOPA	dopamine		

3. 요소 회로

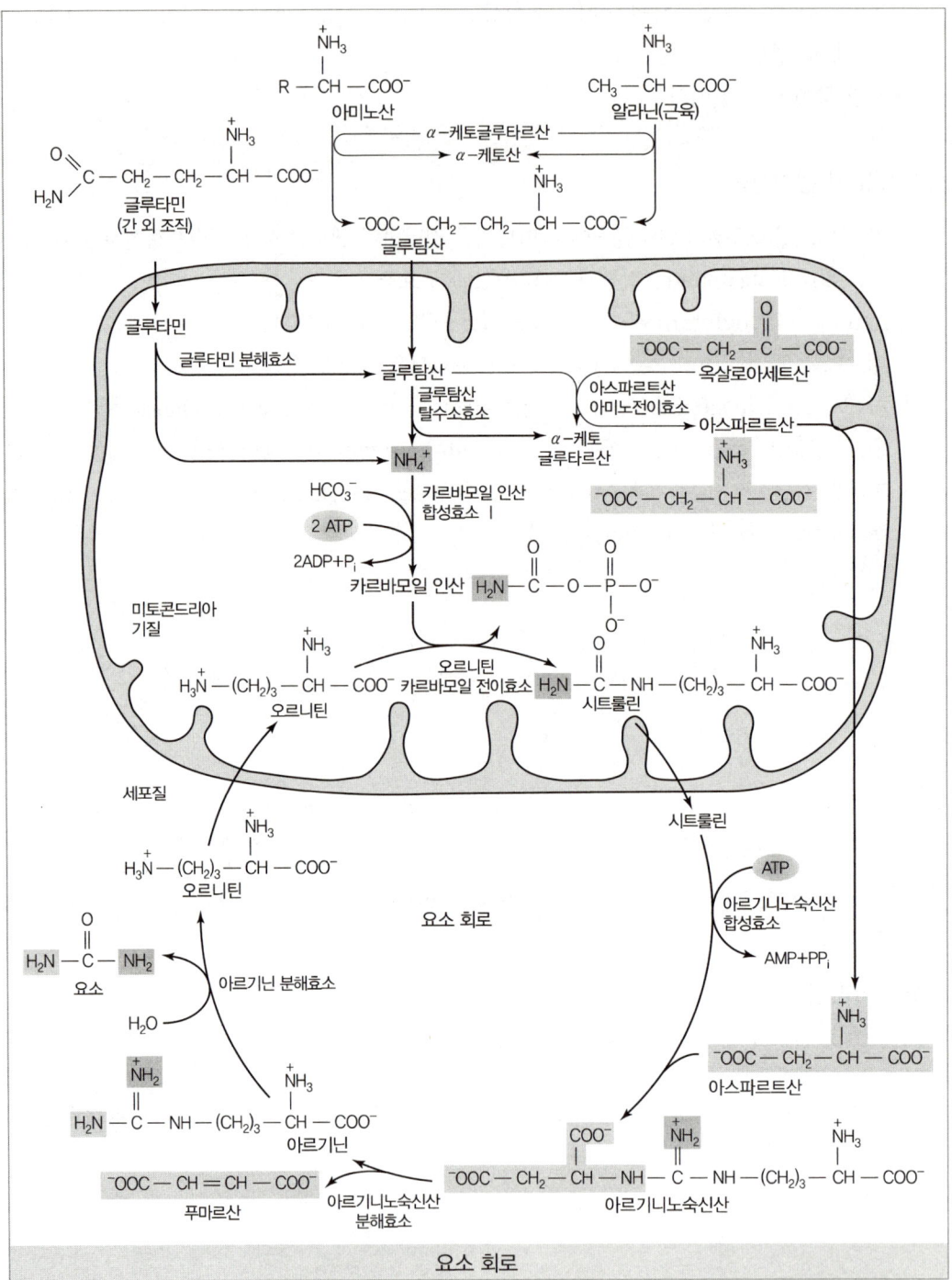

요소 회로

1) 뇌조직 등 암모니아 처리

glutamic acid + NH_3 → Glutamine 형태로 혈액을 통해 간으로 이동

2) 근육 등 암모니아 처리

alanine(glucose-alanine 회로) 형태로 혈액을 통해 간으로 이동

3) 요소 회로 순서

①, ②는 미토콘드리아, ③, ④, ⑤는 세포질에서 각각 일어난다.

① $NH_4 + CO_2 + 2ATP \rightarrow$ (carbamoyl phosphate synthetase) $\rightarrow$ carbamoyl phosphate
② carbamoyl-phosphate + ornithine → citrulline
③ citrulline + aspartate(요소의 2번째 질소 공급) + ATP(AMP로 분해) → argininosuccinate
④ argininosuccinate → arginine(단백질성 아미노산) + fumarate
⑤ arginine → (argininase) → ornithine(비단백질성 아미노산) + urea(최종 배설 형태)
⑥ 요소 1분자 생성 시 : 고에너지 인산화합물 4분자 소모(-4ATP)

4. 아미노산의 분해

1) 분해 경로에 따른 아미노산 분류

① glucogenic amino acid : 포도당을 합성할 수 있는 아미노산(Leu, Lys을 제외한 모든 아미노산)
② ketogenic amino acid : 케톤체(지방산)를 합성할 수 있는 아미노산(Leu, Lys)
③ glucogenic amino acid 및 ketogenic amino acid : 포도당과 동시에 케톤체를 만들 수 있는 아미노산(Ile, Phe, Trp, Tyr)

2) 아미노산의 탄소골격의 TCA 진입

① acetyl-CoA 또는 acetoacetyl-CoA로만 진입하는 아미노산 : Leu, Lys
② acetyl-CoA(acetoacetyl-CoA) 또는 다른 TCA 중간 산물로 진입하는 아미노산 : Ile, Phe, Trp, Tyr
③ acetyl-CoA 또는 acetoacetyl-CoA가 아닌 TCA 중간 산물로 진입하는 아미노산
- pyruvate로 진입 : Ala, Gly, Cys, Ser, Trp
- α-ketoglutarate로 진입 : Glu, Gln, His, Pro, Arg
- succinyl-CoA로 진입 : Ile, Met, Val, Thr
- fumarate로 진입 : Tyr, Phe, Asp
- oxaloacetate로 진입 : Asp, Asn

5. 아미노산 대사

① Phenylalanine → Tyrosine → homogentisate → 4-maleylacetoacetate → fumarate → TCA

- Phenylketonuria(PKU)증 : phenylpyruvate 등 축적, 정신지체아
  Phe 4-monooxygenase(phehydroxylase) 유전적 결핍
- Alkaptonuria증 : 검은색 오줌
  homogentisate 1,2-dioxygenase 유전적 결핍
- Phe, Tyr 생성 : dopamine, epinephrine(adrenaline), thyroxine, melanin 등

② Tryptophan → → serotonin → → melatonin
   ↓   (장, 뇌, 비만세포)   (송과체)
   Kynurenine → → quinolinate → Niacin → → NAD

                        Serine(Cys 합성 시 탄소 공급원)
                                ↓
③ Methionine → S-adenosylmethionine(SAM) → homocysteine → → Cysteine
   ※ S-adenosylmethionine(SAM) : methyl기(CH_3-) 전이에 중요한 역할

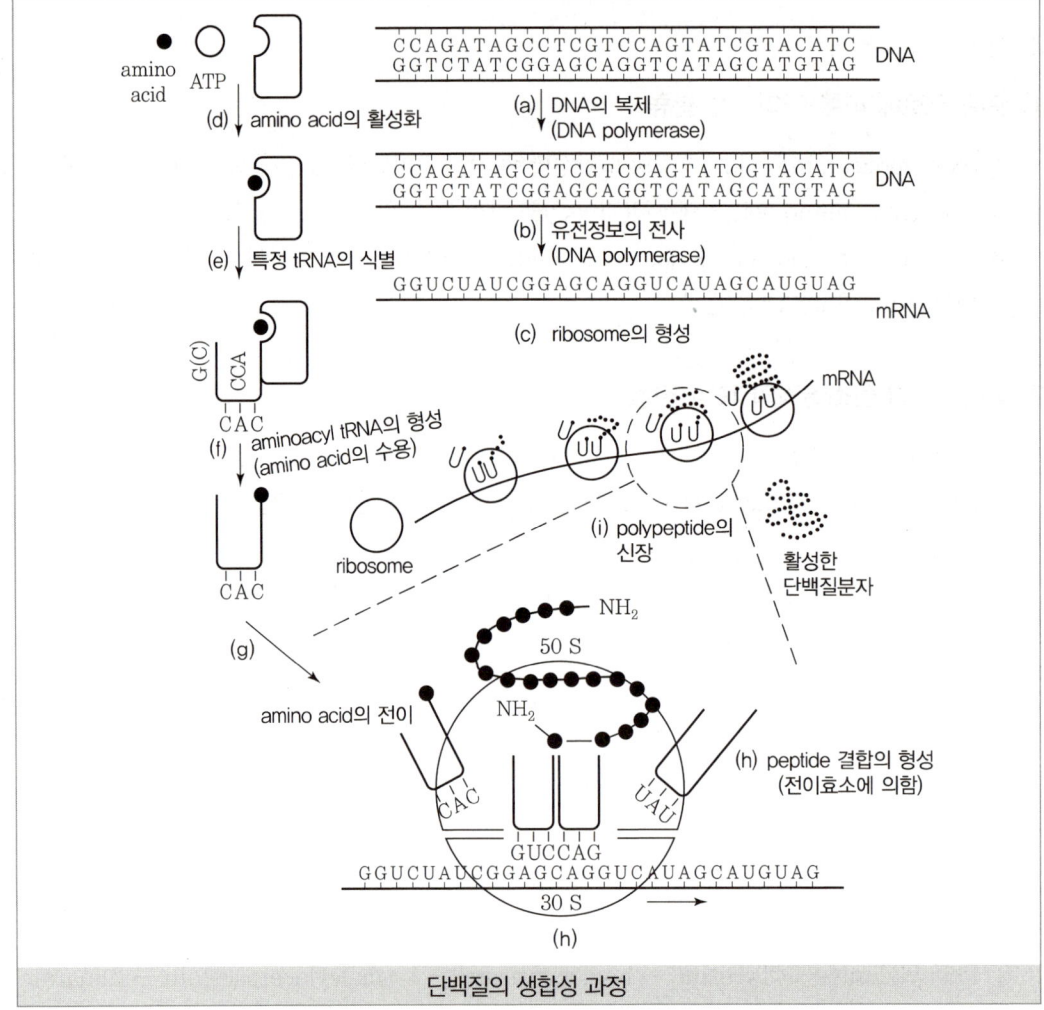

단백질의 생합성 과정

6. 핵산

- DNA(유전정보), RNA(단백질 합성) → nucleotide의 중합체
- **nucleotide = 인산 + 당 + 염기, nucleoside = 당 + 염기**

1) 염기(base)

① purine 염기 : adenine(A), guanine(G)
② pyrimidine 염기 : cytosine(C), thymine(T), uracil(U)
③ 구성 염기
- DNA : A, G, C, T
- RNA : A, G, C, U

2) 당

① DNA : D-2-deoxyribose ② RNA : ribose

3) nucleoside와 nucleotide의 명칭

염기	ribonucleoside	ribonucleotide	deoxyribonucleoside	deoxyribonucleotide
adenine(A)	adenosine	adenylate(AMP)	deoxyadenosine	deoxyadenylate(dAMP)
guanine(G)	guanosine	guanylate(GMP)	deoxyguanosine	deoxyguanylate(dGMP)
uracil(U)	uridine	uridylate(UMP)	deoxythymidine	deoxythymidylate(dTMP)
cytosine(C)	cytidine	cytidylate(CMP)	deoxycytidine	deoxycytidylate(dCMP)

7. 염기의 합성 · 분해

1) purine 염기의 합성 · 분해

(1) purine 염기의 합성

① ribose-5-인산 → 5phophoribosyl-1-α-pyrophosphate(PRPP) → IMP → AMP, GMP
② 엽산(folate)은 THF 형태로 퓨린 고리 합성 시 1탄소원자(C_2, C_8) 운반

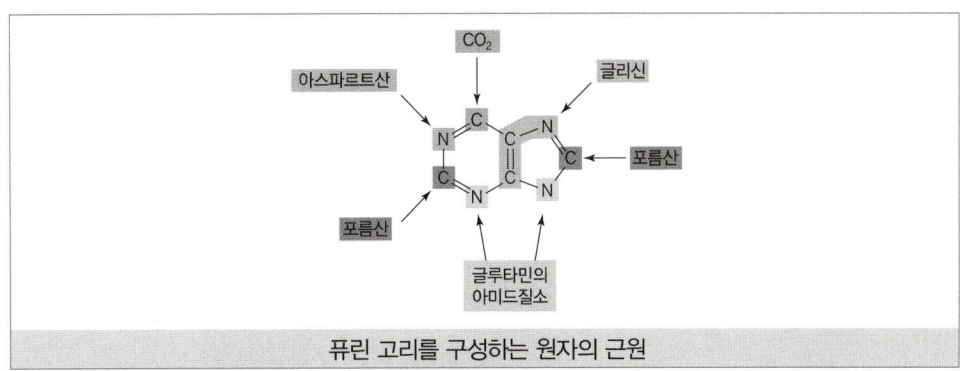

퓨린 고리를 구성하는 원자의 근원

(2) purine 염기의 분해

① 간에서 adenine, guanine → 요산(uric acid)으로 전환되어 신장에서 배설된다.
② 요산은 물에 난용성으로 과잉 축적하면 요결석 원인이 된다.
③ 요산을 생성할 수 있는 nucleotide : IMP, AMP, GMP

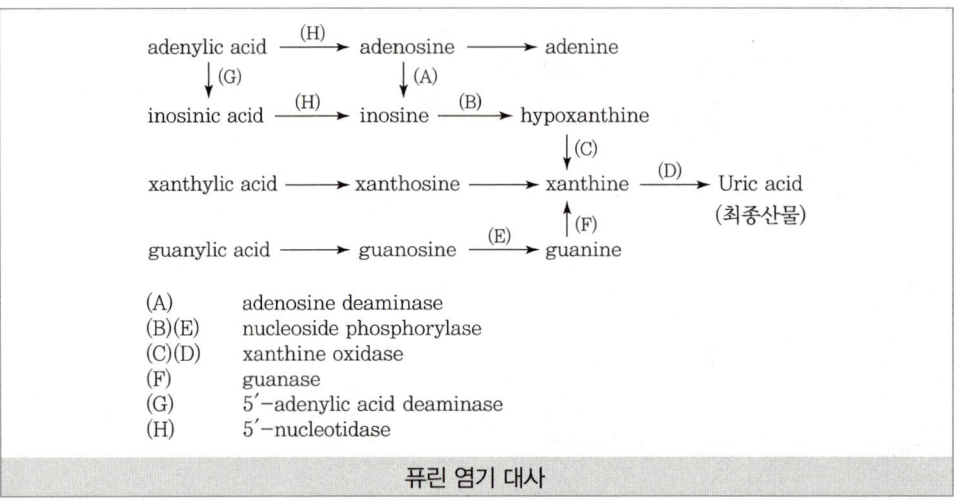

퓨린 염기 대사

2) pyrimidine 염기의 합성 · 분해

(1) pyrimidine 염기의 합성

① glutamin(NH_4)+CO_2+ATP → (carbamoyl phosphate synthetase II) → carbamoyl phosphate+aspartate → orotic acid+PRPP → uridine-5-monophosphate(UMP) 생성, 이로부터 CTP, TMP 등 생성
② carbamoyl phosphate synthetase II는 요소 회로와 달리 세포질에서 작용

(2) pyrimidine 염기의 분해

① CMP → UMP → uracil → NH_3+β-alanine +CO_2
② TMP → thimine → β-aminoisobutyric acid

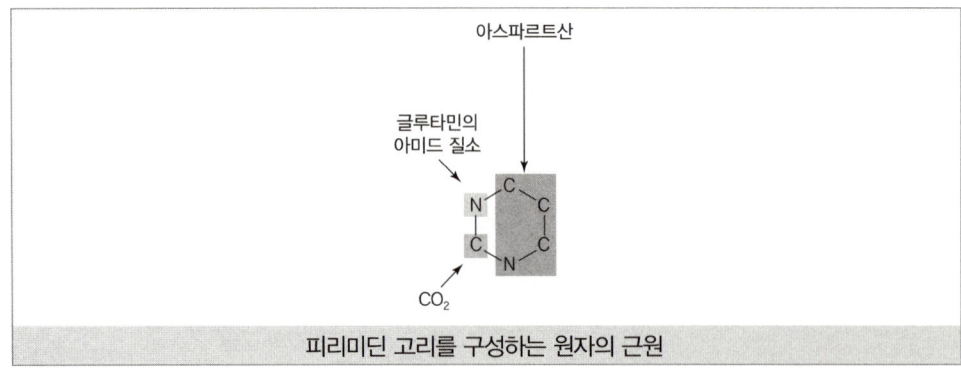

피리미딘 고리를 구성하는 원자의 근원

8. DNA 구조

- DNA는 세포핵의 염색체(DNA + histone, 핵단백질)로 존재한다.
- 세포핵 1개당 DNA의 함량은 일정하다.
- DNA 대사는 핵분열이 왕성한 세포에서 진행, 정지핵에서는 진행되지 않으며, 환경 변화 등에 의해 변화되지 않는다.
- RNA 대사는 정지핵, 분열핵 구분 없이 왕성하게 일어난다.

[Watson과 Crick의 DNA 구조의 특징]

① DNA는 3′, 5′ phosphodiester 결합
② 두 가닥 사슬은 서로 역평행(antiparallel), 5′ → 3′ 방향성
③ 오른손 2중나선구조(right handed double helix)
④ 두 가닥은 서로 상보적(complementary)(5′−ATG−3′의 상보적 가닥은 5′−CAT−3′)
⑤ 두 가닥은 purine 염기와 pyrimidine 염기 사이 수소결합 adenine=thymine, guanine≡cytosine
⑥ purine 염기와 pyrimidine 염기의 구성비는 생물에 관계없이 1에 가깝다(샤가프법칙).
⑦ 2중나선구조의 1회전 시 nucleotide 수는 약 10개
⑧ 나사선의 반복거리는 3.4nm
⑨ 염기쌍은 축에 대해 안쪽으로 수직

9. 생리활성을 갖고 있는 nucleotide 화합물

ATP, cAMP, NAD, NADP, FMN, FAD, CoA

10. DNA 변성

① 2중나선 DNA를 가열하면 사슬 사이의 수소결합이 절단되어 단일나선이 되는 것
② 농색효과 : DNA가 변성하면 점도가 저하하고, 260nm에서 흡광도 증가
③ 담색효과 : 온도를 낮추면 재결합(annealing)하고, 염기가 안쪽으로 겹쳐 흡광도 감소
④ 보통 260nm에서의 흡광도 증가가 최댓값의 1/2에 도달했을 때의 변성온도를 DNA의 융해온도(melting temperature, Tm)라 한다.
⑤ G≡C 함량이 많을수록 Tm은 높다.

11. RNA의 종류 및 기능

1) rRNA(리보솜 RNA)

세포 내에서 가장 많으며 리보솜의 구성성분

2) mRNA(메신저 RNA)

DNA의 정보 전달, RNA 중 반감기(수명)가 가장 짧다.

3) tRNA(운반 RNA)

soluble RNA라고도 하며, 단백질 합성 시 아미노산 운반

4) DNA와 RNA의 차이

① 당의 차이
② 염기의 차이
③ 가닥의 차이

$$n_1 dATP + n_2 dGTP + n_3 dCTP + n_4 dTTP + DNA \xrightarrow{Mg^{2+}(Mn^{2+})} DNA-\begin{pmatrix} dAMP_{n_1} \\ dGMP_{n_2} \\ dCMP_{n_3} \\ dTMP_{n_4} \end{pmatrix} + (n_1+n_2+n_3+n_4)PPi$$

(a) 2중나선 완전 DNA → DNA 합성 없음

(b) 2중나선 불완전 DNA

(c) 1가닥 DNA

(d) nick이 들어간 DNA

DNA polymerase에 의한 DNA 합성효소

12. DNA의 복제

1) 유전정보의 전달

DNA → DNA → mRNA → 단백질
　　　복제　　전사　　　번역

2) 원래의 모가닥은 복제 시 주형(template)으로 작용하는 반보존형 복제(semiconservative replication)이고, 반드시 복제 방향은 5′ → 3′ 방향이다.

3) 일반반응

dATP, dGTP, dCTP, dTTP + DNA polymerase(I, III), DNA 주형, Mg^{2+}, RNA primer → 새로운 DNA 사슬 합성

4) 불연속적 DNA 복제(Okazaki 단편 합성)에 관여하는 효소(뒤처짐 가닥)

① helicase
② primase
③ DNA Polymerase III
④ DNA Polymerase I
⑤ DNA ligase

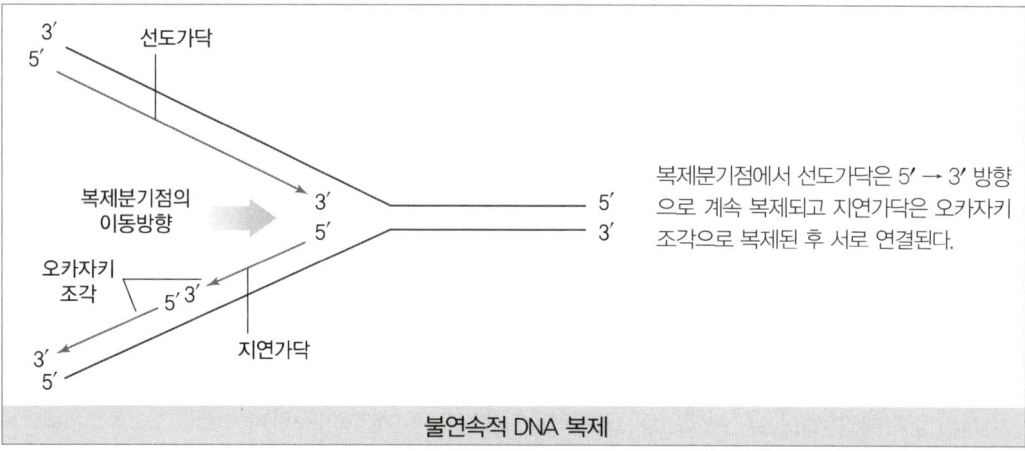

복제분기점에서 선도가닥은 5′ → 3′ 방향으로 계속 복제되고 지연가닥은 오카자키 조각으로 복제된 후 서로 연결된다.

불연속적 DNA 복제

5) 복제원점

① 원핵세포 : 1곳
② 진핵세포 : 여러 곳

13. mRNA 전사(transcription)

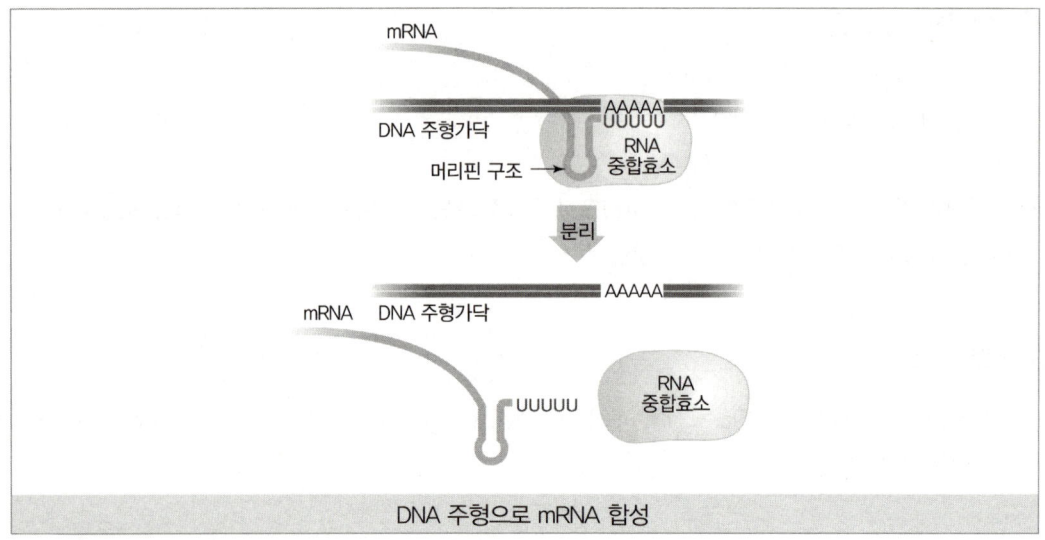

DNA 주형으로 mRNA 합성

1) 전사(transcription)

① RNA의 합성은 2중나선 DNA 중 한쪽 사슬만 주형
② RNA polymerase가 주형가닥의 promoter 부위를 인식하여 전사 시작(A, G, C, U 이용)
③ 전사 방향은 5′ → 3′, promoter의 특징은 A=T쌍 풍부(TATA box)

2) 전사 후 가공(processing)

① RNA 전구체의 절단
② 3′-말단의 poly(A) 첨가
③ 5′-말단의 모자(cap) 형성
④ 각 염기, 당 단위의 변형

14. 단백질 합성(번역)

1) 암호단위(codon)

3개의 염기배열(triplet), A, G, C, U로부터 암호단위 64개가 가능하다.

2) 암호단위의 특징

① 모든 암호는 공통적(universal)이다.
② 동요(wobble) : 암호단위 중 3번째 염기가 달라도 단백질 합성에 변화가 없는 것
③ 암호단위는 중복되지 않는다.
④ 암호단위는 쉼표(comma)가 없다.

⑤ AUG : 개시암호 또는 methionine에 대한 암호
⑥ UAA, UAG, UGA : 종결암호

3) tRNA의 구조

① 클로버잎 모양의 평면구조(2차 구조)
② 한 가닥의 구조로 아미노산 결합부위는 3′ 말단 C−C−A
③ mRNA와 결합하는 역암호단위(anticodon)를 갖고 있다.
④ 보통 RNA에 없는 특수한 염기가 있다.
⑤ L−형을 엎어 놓은 입체구조(3차 구조)
⑥ 최소한 20개의 서로 다른 tRNA 존재

4) 단백질 합성장소 : 리보솜(ribosome)

핵단백질, 원핵세포 30S(소단위체)＋50S(대단위체), 진핵세포 40S(소단위체)＋60S(대단위체)

5) 단백질 합성 5단계

① 활성화 단계(activation) : amino acyl−tRNA 형성, tRNA의 5탄당 ribose 3′ OH에 유리아미노산 결합, 2ATP 소모
② 개시 단계(initiation) : 30S 개시복합체(mRNA, 30S, fMET−tRNA, GTP, 개시인자) 형성 후 50S 결합하여 70S 개시복합체 형성
③ 연장 단계(elongation) : P위치에서 A위치 이동, amino acyl−tRNA, 2GTP 소모
④ 종결 단계(termination) : UAA, UAG, UGA 종결암호
⑤ 변형 단계(modification) : 접힘 등 안정된 3차 구조 완성, 샤프론의 도움

6) 단백질 합성 시 필요한 인자

① mRNA(주형)
② 리보솜(장소)
③ tRNA(아미노산 운반)
④ ATP(활성화 단계), GTP(개시, 연장, 종결 시)

7) 원핵생물의 유전자 발현 조절 : 대장균의 Lac operon

① 포도당 존재 시 : 억제제(repressor)에 의해 평소 유당분해 관련 효소 DNA 전사 억제
② 유당만 존재 시 : 억제제(repressor)에 유당이 결합하여 억제제가 DNA 조절 부위에서 떨어지므로 유당분해 관련 효소가 전사하여 유당을 분해 이용
③ 전사를 유도하는 유도체(inducer)는 유당이다.

실전예상문제

01 효소 생산에서 효소와 생산미생물이 잘못 짝지어진 것은?

① α-amylase : *Aspergillus oryzae*
② α-amylase : *Bacillus amyloliquefaciens*
③ alkaline protease : *Bacillus amyloliquefaciens*
④ alkaline protease : *Alcaligenes faecalis*

해설
Alcaligenes faecalis : 패혈증 유발 세균

02 정미성 핵산 관련 물질이 정미성을 갖기 위한 구조에 대한 설명으로 옳은 것은?

① 정미성 nucleotide는 ribose의 3′ 위치에 인산기를 가져야 한다.
② 정미성을 가지려면 염기 ring 구조의 2′ 위치가 OH로 치환되어야 한다.
③ 정미성 nucleotide는 염기가 pyrimidine계이어야 한다.
④ 핵산 관련 물질 중 인산기를 1개 가진 nucleotide가 정미성이 우수하다.

해설
핵산계 조미료
- 핵산 관련 물질 중 인산기를 1개 가진 nucleotide가 정미성이 우수 - IMP(Inosine Mono Phosphate, 가쓰오부시 맛 성분), GMP(Guanosine Mono Phosphate, 표고버섯 맛 성분)
- 정미성 nucleotide는 염기가 purine계(아데닌, 구아닌, 이노신, 크산틴)
- 정미성을 위해 ribose의 5′ 위치에 인산기, 염기 ring 구조의 6′ 위치가 OH로 치환

03 세균의 생육곡선 중 생균수가 일정하게 유지되고 최대의 세포수를 나타내는 시기는?

① 유도기(lag phase)
② 정지기(stationary phase)
③ 산화기(oxidation phase)
④ 대수기(logarithmic phase)

해설
미생물의 생육곡선(growth curve)
㉠ 유도기(lag phase, induction period)
  - 미생물이 증식을 준비하는 시기
  - 효소·RNA는 증가, DNA는 일정
  - 초기 접종균수를 증가시키거나 대수 증식기균을 접종하면 기간 단축
㉡ 대수기(logarithmic phase)
  - 대수적으로 증식하는 시기
  - RNA는 일정, DNA는 증가
  - 세포질 합성속도와 세포수 증가 비례
  - 세대시간, 세포의 크기 일정
  - 생리적 활성이 크고 예민
  - 증식속도는 영양, 온도, pH, 산소 등에 따라 변화
㉢ 정지기(stationary phase)
  - 영양물질의 고갈로 증식수와 사멸수가 같음
  - 세포수 최대
  - 포자 형성 시기
㉣ 사멸기(death phase)
  - 생균수보다 사멸균수가 증가
  - 자기소화(autolysis)로 균체 분해

04 고체배양의 일반적인 특징이 아닌 것은?

① 곰팡이의 오염을 방지할 수 있다.
② 공정에서 나오는 폐수가 적다.
③ 시설비가 적게 들어 소규모 생산에 유리하다.
④ 배지조성이 단순하다.

해설
고체배양의 특징
- 배지조성이 단순하며 값싼 원료 이용 가능
- 곰팡이 배양에 주로 이용하며 세균에 의한 오염 방지 가능

정답 01 ④ 02 ④ 03 ② 04 ①

- 공장에서 나오는 폐수가 적음
- 시설비가 적게 들어 소규모 생산에 유리
- 대기 중 산소가 쉽게 공급되므로 동력이 불필요
- 생산물의 회수가 용이
- 환경조건 측정 및 제어가 어려움

05 구연산 발효에 대한 설명으로 틀린 것은?

① *Aspergillus niger*를 사용한다.
② 배지의 pH 2.0~4.0에서 구연산의 생산이 좋다.
③ 배지의 pH가 비교적 높은 곳에서는 gluconic acid와 수산의 생산량이 증가한다.
④ 발효할 때 산소의 존재 여부와 관계가 없다.

해설

구연산 발효
- 생산균 : *Aspergillus niger*, *Asp. luchuensis*, *Candida lipolytica*
- 수율 : 포도당 원료 110%, 탄화수소 원료 230%
- 당농도 10~20%, 26~35℃, pH 3.5
- 호기적 상태 유지

06 버섯에 대한 설명 중 틀린 것은?

① 대부분은 담자균류에 속한다.
② 담자균류는 균사에 격막이 있다.
③ 2차 균사는 단핵 균사이다.
④ 동담자균류와 이담자균류가 있다.

해설

버섯(담자균류)
- 포자가 착생하는 자실체가 육안으로 볼 수 있을 정도로 크게 발달한 대형 자실체를 형성하는 것을 버섯이라 하며, 담자균류와 자낭균류에 속하지만 대부분 담자균류이다.
- 담자균류에는 동담자균류와 이담자균류가 있다.
- 담자균류에서 무성생식포자는 드물게 나타나며, 유성생식포자로는 핵융합과 감수분열을 거쳐 담자기에 보통 4개의 담자포자가 형성된다.

07 효소의 작용에 의한 분류 중 lyase의 설명으로 옳은 것은?

① 이중결합을 형성하는 과정에서 작용기의 제거를 촉매
② 결합 사이에 물분자의 첨가를 촉매

③ ATP 분해를 수반하는 화학결합의 생성반응을 촉매
④ 관능기의 전이를 촉매

해설

효소의 분류 : 효소 분류명에서 첫 번호에 해당
- 1군 – 산화환원효소(oxidoreductase) : 산화 환원 반응에 관여하는 효소
- 2군 – 전이효소(transferase) : 한 기질에서 다른 기질로 기능기 등을 운반하는 반응에 관여
- 3군 – 가수분해효소(hydrolase) : 탄수화물, 단백질, 지방, 핵산의 결합을 가수분해하는 효소
- 4군 – 탈리효소(lyase) : 기질에서 기능기를 분리하거나 부가하는 효소
- 5군 – 이성화효소(isomerase) : 기질 내 기능기의 이동에 의해 이성화반응을 촉매
- 6군 – 연결효소(ligase) : ATP를 소모하여 두 분자를 결합시키는 반응을 촉매

08 맥주의 종류 중 라거(lager)류에 대한 설명으로 틀린 것은?

① 독일, 미국, 일본, 한국 등에서 주로 생산되고 있다.
② 발효온도가 낮다.
③ 저온, 장기 저장공정을 특징으로 한다.
④ *Saccharomyces cerevisiae*를 사용한다.

해설

맥주의 종류
- 상면발효맥주 : *Saccharomyces cerevisiae* – 영국 맥주, 상면발효, 상온발효(Ale, Stout, Porter, Lambic)
- 하면발효맥주 : *Saccharomyces carlsbergensis* – 독일, 미국, 일본, 한국에서 주로 생산, 하면발효, *Saccharomyces uvarum*에 통합, 저온발효(Lager, Munchener, Pilsener, Wien), 장기 저장 시 독특한 향미 부여

09 케톤체에 대한 설명으로 옳은 것은?

① 간은 케톤체 분해 기능이 강하다.
② 케톤체는 근육에서 생성되어 간에서 산화된다.
③ 과잉의 탄수화물은 케톤체로 전환되어 축적된다.
④ 케톤체는 간에서 생성되어 뇌와 심장, 뼈대근육, 콩팥 등의 말초조직에서 산화된다.

정답 05 ④ 06 ③ 07 ① 08 ④ 09 ④

> **해설**
> **케톤체의 생성**
> - 지속적인 당질의 섭취 부족 상태(기아, 당뇨병, 단식, 다이어트 등)
> - 케톤체 : acetoacetate, acetone, β-hydroxybutyric acid
> - 간에서 합성, 뇌·신장·심근 및 골격근 등에서 분해하여 에너지 생성, 뇌조직은 포도당 부족 시 케톤체를 에너지로 이용
> - acetone 호기로 배출, acetoacetate, β-hydroxybutyric acid 등 혈액 내 pH를 낮춰 산독증(Acidosis) 유발

10 전분을 효소로 분해하여 포도당을 제조할 때 사용하는 미생물 효소는?

① *Aspergillus*의 α-amylase와 acid protease
② *Aspergillus*의 glucoamylase와 transglucosidase
③ *Bacillus*의 protease와 α-amylase
④ *Aspergillus*의 α-amylase와 *Rhizopus*의 glucoamylase

> **해설**
> **전분 당화**
> - *Aspergillus oryzae*(황국균) : 전분당화력(α-amylase)과 단백질 분해력이 강해 청주, 된장, 간장 제조에 이용
> - *Aspergillus niger*(흑국균) : 집락은 흑색, 전분당화력(β-amylase)이 강하고 당액을 발효하여 구연산 등 유기산 발효공업에 이용
> - *Rhizopus delemar* : 당화효소(glucoamylase) 생산
> - α-amylase : 전분의 α-1,4 글리코시드 결합을 무작위로 가수분해
> - β-amylase : 전분의 비환원성 말단으로부터 말토오스 단위로 가수분해
> - glucoamylase : 전분의 비환원성 말단으로부터 포도당 단위로 가수분해

11 초산 발효 시 종균이 갖추어야 할 조건에 해당되지 않는 것은?

① 내산성이 좋아야 한다.
② 산의 생성 속도와 양이 좋아야 한다.
③ 초산을 산화 분해해야 한다.
④ 방향성 에스테르와 불휘발산을 생성해야 한다.

> **해설**
> **초산 발효**
> - 초산균 : *Acetobacter aceti, Acet. acetosum, Acet. oxydans, Acet. rancens, Acet. schutzenbachii*
> - 초산 생성 : 알코올 → acetaldehyde → 초산, 산소 공급 중단 시 아세트알데히드 축적, 직접 산화 발효
> - 종균의 조건 : 산 생성이 빠르며, 산 생성량이 많고, 산 내성이 크며, 향미가 좋고, 생성 초산을 재분해하지 않는 것, 방향성 에스테르와 불휘발산을 생성하는 것
> - 충분한 산소 공급
> - 발효온도 : 27~30℃

12 고구마 전분을 이용한 주정발효에 있어서 발효 공정의 순서가 맞는 것은?

① 산당화 → 호정화 → 발효 → 증류
② 당밀희석 → 당화 → 발효 → 증류
③ 산당화 → 호정화 → 증류 → 발효
④ 증자 → 당화 → 발효 → 증류

> **해설**
> **고구마 전분 주정발효**
> - 병행 복발효주를 증류한 것
> - 분쇄 : roll mill(곡류), impact grinder(곡류), hammer형(섬유질 원료)
> - 증자 : pH 4.8~5.4, 점도 감소로 증자 용이(증자조건 : 2.0~2.5kg/cm^2, 30~40분)
> - 당화 균주 : *Aspergillus. oryzae, Aspergillus. usamii, Aspergillus. luchuensis*
> - 술밑 젖산균 : *Lactobacillus delbrueckii*
> - 발효 : 30~36℃에서 20~30시간
> - 증류

13 이상형(Hetero형) 젖산 발효 젖산균이 포도당으로부터 에탄올과 젖산을 생산하는 당대사경로는?

① EMP 경로
② ED 경로
③ Phosphoketolase 경로
④ HMP 경로

> **해설**
> - 정상(Homo형) 젖산 발효 젖산균 : EMP 경로
> ⟨Homo형⟩ $C_6H_{12}O_6$ → $2CH_3 \cdot CHOH \cdot COOH$
>   Glucose   Lactic acid

정답 10 ④ 11 ③ 12 ④ 13 ③

- 이상형(Hetero형) 젖산 발효 젖산균 : Phosphoketolase 경로

⟨Hetero형⟩

$C_6H_{12}O_6 \rightarrow 2CH_3 \cdot CHOH \cdot COOH + C_2H_5OH + CO_2$
　Glucose　　　　Lactic acid　　　　Ethanol

$2C_6H_{12}O_6 \rightarrow 2CH_3 \cdot CHOH \cdot COOH + C_2H_5OH + CH_3COOH$
　　　　　　　　Lactic acid　　　　Ethanol　Acetic acid
　　　$+ 2CO_2 + 2H_2$

14 산화에 의한 생체막의 손상을 억제하며, 대표적인 항산화제로 이용되는 비타민은?

① 비타민 A　　② 비타민 B
③ 비타민 D　　④ 비타민 E

해설
비타민 E는 대표적인 항산화제로 불포화지방산이 많은 적혈구 생체막의 산화를 억제한다.

15 세균의 포자에만 존재하는 저분자 화합물은?

① peptidoglycan
② dipicolinic acid
③ lipopoly saccharide(LPS)
④ muraminic acid

해설
세균의 포자에는 dipicolinic acid와 Ca^{2+}이 결합하여 강한 내열성을 가진다.

16 일반적으로 글루탐산 발효에서 비오틴(biotin)과의 관계를 가장 바르게 설명한 것은?

① biotin이 없는 배지에서 글루탐산의 생성이 최고이다.
② biotin 과량의 배지에서 글루탐산의 생성이 최고이다.
③ biotin이 미생물을 생육할 수 있는 정도의 제한된 배지에서 글루탐산의 생성이 최고이다.
④ biotin의 농도는 글루탐산 생성과 관계가 없다.

해설
글루탐산 발효
- 글루탐산을 생성·축적하는 발효를 의미한다.
- 글루탐산 생산균은 모두 비오틴이 요구되지만 생산 시에는 비오틴을 생육적량 이하로 제한해야 글루탐산의 생성이 최고이다.
- 비오틴 과잉 시 penicillin을 첨가하면 회복된다.
- 최적조건은 pH 7.0~8.0, 통기 교반, 30~35℃이다.

17 청주, 장류 등의 양조에 쓰이며 황록색이나 황갈색의 균총을 형성하는 균은?

① *Mucor pusillus*
② *Aspergillus oryzae*
③ *Monascus anka*
④ *Rhizopus delemar*

해설
***Aspergillus oryzae*(황국균)**
- 전분당화력(α-amylase)
- 단백질 분해력이 강해 청주, 된장, 간장 제조에 이용
- 개량 메주 제조 시 인공 접종하여 이용

18 다음 중 감별배지에 해당되는 것은?

① Citric Acid 첨가 배지
② Metabisulphite 첨가 배지
③ Bile Salt 첨가 배지
④ Eosin Methylene Blue 첨가 배지

해설
감별배지(differential media)
- 순수 배양된 균의 특정 효소반응을 확인하여 균의 감별과 동정에 이용
- Mannitol Salt Agar(*Staphylococcus aureus*), Bismuth Sulfite Agar(대장균군), Triple Sugar Iron Agar(TSIA, 대장균군), Urea Agar(대장균군), Selenite Broth(*Salmonella*), EMB Agar(대장균)

19 일반세균수(표준평판법) 측정에 의해 1mL 중의 세균수(CFU/mL)를 구한 결과로 옳은 것은?

구분	희석배수	
	1 : 10	1 : 100
집락수	14	2
	10	1

① 120　　② 100
③ 14　　④ 12

정답 14 ④　15 ②　16 ③　17 ②　18 ④　19 ①

해설
희석에 의한 생균수 측정
- 페트리 디시에 집락이 15~300개이어야 유의성이 있으나 전 평판에 15개 미만의 집락만을 얻었을 경우에는 가장 희석배수가 낮은 것을 측정한다.
- 희석배수가 10배이므로 $14 \times 10 = 140$, $10 \times 10 = 100$
- 두 값의 평균은 $\dfrac{(140+100)}{2} = 120$

20 효소의 반응속도 및 활성에 영향을 미치는 요소와 가장 거리가 먼 것은?

① 온도
② 수소 이온 농도
③ 기질의 농도
④ 반응액의 용량

해설
효소의 반응속도 및 활성에 영향을 미치는 요소
온도, pH, 기질의 농도(효소 농도가 일정하다는 가정)

21 핵산의 소화에 대한 설명으로 틀린 것은?

① 췌액 중의 nuclease에 의해 분해되어 mono-nucleotide가 생성된다.
② 위액 중의 DNAase에 의해 인산과 nucleoside로 분해된다.
③ nucleosidase는 글리코시드 결합을 가수분해한다.
④ pentose는 다시 인산과 결합하여 pentose-phosphate로 전환된다.

해설
핵산의 소화
- 핵산은 췌액의 nuclease(핵산가수분해효소)에 의해 분해되어 mononucleotide가 생성된다.
- mononucleotide는 nucleosidase에 의해 염기와 당으로 분해된다.
- 당은 인산과 결합하여 pentosephosphate로 전환되고 이어서 PRPP로 핵산 합성에 이용된다.

22 미생물의 영양상 특징이 아닌 것은?

① 미생물의 영양은 탄소원 또는 에너지원의 이용이 다양하다.
② 증식은 첨가영양원의 농도에 대응해서 증가하고 어느 농도 이상에서는 일정하게 된다.
③ 증식에 필요한 모든 영양원이 충족되어야 하며 필수영양원이 조금 부족해도 증식할 수 있다.
④ 같은 화합물이라도 농도에 따라 미생물에 대한 영향은 다르다.

해설
어떠한 생물체라도 필수영양원이 부족하면 제한요소가 되어 증식할 수 없다.

23 혐기적 조건에서 근육조직의 에너지 전달물질은?

① phosphocreatine
② oxaloacetate
③ cAMP
④ phosphoenolpyruvate

해설
phosphocreatine
근육 저장형 고에너지 화합물로 ATP가 분해 시 인산을 제공하여 다시 ATP를 회복한다.

정답 20 ④ 21 ② 22 ③ 23 ①

PART 05

CBT 기출복원문제

CBT 기출복원문제 2022년 3회

1과목 식품위생학

01 식중독 증상에서 cyanosis 현상이 나타나는 어패류는?
① 섭조개 ② 바지락
③ 복어   ④ 대합

해설
Tetrodotoxin
복어의 난소와 간장에 많이 존재하는 복어독으로 신경에 작용하여 cyanosis를 일으키는 신경독소이다.

02 식품의 조리 및 가공 중이나 유기물질이 불완전 연소되면서 생성되는 유해물질과 관계있는 것은?
① cyclamate
② auramine
③ zearalenone
④ Polycyclic Aromatic Hydrocarbon

해설
식품 가공처리 중 유해인자
- 아크릴아마이드 : 아미노산과 당이 120℃ 열에 의해 결합하는 마이야르 반응을 통하여 생성되는 물질로 조리, 가공 중 자연적으로 생성하는 발암성 물질
- PAH(다환 방향족 탄화수소, 3,4-벤조피렌류) : 육류의 가열분해로 생성되는 강력한 발암성 물질
- 모노클로로프로판디올(MCPD : Monochloropropandiol) : 화학간장 제조 시 발생되는 발암성 물질

03 안전관리인증기준(HACCP)을 적용하여 식품·축산물의 위해요소를 예방·제어하거나 허용 수준 이하로 감소시켜 당해 식품·축산물의 안전성을 확보할 수 있는 중요한 단계 과정 또는 공정은?
① Good Manufacturing Practice
② Hazard Analysis
③ Critical Limit
④ Critical Control Point

해설
① Good Manufacturing Practice : 우수제조기준
② Hazard Analysis : 식품 제조공정에서 위해 가능성이 있는 요소를 찾아 분석·평가하는 공정
③ Critical Limit : 안전을 위한 절대적 기준치로 온도, 시간, 무게, 색 등 간단히 확인할 수 있는 기준을 설정
④ Critical Control Point : 위해요소를 방지·제거하고 안전성 확보를 위해 중점적으로 다루어야 할 관리지점

04 식품첨가물 중 DL-멘톨은 어떤 종류에 해당하는가?
① 감미료 ② 표백제
③ 향료   ④ 착색료

해설
향료
식품에 향을 부여하는 식품첨가물로 본래의 향을 없애거나 강화시켜 기호성을 높인다.
※ DL-멘톨 : 음료, 아이스크림, 껌류에 주로 사용되는 착향료

05 보존료의 주요 사용 목적은?
① 식품의 성분 개선
② 식품의 향미 증진
③ 미생물의 완전 사멸
④ 미생물에 의한 부패를 방지

해설
보존료의 조건
- 미생물의 생육을 억제해야 한다.
- 식품에 나쁜 영향을 주지 않아야 한다.
- 사용이 간단하고 값이 싸야 한다.
- 인체에 무해하고 독성이 없어야 한다.
- 장기적으로 사용해도 해가 없어야 한다.

정답 01 ③ 02 ④ 03 ④ 04 ③ 05 ④

06 다음 중 식품 방사선 조사(food irradiation) 처리에 대한 설명으로 옳지 않은 것은?

① 해충에 비해 바이러스 조사 시 감수성이 크며, 민감하다.
② 식품이 흡수한 에너지는 프리라디칼을 형성하여 미생물을 죽이거나 다른 식품 분자와 반응한다.
③ ^{60}Co 감마선으로 식품의 특성과 목적에 따라 정해진 방사선량을 식품에 쪼이는 것이다.
④ 한번 조사처리한 식품은 재조사하여서는 안 된다.

해설
방사선 조사 식품
- 방사선 조사는 주로 ^{60}Co의 감마선을 이용해 포장된 상태의 제품을 처리할 수 있으며 비열 처리하므로 냉살균이라 한다.
- 비타민 B_1은 감마선에 비교적 민감한 반면, 비타민 B_2는 그렇지 않다.
- 방사선 처리 시 formic acid, acetaldehyde 등의 분해산물이 생성된다.
- 1kGy 이하의 저선량 방사선 조사를 통해 감자, 양파 등의 발아 억제, 기생충 사멸, 숙도 지연 등의 효과를 얻을 수 있다.
- 바이러스의 사멸을 위해서는 발아 억제를 위한 조사보다 높은 선량이 필요하다.
- 10kGy 이하의 방사선 조사로는 모든 병원균을 완전히 사멸시키지는 못한다.
- 식품에는 10kGy 이하의 에너지를 주로 사용한다.
- 완제품의 경우 조사처리된 식품임을 나타내는 문구 및 조사도안을 표시하여야 한다.
- 한번 조사처리한 식품은 다시 조사하여서는 안 된다.

07 식품취급자가 화농성 질환이 있는 경우 감염되기 쉬운 식중독균은?

① 살모넬라균
② 비브리오균
③ 대장균
④ 황색포도상구균

해설
황색포도상구균(Staphylococcus aureus)
그람 양성, 포도상알균, 피부 상재균, 포자 비형성균, 화농성 질환

08 반감기가 길고, 생성량이 많아 특히 식품에 문제가 되는 핵종은?

① ^{137}Cs, ^{90}Sr
② ^{131}I, ^{137}Cs
③ ^{131}I, ^{90}Sr
④ ^{90}Sr, ^{135}Cs

해설
방사능 반감기
^{90}Sr – 28.8년, ^{137}Cs – 30.17년, ^{131}I – 8일

09 식품 및 축산물 안전관리인증기준에 의한 선행요건 중 식품제조업소에서의 냉장·냉동 시설·설비 관리로 잘못된 것은?

① 냉장시설은 내부 온도를 10℃ 이하로 한다(단, 신선편의식품, 훈제연어, 가금육은 제외).
② 냉동시설은 -18℃ 이하로 유지한다.
③ 온도 감응 장치의 센서는 온도의 평균이 측정되는 곳에 위치하도록 한다.
④ 냉장·냉동 시설의 외부에서 온도 변화를 관찰할 수 있어야 한다.

해설
식품제조업소의 냉장·냉동 시설·설비 관리에서 온도 감응 장치의 센서는 각 시설의 주요 관리점으로 제어되는 온도 이하로 유지되는지 알 수 있는 가장 높은 지점에 위치하도록 한다.

10 경구감염병의 특징 중 옳지 않은 것은?

① 감염은 미량의 균으로도 가능하다.
② 2차 감염이 거의 없다.
③ 잠복기가 비교적 식중독보다 길다.
④ 집단적으로 발생한다.

해설
경구감염병의 특징
- 물, 식품이 감염원으로 운반매체이다.
- 병원균의 독력이 강해서 식품에 소량의 균이 있어도 발병한다.
- 사람에서 사람으로 2차 감염된다.
- 잠복기가 길고 격리가 필요하다.
- 면역이 있는 경우가 많다.
- 지역적·집단적으로 발생한다.
- 환자 발생에 계절이 영향을 미친다.

정답 06 ① 07 ④ 08 ① 09 ③ 10 ②

11 소독약의 살균을 평가하는 기준의 약제는?

① 알코올   ② 포름알데히드
③ 석탄산   ④ 니켈

해설

석탄산계수(phenol coefficient)
- 석탄산의 소독력을 기준으로 하여 표시되는 소독력의 살균력 평가지표이다.
- 물질의 활성은 석탄산과의 희석도의 비로 표시된다.

12 수분 함량이 적은 전분질 식품을 주로 변패시키는 미생물은?

① 곰팡이   ② 효모
③ 세균   ④ 바이러스

해설

미생물 생육 최저 수분활성도(A_w)
세균 0.91, 효모 0.88, 곰팡이 0.80, 내건성 곰팡이 0.65, 내삼투압성 효모 0.60 등

13 식품 위생상 지표가 되는 대장균(E. coli)에 해당하는 특성은?

① 젖당 발효, methyl red test(−), VP test(+), gram(+)
② 젖당 발효, methyl red test(+), VP test(−), gram(−)
③ 젖당 비발효, methyl red test(−), VP test(+), gram(+)
④ 젖당 비발효, methyl red test(+), VP test(−), gram(−)

해설

대장균(E. coli)
- 장내에 서식하며 그람 음성균, 운동성, 간균, 통성혐기성균
- 젖당을 분해하여 CO_2와 H_2 가스를 생산
- 대부분이 매우 무해하나 변종 중에는 식중독균이 있음
- 식품위생지표 세균
- methyl red test(+), VP test (−)

14 HACCP 시스템 적용 시 원칙단계에서 가장 먼저 시행해야 하는 절차는?

① 개선조치 설정
② 중요관리점 결정
③ 위해요소 분석
④ 용도 확인

해설

HACCP 준비단계
- 절차 1 : HACCP팀 구성
- 절차 2 : 제품 및 제품의 유통방법 기술
- 절차 3 : 의도된 제품의 용도 확인
- 절차 4 : 공정흐름도 작성
- 절차 5 : 공정흐름도 검증

HACCP 실행단계
- 원칙 1(절차 6) : 위해요소 분석
- 원칙 2(절차 7) : 중요관리점 결정
- 원칙 3(절차 8) : 허용기준 설정
- 원칙 4(절차 9) : 모니터링방법 설정
- 원칙 5(절차 10) : 개선조치 설정
- 원칙 6(절차 11) : 검증절차 설정
- 원칙 7(절차 12) : 기록보관 및 문서화 방법 설정

15 다음 중 열가소성 수지는?

① Poly Vinyl Chloride(PVC)
② phenol 수지
③ melamine 수지
④ epoxy 수지

해설

플라스틱류
- 열가소성 수지(열을 가하면 부드럽게 됨) : 폴리에틸렌, 폴리프로필렌(안정제 용출), 폴리스티렌(단량체 용출), 염화비닐수지(PVC, 가소제, 단량체, 안정제 용출) 등
- 열경화성 수지(열을 가해도 부드러워지지 않음) : 페놀 수지, 요소 수지, 멜라민 수지 등으로 포르말린(포름알데히드) 용출

16 알레르기성 식중독의 원인물질과 가장 관계 깊은 것은?

① glutamic acid   ② aflatoxin
③ histamine   ④ solanine

정답 11 ③ 12 ① 13 ② 14 ③ 15 ① 16 ③

해설

히스타민(histamine)
기관지 수축, 모세혈관 확장 등의 알레르기나 염증반응에 관여하는 화학물질로, 아미노산에서 히스티딘이 탈탄산된 형태이다.

---

17 다음 중 허용금지 살균제 또는 표백제인 것은?

① 차아염소산나트륨
② 옥시스테아린
③ 무수아황산
④ 고도표백분

해설

식품첨가물
- 살균제 : 고도표백분, 차아염소산나트륨
- 표백제 : 무수아황산

---

18 집단급식소, 식품접객업소(위탁급식영업) 및 운반급식(개별 또는 벌크 포장)의 관리로 적합하지 않은 것은?

① 건물 바닥, 벽, 천장 등에 타일 등과 같이 홈이 있는 재질을 사용한 때에는 홈에 먼지, 곰팡이, 이물 등이 끼지 아니하도록 청결하게 관리하여야 한다.
② 원료 처리실, 제조·가공·조리실은 식품의 특성에 따라 내수성 또는 내열성 등의 재질을 사용하거나 이러한 처리를 하여야 한다.
③ 출입문, 창문, 벽, 천장 등은 해충, 설치류 등의 유입 시 조치할 수 있도록 퇴거 경로가 확보되어야 한다.
④ 선별 및 검사구역 작업장 등은 육안 확인에 필요한 조도(540룩스 이상)를 유지하여야 한다.

해설

출입문, 창문, 벽, 천장 등에 해충, 설치류 등이 유입되지 않도록 방충·방서 처리를 하여야 한다.

---

19 환자의 소변에 균이 배출되어 소독에 유의해야 되는 감염병은?

① 콜레라
② 장티푸스
③ 파라티푸스
④ 세균성 이질

해설

세균성 경구감염병
- 장티푸스 : 보균자의 분변에서 배출된 *Salmonella typhi*가 음식이나 물에 감염되며, 매개물을 통해 사람에게 감염된다.
- 콜레라 : *Vibrio cholera*
- 세균성 이질 : *Shigella dysenteriae*
- 디프테리아 : *Corynebacterium diphtheriae*

---

20 GMO 식품의 항생제 내성 유전자가 체내 혹은 체내 미생물로 전이되는 것이 어려운 이유는?

① 기존 식품에 혼입되어 오랜 시간 동안 다량 노출로 인해 인체가 적응을 하였기 때문
② 유전자변형식품에 인체 및 미생물에 영향을 미치는 유전자가 함유되지 않기 때문
③ 식품 중에 포함된 유전자가 체내의 분해효소와 강산성의 위액에 의해 분해되기 때문
④ 전이 방지 물질을 첨가하여 안전성평가에 의해 인체에 전이되지 않는 GMO만을 허가하여 유통되기 때문

해설

GMO(유전자 변형 농산물)
- 유전자 재조합 기술로 재배된 농산물을 말한다.
- 옥수수, 콩, 사탕무, 면화, 유채 등을 대상으로 재배된다.
- 식품 외에도 가축사료, 의약품 등에 사용된다.
- GMO에 포함된 유전자는 체내의 분해효소와 강산성의 위액에 의해 분해되기 때문에 소화관 미생물로 전이되지 않는다.

2과목 식품화학

21 다음 중 뉴턴 유체(Newtonian fluid)의 특성을 가진 식품은?

① 우유
② 마요네즈
③ 케첩
④ 마가린

해설

- 뉴턴 유체 : 전단응력에 대하여 전단속도가 비례적으로 증감하는 유체(단일물질, 저분자로 구성된 물, 우유, 식용유 등의 묽은 용액)
- 비뉴턴 유체 : 뉴턴 유체를 제외한 모든 유체는 비뉴턴 유체

정답 17 ② 18 ③ 19 ② 20 ③ 21 ①

22 포도당이 아글리콘(aglycone)과 에테르 결합을 한 화합물의 명칭은?

① glucoside   ② glycoside
③ galactoside ④ riboside

해설
Glucoside(배당체)
- 당이 하이드록시기를 가지는 천연물과 결합하여 존재하는 형태를 말한다.
- 아글리콘의 종류에 따라 페놀배당체, 플라보노이드 배당체 등으로 구분한다.

23 다음 중 비타민 B_2가 알칼리 환경에서 광분해되어 생성되는 물질은?

① thiazole   ② lumiflavin
③ thiochrome ④ lumichrome

해설
비타민 B_2(riboflavin)
- 알칼리 환경에 노출되면 광분해되어 lumiflavin을 생성한다.
- 약산성에서 중성 환경에 노출되면 lumichrome을 생성한다.

24 $CuSO_4$의 알칼리 용액에 넣고 가열할 때 Cu_2O의 붉은색 침전이 생기지 않는 것은?

① 맥아당   ② 설탕
③ 유당   ④ 포도당

해설
Somogyi법(환원당 정량)
- 알칼리성 조건하에서 가열에 의해 환원당을 환원하여 환원당량을 구하는 환원당 정량시험법 중의 하나이다.
- sucrose는 semiacetal성 OH기가 없어 변성광을 일으키지 않는 비환원당이기에 환원당 정량시험에 해당되지 않는다.

25 NaOH의 분자량이 40일 때 NaOH 30g의 몰수는?

① 0.65   ② 0.75
③ 1.33   ④ 10

해설
몰수 : 1L 용액 중 용질의 분자량

$\therefore \frac{30}{40} = 0.75$

26 유지의 경화공정과 트랜스지방에 대한 설명이 틀린 것은?

① 경화란 지방에 수소를 첨가하여 유지를 고체화시키는 공정이다.
② 트랜스지방은 심혈관질환의 발병률과 관련이 있다.
③ 산화 안전성을 증가시키기 위한 공정이다.
④ 식용유지류 제품은 트랜스지방이 100g당 5g 미만일 경우 "0"으로 표시할 수 있다.

해설
유지의 경화
- 지방의 이중결합 부위에 수소를 첨가하여 유지를 고체화시키는 공정으로 경화를 통해 산화 안전성이 높아진다.
- 대표적인 경화유로는 마가린과 쇼트닝 등이 있다.
- 식용유지는 트랜스지방이 100g당 0.5g 미만일 경우 '0.5g 미만'으로 표시해야 하며, 0.2g 미만일 경우 '0'으로 표시할 수 있다.

27 버터(butter)의 위조품 검정에 이용되는 것은?

① Polenske 값
② Reichert-Meissl 값
③ Acetyl 값
④ Hener 값

해설
Reichert – Meissl 값
휘발성 지방산의 양을 나타내는 데 사용되는 값으로 버터와 유지방 함유 식품의 위조품 검정에 이용된다.

28 밀단백질인 글루텐의 구성성분은?

① gliadin, prolamin
② gliadin, glutenin
③ glutamin, glutenin
④ glutamin, prolamin

해설
밀가루 단백질
- 글리아딘(gliadin)은 프롤라민에 속하며, 글루텐(gluten)에 점착성을 부여한다.
- 글루테닌(glutenin)은 글루텔린(glutelin)에 속하며 글루텐(gluten)에 탄성을 부여한다.
- 반죽을 하면 글리아딘과 글루테닌이 결합하여 망상구조의 글루텐(gluten)이 형성된다.

정답 22 ① 23 ② 24 ② 25 ② 26 ④ 27 ② 28 ②

29 D-글루코오스 중합체에 속하는 단순 다당류가 아닌 것은?

① glycogen ② starch
③ pectin   ④ cellulose

해설
펙틴 : 갈락투론산으로 구성, 프로토펙틴·펙틴·펙틴산·펙트산으로 분류

단순 다당류
- 한 가지 당으로 구성된 다당류
- 전분, 글리코겐, 섬유소(셀룰로오스) : 포도당으로 구성

30 유중수적형(W/O) 교질상 식품은?

① 우유(milk)
② 마요네즈(mayonnaise)
③ 아이스크림(ice cream)
④ 마가린(margarine)

해설
- 수중유적형(O/W) : 우유, 아이스크림, 마요네즈
- 유중수적형(W/O) : 버터, 마가린

31 식품성분 분석에 있어서 검체의 채취방법이 틀린 것은?

① 냉동식품은 실온에서 해동하고, 검채를 채취한다.
② 미생물검사를 요하는 검체는 멸균된 기구, 용기 등을 사용하여야 한다.
③ 점도가 높은 시료는 점도를 낮추어 채취할 수 있다.
④ 수분측정시료는 검체를 밀폐용기에 넣고 온도 변화를 최소화한다.

해설
검체의 채취방법
- 냉장 또는 냉동식품을 검체로 채취하는 경우에는 그 상태를 유지하면서 채취하여야 한다.
- 검체의 점도가 높아 채취하기 어려운 경우에는 검사 결과에 영향을 미치지 않는 범위 내에서 가온 등 적절한 방법으로 점도를 낮추어 채취할 수 있다.

32 물의 상태도 그래프에서 ㉠, ㉡, ㉢ 각각에 들어갈 물질을 순서대로 나열한 것은?

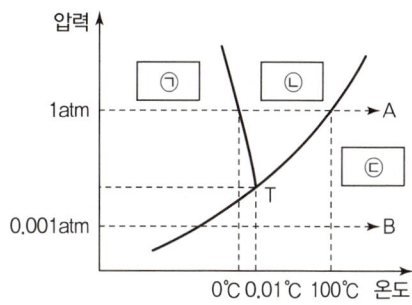

① 물, 수증기, 얼음
② 수증기, 물, 얼음
③ 얼음, 물, 물
④ 얼음, 물, 수증기

해설
물의 삼중 곡선이며, 압력과 온도에 따라 끓는점, 어는점 등이 변화한다.

33 관능검사에서 차이식별검사에 해당하지 않는 것은?

① 삼점 검사   ② 일-이점 검사
③ 단순차이검사   ④ 기호도 검사

해설
식품의 관능검사
㉠ 차이식별검사
  - 종합적 차이검사 : 단순차이검사(두 시료의 차이 유무 판정)
  - 일-이점 검사(기준시료와 동일한 것 선택)
  - 삼점 검사(3개 중 다른 하나 선택)
  - 확장 삼점 검사
㉡ 소비자 기호도 검사
  - 가장 주관적 검사이다.
  - 새로운 식품 개발이나 품질 개선에 이용된다.
  - 많은 패널이 필요하다.
  - 이점기호검사, 기호 척도법, 순위 기호검사, 적합성 판정법

34 펙트산(pectic acid)의 단위 물질은?

① galactose
② galacturonic acid
③ mannose
④ mannuronic acid

정답 29 ③ 30 ④ 31 ① 32 ④ 33 ④ 34 ②

해설
- 펙틴 : 갈락투론산으로 구성, 프로토펙틴 · 펙틴 · 펙틴산 · 펙트산으로 분류
- 덜 익은 과실 : 프로토펙틴(불용), 숙성과실 : 펙틴(가용성), 완숙과일 : 펙틴산(불용성)

35 클로로필(chlorophyll)을 알칼리로 처리하였더니 피톨(phytol)이 유리되고 용액의 색깔이 청록색으로 변했다. 다음 중 어느 것이 형성된 것인가?

① pheophytin
② pheophorbide
③ chlorophyllide
④ chlorophylline

해설
Chlorophyll(엽록소)
- 녹색식물의 잎에 존재하며 Mg을 함유한 4개의 pyr-rol로 구성된 porphyrin 구조로, chlorophyll a(청록색)와 b(황록색)가 있으며 3 : 1로 구성된다.
- chlorophyll은 산성하에서 porphyrin의 Mg^{2+}이 수소로 치환되어 갈색의 pheophytin을 형성, 계속된 산 처리 시 phytol기가 분해되어 갈색의 pheophorbide가 생성된다.
- chlorophyll은 알칼리성에서 phytol기가 분해되어 녹색의 chlorophyllide가 되며, 이어서 methyl기가 분해되면 짙은 녹색의 chlorophylline이 생성된다.
- chlorophyll을 Cu^{2+}, Fe^{2+} 등의 금속으로 가열 처리하면 Mg^{2+}이 치환되어 녹색의 chlorophyll염이 생성된다.

36 BHA, BHT와 같은 항산화제(antioxidant)의 작용에 대한 설명으로 틀린 것은?

① 주로 산화의 연쇄반응을 중단시키는 역할을 한다.
② BHA, BHT는 지용성 산화방지제이다.
③ 산패가 진행된 유지에 첨가해도 그 효과는 저하되지 않는다.
④ 일반적으로 단독 사용할 때보다 병용 사용할 때 그 작용이 증강된다.

해설
항산화제
- 미량으로도 유지의 산화를 억제하여 주는 물질이다.
- 활성산소에 용이하게 수소원자를 내어 연쇄반응을 중단시키며 활성화 작용을 한다.
- 이미 산패가 진행된 유지에는 효과를 기대할 수 없다.

37 새우, 게 등 갑각류가 가열이나 산처리 시에 적색으로 변하는 이유는?

① myoglobin이 nitrosomyoglobin으로 변화하였으므로
② astaxanthin이 astacin으로 변화하였으므로
③ chlorophyll이 pheophytin으로 변화하였으므로
④ anthocyan이 anthocyanidin으로 변화하였으므로

해설
carotenoid계의 astaxanthin이 astacin으로 변화한 것이다.

38 비뉴턴 유체 중 전단응력이 증가함에 따라 전단속도가 급증하는 현상을 보이는 유체는?

① 가소성 유체
② 의사가소성 유체
③ 딜레이턴트 유체
④ 의액성 유체

해설
비뉴턴(Non-Newtonian) 유체
- 가소성(Plasticity) 유체 : 전단응력이 증가해도 항복응력 전까지는 전단속도가 0이다가 항복응력 이상일 때 전단속도가 증가하는 현상을 보이는 유체
- 의사가소성(Pseudoplastic) 유체 : 전단응력 증가에 따라 전단속도가 증가하는 현상을 보이는 유체
- 딜레이턴트(Dilatant) 유체 : 전단응력 증가에 따라 전단속도가 급증하는 현상을 보이는 유체
- 빙햄 소성(Bingham plastic) 유체 : 전단응력이 증가해도 항복응력 전까지는 전단속도가 0이다가 항복응력 이상일 때 전단속도가 선형적으로 증가하는 현상을 보이는 유체
- 의액성(Thixotropy) 유체 : 시간이 경과함에 따라 점성이 감소하는 특징을 가지고 있으며 전단속도가 전단응력의 크기뿐 아니라 시간에 따라 변화하는 현상을 보이는 유체

정답 35 ③ 36 ③ 37 ② 38 ③

39 돼지고기 2g을 Kjeldahl법으로 분석하였더니 질소 함량이 60mg이었다. 돼지고기의 조단백질 함량은 약 몇 %인가?(단, 소수점 둘째 자리에서 반올림한다.)

① 17.2 ② 18.8
③ 20.0 ④ 21.4

해설

킬달 조단백질 정량법

- 질소 계수 : 단백질 중 질소 함량 16%, $\frac{100}{16}=6.25$
- $60 \times 6.25 = 375\text{mg} = 0.375\text{g}$

  $\therefore \frac{0.375}{2} \times 100 = 18.75\%$

40 식품성분의 가공 중 발생하는 냄새성분 변화에 대한 설명으로 틀린 것은?

① 불포화지방산이 많이 있는 유지가 열분해되면 alcohol, aldehydes, ketones 등이 많이 발생한다.
② 파의 자극적인 냄새와 매운맛 성분은 주로 황화아릴성분이다.
③ 설탕물을 150~180℃의 고온으로 가열하면 5탄당에서는 furfural이, 6탄당에서는 5-hydroxymethyl furfural이 주로 형성된다.
④ 가오리나 홍어 저장 시 발생하는 자극성 냄새는 요소가 미생물에 의해 분해되어 TMAO(Trimethylamine oxide)를 생성하기 때문이다.

해설

TMAO(Trimethylamine oxide)는 생선의 맛난 맛 성분이나 세균이 많이 번식하면 세균의 환원성으로 TMA(Trimethylamine)가 되는데, 이것은 생선의 비린내 성분이다.

3과목 식품가공학

41 동물근육의 사후경직과정 중 최고의 경직을 나타내는 극한산성(ultimate acidity) 상태일 때의 pH는 약 얼마인가?

① 6.0 ② 5.4
③ 4.6 ④ 3.5

해설

사후경직 시 pH의 변화
- 도축 전 : pH 7.0~7.4
- 도축 초기(경직 시작) : pH 6.3~6.5
- 도축 후(최고 경직) : pH 5.4
- 숙성 : pH 재상승

42 다음 중 EPA와 DHA가 가장 많이 함유되어 있는 식품은?

① 닭가슴살 ② 삼겹살
③ 정어리   ④ 쇠고기

해설

EPA(20 : 5)와 DHA(22 : 6) 모두 등푸른 생선에 많이 존재하는 w-3계열 불포화지방산의 종류이다.

43 밀가루 반죽의 점탄성을 측정하는 장치는?

① 아밀로그래프(amylograph)
② 엑스텐소그래프(extensograph)
③ 패리노그래프(farinograph)
④ 브라벤더 비스코미터(brabender viscometer)

해설

밀가루 레올로지 특성 분석
- 패리노그래프(farinograph) : 점탄성·흡수율 측정, 반죽의 경도 및 형성시간 측정
- 엑스텐소그래프(extensograph) : 신장성·인장항력 측정
- 텍스처 측정기(texture analyzer) : 물성 측정
- 아밀로그래프(amylograph) : 호화도·점도 측정, 강력분과 중력분 구별에 이용

정답 39 ② 40 ④ 41 ② 42 ③ 43 ③

44 통조림 내에서 가장 늦게 가열되는 부분으로 가열살균공정에서 오염미생물이 확실히 살균되었는가를 평가하는 데 이용되는 것은?

① 온점 ② 냉점
③ 열점 ④ 중앙점

해설

냉점
- 통조림 내에서 가장 늦게 가열되는 부분으로 가열살균공정에서 오염미생물이 확실히 살균되었는가를 평가하는 데 이용된다.
- 고체 식품의 경우 냉점은 전도에 의해 중심부이며, 액체 식품의 경우 냉점은 대류에 의한 열 전달로 중앙 하부 1/3 지점이다.

45 42%의 전분유 1L를 산분해시켜 DE 값이 42가 되는 물엿을 만들었을 때 생성된 환원당의 양은?

① 420.0g ② 176.4g
③ 100.8g ④ 84.0g

해설

당화율(DE : Dextrose Equivalent)
전분 가수분해 정도 표시

- $DE = \dfrac{포도당(환원당)}{총\ 고형분} \times 100$
- 총 고형분(1L) : $\dfrac{42g}{100mL} \times 1,000mL = 420g$
- $42 = \dfrac{환원당}{420} \times 100$

∴ 환원당 = 176.4g

46 사후경직 현상에 대한 설명으로 옳은 것은?

① 젖산이 분해되고, 알칼리 상태가 된다.
② ATP 함량이 증가한다.
③ 산성 포스파타아제(phosphatase) 활성이 증가한다.
④ 글리코겐(glycogen) 함량이 증가한다.

해설

사후경직
근육 글리코겐 분해에 따라 젖산을 생성하여 산성 상태가 유지되면 산성 포스파타아제에 의해 ATP 분해가 촉진되며 근육 경직이 발생한다(액토미오신 형성).

47 두부의 제조 원리로 옳은 것은?

① 콩 단백질의 주성분인 글리시닌(glycinin)을 묽은 염류용액에 녹이고 이를 가열한 후 다시 염류를 가하여 침전시킨다.
② 콩 단백질의 주성분인 베타-락토글로불린(β-lactoglobulin)을 묽은 염류용액에 녹이고 이를 가열한 후 다시 염류를 가하여 침전시킨다.
③ 콩 단백질의 주성분인 알부민(albumin)을 묽은 염류용액에 녹이고 이를 가열한 후 다시 염류를 가하여 침전시킨다.
④ 콩 단백질의 주성분인 글리시닌(glycinin)을 산으로 침전시켜 제조한다.

해설

두부 제조
- 원료 콩에 10배 내외 물을 넣고 마쇄
- 응고제를 첨가하고 70~80℃로 가열, 응고시켜 성형 후 탈수
- 불린 콩을 마쇄하여 콩 단백질의 주성분인 글리시닌(glycinin)을 묽은 염류용액에 녹여 가용성분은 두유를 만들고 가열 후 다시 간수로 단백질을 응고시켜 두부 제조
- 너무 많이 갈면 두유를 많이 만들 수 있으나 두부수율이 낮아짐
- 염석(salting out) : 고농도 염으로 단백질 석출(두부 제조에 이용)

48 현미를 백미로 도정할 때 쌀겨층에 해당되지 않는 것은?

① 과피 ② 종피
③ 왕겨 ④ 호분층

해설

㉠ 현미
- 벼(나락)에서 왕겨층만 제거한 것
- 도정률은 100%이다.

㉡ 백미
- 쌀겨층(과피, 종피, 호분층)을 완전히 벗겨낸 것
- 도정률은 92%이다.

49 무당연유의 제조공정에 대한 설명으로 틀린 것은?

① 당을 넣지 않는다.
② 예열공정을 하지 않는다.
③ 균질화를 한다.
④ 가열멸균을 한다.

해설
무당연유의 제조공정
원유 → 표준화 → 예비가열(예열) → 농축 → 균질화 → 재표준화 → 파이로트시험 → 충전 → 담기 → 멸균처리 → 냉각 → 제품

50 마요네즈 제조 시 유화제 역할을 하는 것은?

① 식초산　　② 면실유
③ 소금　　　④ 레시틴

해설
마요네즈 제조 시 난황의 레시틴이 유화제로 작용한다.

51 밀감을 통조림으로 가공할 때 속껍질 제거 방법으로 적합한 것은?

① 산처리
② 알칼리처리
③ 열탕처리
④ 산·알칼리 병용처리

해설
박피법(peeling)
- 칼, 열탕법, 증기법, 알칼리처리법(1~3%, NaOH), 산처리법(1~3%, HCl), 기계법
- 감귤 통조림 : 원료 → 선별 → 열처리 → 외피 벗기기 → 건조 → 쪼개기 → 속껍질 벗기기(산·알칼리 박피법) → 담그기 → 선별 → 담기 → 탈기 → 밀봉 → 살균 → 냉각 → 제품
- 산·알칼리 박피법 : 20℃, 30~60분 산처리(1~3%, HCl) → 물로 세척 → 30초, 알칼리처리(1~3%, NaOH) → 물로 세척

52 유지 가공 시 수소첨가(hydrogenation)의 목적이 아닌 것은?

① 유지의 불포화도가 감소되어 산화 안정성을 증가시킨다.
② 가소성과 경도를 부여하여 물리적 성질을 개선한다.
③ 융점과 응고점을 낮춰준다.
④ 냄새, 색깔 및 풍미를 개선한다.

해설
경화유
- 불포화지방산이 많은 액체유에 Ni 존재하에서 H를 첨가하여 고체지(포화지방산)로 제조
- 녹는점이 높아지고 안정성 증가, 산패가 적고 냄새 감소
- 어유, 콩기름, 면실유, 채종유 등에 이용
- 쇼트닝, 마가린 등이 대표적인 제품
- 융점과 응고점을 높여준다.

53 코지(Koji)를 만들면 주로 생성되는 전분과 단백질 분해효소는?

① amylase, catalase
② pectinase, cellulase
③ amylase, protease
④ protease, pectinase

해설
코지 제조
- 코지균을 쌀 또는 보리 등의 배지에 접종시켜 발아 및 발육시키는 조작
- 코지 중 amylase, protease 등 효소가 전분 또는 단백질 분해
- *Aspergillus oryzae*, *Aspergillus sojae* 등을 이용하므로 시간이 지남에 따라 protease의 역가가 높아진다.

54 감의 떫은맛을 없애는 공정의 원리는?

① shibuol을 용출 제거시킨다.
② shibuol을 불용성 물질로 변화시킨다.
③ shibuol을 당분으로 전환시킨다.
④ shibuol을 지방산으로 전환시킨다.

해설
탈삽의 원리
감의 떫은맛을 없애는 방법으로 가용성 탄닌(shibuol)이 불용성 탄닌으로 변화하는 것
- 열탕법 : 감을 35~40℃의 물속에 12~24시간 유지
- 알코올법 : 감을 알코올과 함께 밀폐용기에 넣어서 탈삽
- 탄산법 : 밀폐된 용기에 공기를 CO_2로 치환시켜 탈삽

정답　49 ②　50 ④　51 ④　52 ③　53 ③　54 ②

55 지방률이 3.5%인 원유(raw milk) 2,000kg에 지방률이 0.1%인 탈지유(skim milk)를 혼합하여 지방률 2.5%의 표준화 우유로 만들고자 한다. 이때 탈지유의 첨가량(kg)은?

① 약 833kg ② 약 2,833kg
③ 약 563kg ④ 약 283.3kg

해설
탈지유량을 x라고 하면,
$(3.5 \times 2,000) + (0.1 \times x) = 2.5 \times (2,000 + x)$
$7,000 + 0.1x = 5,000 + 2.5x$
$\therefore x \fallingdotseq 833$

56 젤리 응고에 관여하지 않는 물질은?

① 산 ② 단백질
③ 펙틴질 ④ 당분

해설
젤리화에 영향을 미치는 물질
펙틴(1~1.5%), 당(60~65%), 유기산(0.3%, pH 2.8~3.3)

57 전분의 당화법 중 효소당화법에 대한 설명이 아닌 것은?

① 정제를 완전히 해야 한다.
② 당화액은 쓴맛이 없고 착색물질 등 생성물이 생기지 않는다.
③ 당화전분농도는 약 50%이다.
④ 97% 이상의 높은 당화율을 보인다.

해설
효소당화법
- 원료전분을 정제하지 않아도 된다.
- 당화전분농도는 약 50%로 높은 편이다.
- 당화액은 쓴맛이 없고 다른 부산물(착색물질 등)이 생성되지 않는다.
- 97~99%의 높은 당화율을 보이나 48~72시간의 당화시간이 필요하다.

58 밀의 제분공정에서 조질의 주요 목적은?

① 외피와 배유의 분리를 쉽게 하기 위한 것
② 밀가루의 품질을 균일하게 하기 위한 것
③ 외피의 분쇄를 쉽게 하기 위한 것
④ 협잡물을 제거하기 위한 것

해설
밀의 제분공정
정선 → 조질(수분 조절) → 조쇄 및 분쇄 → 체질 → 숙성 → 포장
- 조질 : 밀에 수분을 조절하여 가열하는 공정으로 외피와 배유의 분리를 쉽게 하기 위함
- 숙성 : 표백과 제빵 적성을 위해 밀가루의 색소나 환원성 물질을 공기 중에 산화 숙성시키는 과정

59 70%의 수분을 함유한 식품을 건조하여 80%를 제거하였다. 식품의 kg당 제거된 수분의 양은 얼마인가?

① 0.14kg ② 0.56kg
③ 0.7kg ④ 0.8kg

해설
식품 1kg당 수분 70% 함유량은 1kg×0.7=0.7kg, 이 중 80%를 제거하였으므로 제거된 수분의 양은 0.7kg×0.8=0.56kg이다.

60 수산 건제품의 처리 방법에 대한 설명으로 틀린 것은?

① 자건품 : 수산물을 그대로 또는 소금을 넣고 삶은 후 말린 것
② 배건품 : 수산물을 저온에서 말린 것
③ 염건품 : 수산물에 소금을 넣고 말린 것
④ 동건품 : 수산물을 동결·융해하여 말린 것

해설
배건품
수산물에 열을 가하여 말린 것

4과목 식품미생물학

61 곰팡이의 유성포자에 해당되지 않는 것은?

① 분생포자 ② 접합포자
③ 난포자 ④ 담자포자

해설
곰팡이의 포자
- 곰팡이는 포자로 번식하며 무성생식과 유성생식이 있다.
- 무성포자 : 내생포자(포자낭 포자), 외생포자(분생포자), 후막포자, 분열자
- 유성포자 : 접합포자, 난포자, 자낭포자, 담자포자

정답 55 ① 56 ② 57 ① 58 ① 59 ② 60 ② 61 ①

62 클로렐라에 관한 설명으로 틀린 것은?

① 햇빛을 에너지원으로 한다.
② 배양 시 질소원으로 요소를 사용한다.
③ 탄소원으로 CO_2를 사용하지 않는다.
④ 균체는 식품으로서 영양가가 높다.

> [해설]
> 클로렐라는 균체단백질(SCP)에 이용, 광합성을 위해 CO_2를 이용하고 O_2를 방출한다.

63 다음 중 곰팡이 독소가 아닌 것은?

① patulin ② ochratoxin
③ enterotoxin ④ aflatoxin

> [해설]
> **Mycotoxin(곰팡이 독)**
> 간장독 : aflatoxin(*Aspergillus flavus*), sterigmatocystin(*Asp. versicolor*), rubratoxin(*Penicillium. rubrum*), luteoskyrin(*Pen. islandicum*, 황변미), ochratoxin(*Asp. ochraceus*, 커피콩), islanditoxin(*Pen. islandicum*, 황변미)
> ※ 황색포도상구균 : 내열성 독소인 enterotoxin 생성

64 청국장 제조에 쓰이는 균은?

① *Bacillus mestentericus*
② *Bacillus subtilis*
③ *Bacillus coagulans*
④ *Lactobacillus acidophilus*

> [해설]
> ㉠ *Bacillus* spp. : 토양 및 주변 환경에서 쉽게 검출되는 미생물로 전분발효능이 강하다.
>   • *B. mesentericus* : 빵, 쌀, 면류 등 탄수화물 식품에서 점액을 형성하여 부패를 유발한다.
>   • *B. subtilis* : 청국장 및 장류 발효에 사용되는 유익균이다.
>   • *B. coagulans* : 내열성포자를 형성하여 어육소시지에서 반점 모양의 부패를 일으키며 병조림 flat sour의 원인균이다.
> ㉡ *Lactobacillus* spp. : 그람 양성의 젖산균으로 유제품 발효에 주로 이용되는 미생물이다.

65 세균의 증식방법은?

① 영양세포의 출아법으로 증식한다.
② 포자낭 포자를 형성하여 증식한다.
③ 집하포자를 형성하면서 증식한다.
④ 분열법으로 증식하고 내생포자를 형성하는 경우도 있다.

> [해설]
> 세균은 분열법으로 증식하고 내열성이 강한 내생포자를 형성하는 경우도 있다.

66 고압 증기 멸균(autoclave)의 일반적인 조건은?

① 135℃, 2초간 ② 121℃, 15분간
③ 100℃, 60분간 ④ 63℃, 20분간

> [해설]
> **고압 증기 멸균**
> • 습열에 의한 열 침투력이 건열보다 큰 원리를 이용
> • 121℃, 15lb, 15~20분을 기본으로 이용되며 온도와 압력이 고온, 고압이므로 온도계, 압력계, 안전판 등이 필요하다.

67 피클 발효에 관여하는 유해 미생물 중 산막효모에 대한 설명이 아닌 것은?

① 표면에 피막을 형성한다.
② 이산화탄소를 생산하여 부품을 초래한다.
③ 호기성 효모이다.
④ 젖산을 소비하여 부패 세균이 증식할 수 있는 환경을 만든다.

> [해설]
> **산막효모(피막효모, film yeast)**
> *Candida* 속, *Hansenula* 속, *Debaryomyces* 속, *Pichia* 속
> • 이산화탄소를 생산하지 않는다.
> • 발효 액면에 피막을 형성하는 유해 산막효모이다.
> • 구형, 모자형, 방추형 위균사나 진균사를 형성한다.
> • 호기성으로 산화력이 크다.
> • 맥주, 포도주 유해균, 알코올 분해

68 설탕 배지에서 배양하면 dextran을 생산하는 균은?

① *Bacillus levaniformans*
② *Leuconostoc mesenteroides*
③ *Bacillus subtilis*
④ *Aerobactor levanicum*

해설
Leuconostoc mesenteroides
대표적인 이상발효(hetero fermentation) 젖산균으로 발효과정에서 젖산 및 탄산가스를 생성해서 김치 발효 중 상쾌한 맛을 유도하는 발효 초기 우점균주이다. sucrose로부터 dextran을 생성하여 김치의 식이섬유 함량에 영향을 주기도 하며 dextran 대량 생산에 이용되기도 하지만 제당공정에서는 dextran의 생성으로 인해 파이프를 막히게 하는 유해균이기도 하다.

69 단백질과 RNA로 구성되어 있으며 단백질 합성을 하는 것은?

① 미토콘드리아(mitochondria)
② 크로모솜(chromosome)
③ 리보솜(ribosome)
④ 골지체(golgi apparatus)

해설
리보솜
RNA와 단백질로 구성되며 단백질 생합성이 이루어진다.

70 일반적으로 미생물의 생육 최저 수분활성도가 높은 것부터 순서대로 나타낸 것은?

① 곰팡이 > 효모 > 세균
② 효모 > 곰팡이 > 세균
③ 세균 > 효모 > 곰팡이
④ 세균 > 곰팡이 > 효모

해설
미생물 생육 최저 수분활성도(A_w)
세균 0.91, 효모 0.88, 곰팡이 0.80, 내건성 곰팡이 0.65, 내삼투압성 효모 0.60 등

71 세균의 그람 염색에 사용되지 않는 것은?

① crystal violet액
② lugol액
③ safraninO액
④ congo red액

해설
그람 염색
㉠ 세포벽의 구조 및 구성물질의 차이를 이용해 세포를 염색하며 그람 양성균은 크리스탈 바이올렛에 의해 보라색을, 그람 음성균은 사프라닌에 의해 붉은색을 나타낸다.
㉡ 그람염색의 단계
 • 1단계 : crystal violet(1차 염색)
 • 2단계 : lugol(매염)
 • 3단계 : 95% ethanol(탈색)
 • 4단계 : safraninO(대조 염색)

72 그람 양성균의 세포벽에만 있는 성분은?

① 테이코산(teichoic acid)
② 펩티도글리칸(peptidoglycan)
③ 리포폴리사카라이드(lipopolysaccharide)
④ 포린단백질(porin protein)

해설
세포벽의 구성성분
• 그람 양성균(+) : peptidoglycan이 90%를 차지하며 teichoic acid, 다당류 함유
• 그람 음성균(−) : peptidoglycan이 5~10%를 차지하며 이 외의 protein, lipopolysaccharide, lipid 함유

73 파지(Phage)에 대한 대책으로 적합하지 않은 것은?

① 연속교체법(rotation system)을 이용한다.
② 살균을 철저하게 한다.
③ 내성균주를 사용하여 발효를 한다.
④ 생산균주를 1종으로 제한한다.

해설
파지(Phage) 오염 예방법
• 공정 내·외부의 살균을 철저하게 진행한다.
• 파지 내성균주를 이용한다.
• 균주특이성이 존재하므로 2종 이상의 균주 조합 계열을 만들어 2~3일마다 바꾸어 사용하는 균주 rotation system을 이용한다.

정답 68 ② 69 ③ 70 ③ 71 ④ 72 ① 73 ④

74 미생물 생육곡선(growth curve)과 관련한 설명으로 옳은 것은?

① 배양시간 경과에 따른 균수를 측정하고 세미로그 그래프에 표시한다.
② 온도의 변화에 따른 미생물 수 변화를 확인하여 그래프로 그린 것이다.
③ 곰팡이의 경우는 포자의 수를 측정하여 생육 정도를 비교한다.
④ 대사산물 생산량에 따라 유도기 – 대수기 – 정지기 – 사멸기로 분류한다.

해설
미생물 생육곡선은 배양시간 경과에 따른 균수를 측정하고 세미로그 그래프에 표시하며 균수에 따라 유도기 – 대수기 – 정지기 – 사멸기로 분류한다.

75 세포융합(cell fusion)의 실험순서로 옳은 것은?

① 재조합체 선택 및 분리 → protoplast의 융합 → 융합체의 재생 → 세포의 protoplast화
② protoplast의 융합 → 세포의 protoplast화 → 융합체의 재생 → 재조합체 선택 및 분리
③ 세포의 protoplast화 → protoplast의 융합 → 융합체의 재생 → 재조합체 선택 및 분리
④ 융합체의 재생 → 재조합체 선택 및 분리 → protoplast의 융합 → 세포의 protoplast화

해설
세포융합(cell fusion)의 순서
세포의 protoplast화 → protoplast의 융합 → 융합체의 재생 → 재조합체 선택 및 분리

76 아래의 반응에 관여하는 효소는?

$$CH_3COCOOH + NADH \rightarrow CH_3CHOHCOOH + NAD$$

① alcohol dehydrogenase
② lactic acid dehydrogenase
③ succinic acid dehydrogenase
④ α-ketoglutaric acid dehydrogenase

해설
lactic acid dehydrogenase(젖산탈수소효소)
젖산을 피루브산으로 전환시키는 역할을 하는 효소

$$CH_3COCOOH + NADH \rightarrow CH_3CHOHCOOH + NAD$$
피루브산　　　　→　　　젖산

77 균사에 격벽(격막)이 있는 곰팡이는?

① *Mucor mucedo*
② *Rhizopus delemar*
③ *Absidia lichtheimi*
④ *Aspergillus oryzae*

해설
곰팡이(진균류)
㉠ 균사(hyphae)로 영양섭취와 발육 담당
㉡ 진균류는 조상균류와 순정균류로 분류
　• 조상균류(격막 없음) : 접합균류, 난균류, 호상균류
　• 순정균류(격막 있음) : 자낭균류, 담자균류, 불완전균류
㉢ 무성포자 : 내생포자, 외생포자, 후막포자, 분열자
㉣ 유성포자 : 접합포자, 난포자, 자낭포자, 담자포자
㉤ 조상균류 : *Mucor*(털곰팡이), *Rhizopus*(거미줄곰팡이, 가근, 포복지), *Absidia*(활털곰팡이, 가근, 포복지)
㉥ 자낭균류 : *Aspergillus*(누룩곰팡이, 정낭, 병족세포), *Penicillium*(푸른곰팡이, 기저경자), *Monascus*(홍국곰팡이), *Neurospora*(붉은곰팡이)

78 분열에 의해서 증식하는 효모는?

① *Saccharomyces* 속
② *Candida* 속
③ *Torulaspora* 속
④ *Schizosaccharomyces* 속

해설
• *Saccharomyces* 속 : 유성생식 중 동태접합, 출아법
• *Sacchromycodes* 속 : 무성생식 중 출아분열법
• *Schizosaccharomyces* 속 : 무성생식 중 분열법

79 *Penicillium* 속이 생산하는 독소는?

① rubratoxin　② aflatoxin
③ tetrodotoxin　④ zearalenone

해설
• rubratoxin : *Penicillium* 속의 미생물이 생산하는 독소로 과일의 저장 중 주로 발생한다.
• aflatoxin : *Aspergillus* 속의 곰팡이에 의해 생성되는 독소로 발암성을 띤다.

정답　74 ①　75 ③　76 ②　77 ④　78 ④　79 ①

- tetrodotoxin : 복어의 난소와 간장에 많이 존재하는 복어독으로 신경에 작용하는 신경독소이다.
- zearalenone : *Fusarium* 속의 곰팡이에 의해 생성되는 독소이다.

80 미생물의 증식을 억제하는 항생물질 중 세포벽 합성을 저해하는 것은?

① penicillin　　② chloramphenicol
③ tetracycline　　④ streptomycin

해설
페니실린(penicillin)
세균의 세포벽 합성을 담당하는 효소의 작용에 영향을 주어 세균을 사멸시키는 항생물질이다.

[5과목] 생화학 및 발효학

81 두 종류의 미생물 A와 미생물 B를 분리하여 DNA 중 GC 함량을 분석해보니 각각 70%와 54%이었다. 미생물들의 각 염기조성은?

① (미생물 A) A : 15%, G : 35%, T : 15%, C : 35%
   (미생물 B) A : 23%, G : 27%, T : 23%, C : 27%
② (미생물 A) A : 30%, G : 70%, T : 30%, C : 70%
   (미생물 B) A : 46%, G : 54%, T : 46%, C : 54%
③ (미생물 A) A : 35%, G : 35%, T : 15%, C : 15%
   (미생물 B) A : 27%, G : 27%, T : 23%, C : 23%
④ (미생물 A) A : 35%, G : 15%, T : 35%, C : 15%
   (미생물 B) A : 27%, G : 23%, T : 27%, C : 23%

해설
DNA
염기 간의 결합에서 A와 T는 수소 이중 결합, G와 C는 수소 삼중 결합으로 되어 있다. 그러므로 항상 [피리미딘기(C+T)/퓨린기(G+A)]=1이 된다(샤가프의 법칙).

- 미생물 A : GC 함량 70%는 G : 35%, C : 35%이며 나머지 AT 함량은 30%이므로 각각 A : 15%, T : 15%가 된다.
- 미생물 B : GC 함량 54%는 G : 27%, C : 27%이며 나머지 AT 함량은 46%이므로 각각 A : 23%, T : 23%가 된다.

82 효소의 작용에 대한 설명 중 틀린 것은?

① 단백질로 구성되어 있다.
② 특정 기질에 선택적 촉매반응을 한다.
③ 온도에 영향을 받는다.
④ 한 효소는 주로 2개 이상의 기질에 촉매반응을 한다.

해설
효소는 기질 특이성이 있어서 대부분 하나의 기질에 반응한다.

83 t-RNA에 대한 설명으로 틀린 것은?

① 활성화된 아미노산과 특이적으로 결합한다.
② anti-codon을 가지고 있다.
③ codon을 가지고 있어 r-RNA와 결합한다.
④ 클로버잎 모양의 평면구조(2차 구조)이다.

해설
t-RNA는 m-RNA 주형에 따라 아미노산을 순서대로 결합시키기 위해 아미노산을 운반하는 역할을 한다.

84 Holoenzyme에 대한 설명으로 옳은 것은?

① 조효소를 말한다.
② 가수분해작용을 하는 효소를 말한다.
③ 활성이 없는 효소 단백질과 조효소가 결합된 활성이 완전한 효소를 말한다.
④ 금속 이온 또는 유기분자로 이루어진 factor를 말한다.

해설
완전효소(Holoenzyme)
- 비활성인 단백질 부분인 아포효소와 활성촉진자 역할을 하는 보조인자가 결합한 것을 의미하며 효소의 활성이 나타난다.
- 활성을 가지려면 아포효소와 보조인자가 결합해야 한다.

정답　80 ①　81 ①　82 ④　83 ③　84 ③

85 발효 과정 중에서의 수율(yield)에 대한 설명으로 옳은 것은?

① 단위 균체량에 의해 생산된 생산물량
② 단위 발효시간당 생산된 생산물량
③ 발효공정에 투입된 단위 원료량에 대한 생산물량
④ 단위 균체량과 원료량에 대한 생산물량

해설
발효 과정
- 수율(yield)은 투입된 단위 원료량에 대한 생산물량을 의미한다.
- 미생물의 효소가 유기물을 분해하여 다른 유기물과 적은 에너지를 생성하는 과정을 의미한다. 이 과정을 통하여 유용한 물질이 생성되면 발효이고, 유해한 물질이 생성되면 부패이다.

86 Nucleotide의 화학구조와 정미성에 대한 설명으로 옳은 것은?

① Ribose의 3′ 위치에 인산기를 가진다.
② Ribose의 5′ 위치에 인산기를 가진다.
③ 염기가 pyrimidine계의 것이어야 한다.
④ trinucleotide에만 정미성이 있다.

해설
핵산계 조미료
- 핵산 관련 물질 중 인산기를 1개 가진 nucleotide가 정미성이 우수 : IMP(Inosine Mono Phosphate, 가쓰오부시 맛 성분), GMP(Guanosine Mono Phosphate, 표고버섯 맛 성분)
- 정미성 nucleotide는 염기가 purine계(아데닌, 구아닌, 이노신, 크산틴)
- 정미성을 위해 ribose의 5′ 위치에 인산기, 염기 ring(퓨린환) 구조의 6′ 위치가 OH로 치환

87 진핵세포의 DNA와 결합하고 있는 염기성 단백질은?

① albumin
② globulin
③ histone
④ histamine

해설
DNA 핵산은 염기성 단백질로 구성된 히스톤(histone)과 안정되게 결합하고 있다.

88 단당류 중 ketose이면서 hexose(6탄당)인 것은?

① glucose
② ribose
③ fructose
④ arabinose

해설
ketose는 ketone기($-C=O-$)를 가지는 단당류이다.
단당류
- glucose : aldose이면서 6탄당
- ribose : ketose이면서 5탄당
- fructose : ketose이면서 6탄당
- arabinose : aldose이면서 5탄당

89 다음 중 purine 염기는?

① adenine
② cytosine
③ thymine
④ uracil

해설
DNA
염기 간의 결합에서 A와 T는 수소 이중 결합, G와 C는 수소 삼중 결합으로 되어 있다. 그러므로 항상 [피리미딘기(C+T)/퓨린기(G+A)]=1이 된다(샤가프의 법칙).

90 다음과 같은 반응으로 만들어지는 최종 발효 생성물은?

$$C_6H_{12}O_6 \rightarrow 2C_2H_5OH + 2CO_2$$
$$C_2H_5OH + O_2 \rightarrow CH_3COOH + H_2O$$

① 식초
② 요구르트
③ 알코올
④ 핵산

해설
- 식초발효(초산발효) : alcohol이 산화되어 초산을 만드는 과정으로 포도당($C_6H_{12}O_6$)이 발효되어 알코올이 생성되고 알코올이 산화되어 초산을 생성한다.
- 대표적인 초산균
  Acetobacter aceti 속, *Gluconobacter* 속

91 근육에서 피루브산이 아미노기(NH_3) 전이를 받아 생성되는 아미노산은?

① 프롤린
② 트립토판
③ 알라닌
④ 리신

정답 85 ③ 86 ② 87 ③ 88 ③ 89 ① 90 ① 91 ③

> **해설**
>
> **아미노기 전이반응**
> - 한 아미노산으로부터 탄소골격에 아미노기를 전달하여 새로운 아미노산을 형성하는 과정, PLP(Pyridoxal Phosphate, 전구체-비타민 B_6) 조효소
> - Asp + α-ketoglutarate
>   ↔ Oxaloacetate + Glu(AST, GOT)
> - Ala + α-ketoglutarate
>   ↔ Pyruvate + Glu(ALT, GPT)

92 인체 내 비타민 결핍으로 나타나는 증상과의 연결이 틀린 것은?

① 비타민 B_{12} - 악성빈혈
② 비타민 K - 구루병
③ 비타민 B_1 - 각기병
④ 비타민 C - 괴혈병

> **해설**
>
> **비타민 K**
> - 지용성 비타민으로 시금치, 케일 등의 녹색채소에 주로 존재한다.
> - 혈액응고에 필수적 비타민으로 결핍 시 혈액응고 지연 등의 증상을 나타내나 정상 성인에게서 결핍증은 거의 나타나지 않는다.

93 핵단백질의 가수분해 순서의 나열로 옳은 것은?

① 핵단백질 - 뉴클레오티드 - 핵산 - 뉴클레오시드 - 당
② 핵단백질 - 핵산 - 뉴클레오티드 - 뉴클레오시드 - 당
③ 핵단백질 - 당 - 뉴클레오시드 - 뉴클레오티드 - 핵산
④ 핵단백질 - 뉴클레오시드 - 핵산 - 뉴클레오티드 - 당

> **해설**
>
> **핵단백질의 가수분해**
> 핵단백질 > 핵산 + 단순단백질 > 모노뉴클레오티드 > 뉴클레오시드 + 단순단백질 > 당 + 염기

94 2mole의 젖산으로부터 1mole의 포도당이 합성되기 위하여 몇 개의 ATP(GTP 포함)가 요구되는가?

① 2개   ② 4개
③ 6개   ④ 8개

> **해설**
>
> **코리회로(cori cycle)**
> - 젖산이 간으로 운반되고 다시 글리코겐으로 재합성되는 과정으로 해당과정의 역반응이라 할 수 있다.
> - cori cycle 내에서 2분자의 젖산은 6개의 ATP를 이용하여 1glucose로 합성된다.

95 다음 젖산균 중 이상 젖산 발효(Hetero lactic acid fermentation)를 하는 것은?

① *Lactobacillus bulgaricus*
② *Lactobacillus casei*
③ *Streptococcus lactis*
④ *Leuconostoc mesenteroides*

> **해설**
>
> - 정상 젖산 발효(Homo lactic acid fermentation)
>   *Lactobacillus delbrueckii* ssp. *bulgaricus*, *Lacticaseibacillus casei*, *Streptococcus lactis* 등
>   〈Homo형〉 $C_6H_{12}O_6 \rightarrow 2CH_3 \cdot CHOH \cdot COOH$
>   Glucose   Lactic acid
>   ※ *Lactobacillus bulgaricus*에서 *Lactobacillus delbrueckii* ssp. *bulgaricus*로 학명 변경됨
>   ※ *Lactobacillus casei*에서 *Lacticaseibacillus casei*로 학명 변경됨
> - 이상 젖산 발효(Hetero lactic acid fermentation)
>   *Limosilactobacillus fermentum*, *Leuconostoc mesenteroides* 등
>   〈Hetero형〉
> $C_6H_{12}O_6 \rightarrow 2CH_3 \cdot CHOH \cdot COOH + C_2H_5OH + CO_2$
>   Glucose   Lactic acid   Ethanol
> $2C_6H_{12}O_6 \rightarrow 2CH_3 \cdot CHOH \cdot COOH + C_2H_5OH$
>   Lactic acid   Ethanol
> $+ CH_3COOH + 2CO_2 + 2H_2$
>   Acetic acid

정답 92 ② 93 ② 94 ③ 95 ④

96 글리신(glycine) 수용액의 HCl와 NaOH 수용액으로 적정하게 얻은 적정곡선에서 $pK_1 = 2.4$, $pK_2 = 9.6$일 때 등전점은?

① pH 3.6
② pH 6.0
③ pH 7.2
④ pH 12.6

해설
등전점
- 단백질의 등전점은 어느 pH에서 그 단백질의 순전하량이 0인 점이다.
- 등전점 $= \dfrac{(pK_1 + pK_2)}{2} = \dfrac{(2.4 + 9.6)}{2} = 6$
- 이러한 성질을 이용하여 전기영동에 의해 단백질을 분리한다.

97 미카엘리스 상수(Michaelis constant) K_m의 값이 낮은 경우는 무엇을 의미하는가?

① 효소와 기질의 친화력이 크다.
② 효소와 기질의 친화력이 작다.
③ 기질과 저해제가 경쟁한다.
④ 기질과 저해제가 결합한다.

해설
미카엘리스 상수 K_m
- 효소반응과 기질농도와의 관계를 나타내는 반응속도식인 미카엘리스-멘텐식의 해리상수를 의미한다.
- K_m의 값이 낮은 경우에는 효소와 기질의 친화력이 크다.
- K_m은 반응속도 최댓값의 1/2인 경우에 기질농도와 값이 같다.

98 1mole의 포도당으로 생성하는 알코올의 이론적인 수득량을 %로 나타낸다면?

① 약 51.1%
② 약 56.0%
③ 약 62.4%
④ 약 75.0%

해설
효모의 발효형식(Neuberg의 발효형식)
- 효모는 산소의 유무에 따라 발효형식이 다르다.
- 혐기적 발효(Alcohol 발효) : 주류 생산에 이용, 1포도당($C_6H_{12}O_6$, 180)이 2에탄올(C_2H_5OH, 46×2), 2이산화탄소(CO_2), 58cal 에너지, 2ATP 생성
- 호기적 발효(호흡작용, 산화작용) : 1포도당이 $6CO_2$, $6H_2O$, 686cal, 32ATP 생성
- $180 : 92 = 100 : x$, $x ≒ 51.1\%$

99 간에서 프로트롬빈을 비롯한 여러 가지 혈액응고인자를 합성하고 정상수준을 유지하기 위해 필요한 비타민은?

① 비타민 A
② 비타민 D
③ 비타민 E
④ 비타민 K

해설
비타민 K
- K_1과 K_2가 자연계 혈액응고 촉진, 빛에 의해 쉽게 분해, 열에 안정, 강한 산 또는 산화에 불안정
- 결핍 시 저 prothrombin증, 혈액응고시간 연장
- 사람이나 가축의 장내 미생물에 의해 합성

100 주정발효 시 술밑의 젖산균으로 사용하는 것은?

① *Lactobacillus casei*
② *Lactobacillus delbrueckii*
③ *Lactobacillus bulgaricus*
④ *Lactobacillus plantarum*

해설
녹말질 주정제조
- 병행 복발효주를 증류한 것으로 옥수수, 고구마 등 이용
- 당화 균주 : *Aspergillus oryzae, Asp. usamii, Asp. luchuensis*
- 술밑 젖산균 : *Lactobacillus delbrueckii*
- 발효 : 30~36℃, 20~30시간

정답 96 ② 97 ① 98 ① 99 ④ 100 ②

CBT 기출복원문제 2023년 1회

1과목 식품위생학

01 대장균 정량시험 중 최확수법으로 검사할 때 사용하는 배지 성분 중 핵심으로 하는 물질은?

① 설탕   ② 과당
③ 유당   ④ 포도당

해설
최확수법
- 유당배지법 : 희석시료를 유당배지에 접종한 후 가스 발생 여부에 대해 추정·확정, 완전실험을 통해 대장균의 유무를 확인하는 방법
- BGLB 배지법 : 희석한 시료를 BGLB 배지에 접종하여 가스 발생 여부를 확인하는 방법

02 식품공전에 의거하여 식품조사(food irradiation) 처리 기준에 대한 설명으로 옳지 않은 것은?

① 발아 억제를 위한 조사에 비해 살균을 위해서는 더 높은 선량이 필요하다.
② 한번 조사처리한 식품은 다시 조사하여서는 아니 된다.
③ 알파선을 방출하는 선원으로는 ^{60}Co을 사용할 수 있다.
④ 조사 시 해충은 바이러스에 비해 감수성이 커서 민감하다.

해설
감마선을 방출하는 선원으로는 ^{60}Co을 사용할 수 있고, 전자선과 엑스선을 방출하는 선원으로는 전자선 가속기를 사용할 수 있다.

방사선 조사 식품
- 방사선 조사는 주로 ^{60}Co의 감마선을 이용해 포장된 상태의 제품을 처리할 수 있으며 비열 처리하므로 냉살균이라 한다.
- 식품을 일정 시간 동안 이온화에너지에 노출시킨다.
- 발아 억제, 숙도 지연, 보존성 향상, 기생충 및 해충 사멸 등의 효과가 있다.
- 한번 조사처리한 식품은 다시 조사하여서는 안 된다.
- 바이러스의 사멸을 위해서는 발아 억제를 위한 조사보다 높은 선량이 필요하다.

03 감염병과 그 병원체의 연결이 틀린 것은?

① 유행성출혈열 – 세균
② 돈단독 – 세균
③ 광견병 – 바이러스
④ 일본뇌염 – 바이러스

해설
유행성출혈열은 한탄바이러스가 병원체이다.

04 다음 중 수분 함량 측정방법이 아닌 것은?

① Karl Fisher법
② 상압가열건조법
③ Soxhlet 추출법
④ 감압가열건조법

해설
Soxhlet 추출법
식품 속의 조지방을 측정하는 방법

05 열경화성 플라스틱에 포함되지 않는 플라스틱은?

① 요소수지   ② 염화비닐수지
③ 페놀수지   ④ 멜라민수지

해설
플라스틱류
- 열가소성 수지(열을 가하면 부드럽게 됨) : 폴리에틸렌, 폴리프로필렌(안정제 용출), 폴리스티렌(단량체 용출), 염화비닐수지(가소제, 단량체, 안정제 용출) 등
- 열경화성 수지(열을 가해도 부드러워지지 않음) : 페놀수지, 요소수지, 멜라민수지 등으로 포르말린(포름알데히드) 용출

정답 01 ③ 02 ③ 03 ① 04 ③ 05 ②

06 식품첨가물과 주요 용도의 연결이 틀린 것은?

① 아질산나트륨 – 보존료
② 무수아황산 – 발색제
③ 질산칼륨 – 발색제
④ 황산제일철 – 영양강화제

해설
무수아황산은 방부제로 사용된다.

07 아니사키스(anisakis)란 어디에 기생하는 기생충인가?

① 담수어   ② 해산어
③ 일반가축 ④ 야채류

해설
아니사키스(anisakis)
- 고래, 돌고래 등 바다 포유류 기생충
- 분변에 의한 충란 → 제1중간숙주(크릴새우) → 제2중간숙주(오징어, 갈치, 고등어) → 사람 생식감염(→ 고래)
- 소화관 궤양, 봉와직염

08 곰팡이독소 중독증(곰팡이독증, mycotoxicosis)의 특징에 대해 올바르게 설명한 것은?

① 원인식품에서 곰팡이의 오염 증거 또는 흔적이 인정된다.
② 모든 곰팡이독증에는 항생물질이나 약제요법을 실시하면 치료의 효과가 있다.
③ 주로 축산물을 통해 많이 발생한다.
④ 감염형으로 사람과 사람 사이에 직·간접적으로 전파된다.

해설
곰팡이독(mycotoxin)의 특징
- 곡류 등 탄수화물이 풍부한 농산물을 원인식품으로 하는 경우가 많다.
- *Aspergillus* 속에 의한 사고는 여름(열대지역)에 많이 발생하며, *Fusarium* 속에 의한 사고는 한랭기(한대지역)에 많이 발생한다.
- 곰팡이는 수확 전후에 오염되는 경우가 많으며 생육에 적합한 조건에 영향을 받는다.
- 전염성이 없으며 항생물질 등의 효과를 기대하기 어렵다.
- 저분자 화합물로 열에 안정하여 가공 중 파괴되지 않는다.
- 만성 독성이 많으며 발암성인 것이 많다.
- 곰팡이가 2차 대사산물로 생산하는 물질로 사람이나 온혈동물에게 해를 주는 물질로 mycotoxicosis(곰팡이독 중독증)라고 한다.

09 식품 및 축산물 안전관리인증기준에서 규정하는 용어의 정의 중 옳지 않은 것은?

① 한계기준은 중요관리점에서의 위해요소 관리가 허용범위 내로 충분히 이루어지고 있는지의 여부를 판단할 수 있는 기준이나 기준치를 말한다.
② HACCP은 식품의 원료나 제조, 가공 및 유통의 전 과정에서 위해물질이 해당 식품에 혼입되거나 오염되는 것을 사전에 방지하기 위하여 각 과정을 중점적으로 관리하는 기준을 말한다.
③ 위해요소 분석은 식품·축산물 안전에 영향을 줄 수 있는 위해요소와 이를 유발할 수 있는 조건이 존재하는지 여부를 판별하기 위하여 필요한 정보를 수집하고 평가하는 일련의 과정으로 화학적 인자에 대해서 분석한다.
④ 모니터링은 중요관리점에 설정된 한계기준을 적절히 관리하고 있는지 여부를 확인하기 위하여 수행하는 일련의 계획된 관찰이나 측정하는 행위이다.

해설
위해요소 분석은 물리·화학·생물학적 인자를 분석한다.

10 식품을 통해 섭취하였을 때 반감기가 길고 뼈에 축적되는 성질이 있어 문제되는 방사능 핵종은?

① I-131   ② Co-60
③ Cs-137 ④ Sr-90

해설
Sr-90(스트론튬 90)은 반감기가 길며, 체내에서 Ca과 유사한 반응을 일으키며 뼈와 골수에 축적되어 백혈병을 유발한다.

정답 06 ② 07 ② 08 ① 09 ③ 10 ④

- I-131(요오드 131) : 반감기가 짧은 편이나 초기에 피폭 시 표적장기 축적 가능성이 크며 갑상선 독성을 유발한다.
- Co-60(코발트 60) : 방사선조사식품에 사용되는 핵종으로 반감기가 짧아 비교적 문제가 적다.

11 식품공전상 일반 시험법 중 이물 시험법이 아닌 것은?

① Wildeman flask법　② 체분별법
③ Van Slyke법　　　④ 침강법

해설
이물검사법
체분별법, 침강법, Wildeman flask법(부상법), 여과법 등

12 산소가 적은 조건에서 생육할 수 있는 미호기성 그람 음성 간균으로, 주로 식육을 통해 감염될 수 있는 식중독균은?

① 캠필로박터　　② 살모넬라
③ 병원성 대장균　④ 리스테리아

해설
캠필로박터(Camphylobacter)
미호기성이며 주로 식육(덜 익힌 닭고기, 돼지고기)에 의한 식중독이 발생하는 나선균이다.

13 영양성분 표시대상 식품 중 잼류에 표시하여야 하는 영양성분이 아닌 것은?

① 열량　② 칼슘
③ 나트륨　④ 단백질

해설
잼류는 영양성분 표시대상 식품으로 열량, 나트륨, 탄수화물, 당류, 지방, 트랜스지방, 포화지방, 콜레스테롤, 단백질을 표시해야 한다(9대 영양성분).

14 다음 식중독 중 감염형이 아닌 것은?

① 황색포도상구균 식중독
② 살모넬라 식중독
③ 장염 비브리오 식중독
④ 병원성 대장균 식중독

해설
황색포도상구균 식중독은 엔테로톡신 독소에 의한 식중독으로 독소형 식중독이다.

독소형 식중독	황색포도상구균, 바실러스, 클로스트리디움
감염형 식중독	살모넬라, 장염비브리오, 병원성 대장균, 캠필로박터, 리스테리아

15 식품 또는 먹는 물 중 노출된 집단의 반수(50%)를 치사시킬 수 있는 유해물질의 농도를 나타내는 것은?

① ADI　　② LC_{50}
③ TD_{50}　④ LD_{50}

해설
LC_{50}(Lethal Concentration)
특정 화학물질이나 독성 물질이 환경에서 50%의 생물체에 치명적인 영향을 미치는 농도를 나타내는 지표로, 주로 공기나 물에 노출된 생물체에서 사용된다.

16 '식품의 물리적 살균방법 중 자외선 살균은 ( ) 부근에서 가장 강한 살균력을 나타낸다.' 빈칸에 알맞은 말은?

① 1,537 Å　② 2,037 Å
③ 2,537 Å　④ 3,037 Å

해설
자외선은 2,000~3,000 Å의 파장을 가지는 것으로서, 특히 2,600 Å 부근에서 살균력이 강하다.

17 명반(건조물은 소명반)의 식품첨가물 정식 명칭은?

① 황산알루미늄칼륨
② 황산나트륨
③ 황산알루미늄암모늄
④ 황산마그네슘

해설
황산알루미늄칼륨[$AlK(SO_4)_2$]은 명반, 황산반토로 불리며 응집제로 효과가 좋아 정수 처리에 이용된다.

정답 11 ③　12 ①　13 ②　14 ①　15 ②　16 ③　17 ①

18 일반세균수를 검사하는 데 주로 사용되는 방법은?

① 표준평판법 ② 최확수법
③ Breed법 ④ Resazurin 시험

해설
- 일반세균수 : 표준평판법
- 저온세균수 : 직접현미경법(Breed method)
- 대장균군 정량시험 : 최확수법, 건조필름법

19 세균에 의한 경구전염병은?

① 유행성 간염 ② 콜레라
③ 폴리오 ④ 전염성 설사증

해설
콜레라는 세균성이고 나머지는 바이러스이다.

20 다음 중 채소류를 매개로 하여 감염될 수 있는 가능성이 가장 낮은 기생충은?

① 동양모양선충 ② 구충
③ 선모충 ④ 편충

해설
선모충은 감염된 돼지고기를 날 것으로 먹거나 덜 익혀 먹어서 감염된다.

2과목 식품화학

21 amylose와 amylopectin의 설명 중 틀린 것은?

① amylose는 수용액에서 안정하나 amylopectin은 노화되기 쉽다.
② amylose의 요오드반응은 청색이나 amylopectin은 적자색이다.
③ amylose는 요오드 분자와 내포화합물을 형성하나 amylopectin은 요오드 분자와 내포화합물을 형성하지 않는다.
④ amylopectin은 amylose보다 분자량이 크다.

해설
amylose가 많을수록 노화가 빨리 일어나며 전분입자가 작을수록 노화가 빠르다. 감자, 고구마 등 서류 전분은 노화되기 어려우나 쌀, 옥수수 등 곡류 전분은 노화되기 쉽다.

22 유지를 장시간 고온 가열할 때 낮아지는 것은?

① 과산화물가(peroxide value)
② 점도(viscosity)
③ 요오드가(iodine value)
④ 산가(acid value)

해설
유지의 가열산화
- 고온에서 유지를 장시간 가열하면 가열분해로 생성된 물질들이 중합하여 점도, 비중, 굴절률이 증가하고 발연점이 낮아지게 된다.
- 산가, 과산화물가, 카르보닐가 등이 증가하고 요오드가는 감소하게 된다.
- 가열에 의해 유지의 에스터 결합이 분해되므로 유리지방산은 증가한다.

23 수중유적형의 유화액으로 바른 것은?

① 버터 ② 우유
③ 쇼트닝 ④ 올리브유

해설
- 수중유적형(O/W) : 우유, 아이스크림, 마요네즈, 생크림
- 유중수적형(W/O) : 버터, 마가린

24 HLB가 16인 유화제 혼합물을 만들고자 한다. 유화제 A(HLB 20)와 B(HLB 4)를 각각 얼마씩 첨가해야 하는가?

① A 85%+B 15%
② A 70%+B 30%
③ A 65%+B 35%
④ A 75%+B 25%

해설
유화제 A : HLB 20
유화제 B : HLB 4

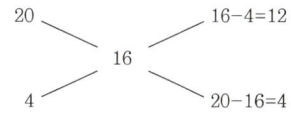

유화제 A(12) : 유화제 B(4)=75% : 25%

25 적색육을 공기 중에 방치하면 산화되어 적자색 – 선홍색 – 적갈색으로 변한다. 이때의 변화 과정으로 옳게 나열한 것은?

① 옥시미오글로빈 → 미오글로빈 → 메트미오글로빈
② 옥시미오글로빈 → 메트미오글로빈 → 미오글로빈
③ 미오글로빈 → 옥시미오글로빈 → 메트미오글로빈
④ 미오글로빈 → 메트미오글로빈 → 옥시미오글로빈

해설
미오글로빈의 산화에 의한 변화
미오글로빈(myoglobin) : 이가철(Fe^{2+}), 적자색
↓ 산소화
옥시미오글로빈(oxymyoglobin) : 이가철(Fe^{2+}), 선홍색
↓ 산화
메트미오글로빈(metmyoglobin) : 삼가철(Fe^{3+}), 갈색 또는 적갈색

26 단순다당류로 옳은 것은?

① hemicellulose   ② cellulose
③ pectin   ④ stachyose

해설
다당류
• 단순다당류 : starch, amylose, amylopectin, chitin, cellulose 등
• 복합다당류 : hemicellulose, pectin, stachyose 등

27 점탄성을 나타내는 식품과 거리가 먼 것은?

① 밀가루 반죽   ② 펙틴 젤
③ 마가린   ④ 인절미

해설
• 점탄성(viscoelasticity) : 외부 힘이 작용 시 점성 유동과 탄성 변형이 동시에 발생하는 성질(chewing gum, 빵 반죽)
• 소성(plasticity) : 외부 힘에 의해 변형된 후 외부 힘을 제거해도 원상태로 되돌아가지 않는 성질(버터, 마가린, 생크림)

28 유지의 자동산화를 촉진시키는 인자가 아닌 것은?

① 구리 이온   ② 불포화도
③ 온도   ④ 질소가스

해설
유지의 자동산화는 온도가 높을수록, 불포화도가 높을수록, 산소와 닿는 표면적이 넓을수록, 구리 이온과 같은 금속 이온의 촉매하에 빠르게 일어난다.

29 지질의 대사과정 중 콜레스테롤 생합성(cholesterol metabolism pathway) 경로를 옳게 표시한 것은?

① acetyl CoA → lanosterol → L-mevalonic acid → squalene → cholesterol
② acetyl CoA → lanosterol → squalene → L-mevalonic acid → cholesterol
③ acetyl CoA → squalene → lanosterol → L-mevalonic acid → cholesterol
④ acetyl CoA → L-mevalonic acid → squalene → lanosterol → cholesterol

해설
콜레스테롤 생합성 경로
acetyl CoA → acetoacetyl CoA → HMG CoA → L-mevalonic acid → squalene(C30) → lanosterol(고리화) → cholesterol(C27)

30 식품의 관능검사 중 묘사분석법에 해당하지 않는 것은?

① 텍스처 프로필   ② 질적 묘사분석
③ 양적 묘사분석   ④ 향미 프로필

해설
묘사분석법
훈련된 검사 요원에 의한 관능적 특성의 양적 묘사, 재현성, 향미 프로필(맛, 냄새, 향미), 텍스처 프로필(물리적 특성), 정량적 묘사(향미, 텍스처, 색 등 전반적인 관능 특성), 스펙트럼 묘사분석(특성과 강도에 대한 모든 정보), 시간-강도 묘사분석

정답 25 ③ 26 ② 27 ③ 28 ④ 29 ④ 30 ②

31 황산 용액($CuSO_4$)에 당을 넣고 가열할 때 붉은 색 침전이 생기지 않는 당은?

① lactose　② sucrose
③ maltose　④ glucose

해설
Somogyi법(환원당 정량)
- 알칼리성 조건하에서 가열에 의해 환원당을 환원하여 환원당량을 구하는 환원당 정량시험법 중의 하나이다.
- sucrose는 semiacetal성 OH기가 없어 변성광을 일으키지 않는 비환원당이기에 환원당 정량시험에 해당되지 않는다.

32 등전점보다 높은 pH에서 단백질의 성질로 맞는 것은?

① 주로 음이온과 결합한다.
② 주로 양이온과 결합한다.
③ 양이온과 음이온 모두 결합할 수 있다.
④ 어떤 이온과도 결합하지 않는다.

해설
- 등전점 아래 pH에서 그 단백질의 카르복실기 이온은 수소로 채워지므로 순 전하는 (+)
- 등전점 위의 pH에서 그 단백질의 아미노기 이온은 수산기로 제거되므로 순 전하는 (−)

33 40% NaCl(질량%)을 함유한 수용액의 A_w는? (단, NaCl 분자량은 58.50이며, 소수점 셋째 자리에서 반올림한다.)

① 0.75　② 0.78
③ 0.83　④ 0.85

해설
수분활성도(A_w)
- 어떤 온도에서 식품이 나타내는 수증기압에 대한 순수한 물의 수증기압비로 정의된다.

$$A_w = \frac{P}{P_0}$$

여기서, P : 식품의 수증기압, P_0 : 물의 수증기압
- 단, 식품의 수증기압은 식품 중 녹아 있는 용질의 종류와 양에 의해 영향을 받으므로 물의 몰수를 M_w, 용질의 몰수를 M_s라고 할 때 $A_w = \dfrac{M_w}{M_w + M_s}$가 된다.

$$\therefore A_w = \frac{M_w}{M_w + M_s} = \frac{\frac{60}{18}}{\frac{60}{18} + \frac{40}{58.5}} = 0.829$$

34 결합수(bound water)에 대한 설명으로 틀린 것은?

① 100℃ 이상에서도 제거되지 않는다.
② 0℃에서도 얼지 않는다.
③ 압력을 가하면 식품으로부터 쉽게 유리된다.
④ 미생물의 번식에 이용할 수 없다.

해설
결합수의 성질
- 용매로 작용하지 않는다.
- 100℃ 이상으로 가열하여도 증발되지 않는다.
- 0℃ 이하에서 얼지 않는다.
- 보통의 물보다 밀도가 크다.
- 압력에 의해서도 제거되지 않는다.
- 식품성분에 이온결합으로 결합되어 미생물이 이용하지 못한다.

35 카로티노이드 색소 중 잔토필(xanthophyll)에 해당하는 것은?

① lycopene　② cryptoxanthin
③ α-carotene　④ β-carotene

해설
Carotenoid
- 황색, 적황색의 비극성인 지용성 색소
- carotene류와 xanthophyll류로 나뉜다.

carotene류	α-carotene, β-carotene, lycopene
xanthophyll류	lutein, astaxanthin, cryptoxanthin

36 탄수화물의 물리·화학적 특성으로 옳지 않은 것은?

① C, H, O, N 등으로 구성되어 있다.
② 단백질과 함께 가열하면 마이야르 반응을 일으킨다.
③ 수화시킨 후 가열하면 팽윤 과정을 거쳐 겔화된다.
④ amylase에 의해 가수분해된다.

해설
탄수화물은 C, H, O로 구성되어 있다.

정답 31 ② 32 ② 33 ③ 34 ③ 35 ② 36 ①

37 뉴턴 유체에 대한 설명 중 옳은 것은?

① 뉴턴 유체의 점도는 온도에 따라 일정하다.
② 전단속도에 따라 전단응력이 비례적으로 감소한다.
③ 물, 청량음료, 식용유 등 묽은 용액은 뉴턴 유체의 흐름을 나타낸다.
④ 유동곡선의 종축 절편에 따라 여러 종류로 분류된다.

> **해설**
> - 뉴턴 유체(Newtonian fluid) : 전단응력에 대하여 전단속도가 비례적으로 증감하는 것으로 단일물질, 저분자로 구성된 물, 청량음료, 식용유 등의 묽은 용액의 성질
> - 비뉴턴 유체(Non-Newtonian fluid) : colloid 용액, 토마토케첩, 버터 등의 혼합물질로 구성된 반고체 식품들로 뉴턴 유체 성질이 없어 전단응력과 전단속도 사이의 유동곡선이 곡선을 나타내는 유체

38 옥수수를 주식으로 하는 지역의 풍토병의 원인을 알기 위해 연구한 끝에 발견된 비타민은?

① 비타민 E
② 비타민 B_2
③ 비타민 B_3
④ 비타민 B_6

> **해설**
> 옥수수에는 필수 비타민 B_3 함량이 낮으며 그중 나이아신의 함량이 낮기에 옥수수를 주식으로 섭취 시 나이아신 결핍에 의한 나이아신 결핍증후군인 펠라그라(pellagra)에 걸릴 위험이 있다.

39 비타민 C를 정량하기 위해 분광광도계(spectrophotometer)를 사용하였다. 분광광도계의 흡광도 결과와 비타민 C 함량 사이의 관계를 나타내는 공식은?

① 람베르트-베르 법칙(Lambert-Beer law)
② 미켈리스-멘텐식(Michaelis Menten's equation)
③ 페히너의 법칙(Fechner's law)
④ 웨버의 법칙(Weber's law)

> **해설**
> **측정의 분석방법**
> - 람베르트-베르 법칙 : 분광광도계(spectrophotometer)에서 나온 시료의 흡광도 결과가 농도와 비례
> - 페히너의 법칙 : 감각의 크기값은 자극 세기의 로그값에 비례
> - 웨버의 법칙 : 자극의 강도에 따른 식별의 비율이 일정

40 수산화칼륨(KOH)을 넣었을 때 글리세롤을 형성할 수 없는 지방질은?

① 중성지질
③ 트리팔미틴
③ 인지질
④ 라이코펜

> **해설**
> - 검화가 : 유지를 검화하는 데 필요한 KOH의 양으로 측정
> - 검화 : 알칼리성 물질로 에스터 결합을 가수분해하는 것으로 단순지질인 트리스테아린, 복합지질인 세레브로사이드, 레시틴이 가능
> ※ 라이코펜은 카로티노이드의 일종

3과목 식품가공학

41 식품의 건조방법 중 동결건조에서 핵심 원리는?

① 증발
② 진공
③ 승화
④ 냉풍

> **해설**
> 물의 삼중점을 응용한 방법으로 식품을 −30~−40℃에서 급속동결시킨 후 감압을 통해 진공에서 기체 상태의 증기로 승화시켜 수분을 제거하는 방법이다(빙결정 승화).
> ※ 식품의 냉동곡선 참고

42 '탈검-탈산-탈색-탈취' 공정과 관계가 있는 것은?

① 경화유의 제조
② 유지의 정제
③ 소맥분의 정제
④ 유지의 추출

> **해설**
> 유지의 정제는 탈검공정(degumming process) → 탈산공정(deaciding process) → 탈색공정(decoloring process) → 탈취공정(deodorizing process) → 탈납공정(winterization)으로 이루어진다.

정답 37 ③ 38 ③ 39 ① 40 ④ 41 ③ 42 ②

43 우유 균질 처리의 목적으로 옳지 않은 것은?

① 점도를 저하시킨다.
② 우유 지방구 크기를 작게 한다.
③ 소화율을 높인다.
④ 크림층의 분리를 방지한다.

> **해설**
> **균질의 목적**
> • 지방구를 0.1~2μm로 작게 형성한다.
> • 크림층 생성 방지, 점도 향상, 조직 연성화, 소화 향상 효과
> • 믹스의 기포성을 좋게 하여 over run 증가
> • 아이스크림의 조직을 부드럽게 한다.
> • 숙성(aging)시간을 단축한다.

44 계란이나 오리알을 숙성, 발효시켜 만드는 피단(皮蛋) 제조에 해당하지 않는 것은?

① 침투작용　② 응고작용
③ 발효작용　④ 훈연작용

> **해설**
> **피단**
> • 중국에서 오리알에 소금과 알칼리성 염류를 첨가하여 응고, 숙성(발효)시킨 조미계란
> • 숙성 흰자는 투명한 적갈색으로 굳고 노른자 외부는 검은색으로 변한다.
> • 계란을 껍질째로 NaOH, 식염의 수용액에 넣어 알칼리 성분을 계란 속으로 서서히 침투시켜 난단백을 응고시킨 제품이다.

45 수분 함량 85%인 식품 1,000kg을 수분 함량 5%로 건조하려고 한다. 이때 제거되는 수분의 양은 얼마인가?

① 842.1kg　② 157.9kg
③ 170.5kg　④ 832.1kg

> **해설**
> $\frac{15}{100} \times 1,000 = \frac{95}{100} \times (1,000 - x)$
> ∴ $x ≒ 842.1$

46 수분활성도(A_w)와 관련된 설명으로 틀린 것은?

① 수분활성도는 수분 함량보다 식품 미생물의 생육 가능성을 더 잘 나타낸다.
② 등온흡습곡선은 식품 중의 물의 존재 상태를 나타낸다.
③ 수분활성도가 낮을수록 산패가 억제된다.
④ 식품의 수분활성도는 1보다 작다.

> **해설**
> **수분활성도(A_w)**
> • 어떤 온도에서 식품이 나타내는 수증기압에 대한 순수한 물의 수증기압비로 정의된다.
> $A_w = \frac{P}{P_0}$
> 여기서, P : 식품의 수증기압, P_0 : 물의 수증기압
> • 단, 식품의 수증기압은 식품 중 녹아 있는 용질의 종류와 양에 의해 영향을 받으므로 물의 몰수를 M_w, 용질의 몰수를 M_s라고 할 때 $A_w = \frac{M_w}{M_w + M_s}$ 가 된다.
> • 식품의 수분활성도는 항상 1 미만이다.
> • 어패류나 수육과 같이 수분이 많은 식품의 A_w는 0.98~0.99, 곡물 등 수분이 적은 건조식품의 A_w는 0.60~0.64 정도
> • 미생물 생육 최저 수분활성도 : 세균 0.91, 효모 0.88, 곰팡이 0.80, 내건성 곰팡이 0.65, 내삼투압성 효모 0.60 등
> • 단분자층 : 결합수, A_w 0.1 이하 지방 자동산화 촉진
> • 다분자층 : 준결합수, A_w 0.65~0.85 중간수분식품(잼, 젤리, 곶감, 건포도 등)은 높은 저장성, A_w 0.5~0.7 높은 비효소적 갈변반응
> • 다분자수분층 : 자유수, 수분활성도가 높아 미생물 증식, 효소반응, 화학반응 촉진

47 식품의 살균방법 중 방사선 조사의 목적이 아닌 것은?

① 과실, 채소, 육류 식품 살균
② 감자, 양파 등의 발아 촉진
③ 곡류 식품의 살충
④ 과실, 채소 등의 숙도 조절

해설

식품별 조사처리기준

품목	조사 목적	선량(kGy)
감자 양파 마늘	발아 억제	0.15 이하
밤	살충 · 발아 억제	0.25 이하
버섯(건조 포함)	살충 · 숙도 조절	1 이하
난분 곡류(분말 포함), 두류(분말 포함) 전분	살균 살균 · 살충 살균	5 이하
건조식육 어류분말, 패류분말, 갑각류분말 된장분말, 고추장분말, 간장분말 건조채소류(분말 포함) 효모식품, 효소식품 조류식품 알로에분말 인삼(홍삼 포함) 제품류 조미건어포류	살균	7 이하
건조향신료 및 이들 조제품 복합조미식품 소스 침출차 분말차 특수의료용도식품	살균	10 이하

48 치즈 제조공정 중 응고효소를 넣어 curd를 형성시킬 때 사용하는 효소는?

① pepsin ② papain
③ rennet ④ bromelin

해설
자연치즈
- 원유에 유산균, 단백질 응유효소(rennet), 유기산 등으로 응고(커드) 후 유청을 제거한 것
- 가온 및 유청 제거 : 경질치즈 38℃, 연질치즈 31℃에서 가온, whey 제거
- 치즈 제조 시 온도를 높이면 유청의 배출이 빨라지며 젖산 발효가 촉진되고 커드가 수축되어 탄력성 있는 입자를 형성한다.
- 숙성 : camembert(12~13℃, 14개월), limburger(15~20℃, 2개월), gouda(13~15℃, 4~5개월), cheddar(13~15℃, 6개월) 등 여러 균주가 생산하는 단백질 분해효소에 의해 분해되어 맛과 풍미를 결정한다.

49 두부를 만들 때, 콩의 마쇄 정도에 따라 두부 품질에 미치는 영향에 대하여 옳지 않은 것은?

① 콩을 지나치게 마쇄하면 콩껍질, 섬유소 등이 제거되어 영양가 및 소화흡수율이 증가한다.
② 콩을 지나치게 마쇄하면 불용성의 고운 가루가 두유에 섞이게 되어 응고를 방해하여 두부의 품질이 좋지 않게 된다.
③ 콩의 마쇄가 불충분하면 비지가 많이 나와 두부의 수율이 감소하게 된다.
④ 콩의 마쇄가 불충분하면 콩단백질인 glycinin이 비지와 함께 제거되므로 두유의 양이 적어 두부의 양도 적다.

해설
콩의 마쇄가 두부에 미치는 영향
- 콩의 마쇄가 불충분하여 불용성 물질(콩껍질, 섬유소 등)이 두유에 섞이면 소화흡수율이 감소한다.
- 콩을 미세하게 마쇄할수록 수율이 증가된다. 그러나 지나치게 마쇄하면 압착 시 불용성의 고운 가루가 두유에 섞이게 되어 응고를 방해하여 두부의 품질이 낮아진다.

50 간고등어를 염장하여 저장성을 높이는 원리는?

① 건조 ② 훈연
③ 진공 ④ 삼투압

해설
염장법
- 10%의 소금을 이용하여 저장하는 방법
- 삼투압에 의해 원형질 분리
- 탈수에 의한 미생물 사멸
- 염소 자체의 살균력
- 용존산소 감소 효과에 따른 화학반응 억제
- 단백질 변성에 의한 효소의 작용억제 등의 효과
- 건염법은 10~15%, 염수법은 20~25%를 사용하여 채소류나 어류에 이용

51 통조림의 변패 중 flat sour와 관계가 없는 것은?

① *Bacillus* 속 세균에 의한 변질이다.
② 한쪽 뚜껑을 누르면 반대쪽 뚜껑이 튀어나온다.
③ 내용물에서 신맛이 난다.
④ 가스를 생성하지 않는 것이 특징이다.

정답 48 ③ 49 ① 50 ④ 51 ②

> **해설**
> **평면산패(flat sour)**
> • 가스 비형성 세균의 산 생성으로 발생
> • 주로 *Bacillus* 속 호열성 세균의 살균 부족으로 발생
> • 통조림 외관은 이상 없으나 산에 의해 신맛 생성

52 7분도미의 도정률로 옳은 것은?

① 약 91% ② 약 94%
③ 약 97% ④ 약 100%

> **해설**
> **도정**
> 현미의 배아와 겨층을 제거하여 배유부만을 얻는 조작으로, 도정률에 따라 5분도미, 7분도미로 구분한다.
> • 7분도미 : 현미의 겨층을 70% 제거한 것
> • 현미의 겨 함량 8%×0.7=5.6%가 제거
>   ∴ 100−5.6=94.4≒약 94% 도정
>
> **쌀의 도정에 따른 분류**
>
> | 종류 | 특성 | 도정률(%) | 도감률(%) | 소화율(%) |
> |---|---|---|---|---|
> | 현미 | 벼의 왕겨층 제거, 벼중량 80%, 벼용적 1/2 | 100 | 0 | 95.3 |
> | 5분도미 | 겨층, 배아의 50% 제거 | 96 | 4 | 97.2 |
> | 7분도미 | 겨층, 배아의 70% 제거 | 94 | 6 | 97.7 |
> | 백미 | 겨층, 배아 100% 제거 | 92 | 8 | 98.4 |
> | 배아미 | 배아가 떨어지지 않도록 도정 | | | |
> | 주조미 | 술의 제조에 이용, 순수 배유만 남음 | 75 이하 | | |

53 저메톡실펙틴(methoxyl기 함량 7% 이하)의 경우 젤 강도를 높이기 위해 무엇을 첨가하여야 하는가?

① 칼슘 ② 설탕
③ 구연산 ④ 글리세린

> **해설**
> • 고메톡실펙틴[메톡실기(methoxyl기) 7% 이상] : 유기산과 수소결합형 젤(gel) 형성
> • 저메톡실펙틴[메톡실기(methoxyl기) 7% 이하] : 칼슘, 마그네슘 등 다가 이온이 산기와 결합하여 망상구조 형성, 분자량은 상관없음

54 연육작용을 하는 효소에 해당하지 않는 것은?

① lipase ② bromelin
③ papain ④ ficin

> **해설**
> lipase는 지질분해효소로 연육작용과는 관련이 없다.

55 피부건강에 도움을 주는 건강기능식품 고시형 원료에 해당하지 않는 것은?

① Vit.E ② 엽록소 함유 식물
③ 클로렐라 ④ 알로에겔

> **해설**
> 고시형 원료는 건강기능식품원료 공전에 등재되어 있는 원료로, 건강기능식품 공전에서 확인할 수 있다. Vit.E는 비타민과 무기질 제품의 제조·가공에 사용할 수 있는 원료 중 하나로 영양성분이다.

56 경화유 제조 시 수소를 첨가할 때 사용되는 촉매는?

① 팔라듐(Pd) ② 철(Fe)
③ 니켈(Ni) ④ 금(Au)

> **해설**
> **경화유**
> • 불포화지방산이 많은 액체유에 Ni 존재하에서 H를 첨가하여 고체지(포화지방산)로 제조
> • 녹는점이 높아지고 안정성 증가, 산패가 적고 냄새 감소
> • 어유, 콩기름, 면실유, 채종유 등에 이용
> • 쇼트닝, 마가린 등이 대표적인 제품

57 달걀의 신선도 판정법과 관계가 없는 것은?

① 비중선별법 ② 중량 측정법
③ 난백계수측정법 ④ 투시검란법

> **해설**
> **신선란**
> ㉠ 신선란은 산란 직후에 채집한 신선한 달걀로 신선란의 신선도 검사에는 외관법, 진음법, 난황계수측정법, 난백계수측정법, 투시검란법, 난황편심도, 비중선별법, 난각의 두께, 설감법 등이 있다.
> ㉡ 신선란의 기준
>   • 난황계수가 0.3~0.4 이상인 것

정답 52 ② 53 ① 54 ① 55 ① 56 ③ 57 ②

- 11% 식염수에 가라앉는 것
- 기실의 크기가 작은 것

58 우유 살균 방법 중 신속하게 처리하여 고품질의 품질을 얻을 수 있는 방법은?

① 가압 살균법
② 냉온 살균법
③ 초고온 순간 살균법
④ 방사선 살균법

해설
우유 살균법
㉠ 저온 장시간 살균(LTLT) : 63℃에서 30분 가열 후 급랭하며 우유, 술, 과즙 등에 이용
㉡ 고온 단시간 살균(HTST) : 75℃에서 15초 가열 후 급랭하며 우유나 과즙 등에 이용
㉢ 초고온 순간 살균(UHT) : 132℃에서 2~3초 가열하며 우유나 과즙 등에 이용
- UHT 살균처리 공정 중에는 단백질, 지방, 유당, 지용성 비타민 등은 거의 영향을 받지 않는다.
- 관능적 특성(색, 향, 맛) 또한 다른 살균법에 비해 우수하다.

59 습량 기준 수분 함량이 60%인 식품의 건량 기준 수분 함량은?

① 약 45%
② 약 67%
③ 약 122%
④ 약 150%

해설
- 습량 기준 수분 함량이 60%일 때 수분의 무게(x)
  $\{x/수분을 포함한 무게(100)\} \times 100 = 60$
- 건량 기준 수분 함량
  $\{60/수분을 뺀 무게(100-60)\} \times 100 = 150$

60 식품은 저온 저장을 통해 선도를 유지하는데, 저온 저장의 효과로서 옳지 않은 것은?

① 미생물의 생육을 억제한다.
② 과실의 경우 호흡을 억제한다.
③ 저온균을 살균한다.
④ 효소 및 화학 반응 속도를 느리게 한다.

해설
저온저장으로 균을 죽이지는 못한다.

4과목 식품미생물학

61 바이로이드(viroid)의 설명으로 틀린 것은?

① 바이로이드는 그 복제가 전적으로 숙주의 기능에 의존한다.
② 외피 단백질이 없고 그 세포 외 형태는 순수한 RNA이다.
③ 바이로이드는 작은 구형의 한 가닥 RNA로서 알려진 감염체 중에 가장 작다.
④ 단백질을 암호화하는 유전자를 가지고 있다.

해설
바이로이드(viroid)
- 단백질 외피 없이 짧은 원형 단일가닥 RNA로 이루어진 관다발식물에 감염하는 병원성 물질이다.
- 바이로이드에는 단백질 껍질이 없으므로 단백질을 암호화할 물질도 없다.

62 청국장을 발효할 때 사용하는 고초균은?

① *Candida versatilis*
② *Bacillus subtilis*
③ *Bacillus cereus*
④ *Gluconobacter suboxydans*

해설
청국장 발효
찐콩에 고초균(*Bacillus subtilis*)으로 증식시켜 발효 숙성시킨 것
※ *Bacillus subtilis*(고초균) : amylase와 protease 생산, 항생물질인 subtilin 생산

63 원핵세포에 대한 설명 중 틀린 것은?

① 세포막이나 다른 생체막은 지질 이중층에 단백질이 삽입되어 있는 형태로 이루어졌다.
② 그람 음성균은 세포벽과 세포막 사이에 펩티도글리칸(peptidoglycan)이 있다.
③ 모든 세균은 진핵생물이고 원핵생물에 비해 복잡한 구조를 이룬다.
④ 세포질에는 봉입체와 리보솜이 들어 있다.

정답 58 ③ 59 ④ 60 ③ 61 ④ 62 ② 63 ③

해설

세균과 같은 원핵세포는 하등한 미생물로 스테롤이 있는 세포막이나 펩티도글리칸으로 구성된 세포벽으로 싸여 있으며 리보솜은 있으나 핵막과 미토콘드리아는 없다.

64 TSI 사면배지에서 균을 배양하였더니 배지에 균열이 발생하였다. 이로부터 알 수 있는 사실은?

① 용혈작용　　　② 암모니아 발생
③ 응집현상 발생　④ 가스 발생

해설

TSI 사면배지
장내 세균, 비브리오 등 많은 균종의 선별이 용이한 배지로 인해 포도당의 분해와 가스 생산, 유당 및 백당의 분해, 황화수소 생성 성상검사를 동시에 할 수 있다.

65 다음 중 Gram 양성균은?

① *Escherichia* 속
② *Corynebacterium* 속
③ *Pseudomonas* 속
④ *Salmonella* 속

해설

*Corynebacterium*은 그람 양성, 무아포, 비운동성의 호기성 간균이다.

66 미생물의 생육곡선에서 세포가 가장 왕성하게 증식하는 단계는?

① 유도기　　② 대수기
③ 정상기　　④ 사멸기

해설

미생물의 생육곡선(growth curve)
㉠ 유도기(lag phase, induction period)
 • 미생물이 증식을 준비하는 시기
 • 효소, RNA는 증가, DNA는 일정
 • 초기 접종균수를 증가시키거나 대수 증식기균을 접종하면 기간이 단축
㉡ 대수기(logarithmic phase)
 • 대수적으로 증식하는 시기
 • RNA는 일정, DNA는 증가
 • 세포질 합성속도와 세포수 증가는 비례
 • 세대시간, 세포의 크기 일정
 • 생리적 활성이 크고 예민
 • 증식속도는 영양, 온도, pH, 산소 등에 따라 변화
㉢ 정지기(stationary phase)
 • 영양물질의 고갈로 증식수와 사멸수가 같음
 • 세포수 최대
 • 포자 형성 시기
㉣ 사멸기(death phase)
 • 생균수보다 사멸균수가 증가
 • 자기소화(autolysis)로 균체 분해

67 현미경 배율이 10배인 접안렌즈와 배율이 55배인 대물렌즈를 썼을 때 전체적인 배율은?

① 5.5배　　② 55배
③ 550배　　④ 5,500배

해설

배율이 10배인 접안렌즈와 배율이 55배인 대물렌즈의 전체적인 배율은 $55 \times 10 = 550$배율이다.

68 분열 증식하는 효모는?

① *Schizosaccharomyces* 속
② *Candida* 속
③ *Saccharomyces* 속
④ *Torulaspora* 속

해설

***Schizosaccharomyces* 속**
분열효모강(*Schizosaccharomycetes*)의 효모 속으로, 발효 음료, 과일 주스, 마른 과일, 당밀, 곡물 따위에서 발견된다. 분열 효모(*Schizosaccharomyces pombe*)는 폼베 술 제조에 쓴다.

69 박테리아의 유전자가 박테리오파지에 의해 다른 박테리아로 전이되어 일어나는 DNA 재조합 방법은?

① 형질전환　　② 접합
③ 세포융합　　④ 형질도입

해설

유전자 재조합
㉠ 형질전환(transformation) : 공여세포의 유전자를 제한효소를 이용하여 벡터로 사용할 플라스미드에 삽입하여 수용세포에 넣어서 유전자 재조합

정답　64 ④　65 ②　66 ②　67 ③　68 ①　69 ④

ⓒ 형질도입(transduction) : 벡터로서 플라스미드 대신 용원성 박테리오파지를 이용하여 수용세포에 넣어 재조합
ⓒ 접합(conjugation) : 원핵세포에 있어서 일시적인 접촉에 의해 2개의 개체 간 DNA가 이동하는 방법으로 성공률이 낮음
ⓔ 세포융합(cell fusion)
- 두 종류의 세포를 융합시켜 양쪽의 성질을 모두 갖는 새로운 세포 생성
- 세포 융합 순서
  - protoplast화 : 세포벽을 효소 등을 이용하여 제거
  - 융합 : 두 세포의 결합
  - 세포 재생
  - 배양, 선발 : 적당한 유전자 표시로 주세포에서 융합세포 선발(영양 요구성, 항생 물질 내성, 당 분해성, 색소 등)

70 어떤 세균이 60분마다 규칙적으로 분열한다면 세균 5개는 3시간 후에 몇 개로 되는가?

① 48개   ② 64개
③ 40개   ④ 256개

해설
세대시간(generation time)
ⓐ 하나의 세포가 분열하여 2개 세포로 증식하는 시간
ⓑ 세균은 분열법으로 번식, 일반적으로 15~30분
ⓒ 세대시간 계산
- 총균수 = 초기균수 $\times 2^n$, n=세대수
- n세대까지 소요시간을 t, 분열시간을 g라 하면
세대수 $n = \dfrac{t}{g}$
∴ $n=180/60=3$, 총균수=$5\times 2^3=40$

71 식염(NaCl)이 미생물의 생육을 저해하는 원인 중 아닌 것은?

① 삼투압에 의한 원형질 분리
② 세포의 탄산가스 감수성을 높임
③ 탈수작용으로 세포 내 수분활성 감소
④ 산소용해도 증가

해설
식염은 산소용해도를 저해시켜 미생물의 생육을 저해한다.

72 단백질과 RNA로 구성되어 있으며 단백질 합성을 하는 기관은?

① 크로모솜(chromosome)
② 미토콘드리아(mitochondria)
③ 골지체(golgi apparatus)
④ 리보솜(ribosome)

해설
리보솜은 RNA와 단백질로 이루어지며, 단백질 생합성이 이루어진다.

73 그람 양성균에 존재하지 않는 세포 성분은?

① peptidoglycan   ② teichoic acid
③ phospholipid   ④ lipopolysaccharide

해설
세균 세포벽을 구성하는 peptidoglycan 차이에 의해 그람 양성균과 그람 음성균으로 분류한다.
- 그람 양성균(G+) : 20여 개 층의 peptidoglycan과 teichoic acid로 구성된 세포벽이 crystal violet에 의해 보라색으로 염색된다.
- 그람 음성균(G−) : 2~3개 층의 peptidoglycan과 lipopolysaccharide로 구성된 세포벽이 알코올 탈색 후 safraninO에 의해 붉은색으로 염색된다.

74 버섯 중에 포자가 있는 부분은?

① 갓(cap)   ② 각포(volva)
③ 주름(gills)   ④ 균륜(ring)

해설
버섯의 포자는 잎사귀나 줄기 부위 주름에 형성된다.

75 포도당이 정상 젖산 발효와 이상 젖산 발효를 할 때, 생성되는 최종산물에 대하여 옳은 것은?

① 정상 젖산 발효 시는 젖산만 생성되고, 이상 젖산 발효 시는 알코올만 생성된다.
② 정상 젖산 발효 시는 젖산만 생성되고, 이상 젖산 발효 시는 젖산, 에탄올, 탄산가스가 생성된다.
③ 정상 젖산 발효 시는 젖산만 생성되고, 이상 젖산 발효 시는 젖산, 낙산, 이산화탄소가 생성된다.

정답 70 ③   71 ④   72 ④   73 ④   74 ③   75 ②

④ 정상 젖산 발효 시는 젖산만 생성되고, 이상 젖산 발효 시는 에탄올만 생성된다.

> [해설]
> - 정상발효 젖산균 : 당을 발효시켜 젖산만 생성
> - 이형발효 젖산균 : 당을 발효시켜 젖산 이외에 초산, 에탄올, CO_2 등 생산

76 유당을 분해하여 CO_2와 H_2 가스를 생성하는 세균은?

① 젖산균　　　② 초산균
③ 프로피온산균　④ 대장균

> [해설]
> 대장균은 lactose를 분해하여 CO_2를 발생시키는 그람음성의 간균이므로 대장균 동정실험을 할 때에는 lactose를 이용하여 CO_2 발생 여부를 확인한다.

77 분홍색 색소를 생성하는 누룩곰팡이로 홍주(紅酒) 발효에 이용되는 것은?

① *Neurospora sitophila*
② *Monascus purpureus*
③ *Rhizopus javanicus*
④ *Botrytis cinerea*

> [해설]
> 붉은누룩곰팡이(*Monascus purpureus*) 또는 홍국균(紅麴菌)은 붉은누룩곰팡이과(*Monascaceae*) 붉은누룩곰팡이속(*Monascus*)에 속하는 균류의 하나로 홍주 발효에 이용된다.

78 미생물 성장에 있어서 필요한 A_w가 낮은 것부터 순서대로 배열한 것은?

① 효모 – 세균 – 곰팡이
② 세균 – 효모 – 곰팡이
③ 세균 – 곰팡이 – 효모
④ 곰팡이 – 효모 – 세균

> [해설]
> **미생물 생육 최저 수분활성도(A_w)**
> 세균 0.91, 효모 0.88, 곰팡이 0.80, 내건성 곰팡이 0.65, 내삼투압성 효모 0.60 등

79 자낭균류와 담자균류는 균사에 격벽이 있는 균류이다. 여기에 해당하는 곰팡이 속은?

① *Absidia* 속　② *Mucor* 속
③ *Aspergillus* 속　④ *Rhizopus* 속

> [해설]
> **곰팡이(진균류)**
> ㉠ 균사(hyphae)로 영양 섭취와 발육 담당
> ㉡ 진균류는 조상균류와 순정균류로 분류
>   - 조상균류(격막 없음) : 접합균류, 난균류, 호상균류
>   - 순정균류(격막 있음) : 자낭균류, 담자균류, 불완전균류
> ㉢ 무성포자 : 내생포자, 외생포자, 후막포자, 분열자
> ㉣ 유성포자 : 접합포자, 난포자, 자낭포자, 담자포자
> ㉤ 조상균류 : *Mucor*(털곰팡이), *Rhizopus*(거미줄곰팡이, 가근, 포복지), *Absidia*(활털곰팡이, 가근, 포복지)
> ㉥ 자낭균류 : *Aspergillus*(누룩곰팡이, 정낭, 병족세포), *Penicillium*(푸른곰팡이, 기저경자), *Monascus*(홍국곰팡이), *Neurospora*(붉은곰팡이)

80 Lipase 생성력이 있는 효모로 버터나 마가린의 부패에 관여하는 것은?

① *Yarrowia lipolytica*
② *Candida albicans*
③ *Candida lipolytica*
④ *Candida utilis*

> [해설]
> *Candida lipolytica*는 리파아제 생성력이 있어서 버터와 마가린의 부패에 관여한다.

5과목　생화학 및 발효학

81 지방산이 대사물로 분해되는 과정에 대한 설명으로 옳지 않은 것은?

① 팔미트산의 완전 산화로 100분자의 ATP를 생성한다.
② 지방산은 산화되기 전에 acyl-CoA에 의해 활성화된다.
③ 카르니틴은 활성화된 긴 사슬 지방산들을 미토콘드리아 기질 안으로 운반한다.
④ 중성지방이 호르몬 민감성 리파아제에 의해 가수분해된다.

정답 76 ④　77 ②　78 ④　79 ③　80 ③　81 ①

해설
팔미트산(16 : 0)의 완전 산화로 106분자의 ATP를 생성한다(스테아르산은 120ATP).

82 사이토크롬(cytochrome)의 체내에서의 작용은?

① 탈수작용　　② 전자전달체 역할
③ 산소 운반체　④ 탈수소 역할

해설
전자전달계(호흡사슬, ETC : Electron Transport Chain)
- 미토콘드리아 내막(inner membrane)에 존재
- 해당계와 TCA 회로 등에서 생성된 NADH와 $FADH_2$가 전자전달계로 들어가 수소 이온을 기질에서 막간 공간으로 이동시키고 산소(최종 전자수용체)를 환원하여 물 생성
- FMN → FeS(1복합체) → FAD → FeS(2복합체) → CoQ(조효소, ubiquinone) → Cyt b → FeS → Cyt c_1(3복합체) → Cyt c → Cyt aa_3(4복합체, cytochrome oxydase, 금속 이온 Fe와 Cu 구성) → O_2 (최종 전자수용체) → H_2O

83 전분의 비환원성 말단에 작용하여 glucose 단위로 가수분해하는 효소는?

① glucoamylase　② cellulase
③ β-galactosidase　④ glucose isomerase

해설
전분 가수분해효소
- α-amylase : 전분의 α-1,4 글리코시드 결합을 무작위로 가수분해
- β-amylase : 전분의 비환원성 말단으로부터 말토오스 단위로 α-1,4 글리코시드 결합을 가수분해
- glucoamylase : 전분의 비환원성 말단으로부터 포도당 단위로 가수분해
- debranching amylase : 전분의 분지점 α-1,6 결합을 가수분해

84 해당과정(glycolysis) 중 ATP를 생산하는 단계로 옳은 것은?

① Glucose → Glucose-6-phosphate
② 2-phosphoenol pyruvic acid
　　→ enolpyruvic acid
③ Glucose-6-phosphate
　　→ Fructose-6-phosphate
④ Fructose-6-phosphate
　　→ Fructose-1,6-diphosphate

해설
2-phosphoenol pyruvic acid → enolpyruvic acid 는 해당과정의 10번 반응으로 기질수준 인산화 과정으로 ATP를 생산한다.
※ 실제 생화학에서 'enolpyruvic acid'라는 명칭이 공식적으로 사용되지 않지만, 문제에서 제시된 보기를 통해 출제자가 의도한 바가 무엇인지 충분히 파악할 수 있어야 한다. 해당과정, 즉 해당작용(glycolysis)에서 ATP가 생성되는 대표적인 단계는 phosphoenolpyruvate(PEP)가 pyruvate로 전환되는 과정이다. 이 반응에서 pyruvate kinase라는 효소가 작용하고, 기질 수준 인산화에 의해 ATP가 만들어진다. 비록 보기에서 'enolpyruvic acid'라는 용어가 다소 부정확하게 사용되었지만, 이는 pyruvate를 의미하는 것으로 해석할 수 있고, 실제로 많은 교재나 시험 문제에서 이런 식의 용어 혼용이 종종 나타나기도 하니 상대적으로 문제를 푸는 능력이 필요하다.

85 알코올 발효 시 에틸알코올과 함께 생성되는 것은?

① CO_2　　② $C_3H_5(OH)_3$
③ CH_3OH　④ H_2O

해설
효모에 의한 알코올 발효의 반응식은 $C_6H_{12}O_6$ → $2C_2H_5OH + 2CO_2$이다.

86 Glucose 대사 중 NADPH가 주로 생성되는 경로는?

① HMP 경로　② EMP 경로
③ Glyoxylate 회로　④ TCA 회로

해설
오탄당 인산경로(Pentose Phosphate Pathway, HMP)
- 해당과정의 곁사슬 반응, Glucose-6-phosphate에서 시작
- 산화적 단계와 비산화적 단계로 나눔
- NADPH를 생성하여 지방산 합성, 스테로이드 합성, 산화형 Glutathion 환원
- 핵산 합성에 필요한 Ribose-5-phosphate 생성 (전환 시 CO_2 생성)

정답 82 ② 83 ① 84 ② 85 ① 86 ①

87 병행 복발효주에 속하는 것은?

① 매실주　② 와인
③ 탁주　④ 맥주

해설

발효주(효모 이용 알코올 발효)
㉠ 단발효주 : 당질에서 발효 예) 포도주, 과실주
㉡ 복발효주 : 전분을 효소 당화시킨 후 알코올 발효
- 단행 복발효주 : 당화공정과 발효공정을 분리 진행
  예) 맥주
- 병행 복발효주 : 당화와 동시에 발효 진행
  예) 청주, 탁주

88 포도주 제조 시 유해 세균의 증식 억제 효과가 있는 첨가물은?

① 황산마그네슘($MgSO_4$)
② 메타중아황산칼륨($K_2S_2O_5$)
③ 인산이수소칼륨(KH_2PO_4)
④ 질산암모늄(NH_4NO_3)

해설

포도주 발효 시 아황산 첨가
- 메타중아황산칼륨($K_2S_2O_5$) 200~300ppm 첨가
- 유해균 억제, 산화효소 억제, 구연산 발효 억제

89 맥주 제조 시 후발효의 목적과 관계없는 것은?

① 맥주의 혼탁물질을 침전시킨다.
② 맥주를 살균한다.
③ 저온에서 발생한 CO_2의 필요량을 맥주에 녹인다.
④ 여분의 발효성 당분을 발효시킨다.

해설

맥주의 발효공정
- 맥주효모 : 상면효모(*Sacch. cerevisiae*), 하면효모(*Sacch. carlsbergensis*)
- 주발효 : 냉각한 맥아즙에 효모(200 : 1 비율)를 첨가하여 18~20시간 정치 후 발효조에 옮겨 10~20일 발효
- 후발효 : 0℃~-1℃에서 60~90일, 탄산 용해 및 방출, 석출물 침강
- 여과 및 살균 : 60℃, 20분

90 ATP를 합성하는 기관은?

① 리보솜(ribosome)
② 마이크로솜(microsome)
③ 리소좀(lysosome)
④ 미토콘드리아(mitochondria)

해설

미토콘드리아
- 에너지 생산 기관
- 엽록체와 마찬가지로 2중막으로 구성, 내막은 크리스타로 굴곡이 심하여 높은 표면적을 가지고 내부는 매트릭스(기질)로 구성
- 엽록체와 마찬가지로 자체 DNA로 복제
- 매트릭스의 TCA 회로와 내막의 전자전달계를 통해 에너지 생산

91 식품 중의 병원성 미생물을 검출할 때 RNA를 이용해 검출하는 방법은?

① RT-PCR method
② Southern hybridization
③ ELISA method
④ Western hybridization

해설

RT-PCR method(식품공전에 등재되어 있는 식중독균 신속 검사 방법)
DNA를 증폭시키는 중합효소 연쇄반응(PCR)의 한 종류로, RNA에 의해 생성된 상보적 DNA(cDNA)를 증폭하는 방식이다.

92 구연산을 대량 생산하기 위해 배지에 지속적으로 공급해 주어야 할 물질은?

① 글루코오스(glucose)
② 숙신산(succinic acid)
③ 옥살로아세트산(oxaloacetate)
④ 피루빈산(pyruvic acid)

해설

구연산은 아세틸 CoA와 옥살로아세트산이 결합하여 생성되며, TCA 회로에서 중요한 중간대사물질로 작용한다.

정답 87 ③　88 ②　89 ②　90 ④　91 ①　92 ③

93 광합성(photosynthesis) 암반응은 이산화탄소를 탄수화물로 환원시키는 과정이다. 암반응에서 필요한 것은?

① NADPH, ATP
② ATP, NADP
③ NADP, ADP
④ NADP, NADPH

해설

광합성 과정
- 명반응 : 빛의 세기에 영향을 받으며, 빛에너지를 이용하여 광인산화반응을 하여 생성된 NADPH와 ATP를 암반응에 공급한다.
- 암반응 : 빛의 존재에 영향을 받지 않으며, 명반응에서 공급받은 NADPH와 ATP를 이용하여 포도당을 생성한다.

94 다음 중 ketogenic amino acid는 어느 것인가?

① alanin
② proline
③ leucin
④ glycine

해설

케톤 생성 아미노산(ketogenic amino acid)
- 케톤 생성 아미노산은 케톤체로 변환될 수 있는 아미노산으로, 케톤체는 포도당 합성에 이용될 수 없으며 직접 아세틸 CoA를 거쳐 지방산으로 합성된다.
- 류신과 라이신은 순수한 케톤 생성 아미노산이며, 아이소류신, 페닐알라닌, 트립토판, 타이로신과 트레오닌은 케톤 생성 및 포도당 생성 아미노산이다.

95 DNA를 구성하는 염기가 아닌 것은?

① 티민(thymine)
② 사이토크롬(cytochrome)
③ 구아닌(guanine)
④ 시토신(cytosine)

해설

핵산 구성
- DNA에는 H_3PO_4, D-deoxyribose가 있으며 RNA에는 H_3PO_4, D-ribose가 있다.
- DNA에는 adenine(A), guanine(G), cytosine(C), thymine(T)이 있으며, RNA에는 adenine(A), guanine(G), cytosine(C), uracil(U)이 있다.

96 정미성 nucleotide가 아닌 것은?

① XMP
② AMP
③ GMP
④ IMP

해설

핵산 관련 물질의 정미성
- MSG, IMP, GMP 등의 핵산계 물질은 정미성이 존재하여 감미료로 사용된다.
- XMP → IMP → GMP 순으로 정미성이 증가한다.
- pyrimidine계는 정미성이 존재하지 않는다.

97 미카엘리스 상수(Michaelis constant, K_m)가 적다는 것은 무엇을 의미하는가?

① 효소와 기질의 친화력이 크다.
② 효소와 기질의 친화력이 작다.
③ 효소와 저해제의 친화력이 크다.
④ 효소와 저해제의 친화력이 작다.

해설

미카엘리스 상수(K_m)
- 효소반응과 기질농도와의 관계를 나타내는 반응속도식인 미카엘리스-멘텐식의 해리상수를 의미한다.
- K_m의 값이 낮은 경우에는 효소와 기질의 친화력이 크다.
- K_m은 반응속도 최댓값의 1/2인 경우에 기질농도와 값이 같다.

98 생체 조직은 포도당(glucose)으로부터 젖산(lactic acid)을 얻는데, 이 대사작용을 무엇이라 하는가?

① 혐기적 해당작용(anaerobic glycolysis)
② 호기적 해당작용(aerobic glycolysis)
③ 환원적 인산화(reductive phosphorylation)
④ 산화적 인산화(oxidative phosphorylation)

해설

당이 혐기적 조건에서 효소에 의해 분해되는 대사작용으로 세포질에서 일어나는 것은 혐기적 해당을 의미하며 최종적으로 젖산을 생성한다.

99 해당과정에서 ATP + glucose → ADP + glucose-6-phosphate에서 촉매 효소는?

① fructokinase
② phosphorylase
③ aldolase
④ hexokinase

정답 93 ① 94 ③ 95 ② 96 ② 97 ① 98 ① 99 ④

해설

글리코겐 합성(glycogenesis)
Glucose → (hexokinase) → Glucose-6-phosphate → (phosphoglucomutase) → Glucose-1-phosphate + UTP → (UTP-glucose-1-phosphate uridyltransferase) → UDP-glucose(포도당의 활성형) → (Glycogen Synthase) → Glycogen

100 pK가 5인 -COOH기가 있는 물질 1mole을 물 1L에 용해시킨 후 pH를 5로 조절했을 때 몇 mole이 -COO⁻ 형태로 이온화되는가?

① 0.1mole ② 0.2mole
③ 0.5mole ④ 10mole

해설

pK값
아미노산을 구성하는 각각의 작용기가 평형 상태(50%가 이온인 상태)가 될 때의 pH

정답 100 ③

CBT 기출복원문제 2023년 2회

1과목 식품위생학

01 *Clostridium perfringens*의 설명과 거리가 먼 것은?

① 보통 내열성 균주가 식중독을 일으킨다.
② 생육에 아미노산을 필요로 한다.
③ 장염의 원인이 된다.
④ 그람 양성 간균, 무포자균이다.

해설
*Clostridium perfringens*는 가스괴저를 일으키는 그람 양성, 혐기성의 간균으로 아포를 형성한다.

02 보균자의 대소변에 오염된 음식물이나 물에 의해 직접 전파되고, *Salmonella typhi*가 원인균인 감염병은?

① 콜레라 ② 디프테리아
③ 세균성 이질 ④ 장티푸스

해설
경구감염병의 종류

종류	원인균	특징	예방법
장티푸스	Salmonella typhi	• 환자나 보균자의 분변에 오염된 음식이나 물에 의해 직접 감염 • 매개물 간접 감염	환자·보균자의 색출 관리, 분뇨·물·음식물의 위생처리, 매개곤충 차단, 예방접종
파라티푸스	Salmonella paratyphi	잠복기는 3~6일이며 증세 등은 장티푸스와 비슷	장티푸스와 비슷
콜레라	Vibrio cholera	환자나 보균자의 분변이 배출되어 식수, 식품, 특히 어패류를 오염시키고 경구로 감염되어 집단으로 발생	물과 음식은 반드시 가열 섭취하고 저온 저장하며 손 씻기 등 개인위생을 철저히 하고 예방접종
세균성 이질	Shigella dysenteriae	환자와 보균자의 분변이 식품이나 음료수를 통해 경구감염	물과 음식은 반드시 가열 섭취하고 저온 저장하며 손 씻기 등 개인위생을 철저
아메바성 이질	Entamoeba histolytica	환자의 분변 중에 배출된 원충이나 낭포가 물과 음식을 통해 경구감염	장티푸스와 비슷하고, 면역이 없으므로 예방접종은 필요 없다.
급성회백수염 (소아마비, 폴리오)	Poliomyelitis virus	환자나 보균자의 분비물과 분변에 의해 오염된 음식물을 통해 경구감염	예방접종이 가장 효과적이며 생균 백신(sabin), 사균 백신(salk) 모두 유효
유행성 간염	Hepatitis virus A	환자의 분변이 음료수나 식품이 오염되어 경구로 감염	경구감염되므로 장티푸스 예방법에 따르며, 집단생활에서 잘 나타나므로 개인위생에 철저하도록 한다.
감염성 설사증	감염성 설사증 바이러스	환자의 분변에 오염된 식품이나 음료수를 거쳐서 경구 감염된다. 잠복기는 2~3일로 주로 복부 팽만감, 심한 설사 등을 일으킨다.	물과 음식은 반드시 가열 섭취하고 저온 저장하며 손 씻기 등 개인위생을 철저히 한다.

03 아래의 특징에 해당하는 식중독 원인균은?

경미한 경우에는 발열, 두통, 구토 등을 나타내지만 종종 패혈증이나 뇌수막염, 정신착란 및 혼수상태에 빠질 수 있다. 연질치즈 등이 자주 관련되고, 저온에서 성장이 가능하며 태아나 신생아는 미숙 사망이나 합병증을 유발하기도 하여 치명적인 균이다.

① *Vibrio vulnificus*
② *Listeria monocytogenes*
③ *Clostridium botulinum*
④ *E. coli* O157 : H7

해설
Listeria monocytogenes
• 그람 양성, 무포자, 간균, 중온균으로 최적 온도는 30~37℃이나 냉장고에서 활발히 생육하는 세균이다.
• 감염형 식중독균으로 잠복기는 확실하지 않고 위장증상, 수막염, 임산부의 자연유산 및 사산을 유발한다.
• 건조한 환경에 강해 분유 등 유제품 및 육류를 통해 감염된다.

정답 01 ④ 02 ④ 03 ②

04 단백질 식품이 불에 탈 때 생성되어 발암물질로 작용할 수 있는 것은?

① trihalomethane
② polychlorobiphenyl
③ benzopyrene
④ choline

해설
육류의 가열분해로 PAH(다환 방향족 탄화수소, 3,4-벤조피렌류), 이환 방향족 아민류(heterocyclic amines) 같은 발암성 물질이 생성된다.

05 기구 및 용기 포장의 기준 및 규격으로 틀린 것은?

① 기구 및 용기 포장은 물리적 또는 화학적으로 내용물이 오염되기 쉬운 구조이어서는 아니 된다.
② 전류를 직접 식품에 통하게 하는 장치를 가진 기구의 전극은 철, 알루미늄, 백금, 티타늄 및 스테인리스 이외의 금속을 사용하여서는 아니 된다.
③ 식품과 접촉하는 면에 인쇄할 때에는 인쇄 후 잔류 톨루엔의 함량이 5mg/m² 이하이어야 한다.
④ 랩 제조 시에는 디에틸헥실아디페이트(DEHA)를 사용하여서는 아니 된다. 다만, 용출되어 식품에 혼입될 우려가 없는 경우는 제외한다.

해설
식품과 접촉하는 면에는 인쇄할 때에는 인쇄 후 잔류 톨루엔의 함량이 2mg/m² 이하이어야 한다.

06 방사선 조사 식품과 관련된 설명으로 틀린 것은?

① 방사선 조사량은 Gy로 표시하며, 1Gy=1J/kg이다.
② 사용 방사선의 선원 및 선종은 ^{60}Co의 감마선이다.
③ 식품의 발아 억제, 숙도 조절 등의 효과가 있다.
④ 조사 식품을 원료로 사용한 경우는 제조 가공한 후 다시 조사하여야 한다.

해설
방사선 조사 식품
- 방사선 조사는 주로 ^{60}Co의 감마선을 이용해 포장된 상태의 제품을 처리할 수 있으며 비열 처리하므로 냉살균이라 한다.
- 방사선량의 단위는 Gy이며, 1Gy는 1J/kg에 해당한다.
- 1kGy 이하의 저선량 방사선 조사를 통해 감자, 양파 등의 발아 억제, 기생충 사멸, 숙도 지연 등의 효과를 낸다.
- 바이러스의 사멸을 위해서는 발아 억제를 위한 조사보다 높은 선량이 필요하다.
- 한번 조사처리한 식품은 다시 조사하여서는 안 된다.

07 대장균의 시험법이 아닌 것은?

① 동시시험법
② 최확수법
③ 건조필름법
④ 한도시험법

해설
대장균 시험법
- 대장균 정성반응 : 건조필름법(푸른색 콜로니와 근처 기포), 한도시험법, LB 배지법
- 대장균 정량반응 : 최확수법

08 생선의 신선도 측정에 이용되는 성분은?

① 아세트알데히드
② 트리메틸아민
③ 포름알데히드
④ 디아세틸

해설
식품의 신선도 측정(초기 부패 측정)
- 관능검사 : 기본적이고 간단한 방법 - 맛, 냄새, 색, 조직감 관찰
- 생물학적 검사 : 생균수 측정(신선도 판정 지표) - 1g당 10^5 이하면 신선
- 화학적 검사 : 휘발성 염기질소 측정(30~40mg%), 트리메틸아민 측정(4mg%), pH 측정(pH 6.2), 히스타민 측정(400mg%), K값 측정(60~80%)
- TMAO(Trimethyl amine oxide)는 생선의 맛난 맛 성분이나 세균이 많이 번식하면 세균의 환원성으로 TMA(Trimethyl amine)가 되는데, 이것은 생선의 비린내 성분이다.

정답 04 ③ 05 ③ 06 ④ 07 ① 08 ②

09 식품에 존재하는 유독성분과 그 식품이 바르게 연결된 것은?

① 감자 – muscarine
② 면실유 – gossypol
③ 수수 – amygdalin
④ 독미나리 – ergotoxin

해설
식품의 유독성분
- 감자 : solanine
- 면실유(목화씨) : gossypol
- 독미나리 : cicutoxin
- 독버섯 : muscarine
- 청매 : amygdalin
- 맥각 : ergotoxin

10 건조식품의 포장재로 가장 적합한 것은?

① 산소와 수분의 투과도가 모두 높은 것
② 산소와 수분의 투과도가 모두 낮은 것
③ 산소의 투과도는 높고 수분의 투과도는 낮은 것
④ 산소의 투과도는 낮고 수분의 투과도는 높은 것

해설
건조식품의 포장재로 적합한 것은 산소와 수분의 투과도가 모두 낮은 것이다.

11 메틸수은으로 오염된 어패류를 섭취하여 수은에 의한 축적성 중독을 일으키는 공해병은?

① PCB 중독   ② 이타이이타이병
③ 미나마타병   ④ 열중증

해설
수은(Hg)
- 유기수은이 무기수은보다 흡수율이 높아 독성이 더 강하다.
- 공장폐수에 많아 1956년 일본 미나마타병의 원인이 되기도 하였다.
- 중독증상 : 신경장애로 보행 곤란, 언어장애, 정신장애 및 급발성 경련을 나타낸다.
- 생체 내에서 무기수은은 유기수은으로 변한다.
- 미나마타병은 공장폐수 중 메틸수은 화합물에 오염된 어패류를 장기간 섭취하여 발생한 것이다.

12 PCB에 대한 설명 중 옳지 않은 것은?

① 피부염을 동반한 카네미유증을 일으킨다.
② 주로 지방층에 축적되어 환경호르몬 작용을 한다.
③ 1968년 일본에서 처음 중독 증상이 보고되었다.
④ 미강유가 열분해과정을 거쳐 생성되는 성분이다.

해설
PCB(Polychlorinated biphenyl) 중독
- 1968년 일본의 카네미사에서 미강유 제조과정 중 열매체로 사용되는 PCB가 미강유 탈취공정에서 잘못 새어나와 미강유에 혼입되어 발생한 사건
- 피부염증을 동반한 탈모, 신경장애, 내분비 교란 등의 카네미유증을 일으켰다.
- PCB는 지용성으로 인체의 지방조직에 축적된다.
- 매우 안정한 화합물로 자연에서 쉽게 분해되지 않아 체내에 유입되어 환경호르몬으로 작용한다.

13 식품위생법령상 기구에 대한 정의로 옳지 않은 것은?

① 식품을 소분할 때 사용하는 기구
② 음식을 담는 기구
③ 농업과 수산업에서 식품을 채취하는 데 쓰는 기구
④ 식품첨가물을 소분할 때 쓰는 기구

해설
기구는 음식을 먹을 때 사용하거나 담는 것, 또는 식품이나 식품첨가물을 채취·제조·가공·조리·저장·소분·운반·진열할 때 사용하는 것으로서 식품 또는 식품첨가물에 직접 닿는 기계·기구나 그 밖의 물건(농업과 수산업에서 식품을 채취하는 데 쓰는 기계·기구나 그 밖의 물건은 제외)을 말한다.

14 알레르기성 식중독의 원인물질과 가장 관계가 깊은 것은?

① histamine   ② glutamic acid
③ solanine   ④ aflatoxin

해설
히스타민(histamine)
기관지 수축, 모세혈관 확장 등의 알레르기나 염증반응에 관여하는 화학물질로, 아미노산에서 히스티딘이 탈탄산된 형태이다.

정답 09 ② 10 ② 11 ③ 12 ④ 13 ③ 14 ①

15 식품의 초기 부패 현상의 식별법이 아닌 것은?

① 히스타민(histamine)의 함량 측정
② 생균수 측정
③ 휘발성 염기질소의 정량
④ phosphatase 활성 측정

해설

식품의 신선도 측정(초기 부패 측정)
- 관능검사 : 기본적이고 간단한 방법 – 맛, 냄새, 색, 조직감 관찰
- 생물학적 검사 : 생균수 측정(신선도 판정 지표) – 1g당 10^5 이하면 신선
- 화학적 검사 : 휘발성 염기질소 측정(30~40mg%), 트리메틸아민 측정(4mg%), pH 측정(pH 6.2), 히스타민 측정(400mg%), K값 측정(60~80%)

16 일생에 걸쳐 매일 섭취해도 부작용을 일으키지 않는 1일 섭취 허용량을 나타내는 용어는?

① acceptable risk
② ADI(Acceptable Daily Intake)
③ dose-response curve
④ GRAS(Generally Recognized As Safe)

해설

ADI(Acceptable Daily Intake)
일생에 걸쳐 매일 섭취해도 부작용을 일으키지 않는 1일 섭취 허용량

17 식품 등의 위생적인 취급에 관한 기준이 틀린 것은?

① 부패·변질되기 쉬운 원료는 냉동·냉장시설에 보관하여야 한다.
② 제조·가공·조리 또는 포장에 직접 종사하는 사람은 위생모를 착용하여야 한다.
③ 최소 판매 단위로 포장된 식품이라도 소비자 수요에 따라 탄력적으로 분할하여 판매할 수 있다.
④ 식품 등의 제조·가공·조리에 직접 사용되는 기계·기구는 사용 후에 세척·살균하여야 한다.

해설

최소 판매 단위로 포장된 식품은 더 이상 분할하여 판매할 수 없다.

18 무구조충에 대한 설명으로 틀린 것은?

① 세계적으로 쇠고기 생식 지역에 분포한다.
② 소를 숙주로 해서 인체에 감염된다.
③ 감염되면 소화장애, 복통, 설사 등의 증세를 보인다.
④ 갈고리촌충이라고도 하며, 사람의 소장에 기생한다.

해설

갈고리촌충은 유구조충으로 돼지의 생식에 의해 감염된다.

19 식품첨가물의 사용에 대한 설명이 틀린 것은?

① 효과 및 안전성에 기초를 두고 최소한의 양을 사용해야 한다.
② 식품첨가물의 원료 자체가 완전 무해하면 성분 규격이 따로 정해져 있지 않다.
③ 식품첨가물의 사용으로 심각한 영양 손실을 초래할 경우, 그 사용은 고려되어야 한다.
④ 천연첨가물의 제조에 사용되는 추출 용매는 식품첨가물공전에 등재된 것으로서 개별 규격에 적합한 것이어야 한다.

해설

식품첨가물의 원료 자체가 완전 무해하더라도 식품에 추가되는 모든 식품 첨가물은 규격이 정해져 있다.

20 HACCP 시스템 적용 시 준비단계에서 가장 먼저 시행해야 하는 절차는?

① 위해요소 분석
② HACCP팀 구성
③ 중요관리점 결정
④ 개선조치 설정

해설

HACCP 준비단계
- 절차 1 : HACCP팀 구성
- 절차 2 : 제품 및 제품의 유통방법 기술
- 절차 3 : 의도된 제품의 용도 확인
- 절차 4 : 공정흐름도 작성
- 절차 5 : 공정흐름도 검증

정답 15 ④ 16 ② 17 ③ 18 ④ 19 ② 20 ②

2과목 식품화학

21 맛의 상호작용의 예로 틀린 것은?

① 설탕 용액에 소량의 소금을 가하면 단맛이 증가한다.
② 커피에 설탕을 가하면 쓴맛이 억제된다.
③ 식염에 유기산을 가하면 짠맛이 감소한다.
④ 신맛이 강한 과일에 설탕을 가하면 신맛이 억제된다.

해설
맛의 상호작용
- Acidy : 산은 당의 단맛을 증가
- Mellow : 염은 당의 단맛을 증가
- Winey : 당은 산의 신맛을 감소
- Blend : 당은 염의 짠맛을 감소
- Sharp : 산은 염의 짠맛을 증가
- Soury : 염은 산의 신맛을 감소

22 48%의 소금(질량%)을 함유한 수용액에서 수분활성도(A_w)는 약 얼마인가?

① 0.75
② 0.78
③ 0.82
④ 0.90

해설
수분활성도(A_w)
- 어떤 온도에서 식품이 나타내는 수증기압에 대한 순수한 물의 수증기압비로 정의된다.
$$A_w = \frac{P}{P_0}$$
여기서, P : 식품의 수증기압, P_0 : 물의 수증기압
- 단, 식품의 수증기압은 식품 중 녹아 있는 용질의 종류와 양에 의해 영향을 받으므로 물의 몰수를 M_w, 용질의 몰수를 M_s라고 할 때 $A_w = \frac{M_w}{M_w + M_s}$가 된다.

$$\therefore A_w = \frac{M_w}{M_w + M_s} = \frac{\frac{52}{18}}{\frac{52}{18} + \frac{48}{58}} \fallingdotseq 0.78$$

23 Henning의 냄새 프리즘(smell prism)에 해당하지 않는 것은?

① 매운 냄새(spicy)
② 수지 냄새(resinous)
③ 썩은 냄새(putrid)
④ 메스꺼운 냄새(nauseous)

해설
헤닝의 냄새 프리즘
매운 냄새, 꽃향기, 과일향기, 수지 냄새, 썩은 냄새, 탄 냄새

24 당류 중 케톤기를 갖는 6탄당(keto hexose)은?

① galactose
② glucose
③ mannose
④ fructose

해설
6탄당 중 주로 이용되는 케토스는 과당이다. 나머지는 알도스계열 6탄당이다.

25 유지 산패 측정법에 대한 설명으로 옳은 것은?

① 과산화물가(peroxide value)와 공액 이중산값(conjugated dienoic acid)은 유지 일차 산화생성물을 측정하는 방법들이다.
② 아니시딘가(anisidine value)는 유지 일차 산화 생성물인 2-alkenal을 측정하는 방법이다.
③ 휘발성분 중 헥산알(hexanal)은 리놀렌산(linolenic acid)이 산화 시 발생하는 성분으로 이차 산화 정도를 측정하는 데 활용된다.
④ TBA값(Thiobarbituric acid value)은 유지 이차 산화생성물인 말론알데히드(malonaldehyde)를 측정하는 방법이다.

해설
유지 산패 측정법
㉠ 유지의 산소흡수도, 과산화물 생성량, carbonyl 화합물의 생성량 등 측정
㉡ 과산화물가, oven법, TBA값(Thiobarbituric acid value), 아니시딘가, 카르보닐가, Kreis test, AOM(Active Oxygen Method)법 등
- oven법(schaal 오븐시험법) : 오븐에 유지를 넣고 65℃에 저장하면서 정기적으로 관능검사나 과산화물가를 측정하여 유지의 산패도를 측정하는 방법
- 과산화물가(peroxide value)와 공액 이중산값(conjugated dienoic acid) : 유지 1차 산화생성물을 측정하는 방법
- 아니시딘가(anisidine value) : 유지 2차 산화생성물인 2-alkenal을 측정하는 방법

정답 21 ③ 22 ② 23 ④ 24 ④ 25 ①

- 휘발성분 중 헥산알(hexanal)은 리놀레산(linoleic acid)으로부터, propanal은 리놀렌산(linolenic acid)으로부터 산화 시 발생하는 성분으로 1차 산화 정도를 측정하는 데 활용
- TBA값(Thiobarbituric acid value) : 유지 1차 산화생성물인 말론알데히드(malonaldehyde)를 측정하는 방법

26 다음 중 식품의 수분정량법이 아닌 것은?

① 건조감량법
② 증류법
③ Karl-Fisher법
④ 자외선 사용법

해설
식품의 수분정량법
건조감량법, 증류법, Karl-Fisher법 등이 있다.

27 식품의 조지방 정량법은?

① Soxhlet법
② Kjeldahl법
③ Van Slyke법
④ Bertrand법

해설
Soxhlet법
식품의 조지방 정량법으로 추출 용매는 에테르를 이용한다.

28 유지의 산패를 측정하는 화학적 성질과 거리가 먼 것은?

① 과산화물가
② 요오드가
③ 산가
④ 폴렌스케가

해설
유지
㉠ 유지의 산화
- 식용유지의 산화 시 점성이 생기며 황갈색, 적갈색으로 변색이 일어난다.
- 이중결합 부위에 산화가 일어나고 요오드가가 감소하며 산가가 증가한다.

㉡ 유지의 산패를 측정
- 요오드가 : 이중결합에 첨가되는 요오드의 값으로 유지의 불포화도를 측정
- 산가 : 유지 중 분해된 유리지방산을 중화하는 데 필요한 KOH의 양을 이용해 신선도 측정
- 과산화물가 : 유지의 산화 시 생성되는 과산화물의 양을 측정

29 전분의 노화현상에 대한 설명으로 틀린 것은?

① 옥수수가 찰옥수수보다 노화가 잘 된다.
② amylose 함량이 많을수록 노화가 빨리 일어난다.
③ 20℃에서 노화가 가장 잘 일어난다.
④ 30~60%의 수분 함량에서 노화가 가장 잘 일어난다.

해설
전분의 노화
- 호화전분(α-전분)을 실온에 완만 냉각하면 전분입자가 수소결합을 다시 형성해 생전분과는 다른 결정을 형성하는데, 이 현상을 노화 또는 β화라고 한다.
- β-전분의 X선 회절도는 종류에 관계없이 항상 B형이 된다. 노화된 전분은 효소의 작용을 받기 힘들게 되어 소화가 잘 안 된다.
- 노화가 가장 잘 발생되는 온도는 0℃ 정도이며 60℃ 이상 -20℃ 이하에서 노화는 발생되지 않는다(밥의 냉동저장).
- 30~60%의 함수량이 노화되기 쉬우며 30% 이하 60% 이상에서는 어렵다(비스킷, 건빵).
- 알칼리성은 노화를 억제하고 산성은 노화를 촉진한다.
- amylose가 많을수록 노화가 빨리 일어나며 전분입자가 작을수록 노화가 빠르다. 감자, 고구마 등 서류 전분은 노화되기 어려우나 쌀, 옥수수 등 곡류는 노화되기 쉽다.
- 대부분 염류는 호화를 촉진하고 노화를 억제한다. 단, 황산염은 반대로 노화를 촉진한다.
- 당은 탈수제로 노화를 억제하며(양갱) 유화제도 노화를 억제한다.

30 외부의 힘에 의하여 변형된 물체가 그 힘을 제거하여도 원상태로 되돌아가지 않는 성질은?

① 점조성
② 탄성
③ 소성
④ 점탄성

해설
Rheology의 종류
- 점성(viscosity) 및 점조성(consistency) : 유체의 흐름에 대한 저항성을 나타내며 점성은 균일한 형태와 크기를 가진 단일물질인 뉴턴 유체(물, 시럽 등)에 적용되며 점조성은 다른 형태와 크기를 가진 혼합물질인 비뉴턴 유체(토마토케첩, 마요네즈 등)에 적용된다.
- 탄성(elasticity) : 외부 힘에 의해 변형된 후 외부 힘을 제거 시 원상태로 되돌아가려는 성질(고무줄, 젤리)

정답 26 ④ 27 ① 28 ④ 29 ③ 30 ③

- 소성(plasticity) : 외부 힘에 의해 변형된 후 외부 힘을 제거해도 원상태로 되돌아가지 않는 성질이다(버터, 마가린, 생크림). 생크림처럼 작은 힘에는 탄성을 보이다 더 큰 힘을 가하면 소성을 보이는 것을 항복치라 하며, 이러한 소성을 Bingham 소성이라 한다.
- 점탄성(vicoelasticity) : 외부 힘이 작용 시 점성 유동과 탄성 변형이 동시에 발생하는 성질(chewing gum, 빵 반죽)

31 식품 10g을 회화시켜 얻은 회분의 수용액을 중화하는 데 0.1N NaOH 3.0mL가 소모되었다면 이 식품의 상태는?

① 알칼리도 15 ② 산도 15
③ 알칼리도 30 ④ 산도 30

해설
산도
- 어떤 식품 1.0g을 연소시켜 얻은 회분의 수용액을 중화하는 데 소모되는 0.1N NaOH의 mL 수
- 10g 식품으로 0.1N NaOH 3.0mL가 소모되었으므로 산도 30

32 다음 중 필수 아미노산이 아닌 것은?

① lysine ② phenylalanine
③ valine ④ alanine

해설
필수 아미노산
threonine, valine, tryptophan, isoleucine, leucine, lysine, phenylalanine, methionine(성장기 어린이는 histidine, arginine 추가)

33 다음 중 유지를 가열했을 때 일어나는 변화가 아닌 것은?

① 요오드가의 증가
② 발연점의 저하
③ 점도의 증가
④ 산가의 증가

해설
유지의 가열산화
- 고온에서 유지를 장시간 가열하면 가열분해로 생성된 물질들이 중합하여 점도, 비중, 굴절률이 증가하고 발연점이 낮아지게 된다.
- 산가, 과산화물가, 카르보닐가 등이 증가하고 요오드가는 감소하게 된다.

34 육류나 육류 가공품의 육색소를 나타내는 주된 성분으로 근육세포에 함유되어 있는 것은?

① 미오글로빈(myoglobin)
② 헤모글로빈(hemoglobin)
③ 시토스테롤(sitosterol)
④ 시토크롬(cytochrome)

해설
Heme계 색소
- 미오글로빈(myoglobin) : 척추동물의 근육세포에 함유되어 있는 암적색의 색소 성분으로 globin 1분자와 heme 1분자가 결합하고 있다.
- 헤모글로빈(hemoglobin) : 척추동물의 적혈구에 함유되어 있는 붉은 색소로 globin 1분자와 heme 4분자가 결합하고 있다.

35 관능검사에서 신제품이나 품질이 개선된 제품의 특성을 묘사하는 데 참여하며 보통 고도의 훈련과 전문성을 겸비한 요원으로 구성된 패널은?

① 차이식별 패널 ② 특성묘사 패널
③ 기호조사 패널 ④ 소비자 패널

해설
식품의 관능검사
㉠ 차이식별검사
- 종합적 차이검사 : 단순검사(두 시료의 차이 유무 판정), 일-이점 검사(기준시료와 동일한 것 선택), 삼점 검사(3개 중 다른 하나 선택), 확장삼점검사
- 특성차이검사 : 이점비교검사(2개의 차이), 순위법(강도 비교 순서), 평점법(0~9점), 다시료 비교검사(기준시료와 비교)
㉡ 묘사분석 : 훈련된 검사 요원에 의한 관능적 특성의 질적·양적 묘사, 향미 프로필(맛, 냄새, 향미), 텍스처 프로필(물리적 특성), 정량적 묘사(향미, 텍스처, 색 등 전반적인 관능 특성), 스펙트럼 묘사분석(특성과 강도에 대한 모든 정보), 시간-강도 묘사분석
㉢ 소비자 기호도검사 : 가장 주관적 검사, 새로운 식품 개발이나 품질 개선에 이용, 이점기호검사, 기호척도법, 순위 기호검사, 적합성 판정법

정답 31 ④ 32 ④ 33 ① 34 ① 35 ②

36 부제탄소원자를 가지지 않아 2개의 광학이성체가 존재하지 않는 중성아미노산은?

① isoleucine ② threonine
③ glycine ④ serine

해설
글리신은 탄소에 수소 2개와 결합한 부제탄소가 없는 아미노산으로 광학적 활성이 없으므로 거울이성체가 없다.

37 포화지방산으로 조합된 것은?

① 아라키도닌산, 올레인산, 리놀레닌산, 스테아린산
② 팔미틴산, 스테아린산, 올레인산, 아라키딘산
③ 로오린산, 스테아린산, 리놀레인산, 올레인산
④ 미리스틴산, 스테아린산, 팔미틴산, 아라키딘산

해설
올레인산, 리놀레인산, 리놀레닌산, 아라키도닌산은 불포화지방산이다.

38 단분자층 물(monomolecular layer of water)에 대한 설명으로 옳은 것은?

① 미생물 번식에 이용된다.
② 밀도가 크다.
③ 식품 중의 효소작용에 이용된다.
④ 냉동실에서 동결된다.

해설
단분자층 물은 결합수에 대한 설명이다.

결합수의 성질
- 용매로 작용하지 않는다.
- 100℃ 이상으로 가열하여도 증발되지 않는다.
- 0℃ 이하에서 얼지 않는다.
- 보통의 물보다 밀도가 크다.
- 압력에 의해서도 제거되지 않는다.
- 식품성분에 이온결합으로 결합되어 미생물이 이용하지 못한다.

39 단백질의 설명으로 틀린 것은?

① 고분자 함질소 유기화합물이다.
② 가수분해시켜 각종 아미노산을 얻는다.
③ 생물의 영양 유지에 매우 중요하다.
④ 평균 10% 정도의 탄소를 함유하고 있다.

해설
단백질 구성원소의 평균 비율은 탄소 52%, 산소 23%, 질소 16%, 수소 7%, 황 2%이다.

40 관능검사의 차이식별검사 방법을 크게 종합적 차이검사와 특성차이검사로 나눌 때 종합적 차이검사에 해당하는 것은?

① 삼점 검사 ② 다중비교검사
③ 순위법 ④ 평점법

해설
식품의 관능검사 중 차이식별검사
- 종합적 차이검사 : 단순검사(두 시료의 차이 유무 판정), 일-이점 검사(기준시료와 동일한 것 선택), 삼점 검사(3개 중 다른 하나 선택), 확장 삼점 검사
- 특성차이검사 : 이점비교검사(2개의 차이), 순위법(강도 비교 순서), 평점법(0~9점), 다시료 비교검사(기준시료와 비교)

3과목 식품가공학

41 마요네즈 제조 시 유화제 역할을 하는 것은?

① 식초산 ② 면실유
③ 소금 ④ 레시틴

해설
마요네즈 제조 시 난황의 레시틴이 유화제로 작용한다.

42 식품 저장 시 방사선 조사에 의한 효과가 아닌 것은?

① 곡류식품의 살충
② 과실, 채소, 육류식품의 살균
③ 감자, 양파 등의 발아 촉진
④ 과실, 채소 등의 숙도 조정

정답 36 ③ 37 ④ 38 ② 39 ④ 40 ① 41 ④ 42 ③

> **해설**
>
> **방사선 조사 식품**
> - 방사선 조사는 주로 ^{60}Co의 감마선을 이용해 포장된 상태의 제품을 처리할 수 있으며 비열처리하므로 냉살균이라 한다.
> - 1kGy 이하의 저선량 방사선 조사를 통해 감자, 양파 등의 발아 억제, 기생충 사멸, 숙도 지연, 살균, 살충 등의 효과를 얻을 수 있다.

43 잼 제조 시 겔(gel)화의 조건으로 적합한 것은?

① 당도 60~65% ② 펙틴 2.0~2.5%
③ 산도 0.5% ④ pH 4.0

> **해설**
>
> **젤리화**
> - 과실 중 펙틴(1~1.5%), 유기산(0.3%, pH 2.8~3.3), 당(60~65%)에 의해 형성된다.
> - 젤리(jelly)의 강도는 pectin의 농도, pectin의 ester화 정도, pectin의 결합도에 의해 결정된다.
> - 펙틴: 갈락투론산 구성, 프로토펙틴·펙틴·펙틴산·펙트산으로 분류
> - 펙틴 양이 일정할 때 산의 양이 적어질수록 당분의 양이 많아야 젤리화가 일어난다.
> - 산의 양이 일정할 때 펙틴 양이 증가할수록 당분의 양이 적어도 젤리화가 일어난다.

44 정미의 도정률(정백률)은?

① $\frac{현미량}{정미량} \times 100$

② $\frac{정미량}{현미량} \times 100$

③ $\frac{탄수화물양}{현미량} \times 100$

④ $\frac{현미량}{탄수화물양} \times 100$

> **해설**
>
> 도정률 = $\frac{정미량}{현미량} \times 100$

45 지방함량 20%인 쇠고기 20kg과 지방함량 30%인 돼지고기를 혼합하여 지방함량 22%의 혼합육을 만들고자 할 때 필요한 돼지고기의 양은?

① 5.0kg ② 6.7kg
③ 7.5kg ④ 10.0kg

> **해설**
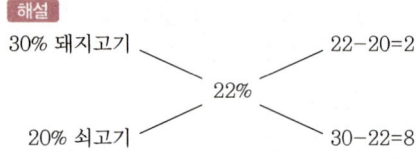
>
> 8(쇠고기) : 2(돼지고기) = 20 : x
> ∴ $x = 5kg$

46 Z값이 8.5℃인 미생물을 순간적으로 138℃까지 가열시키고 이온도를 5초 동안 유지한 후에 순간적으로 냉각시키는 공정으로 살균 열처리할 때, 이 살균공정의 F_{121}값은?

① 125초 ② 250초
③ 375초 ④ 500초

> **해설**
>
> **가열치사시간 계산**
> - D(Decimal reduction time)값: 사멸곡선에서 가열 전 미생물 수의 10%로 감소시키는 데 필요한 시간, 온도 지정이 없을 시는 121℃, 온도 증가 시 D값 감소
> - Z값: TDT 곡선에서 D값이 10배로 증가하는 데 필요한 온도 차이, 10배의 살균속도를 위한 온도 상승폭
> - F값: 일정 온도에서 일정 농도 미생물의 완전 사멸에 필요한 시간
> - $F_0 = F_T \times 10^{\frac{(T-121)}{Z}}$
> 여기서, F_0 : 121℃에서 살균시간
> F_T : T온도에서 살균시간
> $F_T = 5초, T = 138℃, Z = 8.5$일 때
> ∴ $F_{121} = 5 \times 10^{\frac{(138-121)}{8.5}} = 500$

47 냉동화상(freezer burn)에 대한 설명이 틀린 것은?

① 동결된 식품의 표면이 공기와 접촉하여 발생한다.
② 다공질의 건조층이 생긴다.
③ 색깔, 조직, 향미, 영양가는 변화가 없다.
④ 냉동 육류의 저장에서 많이 발생한다.

> **해설**
>
> **고기 냉동 시 얼음결정에 의한 변화**
> - 빙결이 생성 후 세포 밖으로 이동하여 탈수되고 빙결정이 모여 성장하면서 세포가 파괴된다.

정답 43 ① 44 ② 45 ① 46 ④ 47 ③

• 냉동화상(프리저번 : freezer burn) : 냉동저장 중 얼음이 승화하여 노출된 지방성분이 공기 중 산소에 의해 변질·변색되어 색이 갈변된 현상(산화방지제나 밀착 포장이 필요)

48 다음 중 알코올 발효유는?

① yoghurt ② acidophilus milk
③ calpis   ④ kumiss

해설

발효유(fermented milk)
• 우유, 산양유 등 포유류 젖이나 가공품 원료로 유산균, 효모를 이용하여 발효
• 발효유에 당이나 향을 첨가한 호상 또는 액상 제품
• 쿠미스는 주로 말의 젖을 원료로 하여 만든 술로, 아시아의 유목민, 키르기스인, 타타르인 등이 음료수로 사용하는데, 빈혈증·괴혈병·히스테리·장티푸스 등에 효과가 있다.
• 쿠미스는 말젖으로 만든 알코올성의 발효유이다.

49 MG(May-Grünwald) 염색법을 이용하여 도정도를 판정할 경우 청색이 나타났다면 몇 분 도미인가?

① 10분도미 ② 7분도미
③ 5분도미   ④ 1분도미

해설

MG(May-Grünwald) 염색법
㉠ 쌀알의 조직이 색소에 의하여 다르게 염색되어 전체적으로 나타나는 색으로써 도정도를 판정하는 방법으로 비교적 정확하다.
㉡ Eosin Methylene Blue 시약의 염색 차이에 의해 결정, 에오신은 전분을 염색하여 적색을 나타내며, 메틸렌 블루는 셀룰로오스와 반응해 청색을 보인다.
• 현미(1분도미) : 청색
• 5분도미 : 초록색
• 7분도미 : 보라색＋적색
• 10분도미 : 적색

50 염장을 통한 방부 효과의 원리가 아닌 것은?

① 탈수에 의한 수분활성도 감소
② 삼투압에 의한 미생물의 원형질 분리
③ 산소 용해도 감소
④ 단백질분해효소의 작용 촉진

해설

염장법
10%의 소금을 이용하여 저장하는 방법
• 삼투압에 의해 원형질 분리
• 탈수에 의한 미생물 사멸
• 염소 자체의 살균력
• 용존산소 감소 효과에 따른 화학반응 억제
• 단백질 변성에 의한 효소의 작용 억제 등의 효과
• 건염법은 10~15%, 염수법은 20~25%를 사용하여 채소류나 어류에 이용

51 다음과 같은 배합비를 가진 식품의 수분활성도(A_w)는 약 얼마인가?

• 포도당(분자량 180) : 18%
• 비타민 C(분자량 176) : 1.7%
• 비타민 A(분자량 286) : 2.8%
• 수분 : 77.5%

① 0.89   ② 0.91
③ 0.93   ④ 0.98

해설

수분활성도(A_w)
• 어떤 온도에서 식품이 나타내는 수증기압에 대한 순수한 물의 수증기압비로 정의된다.
$$A_w = \frac{P}{P_0}$$
여기서, P : 식품의 수증기압, P_0 : 물의 수증기압
• 단, 식품의 수증기압은 식품 중 녹아 있는 용질의 종류와 양에 의해 영향을 받으므로 물의 몰수를 M_w, 용질의 몰수를 M_s라고 할 때 $A_w = \frac{M_w}{M_w + M_s}$ 가 된다.

여기서, 지용성 비타민(A, E, K 등)의 경우 물에 용해되지 않아 수분활성도에 영향을 미치지 않는다.

$$\therefore A_w = \frac{M_w}{M_w + M_s}$$
$$= \frac{\frac{77.5}{18}}{\frac{77.5}{18} + \frac{18}{180} + \frac{1.7}{176}}$$
$$= \frac{4.3}{4.3 + 0.1 + 0.01} ≒ 0.98$$

정답 48 ④ 49 ④ 50 ④ 51 ④

52 고온 · 고압 살균을 요하지 않는 것은?

① 아스파라거스 통조림
② 양송이 통조림
③ 감자 통조림
④ 복숭아 통조림

해설
통조림 식품은 저장성을 가질 수 있도록 그 특성에 따라 적절한 방법으로 살균 또는 멸균 처리하여야 하며, 내용물의 변색이 방지되고 호열성 세균의 증식이 억제될 수 있도록 적절한 방법으로 냉각하여야 한다. pH가 4.6 이하인 산성 식품은 가열 등의 방법으로 살균 처리할 수 있다.

통조림식품의 산도
- pH 4.6 초과 저산성 식품 : 멸균처리(클로스트리디움 보툴리눔 포자 사멸조건 기준)
- pH 4.6 이하 산성 식품 : 살균처리 가능

저산성 식품	우유, 육류, 가금류, 채소
산성 식품	토마토, 복숭아, 배, 오렌지, 살구 등 과일

53 Glucono-δ-Lactone이 연제품의 pH를 낮추는 데 이용되는 주요 원리는?

① 알칼리 금속과 반응하여 착염을 만든다.
② 다른 배합품과 반응하여 산성화시킨다.
③ 산으로 작용한다.
④ 물에 용해하면 가수분해되어 산성이 된다.

해설
Glucono-δ-Lactone(GDL : Gluconodeltalactone)
- 두부 응고제
- 물에 용해하면 가수분해되어 산성이 된다.
- 연두부나 순두부 또는 보다 부드러운 두부를 만들 때에 사용되며, 과거 산미료로 사용하여 과량 사용 시 신맛이 난다.

54 쇼트닝 제조 공정에서 불필요한 공정은?

① 배합   ② 유화
③ 냉각   ④ 경화

해설
쇼트닝 공정은 동 · 식물성 유지를 배합하여 만든 것으로 유화가 필요 없다.

55 우유의 가공공정에 대한 설명 중 틀린 것은?

① 균질화 공정을 통하여 단백질 및 지방의 소화율, 흡수율을 증진시킨다.
② 멸균우유는 가열취가 거의 없고 비타민 등 영양소의 손실을 최소화한 것이다.
③ 우유를 40℃ 이상에서 가열하면 얇은 피막을 형성하는 램스덴(ramsden) 현상이 일어나는데, 지방과 락토알부민이 피막성 응고물과 어울려 형성된 것이다.
④ 우유를 80℃ 이상에서 가열하면 휘발성 황화물과 황화수소가 생성되어 특유의 가열취가 발생한다.

해설
우유의 가공공정
- 균질화 : 우유에 함유된 단백질 및 지방을 균질하게 잘라내는 과정으로 소화율 및 흡수율이 증진된다.
- 원유멸균 : 멸균우유는 살균우유와 다르게 미생물의 포자까지 사멸하여 장기보전을 목적으로 하므로 살균우유에 비하여 영양소의 손실이 크다.

56 간장이나 된장 등의 장류 제조 시 코지(Koji)를 사용하는 주된 이유는?

① 단백질이나 전분질을 분해시킬 수 있는 효소 활성을 크게 하기 위하여
② 식중독균의 발육을 억제하기 위하여
③ 색깔을 향상시키기 위하여
④ 보존성을 향상시키기 위하여

해설
코지(Koji)
- 쌀, 보리, 대두 혹은 밀기울을 원료로 코지균(*Aspergillus* 속)을 배양한 것으로 재래식 · 양조식 간장 제조에 사용된다.
- 코지균은 단백질을 아미노산으로 분해하는 성질이 있다.

57 과실주스 제조 시 청징에 사용하지 않는 것은?

① 난백   ② 펙틴 분해 효소
③ 젤라틴 및 탄닌 ④ 아스코르브산

해설
과일주스 제조 시 청징에 사용하는 것은 펙틴 분해 효소, 난백, 규조토, 젤라틴 및 탄닌 등이다.

정답 52 ④ 53 ④ 54 ② 55 ② 56 ① 57 ④

58 메톡실(methoxyl)기 함량이 7% 이하인 펙틴(pectin)의 경우 젤리(jelly) 강도를 높이기 위해 첨가해야 할 물질은?

① 설탕　　② 구연산
③ 칼슘　　④ 글리세린

해설
펙틴
- 고메톡실펙틴(메톡실기 7% 이상) : 60% 이상의 당, pH 3 이하에서 겔 형성
- 저메톡실펙틴(메톡실기 7% 이하) : 당 농도가 낮아도 칼슘, 마그네슘 등 다가 양이온 존재 시 겔 형성

59 전분의 가수분해정도(DE : Dextrose Equivalent)에 따른 변화가 바르게 설명된 것은?

① DE가 증가할수록 점도가 낮아진다.
② DE가 증가할수록 감미도가 낮아진다.
③ DE가 감소할수록 삼투압이 높아진다.
④ DE가 감소할수록 결정성이 높아진다.

해설
DE가 증가할수록 점도, 삼투압, 결정성은 낮아지고, 감미도는 높아진다.

60 10℃의 물 1,000kg을 −40℃의 얼음으로 만드는 데 필요한 열량은?(단, 물의 비열은 1.0kcal/kg · ℃, 얼음의 비열은 0.5kcal/kg · ℃, 물의 융해 잠열은 79.6kcal/kg이다.)

① 110ton　　② 130ton
③ 100ton　　④ 120ton

해설
- 10℃ 물 → 0℃ 물
  1,000kg×10℃×1kcal/kg · ℃=10,000kcal
- 0℃ 물 → 0℃ 얼음
  1,000kg×79.6kcal/kg=79,600kcal
- 0℃ 얼음 → −40℃ 얼음
  1,000kg×40℃×0.5kcal/kg · ℃=20,000kcal
∴ 10,000+79,600+20,000≒110ton

4과목 식품미생물학

61 세포 융합(cell fusion)의 실험순서로 옳은 것은?

① 재조합체 선택 및 분리 → protoplast의 융합 → 세포의 protoplast화
② protoplast의 융합 → 세포의 protoplast화 → 융합체의 재생 → 재조합체 선택 및 분리
③ 세포의 protoplast화 → protoplast의 융합 → 융합체의 재생 → 재조합체 선택 및 분리
④ 융합체의 재생 → 재조합체 선택 및 분리 → protoplast의 융합 → 세포의 protoplast화

해설
유전자 재조합
㉠ 형질전환(transformation) : 공여세포의 유전자를 제한효소를 이용하여 벡터로 사용할 플라스미드에 삽입하여 수용세포에 넣어서 유전자를 재조합
㉡ 형질도입(transduction) : 벡터로서 플라스미드 대신 용원성 박테리오파지를 이용하여 수용세포에 넣어 재조합
㉢ 접합(conjugation) : 원핵세포에 있어서 일시적인 접촉에 의해 2개의 개체 간 DNA가 이동하는 방법으로 성공률이 낮음
㉣ 세포융합(cell fusion)
- 두 종류의 세포를 융합시켜 양쪽의 성질을 모두 갖는 새로운 세포를 생성
- 세포융합 순서
  - protoplast화 : 세포벽을 효소 등을 이용하여 제거
  - 융합 : 두 세포의 결합
  - 세포 재생
  - 배양, 선발 : 적당한 유전자 표시로 주 세포에서 융합세포 선발(영양 요구성, 항생 물질 내성, 당 분해성, 색소 등)

62 피자기 속에 자낭포자 4~8개가 순서대로 나열되고 있고 분생자가 반달 모양으로 빵조각 등에 생육하여 연분홍색을 띠므로 붉은빵곰팡이라고도 하며, 미생물 유전학의 연구로도 많이 사용되는 곰팡이 속은?

① *Aspergillus* 속　　② *Eremothecium* 속
③ *Neurospora* 속　　④ *Penicillium* 속

정답 58 ③　59 ①　60 ①　61 ③　62 ③

> **해설**
> *Neurospora*속
> - 피자기 속에 자낭포자 4~8개가 순서대로 나열되고 있고 분생자가 반달 모양으로 빵조각 등에 생육하여 연분홍색을 띠므로 붉은빵곰팡이라고도 한다.
> - *Neurospora sitophila* : 무성포자, 비타민 A의 원료로 이용
> - *Neurospora crassa* : 미생물 유전학 연구재료

63 갈조류에 속하는 것은?

① 우뭇가사리 ② 다시마
③ 김 ④ 클로렐라

> **해설**
> 해조류에 속하는 갈조류(미역, 다시마), 홍조류(김, 우뭇가사리), 녹조류(클로렐라, 파래) 등은 진핵세포인 원생생물이다.

64 청국장 발효균은?

① *Asprgillus oryzae*
② *Bacillus natto*
③ *Rhizopus delimer*
④ *Zygosaccharomyces rouxii*

> **해설**
> 청국장 발효에 이용되는 균주는 *Bacillus subtilis*, *Bacillus natto*가 있다.
>
> ***Bacillus subtilis*(고초균)**
> - 토양에서 쉽게 관찰되며 발효에 이용된다.
> - α-amlyase, protease를 생성하며 생육인자로 biotin을 필요로 하지 않는다.

65 흑국균으로서 과즙의 청징제 제조에 이용되는 균주는?

① *Aspergillus niger*
② *Aspergillus usamii*
③ *Aspergillus oryzae*
④ *Aspergillus sojae*

> **해설**
> *Aspergillus niger*(흑국균)
> - 집락은 흑색, 전분당화력(β-amylase)이 강하고 당액을 발효시켜 구연산, 글루콘산 등 유기산 발효공업, 소주 제조에 이용
> - 펙틴 분해력이 강함

66 락타아제(lactase)를 생산하는 균이 아닌 것은?

① *Candida kefyr*
② *Candida pseudotropicalis*
③ *Saccharomyces fragilis*
④ *Saccharomyces cerevisiae*

> **해설**
> 젖당분해능을 가지는 미생물이 lactase를 생산한다.
> ④는 맥주 발효 효모이다.

67 탄소원으로 포도당 1kg에 *Saccharomyces cerevisiae*를 배양하여 발효시켰을 때 얻는 에틸알코올의 이론적인 생성량은 얼마인가?(단, 원자량은 H=1, C=12, O=16이다.)

① 423g ② 511g
③ 645g ④ 786g

> **해설**
> **효모의 발효형식(Neuberg의 발효형식)**
> - 효모는 산소의 유무에 따라 발효형식이 다르다.
> - 혐기적 발효(alcohol 발효) : 주류 생산에 이용, 1포도당($C_6H_{12}O_6$, 180)이 2에탄올(C_2H_5OH, 46×2), 2이산화탄소(CO_2), 58cal 에너지, 2ATP 생성
> - 호기적 발효(호흡작용, 산화작용) : 1포도당이 $6CO_2$, $6H_2O$, 686cal, 32ATP 생성
> - $180 : 92 = 1,000 : x$, $x ≒ 511g$

68 다음 포자 중 무성포자가 아닌 것은?

① 난포자 ② 분생포자
③ 포자낭포자 ④ 후막포자

> **해설**
> **곰팡이의 포자**
> 곰팡이는 포자로 번식하며 무성생식과 유성생식이 있다.
> - 무성포자 : 내생포자(포자낭포자), 외생포자(분생포자), 후막포자, 분열자
> - 유성포자 : 접합포자, 난포자, 자낭포자, 담자포자

정답 63 ② 64 ② 65 ① 66 ④ 67 ② 68 ①

69 주류 양조에 있어 유해균과 거리가 먼 것은?

① *Saccharomyces carlsbergensis*
② *Saccharomyces pastorianus*
③ *Saccharomyces diastaticus*
④ *Pichia membranaefaciens*

해설
*Saccharomyces carlsbergensis*는 맥주의 하면발효에 관여한다.

70 단백질의 생합성이 이루어지는 장소는?

① 미토콘드리아(mitochondria)
② 리보솜(ribosome)
③ 핵(nucleus)
④ 액포(vacuole)

해설
리보솜은 RNA와 단백질로 이루어지며, 단백질 생합성이 이루어진다.
① 미토콘드리아 : 세포호흡에 관련하는 소기관
③ 핵 : 유전물질인 DNA를 포함하며 세포 내 활동을 조절하는 기관
④ 액포 : 독성물질이나 노폐물을 분해하는 역할

71 이형발효 젖산균(Hetero lactic acid bacteria)으로만 이루어진 것은?

① *Lactobacillus bulgaricus*, *Lactobacillus casei*
② *Lactobacillus brevis*, *Leuconostoc mesenteroides*
③ *Lactobacillus lactis*, *Lactobacillus brevis*
④ *Lactobacillus delbrueckii*, *Lactobacillus acidophilus*

해설
젖산균
- 정상발효 젖산균 : 당을 발효하여 젖산만 생성 – *Pediococcus* 속, *Lactobacillus* 속(*Lactobacillus acidophilus*, *Lactobacillus delbrueckii* ssp. *bulgaricus*, *Lactobacillus delbruekii*), *Streptococcus thermophilus*, *Lacticaseibacillus casei*
  ※ *Lactobacillus bulgaricus*에서 *Lactobacillus delbrueckii* ssp. *bulgaricus*로 학명 변경됨
  ※ *Lactobacillus casei*에서 *Lacticaseibacillus casei*로 학명 변경됨
- 이형발효 젖산균 : 당을 발효하여 젖산 이외에 초산, 에탄올, CO_2 등 생성 – *Leuconostoc mesenteroides*, *Levilactobacillus brevis*
  ※ *Lactobacillus brevis*에서 *Levilactobacillus brevis*로 학명 변경됨

72 박테리오파지가 문제가 되지 않는 발효는?

① 젖산균 요구르트 발효
② 항생물질 발효
③ 맥주 발효
④ glutamic acid 발효

해설
박테리오파지는 세균에 번식하므로 효모를 사용하는 맥주 발효는 문제가 되지 않는다.

73 치즈 숙성에 관련된 균이 아닌 것은?

① *Penicillium camemberti*
② *Aspergillus oryzae*
③ *Penicillium roqueforti*
④ *Propionibacterium freudenreichii*

해설
황국균 : *Aspergillus oryzae*

치즈 숙성 균
- 카망베르 치즈 : *Penicillium camemberti*
- 로크포르 치즈 : *Penicillium roqueforti*
- 스위스 에멘탈 치즈 : *Propionibacterium freudenreichii*

74 산막효모에 대한 설명이 아닌 것은?

① 표면에 피막을 형성한다.
② 이산화탄소를 생산하여 부품을 초래한다.
③ 호기성 효모이다.
④ 젖산을 소비하여 부패 세균이 증식할 수 있는 환경을 만든다.

> **해설**
> **산막효모(피막효모, film yeast)**
> *Candida*속, *Hansenula*속, *Debaryomyces*속, *Pichia*속
> - 이산화탄소를 생산하지 않는다.
> - 발효 액면에 피막을 형성하는 유해 산막효모이다.
> - 구형, 모자형, 방추형 위균사나 진균사를 형성한다.
> - 호기성으로 산화력이 크다.
> - 맥주, 포도주 유해균, 알코올 분해

75 효소 및 유기산 생성에 이용되며 강력한 발암물질인 aflatoxin을 생성하는 것은?

① *Aspergillus* 속
② *Fusarium* 속
③ *Saccharomyces* 속
④ *Penicillium* 속

> **해설**
> **아플라톡신**
> - *Aspergillus flavus*가 aflatoxin 생산
> - 온도 25~30℃, 상대습도 80% 이상, 기질의 수분 16% 이상
> - 주요 기질은 옥수수 등 곡류나 땅콩
> - B_1, G_1, G_2, M형
> - 간장독으로 간암 유발

76 포도당을 과당으로 전환할 때 관여하는 효소는?

① glucose oxidase
② glucose isomerase
③ glucose dehydrogenase
④ glucokinase

> **해설**
> 동일 분자 내에서 기능그룹의 전이는 이성화효소(isomerase)에 의해 이루어진다.

77 원핵세포 생물에 대한 설명 중 틀린 것은?

① 핵막과 미토콘드리아가 없다.
② 호흡효소는 대부분 mesosome에 존재한다.
③ 진화 발달된 세포이다.
④ 일반적으로 sterol이 없다.

> **해설**
> 세균과 같은 원핵세포는 하등한 미생물로 인지질 이중층으로 된 세포막이나 펩티도글리칸으로 구성된 세포벽으로 싸여 있으며 리보솜은 있으나 핵막과 미토콘드리아는 없다.

78 미생물의 일반적인 생육곡선에서 정상기(정지기, stationary phase)에 대한 설명으로 틀린 것은?

① 균수의 증가와 감소가 거의 같게 되어 균수가 더 이상 증가하지 않게 된다.
② 전 배양기간을 통하여 최대의 균수를 나타낸다.
③ 세포가 왕성하게 증식하며 생리적 활성이 가장 높다.
④ 내생포자를 형성하는 세균은 보통 이 시기에 포자를 형성한다.

> **해설**
> 세포가 왕성하게 증식하며 생리적 활성이 가장 높은 시기는 대수기이다.

79 다음 맥주 제조 공정 중 호프(hop)를 첨가하는 공정은?

> 보리 → 맥아 제조 → 분쇄 → 당화 → 자비 → 여과 → 발효 → 저장 → 제품

① 분쇄
② 당화
③ 자비
④ 여과

> **해설**
> 호프(hop)는 당화(65℃) 이후 자비(100℃)하는 과정에서 첨가된다. 자비 과정에서 당즙의 살균과 호프 특유의 쓴맛과 향미가 우러나오게 된다.

80 각 효모의 특징에 대한 설명이 틀린 것은?

① *Sporbolbmyces* 속 – 사출포자효모이다.
② *Rhodotorula* 속 – 유지생상효모이다.
③ *Schizosaccharomyces* 속 – 분열법에 의해 증식하는 효모이다.
④ *Candida* 속 – 적색 효모이다.

정답 75 ① 76 ② 77 ③ 78 ③ 79 ③ 80 ④

해설
적색 효모는 보통 *Rhodotorula* 속을 말하며 *Candida* 속의 경우 발효 액면에 흰색 피막을 형성하는 산막효모이다.

5과목 생화학 및 발효학

81 Glucose oxidase의 특징과 거리가 먼 것은?

① 포도당의 제거
② 통조림 산소의 제거
③ peroxidase와 함께 포도당의 정량
④ 식품의 고미질 제거

해설
glucose oxidase는 글루코스가 글루콘산으로 산화하는 효소로, 반응 과정 중 과산화수소가 발생하여 peroxidase와 함께 포도당 정량에 이용될 수 있으며 catalase와 함께 포도당 제거 및 산소 제거를 통한 산패 및 갈변반응을 억제할 수 있다.

82 리보솜에서 단백질이 합성될 때 아미노산이 ATP에 의하여 일단 활성화된 후에 한 종류의 핵산에 특이적으로 결합된다. 이 활성화된 아미노산이 결합되는 핵산 수용체는?

① mRNA
② rRNA
③ tRNA
④ DNA

해설
단백질 생합성
- 활성화 단계(activation) : amino acyl-tRNA 형성, tRNA의 5탄당 ribose 3' OH에 유리아미노산 결합, 2ATP 소모
- 개시 단계(initiation) : 30S 개시복합체(mRNA, 30S, fMET-tRNA, GTP, 개시인자) 형성 후 50S를 결합하여 70S 개시복합체 형성
- 연장 단계(elongation) : P위치에서 A위치 이동, amino acyl-tRNA, 2GTP 소모
- 종결단계(termination) : UAA, UAG, UGA 종결암호
- 변형단계(modification) : 접힘 등 안정된 3차 구조 완성, 샤프론의 도움
- 단백질 합성 시 필요한 인자
  - mRNA(주형)
  - 리보솜(장소, rRNA)
  - tRNA(아미노산 운반)
  - ATP(활성화 단계), GTP(개시, 연장, 종결 시)

83 Pyrimidine 유도체로 핵산 중에 존재하지 않는 것은?

① cytosine
② uracil
③ thymine
④ adenine

해설
피리미딘 유도체는 시토신과 우라실, 티민, 퓨린 유도체는 아데닌, 구아닌 등이다.

84 Calvin cycle의 대사산물로 glucose 생합성에 관여하는 물질이 아닌 것은?

① 3-phosphoglyceric acid
② 1,3-bisphosphoglyceric acid
③ glyceraldehyde-3-phosphate
④ phosphoenolpyruvate

해설
광합성 암반응(Calvin cycle)
- $6CO_2 + 6$리불로오스2인산$ + 6H_2O$
  → 12(3-phosphoglyceric acid)
- 12(3-phosphoglyceric acid)
  → 12(1,3-bisphosphoglyceric acid)
- 12(1,3-bisphosphoglyceric acid)
  → 12(glyceraldehyde-3-phosphate) $+ 12H_2O$
- 2(glyceraldehyde-3-phosphate)
  → diphosphofructose → 포도당

85 α-amylase의 성질이 아닌 것은?

① 전분의 α-1,4 및 α-1,6 결합을 임의의 위치에서 분해한다.
② 전분의 점도를 급격히 저하시킨다.
③ 최종 분해생성물은 dextrin, 맥아당, 소량의 포도당이다.
④ 액화형 amylase이다.

해설
전분 가수분해효소
㉠ α-amylase
- 전분의 α-1,4 글리코시드 결합을 무작위로 가수분해
- 전분의 점도를 급격히 저하시킴
- 최종 분해생성물은 dextrin, 맥아당, 소량의 포도당
- 액화형 amylase

정답 81 ④ 82 ③ 83 ④ 84 ④ 85 ①

ⓛ β-amylase : 전분의 비환원성 말단으로부터 말토오스 단위로 가수분해
ⓒ glucoamylase : 전분의 비환원성 말단으로부터 포도당 단위로 가수분해

86 제조방법에 따른 술의 분류 시 알코올 발효만 거친 것으로 옳게 짝지어진 것은?

① 맥주, 복발효주
② 포도주, 단발효주
③ 위스키, 단발효주
④ 럼, 증류주

> **해설**
>
> **발효주(효모 이용 알코올 발효)**
> ⓐ 단발효주 : 당질에서 발효(포도주, 과실주)
> ⓑ 복발효주 : 전분을 효소 당화시킨 후 알코올 발효
>   • 단행 복발효주 : 당화공정과 발효공정을 분리 진행(맥주)
>   • 병행 복발효주 : 당화와 동시에 발효 진행(청주, 탁주)

87 제빵 효모 생산을 위해 사용되는 균주의 특성이 아닌 것은?

① 물에 잘 분산될 것
② 단백질 함량이 높을 것
③ 발효력이 강력할 것
④ 증식속도가 빠를 것

> **해설**
>
> **제빵 효모 생산 균주**
> 물에 잘 분산될 것, 발효력이 강력할 것, 증식속도가 빠를 것

88 일차 대사산물을 높은 효율로 얻기 위한 방법 중에서 그 기작이 다른 것은?

① 영양요구성 변이 이용
② Analogue 내성 변이 이용
③ Feedback 내성 변이 이용
④ 세포막 투과성의 개량 이용

> **해설**
>
> 세포막 투과성의 개량 이용은 세포 내 물질의 이동 유발, 다른 것은 세포 자체 생산성의 변화
>
> **일차 대사산물을 높은 효율로 얻기 위한 방법**
> • 영양요구성에 의한 생산
> • 변이주에 의한 생산 : Analogue 내성 변이 이용, Feedback 내성 변이 이용
> • 생합성 전구물질에 의한 생산

89 TCA cycle의 진행속도 조절에 대한 설명 중 틀린 것은?

① Acetyl CoA와 oxaloacetic acid의 공급에 의해 조절될 수 있다.
② Isocitrate dehydrogenase, citrate synthase 효소의 활성과 농도에 따라서 조절될 수 있다.
③ NAD^+, FAD 등의 보조인자 공급에 의해 조절될 수 있다.
④ Phosphoglucomutase 효소에 의해 조절된다.

> **해설**
>
> **Phosphoglucomutase**
> 해당의 포도당 6인산이 글리코겐 합성을 위해 포도당 1인산으로 전환되는 이성화 반응에 관여하는 효소이다.

90 등전점보다 낮은 pH에서 아미노산이 갖는 전하량은 무엇인가?

① (+) 전하   ② (−) 전하
③ (0) 전하   ④ 양쪽성 전하

> **해설**
>
> **등전점**
> • 단백질의 등전점은 어느 pH에서 그 단백질의 순전하량이 0인 점이다.
> • 등전점 아래의 pH에서 그 단백질의 카르복실기 이온은 수소로 채워지므로 순전하는 (+)
> • 등전점 위의 pH에서 그 단백질의 아미노기 이온은 수산기로 제거되므로 순전하는 (−)
> • 이러한 성질을 이용하여 전기영동에 의해 단백질 분리에 이용한다.

정답 86 ② 87 ② 88 ④ 89 ④ 90 ①

91 효모에 의한 ethyl alcohol 발효는 어느 대사경로를 거치는가?

① EMP   ② TCA
③ HMP   ④ ED

[해설]
해당과정(EMP)을 거치고 생성된 피루브산이 피루브산 탈탄산효소에 의해 알코올 발효가 시작된다.

92 효모에 의한 알코올 발효의 반응식과 조건이 아래와 같을 때 포도당 1kg으로부터 생산되는 알코올의 양은?

- $C_6H_{12}O_6 \rightarrow 2C_2H_5OH + 2CO_2$
- 발효과정에서 효모의 생육 등으로 알코올이 소비되어 실제 수득률은 95%이다.

① 약 440g   ② 약 460g
③ 약 486g   ④ 약 511g

[해설]
알코올 발효(혐기적 발효)에서는 포도당(Mw 180) 한 분자당 2개의 알코올(Mw 46)이 생성된다.
180 : 92 = 1,000g : 511g
511g의 실수득률은 95%이므로 511g × 0.95 ≒ 486g

93 효소 저해반응 중 경쟁적 저해에 대한 설명으로 틀린 것은?

① 저해제가 있으면 효소의 반응 최대 속도($V_{\max}$)가 감소한다.
② 저해제가 존재할 경우 미카엘리스 상수(K_m)는 증가한다.
③ 기질과 모양이 유사하여 효소의 활성자리에 동일하게 작용하기 때문이다.
④ 저해를 해소하기 위해서는 기질을 저해제보다 과량으로 넣어주면 된다.

[해설]
효소 저해제
- 경쟁적 저해제(competitive inhibitor) : 구조가 기질과 유사한 물질로 효소 활성부위에 기질과 경쟁적으로 결합하여 저해, K_m 값=증가, $V_{\max}$=불변
- 비경쟁적 저해제(uncompetitive inhibitor) : 효소 조절부위에 저해제가 결합하여 저해, K_m 값=불변, $V_{\max}$=감소
- 무경쟁적 저해제(noncompetitive inhibitor) : 효소-기질 복합체에 저해제가 결합하여 저해, K_m 값, $V_{\max}$ 모두 감소

94 포도당 1kg에서 얻는 이론적인 초산생성량은 약 몇 g인가?

① 537g   ② 557g
③ 600g   ④ 667g

[해설]
포도당(분자량 : 180)이 분해되어 피루브산 2분자가 되고 피루브산이 아세트알데히드를 거쳐 2개의 초산(분자량 : 60)이 만들어지므로
$180 : 60 \times 2 = 1,000 : x$
∴ $x = 666.6$

95 당밀을 알코올 발효하여 주정을 제조하는 과정은?

① 원료 → 희석 → 살균 → 효모 접종 → 발효 → 증류
② 원료 → 증자 → 살균 → 효모 접종 → 발효 → 증류
③ 원료 → 증자 → 살균 → 당화 → 효모 접종 → 발효 → 증류
④ 원료 → 희석 → 살균 → 당화 → 효모 접종 → 발효 → 증류

[해설]
당밀의 주정 제조공정
- 당밀 → 희석 → 발효 조성제 → 살균 → 발효 → 증류 → 제품
- 당질 함유 곡물에 효모를 접종하여 당을 알코올과 CO_2로 분해(단발효)한다.
- 사용 효모는 *Saccharomyces formosensis*, *Saccharomyces robustus*이다.

96 에너지 이용률이 가장 낮은 반응은?

① 당의 호기적 대사
② 당의 혐기적 대사
③ 알코올 발효
④ 지방 대사

정답 91 ① 92 ③ 93 ① 94 ④ 95 ① 96 ③

해설
에너지 이용률
- 포도당 1분자 호기적 대사 시 : 30 또는 32ATP 생성
- 포도당 1분자 혐기적 대사 시 : 혐기적 해당 +2, 간에서 젖산의 당신생 −6, 근육에서 에너지 생산 +30ATP이므로 전체 2−6+30=26ATP 생성
- 알코올 발효 : 효모가 피루브산 생성에 +2ATP 생성
- 지방 대사 : 1개의 스테아르산(18 : 0) β 산화 시 120ATP 생성

97 알코올 발효와 당화를 동시에 갖는 균을 사용하는 당화법은?

① 맥아법 ② 국법
③ 아밀로법 ④ 산당화법

해설
알코올 발효 시 전분으로부터 당화공정
㉠ 국법
- 병행 복발효주를 증류한 것
- 옥수수, 고구마 등 이용
- 당화 균주 : *Aspergillus oryzae, Asp. usamii, Asp. luchuensis*

㉡ 아밀로(Amylo)법 : 알코올 발효와 당화를 동시에 갖는 균을 사용하는 당화법
- 아밀로균(*Mucor rouxii, Rhizopus delemer, Rh. Javanicus, Rh. Japonicus, Rh. tonkinensis*) 사용
- 밀폐발효로 발효율이 높다.

㉢ 맥아법

98 과일 주스 제조 시에 혼탁을 방지하기 위하여 사용되는 효소는?

① protease ② amylase
③ pectinase ④ lipase

해설
***Aspergillus niger*(흑국균)**
- 집락은 흑색, 전분당화력(β−amylase)이 강하고, 당액을 발효하여 구연산, 글루콘산 등 유기산 발효공업, 소주 제조에 이용
- pectinase에 의한 펙틴 분해력이 강하여 청징제로 이용

99 효소를 고정화시키는 목적이 아닌 것은?

① 반응 생성물의 순도 및 수율이 증가한다.
② 안정성이 증가하는 경우도 있다.
③ 효소의 재사용 및 연속적 효소반응이 가능하다.
④ 새로운 효소작용을 나타낸다.

해설
고정화 효소
- 효소를 담체(carrier)에 부착시켜 지속적으로 촉매 활성을 하도록 만든 것
- 연속반응이 가능하여 안정성이 크며 효소의 손실도 막을 수 있다.
- 반응 생성물의 정제가 쉽다.

100 다음 핵산과 관련된 효소 중 DNA의 합성에 관여하지 않는 것은?

① DNA polymerase
② DNase
③ Exonuclease
④ Polynucleotide ligase

해설
DNase는 DNA 분해효소로 DNA 사슬 내부의 당과 인산 사이의 결합을 절단하는 효소이다.

정답 97 ③ 98 ③ 99 ④ 100 ②

CBT 기출복원문제 2023년 3회

1과목 식품위생학

01 식중독균인 포도상구균(*Staphylococcus aureus*)의 독소인 enterotoxin에 대한 설명 중 옳은 것은?

① 포자를 형성하는 내열성균이다.
② enterotoxin은 coagulase 양성으로 mannitol을 분해한다.
③ 편성혐기성균으로 통조림이 원인 식품이다.
④ 가열조리방법으로 독소가 쉽게 파괴된다.

해설
포도상구균은 포자를 형성하는 통성혐기성균으로 포도상구균의 독소인 enterotoxin의 경우 내열성이 커서 100℃에서 1시간 가열로 활성을 잃지 않으며, 120℃에서 20분 동안 가열하여도 완전히 파괴되지 않는다(고압증기멸균에서 파괴되지 않는다). lard 중에서 218~248℃로 30분 이상 가열하면 파괴된다. 원인 식품으로는 손으로 조리한 김밥, 도시락, 초밥 등의 복합조리식품이 있다.

02 세균과 같은 병원체가 손, 기구, 음식물을 매개체로 하여 경구적으로 전파되는 소화기계 전염병은?

① 콜레라 ② 유행성 간염
③ 폴리오 ④ 장티푸스

해설
경구감염병의 종류

종류	원인균	특징	예방법
장티푸스	Salmonella typhi	• 환자나 보균자의 분변에 오염된 음식이나 물에 의해 직접 감염 • 매개물 간접 감염	환자·보균자의 색출 관리, 분뇨·물·음식물의 위생처리, 매개곤충 차단, 예방접종
파라티푸스	Salmonella paratyphi	잠복기는 3~6일이며 증세 등은 장티푸스와 비슷	장티푸스와 비슷
콜레라	Vibrio cholera	환자나 보균자의 분변이 배출되어 식수, 식품, 특히 어패류를 오염시키고 경구로 감염되어 집단으로 발생	물과 음식은 반드시 가열 섭취하고 저온 저장하며 손 씻기 등 개인위생을 철저히 하고 예방접종
세균성 이질	Shigella dysenteriae	환자와 보균자의 분변이 식품이나 음료수를 통해 경구감염	물과 음식은 반드시 가열 섭취하고 저온 저장하며 손 씻기 등 개인위생을 철저
아메바성 이질	Entamoeba histolytica	환자의 분변 중에 배출된 원충이나 낭포가 물과 음식을 통해 경구감염	장티푸스와 비슷하고, 면역이 없으므로 예방접종은 필요 없다.
급성회백수염 (소아마비, 폴리오)	Poliomyelitis virus	환자나 보균자의 분비물과 분변에 의해 오염된 음식물을 통해 경구감염	예방접종이 가장 효과적이며 생균 백신(sabin), 사균 백신(salk) 모두 유효
유행성 간염	Hepatitis virus A	환자의 분변이 음료수나 식품이 오염되어 경구로 감염	경구감염되므로 장티푸스 예방법에 따르며, 집단생활에서 잘 나타나므로 개인위생에 철저하도록 한다.
감염성 설사증	감염성 설사증 바이러스	환자의 분변에 오염된 식품이나 음료수를 거쳐서 경구감염된다. 잠복기는 2~3일로 주로 복부 팽만감, 심한 설사 등을 일으킨다.	물과 음식은 반드시 가열 섭취하고 저온 저장하며 손 씻기 등 개인위생을 철저히 한다.

03 과일 및 채소류의 신선도를 장시간 유지하기 위해 호흡작용을 제한하고 수분의 증발 방지로 보존성을 높이는 식품첨가물은?

① 여과보조제 ② 산도조절제
③ 피막제 ④ 이형제

해설
피막제 : 예 밀납
① 여과보조제 : 불순물 또는 미세한 입자를 흡착하여 제거하기 위해 사용되는 식품 첨가 예 규조토
② 산도조절제 : 식품의 산도 또는 알칼리도를 조절 예 구연산

정답 01 ② 02 ① 03 ③

④ 이형제 : 식품의 형태를 유지하기 위해 원료가 용기에 붙는 것을 방지하여 분리하기 쉽도록 하는 식품첨가 예 유동파라핀

04 Aflatoxin에 관한 설명 중 옳지 않은 것은?

① 탄수화물이 풍부한 곡류에서 주로 번식한다.
② *Aspergillus flavus* 곰팡이로부터 나오는 독소이다.
③ 강력한 간암 유발물질이다.
④ 건조한 조건에서 잘 생성된다.

해설
아플라톡신은 온도 25~30℃, 습도 85% 이상의 높은 습도에서 생성된다.

05 열경화성 플라스틱에 해당되는 것은?

① 폴리에틸렌   ② 요소수지
③ 폴리프로필렌   ④ 아크릴수지

해설
플라스틱류
- 열경화성 수지 : 열을 가해도 형태가 변하지 않는 수지로 단단하고 내열성, 내용제성, 내약품성이 좋다. 멜라민 수지, 페놀 수지, 요소수지가 있다.
- 열가소성 수지 : 열을 가하여 성형한 뒤에도 다시 열을 가하면 형태를 변형시킬 수 있는 수지로 내열성, 내용제성은 약한 편이다. 전체 합성수지의 생산량의 대부분을 차지한다.

06 다음 중 연결이 잘못된 것은?

① 면실유 – 고시폴(gossypol)
② 황변미 – 시트리닌(citrinin)
③ 독버섯 – 팔린(phaline)
④ 부패감자 – 솔라닌(solanine)

해설
솔라닌은 부패감자가 아니라 싹이 난 감자에 주로 함유되어 있고, 햇빛 노출, 저장기간 증가, 기온 변화 요인에 따라 함량이 증가할 수 있다. 싹이 난 감자를 섭취할 때에는 싹과 껍질을 완전히 제거하여 섭취한다.

07 채소를 매개로 감염되는 기생충이 아닌 것은?

① 동양모양선충   ② 십이지장충
③ 선모충   ④ 회충

해설
- 채소류 매개 기생충 : 회충, 십이지장충, 동양모양선충, 편충, 요충
- 수육 매개 기생충 : 무구조충, 유구조충, 선모충, 톡소플라스마, 만손열두조충
- 어패류 매개 기생충 : 간디스토마, 폐흡충, 요꼬가와흡충, 광절열두조충, 유극악구충, 아나사키스

08 산분해간장이나 혼합간장 제조 시 문제가 되는 유해물질은?

① Dioxin   ② DEHP
③ 3-MCPD   ④ DHEA

해설
3 – MCPD(3 – Monochloropropane – 1,2 – diol)
- 산분해간장 제조 시 첨가하는 염산과 대두의 triglyceride가 반응하여 생성되는 간장 중의 독성물질이다. 이를 방지하기 위해서 탈지대두를 사용하여야 하며 첨가되는 염산의 농도를 18% 이하로 조정한다.
- MCPD는 과잉 섭취 시 성기능장애, 신장독성, 유전독성을 가져오는 유독물질이다.
- 식품의 기준 및 규격에서는 3-MCPD에 대한 기준량을 아래와 같이 규정하고 있다.

대상식품	기준(mg/kg)
산분해간장, 혼합간장(산분해간장 또는 산분해간장 원액을 혼합하여 가공한 것에 한한다)	0.02 이하
식물성 단백가수분해물 (HVP : Hydrolyaed Vegetable Protein)	1.0 이하 (건조물 기준으로서)

09 식품의 영양 강화를 목적으로 첨가하는 식품첨가물은?

① 보존료   ② 산화방지제
③ 감미료   ④ 영양강화제

해설
영양강화제는 식품의 영양학적 품질을 유지하기 위해 제조 공정 중 손실된 영양소를 복원하거나 영양소를 강화시키는 식품첨가물이다.

정답 04 ④ 05 ② 06 ④ 07 ③ 08 ③ 09 ④

① 보존료 : 미생물에 의한 품질 저하를 방지하여 식품의 보존 기간을 연장시키는 식품첨가물
② 산화방지제 : 산화에 의한 식품의 품질 저하를 방지하는 식품첨가물
③ 감미료 : 식품에 단맛을 부여하는 식품첨가물

10 포르말린(포름알데히드)과 관계없는 물질은?

① urotropin
② nitrogen trichloride
③ 요소수지
④ rongalite

해설

nitrogen trichloride : 3염화질소, 밀가루의 표백 및 숙성에 사용되었으며 개에게서 히스테리적 증상을 보였다.

유해성 포름알데히드
- 요소수지 : 경화성 플라스틱으로 포름알데히드가 용출
- urotropin : 식품의 방부제였으나 포름알데히드 용출로 독성이 있어 사용금지
- rongalite : 유해표백제로 포름알데히드가 흘러나와 사용금지, 연근 · 우엉에 사용

11 Aspergillus flavus 곰팡이가 생성하는 aflatoxin 곰팡이 독소의 생성 조건과 가장 거리가 먼 것은?

① 기질의 수분 16% 이상
② 최적 상대습도 80~85% 이상
③ 온도 25~35℃
④ 주요 원인식품은 육류 등 단백질 식품

해설

주요 원인식품은 콩, 땅콩, 옥수수 등 탄수화물 식품이다.

12 곰팡이나 효모의 증식 억제를 위하여 탄산음료, 잼류에 주로 사용되는 합성보존료는?

① 데히드로초산나트륨(sodium dehydroacetate)
② 안식향산나트륨(sodium benzoate)
③ 프로피온산나트륨(sodium propionate)
④ 아질산나트륨(sodium nitrite)

해설

안식향산나트륨(보존료) : 과일 · 채소류 음료, 탄산음료, 인삼 · 홍삼음료, 간장류, 알로에겔, 잼류, 망고 처트니, 마가린, 절임식품, 마요네즈
① 데히드로초산나트륨(보존료) : 치즈류, 버터류, 마가린
③ 프로피온산나트륨(보존료) : 빵류, 치즈류, 잼류
④ 아질산나트륨(발색제) : 햄, 소시지, 베이컨 등에 사용

13 식품조사처리에 대한 설명으로 틀린 것은?

① 1kGy 이하의 저선량 방사선 조사를 통하여 발아 억제, 살충, 숙도 지연 등의 효과를 얻을 수 있다.
② 바이러스의 사멸을 위해서는 발아 억제를 위한 조사보다 높은 선량이 필요하다.
③ 10kGy 이하의 방사선 조사로는 모든 병원균을 완전히 사멸시키지는 못한다.
④ 안전성을 고려하여 식품에 사용이 허용된 방사선은 14kGy이다.

해설

- 방사선량의 단위는 Gy이며 1Gy는 1J/kg에 해당한다.
- 1kGy 이하의 저선량 방사선 조사를 통해 감자, 양파 등의 발아 억제, 기생충 사멸, 숙도 지연 등의 효과를 얻을 수 있다.
- 바이러스의 사멸을 위해서는 발아 억제를 위한 조사보다 높은 선량이 필요하다.
- 10kGy 이하의 방사선 조사로는 모든 병원균을 완전히 사멸시키지는 못한다.
- 식품에는 안정성을 고려하여 10kGy 이하의 에너지를 주로 사용한다.
- 완제품의 경우 조사 처리된 식품임을 나타내는 문구 및 조사도안을 표시하여야 한다.

14 식품의 보존료로서 안식향산나트륨을 사용할 수 없는 식품은?

① 과일 · 채소류 음료
② 발효음료
③ 탄산음료
④ 잼류

해설

안식향산나트륨은 과일 · 채소류 음료, 탄산음료, 기타음료(인삼 · 홍삼음료), 간장(한식, 양식, 산분해, 효소분해, 혼합간장), 알로에겔, 잼류, 망고 처트니, 마가린, 절임식품, 마요네즈 식품에 한하여 사용해야 한다.

정답 10 ② 11 ④ 12 ② 13 ④ 14 ②

15 식품공전에 의거하여 식품조사(food irradiation) 처리에 이용할 수 있는 선종이 아닌 것은?

① 베타선 ② 전자선
③ 감마선 ④ 엑스선

해설
식품조사처리에 이용할 수 있는 선종은 감마선, 전자선, 엑스선이다.

16 HACCP에 대한 설명으로 틀린 것은?

① 검증은 CCP의 한계기준을 이탈할 경우 취하는 일련의 조치의 유효성(validation)과 실행(implementation) 여부를 정기적으로 평가하는 일련의 활동이다.
② CCP를 결정할 때 가능한 CCP 수를 최소화하여 지정하는 것이 바람직하다.
③ 모니터링 결과 한계기준 이탈 시 적절하게 처리하고 개선조치 등에 대한 기록을 유지한다.
④ 위험요인이 제조·가공 단계에서 확인되었으나 관리할 CCP가 없다면 전체 공정 중에서 관리되도록 제품의 변경이나 공정 등을 수정한다.

해설
검증은 유효성(validation)과 실행(implementation) 여부를 정기적으로 평가하는 일련의 활동(적용 방법과 절차, 확인 및 기타 평가 등을 수행하는 행위를 포함)을 말한다.

17 식품 등의 표시기준에 따른 트랜스지방의 정의에 따라 ( )에 들어갈 용어가 순서대로 옳게 나열된 것은?

> 트랜스지방이라 함은 트랜스구조를 ( )개 이상 가지고 있는 ( )의 모든 ( )을 말한다.

① 2, 공액형, 포화지방산
② 1, 공액형, 포화지방산
③ 2, 비공액형, 불포화지방산
④ 1, 비공액형, 불포화지방산

해설
트랜스지방
• 불포화지방에 Ni 존재하에 수소를 첨가하는 경화유 제조 공정에 의해 주로 생성된다.
• 트랜스지방이라 함은 트랜스구조를 1개 이상 가지고 있는 비공액형의 모든 불포화지방산을 말한다.
• 경화유인 쇼트닝과 마가린에 많이 존재한다.

18 식품 등의 표시기준에 대한 설명으로 틀린 것은?

① 식육즉석판매가공업 영업자가 식육가공품을 다시 나누어 판매하는 경우는 원료제품에 표시된 날이 제조연월일이다.
② 소분 판매하는 제품은 소분용 원료제품을 소분가공을 한 날이 제조연월일이다.
③ 소비기한은 식품 등에 표시된 보관방법을 준수할 경우 섭취하여도 안전에 이상이 없는 기한이다.
④ 품질유지기한은 식품의 특성에 맞는 적절한 보존방법이나 기준에 따라 보관할 경우 해당 식품 고유의 품질이 유지될 수 있는 기한이다.

해설
소분 판매하는 제품은 소분용 원료제품의 제조연월일이다.

19 미생물이 생장할 수 있는 수분활성도(A_w)의 최소 한계점은?

① 0.51 ② 0.61
③ 0.71 ④ 0.81

해설
수분활성도(A_w)
• 식품의 수분활성도는 항상 1 미만
• 어패류나 수육과 같이 수분이 많은 식품의 A_w는 0.98~0.99, 곡물 등 수분이 적은 건조식품의 A_w는 0.60~0.64 정도
• 미생물 생육 최저 수분활성도 : 세균 0.91, 효모 0.88, 곰팡이 0.80, 내건성 곰팡이 0.65, 내삼투압성 효모 0.60 등

20 수질오염과 관련하여 어류에 대한 급성 독성물질의 유해도를 나타내는 것은?

① TLM(Toxicity Limit Maximum)
② LD_{50}(Lethal Dose 50%)
③ LC(Lethal Concentration)
④ ADI(Acceptable Daily Intake)

정답 15 ① 16 ① 17 ④ 18 ② 19 ② 20 ①

해설
① TLM : 독성 한계, 특정 조건에서 물질의 최대 허용 농도
② LD_{50} : 특정 물질이 50%의 실험 동물에게 치명적인 양, 독성 지표
③ LC : 특정 물질의 치명적 농도, 보통 LC_{50}으로 표시
④ ADI : 사람의 건강에 영향을 미치지 않는 매일 섭취할 수 있는 안전한 물질의 양

2과목 식품화학

21 무척추동물의 혈색소인 헤모시아닌의 구성 금속은?

① 구리
② 철
③ 망간
④ 마그네슘

해설
헤모시아닌은 산소 운반에 사용되는 금속으로 구리 이온이 있다.

22 동물성 스테롤에 해당되는 것은?

① ergosterol
② sitosterol
③ cholesterol
④ stigmasterol

해설
- 동물성 스테롤 : 콜레스테롤, 7-데하이드로콜레스테롤
- 식물성 스테롤 : 에르고스테롤, 시토스테롤, 스티그마스테롤 등

23 식이섬유의 일종인 inulin의 구성 당은?

① glucose
② maltose
③ fructose
④ galactose

해설
이눌린은 과당의 중합체로 돼지감자, 우엉 등에 존재한다.

24 pH 3 이하의 산성 조건에서 가지의 색깔은 무엇인가?

① 붉은색
② 청색
③ 녹색
④ 검정색

해설
안토시아닌은 식물에서 발견되는 플라보노이드 색소로 pH에 따라 색이 변화하는 특성을 가지고 있다. 산성에서는 붉은색으로, 알칼리성에서는 파란색으로 변한다.

25 수중유적형(O/W) 유화식품에 해당되는 것은?

① 아이스크림
② 치즈
③ 버터
④ 마가린

해설
- 수중유적형(O/W) : 마요네즈, 우유, 아이스크림
- 유중수적형(W/O) : 마가린, 버터

26 비타민 B_1(thiamin)에 대한 설명 중 틀린 것은?

① 결핍증상으로 각기병 또는 신경계통 장애를 보인다.
② 마늘의 매운맛 성분인 알리신(allicin)과 결합한 알리티아민(allithiamin) 형태가 있다.
③ 생체 내의 산화 환원 효소에 관여하는 조효소로 작용한다.
④ 탄수화물 등 에너지대사에 필요하므로 비타민 B_1의 필요량은 에너지 섭취량에 비례한다.

해설
③에서 설명하는 조효소는 비타민 B_2(riboflavin)로 FMN(Flavin Mono Nucleotide), FAD(Flavin Adenine Dinucleotide)가 있으며 산화 환원 반응에 관여한다.

27 다음 중 겔 상태의 식품이 아닌 것은?

① 스프
② 묵
③ 푸딩
④ 양갱

해설
분산계

분산매	분산질	분산계	예
기체	액체	액체 에어로졸	안개, 연무, 헤어스프레이
	고체	고체 에어로졸	연기, 미세먼지

정답 21 ① 22 ③ 23 ③ 24 ① 25 ① 26 ③ 27 ①

분산매	분산질	분산계	예
액체	기체	거품	맥주 거품, 생크림, 탄산음료
	액체	유화액	우유, 마요네즈, 버터, 마가린
	고체	sol(졸)	된장국, 잉크, 혈액, 스프
고체	기체	고체 거품	빵, 케이크
	액체	gel(겔)	초콜릿, 젤라틴, 젤리, 양갱, 밥, 두부, 치즈, 묵, 푸딩
	고체	고체 gel(겔)	유리, 루비

28 전분의 호화에 대한 설명이 틀린 것은?

① 알칼리성 pH에서는 전분입자의 호화가 촉진된다.
② 일반적으로 쌀과 같은 곡류 전분입자가 감자, 고구마 등 서류 전분입자에 비해 호화가 쉽게 일어난다.
③ 온도가 높을수록, 수분이 많을수록 호화가 빨리 진행된다.
④ 전분에 물을 넣고 가열했을 때 소화되기 쉬운 알파전분으로 변한다.

해설

호화에 미치는 영향
- 수분 : 수분의 함량이 많을수록 잘 일어난다.
- starch 종류 : 전분입자가 작은 쌀(68~78℃), 옥수수(62~70℃) 등 곡류 전분은 입자가 큰 감자(53~63℃), 고구마(59~66℃) 등 서류 전분보다 호화온도가 높다(호화가 어렵다).
- 온도 : 온도가 높을수록 호화시간이 빠르다.
- pH : 알칼리성에서 팽윤을 촉진하여 호화가 촉진되며 산성에서는 전분입자가 분해되어 점도가 감소한다.
- 염류 : 대부분 염류는 팽윤제로 호화를 촉진시킨다(OH⁻ → S → Br⁻ → Cl⁻). 그러나 황산염은 호화를 억제한다.
- 당(탄수화물) : 당을 첨가하면 호화온도가 상승하고 호화속도는 감소한다.

29 포도당이 환원되어 생성된 당알코올은?

① 말티톨   ② 소르비톨
③ 만니톨   ④ 이노시톨

해설
- 말티톨 : 포도당+소르비톨
- 소르비톨 : 포도당이 환원된 것
- 만니톨 : 만노오스가 환원된 것
- 이노시톨 : 사이클로헥산의 탄소원자에 결합되어 있는 수소 한 개가 -OH기로 치환된 알코올
- 단당류 유도체 : 솔비톨, 만니톨, 자일리톨, 에리스리톨
- 이당류 유도체 : 말티톨, 이소말트

30 연유 중에 젓가락을 세워서 회전시켰을 때 연유가 젓가락을 따라 올라가는 현상은?

① 점조성   ② 틴들 현상
③ 바이센베르그효과   ④ 브라운 운동

해설
① 점조성 : 다른 형태와 크기를 가진 복합 물질로 구성된 비뉴턴 유체(토마토케첩, 마요네즈)
② 틴들 현상 : 콜로이드액에 빛을 쬐면 입자에 빛이 산란되어 빛의 통로가 빛나는 현상
④ 브라운 운동 : 액체나 기체 속의 미립자들이 불규칙하게 움직이는 현상

31 산화방지제로 사용되지 않는 것은?

① 아스코르브산   ② 리보플라빈
③ 알파토코페롤   ④ BHA

해설
리보플라빈은 영양성분이다.

32 물, 커피 등의 용액들은 전단속도에 상관없이 일정한 점성을 보인다. 이는 어떤 유체의 특성을 나타내는가?

① 딜레이턴트(Dilatant) 유체
② 의사가소성(Pseudoplastic) 유체
③ 뉴턴(Newtonian) 유체
④ 빙햄 소성(Bingham plastic) 유체

해설
- 뉴턴 유체(Newtonian fluid) : 전단속도에 상관없이 일정한 점성을 보이는 유체, 전단속도와 전단응력은 비례적으로 직선그래프 표시
- 비뉴턴 유체(Non-Newtonian fluid) : 전단속도에 따라 점성이 변하는 유체, 전단속도와 전단응력은 비례하지 않음

정답 28 ② 29 ② 30 ③ 31 ② 32 ③

33 아래의 (가)와 (나)의 반응에서 나타나는 색을 순서대로 나열한 것은?

> (가) 적당량의 포도 껍질을 취한 비커에 포도 껍질이 잠길 정도로 1% 염산 메탄올 용액(메탄올에 염산을 용해시킨 용액)을 가하여 색소를 추출하였다.
> (나) 같은 색소 용액을 또 다른 비커에 취하여 pH가 7~8 정도가 되도록 0.5N 수산화나트륨 용액을 가하였다.

① 적색, 적색 ② 적색, 청색
③ 청색, 청색 ④ 청색, 적색

해설
안토시아닌은 식물에서 발견되는 플라보노이드 색소로 pH에 따라 색이 변화하는 특성을 가지고 있다. 산성에서는 붉은색으로, 알칼리성에서는 파란색으로 변한다.

34 α-전분을 실온에 방치할 때 β-전분으로 되돌아가는 현상을 억제하는 방법으로 옳지 않은 것은?

① 냉장조건으로 보관한다.
② 설탕을 첨가한다.
③ 수분을 15% 이하로 줄인다.
④ monoglyceride를 첨가한다.

해설
전분 노화 억제
• 수분 : 고온에서 빠르게 0℃ 이하로 탈수하여 수분 15% 이하로 조절
• 냉동 : -20~30℃가 되면 노화가 거의 일어나지 않는다.
• 설탕 : 탈수제로 작용
• 유화제의 사용

35 상압가열 건조법으로 수분을 측정할 때, 물성 식품과 단백질 함량이 많은 식품을 분석할 때 적합한 가열온도는?

① 98~100℃
② 100~103℃
③ 105℃ 전후(100~110℃)
④ 110℃ 이상

해설
식품 분석 시 적합 가열온도
• 동물성 식품과 단백질 함량이 많은 식품 : 98~100℃
• 자당과 당분을 많이 함유한 식품 : 100~103℃
• 식물성 식품 : 105℃ 전후(100~110℃)
• 곡류 : 110℃ 이상

36 식품공전에 의거하여 식품 중 회분량(%)을 회화법에 의해 측정할 때 계산식으로 옳은 것은?

① $\dfrac{S-W_0}{W} \times 100$

② $\dfrac{W-W_0}{S} \times 100$

③ $\dfrac{W-S}{W_0} \times 100$

④ $\dfrac{W_0-W}{S} \times 100$

해설
회분(%) = $\dfrac{W-W_0}{S} \times 100$

여기서, W_0 : 항량이 된 도가니의 질량(g)
W : 회화 후의 도가니와 회분의 질량(g)
S : 검체의 채취량(g)

37 식품의 등온 흡습·탈습 곡선에 관한 설명으로 틀린 것은?

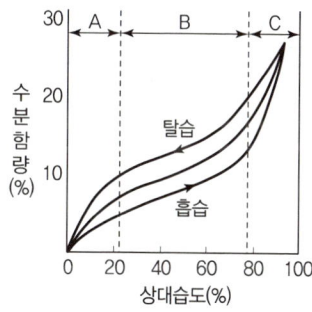

① A영역은 식품 중의 물분자가 단분자층을 형성하고 있다.
② A영역은 다분자층 영역으로 물분자 간 수소결합이 주요한 결합 형태이다.
③ 온도가 높아질수록 평형 상대습도에 대응하는 수분 함량은 작아진다.
④ A영역의 수분은 식품 중 아미노(amino)기나 카르복실(carboxyl)기와 이온결합하고 있다.

정답 33 ② 34 ① 35 ① 36 ② 37 ②

> **해설**
> - A(단분자층 영역) : 물분자들이 식품의 친수성기와 이온결합, 수분은 용매로서의 가치가 없고 물의 이동도 거의 없다.
>   ※ BET(Brunauer Emmet Teller) Point : A–B 경계영역으로 물분자가 균일하게 하나의 분자막을 형성하여 식품을 덮고 있는 영역으로 지방 산패가 가장 적게 일어난다.
> - B(다분자층 영역) : 상대습도가 증가하며 수분 함량이 증가, 물분자들이 이온화되지 않은 많은 작용기와 수소결합에 의해 많은 물분자들로 여러 층에 걸쳐 덮여 있는 영역으로, 안전성이나 저장성이 높은 영역이다.
> - C(모세관 응축 영역) : 다분자층 영역보다 많은 수분 함량을 갖는 영역으로 물분자들이 주로 자유수로서 작용하여 화학반응이 쉽게 일어난다.

38 특성 차이를 검사하는 관능검사방법 중 동시에 2개의 시료를 제공하여 특정 특성이 더 강한 것을 식별하도록 하는 것은?

① 이점비교검사 ② 다시료 비교검사
③ 순위법 ④ 평점법

> **해설**
> **이점비교검사**
> 관능 요원에게 2개의 시료(A, B)를 동시에 제시하여 두 시료 중의 차이를 조사하기 위해 사용되는 방법

39 서로 다른 맛 성분을 혼합하여 각각의 고유맛이 약해지거나 사라지는 현상은?

① 맛의 대비 ② 맛의 억제
③ 맛의 상극 ④ 맛의 상쇄

> **해설**
> **맛의 상쇄**
> - 다른 맛 성분이 혼합될 때 각 각 고유의 맛이 약해지거나 없어지는 현상
> - 김치에는 소금의 짠맛과 유산균에 의한 신맛이 혼합되며 조화로운 맛

40 다음 식품 중 소성 유동을 일으키는 것은?

① 인절미 ② 밀가루반죽
③ 생크림 ④ 청국장

> **해설**
> **가소성(plasticity)**
> 외부 힘에 의해 변형된 후 외부 힘을 제거해도 원상태로 되돌아가지 않는 성질(쇼트닝 > 마가린 > 생크림)

3과목 식품가공학

41 통조림 변패 중 flat sour를 일으키는 균은?

① 호냉균 ② 고온균
③ 사상균 ④ 효모균

> **해설**
> **평면산패(flat sour)**
> - 가스 비형성 세균의 산 생성으로 발생
> - 주로 *Bacillus* 속 호열성 세균(고온균)의 살균 부족으로 발생
> - 통조림 외관은 이상 없으나 산에 의해 신맛 생성

42 산도를 조절한 오렌지 주스 65kg의 당분이 3%일 때 14%의 당분 제품으로 만들려면 설탕은 얼마나 필요한가?

① 6.32kg ② 7.5kg
③ 8.32kg ④ 10.8kg

> **해설**
> $$\frac{x+(65\text{kg}\times 3\%)}{65\text{kg}+x}=14\%$$
> $$\therefore x=8.32\text{kg}$$

43 콩의 영양저해인자가 아닌 것은?

① 적혈구 응고제(hemagglutinin)
② 트립신 저해제(trypsin inhibitor)
③ 고시폴(gossypol)
④ 지방산화효소(lipoxidase)

> **해설**
> 고시폴은 목화씨와 목화씨유에서 발견되는 독성 물질이다.

정답 38 ① 39 ④ 40 ③ 41 ② 42 ③ 43 ③

44 달걀 저장 중 일어나는 변화로 틀린 것은?

① 난황계수 감소
② 농후난백 수양화
③ 비중 감소
④ 난황 pH 감소

> **해설**
> 시간이 지남에 따라 pH는 증가하고, 난백은 난황보다 일반적으로 pH가 높다.

45 식육가공품을 제조할 때 아질산염이 사용된다. 아질산염의 기능과 가장 관계가 깊은 것은?

① 육색소 고정
② 정균작용
③ 수율 증진
④ 향미 생성

> **해설**
> **아질산나트륨, 질산나트륨, 질산칼륨의 기능**
> 고기의 붉은 육색을 유지, 육색소인 미오글로빈과 결합하여 안정된 색을 유지(색소 고정제), 오염미생물 성장 억제, 산패의 지연, 풍미 부여

46 산도 0.35%인 cream 100kg을 소석회로 중화하여 0.25%의 산도가 되도록 할 때 중화시켜야 할 젖산량과 소석회의 양은?(단, 소석회의 분자량 : 74, 젖산의 분자량 : 90, 소석회 1분자는 젖산 2분자와 중화반응을 한다.)

① 젖산 100g, 소석회 35g
② 젖산 75g, 소석회 41g
③ 젖산 100g, 소석회 41g
④ 젖산 75g, 소석회 35g

> **해설**
> 젖산을 중화시키기 위해 젖산 1mol당 소석회 0.5mol이 필요하다.
> 산도 0.35%(100kg)=0.35kg=350g
> ↓
> 산도 0.25%(100kg)=0.25kg=250g
> 즉, 중화시켜야 할 젖산의 양은 100g이다.
> $100g \times \dfrac{1mol}{90g} = 1.1mol$
> 1.1mol의 젖산을 중화시키기 위해 $\dfrac{1.1mol}{2}$ 의 소석회가 필요하다.
> $\therefore \dfrac{1.1mol}{2} \times \dfrac{74g}{mol} = 40.7g ≒ 41g$

47 밀가루 반죽의 패리노그램(farinogram)을 구성하는 요소가 아닌 것은?

① 반죽의 경도
② 반죽의 안정도
③ 반죽의 호화도
④ 반죽의 탄성

> **해설**
> 패리노그램은 반죽의 물리적인 특성, 즉 점탄성을 측정한다.

48 식품의 살균기술 중 비가열 살균에 해당하지 않는 것은?

① 초고압 살균
② 고전압 펄스 전기장
③ 방사성 살균
④ 마이크로파 살균

> **해설**
> **마이크로파 살균**
> 분자 중 쌍극자나 이온을 충돌시켜 마찰열에 의해 가열하여 살균한다.

49 식품의 수증기압이 10mmHg이고 같은 온도에서 순수한 물의 수증기압이 20mmHg일 때 수분활성도는?

① 0.1
② 0.2
③ 0.5
④ 1.0

> **해설**
> $A_w = \dfrac{\text{식품의 수증기압}(P)}{\text{순수한 물의 수증기압}(P_0)} = \dfrac{M_w}{M_w + M_s}$
> $A_w = \dfrac{10}{20} = 0.5$

50 육류의 사후경직 시 글리코겐과 젖산의 변화로 알맞은 것은?

① 글리코겐 증가, 젖산 감소
② 글리코겐 감소, 젖산 감소
③ 글리코겐 감소, 젖산 증가
④ 글리코겐 증가, 젖산 증가

정답 44 ④ 45 ① 46 ③ 47 ③ 48 ④ 49 ③ 50 ③

해설
육류는 사후경직 후 근육의 글리코겐이 분해되어 젖산이 발생하기 때문에 근육의 pH가 변화하게 된다. 즉, 젖산에 의해 산성이 증가되어 근육섬유는 흡습성이 증가되고, 이에 따라 팽화되며, 긴장되어 경직현상이 일어난다.
젖산의 발생은 근육 글리코겐이 다 없어지거나 pH가 5.7 이하로 낮아져 분해효소가 작용하지 못하게 될 때까지 계속된다.

51 소비기한 설정사유서의 내용 중 들어가지 않아도 되는 것은?

① 제조 가공 공정
② 보존 및 유통온도
③ 제품의 원료
④ 투입 원료 생산자

해설
소비기한 설정사유서에는 제품명, 식품유형(제품의 원료명 및 식품첨가물 품목명), 보존유통 방법, 소비기한, 실험수행기관명, 제조가공공정(살균 및 멸균 여부 확인) 등이 필요하며 투입 원료 생산자는 포함되지 않아도 된다.

52 신선란의 난황계수는 어느 범위인가?

① 0.30~0.40   ② 0.45~0.49
③ 0.50~0.54   ④ 0.55~0.59

해설
신선란의 난백계수와 난황계수
- 난백계수 : 0.06 정도
- 난황계수 : 0.3~0.4

53 명태에 대한 설명으로 틀린 것은?

① 황태 : 일교차가 큰 덕장에서 얼고 녹기를 반복한 명태
② 코다리 : 꾸덕하게 반쯤 말린 명태
③ 노가리 : 어린 명태를 말린 것
④ 북어 : 장시간 천천히 말린 명태

해설
북어는 단순 건조한 명태라면, 황태는 장시간 얼고 녹기를 반복하여 말린다.

종류	내용
생태	생물 명태
동태	얼린 명태
북어(건태)	말린 명태
황태	일교차가 큰 덕장에 걸어 얼고 녹기를 스무번 이상 반복해 노랗게 변한 명태
코다리	내장과 아가미를 떼고 4~5마리를 한 코에 꿰어 꾸덕하게 말린 명태
맥태	하얗게 말린 명태
흑태	검게 말린 명태
깡태	딱딱하게 말린 명태
애기태, 노가리	어린 명태
꺽태	산란하고 바로 잡힌 명태
왜태	큰 명태
피태	배를 가른 명태

54 밀 제분 공정에서 조질공정의 목적은?

① 조쇄공정에서 쉽게 부서지게 하기 위하여 외피와 배유의 분리를 쉽게 하기 위한 것
② 외피의 분쇄를 쉽게 하기 위한 것
③ 밀 이외의 이물질, 먼지 등을 제거하기 위한 것
④ 밀가루의 품질을 균일하게 하기 위한 것

해설
조질의 목적
- 껍질의 단단함과 탄력성을 높여서 조쇄공정에서 파쇄된 껍질이 가루 속에 혼입되는 것을 억제
- 씨젖을 부드럽게 하여 조쇄공정에서 쉽게 부서지게 함으로써 껍질과 분리 용이
- 양질의 미들링(middlings) 산출 및 분쇄(reduction) 공정에서 밀가루 추출량 증가
- 밀의 수분을 적정수준으로 유지함으로써 밀가루의 가공적성 향상

55 물을 혼합한 우유의 판별법으로 부적절한 것은?

① 점도 측정   ② 빙결점 측정
③ 비중 측정   ④ 유지방 측정

해설
물을 탄 우유는 비중·빙결점·점도 측정 등으로 판별이 가능하다.

56 과일주스의 청징 및 착즙 수율을 향상시키기 위하여 이용되는 효소는?

① pectinase
② peroxidase
③ catalase
④ peptide hydrolase

해설
청징
- 과일즙에 포함된 펙틴이나 점성물질을 및 부유물을 제거하여 투명성을 제공하기 위한 공정
- 난백, 카제인, 젤라틴, 탄닌, 규조토, 효소(pectinase, polygalacturonase 등)를 사용

57 도정률에 대한 설명으로 옳은 것은?

① 도정된 정미의 무게가 현미 무게의 몇 %인가로 표시된다.
② 도정된 쌀알이 파괴된 정도로 표시된다.
③ 쌀의 무기질 제거율의 정도에 따라 표시된다.
④ 도정과정 중 손실된 배아의 %로 표시된다.

해설
벼의 도정에 따른 분류

종류	특성	도정률 (%)	도감률 (%)	소화율 (%)
현미	벼의 왕겨층 제거, 벼중량 80%, 벼용적 1/2	100	0	95.3
5분도미	겨층, 배아의 50% 제거	96	4	97.2
7분도미	겨층, 배아의 70% 제거	94	6	97.7
백미	겨층, 배아 100% 제거	92	8	98.4
배아미	배아가 떨어지지 않도록 도정	–	–	–
주조미	술의 제조에 이용, 순수 배유만 남음	75 이하	–	–

58 전단속도(shear rate)가 증가함에 따라 겉보기 점도(apparent viscosity)가 증가하는 유체는?

① Newtonian fluid
② Thixotropic fluid
③ Dilatant fluid
④ Bingham plastic fluid

해설

뉴턴 유체	• 전단속도의 크기에 관계없이 일정한 점도를 나타내는 유체 • 전단응력과 전단속도의 관계는 원점을 지나는 직선		물, 알코올, 커피, 청량음료, 식용유 등
비뉴턴 유체	전단응력과 전단속도의 관계가 원점을 지나는 직선이 아닌 모든 유체		
	딜레이턴트 유체 (Dilatant fluid)	전단속도가 증가함에 따라 점성이 증가하는 shear thinning 유체	고농도 전분 현탁액
	의사가소성 유체 (Pseudoplastic fluid)	전단속도가 증가함에 따라 점성이 감소하는 shear thinning 유체	케첩, 초콜릿
	빙함 소성 유체 (Bingham plastic fluid)	일정 항복치 이상의 전단응력에서 뉴턴 유체처럼 흐르는 유체	케첩, 마요네즈

59 식물성 유지에 수소 첨가공정을 거치면 유지는 어떤 특성을 가지는가?

① 융점이 상승된다.
② 융점이 저하된다.
③ 이중결합은 유지된다.
④ 성상은 변하지 않는다.

해설
경화유
- 불포화지방산이 많은 액체유에 Ni 존재하에서 H를 첨가하여 고체지로 제조
- 녹는점(융점)이 높아지고 안정성 증가, 산패가 적고 냄새 감소
- 어유, 콩기름, 면실유, 채종유 등에 사용

60 액상원료를 분말로 건조하는 데 적합한 건조방법으로 건조시간이 짧고, 열에 민감한 원료의 처리가 가능한 건조방법은?

① 분무건조
② 동결건조
③ 드럼건조
④ 열풍건조

해설
① 분무건조 : 열풍건조법 중의 하나로 액체식품을 분무하여 표면이 극대화된 식품입자가 열풍에 노출되어 신속하게 건조, 주로 과일주스의 건조에 사용

정답 56 ① 57 ① 58 ③ 59 ① 60 ①

② 동결건조 : 원료를 저온으로 급속 동결한 후 감압을 통해 얼음을 승화시켜 건조하는 방법
③ 드럼건조 : 100~140℃로 가열된 드럼을 1~15rpm의 속도로 회전시키면서 액상원료를 드럼 표면에 얇게 발라 건조하는 방법(고추장, 춘장)
④ 열풍건조 : 제품을 열풍에 노출시켜 건조하는 방법

4과목 식품미생물학

61 원핵세포와 진핵세포에 대한 설명 중 옳은 것은?
① 진핵세포에는 세균, 방선균이 속한다.
② 원핵세포의 세포벽은 peptidoglycan 층으로 되어 있다.
③ 원핵세포는 세포기관과 핵, 핵막을 가지고 있다.
④ 진핵세포가 원핵세포보다 크기가 더 작다.

[해설]
원핵세포와 진핵세포

구분	원핵세포	진핵세포
크기	1~10μm	10~100μm
핵	핵양체	핵막으로 싸여 있는 핵이 존재
유사분열	없음	있음
감수분열	없음	있음
조직	단세포	단세포 및 다세포
호흡계	mesosome	mitochondria
소기관	리보솜	리보솜, 골지체, 소포체 등 다수
세포벽	peptidoglycan 구성	식물 cellulose 구성
리보솜	30S(소단위체) + 50S (대단위체)	40S(소단위체) + 60S (대단위체)
종류	세균, 고세균, 방선균, 남조류	고등 동식물, 원생동물, 조류(남조류 제외), 균류(곰팡이, 효모, 버섯)

62 고정화 효소(immobilized enzyme)의 설명이 옳은 것은?
① pH, 온도 조건이 온화해진다.
② 효소와 불용성 담체가 결합한 것이다.
③ 반응속도가 빨라진다.
④ 기질 특이성이 증가한다.

[해설]
고정화 효소
효소를 담체(carrier)에 부착시켜 지속적으로 촉매 활성을 하도록 만든 것

63 가근(rhizoid)과 포복지(stolon)를 가지고 번식하는 곰팡이는?
① *Aspergillus* 속   ② *Penicillium* 속
③ *Rhizopus* 속   ④ *Mucor* 속

[해설]
*Rhizopus*와 *Absidia*는 가근과 포복지가 있으며, *Rhizopus*는 가근에서, *Absidia*는 포복지 중간에서 포자낭병이 나온다.

64 무성포자를 형성하는 효모는?
① *Schizosaccharomyces* 속
② *Zygosaccharomyces* 속
③ *Saccharomyces* 속
④ *Debaryomyces* 속

[해설]
- *Saccharomyces* 속 효모는 단일 영양세포가 무성적으로 직접포자를 형성한다.
- 출아법은 무성생식의 방법으로 대부분의 효모는 출아법에 의하여 증식한다.

효모 증식	출아법 (budding)	양극출아 : *Nadsonia* 속, *Kloeckera* 속, *Hanseniaspora* 속
		다극출아 : *Saccharomyces* 속
	분열(fission) : *Schizosaccharomyces* 속	
	출아분열(budding-fission) : *Sacchromycodes* 속	

65 청주, 간장의 대량 제조 시 이용되는 균주는?
① *Aspergillus flavus*
② *Aspergillus oryzae*
③ *Aspergillus niger*
④ *Aspergillus usamii*

[해설]
***Aspergillus* 속(누룩곰팡이)**
㉠ 병족세포(foot cell) 위로 분생자병이 자라며 끝에 있는 정낭에서 분생포자가 외생한다.

정답 61 ② 62 ② 63 ③ 64 ③ 65 ②

ⓛ amylase, protease 생산능력이 강해 탁주, 간장, 된장 발효에 이용한다.
ⓒ 종류
- *Aspergillus oryzae*(황국균) : 전분당화력, 단백질 분해력이 강해 청주, 된장, 간장 제조에 이용
- *Aspergillus niger*(흑국균) : 집락은 흑색, 전분당화력(β-amylase)이 강하고 당액을 발효하여 구연산 등 유기산 발효공업에 이용
- *Aspergillus sojae* : 집락은 녹색 또는 황갈색, 단백질 분해력이 강하여 간장 양조에 이용
- *Aspergillus tamari* : 일본식 된장 제조, Kojic acid 생성
- *Aspergillus kawachii*(백국균) : 집락은 백색 또는 담황색, 탁주 제조에 이용
- *Aspergillus flavus* : 곡물, 땅콩 등에 번식하여 aflatoxin이라는 발암물질 생성

66 미생물의 생육기간 중 물리·화학적으로 감수성이 높고 세대시간이나 세포의 크기가 일정한 시기는?

① 유도기 ② 대수기
③ 정상기 ④ 사멸기

해설
- 유도기 : 미생물이 증식을 준비하는 시기, 효소·RNA 증가, DNA 일정
- 대수기 : 대수적으로 증식하는 시기, RNA 일정, DNA 증가, 세대시간·세포의 크기 일정
- 정상기 : 영양물질의 고갈로 증식수와 사멸수가 같음, 세포수 최대, 포자형성 시기
- 사멸기 : 생균수보다 사멸균수가 많아짐

67 내생포자를 형성할 수 있는 능력이 있는 균 중 단백질을 분해하며 청국장 제조에 관여하는 것은?

① *Bacillus* sp.
② *Sporosarcina* sp.
③ *Desulfotomaculum* sp.
④ *Sporolactobacillus* sp.

해설
청국장은 증자한 대두를 주원료로 *Bacillus natto*균으로 발효시켜 제조한 것이다.

68 미생물의 생장인자(growth factor)에 해당하는 것은?

① 탄소원
② 질소원
③ 무기염류
④ 유기영양소(비타민, 핵산 등)

해설
미생물 생장에 필수적으로 요구되나 자체로 합성하지 못하는 물질
- 아미노산 : 단백질 합성
- 퓨린과 피리미딘 : 핵산 합성
- 비타민 : 효소보조인자

69 김치 숙성에 관여하지 않는 미생물은?

① *Aspergillus oryzae*
② *Pediococcus halophilus*
③ *Leuconostoc mesenteroides*
④ *Lactobacillus plantarum*

해설
김치 발효
- 발효 초기 : *Leuconostoc mesenteroides*, 젖산, 탄산가스(CO_2)에 의해 산성화하여 호기성 세균 억제
- 발효 후기 : *Lactiplantibacillus plantarum*, *Levilactobacillus brevis*, 내산성
  ※ *Lactobacillus plantarum*에서 *Lactiplantibacillus plantarum*으로 학명 변경됨
- 발효온도가 낮을수록, 식염농도가 높을수록 *Lactiplantibacillus* 속, *Levilactobacillus* 속, *Pediococcus* 속 증식 유리

70 세균이 주로 증식하는 방법은?

① 출아법 ② 막형성법
③ 포자형성법 ④ 분열법

해설
세균은 원핵세포이며 분열법으로 증식한다.

71 독성파지(virulent phage)에 대한 설명 중 틀린 것은?

① 생세균에 기생한다.
② 용균작용이 있다.
③ 세균에 주입된 DNA는 염색체에 부착하여 세균의 증식에 따라 분열한 세포에 옮겨간다.
④ 세포분열 과정에서 숙주세포를 죽이며 유전자를 복제한다.

해설
③은 용원성 파지(lysogenic phage)의 특징이며, 독성파지는 감염되면 DNA가 독립적으로 복제된다.

72 Gram 양성균에 해당하지 않는 것은?

① *Escherichia coli*
② *Staphylococcus aureus*
③ *Streptococcus lactis*
④ *Lactobacillus acidophilus*

해설
*Escherichia coli*는 그람 음성의 막대 간균이다.

73 미생물 실험에서 haematometer의 용도로 가장 적합한 것은?

① turbidity의 측정
② 총균수 측정
③ pH의 측정
④ 용존 산소의 측정

해설
㉠ 총균수 측정
 • 세균 : Petroff-Hausser 계수기 또는 Helber 계수기
 • 효모, 원생동물 : Thoma의 혈구계수기(haem-atometer) 사용
 • 혈구계수기법
  - 계수기 격자는 큰 구획 25개, 큰 구획 안에 작은 구역 16칸 구성
  - 격자 크기는 가로, 세로 각각 1mm, 깊이 0.02mm (계수기에 표시)
  - 균수를 계수한 후 전체 25구획 균수로 1mL당 균수 환산
㉡ 생균수 측정
 • 고체 평판배양법 이용

 • 균배양액 희석(1개 배당 30~300개 집락 유효) → 평판배지 조제 → 멸균, 분주 → [35±1]℃, 48h 배양 → 집락 측정(집락계수기) → 균수 계산 (균수/mL=집락수×희석배수)

74 효모의 형태에 대해 설명한 것 중 옳은 것은?

① 효모는 모든 종류가 형태가 동일하다.
② 동일한 종류의 효모는 pH 변화에도 형태는 일정하다.
③ 동일한 종류의 효모는 세포 영양 상태에 따라 형태가 달라진다.
④ 동일한 종류의 효모는 세포의 나이에 관계없이 형태가 동일하다.

해설
효모는 다양한 환경적 요인, 특히 영양 상태, pH, 온도 등 변화에 따라 형태와 생리학적 특성이 달라질 수 있다.

75 미생물의 성장곡선에서 정지기(stationary phase)에 대한 설명으로 옳지 않은 것은?

① 생균수가 최대에 도달하는 시기이다.
② 분열균수와 사멸균수가 평형을 이룬다.
③ 균이 왕성하게 증식하며 생리적 활성이 가장 높은 시기이다.
④ 내생포자를 형성하는 세균은 보통 이 시기에 포자를 형성한다.

해설
• 유도기 : 미생물이 증식을 준비하는 시기, 효소 · RNA 증가, DNA는 일정
• 대수기 : 대수적으로 증식하는 시기, RNA 일정, DNA 증가, 세대시간 · 세포의 크기 일정
• 정상기 : 영양물질의 고갈로 증식수와 사멸수가 같음, 세포수 최대, 포자형성 시기
• 사멸기 : 생균수보다 사멸균수가 많아짐

76 미생물 명명법 중 옳은 것은?

① 속명(genus)과 종명(species)을 순서대로 쓴다.
② 종명(species)과 속명(genus)을 순서대로 쓴다.
③ 과명(family)과 속명(genus)을 순서대로 쓴다.
④ 과명(family)과 종명(species)을 순서대로 쓴다.

정답 71 ③ 72 ① 73 ② 74 ③ 75 ③ 76 ①

> **[해설]**
>
> **명명법(nomenclature)**
> 계(kingdom) – 문(phyla) – 강(class) – 목(order) – 과(family) – 속(genus) – 종(species)
> - 모든 학명은 2명법(속명+종명)을 사용한다.
> - 속명의 첫 알파벳은 대문자로 시작하며 나머지는 모두 소문자로 한다.
> - 라틴어를 사용하고 이탤릭체로 쓴다.

77 미생물 실험 결과 다음과 같은 결과를 얻었다. 세균수를 계산하면 얼마인가?

구분	희석배수 1:100	희석배수 1:1,000	CFU/g (mL)
집락수	232	33	—
	244	28	

① 24,400
② 24,000
③ 24,409
④ 25,000

> **[해설]**
>
> 균수 = $\dfrac{\Sigma c}{\{(1\times n_1)+(0.1\times n_2)\}\times 최소희석배수^{-1}}$
>
> 여기서, c : colony 수, n : petri dish 수
>
> ∴ 균수 = $\dfrac{232+244+33+28}{\{(1\times 2)+(0.1\times 2)\}\times 10^{-2}}$
> $= 24,409$
>
> ※ 유효평판배지의 균수는 15~300CFU/g이다.

78 천자배양(stab culture)에 가장 적합한 균은?

① 혐기성균
② 호염성균
③ 고온균
④ 호기성균

> **[해설]**
>
> **천자배양법(stab culture)**
> - 고층배지의 혐기성균, 젖산균, 대장균 등의 배양 관찰
> - 백금선으로 배지 중앙을 찌르며 접종

79 돌연변이에 대한 설명 중 틀린 것은?

① 염기배열 변화의 방법에는 염기 첨가, 염기 결손, 염기 치환 등이 있다.
② 점 돌연변이(point mutation)는 틀 이동 돌연변이(frame shift mutation)에 비해 복귀 돌연변이(back mutation)가 되기 어렵다.
③ 돌연변이의 원인은 DNA 복제과정에서의 염기배열 변화이다.
④ 돌연변이는 크게 자연돌연변이와 인공돌연변이로 나뉜다.

> **[해설]**
>
> 1개의 염기가 첨가, 결손, 치환되는 point mutation은 말 그대로 3개씩 읽던 번역 격자가 달라지는 frame shift mutation에 비해 복귀 돌연변이(back mutation)가 되기 쉽다.

80 곰팡이 중 정낭(vesicle)이 있는 것은?

① *Aspergillus* 속
② *Rhizopus* 속
③ *Absidia* 속
④ *Mucor* 속

> **[해설]**
>
> **조상균류와 자낭균류의 비교**
>
> | 구분 | 조상균류 (Phycomycetes) | 자낭균류 (Ascomycetes) |
> |---|---|---|
> | 격막 | 없음 | 있음 |
> | 균사 자루 | 포자낭병 (sporangiophore) | 분생포자낭병 (conidiophore) |
> | 균사 선단 | 중축 (columella) | 정낭(vesicle), 경자(sterigmata) |
> | 포자 | 포자낭 포자 (sporangiospore) | 분생포자 (conidiospore) |
> | 종류 | *Mucor, Rhizopus, Absidia* | *Aspergillus, Penicillium, Monascus, Neurospora* |

5과목 생화학 및 발효학

81 포도당 800g을 초산발효시켜 얻을 수 있는 이론적인 초산량은?(단, 각 원자량은 C=12, H=1, O=16이다.)

① 266.7g
② 500g
③ 533.3g
④ 1,043.36g

> **[해설]**
>
> 포도당 한 분자 : 초산 두 분자 = 포도당 500g : 초산 xg
> $180 : 60\times 2 = 800 : x$
> ∴ $x = 533.3$

정답 77 ③ 78 ① 79 ② 80 ① 81 ③

82 Pyruvic acid가 효과적으로 완전히 산화되어 이산화탄소와 물이 되는 대사과정에 포함되지 않는 것은?

① 해당과정
② TCA 회로(시트르산 회로)
③ 글리옥실산 회로
④ 전자전달계

해설
① 해당과정 : 피루브산을 생성하는 과정
② TCA 회로 : 피루브산 → 아세틸-CoA로 전환된 후 TCA 회로에 들어가서 완전히 산화
③ 글리옥실산 회로 : 피루브산 → 아세틸-CoA로 전환된 후 아세틸-CoA가 TCA 회로에서 CO_2와 H_2O로 분해
④ 전자전달계 : 피루브산의 산화 과정에서 생성된 NADH와 $FADH_2$의 전자를 사용하여 ATP를 생성

83 Glycolysis에서 생성될 수 없는 물질은?

① 레시틴
② 피루브산
③ 젖산
④ 아세트알데히드

해설
① 레시틴 : 해당과정에서 합성되지 않고 포스파티딜콜린 합성 경로에서 합성
② 피루브산 : 해당과정의 최종 생성물
③ 젖산 : 피루브산은 젖산으로 환원
④ 아세트알데히드 : 해당과정에서 생성된 피루브산이 알코올 발효를 통해 아세트알데히드로 변환

84 DNA를 구성하는 염기(base)에 해당하지 않는 것은?

① adenine
② guanine
③ cytosine
④ uracil

해설
염기(base)
• purine 염기 : adenine(A), guanine(G)
• pyrimidine 염기 : cytosine(C), thymine(T), uracil(U)
• DNA 구성 염기 : A, G, C, T, RNA 구성염기 : A, G, C, U

85 광합성 과정의 전자전달계에 관여하는 조효소(coenzyme)는?

① DPN^+ (또는 NAD^+)
② TPN^+ (또는 $NADP^+$)
③ FAD
④ FMN

해설
광합성 전자전달계
H_2O를 산화하고 O_2를 발생하는 한편 $NADP^+$ (또는 TPN^+)를 조효소로 사용한다.

86 핵산단백질이 가수분해될 때 올바르게 표기한 순서는?

① 핵산 → nucleoside → nucleotide → base
② 핵산 → nucleotide → nucleoside → base
③ 핵산 → base → nucleoside → nucleotide
④ 핵산 → nucleoside → base → nucleoside

해설
핵산단백질의 가수분해
핵단백질(histon 등) 분해 시 단백질 부분 분해
㉠ 핵산(DNA, RNA)의 이중나선 또는 부분 수소결합 등 절단
㉡ nucleotide(염기+당+인산)의 인산이 절단되어 nucleoside 분리
㉢ nucleoside(염기+당)의 당이 절단되어 base(염기) 분리
㉣ 염기는 분해되어 암모니아, 이산화탄소, 요산 등 생성

87 리보플라빈을 생산할 수 있는 균은?

① *Mucor mucedo*
② *Lactobacillus delbrueckii*
③ *Ashbya gossypii*
④ *Rhizopus tonkinensis*

해설
비타민 B_2(riboflavin)
• 생산균 : *Ashbya gossypii*(7g/L), *Eremothecium ashbyii*(3g/L), *Candida flareri*, *Mycocandida riboflavina*
• 포도당, 설탕, 맥아당, 28℃, 7일
• pH 4.5 조절, 121℃, 1시간, 추출 후 원심분리 정제

정답 82 ① 83 ① 84 ④ 85 ② 86 ② 87 ③

88 TCA 회로상에서 생성되는 유기산에 해당하지 않는 것은?

① 옥살로아세트산 ② 시트르산
③ 푸마르산 ④ 젖산

해설
젖산(lactic acid)은 혐기적 해당의 산물이다.

89 $[S] = K_m$ 이며, 효소반응속도 값이 50mol/min 일 때 V_{max} 는?(단, $[S]$는 기질농도, K_m은 미카엘리스 상수이다.)

① 40mol/min ② 60mol/min
③ 80mol/min ④ 100mol/min

해설
미카엘리스 – 멘텐 방정식
$$V_o = \frac{V_{max}[S]}{K_m + [S]}$$
여기서, V : 반응속도
$[S]$: 기질 농도
K_m : 미카엘리스 상수
V_{max} : 최대 반응속도
$[S] = K_m$ 일 때
$$V_o = \frac{V_{max}[S]}{[S]+[S]} = \frac{V_{max}[S]}{2[S]}$$
$$= \frac{1}{2}V_{max} = 50\text{mol/min}$$
$$\therefore V_{max} = 100\text{mol/min}$$

90 진핵세포 내에서 전자전달 연쇄반응에 의한 산화적 인산화가 일어나는 기관은?

① 세포질 ② 미토콘드리아
③ 세포막 ④ 리보솜

해설
미토콘드리아 대사 : TCA 회로, 전자전달계, 산화적 인산화, 지방 베타–산화 등

미토콘드리아
- 에너지를 생산하는 기관으로, 엽록체와 마찬가지로 2중막으로 구성된다.
- 내막은 크리스타로 굴곡이 심하여 넓은 표면적을 가지고 있으며 내부는 매트릭스라 한다.
- 엽록체와 마찬가지로 자체 DNA를 가지고 있으며, 매트릭스의 TCA 회로와 내막의 전자전달계를 통해 에너지를 생산한다.

91 미생물의 배양을 위해 배지에 구성되어야 하는 성분이 아닌 것은?

① 수소 이온 ② 질소원
③ 무기염류 ④ 유기화합물

해설
배지
- 미생물 성장에 필요한 탄소원, 질소원, 무기질 영양소에 삼투압과 pH를 조절한 배양액
- 121℃, 20분, 15lb 고압증기로 멸균(autoclave)하여 사용

92 α–glucoamylase의 특징이 아닌 것은?

① 말타아제라고도 한다.
② 이소말토오스에 대해서 활성이 뛰어나다.
③ 말토오스, 아밀로오스, 올리고당을 분해한다.
④ 거의 모든 생물에 존재한다.

해설
α–glucoamylase는 전분을 포도당으로 분해하는 효소로, 주로 α–1,4–글리코시드 결합을 절단한다. 이소말토오스는 α–1,6–글리코시드 결합을 가진다.

93 퓨린 염기(purine nucleotide) 대사 이상으로 인하여 관절이나 신장 등의 조직에 침범하여 통풍(gout)을 일으키는 원인물질로 알려진 것은?

① allopurinol ② colchicine
③ GMP ④ uric acid

해설
퓨린 염기의 분해
- 간에서 adenine, guanine → 요산(uric acid)으로 전환되어 신장에서 배설된다.
- 요산은 물에 난용성으로 과잉 축적하면 요결석 원인이 된다.
- 요산을 생성할 수 있는 nucleotide : IMP, AMP, GMP

94 세포벽 합성(cell wall synthesis)에 영향을 주는 항생물질은?

① oxytetracycline ② penicillin G
③ streptomycin ④ mitomycin

정답 88 ④ 89 ④ 90 ② 91 ① 92 ② 93 ④ 94 ②

해설
penicillin G는 세균의 세포벽 합성을 저해하여 세균을 사멸시킨다.

95 DNA에 관한 설명 중 맞는 것은?
① DNA는 한 가닥으로 구성되어 나선 모양을 하고 있다.
② DNA를 구성하는 adenine 염기와 guanine 염기 비는 1에 가깝다.
③ 진핵세포에서 복제원점(Origin of Replication)은 한 곳이다.
④ 각 생물에 따라 그 핵에 들어있는 DNA 총량과 그 성분은 일정하지 않다.

해설
DNA는 생물체의 유전정보를 저장하는 기본 분자로, 이 정보는 세포가 기능을 하는 데 필요한 단백질을 만드는 데 사용되며, 각 생물에 따라 그 핵 속 DNA의 성분과 총량은 달라진다.

96 광합성에서 이산화탄소(CO_2)가 탄수화물로 환원되는 반응으로 옳은 것은?
① 명반응(light reaction)
② 탄소동화반응(carbon-assimilation reaction)
③ NADPH와 ATP를 생산하는 반응
④ 산소에 의존하는 반응

해설
탄소동화반응
- CO_2와 H_2O를 탄수화물로 환원시키는 반응이다.
- 이 과정에서 NADPH, ATP가 필요하다.

97 fusel oil의 고급 알코올은 무엇으로부터 생성되는가?
① 아미노산   ② 포도당
③ 지방   ④ 에틸 알코올

해설
퓨젤유(fusel oil)
- 아미노산으로부터 알코올 발효 시 부산물로 생성
- 퓨젤유 조성 : 아밀 알코올(50% 이상 isoamyl alcohol), 부틸 알코올 등
- 제품주정 0.3%, 유상 황갈색
- 술덧의 단백질분해물 유래 프로필 알코올, 부틸 알코올, 아밀 알코올 등

98 설탕을 기질로 하여 덱스트란(dextran)을 공업적으로 생성하는 젖산균은?
① *Lactobacillus acidophilus*
② *Leuconostoc mesenteroides*
③ *Streptococcus cremoris*
④ *Pediococcus lindneri*

해설
덱스트란은 *Leuconostoc mesenteroides*에 의해서 김치 제조 시 설탕으로부터 생성된 점액성 다당류로, 혈장 대용액으로도 쓰인다.

99 효소의 작용속도에 영향을 미치는 요인이 아닌 것은?
① pH   ② 온도
③ 반응액 용량   ④ 기질 농도

해설
효소의 작용에 영향을 미치는 요인
- 효소는 최적 온도와 최적 pH에서 최대 활성을 나타낸다.
- 기질의 농도 : 기질 농도가 높아질수록 반응속도는 증가하나 일정 수준에 이르면 더 이상 증가하지 않고 일정해진다.
- 효소의 농도 : 효소의 농도가 증가할수록 반응속도도 증가한다.

100 포도당을 영양원으로 젖산(lactic acid)을 생산할 수 없는 균주는?
① *Pediococcus lindneri*
② *Leuconostoc mesenteroides*
③ *Aspergillus niger*
④ *Lactobacillus acidophilus*

해설
***Aspergillus niger*(흑국균)**
집락은 흑색이며, 전분당화력(β-amylase)이 강하고 당액을 발효하여 구연산 등 유기산 발효공업에 이용된다.

정답 95 ④ 96 ② 97 ① 98 ② 99 ③ 100 ③

CBT 기출복원문제 2024년 1회

1과목 식품위생학

01 저온유통이 식품의 품질에 미치는 영향이 아닌 것은?

① 산화반응속도 저하 ② 효소반응속도 저하
③ 미생물 번식 억제 ④ 식중독균 사멸

해설
저온유통으로 식중독균이 사멸하지는 않는다.

02 방사선 조사(food irradiation)에 대한 설명으로 틀린 것은?

① 식품에서의 방사선량은 Gy 단위로 표시하며 1Gy는 1kg의 식품에 조사될 때 1J의 에너지가 흡수되는 것과 같은 양의 에너지이다.
② ^{60}Co 감마선으로 식품의 특성과 목적에 따라 정해진 방사선량을 식품에 쪼이는 것이다.
③ 식품이 흡수한 에너지는 free radical을 형성하여 미생물을 죽이거나 다른 식품분자와 반응을 한다.
④ 식품에는 100kGy의 에너지를 주로 사용한다.

해설
방사선 조사 식품
- 방사선 조사는 주로 ^{60}Co의 감마선을 이용해 포장된 상태의 제품을 처리할 수 있으며 비열 처리하므로 냉살균이라 한다.
- 방사선량의 단위는 Gy이며, 1Gy는 1J/kg에 해당한다.
- 1kGy 이하의 저선량 방사선 조사를 통해 감자, 양파 등의 발아 억제, 기생충 사멸, 숙도 지연 등의 효과를 낸다.
- 바이러스의 사멸을 위해서는 발아 억제를 위한 조사보다 높은 선량이 필요하다.
- 10kGy 이하의 방사선 조사로는 모든 병원균을 완전히 사멸시키지는 못한다.
- 식품에는 10kGy 이하의 에너지를 주로 사용한다.

03 장염비브리오균의 특징에 해당하는 것은?

① 아포를 형성한다.
② 열에 강하다.
③ 감염형 식중독균으로 전형적인 급성 장염을 유발한다.
④ 편모가 없다.

해설
장염 비브리오 식중독
- 원인균 : *Vibrio parahaemolyticus*
- 그람 음성, 포자 비형성 무포자간균, 단모균, 호상균, 3~4% 호염균
- 감염형 식중독으로 잠복기는 평균 10~18시간, 주 증상은 복통·구토·설사·발열 등
- 원인 식품은 어패류의 생식이며 열에 약해서 가열조리를 통해 예방할 수 있다.

04 식용색소 황색 제4호를 착색료로 사용하여도 되는 식품은?

① 커피 ② 어육소시지
③ 배추김치 ④ 식초

해설
어육가공품(어육소시지 제외)에 착색료 사용이 불가하다.

05 히스타민을 생성하는 대표적인 균주는?

① *Bacillus subtilis*
② *Bacillus cereus*
③ *Morganella morganii*
④ *Aspergillus oryzae*

해설
*Morganella morganii*는 히스티딘 탈탄산효소(histidine decarboxylase)를 이용하여 히스티딘을 히스타민으로 전환하는 부패세균이다.

정답 01 ④ 02 ④ 03 ③ 04 ② 05 ③

06 단백뇨를 증상으로 하는 금속중독은?

① 납 중독　② 망간 중독
③ 수은 중독　④ 카드뮴 중독

해설
카드뮴은 신장 세뇨관에 축적되어 세뇨관 손상을 유발하여 소변으로 단백질이 빠져나오는 증상을 보인다.

07 단백질 식품의 부패생성물과 거리가 먼 것은?

① 암모니아　② 알코올
③ 황화수소　④ 아민류

해설
알코올은 주로 탄수화물의 발효 과정에서 생성되는 물질이다.

08 Aflatoxin군 중 경구 LD_{50}의 수치가 가장 낮으며 강력한 발암성 물질로 알려진 것은?

① B_1　② B_2
③ G_1　④ G_2

해설
Aflatoxin군 중 B_1의 독성이 가장 강하며 사람에게 간암을 일으키는 강력한 발암성 물질이다.

09 다음 감염병 중 바이러스에 의해 감염되지 않는 것은?

① 장티푸스　② 폴리오
③ 인플루엔자　④ 유행성 간염

해설
장티푸스는 세균(*Salmonella typhi*)에 의해 감염된다.

10 미량으로 발암이나 만성중독을 유발시키는 화학물질 중 상수원 물의 오염이 문제가 되는 것은?

① 아질산염(N-nitrosamine)
② 메틸알코올(methyl alcohol)
③ 트리할로메탄(Trihalomethane, THM)
④ 이환 방향족 아민류(heterocylic amines)

해설
트리할로메탄은 상수원의 정수과정에서 염소 소독처리 중 발생할 수 있는 발암성 물질이다.

11 식품공전상 탄산 음료수의 기준, 규격에서 용기의 주석 제한량은?(단, 캔 제품에 한한다.)

① 100mg/kg 이하
② 150mg/kg 이하
③ 200mg/kg 이하
④ 300mg/kg 이하

해설
식품공전상 탄산음료류에 사용되는 용기 중 알루미늄 캔 이외의 캔 제품에 대한 주석 제한량은 150mg/kg 이하이다.

12 위해평가(risk assessment)의 주요 요소가 아닌 것은?

① 위험성 확인　② 위험성 결정
③ 노출 평가　④ 위해 치료

해설
식품위생법령상 위해평가 과정
- 위해요소의 인체 내 독성을 확인하는 위험성 확인과정
- 위해요소가 인체에 노출된 양을 산출하는 노출평가과정
- 위험성 확인과정, 위험성 결정과정, 노출평가과정의 결과를 종합하여 해당 식품 등이 건강에 미치는 영향을 판단하는 위해도 결정과정

13 HACCP에 관한 설명으로 틀린 것은?

① 위해분석(Hazard Analysis)은 위해 가능성이 있는 요소를 찾아 분석·평가하는 작업이다.
② 중요관리점(Critical Control Point) 설정이란 관리가 안 될 경우 안전하지 못한 식품이 제조될 가능성이 있는 공정의 결정을 의미한다.
③ 한계기준(Critical Limit)이란 위해분석 시 정확한 위해도 평가를 위한 지침을 말한다.
④ HACCP의 7개 원칙에 따르면 중요관리점이 관리기준 내에서 관리되고 있는지를 확인하기 위한 모니터링 방법이 설정되어야 한다.

정답 06 ④　07 ②　08 ①　09 ①　10 ③　11 ②　12 ④　13 ③

해설
한계기준(Critical Limit)
- 중요관리점에서의 위해요소 관리가 허용범위 이내로 충분히 이루어지고 있는지 여부를 판단할 수 있는 기준이나 기준치
- 안전을 위한 절대적 기준치로 온도, 시간, 무게, 색 등 간단히 확인할 수 있는 기준

14 식중독 역학조사 시 설문조사 분석을 통하여 질병의 유형을 분류하고 가설을 설정·검증하는 단계는?

① 현장조사 단계 ② 정리 단계
③ 준비 단계 ④ 조치 단계

해설
식중독 역학조사 순서
- 준비 단계 : 원인조사반 구성, 검체 채취 기구 준비
- 현장조사 단계 : 검체 채취, 설문조사 분석으로 질병 유형 분류, 가설 설정
- 정리 단계 : 자료 분석을 통해 발생오염원 및 경로 추정
- 조치 단계 : 원인식품 사용금지 및 폐기조치

15 소비기한 설정실험 지표의 연결이 틀린 것은?

① 빵 또는 떡류 – 산가(유탕처리식품)
② 잼류 – 세균수
③ 시리얼류 – 수분
④ 엿류 – TBA가

해설
TBA가는 유지의 산패도 측정 지표이다.

16 각 영업의 종류에 대한 설명으로 틀린 것은?

① '기타 식품판매업'은 백화점, 슈퍼마켓, 연쇄점 등의 영업장 면적이 $300m^2$ 미만인 업소에서 식품을 판매하는 영업이다.
② '식품조사처리업'은 식품보존업에 속한다.
③ '단란주점영업'은 손님이 노래를 부르는 행위가 허용된다.
④ '제과점영업'은 음주행위가 허용되지 아니한다.

해설
기타 식품판매업은 영업장 면적이 $300m^2$ 이상의 백화점, 슈퍼마켓, 연쇄점 등에서 식품을 판매하는 영업이다.

17 식품의 기준 및 규격 고시 총칙으로 틀린 것은?

① 따로 규정이 없는 한 찬물은 15℃ 이하, 온탕은 60~70℃, 열탕은 약 100℃의 물이다.
② 상온은 20℃, 표준온도는 15~25℃, 실온은 1~30℃, 미온은 35~40℃로 한다.
③ 차고 어두운 곳(냉암소)이라 함은 규정이 없는 한 0~15℃의 빛이 차단된 장소를 말한다.
④ 감압은 따로 규정이 없는 한 15mmHg 이하로 한다.

해설
표준온도는 20℃, 상온은 15~25℃, 실온은 1~35℃, 미온은 30~40℃로 한다.

18 수분 함량 측정방법이 아닌 것은?

① Soxhlet 추출법 ② 감압가열건조법
③ Karl–Fisher법 ④ 상압가열건조법

해설
Soxhlet 추출법은 식품 속의 조지방을 측정하는 방법이다.

19 식품제조시설의 공기살균에 가장 적합한 방법은?

① 승홍수에 의한 살균
② 열탕에 의한 살균
③ 소각에 의한 살균
④ 자외선에 의한 살균

해설
물, 공기 소독에 가장 적합한 것은 자외선 살균이다.

20 다음의 식품위생법에 의한 자가품질검사에 대한 기준에서 ( ) 안에 알맞은 것은?

- 자가품질검사에 관한 기록서는 (A) 보관하여야 한다.
- 자가품질검사 주기의 적용시점은 (B)을 기준으로 산정한다.

① A : 1년간, B : 제품 판매일
② A : 2년간, B : 제품 판매일
③ A : 1년간, B : 제품 제조일
④ A : 2년간, B : 제품 제조일

정답 14 ① 15 ④ 16 ① 17 ② 18 ① 19 ④ 20 ④

> **해설**
> **자가품질검사**
> - 자가품질검사 주기의 적용시점은 제품 제조일을 기준으로 산정한다.
> - 자가품질검사에 관한 기록서는 2년간 보관하여야 한다.

2과목 식품화학

21 효소에 의한 식품의 변색현상은?
① 김이 저장 중 고유한 색깔을 잃는 것
② 새우나 게를 가열하면 붉은색으로 변하는 것
③ 사과를 잘라 공기 중에 두었을 때 갈변하는 것
④ 안토시아닌을 가진 채소나 과일을 통조림에 담으면 회색을 나타내는 것

> **해설**
> **효소적 갈변**
> - 주로 과일(사과, 배)이나 채소(감자, 고구마) 등의 식품에 절단된 부위에서 일어남
> - catechin, gallic acid, chlorogenic acid, tyrosine 등이 polyphenol oxidase, tyrosinase 등 효소에 의해 갈색 물질인 melanin 생성

22 α-전분이 노화(retrogradation)되면 X선 간섭도는?
① A 도형을 나타낸다.
② B 도형을 나타낸다.
③ C 도형을 나타낸다.
④ V 도형을 나타낸다.

> **해설**
> **X선 회절도**
> - 전분에 X선을 조사하면 뚜렷한 동심원의 회절도를 보임
> - 쌀 같은 곡류 전분은 A형
> - 감자나 옥수수 등 아밀로오스 함량이 35~40% 이상인 전분은 B형
> - 고구마, 칡, 콩류 등 A형과 B형의 중간 상태 전분은 C형
> - 호화전분은 V형으로 α-전분
> - α-전분이 노화되어 형성된 β-전분의 X선 회절도는 종류에 관계없이 항상 B형

23 다음 성분 중에서 난황 속에 가장 많이 들어 있는 것은?
① 단백질 ② 지질
③ 탄수화물 ④ 무기질

> **해설**
> 난황에는 지질 비율이 약 30~35%로 가장 많이 함유되어 있다.

24 다음 중 탄소의 수가 4개인 당알코올은?
① 자일리톨 ② 만니톨
③ 에리스리톨 ④ 솔비톨

> **해설**
> 에리스리톨은 에리트로스(erythrose)에서 유도된 4탄당 알코올이다.

25 약한 산이나 알칼리에 파괴되지 않고 쉽게 변색되지 않는 색소를 주로 함유한 식품은?
① 검정콩 ② 당근
③ 가지 ④ 옥수수

> **해설**
> **카로티노이드(지용성 색소)**
> - 카로틴류 : lycopene(토마토, 수박의 적색), β-carotene(당근의 황색)
> - 크산토필류 : capsanthin(고추의 적색), astaxanthin(게, 새우의 적색)
> - 산, 알칼리에 안정하며 쉽게 변색되지 않는다.

26 다음 중 우리 몸에 흡수된 단백질을 분해하는 효소의 작용순서로 옳은 것은?
① endopeptidase-exopeptidase-dipeptidase
② exopeptidase-endopeptidase-dipeptidase
③ endopeptidase-dipeptidase-exopeptidase
④ exopeptidase-dipeptidase-endopeptidase

> **해설**
> **단백질 분해효소**
> - endopeptidase : 단백질의 안쪽(endo)을 분해 - 위장의 펩신, 췌장의 트립신, 카이모트립신 등
> - exopeptidase : 단백질의 바깥쪽(exo)을 분해 - 소장의 carboxypeptidase, elastase 등

정답 21 ③ 22 ② 23 ② 24 ③ 25 ② 26 ①

- dipeptidase : 디펩타이드 분해
- 펩신이나 트립신 등 endopeptidase로 3차 구조가 분해되고, 짧아진 폴리펩타이드의 말단이 exopeptidase에 의해 절단된 후 남은 올리고펩타이드를 디펩타이드 등으로 분해한다.

27 식용유지의 과산화물가(Peroxide Value)가 80 밀리당량(meq/kg)인 경우, 밀리몰(mM/kg)로 표시된 과산화물가는?

① 10mM/kg ② 20mM/kg
③ 30mM/kg ④ 40mM/kg

해설
과산화물가(Peroxide Value, PV)
- 과산화물량을 정량적으로 측정하여 자동산화의 정도를 나타내는 지표
- 유지에 KI를 반응시키면 과산화물에 의해 KI로부터 요오드가 정량적으로 유리되는데, 이를 sodium thiosulfate로 적정하여 판정
- 요오드 2가 이온(I_2)을 적정하므로 1meq=0.5mM
  따라서 80meq/kg=40mM/kg

28 클로로필을 알칼리로 처리하였더니 피톨이 유리되고 용액의 색깔이 청록색으로 변했다. 다음 중 어느 것이 형성된 것인가?

① pheophytin ② pheophorbide
③ chlorophyllide ④ chlorophylline

해설
chlorophyll(엽록소)
- 녹색식물의 잎에 존재하며 Mg을 함유한 4개의 pyrrol로 구성된 porphyrin 구조로 chlorophyll a(청록색)와 b(황록색)가 있으며 3 : 1로 구성
- chlorophyll은 산성하에서 porphyrin의 Mg^{2+}이 수소로 치환되어 갈색의 pheophytin을 형성한다. 계속된 산 처리 시 phytol기가 분해되어 갈색의 pheophorbide 생성
- chlorophyll은 알칼리성에서 phytol기가 분해되어 녹색의 chlorophyllide가 되며, 이어서 methyl기가 분해되면 짙은 녹색의 chlorophylline 생성
- chlorophyllase에 의해 phytol기가 제거되면 녹색의 수용성인 chlorophyllide 생성
- chlorophyll을 Cu^{2+}, Fe^{2+} 등의 금속으로 가열 처리하면 Mg^{2+}이 치환되어 녹색의 chlorophyll염 생성
- 채소를 끓이면 chlorophyll은 pheophytin이 되어 갈색 변색

29 황태, 쇠고기, 감자 등을 오랫동안 삶아서 특유의 향신료를 제조하려 한다. 가열 처리 공정 중에 생성되리라 예상되는 성분은?

① 벤조피렌
② HMF(Hydroxymethylfurfural)
③ 플라보노이드
④ 자일리톨

해설
HMF(Hydroxymethylfurfural)
주로 탄수화물이 고온에서 장시간 가열될 때 아미노산과 반응하여 발생하는 마이야르 반응(Maillard reaction)의 중간 생성물이거나, 당이 분해되어 생성되는 물질이다. 탄수화물인 감자를 장시간 가열 시 일부가 당으로 분해되어 단백질(황태, 쇠고기)과 함께 마이야르 반응을 일으켜 생성될 수 있다.

30 관능검사법의 장소에 따른 분류 중 이동수레를 활용하여 소비자 기호도 검사를 수행하는 방법은?

① 중심지역 검사 ② 실험실 검사
③ 가정사용 검사 ④ 직장사용 검사

해설
관능검사 중 소비자 기호도 검사
가장 주관적 검사, 새로운 식품 개발이나 품질 개선에 이용, 이점 기호검사, 기호 척도법, 순위 기호검사, 적합성 판정법
- 선호도 검사 : 여러 개 중 좋아하는 것을 선택하여 좋아하는 순서 정하기
- 기호도 검사 : 좋아하는 정도 측정(평점법 이용)
- 중심지역 검사 : 이동수레를 활용하여 소비자 기호도 검사 수행

31 가공식품에 사용되는 소르비톨(sorbitol)의 기능이 아닌 것은?

① 저칼로리 감미료
② 계면활성제
③ 비타민 C 합성 시 전구물질
④ 착색제

해설
소르비톨은 저칼로리 감미료, 계면활성제, 비타민 C 합성 시 전구물질 등으로 이용된다.

정답 27 ④ 28 ③ 29 ② 30 ① 31 ④

32 기능이 다른 유화제 A(HLB 20)와 B(HLB 4)를 혼합하여 HLB가 16인 유화제 혼합물을 만들고자 한다. 각각 얼마씩 첨가해야 하는가?

① A 85% + B 15% ② A 75% + B 25%
③ A 65% + B 35% ④ A 55% + B 45%

해설
유화제 A : HLB 20
유화제 B : HLB 4

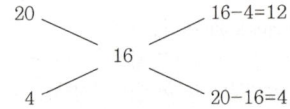

유화제 A(12) : 유화제 B(4) = 75% : 25%

33 나트륨(Na)에 대한 설명으로 틀린 것은?

① 칼슘과 함께 뼈의 주요 구성 성분이다.
② 혈액의 완충작용을 하여 pH를 유지한다.
③ 근육 수축 및 신경 흥분과 관련이 있다.
④ 담즙, 췌액, 장액 등의 알칼리성 소화액의 성분이며, 대부분 재흡수된다.

해설
나트륨
- 생체 다량 무기질로 70g 정도 존재
- 세포 내 전해질로 작용하여 근육의 수축, 이완과 삼투압 등 조절
- 뼈의 구성 성분은 칼슘, 마그네슘, 인 등이다.

34 다음 중 필수 아미노산이 아닌 것은?

① lysine   ② phenylalanine
③ valine   ④ alanine

해설
필수 아미노산
threonine, valine, tryptophan, isoleucine, leucine, lysine, phenylalanine, methionine(성장기 어린이는 histidine, arginine 추가)

35 다음 중 전분의 노화속도와 가장 관련이 적은 것은?

① 전분 입자의 크기
② amylopectin의 함량
③ 수분 함량
④ 온도

해설
전분 입자의 크기는 주로 호화(gelatinization) 과정에 영향을 미친다.

36 독성이 매우 강하여 면실유 정제 시에 반드시 제거하여야 하는 천연 항산화제는?

① sesamol   ② guar gum
③ gossypol   ④ gallic acid

해설
면실유의 독성 성분은 고시폴(gossypol)이다.

37 α형 이성질체보다 β형 이성질체의 단맛이 강한 당류는?

① 과당   ② 맥아당
③ 설탕   ④ 포도당

해설
과당은 온도와 시간이 변함에 따라 선광도가 변한다. β형이 α형에 비하여 3배의 단맛을 가지는데, 고온에서 β형으로 선광도가 변화하므로 고온에서 당도가 더 높게 느껴진다.

38 검화될 수 없는 지방질(unsaponifiable lipids)에 속하는 성분은?

① 트리스테아린(tristearin)
② 토코페롤(tocopherol)
③ 세레브로사이드(cerebroside)
④ 레시틴(lecithin)

해설
검화는 알칼리성 물질로 글리세롤과 지방산의 에스테르 결합을 절단하는 것으로 단순지질인 트리스테아린, 복합지질인 세레브로사이드, 레시틴이 가능하며 토코페롤과 같은 유도지질은 검화할 수 없다.

39 다음 중 질소환산계수가 가장 큰 식품은?

① 쌀   ② 팥
③ 대두   ④ 밀

정답 32 ② 33 ① 34 ④ 35 ① 36 ③ 37 ① 38 ② 39 ③

해설
대두는 단백질 함량이 많으므로 질소환산계수가 크다.

40 식품의 분산계에 대한 설명 중 틀린 것은?
① 분산질이 기체이고 분산매가 액체인 식품 상태를 거품(foam)이라 한다.
② 분산질이 액체이고 분산매가 액체이면서 서로 섞이지 않는 식품 상태를 유화(emulsion)라 한다.
③ 분산질이 고체이고 분산매가 기체인 식품 상태를 에어로솔(aerosol)이라 한다.
④ 분산질이 액체이고 분산매가 고체인 식품 상태를 서스펜션(suspension)이라 한다.

해설
분산질이 액체이고 분산매가 고체인 상태는 겔(gel)이다.

3과목 식품가공학

41 멸치젓 제조 시 소금으로 절여 발효할 때 나타나는 현상이 아닌 것은?
① 과산화물가가 증가한다.
② 가용성 질소가 증가한다.
③ 맛이 좋아진다.
④ 생균수가 15~20일 사이에 급격히 감소하다가 점차 증가한다.

해설
멸치젓
- 신선한 멸치를 수세·탈수 후 소금(20~30%, 정제염)에 절임
- 밀봉 후 그늘에 2~3개월 숙성
- 가용성 질소가 증가하며, 과산화물가(peroxide value)가 증가

42 과일 및 채소의 수확 후 생리현상으로 중량 감소를 일으키는 가장 주된 작용은?
① 휴면작용   ② 증산작용
③ 발아발근작용   ④ 후숙작용

해설
과일 및 채소의 수확 후 생리현상으로 중량 감소를 일으키는 가장 주된 작용은 호흡에 의한 호흡열이 증산작용을 빠르게 일으켜 수분을 증발시킨다.

43 CA 저장에 대한 설명 중 틀린 것은?
① 수확 후에도 호흡작용이 왕성한 과채류의 저장에 주로 이용된다.
② CR(Climacteric Rise)가 있는 과일이 CA 저장에 유리하다.
③ 환경기체의 산소 분압이 높을수록 식품 저장에 유리하다.
④ 일반적으로 탄산가스의 분압은 2~10% 정도가 CA 저장에 적절하다.

해설
CA(Controlled Atmosphere) 저장
- 과채류(사과, 배, 감)는 수확 후 호흡을 유지하여 호흡열에 의한 품온 상승
- 품온 상승에 따른 숙성도 증가 : 식품의 열화 작용
- CA 저장은 밀폐된 공간에 산소와 이산화탄소의 비율을 조절하여 호흡을 억제하여 냉장설비와 함께 저장기간을 연장하는 방법, 산소 분압을 낮추고 이산화탄소 분압을 높여서 호흡 억제

44 햄, 소시지, 베이컨 등의 가공품 제조 시 단백질의 보수력 및 결착성을 증가시키기 위해 사용되는 첨가물은?
① MSG   ② ascorbic acid
③ polyphosphate   ④ chlorine

해설
품질개량제는 햄이나 소시지 등의 결착력을 높여 식감을 좋게 하는 것으로 인산염(phosphate)이 주로 이용된다.

45 냉매 중 폭발성이 없고, 냉동범위가 비교적 넓은 것은?
① 프레온   ② 암모니아
③ 메틸클로라이드 ④ 이산화황

해설
프레온은 폭발성이 없고 냉동범위가 넓어 냉장고, 에어컨, 산업용 냉동 등 냉동 시스템에 적용되고 있다.

정답 40 ④ 41 ④ 42 ② 43 ③ 44 ③ 45 ①

46 콩으로부터 분리대두단백(soy protein isolate)을 가공하기 위한 일반적인 제조 공정이 아닌 것은?

① 탈지
② 가수분해
③ 불용성 고형분 분리
④ 단백질 침전 및 원심분리

> **해설**
> **콩으로부터 단백질의 분리**
> • 탈지, 불용성 고형분의 분리, 단백질 침전 및 원심분리 등을 이용한다.
> • 가수분해를 하면 아미노산으로 분해된다.

47 전분당 가공 방법 중 효소당화법의 특징에 해당하는 것은?

① 원하는 제품의 품질관리가 용이하다.
② 기계설비가 손상되기 쉽다.
③ 분해율이 낮다.
④ 원하지 않는 부산물이 생성되기 쉽다.

> **해설**
> **효소당화법**
> • 원료전분을 정제하지 않아도 된다.
> • 당화전분농도는 약 50%로 높은 편이다.
> • 당화액은 쓴맛이 없고 다른 부산물(착색물질 등)이 생성되지 않는다.
> • 97~99%의 높은 당화율을 보이나 48~72시간의 당화시간이 필요하다.

48 건조식품에 있어 단분자층 물(monomolecular layer of water)은 어떤 역할을 하는가?

① 미생물 발육 촉진
② 산화 방지
③ 식품 변질의 촉진
④ 미량 금속의 촉매작용 촉진

> **해설**
> 단분자층의 물은 식품 표면의 활성 부위를 덮어 산화 반응을 일으킬 수 있는 활성점들을 물리적으로 차단하여 산화 방지한다.

49 유청(whey)의 주성분은?

① 유당(lactose)   ② 지방(fat)
③ 젖산(lactic acid)   ④ 탈수(protein)

> **해설**
> 유청(whey)은 치즈 제조 시 카제인을 응고 침전시킨 후의 상등액을 말하며, 주성분은 유당이고 기타 성분으로는 락토알부민, 락토글로불린 등이 있다.

50 육제품 제조 시 훈연의 목적 및 효과에 대한 설명으로 틀린 것은?

① 방부작용에 의한 저장성 증가
② 항산화작용에 의한 산화 방지
③ 훈연취 부여에 의한 풍미의 개선
④ 훈연에 의한 수분 증발로 육질이 질겨짐

> **해설**
> **훈연의 목적**
> • 염지육색이 가열에 의하여 안정되어 제품의 색 향상
> • 훈연 연기 중 페놀(phenol), 유기산, formaldehyde, acetaldehyde의 살균작용
> • 훈연취에 의한 독특한 풍미 부여
> • 건조, 살균, 항산화작용에 의한 저장성 향상
> • 건조에 의한 수분 감소로 수분활성도 감소

51 수분 함량에 따른 치즈의 경도별 구분과 종류의 연결이 틀린 것은?

① 연질 치즈 – 카망베르(Camembert)
② 반경질(반연질) 치즈 – 블루(Blue)
③ 경질 치즈 – 파르메산(Parmesan)
④ 초경질 치즈 – 로마노(Romano)

> **해설**
> 파메르산치즈는 초경질 치즈이다.
>
> **치즈의 분류**
> • 초경질 치즈 : 수분 함량 25% 이하, 세균 숙성(Romano, Parmesan, Sapsago)
> • 경질 치즈 : 수분 함량 25~36%, 세균 숙성(Cheddar, Gouda)
> • 반경질 치즈 : 수분 함량 36~40%, 세균 숙성(Brick, Munster, Limburger), 푸른곰팡이(블루치즈) 숙성(Roqueforti, Gorgonzola)

정답 46 ② 47 ① 48 ② 49 ① 50 ④ 51 ③

- 연질 치즈 : 수분 함량 40% 이상, 숙성(Bel Paese, Camembert, Brie), 비숙성(Cottage, Bakers, Mysost)

52 열이동과 물질이동의 원리가 동시에 적용되는 단위조작이 아닌 것은?

① 건조　　② 농축
③ 증류　　④ 포장

해설
열이동과 물질이동이 동시에 적용되는 단위조작으로는 냉동, 증류, 건조, 농축 등이 있다.

53 HTST법(고온 단시간 살균법)은 72~75℃에서 얼마 동안 열처리하는 것인가?

① 0.5초 내지 5초간
② 15초 내지 20초간
③ 1분간
④ 5분간

해설
우유 살균법
- 저온 장시간 살균(LTLT) : 63℃에서 30분 가열 후 급랭하며 우유, 술, 과즙 등에 이용
- 고온 단시간 살균(HTST) : 75℃에서 15초 가열 후 급랭하며 우유나 과즙 등에 이용
- 초고온 순간 살균(UHT) : 132℃에서 2~3초 가열하며 우유나 과즙 등에 이용

54 분무건조법의 특징과 거리가 먼 것은?

① 열변성하기 쉬운 물질도 용이하게 건조 가능하다.
② 제품형상을 구형의 다공질 입자로 할 수 있다.
③ 연속으로 대량 처리가 가능하다.
④ 재료의 열을 빼앗아 승화시켜 건조한다.

해설
분무건조기
- 분유, 주스분말, 커피, 차 등 열에 약한 제품에 이용
- 액상 식품을 분무장치로 열풍에 분무하여 빠르게 건조
- 대부분 건조가 항률건조로 연속처리가 가능
- 다공질 입자를 형성해 용해가 잘된다.

55 냉각된 브라인(brine)을 흘려 냉각한 금속판 사이에 피동결물을 끼워서 동결하는 방법은?

① 침지식 동결법　　② 공기 동결법
③ 접촉식 동결법　　④ 가스 동결법

해설
접촉식 동결법
식품을 냉각된 금속판(또는 플레이트) 사이에 직접 접촉시켜 열을 교환하며 동결하는 방법으로 금속판의 열전도율이 높아 동결 속도가 빠르고 균일하다.

56 가염 코지를 만드는 목적이 아닌 것은?

① 잡균 번식 방지　　② 코지균의 발육 정지
③ 발열 방지　　④ 건조 방지

해설
가염 코지 목적
- 잡균 번식 방지
- 코지균의 발육 정지
- 발열 방지

57 도살 후 일반적으로 최대경직시간이 가장 짧은 고기는?

① 닭고기　　② 쇠고기
③ 양고기　　④ 돼지고기

해설
사후경직은 근육에 저장된 글리코겐이 원인이므로 근육량이 적은 닭고기가 가장 짧다.

58 압출성형기에 공급되는 원료의 수분 함량을 15%(습량기준)로 맞추고자 한다. 물을 첨가하기 전 분말의 수분 함량이 10%라면 분말 1kg당 추가해야 하는 물의 양은?

① 약 0.014kg　　② 약 0.026kg
③ 약 0.042kg　　④ 약 0.058kg

해설
수분 함량
- 습량기준 수분 함량이 10%일 때 수분의 무게(x)
$\frac{xg}{1,000g} \times 100 = 10\%,\ x = 100g$

정답 52 ④　53 ②　54 ④　55 ③　56 ④　57 ①　58 ④

- 물 추가 후 제품무게
  $1,000g \times 0.9 = y \times 0.85$, $y = 1,059g$
- 물 추가 후 수분무게 : $1,059g \times 0.15 = 158g$
∴ 추가해야 하는 수분량 : $158 - 100 = 58g = 0.058kg$

59 유지에 수소를 첨가하는 주요 목적이 아닌 것은?

① 안정성을 높이기 위해서
② 불포화지방산에 기인한 냄새를 제거하기 위해서
③ 융점을 높이기 위해서
④ 유리지방산을 제거하기 위해서

해설
경화유
- 불포화지방산이 많은 액체유에 Ni 존재하에서 H를 첨가하여 고체지(포화지방산)로 제조
- 녹는점이 높아지고 안정성 증가, 산패가 적고 냄새 감소
- 어유, 콩기름, 면실유, 채종유 등에 이용
- 쇼트닝, 마가린 등이 대표적인 제품

60 소비기한 설정을 위한 실험결과 보고서의 내용 중 '제품의 특성'에 들어가지 않아도 되는 것은?

① 제조ㆍ가공 공정
② 사용원료 생산자
③ 포장재질, 포장방법, 포장단위
④ 보존 및 유통온도

해설
소비기한 설정 시 '제품의 특성'
- 이화학적ㆍ미생물학적ㆍ관능적 지표 설정
- 위생적ㆍ영양적 특성 고려
- 측정이 용이하고 재현성이 있을 것
- 관능적 평가와 일치
- 포장재질, 포장방법, 포장단위, 제조ㆍ가공 공정, 보존조건, 유통실정 등

4과목 식품미생물학

61 펩티도글리칸(peptidoglycan)층을 용해하는 효소는?

① 인버타아제(invertase)
② 찌마아제(zymase)
③ 펩티다아제(peptidase)
④ 라이소자임(lysozyme)

해설
라이소자임
세균의 세포벽을 구성하는 펩티도글리칸의 N-아세틸뮤람산과 N-아세틸글루코사민 사이의 $\beta-1,4-$글리코시드 결합을 가수분해하여 세포벽을 파괴하는 효소

62 일반적으로 미생물의 생육 최저 수분활성도가 높은 것부터 순서대로 나타낸 것은?

① 곰팡이 > 효모 > 세균
② 효모 > 곰팡이 > 세균
③ 세균 > 효모 > 곰팡이
④ 세균 > 곰팡이 > 효모

해설
미생물 생육 최저 수분활성도(A_w)
세균 0.91, 효모 0.88, 곰팡이 0.80, 내건성 곰팡이 0.65, 내삼투압성 효모 0.60 등

63 미생물 돌연변이원 중 하나인 NTG에 대한 설명으로 틀린 것은?

① DNA의 guanine 잔기를 methyl화하는 것이 주요 변이 기구이다.
② 염기를 alkyl화하여 염기짝의 변화를 초래한다.
③ 변이 처리액의 pH와 온도가 변이율에 커다란 영향을 준다.
④ 일반적으로 틀 변환 돌연변이(frame shift)형 변이를 유발한다.

해설
자연발생적 돌연변이
- 자연발생적 돌연변이는 하루에 염기 30만 개당 1개 정도 발생하고, 염기 전이(transition), 틀 변환(frame shift), 염기 전환(transversion) 등이며 생체 내 유전자 회복기작에 의해 원상태로 회복된다.
- NTG(N-메틸-N-니트로-니트로구아니딘)는 주로 transition을 유발하며, guanine을 알킬화시켜 삼중 수소결합을 이중결합으로 바꾼다.

64 일반적으로 위균사를 형성하는 효모는?

① *Saccharomyces* 속
② *Candida* 속
③ *Hanseniaspora* 속
④ *Torulopsis* 속

해설
효모의 형태
- 효모는 곰팡이와는 다른 위균사나 진균사를 형성한다.
- *Candida* 속, *Pseudomycelium* 속은 곰팡이 균사와 비슷한 긴 형태의 위균사나 진균사를 형성한다.

65 독버섯의 독성분이 아닌 것은?

① enterotoxin
② neurine
③ muscarine
④ phaline

해설
버섯류 독성분
muscarine, muscaridine, choline, neurine, phaline, amanitatoxin, agaricic acid, pilztoxin 등

66 특정 유전자 서열에 대하여 상보적인 염기서열을 갖도록 합성된 짧은 DNA 조각을 일컫는 용어는?

① 프라이머(primer)
② 벡터(vector)
③ 마커(marker)
④ 중합효소(polymerase)

해설
프라이머는 특정 DNA 서열에 상보적으로 결합하여 DNA 중합효소가 새로운 DNA 가닥을 합성할 수 있도록 3′-OH 말단을 제공한다.

67 완전히 탈기 밀봉된 통조림 식품에서 생육할 수 있는 변패세균의 종류는?

① 미호기성균
② 혐기성균
③ 편성 호기성균
④ 호냉성균

해설
혐기적 상태이므로 혐기적 포자 형성 세균이 생육할 수 있다.

68 TSI 사면배지에서 균을 배양하였더니 배지에 균열이 발생하였다. 이로부터 알 수 있는 사실은?

① 용혈작용 발생
② 응집현상 발생
③ 암모니아 발생
④ 가스 발생

해설
세균이 탄수화물을 발효하는 과정에서 가스를 생성하면 배지에 균열이 생기거나 기포가 관찰된다.

69 미생물을 이용하여 구연산(citric acid)을 생산할 때 oxaloacetic acid는 무엇으로부터 만들어지는가?

① acetoin
② acetic acid
③ malic acid
④ pyruvic acid

해설
피루브산은 피루브산 카르복실화효소(pyruvate carboxylase)에 의해 옥살로아세트산으로 직접 전환될 수 있는 전구체이다.

70 다음 미생물 중에서 비타민 생산균이 아닌 것은?

① *Eremothecium ashbyii*
② *Streptomyces griseus*
③ *Streptomyces olivaceus*
④ *Penicillium citrinum*

해설
황변미독
저장 중 쌀이 곰팡이에 의해서 황색 반점을 형성하며 섭취 시 중독현상을 일으킨다.
- 태국황변미 : *Penicillium citrinum*
- 아이슬란드 황변미 : *Penicillium islandicum*

71 에틸알코올 발효 시 에틸알코올과 함께 가장 많이 생성되는 것은?

① CO_2
② CH_3CHO
③ $C_5H_5(OH)_3$
④ CH_3OH

해설
효모의 발효형식(Neuberg의 발효형식)
- 효모는 산소의 유무에 따라 발효형식이 다르다.
- 혐기적 발효(alcohol 발효) : 주류 생산에 이용, 1포도당이 2에탄올(C_2H_5OH), 2이산화탄소(CO_2), 58cal 에너지, 2ATP 생성

정답 64 ② 65 ① 66 ① 67 ② 68 ④ 69 ④ 70 ④ 71 ①

72 다음의 설명에 해당하는 효모는?

- 배양액 표면에 피막을 만든다.
- 질산염을 자화할 수 있다.
- 자낭포자는 모자형 또는 토성형이다.

① *Schizosaccharomyces* 속
② *Hansenula* 속
③ *Debaryomyces* 속
④ *Saccharomyces* 속

해설
Hansenula 속
- 배양액의 겉면에 피막을 형성하는 산막효모이다.
- 알코올 발효능이 강해 알코올로부터 ester를 생성한다.
- 질산염을 자화할 수 있다.
- 자낭포자는 모자형 또는 토성형이다.

73 식품공전에 의한 살모넬라의 미생물시험법의 방법 및 순서가 옳은 것은?

① 증균배양 – 분리배양 – 확인시험(생화학적 확인시험, 응집시험)
② 균수 측정 – 확인시험 – 균수 계산 – 독소 확인시험
③ 증균배양 – 분리배양 – 확인시험 – 독소 유전자 확인시험
④ 배양 및 균 분리 – 동물시험 – PCR 반응 병원성 시험

해설
살모넬라의 미생물시험법
증균배양 – 분리배양 – 확인시험(생화학적 확인시험, 응집시험)

74 한류 해수에 잘 서식하고 육안으로 볼 수 있는 다세포형으로 다시마, 미역이 속하는 조류는?

① 규조류 ② 남조류
③ 홍조류 ④ 갈조류

해설
조류(algae)
㉠ 대부분 담수나 해수에서 생육하며 광합성으로 독립 영양생활하는 하등식물의 총칭이다.
㉡ 잎, 줄기, 뿌리, 관상체가 없으며 유성생식, 무성생식을 한다.
㉢ 규조류는 화석연료의 대체 연료로 이용된다.
㉣ 남조류는 원핵세포에 속한다.
㉤ 해조류에 속하는 갈조류(미역, 다시마), 홍조류(김, 우뭇가사리), 녹조류(클로렐라, 파래) 등은 진핵세포인 원생생물이다.
㉥ 클로렐라
- 단백질 함량(40~50%)이 높다.
- 비타민 A, B_1, B_2, C가 풍부하며, 광합성하여 산소를 생성한다.
- 단세포이며 난형, 구형의 녹조류이다.
- 탄소원(CO_2), 질소원(요소)을 이용한다.

75 당류의 발효성 실험법으로 적합하지 않은 것은?

① Lindner법
② Durham tube법
③ Einhorn tube법
④ Stelling – Dekker법

해설
Stelling – Dekker법(스텔링 – 데커법)
식품이나 음료에서 효모나 곰팡이와 같은 특정 미생물을 분리하고 계수하는 데 사용되는 미생물학적 검사 방법

76 붉은 색소를 생성하며 생선묵과 우유를 적변시키는 것은?

① *Serratia* 속
② *Escherichia* 속
③ *Pseudomonas* 속
④ *Lactobacillus* 속

해설
Serratia 속
그람 음성의 혐기성 세균으로 prodigiosin이라는 적색 색소를 생성하여 식품을 적변시키는 원인균이다.

77 미생물에서 협막과 점질층의 구성물이 아닌 것은?

① 다당류 ② 폴리펩타이드
③ 지질   ④ 핵산

해설
협막과 점질층의 구성물질은 다당류나 폴리펩타이드이다. 핵산은 유전 물질로서 세포 내부에 존재하며 세포 외부 구조인 협막이나 점질층의 구성과는 상관없다.

정답 72 ② 73 ① 74 ④ 75 ④ 76 ① 77 ④

78 효모를 분리하려고 할 때 배지의 pH로 가장 적합한 것은?

① pH 2.0~3.0   ② pH 4.0~6.0
③ pH 7.0~8.0   ④ pH 10.0~12.0

해설
효모의 생육 pH는 4.0~6.0이다.

79 *Acetobacter* 속이 주요 미생물로 작용하는 발효식품은?

① 고추장   ② 청주
③ 식초   ④ 김치

해설
Acetobacter 속은 알코올을 산화하여 초산을 생성하는 초산균이다.

80 다음 중 공기 중의 질소를 고정할 수 있는 미생물이 아닌 것은?

① *Achromobacter* sp.
② *Aerobacter aerogenes*
③ *Acetobacter aceti*
④ *Azotobacter vinelandii*

해설
질소 고정 미생물
공기 중 질소를 고정하여 암모니아 등으로 바꾸는 미생물로 단독형과 공생형이 있다.
- 단생질소고정균 : 자유생활, 단독으로 질소고정, 토양이나 수중에 서식하는 광합성 세균 *Azotobacter*, *Achromobacter*, *Aerobacter*, 남세균의 *Anabaena*, *Nostoc*
- 공생질소고정균 : 식물의 뿌리에 서식하며 식물에 질소원 공급, 식물과 공생, 콩과식물의 뿌리혹박테리아(leguminous bacteria, *Rhizobium* sp.), 참나무과식물의 엽류균 등

5과목 생화학 및 발효학

81 핵산의 생합성에 필요한 당을 공급해 주는 과정은?

① TCA cycle
② EMP scheme
③ Pentose Phosphate Pathway
④ Glyoxylate Pathway

해설
Pentose Phosphate Pathway(HMP 경로)
- 지방산 합성, 스테로이드 합성, 해독 작용 등 환원성 생합성에 필요한 NADPH를 생성
- 핵산(DNA, RNA)의 전구체인 리보스-5-인산(ribose-5-phosphate) 생성

82 대사산물 제어 조절계(feedback control)에 관한 설명으로 틀린 것은?

① 합동피드백제어(concerted feedback control)는 과잉으로 생산된 1개 이상의 최종산물이 대사계의 첫 단계 반응의 효소를 제어하는 경우를 말한다.
② 협동피드백제어(cooperative feedback control)는 과잉으로 생산된 다수의 최종산물이 합동제어에서와 마찬가지로 협동적으로 첫 단계 반응의 효소를 제어함과 동시에 각각의 최종산물 사이에도 약한 제어반응이 존재하는 경우를 말한다.
③ 순차적 피드백제어(sequential feedback control)는 그 계에 존재하는 모든 대사기구의 갈림 반응이 그 계의 뒤쪽의 생산물에 의해 제어되는 경우를 말한다.
④ 동위효소제어(isozyme control)는 각각의 최종산물이 서로 관계없이 독립적으로 그 생합성계의 첫 번째 반응의 어떤 백분율로 제어하는 경우이다.

해설
대사산물 제어 조절계(feedback control)
㉠ 동위효소제어(isozyme control)
  - isozyme : 동일한 반응을 촉매하지만 구조가 다른 효소
  - 각각 구조가 다르므로 다른 최종산물에 의하여 저해
㉡ 합동피드백제어(concerted feedback inhibition)
  - 1개 이상의 최종산물이 각각 일정한 농도 이상이 되어 초기 단계 조절효소 저해
  - 효소가 2개 이상의 조절 부위를 가지며 각각에 저해제가 작용
㉢ 협동피드백제어(cooperative feedback inhibition)
  - 다수의 최종산물이 일정한 농도 이상이 되어야만 초기 단계 조절효소를 저해

정답 78 ② 79 ③ 80 ③ 81 ③ 82 ④

- 효소가 2개 이상의 조절 부위를 가지며 모든 조절 부위에 저해제가 작용 시 저해
ⓛ 순차적 피드백제어(sequential feedback inhibition) : 연속된 생화학 반응에서 순차적으로 생산되는 생성물이 바로 앞 반응의 효소 저해

83 Streptomyces aureus 5′-phosphodiesterase에 의해 직접 생성되지 않는 뉴클레오티드는?

① 5′-AMP
② 5′-IMP
③ 5′-GMP
④ 5′-UMP

해설
5′-IMP는 RNA나 DNA의 기본 구성 요소가 아니다.

84 강한 산이나 염기로 처리하거나 열, 이온성 세제, 유기용매 등을 가하여 단백질의 생물학적 활성이 파괴되는 현상은?

① 정제(purification)
② 용해(hydrolysis)
③ 결정화(crystallization)
④ 변성(denaturation)

해설
단백질 변성
강한 산이나 염기(pH)로 처리하거나 열, 이온성 세제, 유기용매 등의 변성제를 가하여 단백질의 생물학적 활성이 파괴되는 현상

85 다음 중 보조효소(coenzyme)와 비타민과의 관계가 틀린 것은?

① NAD - 나이아신(niacin)
② FAD - 리보플라빈(riboflavin)
③ Coenzyme A - 엽산(folic acid)
④ TPP - 티아민(thiamine)

해설
Pantothenic acid
CoA의 성분으로 acetyl CoA와 합성하여 지방산 합성과 탄수화물 대사에 관여

86 지방산 분해에 대한 설명으로 틀린 것은?

① 트리아실글리세롤은 호르몬으로 자극된 지방질 가수분해효소로 가수분해된다.
② 지방산은 산화되기 전에 Coenzyme A에 연결된다.
③ 팔미트산의 완전 산화로 100분자의 ATP를 생성한다.
④ 카르니틴은 활성화된 긴 사슬 지방산들을 미토콘드리아기질 안으로 운반한다.

해설
팔미트산(16 : 0)의 완전 산화로 106분자의 ATP를 생성한다(스테아르산은 120ATP).

87 조류에 있어서 퓨린대사는 어떻게 되는가?

① 소변을 배설하지 않기 때문에 퓨린을 배설하지 않고 다른 화합물로 이용한다.
② 소변을 배설하지 않고 퓨린을 요산으로 분해하여 대변과 함께 배설한다.
③ 아주 소량씩 소변으로 배설한다.
④ 조류는 핵산대사 능력이 없어 그대로 대변으로 배설한다.

해설
조류는 퓨린의 분해산물인 요산의 형태로 배설하며, 포유류는 질소를 요소로, 어류는 암모니아 형태로 배설한다.

88 올리고뉴클레오티드 5′-ApApGpGpAp를 비장(spleen)의 phosphodiesterase로 분해할 때 첫 번째 가수분해 반응 후 생성물의 조합으로 옳은 것은?

① Ap + ApGpGpAp
② ApAp + GpGpAp
③ ApApGp + GpAp
④ ApApGpGp + Ap

해설
비장(spleen)의 phosphodiesterase는 5′ 말단으로부터 포스포디에스터 결합을 절단하는 exonuclease이다.

89 다음 중 전자전달계(electron transport system)에서 전자수용체로 작용하지 않는 것은?

① FMN
② NAD
③ CoQ
④ CoA

해설
전자전달계의 전자수용체
- 전자를 다른 화합물로부터 받는 성질을 가진다.
- FMN, NAD, CoQ, FAD, ubiquinone 등이 있다.

90 고콜레스테롤혈증의 원인으로 옳은 것은?

① 콜레스테롤 전구체인 메발론산의 혈중 농도가 낮기 때문이다.
② 세포 표면의 수용체에서 혈중 LDL을 효과적으로 흡수하지 못하기 때문이다.
③ 메발론산으로부터 혈중 HDL을 다량 생합성하기 때문이다.
④ 콜레스테롤이 소량 함유된 식품을 섭취하기 때문이다.

해설
고콜레스테롤혈증은 세포 표면의 수용체에서 혈중 LDL을 효과적으로 흡수하지 못하기 때문에 나타난다.

91 일반적으로 글루탐산 발효에서 비오틴(biotin)과의 관계를 가장 바르게 설명한 것은?

① biotin이 없는 배지에서 글루탐산의 생성이 최고이다.
② biotin 과량의 배지에서 글루탐산의 생성이 최고이다.
③ biotin이 미생물을 생육할 수 있는 정도의 제한된 배지에서 글루탐산의 생성이 최고이다.
④ biotin의 농도는 글루탐산 생성과 관계가 없다.

해설
글루탐산 발효
- 글루탐산을 생성·축적하는 발효를 의미한다.
- 글루탐산 생산균은 모두 비오틴이 요구되지만 생산 시에는 비오틴을 생육적량 이하로 제한해야 글루탐산의 생성이 최고이다.
- 비오틴 과잉 시 penicillin을 첨가하면 회복된다.
- 최적조건은 pH 7.0~8.0, 통기교반, 30~35℃이다.

92 RNA를 가수분해하는 효소는?

① ribonuclease
② polymerase
③ deoxyribonuclease
④ ribonucleotidyl transferase

해설
핵산 가수분해 효소
- ribonuclease : RNA의 뉴클레오티드 사이의 결합을 가수분해하는 효소
- deoxyribonuclease : DNA의 뉴클레오티드 사이의 결합을 가수분해하는 효소

93 연속배양의 일반적인 장점이 아닌 것은?

① 장치 용량을 축소할 수 있다.
② 작업시간을 단축할 수 있다.
③ 생산성이 증가한다.
④ 배양액 중 생산물의 농도가 훨씬 높다.

해설
연속배양의 장점
- 연속배양 시 회분식 배양에 비해 수득률이 낮고 잡균의 오염 가능성이 높아진다.
- 발효장치의 용량을 줄일 수 있으며 발효시간이 단축되어 생산비를 절약할 수 있다.

94 알코올 발효와 당화를 동시에 갖는 균을 사용하는 당화법은?

① 맥아법
② 국법
③ 아밀로법
④ 산당화법

해설
알코올 발효 시 전분으로부터 당화공정
㉠ 국법 : 병행 복발효주를 증류한 것
  - 옥수수, 고구마 등 이용
  - 당화 균주 : *Aspergillus oryzae*, *Asp. usamii*, *Asp. luchuensis*
㉡ 아밀로(Amylo)법 : 알코올 발효와 당화를 동시에 갖는 균을 사용하는 당화법
  - 아밀로균(*Mucor rouxii*, *Rhizopus delemer*, *Rh. Javanicus*, *Rh. Japonicus*, *Rh. tonkinensis*) 사용
  - 밀폐발효로 발효율이 높다.
㉢ 맥아법

정답 89 ④ 90 ② 91 ③ 92 ① 93 ④ 94 ③

95 동물이 지방산으로부터 직접 포도당을 합성할 수 없는 이유는 어떤 대사회로가 없기 때문인가?

① Cori cycle
② Glyoxylate cycle
③ TCA cycle
④ Glucose-Alanine cycle

해설
Glyoxylate cycle은 미생물과 고등식물에 있는 TCA의 변형된 형태로 2개의 아세틸 CoA로부터 포도당을 합성한다.

96 발효 과정 중에서의 수율(yield)에 대한 설명으로 옳은 것은?

① 단위 균체량에 의해 생산된 생산물량
② 단위 발효시간당 생산된 생산물량
③ 발효공정에 투입된 단위 원료량에 대한 생산물량
④ 단위 균체량과 원료량에 대한 생산물량

해설
발효 과정
- 수율(yield)은 투입된 단위 원료량에 대한 생산물량을 의미한다.
- 미생물의 효소가 유기물을 분해하여 다른 유기물과 적은 에너지를 생성하는 과정을 의미한다. 이 과정을 통하여 유용한 물질이 생성되면 발효이고, 유해한 물질이 생성되면 부패이다.

97 광합성 중 암반응에서 CO_2를 탄수화물로 환원시키는 데 필요한 것은?

① NADP, ATP
② NADP, ADP
③ NADPH, ATP
④ NADP, NADPH

해설
탄소동화반응
- CO_2와 H_2O를 탄수화물로 환원시키는 반응이다.
- 이 과정에서 NADPH, ATP가 필요하다.

98 invertase에 대한 설명으로 틀린 것은?

① 활성 측정은 sucrose에 결합되는 산화력을 정량한다.
② sucrase 또는 saccharase라고도 한다.
③ 가수분해와 fructose의 전달반응을 촉매한다.
④ sucrose를 다량 함유한 식품에 첨가하면 결정 석출을 막을 수 있다.

해설
활성 측정은 sucrose가 분해되어 생산되는 포도당과 과당의 양을 정량한다.

99 Fusel oil의 주요 성분이 아닌 것은?

① isoamyl alcohol
② isobutyl alcohol
③ methyl alcohol
④ n-propyl alcohol

해설
퓨젤유(fusel oil)
- 아미노산으로부터 알코올 발효 시 부산물로 생성
- 퓨젤유 조성 : 아밀 알코올(50% 이상 isoamyl alcohol), 부틸 알코올 등
- 제품주정 0.3%, 유상 황갈색
- 술덧의 단백질 분해물 유래 프로필 알코올, 부틸 알코올, 아밀 알코올 등

100 단식으로 인해 저탄수화물 섭취를 할 경우 나타나는 현상이 아닌 것은?

① 저장 글리코겐 양이 감소한다.
② 뇌와 말초조직은 대체 에너지원으로 포도당을 이용한다.
③ 혈액의 pH가 낮아진다.
④ 간은 과량의 acetyl-CoA를 ketone체로 만든다.

해설
케톤체
- 지속적인 당질의 섭취 부족 상태(기아, 당뇨병, 단식, 다이어트 등)
- 케톤체 : acetoacetate, acetone, β-hydroxybutyric acid
- 간은 과량의 acetyl-CoA를 ketone체로 합성
- 뇌, 신장, 심근 및 골격근 등에서 분해하여 에너지를 생성, 뇌조직은 포도당 부족 시 케톤체를 에너지로 이용
- acetone을 호기로 배출, acetoacetate, β-hydroxybutyric acid 등 혈액 내 pH를 낮춰 산독증(acidosis) 유발

정답 95 ② 96 ③ 97 ③ 98 ① 99 ③ 100 ②

CBT 기출복원문제 2024년 2회

1과목 식품위생학

01 파상열에 대한 설명으로 틀린 것은?

① 건조 시 저항력이 강하다.
② 특이한 발열이 주기적으로 반복된다.
③ *Brucella* 속이 원인균이다.
④ 원인균은 열에 대한 저항성이 강하다.

해설

파상열(Brucellosis, 브루셀라병)
- 병원체 : *Brucella melitensis* – 양이나 염소에 감염, *Brucella abortus* – 소에 감염, *Brucella suis* – 돼지에 감염
- 감염된 소, 양 등의 유제품 또는 고기를 통해 감염, 잠복기는 보통 7~14일이며, 가축에게는 유산을 일으키며 사람에게는 열이 40℃까지 오르다 내리는 것이 반복되므로 파상열이라 한다.
- 우유, 유제품 가열 살균을 통해 예방할 수 있다.

02 다이옥신(dioxin)에 대한 설명이 틀린 것은?

① 자동차 배출가스, 각종 PVC 제품 등 쓰레기의 소각과정에서도 생성된다.
② 다이옥신 중 2,3,7,8 – TCDD가 독성이 가장 강한 것으로 알려져 있다.
③ 다이옥신은 색과 냄새가 없는 고체물질로 물에 대한 용해도 및 증기압이 높다.
④ 환경시료에서 미량의 다이옥신 분석이 어렵다.

해설

다이옥신(dioxin)
- 2개의 산소 원자에 2개의 벤젠 고리와 염소가 연결되어 있는 방향족 화합물이다.
- 화학구조가 안정하여 상온에서는 무색 결정 상태로 존재하며 지용성 물질로 체내에서 지방조직에 축적된다.
- 염소 함유 유기화합물의 소각과정에서 배출되므로 자동차 배출가스, PVC 제품 등의 쓰레기 소각과정에서 배출된다.

03 세균성 식중독과 비교하였을 때, 경구감염병의 특징에 해당하는 것은?

① 발병은 섭취한 사람으로 끝난다.
② 잠복기가 짧아 일반적으로 시간 단위로 표시한다.
③ 면역성이 없다.
④ 소량의 균에 의하여 감염이 가능하다.

해설

경구감염병과 세균성 식중독의 비교

구분	경구감염병	세균성 식중독
감염 정도	2차 감염	종말감염
예방	어려움	식품위생 통한 예방
잠복기	긴 편	짧은 편
필요균체	미량	다량
감염매체	음용수	식품

04 농약의 잔류성에 대한 설명으로 틀린 것은?

① 농약의 분해속도는 구성성분의 화학구조의 특성에 따라 각각 다르다.
② 잔류기간에 따라 비잔류성, 보통 잔류성, 잔류성, 영구 잔류성으로 구분한다.
③ 대부분은 물로 씻으면 제거가 되지만, 일부 경우 가열 조리 시 농축되어 제거되지 않고 인체 흡수율이 높아진다.
④ 중금속과 결합한 농약들은 중금속이 거의 영구적으로 분해되지 않아 영구잔류성으로 분류한다.

해설

잔류성은 잔류기간에 따라 구분하기보다는 작용방식과 기타 환경조건에 따라 구분한다.

정답 01 ④ 02 ③ 03 ④ 04 ②

농약의 분류

분류방식	내용
작용방식에 따라	침투성, 비침투성
사용목적에 따라	살균제, 살충제, 살비제, 제초제 등
유효성분 조성에 따라	무기농약, 유기농약
제제 형태에 따라	액체, 고체(살포), 특수목적제

05 베네루핀(venerupin)에 대한 중독 증상 설명으로 틀린 것은?

① 모시조개, 바지락이 주요 원인식품이다.
② 대단히 급격하게 증상이 나타나 식후 30분이면 심한 복통이 나타난다.
③ 열에 안정하여 pH 5~8에서 100℃, 1분간 가열해도 파괴되지 않는다.
④ 주로 3~4월경에 발생한다.

해설
베네루핀
• 굴, 모시조개, 바지락의 중장선에 존재하는 간장독으로 3~4월경에 발생한다.
• 잠복기는 1~2일이다.
• 열에 안정적이다.
• 증상 : 권태감, 두통, 구토, 미열, 복통, 황달 등

06 방사선 조사(照射)식품과 관련된 설명으로 틀린 것은?

① 방사선 조사량은 Gy로 표시하며, 1Gy=1J/kg이다.
② 사용 방사선의 선원 및 선종은 ^{60}CO의 감마선이다.
③ 식품의 발아 억제, 숙도 조절 등의 효과가 있다.
④ 조사식품을 원료로 사용한 경우는 제조·가공한 후 다시 조사하여야 한다.

해설
방사선 조사식품
• 방사선 조사는 주로 ^{60}Co의 감마선을 이용해 포장된 상태의 제품을 처리할 수 있으며 비열 처리하므로 냉살균이라 한다.
• 방사선량의 단위는 Gy이며 1Gy는 1J/kg에 해당한다.
• 1kGy 이하의 저선량 방사선 조사를 통해 감자, 양파 등의 발아 억제, 기생충 사멸, 숙도 지연 등의 효과를 얻을 수 있다.

• 완제품의 경우 조사처리된 식품임을 나타내는 문구 및 조사도안을 표시하여야 한다.

07 다음의 목적과 기능을 하는 식품첨가물은?

• 식품의 제조과정이나 최종 제품의 pH 조절을 위한 완충 역할
• 부패균이나 식중독 원인균을 억제하는 식품 보존제 역할
• 유지의 항산화제나 갈색화 반응 억제 시의 상승제
• 밀가루 반죽의 점도 조절제

① 산미료(acidulant)
② 조미료(seasoning)
③ 호료(thickening agent)
④ 유화제(emulsifier)

해설
산미료
• 식품에 신맛을 부여하거나 pH를 낮추는 목적으로 사용한다. 산은 청량감을 주고 소화를 촉진하며 보존성에도 기여한다.
• 부패균이나 식중독 원인균을 억제한다.
• 유지의 항산화제 작용이나 갈색화 반응 억제 시 상승제의 기능을 한다.
• 밀가루 반죽의 점도를 조절한다.
• 초산 및 빙초산, 구연산 등

08 미량으로 발암이나 만성중독을 유발시키는 화학물질 중 상수원 물의 오염이 문제가 되는 것은?

① 아질산염(NO_2^-)
② 메틸알코올(methyl alcohol)
③ 트리할로메탄(Trihalomethane, THM)
④ 이환 방향족 아민류(heterocyclic amines)

해설
트리할로메탄은 상수원의 정수과정에서 염소 소독처리 중 발생할 수 있는 발암성 물질이다.
① 아질산염 : 발색제로 사용 시 니트로사민을 발생시킨다.
② 메틸알코올 : 과실주 발효 시 생성된다.
④ 이환 방향족 아민류(heterocyclic amines) : 육류의 가열분해로 PAH(다환 방향족 탄화수소, 3,4-벤조피렌류)와 더불어 생성된 발암성 물질이다.

정답 05 ② 06 ④ 07 ① 08 ③

09 석탄산계수에 대한 설명으로 옳은 것은?
  ① 소독제의 무게를 석탄산 분자량으로 나눈 값이다.
  ② 소독제의 독성을 석탄산의 독성 1,000으로 하여 비교한 값이다.
  ③ 각종 미생물을 사멸시키는 데 필요한 석탄산의 농도 값이다.
  ④ 석탄산과 동일한 살균력을 보이는 소독제의 희석도를 석탄산의 희석도로 나눈 값이다.

해설
석탄산계수
- 석탄산과 동일한 살균력을 보이는 소독제의 희석도를 석탄산의 희석도로 나눈 값이다.
- 살균제의 살균력을 나타내는 값으로 수치가 높을수록 살균력이 크다.
- 살균 대상균을 5~10분 사이에 살균할 수 있는 농도이다.
- 살균 지표균은 장티푸스와 황색포도상구균이다.

10 트리할로메탄에 대한 설명으로 틀린 것은?
  ① 수도용 원수의 염소 처리 시에 생성되며 발암성 물질로 알려져 있다.
  ② 생성량은 물속에 있는 총유기성 탄소량에는 반비례하나 화학적 산소요구량과는 무관하다.
  ③ 메탄의 4개 수소 중 3개가 할로겐 원자로 치환된 것이다.
  ④ 전구물질을 제거하거나 생성된 것을 활성탄 등으로 처리하여 제거할 수 있다.

해설
트리할로메탄
생성량은 물속에 있는 총유기성 탄소량 및 화학적 산소요구량에 비례한다.

11 어떤 식품을 먹기 직전에 끓였는데도 식중독사고가 일어났다. 만약 세균성 식중독이라면 그 추정 원인 세균은?
  ① 살모넬라균
  ② 비브리오균
  ③ 황색포도상구균
  ④ 여시니아 엔테로콜리티카균

해설
황색포도상구균
㉠ 그람 양성, 포도상알균, 피부상재균, 포자비형성균
㉡ coagulase 양성, 만니톨(mannitol) 분해
㉢ 균은 열에 약하나 내열성 독소인 enterotoxin 생성 (120℃, 20분에도 파괴되지 않음)
㉣ 정성검사
  - 증균배양 : TSB 배지를 35~37℃에서 18~24시간 배양
  - 분리배양 : 만니톨 한천배지 또는 Baird-Parker 한천배지를 35~37℃에서 18~24시간 배양, 황색 불투명 집락 또는 투명한 띠로 둘러싸인 광택 있는 검은색 집락(배지 중에 있는 단백질이 가수분해)
  - 확인시험 : 보통 한천배지를 35~37℃에서 18~24시간 배양 후 그람염색, coagulase 시험 실시

12 DL-멘톨은 식품첨가물 중 어떤 종류에 해당되는가?
  ① 보존료
  ② 착색료
  ③ 감미료
  ④ 향료

해설
DL-멘톨은 음료, 아이스크림, 껌류에 주로 사용되는 착향료이다.

향료
식품에 향을 부여하는 식품첨가물로 본래의 향을 없애거나 강화시켜 기호성을 높인다.

13 환원성 표백제가 아닌 것은?
  ① 무수아황산
  ② 메타중아황산칼륨
  ③ 아황산나트륨
  ④ 차아염소산나트륨

해설
표백제
- 식품의 가공이나 제조 시 갈변 등의 퇴색이나 착색을 막기 위해 발색성 물질을 탈색시켜 무색화한다.
- 무수아황산, 아황산나트륨, 과산화수소, 메타중아황산칼륨 등

14 식물성 식중독을 일으키는 원인물질과 식품의 연결이 틀린 것은?
  ① 테물린(temulline)-독미나리
  ② 아마니타톡신(amanitatoxin)-독버섯
  ③ 리신(ricin)-피마자
  ④ 고시폴(gossypol)-목화씨

정답 09 ④ 10 ② 11 ③ 12 ④ 13 ④ 14 ①

> **해설**
> 독미나리의 독은 시큐톡신(cicutoxin)이다.

15 방사성 물질 누출사고 발생 시 식품안전 측면에서 관리해야 할 핵종 중 대표적 오염 지표물질로서 우선 선정하는 방사성 핵종은?

① 우라늄, 코발트
② 플루토늄, 스트론튬
③ 요오드, 세슘
④ 황, 탄소

> **해설**
> **방사선**
> - 방사능 반감기 : $^{90}Sr-28.8$년, $^{137}Cs-30.17$년, $^{131}I-8$일
> - 핵분열 생성물의 일부가 직접 또는 간접적으로 농작물에 이행될 수 있다.
> - 생성율이 비교적 크고, 반감기가 긴 ^{90}Sr과 ^{137}Cs이 식품에서 문제가 된다.
> - ^{131}I는 반감기가 짧으나 비교적 양이 많아서 문제가 된다.
> - 방사능 오염 물질이 농작물에 축적되는 비율은 지역별 생육 토양의 성질에 영향을 받는다.

16 식품위생 분야 종사자의 건강진단 규칙에 의거한 건강진단 항목이 아닌 것은?

① 장티푸스(식품위생 관련 영업 및 집단급식소 종사자만 해당한다.)
② 폐결핵
③ 전염성 피부질환(한센병 등 세균성 피부질환을 말한다.)
④ 파라티푸스

> **해설**
> **식품위생 분야 종사자의 건강진단 규칙에 의거한 건강진단 항목**
> - 장티푸스(식품위생 관련 영업 및 집단급식소 종사자만 해당한다.)
> - 폐결핵
> - 파라티푸스

17 식품의 기준 및 규격 고시 총칙으로 틀린 것은?

① 따로 규정이 없는 한 찬물은 15℃ 이하, 온탕은 60~70℃, 열탕은 약 100℃의 물이다.
② 상온은 20℃, 표준온도는 15~25℃, 실온은 1~30℃, 미온은 35~40℃로 한다.
③ 차고 어두운 곳(냉암소)이라 함은 따로 규정이 없는 한 0~15℃의 빛이 차단된 장소를 말한다.
④ 감압은 따로 규정이 없는 한 15mmHg 이하로 한다.

> **해설**
> 표준온도는 20℃, 상온은 15~25℃, 실온은 1~35℃, 미온은 30~40℃로 한다.

18 감미료와 거리가 먼 식품첨가물은?

① 스테비오사이드(stevioside)
② 아스파탐(aspartame)
③ 아디픽산(adipic acid)
④ D-소르비톨(sorbitol)

> **해설**
> 아디픽산은 산도조절제, 향기증진제로 쓰이는 식품첨가물이다.

19 식품 등의 표시기준으로 틀린 것은?

① 소비기한 : 식품에 표시된 보관방법을 준수할 경우 섭취하여도 안전에 이상이 없는 기한
② 트랜스지방 : 트랜스구조를 1개 이상 가지고 있는 비공액형의 모든 불포화지방산
③ 품질유지기한 : 식품의 특성에 맞는 적절한 보존방법이나 기준에 따라 보관할 경우 해당 식품 고유의 품질이 유지될 수 있는 기한
④ 당류 : 식품 내에 존재하는 모든 단당류와 이당류, 다당류의 합

> **해설**
> **식품 등 의무표시 영양소**
> - 열량, 단백질, 탄수화물, 당류, 지방, 포화지방, 트랜스지방, 콜레스테롤, 나트륨
> - 당류 : 식품 내에 존재하는 모든 단당류와 이당류의 합

정답 15 ③ 16 ③ 17 ② 18 ③ 19 ④

20 식품공장의 작업장 구조와 설비에 대한 설명으로 틀린 것은?

① 출입문은 완전히 밀착되어 구멍이 없어야 하고 밖으로 뚫린 구멍은 방충망을 설치한다.
② 천장은 응축수가 맺히지 않도록 재질과 구조에 유의한다.
③ 가공장 바로 옆에 나무를 많이 식재하여 직사광선으로부터 공장을 보호하여야 한다.
④ 바닥은 물이 고이지 않도록 경사를 둔다.

> **해설**
> **식품공장 건물의 위생조건**
> • 주변의 공기가 깨끗해야 한다.
> • 배수 · 급수가 잘 되어야 한다.
> • 교통이 편리하고 전력 공급이 잘 되어야 한다.
> • 공업지역이나 먼지 등 식품에 나쁜 영향을 주는 장소는 피해야 한다.
> • 건물은 콘크리트나 시멘트로 내구성이 있고 위생상 위해가 없어야 한다.
> ※ 나무를 심어 공장을 보호할 필요는 없다.

2과목 식품화학

21 양파를 가열 조리할 경우 자극적인 맛이 사라지고 단맛을 나타내는 원인은?

① propyl allyl disulfide가 가열로 분해되어 propyl mercaptan으로 변했기 때문이다.
② quercetin이 가열에 의해 mercaptan으로 변했기 때문이다.
③ 섬유질이 amylase 효소의 분해를 받아 포도당을 생성했기 때문이다.
④ carotene이 가열에 의해 단맛을 내는 lycopene으로 변화되었기 때문이다.

> **해설**
> **양파의 가열 조리 시 단맛이 나타나는 원인**
> 마늘과 양파 등의 매운맛 성분인 diallyl sulfide 혹은 dially disulfide가 methyl mercaptan 혹은 propyl mercaptan으로 변화하며 단맛이 증가한다.

22 과당의 특징으로 옳지 않은 것은?

① 용해도가 크다.
② 흡습성이 약하다.
③ 단맛이 강하다.
④ 과포화되기 쉽다.

> **해설**
> 과당은 흡습성이 강하다.

23 버터나 생크림을 숟가락으로 떠서 접시에 올려놓았을 때 모양을 그대로 유지하는 물리적 성질은?

① 소성 ② 점탄성
③ 점성 ④ 탄성

> **해설**
> **가소성(소성, plasticity)**
> 외부 힘에 의해 변형된 후 외부 힘을 제거해도 원상태로 되돌아가지 않는 성질(쇼트닝 > 마가린 > 생크림)

24 유지를 정제한 다음 정제유에 수소를 첨가하면 유지는 어떻게 변하는가?

① 융점이 저하된다.
② 융점이 상승한다.
③ 성상이나 융점은 변하지 않는다.
④ 이중결합에 변화가 없다.

> **해설**
> 정제유에 수소를 첨가하면 융점이 상승하여 산화 안정성이 이루어지고 냄새가 개량된다.

25 닌히드린 반응(Ninhydrin reaction)이 이용되는 것은?

① 아미노산의 정성
② 지방질의 정성
③ 탄수화물의 정성
④ 비타민의 정성

> **해설**
> **닌히드린(Ninhydrin) 반응**
> 아미노산의 α-아미노기와 닌히드린 시약이 결합하여 청자색의 결정체를 만들어 아미노산, 펩타이드, 단백질의 정성반응에 이용(프롤린은 이미노산으로 노출된 α-아미노기가 없어 황색 결정체 형성)

정답 20 ③ 21 ① 22 ② 23 ① 24 ② 25 ①

26 구운 육류의 가열·분해에 의해 생성되기도 하고, 마이야르(Maillard) 반응에 의해서도 생성되는 유독성분은?

① 휘발성 아민류(volatile amines)
② 이환 방향족 아민류(heterocyclic amines)
③ 아질산염(N-nitrosoamine)
④ 메틸알코올(methyl alcohol)

> 해설
> 이환 방향족 아민류(heterocyclic amines)는 육류의 가열분해로 PAH(다환 방향족 탄화수소, 3,4-벤조피렌류)와 더불어 생성된다.

27 점탄성을 나타내는 식품과 거리가 먼 것은?

① 마가린
② 육류
③ 펙틴 젤
④ 가소성 고체 지방질

> 해설
> - 점탄성(viscoelasticity) : 외부 힘이 작용 시 점성 유동과 탄성 변형이 동시에 발생하는 성질이다[chewing gum, 빵반죽, 육류(근섬유 단백질 겔화), 인절미, 껌].
> - 점성(viscosity) 및 점조성(consistency) : 유체의 흐름에 대한 저항성을 나타내며 점성은 균일한 형태와 크기를 가진 단일물질인 뉴턴 유체(물, 시럽 등)에 적용되며, 점조성은 다른 형태와 크기를 가진 혼합물질인 비뉴턴 유체(토마토케첩, 마요네즈 등)에 적용된다.
> - 탄성(elasticity) : 외부 힘에 의해 변형된 후 외부 힘을 제거 시 원상태로 되돌아가려는 성질이다(고무줄, 젤리).
> - 소성(plasticity) : 외부 힘에 의해 변형된 후 외부 힘을 제거해도 원상태로 되돌아가지 않는 성질이다(버터, 마가린, 생크림).

28 콩에 함유된 특성성분이 아닌 것은?

① 이소플라본
② 레시틴
③ 라피노오스
④ 쿠어세틴

> 해설
> 콩의 특성성분으로는 이소플라본(항암 성분), 레시틴(유화제), 라피노오스(올리고당), 트립신 저해제, 혈구응집소 등이 있다.
> ※ 쿠어세틴은 양파의 성분이다.

29 Gel과 Sol에 대한 설명 중 틀린 것은?

① 일반적으로 polymer의 성격을 갖고 있는 탄수화물이나 단백질이 다수의 물을 함유하여 Gel을 형성한다.
② Gel을 장기간 방치하면 이액현상(synersis)이 발생하는데, 이는 중합체가 수축하여 분산매인 물을 분리시키는 현상이다.
③ Gel과 Sol은 온도변화나 분산매인 물의 증감에 의해 항상 가역적으로 변환된다.
④ Sol은 전해질의 첨가에 따른 교질상태의 안정화에 따라 친수성 Sol과 소수성 Sol로 나뉠 수 있다.

> 해설
> 콜로이드의 상태는 gel과 sol로 구분되며, 화학반응에 의해서 sol에서 gel로 변화하지만, gel에서 sol로 변화하지는 않는 비가역적 관계이다.

30 호화전분의 노화를 억제하는 방법이 아닌 것은?

① 수분을 15% 이하로 줄인다.
② 유화제를 첨가한다.
③ 설탕을 첨가한다.
④ 냉장고에 보관한다.

> 해설
> **전분의 노화**
> - 호화전분(α-전분)을 실온에 완만 냉각하면 전분입자가 수소결합을 다시 형성해 생전분과는 다른 결정을 형성하는데, 이 현상을 노화 또는 β화라고 한다.
> - β-전분의 X선 회절도는 종류에 관계없이 항상 B형이 된다. 노화된 전분은 효소의 작용을 받기 힘들게 되어 소화가 잘 안 된다.
> - 노화가 가장 잘 발생되는 온도는 0℃ 정도이며 60℃ 이상 -20℃ 이하에서 노화는 발생되지 않는다.(밥의 냉동저장)
> - 30~60%의 함수량이 노화되기 쉬우며 30% 이하 60% 이상에서는 어렵다(비스킷, 건빵).
> - 알칼리성은 노화가 억제되고 산성은 노화를 촉진한다.
> - amylose가 많을수록 노화가 빨리 일어나며 전분입자가 작을수록 노화가 빠르다. 감자, 고구마 등 서류 전분은 노화되기 어려우나 쌀, 옥수수 등 곡류는 노화되기 쉽다.
> - 대부분 염류는 호화를 촉진하고 노화를 억제한다. 단, 황산염은 반대로 노화를 촉진한다.

정답 26 ② 27 ① 28 ④ 29 ③ 30 ④

31 유지 산패 측정법에 대한 설명으로 옳은 것은?

① 과산화물가(peroxide value)와 공액 이중산값(conjugated dienoic acid)은 유지 일차 산화생성물을 측정하는 방법들이다.
② 아니시딘가(anisidine value)는 유지 일차 산화 생성물인 2-alkenal을 측정하는 방법이다.
③ 휘발성분 중 헥산알(hexanal)은 리놀렌산(linolenic acid)이 산화 시 발생하는 성분으로 이차 산화 정도를 측정하는 데 활용된다.
④ TBA값(Thiobarbituric acid value)은 유지 이차 산화생성물인 말론알데히드(malonaldehyde)를 측정하는 방법이다.

해설
유지 산패 측정법
㉠ 유지의 산소흡수도, 과산화물 생성량, carbonyl 화합물의 생성량 등 측정
㉡ 과산화물가, oven법, TBA값(Thiobarbituric acid value), 아니시딘가, 카르보닐가, Kreis test, AOM(Active Oxygen Method)법 등
- oven법(schaal 오븐시험법) : 오븐에 유지를 넣고 65℃에 저장하면서 정기적으로 관능검사나 과산화물가를 측정하여 유지의 산패도를 측정하는 방법
- 과산화물가(peroxide value)와 공액 이중산값(conjugated dienoic acid) : 유지 1차 산화생성물을 측정하는 방법
- 아니시딘가(anisidine value) : 유지 2차 산화생성물인 2-alkenal을 측정하는 방법
- 휘발성분 중 헥산알(hexanal)은 리놀레산(linoleic acid)으로부터, propanal은 리놀렌산(linolenic acid)으로부터 산화 시 발생하는 성분으로 1차 산화 정도를 측정하는 데 활용
- TBA값(Thiobarbituric acid value) : 유지 1차 산화생성물인 말론알데히드(malonaldehyde)를 측정하는 방법

32 지방산화 중 발생하는 휘발성분에 대한 설명으로 틀린 것은?

① 오메가-6 지방산인 리놀레산으로부터 유래된 전형적인 휘발성분은 hexanal이다.
② 유지의 자동산화과정 중 휘발성분은 hydroperoxide 생성 전 단계에서 생성된다.
③ propanal은 오메가-3 지방산인 리놀렌산으로부터 유래된 산화휘발성분이다.
④ hexanal 함량 비교를 통해 산화 정도를 측정할 수 있다.

해설
자동산화
- 유지가 저장 중 어느 기간 동안은 서서히 산소의 흡수량이 증가(유도기) 후에는 산소 흡수량이 급격히 증가하고 aldehyde나 ketone이 생성되어 산패취가 나며, 중합체를 형성하여 점도나 비중이 증가한다.
- 초기반응(free radical 생성) : RH → R· + H· (빛, 광선, 금속, 헤마틴 등 촉매)
- 연쇄반응(과산화물 생성) : 산소와 결합 후 연쇄적으로 다른 유지와 반응하여 과산화물과 또 다른 free radical 생성
- 분해반응(과산화물 분해) : ROOH → RO· + ·OH (알코올, 알데히드, 케톤류 생성)
- 종결반응(중합반응) : 각 free radical이 중합하여 안정한 화합물 생성
- tocopherol류나 flavonoid 등 항산화제는 radical과 반응하여 연쇄반응 중단
- 이중결합에서 산화되어 분해되므로 생성된 알데히드는 오메가-6 지방산으로부터 메틸기에서 6개의 hexanal, 오메가-3 지방산으로부터 메틸기에서 3개인 propanal이 생성된다.

33 $CuSO_4$의 알칼리 용액에 넣고 가열할 때 Cu_2O의 붉은색 침전이 생기지 않는 것은?

① maltose
② sucrose
③ lactose
④ glucose

해설
Somogyi법(환원당 정량)
- 알칼리성 조건하에서 가열에 의해 환원당을 환원하여 환원당량을 구하는 환원당 정량시험법 중의 하나이다.
- sucrose는 semiacetal성 OH기가 없어 변성광을 일으키지 않는 비환원당이기에 환원당 정량시험에 해당되지 않는다.

정답 31 ① 32 ② 33 ②

34 아래 설명에 해당하는 성분은?

- 인체 내에서 소화되지 않는 다당류이다.
- 항균, 항암 작용이 있어 기능성 식품으로 이용된다.
- 갑각류의 껍질 성분이다.

① 알긴산 ② 펙틴
③ 카라기난 ④ 키틴

해설
키틴은 단순다당류로 N-아세틸 글루코사민으로 구성되어 있으며, 갑각류의 껍질에서 발견되는 다당류로 키토산 제조에 사용된다.

35 유지의 융점에 대한 설명 중 틀린 것은?

① 탄소수가 증가할수록 융점이 높다.
② 탄소수가 짝수번호인 지방산은 그 번호 다음 홀수번호 지방산보다 융점이 높다.
③ Cis형이 Trans형보다 높다.
④ 포화지방산보다 불포화지방산으로 된 유지가 융점이 낮다.

해설
탄소의 이중결합이 Trans형을 나타내어 삼차원의 분자구조를 형성, 이는 포화지방과 유사한 구조적 특징을 가지기 때문에 같은 분자량의 Cis형 지방산에 비해 융점이 높다.

36 그림과 같이 y축 방향으로 2cm 떨어져서 평행하게 놓여진 두 평면 사이에 에탄올(μ=1.77cP, 0℃)이 담겨져 있다. 밑면을 20cm/s의 속도로 x축 방향으로 움직일 때 y축 방향으로 작용하는 전단응력은?

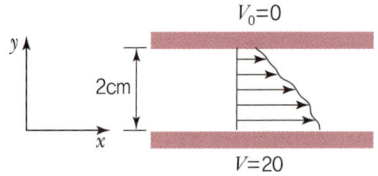

① 0.177dyne/cm^2
② 0.354dyne/cm^2
③ 0.531dyne/cm^2
④ 0.708dyne/cm^2

해설
전단응력 = $\dfrac{\eta dv}{dr}$

여기서, η : 점성도
dv : 속도
dr : 반지름

∴ 전단응력 = $\dfrac{1.77 cp \times 20 cm/s}{2cm}$ = 17.7cp/s

17.7cp/s × 10^{-2}g/cm·s = 0.177dyne/cm^2

37 마요네즈 제조 시 유화제 역할을 하는 것은?

① 식초산 ② 면실유
③ 소금 ④ 레시틴

해설
마요네즈 제조 시 난황의 레시틴이 유화제로 작용한다.

38 48%의 소금(질량%)을 함유한 수용액에서 수분활성도(A_w)는?

① 0.75 ② 0.78
③ 0.82 ④ 0.90

해설
수분활성도(A_w)
- 어떤 온도에서 식품이 나타내는 수증기압에 대한 순수한 물의 수증기압비로 정의된다.

$A_w = \dfrac{P}{P_0}$

여기서, P : 식품의 수증기압, P_0 : 물의 수증기압
- 단, 식품의 수증기압은 식품 중 녹아 있는 용질의 종류와 양에 의해 영향을 받으므로 물의 몰수를 M_w, 용질의 몰수를 M_s 라고 할 때 $A_w = \dfrac{M_w}{M_w + M_s}$ 가 된다.

∴ $A_w = \dfrac{M_w}{M_w + M_s} = \dfrac{\frac{52}{18}}{\frac{52}{18} + \frac{48}{58}} = 0.78$

※ 식품의 수분활성도는 항상 1 미만이다.

39 유지의 굴절률에 대한 설명으로 옳은 것은?

① 불포화도와 굴절률은 상관관계가 없다.
② 불포화도가 클수록 굴절률은 감소한다.
③ 분자량과 굴절률은 상관관계가 없다.
④ 분자량이 클수록 굴절률은 증가한다.

정답 34 ④ 35 ③ 36 ① 37 ④ 38 ② 39 ④

> **해설**
>
> **굴절률(refractive index)**
> - 굴절률은 1.45~1.47 정도이다.
> - 분자량 및 불포화도의 증가에 따라 증가한다.
> - 산가가 높은 것일수록 굴절률이 낮다.
> - 비누화가가 높고 요오드가가 낮은 것은 굴절률이 낮다.
> - 저급 지방산의 버터는 굴절률이 낮고 불포화도가 높은 아마인유는 굴절률이 높다.

40 전분의 비환원성 말단으로부터 포도당 단위로 가수분해하는 효소는?

① cellulase
② β-amylase
③ glucose isomerase
④ glucoamylase

> **해설**
> - β-amylase : 전분의 비환원성 말단으로부터 말토오스 단위로 가수분해
> - glucoamylase : 전분의 비환원성 말단으로부터 포도당 단위로 가수분해

3과목 식품가공학

41 분유 제조 시 건조방법으로 적합한 것은?

① 자연건조　② 열풍건조
③ 분무건조　④ 피막건조

> **해설**
> **분무건조**
> - 열에 약한 제품에 이용, 분유, 주스분말, 커피, 차, 계란분 등
> - 액상 식품을 열풍에 분무하여 건조
> - 대부분 건조가 항률건조

42 아미노산 간장 제조에 사용되지 않는 것은?

① 코지　② 탈지대두
③ 염산용액　④ 수산화나트륨

> **해설**
> 코지(koji)는 쌀, 보리, 대두 혹은 밀기울을 원료로 코지균(Aspergillus 속)을 배양한 것으로 재래식·양조식 간장 제조에 사용된다.

43 과일주스 제조공정 중 "살균온도, 살균시간, 살균 pH" 변화에 의한 제품의 맛을 관능검사하였다. 그 결과 위의 3가지 요인들을 이용하여 제품 맛에 대한 함수식을 만들었다. 이와 같이 여러 개의 독립변수들로 하나의 종속변수를 설명하는 함수식을 만들 때 사용되는 통계분석법은?

① 주성분석　② 분산분석
③ 요인분석　④ 회귀분석

> **해설**
> **회귀분석**
> - 독립변수와 종속변수의 상관관계를 나타낸 것
> - 단순회귀분석 : 한 개의 독립변수로 하나의 종속변수를 설명하는 함수식
> - 다중회귀분석 : 여러 개의 독립변수들로 하나의 종속변수를 설명하는 함수식

44 통조림의 뚜껑에 있는 익스팬션 링(expansion ring)의 주역할은?

① 상해의 구별을 쉽게 하기 위함이다.
② 충격에 견딜 수 있게 하기 위함이다.
③ 밀봉 시 관통과의 결합을 쉽게 하기 위함이다.
④ 내압의 완충작용을 하기 위함이다.

> **해설**
> 통조림은 살균공정 시 캔 내압이 높아져 팽창할 수 있는데, 이때 압력의 완충작용을 하기 위하여 견딜 수 있도록 통조림의 뚜껑과 밑바닥은 원형의 주름인 익스팬션 링(Expansion ring)을 만든다.

45 유지의 경화란 무엇인가?

① 수증기 증류를 통하여 포화지방산 함량을 증가시키는 것이다.
② 유지를 가열 건조시켜 굳게 만드는 것이다.
③ 촉매 등을 이용하여 포화지방산의 경도를 단단하게 하는 것이다.
④ 불포화지방산에 수소를 첨가하는 것이다.

> **해설**
> **경화유**
> - 불포화지방산이 많은 액체유에 Ni 존재하에서 H를 첨가하여 고체지로 제조
> - 녹는점이 높아지고 안정성 증가, 산패가 적고 냄새 감소
> - 어유, 콩기름, 면실유, 채종유 등에 이용

정답 40 ④　41 ③　42 ①　43 ④　44 ④　45 ④

46 유지를 추출하기 위한 유기용제의 구비조건으로 잘못된 것은?

① 유지 및 기타 물질을 잘 추출할 것
② 유지 및 착유박에 이취와 독성이 없을 것
③ 기화열 및 비열이 작아 회수하기가 쉬울 것
④ 인화 및 폭발하는 등의 위험성이 적을 것

> **해설**
> **유지 추출용매의 구비조건**
> - 유지만을 추출할 수 있어야 한다.
> - 유지 및 착유박에 이취와 이미, 독성이 없어야 한다.
> - 기화열 및 비열이 작아 회수가 용이해야 한다.
> - 인화 및 폭발 위험성이 적어야 한다.
> - 종류로는 압착법, 추출법, 용출법 등이 있다.

47 유지의 정제공정 중 윈터리제이션(winterization)의 설명으로 틀린 것은?

① 유지가 저온에서 굳어져 혼탁해지는 것을 방지한다.
② 바삭바삭한 성질을 부여하는 공정이다.
③ 고체지방을 석출·분리한다.
④ 유지의 내한성을 높인다.

> **해설**
> **탈납공정(winterization)**
> - 샐러드유 제조 시 혼탁을 유발하는 지방결정체 제거
> - 냉각시켜 발생되는 고체 결정체를 제거하는 탈납(de-waxing) 이용

48 미국에서 생산된 냉동감자 1container 분량의 무게(weight)가 355,856N일 때, 냉동감자의 질량(1container 분량)을 kg 단위로 계산하면 약 몇 kg인가?[단, 이 지역에서의 중력가속도(g)는 9.8024m/s²이고 중력환산계수(g_c)는 1kg·m/N·s²이다.]

① 3,488,243kg ② 36,303kg
③ 355,856kg   ④ 35,586kg

> **해설**
> $$질량 = \frac{무게}{중력가속도}$$
> $$= \frac{355,856N}{9.8024m/s^2} \times 1kg \cdot m/N \cdot s^2 = 36,303kg$$

49 육류 가공 시 보수성에 영향을 미치는 요인과 가장 거리가 먼 것은?

① 근육의 pH   ② 유리아미노산의 양
③ 이온의 영향   ④ 근섬유 간 결합상태

> **해설**
> **육류 가공 시 보수성에 영향을 미치는 요인**
> - 근육 글리코겐 분해에 따라 젖산 생성으로 pH 변화, ATP 생성, 근육 경직 발생(액토미오신 형성)
> - 쇠고기 숙성은 0℃에서 10일간, 8~10℃에서 4일간
> - 육류를 숙성시키면 친수성 잔기가 노출되어 이온성이 증가하여 신장성과 보수성이 증가한다.

50 일반적인 CA 저장에 대한 설명으로 옳은 것은?

① 초기에 가스를 주입하거나 내용물 자체에 의해 발생하는 가스를 조절하지 않고 방치하는 방법이다.
② 저장수명에 저해되는 에틸렌이 발생하는 문제가 있다.
③ 산소, 이산화탄소, 질소 등의 비율을 계속 측정하여 부족한 성분을 공급하는 장치가 필요하다.
④ 플라스틱 필름이나 저장상자 등 20kg 이하의 소포장 단위에 매우 적합하다.

> **해설**
> **CA(Controlled Atmosphere) 저장**
> - 대기 중의 산소와 이산화탄소의 농도를 조절하여 식품을 장기 저장할 수 있는 저장법으로, 주로 과일의 저장 시 사용한다.
> - 과일의 저장 시에는 호흡을 방지하고자 이산화탄소의 농도를 1~5%까지 증가시키고 산소를 3% 이하로 감소시켜 호흡을 최대한 억제하는 저장법이다.
> - 인공조절 가스발생기, 탄산가스 흡수장치 등의 설비가 필요하여 관리유지비용이 많이 든다.

51 과일잼의 가공 시 농축공정 중 농축률이 높아짐에 따라 온도가 고온으로 상승한다. 고온으로 장시간 존재할 때 나타나는 변화가 아닌 것은?

① 방향성분이 휘발하여 이취를 낸다.
② 색소의 분해와 갈변반응을 일으켜 색의 저하를 가져온다.
③ 설탕의 전화가 진행되어 엿 냄새가 감소한다.
④ 펙틴의 분해에 의해 젤리화하는 힘이 감소된다.

정답 46 ① 47 ② 48 ② 49 ② 50 ③ 51 ③

> **해설**
> **농축**
> - 식품 중 수분을 제거하여 용액의 농도를 높이는 조작
> - 점도 상승, 거품 발생, 비점 상승, 관석 발생
> - 결정, 건조 제품을 만들기 위한 예비 단계로 이용
> - 잼과 같이 농축에 의한 새로운 풍미 제공
> - 저장성, 보존성 향상, 수송비 절약 효과
> - 잼, 엿, 캔디, 천일염, 연유 등

52 아이스크림 제조공정으로 올바른 것은?

① 균질화 – 숙성 – 냉동 – 살균
② 균질화 – 살균 – 숙성 – 냉동
③ 숙성 – 살균 – 균질화 – 냉동
④ 살균 – 숙성 – 균질화 – 냉동

> **해설**
> **아이스크림 제조공정**
> 혼합 → 여과 → 균질 → 살균 → 냉각 → 숙성 → 1차 냉각(소프트 아이스크림) → 담기·포장 → 동결(-15℃ 이하, 하드 아이스크림)

53 유지 채취 시 전처리 방법이 아닌 것은?

① 정선   ② 탈각
③ 파쇄   ④ 추출

> **해설**
> **식용유지 제법**
> ㉠ 압착법, 추출법은 식물유지 채취에, 용출법은 동물유지 채취에 이용
> • 용출법(melting process) : 동물성 원료를 가열시켜서 유지 제조
> • 압착법(expression process) : 식물질 원료에 기계적인 압력을 가하여 유지 제조
> • 추출법(extraction process) : 식물성 원료를 유기용매로 녹여서 제조, 추출용매는 벤젠, 에틸알코올, 노멀 헥산, 아세톤, CS_2 등을 사용
> ㉡ 추출용매는 가격이 저렴하고, 유지 이외의 물질은 추출하지 말아야 하며 기화열과 비열이 낮아 회수가 쉬워야 한다.
> ㉢ 정선, 탈각, 파쇄는 전처리이고 추출은 본처리이다.

54 달걀 선도의 간이검사법이 아닌 것은?

① 외관법   ② 진음법
③ 투시법   ④ 건조법

> **해설**
> **신선란**
> ㉠ 신선란은 산란 직후에 채집한 신선한 달걀로, 신선란의 신선도 검사에는 외관법, 진음법, 난황계수측정법, 난백계수측정법, 투시검사법, 난황편심도, 비중선별법, 난각의 두께, 설감법 등이 있다.
> ㉡ 신선란의 기준
> • 난황계수가 0.3~0.4 이상인 것
> • 11% 식염수에 가라앉는 것
> • 기실의 크기가 작은 것

55 표준상태(0℃, 1기압)에서 진공도가 36cmHg인 통조림이 같은 온도의 (70cmHg) 상태인 산 위에서의 그 진공도가 얼마가 되는가?

① 24cmHg   ② 30cmHg
③ 36cmHg   ④ 40cmHg

> **해설**
> - 1기압 : 76cmHg
> - 절대압력 : 76 – 36 = 40cmHg
>   절대압력 변화 없이 70cmHg 상태에서의 진공도는 70 – 40 = 30cmHg이다.

56 신선한 식품을 냉장고에 저온 저장할 때 저온 저장의 효과가 아닌 것은?

① 미생물의 발육 속도를 느리게 한다.
② 저온균을 살균한다.
③ 호흡 작용 속도를 느리게 한다.
④ 효소 및 화학 반응 속도를 느리게 한다.

> **해설**
> 저온 저장으로 균을 죽이지는 못한다.

57 메톡실(methoxyl)기 함량이 7% 이하인 펙틴(pectin)의 경우 젤리(jelly) 강도를 높이기 위해 첨가해야 할 물질은?

① 설탕   ② 구연산
③ 칼슘   ④ 글리세린

> **해설**
> **펙틴**
> • 고메톡실펙틴(메톡실기 7% 이상) : 60% 이상의 당, pH 3 이하에서 겔 형성

정답 52 ② 53 ④ 54 ④ 55 ② 56 ② 57 ③

- 저메톡실펙틴(메톡실기 7% 이하) : 당 농도가 낮아도 칼슘 등 다가 양이온 존재 시 겔 형성

58 과일, 채소류를 블랜칭(blanching)하는 목적이 아닌 것은?

① 향미성분을 보호한다.
② 박피를 용이하게 한다.
③ 변색을 방지한다.
④ 산화효소를 불활성화시킨다.

해설
데치기(blanching)
- 식품 원료에 들어 있는 산화효소 불활성화
- 식품 조직 중의 가스 방출
- 예열함으로써 원료 중에 들어있는 산소농도 감소
- 식품의 색을 고정시키고 박피 용이
- 조직을 유연화하여 충진 용이

59 피단은 알의 어떠한 특성을 이용한 제품인가?

① 기포성   ② 유화성
③ 알칼리 응고성   ④ 효소작용

해설
피단
- 알 껍질 외부로부터 조미·향신료 등을 알 내용물에 침투시켜 특유의 맛과 단단한 조직을 갖도록 숙성한 것이다.
- 알칼리성 염류 첨가로 난백과 난황을 겔화 한 것이 특징이며, 난백은 흑갈색, 난황은 흑황색으로 변색된다.

60 121℃에서 D_{121} 값이 0.2분이고, Z값이 10℃인 *Cl. botulinum*을 118℃에서 살균하고자 한다. D_{118} 값은?(단, log2 = 0.3으로 가정하고 계산한다.)

① 0.5분   ② 0.4분
③ 0.2분   ④ 0.1분

해설

$$Z = \frac{T_2 - T_1}{\log D_1 - \log D_2}, \quad 10 = \frac{118 - 121}{\log 0.2 - \log D_2}$$

$$\log D_2 = \log 0.2 - \frac{(-3)}{10}$$

$$= -0.69897 + 0.3$$

$$D_2 = 10^{-0.39897} ≒ 0.4분$$

- D(Decimal reduction time)값 : 사멸곡선에서 가열 전 미생물 수의 10%로 감소시키는 데(90% 사멸) 필요한 시간, 온도 지정이 없을 시는 121℃, 온도 증가 시 D값 감소
- Z값 : TDT 곡선에서 D값이 10배 증가하는 데 필요한 온도 차이, 10배의 살균속도를 위한 온도 상승폭

4과목 식품미생물학

61 김치 숙성에 주로 관계되는 균은?

① 고초균   ② 대장균
③ 젖산균   ④ 황국균

해설
김치 발효
- 발효 초기 : *Leuconostoc mesenteroides*, 젖산, 탄산가스(CO_2)에 의해 산성화하여 호기성 세균 억제
- 발효 후기 : *Lactiplantibacillus plantarum*, *Levilactobacillus brevis*, 내산성
- 발효온도가 낮을수록, 식염농도가 높을수록 *Lactiplantibacillus* 속, *Levilactobacillus* 속, *Pediococcus* 속 증식 유리

62 세대시간이 20분인 세균 1개를 1시간 배양했을 때 균수는?

① 2   ② 4
③ 6   ④ 8

해설
세대시간 계산
- 총균수 = 초기균수 × 2^n, n = 세대수
- n세대까지 소요시간을 t, 세대시간을 g라 하면,

$$n = \frac{t}{g} = \frac{60}{20} = 3$$

∴ 총균수 = $1 × 2^3 = 8$

63 식품미생물의 성장에 영향을 미치는 내적인자와 거리가 먼 것은?

① 수분활성도   ② pH
③ 산화환원전위   ④ 상대습도

정답 58 ① 59 ③ 60 ② 61 ③ 62 ④ 63 ④

> **해설**
> **미생물의 생육에 영향을 미치는 인자**
> 온도, pH, 수분활성도, 산소, 광선, 삼투압, 산화환원 전위(redox) 등

64 미생물에서 무기염류의 역할과 관계가 적은 것은?

① 세포의 구성분
② 세포벽의 주성분
③ 물질대사의 조효소
④ 세포 내의 삼투압 조절

> **해설**
> • 무기염류(무기질) : C, H, O 등의 원소를 제외한 무기적 요소 **예** Ca, Na, K, P
> • 세포벽의 성분은 원핵세포에서 펩티도글리칸, 테이코이산 등이다.

65 내열성이 강한 장독소를 생성하는 독소형 식중독균으로 사람이나 동물의 피부에 정착하고 있으며 도시락, 샐러드 등의 식품에서 식중독을 일으키는 경우가 많은 식중독균은?

① 리스테리아균　② 살모넬라균
③ 장염비브리오균　④ 황색포도상구균

> **해설**
> **황색포도상구균(*Straphylococcus aureus*)**
> • 그람 양성, catalase 양성, cagulase 양성
> • 5종의 혈청형 식중독균, 피부상재균
> • 상처의 화농균(고름)으로 손에 상처 시 조리 금지
> • 잠복기 3시간, 구토 증상
> • enterotoxin(장독소) 분비 : 내열성이 커 100℃에서 1시간 가열로 파괴되지 않으며 218~248℃, 30분 이상 가열로 파괴

66 포자를 형성하지 않는 효모는?

① *Saccharomyces* 속
② *Hansenula* 속
③ *Debaryomyces* 속
④ *Candida* 속

> **해설**
> • 유포자 효모 : *Saccharomyces*, *Saccharomycodes*, *Schizosaccharomyces*, *Debaryomyces*, *Hansenula*
> • 무포자 효모 : *Candida*, *Torulopsis*, *Cryptococcus*

67 천자배양(stab culture)에 가장 적합한 것은?

① 호염성균의 배양
② 호열성균의 배양
③ 호기성균의 배양
④ 혐기성균의 배양

> **해설**
> **천자배양**
> 고층배지에 백금선을 이용하여 혐기성균을 접종 배양한다.

68 병원성 세균 중 포자를 생성하는 균은?

① 바실러스 세레우스(*Bacillus cereus*)
② 병원성 대장균(*Eschefichia coli* O157 : H7)
③ 황색포도상구균(*Staphylococcus aureus*)
④ 비브리오 파라해모리티쿠스(*Vibrio parahaemolyticus*)

> **해설**
> **바실러스 세레우스(*Baillus cereus*)**
> 그람 양성의 포자 형성을 하는 호기성균이다.

69 아황산펄프폐액을 사용한 효모 생산을 위하여 개발된 발효조는?

① waldhof형 배양장치
② vortex형 배양장치
③ air lift형 배양장치
④ plate tower형 배양장치

> **해설**
> **효모 단백질 생산(아황산펄프폐액 원료)**
> • 생산균 : *Candida utilis, Can. major, Can. tropicalis*
> • 질소원은 암모니아 · 요소 이용, waldhof형 발효조 배양
> • 분리 : 원심분리기 분리 후 회전건조기, 분무건조기 건조

70 접합균류(Zygomycetes)가 아닌 것은?

① *Mucor* 속　② *Rhizopus* 속
③ *Phycomyces* 속　④ *Aspergillus* 속

정답 64 ② 65 ④ 66 ④ 67 ④ 68 ① 69 ① 70 ④

> **해설**
> **곰팡이(진균류)**
> ㉠ 균사(Hyphae)로 영양 섭취와 발육 담당
> ㉡ 진균류는 조상균류와 순정균류로 분류
>   • 조상균류(격막 없음) : 접합균류, 난균류, 호상균류
>   • 순정균류(격막 있음) : 자낭균류, 담자균류, 불완전균류
> ㉢ 무성포자 : 내생포자, 외생포자, 후막포자, 분열자
> ㉣ 유성포자 : 접합포자(*Mucor* 속, *Rhizopus* 속, *Phycomyces* 속), 난포자, 자낭포자(*Aspergillus* 속, *Penicillium* 속), 담자포자

71 발효 공정 중 박테리오파지에 의한 오염이 발생하지 않는 것은?

① 젖산 발효
② 아세톤-부탄올 발효
③ 초산 발효
④ 맥주 발효

> **해설**
> **박테리오파지(bacteriophage)**
> 세균을 숙주세포로 하는 바이러스이다. 맥주 발효는 효모를 이용해 발효하는 것이기 때문에 감염·증식이 어렵다.
> • 발효공정 시 rotation system 이용
> • 훈증 또는 장치가열·살균 철저
> • 약제살균을 하거나 내성균 이용

72 일반적인 생산균주의 보관방법으로 옳지 않은 것은?

① 동결건조
② 냉동보관
③ 상온보관
④ 저온(냉장)보관

> **해설**
> 생육 억제를 위해 저온보관(냉장, 냉동, 동결건조)한다.

73 유기물을 분해하여 호흡 또는 발효에 의해 생기는 에너지를 이용하여 생육하는 균은?

① 광합성균
② 화학합성균
③ 독립영양균
④ 종속영양균

> **해설**
> **에너지 요구성에 따른 생물 분류**
> ㉠ 독립영양생물(autotroph)
>   • 에너지를 무기질로부터 얻는 1차 생산자
>   • 광독립영양생물(photoautotroph) : 주로 엽록소를 함유하여 광합성을 통해 무기물인 CO_2로부터 복잡한 유기물 합성(식물, 남세균 등)
>   • 화학독립영양생물(chemoautotroph) : 단순한 무기물을 통해 에너지를 얻는 생물(황산화균, 질산화균 등 고세균)
> ㉡ 종속영양생물(heteroautotroph)
>   • 스스로 유기물을 합성할 수 없어 외부로부터 유기물을 섭취하는 소비자
>   • 대부분의 동물, 진균류(버섯, 곰팡이), 세균 등

74 자낭균류와 조상균류의 차이점으로 다른 것은?

① 자낭균류-Neurospora, 조상균류-Achiya
② 자낭균류-격벽이 있음, 조상균류-격벽이 없음
③ 자낭균류-자낭 속에 8개 포자, 조상균류-접합자 속 포자수는 일정하지 않음
④ 자낭균류-자실체 형성 안 함, 조상균류-자실체 형성함

> **해설**
> **곰팡이(진균류)**
> ㉠ 균사(hyphae)로 영양섭취와 발육을 담당
> ㉡ 진균류는 조상균류와 순정균류로 분류
>   • 조상균류(격막 없음) : 접합균류, 난균류, 호상균류
>   • 순정균류(격막 있음) : 자낭균류, 담자균류, 불완전균류
> ㉢ 무성포자 : 내생포자, 외생포자, 후막포자, 분열자
> ㉣ 유성포자 : 접합포자, 난포자, 자낭포자, 담자포자
> ㉤ 포자가 착생하는 자실체가 육안으로 볼 수 있을 정도로 크게 발달한 대형 자실체를 형성하는 것을 버섯이라 하며, 담자균류와 자낭균류에 속하지만 대부분 담자균류이다.

75 주정 제조 시 당화과정이 생략될 수 있는 원료는?

① 당밀
② 고구마
③ 옥수수
④ 보리

> **해설**
> **당밀(糖蜜)**
> 사탕무나 사탕수수에서 사탕을 뽑아내고 남은 검은빛의 즙액으로 당화과정 없이 주정 발효에 이용한다.

정답 71 ④ 72 ③ 73 ④ 74 ④ 75 ①

76 산막효모의 특징이 아닌 것은?

① 산화력이 강하다.
② 산소를 요구한다.
③ 발효액의 내부에서 발육한다.
④ 피막을 형성한다.

> [해설]
> **산막효모(피막효모, film yeast)**
> *Candida*속, *Hansenula*속, *Debaryomyces*속, *Pichia*속
> • 이산화탄소를 생산하지 않는다.
> • 발효 액면에 피막을 형성하는 유해 산막효모이다.
> • 구형, 모자형, 방추형, 위균사나 진균사를 형성한다.
> • 호기성으로 산화력이 크다.
> • 맥주, 포도주 유해균, 알코올 분해

77 에틸알코올 발효 시 에틸알코올과 함께 가장 많이 생성되는 것은?

① CO_2
② CH_3CHO
③ $C_5H_5(OH)_3$
④ CH_3OH

> [해설]
> **효모의 발효형식(Neuberg의 발효형식)**
> • 효모는 산소의 유무에 따라 발효형식이 다르다.
> • 혐기적 발효(alcohol 발효) : 주류 생산에 이용, 1포도당이 2에탄올(C_2H_5OH), 2이산화탄소(CO_2), 58cal 에너지, 2ATP 생성

78 식염(NaCl)이 미생물 생육을 저해하는 원인이 아닌 것은?

① 삼투압에 의해 원형질 분리가 일어난다.
② 탈수작용으로 세포 내 수분을 뺏는다.
③ 산소용해도가 증가한다.
④ 세포의 탄산가스 감수성을 높인다.

> [해설]
> **식염(NaCl)의 미생물 생육 저해**
> • 삼투압에 의해 원형질 분리
> • 탈수에 의한 미생물 사멸
> • 염소 자체의 살균력
> • 용존산소 감소 효과에 따른 화학반응 억제
> • 단백질 변성에 의한 효소의 작용 억제

79 고구마 연부병을 유발하는 미생물은?

① *Bacillus subtilis*
② *Aspergillus oryzae*
③ *Saccharomyces cerevisiae*
④ *Rhizopus nigricans*

> [해설]
> ***Rhizopus nigricans*(빵곰팡이)**
> 집락은 회흑색, 접합포자 형성, 고구마 연부병을 유발

80 고온균에 관한 설명으로 적합하지 않은 것은?

① 세포막 중 불포화지방산 함량이 높아서 열에 안정하다.
② 세포 내의 효소가 내열성을 지니고 있어 고온에서 증식할 수 있다.
③ 발효 중인 퇴비더미의 미생물은 대부분 고온균에 속한다.
④ 고온균의 최적 생육온도는 50~60℃이다.

> [해설]
> 고온균은 세포막 중 포화지방산 함량이 높아서 열에 안정하다.

5과목 생화학 및 발효학

81 포도당을 영양원으로 젖산(lactic acid)을 생산할 수 없는 균주는?

① *Pediococcus lindneri*
② *Leuconostoc mesenteroides*
③ *Rhizopus oryzae*
④ *Aspergillus niger*

> [해설]
> ***Aspergillus niger*(흑국균)**
> • 집락은 흑색, 전분당화력(β-amylase)이 강하고 당액을 발효하여 구연산, 글루콘산 등 유기산 발효공업, 소주 제조에 이용된다.
> • 펙틴 분해력이 강하다.

정답 76 ③ 77 ① 78 ③ 79 ④ 80 ① 81 ④

82. *Brevibacterium ammoniagenes*를 변이시켜 adenine 요구 균주를 분리하였다. adenine 요구 균주의 성질에 대한 설명으로 틀린 것은?
    ① 완전 배지에 잘 자란다.
    ② 최소배지에 adenine을 첨가한 배지에서 자란다.
    ③ 최소배지에 adenine을 첨가하거나 하지 않았거나 관계없이 자란다.
    ④ 최소배지에 adenine과 guanine을 첨가한 배지에서 자란다.

    해설
    adenine 요구 변이주란 균의 생육에 반드시 adenine을 필요로 하는 균주를 뜻한다.

83. Biotin 과잉배지에서 glutamic acid 발효 시 첨가하는 물질은?
    ① vitamin B_{12}
    ② thiamin
    ③ penicillin
    ④ vitamin C

    해설
    글루탐산 발효
    - 글루탐산을 생성·축적하는 발효를 의미한다.
    - 글루탐산 생산균은 모두 비오틴이 요구되지만 생산 시에는 비오틴을 생육적량 이하로 제한해야 글루탐산의 생성이 최고이다.
    - 비오틴 과잉 시 penicillin을 첨가하면 세포막 투과성이 증가하여 glutamic acid의 세포 외 분비가 촉진되므로 정상발효로의 회복이 빠르다.
    - 최적조건은 pH 7.0~8.0, 통기교반, 30~35℃이다.

84. 광합성에서 CO_2가 탄수화물로 환원되는 반응은?
    ① 산소에 의존하는 반응
    ② 탄소동화반응(cabon-assimilation reaction)
    ③ 명반응(light reaction)
    ④ NADPH와 ATP를 생산하는 반응

    해설
    탄소동화반응
    - CO_2와 H_2O를 탄수화물로 환원시키는 반응이다.
    - 이 과정에서 NADPH, ATP가 필요하다.

85. 세포벽 합성(cell wall synthesis)에 영향을 주는 항생물질은?
    ① streptomycin
    ② oxytetracycline
    ③ mitomycin
    ④ penicillin G

    해설
    - 항생물질 : 미생물에 의해 생산되어 다른 미생물의 발육을 억제하는 물질을 의미한다.
    - 페니실린(penicillin) : 세균의 세포벽 합성을 담당하는 효소의 작용에 영향을 주어 세균을 사멸시키는 항생물질이다.

86. 제빵 효모 생산을 위해 사용되는 균주의 특성이 아닌 것은?
    ① 물에 잘 분산될 것
    ② 단백질 함량이 높을 것
    ③ 발효력이 강력할 것
    ④ 증식속도가 빠를 것

    해설
    제빵 효모 생산 균주의 특성
    - 물에 잘 분산될 것
    - 발효력이 강력할 것
    - 증식속도가 빠를 것

87. RNA의 뉴클레오티드 사이의 결합을 가수분해하는 효소는?
    ① ribonuclease
    ② polymerase
    ③ deoxyribonuclease
    ④ ribonucleotidyl transferase

    해설
    핵산 가수분해 효소
    - ribonuclease : RNA의 뉴클레오티드 사이의 결합을 가수분해하는 효소
    - deoxyribonuclease : DNA의 뉴클레오티드 사이의 결합을 가수분해하는 효소

88 다량의 리보솜, 폴리인산, 글리코겐 등의 해당효소를 함유하고 있는 곳은?

① 핵
② 미토콘드리아
③ 액포
④ 세포질

해설

효모의 구조
- 세포벽과 세포질 막을 가지며 안쪽에 세포질이 존재
- 세포질 중에는 핵, 액포, 미토콘드리아, 리보솜, 지방립 등이 존재

89 Glucose oxidase의 사용 목적과 관계가 없는 것은?

① 포도당의 제거
② 식품의 고미질 제거
③ 포도당의 정량
④ 산소의 제거

해설

Glucose oxidase
- 글루코스가 글루콘산으로 산화하는 효소
- 과산화수소가 발생하여 살균작용하며 산소 제거로 갈변 방지
- 통조림 산소 제거 등에 이용
- 포도당 제거 : 계란분말, 과일가공품 갈변 방지

90 케톤체에 대한 설명으로 옳은 것은?

① 간은 케톤체 분해 기능이 강하다.
② 케톤체는 근육에서 생성되어 간에서 산화된다.
③ 과잉의 탄수화물은 케톤체로 전환되어 축적된다.
④ 케톤체는 간에서 생성되어 뇌와 심장, 뼈대근육, 콩팥 등의 말초조직에서 산화된다.

해설

케톤체
- 지속적인 당질의 섭취부족 상태(기아, 당뇨병, 단식, 다이어트 등)
- 케톤체 : acetoacetate, acetone, β-hydroxybutyric acid
- 간은 과량의 acetyl-CoA를 ketone체로 합성

91 DNA와 RNA 합성에 대한 설명 중 틀린 것은?

① 5'-end에서 3'-end 방향으로 합성된다.
② 합성을 시작하기 위해서 반드시 primer가 필요하다.
③ DNA와 RNA 합성 모두 DNA를 주형(template)으로 이용한다.
④ 새로 합성되는 DNA나 RNA 가닥의 방향은 주형과 역방향이다.

해설

primer는 DNA 또는 RNA 합성 시에 사용하는 작은 단일 유전자 조각이다. RNA는 primer 없이 DNA 주형에 RNA를 합성할 수 있다.

92 미생물 직접발효법으로 생산하는 아미노산이 아닌 것은?

① L-cystine
② L-glutamic acid
③ L-valine
④ L-tryptophan

해설

아미노산 발효
- 야생균주 직접발효법으로 생산 : 글루탐산, 발린, 알라닌, 트립토판, 리신 등
- 영양요구성에 의한 생산 : 리신, 트레오닌, 오르니틴, 발린 등
- 변이주에 의한 생산 : 리신, 아르기닌, 히스티딘, 트립토판 등
- 생합성 전구물질에 의한 생산 : 리신, 아스파르트산, 세린, 이소루이신 등
- 대장균의 효소에 의한 생산 : 아스파르트산, 알라닌 등

93 당밀의 알코올 발효시 밀폐식 발효의 장점이 아닌 것은?

① 잡균오염이 적다.
② 소향의 효모로 발효가 가능하다.
③ 운전경비가 적게 든다.
④ 개방식 발효보다 수율이 높다.

해설

다단식 연속발효법에 비해 제한된 기질로 1회씩 발효하고 25~35℃ 온도 유지를 위해 발효기 외부에 물 분사(또는 평판열교환기)가 필요하기 때문에 시설비 및 운전경비가 많이 든다.

정답 88 ④ 89 ② 90 ④ 91 ② 92 ① 93 ③

94 아래와 같은 반응으로 만들어지는 최종 발효 생성물은?

$$C_6H_{12}O_6 \rightarrow 2C_2H_5OH + 2CO_2$$
$$C_2H_5OH + O_2 \rightarrow CH_3COOH + H_2O$$

① 식초　② 요구르트
③ 알코올　④ 핵산

해설
- 식초발효(초산발효) : alcohol이 산화되어 초산을 만드는 과정으로 포도당($C_6H_{12}O_6$)이 발효되어 알코올이 생성되고 알코올이 산화되어 초산을 생성한다.
- 대표적인 초산균 : *Acetobacter aceti* 속, *Gluconobacter* 속

95 오탄당 인산경로(pentose phosphate pathway)의 생산물이 아닌 것은?

① NADPH　② CO_2
③ ribose　④ H_2O

해설
오탄당 인산경로(pentose phosphate pathway)
- 해당과정의 곁사슬 반응, glucose-6-phosphate에서 시작
- 산화적 단계와 비산화적 단계로 나눔
- 간, 뇌, 유선, 지방조직, 성선, 부신피질, 적혈구 등에서 왕성하게 일어나며 근육에서는 거의 일어나지 않음
- NADPH를 생성하여 지방산 합성, 스테로이드 합성, 산화형 glutathion 환원
- 3탄당, 4탄당, 5탄당, 6탄당, 7탄당 등 상호변환 작용
- 핵산 합성에 필요한 ribose-5-phosphate 생성(전환 시 CO_2 생성)

96 보효소로서의 유리 nucleotide와 그 작용의 연결이 옳은 것은?

① ADP/ATP : 인산기 전달
② UDP-glucose : α-ketoglutarate 산화의 에너지 공급
③ GDP/GTP : phospholipid 합성
④ IDP/ITP : 산화-환원 반응 시 산소의 공여체

해설
보효소 작용
- ADP/ATP : 고에너지 화합물의 인산기 전달
- UDP-glucose/UTP : 글리코겐에 1포도당 전달
- GDP/GTP : 고에너지 화합물 succinyl-CoA 분해 시 인산기 전달
- IDP/ITP : 퓨린계 핵산 합성 시 중간체로 인산기 전달

97 DNA 중합효소는 $15s^{-1}$의 turnover number를 갖는다. 이 효소가 1분간 반응하였을 때 중합되는 뉴클레오티드(nucleotide)의 개수는?

① 15　② 150
③ 900　④ 1,500

해설
$15s^{-1}$의 turnover number는 15/1초이므로 1분 뒤에 900개 핵산이 중합된다.

98 DNA 염기쌍의 연결이 옳은 것은?

① adenine-thymine
② adenine-guanine
③ thymine-guanine
④ thymine-cytosine

해설
Watson과 Crick의 DNA 구조의 특징
- DNA는 3′, 5′ phosphodiester 결합
- 두 가닥 사슬은 서로 역평행(antiparallel), 5′ → 3′ 방향성
- 오른손 2중나선구조(right handed double helix)
- 두 가닥은 서로 상보적(complementary) : 5′-ATG-3′의 상보적 가닥은 5′-CAT-3′
- 두 가닥은 purine과 pyrimidine 염기 사이 수소 결합 adenine=thymine, guanine≡cytosine

99 알코올 발효 시 당화방법이 아닌 것은?

① 국법　② 맥아법
③ amylo법　④ yeast법

해설
알코올 발효 시 전분으로부터 당화공정
㉠ 국법
- 병행 복발효주를 증류한 것
- 옥수수, 고구마 등 이용
- 당화 균주 : *Aspergillus oryzae*, *Asp. usamii*, *Asp. luchuensis*

정답　94 ①　95 ④　96 ①　97 ③　98 ①　99 ④

ⓛ 아밀로(amylo)법
- 아밀로균(*Mucor rouxii*, *Rhizopus delemer*, *Rh. Javanicus*, *Rh. Japonicus*, *Rh. tonkinensis*) 사용
- 밀폐발효로 발효이 높음

ⓒ 맥아법

100 다음 중 전자수송사슬(ETC)에서 전자를 획득하는 경향이 가장 큰 것은?

① 산소
② 보조효소 Q
③ 사이토크롬 c
④ 니코틴아마이드 아데닌 다이뉴클레오타이드

해설

전자전달계(호흡사슬, ETC : Electron Transport Chain)
- 미토콘드리아 내막(inner membrane)에 존재
- 해당계와 TCA 회로 등에서 생성된 NADH와 $FADH_2$가 전자전달계로 들어가 수소이온을 기질에서 막간 공간으로 이동시키고 산소(최종 전자수용체)를 환원하여 물 생성
- FMN → FeS(1복합체) → FAD → FeS(2복합체) → CoQ(조효소, ubiquinone) → Cyt b → FeS → Cyt c_1(3복합체) → Cyt c → Cyt aa_3(4복합체, cytochrome oxydase, 금속 이온 Fe와 Cu 구성) → O_2(최종 전자수용체) → H_2O

정답 100 ①

CBT 기출복원문제 2024년 3회

1과목 식품위생학

01 다음 중 기생충질환과 중간숙주의 연결이 잘못된 것은?

① 유구조충 – 돼지 ② 무구조충 – 양서류
③ 회충 – 채소 ④ 간흡충 – 민물고기

해설
기생충
- 채소매개 기생충 : 회충, 십이지장충, 요충, 동양모선충, 편충
- 수육매개 기생충 : 유구조충(돼지), 무구조충(소), 선모충, 톡소플라스마
- 어패류매개 기생충 : 간흡충(민물고기), 폐흡충, 요코가와흡충(민물고기), 광절열두조충, 아니사키스(해산어류)

02 식중독을 일으키는 세균과 바이러스에 대한 설명으로 틀린 것은?

① 세균은 온도, 습도, 영양성분 등이 적정하면 자체 증식이 가능하다.
② 바이러스에 의한 식중독은 미량(10~100)의 개체로도 발병이 가능하다.
③ 독소형 식중독은 감염형 식중독에 비해 비교적 잠복기가 짧다.
④ 바이러스에 의한 식중독은 일반적인 치료법이나 백신이 개발되어 있다.

해설
바이러스에 의한 식중독은 소량으로도 감염이 가능하며, 일반적인 치료법이나 백신이 개발되어 있지 않다.

03 보존료의 주요 사용 목적은?

① 미생물에 의한 부패를 방지
② 미생물의 완전 사멸
③ 식품 성분의 개선
④ 맛의 증진

해설
보존료의 조건
- 미생물의 생육을 억제해야 한다.
- 식품에 나쁜 영향을 주지 않아야 한다.
- 사용이 간단하고 값이 싸야 한다.
- 인체에 무해하고 독성이 없어야 한다.
- 장기적으로 사용해도 해가 없어야 한다.

04 합성수지제 식기를 60℃의 온수로 처리하여 용출시험을 시행하여 아세틸아세톤 시약에 의해 진한 황색을 나타내었을 경우, 이 시험 용액에는 다음 중 어느 화합물의 존재가 추정되는가?

① 포름알데히드 ② 메탄올
③ 페놀 ④ 착색료

해설
플라스틱류
- 열가소성 수지(열을 가하면 부드럽게 된다.) : 폴리에틸렌, 폴리프로필렌(안정제 용출), 폴리스티렌(단량체 용출), 염화비닐수지(가소제, 단량체, 안정제 용출) 등
- 열경화성 수지(열을 가해도 부드러워지지 않는다.) : 페놀수지, 요소수지, 멜라민수지 등으로 포르말린(포름알데히드) 용출
- 포르말린(포름알데히드) 검출 시험 : 합성수지제 식기를 60℃의 온수로 처리하여 용출시험을 시행하여 아세틸아세톤 시약에 의해 진한 황색이 나오면 양성

05 LD_{50} 양에 대한 설명으로 틀린 것은?

① 한 무리의 실험동물 50%를 사망시키는 독성물질의 양이다.
② 실험방법은 검체의 투여량을 고농도로부터 순차적으로 저농도까지 투여한다.
③ 독성물질의 경우 동물 체중 1kg에 대한 독물량으로 나타내며 동물의 종류나 독물경로도 같이 표기한다.
④ LD_{50} 값이 클수록 안전성은 높아진다.

정답 01 ② 02 ④ 03 ① 04 ① 05 ②

> **해설**

검사 시에 저농도부터 고농도까지 순차적으로 늘려 투여하여 투여량과 독성반응의 관계를 파악한다.

급성 독성시험
- 시험하고자 하는 물질을 동물에게 1회 투여하여 치사량을 구하는 시험
- 투여한 실험동물의 반수가 사망하는 양을 LD_{50}(Lethal Dose, 반수치사량)이라 하며 체중 1kg당 mg으로 표시하고, 수치가 작을수록 독성이 크다.
- 실험동물 2개 종 이상

06 *Clostridium botulinum*의 특성이 아닌 것은?

① 통조림, 병조림 등의 밀봉식품의 부패에 주로 관여된 균이다.
② 그람 양성 간균으로 내열성 아포를 형성한다.
③ 치사율이 매우 높은 식중독균이다.
④ 100℃, 30초 정도 살균하면 사멸된다.

> **해설**

보툴리눔 식중독
- 원인균 : *Clostridium botulinum*
- 독소 : 단백질성 neurotoxin(신경 독소)으로 치사율이 50%로 높으나 열에 약하여 100℃에서 10분, 80℃에서 30분이면 파괴된다.
- 그람 양성, 내열성 포자(곤봉모양) 형성, 혐기성 간균, 토양·하천·호수·바다 흙·동물의 분변에 존재, A~G형 7종 중 A, B, E형이 사람에게 중독을 일으킨다.
- 잠복기는 보통 12~30시간이며, 주 증상은 구토, 복통, 설사에 이어 신경증상을 보이며 호흡마비 후 사망에 이른다.
- 육류 및 어류 훈제, 통조림, 병조림 등의 밀봉식품의 부패에 주로 관여된 균에 의해 발병된다.

07 세균성 이질에 대한 설명 중 틀린 것은?

① 원인균은 *Entamoeba histolytica*이다.
② 잠복기는 평균 1~3일이다.
③ 원인균은 60℃에서 10분 가열로 사멸된다.
④ 일반 증상은 식욕부진, 복통, 고열, 설사 등이다.

> **해설**

세균성 이질(Shigellosis)
- *Shigella dysenteriae*가 원인균으로 그람 음성균, 비운동성 간균
- 환자와 보균자의 분변이 식품이나 음료수를 통해 경구감염된다.
- 잠복기는 1~3일이며, 발열(38~39℃), 오심, 복통, 설사(점액과 혈변을 배설) 증상이 나타난다.

08 다음과 같은 식품 기계장치의 세정 방법은?

> 기계가 조립된 상태 그대로 장치 내부에 세제액으로 오염물질을 제거한 후 세척수로 헹구고, 살균제로 세척된 표면을 살균하고, 최종적으로 헹구어 주는 방법

① 분해 세정법 ② CIP법
③ HACCP법 ④ clean room법

> **해설**

CIP(Cleaning In Place) 세정법
배관이나 설비기계가 조립된 상태 그대로 장치 내부에 세제액으로 오염물질을 제거한 후 세척수로 헹구고, 살균제로 세척된 표면을 살균하고, 최종적으로 헹구어 주는 방법

09 식품의 변질에 대한 설명으로 틀린 것은?

① 변패(deterioration) : 미생물 및 효소 등에 의해 탄수화물, 지방질 및 단백질이 분해되어 산미를 형성하는 현상
② 부패(putrefaction) : 단백질과 질소화합물을 함유한 식품이 자가소화, 부패세균의 효소작용에 의해 분해되는 현상
③ 산패(rancidity) : 지방질이 생화학적 요인 또는 산소, 햇볕, 금속 등의 화학적 요인으로 인하여 산화·변질되는 현상
④ 갈변(browning) : 효소적 또는 비효소적 요인에 의해 식품이 산화·갈색화되는 현상

> **해설**

변질의 종류
- 부패(putrefaction) : 단백질이 미생물에 의해 악취와 유해물질을 생성
- 발효(fermentation) : 탄수화물이 효모에 의해 유기산이나 알코올 등을 생성
- 산패(rancidity) : 지질이 산소와 반응하여 변질되어 이미, 산패취, 과산화물 등을 생성
- 변패(deterioration) : 미생물에 의해 탄수화물이나 지질이 변질
- 갈변(browning) : 효소적 또는 비효소적 요인에 의하여 식품이 산화·갈색화되는 현상

정답 06 ④ 07 ① 08 ② 09 ①

10 다음 중 가장 잔존성이 큰 염소제 농약은?
① aldrin   ② DDT
③ telodrin ④ BHC

해설
유기염소제
- 살충효과가 크고 인체 독성이 낮으며 잔류성이 길어 많이 사용
- 구조상 매우 안정하여 자연에서 분해가 잘 안 되는 잔류성 문제로 생태계를 파괴하여 1970년대 초 세계적으로 사용 금지
- DDT, BHC, aldrin, 엔드린, 헵타크로 등이 있으며 직접 신경에 작용하여 살충하는 방식, 특히 DDT의 잔존성이 큼

명칭	잔류기간
DDT	4년
BHC	3년
Dieldrine	3년
Heptachlor	2년
Aldrine	2년

- 증상은 복통 · 설사 · 구토 · 두통 · 시력 감퇴 · 전신 권태 등

11 우유에 대한 검사 중 Babcock법은 무엇에 대한 검사법인가?
① 우유의 지방   ② 우유의 비중
③ 우유의 신선도   ④ 우유 중의 세균수

해설
원유검사
- Babcock test : 우유의 유지방 측정
- 우유의 신선도 측정 : Resazurin reduction test, Methylene Blue reduction test
- Gutzeit method : 비소 정량법

12 기구 및 용기 · 포장류의 제조 · 가공 기준으로 틀린 것은?
① 기구 및 용기 · 포장의 제조 · 가공에 사용되는 기계 · 기구류와 부대시설물은 항상 위생적으로 유지 · 관리하여야 한다.
② 기구 및 용기 · 포장의 식품과 접촉하는 부분에 사용하는 도금용 주석은 납을 1% 이상 함유하여서는 아니 된다.
③ 기구 및 용기 · 포장의 제조 · 가공에 사용되는 원재료는 품질이 양호하고, 유독 · 유해물질 등에 오염되지 아니한 것으로 안전성과 건전성을 가지고 있어야 한다.
④ 전류를 직접 식품에 통하게 하는 장치를 가진 기구의 전극은 철, 알루미늄, 백금, 티타늄 및 스테인리스 이외의 금속을 사용하여서는 아니 된다.

해설
기구 및 용기 · 포장류의 제조 · 가공 기준
- 기구 및 용기 · 포장의 식품과 접촉하는 부분에 사용하는 도금용 주석은 납을 5% 이상 함유하여서는 안 된다.
- 납 10%, 안티몬을 5% 이상 함유된 기구 및 용기 포장을 제조하여서는 안 된다.
- 기구 · 용기 및 포장에 쓰인 땜납은 납을 20% 이상 함유하여서는 안 된다.

13 대장균을 동정할 때 사용하는 배지의 당은?
① 유당   ② 설탕
③ 맥아당 ④ 과당

해설
대장균은 유당(lactose)을 분해하여 CO_2를 발생시키는 그람 음성의 간균이므로 대장균 동정실험을 할 때에는 유당을 이용하여 CO_2 발생 여부를 확인한다.

14 식품위생검사를 위한 일반적인 채취 방법으로 옳은 것은?
① 깡통, 병, 상자 등 용기에 넣어서 유통되는 식품 등은 반드시 개봉한 후 채취한다.
② 합성착색료 등의 화학 물질과 같이 균질한 상태의 것은 여러 부위에서 가능한 한 많은 양을 채취하는 것이 원칙이다.
③ 대장균이나 병원 미생물의 경우와 같이 목적물이 불균질할 때에는 1개 부위에서 최소량을 채취하는 것이 원칙이다.
④ 식품에 의한 감염병이나 식중독의 발생 시 세균학적 검사에는 가능한 한 많은 양을 채취하는 것이 원칙이다.

정답 10 ② 11 ① 12 ② 13 ① 14 ④

> **해설**
> **식품위생검사 시 검체의 채취 및 취급에 관한 주의사항**
> - 검체 채취 시 상자 등에 넣어 유통되는 기구 및 용기, 포장은 가능한 한 개봉하지 않고 그대로 채취한다.
> - 미생물학적인 검사를 위한 검체를 소분 채취할 경우 멸균된 기구·용기 등을 사용하여 무균적으로 가능한 한 많은 양을 채취하여야 한다.
> - 균질한 상태의 것은 최소량을 채취하고, 목적물이 불균질할 때는 가능한 한 많은 양을 채취하는 것이 원칙이다.

15 식품미생물의 성장에 영향을 미치는 내적인자와 거리가 먼 것은?

① 수분활성도
② pH
③ 산화환원전위(Redox)
④ 상대습도

> **해설**
> **미생물의 생육에 영향을 미치는 인자**
> 온도, pH, 수분활성도, 산소, 광선, 삼투압, 산화환원전위 등

16 저온유통이 식품의 품질에 미치는 영향이 아닌 것은?

① 산화반응속도 저하
② 효소반응속도 저하
③ 미생물 번식 억제
④ 식중독균 사멸

> **해설**
> 저온유통으로 식중독균이 사멸하지는 않는다.

17 살균·소독에 대한 설명으로 옳지 않은 것은?

① 열탕 또는 증기소독 후 살균된 용기를 충분히 건조해야 그 효과가 유지된다.
② 우유의 저온 살균은 결핵균 살균을 목적으로 한다.
③ 자외선 살균은 대부분의 물질을 투과하지 않는다.
④ 방사선은 발아 억제효과만 있고 살균효과는 없다.

> **해설**
> **방사선 조사**
> - 방사선 조사는 주로 ^{60}Co의 감마선을 이용해 포장된 상태의 제품을 처리할 수 있으며 비열 처리하므로 냉살균이라 한다.
> - 1kGy 이하의 저선량 방사선 조사를 통해 감자, 양파 등의 발아 억제, 살균, 살충, 기생충 사멸, 숙도 지연 등의 효과를 낸다.
> - 바이러스의 사멸을 위해서는 발아 억제를 위한 조사보다 높은 선량이 필요하다.
> - 10kGy 이하의 방사선 조사로는 모든 병원균을 완전히 사멸시키지는 못한다.

18 작물의 재배 수확 후 온도 27℃, 습도 82%, 기질의 수분 함량 15% 정도로 보관하였더니 곰팡이가 발생되었다. 의심되는 곰팡이 속과 발생 가능한 독소를 바르게 나열한 것은?

① *Fusarium* 속, patulin
② *Penicillium* 속, T-2 toxin
③ *Aspergillus* 속, zearalenone
④ *Aspergillus* 속, aflatoxin

> **해설**
> **아플라톡신**
> - *Aspergillus flavus*가 aflatoxin 생산
> - 온도 25~30℃, 상대습도 80% 이상, 기질의 수분 16% 이상
> - 주요 기질은 옥수수 등 곡류나 땅콩
> - B_1, G_1, G_2, M형
> - 간장독으로 간암 유발

19 Sodium L-ascorbate는 주로 어떤 목적에 이용되는가?

① 살균작용은 약하나 정균작용이 있으므로 보존료로 이용된다.
② 산화방지력이 있으므로 식용유의 산화방지 목적으로 사용된다.
③ 수용성이므로 색소의 산화방지에 이용된다.
④ 영양 강화의 목적에 적합하다.

> **해설**
> **산화방지제(항산화제)**
> - 수용성 산화방지제 : 아스코르브산, 에리소르빈산 – 색소의 항산화

정답 15 ④ 16 ④ 17 ④ 18 ④ 19 ③

- 지용성 산화방지제 : BHA, BHT, 몰식자산 프로필, 토코페롤 – 유지의 항산화

20 식품 검체로부터 미생물을 신속하게 검출하는 방법에 해당하는 것은?

① PCR을 이용하는 방법
② stomacher를 이용하는 방법
③ HPLC를 이용하는 방법
④ ICP를 이용하는 방법

해설
- ICP : 중금속 농도 측정
- HPLC : 유기물 정성 · 정량 분석에 이용
- PCR(Polymerase Chain Reaction) : DNA 증폭으로 식품 내 미생물 검출에 이용

2과목 식품화학

21 뉴턴 유체에 대한 설명 중 옳은 것은?

① 전단속도에 따라 전단응력이 비례적으로 감소한다.
② 알코올 등의 저분자성 액체는 뉴턴 유체의 흐름을 나타낸다.
③ 뉴턴 유체의 점도는 온도에 따라 일정하다.
④ 유동곡선의 중축 절편에 따라 여러 종류로 분류된다.

해설
뉴턴(Newtonian) 유체
전단응력에 대하여 전단속도가 비례적으로 증감하는 것을 뉴턴 유체라 하며 단일물질, 저분자로 구성된 물, 청량음료, 알코올, 식용유 등의 묽은 용액이 뉴턴 유체의 성질을 갖는다.

22 메밀전분을 갈아서 만든 유동성이 있는 액체성 물질을 가열하고 난 뒤 냉각하였더니 반고체 상태(묵)가 되었다. 이 묵의 교질 상태는?

① gel   ② sol
③ 염석   ④ 유화

해설
콜로이드 상태
㉠ sol : 액체 분산매에 액체 또는 고체의 분산질로 된 콜로이드 상태(우유, 전분액, 된장국, 한천 및 젤라틴을 물에 넣고 가열한 액상)
- 친수 sol : 분산매와 분산질의 친화력이 커 전해질을 넣어도 콜로이드상태 유지(전분, 젤라틴 수용액)
- 소수 sol : 분산매와 분산질의 친화력이 작아 전해질을 넣으면 침전(염화은 sol)

㉡ gel : 친수 sol을 가열한 후 냉각시키거나 물을 증발시키면 반고체 상태(한천, 젤라틴, 젤리, 잼, 도토리묵, 삶은 계란)
- syneresis(이액현상) : 장기간 방치된 gel이 수축하여 분산매가 분리된 상태
- xerogel(건조젤) : gel이 건조된 상태(분말한천, 판상젤라틴)

23 맛에 대한 설명으로 틀린 것은?

① 단팥죽에 소량의 소금을 넣으면 단맛이 더욱 세게 느껴진다.
② 오징어를 먹은 직후 귤을 먹으면 감칠맛을 느낄 수 있다.
③ 커피에 설탕을 넣으면 쓴맛이 억제된다.
④ 신맛이 강한 레몬에 설탕을 뿌려 먹으면 신맛이 줄어든다.

해설
오징어를 먹은 직후 귤을 먹으면 쓴맛을 느낄 수 있다.

24 혈액 중 칼슘과 결합하여 불용성염을 형성하는 시금치에 함유된 성분은?

① 초산   ② 호박산
③ 사과산   ④ 수산

해설
수산(oxalic acid)은 칼슘과 결합하여 불용성인 수산칼슘(calcium oxalate)을 형성한다.

25 단백질을 등전점과 같은 pH 용액에서 전기영동을 하면 어떻게 이동하는가?

① 전혀 움직이지 않는다.
② (+)극으로 빠르게 움직인다.

정답 20 ① 21 ② 22 ① 23 ② 24 ④ 25 ①

③ (-)극으로 빠르게 움직인다.
④ (-)극으로 움직이다가 다시 (+)극으로 움직인다.

해설
단백질의 등전점
양전하와 음전하의 수가 같아 전하가 0이 되므로 전기영동 시 전혀 움직이지 않는다.

26 자당(sucrose)을 포도당과 과당으로 가수분해하는 효소는?

① kinase
② aldolase
③ enolase
④ invertase

해설
invertase는 전화효소로 자당(sucrose)을 분해하여 포도당, 과당의 1 : 1 혼합체인 전화당을 생성한다.

27 포도당이 아글리콘(aglycone)과 에테르 결합을 한 화합물의 명칭은?

① glucoside
② glycoside
③ galactoside
④ riboside

해설
배당체(glycoside)
- 당이 아글리콘(aglycone)과 에테르 결합을 한 화합물
- 당이 포도당이면 glucoside, 당이 갈락토오스이면 galactoside 등

28 혈중 콜레스테롤을 낮출 수 있는 성분이 아닌 것은?

① HDL
② 리그닌(lignin)
③ 필수 지방산
④ 시토스테롤(sitosterol)

해설
리그닌은 섬유소 다음으로 많은 목재의 비소화성 올리고당으로 비만 예방과 장내 개선에 효과적이다.

혈중 콜레스테롤을 낮추는 성분
- HDL(고밀도지단백질) : 혈중 콜레스테롤을 간으로 운반, 좋은 콜레스테롤
- 리놀렌산 : 필수 지방산인 리놀렌산은 혈중 콜레스테롤 수치를 낮추어 심혈관계질환의 발생을 줄인다.
- 시토스테롤(sitosterol) : 식물성 스테롤로 흡수 시 혈중 콜레스테롤 수치를 낮추어 고지혈증 등에 효과가 있다.

29 두유제품에서 콩 비린내 냄새가 날 때 다음 중 어떤 성분이 냄새성분과 결합하여 냄새를 가장 최소화할 수 있는가?

① 말토덱스트린
② 싸이클로덱스트린
③ 라피노스
④ 스타키오스

해설
싸이클로덱스트린(cyclodextrin)
고리 모양의 올리고당으로, 내부는 소수성이고 외부는 친수성인 독특한 구조를 가진다. 이러한 구조로 인해 유기 분자(특히 냄새 분자)를 그 내부 공간에 포접하여 냄새를 가두고 휘발성을 낮추는 기능을 가진다.

30 철(Fe)에 대한 설명으로 틀린 것은?

① 철은 식품에 헴형(heme)과 비헴형(non-heme)으로 존재하며 헴형의 흡수율이 비헴형보다 2배 이상 높다.
② 비타민 C는 철이온을 2가철로 유지시켜 주어 철이온의 흡수를 촉진한다.
③ 두류의 피틴산은 철분 흡수를 촉진한다.
④ 달걀에 함유된 황이 철분과 결합하여 검은색을 나타낸다.

해설
피틴산의 인(P)은 칼슘이나 철 등의 양이온 흡수를 제한한다.

31 NaOH의 분자량이 40일 때 NaOH 30g의 몰수는?

① 0.65
② 0.75
③ 1.33
④ 10

해설
몰수
1L 용액 중 용질의 분자량
$\therefore \frac{30}{40} = 0.75$

32 선식 제품과 같은 분말 제품의 경우 용해도가 낮아서 소비자들이 식용하고자 녹일 때 잘 용해되지 않는다. 이를 개선하고자 할 때 어떤 방법이 가장 바람직한가?

① 가열처리하여 용해도를 증가시킨다.
② 분무건조기를 이용하여 엉김현상(agglomeration)을 유도한다.
③ 유화제 및 물성 개량제를 첨가한다.
④ 습윤 조절제 및 연화 방지제를 첨가한다.

[해설]
분말 제품의 용해도를 높이기 위해 분무건조기로 엉김 현상(agglomeration)을 유도하여 입자화하고 이를 재건조시키면 흡수력이 상승한다(그래뉼 커피).

33 천연지방산의 특징이 아닌 것은?

① 불포화지방산은 이중 결합이 없다.
② 대부분 탄소수가 짝수이다.
③ 불포화지방산은 대부분 cis형이다.
④ 카르복실기가 하나이다.

[해설]
불포화지방산은 이중 결합이 있다.

34 일정한 전단속도일 때 시간이 경과함에 따라 외관상 점도가 증가하는 유체는?

① Dilatant 유체
② Pseudoplastic 유체
③ Thixotropic 유체
④ Rheopectic 유체

[해설]
- 의사가소성(Pseudoplastic) 유체 : 전단속도 증가에 따라 전단응력의 증가폭이 감소하는 유체
- 딜레이턴트(Dilatant) 유체 : 전단속도 증가에 따라 전단응력의 증가폭이 증가하는 유체
- 시간에 따른 유동특성 변화에 따라 전단력이 작용할수록 점조도가 감소하는 Thixotropic 유체와 전단응력이 작용할수록 점조도가 증가하는 Rheopectic 유체로 구분

35 다음 중 발효시켜서 얻은 제품이 아닌 것은?

① 케피르(kefir)
② 쿠미스(kumiss)
③ 요구르트
④ 전지분유

[해설]
- 케피르(kefir) : 소젖이나 염소젖과 케피르 종균으로 만든 발효 음료
- 쿠미스(kumiss) : 주로 말의 젖을 원료로 하여 만든 술
※ 전지분유는 우유를 건조한 것이다.

36 Alanine이 strecker 반응을 거치면 무엇으로 변하는가?

① acetic acid
② ethanol
③ acetamide
④ acetaldehyde

[해설]
strecker 반응에 의해 아미노산이 분해되면서 저급 알데히드와 이산화탄소가 발생한다.

37 소맥에 대한 설명으로 틀린 것은?

① 경질소맥을 제분하여 튀김옷과 비스킷을 만든다.
② 밀가루 품질 결정 요인은 글루텐(gluten) 함량과 회분 함량이다.
③ 글루텐막은 반죽에 가소성을 부여한다.
④ 설탕과 지방은 글루텐(gluten)의 형성을 방해한다.

[해설]
경질소맥(hard wheat)은 글루텐 함량이 높아 주로 빵이나 파스타 등 쫄깃하고 탄력 있는 식감을 내는 제품에 사용된다.

38 식염이나 산의 존재하에서도 감미도가 영향을 받지 않으며 내열성이 큰 천연감미료는?

① sucrose
② stevioside
③ saccharin
④ naringin

[해설]
스테비오사이드는 열과 산에 안정적이다.

39 식품 성분의 가공 중 발생하는 냄새성분 변화에 대한 설명으로 틀린 것은?

① 불포화지방산이 많이 있는 유지가 열분해되면 alcohol, aldehydes, ketones 등이 많이 발생한다.
② 마늘이나 양파 등이 함유된 재료를 가열하면 황 함유 휘발성분이 발생한다.
③ 설탕물을 150~180℃의 고온으로 가열하면 5탄당에서는 furfural이, 6탄당에서는 5-hydroxymethyl furfural이 주로 형성된다.
④ 가오리나 홍어 저장 시 발생하는 자극성 냄새는 요소가 미생물에 의해 분해되어 트리메탈아민을 생성하기 때문이다.

해설
가오리나 홍어 저장 시 발생하는 자극성 냄새는 요소가 미생물에 의해 분해되어 암모니아를 생성하기 때문이다.

40 유중수적형(W/O) 교질상 식품은?

① 마가린(margarine)
② 우유(milk)
③ 마요네즈(mayonnaise)
④ 아이스크림(ice cream)

해설
- 수중유적형(O/W) : 우유, 아이스크림, 마요네즈, 생크림
- 유중수적형(W/O) : 버터, 마가린

3과목 식품가공학

41 제빵 시 설탕 첨가의 목적과 거리가 먼 것은?

① 노화 방지
② 빵 표면의 색깔 증진
③ 효모의 영양원
④ 유해균의 발효 억제

해설
제빵에 첨가되는 설탕의 양은 유해균의 발효를 억제할 만큼 높지 않다. 유해균의 증식은 주로 위생 관리나 pH 조절 등으로 억제된다.

42 라미네이트 필름에 대한 설명 중 옳은 것은?

① 알루미늄박만을 포장재료로 사용한 것이다.
② 종이를 사용한 것이다.
③ 두 가지 이상의 필름, 종이 또는 알루미늄박을 접착시킨 것을 말한다.
④ 셀로판을 사용한 포장재료를 말한다.

해설
라미네이트(laminate)
- '얇은 판을 겹쳐서 만든 합판'이라는 뜻
- 라미네이트 필름 포장은 서로 다른 종류의 플라스틱 필름, 종이, 알루미늄박 등을 접착시켜 여러 겹의 층으로 만든 복합 재료를 의미한다.

43 분리대두단백질의 가공원리는?

① 대두단백질에 알칼리를 처리하여 단백질만을 회수
② 단백질 분해효소를 처리하여 얻은 가수분해물의 건조
③ 대두단백질의 등전점을 이용하여 단백질을 회수
④ 핵산 처리하여 지방을 제거한 후 건조

해설
분리대두단백질은 콩 단백질을 고도로 정제한 제품으로 단백질 함량이 높다. 분쇄한 대두단백질 용액의 pH를 등전점 근처로 조절하여 침전시킨 후 회수한다.

44 벼를 장기 저장할 경우 곤충의 피해를 방지하기 위한 가장 효과적인 방법은?

① 공기를 자주 순환시킨다.
② 습도를 조절한다.
③ 살균제를 살포한다.
④ 주기적으로 훈증처리한다.

해설
벼를 장기 저장할 경우 곤충의 피해를 방지하기 위해 주기적으로 훈증처리한다.

정답 39 ④ 40 ① 41 ④ 42 ③ 43 ③ 44 ④

45 탄산음료를 제조할 때 주입하는 탄산가스의 용해도는?

① 온도에 관계없이 일정하다.
② 온도가 낮을수록 크다.
③ 온도가 높을수록 크다.
④ 20℃에서 제일 크다.

해설
이산화탄소는 온도가 낮을수록 용해도가 크다.

46 액란(liquid egg)을 건조하기 전 당을 제거하는 이유가 아닌 것은?

① 난분의 용해도 감소 방지
② 변색 방지
③ 난분의 유동성 저하 방지
④ 이취의 생성 방지

해설
액란 건조 전 당의 제거 이유
- 난분의 용해도 감소 방지
- 변색 방지
- 난분의 유동성 유지
- 이취의 생성 방지

47 가열 살균에 있어서 F250이란?

① 어떤 균의 250℃에서 1분간 사멸되는 정도
② 어떤 균의 임의의 온도에서의 살균 시간
③ 어떤 균의 250°F에서의 살균 시간
④ 어떤 균의 일정 시간 동안에 살균되는 온도

해설
F250 표기는 250°F를 기준 온도(reference temperature)로 했을 때의 등가 살균 시간이다.

48 유지를 가공하여 경화유를 만들 때 촉매제로 사용되는 것은?

① 질소   ② 수소
③ 니켈   ④ 헬륨

해설
경화유
- 불포화지방산이 많은 액체유에 니켈(Ni) 존재하에서 H_2를 첨가하여 고체지(포화지방산)로 제조
- 녹는점이 높아지고 안정성 증가, 산패가 적고 냄새 감소
- 어유, 콩기름, 면실유, 채종유 등에 이용
- 쇼트닝, 마가린 등이 대표적인 제품

49 유지 채취 시 전처리 방법이 아닌 것은?

① 정선   ② 탈각
③ 파쇄   ④ 추출

해설
식용유지 제법
㉠ 압착법, 추출법은 식물유지 채취에, 용출법은 동물유지 채취에 이용
- 용출법(melting process) : 동물성 원료를 가열시켜서 유지 제조
- 압착법(expression process) : 식물질 원료에 기계적인 압력을 가하여 유지 제조
- 추출법(extraction process) : 식물성 원료를 유기용매로 녹여서 제조, 추출용매는 벤젠, 에틸알코올, 노멀 헥산, 아세톤, CS_2 등을 사용
㉡ 추출용매는 가격이 저렴하고, 유지 이외의 물질은 추출하지 말아야 하며 기화열과 비열이 낮아 회수가 쉬워야 한다.
㉢ 정선, 탈각, 파쇄는 전처리이고, 추출은 본처리이다.

50 열처리 시 온도에 대한 민감성이 가장 큰 것은?

① Z값이 10℃인 포자
② Z값이 25℃인 효소
③ Z값이 35℃인 비타민
④ Z값이 50℃인 색소

해설
Z값은 D값(Decimal reduction time, 특정 온도에서 미생물 집단의 90%를 파괴하는 데 걸리는 시간)을 1/10으로 줄이는 데 필요한 온도 상승폭이다. Z값이 작으면 온도 변화에 민감하다.

51 과일 주스 제조 시에 혼탁을 방지하기 위하여 사용되는 효소는?

① protease
② amylase
③ pectinase
④ lipase

정답 45 ② 46 ③ 47 ③ 48 ③ 49 ④ 50 ① 51 ③

> **해설**
> *Aspergillus niger* (흑국균)
> • 집락은 흑색, 전분당화력(β-amylase)이 강하고, 당액을 발효하여 구연산, 글루콘산 등 유기산 발효공업, 소주 제조에 이용
> • pectinase에 의한 펙틴 분해력이 강하여 청징제로 이용

52 소금의 방부력과 관계가 없는 것은?

① 원형질의 분리
② 펩타이드 결합의 분해
③ 염소이온의 살균작용
④ 산소의 용해도 감소

> **해설**
> 소금의 방부력
> • 삼투압에 의해 원형질 분리
> • 탈수에 의한 미생물 사멸
> • 염소 자체의 살균력
> • 용존산소 감소 효과에 따른 화학반응 억제
> • 단백질 변성에 의한 효소의 작용 억제 등의 효과

53 전단속도 $25s^{-1}$에서 토마토 케첩($\kappa=1.5$ Pa·$s^{0.5}$, $\eta=0.5$)의 겉보기 점도를 계산하면 얼마인가?(단, 토마토 케첩의 항복응력은 없다.)

① 0.3Pa·s   ② 0.5Pa·s
③ 1.0Pa·s   ④ 1.5Pa·s

> **해설**
> 겉보기 점도
> 비뉴턴 유체에서 전단응력과 전단속도의 비(전단속도가 증가하면 겉보기 점도 감소), 특정 전단속도에서 유체가 나타내는 정도 의미
> • 겉보기 점도 = 전단응력 ÷ 전단속도
> • 전단응력 = $1.5 \times 0.5 = 0.75$
> ∴ 겉보기 점도 = $\frac{0.75}{2.5} = 0.3$ Pa·s

54 배아미에 대한 설명으로 틀린 것은?

① 단백질, 비타민이 비교적 많다.
② 원통마찰식 도정기를 사용한다.
③ 맛이 있는 정미를 얻을 수 있다.
④ 저장성이 높다.

> **해설**
> 배아미는 배아가 떨어지지 않도록 도정한 것으로 저장성은 좋지 않으나 영양분이 많다.

55 라면 한 그릇에 나트륨이 2,000mg 들어 있다면, 이것을 소금량으로 환산하면 얼마인가?

① 5g   ② 8g
③ 12g   ④ 20g

> **해설**
> 소금(NaCl)은 Na=23, Cl=37이므로
> $23 : 60 = 2,000 : x$
> ∴ $x = 5,217$mg = 약 5g

56 버터 제조 시 불필요한 과정은?

① 75℃에서 살균하고 5~6시간 발효시킨다.
② 교반으로 지방의 알맹이를 응집시킨다.
③ 순도가 높은 소금 약 2.5%를 가하여 풍미를 향상시킨다.
④ 방사선으로 다시 오염균을 살균한다.

> **해설**
> 가염 후 다시 살균하지 않으며 연압한 후 충전 및 포장한다.

57 식품의 냉동 저장 중 일어나는 변화로서 냉동해(freezer burn)와 거리가 먼 것은?

① 산화 방지   ② 미세한 구멍 생성
③ 풍미 저하   ④ 단백질의 탈수변성

> **해설**
> 냉동해(freezer burn)
> 냉동육이나 생선 등이 냉동 중 수분의 승화에 의해 표면이 다공질화되어 공기와 접촉면이 넓어지며 유지의 산화, 단백질 변성, 풍미 저하를 발생시키면서 마치 불에 탄 것과 같이 검게 착색되는 것을 말한다.

58 장류의 식품유형이 아닌 것은?

① 고추장   ② 산분해간장
③ 발효식초   ④ 개량메주

정답 52 ② 53 ① 54 ④ 55 ① 56 ④ 57 ① 58 ③

해설
장류
- 간장, 고추장, 된장, 청국장, 개량메주 등 콩 발효식품
- 세균, 효모의 발효 · 숙성을 거쳐 만든 조미식품
- 아미노산 급원으로 독특한 풍미와 K, Ca, Na, Fe 등 염류 함유

59 연제품(surimi)의 가공 원리와 가장 거리가 먼 것은?

① 어육은 단순 가열 시 단백질 섬유가 응고하여 보수력이 향상된다.
② 어육 분쇄 시 식염을 2~3% 첨가하면 근원섬유의 붕괴로 actomyosin의 용출성이 좋아진다.
③ actomyosin 졸(sol)은 가열 시 탄성도가 큰 겔(gel)이 된다.
④ 되풀림 현상(returning)은 가열에 의하여 겔이 붕괴되는 것을 의미한다.

해설
연제품
- 어육에 소금과 부재료를 첨가 후 갈아 고기풀 제조 후 성형 가열한 제품
- 어육 단백질은 수용성 미오겐, 염용성 액틴, 미오신, 불용성 콜라겐, 엘라스틴으로 구성
- 2~3% 염첨, 미오신과 액틴 용출, 액토미오신 형성, 점성이 강한 고기풀 형성
- 저온 장시간 가열 시 탄력성 감소, 보수력 감소
- 온도가 높고 가열속도가 빠를수록 탄력성 증가
- 가열 응고로 망상구조 형성, 탄력성 겔 형성

60 압출가공방법인 extrusion cooking 과정 중 일어나는 물리 · 화학적 변화가 아닌 것은?

① 조직 팽창 및 밀도 조절
② 단백질의 변성, 분자 간 결합
③ 전분의 수화, 팽윤
④ 전분의 노화 및 결합

해설
extrusion cooking
압출성형조리는 스크루의 재료이송능력에 의해 이송 중 교반, 혼합, 전단, 성형을 진행한 후 가열 및 냉각을 통한 성형조리의 종류로 식품에 물리 · 화학적 변화를 가져온다.
- 조직 팽창 및 밀도 조절

- 단백질의 변성, 분자 간 결합 및 조직화
- 전분의 수화, 팽윤, 호화, 노화 및 분해
- 효소의 불활성화
- 미생물의 살균 및 사멸

4과목 식품미생물학

61 맥주 제조용 양조 용수의 경도(hardness)를 저하시키는 방법으로 부적당한 것은?

① 염소 첨가
② 가열
③ 석회수 첨가
④ 이온교환수지 사용

해설
경도는 물속에 존재하는 Ca, Mg 같은 2가 양이온을 말하며, 경도를 제거하는 방법에는 가열, 석회수 첨가(석회소다법), 이온교환수지(제올라이트법) 사용 등이 있다.

62 닫힌계 또는 회분계에서 미생물을 배양할 때 증식곡선 단계를 순서대로 나열한 것은?

① 유도기 - 대수기 - 정지기 - 사멸기
② 정지기 - 대수기 - 유도기 - 사멸기
③ 대수기 - 유도기 - 정지기 - 사멸기
④ 대수기 - 정지기 - 유도기 - 사멸기

해설
미생물의 생육곡선(growth curve)
㉠ 유도기(lag phase, induction period)
  - 미생물이 증식을 준비하는 시기
  - 효소, RNA는 증가, DNA는 일정
  - 초기 접종균수를 증가하거나 대수 증식기 균을 접종하면 기간이 단축
㉡ 대수기(logarithmic phase)
  - 대수적으로 증식하는 시기
  - RNA는 일정, DNA는 증가
  - 세포질 합성속도와 세포수 증가는 비례
  - 세대시간, 세포의 크기 일정
  - 생리적 활성이 크고 예민
  - 증식속도는 영양, 온도, pH, 산소 등에 따라 변화
㉢ 정지기(stationary phase)
  - 영양물질의 고갈로 증식수와 사멸수가 같다.
  - 세포수 최대
  - 포자 형성 시기
㉣ 사멸기(death phase)
  - 생균수보다 사멸균수가 증가
  - 자기소화(autolysis)로 균체 분해

정답 59 ① 60 ④ 61 ① 62 ①

63 원핵세포 생물에 대한 설명 중 틀린 것은?

① 핵막과 미토콘드리아가 없다.
② 호흡효소는 대부분 mesosome에 존재한다.
③ 진화 발달된 세포이다.
④ 일반적으로 sterol이 없다.

해설
세균과 같은 원핵세포는 하등한 미생물로 인지질 이중층으로 된 세포막이나 펩티도글리칸으로 구성된 세포벽으로 싸여 있으며, 리보솜은 있으나 핵막과 미토콘드리아는 없다.

64 조상균류(Phycomycetes)에 속하는 곰팡이는?

① *Fusarium* 속   ② *Eremothecium* 속
③ *Mucor* 속   ④ *Aspergillus* 속

해설
곰팡이(진균류)
- 조상균류 : *Mucor*(털곰팡이), *Rhizopus*(거미줄곰팡이, 가근, 포복지), *Absidia*(활털곰팡이, 가근, 포복지)
- 자낭균류 : *Aspergillus*(누룩곰팡이, 정낭, 병족세포), *Penicillium*(푸른곰팡이, 기저경자), *Monascus*(홍국곰팡이), *Neurospora*(붉은곰팡이)

65 식품공업에서 아밀라아제를 생산하는 대표적인 균주와 거리가 먼 것은?

① *Aspergillus oryzae*
② *Bacillus subtilis*
③ *Rhizopus delemar*
④ *Candida lipolytica*

해설
아밀라아제(amylase)는 다당류를 가수분해하는 효소로 전분 분해능이 강한 균주로부터 생성된다.
- *Aspergillus oryzae* : 누룩을 제조하는 데 사용되는 누룩곰팡이속의 대표 균주로 전분당화력이 강해 주로 쌀누룩, 밀누룩을 제조하는 데 사용된다.
- *Bacillus subtilis* : 고초균이라고 하며 토양에서 쉽게 관찰되고 메주나 낫토를 발효시키는 데 주로 사용된다.
- *Rhizopus delemar* : 소홍주에서 분리된 균주로 전분당화력 및 알코올 발효력이 강하여 주류 발효에 이용된다.

66 여름철 쌀의 저장 중 독성물질을 생성하여 황변미를 유발하는 미생물은?

① *Bacillus subtilis*, *Bacillus natto*
② *Lactobacillus plantarum*, *Escherichia coli*
③ *Penicillium citrinum*, *Penicillium islandicum*
④ *Mucor rouxii*, *Rhizopus delemar*

해설
황변미독
저장 중 쌀이 곰팡이에 의해서 황색 반점을 형성하며 섭취 시 중독현상을 일으킨다.
- 태국황변미 : *Penicillium citrinum*
- 아이슬란드 황변미 : *Penicillium islandicum*

67 다음 중 미생물의 아미노산 생합성과 관계없는 효소는?

① glutamic dehydrogenase
② isocitrate lyase
③ aspartase
④ transaminase

해설
isocitrate lyase는 직접적으로 아미노산 생합성과 관련 없고 전구체를 제공한다.

68 클로렐라에 대한 설명으로 틀린 것은?

① 녹조류에 속하며, 분열에 의해 한 세포가 4~8개의 낭세포로 증식하고 편모는 없다.
② 빛의 존재하에 간단한 무기염과 CO_2의 공급으로 쉽게 증식한다.
③ 값싸고 단백질 함량이 높은 단세포 단백질(SCP)로 이용된다.
④ 세포벽이 얇아 인체 내에서 소화가 잘된다.

해설
클로렐라
- 조류는 원핵세포에 속하는 남조류와 진핵세포에 속하는 해조류로 구분되는데, 클로렐라는 조류, 해조류, 녹조류에 속한다.
- 원생생물로 담수나 해수에 생육하며 빛을 이용해서 무기염과 CO_2를 생산하여 증식하는, 광합성을 하는 독립영양생활을 한다.

정답 63 ③ 64 ③ 65 ④ 66 ③ 67 ② 68 ④

- 잎, 줄기, 뿌리, 관상체가 없으며 유성생식과 무성생식을 한다.
- 인체 소화율이 낮다.

69 버섯에 대한 설명 중 틀린 것은?
① 대부분은 담자균류에 속한다.
② 담자균류는 균사에 격막이 있다.
③ 2차 균사는 단핵 균사이다.
④ 동담자균류와 이담자균류가 있다.

해설
버섯(담자균류)
- 포자가 착생하는 자실체가 육안으로 볼 수 있을 정도로 크게 발달한 대형 자실체를 형성하는 것을 버섯이라 하며, 담자균류와 자낭균류에 속하지만 대부분 담자균류이다.
- 담자균류에는 동담자균류와 이담자균류가 있다.
- 담자균류에서 무성생식포자는 드물게 나타나며, 유성생식포자로는 핵융합과 감수분열을 거쳐 담자기에 보통 4개의 담자포자가 형성된다.

70 미생물의 성장에 많이 필요한 무기원소이며 메티오닌, 시스테인 등의 구성성분인 것은?
① S   ② Mo
③ Zn ④ Fe

해설
황(S)은 미생물의 성장에 많이 필요한 무기원소이며 메티오닌, 시스테인 등의 구성성분이다.

71 밥에서 쉰내를 내게 하고 산성화시키는 세균은?
① *Clostridium perfringens*
② *Bacillus subtilis*
③ *Staphylococcus aureus*
④ *Lactobacillus bulgaricus*

해설
고초균(*Bacillus subtilis*)
- 호기성 간균, 내생포자 형성, 그람 양성
- 내생포자 형성, 탄수화물 분해능이 큼
- amylase와 protease 생산, 항생물질 subtilin 생산
- 식품오염의 주요 종
- 밥에서 쉰내를 내게 하고 산성화시킴

72 곰팡이 균총의 색깔은 주로 무엇에 의해 정해지는가?
① 포자   ② 균사
③ 균사체   ④ 격막(격벽)

해설
곰팡이(진균류)
- 균사(hyphae)로 영양섭취와 발육을 담당
- 진균류는 조상균류와 순정균류로 분류
- 곰팡이 균총의 색깔은 포자에 의해 결정됨

73 통조림의 flat sour에 대한 설명으로 틀린 것은?
① 관의 형태는 정상이지만 내용물은 젖산 생성 때문에 신맛이 생성된다.
② 채소나 수산통조림 등 산도가 낮은 식품에서 주로 발생한다.
③ 유포자 내열성 세균에 의한 경우가 많다.
④ 과도한 탄산가스 생성이 수반된다.

해설
평면산패(flat sour)
- 가스 비형성 세균의 산 생성으로 발생
- 주로 *Bacillus* 속 호열성 세균의 살균 부족으로 발생
- 통조림 외관은 이상 없으나 산에 의해 신맛 생성

74 돌연변이에 대한 설명으로 틀린 것은?
① DNA 분자 내의 염기서열을 변화시킨다.
② DNA에 변화가 있더라도 표현형이 바뀌지 않는 잠재성 돌연변이(silent mutation)가 있다.
③ 모든 변이는 세포에 있어서 해로운 것이다.
④ 유전자 자체의 변화에 의해 발생하기도 한다.

해설
변이주가 환경에 적응하면 새로운 개체로 진화하게 된다.

75 고정화 효소제법에 대한 설명으로 틀린 것은?
① 미생물 오염의 위험성이 배제된다.
② 담체와 효소의 결합법이다.
③ 안정성의 증가가 있다.
④ 재사용이 가능하다.

정답 69 ③ 70 ① 71 ② 72 ① 73 ④ 74 ③ 75 ①

> **해설**
>
> **고정화 효소제법**
> 효소를 담체(carrier)에 부착시켜 지속적으로 촉매 활성하도록 만든 것
> ㉠ 담체결합법(공유결합법) : 불용성 담체와 효소를 공유결합한다.
>   - Diazo법 : p-aminobenzyl cellulose, poly-amino polystyrene 등 아미노기를 가지는 담체와 효소를 diazo 결합시킨다.
>   - Peptide법 : CM-cellulose azide, carboxy chloride 수지, isocyanate 유도체 등과 효소를 peptide 결합시킨다.
>   - Alkyl화법 : cyanuryl cellulose, bromoacetyl cellulose 등의 할로겐과 효소를 결합시킨다.
>   - 이온결합법 : DEAD-cellulose, CM-cellulose, Sephadex 등의 이온교환수지에 효소를 결합시킨다.
>   - 물리적 흡착법 : 활성탄, 산성백토, kaolinite 등에 효소를 흡착시킨다.
> ㉡ 가교법(cross linking method) : 효소를 담체에 부착할 수 있는 기능기를 가진 가교로 연결하는 방법이다.
> ㉢ 포괄법(entrapping method) : 효소를 담체겔 속에 고정시키거나 반투과성 피막으로 감싸도록 하는 방법이다.

76 상면효모와 하면효모에 대한 설명으로 틀린 것은?

① 상면효모의 발효액은 투명하다.
② 상면효모는 소량의 효모점질물 polysaccharide를 함유한다.
③ 하면효모는 발효작용이 늦다.
④ 하면효모는 균체가 산막을 형성하지 않는다.

> **해설**
>
> **맥주**
> - 상면발효맥주 : *Saccharomyces cerevisiae* - 영국맥주, 상면발효, 상온발효(Ale, Stout, Porter, Lambic), 혼탁
> - 하면발효맥주 : *Saccharomyces carlsbergensis* - 독일, 미국, 일본, 한국에서 주로 생산, 하면발효, *Saccharomyces uvarm*에 통합, 저온발효(Lager, Munchen, Pilsen, Wien), 장기 저장 시 독특한 향미 부여, 발효가 느림

77 효모의 형태에 관한 설명으로 옳은 것은?

① 효모는 배지 조성, pH, 배양 방법 등과는 관계없이 항상 일정한 형태로 나타난다.
② 효모의 영양번식 방법으로는 출아법, 분열법 및 출아 분열법이 있다.
③ 일반적으로 효모 세포의 크기는 구균 형태의 세균보다 작다.
④ 효모는 곰팡이와는 달리 위균사나 진균사를 형성하지 않는다.

> **해설**
>
> **효모(yeast)**
> - 효모는 배지 조성, pH, 배양 방법 등에 따라 다양한 형태로 나타난다.
> - 효모는 영양번식 방법으로는 출아법, 분열법 및 출아 분열법이 있다.
> - 일반적으로 효모 세포의 크기는 구균 형태의 세균보다 크다.
> - 효모는 곰팡이와는 다른 위균사나 진균사를 형성한다.

78 *Escherichia coli*와 *Enterobacter aerogenes*의 공통적인 특징은?

① indole 생성 여부
② acetoin 생성 여부
③ 단일 탄소원으로 구연산염의 이용성
④ 그람 염색 결과

> **해설**
>
> 둘 다 그람 음성균으로 대장균군에 속한다.

79 미생물의 표면 구조물 중에서 유전물질의 이동에 관여하는 것은?

① 편모(flagella)   ② 섬모(cilia)
③ 필리(pili)   ④ 핌브리아(fimbriae)

> **해설**
>
> **미생물의 표면 구조물**
> - 편모(flagella) : 세균의 운동기관
> - 섬모(cilia) : 포유동물 기관 상피
> - 필리(pili) : DNA 등 물질이동 역할과 부착기능
> - 핌브리아(fimbriae) : 세포로의 부착을 담당하며 유전자 전달에 관여하지 않음

정답 76 ④ 77 ② 78 ④ 79 ③

80 곤충이나 곤충의 번데기에 기생하는 동충하초균 속인 것은?

① *Bonascus* 속 ② *Neurospora* 속
③ *Gibberella* 속 ④ *Cordyceps* 속

해설
동충하초(*Cordyceps* 속)
곤충의 피부를 뚫고 몸 안에 기생하는 곤충기생형 자낭균류의 버섯

5과목 생화학 및 발효학

81 포도당(glucose) 100g/L를 사용하여 빵효모를 생산하려고 한다. 발효 후에 에탄올(ethanol)이 부산물로 10g/L가 생산되었다면, 이때 생산된 균체의 양은 얼마인가?(단, 균체 생산수율은 0.5g cell/g glucose이다.)

① 약 30g/L ② 약 40g/L
③ 약 50g/L ④ 약 60g/L

해설
균체의 양 계산
(생성된 균체의 양)
=(포도당의 양×균체 생산수율)-부산물의 양
=(100×0.5)-10=40g/L

82 Holoenzyme에 대한 설명으로 옳은 것은?

① 조효소를 말한다.
② 가수분해작용을 하는 효소를 말한다.
③ 활성이 없는 효소 단백질과 조효소가 결합된 활성이 완전한 효소를 말한다.
④ 금속 이온 또는 유기분자로 이루어진 factor를 말한다.

해설
완전효소(Holoenzyme)
• 비활성인 단백질 부분인 아포효소와 활성촉진자 역할을 하는 보조인자가 결합한 것을 의미하며 효소의 활성이 나타난다.
• 활성을 가지려면 아포효소와 보조인자가 결합해야 한다.

83 당대사 과정 중 혐기적 단계에서 ATP를 생성시키는 방법은?

① oxidative phosphoryation
② glycolysis
③ TCA cycle
④ gluconeogenesis

해설
해당과정(glycolysis)
혐기적으로 포도당을 피루브산으로 변화시키는 과정이며, ATP와 NADH가 생산된다.

84 고콜레스테롤혈증의 원인으로 옳은 것은?

① 콜레스테롤 전구체인 메발론산의 혈중 농도가 낮기 때문이다.
② 세포 표면의 수용체에서 혈중 LDL을 효과적으로 흡수하지 못하기 때문이다.
③ 메발론산으로부터 혈중 HDL을 다량 생합성하기 때문이다.
④ 콜레스테롤이 소량 함유된 식품을 섭취하기 때문이다.

해설
고콜레스테롤혈증은 세포 표면의 수용체에서 혈중 LDL을 효과적으로 흡수하지 못하기 때문에 나타난다.

85 탈탄산반응의 보조효소로 작용하는 Thiamine pyrophosphate(TPP)의 작용활성 부위는?

① thiazole ring
② pyrrole ring
③ indole ring
④ imidazole ring

해설
Thiamine pyrophosphate(TPP)
• 티아민은 비타민 B_1으로 생체 내에서 TPP를 구성하여 탈탄산효소의 조효소로 작용한다.
• 작용활성 부위는 티아졸 링(thiazole ring)으로 탈탄산 작용을 돕는다.
• 인돌기는 트립토판의 구조, 피롤기는 포르피린의 구조, 이미다졸기는 히스티딘의 구조를 형성한다.

정답 80 ④ 81 ② 82 ③ 83 ② 84 ② 85 ①

86 구연산 발효 시 당질 원료 대신 이용할 수 있는 유용한 기질은?

① n-paraffin ② ethanol
③ acetic acid ④ acetaldehyde

> 해설

구연산 발효
- 생산균 : *Aspergillus niger*, *Asp. luchuensis*, *Candida lipolytica*
- 수율 : 포도당 원료 110%, 탄화수소 원료 230%
- 당농도 10~20%, 26~35℃, pH 3.5
- 호기적 상태 유지
- 노르말 파라핀(n-paraffin)은 긴 사슬 지방산과 긴 사슬 알코올이 결합된 탄화수소류로, 당질 원료 대신 이용할 수 있다.

87 시토크롬의 구조에서 가장 필수적인 원소는?

① 코발트 ② 마그네슘
③ 철 ④ 구리

> 해설

전자전달계를 구성하는 시토크롬의 구조에서 가장 필수적인 원소는 철(Fe)이다.

88 포도당 분해과정 중 HMP(Hexose Monophos-phate) 경로로만 100% 대사하는 미생물은?

① *Escherichia coli*
② *Saccharomyces cerevisiae*
③ *Rhizopus oryzae*
④ *Acetomonas oxydans*

> 해설

EMP(해당) : HMP(오탄당인산경로)의 비율
- *Escherichia coli* = 72 : 28
- *Saccharomyces cerevisiae* = 88 : 12
- *Penicillium chrysogenum* = 56~70 : 30~44
- *Rhizopus oryzae* = 100% EMP
- *Acetomonas oxydans* = 100% HMP

89 두 종류의 미생물 A와 미생물 B를 분리하여 DNA 중 GC 함량을 분석해보니 각각 70%와 54%이었다. 미생물들의 각 염기조성은?

① (미생물 A) A : 15%, G : 35%, T : 15%, C : 35%
   (미생물 B) A : 23%, G : 27%, T : 23%, C : 27%
② (미생물 A) A : 30%, G : 70%, T : 30%, C : 70%
   (미생물 B) A : 46%, G : 54%, T : 46%, C : 54%
③ (미생물 A) A : 35%, G : 35%, T : 15%, C : 15%
   (미생물 B) A : 27%, G : 27%, T : 23%, C : 23%
④ (미생물 A) A : 35%, G : 15%, T : 35%, C : 15%
   (미생물 B) A : 27%, G : 23%, T : 27%, C : 23%

> 해설

DNA
- 염기 간의 결합에서 A와 T는 수소 이중 결합, G와 C는 수소 삼중 결합으로 되어 있다. 그러므로 항상 피리미딘기(C+T)/퓨린기(G+A)=1이 된다.(샤가프의 법칙)
- 미생물 A : GC 함량 70%는 G : 35%, C : 35%이며, 나머지 AT 함량은 30%이므로 각각 A : 15%, T : 15%가 된다.
- 미생물 B : GC 함량 54%는 G : 27%, C : 27%이며 나머지 AT 함량은 46%이므로 각각 A : 23%, T : 23%가 된다.

90 핵산 관련 물질이 정미성을 갖추기 위해서 필요한 구조와 관련된 설명으로 틀린 것은?

① purine환의 6' 위치에 OH기가 있어야 한다.
② ribose의 5' 위치에 인산기가 있어야 한다.
③ nucleotide의 당은 ribose에만 정미성이 있다.
④ 고분자 nucleotide, nucleoside 및 염기 중에서 mononucleotide에만 정미성이 있는 것이 존재한다.

> 정답 86 ① 87 ③ 88 ④ 89 ① 90 ③

해설

핵산계 정미성
- 핵산 관련 물질 중 인산기를 1개 가진 nucleotide (mononucleotide)가 정미성이 우수 – IMP(Inosine Monophosphate, 가쓰오부시 맛성분), GMP(Guanosine Monophosphate, 표고버섯 맛성분)
- 정미성 nucleotide는 염기가 purine계(GMP>IMP>XMP)
- 정미성을 위해 ribose의 5′ 위치에 인산기, 염기 ring 구조의 6′ 위치가 OH로 치환

91 광학적 기질 특이성에 의한 효소의 반응에 대한 설명으로 옳은 것은?

① urease는 요소만을 분해한다.
② lipase는 지방을 우선 가수분해하고 저급의 ester도 서서히 분해한다.
③ phosphatase는 상이한 여러 기질과 반응하나 각 기질은 인산기를 가져야 한다.
④ L-amino acid acylase는 L-amino acid 에는 작용하나 D-amino acid에는 작용하지 않는다.

해설
광학적 기질 특이성은 입체이성질체에 해당하므로 구조적으로 L형과 D형에 대한 구분이 중요하다.

92 코리회로(cori cycle)에 대한 설명이 틀린 것은?

① 과다한 호흡으로 근육세포와 적혈구세포는 많은 양의 젖산을 생산한다.
② 젖산을 이용한 포도당 신생합성 과정을 포함한다.
③ 젖산은 lactate dehydrogenase 효소작용을 통해 pyruvate로 전환된다.
④ 근육세포에서 생성된 젖산이 혈액을 통해 신장으로 이송되는 과정을 포함한다.

해설
근육세포에서 생성된 젖산은 혈액을 통해 간으로 이송된다.

93 vitamin B_6군에 관한 설명으로 틀린 것은?

① 아미노기 전이반응에 관여하는 효소의 보결분자로 작용한다.
② pyridoxine, pyridoxal 및 pyridoxamine 등이 서로 상호 전환되는 구조를 갖고 있다.
③ pyridoxal phosphate는 활성형으로 amino group 공여체이다.
④ 새로운 아미노산 생성 및 분해 과정에 관여한다.

해설
pyridoxal phosphate는 아미노기 전이반응에서 아미노기 전이효소의 조효소로 작용하지만 아미노기를 제공하지는 않는다.

94 prostaglandin의 생합성에 이용되는 지방산은?

① stearic acid
② oleic acid
③ arachidonic acid
④ palmitic acid

해설
아라키돈산(20 : 4, n-6)은 필수 지방산의 일종이며, 프로스타글란딘 생합성에 필수적인 전구체이다. 세포막 인지질에 저장되어 있다가 필요시 사용된다.

95 TCA 회로에 관여하는 조절효소가 아닌 것은?

① citrate synthase
② isocitrate dehydrogenase
③ α-ketoglutarate dehydrogenase
④ phosphoglucomutase

해설

phosphoglucomutase
해당의 포도당 6인산이 글리코겐 합성을 위해 포도당 1인산으로 전환되는 이성화 반응에 관여하는 효소이다.

정답 91 ④ 92 ④ 93 ③ 94 ③ 95 ④

96 발효장치로 미생물 배양 중 생성되는 거품을 제거하기 위한 가장 효과적인 방법은?

① 소포제 첨가 장치만으로 충분히 제거한다.
② foam breaker를 상부에 부착하여 발생 시 파쇄시킨다.
③ 다공성 물질인 활성탄소나 규조토를 즉시 살포한다.
④ 소포제 첨가 장치와 foam breaker를 병행하여 사용한다.

해설

발효장치로 미생물 배양 중 생성되는 거품을 제거하기 위한 가장 효과적인 방법은 소포제 첨가 장치와 foam breaker를 병행하여 사용하는 것이다.

97 글리코겐(glycogen)의 합성에 이용되는 nucleotide는?

① NAD   ② NADP
③ UTP   ④ FAD

해설

글리코겐 합성(glycogenesis)

glucose → (hexokinase) → glucose-6-phosphate → (phosphoglucomutase) → glucose-1-phosphate + UTP → (UTP-glucose-1-phosphate uridyltransferase) → UDP-glucose(포도당의 활성형) → (glycogen synthase) → glycogen

※ UDP-glucose : 글리코겐에 1포도당 전달체

98 다음 중 β-lactam 계열의 항생물질인 것은?

① penicillin
② tetracycline
③ chloramphenicol
④ kanamycin

해설

penicillin
- β-lactam 계열의 항생물질로 세균의 세포벽 합성을 저해하여 살균
- *Penicillium chrysogenum*, *Penicillium notatum* 생산균주

99 DNA 중합효소는 $15s^{-1}$의 turnover number를 갖는다. 이 효소가 1분간 반응하였을 때 중합되는 뉴클레오티드(nucleotide)의 개수는?

① 15   ② 150
③ 900   ④ 1,500

해설

DNA 중합효소

$15s^{-1}$의 turnover number는 15개/1초이므로 1분 뒤에 15개×60초=900개의 핵산이 중합된다.

100 탁·약주 제조 시 올바른 주모관리의 방법이 아닌 것은?

① 담금품온은 22℃ 내외로 낮게 유지하여 오염균의 증식을 억제한다.
② 효모 증식에 필요한 산소 공급을 위해 교반한다.
③ 담금배합은 술덧에 비해 발효제 사용비율을 높게 한다.
④ 급수비율을 높게 하여 조기 발효를 유도한다.

해설

급수비율을 낮추어 조기 발효를 억제한다.

정답 96 ④ 97 ③ 98 ① 99 ③ 100 ④

CBT 기출복원문제 2025년 1회

1과목 식품안전

01 HACCP의 7원칙에 포함되지 않는 것은?
① 위해요소 분석 ② CCP 설정
③ 예방적 유지보수 ④ 기록 유지

해설
HACCP의 7원칙은 위해요소 분석, CCP 설정, 한계기준 설정, 모니터링 체계 확립, 개선조치방법 수립, 검증절차 및 방법 수립, 기록 유지이다. 예방적 유지보수는 GMP의 관리항목으로 HACCP 원칙에는 포함되지 않는다.

02 소비자 안전사고 예방을 위한 '취급주의 문구' 표시 대상에 해당하는 것은?
① 일반 식품 첨가제 ② 액체 질소
③ 유화제 ④ 산도조절제

해설
식약처 고시에 따라 소비자 안전사고 우려가 있는 액체질소, 드라이아이스, 아산화질소 등은 제품에 취급주의 문구를 표시해야 한다. 이는 단순한 식품첨가물 사용과 달리, 물리적 사고 예방을 위한 표시제도이다.

03 보툴리눔 독소의 특징은?
① 내열성 다당류 독소
② 열에 불안정한 단백독소
③ 무기질 독소
④ 내열성 단백독소

해설
보툴리눔 독소
*Clostridium botulinum*이라는 혐기성 세균이 생성하는 단백질성 신경독소(neurotoxin)로, 약 80℃에서 10분 이상 가열 시 비활성화 체내에 극소량만으로도 강력한 마비 증상을 유발할 수 있다.

04 위해요소에 해당하지 않는 것은?
① 생물학적 ② 화학적
③ 물리적 ④ 감각적

해설
위해요소로는 생물학적·화학적·물리적 위해요소 3가지가 있다. 감각적 위해요소는 품질과 관련된 개념으로 안전성과 직접 관련되지 않는다.

05 황색포도상구균 식중독의 특징이 아닌 것은?
① 장내독소인 enterotoxin에 의한 독소형이다.
② 잠복기가 짧은 편으로 급격히 발병한다.
③ 사망률이 다른 식중독에 비해 비교적 낮다.
④ 열이 39℃ 이상으로 지속된다.

해설
황색포도상구균(*Staphylococcus aureus*)
- 그람 양성, catalase 양성, coagulase 양성
- 5종의 혈청형 식중독균, 피부 상재균
- enterotoxin(장독소) 분비 : 내열성이 커 100℃에서 1시간 가열로 파괴되지 않으며 218~248℃, 30분 이상 가열로 파괴
- 상처의 화농균(고름)으로 손에 상처 시 조리 금지
- 잠복기 3시간, 구토증세, 사망률이 낮음
- 중성에서 증식 시 독소 생산, 산성하에서 독소를 생산하지 못함
- 균 자체는 100℃에서 30분 후 사멸

06 다음 중 식품안전과 관련하여 감염병 예방을 위해 필요한 조치가 아닌 것은?
① 손 씻기 생활화
② 위생시설 관리
③ 의심 환자 분리
④ 무조건 식품 섭취 제한

해설
감염병 예방에서는 손 씻기, 위생시설 관리, 의심 환자 분리가 중요하지만, 식품 섭취 제한은 필요에 따라 다르며 무조건 제한은 아니다.

정답 01 ③ 02 ② 03 ② 04 ④ 05 ④ 06 ④

07 냉동식품의 품질 관리를 위해 주로 주의해야 할 점은?

① 급속 냉동과 해동 온도 관리
② 자외선 살균
③ 염소 소독
④ 교차오염 예방 없음

해설
급속 냉동과 적정 해동 온도 관리는 냉동식품의 품질과 안전성 유지의 핵심이다. 냉동식품은 급속 냉동으로 얼음 결정 크기를 최소화해 조직 손상을 줄여야 하고, 해동 시 5℃ 이하에서 천천히 해동하여 미생물 증식을 억제한다.

08 HACCP 검증의 목적은?

① CCP 한계기준 충족 여부 확인
② 시정조치 실행 확인
③ 문서화 및 기록 관리
④ 선행요건 점검

해설
검증은 계획이 올바르게 이행되는지 확인하는 절차이다. 미생물 검사, 내부 감사, 기록 검토 등이 포함된다.

09 식품안전관리에서 위험온도대(danger zone)는?

① 0~5℃   ② 5~60℃
③ 60~80℃   ④ 80℃ 이상

해설
대부분의 식중독균은 5~60℃ 범위에서 급격히 증식한다. 따라서 이 범위를 피하는 것이 중요하다.

10 식품 중 잔류농약 검사는 어떤 방법으로 하는가?

① 가스크로마토그래피(GC)
② 현미경 관찰
③ 현장 육안검사
④ 발색 반응

해설
가스크로마토그래피(GC)
잔류농약은 극미량 정밀분석이 필요하여 GC(주로 GC-MS/MS, ECD/NPD 등)가 표준적으로 쓰인다.

11 자연독에 해당하지 않는 것은?

① 복어 독   ② 아플라톡신
③ 리신(피마자)   ④ 납

해설
납은 중금속으로 화학적 위해물질이다. 자연독은 식물독, 곰팡이독소, 동물독 등을 의미한다.

12 식품알레르기 표시 대상이 아닌 것은?

① 우유   ② 땅콩
③ 밀   ④ 고구마

해설
식품 알레르기 표시 대상은「식품 등의 표시·광고에 관한 법률」에 따라 우유, 땅콩, 밀, 달걀, 메밀, 대두, 새우, 돼지고기 등 주요 알레르기 유발 성분이 포함된다. 고구마는 알레르기 유발 빈도가 매우 낮아 법정 표시 대상이 아니다.

13 모니터링을 하는 가장 큰 이유는?

① 기록 유지   ② 한계기준 충족 확인
③ 교육 자료 확보   ④ 선행요건 점검

해설
- 모니터링은 HACCP 관리에서 CCP(중요관리점)가 설정된 한계기준을 지속적으로 충족하는지 확인하는 활동이다. 이를 통해 위해요소 발생 여부를 실시간으로 파악하고 즉시 시정 조치를 할 수 있다.
- 기록 유지나 교육 자료 확보는 부수적인 효과일 뿐, 주된 목적이 아니며, 선행요건 점검은 CCP 관리가 아닌 기본 위생관리 단계에서 수행된다.

14 식품 산화방지를 위해 첨가하는 물질은?

① 산화방지제   ② 산패방지제
③ 보존제   ④ 산도조절제

해설
- 산화방지제는 산화(특히 지질 산패)를 억제해 품질, 향, 영양의 손실을 막는 첨가물이다.
  예 토코페롤, BHA/BHT, TBHQ, 아스코르빌팔미테이트
- 산패방지제는 비표준 명칭이고, 보존제는 미생물 억제, 산도조절제는 pH 조절용이다.

정답 07 ① 08 ① 09 ② 10 ① 11 ④ 12 ④ 13 ② 14 ①

15 식품 리콜(회수) 조치를 명령하는 기관은?
① 식품회사 본사 ② 식품의약품안전처
③ 시·군·구청 ④ 지역 소방서

해설
- 식품 리콜(회수) 조치 명령은 「식품위생법」에 따라 식품의약품안전처장이 수행한다. 위해 우려가 있는 식품에 대해 제조·가공·유통업자에게 회수·폐기 조치를 명령할 수 있다.
- 시·군·구청은 관할 구역 내 식품 위생 점검과 지도·단속을 담당하고, 지역 소방서는 화재·재난 대응 기관으로 식품 리콜과 관련이 없다.

16 염소 소독의 장점이 아닌 것은?
① 저렴한 비용
② 잔류효과
③ 색·냄새 변화 없음
④ 식중독균 살균

해설
염소 소독은 저렴하고 살균력이 강하며, 잔류효과가 있어 재오염을 방지한다. 그러나 수중의 유기물과 반응해 색·냄새 변화(소독취)가 발생할 수 있다. 특히 트리할로메탄(THMs) 같은 부산물이 생길 수 있어 관리가 필요하다.

17 식품 중 검출되는 유해 중금속이 아닌 것은?
① 납 ② 수은
③ 카드뮴 ④ 비타민 C

해설
식품에서 문제가 되는 대표적 유해 중금속은 납, 수은, 카드뮴, 비소 등이 있으며, 이들은 체내 축적 시 중독·만성질환을 유발하므로 기준치를 설정해 관리해야 한다. 유해 중금속 관리는 식품 안전성 평가의 중요한 부분이다.

18 식품위생법의 목적에 대한 설명으로 옳은 것은?
① 식품 산업의 발전만을 목적으로 한다.
② 국민 보건 증진과 식품의 위생적 취급을 목적으로 한다.
③ 식품 수입만을 관리한다.
④ 식품 광고 심의만을 담당한다.

해설
「식품위생법」의 목적은 국민 보건을 향상시키고, 식품의 위생적 관리·취급을 보장하는 것이다. 제조·가공·조리·보존·판매 등 전 과정에서 안전성을 확보하는 것이 핵심이다.

19 식품첨가물에서 가공보조제에 대한 설명으로 틀린 것은?
① 기술적 목적을 위해 의도적으로 사용된다.
② 최종 제품 완성 전 분해·제거되어 잔류하지 않거나 비의도적으로 미량 잔류할 수 있다.
③ 식품의 입자가 부착되어 고형화되는 것을 감소시킨다.
④ 살균제, 여과보조제, 이형제는 가공보조제이다.

해설
식품의 입자 등이 서로 부착되어 고형화되는 것을 감소시키는 식품첨가물은 고결방지제이다.

가공보조제
- 식품의 제조 과정에서 기술적 목적을 달성하기 위하여 의도적으로 사용된다.
- 최종 제품 완성 전 분해·제거되어 잔류하지 않거나 비의도적으로 미량 잔류할 수 있는 식품첨가물을 말한다.
- 식품첨가물의 용도 중 살균제, 여과보조제, 이형제, 제조용제, 청관제, 추출용제, 효소제가 가공보조제에 해당한다.

20 식품공장에서 식용유 보관 시 화재 예방을 위해 주의해야 할 점은?
① 투명한 유리병 사용
② 직사광선을 피하고 서늘한 곳에 보관
③ 공기와 접촉 늘리기
④ 가열기 옆 보관

해설
식용유는 고온이나 직사광선에 의해 산화 및 발화 위험이 높아진다. 따라서 직사광선을 피하고 서늘하며 통풍이 잘되는 곳에 보관해야 하며, 가열기 등 열원 근처 보관은 금지된다.

정답 15 ② 16 ③ 17 ④ 18 ② 19 ③ 20 ②

2과목 식품화학

21 물의 특성 중에서 식품의 수분활성과 가장 직접적인 관련이 있는 것은?

① 비점 ② 어는점
③ 증기압 ④ 밀도

해설
수분활성은 식품 내 자유수의 증기압과 순수한 물의 증기압의 비로 정의된다. 따라서 수분활성과 가장 직접적으로 연결되는 물리적 특성은 증기압이다.

22 지방의 산패를 억제하는 방법으로 적절하지 않은 것은?

① 산소와의 접촉 차단
② 항산화제 첨가
③ 저온 저장
④ 가열 처리

해설
가열 처리는 오히려 산화 속도를 촉진할 수 있다. 산패 억제를 위해서는 산소 차단, 항산화제 첨가, 저온 저장, 진공포장 등이 사용된다.

23 다음 중 provitamin A가 아닌 것은?

① cryptoxanthin ② ergosterol
③ γ-carotene ④ β-carotene

해설
provitamin A의 종류 및 활성도
α-carotene : 53, β-carotene : 100
γ-carotene : 27, cryptoxanthin : 57
※ ergosterol은 provitamin D이다.

24 단백질 식품이 불에 탈 때 생성되어 발암물질로 작용할 수 있는 것은?

① trihalomethane
② polychlorobiphenyl
③ benzopyrene
④ choline

해설
육류의 가열분해로 PAH(다환 방향족 탄화수소, 3,4-벤조피렌류), 이환 방향족 아민류(heterocyclic amines) 같은 발암성 물질이 생성된다.

25 식품의 조직감(texture) 특성에서 견고성(hardness)은?

① 반고체식품을 삼킬 수 있는 정도까지 씹는 데 필요한 힘
② 식품을 파쇄하는 데 필요한 힘
③ 식품의 형태를 구성하는 내부적 결합에 필요한 힘
④ 식품의 형태를 변형하는 데 필요한 힘

해설
식품의 조직감
- 견고성(경도) : 일정 변형을 일으키는 데 필요한 힘의 크기
- 응집성 : 식품의 형태를 구성하는 내부적 결합에 필요한 힘
- 저작성 : 반고체식품을 삼킬 수 있는 정도까지 씹는 데 필요한 힘
- 점성 : 흐름에 대한 저항의 크기
- 접착성 : 식품 표면이 다른 물질의 표면에 부착되어 있는 것을 떼어내는 데 필요한 힘

26 비타민 C의 주요 기능은?

① 항산화 작용 ② 혈액 응고 촉진
③ 시각색소 형성 ④ 칼슘 흡수 억제

해설
비타민 C(아스코르빈산)는 강력한 환원제로서 항산화 작용을 하며, 콜라겐 합성에도 관여한다.

27 식품 중 산가(peroxide value)는 무엇을 나타내는가?

① 당 함량
② 미생물 오염 정도
③ 단백질 변성 정도
④ 지방산의 산패 초기 단계를 나타냄

해설
산가는 지방의 1차 산패 산물인 과산화물 함량을 측정해 산패 정도를 평가한다.

정답 21 ③ 22 ④ 23 ② 24 ③ 25 ④ 26 ① 27 ④

28 식품의 갈변 반응 중 효소적 갈변에 해당하는 것은?

① Maillard 반응　② 카라멜화
③ 폴리페놀 산화　④ 아스코르빈산 산화

해설
폴리페놀 산화는 폴리페놀산화효소(PPO)에 의해 폴리페놀이 산화되어 멜라닌색소를 형성하는 반응이다. 사과 갈변 등이 대표적이다.

29 식품첨가물 중 식품 산도를 조절하고 보존에 사용하는 물질은?

① 아질산나트륨　② 구연산
③ 설탕　④ 글루탐산나트륨

해설
구연산은 식품 산도를 조절하고 산화를 억제하는 항산화제로 식품 보존에 널리 사용된다. 아질산나트륨은 육류 보존제, 설탕은 감미료이며, 글루탐산나트륨은 조미료이다.

30 유화제의 작용 원리는?

① 계면장력 증가　② 수분활성 저하
③ 계면장력 감소　④ 산화 억제

해설
유화제는 친수성과 소수성기를 동시에 가지며 계면장력을 감소시켜 물과 기름의 안정적인 혼합을 가능하게 한다.

31 전분의 노화 억제와 관련이 없는 것은?

① 냉동　② 냉장
③ 유화제 첨가　④ 자당 첨가

해설
전분의 노화
- 호화전분(α-전분)을 실온에 완만 냉각하면 전분입자가 수소결합을 다시 형성해 생전분과는 다른 결정을 형성하는데, 이 현상을 노화 또는 β화라고 한다.
- β-전분의 X선 회절도는 종류에 관계없이 항상 B형이 된다. 노화된 전분은 효소의 작용을 받기 힘들게 되어 소화가 잘 안 된다.
- 노화가 가장 잘 발생되는 온도는 0℃ 정도이며 60℃ 이상, 20℃ 이하에서 노화는 발생되지 않는다(밥의 냉동 저장).
- 30~60%의 함수량이 노화되기 쉬우며 30% 이하 60% 이상에서는 어렵다(비스킷, 건빵).
- 알칼리성은 노화가 억제되고, 산성은 노화를 촉진한다.
- amylose가 많을수록 노화가 빨리 일어나며 전분입자가 작을수록 노화가 빠르다. 감자, 고구마 등 서류 전분은 노화되기 어려우나 쌀, 옥수수 등 곡류는 노화되기 쉽다.
- 대부분 염류는 호화를 촉진하고 노화를 억제한다. 단, 황산염은 반대로 노화를 촉진한다.
- 당은 탈수제로 노화를 억제하며(양갱), 유화제도 노화를 억제한다.

32 식품 저장 중 지방이 산소에 의해 자동 산화되는 반응 단계가 아닌 것은?

① 개시 단계　② 전파 단계
③ 종료 단계　④ 응고 단계

해설
지방 자동 산화는 개시 → 전파 → 종료 단계로 진행된다.

33 단백질 영양가 평가에서 PER(Protein Efficiency Ratio)의 정의는?

① 질소 보유량/질소 섭취량
② 체중 증가량/단백질 섭취량
③ 질소 섭취량/배설량
④ 소화흡수량/섭취량

해설
PER은 동물실험에서 체중 증가량을 단백질 섭취량으로 나눈 값으로, 단백질의 성장 촉진 효과를 평가한다.

34 적색의 양배추를 식초를 넣은 물에 담글 때 나타나는 현상은?

① 녹색으로 변한다.
② 흰색으로 변한다.
③ 적색이 보존된다.
④ 청색으로 변한다.

해설
양배추의 색소는 안토시아닌으로 알칼리에서 청색, 산성에서 적색이 유지된다.

정답 28 ③　29 ②　30 ③　31 ②　32 ④　33 ②　34 ③

35 메밀전분을 갈아서 만든 유동성이 있는 액체성 물질을 가열하고 난 뒤 냉각하였더니 반고체 상태(묵)가 되었다. 이 묵의 교질상태는?

① gel
② sol
③ 염석
④ 유화

해설
콜로이드 상태
㉠ sol : 액체 분산매에 액체 또는 고체의 분산질로 된 콜로이드 상태(우유, 전분액, 된장국, 한천 및 젤라틴을 물을 넣고 가열한 액상)
  - 친수 sol : 분산매와 분산질의 친화력이 커 전해질을 넣어도 콜로이드 상태 유지(전분, 젤라틴 수용액)
  - 소수 sol : 분산매와 분산질의 친화력이 작아 전해질을 넣으면 침전(염화은 sol)
㉡ gel : 친수 sol을 가열한 후 냉각시키거나 물을 증발시키면 반고체 상태(한천, 젤라틴, 젤리, 잼, 도토리묵, 삶은 계란)
  - synersis(이액현상) : 장기간 방치된 gel이 수축하여 분산매가 분리된 상태
  - xerogel(건조겔) : gel이 건조된 상태(분말한천, 판상젤라틴)

36 셀러리의 독특한 주요 향기성분은?

① limonene
② sedanolide
③ methyl cinnamate
④ 2,6-nonadienal

해설
식물성 향기성분
- 에스테르류 : sedanolide(셀러리), methyl cinnamate(송이버섯), amyl formate(사과, 복숭아), iso-amyl formate(배)
- 알코올류 : 2,6-nonadienal(오이), furfuryl alcohol(커피)
- 테르펜류 : limonene(레몬, 오렌지), camphene(생강), geraniol(오렌지, 레몬), menthol(박하), citral(오렌지, 레몬)
- 황화합물 : methyl mercaptan(무, 마늘, 파), propyl mercaptan(마늘), dimethyl mercaptan(무, 마늘, 양파)

37 칼슘의 체내 흡수를 촉진하는 영양소는?

① 피틴산
② 옥살산
③ 비타민 D
④ 카페인

해설
비타민 D는 소장에서 칼슘과 인의 흡수를 촉진한다. 반면, 피틴산과 옥살산은 흡수를 억제한다.

38 탄수화물의 단맛 강도 비교로 옳은 것은?

① 과당>자당>포도당>유당
② 포도당>과당>자당>유당
③ 자당>과당>유당>포도당
④ 유당>자당>포도당>과당

해설
일반적으로 과당>자당>포도당>유당 순이다.

39 식품 산화방지를 위해 사용되는 천연 항산화제가 아닌 것은?

① 토코페롤
② 아스코르빈산
③ BHA
④ 카로티노이드

해설
BHA(부틸하이드록시아니솔)는 합성 항산화제이다. 토코페롤, 아스코르빈산, 카로티노이드는 천연 항산화제이다.

40 카제인의 등전점은?

① pH 3.0
② pH 4.6
③ pH 6.0
④ pH 7.0

해설
카제인은 등전점이 pH 4.6 부근으로, 이때 응고되어 치즈 제조 등에 활용된다.

3과목 식품가공·공정공학

41 UHT(초고온 순간살균) 공정의 일반적인 조건은 무엇인가?

① 60℃, 30분
② 72℃, 15초
③ 121℃, 15분
④ 135~150℃, 25초

해설
UHT 살균은 초고온(135~150℃)에서 짧은 시간(25초) 동안 처리하여 미생물을 사멸시키는 공정이다. 이 방식은 멸균 수준에 가까운 효과를 얻을 수 있으며, 특

정답 35 ① 36 ② 37 ③ 38 ① 39 ③ 40 ② 41 ④

히 우유나 음료에서 활용된다. 장시간 고온 처리 시 발생할 수 있는 영양소 파괴와 풍미 손실을 최소화할 수 있다는 장점이 있다. 따라서 살균 효과와 품질 보존을 동시에 달성하기 위한 대표적 열처리 기술이다.

42 2% 전분유 1L를 산분해시켜 DE값이 42가 되는 물엿을 만들었을 때 생성된 환원당의 양은?

① 420.0g ② 176.4g
③ 100.8g ④ 84.0g

해설

당화율(DE ; Dextrose Equivalent) : 전분 가수분해 정도 표시

- $DE = \dfrac{포도당(환원당)}{고형분} \times 100$
- 1L 고형분 = $\dfrac{42}{100} \times 1,000 = 420$
- $42 = \dfrac{환원당}{420} \times 100$
- ∴ 환원당 = 176.4g

43 D값에 대한 설명으로 옳은 것은?

① 주어진 미생물을 일정 온도에서 100% 사멸시키는 데 필요한 가열시간이다.
② 주어진 미생물을 일정 온도에서 90% 사멸시키는 데 필요한 가열시간이다.
③ 주어진 미생물을 일정 온도에서 50% 사멸시키는 데 필요한 가열시간이다.
④ 주어진 미생물을 일정 온도에서 10% 사멸시키는 데 필요한 가열시간이다.

해설

상업적 살균
완전 멸균에 따른 식품 영양가 파손을 방지하고자 필요한 미생물만 사멸시키는 멸균으로 주로 *Clostridium botulinum*의 포자수를 $1/10^{12}$ 이하로 감소시키는 것

44 소시지 가공제품 제조 시 염지의 효과가 아닌 것은?

① 근육단백질의 용해성을 증가시킨다.
② 보수성과 결착성을 증진시킨다.
③ 방부성과 독특한 맛을 갖게 한다.
④ 단백질을 변성시키고 살균한다.

해설

소시지 제조 시 염지 효과
- 염지제(소금, 아질산염, 질산염, 설탕) 등을 염지통에 첨가 후 3~4℃, kg당 2~3일 염지
- 소금에 의한 용해도 증가(염첨효과)
- 아질산염 등에 의한 색소 고정
- 소금에 의한 방부성 및 특유의 향미 부여, 보수성, 결착성 부여로 조직 형태 유지

45 냉동 저장 시 발생하는 조직 손상을 최소화하기 위한 방법은?

① 느린 동결 ② 급속 동결
③ 상온 저장 ④ 저온 살균

해설

급속 동결은 식품 내 수분이 작은 얼음결정을 형성하도록 유도하여 세포벽 파괴를 최소화한다. 반대로 느린 동결은 큰 얼음결정이 형성되어 세포막과 조직 손상이 심해진다. 따라서 식품의 물성, 특히 과일과 채소처럼 수분이 많은 식품의 품질 유지에 급속 동결이 적합하다. 급속 동결에는 액체질소나 −40℃ 이하의 급속 냉동고를 사용하는 방법이 활용된다.

46 캔닝(canning) 공정에서 주요 살균 대상 미생물은 무엇인가?

① 살모넬라균
② 리스테리아
③ 클로스트리디움 보툴리눔
④ 대장균

해설

통조림에서 가장 주의해야 할 균은 혐기성 아포균인 *Clostridium botulinum*이다. 이 균은 열에 강한 아포를 형성하며, 혐기적 환경인 통조림 내부에서 독소를 생성할 수 있다. 따라서 121℃에서 15분 이상의 가열(상업적 멸균, $12D$ 처리 기준)이 필요하다. 이는 보툴리눔 아포의 내열성을 고려한 조건으로, 식품 안전성을 확보하는 데 필수적이다.

47 옥수수 전분 제조 시 전분 분리를 위해 사용하는 것은?

① HCOOH ② H_2SO_3
③ HCL ④ HOOC−COOH

정답 42 ② 43 ② 44 ④ 45 ② 46 ③ 47 ②

> **해설**
>
> 옥수수 전분 제조 시 전분 분리를 위해 사용하는 것은 아황산(H_2SO_3)이다.

48 당도가 12%인 사과과즙 10kg을 당도가 24%가 되도록 하기 위하여 첨가해야 할 설탕의 양은 약 몇 kg인가?

① 1.2750kg   ② 1.5789kg
③ 2.3026kg   ④ 2.5431kg

> **해설**
>
> 농도 전환
> - 당도 12%, 10kg일 때 수분의 무게(x)
>
> $$\frac{x}{10,000} \times 100 = 88,\ x = 8,800$$
>
> - 당도 12%, 10kg일 때 당의 무게(y)
>
> $$\frac{y}{10,000} \times 100 = 12,\ y = 1,200$$
>
> - 당도 24%일 때 당의 무게(z)
>
> $$\frac{z}{8,800+z} \times 100 = 24,\ z = 2,778.9$$
>
> ∴ 첨가해야 하는 당의 양은
> $2,778.9 - 1,200 = 1,578.9g = 1.5789kg$

49 M.G(May Grunwald) 염색법을 이용하여 도정도를 판정할 경우 청색이 나타났다면 몇 분 도미인가?

① 1분도미   ② 5분도미
③ 7분도미   ④ 10분도미

> **해설**
>
> **MG(May–Grünwald) 염색법**
> - Eosin–Methylene Blue 시약의 염색 차이에 의해 결정된다. Eosin은 전분에 염색하여 적색을 나타내며, Methylene Blue는 셀룰로오스와 반응해 청색을 보인다.
> - 현미(1분도미) : 청색
> - 5분도미 : 초록색
> - 7분도미 : 보라색 + 적색
> - 10분도미 : 적색

50 진공포장이 식품 저장에 효과적인 이유는?

① 수분활성 증가
② 산소 농도 감소
③ 미생물 영양분 공급
④ 빛 투과 증가

> **해설**
>
> 진공포장은 포장 내 산소를 제거하여 호기성 미생물의 성장을 억제한다. 또한 산소로 인한 지방 산화와 색 변화, 비타민 C의 산화 손실 등을 줄여 품질 유지에 효과적이다. 그러나 혐기성 세균의 증식 가능성이 있으므로 냉장 조건에서 병행 관리가 필요하다.

51 아이스크림 제조에서 과잉 기포 형성을 방지하기 위해 중요한 공정은?

① 균질화   ② 살균
③ 숙성   ④ 냉동

> **해설**
>
> 균질화(homogenization)는 우유지방구를 잘게 분산시켜 크림의 안정성과 조직감을 향상시키는 공정이다. 균질화가 제대로 이루어지지 않으면 지방이 응집해 기포가 과도하게 형성되거나 제품의 조직감이 거칠어질 수 있다. 특히 아이스크림의 경우 균질화는 공기 포집량(오버런)과 직결되므로, 일정한 점도와 부드러운 질감을 확보하기 위해 필수적이다.

52 식품 내 수분활성도와 미생물 증식의 상관관계는?

① 낮으면 미생물 증식이 억제된다.
② 높을수록 미생물 증식이 억제된다.
③ 미생물 증식에 영향이 없다.
④ 항상 미생물 성장이 촉진된다.

> **해설**
>
> 수분활성도(A_w)는 식품 속에서 자유롭게 이용 가능한 수분의 정도를 말한다. 수분활성도가 낮으면 미생물, 특히 세균의 증식이 어렵기 때문에 건조식품은 잘 상하지 않는다. 곰팡이나 효모는 낮은 A_w 에서도 일부 증식할 수 있지만, 대부분의 병원균은 A_w 0.9 이상에서만 자란다. 따라서 A_w 는 식품 보존의 핵심 개념이다.

정답   48 ②   49 ①   50 ②   51 ①   52 ①

53 경도가 높은 곡물을 도정하는 데 가장 효과적인 도정 작용은?

① 마찰작용 ② 충격작용
③ 연삭작용 ④ 찰리작용

해설
도정 원리
- 마찰 : 도정기와 곡물 사이가 비벼짐
- 충격 : 도정기와 곡물이 부딪침
- 찰리 : 강한 마찰작용으로 표면이 벗겨짐
- 절삭 : 경도가 높은 곡물 도정에 이용, 금강사로 곡물 조직을 깎아냄(연삭 – 강한 절삭, 연마 – 약한 절삭)

54 유지를 정제한 다음 정제유에 수소를 첨가하면 유지는 어떻게 변하는가?

① 융점이 저하된다.
② 융점이 상승한다.
③ 성상이나 융점은 변하지 않는다.
④ 이중 결합에 변화가 없다.

해설
정제유에 수소를 첨가하면 융점이 상승하여 산화 안정성이 이루어지고 냄새가 개량된다.

55 식용유 정제 과정에서 탈검(degumming)의 주요 목적은?

① 색소 제거 ② 인지질 제거
③ 자유지방산 제거 ④ 산화방지제 첨가

해설
탈검은 원유 속의 인지질(레시틴 등)을 제거하는 공정이다. 인지질은 저장 중 유화 및 변질의 원인이 되므로 정제 과정에서 반드시 제거해야 한다. 이 과정은 식용유의 안정성과 저장성을 향상시키는 데 필수적이다.

56 식품 방사선 조사 시 주된 살균 효과의 원리는 무엇인가?

① 열에 의한 단백질 변성
② 방사선 직접 작용으로 인한 세포막 파괴
③ 자유기 형성으로 인한 DNA 손상
④ 수분 증발에 의한 탈수

해설
방사선 조사는 주로 고에너지 광선이 물 분자와 상호작용하여 자유기를 형성하고, 이 자유기가 미생물의 DNA에 손상을 일으켜 증식을 억제한다. 직접 작용보다는 이러한 간접적 효과가 더 크다. 이 기술은 향신료 살균, 감자 발아 억제 등 다양한 식품에 적용된다.

57 일반적인 CA 저장에 대한 설명으로 옳은 것은?

① 초기에 가스를 주입하거나 내용물 자체에 의해 발생하는 가스를 조절하지 않고 방치하는 방법이다.
② 저장수명에 저해되는 에틸렌이 발생하는 문제가 있다.
③ 산소, 이산화탄소, 질소 등의 비율을 계속 측정하여 부족한 성분을 공급하는 장치가 필요하다.
④ 플라스틱 필름이나 저장상자 등 20kg 이하의 소포장 단위에 매우 적합하다.

해설
CA(Controlled Atmosphere) 저장
- 과채류(사과, 배, 감)는 수확 후 호흡을 유지하여 호흡열에 의한 품온 상승
- 품온 상승에 따른 숙성도 증가 : 식품의 열화 작용
- CA 저장은 밀폐된 공간에 산소와 이산화탄소의 비율을 조절하여 호흡을 억제하여 냉장설비와 함께 저장기간을 연장하는 방법, 산소 분압을 낮추고 이산화탄소의 분압을 높여서 호흡 억제

58 HPP(고압처리, High Pressure Processing)의 장점은 무엇인가?

① 영양소 손실이 크다.
② 고온에서만 적용 가능하다.
③ 비열처리 공정으로 영양소 보존에 유리하다.
④ 산소를 필요로 한다.

해설
고압처리는 비열처리 기술로, 600MPa 이상의 고압을 식품에 가해 미생물의 세포막을 파괴하여 살균 효과를 얻는다. 고온 처리가 아니므로 열에 민감한 비타민이나 풍미 성분의 손실이 적다. 따라서 신선식품과 고부가가치 식품의 안전성을 확보하는 데 유용하다.

정답 53 ③ 54 ② 55 ② 56 ③ 57 ③ 58 ③

59 계란의 성분에 대한 설명으로 옳은 것은?

① 계란의 난황단백질은 지방, 인 등과 결합된 구조로 되어 있다.
② 다른 동물성 식품과는 달리 탄수화물의 함량이 높다.
③ 계란의 무기질은 알 껍질보다는 난황에 많이 함유되어 있다.
④ 계란은 비타민 A, B_1, B_2, C, D, E를 많이 함유하고 있으며, 대부분 난백에 함유되어 있다.

해설

계란의 성분
- 수분 65.6%, 조단백질 12.1%, 지방 10.5%, 탄수화물 0.9%, 회분 0.9% 구성
- 단백질 함량이 높고 탄수화물은 적으며 무기질은 껍질에 많다.
- 난황단백질은 지방, 인 등과 결합된 구조이며 Ca, K, 비타민 A, B_1, B_2, B_6, E가 많다.
- 난백은 Ca 부족, 비타민 C 결핍, 난백장애물질인 avidin이 있다.

60 동결건조(lyophilization)의 특징으로 옳지 않은 것은?

① 수분이 승화되어 제거된다.
② 색, 향, 영양소 보존에 유리하다.
③ 저장 안정성이 높다.
④ 설비비용이 낮아 경제적이다.

해설

동결건조는 식품을 얼린 상태에서 진공하에서 얼음을 직접 승화시켜 건조하는 방법이다. 품질 보존에는 탁월하지만, 설비비용과 에너지 소모가 커서 경제성이 낮다는 단점이 있다. 따라서 주로 고가의 식품이나 의약품에 사용된다.

4과목 식품 미생물 및 생화학

61 미생물의 생육곡선에서 세포 내의 RNA는 증가하나 DNA가 일정한 시기는?

① 유도기   ② 대수기
③ 정상기   ④ 사멸기

해설

유도기(lag phase, induction period)
- 미생물이 증식을 준비하는 시기
- 효소 · RNA는 증가, DNA는 일정
- 초기 접종균수를 증가하거나 대수 증식기균을 접종하면 기간 단축

62 현미경 관찰, 염색 반응 등은 어떤 동정 방법에 속하는가?

① 형태학적 방법
② 생리 · 생화학적 방법
③ 분자생물학적 방법
④ 혈청학적 방법

해설

현미경 관찰과 염색 반응 등은 미생물의 크기, 형태, 배열 등의 외형적 특징을 분석하는 방법이다. 이러한 방법은 미생물의 형태학적 동정 방법에 속한다. 형태학적 방법은 미생물의 분류와 동정을 위한 초기 단계로, 세포의 구조적 특성을 직접 관찰하는 것이 핵심이다. 따라서 현미경과 염색 반응을 이용한 동정은 형태학적 방법이다.

63 고온성 포자 형성균에 의한 통조림 변패 요인이 아닌 것은?

① *Bacillus coagulans*
② *Bacillus stearothermophilus*
③ *Clostridium thermosaccharolyticum*
④ *Clostridium butyricum*

해설

고온성 포자 형성균
- *Bacillus coagulans* : 어육, 소시지 부패균, 통조림 평면산패(flat sour) 원인 고온균
- 포자 형성 고온균 : *Bacillus stearothermophilus*, *Clostridium thermosaccharolyticum*

64 황색 황세균의 전자공여체로 주로 사용되는 것은?

① 물   ② 황
③ 질산염   ④ 산소

해설

황색 황세균은 광합성 세균의 일종으로 물을 전자공여체로 사용하지 않는다. 이들은 주로 황(S)이나 황화수

소(H_2S)를 전자공여체로 사용한다. 물을 전자공여체로 사용하는 것은 식물과 산소 발생 광합성 세균의 특징이고, 황색 황세균은 무산소성 광합성을 수행한다. 질산염과 산소는 주로 최종 전자 수용체 역할을 하므로 전자공여체로는 적합하지 않다. 따라서 황색 황세균의 전자공여체는 주로 황이다.

65 발효공업에서 파지의 오염 방지대책으로 적당하지 않은 것은?

① 장치살균 등을 통한 철저한 살균을 행한다.
② 혐기적인 발효를 이용한다.
③ 파지에 대한 내성이 강한 균주를 이용한다.
④ rotation system을 이용한다.

해설

박테리오파지(bacteriophage)의 대책
박테리오파지는 세균을 숙주세포로 하는 바이러스이다.
- 훈증 또는 장치가열·살균 철저
- 약제살균을 하거나 내성균 이용
- 발효공정 시 rotation system 이용

66 저장 중인 곡류의 수분 함량이 13.5%일 경우 곰팡이가 발생하였다면 다음 중 어느 곰팡이에 의한 것인가?

① *Aspergillus restrictus*
② *Aspergillus flavus*
③ *Penicilium funiculosum*
④ *Mucor rouxii*

해설

대부분 곰팡이가 수분 15% 이상인 곡류에서 번식하는데 *Aspergillus restrictus*는 저장 중인 곡류의 수분 함량이 13.5% 정도의 건조한 환경에서도 잘 생육한다.

67 냉동식품에서 잘 검출되지 않는 세균은?

① *Flavobacterium* 속
② *Pseudomonas* 속
③ *Listeria* 속
④ *Escherichia* 속

해설

토양세균에서 비롯된 *Flavobacterium* 속(수생세균), *Pseudomonas* 속(수생세균 우점종), *Listeria* 속(대표적 냉장세균)은 저온에서 생육이 활발하다.
※ *Escherichia* 속은 중온균으로 장내에 서식하는 대장균이다.

68 공업적으로 lipase를 생산하는 미생물이 아닌 것은?

① *Aspergillus niger*
② *Rhizopus delemar*
③ *Candida cylindrica*
④ *Aspergillus oryzae*

해설

미생물 생산 효소
- amylase : *Aspergillus oryzae*, *Bacillus subtilis*, *B. stearothermophilus* 등
- glucoamyloase : *Rhizoups delemar*
- protease : *Asp. oryzae*, *Asp. saitoi*, *B. subtilis*, *Streptomyces griseus*
- lipase : *Candida cylindrica*, *Can. paralipolytica*, *Asp. niger*, *Rhizopus delemar*
- pectinase : *Asp. niger*, *Penicillium sclerotinia*, *Coniothyrium diplodiella*

69 세균이 생물막(biofilm)을 형성하는 이유로 옳은 것은?

① 영양분 차단
② 항생제와 환경 스트레스 저항성 증가
③ 운동성 향상
④ 세포벽 제거

해설

세균이 생물막(biofilm)을 형성하는 주된 이유 중 하나는 외부 환경의 유해 요인, 예를 들어 항생제, 자외선, 건조한 환경, 면역계 등으로부터 자신을 보호하기 위함이다. 생물막 내에서는 세균들이 점액질과 고분자물질로 이루어진 구조를 형성하여 항생제와 환경 스트레스에 대한 저항성이 크게 증가한다. 반면, 생물막은 세포의 운동성을 향상시키거나 세포벽을 제거하지 않으며, 영양분을 차단하는 기능도 아니다. 따라서 옳은 선택지는 ②이다.

70 미생물의 내열성을 높이는 요인들에 대한 설명으로 옳은 것은?

① 대수기의 세포가 정지기의 세포보다 열 저항성이 작다.
② 생육온도가 높을수록 열 저항성이 작다.
③ 최적 pH에서 열 저항성이 작다.
④ 건조로 수분활성도가 낮아지면 열 저항성이 낮아진다.

> **해설**
> **대수기(logarithmic phase)**
> - 세포가 대수적으로 증식하는 시기
> - RNA는 일정, DNA는 증가
> - 세포질 합성속도와 세포수 증가 비례
> - 세대시간, 세포의 크기 일정
> - 생리적 활성이 크고 예민하여 정지기에 비해 열 저항성이 작음
> - 증식속도는 영양, 온도, pH, 산소 등에 따라 변화

71 TCA 회로(Tricarboxylic Acid cycle)에서 생성되는 유기산이 아닌 것은?

① citric acid ② lactic acid
③ succinic acid ④ malic acid

> **해설**
> 젖산(lactic acid)은 혐기적 해당의 산물이다.

72 RNA 분해법으로 핵산 조미료를 생산할 때 RNA 원료로 사용되는 미생물은?

① *Aspergillus niger* 등의 곰팡이
② *Bacillus subtilis* 등의 세균
③ *Candida utilis* 등의 효모
④ *Streptomyces griseus* 등의 방선균

> **해설**
> **핵산계 조미료**
> - 핵산 관련 물질 중 인산기를 1개 가진 nucleotide가 정미성이 우수 – IMP(Inosine Monophosphate, 가쓰오부시 맛성분), GMP(Guanosine Monophosphate, 표고버섯 맛성분)
> - 정미성 nucleotide는 염기가 purine계(아데닌, 구아닌, 이노신, 크산틴)
> - 정미성을 위해 ribose의 5' 위치에 인산기, 염기 ring 구조의 6' 위치가 OH로 치환
> - 상대적으로 크기가 큰 진핵세포인 효모를 이용하며 RNA를 분해 생산한다.

73 TCA 회로에서 ATP 대신 직접 생성되는 고에너지 화합물은?

① GTP ② NADH
③ $FADH_2$ ④ CoA

> **해설**
> - TCA 회로에서 ATP가 직접 생성되는 대신에 주로 GTP라는 고에너지 인산화합물이 생성된다. GTP는 숙시닐–CoA가 숙신산으로 변하는 과정에서 기질수준 인산화로 만들어지며, 이 GTP는 세포 내에서 ATP로 쉽게 전환될 수 있다.
> - NADH와 $FADH_2$는 TCA 회로에서 생성되는 고에너지 전자 운반체로, 이후 전자전달계에서 ATP 생성에 사용된다.
> - CoA는 조효소로서 역할을 하며, 고에너지 화합물로 직접 생성되지는 않는다.

74 지방산 β–산화의 주된 최종 산물은?

① 아세틸–CoA ② 글리세롤
③ 젖산 ④ 글루코스

> **해설**
> 지방산 β–산화는 지방산이 미토콘드리아 내에서 단계적으로 분해되는 과정이다. 이 과정에서 지방산 사슬의 두 탄소씩이 잘려져 나가면서 최종적으로 시트르산 회로에 들어가는 아세틸–CoA가 주로 생성된다. 아세틸–CoA는 에너지 대사의 중심 물질로, 이후 시트르산 회로와 전자전달계에서 ATP 생성에 사용된다. 글리세롤, 젖산, 글루코스는 지방산 β–산화의 최종 산물이 아니다.

75 포유동물의 지방산 합성에 관한 설명으로 틀린 것은?

① 지방산 합성은 세포질에서 일어난다.
② 지방산 합성은 acetyl–CoA로부터 일어난다.
③ 다중효소복합체가 합성반응에 관여한다.
④ NADH가 사용된다.

> **해설**
> **지방산 합성**
> - acetyl–CoA로부터 세포질에서 시작하며, acetyl–CoA와 CO_2로부터 malonyl–CoA를 만든다.

정답 70 ① 71 ② 72 ③ 73 ① 74 ① 75 ④

- 여러 공급원들은 지방산 합성에 필요한 NADPH를 제공한다.

76 Michaelis – Menten 반응식을 따르는 효소반응에서, 기질농도(S) = K_m 이고 효소 반응속도값이 20μmol/min일 때 V_{max}는?(단, K_m은 Michaelis – Menten 상수)

① 10μmol/min ② 20μmol/min
③ 30μmol/min ④ 40μmol/min

해설

Michaelis – Menten 식
- $V_o = \dfrac{V_{max}[S]}{K_m+[S]}$
- $[S] = K_m$, 효소반응속도(V_o) = 20μmol/min
- $20 = \dfrac{V_{max}}{2}$, $V_{max} = 40\mu$mol/min

77 왓슨과 크릭이 주장한 DNA 구조에 대한 설명으로 틀린 것은?

① Adenine과 Thymine은 수소결합이 2개이다.
② 각 사슬의 골격구조는 염기와 당으로 이루어져 있다.
③ nucleotide 간의 결합은 3′, 5′ phosphodiester 결합으로 이루어져 있다.
④ 염기쌍의 상보적인 수소결합은 purine 계열 염기와 pyrimidine 계열 염기 사이에 이루어져 있다.

해설

Watson과 Crick의 DNA 구조의 특징
- DNA는 3′, 5′ phosphodiester 결합
- 두 가닥 사슬은 서로 역평행(antiparallel), 5′ → 3′ 방향성
- 오른손 이중 나선 구조(right handed double helix)
- 두 가닥은 상보적(complementary) : 5′ – ATG – 3′ 의 상보적 가닥은 5′ – CAT – 3′
- 두 가닥은 purine과 pyrimidine 염기 사이 수소결합 : Adenine=Thymine, Guanine≡Cytosine
- purine 염기와 pyrimidine 염기의 구성비는 생물에 관계없이 1에 가깝다(샤가프 법칙).
- 이중 나선 구조의 1회전 시 nucleotide 수는 약 10개
- 나사선의 반복거리는 3.4nm
- 염기쌍은 축에 대해 안쪽으로 수직

78 유전물질이 발견되지 않는 세포 내 소기관은?

① chloroplasts
② lysosomes
③ mitochondria
④ nuclei

해설

리소좀(lysosomes)
- 식세포작용을 하여 세균 등을 소화시킨다.
- 유전물질은 함유하고 있지 않다.

79 *Mycobacterium tuberculosis*에서 분리정제된 DNA 시료 중 몰비로 20%의 Adenine이 함유되어 있다. 이 DNA 중에 Cytosine의 백분율은?

① 20% ② 30%
③ 40% ④ 50%

해설

DNA
아데닌(A)과 티민(T), 구아닌(G)과 시토신(C)이 상보적으로 구성되어 있다. 아데닌이 20% 함유 시 상보적인 티민도 20% 함유되므로 구아닌과 시토신은 각각 30% 함유되어 있다.

80 발열반응과 흡열반응에서 엔탈피 변화(ΔH)에 대한 설명으로 옳은 것은?

① 발열반응과 흡열반응의 ΔH는 모두 음이다.
② 발열반응과 흡열반응의 ΔH는 모두 양이다.
③ 발열반응의 ΔH는 양의 값이고, 흡열반응의 ΔH는 음의 값이다.
④ 발열반응의 ΔH는 음의 값이고, 흡열반응의 ΔH는 양의 값이다.

해설

발열반응의 ΔH는 음의 값이고, 흡열반응의 ΔH는 양의 값이다.

정답 76 ④ 77 ② 78 ② 79 ② 80 ④

CBT 기출복원문제 2025년 2회

1과목 식품안전

01 CCP(중요관리점) 설정의 주된 목적은?

① 품질 보장
② 위해요소 제어
③ 생산 효율 향상
④ 교육 강화

해설
CCP(중요관리점)는 HACCP에서 식품의 안전에 직접적인 영향을 미치는 위해요소를 예방·제거·허용수준 이하로 감소시키는 단계이다. 목적은 품질 보장이나 생산 효율이 아닌 식품안전 확보이다. 교육 강화는 HACCP 운영의 지원 요소이지만 CCP 설정의 직접 목적은 아니다.

02 *Clostridium botulinum* 독소의 성질은?

① 내열성 단백독소
② 열에 불안정한 단백독소
③ 다당류 독소
④ 무기질 독소

해설
Clostridium botulinum 독소는 강력한 신경성 단백질 독소로, 가열하면 불활성화된다. 그러나 세균 자체는 내열성 포자를 형성하므로 포자 사멸에는 121℃에서 수분간 가압멸균이 필요하다.

03 감염형 식중독이 아닌 것은?

① 살모넬라
② 장염비브리오
③ 보툴리눔
④ 장출혈성 대장균

해설
보툴리눔은 독소형, 나머지는 감염형이다.

04 식품의 산패를 방지하는 방법 중 올바른 것은?

① 고온 보관
② 밀봉 및 냉장 보관
③ 직사광선 노출
④ 습도가 높은 곳에 방치

해설
산패는 주로 공기(산소), 빛, 열, 금속이온 등에 의해 촉진되므로 산소 차단과 저온 보관이 중요하다. 밀봉은 산소와 수분의 유입을 막고, 냉장은 산화 반응 속도를 늦춘다. 고온, 직사광선, 높은 습도는 산패를 촉진하는 환경이다.

05 위해예방조치로 맞는 것은?

① 문제가 없을 때도 리콜 실행
② 증거 없이 광고 중지 명령
③ 위해식품 유통 차단
④ 임의 점검 없이 검사 면제

해설
위해예방조치는 위해가 있는 식품이 소비자에게 도달하기 전에 유통을 차단해 피해를 방지하는 것이다.
예 회수·폐기, 판매 중지, 출고 보류 등

06 식품 미생물 검사 시 가장 먼저 확인해야 할 것은?

① 실험실 청결
② 표본의 적법한 채취와 보관
③ 검사원 신분증 확인
④ 검사 결과 즉시 공개

해설
미생물 검사는 대표성 있는 시료 채취와 적절한 보관·운반이 우선되어야 정확한 결과를 얻을 수 있다. 채취·보관 단계에서 오염되거나 변질되면 검사 자체가 무의미해진다. 실험실 청결, 검사원 신분증 확인 등은 중요하지만 1차적인 선행 조건은 아니다.

07 위해요소 분석 시 가장 먼저 수행해야 하는 절차는?

① 공정흐름도 작성
② CCP 설정
③ 한계기준 설정
④ 검증

정답 01 ② 02 ② 03 ③ 04 ② 05 ③ 06 ② 07 ①

해설
위해요소 분석(HACCP 1단계)은 제조·가공 전 과정을 공정흐름도로 작성하고 현장 확인을 통해 정확성을 검증하는 것이다.

08 다음 중 식품의 교차오염 예로 적절한 것은?
① 칼을 고온에서 세척함
② 생선 손질 후 도마를 소독하지 않고 과일 자름
③ 소고기를 냉동 보관함
④ 조리 후 식품을 밀봉 보존함

해설
교차오염은 비가열 상태의 식재료, 조리도구 등을 통해 병원성 미생물이 다른 식품으로 전이되는 것이다. 생선 손질 후 도마 소독 없이 바로 과일을 자르면 병원균이 전파될 수 있다.

09 다음 중 살균력이 있는 식품 처리 방법으로 적절하지 않은 것은?
① 염소 처리 ② 자외선 조사
③ 냉장 보관 ④ 고온 스팀 살균

해설
냉장은 세균의 성장을 억제할 수 있으나, 직접적인 살균 작용은 없다. 반면, 염소, 자외선, 고온 등은 미생물을 제거하거나 감소시키는 살균 효과가 있다.

10 식품첨가물 정의에 포함되지 않는 것은?
① 식품 색
② 식품 맛
③ 위생용 포장재
④ 식품 보존

해설
식품첨가물은 식품의 맛, 색, 향, 조직, 보존성 등을 향상·유지하거나 제조·가공 과정에서 사용되는 물질을 말한다(산화방지제, 감미료, 착색료, 보존료 등). 위생용 포장재는 식품에 직접 섞이거나 첨가되지 않으므로 식품첨가물 정의에 포함되지 않으며, 포장재는 「식품용 기구·용기·포장」 규격 기준에 따라 별도로 관리된다.

11 식품첨가물 표시와 관련하여 맞는 설명은?
① 표시 방법은 제조업체가 자유롭게 선택 가능하다.
② 표시된 첨가물이 사용기준을 초과해도 법적 제재가 없다.
③ 알레르기 유발 가능 첨가제는 주의 문구 없이 표시 가능하다.
④ 설탕, 소금 등 단순원료는 첨가물 표시 대상이 아니다.

해설
설탕과 소금은 첨가물로 분류되지 않는 단순 원료로서 식품첨가물 표시 대상에 포함되지 않으며, 사용기준을 초과한 경우 식품안전법 위반이다. 또한 제조업체가 임의로 표시 방법을 선택할 수 없고, 알레르기 유발 가능 첨가제는 필수로 주의 문구를 표시해야 한다.

12 식품위생 3대 관리에 해당하지 않는 것은?
① 개인위생
② 원재료 위생관리
③ 기구 및 시설 위생관리
④ 품질보증검사

해설
식품위생 3대 관리는 개인위생, 원재료 위생관리, 기구·시설 위생관리를 말한다. 이는 식품 제조·가공·조리·판매 전 과정에서 위생 수준을 유지하기 위한 기본 요소이다. 품질보증검사는 제품의 품질 확보를 위한 절차이지만, 3대 위생관리 범주에는 포함되지 않는다.

13 식품위생 현장에서 손 위생 관리에 관한 설명으로 옳은 것은?
① 손톱은 자유롭게 기를 수 있다.
② 손 씻기는 작업 시작 전과 후에만 실시하면 된다.
③ 손상된 피부는 반드시 방수밴드로 보호해야 한다.
④ 손 소독은 선택사항이다.

해설
작업자의 손상된 피부는 세균 침투와 식품 오염의 원인이 되므로 반드시 방수밴드 등으로 보호하고 장갑을 착용해야 한다. 손 위생은 작업 전·중·후, 화장실 사용 후 등 수시로 실시해야 하며 손 소독도 필수다.

정답 08 ② 09 ③ 10 ③ 11 ④ 12 ④ 13 ③

14. 다음 중 각 위생처리제와 그 특성의 연결이 올바른 것은 무엇인가?
   ① Hypochlorite – 사용 범위가 넓지 않음
   ② Quaternary ammonium compounds(Quats) – Gram 음성균에 효과적임
   ③ Iodophors – 부식성이 있고, 피부 자극이 적음
   ④ Acid anionics – 증식세포에 넓게 작용함

   해설
   ① Hypochlorite(차아염소산염) : 살균력은 강하지만 유기물 존재 시 효과 감소, 사용 범위는 넓음
   ② Quats(4급 암모늄 화합물) : Gram 양성균에 더 효과적이며, 음성균에 대한 효과는 제한적
   ③ Iodophors(요오드 화합물) : 부식성이 있으나, 피부에 대한 자극이 상대적으로 적어 인체 접촉 부위에도 사용 가능
   ④ Acid anionics(산성 음이온 계면활성제) : 비증식세포(휴면 상태)에는 효과가 없으며, 세포벽에 직접 작용하는 유형은 아님

15. 우리나라에서 HACCP 의무적용 품목이 아닌 것은?
    ① 식육가공품   ② 즉석섭취식품
    ③ 어묵   ④ 우유

    해설
    HACCP 의무적용 품목은 축산물, 어육제품, 유가공품, 도시락·김밥 등이다. 즉석섭취식품은 권장품목이지 의무품목은 아니다.

16. 식품 알레르기 표시와 관련된 기준으로 옳은 것은?
    ① 모든 식품첨가물은 반드시 표시해야 한다.
    ② 제품명에 원재료명을 사용하면 중복 표시가 가능하다.
    ③ 잣은 알레르기 유발물질 의무표시 대상이 아니다.
    ④ 표시 제외 대상 식품은 확인절차 없이 생략 가능하다.

    해설
    2018년 식품표시기준 일부 개정 고시에 따라, 제품명에 '잣' 등 알레르기 유발 원재료명을 사용하는 경우 소비자가 인지할 수 있으므로 별도 알레르기 유발물질 표시를 생략 가능하게 되었다. 이 외에도 잣은 2018년 고시에서 알레르기 유발물질 의무표시 대상에 추가되었고, 표시 제외 대상은 일정 조건하에 생략되지만 반드시 확인 절차를 거쳐야 한다.

17. 선행요건관리 중 작업장의 구조와 설비와 관련이 깊은 것은?
    ① 위생관리   ② 제조환경관리
    ③ 교육훈련   ④ 위해요소 분석

    해설
    제조환경관리에는 건물 배치, 환기, 배수 등 작업장 구조와 관련된 사항이 포함된다.

18. 다음 중 위해식품에 해당하지 않는 것은?
    ① 소비기한이 초과된 제품
    ② 포장에서 곰팡이가 피어난 제품
    ③ 안전 기준에 적합한 유기농 식품
    ④ 잔류농약 허용치를 초과한 작물

    해설
    위해식품은 인체에 위해를 끼칠 수 있는 원인이 있는 제품을 의미하며, 소비기한 초과·오염·잔류농약 초과 등의 원인이 해당된다. 안전 기준을 만족한 유기농 식품은 위해식품이 아니다.

19. 긴급 위해 식품 회수 명령권자는 누구인가?
    ① 시중 판매업체   ② 식품 제조사 대표
    ③ 지방 자치단체장 ④ 식품의약품안전처장

    해설
    식품의약품안전처장은 위해가 명확하거나 우려되는 식품에 대해 즉시 회수 조치를 명령할 수 있는 권한이 있다. 이는 국민 건강과 안전을 보호하기 위한 법적 권한이다.

20. HACCP 문서화에 포함되지 않는 것은?
    ① CCP 모니터링 기록
    ② 시정조치 기록
    ③ 생산비용 산출 내역
    ④ 검증 활동 기록

정답 14 ③ 15 ② 16 ② 17 ② 18 ③ 19 ④ 20 ③

> **해설**
> HACCP 문서화 대상은 위해요소 분석, CCP 관리, 검증, 시정조치 등이며, 비용 자료는 해당하지 않는다.

2과목 식품화학

21 단백질의 등전점(pI)에서의 용해도는 어떻게 되는가?

① 가장 높다.　② 가장 낮다.
③ 일정하다.　④ 변하지 않는다.

> **해설**
> 등전점에서는 양전하와 음전하가 같아 순전하가 0이므로 정전기적 반발력이 줄어들어 용해도가 최소가 된다.

22 코코아 및 초콜릿의 쓴맛 성분은?

① quercetin　② naringin
③ theobromine　④ cucurbitacin

> **해설**
> **쓴맛 성분**
> - 알칼로이드 : 차나 커피의 caffein, 코코아나 초콜릿의 theobromine, 니코틴, 아트로핀 등
> - 폴리페놀성 배당체 : naringin(감귤류, 자몽), quercetin(양파), cucurbitacin(오이), limonene(감귤류, 레몬)
> - 케톤류 : humulon, lupulon(맥주 원료인 hop)
> - 무기염류

23 아미노산 중에서 방향족 고리를 가진 것은?

① 글루탐산　② 트레오닌
③ 페닐알라닌　④ 알라닌

> **해설**
> 페닐알라닌, 티로신, 트립토판이 방향족 아미노산이다. 이들은 자외선 흡수와 단백질 정량에 활용된다.

24 냄새성분과 특성의 연결이 틀린 것은?

① 알데히드류(aldehyde) – 식물의 풋내, 유지 식품의 기름진 풍미 및 산패취
② 에스테르류(ester) – 과일과 꽃의 중요한 향기성분
③ TMAO(trimethylamine oxide) – 생선 비린내 성분
④ 피라진류(pyrazines) – 질소를 함유한 화합물로, 고기향, 땅콩향, 볶음향 등의 특성을 나타내는 성분

> **해설**
> **향기성분**
> - 에스테르류 : sedanolide(셀러리), methyl cinnamate(송이버섯), amyl formate(사과, 복숭아), isoamyl formate(배)
> - 알코올류 : 2,6-nonadienal(오이), furfuryl alcohol(커피)
> - 테르펜류 : limonene(레몬, 오렌지), camphene(생강), geraniol(오렌지, 레몬), menthol(박하), citral(오렌지, 레몬)
> - 황화합물 : methyl mercaptan(무, 마늘, 파), propyl mercaptan(마늘), dimethyl mercaptan(무, 마늘, 양파)
> - 알데히드류(aldehyde) 및 유기산 : 식물의 풋내, 유지 식품의 기름진 풍미 및 산패취, 생우유(acetone, acetaldehyde, propionic acid, butyric acid, caproic acid, methyl sulfide), 버터(diacetyl, propionic acid, butyric acid, caproic acid), 치즈(ethyl β-methyl mercaptopropionate)
> - 피라진류(pyrazines) : 질소를 함유한 화합물로, 고기향, 땅콩향, 볶음향 등의 특성을 나타내는 성분, trimethylamine, piperidine, δ-aminovaleric acid(어류 비린내)
> - TMAO(trimethylamine oxide)는 어류의 맛난맛 성분으로 미생물에 의해 환원되어 비린내인 TMA가 된다.

25 밥을 상온에 오래 두었을 때 생쌀과 같이 굳어지는 현상은?

① 호화　② 노화
③ 호정화　④ 캐러멜화

> **해설**
> **전분의 노화**
> 호화전분(α-전분)을 실온에 완만 냉각하면 전분입자가 수소결합을 다시 형성해 생전분과는 다른 결정을 형성하는데, 이 현상을 노화 또는 β화라고 한다.

정답 21 ②　22 ③　23 ③　24 ④　25 ②

26 아스파탐의 주된 성분은?

① 글루탐산과 메티오닌
② 아스파르트산과 페닐알라닌
③ 글리신과 발린
④ 트레오닌과 리신

해설
아스파탐(aspartame)은 아스파르트산(aspartic acid)과 페닐알라닌(phenylalanine)으로 이루어진 인공 감미료이다.

27 녹색채소(시금치 등)를 살짝 데칠 경우에 그 녹색이 더욱 선명해지는 이유는?

① 데치기에 의하여 클로로필 색소의 Mg이 Cu로 치환되었기 때문이다.
② 데치기에 의하여 식물조직에 존재하는 chlorophyllase가 불활성화되었기 때문이다.
③ 데치기에 의하여 식물조직에 산이 생성되었기 때문이다.
④ 데치기에 의하여 식물조직에 알칼리가 생성되었기 때문이다.

해설
데치기(blanching)
- 식품 원료에 들어 있는 산화 효소(chlorophyllase)를 불활성화
- 식품 조직 중의 가스 방출
- 예열함으로써 원료 중에 들어 있는 산소농도 감소
- 식품의 색을 고정시키고 박피 용이
- 조직을 유연화하여 충진 용이

28 식품 중 결합수(water of hydration)의 특징은?

① 결합수는 쉽게 제거된다.
② 자유수와 달리 얼기 어렵다.
③ 미생물에 의해 쉽게 이용된다.
④ 식품 내 유리 상태로 존재한다.

해설
결합수는 식품 성분과 강하게 결합되어 있어 얼기 어렵고, 자유수에 비해 미생물 이용이 제한된다. 따라서 건조 시 쉽게 제거되지 않는다.

29 식품 내 아크릴아마이드 형성 반응은 어떤 조건에서 촉진되는가?

① 고온, 저수분 조건
② 저온, 습윤 환경
③ 냉장 보관
④ 산성 환경

해설
아크릴아마이드는 아스파라긴과 환원당이 반응하는 Maillard 반응 과정에서 생성되는 유해물질이다. 고온에서 튀김, 굽기, 오븐 조리 동안 쉽게 생기며 수분이 많을수록 생성이 억제된다. 따라서 감자튀김처럼 고온·저수분 환경에서 조리되는 식품에서 높은 농도로 검출된다. 이는 발암 가능성이 있어 조리 시 주의가 필요하다.

30 필수 지방산에 해당하지 않는 것은?

① 리놀레산
② 알파-리놀렌산
③ 아라키돈산
④ 올레산

해설
필수 지방산은 체내 합성이 불가능한 리놀레산, 알파-리놀렌산, 아라키돈산이다. 올레산은 불포화지방산이지만 체내 합성이 가능하다.

31 삶은 계란의 난황 주위가 청록색으로 변색되는 주요 원인은?

① 비타민 C가 산화되어 노른자의 철(Fe)과 결합하기 때문
② 열에 의하여 탄닌(tannin)이 분해되어 철(Fe)이 형성되기 때문
③ 계란 흰자의 황화수소(H_2S)가 노른자의 철(Fe)과 결합하여 황화철(FeS)을 생성하기 때문
④ 단백질의 구성성분인 질소가 산화되기 때문

해설
삶은 계란의 난황 주위가 청록색으로 변색되는 주요 원인은 계란 흰자의 황화수소(H_2S)가 노른자의 철(Fe)과 결합하여 황화철(FeS)을 생성하기 때문이다.

정답 26 ② 27 ② 28 ② 29 ① 30 ④ 31 ③

32 단당류의 수산기(-OH기) 1개에서 산소가 제거된 당유도체 형태는?

① 당알코올　② 데옥시당
③ 아미노당　④ 우론산

해설
데옥시당
당의 수산기 하나가 수소로 환원된 당(deoxyribose)

33 식품의 효소적 갈변에 관여하는 효소가 아닌 것은?

① 폴리페놀 옥시다아제
② 티로시네이즈
③ 카탈라아제
④ 카테콜라아제

해설
효소적 갈변은 주로 폴리페놀 옥시다아제, 티로시네이즈가 관여한다. 카탈라아제는 과산화물 분해 효소로 갈변을 차단하는 역할을 하고, 카테콜라아제는 존재하지 않는 효소명이다.

34 다음 중 소수기에 속하는 것은?

① $-OH$　② $-CH_2-CH_3$
③ $-NH_2$　④ $-CHO$

해설
탄소와 수소는 전기음성도가 2.5, 2.4로 비슷하여 비극성이므로 소수성이다.

35 단백질 변성과 가장 직접적으로 관련 있는 힘은?

① 공유결합　② 수소결합
③ 이온결합　④ 반데르발스 힘

해설
단백질의 2차 구조는 주로 수소결합으로 유지된다. 변성 시 수소결합이 끊어지면서 구조가 붕괴된다.

36 식품의 제조·가공 중에 생성되는 유해물질에 대한 설명으로 틀린 것은?

① 벤조피렌은 다환 방향족 탄화수소로서 가열처리나 훈제공정에 의해 생성되는 발암물질이다.
② MCPD는 대두를 산처리하여 단백질을 아미노산으로 분해하는 과정에서 글리세롤이 염산과 반응하여 생성되는 화합물로서 발효간장인 재래간장에서 흔히 검출된다.
③ 아크릴아마이드는 아미노산과 당이 열에 의해 결합하는 마이야르 반응을 통하여 생성되는 물질로 아미노산 중 아스파라긴산이 주 원인물질이다.
④ 니트로사민은 햄이나 소시지에 발색제로 사용하는 아질산염의 첨가에 의해 발생된다.

해설
MCPD는 대두를 산처리하여 단백질을 아미노산으로 분해하는 과정에서 글리세롤이 염산과 반응하여 생성되는 화합물로서 화학간장에서 흔히 검출된다.

37 표고버섯의 주요한 향기성분은?

① methyl cinnamate
② lenthionine
③ sedanolide
④ capsaicine

해설
- 향기성분 - methyl cinnamate(송이버섯), lenthionine(표고버섯), sedanolide(셀러리)
- 맛성분 - capsaicine(고추, 매운맛)

38 식품 중 수분이 미생물 증식에 영향을 주는 지표는?

① 총 수분 함량　② 수분 활성
③ 결합수량　④ 자유수량

해설
총 수분보다 자유수의 비율을 나타내는 수분 활성이 미생물 성장과 직결된다.

39 15%의 설탕 용액에 0.15%의 소금 용액을 동량 가하면 용액의 맛은?

① 짠맛이 증가한다.
② 단맛이 증가한다.
③ 단맛이 감소한다.
④ 맛의 변화가 없다.

해설
설탕 용액에 약간의 소금을 첨가하면 맛의 강화작용으로 단맛이 강해진다.

40 비타민 D 결핍 시 발생하는 대표적 질환은?
① 괴혈병 ② 야맹증
③ 구루병 ④ 빈혈

해설
비타민 D는 칼슘과 인의 흡수를 촉진한다. 결핍 시 어린이는 구루병, 성인은 골연화증이 발생한다.

3과목 식품가공·공정공학

41 우유의 살균 공정에서 HTST(고온 단시간 살균)의 일반 조건은 무엇인가?
① 60℃, 30분 ② 72℃, 15초
③ 121℃, 15분 ④ 135℃, 2초

해설
HTST 살균은 72℃에서 15초간 처리하는 방식으로, 미생물을 효과적으로 사멸하면서 영양소와 풍미 손실을 최소화한다. 이는 현재 우유 살균에 가장 널리 사용되는 방법이다.

42 식품 저장 중 효소적 갈변을 억제하기 위한 가장 효과적인 방법은?
① 고온 처리 ② 산소 공급
③ 산성 조건 유지 ④ 자외선 조사

해설
효소적 갈변은 폴리페놀산화효소(PPO)가 산소와 반응해 갈변색소를 생성하는 반응이다. 이때 pH를 낮추면 효소의 활성이 억제되어 갈변을 줄일 수 있다. 예를 들어, 사과 절단면에 레몬즙을 바르면 산성 환경이 형성되어 갈변 억제 효과를 볼 수 있다.

43 트리메틸아민옥사이드(TMAO)는 무엇의 신선도 지표인가?
① 어육 ② 우유
③ 곡류 ④ 채소

해설
어육류에 포함된 TMAO는 저장 중 미생물이나 효소 작용으로 비린내 원인 물질인 트리메틸아민(TMA)으로 분해된다. 신선도가 낮을수록 TMA가 증가하여 불쾌취를 발생시킨다. 그러므로 어류에서는 TMAO를 사용한 신선도 검사가 중요하다.

44 우유의 신선도 시험법은?
① 알코올법 ② 유고형분 정량법
③ Glycogen 검사법 ④ 한천겔화산법

해설
우유의 신선도 측정
- Resazurin reduction test : 세균의 환원성으로 시약의 색이 청색 → 홍색 → 무색으로 변함
- Methylene Blue reduction test : 세균의 환원성으로 시약의 색이 청색 → 무색으로 변하는 시간이 짧을수록 균이 많다는 의미이며 37℃, 8시간 이상이면 1등급, 6시간 이내면 3등급
- 자비 test : 우유를 가열 시 미생물, 산도가 0.25% 이상 높으면 카제인이 응결 침전
- 70% ethyl alcohol test : 알코올 처리 시 산도가 높으면 탈수에 의한 카제인 응고물 형성
- 산도 측정 : 0.14~0.16 신선, 0.19~0.2 초기부패, 0.25 이상 부패

45 식품의 열처리 공정에서 'F값'이 의미하는 것은?
① 살균에 필요한 시간과 온도의 지표
② 냉동 속도 지표
③ 단백질 변성 정도
④ 지방 산패 지수

해설
F값은 특정 미생물을 소정의 수준까지 사멸시키는 데 필요한 시간과 온도를 종합적으로 나타내는 지표이다. 특히 통조림 살균에서 보툴리눔 아포 제어를 위해 F_0값 (121.1℃ 기준의 살균 효과)이 사용된다.

46 유지 정제에서 탈산 공정은 다음 중 무엇을 제거하기 위한 것인가?
① 왁스 ② 글리세린
③ 스테롤 ④ 유리지방산

정답 40 ③ 41 ② 42 ③ 43 ① 44 ① 45 ① 46 ④

해설
유지의 정제
불순물을 물리·화학적 방법으로 제거한다.
㉠ 탈검공정(degumming process)
  - 인지질 등 제거
  - 무수 상태에서 기름에 녹으므로 물이나 수증기를 넣어 수화시켜 분리
㉡ 탈산공정(deaciding process)
  - 유리지방산 등 제거
  - NaOH로 유리지방산을 중화(비누화) 제거하는 알칼리 정제법 사용
㉢ 탈색공정(decoloring process)
  - carotenoid, 엽록소 등 제거
  - 가열탈색법이나 활성백토를 이용하는 흡착탈색법 사용
㉣ 탈취공정(deodorizing process)
  - 알데히드, 케톤, 탄화수소 등 냄새 제거
  - 활성탄 등 흡착제를 이용한 감압 탈취
㉤ 탈납공정(winterization)
  - 샐러드유 제조 시 지방결정체 제거
  - 냉각시켜 발생되는 고체 결정체를 제거하는 탈납(dewaxing) 이용

47 통조림 살균 후 냉각의 목적은?
① 내용물 변질 방지
② 미생물 증식 촉진
③ 기계 보호
④ 고압성 확보

해설
통조림은 열 살균 후 급랭해야 한다. 그대로 방치하면 재가열 현상, 미생물의 생존 가능성 증가, 내용물 색상·향료 변화 등 품질 문제가 발생할 수 있다. 빠른 냉각은 제품의 열 손상 방지, 병 팽창 방지, 열 충격 완화 측면에서도 매우 중요하다. 특히 내열성 세균의 증식을 막는 데 효과적이다.

48 라면 한 그릇에 나트륨이 2,000mg 들어 있다면, 이것을 소금량으로 환산하면 얼마인가?
① 5g
② 8g
③ 12g
④ 20g

해설
소금(NaCl)은 Na=23, Cl=37이므로
23 : 60 = 2,000 : x
∴ x = 5,217mg ≒ 약 5g

49 Z값이 9℃인 미생물을 순간적으로 140℃까지 가열시키고 이 온도를 5초 동안 유지한 후에 순간적으로 냉각시키는 공정으로 살균 열처리할 때, 이 살균공정의 F_{121} 값은?
① 149초
② 374초
③ 500초
④ 629초

해설
가열치사시간 계산
- D(Decimal reduction time)값 : 사멸곡선에서 가열 전 미생물 수의 10%로 감소시키는 데 필요한 시간, 온도 지정이 없을 시는 121℃, 온도 증가 시 D값 감소
- Z값 : TDT 곡선에서 D값이 10배로 증가하는 데 필요한 온도 차이, 10배의 살균 속도를 위한 온도 상승폭
- F값 : 일정 온도에서 일정 농도 미생물의 완전사멸에 필요한 시간
- $F_0 = F_T \times 10^{\frac{T-121}{Z}}$
  여기서, F_0 : 121℃에서 살균시간, F_T : T온도에서 살균시간
- F_T=5초, T=140℃, Z=9일 때
  $F_{121} = 5 \times 10^{\frac{140-121}{9}} = 629$

50 두부 응고제로서 물에 잘 녹으며, 많은 양을 사용 시 신맛을 낼 수 있는 것은?
① 황산칼슘($CaSO_4$)
② 염화칼슘($CaCl_2$)
③ 글루코노델타락톤(Glucono-δ-lactone)
④ 염화마그네슘($MgCl_2$)

해설
두부 응고제
- 간수 : 염화마그네슘($MgCl_2$), 황산마그네슘($MgSO_4$)
- 황산칼슘 응고제 : 응고반응이 염화물에 비해 느려 보수성, 탄력성이 좋은 두부 생산
- 염화칼슘 응고제 : 칼슘 첨가로 영양 보강, 응고작용 좋음
- Glucono-δ-lactone(GDL : Glucono-delta-lactone) 응고제 : 연두부나 순두부 또는 보다 부드러운 두부를 만들 때에 사용, 과거 산미료로 사용하였으며 과량 사용 시 신맛이 난다.

정답 47 ① 48 ① 49 ④ 50 ③

51 진공동결건조의 주요 장점은 무엇인가?

① 설비비용이 저렴하다.
② 건조 시간이 짧다.
③ 열에 민감한 성분 보존에 유리하다.
④ 저장 안정성이 낮다.

해설
진공동결건조(lyophilization)는 식품을 급속 동결 후 진공하에서 얼음을 직접 승화시켜 수분을 제거하는 방법이다. 이 과정은 저온에서 이루어져 열에 민감한 비타민, 향기 성분, 색소 등을 잘 보존한다. 단점은 건조 시간이 길고 설비비용이 매우 높다는 점이다.

52 MAP(Modified Atmosphere Packaging, 변성 대기 포장)의 주된 목적은?

① 맛 향상
② 산소 제거를 통한 호흡 억제
③ 무균상태 유지
④ 포장비용 절감

해설
MAP은 이산화탄소, 질소 등을 이용해 포장 내 산소 농도를 낮춰 호기성 미생물의 성장을 억제하고, 신선식품의 호흡을 지연시켜 저장성을 높인다. 신선 채소, 육류, 어패류 등에 널리 사용된다.

53 즉석밥 생산 공정에서 가장 중요한 미생물 제어 단계는?

① 세척
② 증자 및 멸균
③ 포장
④ 냉각

해설
즉석밥은 보존료를 사용하지 않으므로 멸균 공정이 안전성 확보의 핵심이다. 증자(밥 짓기 과정)와 이어지는 멸균 처리로 세균과 아포를 사멸시켜 상온에서 장기간 보관이 가능하도록 한다. 포장 후 무균 충전까지 병행해야 완전한 안전성을 확보할 수 있다.

54 튀김유의 품질 조건이 아닌 것은?

① 거품이 일지 않을 것
② 열에 대하여 안정할 것
③ 튀길 때 발생하는 연기가 적을 것
④ 가열에 대한 점도 변화가 클 것

해설
튀김유의 품질 조건
- 발연점이 높을 것
- 불순물이 적을 것
- 점도 변화가 적을 것
- 열에 안정하며 거품이 일지 않을 것

55 박피, 수세한 복숭아의 당분이 8.0%일 때, 이것을 공관에 고형량 270g씩 살재임을 할 경우 주입당액의 농도는 약 얼마로 하여야 하는가?(단, 내용물의 총량은 430g, 제품의 규격당도는 19.5%이다.)

① 10% ② 20%
③ 30% ④ 40%

해설
총 당량 = 430g × 19.5% = 83.85g
복숭아 당량 = 270g × 8% = 21.6g
주입액 당량 = 83.85 − 21.6 = 62.25g
주입액 무게 = 430 − 270 = 160g
주입액 농도 = $\frac{62.25}{160} \times 100 ≒ 38.9\%$ → 약 40%
따라서 목표 당도를 맞추려면 약 40% 농도의 주입액이 필요하다.

56 환경기체조절포장(MAP : Modified Atmosphere Packaging)과 관련하여 가장 거리가 먼 것은?

① 초기 기계 장치비와 유지비가 적게 든다.
② CA 저장법의 일종이다.
③ 포장재의 종류와 두께, 온도에 의하여 식품의 변질 정도가 결정된다.
④ 일반적인 대상 식품인 과일의 발생 기체의 양과 종류에 의하여 변질 정도가 결정된다.

해설
환경기체조절포장(MAP)
- CA 저장법의 일종으로 포장 내 공기 조성을 일정 기준 성분으로 조절하여 밀봉한 것(5~50% 이산화탄소로 세균억제효과, 질소는 MAP 포장 시 수축 방지, 산소는 적색육의 색소 유지에 사용, 이산화황은 곰팡이 증식 억제에 사용)
- 초기 기계 장치비와 유지비가 많이 든다.

정답 51 ③ 52 ② 53 ② 54 ④ 55 ④ 56 ①

57 식품가공 시 경화(hydrogenation)의 목적은?

① 지방 안정성 증가 ② 산패 촉진
③ 지방산 감소 ④ 유동성 증가

해설
식물성 기름에 수소(H_2)를 첨가해 이중 결합을 줄이는 과정이 바로 경화이다. 이 과정으로 불포화지방산을 일부 포화지방산 형태로 전환하면 지방은 상온에서도 고체 상태를 유지하며 산화에 대한 저항력이 강해진다. 마가린이나 쇼트닝 같은 제품이 대표적이다. 단, 이때 트랜스지방의 생성 가능성이 있어 건강상 문제가 되기도 한다.

58 5분도미의 도정률은?

① 92% ② 94%
③ 96% ④ 98%

해설
쌀 도정

종류	특성	도정률(%)
현미	벼의 왕겨층 제거, 벼중량 80%, 벼용적 1/2	100
5분도미	겨층, 배아의 50% 제거	96
7분도미	겨층, 배아의 70% 제거	94
백미	겨층, 배아 100% 제거	92
배아미	배아가 떨어지지 않도록 도정	-
주조미	술의 제조에 이용, 순수 배유만 남음	75 이하

59 육류 단백질의 냉동변성을 일으키는 요인이 아닌 것은?

① 염석 ② 응집
③ 빙결정 ④ 유화

해설
육류 단백질의 냉동변성
• 빙결정 : 완만 냉동(최대 빙결정 생성대를 60분 이상 통과)으로 빙결정 생성, 수용성 영양성분 탈리
• 염석(salting out) : 수분 제거로 염류 농도의 상승에 따른 단백질 석출
• 응집 : 단백질의 침전 석출에 따른 결착으로 응집

60 식품 포장재 중 금속캔 사용의 주요 장점은?

① 가벼워서 운송이 쉽다.
② 산소 투과도가 높다.
③ 빛과 산소 차단 효과가 우수하다.
④ 내용물과 반응하지 않는다.

해설
금속캔은 산소와 빛을 차단하는 능력이 우수하여 내용물의 변질을 방지한다. 특히 지방질 식품의 산패, 비타민의 산화 손실을 예방하는 데 효과적이다. 단, 금속캔은 내부식성이 낮아 내부 코팅이 필요하다.

4과목 식품 미생물 및 생화학

61 식품공전에 의거, 일반세균수를 측정할 때 10,000배 희석한 시료 1mL를 평판에 분주하여 균수를 측정한 결과 237개의 집락이 형성되었다면 시료 1g에 존재하는 세균수는?

① $2.44 \times 10^5 CFU/g$
② $2.44 \times 10^6 CFU/g$
③ $2.55 \times 10^5 CFU/g$
④ $2.55 \times 10^6 CFU/g$

해설
집락수×희석배수=시료 1g(혹은 1mL) 중 세균수
• 희석배수 : 10,000배
• 평판에 분주한 시료량 : 1mL
• 집락수 : 244
∴ $244 \times 10,000 = 2,440,000 CFU/g$
$= 2.44 \times 10^6 CFU/g$

62 다음 중 원핵세포의 특징이 아닌 것은?

① 막성 세포소기관 없음
② 핵막 없음
③ 80S 리보솜
④ 세포벽 존재

해설
원핵세포에는 막성 세포소기관(예 미토콘드리아, 골지체 등)이 없고, 핵막도 존재하지 않는다. 원핵세포에도 세포벽이 존재하며, 주로 펩티도글리칸으로 구성되어 있다. 원핵세포의 리보솜은 70S로서, 80S 리보솜은 진핵세포의 특징이다.

정답 57 ① 58 ③ 59 ④ 60 ③ 61 ② 62 ③

63 세포융합의 단계에 해당하지 않는 것은?

① 세포의 protoplast화
② 융합체의 재생
③ 세포분열
④ protoplast의 융합

해설

유전자 재조합
㉠ 세포융합(cell fusion) : 두 종류의 세포를 융합시켜 양쪽의 성질을 모두 갖는 새로운 세포 생성
㉡ 세포융합 순서
- protoplast화 : 세포벽을 효소 등을 이용하여 제거
- protoplast의 융합 : 두 세포의 결합
- 세포 재생
- 배양, 선발 : 적당한 유전자 표시로 주세포에서 융합세포 선발(영양 요구성, 항생물질 내성, 당 분해성, 색소 등)

64 다음 포자 중 무성포자가 아닌 것은?

① 난포자
② 분생포자
③ 포자낭포자
④ 후막포자

해설

곰팡이의 포자
곰팡이는 포자로 번식하며 무성생식과 유성생식이 있다.
- 무성포자 : 내생포자(포자낭포자), 외생포자(분생자), 후막포자, 분열자
- 유성포자 : 접합포자, 난포자, 자낭포자, 담자포자

65 16S rRNA 유전자 분석은 어떤 방법에 속하는가?

① 현미경 관찰이나 염색법 등을 이용하여 미생물의 크기, 모양, 배열 등의 외형적 특징을 분석하는 형태학적 방법
② 배지에서의 성장 특성, 다양한 탄소원·질소원 이용 능력, 효소 활성 테스트 등 미생물의 대사와 생리적 특징을 분석하는 생리·생화학적 방법
③ PCR, DNA 염기서열 분석, 유전자 칩 등을 통해 미생물의 유전물질을 직접 분석하여 종 또는 계통을 규명하는 분자생물학적 방법
④ 항원-항체 반응을 이용하여 특정 단백질이나 세포 표면구조를 감지·확인하는 혈청학적·면역학적 방법

해설

16S rRNA 유전자 분석은 미생물의 종류를 파악하기 위해 16S rRNA 유전자 염기서열을 분석하는 방법이다. 이 방법은 PCR(중합효소 연쇄 반응)과 DNA 염기서열 분석과 같은 분자생물학적 기법을 사용한다. 따라서 16S rRNA 유전자 분석은 분자생물학적 방법에 속한다.

66 발효의 특징으로 옳은 것은?

① 전자전달계 사용
② 산소 필수
③ 기질수준 인산화로 ATP 생성
④ ATP 생성 효율 높음

해설

발효는 산소가 없이 유기물을 분해하여 에너지를 얻는 대사 과정이다. 이 과정에서는 전자전달계를 사용하지 않고, 산소가 필수적이지 않다. ATP는 주로 해당과정에서 기질수준 인산화에 의해 생성되며, 산소호흡에 비해 ATP 생성 효율이 낮다. 따라서 발효의 특징으로 전자전달계 사용과 산소 필수, 높은 ATP 생성 효율은 옳지 않다. 기질수준 인산화에 의한 ATP 생성이 핵심 특징이다.

67 미생물의 일반적인 생육곡선에서 정상기(정지기, stationary phase)에 대한 설명으로 틀린 것은?

① 균수의 증가와 감소가 거의 같게 되어 균수가 더 이상 증가하지 않게 된다.
② 전 배양기간을 통하여 최대의 균수를 나타낸다.
③ 세포가 왕성하게 증식하며 생리적 활성이 가장 높다.
④ 내생포자를 형성하는 세균은 보통 이 시기에 포자를 형성한다.

해설

정상기(정지기, stationary phase)에서는 균수의 증가와 감소가 거의 같아져서 균수가 더 이상 증가하지 않는다. 이 시기에 미생물 총균수가 최대에 도달하여 일정하게 유지된다. 정상기에는 영양이 부족하고 노폐물이 축적되어 증식은 억제되며, 내생포자 형성균은 주로 이 시기에 포자를 만든다. 세포 증식이 매우 활발하게 일어나고 생리적 활성이 가장 높은 시기는 대수 증식기(log phase)이다.

정답 63 ③ 64 ① 65 ③ 66 ③ 67 ③

68 다음 중 열 저항성이 큰 순서로 옳은 것은?

① 영양세포 > 효모 > 포자
② 효모 > 영양세포 > 포자
③ 포자 > 효모 > 영양세포
④ 효모 > 포자 > 영양세포

해설
미생물 중에서 포자(spore)가 가장 열 저항성이 크고, 효모(yeast)는 영양세포보다는 내열성이 높으나 포자보다는 낮다. 영양세포(vegetative cell)는 열에 가장 약한 형태이다. 따라서 열 저항성이 큰 순서는 포자, 효모, 영양세포 순이다.

69 다음 중 공기 중의 질소를 고정할 수 있는 미생물이 아닌 것은?

① *Achromobacter* sp.
② *Aerobacter aerogenes*
③ *Acetobacter aceti*
④ *Azotobacter vinelandii*

해설
질소 고정 미생물
공기 중 질소를 고정하여 암모니아 등으로 바꾸는 미생물로 단독형과 공생형이 있다.
- 단생질소고정균 : 자유생활, 단독으로 질소고정, 토양이나 수중에 서식하는 광합성 세균 *Azotobacter*, *Achromobacter*, *Aerobacter*, 남세균의 *Anabaena*, *Nostoc*
- 공생질소고정균 : 식물의 뿌리에 서식하며 식물에 질소원 공급, 식물과 공생, 콩과식물의 뿌리혹박테리아(leguminous bacteria, *Rhizobium* sp.), 참마과식물의 엽류균 등
※ *Acetobacter aceti* : 알코올을 산화하여 초산을 생성하는 초산균

70 미생물 직접발효법으로 생산하는 아미노산이 아닌 것은?

① L-cystine
② L-glutamic acid
③ L-valine
④ L-tryptophan

해설
아미노산 발효
- 야생균주 직접발효법으로 생산 : 글루탐산, 발린, 알라닌, 트립토판, 리신 등
- 영양요구성에 의한 생산 : 리신, 트레오닌, 오르니틴, 발린 등
- 변이주에 의한 생산 : 리신, 아르기닌, 히스티딘, 트립토판 등
- 생합성 전구물질에 의한 생산 : 리신, 아스파르트산, 세린, 이소루이신 등
- 대장균의 효소에 의한 생산 : 아스파르트산, 알라닌 등

71 기질과 화학적 구조가 유사하여 효소의 활성부위에 직접 결합하는 저해제의 종류는?

① 기질적 저해제
② 경쟁적 저해제
③ 비경쟁적 저해제
④ 무경쟁적 저해제

해설
효소 저해제
- 경쟁적 저해제(competitive inhibitor) : 구조가 기질과 유사한 물질로 효소 활성부위에 기질과 경쟁적으로 결합하여 저해, K_m 값=증가, V_{max}=불변
- 비경쟁적 저해제(uncompetitive inhibitor) : 효소 조절부위에 저해제가 결합하여 저해, K_m 값=불변, V_{max}=감소
- 무경쟁적 저해제(noncompetitive inhibitor) : 효소-기질 복합체에 저해제가 결합하여 저해, K_m 값, V_{max} 모두 감소

72 유전정보 전달의 단계에서 ⓐ, ⓑ에 해당하는 내용으로 옳은 것은?

$$DNA \xrightarrow{ⓐ} RNA \xrightarrow{ⓑ} protein$$

① ⓐ 복제, ⓑ 번역
② ⓐ 전사, ⓑ 복제
③ ⓐ 번역, ⓑ 전사
④ ⓐ 전사, ⓑ 번역

해설
생명중심설(central dogma)
- DNA → (전사) → RNA → (번역) → 단백질
- DNA 두 가닥 중 한 가닥을 주형으로 mRNA를 전사하고 리보솜의 rRNA와 tRNA로 번역하여 단백질을 합성한다.
- 복제 : DNA 두 가닥을 주형으로 반보존복제를 한다.

정답 68 ③ 69 ③ 70 ① 71 ② 72 ④

73 단백질을 순수하게 분리하는 방법이 아닌 것은?

① Ultra Centrifugation
② Chromatography
③ Electrophoresis
④ Southern blot

해설
Southern blot는 DNA 샘플에서 특정한 염기서열을 가진 DNA를 찾아내는 방법이다.

단백질 정제법
- 염석(salting out) : 고농도 염으로 단백질 석출(두부 제조에 이용)
- 투석(dialysis) : 반투막을 이용해 저분자 물질과 염 제거, 고분자인 단백질만 정제
- 친화성 크로마토그래피(Affinity Chromatography) : 기질 이용 효소 분리, 흡착
- 이온교환 크로마토그래피 : 전하 차이에 의한 분리
- 겔여과 크로마토그래피 : 단백질의 크기에 따른 분리
- SDS 겔 전기영동(Electrophoresis) : SDS로 단백질의 전하를 (−)로 만들고 분자량에 따라 전기장의 젤을 이동하여 분리
- 초원심분리기(Ultra Centrifugation) : 침강계수에 따른 단백질의 분리

74 대사산물 제어 조절계(feedback control)에 관한 설명으로 틀린 것은?

① 합동피드백제어(concerted feedback control)는 과잉으로 생산된 1개 이상의 최종산물이 대사계의 첫 단계 반응의 효소를 제어하는 경우를 말한다.
② 협동피드백제어(cooperative feedback control)는 과잉으로 생산된 다수의 최종산물이 합동제어에서와 마찬가지로 협동적으로 첫 단계 반응의 효소를 제어함과 동시에 각각의 최종산물 사이에도 약한 제어반응이 존재하는 경우를 말한다.
③ 순차적 피드백제어(sequential feedback control)는 그 계에 존재하는 모든 대사기구의 갈림반응이 그 계의 뒤쪽 생산물에 의해 제어되는 경우를 말한다.
④ 동위효소제어(isozyme control)는 각각의 최종산물이 서로 독립적으로 그 생합성계의 첫 번째 반응의 어떤 백분율로 제어하는 경우이다.

해설
대사산물 제어 조절계(feedback control)
㉠ 동위효소제어(isozyme control)
- isozyme : 동일한 반응을 촉매하지만 구조가 다른 효소
- 각각 구조가 다르므로 다른 최종산물에 의하여 저해
㉡ 합동피드백제어(concerted feedback inhibition)
- 1개 이상의 최종산물이 각각 일정한 농도 이상이 되어 초기 단계 조절효소 저해
- 효소가 2개 이상의 조절 부위를 가지며 각각에 저해제가 작용
㉢ 협동피드백제어(cooperative feedback inhibition)
- 다수의 최종산물이 일정한 농도 이상이 되어야만 초기 단계 조절효소를 저해
- 효소가 2개 이상의 조절 부위를 가지며 모든 조절 부위에 저해제가 작용 시 저해
㉣ 순차적 피드백제어(sequential feedback inhibition) : 연속된 생화학 반응에서 순차적으로 생산되는 생성물이 바로 앞 반응의 효소 저해

75 단백질의 생합성이 이루어지는 장소는?

① 미토콘드리아(mitochondria)
② 리보솜(ribosome)
③ 핵(nucleus)
④ 액포(vacuole)

해설
① 미토콘드리아 : 세포 호흡에 관련하는 소기관
② 리보솜 : RNA와 단백질로 이루어지며 단백질 생합성이 이루어진다.
③ 핵 : 유전물질인 DNA를 포함하며 세포 내 활동을 조절하는 기관
④ 액포 : 독성물질이나 노폐물을 분해하는 역할

76 인간 체내에서 포도당 신생합성 과정을 통해 포도당을 합성할 수 있는 비탄수화물 전구체가 아닌 것은?

① glycerol   ② lactic acid
③ palmitic acid   ④ serine

해설
당신생반응
- 간에서 발생, 해당의 역반응 1분자 포도당 생성 시 6분자 ATP 소모

정답 73 ④ 74 ④ 75 ② 76 ③

- 당신생 기질 : 젖산(lactic acid), 피루브산(pyruvate), serine, alanine 같은 당원성 아미노산, 글리세롤, 해당 및 TCA 회로 중간산물, 프로피온산
- 지방산, 아세틸-CoA, 케톤원성 아미노산(리신, 루이신)은 당이 될 수 없다.

77 고농도 유기물의 폐수를 처리하기 위한 메탄발효법은 어떤 처리법에 해당되는가?

① 활성오니법　　② 살수여상법
③ 혐기적 처리법　④ 호기적 처리법

해설

메탄발효법(methane fermentation)
- 메탄을 생성하는 발효법으로 무산소성소화법이라고도 한다.
- 혐기적 조건에서 폐수 속 유기물이 산생성균과 메탄생성균에 의하여 메탄과 이산화탄소를 생성한다.

78 효소의 작용에 대한 설명 중 틀린 것은?

① 단백질로 구성되어 있다.
② 특정 기질에 선택적 촉매반응을 한다.
③ 온도에 영향을 받는다.
④ 한 효소는 주로 2개 이상의 기질에 촉매 반응한다.

해설

효소는 기질 특이성이 있어서 대부분 하나의 기질에 반응한다.

79 항체호르몬인 프로게스테론(progesterone)의 11a-위치의 수산화(hydroxylation)를 통해 hydroxyprogesterone으로 전환하는 데 이용되는 미생물은?

① *Rhizopus nigricans*
② *Arthrobacter simplex*
③ *Pseudomonas fluorescens*
④ *Streptomyces roseochromogenes*

해설

항체호르몬인 프로게스테론(progesterone)의 11a-위치의 수산화(hydroxylation)를 통해 hydroxyprogesterone으로 전환하는 데 *Rhizopus nigricans*를 이용한다.

80 *Brevibacterium ammoniagenes*의 adenine 요구주에 의한 IMP의 직접 발효생산에 대한 설명으로 틀린 것은?

① 배지 중에 adenine을 충분량 증가시키면 균의 생육량이 증가하면서 IMP의 양도 증가한다.
② Mn^{2+} 양이 충분량 있으면 생육량은 증가하지만, IMP의 축적량은 감소한다.
③ Mn^{2+} 제한조건하에서는 균이 이상 형태로 변화하여 세포막 투과성이 좋아진다.
④ IMP 발효생산은 adenine과 Mn^{2+}의 첨가량을 제한하는 조건하에서 가능하다.

해설

- 배지 중에 adenine을 충분량 증가시키면 균의 생육량이 증가하지만, IMP의 양은 감소한다.
- IMP 발효생산은 adenine과 Mn^{2+}의 첨가량을 제한하는 조건하에서 가능하다.

정답 77 ③　78 ④　79 ①　80 ①

PART 06 부록

ENGINEER
FOOD
PROCESSING
SAFETY

행정처분 기준(식품위생법 시행규칙 [별표 23])

부록: 행정처분 기준
(식품위생법 시행규칙 [별표 23])

PART 06

1. 식품제조 · 가공업 등

   영 제21조 제1호의 식품제조 · 가공업, 같은 조 제2호의 즉석판매제조 · 가공업, 같은 조 제3호의 식품첨가물제조업, 같은 조 제5호 가목의 식품소분업, 같은 호 나목 3)의 유통전문판매업, 같은 조 제6호 가목의 식품조사처리업, 같은 조 제7호의 용기 · 포장류제조업 및 같은 조 제9호의 공유주방 운영업

위반사항	근거 법령	행정처분기준 1차 위반	행정처분기준 2차 위반	행정처분기준 3차 위반
1. 법 제4조를 위반한 경우 가. 썩거나 상하여 인체의 건강을 해칠 우려가 있는 것	법 제72조 및 법 제75조	영업정지 1개월과 해당 제품 폐기	영업정지 3개월과 해당 제품 폐기	영업허가 · 등록취소 또는 영업소 폐쇄와 해당 제품 폐기
나. 설익어서 인체의 건강을 해칠 우려가 있는 것		영업정지 15일과 해당 제품 폐기	영업정지 1개월과 해당 제품 폐기	영업정지 3개월과 해당 제품 폐기
다. 유독 · 유해물질이 들어 있거나 묻어 있는 것이나 그러할 염려가 있는 것 또는 병을 일으키는 미생물에 오염되었거나 그러할 염려가 있어 인체의 건강을 해칠 우려가 있는 것		영업허가 · 등록취소 또는 영업소 폐쇄와 해당 제품 폐기		
라. 불결하거나 다른 물질이 섞이거나 첨가된 것 또는 그 밖의 사유로 인체의 건강을 해칠 우려가 있는 것		영업정지 1개월과 해당 제품 폐기	영업정지 2개월과 해당 제품 폐기	영업허가 · 등록취소 또는 영업소 폐쇄와 해당 제품 폐기
마. 법 제18조에 따른 안전성 평가 대상인 농 · 축 · 수산물 등 가운데 안전성 평가를 받지 아니하였거나 안전성 평가에서 식용으로 부적합하다고 인정된 것		영업정지 2개월과 해당 제품 폐기	영업정지 3개월과 해당 제품 폐기	영업허가 · 등록취소 또는 영업소 폐쇄와 해당 제품 폐기
바. 수입이 금지된 것 또는 「수입식품안전관리 특별법」 제20조 제1항에 따른 수입신고를 하지 아니하고 수입한 것(식용 외의 용도로 수입된 것을 식용으로 사용한 것을 포함한다)		영업정지 2개월과 해당 제품 폐기	영업정지 3개월과 해당 제품 폐기	영업허가 · 등록취소 또는 영업소 폐쇄와 해당 제품 폐기
사. 영업자가 아닌 자가 제조 · 가공 · 소분(소분 대상이 아닌 식품 또는 식품첨가물을 소분 · 판매하는 것을 포함한다)한 것		영업정지 2개월과 해당 제품 폐기	영업정지 3개월과 해당 제품 폐기	영업허가 · 등록취소 또는 영업소 폐쇄와 해당 제품 폐기
2. 법 제5조를 위반한 경우	법 제72조 및 법 제75조	영업허가 · 등록취소 또는 영업소 폐쇄와 해당 제품 폐기		

위반사항	근거 법령	행정처분기준		
		1차 위반	2차 위반	3차 위반
3. 법 제6조를 위반한 경우	법 제72조 및 법 제75조	영업허가·등록취소 또는 영업소 폐쇄와 해당 제품 폐기		
4. 법 제7조 제4항을 위반한 경우	법 제71조, 법 제72조, 법 제75조 및 법 제76조			
가. 한시적 기준 및 규격을 인정받지 않은 식품 등으로서 식품(원료만 해당한다)을 제조·가공 등 영업에 사용한 것 또는 식품첨가물을 제조·판매 등 영업에 사용한 것		영업정지 15일과 해당 제품 폐기	영업정지 1개월과 해당 제품 폐기	영업정지 3개월과 해당 제품 폐기
나. 비소, 카드뮴, 납, 수은, 중금속, 메탄올, 다이옥신 또는 시안화물의 기준을 위반한 것		품목류 제조정지 1개월과 해당 제품 폐기	영업정지 1개월과 해당 제품 폐기	영업정지 2개월과 해당 제품 폐기
다. 바륨, 포름알데히드, 올소톨루엔, 설폰아미드, 방향족탄화수소, 폴리옥시에틸렌, 엠씨피디 또는 세레늄의 기준을 위반한 것		품목류 제조정지 15일과 해당 제품 폐기	품목류 제조정지 1개월과 해당 제품 폐기	영업정지 1개월과 해당 제품 폐기
라. 방사능잠정허용기준을 위반한 것		품목류 제조정지 1개월과 해당 제품 및 원료 폐기	영업정지 1개월과 해당 제품 및 원료 폐기	영업정지 3개월과 해당 제품 및 원료 폐기
마. 농산물 또는 식육의 농약잔류허용기준을 위반한 것		품목류 제조정지 1개월과 해당 제품 및 원료 폐기	영업정지 1개월과 해당 제품 및 원료 폐기	영업정지 3개월과 해당 제품 및 원료 폐기
바. 곰팡이독소 또는 패류독소 기준을 위반한 것		품목류 제조정지 1개월과 해당 제품 및 원료 폐기	영업정지 1개월과 해당 제품 및 원료 폐기	영업정지 3개월과 해당 제품 및 원료 폐기
사. 동물용의약품의 잔류허용기준을 위반한 것		품목류 제조정지 1개월과 해당 제품 및 원료 폐기	영업정지 1개월과 해당 제품 및 원료 폐기	영업정지 3개월과 해당 제품 및 원료 폐기
아. 식중독균 또는 엔테로박터 사카자키균 검출기준을 위반한 것		품목류 제조정지 1개월과 해당 제품 폐기	영업정지 1개월과 해당 제품 폐기	영업정지 3개월과 해당 제품 폐기
자. 대장균, 대장균군, 일반세균 또는 세균발육 기준을 위반한 것		품목 제조정지 15일과 해당 제품 폐기	품목 제조정지 1개월과 해당 제품 폐기	품목 제조정지 3개월과 해당 제품 폐기
차. 주석, 포스파티제, 암모니아성질소, 아질산이온 또는 형광증백제 시험에서 부적합하다고 판정된 경우		품목 제조정지 1개월과 해당 제품 폐기	품목 제조정지 2개월과 해당 제품 폐기	품목류 제조정지 2개월과 해당 제품 폐기
카. 식품첨가물의 사용 및 허용기준을 위반한 것으로서 1) 허용한 식품첨가물 외의 식품첨가물		영업정지 1개월과 해당 제품 폐기	영업정지 2개월과 해당 제품 폐기	영업허가·등록취소 또는 영업소 폐쇄

위반사항	근거 법령	행정처분기준		
		1차 위반	2차 위반	3차 위반
2) 사용 또는 허용량 기준을 초과한 것으로서				
가) 30퍼센트 이상을 초과한 것		품목류 제조정지 1개월과 해당 제품 폐기	영업정지 1개월과 해당 제품 폐기	영업정지 2개월과 해당 제품 폐기
나) 10퍼센트 이상 30퍼센트 미만을 초과한 것		품목 제조정지 1개월과 해당 제품 폐기	품목 제조정지 2개월과 해당 제품 폐기	품목류 제조정지 2개월과 해당 제품 폐기
다) 10퍼센트 미만을 초과한 것		시정명령	품목 제조정지 1개월	품목 제조정지 2개월
타. 식품첨가물 중 질소의 사용기준을 위반한 경우		영업허가·등록취소 또는 영업소 폐쇄와 해당 제품 폐기		
파. 나목부터 타목까지의 규정 외에 그 밖의 성분에 관한 규격 또는 성분배합비율을 위반한 것으로서				
1) 30퍼센트 이상 부족하거나 초과한 것		품목 제조정지 2개월과 해당 제품 폐기	품목류 제조정지 2개월과 해당 제품 폐기	품목류 제조정지 3개월과 해당 제품 폐기
2) 20퍼센트 이상 30퍼센트 미만 부족하거나 초과한 것		품목 제조정지 1개월과 해당 제품 폐기	품목 제조정지 2개월과 해당 제품 폐기	품목류 제조정지 2개월과 해당 제품 폐기
3) 10퍼센트 이상 20퍼센트 미만 부족하거나 초과한 것		품목 제조정지 15일	품목 제조정지 1개월	품목 제조정지 2개월
4) 10퍼센트 미만 부족하거나 초과한 것		시정명령	품목 제조정지 7일	품목 제조정지 15일
하. 이물이 혼입된 것				
1) 기생충 및 그 알, 금속(금속성 이물로서 쇳가루는 제외한다) 또는 유리의 혼입		품목 제조정지 7일과 해당 제품 폐기	품목 제조정지 15일과 해당 제품 폐기	품목 제조정지 1개월과 해당 제품 폐기
2) 칼날 또는 동물(설치류, 양서류, 파충류 및 바퀴벌레만 해당한다) 사체의 혼입		품목 제조정지 15일과 해당 제품 폐기	품목 제조정지 1개월과 해당 제품 폐기	품목 제조정지 2개월과 해당 제품 폐기
3) 1) 및 2) 외의 이물(식품의약품안전처장이 정하는 기준 이상의 쇳가루를 포함한다)의 혼입		시정명령	품목 제조정지 5일	품목 제조정지 10일
거. 식품조사처리기준을 위반한 경우로서				
1) 허용한 것 외의 선원 및 선종을 사용한 경우		영업정지 2개월과 해당 제품 폐기	영업허가 취소와 해당 제품 폐기	
2) 허용대상 식품별 흡수선량을 초과하여 조사처리한 경우와 조사한 식품을 다시 조사처리한 경우		영업정지 1개월과 해당 제품 폐기	영업정지 2개월과 해당 제품 폐기	영업허가취소와 해당 제품 폐기
3) 허용대상 외의 식품을 조사처리한 경우		영업정지 15일과 해당 제품 폐기	영업정지 1개월과 해당 제품 폐기	영업정지 2개월과 해당 제품 폐기

위반사항	근거 법령	행정처분기준		
		1차 위반	2차 위반	3차 위반
너. 식품조사처리기준을 위반한 것		해당 식품을 원료로 하여 제조·가공한 품목류 제조정지 1개월과 해당 제품 폐기	해당 식품을 원료로 하여 제조·가공한 품목류 제조정지 3개월과 해당 제품 폐기	해당 식품을 원료로 하여 제조·가공한 영업소의 영업등록취소 및 해당 제품 폐기
더. 식품 등의 기준 및 규격 중 원료의 구비요건이나 제조·가공기준을 위반한 경우로서(제1호부터 제3호까지에 해당하는 경우는 제외한다)				
1) 식품제조·가공 등의 원료로 사용하여서는 안 되는 동식물을 원료로 사용한 것		품목 제조정지 1개월과 해당 제품 폐기	품목 제조정지 2개월과 해당 제품 폐기	품목 제조정지 3개월과 해당 제품 폐기
2) 식용으로 부적합한 비가식 부분(통상적으로 식용으로 섭취하지 않는 원료의 특정 부위)을 원료로 사용한 것		품목 제조정지 1개월과 해당 제품 폐기	품목 제조정지 2개월과 해당 제품 폐기	품목 제조정지 3개월과 해당 제품 폐기
3) 법 제22조에 따른 출입·검사·수거 등의 결과 또는 법 제31조 제1항·제2항에 따른 검사나 그 밖에 영업자가 하는 자체적인 검사의 결과 부적합한 식품으로 통보되거나 확인된 후에도 그 식품을 원료로 사용한 것		품목 제조정지 1개월과 해당 제품 폐기	품목 제조정지 2개월과 해당 제품 폐기	품목 제조정지 3개월과 해당 제품 폐기
4) 사료용 또는 공업용 등으로 사용되는 등 식용을 목적으로 채취, 취급, 가공, 제조 또는 관리되지 않은 것을 식품 제조·가공 시 원료로 사용한 것		영업허가·등록 취소 또는 영업소 폐쇄와 해당 제품 폐기		
5) 그 밖의 사항을 위반한 것		시정명령	품목 제조정지 7일	품목 제조정지 15일
러. 보존 및 유통기준을 위반한 경우로서				
1) 온도 기준을 위반한 경우		영업정지 7일	영업정지 15일	영업정지 1개월
2) 그 밖의 기준을 위반한 경우		시정명령	영업정지 7일	영업정지 15일
머. 산가, 과산화물가 기준을 위반한 것		품목 제조정지 5일과 해당 제품 폐기	품목 제조정지 10일과 해당 제품 폐기	품목 제조정지 15일과 해당 제품 폐기
버. 부정물질 기준을 위반한 경우		영업허가·등록 취소 또는 영업소 폐쇄와 해당 제품 폐기		
서. 그 밖에 가목부터 버목까지 외의 사항을 위반한 것		시정명령	품목 제조정지 5일	품목 제조정지 10일
5. 법 제8조를 위반한 경우 가. 유독기구 등을 제조·수입 또는 판매한 경우	법 제72조 및 법 제75조	영업허가·등록취소 또는 영업소 폐쇄와 해당 제품 폐기		
나. 유독기구 등을 사용·저장·운반 또는 진열한 경우		영업정지 7일	영업정지 15일	영업정지 1개월

위반사항	근거 법령	행정처분기준		
		1차 위반	2차 위반	3차 위반
6. 법 제9조제4항을 위반한 경우 　가. 식품 등의 기준 및 규격을 위반한 것을 제조·수입·운반·진열·저장 또는 판매한 경우	법 제71조, 법 제72조, 법 제75조 및 법 제76조	품목 제조정지 15일	품목 제조정지 1개월	품목 제조정지 2개월
나. 식품 등의 기준 및 규격에 위반된 것을 사용한 경우		시정명령	품목 제조정지 5일	품목 제조정지 10일
다. 한시적 기준 및 규격을 정하지 아니한 기구 또는 용기·포장을 사용한 경우		영업정지 15일과 해당 제품 폐기	영업정지 1개월과 해당 제품 폐기	영업정지 3개월과 해당 제품 폐기
7. 법 제12조의2를 위반한 경우	법 제71조, 법 제72조, 법 제75조 및 법 제76조			
가. 삭제 〈2019. 4. 25.〉				
나. 삭제 〈2019. 4. 25.〉				
다. 삭제 〈2019. 4. 25.〉				
라. 삭제 〈2019. 4. 25.〉				
마. 삭제 〈2019. 4. 25.〉				
바. 삭제 〈2019. 4. 25.〉				
사. 삭제 〈2019. 4. 25.〉				
아. 삭제 〈2019. 4. 25.〉				
자. 삭제 〈2019. 4. 25.〉				
차. 삭제 〈2019. 4. 25.〉				
카. 삭제 〈2019. 4. 25.〉				
타. 삭제 〈2019. 4. 25.〉				
파. 삭제 〈2019. 4. 25.〉				
하. 삭제 〈2019. 4. 25.〉				
거. 유전자변형식품 또는 유전자변형식품첨가물에 유전자변형식품 또는 유전자변형식품첨가물임을 표시하지 않은 경우		품목 제조정지 15일	품목 제조정지 1개월	품목 제조정지 2개월
너. 삭제 〈2019. 4. 25.〉				
더. 삭제 〈2019. 4. 25.〉				
8. 법 제22조 제1항(법 제22조의 3에 따라 비대면으로 실시하는 경우를 포함한다)에 따른 출입·검사·수거를 거부·방해·기피한 경우	법 제75조	영업정지 1개월	영업정지 2개월	영업정지 3개월
9. 법 제31조 제1항을 위반한 경우 　가. 자가품질검사를 실시하지 아니한 경우로서 　　1) 검사항목의 전부에 대하여 실시하지 아니한 경우	법 제71조, 법 제75조 및 법 제76조	품목 제조정지 1개월	품목 제조정지 3개월	품목류 제조정지 3개월
2) 검사항목의 50퍼센트 이상에 대하여 실시하지 아니한 경우		품목 제조정지 15일	품목 제조정지 1개월	품목 제조정지 3개월
3) 검사항목의 50퍼센트 미만에 대하여 실시하지 아니한 경우		시정명령	품목 제조정지 15일	품목 제조정지 3개월
나. 자가품질검사에 관한 기록서를 2년간 보관하지 아니한 경우		영업정지 5일	영업정지 15일	영업정지 1개월

위반사항	근거 법령	행정처분기준		
		1차 위반	2차 위반	3차 위반
다. 자가품질검사 결과 부적합한 사실을 확인하였거나, 「식품·의약품분야 시험·검사 등에 관한 법률」 제6조 제3항 제2호에 따른 자가품질위탁 시험·검사기관으로부터 부적합한 사실을 통보받았음에도 불구하고 해당 식품을 유통·판매한 경우		영업허가·등록 취소 또는 영업소 폐쇄와 해당 제품 폐기		
라. 자가품질검사 결과 부적합한 사실을 확인하였음에도 그 사실을 보고하지 않은 경우		영업정지 1개월	영업정지 2개월	영업정지 3개월
10. 법 제36조 및 법 제37조를 위반한 경우 가. 허가, 신고 또는 등록 없이 영업소를 이전한 경우	법 제71조, 법 제74조, 법 제75조 및 법 제76조	영업허가·등록취소 또는 영업소 폐쇄		
나. 변경허가를 받지 아니하거나 변경신고 또는 변경등록을 하지 아니한 경우로서				
1) 영업시설의 전부를 철거한 경우(시설 없이 영업신고를 한 경우를 포함한다)		영업허가·등록취소 또는 영업소 폐쇄		
2) 영업시설의 일부를 철거한 경우		시설개수 명령	영업정지 1개월	영업정지 2개월
다. 영업장의 면적을 변경하고 변경신고를 하지 아니한 경우		시정명령	영업정지 7일	영업정지 15일
라. 변경신고 또는 변경등록를 하지 아니하고 추가로 시설을 설치하여 새로운 제품을 생산한 경우		시정명령	영업정지 1개월	영업정지 2개월
마. 법 제37조 제2항에 따른 조건을 위반한 경우		영업정지 1개월	영업정지 3개월	영업허가·등록취소
바. 급수시설기준을 위반한 경우(수질검사결과 부적합판정을 받은 경우를 포함한다)		시설개수 명령	영업정지 1개월	영업정지 3개월
사. 허가를 받거나 신고 또는 등록을 한 업종의 영업행위가 아닌 다른 업종의 영업행위를 한 경우		영업정지 1개월	영업정지 2개월	영업정지 3개월
아. 의약품제조시설을 식품제조·가공시설로 지정받지 아니하고 의약품제조시설을 이용하여 식품 등을 제조·가공한 경우		영업정지 1개월	영업정지 2개월	영업정지 3개월
자. 그 밖에 가목부터 아목까지를 제외한 허가, 신고 또는 등록사항 중				
1) 시설기준에 위반된 경우		시설개수 명령	영업정지 1개월	영업정지 2개월
2) 그 밖의 사항을 위반한 경우		시정명령	영업정지 5일	영업정지 15일
10의 2. 법 제41조의 2 제1항을 위반한 경우	법 제75조	영업정지 7일	영업정지 15일	영업정지 1개월
11. 법 제44조 제1항을 위반한 경우 가. 식품 및 식품첨가물의 제조·가공영업자의 준수사항 중	법 제71조 및 법 제75조			
1) 별표 17 제1호 가목을 위반한 경우				
가) 생산 및 작업기록에 관한 서류를 작성하지 아니하거나 거짓으로 작성한 경우 또는 이를 보관하지 아니한 경우		영업정지 15일	영업정지 1개월	영업정지 3개월
나) 원료출납 관계 서류를 작성하지 아니하거나 거짓으로 작성한 경우 또는 이를 보관하지 아니한 경우		영업정지 5일	영업정지 10일	영업정지 20일
2) 별표 17 제1호 다목 또는 카목을 위반한 경우		영업정지 15일	영업정지 1개월	영업정지 3개월

위반사항	근거 법령	행정처분기준 1차 위반	행정처분기준 2차 위반	행정처분기준 3차 위반
3) 별표 17 제1호 아목 또는 타목을 위반한 경우		영업정지 7일	영업정지 15일	영업정지 1개월
4) 별표 17 제1호 자목을 위반한 경우				
가) 수질검사를 검사기간 내에 하지 아니한 경우		영업정지 15일	영업정지 1개월	영업정지 3개월
나) 부적합 판정된 물을 계속 사용한 경우		영업허가·등록 취소 또는 영업소 폐쇄		
5) 위 1)부터 4)까지를 제외한 준수사항을 위반한 경우		시정명령	영업정지 5일	영업정지 10일
나. 즉석판매제조·가공업자의 준수사항 중				
1) 별표 17 제2호 가목, 나목, 다목 또는 차목을 위반한 경우		영업정지 15일	영업정지 1개월	영업정지 3개월
2) 별표 17 제2호 사목을 위반한 경우		영업정지 1개월	영업정지 2개월	영업정지 3개월
3) 별표 17 제2호 자목을 위반한 경우				
가) 수질검사를 검사기간 내에 하지 아니한 경우		영업정지 15일	영업정지 1개월	영업정지 3개월
나) 부적합 판정된 물을 계속 사용한 경우		영업허가·등록 취소 또는 영업소 폐쇄		
4) 별표 17 제2호 라목을 위반한 경우		시정명령	영업정지 7일	영업정지 15일
5) 별표 17 제2호 바목 또는 아목을 위반한 경우		영업정지 7일	영업정지 15일	영업정지 1개월
6) 위 1)부터 5)까지 외의 준수 사항을 위반한 경우		시정명령	영업정지 5일	영업정지 10일
다. 식품소분업 및 유통전문판매업자의 준수사항 위반은 2. 식품판매업 등의 제9호 가목에 따른다.				
라. 식품조사처리업자의 준수사항 위반		영업정지 15일	영업정지 1개월	영업정지 3개월
마. 공유주방 운영업자의 준수사항 중				
1) 별표 17 제9호 다목을 위반한 경우		영업정지 5일	영업정지 10일	영업정지 15일
2) 1) 외의 준수사항을 위반한 경우		시정명령	영업정지 5일	영업정지 10일
12. 법 제45조 제1항을 위반한 경우	법 제75조			
가. 회수조치를 하지 않은 경우		영업정지 2개월	영업정지 3개월	영업허가 취소, 영업등록 취소 또는 영업소 폐쇄
나. 회수계획을 보고하지 않거나 허위로 보고한 경우		영업정지 1개월	영업정지 2개월	영업정지 3개월
12의 2. 법 제46조의 2 제1항에 따른 보고를 하지 않거나 거짓으로 보고한 경우	법 제75조	영업정지 5일	영업정지 10일	영업정지 20일
13. 법 제48조 제2항에 따른 식품안전관리인증기준을 지키지 아니한 경우	법 제75조	영업정지 7일	영업정지 15일	영업정지 1개월

위반사항	근거 법령	행정처분기준		
		1차 위반	2차 위반	3차 위반
13의 2. 법 제49조 제1항 단서에 따른 식품이력추적관리를 등록하지 아니한 경우	법 제71조 및 법 제75조	시정명령	영업정지 7일	영업정지 15일
13의 3. 법 제72조 제1항·제2항에 따른 압류·폐기를 거부·방해·기피한 경우	법 제75조	영업정지 1개월	영업정지 2개월	영업정지 3개월
14. 법 제72조 제3항에 따른 회수명령을 위반한 경우	법 제75조			
가. 회수명령을 받고 회수하지 아니한 경우		영업정지 1개월	영업정지 2개월	영업정지 3개월
나. 회수하지 않았으나 회수한 것으로 속인 경우		영업허가·등록 취소 또는 영업소 폐쇄와 해당 제품 폐기		
15. 법 제73조 제1항에 따른 위해발생사실의 공표명령을 위반한 경우	법 제75조	영업정지 1개월	영업정지 2개월	영업정지 3개월
16. 영업정지 처분 기간 중에 영업을 한 경우	법 제75조	영업허가·등록취소 또는 영업소 폐쇄		
17. 품목 및 품목류 제조정지 기간 중에 품목제조를 한 경우	법 제75조	영업정지 2개월	영업허가·등록취소 또는 영업소 폐쇄	
18. 그 밖에 제1호부터 제17호까지를 제외한 법을 위반한 경우(법 제101조에 따른 과태료 부과 대상에 해당하는 위반 사항은 제외한다)	법 제71조 및 법 제75조	시정명령	영업정지 7일	영업정지 15일

2. 식품판매업 등

 영 제21조 제4호의 식품운반업, 같은 조 제5호 나목의 식품판매업(유통전문판매업은 제외한다) 및 같은 조 제6호 나목의 식품냉동·냉장업을 말한다.

위반사항	근거 법령	행정처분기준		
		1차 위반	2차 위반	3차 위반
1. 법 제4조를 위반한 경우	법 제72조 및 법 제75조			
가. 썩거나 상하여 인체의 건강을 해칠 우려가 있는 것		영업정지 15일과 해당 제품 폐기	영업정지 1개월과 해당 제품 폐기	영업정지 3개월과 해당 제품 폐기
나. 설익어서 인체의 건강을 해칠 우려가 있는 것		영업정지 7일과 해당 제품 폐기	영업정지 15일과 해당 제품 폐기	영업정지 1개월과 해당 제품 폐기
다. 유독·유해물질이 들어 있거나 묻어 있는 것이나 그러할 염려가 있는 것 또는 병을 일으키는 미생물에 오염되었거나 그러할 염려가 있어 인체의 건강을 해칠 우려가 있는 것		영업허가 취소 또는 영업소 폐쇄와 해당 제품 폐기		
라. 불결하거나 다른 물질이 섞이거나 첨가된 것 또는 그 밖의 사유로 인체의 건강을 해칠 우려가 있는 것		영업정지 15일과 해당 제품 폐기	영업정지 1개월과 해당 제품 폐기	영업정지 3개월과 해당 제품 폐기
마. 법 제18조에 따른 안전성 평가 대상인 농·축·수산물 등 가운데 안전성 평가를 받지 아니하였거나 안전성 평가에서 식용으로 부적합하다고 인정된 것		영업정지 1개월과 해당 제품 폐기	영업정지 3개월과 해당 제품 폐기	영업허가 취소 또는 영업소 폐쇄와 해당 제품 폐기

위반사항	근거 법령	행정처분기준		
		1차 위반	2차 위반	3차 위반
바. 수입이 금지된 것 또는 「수입식품안전관리 특별법」 제20조 제1항에 따른 수입신고를 하지 아니하고 수입한 것(식용 외의 용도로 수입된 것을 식용으로 사용한 것을 포함한다)		영업정지 1개월과 해당 제품 폐기	영업정지 3개월과 해당 제품 폐기	영업허가 취소 또는 영업소 폐쇄와 해당 제품 폐기
사. 영업자가 아닌 자가 제조·가공·소분(소분대상이 아닌 식품 및 식품첨가물을 소분·판매하는 것을 포함한다)한 것		영업정지 1개월과 해당 제품 폐기	영업정지 3개월과 해당 제품 폐기	영업허가 취소 또는 영업소 폐쇄와 해당 제품 폐기
2. 법 제5조를 위반한 경우	법 제72조 및 법 제75조	영업허가 취소 또는 영업소 폐쇄와 해당 제품 폐기		
3. 법 제6조를 위반한 경우	법 제72조 및 법 제75조	영업허가 취소 또는 영업소 폐쇄와 해당 제품 폐기		
4. 법 제7조 제4항을 위반한 경우 　가. 식중독균 검출기준을 위반한 것	법 제71조, 법 제72조 및 법 제75조	영업정지 1개월과 해당 제품 폐기	영업정지 2개월과 해당 제품 폐기	영업정지 3개월과 해당 제품 폐기
나. 산가, 과산화물가, 대장균, 대장균군 또는 일반세균 기준을 위반한 것		영업정지 7일과 해당 제품 폐기	영업정지 15일과 해당 제품 폐기	영업정지 1개월과 해당 제품 폐기
다. 이물이 혼입된 것		시정명령	영업정지 7일	영업정지 15일
라. 보존 및 유통기준을 위반한 경우로서 　　1) 온도 기준을 위반한 경우		영업정지 7일	영업정지 15일	영업정지 1개월
2) 그 밖의 기준을 위반한 경우		시정명령	영업정지 7일	영업정지 15일
마. 그 밖에 가목부터 라목까지 외의 사항을 위반한 것		시정명령	영업정지 5일	영업정지 10일
5. 법 제8조를 위반한 경우	법 제72조 및 법 제75조	영업정지 15일과 해당 제품 폐기	영업정지 1개월과 해당 제품 폐기	영업정지 2개월과 해당 제품 폐기
6. 법 제9조 제4항을 위반한 경우	법 제72조 및 법 제75조	영업정지 7일과 해당 제품 폐기	영업정지 15일과 해당 제품 폐기	영업정지 1개월과 해당 제품 폐기
7. 법 제22조 제1항(법 제22조의 3에 따라 비대면으로 실시하는 경우를 포함한다)에 따른 출입·검사·수거를 거부·방해·기피한 경우	법 제75조	영업정지 1개월	영업정지 2개월	영업정지 3개월
8. 법 제36조 및 법 제37조를 위반한 경우 　가. 신고를 하지 아니하고 영업소를 이전한 경우	법 제71조, 법 제72조 및 법 제75조	영업허가 취소 또는 영업소 폐쇄		
나. 변경신고를 하지 아니한 경우로서 　　1) 영업시설의 전부를 철거한 경우(시설 없이 영업신고를 한 경우를 포함한다)		영업허가 취소 또는 영업소 폐쇄		
2) 영업시설의 일부를 철거한 경우		시설개수 명령	영업정지 15일	영업정지 1개월

위반사항	근거 법령	행정처분기준		
		1차 위반	2차 위반	3차 위반
다. 시설기준에 따른 냉장·냉동시설이 없거나 냉장·냉동시설을 가동하지 아니한 경우				
1) 식품운반업		해당 차량 영업정지 1개월	해당 차량 영업정지 3개월	전체 차량 영업정지 2개월
2) 식품판매업 또는 식품냉동·냉장업		영업정지 1개월	영업정지 3개월	영업허가 취소 또는 영업소 폐쇄
라. 영업장의 면적을 변경하고 변경신고를 하지 아니한 경우		시정명령	영업정지 7일	영업정지 15일
마. 급수시설기준을 위반한 경우(수질검사결과 부적합 판정을 받은 경우를 포함한다)		시설개수 명령	영업정지 1개월	영업정지 2개월
바. 신고한 업종의 영업행위가 아닌 다른 업종의 영업행위를 한 경우		영업정지 1개월	영업정지 2개월	영업정지 3개월
사. 그 밖에 가목부터 바목까지를 제외한 신고사항 중				
1) 시설기준을 위반한 경우		시설개수 명령	영업정지 1개월	영업정지 2개월
2) 그 밖의 사항을 위반한 경우		시정명령	영업정지 5일	영업정지 15일
9. 법 제44조 제1항을 위반한 경우	법 제71조 및 법 제75조			
가. 식품소분·판매·운반업자의 준수사항 중				
1) 별표 17 제3호 다목을 위반한 경우				
가) 수질검사를 검사기간 내에 하지 아니한 경우		영업정지 15일	영업정지 1개월	영업정지 3개월
나) 부적합 판정된 물을 계속 사용한 경우		영업허가·등록 취소 또는 영업소 폐쇄		
2) 별표 17 제3호 아목 또는 차목을 위반한 경우		영업정지 15일	영업정지 1개월	영업정지 2개월
3) 별표 17 제3호 사목·자목 또는 파목을 위반한 경우		영업정지 7일	영업정지 15일	영업정지 1개월
4) 별표 17 제3호 하목을 위반한 경우		시정명령	영업정지 5일	영업정지 10일
5) 위 1)부터 4)까지 외의 준수사항을 위반한 경우		시정명령	영업정지 3일	영업정지 7일
나. 식품자동판매기영업자의 준수사항 중				
1) 별표 17 제4호 가목·다목 또는 바목을 위반한 경우		영업정지 7일	영업정지 15일	영업정지 1개월
2) 1) 외의 준수사항을 위반한 경우		시정명령	영업정지 7일	영업정지 15일
다. 집단급식소 식품판매영업자의 준수사항 중				
1) 별표 17 제5호 나목을 위반한 경우		영업정지 7일	영업정지 15일	영업정지 1개월
2) 별표 17 제5호 마목 또는 사목을 위반한 경우		영업정지 15일	영업정지 1개월	영업정지 2개월
3) 별표 17 제5호 바목을 위반한 경우				
가) 수질검사를 정하여진 기간 내에 하지 아니한 경우		영업정지 15일	영업정지 1개월	영업정지 3개월

위반사항	근거 법령	행정처분기준		
		1차 위반	2차 위반	3차 위반
나) 부적합 판정된 물을 계속 사용한 경우		영업허가·등록 취소 또는 영업소 폐쇄		
4) 1)부터 3)까지 외의 준수사항을 위반한 경우		시정명령	영업정지 7일	영업정지 15일
10. 법 제45조 제1항을 위반한 경우	법 제75조			
가. 회수조치를 하지 않은 경우		영업정지 2개월	영업정지 3개월	영업허가 취소 또는 영업소 폐쇄
나. 회수계획을 보고하지 않거나 허위로 보고한 경우		영업정지 1개월	영업정지 2개월	영업정지 3개월
10의 2. 법 제49조 제1항 단서에 따른 식품이력추적관리를 등록하지 아니한 경우	법 제71조 및 법 제75조	시정명령	영업정지 7일	영업정지 15일
10의 3. 법 제72조 제1항·제2항에 따른 압류·폐기를 거부·방해·기피한 경우	법 제75조	영업정지 1개월	영업정지 2개월	영업정지 3개월
11. 법 제72조 제3항에 따른 회수명령을 위반한 경우	법 제75조	영업정지 1개월	영업정지 2개월	영업정지 3개월
12. 법 제73조 제1항에 따른 위해발생사실의 공표명령을 위반한 경우	법 제75조	영업정지 1개월	영업정지 2개월	영업정지 3개월
13. 영업정지 처분 기간 중에 영업을 한 경우	법 제75조	영업허가 취소 또는 영업소 폐쇄		
14. 그 밖에 제1호부터 제13호까지를 제외한 법을 위반한 경우(법 제101조에 따른 과태료 부과 대상에 해당하는 위반 사항은 제외한다)	법 제71조 및 법 제75조	시정명령	영업정지 5일	영업정지 10일

3. 식품접객업
   영 제21조 제8호의 식품접객업을 말한다.

위반사항	근거 법령	행정처분기준		
		1차 위반	2차 위반	3차 위반
1. 법 제4조를 위반한 경우	법 제72조 및 법 제75조			
가. 썩거나 상하여 인체의 건강을 해칠 우려가 있는 것		영업정지 15일과 해당 음식물 폐기	영업정지 1개월과 해당 음식물 폐기	영업정지 3개월과 해당 음식물 폐기
나. 설익어서 인체의 건강을 해칠 우려가 있는 것		영업정지 7일과 해당 음식물 폐기	영업정지 15일과 해당 음식물 폐기	영업정지 1개월과 해당 음식물 폐기
다. 유독·유해물질이 들어 있거나 묻어 있는 것이나 그러할 염려가 있는 것 또는 병을 일으키는 미생물에 오염되었거나 그러할 염려가 있어 인체의 건강을 해칠 우려가 있는 것				
1) 유독·유해물질이 들어 있거나 묻어 있는 것이나 그러할 염려가 있는 것		영업허가 취소 또는 영업소 폐쇄와 해당 음식물 폐기		
2) 병을 일으키는 미생물에 오염되었거나 그러할 염려가 있어 인체의 건강을 해칠 우려가 있는 것		영업정지 1개월과 해당 음식물 폐기	영업정지 3개월과 해당 음식물 폐기	영업허가 취소 또는 영업소 폐쇄와 해당 음식물 폐기

위반사항	근거 법령	행정처분기준		
		1차 위반	2차 위반	3차 위반
라. 불결하거나 다른 물질이 섞이거나 첨가된 것 또는 그 밖의 사유로 인체의 건강을 해칠 우려가 있는 것		영업정지 15일과 해당 음식물 폐기	영업정지 1개월과 해당 음식물 폐기	영업정지 3개월과 해당 음식물 폐기
마. 법 제18조에 따른 안전성 평가 대상인 농·축·수산물 등 가운데 안전성 평가를 받지 아니하였거나 안전성 평가에서 식용으로 부적합하다고 인정된 것		영업정지 2개월과 해당 음식물 폐기	영업정지 3개월과 해당 음식물 폐기	영업허가 취소 또는 영업소 폐쇄와 해당 음식물 폐기
바. 수입이 금지된 것 또는 「수입식품안전관리 특별법」 제20조 제1항에 따른 수입신고를 하지 아니하고 수입한 것		영업정지 2개월과 해당 음식물 폐기	영업정지 3개월과 해당 음식물 폐기	영업허가 취소 또는 영업소 폐쇄와 해당 음식물 폐기
사. 영업자가 아닌 자가 제조·가공·소분(소분 대상이 아닌 식품 및 식품첨가물을 소분·판매하는 것을 포함한다)한 것		영업정지 1개월과 해당 음식물 폐기	영업정지 2개월과 해당 음식물 폐기	영업정지 3개월과 해당 음식물 폐기
2. 법 제5조를 위반한 경우	법 제72조 및 법 제75조	영업허가 취소 또는 영업소 폐쇄와 해당 음식물 폐기		
3. 법 제6조를 위반한 경우	법 제72조 및 법 제75조	영업허가 취소 또는 영업소 폐쇄와 해당 음식물 폐기		
4. 법 제7조 제4항을 위반한 경우 가. 식품 등의 한시적 기준 및 규격을 정하지 아니한 천연첨가물, 기구 등의 살균·소독제를 사용한 경우	법 제71조, 법 제72조 및 법 제75조	영업정지 15일과 해당 음식물 폐기	영업정지 1개월과 해당 음식물 폐기	영업정지 3개월과 해당 음식물 폐기
나. 비소, 카드뮴, 납, 수은, 중금속, 메탄올, 다이옥신 또는 시안화물의 기준을 위반한 것		영업정지 1개월과 해당 음식물 폐기	영업정지 2개월과 해당 음식물 폐기	영업정지 3개월과 해당 음식물 폐기
다. 바륨, 포름알데히드, 올소톨루엔, 설폰아미드, 방향족탄화수소, 폴리옥시에틸렌, 엠씨피디 또는 세레늄의 기준을 위반한 것		영업정지 15일과 해당 음식물 폐기	영업정지 1개월과 해당 음식물 폐기	영업정지 2개월과 해당 음식물 폐기
라. 방사능잠정허용기준을 위반한 것		영업정지 1개월과 해당 음식물 폐기	영업정지 2개월과 해당 음식물 폐기	영업정지 3개월과 해당 음식물 폐기
마. 농약잔류허용기준을 초과한 농산물 또는 식육을 원료로 사용한 것(「축산물가공처리법」 등 다른 법령에 따른 검사를 받아 합격한 것을 원료로 사용한 경우는 제외한다)		영업정지 1개월과 해당 음식물 폐기	영업정지 3개월과 해당 음식물 폐기	영업허가 취소 또는 영업소 폐쇄와 해당 음식물 폐기
바. 곰팡이독소 또는 패류독소 기준을 위반한 것		영업정지 1개월과 해당 음식물 폐기 및 원료 폐기	영업정지 3개월과 해당 음식물 폐기 및 원료 폐기	영업허가 취소 또는 영업소 폐쇄와 해당 음식물 폐기 및 원료 폐기
사. 항생물질 등의 잔류허용기준(항생물질·합성항균제 또는 합성호르몬제)을 초과한 것을 원료로 사용한 것(「축산물가공처리법」 등 다른 법령에 따른 검사를 받아 합격한 것을 원료로 사용한 경우는 제외한다)		영업정지 1개월과 해당 음식물 폐기 및 원료 폐기	영업정지 3개월과 해당 음식물 폐기 및 원료 폐기	영업허가 취소 또는 영업소 폐쇄와 해당 음식물 폐기 및 원료 폐기

위반사항	근거 법령	행정처분기준		
		1차 위반	2차 위반	3차 위반
아. 식중독균 검출기준을 위반한 것으로서				
1) 조리식품 등 또는 접객용 먹는 물		영업정지 1개월과 해당 음식물 폐기 및 원료 폐기	영업정지 3개월과 해당 음식물 폐기 및 원료 폐기	영업허가 취소 또는 영업소 폐쇄와 해당 음식물 폐기 및 원료 폐기
2) 조리기구 등		시정명령	영업정지 7일	영업정지 15일
자. 산가, 과산화물가, 대장균, 대장균군 또는 일반세균의 기준을 위반한 것				
1) 조리식품 등 또는 접객용 먹는 물		영업정지 15일과 해당 음식물 폐기	영업정지 1개월과 해당 음식물 폐기	영업정지 2개월과 해당 음식물 폐기
2) 조리기구 등		시정명령	영업정지 7일	영업정지 15일
차. 식품첨가물의 사용 및 허용기준을 위반한 것을 사용한 것				
1) 허용 외 식품첨가물을 사용한 것 또는 기준 및 규격이 정하여지지 아니한 첨가물을 사용한 것		영업정지 1개월과 해당 제품 폐기	영업정지 2개월과 해당 제품 폐기	영업허가 취소 또는 영업소 폐쇄
2) 사용 또는 허용량 기준에 초과한 것으로서				
가) 30퍼센트 이상을 초과한 것		영업정지 15일과 해당 음식물 폐기	영업정지 1개월과 해당 음식물 폐기	영업정지 2개월과 해당 음식물 폐기
나) 10퍼센트 이상 30퍼센트 미만을 초과한 것		영업정지 7일과 해당 음식물 폐기	영업정지 15일과 해당 음식물 폐기	영업정지 1개월과 해당 음식물 폐기
다) 10퍼센트 미만을 초과한 것		시정명령	영업정지 7일	영업정지 15일
카. 식품첨가물 중 질소의 사용기준을 위반한 경우		영업허가 취소 또는 영업소 폐쇄와 해당 음식물 폐기		
타. 이물이 혼입된 것				
1) 기생충 및 그 알, 금속(쇳가루는 제외한다) 또는 유리의 혼입		영업정지 2일	영업정지 5일	영업정지 10일
2) 칼날 또는 동물(설치류, 양서류, 파충류 및 바퀴벌레만 해당한다) 사체의 혼입		영업정지 5일	영업정지 10일	영업정지 20일
3) 1) 및 2) 외의 이물의 혼입		시정명령	영업정지 2일	영업정지 3일
파. 식품조사처리기준을 위반한 것을 사용한 것		시정명령	영업정지 7일	영업정지 15일
하. 식품 등의 기준 및 규격 중 식품원료 기준이나 조리 및 관리기준을 위반한 경우로서(제1호부터 제3호까지에 해당하는 경우는 제외한다)				
1) 사료용 또는 공업용 등으로 사용되는 등 식용을 목적으로 채취, 취급, 가공, 제조 또는 관리되지 않은 원료를 식품의 조리에 사용한 경우		영업허가·등록 취소 또는 영업소 폐쇄와 해당 음식물 폐기		

위반사항	근거 법령	행정처분기준		
		1차 위반	2차 위반	3차 위반
2) 온도 기준 또는 냉동식품의 해동 기준을 위반한 경우		영업정지 7일	영업정지 15일	영업정지 1개월
3) 그 밖의 사항을 위반한 경우		시정명령	영업정지 7일	영업정지 15일
거. 그 밖에 가목부터 하목까지 외의 사항을 위반한 것		시정명령	영업정지 5일	영업정지 10일
5. 법 제8조를 위반한 경우	법 제75조	시정명령	영업정지 15일	영업정지 1개월
6. 법 제9조 제4항을 위반한 경우	법 제71조 및 법 제75조	시정명령	영업정지 5일	영업정지 10일
7. 법 제22조 제1항(법 제22조의 3에 따라 비대면으로 실시하는 경우를 포함한다)에 따른 출입·검사·수거를 거부·방해·기피한 경우	법 제75조	영업정지 1개월	영업정지 2개월	영업정지 3개월
8. 법 제36조 또는 법 제37조를 위반한 경우 가. 변경허가를 받지 아니하거나 변경신고를 하지 아니하고 영업소를 이전한 경우	법 제71조, 법 제74조 및 법 제75조	영업허가 취소 또는 영업소 폐쇄		
나. 변경신고를 하지 아니한 경우로서 1) 영업시설의 전부를 철거한 경우(시설 없이 영업신고를 한 경우를 포함한다)		영업허가 취소 또는 영업소 폐쇄		
2) 영업시설의 일부를 철거한 경우		시설개수명령	영업정지 15일	영업정지 1개월
다. 영업장의 면적을 변경하고 변경신고를 하지 아니한 경우		시정명령	영업정지 7일	영업정지 15일
라. 시설기준 위반사항으로 1) 유흥주점 외의 영업장에 무도장을 설치한 경우		시설개수명령	영업정지 1개월	영업정지 2개월
2) 일반음식점의 객실 안에 무대장치, 음향 및 반주시설, 특수조명시설을 설치한 경우		시설개수명령	영업정지 1개월	영업정지 2개월
3) 음향 및 반주시설을 설치하는 영업자가 방음장치를 하지 아니한 경우		시설개수명령	영업정지 15일	영업정지 1개월
4) 영업장에 도박 또는 사행행위를 조장하거나 발생시킬 우려가 있는 기구·기계·가구 등이나 성범죄와 관련된 행위를 조장하거나 발생시킬 우려가 있는 침대, 욕실 등의 기구·기계·가구 등을 설치한 경우		시설개수명령	영업정지 1개월	영업정지 2개월
마. 법 제37조 제2항에 따른 조건을 위반한 경우		영업정지 1개월	영업정지 2개월	영업정지 3개월
바. 시설기준에 따른 냉장·냉동시설이 없는 경우 또는 냉장·냉동시설을 가동하지 아니한 경우		영업정지 15일	영업정지 1개월	영업정지 2개월
사. 급수시설기준을 위반한 경우(수질검사결과 부적합 판정을 받은 경우를 포함한다)		시설개수명령	영업정지 1개월	영업정지 3개월
아. 그 밖의 가목부터 사목까지 외의 허가 또는 신고사항을 위반한 경우로서 1) 시설기준을 위반한 경우		시설개수명령	영업정지 15일	영업정지 1개월
2) 그 밖의 사항을 위반한 경우		시정명령	영업정지 7일	영업정지 15일
9. 법 제43조에 따른 영업 제한을 위반한 경우	법 제71조 및 법 제75조			

위반사항	근거 법령	행정처분기준		
		1차 위반	2차 위반	3차 위반
가. 영업시간 제한을 위반하여 영업한 경우	법 제71조 및 법 제75조	영업정지 15일	영업정지 1개월	영업정지 2개월
나. 영업행위 제한을 위반하여 영업한 경우		시정명령	영업정지 15일	영업정지 1개월
10. 법 제44조 제1항을 위반한 경우 가. 식품접객업자의 준수사항(별표 17 제7호 자목·파목·머목 및 별도의 개별 처분기준이 있는 경우는 제외한다)의 위반으로서				
1) 별표 17 제7호 타목 1)을 위반한 경우		영업정지 1개월	영업정지 2개월	영업허가 취소 또는 영업소 폐쇄
2) 별표 17 제7호 다목·타목 5) 또는 버목을 위반한 경우		영업정지 2개월	영업정지 3개월	영업허가 취소 또는 영업소 폐쇄
3) 별표 17 제7호 타목 2), 같은 호 거목 또는 서목을 위반한 경우		영업정지 1개월	영업정지 2개월	영업허가 취소 또는 영업소 폐쇄
4) 별표 17 제7호 나목 및 타목 3)·4), 하목, 어목, 저목 또는 처목을 위반한 경우		영업정지 15일	영업정지 1개월	영업정지 3개월
5) 별표 17 제7호 너목을 위반한 경우 가) 수질검사를 검사기간 내에 하지 아니한 경우		영업정지 15일	영업정지 1개월	영업정지 2개월
나) 부적합 판정된 물을 계속 사용한 경우		영업허가·등록 취소 또는 영업소 폐쇄		
6) 별표 17 제7호 러목을 위반한 경우		영업정지 15일	영업정지 2개월	영업정지 3개월
7) 별표 17 제7호 커목을 위반하여 모범업소로 오인·혼동할 우려가 있는 표시를 한 경우		시정명령	영업정지 5일	영업정지 10일
8) 별표 17 제7호 터목을 위반한 경우로서 가) 주재료가 다른 경우		영업정지 7일	영업정지 15일	영업정지 1개월
나) 중량이 30퍼센트 이상 부족한 것		영업정지 7일	영업정지 15일	영업정지 1개월
다) 중량이 20퍼센트 이상 30퍼센트 미만 부족한 것		시정명령	영업정지 7일	영업정지 15일
9) 별표 17 제7호 허목을 위반한 경우		시정명령	영업정지 7일	영업정지 15일
10) 별표 17 제7호 카목을 위반한 경우 가) 소비기한이 경과된 제품·식품 또는 그 원재료를 조리·판매의 목적으로 운반·진열·보관한 경우		영업정지 15일	영업정지 1개월	영업정지 3개월
나) 소비기한이 경과된 제품·식품 또는 그 원재료를 판매 또는 식품의 조리에 사용한 경우		영업정지 1개월	영업정지 2개월	영업정지 3개월
11) 별표 17 제7호 타목 7)을 위반한 경우		영업정지 2개월	영업정지 3개월	영업허가 취소 또는 영업소 폐쇄
12) 별표 17 제7호 로목을 위반한 경우		영업정지 7일	영업정지 15일	영업정지 1개월

위반사항	근거 법령	행정처분기준		
		1차 위반	2차 위반	3차 위반
나. 위탁급식업영업자의 준수사항(별도의 개별 처분기준이 있는 경우는 제외한다)의 위반으로서				
1) 별표 17 제8호 가목·다목·차목, 카목 또는 파목을 위반한 경우		영업정지 15일	영업정지 1개월	영업정지 2개월
2) 「별표 17 제8호 사목을 위반한 경우		영업정지 7일	영업정지 15일	영업정지 1개월
3) 별표 17 제8호 마목을 위반한 경우				
가) 수질검사를 검사기간 내에 하지 아니한 경우		영업정지 15일	영업정지 1개월	영업정지 3개월
나) 부적합 판정된 물을 계속 사용한 경우		영업정지 1개월	영업정지 3개월	영업허가 취소 또는 영업소 폐쇄
4) 별표 17 제8호 타목을 위반한 경우		시정명령	영업정지 5일	영업정지 10일
5) 별표 17 제8호 라목을 위반한 경우				
가) 소비기한이 경과된 제품·식품 또는 그 원재료를 조리의 목적으로 진열·보관한 경우		영업정지 15일	영업정지 1개월	영업정지 2개월
나) 소비기한이 경과된 제품·식품 또는 그 원재료를 판매 또는 식품의 조리에 사용한 경우		영업정지 1개월	영업정지 2개월	영업정지 3개월
6) 별표 17 제8호 하목 또는 거목을 위반한 경우		영업정지 15일	영업정지 1개월	영업정지 2개월
7) 1)부터 6)까지를 제외한 준수사항을 위반한 경우		시정명령	영업정지 7일	영업정지 15일
11. 법 제44조 제2항을 위반한 경우 가. 청소년을 유흥접객원으로 고용하여 유흥행위를 하게 하는 행위를 한 경우	법 제75조	영업허가 취소 또는 영업소 폐쇄		
나. 청소년유해업소에 청소년을 고용하는 행위를 한 경우		영업정지 3개월	영업허가 취소 또는 영업소 폐쇄	
다. 청소년유해업소에 청소년을 출입하게 하는 행위를 한 경우		영업정지 1개월	영업정지 2개월	영업정지 3개월
라. 청소년에게 주류를 제공하는 행위를 한 경우		영업정지 7일	영업정지 1개월	영업정지 2개월
12. 법 제51조를 위반한 경우	법 제71조 및 법 제75조	시정명령	영업정지 7일	영업정지 15일
12의 2. 법 제72조 제1항·제2항에 따른 압류·폐기를 거부·방해·기피한 경우	법 제75조	영업정지 1개월	영업정지 2개월	영업정지 3개월
13. 영업정지 처분 기간 중에 영업을 한 경우	법 제75조	영업허가 취소 또는 영업소 폐쇄		
14. 「성매매알선 등 행위의 처벌에 관한 법률」 제4조에 따른 금지행위를 한 경우	법 제75조	영업정지 3개월	영업허가 취소 또는 영업소 폐쇄	
15. 「마약류 관리에 관한 법률」 제3조 제11호에 따른 행위를 하거나 이를 교사·방조한 경우	법 제75조	영업정지 3개월	영업허가 취소 또는 영업소 폐쇄	
16. 그 밖에 제1호부터 제15호까지를 제외한 법을 위반한 경우(법 제101조에 따른 과태료 부과 대상에 해당하는 위반 사항과 별표 17 제7호 자목·머목은 제외한다)	법 제71조 및 법 제75조	시정명령	영업정지 7일	영업정지 15일

4. 조리사

위반 사항	근거 법령	행정처분기준		
		1차 위반	2차 위반	3차 위반
1. 법 제54조 각 호의 어느 하나에 해당하게 된 경우	법 제80조	면허취소		
2. 법 제56조에 따른 교육을 받지 아니한 경우		시정명령	업무정지 15일	업무정지 1개월
3. 식중독이나 그 밖에 위생과 관련한 중대한 사고 발생에 직무상의 책임이 있는 경우	법 제80조	업무정지 1개월	업무정지 2개월	면허취소
4. 면허를 타인에게 대여하여 사용하게 한 경우	법 제80조	업무정지 2개월	업무정지 3개월	면허취소
5. 업무정지기간 중에 조리사의 업무를 한 경우	법 제80조	면허취소		

식품안전기사 필기

발행일 | 2025. 1. 10 초판 발행
2025. 2. 20 초판 2쇄
2026. 1. 20 개정 1판1쇄

저 자 | 정진경 · 유연희 · 이다빈 · 이아랑
발행인 | 정용수
발행처 | 예문사

주 소 | 경기도 파주시 직지길 460(출판도시) 도서출판 예문사
TEL | 031) 955-0550
FAX | 031) 955-0660
등록번호 | 11-76호

- 이 책의 어느 부분도 저작권자나 발행인의 승인 없이 무단 복제하여 이용할 수 없습니다.
- 파본 및 낙장은 구입하신 서점에서 교환하여 드립니다.
- 예문사 홈페이지 http : //www.yeamoonsa.com

정가 : 29,000원

ISBN 978-89-274-6061-9 13570